工业机器人编程从入门到精通

（FANUC和安川）

龚仲华　编著

化学工业出版社

·北京·

内容简介

本书对FANUC、安川工业机器人的编程技术进行了系统描述，内容涵盖从工业机器人编程基础到系统掌握FANUC、安川机器人编程技术所需的知识。

全书以工业机器人应用为主旨，主要内容包括：工业机器人的基本概念、编程基础知识，FANUC的KAREL程序结构与语法、指令详解、程序编辑与程序点变换、机器人与作业文件设定，安川的机器人程序编制、操作与示教编程、机器人设定、作业文件编辑等。

本书内容全面、选材典型、案例丰富，可供工业机器人操作、维修人员及高等学校师生参考。

图书在版编目（CIP）数据

工业机器人编程从入门到精通：FANUC和安川/龚仲华编著. —北京：化学工业出版社，2022.11
ISBN 978-7-122-42036-7

Ⅰ.①工… Ⅱ.①龚… Ⅲ.①工业机器人-程序设计 Ⅳ.①TP242.2

中国版本图书馆CIP数据核字（2022）第153634号

责任编辑：毛振威　张兴辉　　装帧设计：刘丽华
责任校对：刘曦阳

出版发行：化学工业出版社（北京市东城区青年湖南街13号　邮政编码100011）
印　　装：三河市延风印装有限公司
787mm×1092mm　1/16　印张31¼　字数847千字　2023年1月北京第1版第1次印刷

购书咨询：010-64518888　　售后服务：010-64518899
网　　址：http://www.cip.com.cn
凡购买本书，如有缺损质量问题，本社销售中心负责调换。

定　　价：139.00元

版权所有　违者必究

前言

工业机器人是融合机械、电子、控制、计算机、传感器、人工智能等多学科先进技术的智能产品，是制造业自动化、智能化的基础设备；随着社会进步和劳动力成本的增加，工业机器人在我国的应用已日趋广泛。

本书针对 FANUC、安川工业机器人，详细介绍了相关基础知识和各自的编程技术。全书分为 3 篇，各篇内容具体如下。

基础篇：第 1、2 章。对机器人产生、发展、分类与应用情况，工业机器人的组成特点、结构形态、技术参数以及 FANUC、安川工业机器人产品进行了介绍；对工业机器人运动控制与坐标系、机器人与工具姿态、作业控制要求进行了详细阐述。

FANUC 篇：第 3～7 章。对 FANUC 机器人的程序结构、编程指令进行了详尽说明；对机器人手动操作、程序创建与管理、指令输入与示教、程序编辑与程序点变换以及机器人坐标系、作业基准点、作业范围、点焊文件、码垛文件设定的方法与步骤进行了完整阐述。

安川篇：第 8～11 章。对安川工业机器人的程序结构、编程命令进行了详尽说明；对机器人手动操作、示教编程、命令输入、程序编辑、变量编辑，机器人原点、坐标系、运动保护区以及点焊文件、弧焊文件、搬运与通用作业设定的方法与步骤进行了完整阐述。

本书编写中参阅了 FANUC、安川公司的技术资料，并得到了 FANUC、安川技术人员的大力支持与帮助，在此表示衷心的感谢！

由于笔者水平有限，书中难免存在疏漏和不足之处，期望广大读者批评、指正，以便进一步提高本书的质量。

编著者

目录

基础篇

FANUC篇

安川篇

基础篇

第1章

工业机器人概述

1.1 机器人概况

1.1.1 机器人的产生与定义

1. 概念的出现

机器人（robot）自从1959年问世以来，由于它能够协助、代替人类完成那些重复、频繁、单调、长时间的工作，或进行危险、恶劣环境下的作业，因此其发展较迅速。随着人们对机器人研究的不断深入，已逐步形成了机器人学（robotics）这一新兴的综合性学科，有人将机器人技术与数控技术、PLC技术并称为工业自动化的三大支柱技术。

机器人（robot）一词源自捷克著名剧作家Karel Čapek（卡雷尔·恰佩克）1920年创作的剧本*Rossumovi univerzální roboti*（《罗萨姆的万能机器人》，简称R. U. R.），由于R. U. R.剧中的人造机器被取名为Robota（捷克语，即奴隶、苦力），因此，英文robot一词开始代表机器人。

机器人的概念一经出现，首先引起了科幻小说家的关注。自20世纪20年代起，机器人成了很多科幻小说、电影的主人公，如《星球大战》中的C-3PO等。为了预防机器人可能引发的人类灾难，1942年，美国科幻小说家Isaac Asimov（艾萨克·阿西莫夫）在*I*，*Robot*的第4个短篇*Runaround*中，首次提出了“机器人学三原则”，它被称为“现代机器人学的基石”，这也是“机器人学（robotics）”这个名词在人类历史上的首度亮相。

“机器人学三原则”的主要内容如下。

原则1：机器人不能伤害人类，或因其不作为而使人类受到伤害。

原则2：机器人必须执行人类的命令，除非这些命令与原则1相抵触。

原则3：在不违背原则1、原则2的前提下，机器人应保护自身不受伤害。

到了1985年，Isaac Asimov在机器人系列最后作品*Robots and Empire*中，又补充了凌驾于“机器人学三原则”之上的“原则0”，即：

原则0：机器人必须保护人类的整体利益不受伤害，其他3条原则都必须在这一前提下才能成立。

继 Isaac Asimov 之后，其他科幻小说家还不断提出了对“机器人学三原则”的补充、修正意见，但是，这些大都是科幻小说家对想象中的机器人所施加的限制。实际上，“人类整体利益”等概念本身就是模糊的，甚至连人类自己都搞不明白，更不要说机器人了。因此，目前人类的认识和科学技术发展，实际上还远未达到制造科幻片中的机器人的水平；制造出具有类似人类智慧、感情、思维的机器人，仍属于科学家的梦想和追求。

2. 机器人的产生与定义

现代机器人的研究起源于 20 世纪中叶的美国，是从工业机器人的研究开始的。

第二次世界大战期间（1939—1945），由于军事、核工业的发展需要，在原子能实验室的环境下，需要操作机械来代替人类进行放射性物质的处理。为此，美国的 Argonne National Laboratory（阿贡国家实验室）开发了一种遥控机械手（teleoperator）。接着，1947 年，又开发出了一种伺服控制的主-从机械手（master-slave manipulator），这些都是工业机器人的雏形。

工业机器人的概念由美国发明家 George Devol（乔治・德沃尔）最早提出，他在 1954 年申请了专利，并在 1961 年获得授权。1958 年，美国著名的机器人专家 Joseph F. Engelberger（约瑟夫・恩盖尔柏格）建立了 Unimation 公司，并利用 George Devol 的专利，于 1959 年研制出了图 1.1.1 所示的世界上第一台真正意义的工业机器人 Unimate，开创了机器人发展的新纪元。

图 1.1.1　Unimate 工业机器人

Joseph F. Engelberger 对世界机器人工业的发展作出了杰出的贡献，被人们称为“机器人之父”。1983 年，在工业机器人销量日渐增长的情况下，他又毅然将 Unimation 公司出让给了美国 Westinghouse Electric Corporation（西屋电气，又译威斯汀豪斯），并创建了 TRC 公司，前瞻性地开始了服务机器人的研发工作。

从 1968 年起，Unimation 公司先后将机器人制造技术转让给日本 KAWASAKI（川崎）和英国 GKN 公司，机器人开始在日本和欧洲得到了快速发展。

由于机器人的应用领域众多、发展速度快，加上它又涉及人类的有关概念，因此，对于机器人，世界各国标准化机构，甚至同一国家的不同标准化机构，至今尚未形成一个统一、准确、世所公认的严格定义。

例如，欧美国家一般认为，机器人是一种“由计算机控制、可通过编程改变动作的多功能、自动化机械”。而日本作为机器人生产的大国，则将机器人分为“能够执行人体上肢（手和臂）类似动作”的工业机器人和“具有感觉和识别能力，并能够控制自身行为”的智能机器人两大类。

客观地说，欧美国家的机器人定义侧重其控制方式和功能，其定义和现行的工业机器人较接近。而日本的机器人定义，关注的是机器人的结构和行为特性，且已经考虑到了现代智能机器人的发展需要，其定义更为准确。

作为参考，目前在相关资料中使用较多的机器人定义主要有以下几种。

① International Organization for Standardization（ISO，国际标准化组织）的定义：机器人是一种“自动的、位置可控的、具有编程能力的多功能机械手，这种机械手具有几个轴，能够借助程序操作来处理各种材料、零件、工具和专用装置，执行各种任务”。

② Japan Robot Association（JRA，日本机器人协会）将机器人分为了工业机器人和智能机器人两大类，工业机器人是一种“能够执行人体上肢（手和臂）类似动作的多功能机器”；智能机器人是一种“具有感觉和识别能力，并能够控制自身行为的机器”。

③ NBS（美国国家标准局）定义：机器人是一种“能够进行编程，并在自动控制下执行某些操作和移动作业任务的机械装置”。

④ Robotics Industries Association（RIA，美国机器人协会）的定义：机器人是一种“用于移动各种材料、零件、工具或专用装置的，通过可编程的动作来执行各种任务的，具有编程能力的多功能机械手”。

⑤ 我国 GB/T 12643—2013 的标准定义：工业机器人是一种“能够自动定位控制、可重复编程的、多功能的、多自由度的操作机，能搬运材料、零件或操持工具，用于完成各种作业”。

由于以上标准化机构及专门组织对机器人的定义都是在特定时间所得出的结论，所以多偏重工业机器人。但科学技术对未来是无限开放的，当代智能机器人无论在外观，还是功能、智能化程度等方面，都已超出了传统工业机器人的范畴。机器人正在源源不断地向人类活动的各个领域渗透，它所涵盖的内容越来越丰富，其应用领域和发展空间正在不断延伸和扩大，这也是机器人与其他自动化设备的重要区别。

可以想象，未来的机器人不但可接受人类指挥，运行预先编制的程序，而且也可根据人工智能技术所制定的原则纲领，选择自身的行动，甚至可能像科幻片所描述的那样，脱离人们的意志而“自行其是”。

3. 机器人的发展

机器人最早用于工业领域，它主要用来协助人类完成重复、频繁、单调、长时间的工作，或进行高温、粉尘、有毒、辐射、易燃、易爆等恶劣、危险环境下的作业。但是，随着社会进步、科学技术发展和智能化技术研究的深入，各式各样具有感知、决策、行动和交互能力，可适应不同领域特殊要求的智能机器人相继被研发，机器人已开始进入人们生产、生活的各个领域，并在某些领域逐步取代人类，独立从事相关作业。

根据机器人现有的技术水平，人们一般将机器人产品分为如下三代。

① 第一代机器人。第一代机器人一般是指能通过离线编程或示教操作生成程序，并再现动作的机器人。第一代机器人所使用的技术和数控机床十分相似，它既可通过离线编制的程序控制机器人的运动，也可通过手动示教操作（数控机床称为 teach in 操作），记录运动过程并生成程序，并进行再现运行。

第一代机器人的全部行为完全由人控制，它没有分析和推理能力，不能改变程序动作，无智能性，其控制以示教、再现为主，故又称示教再现机器人。第一代机器人现已实用和普及，如图 1.1.2 所示的大多数工业机器人都属于第一代。

图 1.1.2 第一代机器人

② 第二代机器人。第二代机器人装备有一定数量的传感器，它能获取作业环境、操作对象等的简单信息，并通过计算机的分析与处理，作出简单的推理，并适当调整自身的动作和行为。

例如，在图 1.1.3（a）所示的探测机器人上，可通过所安装的摄像头及视觉传感系统，识别图像，判断和规划探测车的运动轨迹，它对外部环境具有了一定的适应能力。在图 1.1.3

(b) 所示的人机协同作业机器人上，安装有触觉传感系统，以防止人体碰撞，它可取消第一代机器人作业区间的安全栅栏，实现安全的人机协同作业。

(a) 探测机器人

(b) 人机协同作业机器人

图 1.1.3　第二代机器人

第二代机器人已具备一定的感知和简单推理等能力，有一定程度上的智能，故又称感知机器人或低级智能机器人，当前使用的大多数服务机器人或多或少都已经具备第二代机器人的特征。

③ 第三代机器人。第三代机器人应具有高度的自适应能力，它有多种感知机能，可通过复杂的推理，作出判断和决策，自主决定机器人的行为，具有相当程度的智能，故称为智能机器人。

(a) Asimo机器人

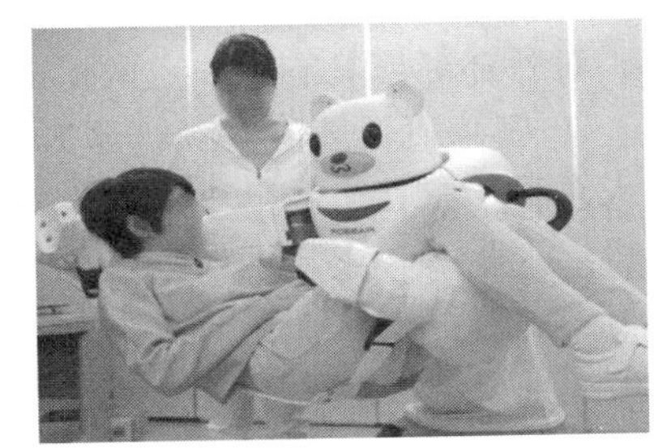
(b) Robear机器人

图 1.1.4　第三代机器人

例如，日本 HONDA（本田）公司研发的如图 1.1.4 (a) 所示的 Asimo 机器人，不仅能实现跑步、爬楼梯、跳舞等动作，且还能进行踢球、倒饮料、打手语等简单智能动作。日本 Riken Institute（理化学研究所）研发的如图 1.1.4 (b) 所示的 Robear 护理机器人，其肩部、关节等部位都安装有测力感应系统，可模拟人的怀抱感，它能够像人一样，能柔和地将卧床者从床上扶起，或将坐着的人抱起，其样子亲切可爱、充满活力。

第三代机器人目前主要用于家庭、个人服务及军事、航天等行业，总体尚处于实验和研究阶段，目前还只有少数国家能掌握和应用。

4. 机器人分类

机器人的分类方法很多，直到今天，还没有公认的分类方法。例如，根据机器人目前的技术水平，可分为前述的示教再现机器人（第一代）、感知机器人（第二代）、智能机器人（第三代）三类；按日本标准，可分为工业机器人和智能机器人两类；按我国标准，可分为工业机器人和特种机器人两类等。

由于机器人的智能性判别尚缺乏严格、科学的标准，工业机器人和特种机器人的界线也较难划分，因此，本书参照国际机器人联合会（IFR）的相关定义，根据机器人应用环境，将机器人分为图 1.1.5 所示的工业机器人和服务机器人两类，在此基础上，再根据产品用途进行细分。

① 工业机器人。工业机器人（industrial robot，简称 IR）是指在工业环境下应用的机器人，它是一种可编程的多用途自动化设备。当前实用化的工业机器人以第一代示教再现机器人

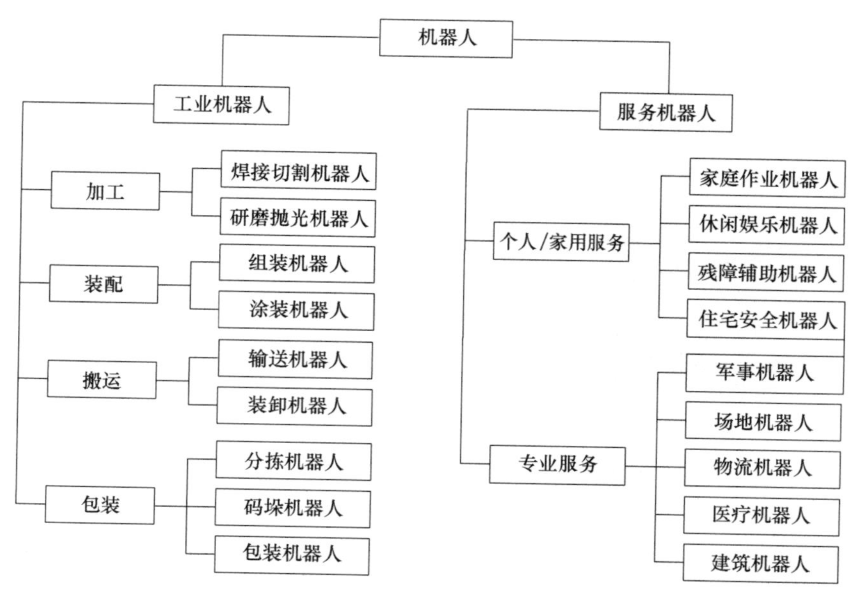

图 1.1.5 机器人分类

居多，但部分工业机器人（如焊接、装配等）已能通过图像的识别、判断，来规划或探测路径，对外部环境具有了一定的适应能力，初步具备了第二代感知机器人的一些功能。

② 服务机器人。服务机器人（service robot，简称 SR）是服务于人类非生产性活动的机器人总称，它在机器人中的比例高达 95%以上。根据 IFR（国际机器人联合会）的定义，服务机器人是一种半自主或全自主工作的机械设备，它能完成有益于人类的服务工作，但不直接从事工业产品的生产。简言之，除工业生产用的机器人外，其他所有的机器人均属于服务机器人的范畴。

1.1.2 工业机器人及应用

1. 技术发展简史

工业机器人自问世以来，经过几十年发展，在性能和用途等方面都有了很大的变化；现代工业机器人的结构越来越合理，控制越来越先进，功能越来越强大，应用越来越广泛。世界工业机器人的简要发展历程、重大事件和重要产品研制的简况如下。

1959 年：Joseph F. Engelberger（约瑟夫·恩盖尔柏格）利用 George Devol（乔治·德沃尔）的专利技术，研制出了世界上第一台真正意义上的工业机器人 Unimate。该机器人具有水平回转、上下摆动和手臂伸缩 3 个自由度，可用于点对点搬运。

1961 年：美国 GM 公司（通用汽车）首次将 Unimate 工业机器人应用于生产线，机器人承担了压铸件叠放等部分工序。

1968 年：美国斯坦福大学研制出了首台具有感知功能的第二代机器人 Shakey。同年，Unimation 公司将机器人的制造技术转让给了日本 KAWASAKI（川崎）公司，日本开始研制、生产机器人。

1969 年：瑞典的 ASEA 公司（阿西亚，现为 ABB 集团）研制了首台喷涂机器人，并在挪威投入使用。

1972 年：日本 KAWASAKI（川崎）公司研制出了日本首台工业机器人“Kawasaki-Unimate2000”。

1973 年：日本 HITACHI（日立）公司研制出了世界首台装备有动态视觉传感器的工业机器人；而德国 KUKA（库卡）公司则研制出了世界首台 6 轴工业机器人 Famulus。

1974 年：美国 Cincinnati Milacron（辛辛那提·米拉克隆，著名的数控机床生产企业）公司研制出了首台微机控制的商用工业机器人 Tomorrow Tool（T3）；瑞典 ASEA 公司研制出了世界首台微机控制、全电气驱动的 5 轴涂装机器人 IRB6；全球最著名的数控系统（CNC）生产商日本 FANUC（发那科）公司开始研发、制造工业机器人。

1977 年：日本 YASKAWA（安川）公司开始工业机器人研发生产，并研制出了日本首台采用全电气驱动的机器人 MOTOMAN-L10（MOTOMAN 1 号）。

1978 年：美国 Unimate 公司和 GM 公司（通用汽车）联合研制出了用于汽车生产线的垂直串联型（Vertical Series）可编程通用装配操作人 PUMA（programmable universal manipulator for assembly）；日本山梨大学研制出了水平串联型（horizontal series）自动选料、装配机器人 SCARA（selective compliance assembly robot arm）；德国 REIS（徕斯，现为 KUKA 成员）公司研制出了世界首台具有独立控制系统、用于压铸生产线的工件装卸的 6 轴机器人 RE15。

1983 年：日本 DAIHEN 公司（大阪变压器集团 Osaka Transformer Co.,Ltd. 所属，国内称 OTC 或欧希地）研发了世界首台具有示教编程功能的焊接机器人。次年，美国 Adept Technology 公司（娴熟技术）研制出了世界首台电机直接驱动、无传动齿轮和铰链的 SCARA 机器人 Adept One。

1985 年：德国 KUKA 公司研制出了世界首台具有 3 个平移自由度和 3 个转动自由度的 Z 型 6 自由度机器人。

1992 年：瑞士 Demaurex 公司研制出了世界首台采用 3 轴并联结构（parallel）的包装机器人 Delta。

2005 年：日本 YASKAWA 公司推出了新一代双腕 7 轴工业机器人。

2006 年：意大利 COMAU（柯马，菲亚特成员，著名的数控机床生产企业）公司推出了首款 WiTP 无线示教器。

2008 年：日本 FANUC 公司、YASKAWA 公司的工业机器人累计销量相继突破 20 万台，成为全球工业机器人累计销量最大的企业。

2009 年：ABB 公司研制出全球精度最高、速度最快 6 轴小型机器人 IRB 120。

2013 年：谷歌公司开始大规模并购机器人公司，至今已相继并购了 Autofuss、Boston Dynamics（波士顿动力）、Bot & Dolly、DeepMind、Holomni、Industrial Perception、Meka、Redwood Robotics、Schaft、Nest Labs、Spree、Savioke 等多家公司。

2014 年：ABB 公司研制出世界上首台真正实现人机协作的机器人 YuMi。同年，德国 REIS 公司并入 KUKA 公司。

2015 年以来工业机器人的发展主要致力于产品的结构改进、性能提高以及第二代协作型机器人的研发。

2. 产品分类

根据工业机器人的功能与用途，其主要产品大致可分为图 1.1.6 所示的加工、装配、搬运、包装 4 大类。

① 加工机器人。加工机器人是直接用于工业产品加工作业的工业机器人，常用的有金属材料焊接、切割、折弯、冲压、研磨、抛光等；此外，也有部分用于建筑、木材、石材、玻璃等行业的非金属材料切割、研磨、雕刻、抛光等加工作业。

焊接、切割、研磨、雕刻、抛光加工的环境通常较恶劣，加工时所产生的强弧光、高温、

(a) 加工

(b) 装配

(c) 搬运

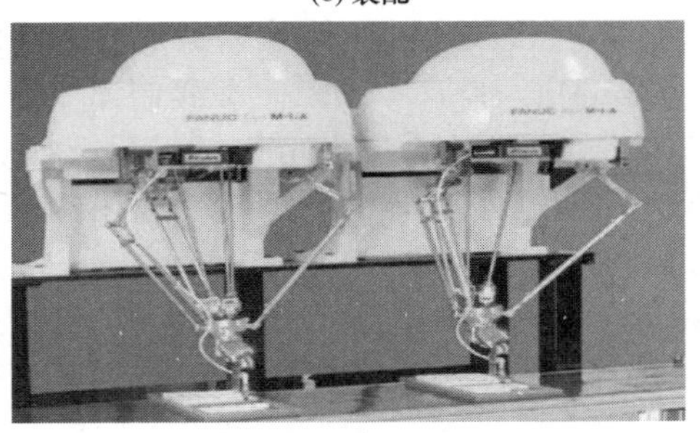

(d) 包装

图 1.1.6 工业机器人的分类

烟尘、飞溅、电磁干扰等都有害于人体健康。这些行业采用机器人自动作业，不仅可改善工作环境，避免人体伤害，而且还可自动连续工作，提高工作效率和改善加工质量。焊接机器人（welding robot）是目前工业机器人中产量最大、应用最广的产品，被广泛用于汽车、铁路、航空航天、军工、冶金、电器等行业。

材料切割是工业生产不可缺少的加工方式，从传统的金属材料火焰切割、等离子切割到可用于多种材料的激光切割加工都可通过机器人完成。目前，薄板类材料的切割大多采用数控火焰切割机、数控等离子切割机和数控激光切割机等数控机床加工，但异形、大型材料或船舶、车辆等大型废旧设备的切割已开始逐步使用工业机器人。

研磨、雕刻、抛光机器人主要用于汽车、摩托车、工程机械、家具建材、电子电气、陶瓷卫浴等行业的表面处理。使用研磨、雕刻、抛光机器人，不仅能使操作者远离高温、粉尘、有毒、易燃、易爆的工作环境，而且能够提高加工质量和生产效率。

② 装配机器人。装配机器人（assembly robot）是将不同的零件或材料组合成组件或成品的工业机器人，常用的有组装和涂装两大类。

计算机（computer）、通信（communication）和消费性电子（consumer electronic）行业（简称 3C 行业）是目前组装机器人最大的应用市场。3C 行业是典型的劳动密集型产业，采用人工装配，不仅需要使用大量的员工，而且操作工人的工作高度重复、频繁，劳动强度极大，致使人工难以承受；此外，随着电子产品不断向轻薄化、精细化方向发展，产品对零部件装配的精细程度在日益提高，部分作业人工已无法完成。

涂装类机器人用于部件或成品的油漆、喷涂等表面处理，这类处理通常含有影响人体健康的有害、有毒气体，采用机器人自动作业后，不仅可改善工作环境，避免有害、有毒气体的危害，而且还可自动连续工作，提高工作效率和改善加工质量。

③ 搬运机器人。搬运机器人是从事物体移动作业的工业机器人的总称，常用的主要有输送机器人（transfer robot）和装卸机器人（handling robot）两大类。

工业生产中的输送机器人以无人搬运车（automated guided vehicle，简称AGV）为主。AGV具有自身的计算机控制系统和路径识别传感器，能够自动行走和定位停止，可广泛应用于机械、电子、纺织、卷烟、医疗、食品、造纸等行业的物品搬运和输送。在机械加工行业，AGV大多用于无人化工厂、柔性制造系统（flexible manufacturing system，简称FMS）的工件、刀具搬运、输送，它通常需要与自动化仓库、刀具中心及数控加工设备、柔性加工单元（flexible manufacturing cell，简称FMC）的控制系统互连，以构成无人化工厂、柔性制造系统的自动化物流系统。

装卸机器人多用于机械加工设备的工件装卸（上下料），它通常和数控机床等自动化加工设备组合，构成柔性加工单元（FMC），成为无人化工厂、柔性制造系统（FMS）的一部分。装卸机器人还经常用于冲剪、锻压、铸造等设备的上下料，以替代人工完成高风险、高温等恶劣环境下的危险作业或繁重作业。

④ 包装机器人。包装机器人（packaging robot）是用于物品分类、成品包装、码垛的工业机器人，常用的主要有分拣、包装和码垛三类。

3C行业和化工、食品、饮料、药品工业是包装机器人的主要应用领域。3C行业的产品产量大、周转速度快，成品包装任务繁重；化工、食品、饮料、药品包装由于行业特殊性，人工作业涉及安全、卫生、清洁、防水、防菌等方面的问题，因此，都需要利用装配机器人，来完成物品的分拣、包装和码垛作业。

3. 产品应用

根据国际机器人联合会（IFR）等部门的最新统计，当前工业机器人的应用行业分布情况大致如图1.1.7所示。其中，汽车制造业、电子电气工业、金属制品及加工业是目前工业机器人的主要应用领域。

汽车及汽车零部件制造业历来是工业机器人用量最大的行业，其使用量长期保持在工业机器人总量的40%左右，使用的产品以加工、装配类机器人为主，是焊接、研磨、抛光及装配、涂装机器人的主要应用领域。

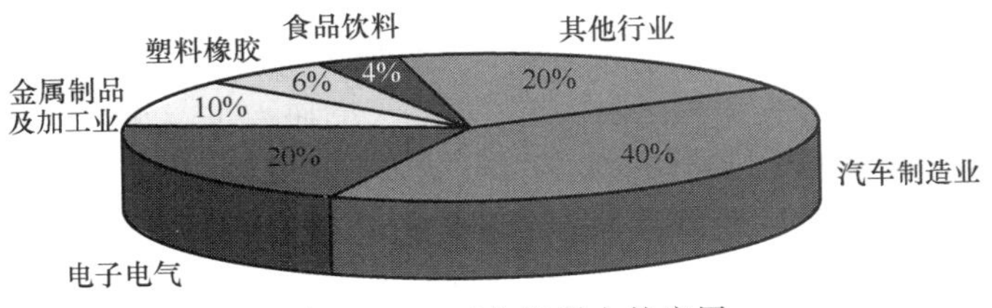

图1.1.7　工业机器人的应用

电子电气（包括计算机、通信、家电、仪器仪表等）是工业机器人应用的另一主要行业，其使用量也保持在工业机器人总量的20%左右，使用的主要产品为装配、包装类机器人。

金属制品及加工业的机器人用量大致在工业机器人总量的10%，使用的产品主要为搬运类的输送机器人和装卸机器人。

建筑、化工、橡胶、塑料以及食品、饮料、药品等其他行业的机器人用量都在工业机器人总量的10%以下，橡胶、塑料、化工、建筑行业使用的机器人种类较多；食品、饮料、药品行业使用的机器人通常以加工、包装类为主。

1.1.3　服务机器人及应用

1. 基本情况

服务机器人是服务于人类非生产性活动的机器人总称。从控制要求、功能、特点等方面看，服务机器人与工业机器人的本质区别在于工业机器人所处的工作环境在大多数情况下是已知的，因此利用第一代机器人技术已可满足其要求；然而服务机器人的工作环境在绝大多数场合是未知的，故都需要使用第二代、第三代机器人技术。

从行为方式上看，服务机器人一般没有固定的活动范围和规定的动作行为，它需要有良好的自主感知、自主规划、自主行动和自主协同等方面的能力，因此，服务机器人较多地采用仿人或生物、车辆等结构形态。

早在 1967 年，在日本举办的第一届机器人学术会议上，人们就提出了两种描述服务机器人特点的代表性意见。一种意见认为服务机器人是一种“具有自动性、个体性、智能性、通用性、半机械半人性、移动性、作业性、信息性、柔性、有限性等特征的自动化机器”。另一种意见认为具备如下 3 个条件的机器，可称为服务机器人：

① 具有类似人类的脑、手、脚等功能要素；

② 具有非接触和接触传感器；

③ 具有平衡觉和固有觉的传感器。

当然，鉴于当时的情况，以上定义都强调了服务机器人的“类人”含义，突出了由“脑”统一指挥、靠“手”进行作业、靠“脚”实现移动；通过非接触传感器和接触传感器，使机器人识别外界环境；利用平衡觉和固有觉等传感器感知本身状态等基本属性；但它对服务机器人的研发仍具有参考价值。

服务机器人的出现虽然晚于工业机器人，但由于它与人类进步、社会发展、公共安全等诸多重大问题息息相关，应用领域众多，市场广阔，因此，其发展非常迅速、潜力巨大。有国外专家预测，在不久的将来，服务机器人产业可能成为继汽车、计算机后的另一新兴产业。

在服务机器人中，个人/家用服务机器人（personal/domestic robots）为大众化、低价位产品，其市场最大。在专业服务机器人中，则以涉及公共安全的军事机器人（military robot）、场地机器人（field robots）、医疗机器人的应用较广。

在服务机器人的研发领域，美国不但在军事、场地、医疗等高科技专业服务机器人的研究上领先，而且在个人/家用服务机器人的研发上，同样占有显著的优势，其服务机器人总量约占全球服务机器人市场的 60%。此外，日本、德国、法国也是服务机器人的研发和使用大国。

我国在服务机器人领域的研发起步较晚，直到 2005 年才开始初具市场规模。目前，我国的个人/家用服务机器人主要有吸尘、教育娱乐、保安、智能玩具等；专用服务机器人主要有医疗及部分军事、场地机器人等。

2. 产品分类与应用

根据产品的应用领域，服务机器人一般可分为个人/家用服务机器人和专业服务机器人两大类，产品的基本情况如下。

① 个人/家用服务机器人。个人/家用服务机器人泛指为人们日常生活服务的机器人，包括家庭作业、娱乐休闲、残障辅助、住宅安全等。个人/家用服务机器人是被人们普遍看好的未来最具发展潜力的新兴产业之一。

在个人/家用服务机器人中，以家庭作业和娱乐休闲机器人的产量为最大，两者占个人/家用服务机器人总量的 90%以上；残障辅助、住宅安全机器人的普及率目前还较低，但市场前景被人们普遍看好。

家用清洁机器人是家庭作业机器人中最早被实用化和最成熟的产品之一。早在 20 世纪 80 年代，美国已经开始进行吸尘机器人的研究，iRobot 等公司是目前家用服务机器人行业公认的领先企业，其产品技术先进、市场占有率为全球最大；德国的 Karcher 公司也是著名的家庭作业机器人生产商，它在 2006 年研发的 Rc3000 家用清洁机器人是世界上第一台能够自行完成所有家庭地面清洁工作的家用清洁机器人。此外，美国的 Neato、Mint，日本的 SHINK、松下，韩国的 LG、三星等公司也都是全球较著名的家用清洁机器人研发、制造企业。

在我国，由于家庭经济条件和发达国家有一定差距，加上传统文化的影响，绝大多数家庭的作业服务目前还是由自己或家政服务人员承担，所使用的设备以传统工具和普通吸尘器、洗碗机等简单设备为主，家庭作业服务机器人的使用率较低。

② 专业服务机器人。专业服务机器人（professional service robots）的涵盖范围非常广，简言之，除工业生产用的工业机器人和为人们日常生活服务的个人/家用机器人外，其他所有的机器人均属于专业服务机器人。在专业服务机器人中，军事、场地和医疗机器人是应用最广的产品。

军事机器人（military robot）是为了军事目的而研制的自主、半自主式或遥控的智能化装备，它可用来帮助或替代军人，完成特定的战术或战略任务。军事机器人具备全方位、全天候的作战能力和极强的战场生存能力，可在超过人类承受能力的恶劣环境，或在遭到毒气、冲击波、热辐射等袭击时，继续进行工作；加上军事机器人也不存在人类的恐惧心理，可严格地服从命令、听从指挥，有利于指挥者对战局的掌控；在未来，机器人战士完全可能成为军事行动中的主力军。

军事机器人的研发早在20世纪60年代就已经开始，产品已从第一代的遥控操作器，发展到了现在的第三代智能机器人。目前，世界各国的军用机器人已达上百个品种，其应用涵盖侦察、排雷、防化、进攻、防御及后勤保障等各个方面。用于监视、勘察、获取危险领域信息的无人驾驶飞行器（UAV）和地面车（UGV）、具有强大运输功能和精密侦察设备的机器人武装战车（ARV）、在战斗中担任补充作战物资的多功能后勤保障机器人（MULE）是当前军事机器人的主要产品。

场地机器人（field robots）是除军事机器人外，其他可进行大范围作业的服务机器人的总称。场地机器人多用于科学研究和公共事业服务，如太空探测、水下作业、危险作业、消防救援、园林作业等。

医疗机器人主要用于伤病员的手术、救援、转运和康复，它包括诊断机器人、外科手术或手术辅助机器人、康复机器人等。当前，医疗机器人的研发与应用大部分都集中于美国、欧洲、日本等发达国家，发展中国家的普及率还较低。美国的Intuitive Surgical（直觉外科）公司是全球领先的医疗机器人研发、制造企业，该公司研发的达·芬奇机器人是目前世界上最先进的手术机器人系统，它可模仿外科医生的手部动作，进行微创手术，目前已经成功用于许多手术。

1.2 工业机器人与产品

1.2.1 工业机器人组成

1. 工业机器人系统组成

工业机器人是一种功能完整、可独立运行的典型智能装备，它有自身的控制器、驱动系统和操作界面，可对其进行手动、自动操作及编程，它能依靠自身的控制能力来实现所需要的功能。广义上的工业机器人是由如图1.2.1所示的机器人及相关附加设备组成的完整系统，它总体可分为机械部件和电气控制系统两大部分。

工业机器人（以下简称机器人）系统的机械部件包括机器人本体、末端执行器、变位器等；控制系统主要包括控制器、驱动器、操作单元、上级控制器等。其中，机器人本体、末端执行器以及控制器、驱动器、操作单元是机器人必需的基本组成部件，所有机器人都必须配备。

末端执行器又称工具，它是机器人的作业机构，与作业对象和要求有关，其种类繁多，它

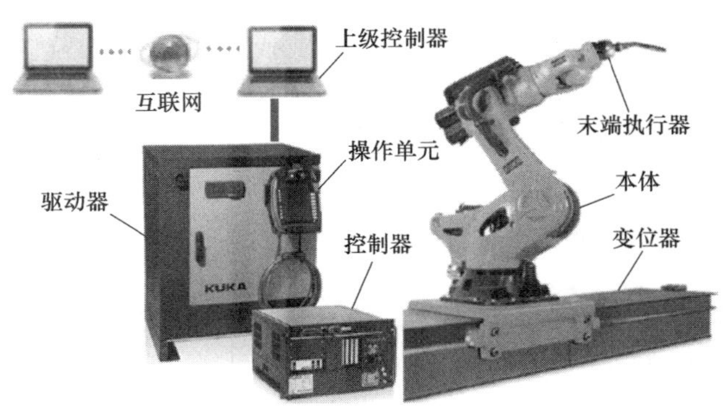

图 1.2.1 工业机器人系统的组成

一般需要由机器人制造厂和用户共同设计、制造与集成。变位器是用于机器人或工件的整体移动或进行系统协同作业的附加装置，它可根据需要选配。

在控制系统中，上级控制器是用于机器人系统协同控制、管理的附加设备，既可用于机器人与机器人、机器人与变位器的协同作业控制，也可用于机器人和数控机床、机器人和自动生产线其他设备的集中控制，此外，还可用于机器人的操作、编程与调试。上级控制器同样可根据实际系统的需要选配，在柔性加工单元（FMC）、自动生产线等自动化设备上，上级控制器的功能也可直接由数控机床所配套的数控系统（CNC）、生产线控制用的PLC等承担。

2. 机器人本体

机器人本体又称操作机，它是用来完成各种作业的执行机构，包括机械部件及安装在机械部件上的驱动电机、传感器等。

机器人本体的形态各异，但绝大多数都是由若干关节（joint）和连杆（link）连接而成。以常用的6轴垂直串联型（vertical articulated）工业机器人为例，其运动主要包括整体回转（腰关节）、下臂摆动（肩关节）、上臂摆动（肘关节）、腕回转和弯曲（腕关节）等，本体的典型结构如图1.2.2所示，其主要组成部件包括手部、腕部、上臂、下臂、腰部、基座等。

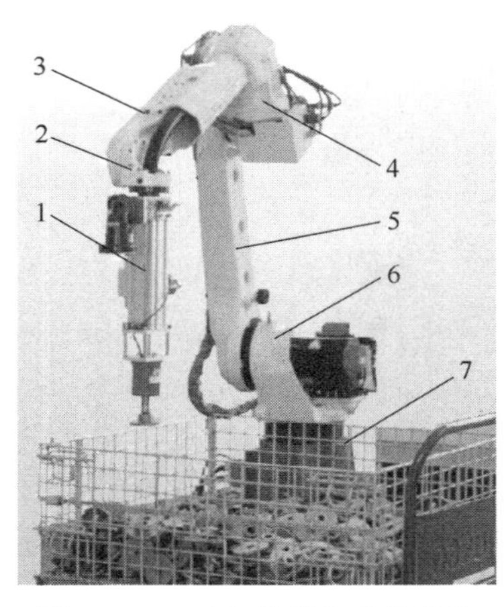

图 1.2.2 工业机器人本体结构
1—末端执行器；2—手部；3—腕部；4—上臂；5—下臂；6—腰部；7—基座

机器人的手部用来安装末端执行器，它既可以安装类似人类的手爪，也可以安装吸盘或其他各种作业工具；腕部用来连接手部和手臂，起到支撑手部的作用；上臂用来连接腕部和下臂。上臂可回绕下臂摆动，实现手腕大范围的上下（俯仰）运动；下臂用来连接上臂和腰部，并可回绕腰部摆动，以实现手腕大范围的前后运动；腰部用来连接下臂和基座，它可以在基座上回转，以改变整个机器人的作业方向；基座是整个机器人的支持部分。机器人的基座、腰部、下臂、上臂通称机身；机器人的腕部和手部通称手腕。

机器人的末端执行器又称工具，它是安装在机器人手腕上的作业机构。末端执行器与机器人的作业要求、作业对象密切相关，一般需要由机器人制造厂和用户共同设计与制造。例如，用于装配、搬运、包装的机器人则需要配置吸盘、手爪等用来抓取零件、物品的夹持器；而加工类机器人需要配置用于焊接、切割、打磨等加工的焊枪、割枪、铣头、磨头等各种工具或刀具等。

3. 变位器

变位器是工业机器人的主要配套附件，如图 1.2.3 所示。通过变位器，可增加机器人的自由度、扩大作业空间、提高作业效率，实现作业对象或多机器人的协同运动，提升机器人系统的整体性能和自动化程度。

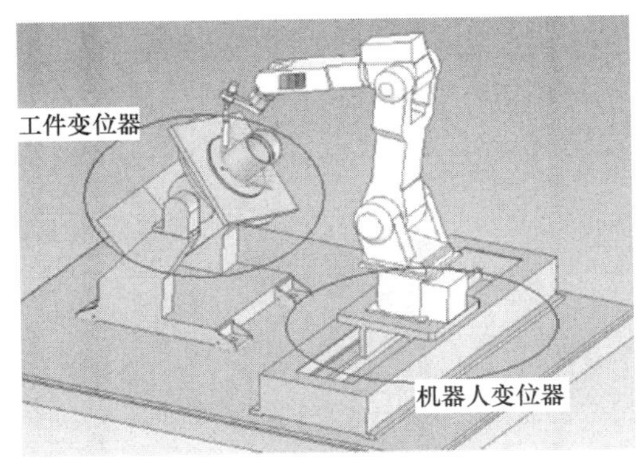

图 1.2.3　变位器

从用途上说，工业机器人的变位器主要有工件变位器、机器人变位器两大类。

工件变位器如图 1.2.4 所示，它主要用于工件的作业面调整与工件的交换，以减少工件装夹次数，缩短工件装卸等辅助时间，提高机器人的作业效率。

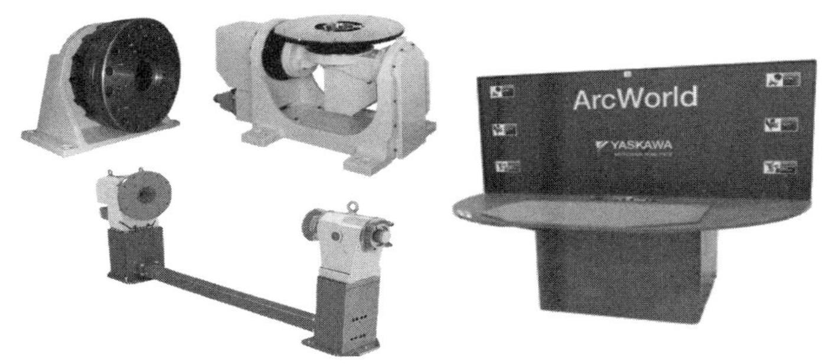

图 1.2.4　工件变位器

在结构上，工件变位器以回转变位器居多。通过工件的回转，可在机器人位置保持不变的情况下，改变工件的作业面，以完成工件的多面作业，避免多次装夹。此外，还可通过工装的180°整体回转运动，实现作业区与装卸区的工件自动交换，使得工件的装卸和作业可同时进行，从而大大缩短工件装卸时间。

机器人变位器通常采用图 1.2.5 所示的轨道式、摇臂式、横梁式、龙门式等结构。

轨道式变位器通常采用可接长的齿轮/齿条驱动，其行程一般不受限制；摇臂式、横梁式、龙门式变位器主要用于倒置式机器人的平面（摇臂式）、直线（横梁式）、空间（龙门式）变位。利用变位器，可实现机器人整体的大范围运动，扩大机器人的作业范围、实现大型工件、多工件的作业；或者通过机器人的运动，实现作业区与装卸区的交换，以缩短工件装卸时间，提高机器人的作业效率。

工件变位器、机器人变位器既可选配机器人生产厂家的标准部件，也可用户根据需要设计、制作。简单机器人系统的变位器一般由机器人控制器直接控制，多机器人复杂系统的变位器需要由上级控制器进行集中控制。

4. 电气控制系统

在机器人电气控制系统中，上级控制器仅用于复杂系统各种设备的协同控制、运行管理和调试编程，它通常以网络通信的形式与机器人控制器进行信息交换，实际上属于机器人电气控制系统的外部设备；而机器人控制器、操作单元、伺服驱动器及辅助控制电路，则是机器人控制必不可少的系统部件。

① 机器人控制器。机器人控制器是用于机器人坐标轴位置和运动轨迹控制的装置，输出

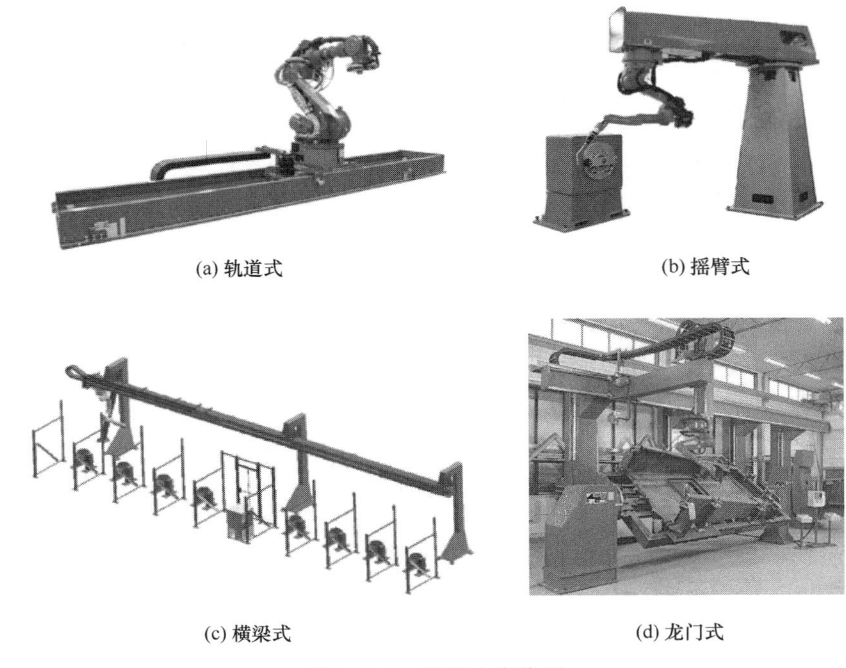

图 1.2.5　机器人变位器

运动轴的插补脉冲，其功能与数控装置（CNC）非常类似，控制器的常用结构有工业 PC 机型和 PLC 型 2 种。

工业计算机（又称工业 PC 机）型机器人控制器的主机和通用计算机并无本质的区别，但机器人控制器需要增加传感器、驱动器接口等硬件，这种控制器的兼容性好、软件安装方便、网络通信容易。PLC（可编程序控制器）型控制器以类似 PLC 的 CPU 模块作为中央处理器，然后通过选配各种 PLC 功能模块，如测量模块、轴控制模块等，来实现对机器人的控制，这种控制器的配置灵活，模块通用性好、可靠性高。

② 操作单元。工业机器人的现场编程一般通过示教操作实现，它对操作单元的移动性能和手动性能的要求较高，但其显示功能一般不及数控系统，因此，机器人的操作单元以手持式为主，习惯上称之为示教器。

传统的示教器由显示器和按键组成，操作者可通过按键直接输入命令和进行所需的操作。目前常用的示教器为菜单式，它由显示器和操作菜单键组成，操作者可通过操作菜单选择需要的操作。先进的示教器使用了目前智能手机同样的触摸屏和图标界面，有的还通过 Wi-Fi 连接控制器和网络，使用更灵活、方便。

③ 驱动器。驱动器实际上是用于控制器的插补脉冲功率放大的装置，实现驱动电机位置、速度、转矩控制，驱动器通常安装在控制柜内。机器人目前常用的驱动器以交流伺服驱动器为主，它有集成式、模块式和独立型 3 种基本结构形式。

集成式驱动器的全部驱动模块集成一体，电源模块可以独立或集成，这种驱动器的结构紧凑、生产成本低，是目前使用较为广泛的结构形式。模块式驱动器的电源模块为公用，驱动模块独立，驱动器需要统一安装。集成式、模块式驱动器不同控制轴间的关联性强，调试、维修和更换相对比较麻烦。独立型驱动器的电源和驱动电路集成一体，每一轴的驱动器可独立安装和使用，因此，其安装使用灵活、通用性好，其调试、维修和更换也较方便。

④ 辅助控制电路。辅助电路主要用于控制器、驱动器电源的通断控制和接口信号的转换。

由于工业机器人的控制要求类似，接口信号的类型基本统一，为了缩小体积、降低成本、方便安装，辅助控制电路常被制成标准的控制模块。

尽管机器人的用途、规格有所不同，但电气控制系统的组成部件和功能类似，因此，机器人生产厂家一般将电气控制系统统一设计成图 1.2.6 所示的控制箱型或控制柜型。

(a) 控制箱型

(b) 控制柜型

图 1.2.6　电气控制系统结构

在控制箱、控制柜中，示教器是用于工业机器人操作、编程及数据输入/显示的人机界面，为了方便使用，一般为可移动式悬挂部件；驱动器一般为集成式交流伺服驱动器；控制器则以 PLC 型为主。另外，在采用工业计算机型机器人控制器的系统上，控制器有时也可独立安装，系统的其他控制部件通常统一安装在控制柜内。

1.2.2　工业机器人特点

工业机器人是集机械、电子、控制、检测、计算机、人工智能等多学科先进技术于一体的典型智能装备，其主要技术特点如下。

① 拟人。在结构形态上，大多数工业机器人的本体有类似人类的腰部、大臂、小臂、手腕、手爪等部件，并接受其控制器的控制。在智能工业机器人上，还安装有模拟人类等生物的传感器，如：模拟感官的接触传感器、力传感器、负载传感器、光传感器；模拟视觉的图像识别传感器；模拟听觉的声传感器、语音传感器等；这样的工业机器人具有类似人类的环境自适应能力。

② 柔性。工业机器人有完整、独立的控制系统，它可通过编程来改变其动作和行为，此外，还可通过安装不同的末端执行器，来满足不同的应用要求，因此，它具有适应对象变化的柔性。

③ 通用。除了部分专用工业机器人外，大多数工业机器人都可通过更换工业机器人手部的末端操作器，如更换手爪、夹具、工具等，来完成不同的作业。因此，它具有一定的、执行不同作业任务的通用性。

工业机器人、数控机床、机械手三者在结构组成、控制方式、行为动作等方面有许多相似之处，以至于非专业人士很难区分，有时引起误解。以下通过三者的比较，来介绍相互间的区别。

1. 工业机器人与数控机床的比较

世界首台数控机床出现于 1952 年，它由美国麻省理工学院率先研发，其诞生比工业机器人早 7 年，因此，工业机器人的很多技术都来自于数控机床。按照相关标准的定义，工业机器人是“具有自动定位控制、可重复编程的多功能、多自由度的操作机”，这点也与数控机床十分类似。

因此，工业机器人和数控机床的控制系统类似，它们都有控制面板、控制器、伺服驱动等基本部件，操作者可利用控制面板对它们进行手动操作或进行程序自动运行、程序输入与编辑等操作控制。但是，由于工业机器人和数控机床的研发目的有着本质的区别，因此，其地位、用途、结构、性能等各方面均存在较大的差异。图 1.2.7 是数控机床和工业机器人的功能比较图，总体而言，两者的区别主要有以下几点。

① 作用和地位。机床是用来加工机器零件的设备，是制造机器的机器，故称为工作母机；没有机床就几乎不能制造机器，没有机器就不能生产工业产品。因此，在现有的制造模式中，机床仍处于制造业的核心地位。工业机器人尽管发展速度很快，但目前绝大多数还只是用于零件搬运、装卸、包装、装配的生产辅助设备，或是进行焊接、切割、打磨、抛光等简单粗加工的生产设备，它在机械加工自动生产线上（焊接、涂装生产线除外）所占的价值一般还只有15%左右。

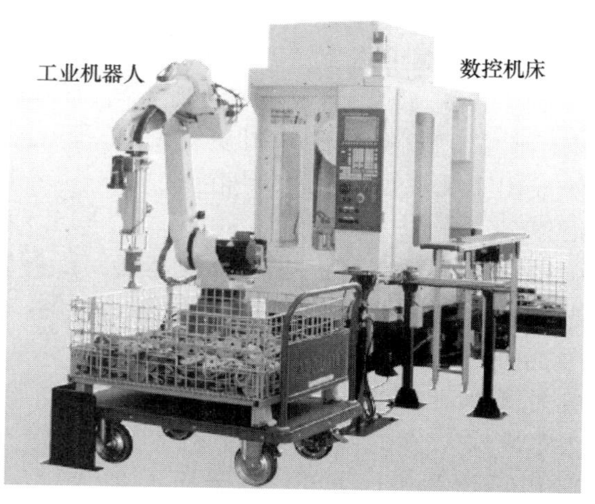

图 1.2.7 数控机床和工业机器人

因此，除非现有的制造模式发生颠覆性变革，否则工业机器人的体量很难超越机床。那些认为“随着自动化大趋势的发展，机器人将取代机床成为新一代工业生产的基础”的观点，至少在目前看来是不正确的。

② 目的和用途。研发数控机床的根本目的是解决轮廓加工的刀具运动轨迹控制问题；而研发工业机器人的根本目的是用来协助或代替人类完成那些单调、重复、频繁或长时间、繁重的工作或进行高温、粉尘、有毒、易燃、易爆等危险环境下的作业。由于两者研发目的不同，因此其用途也有根本的区别。简言之，数控机床是直接用来加工零件的生产设备，而大部分工业机器人则是用来替代或部分替代操作者进行零件搬运、装卸、装配、包装等作业的生产辅助设备，两者目前尚无法相互完全替代。

③ 结构形态。工业机器人需要模拟人的动作和行为，在结构上以回转摆动轴为主、直线轴为辅（可能无直线轴），多关节串联、并联轴是其常见的形态；部分机器人（如无人搬运车等）的作业空间也是开放的。数控机床的结构以直线轴为主、回转摆动轴为辅（可能无回转摆动轴），绝大多数都采用直角坐标结构；其作业空间（加工范围）局限于设备本身。

但是，随着技术的发展，两者的结构形态也在逐步融合，如机器人有时也采用直角坐标结构，采用并联虚拟轴结构的数控机床也已有实用化的产品。

④ 技术性能。数控机床是用来加工零件的精密加工设备，其轮廓加工能力、定位精度和加工精度等是衡量数控机床性能最重要的技术指标。高精度数控机床的定位精度和加工精度通常需要达到0.01mm或0.001mm的数量级，甚至更小，且其精度检测和计算标准的要求高于机器人。数控机床的轮廓加工能力决定于工件要求和机床结构，通常而言，能同时控制5轴（5轴联动）的机床，就可满足几乎所有零件的轮廓加工要求。

工业机器人是用于零件搬运、装卸、码垛、装配的生产辅助设备，或是进行焊接、切割、打磨、抛光等粗加工的设备，强调的是动作灵活性、作业空间、承载能力和感知能力。因此，除少数用于精密加工或装配的机器人外，其余大多数工业机器人对定位精度和轨迹精度的要求并不高，通常只需要达到0.1～1mm的数量级便可满足要求，且精度检测和计算标准的要求低于数控机床。但是，工业机器人的控制轴数将直接决定自由度、动作灵活性等关键指标，其要求很高；理论上说，需要工业机器人有6个自由度（6轴控制），才能完全描述一个物体在三维空间的位姿，如需要避障，还需要有更多的自由度。此外，智能工业机器人还需要有一定的感知能力，故需要配备位置、触觉、视觉、听觉等多种传感器；而数控机床一般只需要检测速度与位置。因此，工业机器人对检测技术的要求高于数控机床。

2. 工业机器人与机械手的比较

用于零件搬运、装卸、码垛、装配的工业机器人功能和自动化生产设备中的辅助机械手类似。例如，国际标准化组织（ISO）将工业机器人定义为“自动的、位置可控的、具有编程能力的多功能机械手”，日本机器人协会（JRA）将工业机器人定义为“能够执行人体上肢（手和臂）类似动作的多功能机器”，表明两者的功能存在很大的相似之处。但是，工业机器人与生产设备中的辅助机械手的控制系统、操作编程、驱动系统均有明显的不同。图 1.2.8 是工业机器人和机械手的比较图，两者的主要区别如下。

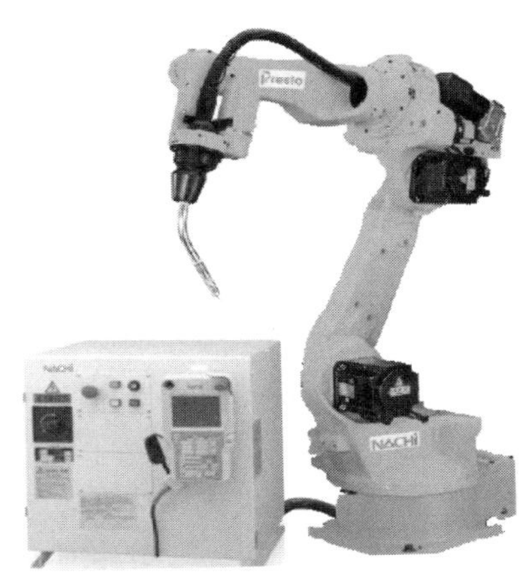

(a) 工业机器人

(b) 机械手

图 1.2.8 工业机器人与机械手

① 控制系统。工业机器人需要有独立的控制器、驱动系统、操作界面等，可对其进行手动、自动操作和编程，因此，它是一种可独立运行的完整设备，能依靠自身的控制能力来实现所需要的功能。机械手只是用来实现换刀或工件装卸等操作的辅助装置，其控制一般需要通过设备的控制器（如 CNC、PLC 等）实现，它没有自身的控制系统和操作界面，故不能独立运行。

② 操作编程。工业机器人具有适应动作和对象变化的柔性，其动作是随时可变的，如需要，最终用户可随时通过手动操作或编程来改变其动作，现代工业机器人还可根据人工智能技术所制订的原则纲领自主行动。但是，辅助机械手的动作和对象是固定的，其控制程序通常由设备生产厂家编制；即使在调整和维修时，用户通常也只能按照设备生产厂的规定进行操作，而不能改变其动作的位置与次序。

③ 驱动系统。工业机器人需要灵活改变位姿，绝大多数运动轴都需要有任意位置定位功能，需要使用伺服驱动系统；在无人搬运车（automated guided vehicle，简称 AGV）等输送机器人上，还需要配备相应的行走机构及相应的驱动系统。而辅助机械手的安装位置、定位点和动作次序样板都是固定不变的，大多数运动部件只需要控制起点和终点，故较多地采用气动、液压驱动系统。

1.2.3 常用工业机器人

目前，全球工业机器人的生产厂家主要集中于东亚和欧洲，FANUC（发那科）、YASKAWA（安川）、ABB、KUKA（库卡，现已被美的控股）是目前全球销量前列、产品规格全面的四大工业机器人代表性生产厂家，也是目前国内外常用的产品。四大生产厂家的主要产品情况大致如下。

1. FANUC（发那科）

FANUC工业机器人产品主要包括图1.2.9所示的垂直串联通用及专用（弧焊、涂装、食品药品等）工业机器人、并联Delta结构机器人、多轴运动平台和变位器等。

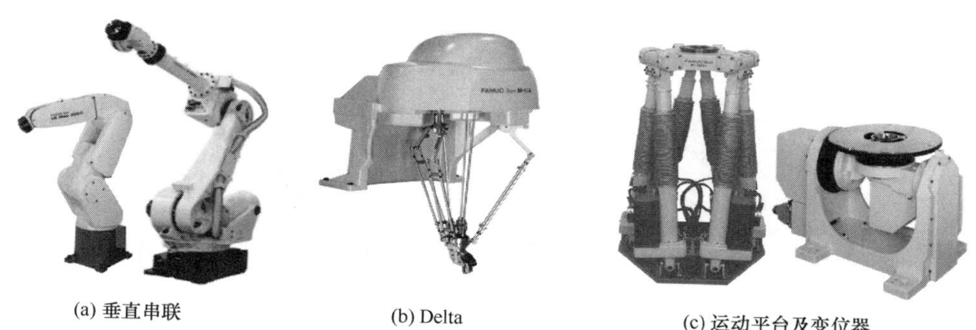

(a) 垂直串联　　(b) Delta　　(c) 运动平台及变位器

图1.2.9　FANUC工业机器人产品

图1.2.10所示的CR系列协作型机器人（collaborative robot）是FANUC近些年推出的新产品，属于第二代智能工业机器人。

CR系列协作型机器人带有触觉传感器等智能检测器件，可感知人体接触并安全停止，因此，可取消第一代机器人作业区间的防护栅栏等安全保护措施，实现人机协同作业。

CR系列协作型机器人采用6轴垂直串联标准结构，产品可用于装配、搬运、包装类作业，目前还不能用于焊接、切割等加工作业。

图1.2.10　CR协作工业机器人

2. YASKAWA（安川）

YASKAWA工业机器人产品主要包括图1.2.11所示的垂直串联通用及专用（弧焊、涂装、食品药品等）工业机器人、并联Delta机器人、水平串联SCARA机器人和变位器等。

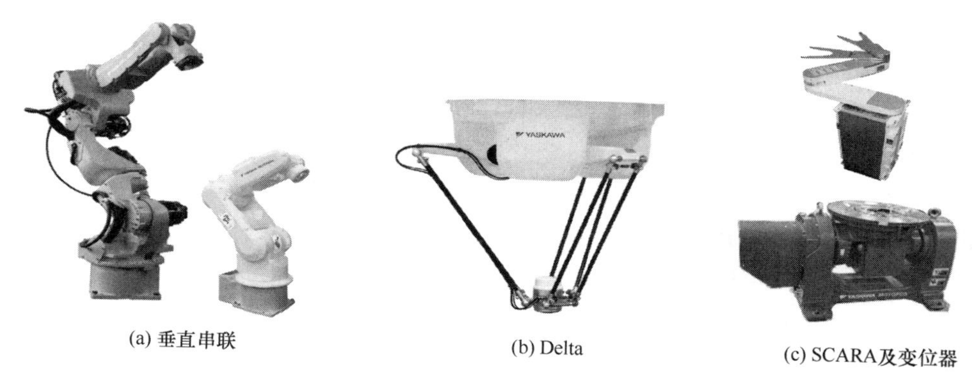

(a) 垂直串联　　(b) Delta　　(c) SCARA及变位器

图1.2.11　YASKAWA工业机器人产品

图1.2.12所示的手臂型机器人（arm robot）是YASKAWA近年研发的第二代智能工业机器人产品。手臂型机器人同样带有触觉传感器等智能检测器件，可感知人体接触并安全停止，实现人机协同安全作业。

安川手臂型机器人采用的是7轴垂直串联、类人手臂结构，其运动灵活，几乎不存在作业死区。安川手臂型机器人目前有SIA系列7轴单臂（single-arm）、SDA系列15轴（2×7轴单臂＋基座回转）双臂（dual-arm）两类，机器人可用于3C、食品、药品等行业的人机协同作业。

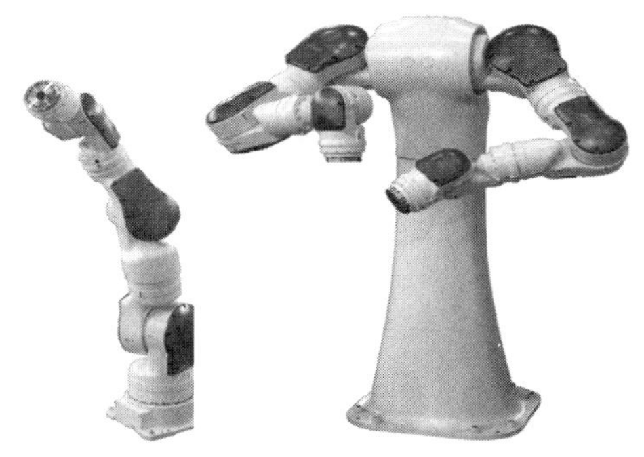

图 1.2.12 安川手臂型机器人

3. ABB

ABB工业机器人产品主要包括图1.2.13所示的垂直串联通用及专用（弧焊、涂装、食品药品等）工业机器人、并联Delta结构机器人、水平串联SCARA结构机器人和变位器等。

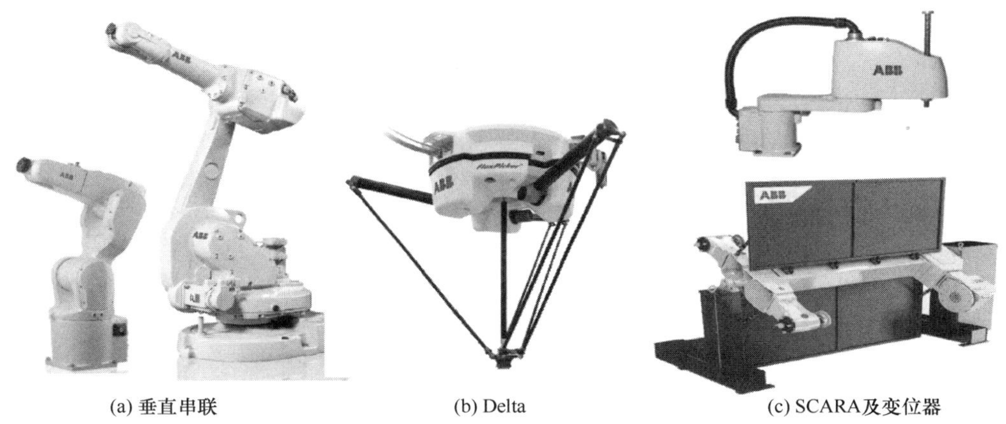

(a) 垂直串联　(b) Delta　(c) SCARA及变位器

图 1.2.13 ABB工业机器人产品

ABB公司第二代智能工业机器人的代表性产品为图1.2.14所示的YuMi协作型机器人。YuMi协作型机器人的结构和安川手臂型机器人基本相同，机器人同样有7轴单臂和15轴双臂两种，机器人带有触觉传感器等智能检测器件，可感知人体接触并安全停止，实现人机协同安全作业。

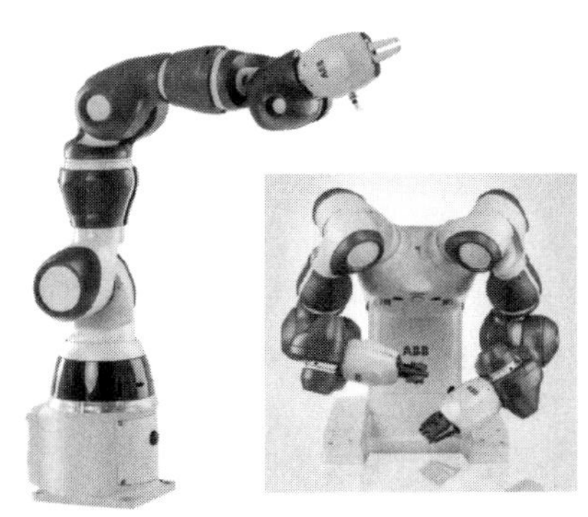

图 1.2.14 YuMi协作机器人

4. KUKA

KUKA公司工业机器人产品主要包括图1.2.15所示的垂直串联通用及专用（弧焊、码垛等）工业机器人、并联Delta结构机器人、水平串联SCARA结构机器人和变位器等。

图1.2.16所示的LBR协作型机器人是KUKA第二代智能工业机器人代表性产品。

LBR协作型机器人带有触觉传感器，可感知人体接触并安全停止，实现人机协同作业。LBR协作型机器人目前有LBR iiwa、LBR Med两类，LBR iiwa称为智能制造助手（intelligent industrial work assistants，简称iiwa），可用于一般工业生产场合；LBR Med为医用（medical）机器人，产品符合IEC 60601-1医疗设备安全标准。LBR机器人为单臂、7轴垂直串联结构，机器人运动灵活、结构紧凑、作业死区小、安全性好，可用于3C、食品、药品等行业的人机协同作业。

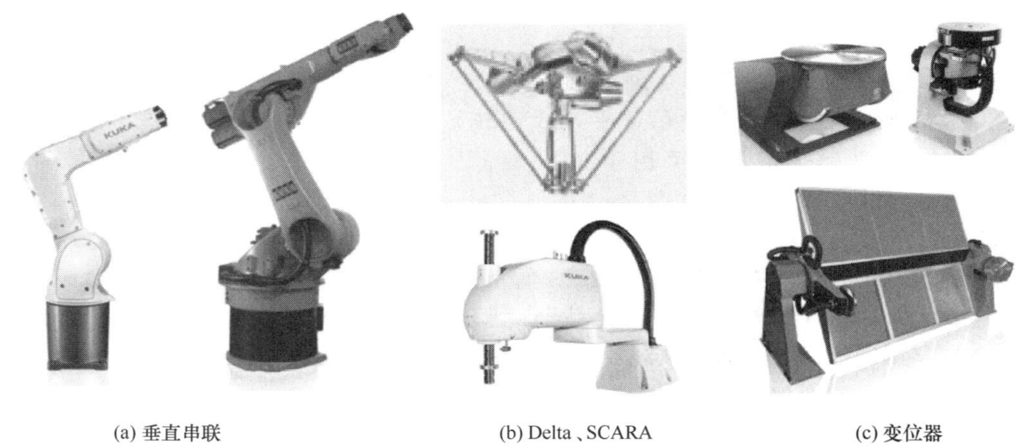

图 1.2.15 KUKA 工业机器人产品

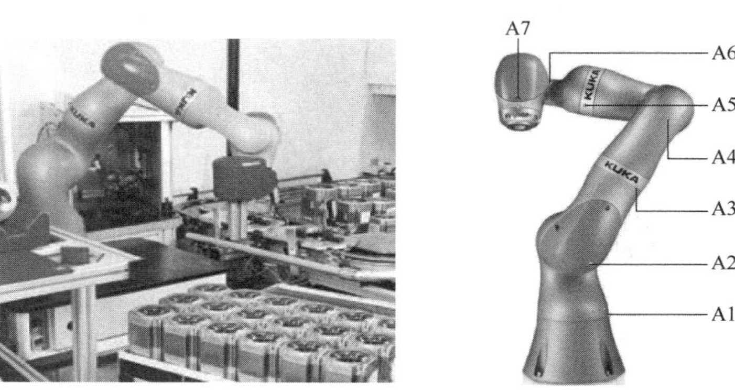

图 1.2.16 LBR 协作机器人

1.3 工业机器人的结构形态

从运动学原理上说，绝大多数机器人的本体都是由若干关节（joint）和连杆（link）组成的运动链。根据关节间的连接形式，多关节工业机器人的典型结构主要有垂直串联、水平串联（或 SCARA）和并联 3 大类，其结构形态分别如下。

1.3.1 垂直串联机器人

垂直串联（vertical articulated）是工业机器人最常见的结构形式，机器人的本体部分一般由 5～7 个关节在垂直方向依次串联而成，它可以模拟人类从腰部到手腕的运动，用于加工、搬运、装配、包装等各种场合。

1. 6 轴串联结构

图 1.3.1 所示的 6 轴串联是垂直串联机器人的典型结构。机器人的 6 个运动轴分别为腰部回转轴 S（swing，亦称 J1 轴）、下臂摆动轴 L（lower arm wiggle，亦称 J2 轴）、上臂摆动轴 U（upper arm wiggle，亦称 J3 轴）、腕回转轴 R（wrist rotation，亦称 J4 轴）、腕弯曲摆动轴 B（wrist bending，亦称 J5 轴）、手回转轴 T（turning，亦称 J6 轴）；其中，图中用实线表示的腰部回转轴 S（J1）、腕回转轴 R（J4）、手回转轴 T（J6）为可在 4 象限进行 360°或接近

360°回转，称为回转轴（roll）；用虚线表示的下臂摆动轴 L（J2）、上臂摆动轴 U（J3）、腕弯曲轴 B（J5）一般只能在 3 象限内进行小于 270°回转，称摆动轴（bend）。

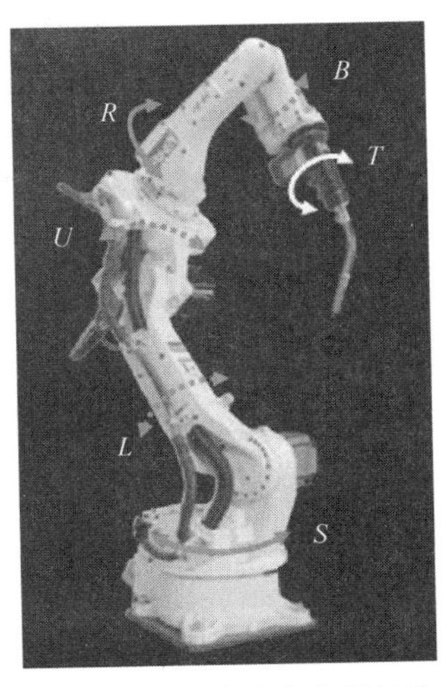

图 1.3.1　6 轴垂直串联结构

6 轴垂直串联结构机器人的末端执行器作业点的运动，由手臂和手腕、手的运动合成；其中，腰部、下臂、上臂 3 个关节，可用来改变手腕基准点的位置，称为定位机构。通过腰部回转轴 S 的运动，机器人可绕基座的垂直轴线回转，以改变机器人的作业面方向；通过下臂摆动轴 L 的运动，可使机器人的大部分进行垂直方向的偏摆，实现手腕参考点的前后运动；通过上臂摆动轴 U 的运动，它可使机器人的上部，进行水平方向的偏摆，实现手腕参考点的上下运动（俯仰）。

手腕部分的腕回转、腕弯曲摆动和手回转 3 个关节，可用来改变末端执行器的姿态，称为定向机构。腕回转轴 R 可整体改变手腕方向，调整末端执行器的作业面向；腕弯曲轴 B 可用来实现末端执行器的上下或前后、左右摆动，调整末端执行器的作业点；手回转轴 T 用于末端执行器回转控制，它可改变末端执行器的作业方向。

6 轴垂直串联结构机器人通过以上定位机构和定向机构的串联，较好地实现了三维空间内的任意位置和姿态控制，它对于各种作业都有良好的适应性，因此，可用于加工、搬运、装配、包装等各种场合。

但是，6 轴垂直串联结构机器人的也存在固有的缺点。第一，末端执行器在笛卡儿坐标系上的三维运动（X、Y、Z 轴），需要通过多个回转、摆动轴的运动合成，且运动轨迹不具备唯一性，X、Y、Z 轴的坐标计算和运动控制比较复杂，加上 X、Y、Z 轴的位置无法通过传感器进行直接检测，要实现高精度的闭环位置控制非常困难。这是采用关节和连杆结构的工业机器人存在的固定缺陷，它也是目前工业机器人大多需要采用示教编程以及位置控制精度不及数控机床的主要原因所在。第二，由于结构所限，6 轴垂直串联结构机器人存在运动干涉区域，在上部或正面运动受限时，进行下部、反向作业非常困难。第三，在典型结构上，所有轴的运动驱动机构都安装在相应的关节部位，机器人上部的质量大、重心高，高速运动时的稳定性较差，其承载能力通常较低等。

为了解决以上问题，垂直串联工业机器人有时采用如下变形结构。

2. 7 轴串联结构

为解决 6 轴垂直串联结构存在的下部、反向作业干涉问题，先进的工业机器人有时也采图 1.3.2（a）所示的 7 轴垂直串联结构。

7 轴垂直串联结构的机器人在 6 轴机器人的基础上，增加了下臂回转轴 LR（lower arm rotation，J7 轴），使定位机构扩大到腰回转、下臂摆动、下臂回转、上臂摆动 4 个关节，手腕基准点（参考点）的定位更加灵活。例如，当机器人上部的运动受到限制时，它仍能够通过下臂的回转，避让上部的干涉区，从而完成图 1.3.2（b）所示的下部作业；在正面运动受到限制时，则通过下臂的回转，避让正面的干涉区，进行图 1.3.2（c）所示的反向作业。

3. 其他结构

机器人末端执行器的姿态与作业要求有关，在部分作业场合，有时可省略 1～2 个运动轴，简化为图 1.3.3 所示的 4～5 轴垂直串联结构的机器人。例如，对于以水平面作业为主的搬运、包装机器人，有时可省略手腕回转轴 R，采用图 1.3.3（a）所示的 5 轴串联结构；对于大型平面搬运作业的机器人，有时省略手腕回转轴 R、摆动轴 B，采用图 1.3.3（b）所示的 4 轴

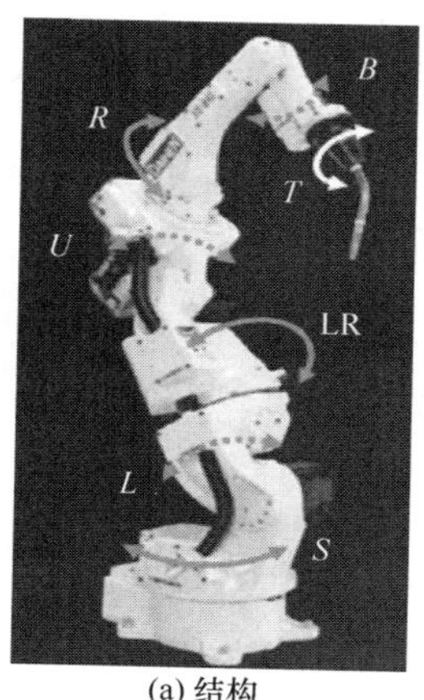

(a) 结构

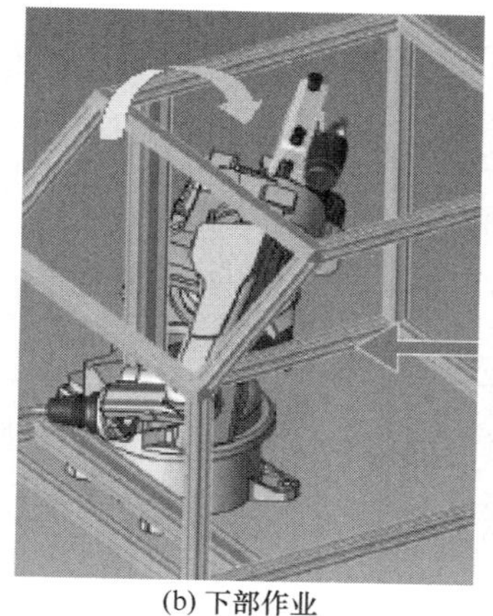
(b) 下部作业

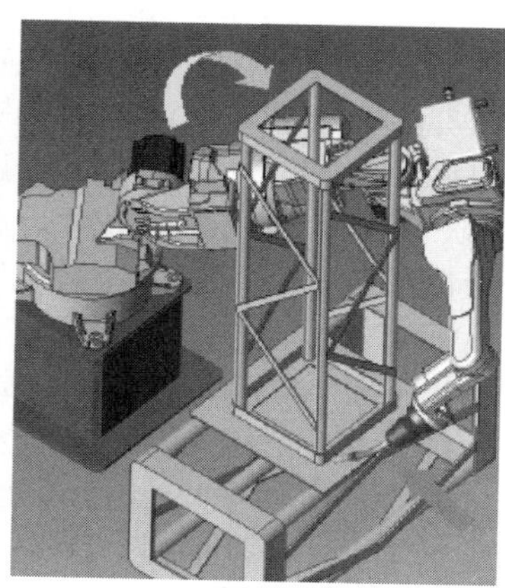
(c) 反向作业

图 1.3.2　7 轴机器人及应用

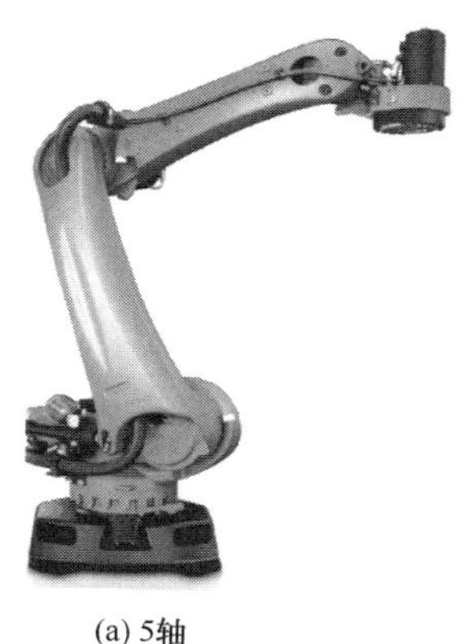
(a) 5轴

(b) 4轴

图 1.3.3　4、5 轴简化结构

结构，以简化结构、增加刚性等。

为了减轻 6 轴垂直串联典型结构的机器人的上部质量，降低机器人重心，提高运动稳定性和承载能力，大型、重载的搬运、码垛机器人也经常采用图 1.3.4 所示的平行四边形连杆驱动机构，来实现上臂摆动和腕弯曲的运动。

图 1.3.4　平行四边形连杆驱动

采用平行四边形连杆机构驱动，不仅可加长力臂，放大电机驱动力矩、提高负载能力，而且可将驱动机构的安装位置移至腰部，以降低机器人的重心，增加运动稳定性。平行四边形连杆机构驱动的机器人结构刚性高、负载能力强，它是大型、重载搬运机器人的常用结构形式。

1.3.2 水平串联机器人

1. 基本结构

水平串联（horizontal articulated）结构是日本山梨大学在1978年发明的一种建立在圆柱坐标上的特殊机器人结构形式，又称SCARA（selective compliance assembly robot arm，选择顺应性装配机器手臂）结构。

SCARA机器人的基本结构如图1.3.5所示。这种机器人的手臂由2～3个轴线相互平行的水平旋转关节C1、C2、C3串联而成，以实现平面定位；整个手臂可通过垂直方向的直线移动轴Z进行升降运动。

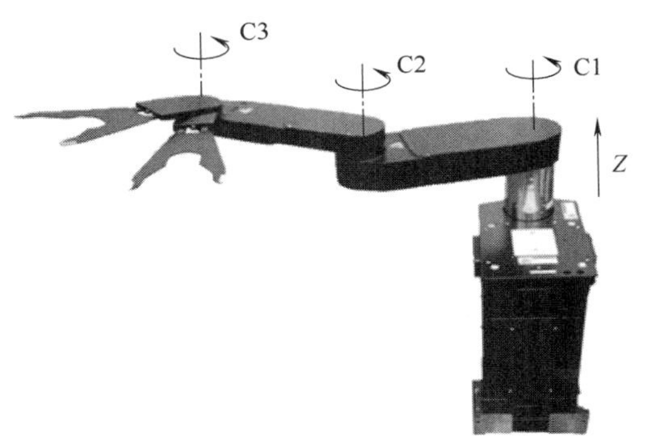

图1.3.5 SCARA机器人

SCARA机器人的结构简单、外形轻巧、定位精度高、运动速度快，它特别适合于平面定位、垂直方向装卸的搬运和装配作业，故首先被用于3C行业印刷电路板的器件装配和搬运作业，随后在光伏行业的LED、太阳能电池安装以及塑料、汽车、药品、食品等行业的平面装配和搬运领域得到了较为广泛的应用。SCARA结构机器人的工作半径通常为100～1000mm，承载能力一般在1～200kg之间。

2. 变形结构

采用SCARA基本结构的机器人结构紧凑、动作灵巧，但水平旋转关节C1、C2、C3的驱动电机均需要安装在基座侧，其传动链长、传动系统结构较为复杂；此外，垂直轴Z需要控制3个手臂的整体升降，其运动部件质量较大、承载能力较低、升降行程通常较小，因此，实际使用时经常采用图1.3.6所示的变形结构。

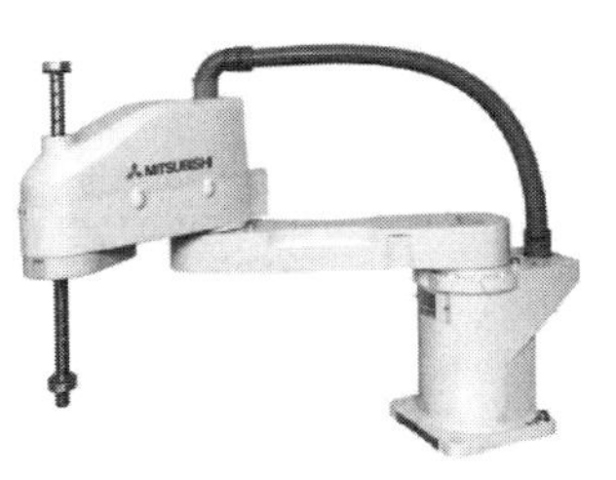

(a) 执行器升降

(b) 双臂大型

图1.3.6 SCARA变形结构

① 执行器升降结构。执行器升降SCARA机器人如图1.3.6（a）所示。采用执行器升降结构的SCARA机器人不但可扩大Z轴升降行程、减轻升降部件的重量、提高手臂刚性和负载能力，同时，还可将C2、C3轴的驱动电机安装位置前移，以缩短传动链、简化传动系统结构。但是，这种结构的机器人回转臂的体积大、结构不及基本型紧凑，因此，多用于垂直方向运动不受限制的平面搬运和部件装配作业。

② 双臂大型结构。双臂大型SCARA机器人如图1.3.6（b）所示。这种机器人有1个升

降轴 U、2 个对称手臂回转轴（L、R）、1 个整体回转轴 S；升降轴 U 可同步控制上、下臂的折叠，实现升降；回转轴 S 可控制 2 个手臂的整体回转；回转轴 L、R 可分别控制 2 个对称手臂的水平方向伸缩。双臂大型 SCARA 机器人的结构刚性好、承载能力强、作业范围大，故可用于太阳能电池板安装、清洗房物品升降等大型平面搬运和部件装配作业。

1.3.3 并联机器人

1. 基本结构

并联机器人（parallel robot）的结构设计源自 1965 年英国科学家 Stewart 在 *A platform with six degrees of freedom* 文中提出的 6 自由度飞行模拟器，即 Stewart 平台机构。Stewart 平台的标准结构如图 1.3.7 所示。

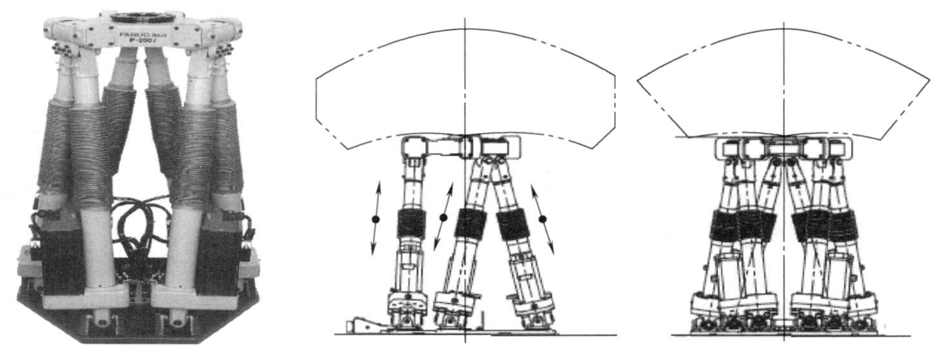

图 1.3.7 Stewart 平台

Stewart 运动平台通过空间均布的 6 根并联连杆支撑。当控制 6 根连杆伸缩运动时，便可实现平台在三维空间的前后、左右、升降及倾斜、回转、偏摆等运动。Stewart 平台具有 6 个自由度，可满足机器人的控制要求，在 1978 年，它被澳大利亚学者 Hunt 首次引入到机器人的运动控制。

Stewart 平台的运动需要通过 6 根连杆轴的同步控制实现，其结构较为复杂、控制难度很大。1985 年，瑞士洛桑联邦理工学院的 Clavel 博士，发明了一种图 1.3.8 所示的简化结构，它采用悬挂式布置，可通过 3 根并联连杆轴的摆动，实现三维空间的平移运动，这一结构称为 Delta 结构。

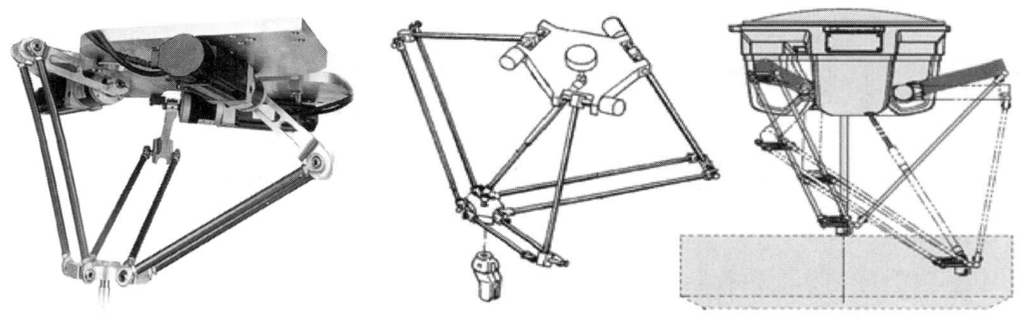

图 1.3.8 Delta 机构

Delta 机构可通过运动平台上安装图 1.3.9 所示的回转轴，增加回转自由度，方便地实现 4～6 自由度的控制，以满足不同机器人的控制要求。采用 Delta 结构的机器人称为 Delta 机器人或 Delta 机械手。

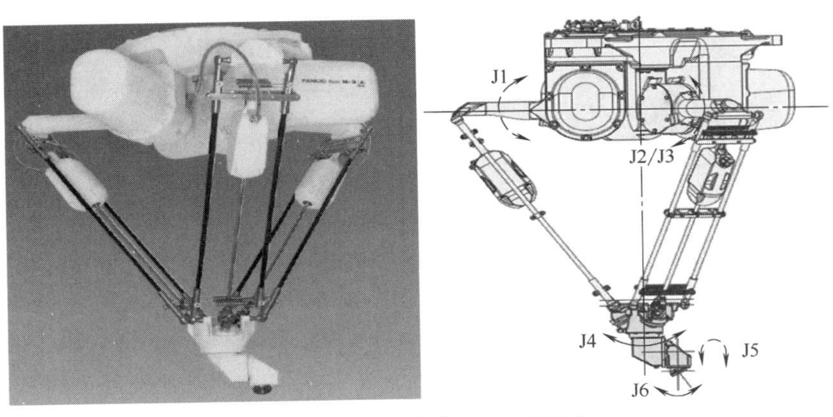

图 1.3.9　6 自由度 Delta 机器人

Delta 机器人具有结构简单、控制容易、运动快捷、安装方便等优点，因而成为了目前并联机器人的基本结构，被广泛用于食品、药品、电子等行业的物品分拣、装配、搬运，它是高速、轻载并联机器人最为常用的结构形式。

2. **结构特点**

并联结构和前述的串联结构有本质的区别，它是工业机器人结构发展史上的一次重大变革。在传统的串联结构机器人上，从机器人的安装基座到末端执行器，需要经过腰部、下臂、上臂、手腕、手部等多级运动部件的串联。因此，当腰部进行回转时，安装在腰部上方的下臂、上臂、手腕、手部等都必须随之进行相应的空间运动；当下臂进行摆动运动时，安装在下臂上的上臂、手腕、手部等也必须随之进行相应的空间移动。这就是说，串联结构的机器人的后置部件必然随同前置轴一起运动，这无疑增加了前置轴运动部件的重量；前置轴设计时，必须有足够的结构刚性。

另一方面，在机器人作业时，执行器上所受的反力也将从手部、手腕依次传递到上臂、下臂、腰部、基座上，即末端执行器的受力也将串联传递至前端。因此，前端构件在设计时不但要考虑负担后端构件的重力，而且还要承受作业反力，为了保证刚性和精度，每部分的构件都得有足够的体积和质量。

由此可见，串联结构的机器人，必然存在移动部件质量大、系统刚度低等固有缺陷。

并联结构的机器人手腕和基座采用的是 3 根并联连杆连接，手部受力可由 3 根连杆均匀分摊，每根连杆只承受拉力或压力，不承受弯矩或扭矩，因此，这种结构理论上具有刚度高、重量轻、结构简单、制造方便等特点。

3. **直线驱动结构**

采用连杆摆动结构的 Delta 机器人具有结构紧凑、安装简单、运动速度快等优点，但其承载能力通常较小（通常在 10kg 以内），故多用于电子、食品、药品等行业的轻量物品的分拣、搬运等。

为了增强结构刚性，使之能够适应大型物品的搬运、分拣等要求，大型并联机器人经常采用图 1.3.10 所示的直线驱动结构，这种机器人以伺服电机和滚珠丝杠驱动的连杆拉伸直线运动代替了摆动，不但提高了机器人的结构刚性和承载能力，而且可以提高定位精度、简化结构设计，其最大承载能力可达 1000kg 以上。直线驱动的并联机器人如安装高速主轴，便成为一台可进行切削加工、类似于数控机床的加工机器人。

并联结构同样在数控机床上得到应用，实用型产品在 1994 年的美国芝加哥世界制造技术博览会（IMTS94）上展出后，一度成为机床行业的研究热点，目前已有多家机床生产厂家推

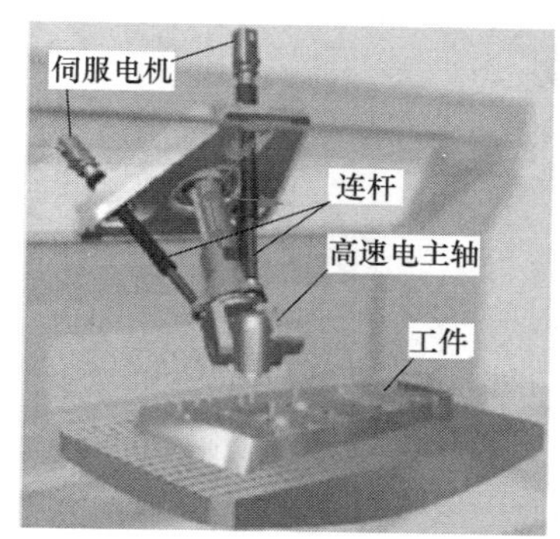

图 1.3.10 直线驱动并联机器人

出了实用化的产品。由于数控机床对结构刚性、位置控制精度、切削能力的要求高，因此，一般需要采用图 1.3.11 所示的 Stewart 平台结构或直线驱动的 Delta 结构，以提高机床的结构刚性和位置精度。

并联结构的数控机床同样具有刚度高、重量轻、结构简单、制造方便等特点，但是由于数控机床对位置和轨迹控制的要求高，采用并联结构时，其笛卡儿坐标系的位置检测和控制还存在相当的技术难度，因此，目前尚不具备大范围普及和推广的条件。

(a) Stewart平台结构

(b) Delta结构

图 1.3.11 并联轴数控机床

1.4 工业机器人的技术性能

1.4.1 主要技术参数

1. 基本参数

由于机器人的结构、用途和要求不同，机器人的性能也有所不同。一般而言，机器人样本和说明书中所给的主要技术参数有控制轴数（自由度）、承载能力、工作范围（作业空间）、运动速度、位置精度等；此外，还有安装方式、防护等级、环境要求、供电电源要求、机器人外形尺寸与重量等与使用、安装、运输相关的其他参数。

以 ABB 公司 IRB 140T 和安川公司 MH6 两种 6 轴通用型机器人为例，产品样本和说明书所提供的主要技术参数如表 1.4.1 所示。

表 1.4.1　6 轴通用机器人主要技术参数表

机器人型号		IRB 140T	MH6
规格（Specification）	承载能力(Payload)	6kg	6kg
	控制轴数(Number of axes)	6	
	安装方式(Mounting)	地面/壁挂/框架/倾斜/倒置	
工作范围（Working range）	第 1 轴(Axis 1)	360°	−170°～+170°
	第 2 轴(Axis 2)	200°	−90°～+155°
	第 3 轴(Axis 3)	−280°	−175°～+250°
	第 4 轴(Axis 4)	不限	−180°～+180°
	第 5 轴(Axis 5)	230°	−45°～+225°
	第 6 轴(Axis 6)	不限	−360°～+360°
最大速度（Maximum speed）	第 1 轴(Axis 1)	250°/s	220°/s
	第 2 轴(Axis 2)	250°/s	200°/s
	第 3 轴(Axis 3)	260°/s	220°/s
	第 4 轴(Axis 4)	360°/s	410°/s
	第 5 轴(Axis 5)	360°/s	410°/s
	第 6 轴(Axis 6)	450°/s	610°/s
重复定位精度 RP(Position repeatability)		0.03mm/ISO 9238	±0.08/JISB8432
工作环境(Ambient)	工作温度(Operation temperature)	+5℃～+45℃	0～+45℃
	储运温度(Transportation temperature)	−25℃～+55℃	−25℃～+55℃
	相对湿度(Relative humidity)	≤95%RH	20%～80%RH
电源(Power supply)	电压(Supply voltage)	200～600V/50～60Hz	200～400V/50～60Hz
	容量(Power consumption)	4.5kVA	1.5kVA
外形(Dimensions)	长×宽×高(Width×Depth×Height)/mm×mm×mm	800×620×950	640×387×1219
	质量(Mass)	98kg	130kg

机器人的安装方式与规格、结构形态等有关。一般而言，大中型机器人通常需要采用底面（floor）安装；并联机器人则多数为倒置安装；水平串联（SCARA）和小型垂直串联机器人则可采用底面、壁挂（wall）、倒置（inverted）、框架（shelf）、倾斜（tilted）等多种方式安装。

2. 作业空间

由于垂直串联等结构的机器人工作范围是三维空间的不规则球体，为了便于说明，产品样本中一般需要提供图 1.4.1 所示的手腕中心点（WCP）运动范围图。

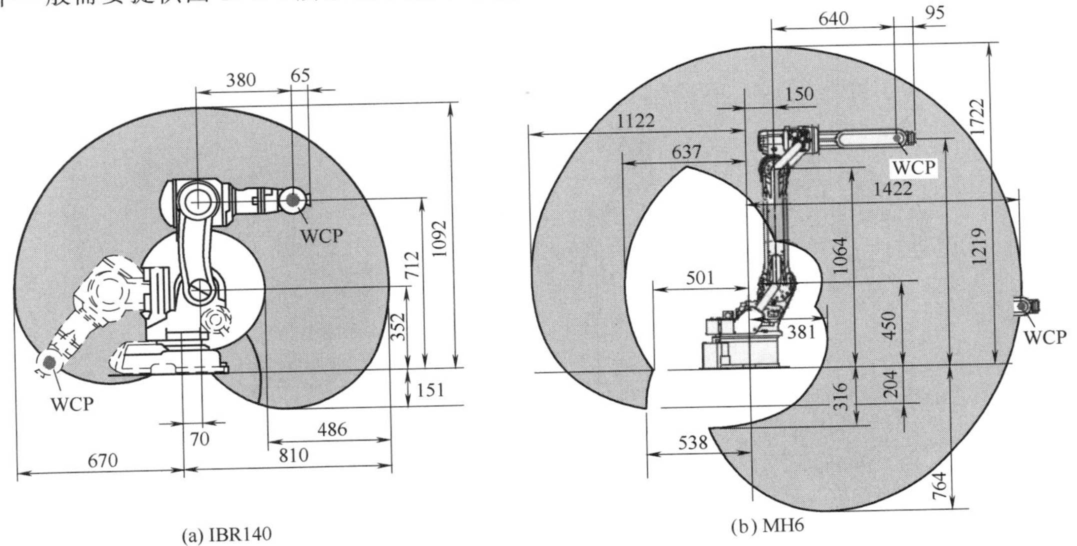

(a) IBR140　　(b) MH6

图 1.4.1　作业空间

在垂直串联机器人上，从机器人安装底面中心至手臂前伸极限位置的距离，通常称为机器人的作业半径。例如，图 1.4.1（a）所示的 IRB140 作业半径为 810mm（或 0.8m），图 1.4.1（b）所示的 MH6 作业半径为 1442mm（或 1.44m）等。

3. 分类性能

工业机器人的性能与机器人的用途、作业要求、结构形态等有关。大致而言，对于不同用途的机器人，其常见的结构形态以及对控制轴数（自由度）、承载能力、重复定位精度等主要技术指标的要求如表 1.4.2 所示。

表 1.4.2 各类机器人的主要技术指标要求

类别		常见形态	控制轴数	承载能力/kg	重复定位精度/mm
加工类	弧焊、切割	垂直串联	6～7	3～20	0.05～0.1
	点焊	垂直串联	6～7	50～350	0.2～0.3
装配类	通用装配	垂直串联	4～6	2～20	0.05～0.1
	电子装配	SCARA	4～5	1～5	0.05～0.1
	涂装	垂直串联	6～7	5～30	0.2～0.5
搬运类	装卸	垂直串联	4～6	5～200	0.1～0.3
	输送	AGV	—	5～6500	0.2～0.5
包装类	分拣、包装	垂直串联、并联	4～6	2～20	0.05～0.1
	码垛	垂直串联	4～6	50～1500	0.5～1

1.4.2 工作范围与承载能力

1. 工作范围

工作范围（working range）又称作业空间，它是指机器人手腕中心点所能到达的空间。工作范围是衡量机器人作业能力的重要指标，工作范围越大，机器人的作业区域也就越大。

机器人的工作范围内还可能存在奇点（singular point）。奇点又称奇异点，其数学意义是不满足整体性质的个别点；按照 RIA 标准定义，机器人奇点是“由两个或多个机器人轴共线对准所引起的、机器人运动状态和速度不可预测的点”。垂直串联机器人的奇点可参见后述；如奇点连成一片，则称为“空穴”。

机器人的工作范围与机器人的结构形态有关。在实际使用时，还需要考虑安装末端执行器后可能产生的碰撞，因此，实际工作范围应剔除机器人在运动过程中可能产生自身碰撞的干涉区。典型结构机器人的作业空间分别如下。

① 全范围作业机器人。在不同结构形态的机器人中，图 1.4.2 所示的直角坐标机器人

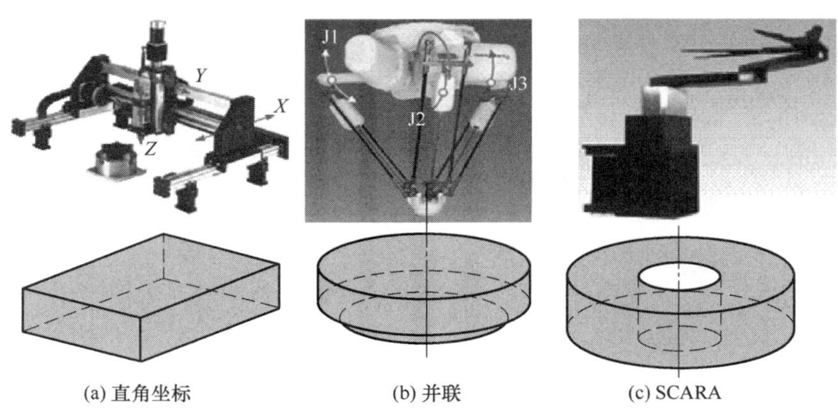

(a) 直角坐标　(b) 并联　(c) SCARA

图 1.4.2 全范围作业机器人

(Cartesian coordinate robot)、并联机器人(parallel robot)、SCARA 机器人的运动干涉区较小、机器人能接近全范围工作。

直角坐标的机器人手腕中心点定位通过三维直线运动实现，其作业空间为图 1.4.2(a)所示的实心立方体；并联机器人的手腕中心点定位通过 3 个并联轴的摆动实现，其作业范围为图 1.4.2(b)所示的三维空间的锥底圆柱体；SCARA 机器人的手腕中心点定位通过三轴摆动和垂直升降实现，其作业范围为图 1.4.2(c)所示的三维空间的中空圆柱体。

② 部分范围作业机器人。圆柱坐标(cylindrical coordinate robot)、球坐标(polar coordinate robot)和垂直串联(articulated robot)机器人的运动干涉区较大，工作范围需要去除干涉区，故只能进行图 1.4.3 所示的部分空间作业。

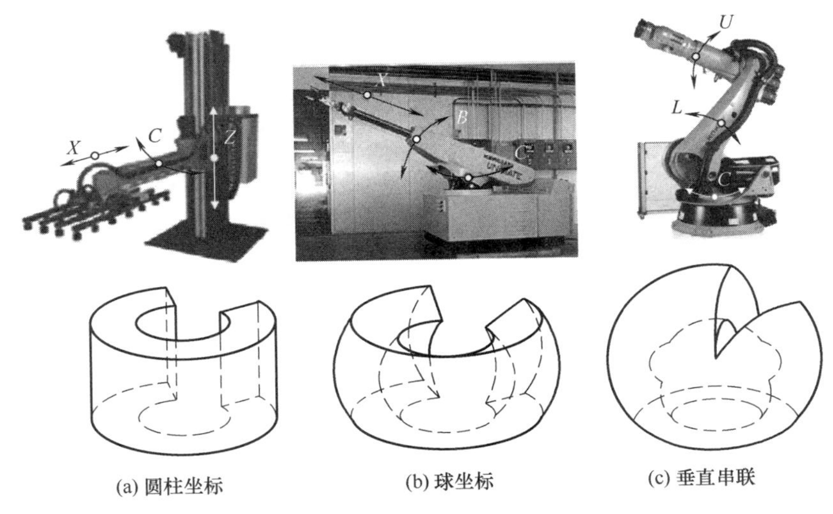

图 1.4.3　部分范围作业机器人

圆柱坐标机器人的手腕中心点定位通过 2 直线轴加 1 回转摆动轴实现，由于摆动轴存在运动死区，其作业范围通常为图 1.4.3(a)所示的三维空间的部分圆柱体。球坐标型机器人的手腕中心点定位通过 1 直线轴加 2 回转摆动轴实现，其摆动轴和回转轴均存在运动死区，作业范围为图 1.4.3(b)所示的三维空间的部分球体。垂直串联关节型机器人的手腕中心点定位通过腰、下臂、上臂 3 个关节的回转和摆动实现，摆动轴存在运动死区，其作业范围为图 1.4.3(c)所示的三维空间的不规则球体。

2. 承载能力

承载能力(payload)是指机器人在作业空间内所能承受的最大负载，它一般用质量、力、转矩等技术参数表示。

搬运、装配、包装类机器人的承载能力是指机器人能抓取的物品质量，产品样本所提供的承载能力是指负载重心位于指定基准点(不同产品的位置有所不同)时，机器人高速运动可抓取的物品重量。

焊接、切割等加工机器人无需抓取物品，因此，所谓承载能力是指机器人所能安装的末端执行器质量。切削加工类机器人需要承担切削力，其承载能力通常是指切削加工时所能够承受的最大切削进给力。

为了能够准确反映负载重心的变化情况，机器人承载能力有时也可用转矩(allowable moment)的形式表示，或者通过机器人承载能力随负载重心位置变化图，来详细表示承载能力参数。

图 1.4.4 是承载能力为 6kg 的 ABB 公司 IBR140 和安川公司 MH6 垂直串联结构工业机器人的承载能力图，其他同类结构机器人的情况与此类似。

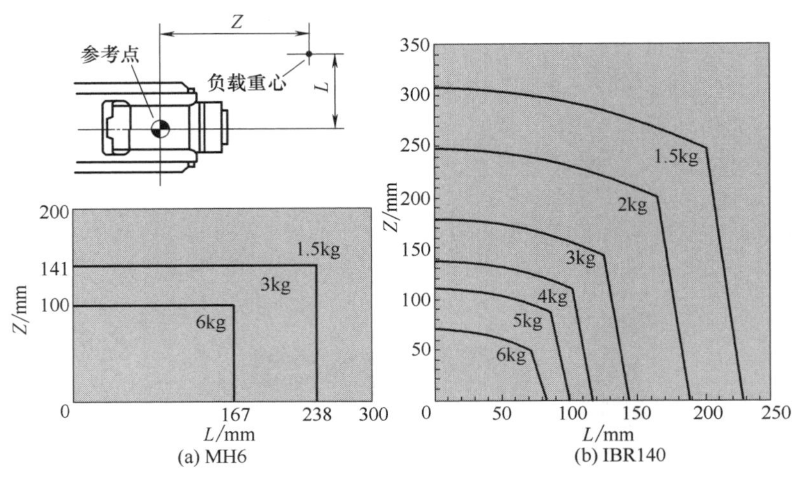

图 1.4.4　重心位置变化时的承载能力

1.4.3 自由度、速度及精度

1. 自由度

自由度（degree of freedom）是衡量机器人动作灵活性的重要指标。所谓自由度，就是整个机器人运动链所能够产生的独立运动数，包括直线、回转、摆动运动，但不包括执行器本身的运动（如刀具旋转等）。机器人的每一个自由度原则上都需要有一个伺服轴进行驱动，因此，产品样本和说明书常以控制轴数（number of axes）表示。

一般而言，机器人进行直线运动或回转运动所需要的自由度为 1；进行平面运动（水平面或垂直面）所需要的自由度为 2；进行空间运动所需要的自由度为 3。进而，如果机器人能进行图 1.4.5 所示的 X、Y、Z 方向直线运动和回绕 X、Y、Z 轴的回转运动，具有 6 个自由度，执行器就可在三维空间上任意改变姿态，实现完全控制。

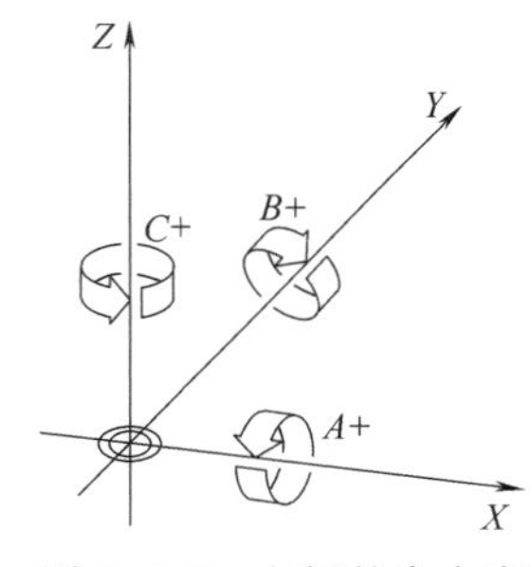

图 1.4.5　空间的自由度

如果机器人的自由度超过 6 个，多余的自由度称为冗余自由度（redundant degree of freedom），冗余自由度一般用来回避障碍物。

在三维空间作业的多自由度机器人上，由第 1～3 轴驱动的 3 个自由度，通常用于手腕基准点的空间定位；第 4～6 轴则用来改变末端执行器姿态。但是，当机器人实际工作时，定位和定向动作往往是同时进行的，因此，需要多轴同时运动。

机器人的自由度与作业要求有关。自由度越多，执行器的动作就越灵活，适应性也就越强，但其结构和控制也就越复杂。因此，对于作业要求不变的批量作业机器人来说，运行速度、可靠性是其最重要的技术指标，自由度则可在满足作业要求的前提下适当减少；而对于多品种、小批量作业的机器人来说，通用性、灵活性指标显得更加重要，这样的机器人就需要有较多的自由度。

2. 自由度的表示

通常而言，机器人的每一个关节都可驱动执行器产生 1 个主动运动，这一自由度称为主动自由度。主动自由度一般有平移、回转、绕水平轴线的垂直摆动、绕垂直轴线的水平摆动 4

种，在结构示意图中，它们分别用图 1.4.6 所示的符号表示。

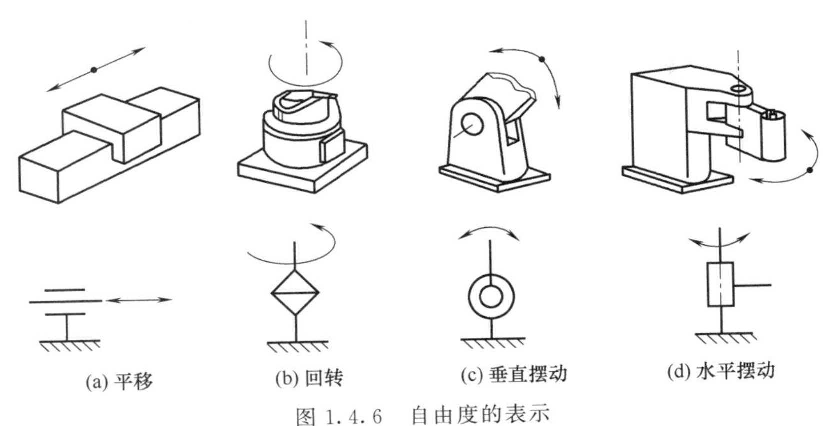

图 1.4.6 自由度的表示

当机器人有多个串联关节时，只需要根据其机械结构，依次连接各关节来表示机器人的自由度。

例如，图 1.4.7 为常见的 6 轴垂直串联和 3 轴水平串联机器人的自由度的表示方法，其他结构形态机器人的自由度表示方法类似。

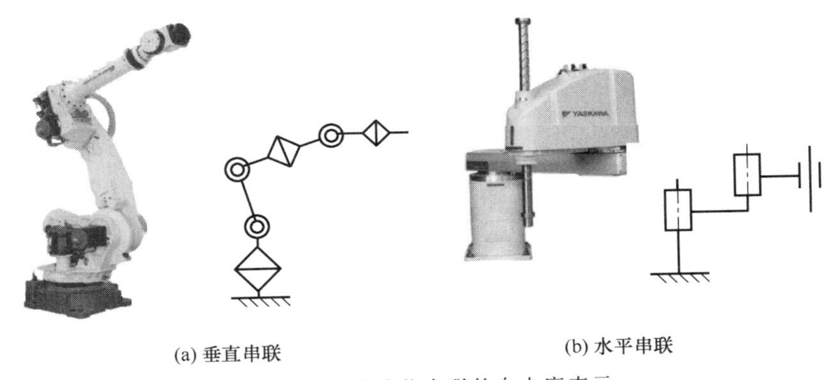

图 1.4.7 多关节串联的自由度表示

3. 运动速度

运动速度决定了机器人工作效率，它是反映机器人性能水平的重要参数。样本和说明书中所提供的运动速度，一般是指机器人在空载、稳态运动时所能够达到的最大运动速度（maximum speed）。

机器人运动速度用参考点在单位时间内能够移动的距离（mm/s）、转过的角度或弧度（°/s 或 rad/s）表示，它按运动轴分别进行标注。当机器人进行多轴同时运动时，其空间运动速度应是所有参与运动轴的速度合成。

机器人的实际运动速度与机器人的结构刚性、运动部件的质量和惯量、驱动电机的功率、实际负载的大小等因素有关。对于多关节串联结构的机器人，越靠近末端执行器的运动轴，运动部件的质量、惯量就越小，因此，能够达到的运动速度和加速度也越大；而越靠近安装基座的运动轴，对结构部件的刚性要求就越高，运动部件的质量、惯量就越大，能够达到的运动速度和加速度也越小。

4. 定位精度

机器人的定位精度是指机器人定位时，执行器实际到达的位置和目标位置间的误差值，它是衡量机器人作业性能的重要技术指标。机器人样本和说明书中所提供的定位精度一般是各坐标轴的重复定位精度 RP（position repeatability），在部分产品上，有时还提供了轨迹重复精度 RT（path repeatability）。

由于绝大多数机器人的定位需要通过关节的旋转和摆动实现，其空间位置的控制和检测，远比以直线运动为主的数控机床困难得多，因此，机器人的位置测量方法和精度计算标准都与数控机床不同。目前，工业机器人的位置精度检测和计算标准一般采用 ISO 9283：1998 *Manipulating industrial robots; performance criteria and related test methods*（《操纵型工业机器人，性能规范和试验方法》）或 JIS B8432（日本）等；而数控机床则普遍使用 ISO 230-2、VDI/DGQ 3441（德国）、JIS B6336（日本）、NMTBA（美国）或 GB/T 17421.2—2016（国标）等，两者的测量要求和精度计算方法都不相同，数控机床的标准要求高于机器人。

机器人的定位需要通过运动学模型来确定末端执行器的位置，其理论位置和实际位置之间本身就存在误差；加上结构刚性、传动部件间隙、位置控制和检测等多方面的原因，其定位精度与数控机床、三坐标测量机等精密加工、检测设备相比，还存在较大的差距，因此，它一般只能用作生产辅助设备，或是用于位置精度要求不高的粗加工。

1.5 FANUC 工业机器人概况

1.5.1 通用垂直串联机器人

通用型垂直串联机器人均为 6 轴标准结构，机器人可通过安装不同工具，用于加工、装配、搬运、包装等各类作业。根据机器人承载能力，通用型机器人一般分为小型（small，3～10kg）、轻量（low payload，10～30kg）、中型（medium payload，30～100kg）、大型（high payload，100～300kg）、重型（heavy payload，300～1300kg）5 大类，FANUC 工业机器人所对应的产品如下。

1. 小型、轻量通用机器人

目前常用的 FANUC-i 系列小型、轻量通用工业机器人，主要有图 1.5.1 所示的 LR Mate 200i、M-10i、M-20i 三系列产品。

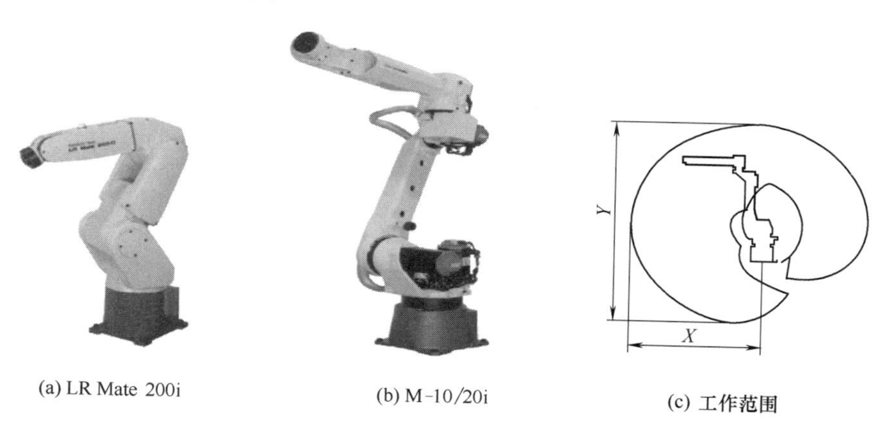

(a) LR Mate 200i　　(b) M-10/20i　　(c) 工作范围

图 1.5.1　FANUC 小型通用工业机器人

LR Mate 200i 系列通用工业机器人采用了图 1.5.1（a）所示的驱动电机内置式 6 轴垂直串联结构，其外形简洁、防护性能好。机器人的承载能力有 4kg、7kg 两种规格，产品作业半径在 1m 以内，作业高度在 1.7m 以下，重复定位精度可达±0.02mm。

M-10i 系列产品采用的是 6 轴垂直串联电机外置式标准结构，其承载能力为 7～12kg，产品作业半径为 1.4～2m，作业高度为 2.5～4m，重复定位精度为±0.08mm。

M-20i 系列产品的承载能力为 12～35kg。其中，承载能力为 25kg 的 M-20iB 采用驱动电机内置式标准结构，产品作业半径为 1.8m，作业高度为 3.3m，重复定位精度为±0.06mm；其他规格产品均采用 6 轴垂直串联电机外置式标准结构，产品作业半径为 1.8～2m，作业高度为 3.3～3.6m，重复定位精度为±0.08mm。

以上产品的主要技术参数如表 1.5.1 所示，表中工作范围参数 X、Y 的含义如图 1.5.1（c）所示（下同）。

表 1.5.1　FANUC 小型通用机器人主要技术参数表

产品系列		LR Mate 200i			M-10i				M-20i			M-20iB
参考型号		/4S	—	/7L	/7L	/8L	/10M	/12	/12L	/20M	/35M	/25
承载能力/kg		4	7	7	7	8	10	12	12	20	35	25
工作范围	X/mm	550	717	911	1632	2028	1422	1420	2009	1813	1813	1853
	Y/mm	970	1274	1643	2930	3709	2508	2504	3672	3287	3287	3345
重复定位精度/mm		±0.02	±0.02	±0.03	±0.08	±0.08	±0.08	±0.08	±0.08	±0.08	±0.08	±0.06
控制轴数		6			6				6			6
控制系统		R-30i Mate			R-30i Mate/R-30i							

2. 中型工业机器人

目前常用的 FANUC-i 系列中型通用工业机器人，主要有图 1.5.2 所示的 M-710i 和 R-1000i 两系列产品；机器人均采用 6 轴垂直串联后驱标准结构。

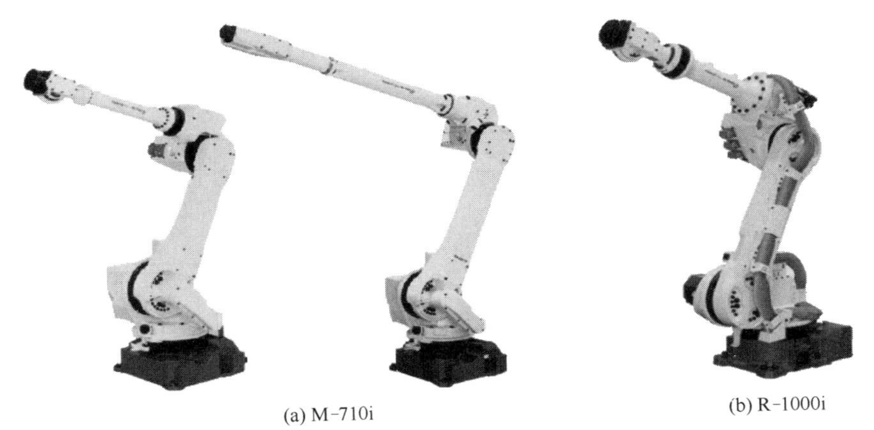

(a) M-710i　(b) R-1000i

图 1.5.2　FANUC 中型通用工业机器人

M-710i 系列通用工业机器人有标准型、紧凑型、加长型 3 种不同的结构。标准型产品的承载能力为 45～70kg，作业半径为 2～2.6m，作业高度为 3.5～4.5m，重复定位精度为±(0.07～0.1) mm；紧凑型产品承载能力为 50kg，作业半径为 1.4m，作业高度为 2m，重复定位精度为±0.07mm；加长型的承载能力为 12～20kg，作业半径可达 3.1m，作业高度可达 5.6m，重复定位精度为±0.15mm。

R-1000i 系列通用工业机器人的承载能力有 80kg、100kg 两种规格，作业半径为 2.2m，作业高度为 3.7m，重复定位精度为±0.2mm。

M-710i、R-1000i 系列通用工业机器人的主要技术参数如表 1.5.2 所示。

表 1.5.2 FANUC 中型通用机器人主要技术参数表

产品系列		M-710i						R-1000i	
结构形式		标准			紧凑	加长		标准	
参考型号		/45M	/50	/70	/70S	/12L	/20L	/80F	/100F
承载能力/kg		45	50	70	50	12	20	80	100
工作范围	X/mm	2606	2050	2050	1359	3123	3110	2230	2230
	Y/mm	4575	3545	3545	2043	5609	5583	3738	3738
重复定位精度/mm		±0.1	±0.07	±0.07	±0.07	±0.15	±0.15	±0.2	±0.2
控制轴数控制系统		6/R-30i Mate 或 R-30i							

3. 大型工业机器人

目前常用的 FANUC-i 系列大型通用工业机器人，主要为图 1.5.3 所示的 R-2000i 系列产品；机器人采用 6 轴垂直串联后驱标准结构，可根据需要选择地面、框架、上置安装，产品的规格较多。

R-2000i 系列承载能力为 125～250kg，作业半径为 1.5～3.1m，作业高度为 2.2～4.3m，重复定位精度为±(0.15～0.3) mm；产品规格及主要技术参数如表 1.5.3 所示。

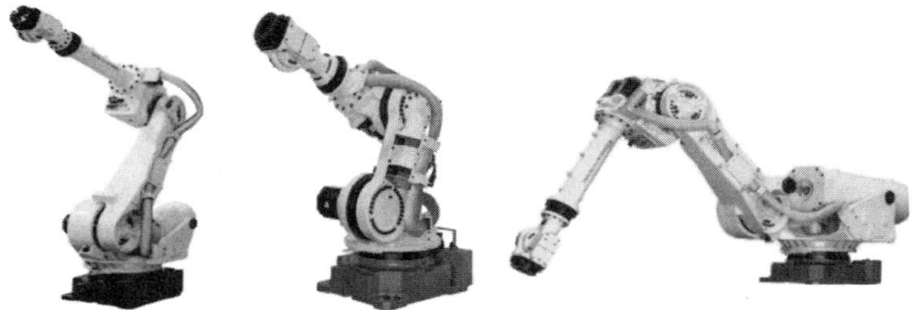

图 1.5.3 FANUC 大型通用工业机器人

表 1.5.3 FANUC 大型通用机器人主要技术参数表

产品系列		R-2000i							
参考型号		/125L	/165F	/170CF	/175L	/185L	/210F	/210FS	/250F
承载能力/kg		125	165	170	175	185	210	210	250
工作范围	X/mm	3100	2655	1520	2852	3060	2655	2605	2655
	Y/mm	4304	3414	2279	3809	4225	3414	3316	3414
重复定位精度/mm		±0.2	±0.2	±0.15	±0.3	±0.3	±0.2	±0.3	±0.3
控制轴数/控制系统		6/R-30i							

4. 重型工业机器人

目前常用的 FANUC-i 系列重型通用工业机器人，主要有图 1.5.4 所示的 M-900i、M-2000i 两系列产品。

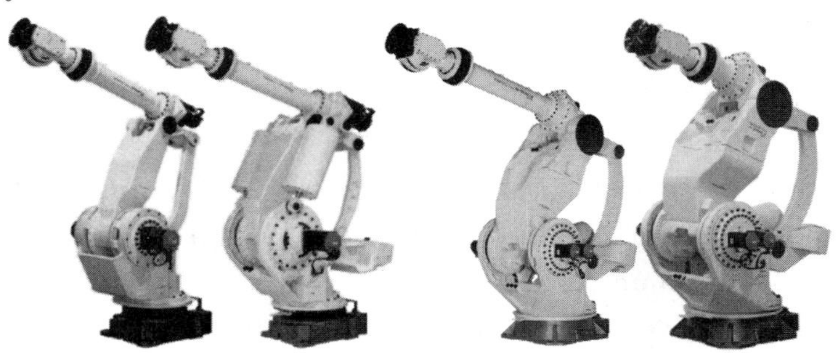

(a) M-900i　　(b) M-2000i

图 1.5.4 FANUC 重型通用工业机器人

M-900i、M-2000i系列重型通用工业机器人采用6轴垂直串联、平行四边形连杆驱动结构。M-900i系列的承载能力为280～700kg，作业半径为2.6～3.7m，作业高度为3.3～4.2m，重复定位精度为±(0.3～0.4) mm；M-2000i系列的承载能力为900～2300kg，作业半径为3.7～4.7m，作业高度为4.6～6.2m，重复定位精度为±(0.3～0.5) mm。

M-900i、M-2000i系列通用工业机器人的主要技术参数如表1.5.4所示。

表1.5.4　FANUC大型通用机器人主要技术参数表

产品系列		M-900i					M-2000i			
参考型号		/280	/280L	/360	/400L	/700	/900L	/1200	/1700L	/2300
承载能力/kg		280	280	360	400	700	900	1200	1700	2300
工作范围	X/mm	2655	3103	2655	3704	2832	4683	3734	4683	3734
	Y/mm	3308	4200	3308	4621	3288	6209	4683	6209	4683
重复定位精度/mm		±0.3	±0.3	±0.3	±0.5	±0.3	±0.5	±0.3	±0.5	±0.3
控制轴数/控制系统		6/R-30i								

1.5.2 专用垂直串联机器人

专用型工业机器人为特定的作业需要设计，FANUC-i系列工业机器人主要有弧焊、搬运及涂装等产品，其常用规格及主要技术性能如下。

1. 弧焊机器人

弧焊（arc welding）机器人是工业机器人中用量最大的产品之一，机器人对作业空间和运动灵活性的要求较高，但焊枪质量相对较轻，因此，一般采用小型6轴垂直串联结构。

在机器人本体结构上，为了获得更大的作业范围，机器人下臂（J3或A3）及手腕（J5或A5）的摆动范围，比同规格的通用机器人更大。此外，为了安装焊枪连接电缆、保护气体管线，机器人手腕通常设计成中空结构。

FANUC目前常用的i系列弧焊机器人，主要有图1.5.5所示的ARC Mate 0i、ARC Mate 50i、ARC Mate 100i、ARC Mate 120i四种型号。

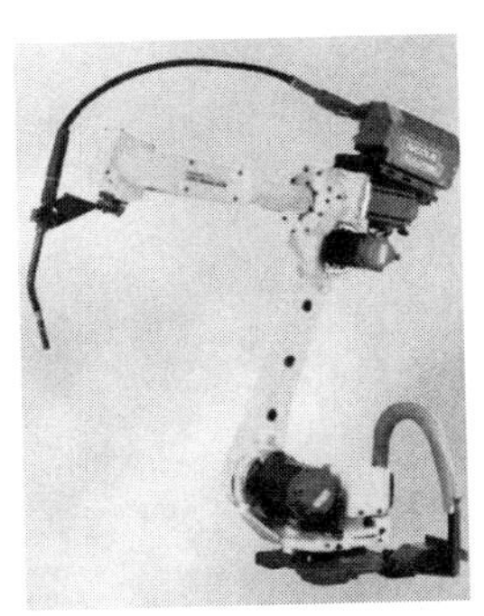

(a) ARC Mate 0i

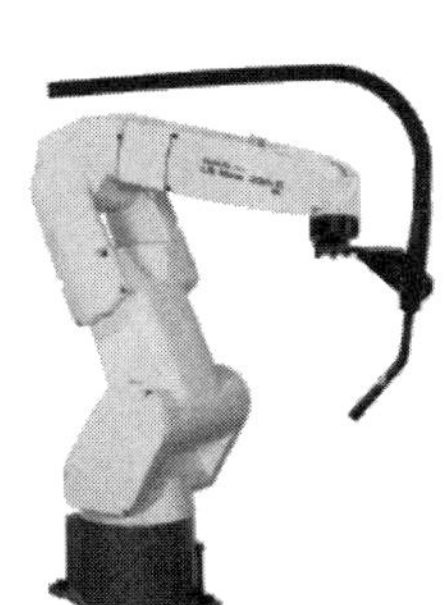

(b) ARC Mate 50i

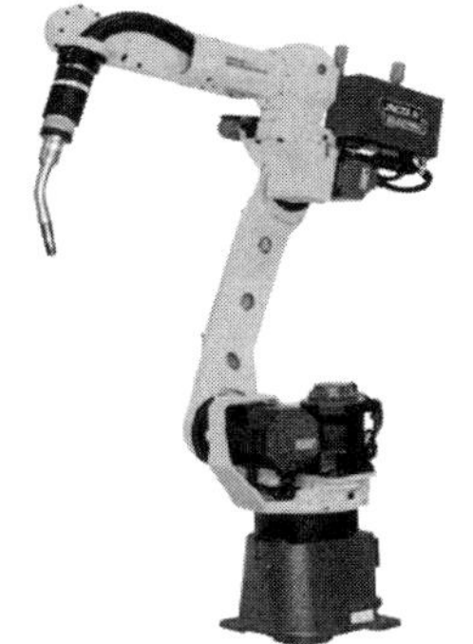

(c) ARC Mate 100i/120i

图1.5.5　FANUC弧焊机器人

ARC Mate 0i、ARC Mate 50i弧焊机器人需要配套外置式焊枪。ARC Mate 0i承载能力为3kg，作业半径为1.4m，作业高度为2.5m，重复定位精度为±0.08mm；ARC Mate 50i承载能力为6kg，作业半径为0.7～0.9m，作业高度为1.2～1.6m，重复定位精度为±(0.02～0.03) mm。

ARC Mate 100i、ARC Mate 120i弧焊机器人可配套内置式焊枪。ARC Mate 100i的承载

能力为 7～12kg，作业半径为 1.8～3.7m，作业高度为 2.5m，重复定位精度为±(0.05～0.08) mm；ARC Mate 120i 的承载能力为 12～20kg，作业半径为 1.8～2m，作业高度为 3.2～3.6m，重复定位精度为±0.08mm。

该系列弧焊机器人的主要技术参数如表 1.5.5 所示。

表 1.5.5 FANUC 弧焊机器人主要技术参数表

产品系列 ARC Mate		0iB	50iD		100iC				120iC	
参考型号		—	—	/7L	/7L	/8L	/12S	/12	/12L	—
承载能力/kg		3	6	6	7	8	12	12	12	20
工作范围	X/mm	1437	717	911	1632	2028	1098	1420	2009	1811
	Y/mm	2537	1274	1643	2930	3709	1872	2504	3672	3275
重复定位精度/mm		±0.08	±0.02	±0.03	±0.08	±0.08	±0.05	±0.08	±0.08	±0.08
控制轴数/控制系统		6/R-30i								

2. 搬运机器人

搬运工业机器人是专门用于物品移载的中大型、重型机器人，产品一般采用 6 轴垂直串联标准结构或平行四边形连杆驱动的 4 轴、5 轴变形结构。

目前常用的 FANUC-i 系列搬运专用机器人，主要有图 1.5.6 所示的 R-1000i/80H、R-2000i、M-900i、M-410i 等系列产品。

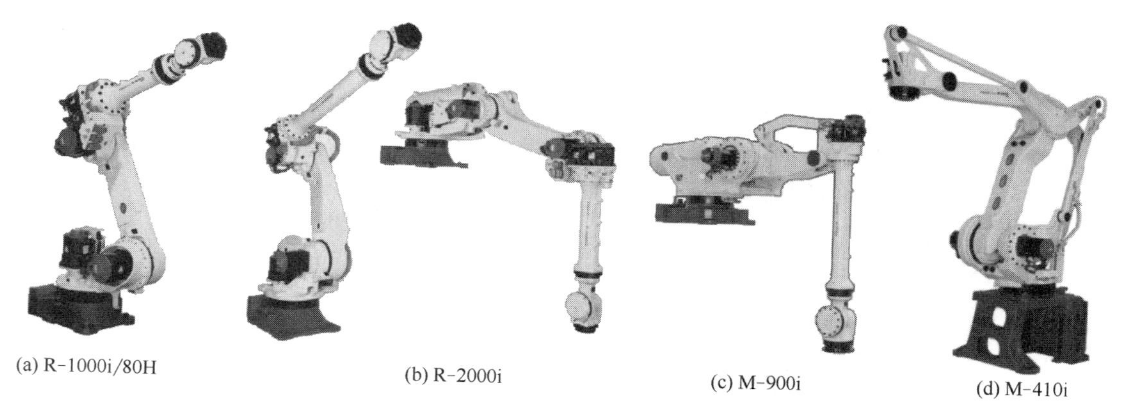

(a) R-1000i/80H (b) R-2000i (c) M-900i (d) M-410i

图 1.5.6 FANUC 搬运机器人

R-1000i/80H 系列中型搬运机器人采用地面安装、5 轴垂直串联变形结构（无手回转轴 J6），其承载能力为 80kg，作业半径约 2.2m，作业高度约 3.5m，重复定位精度为±0.2mm。

R-2000i 系列中型搬运机器人有 6 轴垂直串联框架安装的 R-2000i/100P、地面安装垂直串联 5 轴变形（无手回转轴 J6）的 R-2000i/100H 两种结构形式，其承载能力均为 100kg。R-2000i/100P 的作业半径约 3.5m，作业高度约 5.5m，重复定位精度为±0.3mm；R-2000i/100H 的作业半径约 2.7m，作业高度约 3.4m，重复定位精度为±0.2mm。

M-900i 系列大型搬运机器人采用 6 轴垂直串联框架安装结构，其承载能力为 150～200kg，作业半径约 3.5m，作业高度约 3.9m，重复定位精度为±0.3mm。

M-410i 系列大型、重型搬运机器人采用平行四边形连杆驱动 4 轴垂直串联变形结构，无手腕回转轴 J4、摆动轴 J5，承载能力为 140～700kg，作业半径为 2.8～3.1m，作业高度为 3～3.5m，重复定位精度为±(0.2～0.5) mm。

FANUC-i 系列搬运专用机器人的主要技术参数如表 1.5.6 所示。

表 1.5.6　FANUC 搬运机器人主要技术参数表

产品系列		R-1000i	R-2000i		M-900i		M-410i				
参考型号		/80H	/100P	/100H	/150P	/200P	/140H	/185	/315	/500	/700
承载能力/kg		80	100	100	150	200	140	185	315	500	700
工作范围	X/mm	2230	3500	2655	3507	3507	2850	3143			
	Y/mm	3465	5459	3414	3876	3876	3546	2958			
重复定位精度/mm		±0.2	±0.3	±0.2	±0.3	±0.3	±0.2	±0.5			
控制轴数		5	6	5	6	6	4				
安装方式		地面	框架	地面	框架		地面				
控制系统		R-30i									

3. 特殊用途机器人

食品、药品对作业机械的安全、卫生、防护有特殊要求，机器人的外露件通常需要使用不锈钢等材料，可能与物品接触的手腕等部位，需要采用密封、无润滑结构。用于油漆、喷涂的涂装类机器人，由于作业现场存在易燃、易爆或腐蚀性气体，对机器人的密封和防爆性能要求很高。因此，以上特殊机器人一般都需要采用图 1.5.7（a）所示的 3R（3 回转轴）或 2R（2 回转轴）中空密封结构，将管线布置在手腕内腔。

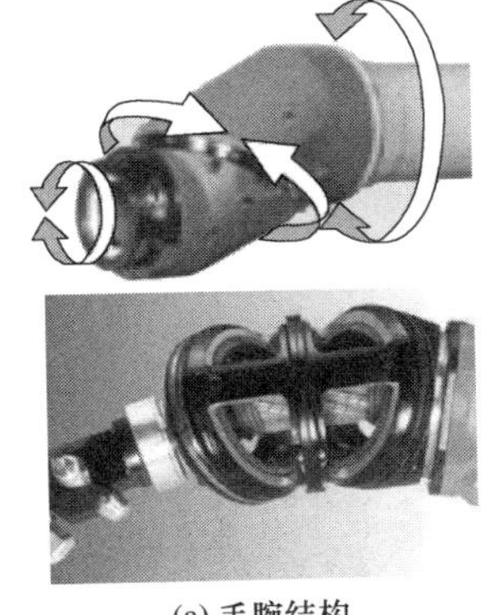

(a) 手腕结构

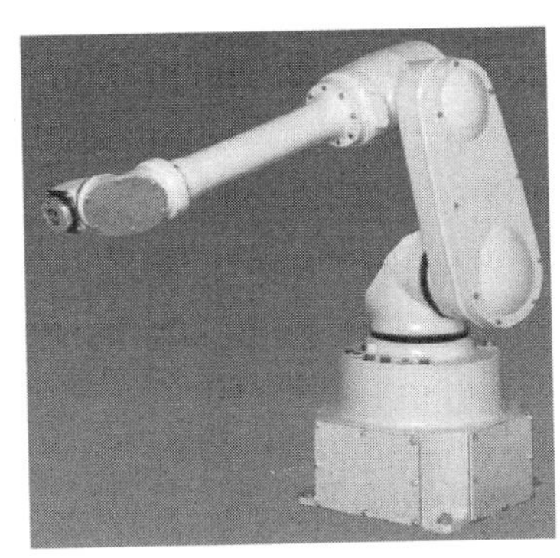

(b) M-430i

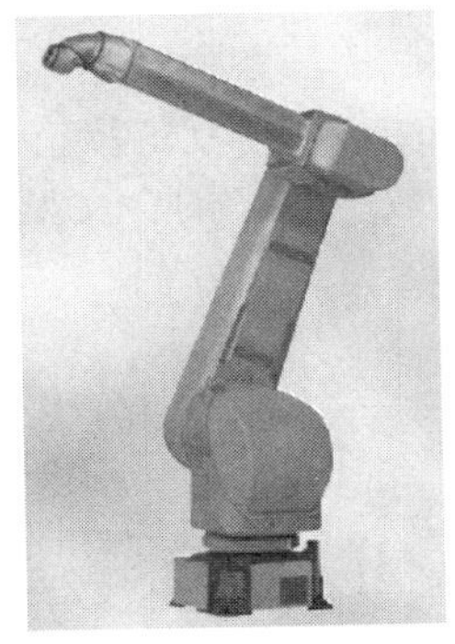

(c) P-250i

图 1.5.7　FANUC 特殊用途机器人

FANUC-i 系列特殊用途机器人目前主要有图 1.5.7（b）所示的食品、药品行业用 M-430i 系列以及图 1.5.7（c）所示的油漆、喷涂用 P-250i 两类产品。

食品、药品机器人的物品重量较轻，作业范围通常较小，产品以小型为主。FANUC 食品、药品用机器人（M-430i 系列）有 6 轴垂直串联 3R 手腕和 5 轴垂直串联 2R 手腕两种结构，产品承载能力为 2～4kg，作业半径为 0.7～0.9m，作业高度为 1.2～1.6m，重复定位精度为 ±0.5mm。

油漆、喷涂工业机器人的作业范围较大、工具重量较重，产品以中小型为主，FANUC 公司目前有 P-50i、P-250i、P-350i、P-500i、P-700i、P-1000i 等不同产品，其中，P-350i 的承载能力可达 45kg，其他产品的承载能力均为 15kg，但安装方式、作业范围有所区别。FANUC 涂装工业机器人以 P-250i 为常用，产品承载能力为 15kg，作业半径为 2.8m，作业高度约 5.3m，重复定位精度为±0.2mm。

该系列机器人的主要技术参数如表 1.5.7 所示。

表 1.5.7 FANUC 特殊用途机器人主要技术参数表

产品系列		M-430i				P-250i
参考型号		/2F、/2FH	/4FH	/2P	/2PH	—
承载能力/kg		2	4	2	2	15
工作范围	X/mm	900	900	700	900	2800
	Y/mm	1598	1598	1251	1598	5272
重复定位精度/mm		±0.5	±0.5	±0.5	±0.5	±0.2
控制轴数		5		6		6
控制系统		R-30i				

1.5.3 其他结构机器人

1. Delta 机器人

并联 Delta 结构的工业机器人多用于输送线物品的拾取与移动（分拣），它在食品、药品、3C 行业的使用较为广泛。

3C 部件、食品、药品的重量较轻，运动以空间三维直线移动为主，但物品在输送线上的运动速度较快，因此，它对机器人承载能力、工作范围、动作灵活性的要求相对较低，但对快速性的要求较高。此外，由于输送线多为敞开式结构，故而采用顶挂式安装的并联 Delta 结构机器人是较为理想的选择。

FANUC 目前常用的 FANUC-i 系列并联结构分拣机器人，主要有图 1.5.8 所示的 M-1i/2i/3i 三系列产品，产品承载能力为 0.5～12kg，作业直径为 0.8～1.35m，作业高度约 0.1～0.5m，重复定位精度为±(0.02～0.1) mm。产品主要技术参数如表 1.5.8 所示，工作范围参数 X、Y 的含义见图 1.5.8（c）。

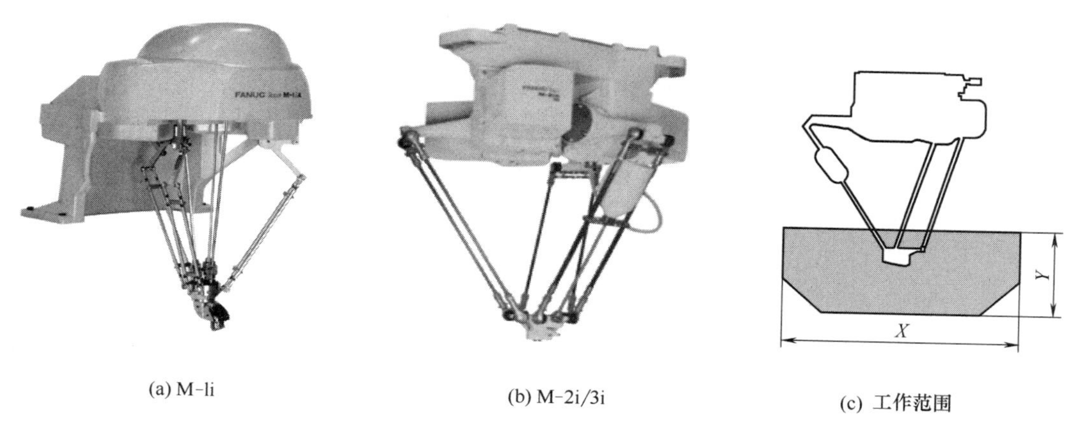

(a) M-1i (b) M-2i/3i (c) 工作范围

图 1.5.8 FANUC 并联机器人

表 1.5.8 FANUC 并联机器人主要技术参数表

产品系列		M-1i					
参考型号		/0.5A	/0.5S	/1H	/0.5AL	/0.5SL	/1HL
承载能力/kg		0.5	0.5	1	0.5	0.5	1
工作范围	X/mm	ϕ280			ϕ420		
	Y/mm	100			150		
重复定位精度/mm		±0.02			±0.03		
控制轴数		6	4	3	6	4	3
控制系统		R-30i Mate					

续表

产品系列		M-2i						M-3i		
参考型号		/3A	/3S	/3H	/3AL	/3SL	/3HL	/6A	/6S	/12H
承载能力/kg		3	3	6	3	3	6	6	6	12
工作范围	X/mm	ϕ800			ϕ1130			ϕ1350		
	Y/mm	300			400			500		
重复定位精度/mm		±0.1			±0.1			±0.1		
控制轴数		6	4	3	6	4	3	6	4	3
控制系统		R-30i Mate/R-30i								

2. 协作型机器人

协作型机器人（collaborative robot）可用于人机协同安全作业，属于第二代工业机器人产品。

协作型机器人和第一代普通工业机器人的主要区别在于作业安全性。普通工业机器人无触觉传感器，作业时如果与操作人员发生碰撞，机器人不能自动停止，因此，其作业场所需要设置图 1.5.9（a）所示的防护栅栏等安全保护措施。协作工业机器人带有触觉传感器，它可感知人体接触并安全停止，因此，可实现图 1.5.9（b）所示的人机协同作业。

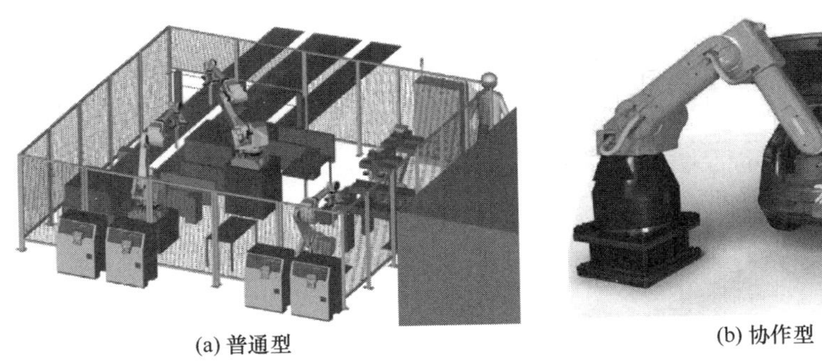

(a) 普通型　(b) 协作型

图 1.5.9　普通型与协作型工业机器人

图 1.5.10 所示的 CR 系列协作型机器人是 FANUC 近期推出的新产品，机器人采用 6 轴垂直串联标准结构，可用于装配、搬运、包装类作业，但不能用于焊接（点焊和弧焊）、切割等加工作业。

CR 系列协作型机器人目前只有承载能力 4～35kg 的中小型产品，其主要技术参数如表 1.5.9 所示，表中工作范围参数 X、Y 的含义如图 1.5.10（c）所示。

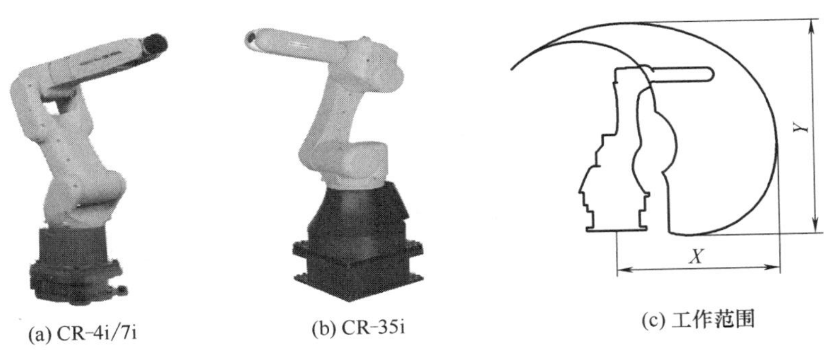

(a) CR-4i/7i　(b) CR-35i　(c) 工作范围

图 1.5.10　FANUC 协作机器人

表 1.5.9 FANUC 协作机器人主要技术参数表

产品系列		CR-4i	CR-7i		CR-35i
参考型号		—	—	/7L	—
承载能力/kg		4	7	7	35
工作范围	X/mm	550	717	911	1813
	Y/mm	818	1061	1395	2931
重复定位精度/mm		±0.02	±0.02	±0.03	±0.08
控制轴数		6	6	6	6
控制系统		R-30i Mate			R-30i

1.5.4 运动平台及变位器

1. 多轴运动平台

运动平台用于大型工件的夹紧、升降或回转、移动，FANUC-i 系列多轴运动平台有图 1.5.11 所示的 F100i、F200i 两系列产品。

F100i 运动平台一般需要多个组合使用，可用于大型工件的夹紧、升降或回转、移动。运动平台的控制轴数可为 4 轴或 5 轴，J1 轴平移行程有 250mm、500mm 两种规格，J3 轴升降行程为 250mm，平台承载能力为 158kg，重复定位精度可达 0.07mm。

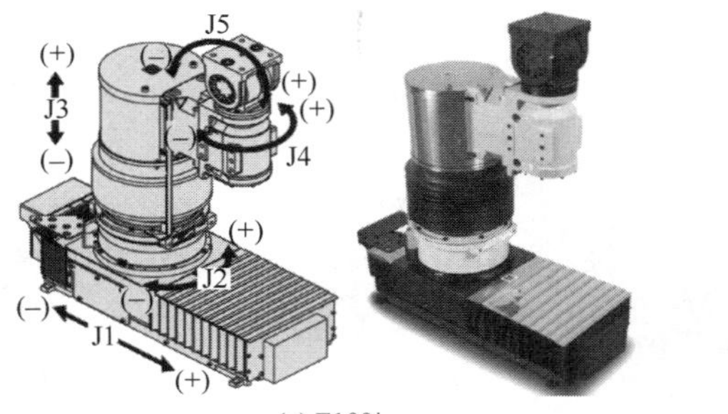

(a) F100i (b) F200i

图 1.5.11 FANUC 多轴运动平台

F200i 采用 6 轴 Stewart 平台标准结构，可采用地面或倒置式吊装安装，平台既可用来安装作业工具，也可用于工件运动。F200i 的运动范围为不规则形状，作业范围大致为 ϕ1000mm×450mm，承载能力为 100kg，重复定位精度可达±0.1mm。

2. 变位器

FANUC-i 系列工业机器人有图 1.5.12 所示的工件变位器、机器人变位器两类变位器，均

(a) 工件变位器

(b) 机器人变位器

图 1.5.12 FANUC 变位器

采用伺服电机驱动，并可通过机器人控制器直接控制。

工件变位器通常用于焊接机器人的工件回转变位，常用的有300kg、500kg、1000kg、1500kg单轴型和500kg双轴型5种规格。

机器人变位器用于机器人的回转或直线移动，回转变位器可用于机器人的360°回转；常用规格的承载能力为4000kg、9000kg等；直线变位器可用于1～3台机器人的直线移动，常用规格的最大行程为7m、8m、9.5m等。

1.6 安川工业机器人概况

1.6.1 垂直串联机器人

1. 小型通用机器人

安川目前常用的承载能力20kg及以下的小型垂直串联通用工业机器人主要产品如图1.6.1所示。

MH、MA、HP、GP系列机器人采用的是6轴垂直串联标准结构，其规格较多。标准结构产品的作业半径X一般在2m以内，作业高度Y通常在3.5m以下；加长型的MA3100的作业半径可达3.1m，作业高度可达5.6m，但其定位精度将相应降低。机器人的定位精度与工作范围有关，作业半径小于1m时，重复定位精度一般不超过±0.03mm；作业半径在1～2m时，重复定位精度一般为±(0.06～0.08) mm；作业半径3.1m的MA3100，其重复定位精度为±0.15mm。

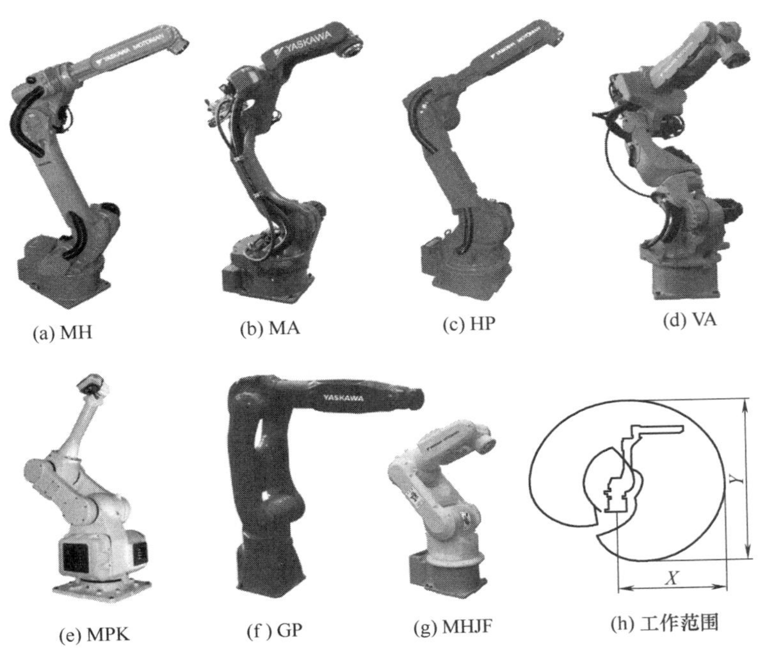

图1.6.1 安川小型工业机器人

VA系列为带下臂回转轴LR的7轴垂直串联变形结构产品，多用于弧焊作业，以避让干涉区，增加灵活性。7轴VA系列20kg以下的小型机器人目前只有VA1400一个规格，产品的承载能力为3kg，作业半径约为1.4m，作业高度约为2.5m，重复定位精度为±0.08mm。

MPK 系列为无上臂回转轴 R 的 5 轴垂直串联变形结构产品，产品多用于包装、码垛的平面搬运作业。5 轴 MPK 系列小型机器人目前只有 2kg、5kg 两个规格，产品作业半径为 0.9m、作业高度在 1.6m 左右；重复定位精度为±0.5mm。

以上产品的主要技术参数如表 1.6.1 所示，表中工作范围参数 X、Y 的含义如图 1.6.1（h）所示。

表 1.6.1 安川小型通用机器人主要技术参数表

系列	型号	承载能力/kg	工作范围/mm		重复定位精度/mm	控制轴数
			X	Y		
MH	JF	1	545	909	±0.03	6
	3F、3BM	3	532	804	±0.03	6
	5S、5F	5	706	1193	±0.02	6
	5LS、5LF	5	895	1560	±0.03	6
	6	6	1422	2486	±0.08	6
	6S	6	997	1597	±0.08	6
	6-10	10	1422	2486	±0.08	6
MA	1400	3	1434	2511	±0.08	6
	1800	15	1807	3243	±0.08	6
	1900	3	1904	3437	±0.08	6
	3100	3	3121	5615	±0.15	6
HP	20	20	1717	3063	±0.06	6
	20RD	20	2017	3134	±0.06	6
	20D-6	6	1915	3459	±0.06	6
	20D-A80	20	1717	3063	±0.06	6
GP	7	7	927	1693	±0.03	6
	8	8	727	1312	±0.02	6
	12	12	1440	2511	±0.08	6
VA	1400	3	1434	2475	±0.08	7
MPK	2F	2	900	1625	±0.5	5
	2F-5	5	900	1551	±0.5	5

2. 中型通用机器人

安川公司目前常用的承载能力 20～100kg（不含）的中型垂直串联通用工业机器人主要产品如图 1.6.2 所示。

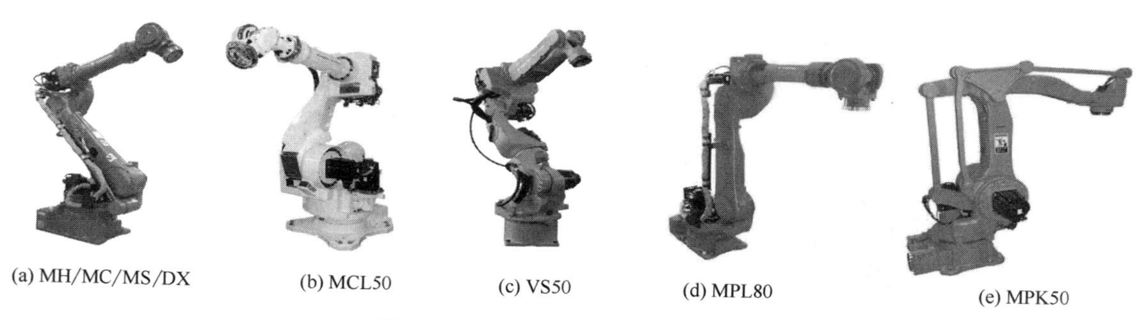

(a) MH/MC/MS/DX (b) MCL50 (c) VS50 (d) MPL80 (e) MPK50

图 1.6.2 安川中型通用工业机器人

MH、MC、MS、DX、MCL 系列机器人采用的是 6 轴垂直串联标准结构，MH 系列的规格较多，其他系列均只有 1 个规格；其中，DX 系列机器人可壁挂式安装。标准结构产品的作业半径 X 一般在 2.5m 以内，作业高度 Y 通常在 4m 以下；加长型 MH50 机器人的作业半径可达 3.1m、作业高度为 5.6m，但其承载能力、定位精度需要相应降低。机器人的定位精度与工作范围有关，作业半径小于2.5m时，重复定位精度一般为±0.07mm；作业半径为3.1m的特殊机器人，重复定位精度为±0.15mm。

VS系列为带下臂回转轴LR的7轴垂直串联变形结构产品，多用于点焊作业，以避让干涉区，增加灵活性。7轴VS系列中型机器人目前只有VS50一个规格，产品的承载能力为50kg，作业半径约为1.6m，作业高度约为2.6m，重复定位精度为±0.1mm。

MPL80采用无手腕回转轴R的5轴垂直串联变形结构，它与MPL系列其他大型机器人产品的结构不同。5轴MPL系列中型机器人目前只有80kg一个规格，产品作业半径约2m，作业高度约3.3m，重复定位精度为±0.07mm。

MPK50为平行四边形连杆驱动的4轴垂直串联机器人，它无手腕回转轴R、摆动轴B，产品多用于包装、码垛的平面搬运作业。4轴MPK系列中型机器人目前只有50kg一个规格，产品作业半径为1.9m，作业高度在1.7m左右，重复定位精度为±0.5mm。

以上产品的主要技术参数如表1.6.2所示，表中工作范围参数X、Y的含义如图1.6.1（h）所示。

表1.6.2　安川中型通用机器人主要技术参数表

系列	型号	承载能力/kg	工作范围/mm		重复定位精度/mm	控制轴数
			X	Y		
MH	50	50	2061	3578	±0.07	6
	50-20	20	3106	5585	±0.15	6
	50-35	35	2538	4448	±0.07	6
	80	80	2061	3578	±0.07	6
	80W	80	2236	3751	±0.07	6
MC	2000	50	2038	3164	±0.07	6
MS	80W	80	2236	3751	±0.07	6
DX	1350D	35	1355	2201	±0.06	6
MCL	50	50	2046	2441	±0.07	6
VS	50	50	1630	2597	±0.1	7
MPL	80	80	2061	3291	±0.07	5
MPK	50	50	1893	1668	±0.5	4

3. 大型通用机器人

安川公司目前常用的承载能力100kg及以上、300kg以下的大型垂直串联通用工业机器人的主要产品如图1.6.3所示。

MH、MCL、MS系列以及EPH130D、ES165/200/280D机器人，采用的是6轴垂直串联标准结构，其作业半径X一般在3m以内，作业高度Y通常在4m以下，重复定位精度为±0.2mm。

(a) MH/MCL/MS、EPH130D、ES165/200/280D

(b) MPL

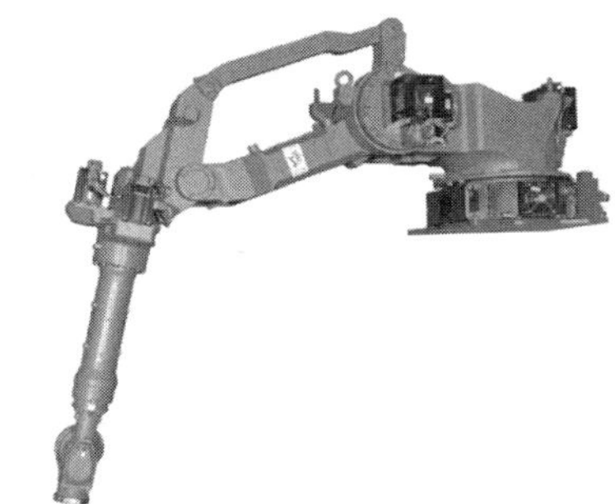

(c) EPH130RLD、EPH/EP400、ES165/200RD

图1.6.3　安川大型通用工业机器人

MPL 为平行四边形连杆驱动的 4 轴垂直串联机器人，它无手腕回转轴 R、摆动轴 B，产品多用于包装、码垛的平面搬运作业。4 轴 MPL 系列大型机器人有 100kg、160kg 两个规格，产品作业半径、作业高度为 3m 左右，重复定位精度为±0.5mm。

EPH130RLD、EPH/EP4000、ES165/200RD 机器人，采用的是 6 轴垂直串联框架安装结构，其作业半径 X 为 3～4m，作业高度 Y 可达 5m 左右（加长型 ES200RD 可达 6.5m）；重复定位精度为±(0.2～0.5) mm。

以上产品的主要技术参数如表 1.6.3 所示，表中工作范围参数 X、Y 的含义如图 1.6.1（h）所示。

表 1.6.3 安川大型通用机器人主要技术参数表

系列	型号	承载能力/kg	工作范围/mm		重复定位精度/mm	控制轴数
			X	Y		
MH	165	165	2651	3372	±0.2	6
	165-100	100	3010	4091	±0.2	6
	215	215	2912	3894	±0.2	6
	250	250	2710	3490	±0.2	6
MCL	130	130	2650	3130	±0.2	6
	165-100	100	3001	3480	±0.3	6
	165	165	2650	3130	±0.2	6
MS	120	120	1623	2163	±0.2	6
ES	165D	165	2651	3372	±0.2	6
	200D	200	2651	3372	±0.2	6
	280D	280	2446	2962	±0.2	6
	280D-230	230	2651	3372	±0.2	6
	165RD	165	3140	4782	±0.2	6
	200RD	200	3140	4782	±0.2	6
	200RD-120	120	4004	6512	±0.2	6
EPH	130D	130	2651	3372	±0.2	6
	130RLD	130	3474	4151	±0.3	6
	4000D	200	3505	2629	±0.5	6
EP	4000D	200	3505	2614	±0.5	6
MPL	100	100	3159	3024	±0.5	4
	160	160	3159	3024	±0.5	4

4. 重型通用机器人

安川公司目前常用的承载能力 300kg 及以上的重型垂直串联通用工业机器人的主要产品如图 1.6.4 所示。

(a) HP/UP

(b) MPL

图 1.6.4 安川重型通用工业机器人

HP、UP 系列采用的是 6 轴垂直串联标准结构，UP 系列可框架式安装。HP 系列的作业半径 X 一般在 3m 以内，作业高度 Y 通常在 3.5m 以下；UP 系列的作业半径 X 为 3.5m 左右，作业高度 Y 接近 5m；两系列产品的重复定位精度均为±0.5mm。

MPL 为平行四边形连杆驱动的 4 轴垂直串联机器人，它无手腕回转轴 R、摆动轴 B，产品多用于包装、码垛的平面搬运作业。4 轴 MPL 系列重型机器人的最大承载能力为 800kg，产品作业半径、作业高度均为 3m 左右，重复定位精度为±0.5mm。

以上产品的主要技术参数如表 1.6.4 所示，表中工作范围参数 X、Y 的含义同前。

表 1.6.4 安川重型通用机器人主要技术参数表

系列	型号	承载能力/kg	工作范围/mm		重复定位精度/mm	控制轴数
			X	Y		
HP	350D	350	2542	2761	±0.5	6
	350D-200	200	3036	3506	±0.5	6
	500D	500	2542	2761	±0.5	6
	600D	600	2542	2761	±0.5	6
UP	400RD	400	3518	4908	±0.5	6
MPL	300	300	3159	3024	±0.5	4
	500	500	3159	3024	±0.5	4
	800	800	3159	3024	±0.5	4

5. 涂装专用机器人

用于油漆、喷涂等涂装作业的工业机器人需要在充满易燃、易爆气雾的环境作业，这对机器人的机械结构，特别是手腕结构，以及电气安装与连接、产品防护等方面都有特殊要求，因此，需要选用专用工业机器人。

安川公司目前常用的垂直串联涂装专用工业机器人的主要产品如图 1.6.5 所示。

EXP1250 涂装机器人采用 6 轴垂直串联、RBR 手腕标准结构，承载能力为 5kg，作业半径为 1.25m，作业高度为 1.85m，重复定位精度为±0.15mm。

EXP 系列的其他产品均采用 6 轴垂直串联、3R 手腕结构；其中，EXP2050、EXP2700 为实心手腕，其他产品均为中空手腕；EXP2700 为壁挂安装，2800R 为框架安装。系列产品的承载能力为 10～20kg，作业半径为 2～3m，作业高度 3～5m，重复定位精度一般为±0.5mm。

安川 EXP 系列涂装机器人产品的主要技术参数如表 1.6.5 所示，表中工作范围参数 X、Y 的含义同前。

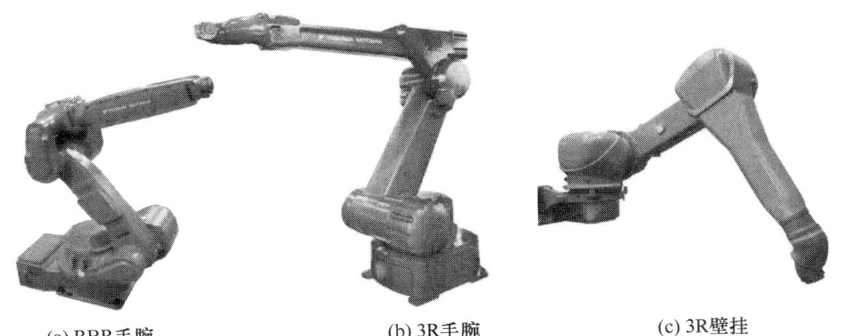

(a) RBR手腕　(b) 3R手腕　(c) 3R壁挂

图 1.6.5 安川喷涂机器人

表 1.6.5 安川涂装机器人主要技术参数表

型号	结构特征	承载能力/kg	工作范围/mm		重复定位精度/mm	控制轴数
			X	Y		
EXP1250	RBR 手腕	5	1256	1852	±0.15	6
EXP 2050	3R 手腕	10	2035	2767	±0.5	6
EXP 2050	3R 中空手腕	15	2054	2806	±0.5	6
EXP 2750	3R 手腕	10	2729	3758	±0.5	6

续表

型号	结构特征	承载能力/kg	工作范围/mm		重复定位精度/mm	控制轴数
			X	Y		
EXP 2700	3R 手腕、壁挂	15	2700	5147	±0.15	6
EXP 2800	3R 中空手腕	20	2778	4582	±0.5	6
EXP 2800R	3R 中空手腕、框架	15	2778	4582	±0.5	6
EXP 2900	3R 中空手腕	20	2900	4410	±0.5	6

1.6.2 其他结构机器人

1. SCARA 机器人

水平串联 SCARA 结构的机器人结构简单，运动速度快，特别适合于 3C、药品、食品等行业的平面搬运、装卸作业。

安川水平串联 SCARA 结构机器人的常用产品如图 1.6.6 所示。

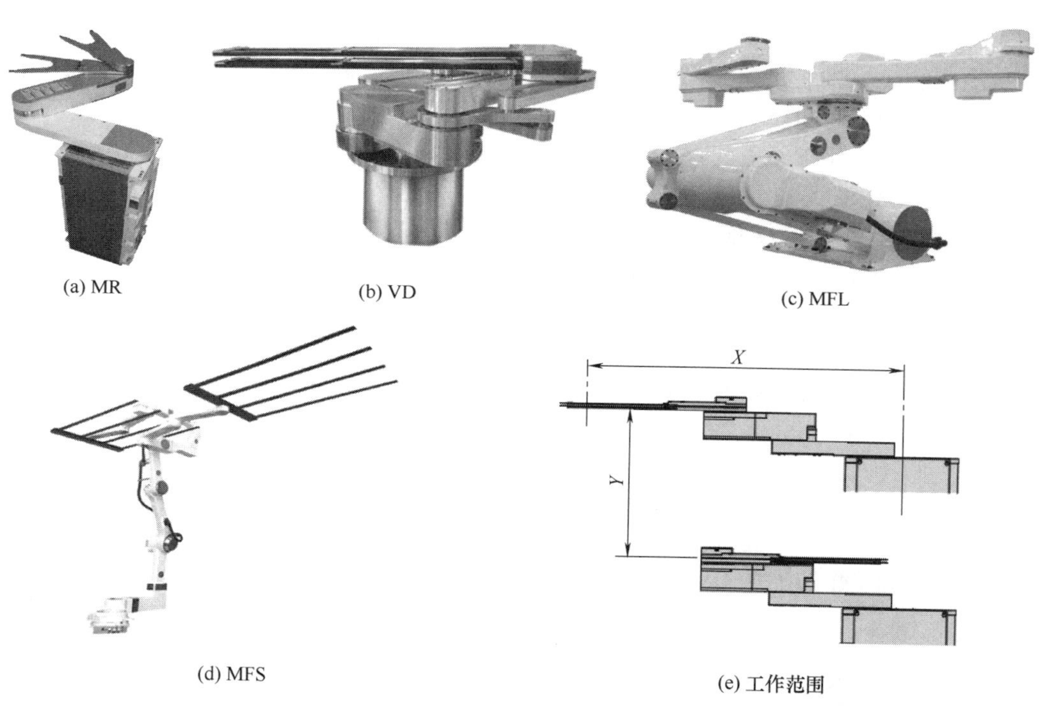

(a) MR　(b) VD　(c) MFL　(d) MFS　(e) 工作范围

图 1.6.6　安川水平串联机器人

MR124、VD95 机器人采用水平串联、SCARA 标准结构。MR124 为小型机器人产品，其承载能力为 5.8kg，作业半径为 1215mm，作业高度为 480mm，重复定位精度为±0.1mm。VD95 为大型 SCARA 机器人，其承载能力为 95kg，作业半径为 2300mm，作业高度为 150mm，重复定位精度为±0.2mm。

MFL、MFS 系列机器人采用水平串联、SCARA 变形结构，产品承载能力为 50～80kg，作业半径为 1.6～2.3m，作业高度为 1.8～4m，重复定位精度为±0.2mm。

以上产品的主要技术参数如表 1.6.6 所示，表中工作范围参数 X、Y 的含义见图 1.6.6 (e)。

表 1.6.6　安川水平串联机器人主要技术参数表

系列	型号	承载能力/kg	工作范围/mm		重复定位精度/mm	控制轴数
			X(半径)	Y		
MR	124	5.8	1215	480	±0.1	5
VD	95	95	2300	150	±0.3	4
MFL	2200D-1840	50	1675	1840	±0.2	4
	2200D-2440	50	1675	2440	±0.2	4
	2200D-2650	50	1675	2650	±0.2	4
	2400D-1800	80	2240	1800	±0.2	4
	2400D-2400	80	2240	2400	±0.2	4
MFS	2500D-4000	60	2300	4000	±0.2	4

2. Delta 机器人

并联 Delta 结构的工业机器人多用于输送线物品的拾取与移动（分拣），它在食品、药品、3C 行业的使用较为广泛。

3C 部件、食品、药品的重量较轻，运动以空间三维直线移动为主，但物品在输送线上的运动速度较快，因此对机器人承载能力、工作范围、动作灵活性的要求相对较低，但对快速性的要求较高。此外，由于输送线多为敞开式结构，故而采用顶挂式安装的并联 Delta 结构机器人是较为理想的选择。

安川并联 Delta 结构机器人目前只有图 1.6.7 所示的 4 轴（3 摆臂＋手腕回转轴 T）MPP3S、MPP3H 两个产品。MPP3S 机器人承载能力为 3kg，作业直径 X 为 800mm，作业高度 Y 为 300mm，重复定位精度为±0.1mm；MPP3S 机器人承载能力为 3kg，作业直径 X 为 1300mm、作业高度 Y 为 601mm，重复定位精度为±0.1mm。

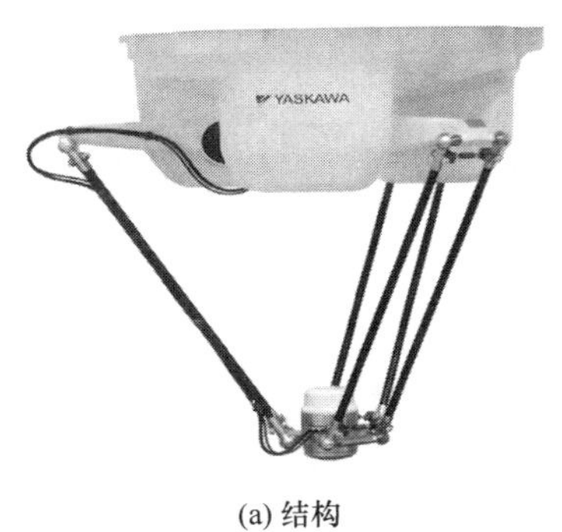

(a) 结构

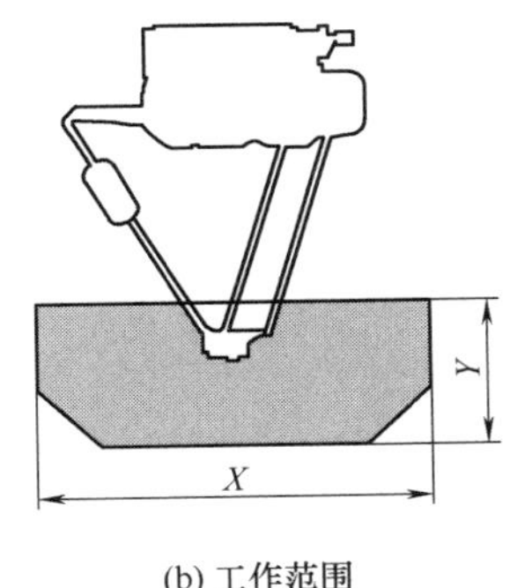

(b) 工作范围

图 1.6.7　安川并联机器人

3. 手臂型机器人

手臂型机器人采用的是 7 轴垂直串联、类人手臂结构，其运动灵活，几乎不存在作业死区；机器人配套触觉传感器后，可感知人体接触并安全停止，以实现人机协同作业；产品多用于 3C、食品、药品等行业的装配、搬运作业。

安川手臂型机器人有图 1.6.8 所示的 7 轴单臂（single-arm）SIA 系列、15 轴（2×7＋基座回转）双臂（dual-arm）SDA 系列两类产品。SIA 系列单臂机器人的承载能力 5～50kg，作业半径在 2m 以内，作业高度在 2.6m 以下，重复定位精度一般为±0.1mm。SDA 系列双臂机器人的单臂承载能力 5～20kg，单臂作业半径在 1m 以内，作业高度在 2m 以下，重复定位精度一般为±0.1mm。

以上产品的主要技术参数如表 1.6.7 所示，表中工作范围参数 X、Y 的含义见图 1.6.8。

表 1.6.7 安川手臂型机器人主要技术参数表

系列	型号	承载能力/kg	工作范围/mm		重复定位精度/mm	控制轴数
			X(半径)	Y		
SIA	5D	5	559	1007	±0.06	7
	10D	10	720	1203	±0.1	7
	20D	20	910	1498	±0.1	7
	30D	30	1485	2597	±0.1	7
	50D	50	1630	2597	±0.1	7
SDA	5D	5(每臂)	845(每臂)	1118	±0.06	15
	10D	10(每臂)	720(每臂)	1440	±0.1	15
	20D	20(每臂)	910(每臂)	1820	±0.1	15

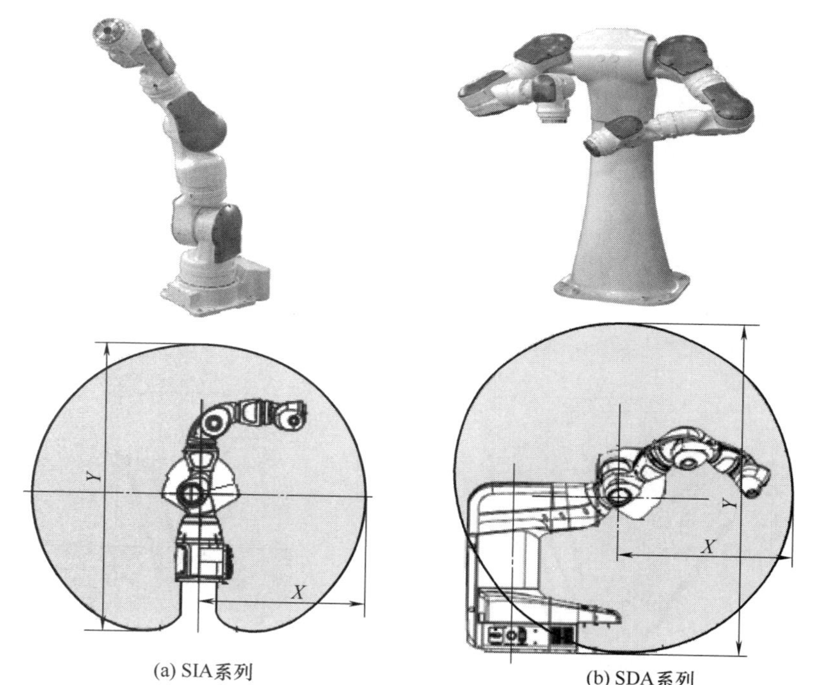

(a) SIA系列　(b) SDA系列

图 1.6.8 安川手臂型机器人

1.6.3 变位器

安川公司与工业机器人配套的变位器产品主要有工件变位器、机器人变位器两大类，前者可用于工件交换、工件回转与摆动控制；后者可用于机器人的整体位置移动。变位器均采用伺服电机驱动，并可通过机器人控制器的外部轴控制功能直接控制。

1. 单轴工件变位器

安川单轴工件变位器以回转变位为主。从功能与用途上说，可分为工件交换、工件回转两类；从结构上说，主要有立式（回转轴线垂直水平面）、卧式（回转轴线平行水平面）两种。安川常用的单轴工件回转变位器如图 1.6.9 所示。

工件 180°回转交换变位器主要用于作业区、装卸区的工件交换，使工件装卸、加工可同时进行，以提高作业效率。安川工件 180°回转交换变位器有立式 MSR 系列、卧式 MRM2-

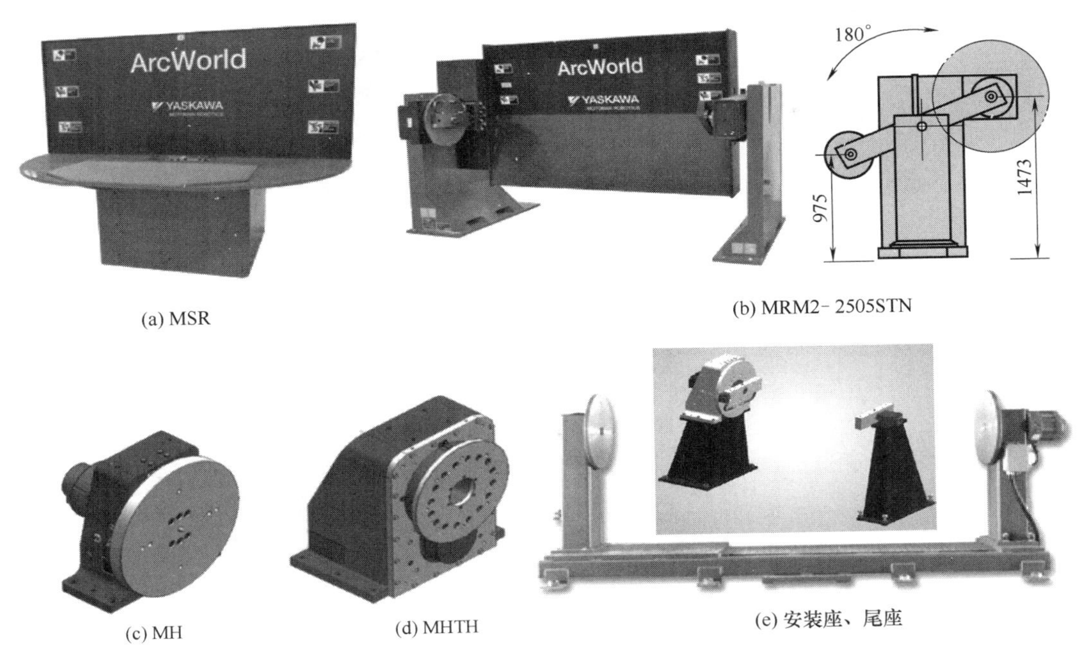

(a) MSR (b) MRM2-2505STN

(c) MH (d) MHTH (e) 安装座、尾座

图 1.6.9 安川单轴工件变位器

250STN 两类；MSR 系列主要用于箱体、框架类零件的 180°水平回转交换；MRM2-250STN 主要用于轴、梁等细长零件的 180°垂直回转交换。

工件回转变位器用于工件的回转控制，以改变工件作业位置、扩大机器人作业范围。安川工件回转变位器以卧式为主，常用的有 MH、MHTH 两系列产品。如需要，还可选配相应的安装座、尾座等附件。

安川单轴工件变位器的主要技术参数如表 1.6.8 所示。

表 1.6.8 安川单轴工件变位器主要技术参数表

系列	型号	承载能力/kg	主要尺寸/mm 或 mm×mm	最高转速/(r/min)	180°交换时间
MSR	205	200	回转直径 ϕ1524	—	4s
	500	500	回转直径 ϕ1524	—	2s
	1000	1000	回转直径 ϕ1524	—	5s
MRM2	250STN	250	最大工件 ϕ1170×2600	—	4s
MH	95	95	工件额定直径 ϕ304	23.8	—
	185	185	工件额定直径 ϕ304	12.4	—
	505	505	工件额定直径 ϕ304	9.8	—
	1605	1605	工件额定直径 ϕ304	10.8	—
	3105	3105	工件额定直径 ϕ304	6.7	—
MHTH	305	305	工件额定直径 ϕ304	33.3	—
	605	605	工件额定直径 ϕ304	18.8	—
	905	905	工件额定直径 ϕ304	12.4	—

2. 双轴工件变位器

双轴工件回转变位器可同时实现工件的回转与摆动控制，使工件除安装底面外的其他位置，均可成为机器人作业位置。双轴工件回转变位器通常采用立卧复合结构，卧式轴用于工件摆动、立式轴用于工件回转。安川双轴工件回转变位器的常用产品有图 1.6.10 所示的 4 类，产品主要技术参数如表 1.6.9 所示。

(a) D250/500

(b) MH1605-505TR

(c) MDC 2300

(d) MT1

图 1.6.10 安川双轴工件变位器

表 1.6.9 安川双轴工件变位器主要技术参数表

系列	D		MH1605	MDC	MT1		
型号	250	500	505TR	2300	1500	3000	5000
承载能力/kg	250	500	505	2300	1500	3000	5000
台面直径/mm	ϕ500	ϕ500	ϕ400	—	—	—	—
最大回转直径	—	—	—	ϕ3000	ϕ2390	ϕ3600	ϕ2600
台面至摆动中心距离/mm	150	150	352	150	650	1041	800
摆动范围/(°)	±135	±135	±135	±135	±135	±135	±135
台面回转速度/(r/min)	30	26.7	9.8	7.4	6.9	2.7	2.7
摆动速度/(r/min)	20	13.3	10.8	4.7	4.5	1.9	1.9

3. 3轴工件变位器

3轴工件回转变位器通常用于工件的180°回转交换及工件回转控制；工件的180°回转交换通常有立式回转、卧式回转两种；工件的回转以卧式为主。安川3轴工件回转变位器的常用产品有图1.6.11所示的两类，产品主要技术参数如表1.6.10所示。

表 1.6.10 安川3轴工件变位器主要技术参数表

系列	MSR2S		MRM2			
型号	500	750	250M3XSL	750M3XSL	1005M3X	1205M3X
控制轴数	3	3	3	3	3	3
承载能力/kg	500	750	255	755	1005	1205
工件最大直径/mm	ϕ1300	ϕ1300	ϕ1300	ϕ1300	ϕ1525	ϕ1300
工件最大长度/mm	2000	3000	2920	2920	2920	2920
180°回转交换时间/s	3.7	5	1.5	2.25	2.95	2.95

4. 5轴工件变位器

5轴工件回转变位器可用于工件的180°回转交换、工件回转、工件摆动控制；工件的180°回转交换也有立式回转、卧式回转两种；工件的回转、摆动可以为立式或卧式。安川5轴工件回转变位器的常用产品有图1.6.12所示的两类，产品主要技术参数如表1.6.11所示。

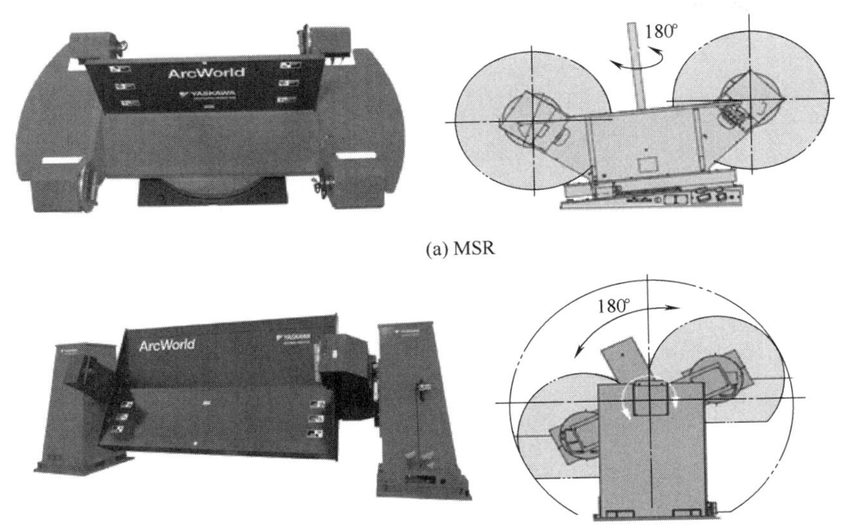

(a) MSR

(b) MRM2

图 1.6.11　安川 3 轴工件变位器

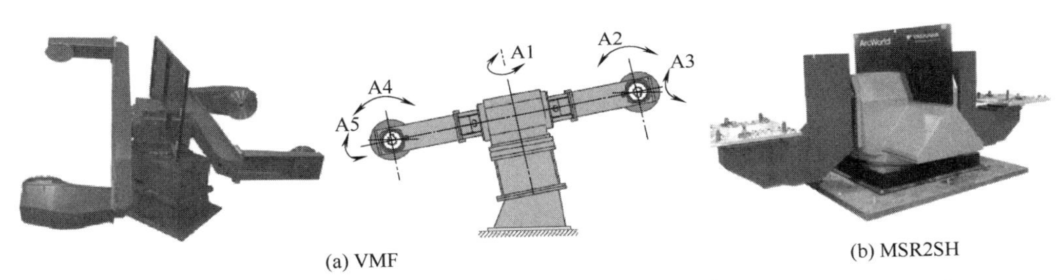

(a) VMF　(b) MSR2SH

图 1.6.12　安川 5 轴工件变位器

表 1.6.11　安川多轴变位器主要技术参数表

系列	VMF		MSR2SH
型号	500	750	900
控制轴数	5	5	5
承载能力/kg	500	750	900
工件最大直径/mm	ϕ1500	ϕ1500	ϕ1760
工件最大长度/mm	3300	3200	1000
工件回转轴 A2、A4 最高转速/(r/min)	16.8	8.4	12.4
工件摆动轴 A3、A5 最高转速/(r/min)	5.2	5.2	12.9
A1 轴 180°回转交换时间/s	6	6～8	7

5. 机器人变位器

机器人变位器用于机器人的整体大范围移动控制，安川公司配套的机器人变位器主要有图 1.6.13 所示的几类。

FLOORTRACK 系列为单轴轨道式变位器，它可用于机器人的大范围直线运动，变位器采用的是齿轮/齿条传动，齿条可根据需要接长，运动行程理论上不受限制。

GANTRY 系列为龙门式 3 轴直线变位器，可用于 MA1400/1900、MH6、HP20D 等小型、倒置式安装的机器人三维空间变位。机器人的 X/Y 方向的最大移动速度为 16.9m/min，Z 方向的最大升降速度为 8.7m/mim，龙门及悬梁尺寸可根据用户需要定制。

MOTORAIL7 系列为单轴横梁式变位器，可用于 MA1900/3100、HP20D、MH50 等中小

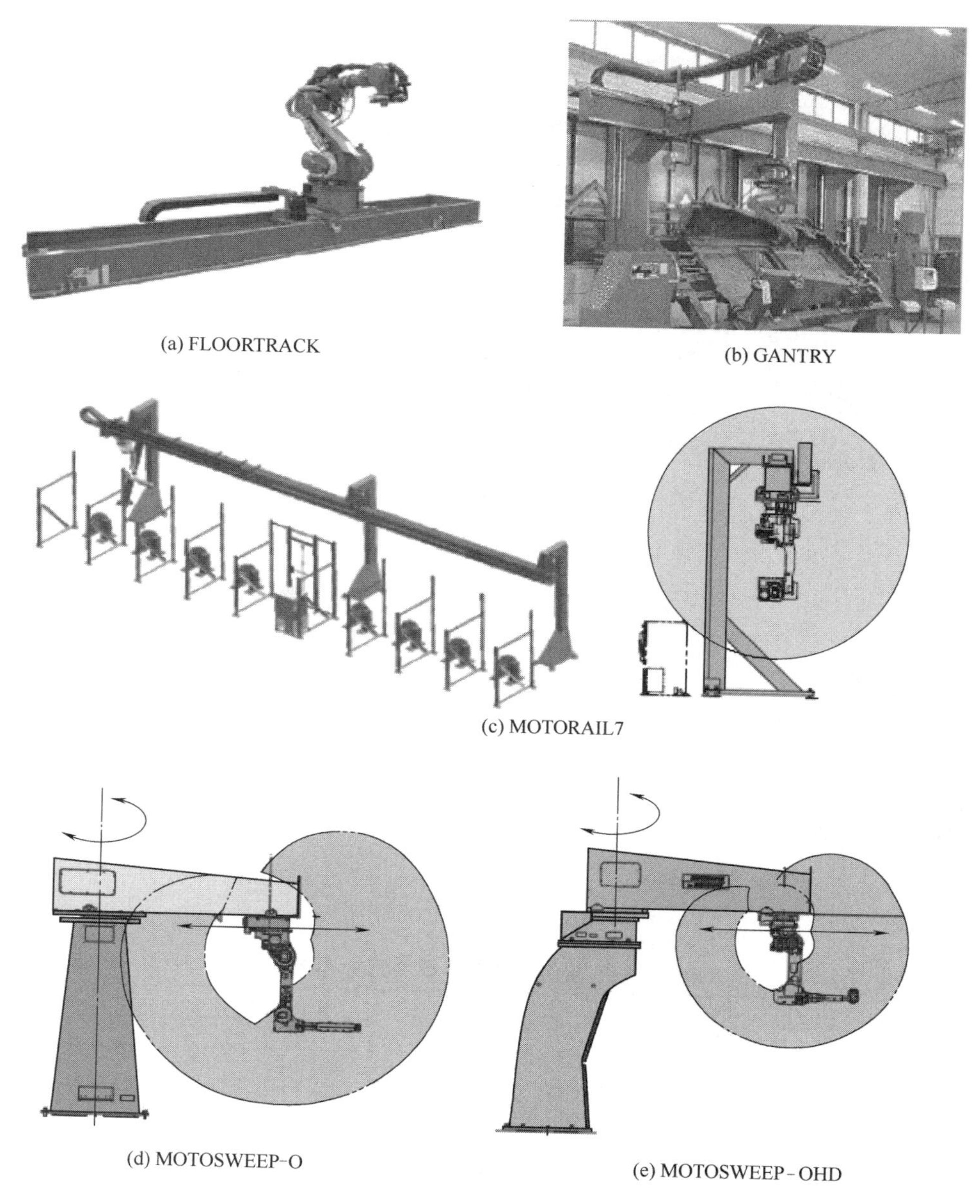

(a) FLOORTRACK

(b) GANTRY

(c) MOTORAIL7

(d) MOTOSWEEP-O

(e) MOTOSWEEP-OHD

图 1.6.13 安川机器人变位器

型、倒置式安装的机器人空间直线变位。横梁的最大长度可达 31m，机器人的最大移动速度可达 150m/min，重复定位精度可达±0.1mm。

MOTOSWEEP-O、MOTOSWEEP-OHD 为摇臂式双轴变位器，可用于 MA1400/1900/3100、HP20D、MH50 等中小型、倒置式安装的机器人平面变位。摇臂的直线运动距离为 2～3.1m，回转范围为±180°，重复定位精度为±0.1mm。

第2章

工业机器人编程基础

2.1 运动控制与坐标系

2.1.1 机器人基准与控制模型

1. 运动控制要求

工业机器人是一种功能完整、可独立运行的自动化设备，机器人系统的运动控制主要包括本体运动、工具运动、工件（工装）运动等。

机器人的工具运动一般比较简单，以电磁元件通断控制居多，其性质与PLC的开关量逻辑控制相似，因此，通常可利用控制系统的开关量输入/输出（DI/DO）信号和逻辑处理指令进行控制，有关内容见后述。

机器人本体及工件的移动是工业机器人作业必需的基本运动，所有运动轴都需要有位置、速度、转矩控制功能，可在运动范围内的任意位置定位，其性质与数控系统的坐标轴相同，因此，通常需要采用伺服驱动系统控制。利用伺服驱动系统控制的运动轴，在机器人上有时统称"关节轴"；但是，通过气动或液压控制、只能实现定点定位的运动部件，不能称为机器人的运动轴。

运动控制需要有明确的控制目标。工业机器人的作业需要通过作业工具和工件的相对运动实现，因此，控制目标通常就是工具的作业部位，该位置称为工具控制点（tool control point）或工具中心点（tool center point），简称TCP。由于TCP一般不是工具的几何中心，为避免歧义，本书中统一将其称为工具控制点。

为了便于操作和编程，机器人TCP在三维空间的位置、运动轨迹通常需要用笛卡儿直角坐标系（以下简称笛卡儿坐标系）描述。然而，在垂直串联、水平串联、并联等结构的机器人上，实际上并不存在可直接实现笛卡儿坐标系 X、Y、Z 轴运动的坐标轴，TCP的定位和移动需要通过多个关节轴回转、摆动合成。因此，在机器人控制系统上，必须建立运动控制模型，确定TCP笛卡儿坐标系位置和机器人关节轴位置的数学关系，然后通过逆运动学将笛卡儿坐标系的位置换算成关节轴的回转角度。

通过逆运动学将笛卡儿坐标系运动转换为关节轴运动时，实际上存在多种实现的可能性。

为了保证运动可控，当机器人的位置以笛卡儿坐标形式指定时，必须对机器人的状态（称为姿态）进行规定。

6 轴垂直串联机器人的运动轴包括腰回转（j1 轴）、上臂摆动（j2 轴）、下臂摆动（j3 轴）以及手腕回转（j4 轴）、腕摆动（j5 轴）、手回转（j6 轴）；其中，j1、j2、j3 轴的状态决定了机器人机身的方向和位置（称本体姿态或机器人姿态）；j4、j5、j6 轴主要用来控制作业工具方向和位置（称工具姿态）。

机器人和工具的姿态需要通过机器人的基准点、基准线进行定义，垂直串联机器人的基准点、基准线通常规定如下。

2. 机器人基准点

垂直串联机器人基准点的运动控制基准点一般有图 2.1.1 所示的手腕中心点（WCP）、工具参考点（TRP）、工具控制点（TCP）3 点。

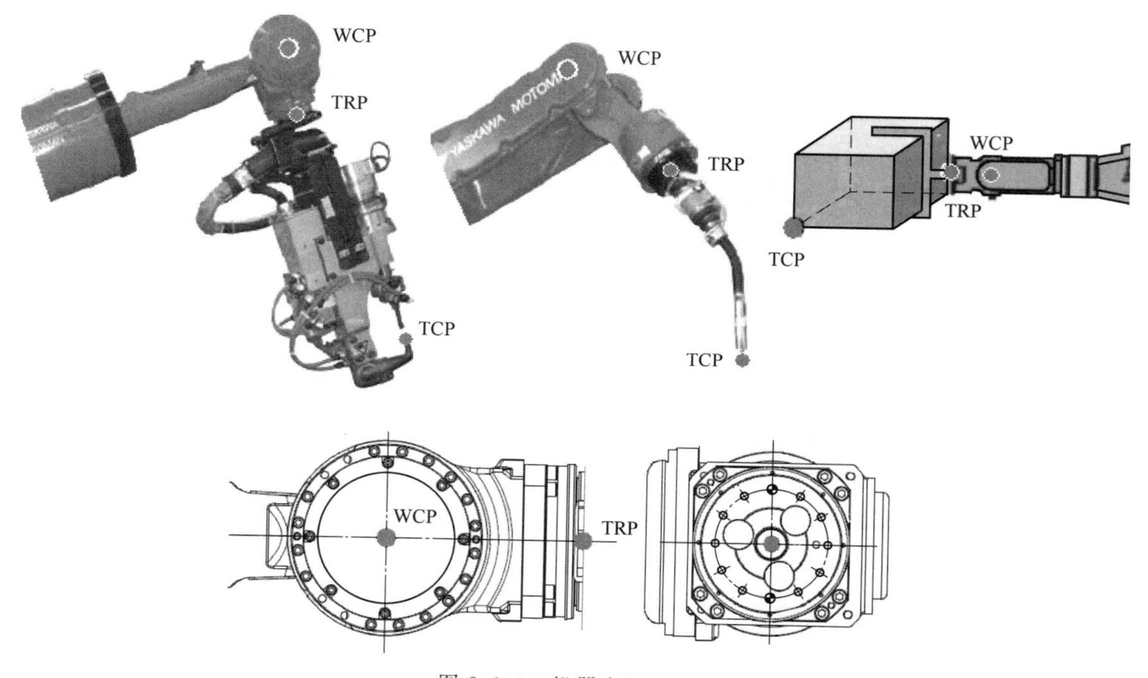

图 2.1.1 机器人基准点

① 手腕中心点 WCP。机器人的手腕中心点（wrist center point，简称 WCP）是确定机器人姿态、判别机器人奇点（singularity）的基准位置。垂直串联机器人的 WCP 点一般为手腕摆动轴 j5 和手回转轴 j6 的回转中心线交点。

② 工具参考点 TRP。机器人的工具参考点（tool reference point，简称 TRP）是机器人运动控制模型中的笛卡儿坐标系运动控制目标点，也是作业工具（或工件）安装的基准位置，垂直串联机器人的 TRP 通常位于手腕工具法兰的中心。

TRP 也是机器人手腕基准坐标系（wrist reference coordinates）的原点，作业工具或工件的 TCP 位置、方向及工具（或工件）的质量、重心、惯量等参数，都需要通过手腕基准坐标系定义。如果机器人不安装工具（或工件）、未设定工具坐标系，系统将自动以 TRP 替代工具控制点 TCP，作为笛卡儿坐标系的运动控制目标点。

③ 工具控制点 TCP。TCP 是机器人作业时笛卡儿坐标系运动控制的目标点，当机器人手腕安装工具时，TCP 就是工具（末端执行器）的实际作业部位，如果机器人安装（抓取）的

是工件，TCP 就是工件的作业基准点。

TCP 位置与手腕安装的作业工具（或工件）有关，例如，弧焊、喷涂机器人的 TCP 点通常为焊枪、喷枪的枪尖；点焊机器人的 TCP 点一般为焊钳的电极端点；如果手腕安装的是工件，TCP 则为工件的作业基准点。

工具控制点 TCP 与工具参考点 TRP 的数学关系可由用户通过工具坐标系的设定建立，如果不设定工具坐标系，系统将默认 TCP 和 TRP 重合。

3. 机器人基准线

机器人基准线主要用来定义机器人结构参数、确定机器人姿态、判别机器人奇点。垂直串联机器人的基准线通常有图 2.1.2 所示的机器人回转中心线、下臂中心线、上臂中心线、手回转中心线 4 条；为了便于控制，机器人回转中心线、上臂中心线、手回转中心线通常设计在与机器人安装底面垂直的同一平面（下称中心线平面）上，基准线定义如下。

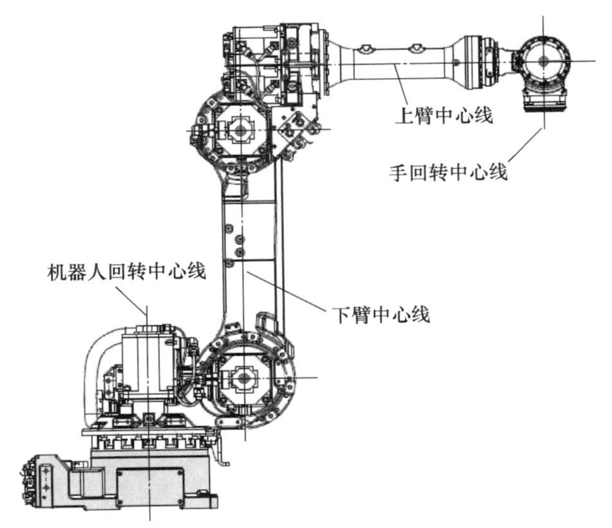

图 2.1.2 机器人基准线

机器人回转中心线：腰回转轴 j1 回转中心线。

下臂中心线：平行中心线平面、与下臂摆动轴 j2 和上臂摆动轴 j3 的回转中心线垂直相交的直线。

上臂中心线：j4 轴回转中心线。

手回转中心线：j6 回转中心线。

4. 运动控制模型

运动控制模型用来建立机器人关节轴位置与机器人基座坐标系工具参考点 TRP 位置间的数学关系。

6 轴垂直串联机器人的运动控制模型通常如图 2.1.3 所示，它需要由机器人生产厂家在控制系统中定义如下结构参数。

基座高度（height of foot）：下臂摆动中心到机器人基座坐标系 *XY* 平面的距离。

下臂（j2）偏移（offset of joint 2）：下臂摆动中心线到机器人回转中心线（基座坐标系 Z 轴）的距离。

下臂长度（length of lower arm）：上臂摆动中心线到下臂摆动中心线的距离。

上臂（j3）偏移（offset of joint 3）：上臂中心线到上臂摆动中心线的距离。

上臂长度（length of upper arm）：上臂中心线与下臂中心线垂直时，手腕摆动（j5 轴）中心线到下臂中心线的距离。

手腕长度（length of wrist）：工具参考点 TRP 到手腕摆动（j5 轴）中心线的距离。

运动控制模型一旦建立，控制系统便可根据关节轴的位置计算出 TRP 在机器人基座坐标系上的位置（笛卡儿坐标系位置），或者利用 TRP 位置逆向求解关节轴位置。

当机器人需要进行实际作业时，控制系统可通过工具坐标系参数，将运动控制目标点由 TRP 变换到 TCP 上，并利用用户、工件坐标系参数，确定基座坐标系原点和实际作业点的位置关系；对于使用变位器的移动机器人或倾斜、倒置安装的机器人，还可进一步利用大地坐标系，确定基座坐标系原点相对于地面固定点的位置。

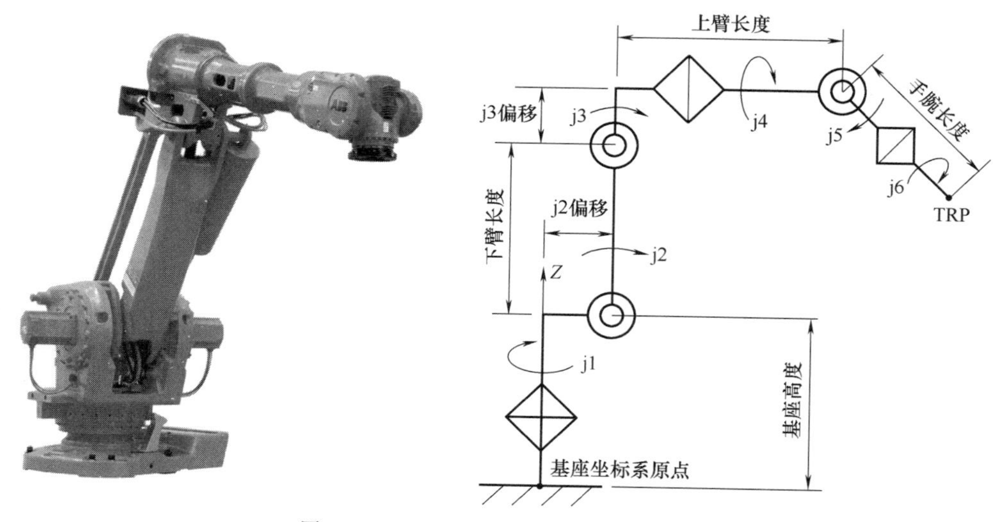

图 2.1.3 机器人控制模型与结构参数

2.1.2 关节轴、运动组与关节坐标系

1. 关节轴与运动组

机器人作业需要通过工具控制点 TCP 和工件的相对运动实现，其运动形式很多。

例如，在图 2.1.4 所示的带有机器人变位器、工件变位器等辅助运动部件的多机器人复杂系统上，机器人 1、机器人 2 不仅可通过本体的关节运动改变 TCP1、TCP2 和工件的相对位置，而且可以通过工件变位器的运动同时改变 TCP1、TCP2 和工件的相对位置，或者，通过机器人变位器的运动改变 TCP1 和工件的相对位置。

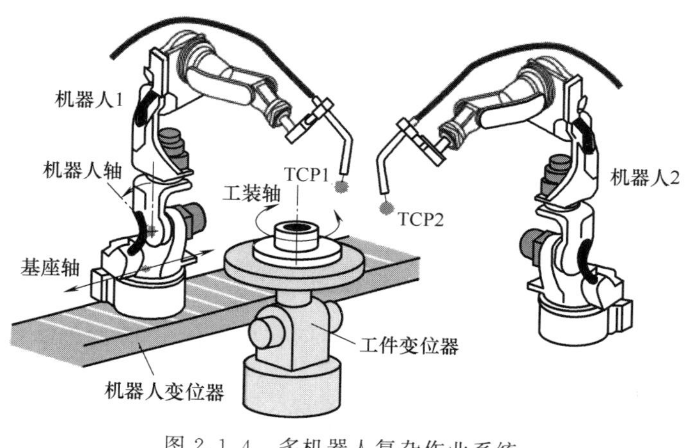

图 2.1.4 多机器人复杂作业系统

在工业机器人上，由控制系统控制位置/速度/转矩、利用伺服驱动的运动轴（伺服轴），称为关节轴（joint axis）。为了区分运动轴功能，习惯上将控制机器人、工件变位器运动的伺服轴称为外部关节轴（ext joint axis），简称“外部轴（ext axis）”或“外部关节（ext joint）”；而用来控制机器人本体运动的伺服轴直接称为关节轴（joint axis）。

由于工业机器人系统的运动轴众多、结构多样，为了便于操作和控制，在控制系统中，通常需要根据运动轴的功能，将其划分为若干运动单元，进行分组管理。例如图 2.1.4 所示的机器人系统，可将运动轴划分为机器人 1、机器人 2、机器人 1 基座、工件变位器 4 个运动单元等。

运动单元的名称在不同机器人上有所不同。例如，FANUC 机器人称“运动群组（motion group）”、安川机器人称为“控制轴组（control axis group）”、ABB 机器人称为“机械单元（mechanical unit）”、KUKA 称“运动系统组（motion system group）”等。

工业机器人系统的运动单元一般分为如下 3 类。

机器人单元：由控制同一机器人本体运动的伺服轴组成，多机器人作业系统的每一机器人都是 1 个相对独立的运动单元。机器人单元可直接控制目标点的运动。

基座单元：由控制同一机器人基座运动的伺服轴组成，多机器人作业系统的每一个机器人变位器都是 1 个相对独立的运动单元。基座单元可用于机器人的整体运动。

工装单元：由控制同一工件运动的伺服轴组成，工装单元可控制工件运动，改变机器人控制目标点与工件的相对位置。

由于基座单元、工装单元安装在机器人外部，因此，在机器人控制系统上，统称外部轴或外部关节；如果作业工具（如伺服焊钳等）含有系统控制的伺服轴，则它也属于外部轴的范畴。

机器人运动单元可利用系统控制指令生效或撤销。运动单元生效时，该单元的全部运动轴都处于位置控制状态，随时可利用手动操作或移动指令运动；运动单元撤销时，该单元的全部运动轴都将处于相对静止的“伺服锁定”状态，伺服电机位置可通过伺服驱动系统的闭环调节功能保持不变。

2. 机器人坐标系

工业机器人控制目标点的运动需要利用坐标系进行描述。机器人的坐标系众多，按类型可分为关节坐标系、笛卡儿直角坐标系两类；按功能与用途可分为基本坐标系、作业坐标系两类。

① 基本坐标系。机器人基本坐标系是任何机器人运动控制必需的坐标系，它需要由机器人生产厂家定义，用户不能改变。

垂直串联机器人的基本坐标系主要有关节坐标系、机器人基座坐标系（笛卡儿坐标系）、手腕基准坐标系（笛卡儿坐标系）3 个，三者间的数学关系直接由控制系统的运动控制模型建立，用户不能改变其原点位置和方向。

② 作业坐标系。机器人作业坐标系是为了方便操作编程而建立的虚拟坐标系，用户可以根据实际作业要求设定。

垂直串联机器人的作业坐标系都为笛卡儿直角坐标系。根据坐标系用途，作业坐标系可分为工具坐标系、用户坐标系、工件坐标系、大地坐标系等；其中，大地坐标系在任何机器人系统中只能设定 1 个，其他作业坐标系均可设定多个。

由于工业机器人目前还没有统一的标准，加上中文翻译等原因，不同机器人的坐标系名称、定义方法不统一，另外由于控制系统规格、软件版本、功能的区别，坐标系的数量也有所不同，常用机器人的坐标系名称、定义方法可参见后述。

3. 关节坐标系定义

在机器人坐标系中，关节坐标系是真正用于运动轴控制的坐标系，其功能与定义方法如下。

用来描述机器人关节轴运动的坐标系称为关节坐标系（joint coordinates）。关节轴是机器人实际存在、真正用于机器人运动控制的伺服轴，因此，所有机器人都必须定义唯一的关节坐标系。

关节轴与控制系统的伺服驱动轴（机器人轴和外部轴）一一对应，其位置、速度、转矩均可由伺服驱动系统进行精确控制，因此，机器人的实际作业范围、运动速度等主要技术参数，通常都以关节轴的形式定义；机器人使用时，如果用关节坐标系定义机器人位置，无需考虑机器人姿态、奇点（见后述）。

6 轴垂直串联机器人本体的关节轴都是回转（摆动）轴；但用于机器人变位器、工件变位器运动的外部轴，可能是回转轴或直线轴。

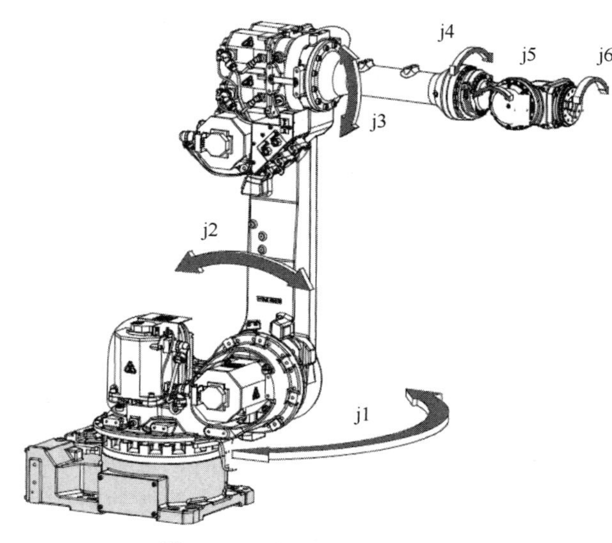

图 2.1.5 机器人本体关节轴

垂直串联机器人本体关节轴的定义如图 2.1.5 所示，关节轴的名称、方向、零点必须由机器人生产厂家定义；对于不同公司生产的机器人，关节轴名称、位置数据格式以及运动方向、零点位置均有较大的区别。

在常用的机器人中，FANUC、安川、KUKA 机器人的关节坐标系位置以 1 阶多元数值型（num 型）数组表示，ABB 机器人的关节坐标系位置则以 2 阶多元数值型（num 型）数组表示；数组所含的数据元数量，就是控制系统实际运动轴的数量。此外，关节轴的方向、零点定义也有较大区别（详见后述）。

FANUC、安川、ABB、KUKA 机器人的关节轴名称、位置数据格式如下。

FANUC 机器人：机器人本体轴名称为 J1、J2、…、J6，外部轴名称为 E1、E2 等；关节坐标系位置数据格式为（J1，J2，…，J6，E1，E2，…）。

安川机器人：机器人本体轴名称为 S、L、U、R、B、T，外部轴名称为 E1、E2 等；关节坐标系位置数据格式为（S，L，U，R，B，T，E1，E2，…）。

ABB 机器人：机器人本体轴名称为 j1、j2、…、j6，外部轴名称为 e1、e2 等；关节坐标系位置数据格式为［［j1，j2，…，j6］，［e1，e2，…］］。

KUKA 机器人：机器人本体轴名称为 A1、A2、…、A6，外部轴名称为 E1、E2 等；关节坐标系位置数据格式为（A1，A2，…，A6，E1，E2，…）。

2.1.3 机器人基准坐标系

垂直串联机器人实际上不存在物理意义上的笛卡儿坐标系运动轴，因此，所有笛卡儿坐标系都是为了便于操作编程而虚拟的坐标系。

机器人的笛卡儿坐标系众多，其中，机器人基座坐标系是运动控制模型中用来计算工具参考点 TRP 三维空间位置的基准坐标系；机器人手腕基准坐标系是用来实现控制目标点变换（TRP/TCP 转换）的基准坐标系，它们是任何机器人都必备的基本笛卡儿坐标系，需要由机器人生产厂家定义。

常用工业机器人的基本笛卡儿坐标系定义如下。

1. 机器人基座坐标系

机器人基座坐标系（robot base coordinates）是用来描述机器人工具参考点 TRP 三维空间运动的基本笛卡儿坐标系，同时，它也是工件坐标系、用户坐标系、大地坐标系等作业坐标系的定义基准。基座坐标系与关节坐标系的数学关系直接由控制系统的运动控制模型确定，用户不能改变其原点位置和坐标轴方向。

6 轴垂直串联机器人的基座坐标系如图 2.1.6 所示。不同公司生产的机器人的基座坐标系的原点、方向基本统一，规定如下。

Z 轴：机器人回转（j1 轴）中心线为基座坐标系的 *Z* 轴，垂直机器人安装面向上方向为 +*Z* 方向。

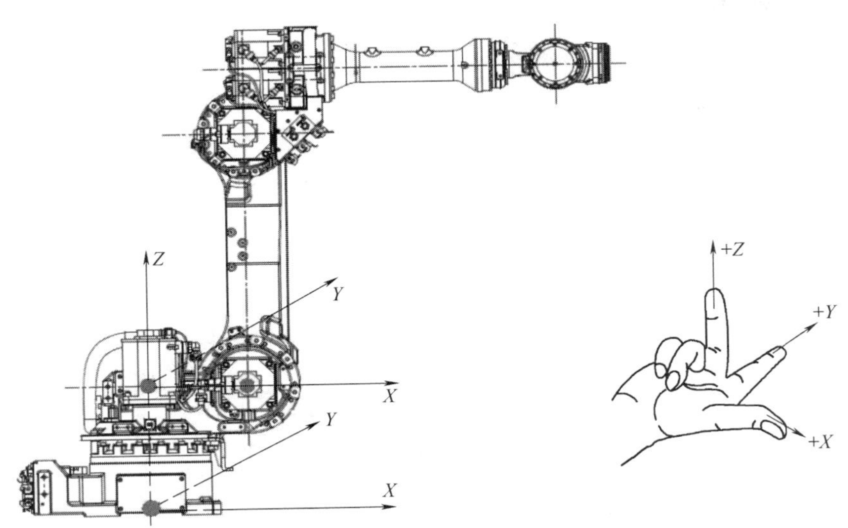

图 2.1.6 机器人基座坐标系

X 轴：与机器人回转（j1 轴）中心线相交并垂直机器人基座前侧面的直线为 X 轴，向外的方向为＋X 方向。

Y 轴：右手定则决定。

原点：基座坐标系的原点位置在不同机器人上稍有不同。为了便于机器人安装使用，基座、腰一体化设计的中小型机器人，其基座坐标系原点（Z 轴零点）一般定义于机器人安装底平面；基座、腰分离设计或需要框架安装的大中型机器人，基座坐标系原点（Z 轴零点）有时定义在通过 j2 轴回转中心，平行于安装底平面的平面上。

机器人基座坐标系的名称在不同公司生产的机器人上有所不同。例如，安川称为机器人坐标系（robot coordinates），ABB 称为基坐标系（base coordinates），KUKA 机器人称为机器人根坐标系（robot root coordinates）；由于机器人出厂时，控制系统默认机器人为地面固定安装、大地坐标系与机器人基座坐标系重合，因此，FANUC 机器人直接称之为大地坐标系（world coordinates），中文说明书译作“全局坐标系”。

地面固定安装的机器人通常不使用大地坐标系，控制系统默认大地坐标系与机器人基座坐标系重合，因此，机器人基座坐标系就是用户坐标系、工件坐标系的定义基准；如果机器人倾斜、倒置安装，或者机器人可通过变位器移动，一般需要通过大地坐标系定义机器人基座坐标系的位置和方向。

2. 手腕基准坐标系

机器人的手腕基准坐标系（wrist reference coordinates）是作业工具的设定基准。工具控制点 TCP 的位置、工具安装方向，以及工具质量、重心、惯量等参数都需要利用手腕基准坐标系进行定义，它同样需要由机器人生产厂家定义。

手腕基准坐标系原点就是机器人的工具参考点 TRP，TRP 在机器人基座坐标系的空间位置可以直接通过控制系统的运动控制模型确定；手腕基准坐标系的方向用来确定工具的作业中心线方向（工具安装方向），手腕基准坐标系在机器人出厂时已定义，用户不能改变。

常用 6 轴垂直串联机器人的手腕基准坐标系定义如图 2.1.7 所示，坐标系的原点、Z 轴方向在不同公司生产的机器人上统一，但 X、Y 轴方向与机器人手腕弯曲轴的运动方向有关，在不同机器人上有所不同。手腕基准坐标系一般按以下原则定义。

Z 轴：机器人手回转（j6 轴）中心线为手腕基准坐标系的 Z 轴，垂直工具安装法兰面向

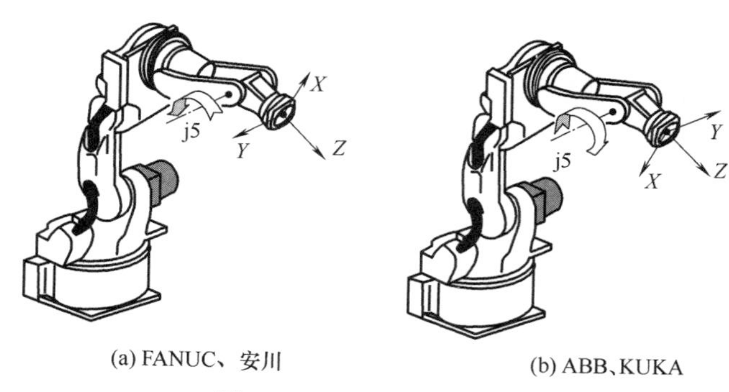

(a) FANUC、安川　　(b) ABB、KUKA

图 2.1.7　手腕基准坐标系

外的方向为 $+Z$ 方向（统一）。

X 轴：位于机器人中心线平面，与手回转（j6 轴）中心线垂直相交的直线为 X 轴；J4、J6=0°时，j5 轴正向回转的切线方向为 $+X$ 方向。

Y 轴：随 X 轴改变，右手定则决定。

原点：手回转中心线与手腕工具安装法兰面的交点。

在不同公司生产的机器人上，机器人手腕弯曲轴 j5 的回转方向有所不同，因此，手腕基准坐标系的 X、Y 方向也有所不同。例如，FANUC、安川等日本产品通常以手腕向上（向外）回转的方向为 j5 轴正向，手腕基准坐标系的 $+X$ 方向如图 2.1.7（a）所示；ABB、KUKA 等欧洲产品通常以手腕向下（向内）回转的方向为 j5 轴正向，手腕基准坐标系的 $+X$ 方向如图 2.1.7（b）所示。

手腕基准坐标系的名称在不同公司生产的机器人上有所不同。例如，安川、ABB 称为手腕法兰坐标系（wrist flange coordinates），KUKA 称为法兰坐标系（flange coordinates），FANUC 称为工具安装坐标系（tool installation coordinates，说明书译作机械接口坐标系）。

2.1.4 机器人作业坐标系

1. 机器人作业坐标系

机器人作业坐标系是为了方便操作编程而建立的虚拟坐标系，从机器人控制系统参数设定的角度，工业机器人常用的作业坐标系分为图 2.1.8 所示的工具坐标系、用户坐标系、工件坐标系、大地坐标系几类，其作用如下。

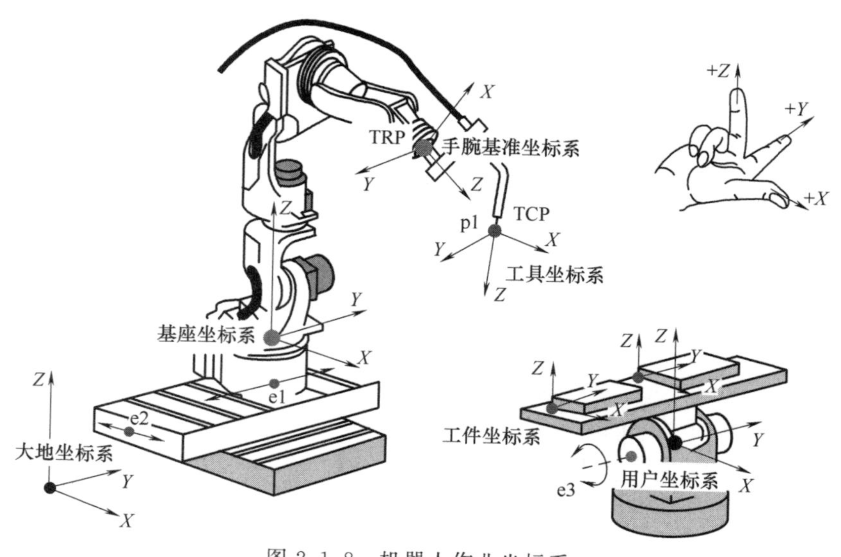

图 2.1.8　机器人作业坐标系

① 工具坐标系。在工业机器人控制系统上，用来定义机器人手腕上所安装的工具或所夹持的物品（工件）运动控制目标点位置和方向的坐标系，称为工具坐标系（tool coordinates）。工具坐标系原点就是作业工具的工具控制点 TCP 或手腕夹持物品（工件）的基准点；工具坐

标系的方向就是作业工具或手腕夹持物品（工件）的安装方向。

通过工具坐标系，控制系统才能将运动控制模型中的运动控制目标点，由 TRP 变换到实际作业工具的 TCP 上，因此，它是机器人实际作业必须设定的基本作业坐标系。机器人工具需要修磨、调整、更换时，只需要改变工具坐标系参数，便可利用同样的作业程序，进行新工具作业。

工具坐标系可通过手腕基准坐标系平移、旋转的方法定义，如果不使用工具坐标系，控制系统将默认工具坐标系和手腕基准坐标系重合。

② 用户坐标系和工件坐标系。机器人控制系统的用户坐标系（user coordinates）和工件坐标系（work coordinates）都是用来确定工具 TCP 与工件相对位置的笛卡儿坐标系，在机器人作业程序中，控制目标点的位置一般以笛卡儿坐标系位置的形式指定，利用用户、工件坐标系就可直接定义控制目标点相对于作业基准的位置。

在同时使用用户坐标系和工件坐标系的机器人上（如 ABB），两者的关系如图 2.1.9 所示。用户坐标系一般用来定义机器人作业区的位置和方向，例如，当工件安装在图 2.1.8 所示的工件变位器上，或者，需要在图 2.1.9 所示的不同作业区进行多工件作业时，可通过用户坐标系来确定工件变位器、作业区的位置和方向。工件坐标系通常用来描述作业对象（工件）基准点位置和安装方向，故又称对象坐标系（object coordinates，如 ABB）或基本坐标系（base coordinates，如 KUKA）。

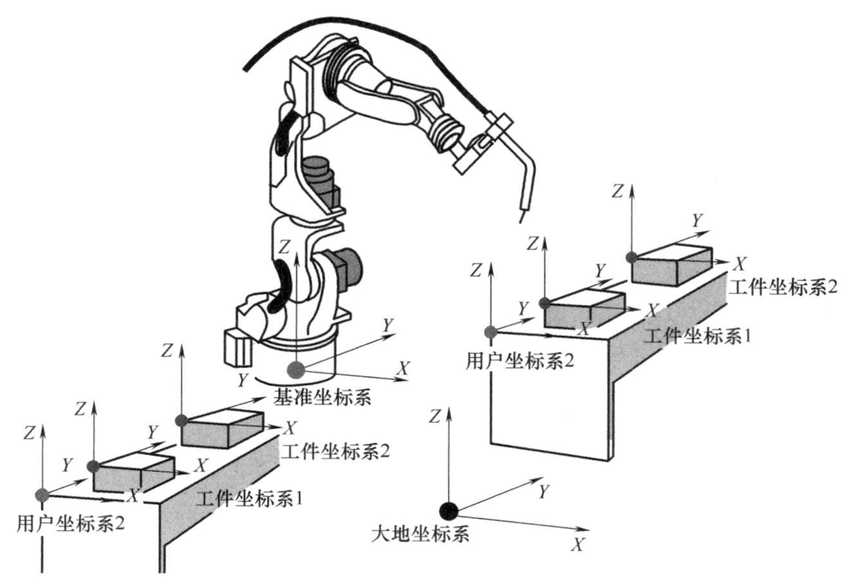

图 2.1.9 工件坐标系与用户坐标系

在机器人作业程序中，如果用用户、工件坐标系描述机器人 TCP 运动，程序中的位置数据就可与工件图纸上的尺寸统一，操作编程就简单、容易；此外，当机器人需要进行多工件相同作业时，只需要改变工件坐标系，便可利用同样的作业程序，完成不同工件的作业。

由于用户坐标系和工件坐标系的作用类似，且均可通过程序指令进行平移、旋转等变换，因此，FANUC、安川等机器人只使用用户坐标系；KUKA 机器人则只使用工件坐标系（KUKA 称为基本坐标系，base coordinates）。

用户坐标系、工件坐标系需要通过机器人基座坐标系（或大地坐标系）的平移、旋转定义，如果不定义，控制系统将默认用户坐标系、工件坐标系和机器人基座坐标系（或大地坐标系）重合。

③ 大地坐标系。机器人控制系统的大地坐标系（world coordinates）用来确定机器人基座坐标系、用户坐标系、工件坐标系的位置关系，对于配置机器人变位器、工件变位器等外部轴的作业系统，或者，机器人需要倾斜、倒置安装时，利用大地坐标系可使机器人和作业对象的位置描述更加清晰。

大地坐标系的设定只能唯一。大地坐标系一经设定，它将取代机器人基座坐标系，成为用户坐标系、工件坐标系的设定基准。如果不使用大地坐标系，控制系统将默认大地坐标系和机器人基座坐标系重合。

大地坐标系（world coordinates）的名称在不同机器人上有所不同，ABB说明书译作“大地坐标系”，FANUC说明书译作“全局坐标系”，安川说明书译作“基座坐标系”，KUKA说明书译作“世界坐标系”等。

需要注意的是，所谓的工具、工件、用户坐标系实际上只是机器人控制系统的参数名称，参数的真实用途与机器人作业形式有关，在工件外部安装、机器人移动工具作业（简称工具移动作业）和工具外部安装、机器人移动工件作业（简称工件移动作业）上，工具、工件坐标系参数的实际作用有如下区别。

2. 工具移动作业坐标系定义

工具移动作业是机器人最常见的作业形式，搬运、码垛、弧焊、涂装等机器人的抓手、焊枪、喷枪大多安装在机器人手腕上，因此，需要采用如图2.1.10所示的工件外部安装、机器人移动工具作业系统。

机器人移动工具作业时，工件被安装（安放）在机器人外部（地面或工装上），作业工具安装在机器人手腕上，机器人的运动可直接改变工具控制点（TCP）的位置。在这种作业系统上，控制系统的工具坐标系参数被用来定义作业工具的TCP位置和安装方向，工件坐标系、用户坐标系被用来定义工件的基准点位置和安装方向。

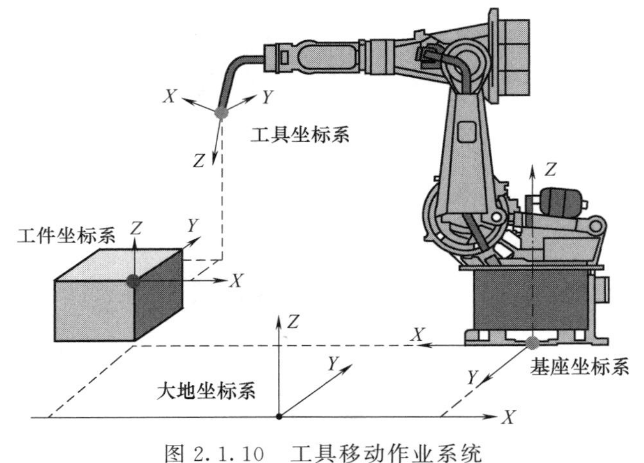

图2.1.10 工具移动作业系统

机器人需要使用不同工具、进行多工件作业时，工具、工件坐标系可设定多个。如果工件固定安装，且作业面与机器人安装面（地面）平行，此时，工件基准点在机器人基座坐标系上的位置很容易确定，也可不使用工件坐标系，直接通过基座坐标系描述TCP运动。

在配置有机器人、工件变位器等外部轴的系统上，机器人基座坐标系、工件坐标系将成为运动坐标系，此时，如果设定大地坐标系，可更加清晰地描述机器人、工件运动。

3. 工件移动作业坐标系定义

工具外部安装、机器人移动工件作业系统如图2.1.11所示。工件移动作业通常用于小型、轻质零件在固定工具上的作业，例如，进行小型零件的点焊、冲压加工时，为了减轻机器人载荷，可采用工件移动作业，将焊钳、冲模等质量、体积较大的作业工具固定安装在地面或工装上。

机器人移动工件作业时，作业工具被安装在机器人外部（地面或工装上），工件夹持在机器人手腕上，机器人的运动将改变工件的基准点位置和方向。在这种作业系统上，控制系统的工具坐标系参数实际上被用来定义工件的基准点位置和安装方向，而工件、用户坐标系参数则被用来定义工具的 TCP 位置和安装方向；因此，工件移动作业系统必须定义控制系统的工件、用户坐标系参数。

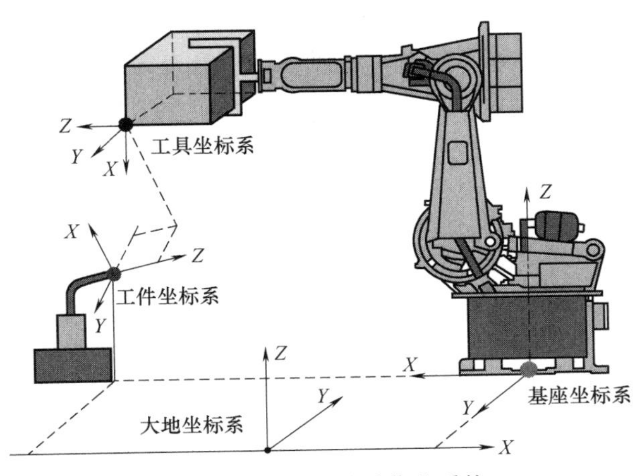

图 2.1.11 工件移动作业系统

同样，当机器人需要使用不同工具、进行多工件作业时，工具、工件坐标系同样可设定多个；如果系统配置有机器人变位器、工具移动部件等外部轴，设定大地坐标系可更加清晰地描述机器人、工具运动。

2.1.5 坐标系方向及定义

1. 坐标系方向的定义方法

在工业机器人上，机器人关节坐标系、基座坐标系、手腕基准坐标系的原点、方向已由机器人生产厂家在机器人出厂时设定，其他所有作业坐标系都需要用户自行设定。

工业机器人是一种多自由度控制的自动化设备，如果机器人的位置以虚拟笛卡儿坐标系的形式指定，不仅需要确定控制目标点（TCP）的位置，而且还需要确定作业方向，因此，工具、工件、用户等作业坐标系需要定义原点位置，还需要定义方向。

工具、用户坐标系方向与工具类型、结构和机器人作业方式有关，且在不同厂家生产的机器人上有所不同（详见后述）。例如，在图 2.1.12 所示的安川点焊机器人上，工具坐标系的 $+Z$ 方向被定义为工具沿作业中心线（以下简称工具中心线）接近工件的方向；工件（用户）坐标系的 $+Z$ 方向被定义为工件安装平面的法线方向等。

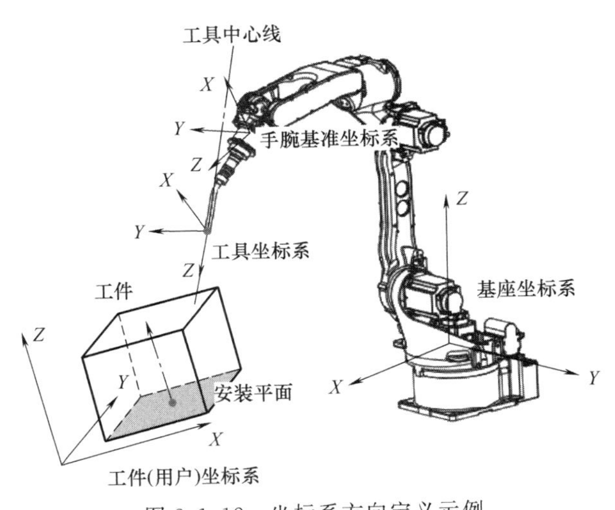

图 2.1.12 坐标系方向定义示例

三维空间的坐标系方向又称坐标系姿态，它需要通过基准坐标旋转的方法设定。在数学上，用来描述三维空间坐标旋转的常用方法有姿态角（attitude angle，又称旋转角、固定角）、欧拉角（Euler angles）、四元数（quaternion）、旋转矩阵（rotation matrix）等；旋转矩阵通常用于系统控制软件设计，不提供机器人用户设定。

工具、工件的方向规定、定义方法在不同机器人上有所不同。在常用机器人中，FANUC、安川一般采用姿态角定义法，ABB 机器人采用四元数定义法，KUKA 机器人采用欧拉角定义；坐标系方向规定可参见后述。

2. 姿态角定义

工业机器人的姿态角名称、定义方法与航空飞行器稍有不同。在垂直串联机器人手腕上，为了使坐标系旋转角度的名称与机器人动作统一，通常将旋转坐标系绕基准坐标系 X 轴的转动称为偏摆（yaw），转角以 W、R_x 表示；将旋转坐标系绕基准坐标系 Y 轴的转动称为俯仰（pitch），转角以 P、R_y 表示；将旋转坐标系绕基准坐标系 Z 轴的转动（如腰、手）称为回转（roll），转角以 R、R_z 表示。

用转角表示坐标系旋转时，所得到的旋转坐标系方向（姿态）与旋转的基准轴、旋转次序有关。如果旋转的基准轴规定为基准坐标系的原始轴（方向固定轴），旋转次序规定为 $X \rightarrow Y \rightarrow Z$，这样得到的转角称为“姿态角”。

为了方便理解，FANUC、安川等机器人的坐标系旋转参数 $W/P/R$、$R_x/R_y/R_z$，都可认为是旋转坐标系依次绕基准坐标系原始轴 X、Y、Z 旋转的角度（姿态角）。

例如，机器人手腕安装作业工具时，工具坐标系的旋转基准为手腕基准坐标系，如果需要设定如图 2.1.13（a）所示的工具坐标系方向，其姿态角将为 $R_x(W)=0°$、$R_y(P)=90°$、$R_z(R)=180°$；即：工具坐标系按图 2.1.13（b）所示，首先绕手腕基准坐标系的 Y_F 轴旋转 90°，使得旋转后的坐标系 X'_F 轴与需要设定的工具坐标系 X_T 轴方向一致；接着，再将工具坐标系绕手腕基准坐标系的 Z_F 轴旋转 180°，使得 2 次旋转后的坐标系 Y'_F、Z'_F 轴与工具坐标系 Y_T、Z_T 轴方向一致。

按 $X \rightarrow Y \rightarrow Z$ 旋转次序定义的姿态角 $W/P/R$、$R_x/R_y/R_z$，实际上和下述按 $Z \rightarrow Y \rightarrow X$ 旋转次序所定义的欧拉角 $A/B/C$ 具有相同的数值，即 $R_x=C$、$R_y=B$、$R_z=A$，因此，在定义坐标轴方向时，也可将姿态角 $R_x/R_y/R_z$ 视作欧拉角 $C/B/A$，但基准坐标系旋转的次序必须更改为 $Z \rightarrow Y \rightarrow X$。

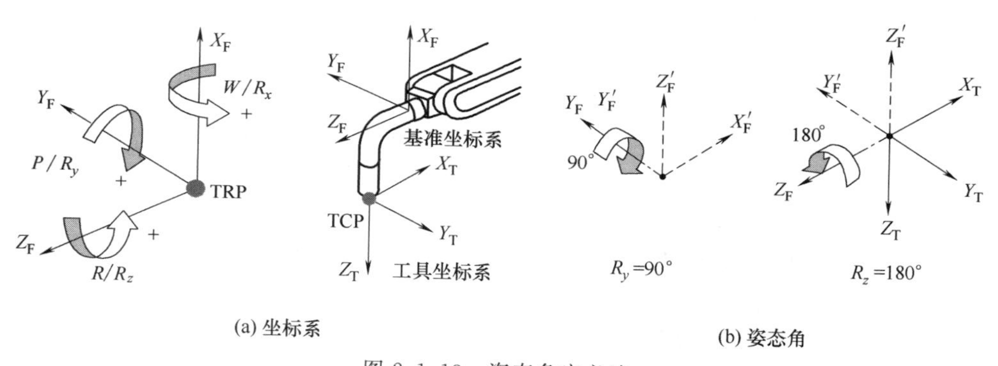

图 2.1.13　姿态角定义法

3. 欧拉角定义

欧拉角（Euler angles）是另一种以转角定义旋转坐标系方向的方法。欧拉角和姿态角的区别在于：姿态角是旋转坐标系绕方向固定的基准坐标系原始轴旋转的角度，而欧拉角则是绕旋转后的新坐标系坐标轴回转的角度。

以欧拉角表示坐标旋转时，得到的坐标系方向（姿态）同样与旋转的次序有关。工业机器人的旋转次序一般规定为 $Z \rightarrow Y \rightarrow X$。因此，KUKA 等机器人的欧拉角 $A/B/C$ 的含义是：旋转坐标系首先绕基准坐标系的 Z 轴旋转 A，然后再绕旋转后的新坐标系 Y 轴旋转 B，接着，再绕 2 次旋转后的新坐标系 X 轴旋转 C。

例如，同样对于图 2.1.13 所示的工具姿态，如果采用欧拉角定义法，对应的欧拉角为如图 2.1.14 所示的 $A=180°$、$B=90°$、$C=0°$，即：工具坐标系首先绕基准坐标系原始的 Z_F 轴

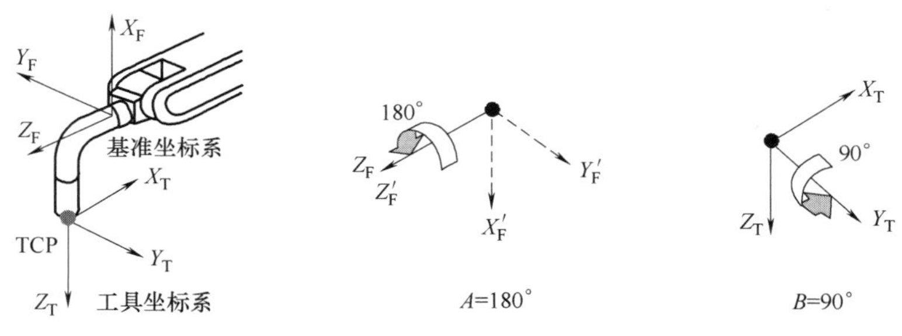

图 2.1.14　欧拉角定义法

旋转 180°，使得旋转后的坐标系 Y'_F 与工具坐标系 Y_T 轴方向一致；然后，再绕旋转后的新坐标系 Y'_F 轴旋转 90°，使得 2 次旋转后的坐标系 X'_F、Z'_F 轴与工具坐标系 X_T、Z_T 轴的方向一致。

由此可见，按 $Z \to Y \to X$ 旋转次序定义的欧拉角 $A/B/C$，与按 $X \to Y \to Z$ 旋转次序定义的姿态角 $R_x/R_y/R_z$（或 $W/P/R$）具有相同的数值，即：$A=R_z$、$B=R_y$、$C=R_x$。因此，也可将定义旋转坐标系的欧拉角 $A/B/C$ 视作姿态角 $R_z/R_y/R_x$，但基准坐标系的旋转次序必须更改为 $X \to Y \to Z$。

4. 四元数定义

ABB 机器人的旋转坐标系方向利用四元数（quaternion）定义，数据格式为 $[q_1, q_2, q_3, q_4]$。q_1、q_2、q_3、q_4 为表示坐标旋转的四元素，它们是带符号的常数，其数值和符号需要按照以下方法确定。

① 数值。四元数 q_1、q_2、q_3、q_4 的数值，可按以下公式计算后确定：

$$q_1^2+q_2^2+q_3^2+q_4^2=1$$

$$q_1=\frac{\sqrt{x_1+y_2+z_3+1}}{2}$$

$$q_2=\frac{\sqrt{x_1-y_2-z_3+1}}{2}$$

$$q_3=\frac{\sqrt{y_2-x_1-z_3+1}}{2}$$

$$q_4=\frac{\sqrt{z_3-x_1-y_2+1}}{2}$$

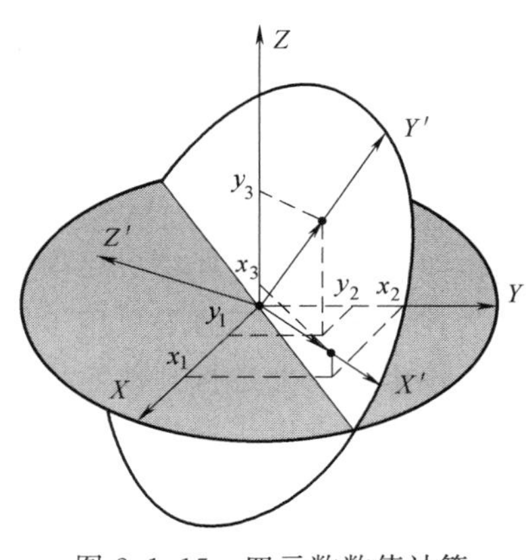

图 2.1.15　四元数数值计算

式中的 (x_1, x_2, x_3)、(y_1, y_2, y_3)、(z_1, z_2, z_3) 分别为图 2.1.15 所示的旋转坐标系 X'、Y'、Z' 轴单位向量在基准坐标系 X、Y、Z 轴上的投影。

② 符号。四元数 q_1、q_2、q_3、q_4 的符号按下述方法确定。

q_1：符号总是为正。

q_2：符号由计算式 y_3-z_2 确定，$y_3-z_2 \geqslant 0$ 为“+”，否则为“−”。

q_3：符号由计算式 z_1-x_3 确定，$z_1-x_3 \geqslant 0$ 为“+”，否则为“−”。

q_4：符号由计算式 x_2-y_1 确定，$x_2-y_1 \geqslant 0$ 为“+”，否则为“−”。

例如，对于图 2.1.16 所示的工具坐标系，在 FANUC、安川机器人上用姿态角表示时，为 $R_x(W)=0°$、$R_y(P)=90°$、$R_z(R)=180°$；在 KUKA 机器人上用欧拉角表示时，为 $A=180°$、$B=90°$、$C=0°$；在 ABB 机器人上，用四元数表示时，因旋转坐标系 X'、Y'、Z' 轴

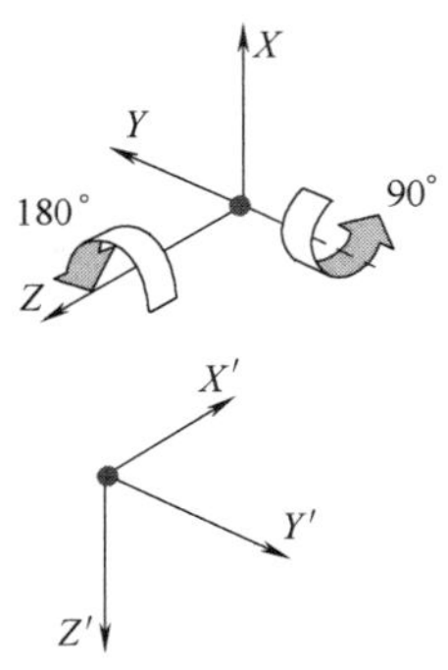

图 2.1.16 工具坐标系

（即工具坐标系 X_T、Y_T、Z_T 轴）单位向量在基准坐标系 X、Y、Z 轴（即手腕基准坐标系 X_F、Y_F、Z_F 轴）上的投影分别为：

$$(x_1, x_2, x_3) = (0, 0, -1)$$
$$(y_1, y_2, y_3) = (0, -1, 0)$$
$$(z_1, z_2, z_3) = (-1, 0, 0)$$

由此可得：

$$q_1 = \frac{\sqrt{x_1 + y_2 + z_3 + 1}}{2} = 0$$
$$q_2 = \frac{\sqrt{x_1 - y_2 - z_3 + 1}}{2} = 0.707$$
$$q_3 = \frac{\sqrt{y_2 - x_1 - z_3 + 1}}{2} = 0$$
$$q_4 = \frac{\sqrt{z_3 - x_1 - y_2 + 1}}{2} = 0.707$$

q_1、q_3 为“0”，符号为“+”；计算式 $y_3 - z_2 = 0$，q_2 为“+”；计算式 $x_2 - y_1 = 0$，q_4 为“+”；因此，工具坐标系的旋转四元数为［0，0.707，0，0.707］。

2.2 常用产品的坐标系定义

2.2.1 FANUC 机器人坐标系

1. 基本说明

FANUC 机器人控制系统的坐标系实际上有关节、机器人基座、手腕基准、大地、工具、用户 6 类坐标系，但坐标系名称、使用方法与其他机器人有较大的不同。

手腕基准坐标系在 FANUC 机器人称为工具安装坐标系（tool installation coordinates），中文说明书译作“机械接口坐标系”。手腕基准坐标系是通过运动控制模型建立，由 FANUC 定义的控制坐标系，通常只用于控制系统的工具坐标系参数设定，用户既不能改变其设定，也不能在该坐标系上进行其他操作，因此，机器人使用说明书一般不对其进行介绍，其他坐标系均可提供用户操作、编程使用。

FANUC 机器人的坐标系在示教器上以英文缩写“JOINT” “JGFRM” “WORLD” “TOOL” “USER”的形式显示，其中，JGFRM 只能用于机器人手动操作。坐标系代号 JOINT、TOOL、USER 分别为关节、工具、用户坐标系，其含义明确；JGFRM、WORLD 坐标系的功能如下。

JGFRM：JGFRM 是机器人手动（JOG）操作坐标系 JOG Frame 的代号，简称 JOG 坐标系。JOG 坐标系是 FANUC 公司为了方便机器人在基座坐标系手动操作而专门设置的特殊坐标系，其使用比机器人基座坐标系更方便（见后述）。机器人出厂时，控制系统默认 JOG 坐标系与机器人基座坐标系重合，因此，如不进行 JOG 坐标系设定操作，JOG 坐标系就可视作机器人基座坐标系。

WORLD：WORLD 实际上是大地坐标系（world coordinates）的简称，中文说明书译作“全局坐标系”。大地坐标系是 FANUC 机器人基座坐标系、用户坐标系的设定基准，用户不能改变。由于绝大多数机器人采用的是地面固定安装，机器人出厂时默认大地坐标系与机器人基座坐标系重合，因此，FANUC机器人操作编程时，通常直接大地坐标系代替机器人基座坐标系。如果机器人需要利用变位器移动（附加功能），机器人基座坐标系在大地坐标系的位置，可通过控制系统的机器人变位器配置参数，由控制系统自动计算与确定。

为了与FANUC说明书统一，本书后述的内容中，也将FANUC机器人的WORLD坐标系称为全局坐标系，将手腕基准坐标系称为工具安装坐标系。

2. 机器人基本坐标系

关节、全局、机械接口坐标系是FANUC机器人的基本坐标系，必须由FANUC公司定义，用户不得改变。关节、全局、机械接口坐标系的原点位置、方向规定如下。

① 关节坐标系。FANUC 6轴垂直串联机器人的腰回转、下臂摆动、上臂摆动、手腕回转、腕弯曲、手回转关节轴名称依次为J1～J6，轴运动方向、零点定义如图2.2.1所示。机器人所有关节轴位于零点（J1～J6＝0°）时，机器人中心线平面与基座前侧面垂直（J1＝0°）；下臂中心线与基座安装底面垂直（J2＝0°）；上臂中心线和手回转中心线与基座安装底面平行（J3、J5＝0°）；手腕和手的基准线垂直基座安装底面向上（J4、J6＝0°）。

② 全局、机械接口坐标系。FANUC机器人的全局坐标系、机械接口坐标系原点和方向定义如图2.2.2所示。全局坐标系原点通常位于通过J2轴回转中心、平行于安装底平面的平面上；机械接口坐标系的＋Z方向为垂直手腕工具安装法兰面向外，＋X方向为J4＝0°时的手腕向上（或向外）弯曲切线方向。

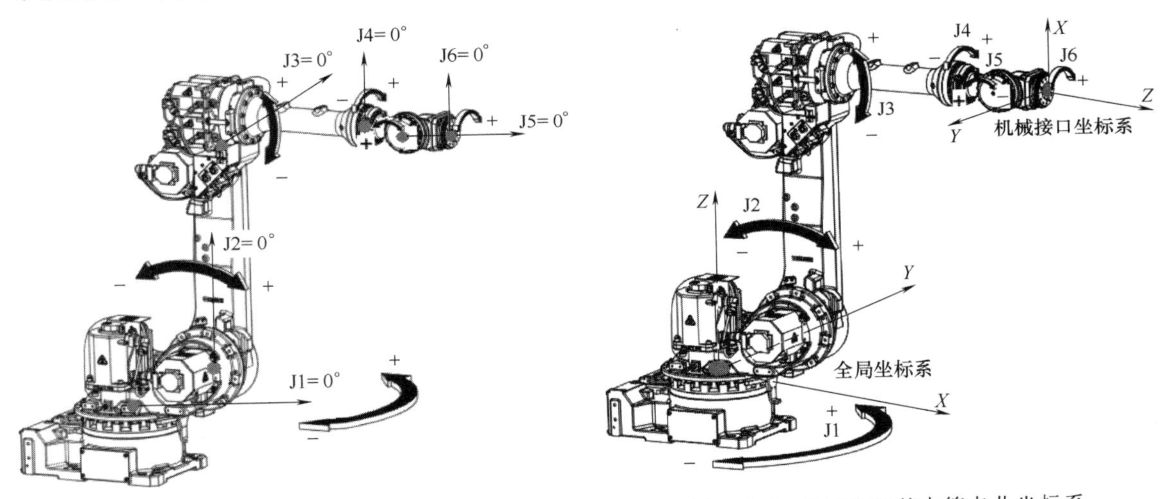

图2.2.1　FANUC机器人关节坐标系　　图2.2.2　FANUC基本笛卡儿坐标系

3. 工具、用户、JOG坐标系

① 工具、用户坐标系。工具、用户坐标系是FANUC机器人的基本作业坐标系，用户坐标系可通过程序指令进行平移、旋转等变换，作为工件坐标系使用。工具、用户坐标系可由用户自由设定，其数量与控制系统型号规格功能有关，常用的机器人一般最大可设定10个工具坐标系、9个用户坐标系。

FANUC机器人控制系统的工具坐标系参数需要以机械接口坐标系为基准设定，如不设定工具坐标系，系统默认工具坐标系和机械接口坐标系重合；控制系统的用户坐标系参数需要以全局坐标系为基准设定，如不设定用户坐标系，系统默认用户坐标系和全局坐标系重合。工具、用户坐标系方向以基准坐标系按$X \rightarrow Y \rightarrow Z$次序旋转的姿态角$W/P/R$表示。

② JOG坐标系。JOG坐标系是FANUC为方便机器人在基座坐标系手动操作而专门设置的特殊坐标系，不能用于机器人程序。

JOG 坐标系的零点、方向可由用户设定，且可同时设定多个（通常为 5 个），因此，使用比机器人基座坐标系更方便。

例如，当机器人需要进行如图 2.2.3 所示的手动码垛时，可利用 JOG 坐标系的设定，方便、快捷地将物品从码垛区的指定位置取出等。

FANUC 机器人控制系统的 JOG 坐标系参数需要以全局坐标系为基准设定，如不设定 JOG 坐标系，系统默认两者重合，此时，JOG 坐标系即可视为机器人手动操作时的机器人基座坐标系。

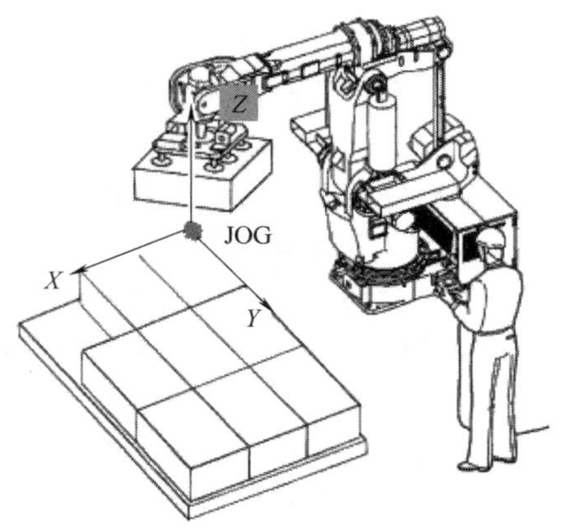

图 2.2.3 JOG 坐标系的作用

4. **常用工具的坐标系定义**

工具、用户坐标系的方向与工具类型、结构以及机器人实际作业方式有关，在 FANUC 机器人上，常用工具以及工件的坐标系方向一般如下。

① 工具方向。工具移动作业系统的工具方向利用控制系统的工具坐标系定义，工件移动作业系统的工具方向利用控制系统的用户坐标系定义。常用工具在 FANUC 机器人上的坐标系方向一般按图 2.2.4 所示，定义如下。

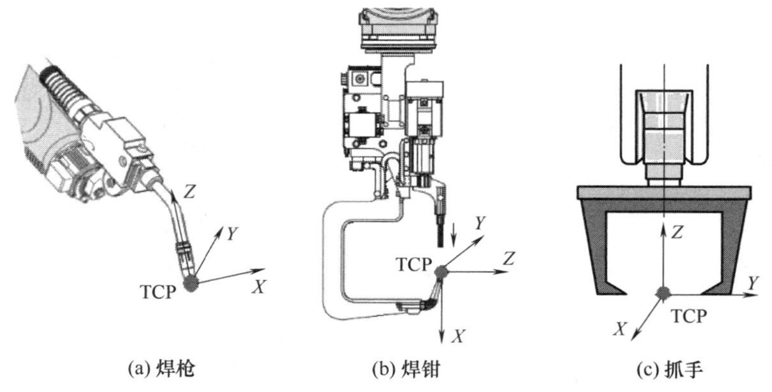

图 2.2.4 FANUC 机器人的常用工具方向

弧焊机器人焊枪：枪膛中心线向上方向为工具（或用户）坐标系的 $+Z$ 向；$+X$ 向通常与基准坐标系的 $+X$ 方向相同；$+Y$ 方向用右手定则决定。

点焊机器人焊钳：焊钳进入工件方向为工具（或用户）坐标系 $+Z$ 向；焊钳加压时的移动电极运动方向为 $+X$ 向；$+Y$ 方向用右手定则决定。

抓手：抓手一般只用于物品搬运、码垛等工具移动作业系统，工具坐标系的 $+Z$ 方向一般与手腕基准坐标系相反（垂直手腕法兰向内）；$+X$ 向与手腕基准坐标系的 $+X$ 方向相同；$+Y$ 方向用右手定则决定。

② 工件方向。工具移动作业系统的工件安装在地面或工装上，工件方向需要利用控制系统的用户坐标系参数定义，用户坐标系的 $+Z$ 方向一般为工件安装平面的法线方向；$+X$ 向通常与全局坐标系的 $+X$ 方向相反；$+Y$ 方向用右手定则决定。

工件移动作业系统的工件夹持在机器人手腕上，工件方向需要利用控制系统的工具坐标系参数定义，工具坐标系的 $+Z$ 向一般与机械接口坐标系的 $+Z$ 方向相反（垂直手腕法兰向内）；$+X$ 向与机械接口坐标系的 $+X$ 方向相同；$+Y$ 方向用右手定则决定。

2.2.2 安川机器人坐标系

1. 基本说明

安川机器人控制系统的坐标系实际上有关节、机器人基座、手腕基准、大地、工具、用户6类坐标系，但坐标系名称、使用方法与其他机器人有所不同。在安川机器人使用说明书上，手腕基准坐标系称为手腕法兰坐标系（wrist flange coordinates），机器人基座坐标系称为机器人坐标系（robot coordinates），大地坐标系称为基座坐标系（base coordinates）。

手腕基准（法兰）坐标系是用来建立运动控制模型、由安川定义的系统控制坐标系，通常只用于控制系统的工具坐标系参数设定，用户既不能改变其设定，也不能在该坐标系上进行其他操作，因此，机器人使用说明书一般不对其进行介绍；其他坐标系均可提供用户操作、编程使用。

安川机器人示教器的坐标系显示为中文“关节坐标系”“机器人坐标系”“基座坐标系”“直角坐标系”“圆柱坐标系”“工具坐标系”“用户坐标系”；其中，直角坐标系、圆柱坐标系仅供机器人手动操作使用，其功能如下。

直角坐标系：用于机器人基座坐标系的手动操作。选择直角坐标系时，机器人可以笛卡儿直角坐标系的形式，控制TCP在机器人坐标系上的手动运动，因此，直角坐标系实际上就是通常意义上的手动操作机器人坐标系。

圆柱坐标系：圆柱坐标系是安川公司为方便机器人坐标系手动操作而设置的坐标系。选择圆柱坐标系进行手动操作时，可以用图2.2.5所示的极坐标 ρ、θ，直接控制TCP进行机器人坐标系 XY 平面的径向、回转运动。

为了与安川说明书统一，本书后述的内容中，也将安川机器人的大地坐标系称为基座坐标系，将机器人基座坐标系称为机器人坐标系，将手腕基准坐标系称为手腕法兰坐标系。

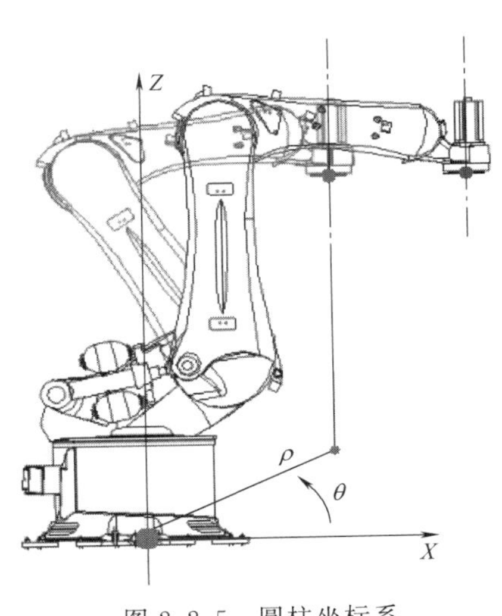

图2.2.5 圆柱坐标系

2. 机器人基本坐标系

关节、机器人、手腕法兰坐标系是安川机器人的基本坐标系，必须由安川公司定义，用户不得改变。关节、机器人、手腕法兰坐标系的原点位置、方向规定如下。

① 关节坐标系。安川6轴垂直串联机器人的腰回转、下臂摆动、上臂摆动、手腕回转、腕弯曲、手回转关节轴名称依次为 S、L、U、R、B、T；轴运动方向、零点定义如图2.2.6所示。

安川机器人关节轴方向以及 S、L、U、R、T 轴的零点与FANUC机器人相同，但 B 轴零点有图2.2.6所示的两种情况：部分机器人以 S、L、U、$R=0°$时，手回转中心线与基座安装底面平行的位置为 B 轴零点；部分机器人则以 S、L、U、$R=0°$时，手回转中心线与基座安装底面垂直的位置为 B 轴零点。

② 机器人、手腕法兰坐标系。安川机器人的机器人、手腕法兰坐标系原点和方向定义如图2.2.7所示。机器人坐标系原点位于机器人安装底平面；手腕法兰坐标系的 $+Z$ 方向为垂直手腕工具安装法兰面向外，$+X$ 方向为 $R=0°$时的手腕向上（或向外）弯曲切线方向。

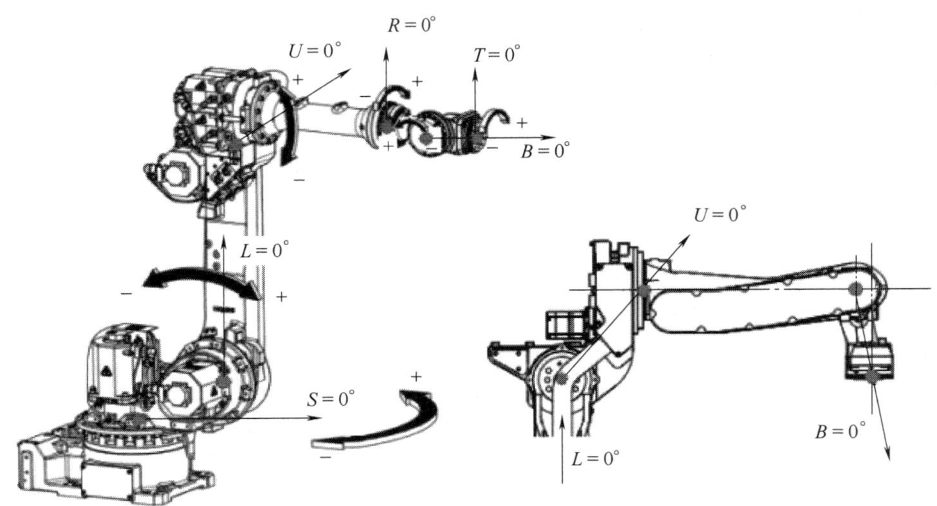

图 2.2.6 安川机器人关节坐标系

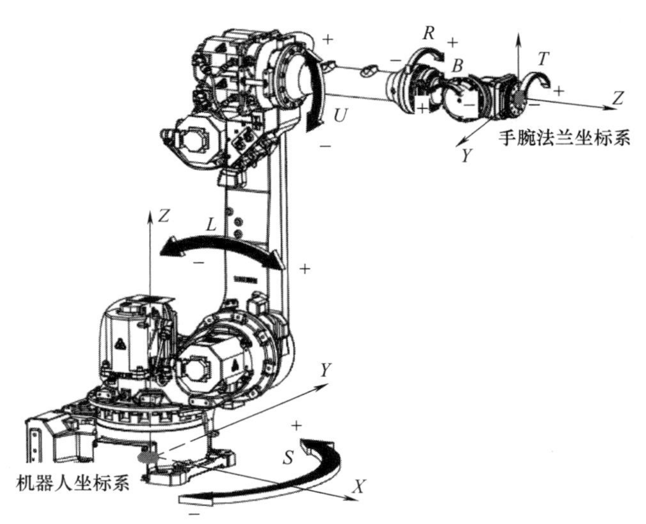

图 2.2.7 安川机器人、手腕法兰坐标系

3. 基座、工具、用户坐标系

安川机器人控制系统的作业坐标系有基座坐标系、工具坐标系、用户坐标系 3 类，用户坐标系可通过程序指令进行平移、旋转等变换，作为工件坐标系使用。基座坐标系只能设定 1 个；工具、用户坐标系的数量与控制系统型号规格功能有关，常用的机器人一般最大可设定 64 个工具坐标系、63 个用户坐标系。

安川机器人的基座坐标系就是大地坐标系，它是机器人坐标系、用户坐标系的设定基准，其设定必须唯一；在利用变位器移动或倾斜、倒置安装的机器人上，机器人坐标系、用户坐标系的位置和方向需要通过基座坐标系确定。机器人出厂时默认基座坐标系和机器人坐标系重合，因此，对于绝大多数采用地面固定安装的机器人，基座坐标系就是机器人坐标系；机器人需要使用变位器移动或倾斜、倒置安装时（附加功能），机器人坐标系在大地坐标系上的位置和方向，可通过控制系统的机器人变位器配置参数，由控制系统自动计算与确定。

安川机器人控制系统的工具坐标系参数需要以手腕法兰坐标系为基准设定，如不设定工具坐标系，系统默认工具坐标系和手腕法兰坐标系重合；控制系统的用户坐标系参数需要以基座坐标系为基准设定，如不设定用户坐标系，系统默认用户坐标系和基座坐标系重合。工具、用户坐标系方向以基准坐标系按 $X \rightarrow Y \rightarrow Z$ 次序旋转的姿态角 $R_x/R_y/R_z$ 表示。

4. 常用工具的坐标系定义

工具、用户坐标系的方向与工具类型、结构以及机器人实际作业方式有关，在安川机器人上，常用工具以及工件的坐标系方向一般如下。

① 工具方向。工具移动作业系统的工具方向利用控制系统的工具坐标系定义，工件移动作业系统的工具方向利用控制系统的用户坐标系定义。常用工具在安川机器人上的坐标系方向一般按图 2.2.8 所示，定义如下。

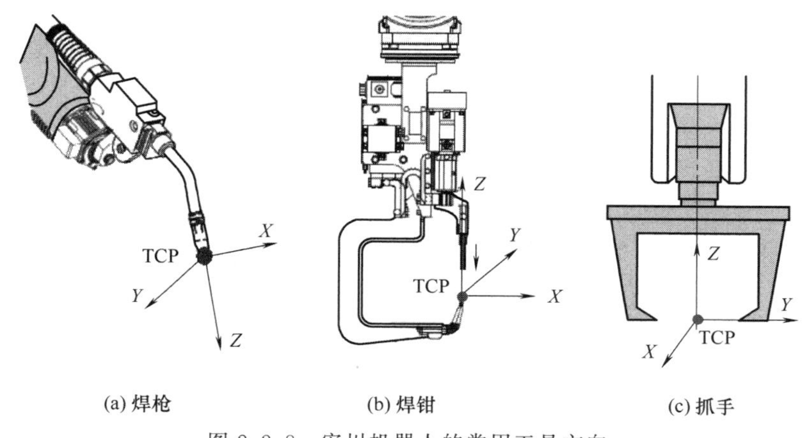

图 2.2.8　安川机器人的常用工具方向

弧焊机器人焊枪：枪膛中心线向下方向为工具（或用户）坐标系 $+Z$ 向；$+X$ 向通常与基准坐标系的 $+X$ 方向相同；$+Y$ 方向用右手定则决定。

点焊机器人焊钳：焊钳进入工件方向为工具（或用户）坐标系 $+X$ 向；焊钳松开时的移动电极运动方向为 $+Z$ 向；$+Y$ 方向用右手定则决定。

抓手：抓手一般只用于物品搬运、码垛等工具移动作业系统，工具坐标系的 $+Z$ 方向一般与手腕基准坐标系相反（垂直手腕法兰向内）；$+X$ 向与手腕基准坐标系的 $+X$ 方向相同；$+Y$ 方向用右手定则决定。

② 工件方向。工具移动作业系统的工件安装在地面或工装上，工件方向需要利用控制系统的用户坐标系参数定义，用户坐标系的 $+Z$ 方向一般为工件安装平面的法线方向；$+X$ 向通常与机器人坐标系的 $+X$ 方向相反；$+Y$ 方向用右手定则决定。

工件移动作业系统的工件夹持在机器人手腕上，工件方向需要利用控制系统的工具坐标系参数定义，工具坐标系的 $+Z$ 方向一般与手腕法兰坐标系相反（垂直手腕法兰向内）；$+X$ 向与手腕法兰坐标系的 $+X$ 方向相同；$+Y$ 方向用右手定则决定。

2.2.3　ABB 机器人坐标系

1. 基本说明

ABB 机器人控制系统可使用关节、机器人基座、手腕基准、大地、工具、工件、用户等所有常用坐标系。在 ABB 机器人使用说明书上，手腕基准坐标系称为手腕法兰坐标系（wrist flange coordinates），机器人基座坐标系称为基坐标系（base coordinates），工件坐标系称为对象坐标系（object coordinates）。

ABB机器人的手腕基准（法兰）坐标系是用来建立运动控制模型、由ABB定义的系统控制坐标系，通常只用于控制系统的工具坐标系参数设定，用户既不能改变其设定，也不能在该坐标系上进行其他操作，因此，机器人使用说明书一般不对其进行介绍。

ABB机器人的用户坐标系、工件坐标系以及作业形式、运动单元等参数，需要由控制系统的工件数据（wobjdata）统一设定，因此，用户坐标系不能直接用于手动操作。

ABB机器人示教器采用触摸屏操作，可提供用户操作、编程使用的坐标系在示教器上以中文“大地坐标系”“基坐标”“工具”“工件坐标”及图标的形式显示和选择；进行机器人基座坐标系手动操作时，应选择“基坐标”。ABB机器人的用户坐标系手动操作不能直接选择，但可以通过工件坐标系和用户坐标系重合的工件数据定义，通过选择该工件坐标系，间接实现用户坐标系的手动操作功能。

为了与ABB说明书统一，本书后述的内容中，也将ABB机器人的机器人基座坐标系称为基坐标系，将手腕基准坐标系称为手腕法兰坐标系。

2. 机器人基本坐标系

关节、基坐标、手腕法兰坐标系是ABB机器人的基本坐标系，必须由ABB公司定义，用户不得改变。关节、基坐标、手腕法兰坐标系坐标系的原点位置、方向规定如下。

① 关节坐标系。ABB 6轴垂直串联机器人的腰回转、下臂摆动、上臂摆动、手腕回转、腕弯曲、手回转关节轴名称依次为j1～j6；轴运动方向、零点定义如图2.2.9所示。

ABB机器人的j1、j2的运动方向与FANUC、安川机器人相同；但是，j3～j6的运动方向与FANUC、安川机器人相反。

ABB机器人的关节轴零点（j1～j6＝0°）如图2.2.9所示，此时，机器人中心线平面与基座前侧面垂直（j1＝0°）；下臂中心线与基座安装底面垂直（j2＝0°）；上臂中心线和手回转中心线与基座安装底面平行（j3、j5＝0°）；手腕和手的基准线垂直基座安装底面向上（j4、j6＝0°）。

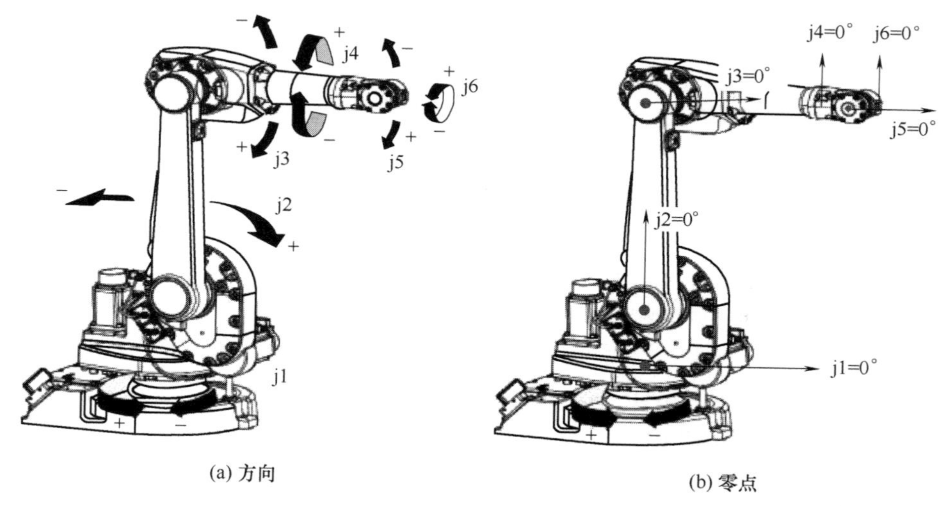

图2.2.9　ABB机器人关节坐标系

② 基坐标、手腕法兰坐标系。ABB机器人的基坐标、手腕法兰坐标系原点和方向定义如图2.2.10所示。机器人坐标系原点位于机器人安装底平面；手腕法兰坐标系的$+Z$方向为垂直手腕工具安装法兰面向外；由于ABB机器人的j5轴方向与FANUC、安川机器人相反，因此，$+X$方向为$R=0°$时的手腕向下（或向内）弯曲切线方向与FANUC、安川机器人相反。

3. 作业坐标系

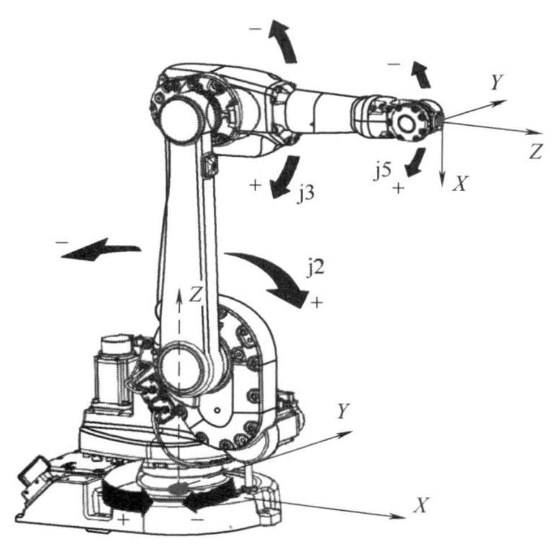

图 2.2.10 ABB基本笛卡儿坐标

ABB机器人控制系统的作业坐标系有大地、工具、工件、用户四类，其中，大地坐标系的设定必须唯一；工具、工件、用户坐标系数量不限；用户坐标系不能单独用于手动操作。

ABB机器人的大地坐标系是基坐标系、工件坐标系、用户坐标系的设定基准，其设定必须唯一；机器人出厂时默认大地坐标系和基坐标系重合。

ABB机器人控制系统的工具坐标系参数需要以手腕法兰坐标系为基准设定，如不设定工具坐标系，系统默认工具坐标系和手腕法兰坐标系重合；控制系统的用户、工件坐标系参数需要以大地坐标系为基准，连同机器人作业形式、运动单元等参数，在工件数据（wobjdata）上统一设定；机器人出厂时默认用户坐标系、工件坐标系和大地坐标系重合。工具、工件、用户坐标系方向以基准坐标系旋转四元数定义。

4. 常用工具的坐标系定义

工具、工件、用户坐标系的方向与工具类型、结构以及机器人实际作业方式有关，在ABB机器人上，常用工具以及工件的坐标系方向一般如下。

① 工具方向。工具移动作业系统的工具方向利用控制系统的工具坐标系定义，工件移动作业系统的工具方向利用控制系统的用户坐标系定义。常用工具在ABB机器人上的坐标系方向一般如图 2.2.11 所示，定义如下。

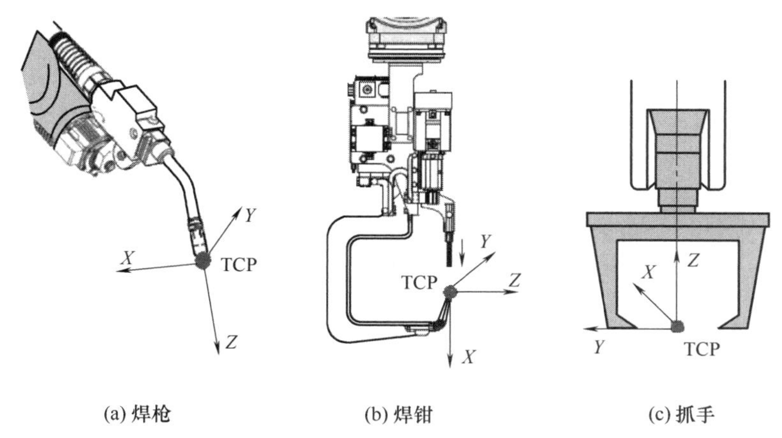

图 2.2.11 ABB机器人常用工具方向

弧焊机器人焊枪：枪膛中心线向下方向为工具（或用户）坐标系+Z向；+X向通常与基准坐标系的+X方向相同；+Y方向用右手定则决定。

点焊机器人焊钳：焊钳进入工件方向为工具（或用户）坐标系+Z向；焊钳加压时的移动电极运动方向为+X向；+Y方向用右手定则决定。

抓手：抓手一般只用于物品搬运、码垛等工具移动作业系统，工具坐标系的+Z方向一般与手腕基准坐标系相反（垂直手腕法兰向内）；+X向与手腕基准坐标系的+X方向相同；+Y方向用右手定则决定。

② 工件方向。工具移动作业系统的工件安装在地面或工装上，工件方向需要利用控制系统的工件坐标系参数定义，工件坐标系的 $+Z$ 方向一般为工件安装平面的法线方向；$+X$ 向通常与基坐标系（机器人基座坐标系）的 $+X$ 方向相反；$+Y$ 方向用右手定则决定。

工件移动作业系统的工件夹持在机器人手腕上，工件方向需要利用控制系统的工具坐标系参数定义，工具坐标系的 $+Z$ 方向一般与手腕法兰坐标系相反（垂直手腕法兰向内）；$+X$ 向与手腕法兰坐标系的 $+X$ 方向相同；$+Y$ 方向用右手定则决定。

2.2.4 KUKA 机器人坐标系

1. 基本说明

KUKA 机器人控制系统的坐标系有关节、机器人基座、手腕基准、大地、工具、工件 6 类。在 KUKA 机器人使用说明书上，关节坐标系称为轴（AXIS），机器人基座坐标系称为机器人根坐标系（robot root coordinates，简称 ROBROOT CS），手腕基准坐标系称为法兰坐标系（flange coordinates，简称 FLANGE CS），工件坐标系称为基坐标系（base coordinates，简称 BASE CS）。

KUKA 机器人的手腕基准坐标系（FLANGE CS）是用来建立运动控制模型、由 KUKA 定义的系统控制坐标系，通常只用于控制系统的工具坐标系参数设定，用户既不能改变其设定，也不能在该坐标系上进行其他操作。

KUKA 机器人示教器采用触摸屏操作，可提供用户操作、编程使用的坐标系在示教器上以中文“轴”“全局”“基坐标”“工具”及图标的形式显示和选择；轴、全局、基坐标、工具分别代表关节、大地、工件、工具坐标系。在大地坐标系（WORLD CS）与机器人基座坐标系（ROBROOT CS）重合（控制系统出厂默认）的机器人上，选择“全局”坐标系，实际上就是机器人基座坐标系。

为了与 KUKA 说明书统一，本书后述的内容中，也将机器人基座坐标系称为机器人根坐标系（ROBROOT CS），将手腕基准坐标系称为法兰坐标系（FLANGE CS）；但是，为了避免歧义，轴（AXIS）改为“关节坐标系”，基坐标系（BASE CS）改为“工件坐标系”；示教器显示图标中的“轴”“全局”“基坐标”名称，也不再在除手动操作外的其他场合使用。

2. 机器人基本坐标系

关节坐标系（AXIS）、机器人根坐标系（ROBROOT CS）、法兰坐标系（FLANGE CS）是 KUKA 机器人的基本坐标系，必须由 KUKA 公司定义，用户不得改变。关节、机器人根、法兰坐标系坐标系的原点位置、方向规定如下。

① 关节坐标系。KUKA 机器人的腰、下臂、上臂、腕回转、腕弯曲、手回转关节轴名称依次为 A1～A6，轴运动方向、零点定义如图 2.2.12 所示。

KUKA 机器人的关节轴方向、零点定义与其他机器人（FANUC、安川、ABB 机器人等）有较大的区别：A1 轴的运动方向与其他机器人相反；A3/A5 轴和 ABB 相同，与 FANUC/安川相反；A4/A6 轴和 FANUC/安川相同，与 ABB 相反；A2 零点位于下臂中心线与机器人基座安装面平行的位置；A3 轴以下臂中心线方向为 0°。

② 机器人根、法兰坐标系。KUKA 机器人的根坐标系、法兰坐标系的原点和方向如图 2.2.13 所示，其定义与 ABB 机器人相同。

需要注意的是，虽然 KUKA 机器人的法兰坐标系的原点、方向均与 ABB 机器人手腕法兰坐标系相同，但是由于两种机器人的工具坐标系轴定义不同（见下述），工具坐标系参数也将不同。

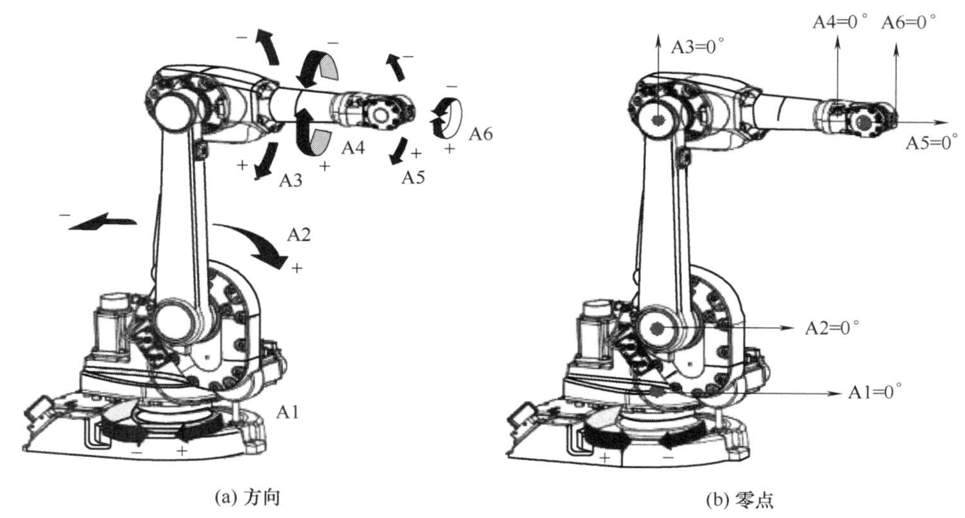

(a) 方向 (b) 零点

图 2.2.12 KUKA 关节坐标系

3. 作业坐标系

KUKA 机器人控制系统的作业坐标系有工具坐标系（tool coordinates，简称 TOOL CS)、基坐标系(BASE CS)、大地坐标系（WORLD CS）3 类，为避免歧义，本书将按通常习惯，将基坐标系（BASE CS）称为“工件坐标系”。大地坐标系的设定必须唯一，工具坐标系最大可设定 16 个，工件坐标系最大可设定 32 个。

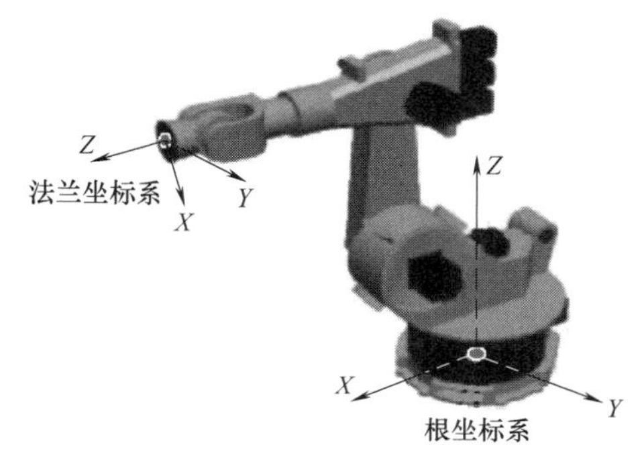

图 2.2.13 KUKA 基本笛卡儿坐标系

KUKA 机器人的大地坐标系（WORLD CS）是机器人根坐标系（ROBROOT CS)、工件坐标系(BASE CS）的设定基准，其设定必须唯一；机器人出厂时默认三者重合。

KUKA 机器人控制系统的工具坐标系（TOOL CS）参数需要以法兰坐标系（FLANGE CS）为基准设定，如不设定工具坐标系，系统默认工具坐标系和法兰坐标系重合；控制系统的工件坐标系（BASE CS）参数需要以大地坐标系为基准设定；机器人出厂时默认工件坐标系和大地坐标系重合。工具、工件坐标系方向以基准坐标系按 $Z \rightarrow Y \rightarrow X$ 旋转次序定义的欧拉角表示。

4. 常用工具的坐标系定义

工具、工件坐标系的方向与工具类型、结构以及机器人实际作业方式有关，KUKA 机器人的坐标系方向与 FANUC、安川、ABB 等机器人有较大的不同，常用工具以及工件的坐标系方向一般如下。

① 工具方向。工具移动作业系统的工具方向利用控制系统的工具坐标系定义，工件移动作业系统的工具方向利用控制系统的用户坐标系定义。常用工具在 KUKA 机器人上的坐标系方向一般按图 2.2.14 所示，定义如下。

弧焊机器人焊枪：枪膛中心线向下方向为工具（或用户）坐标系 $+X$ 向；$+Z$ 轴通常与基准坐标系的 $-X$ 方向相同；$+Y$ 方向用右手定则决定。

点焊机器人焊钳：焊钳进入工件方向为工具（或用户）坐标系 $+Z$ 向；焊钳加压时的移动

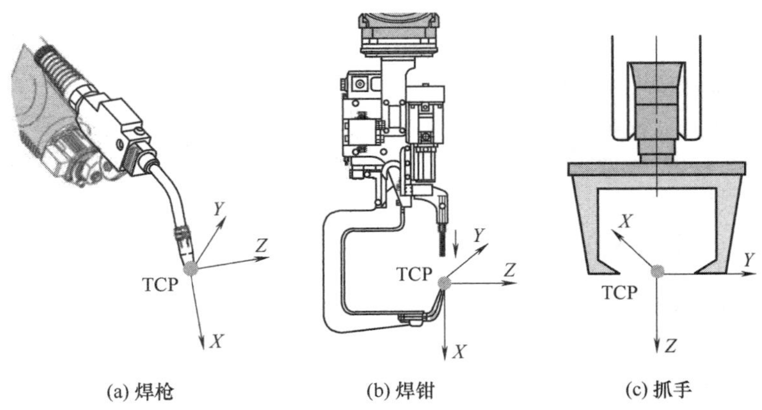

(a) 焊枪　(b) 焊钳　(c) 抓手

图 2.2.14　KUKA 机器人的常用工具方向

电极运动方向为$+X$向；$+Y$方向用右手定则决定。

抓手：抓手一般只用于物品搬运、码垛等工具移动作业系统，工具坐标系的$+Z$方向一般与手腕基准坐标系相同（垂直手腕法兰向外）；$+X$向与手腕基准坐标系的$+X$方向相同；$+Y$方向用右手定则决定。

② 工件方向。KUKA 机器人的工件方向通常按图 2.2.15 所示定义。

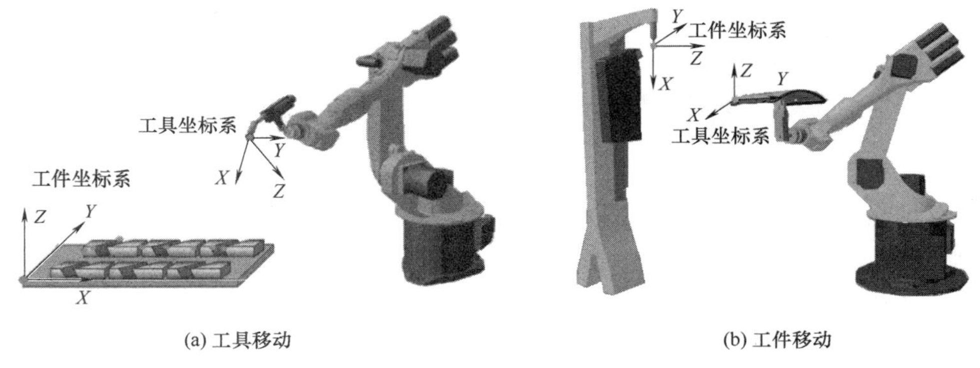

(a) 工具移动　(b) 工件移动

图 2.2.15　KUKA 工具、工件安装方向定义

工具移动作业系统的工件安装在地面或工装上，工件方向需要利用控制系统的工件坐标系参数定义。工件坐标系的$+Z$方向一般为工件安装平面的法线方向；$+X$向通常与机器人根坐标系的$+X$方向相反；$+Y$方向用右手定则决定。

工件移动作业系统的工件夹持在机器人手腕上，工件方向需要利用控制系统的工具坐标系定义，工具坐标系的$+X$方向一般与法兰坐标系相同（垂直手腕法兰向外）；$+Z$向与法兰坐标系的$-X$方向相同；$+Y$方向用右手定则决定。

5. 外部运动系统坐标系

外部运动系统坐标系是 KUKA 机器人控制系统的附加功能，在使用机器人、工件变位器的作业系统上，需要以大地（世界）坐标系 WORLD CS 为参考，确定各部件的安装位置和方向，因此，需要设定以下“外部运动系统”坐标系。

① 机器人变位器坐标系。机器人变位器坐标系是用来描述机器人变位器安装位置、方向的坐标系，KUKA 公司称之为 ERSYSROOT CS。

ERSYSROOT CS 需要以大地坐标系 WORLD CS 为基准设定，ERSYSROOT CS 原点

（*XYZ*）就是变位器基准点在 WORLD CS 上的位置，变位器安装方向需要通过 ERSYSROOT CS 绕 WORLD CS 回转的欧拉角定义。

使用机器人变位器时，机器人基座坐标系 ROBROOT CS 将成为运动坐标系，ROBROOT CS 在变位器坐标系 ERSYSROOT CS 的位置、方向数据保存在系统参数 $ERSYS 中；ROBROOT CS 在大地（世界）坐标系 WORLD CS 的位置、方向，保存在系统参数 $ROBROOT_C 中。

② 工件变位器坐标系。工件变位器坐标系是用来描述工件变位器安装位置、方向的坐标系，KUKA 机器人称之为基点坐标系，简称 ROOT CS。

ROOT CS 需要以大地坐标系 WORLD CS 为基准设定，ROOT CS 原点（*XYZ*）就是工件变位器基准点在 WORLD CS 上的位置，变位器安装方向需要通过 ROOT CS 绕 WORLD CS 回转的欧拉角定义。

工件变位器可以用来安装工件或工具，使用工件变位器时，控制系统的工具坐标系 BASE CS 将成为运动坐标系，因此，工件数据（系统变量 $BASE_DATA[*n*]）中需要增加 ROOT CS 数据。

2.3 机器人姿态及定义

2.3.1 机器人与工具姿态

1. 机器人位置与机器人姿态

工业机器人的位置可通过利用关节坐标系、笛卡儿直角坐标系两种方式指定。

① 关节位置。利用关节坐标系定义的机器人位置称为关节位置，它是控制系统真正能够实际控制的位置，定位准确、机器人的状态唯一，也不涉及机器人姿态的概念。

关节位置与伺服电机所转过的绝对角度对应，一般利用伺服电机内置的脉冲编码器进行检测，位置值通过编码器输出的脉冲计数来计算、确定，故又称“脉冲位置”。工业机器人伺服电机所采用的编码器通常都具有断电保持功能（称绝对编码器），其计数基准（零点）一旦设定，在任何时刻，电机所转过的脉冲数都是一个确定值。因此，机器人的关节位置是与机器人、作业工具无关的唯一位置，也不存在奇点（singularity，见下述）。

机器人的关节位置通常只能利用机器人示教操作确定，操作人员基本上无法将三维空间的笛卡儿坐标系位置转换为机器人关节位置。

② TCP 位置与机器人姿态。TCP 位置是利用虚拟笛卡儿直角坐标系定义的工具控制点位置，故又称“*XYZ* 位置”。

工业机器人是一种多自由度运动的自动化设备，利用笛卡儿直角坐标系定义 TCP 位置时，机器人关节轴有多种实现的可能性。

例如，对于图 2.3.1 所示的 TCP 位置 p1，即便不考虑手腕回转轴 j4、手回转轴 j6 的位置，也可通过图 2.3.1（a）所示的机器人直立向前、图 2.3.1（b）所示的机器人前俯后仰、图 2.3.1（c）所示的后转上仰等状态实现 p1 点定位。

因此，利用笛卡儿直角坐标系指定机器人 TCP 位置时，不仅需要规定 *XYZ* 坐标值，而且还必须明确机器人关节轴的状态。

机器人的关节轴状态称为机器人姿态，又称机器人配置（robot configuration）、关节配置（joint placement），在机器人上可通过机身前/后、正肘/反肘、手腕俯/仰及 j1、j4、j6 的区间表示，但不同公司的机器人的定义参数及格式有所不同，常用机器人的姿态定义方法可参见后述。

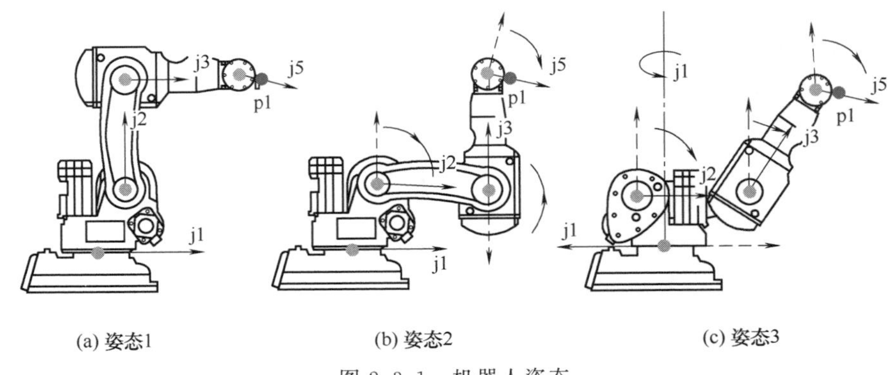

图 2.3.1 机器人姿态

2. 工具姿态及定义

以笛卡儿直角坐标系定义 TCP 位置，不仅需要确定 X、Y、Z 坐标值和机器人姿态，而且还需要定义规定作业工具的中心线方向。

例如，对于图 2.3.2（a）所示的点焊作业，作业部位的 XYZ 坐标值相同，但焊钳中心线方向不同；对于图 2.3.2（b）所示的弧焊作业，则需要在焊枪行进过程中调整中心线方向、规避障碍等。

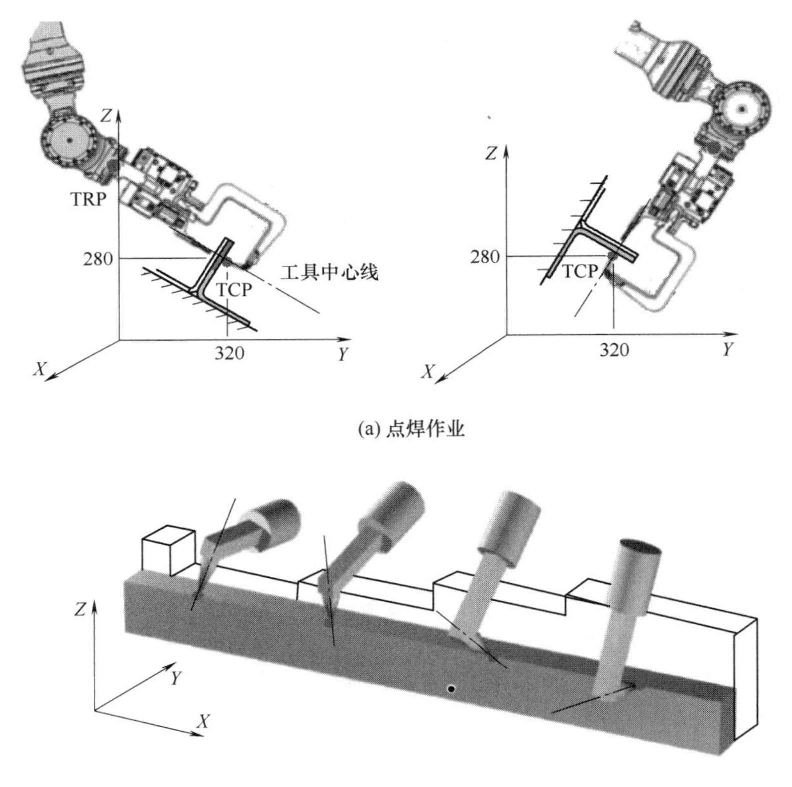

图 2.3.2 工具中心线方向与控制

机器人的工具中心线方向称为工具姿态。工具姿态实际上就是工具坐标系在当前坐标系（x、y、z 所对应的坐标系）上的方向，因此，它同样可通过坐标系旋转的姿态角或欧拉角、四元数定义。由于坐标旋转定义方法不同，不同机器人的 TCP 位置表示方法（数据格式）也有所不同，常用机器人的 TCP 位置数据格式如下。

FANUC、安川机器人：以（x，y，z，a，b，c）表示 TCP 位置，（x，y，z）坐标值、（a，b，c）为工具姿态；a、b、c 依次为工具坐标系按 $X \to Y \to Z$ 旋转次序绕当前坐标系回转的姿态角 $W/P/R$（或 $R_x/R_y/R_z$）。

ABB 机器人：以 [[x，y，z]，[q_1，q_2，q_3，q_4]] 表示 TCP 位置，（x，y，z）为坐标值；[q_1，q_2，q_3，q_4] 为工具姿态；q_1、q_2、q_3、q_4 为工具坐标系在当前坐标系上的旋转四元数。

KUKA 机器人：以（x，y，z，a，b，c）表示 TCP 位置，（x，y，z）为坐标值、（a，b，c）为工具姿态；a、b、c 依次为工具坐标系按 $Z \to Y \to X$ 旋转次序绕当前坐标系回转的欧拉角 $A/B/C$。

2.3.2　机器人姿态及定义

机器人姿态以机身前/后、手臂正肘/反肘、手腕俯/仰以及 j1/j4/j6 轴区间表示，姿态的基本定义方法如下。

1. 机身前/后

机身前（front）/后（back）用来定义机器人手腕的基本位置，它以垂直于机器人中心线平面的平面为基准，用手腕中心点（WCP）在基准面上的位置表示，WCP 位于基准面前侧为“前”、位于基准面后侧为“后”；如 WCP 处于基准面，机身前/后位置将无法确定，称为“臂奇点”。

需要注意的是，机器人运动时，用来定义机身前/后位置的基准面（机器人中心线平面），实际上是一个随 j1 轴回转的平面，因此，机身前/后相对于地面的位置，也将随 j1 轴的回转变化。

例如，当 j1 轴处于图 2.3.3（a）所示的 0°位置时，基准面与机器人基座坐标系的 YZ 平面重合，此时，如 WCP 位于机器人基座坐标系的 $+X$ 方向是机身前位（T），位于 $-X$ 方向是机身后位（B）；但是，如果 j1 轴处于图 2.3.3（b）所示的 180°位置，则 WCP 位于基座坐标系的 $+X$ 方向为机身后位，位于 $-X$ 方向为机身前位。

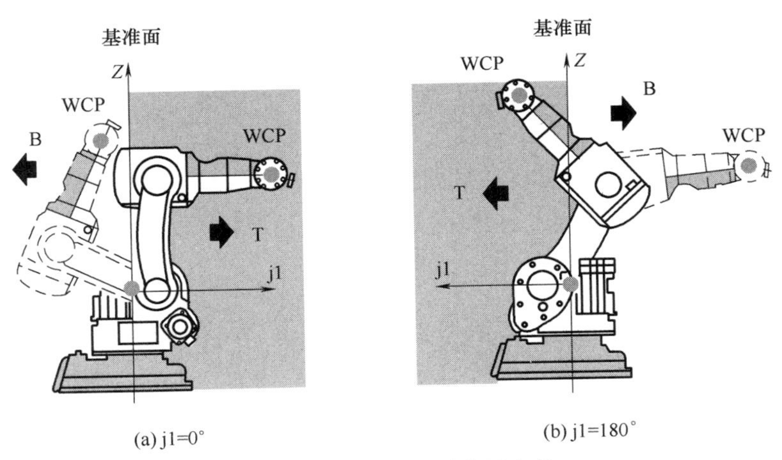

图 2.3.3　机身前/后位置定义

2. 正/反肘

正/反肘（up/down）用来定义机器人上下臂的状态，定义方法如图 2.3.4 所示。

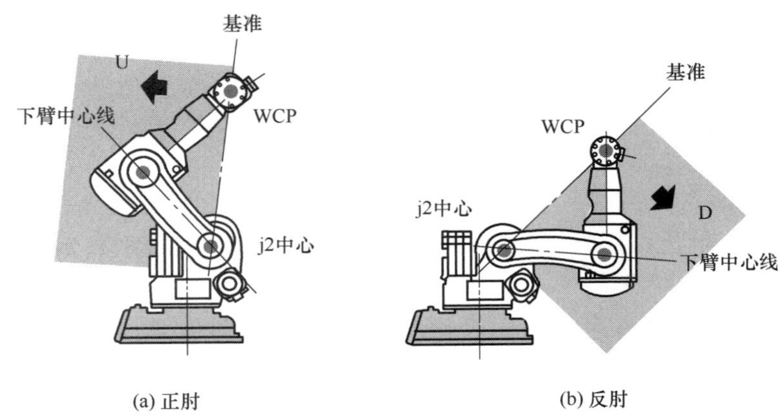

(a) 正肘　　(b) 反肘

图 2.3.4　正/反肘的定义

正/反肘以机器人下臂摆动轴 j2、腕弯曲轴 j2 的中心线平面为基准，用上臂摆动轴 j3 的中心线位置表示，j3 轴中心线位于基准面上方为“正肘（U）”，位于基准面下方为“反肘（D）”；如 j3 轴中心线处于基准面，正/反肘状态将无法确定，称为“肘奇点”。

3. **手腕俯/仰**

手腕俯（no flip）/仰（flip）用来定义机器人手腕弯曲的状态，定义方法如图 2.3.5 所示。

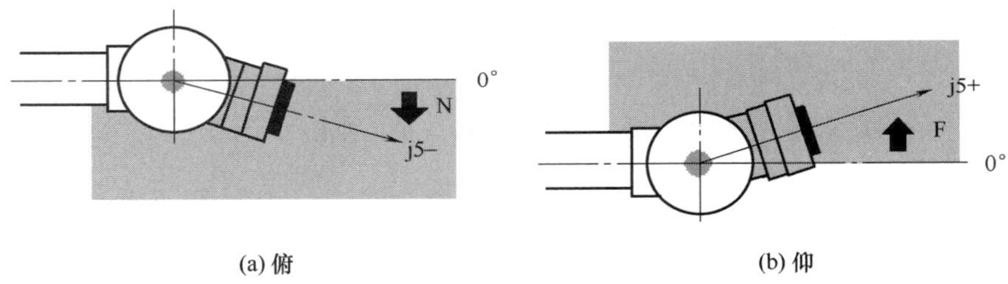

(a) 俯　　(b) 仰

图 2.3.5　手腕俯/仰的定义

手腕俯/仰以上臂中心线和 j5 轴回转中心线所在平面为基准，用手回转中心线的位置表示；j4=0°、基准水平面时，上臂中心线与基准面的夹角为正是“仰（F）”，夹角为负是“俯（N）”；如夹角为 0°，手腕俯/仰状态将无法确定，称为“腕奇点”。

4. **j1/j4/j6 区间**

j1/j4/j6 区间用来规避机器人奇点。奇点又称奇异点，从数学意义上说，奇点是不满足整体性质的个别点。在工业机器人上，按 RIA 标准定义，奇点是“由两个或多个机器人轴共线对准所引起的、机器人运动状态和速度不可预测的点”。

6 轴垂直串联机器人的奇点有图 2.3.6 所示的臂奇点、肘奇点、腕奇点 3 种。

臂奇点如图 2.3.6（a）所示，它是机器人手腕中心点 WCP 正好处于机身前/后定义基准面上的所有情况。在臂奇点上，由于机身前/后位置无法确定，j1、j4 轴存在瞬间旋转 180°的危险。

肘奇点如图 2.3.6（b）所示，它是 j3 轴中心线正好处于正/反肘定义基准面上的所有情况。在肘奇点上，由于正/反肘状态无法确定，并且手臂伸长已到达极限，因此，TCP 线速度的微量变化，也可能导致 j2、j3 轴的高速运动而产生危险。

腕奇点如图 2.3.6（c）所示，它是手回转中心线与手腕俯/仰定义基准面夹角为 0°的所有

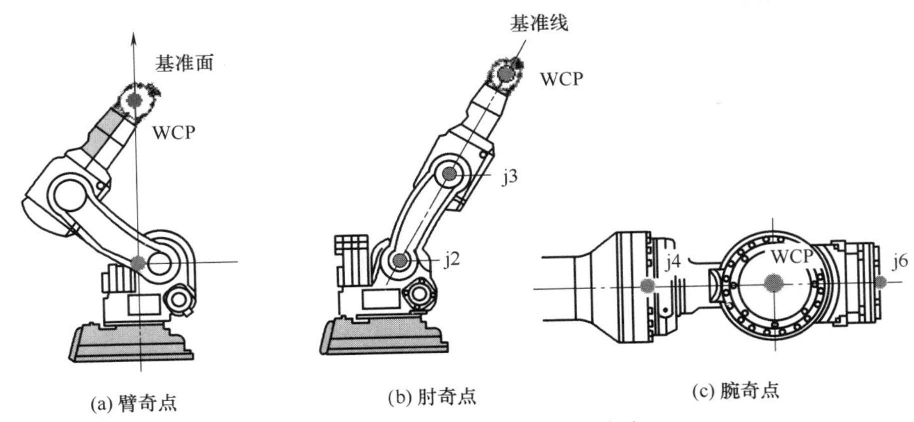

图 2.3.6　垂直串联机器人的奇点

情况。在腕奇点上，由于手腕俯/仰状态无法确定，j4、j6 轴存在无数位置组合，因此，存在 j4、j6 轴瞬间旋转 180°的危险。

为了防止机器人在奇点位置出现不可预见的运动，机器人姿态定义时，需要通过 j1/j4/j6 区间来规避机器人奇点。

2.3.3　常用产品的姿态参数

机器人姿态在 TCP 位置数据中的用姿态参数（configuration data）表示，但数据格式在不同机器人上有所不同，常用机器人的姿态参数格式如下。

1. FANUC 机器人

FANUC 机器人的姿态通过图 2.3.7 所示 TCP 位置数据中的 CONF 参数定义。

CONF 参数的前 3 位为字符，含义如下。

首字符：表示手腕俯/仰，设定值为 N（俯）或 F（仰）。

第 2 字符：表示正/反肘，设定值为 U（正肘）或 D（反肘）。

第 3 字符：表示机身前/后，设定值为 T（前）或 B（后）。

CONF 参数的后 3 位为数字，依次表示 j1/j4/j6 的区间，含义取下。

“−1”：表示 j1/j4/j6 的角度 θ 为 $-540° < \theta \leqslant -180°$。

“0”：表示 j1/j4/j6 的角度 θ 为 $-180° < \theta < +180°$。

“1”：表示 j1/j4/j6 的角度 θ 为 $180° \leqslant \theta < 540°$。

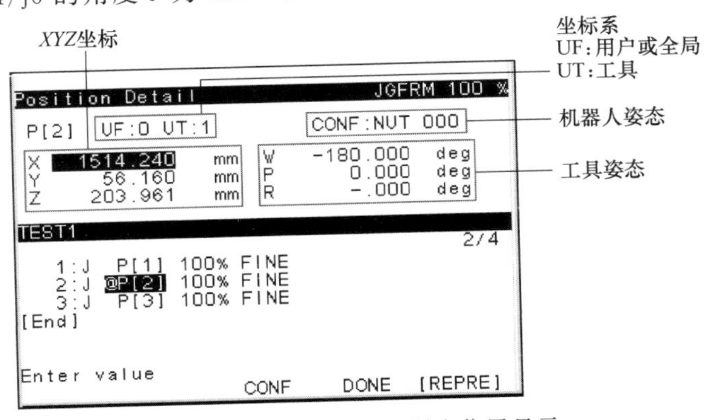

图 2.3.7　FANUC 机器人位置显示

2. 安川机器人

安川机器人的姿态通过图 2.3.8 所示程序点位置数据中的<姿态>参数定义。

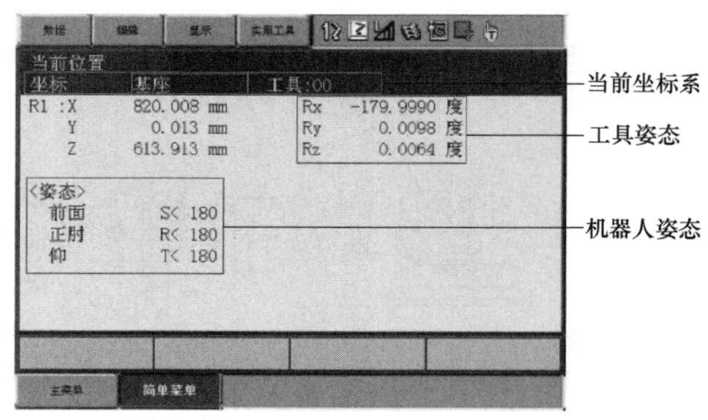

图 2.3.8 安川机器人位置显示

在<姿态>参数中，用前面/后面表示机身前/后，用正肘/反肘表示正/反肘，用“俯/仰”表示手腕俯/仰，j1/j4/j6 区间用“<180”表示$-180° \leqslant \theta < 180°$，用“≥180”表示$\theta \geqslant 180°$或$\theta < -180°$。

3. ABB 机器人

ABB 机器人的姿态可通过 TCP 位置（robtarget，亦称程序点）数据中的“配置数据（confdata)”定义，robtarget 数据的格式如下。

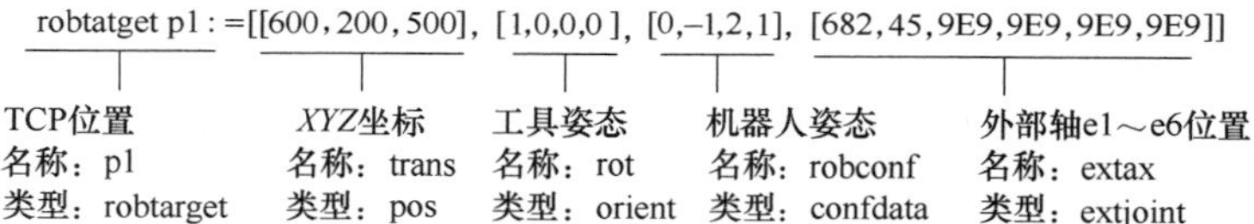

robtarget 数据中的“*XYZ* 坐标（pos)”和“工具姿态（orient)”用来表示程序点在当前坐标系中的空间位置（坐标值）和工具方向（四元数），“外部轴位置（extjoint)”是以关节坐标系表示的外部轴位置。

机器人姿态（confdata）以四元数［cf1，cf4，cf6，cf$x$］表示，其中，cf1、cf4、cf6 分别为 j1、j4、j6 的区间代号，数值-4～3 用来表示象限，含义如图 2.3.9 所示；cf$x$ 为机器人姿态代号，数值 0～7 的含义如表 2.3.1 所示。

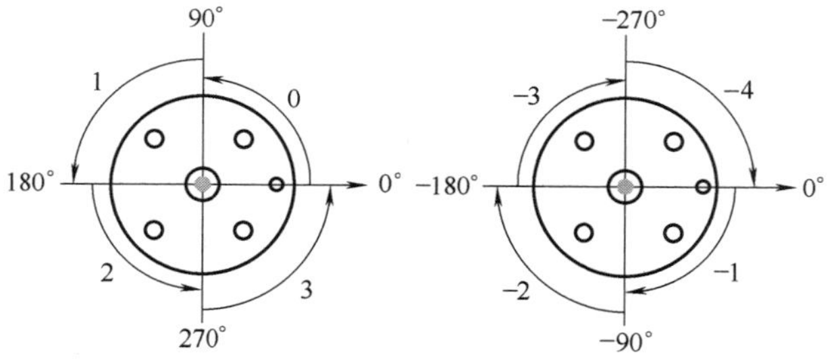

图 2.3.9 ABB 机器人 j1、j4、j6 轴区间代号

表 2.3.1 ABB 机器人姿态参数 cf$x$ 设定表

cf$x$ 设定	0	1	2	3	4	5	6	7
机身状态	前	前	前	前	后	后	后	后
肘状态	正	正	反	反	正	正	反	反
手腕状态	仰	俯	仰	俯	仰	俯	仰	俯

4. KUKA 机器人姿态

KUKA 机器人的姿态通过 TCP 位置（POS）数据中的数据项 S（status，状态）、T

（turn，转角）定义。POS数据的格式如下：

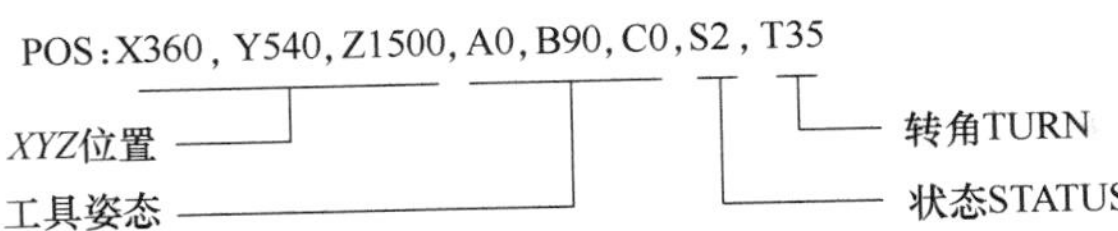

POS数据中的X/Y/Z、A/B/C值为程序点在当前坐标系中的位置和工具方向（欧拉角），状态S、转角T的定义方法如下。

① 状态S。状态数据S的有效位为5位（bit0～bit4），其中，bit0～bit2用来定义机器人姿态，有效数据位的作用如下。

bit 0：定义机身前后，“0”为前，“1”为后。

bit 1：定义正/反肘，“0”为反肘，“1”为正肘。

bit 2：定义手腕俯仰，“0”为仰，“1”为俯。

bit 3：未使用。

bit 4：示教状态（仅显示），“0”表示程序点未示教，“1”表示程序点已示教。

② 转角T。转角数据T的有效位为6位，bit0～bit5依次为A1～A6轴角度，“0”代表A1～A6≥0°，“1”代表A1～A6<0°；定义KUKA机器人转角T时，需要注意A2、A3轴的0°位置和FANUC、安川、ABB等机器人的区别。

2.4 机器人移动要素与定义

2.4.1 机器人移动要素

1. 移动指令编程要求

移动指令是机器人作业程序最基本的编程指令，指令不仅需要指定机器人、外部轴（机器人、工件变位器）等运动部件的目标位置，而且还需要明确机器人TCP的运动速度、轨迹、到位区间等控制参数。

例如，对于图2.4.1所示的TCP从P0到P1点的运动，移动指令需要包含目标位置P1、到位区间 e、移动轨迹、移动速度 v 等基本要素。

机器人移动要素的作用及定义方法如下。

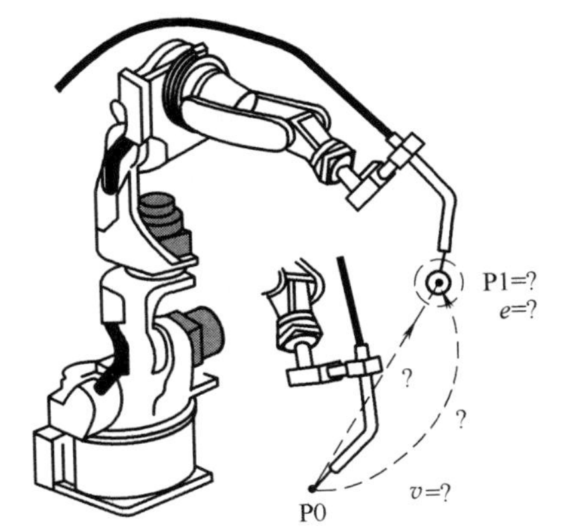

图2.4.1　移动指令编程要求

2. 目标位置

机器人移动指令的作用是将机器人TCP移动到指令规定的位置，机器人运动的起点就是执行指令时刻的机器人位置（当前位置P0）；指令执行完成后，机器人将在指令规定的位置停止。

机器人移动指令的目标位置又称终点、示教点、程序点，它可采用示教操作和程序数据定义两种方式编程。

利用示教操作定义移动指令目标位置的编程方式称为示教编程。示教编程的移动指令目标位置需要通过机器人的手动操作（示教操作）确定，故称示教点；示教点是移动指令执行完成后的机器人实际状态，它包含了机器人TCP需要到达的位置和工具需要具备的姿态，也无需考虑坐标系等因素，因此，这是一种简单、可靠、常用的机器人编程方式。

利用程序数据定义移动指令目标位置的编程方式称为变量编程或参数化编程。如果程序数据定义的目标位置以关节坐标系的形式指定，机器人的位置唯一，无需规定机器人和工具姿态，也不存在奇点；但是，如果目标位置以虚拟笛卡儿坐标系指定，就必须同时指定坐标系、TCP 位置和工具姿态。参数化编程无需对机器人进行实际操作，但需要全面了解机器人程序数据、编程指令的编程格式与要求，通常由专业技术人员进行。

3. 到位区间

机器人移动指令的目标位置实际上只是程序规定的理论位置，机器人实际所到达的位置还受到到位区间等参数的影响。

到位区间是控制系统用来判断机器人到达移动指令目标位置的区域，如果机器人已到达到位区间范围内，控制系统便认为当前指令已执行完成，将接着执行下一指令；否则，系统认为当前指令尚在执行中，不能执行后续指令。

到位区间又称“定位类型”，其定义方法在不同机器人上有所不同。例如，FANUC 机器人以连续运动终点（continuous termination）参数 CNT 指定，安川以定位等级（positioning level）参数 PL 指定，ABB 机器人以到位区间数据 zonedata 定义，KUKA 机器人用程序点接近（approach）参数 $ APP_ * 定义。

需要注意的是，到位区间只是控制系统用来判定当前移动指令是否已执行完成的依据，而不是机器人的最终定位位置（定位误差），因为工业机器人的伺服驱动采用的是闭环位置控制系统，即便系统的移动指令执行已被结束，但是伺服驱动系统还将利用闭环自动调节功能，继续向移动指令的目标位置运动，直至到达闭环系统能够控制的最小误差（定位精度）位置。因此，只要移动指令的到位区间大于定位精度，机器人连续执行两条以上移动指令时，上一指令的闭环自动调节运动与当前指令的移动将同时进行，在两条指令的轨迹连接处将产生运动过渡的圆弧段。

4. 移动轨迹

移动轨迹就是机器人 TCP 在三维空间的运动路线。工业机器人的运动方式主要有绝对位置定位、关节插补、直线插补、圆弧插补、样条插补等。

绝对位置定位又称点到点（point to point，简称 PtP）定位，它是机器人关节轴或外部轴（基座轴、工装轴）由当前位置到目标位置的快速定位运动，目标位置需要以关节坐标系的形式给定。绝对位置定位时，关节轴、外部轴所进行的是各自独立的运动，机器人 TCP 的移动轨迹无规定的形状。

关节插补是机器人 TCP 从当前位置到目标位置的插补运动，目标位置一般以 TCP 位置的形式给定。进行关节插补运动时，控制系统需要通过插补运算分配各运动轴的指令脉冲，以保证所有运动轴都同时启动、同时到达终点，但运动轨迹通常不为直线。

直线插补、圆弧插补、样条插补是机器人 TCP 从当前位置到目标位置的直线、圆弧、样条插补运动，目标位置需要以 TCP 位置的形式给定。进行直线、圆弧、样条插补运动时，控制系统不但需要通过插补运算保证各运动轴同时启动、同时到达终点，而且，还需要保证机器人 TCP 的移动轨迹为直线、圆弧或样条曲线。

机器人的移动轨迹需要利用编程指令选择，由于工业机器人的编程目前尚无统一的标准，因此，指令代码、功能在不同机器人上有所区别。例如，ABB 机器人的绝对位置定位指令为 MoveAbsJ，关节插补指令为 MoveJ，直线插补指令为 MoveL，圆弧插补指令为 MoveC；FANUC、安川机器人的关节、直线、圆弧插补指令分别为 J、L、C（FANUC）与 MOVJ、MOVL、MOVC（安川）；KUKA 机器人的关节、直线、圆弧插补指令为 PTP、LIN、CIRC 等。此外，样条插补通常属于系统附加功能，指令的编程格式也有所区别。

5. **移动速度**

移动速度用来规定机器人关节轴、外部轴的运动速度，它可用关节速度、TCP 速度两种形式指定。关节速度一般用于机器人绝对位置定位运动，它直接以各关节轴回转或直线运动速度的形式指定，机器人 TCP 的实际运动速度为各关节轴定位速度的合成。TCP 速度通常用于关节、直线、圆弧插补，需要以机器人 TCP 空间运动速度的形式指定，指令中规定的 TCP 速度是机器人各关节轴运动合成后的 TCP 实际移动速度；对于圆弧插补，指定的是 TCP 点的切向速度。

2.4.2 目标位置与到位区间

1. **目标位置定义**

机器人移动指令的目标位置有关节位置、TCP 位置两种指定方式，定义方法如下。

① 关节位置。关节位置就是机器人关节坐标系的位置，通常以绝对位置的形式编程；关节位置也是控制系统真正能够控制的位置，因此，利用关节位置编程时，无需考虑笛卡儿坐标系及机器人、工具姿态。

例如，在 FANUC 或安川机器人上，图 2.4.2 所示的机器人关节位置的坐标值为（0，0，0，0，−30，0，682，45）等。

② TCP 位置。用笛卡儿直角坐标系描述的机器人工具控制点（TCP）位置称为 TCP 位置。机器人需要进行直线、圆弧插补移动时，目标位置、圆弧中间点都必须以 TCP 位置的形式编程。

机器人移动指令用 TCP 位置编程时，必须明确编程坐标系、TCP 定位点及工具在定位点的姿态；因此，必须事先完成工具、工件、用户等作业坐标系的设定。

例如，对于图 2.4.3 所示的机器人作业系统，采用不同坐标系编程时，TCP 位置中的（x，y，z）坐标值可以为基座坐标系（800，0，1000），或者大地坐标系（600，682，1200）、工件坐标系（300，200，500）等。

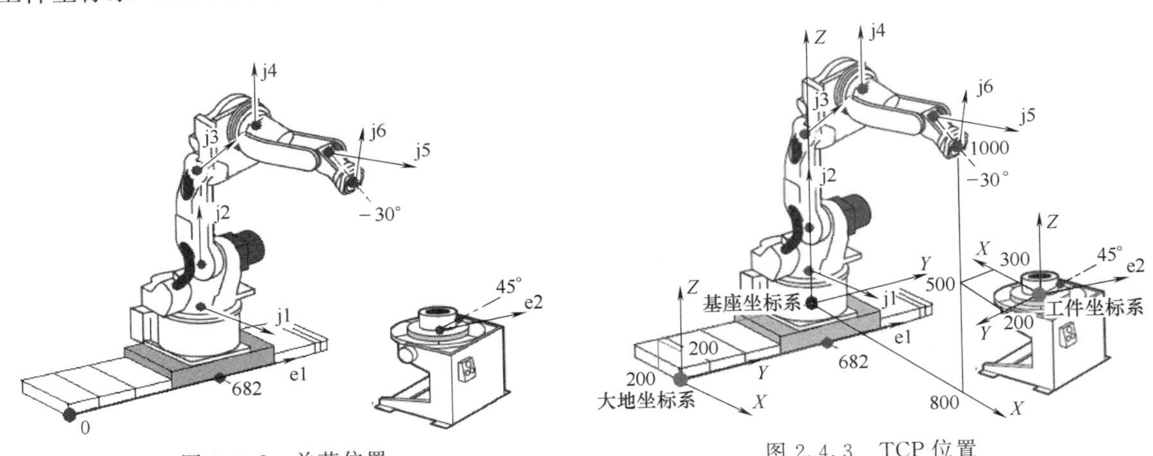

图 2.4.2 关节位置　　图 2.4.3 TCP 位置

2. **到位区间及定义**

到位区间是控制系统判别移动指令是否执行完成的依据，如果机器人到达了目标位置的到位区间范围，就认为指令执行完成，后续指令即被启动执行。由于移动指令执行结束后，伺服驱动系统仍将利用闭环位置调节功能自动消除误差，继续向目标位置移动，因此，机器人连续移动时，在轨迹转换点上将产生图 2.4.4（a）所示的抛物线轨迹，俗称“圆拐角”。

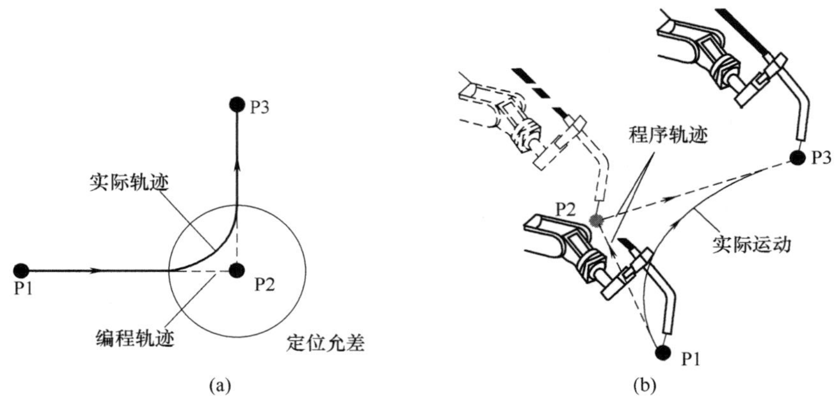

图 2.4.4 连续移动轨迹

机器人 TCP 的目标位置定位是一个减速运动过程，到位区间越小，指令执行时间就越长，圆拐角也就越小；因此，如果目标位置的定位精度要求不高，扩大到位区间，可缩短机器人移动指令的执行时间，提高运动的连续性。例如，当到位区间足够大时，机器人在执行图 2.4.4（b）所示的 P1→P2→P3 连续移动指令时，甚至可以直接从 P1 沿抛物线连续运动至 P3。

到位区间在机器人程序中编程方法主要有图 2.4.5 所示的速度倍率和位置误差两种，在常用机器人中，FANUC、安川机器人采用的是速度倍率编程，ABB、KUKA 采用的是位置误差编程。由于闭环位置控制的伺服驱动系统的位置跟随误差与移动速度成正比，因此，两种控制方式的实质相同。

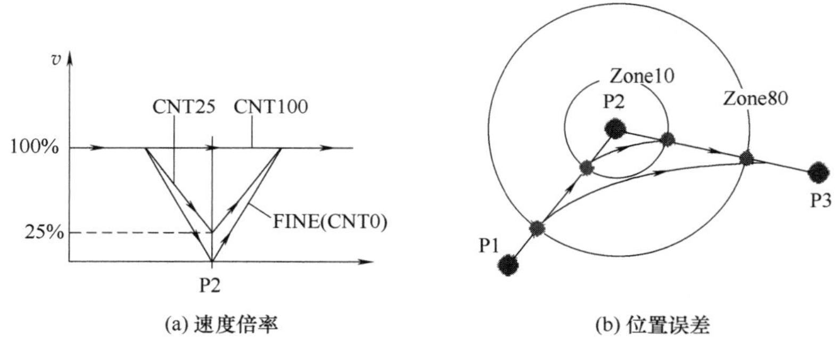

图 2.4.5 到位区间的编程方法

在采用速度倍率编程的机器人上，控制系统将根据移动指令附加的到位区间参数（如 CNT），在移动指令终点减速的速度到达编程值时，随即启动下一移动指令。如果到位区间的速度倍率定义为 0，机器人将在移动指令终点减速结束、运动停止后，才能启动下一指令，机器人理论上可在目标位置准确定位。

在采用位置误差编程的机器人上，控制系统将根据移动指令附加的到位区间参数（如 zone），在移动指令到达终点位置误差范围时，随即启动下一移动指令。如果到位区间的位置误差定义为 0，机器人将在移动指令完全到达终点、运动停止后，才能启动下一指令，机器人理论上可在目标位置准确定位。

3. 准确定位控制

从理论上说，只要移动指令到位区间的速度倍率或位置误差的编程值为 0，机器人便可在移动指令的目标位置上准确定位。但是，由于伺服驱动系统存在惯性环节，机器人的实际速度、位置总是滞后于控制系统的指令速度、位置，因此，实际上仍然不能保证目标位置的定位准确。

机器人移动指令终点的实际定位过程如图2.4.6所示。对于控制系统而言，如果移动指令的到位区间规定为0，系统所输出的指令速度将根据加减速参数的设定线性下降，指令速度输出值为0的点，就是控制系统认为目标位置到达的点。但是，由于运动系统的惯性，机器人的实际运动必然滞后于控制系统的指令，这一滞后称为“伺服延时”，因此，如果仅以控制系统的指令速度为0作为机器人准确到位的判断条件，实际上还不能保证机器人准确到达目标位置。

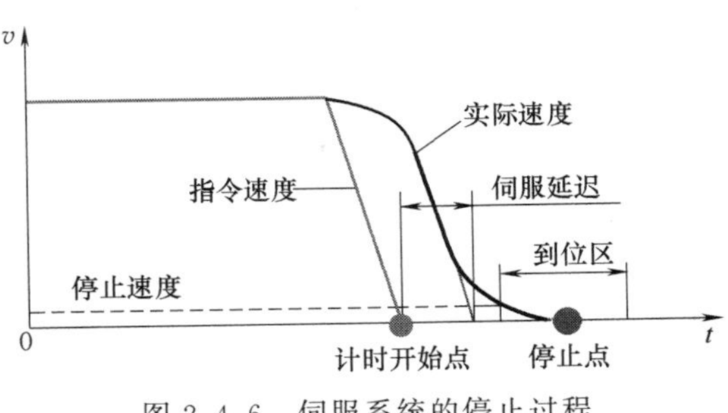

图 2.4.6　伺服系统的停止过程

在机器人程序中，伺服延时产生的定位误差可通过程序暂停、到位判别两种方法消除。

一般而言，交流伺服驱动系统的伺服延时大致在100ms左右，因此，对于需要准确定位的移动指令，通常可以在到位区间指定0的同时，添加一条100ms以上的程序暂停指令，便能消除伺服延时误差、目标位置的准确定位。

在FANUC、ABB等机器人上，移动指令的准确定位还可通过准确定位（fine）的编程实现。采用准确定位（fine）的移动指令，在控制系统指令速度为0后，还需要对机器人的实际位置进行检测，只有所有运动轴的实际位置均到达准确定位允差范围，才启动下一指令的移动。

2.4.3　移动速度与加速度

机器人的运动分为关节定位、TCP插补、工具定向、外部轴运动4类，关节定位的速度称为关节速度，TCP插补的速度称为TCP速度，工具定向的速度称为工具定向速度，外部轴运动速度称为外部速度；在机器人程序中，4种速度及加速度的编程方法如下。

1. 关节速度

关节速度通常用于机器人手动操作及关节定位指令，关节速度是各关节轴独立的回转或直线运动速度，回转/摆动轴的基本速度单位为deg/sec（°/s）；直线运动轴的基本速度单位为mm/sec（mm/s）。

机器人的最大关节速度需要由机器人生产厂家设定，产品样本中的最大速度（maximum speed）是机器人空载时各关节轴允许的最大运动速度。关节轴最大速度是机器人运动的极限速度，在任何情况下都不允许超过。如果TCP插补、工具定向指令中的编程速度所对应的某一关节轴速度超过了该关节轴的最大速度，控制系统将自动限定该关节轴以最大速度运动，然后，再以该关节轴速度为基准，调整其他关节轴速度，保证运动轨迹准确。

关节速度必须由机器人生产厂家设定，在程序中通常以速度倍率（百分率）的形式编程，速度倍率对所有关节轴均有效，关节定位时，各关节轴各自以编程的速度独立定位。

2. TCP速度

TCP速度用于机器人TCP的线速度控制，对于需要控制TCP运动轨迹的直线、圆弧插补等指令，都需要定义TCP速度。

TCP速度是系统所有运动轴合成后的机器人TCP运动速度，基本单位为mm/s。机器人的TCP速度一般可用速度值和移动时间两种方式编程；利用移动时间编程时，机器人TCP的空间移动距离除以移动时间所得的商，就是TCP速度。

机器人的TCP速度是多关节轴运动合成的速度，参与运动的各关节轴速度均不能超过各自的最大速度，否则，控制系统将自动调整TCP速度，以保证轨迹准确。

3. **工具定向速度**

工具定向速度用于图 2.4.7 所示的机器人工具姿态调整，基本速度单位为 deg/sec（°/s）。

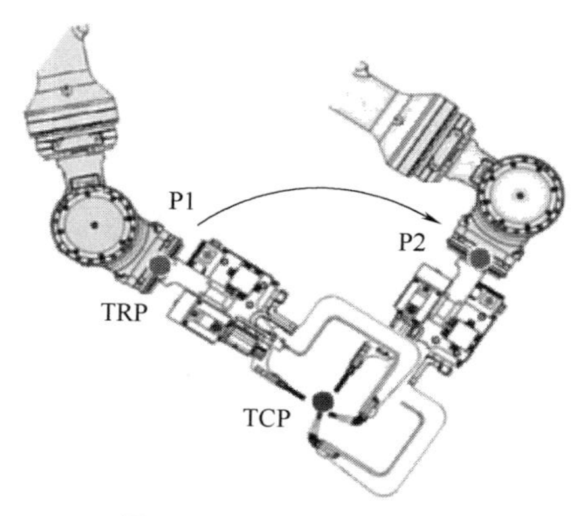

图 2.4.7 工具定向运动

工具定向运动多用于机器人作业开始、作业结束或轨迹转换处。在这些作业部位，为了避免机器人运动过程可能出现的运动部件干涉，有时需要改变工具方向，才能接近、离开工件或转换轨迹，为此，需要对作业工具进行 TCP 点位置保持不变的工具方向调整运动，这样的运动称为工具定向运动。

工具定向需要通过机器人工具参考点 TRP 绕 TCP 的回转实现，因此，工具定向速度实际上用来定义机器人 TRP 点的回转速度。工具定向速度同样可采用速度值（deg/sec）或移动时间（sec）两种形式编程，利用移动时间编程时，机器人 TRP 的空间移动距离除以移动时间所得的商，就是工具定向速度。

机器人的工具定向速度通常也需要由多个关节轴的运动合成，参与运动的各关节轴速度同样不能超过各自的最大速度，否则，控制系统将自动调整工具定向速度，以保证运动准确。

4. **外部速度**

外部速度用来指定机器人变位器、工件变位器等外部运动部件的运动速度，在多数情况下，外部轴只用于改变机器人、工件作业区的定位运动。

外部速度在不同机器人上的编程方式有所不同。在常用机器人中，FANUC、安川、KUKA 机器人以外部轴最大速度倍率（百分率）的形式编程，但 ABB 机器人可以用速度值的形式直接指定外部轴运动速度。

5. **加速度**

垂直串联机器人的负载（工具或工件）安装在机器人手腕上，负载重心通常远离驱动电机、负载惯量远大于驱动电机（转子）惯量，因此，机器人空载运动与带负载运动所能够达到的性能指标相差很大。为了保证机器人运动平稳，机器人移动指令一般需要规定机器人运动启动和停止时的加速度。机器人的启动、停止加速度一般以关节轴最大加速度倍率（百分率）的形式编程，其值受负载的影响较大。

2.5 机器人典型作业与控制

2.5.1 焊接机器人分类

1. **焊接的基本方法**

焊接是以高温、高压方式接合金属或其他热塑性材料的制造工艺与技术，是制造业的重要生产方式之一。焊接加工环境恶劣，加工时产生的强弧光、高温、烟尘、飞溅、电磁干扰不仅有害于人体健康，甚至可能给人体带来烧伤、触电、视力损害、有毒气体吸入、紫外线过度照射等伤害。焊接加工对位置精度的要求远低于金属切削加工，因此它是最适合使用工业机器人的领域之一。据统计，焊接机器人在工业机器人中的占比高达 50%左右，其中，金属焊接在工业领域使用最为广泛。

目前，金属焊接方法主要有钎焊、压焊和熔焊 3 类。

① 钎焊。钎焊是以熔点低于工件（母材），焊件的金属材料作填充料（钎料），将钎料加

热至熔化但低于工件、焊件熔点的温度后，利用液态钎料填充间隙，使钎料与工件、焊件相互扩散，实现焊接的方法。例如，电子元器件焊接就是典型的钎焊，其焊接方法有烙铁焊、波峰焊及表面贴装（SMT）等，钎焊一般较少直接使用机器人焊接。

② 压焊。压焊是在加压条件下，使工件和焊件在固态下实现原子间结合的焊接方法。压焊的加热时间短，温度低，热影响小，作业简单、安全、卫生，同样在工业领域得到了广泛应用。其中，电阻焊是最常用的压焊工艺，工业机器人的压焊一般都采用电阻焊。

③ 熔焊。熔焊是通过加热，使工件（母材）、焊件及熔填物（焊丝焊条等）局部熔化、形成熔池，冷却凝固后接合为一体的焊接方法。熔焊不需要对焊接部位施加压力，熔化金属材料的方法可采用电弧、气体火焰、等离子、激光等。其中，电弧熔化焊接（arc welding，简称弧焊）是金属熔焊中使用最广的方法。

2. 点焊机器人

用于压焊的工业机器人称为点焊机器人，它是焊接机器人中研发最早的产品，主要用于如图 2.5.1 所示的点焊（spot welding）和滚焊（roll welding，又称缝焊）作业。

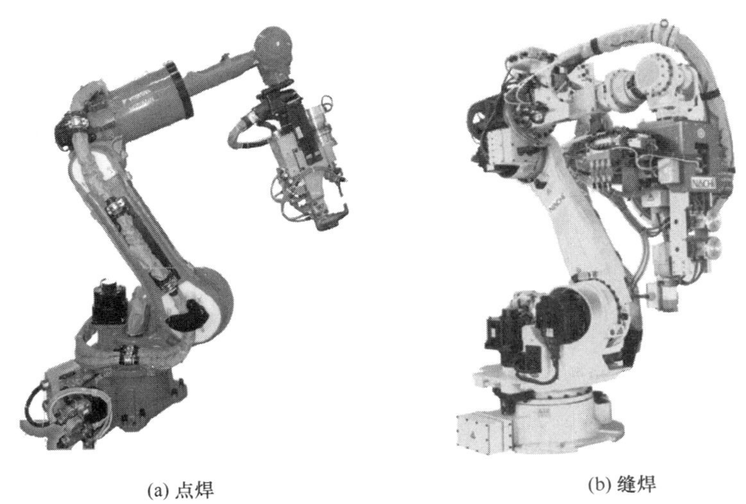

(a) 点焊　　(b) 缝焊

图 2.5.1　点焊机器人

点焊机器人一般采用电阻压焊工艺，其作业工具为焊钳。焊钳需要有电极张开、闭合、加压等动作，因此，需要有相应的控制设备，机器人目前使用的焊钳主要有图 2.5.2 所示的气动焊钳或伺服焊钳两种。

(a) 气动

(b) 伺服

图 2.5.2　点焊焊钳

气动焊钳是传统的自动焊接工具，其开/合位置、开/合速度、压力由气缸进行控制。气动焊钳结构简单、控制容易。气动焊钳的开/合位置、速度、压力需要通过气缸调节，参数一旦调定，就不能在作业过程时改变，其灵活性较差。

伺服焊钳是目前先进的自动焊接工具，其开/合位置、开/合速度、压力均可由伺服电机进行控制，其动作快速、运动平稳，作业效率高。伺服焊钳参数可根据作业需要随时改变，因此，其适应性强、焊接质量好，是目前点焊机器人广泛使用的作业工具。

焊钳及控制部件（阻焊变压器等）的体积较大，质量为30～100kg，而且对作业灵活性的要求较高，因此点焊机器人通常以中、大型垂直串联机器人为主。

3. 弧焊机器人

用于熔焊的机器人称为弧焊机器人。弧焊机器人需要进行焊缝的连续焊接作业，对运动灵活性、速度平稳性和定位精度有一定的要求；但作业工具（焊枪）的质量较小，对机器人承载能力要求不高；因此，通常以20kg以下的小型6轴或7轴垂直串联机器人为主，机器人的重复定位精度通常为0.1～0.2mm。

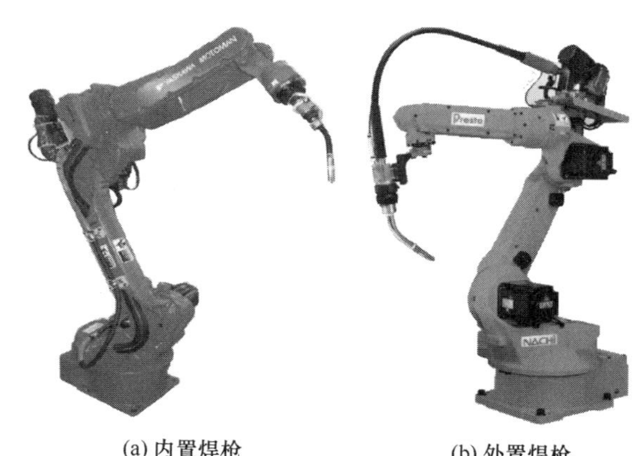

(a) 内置焊枪　(b) 外置焊枪

图 2.5.3　弧焊机器人

弧焊机器人的作业工具为焊枪，机器人的焊枪安装形式主要有如图2.5.3所示内置式、外置式两类。

内置焊枪所使用的气管、电缆、焊丝直接从机器人手腕、手臂的内部引入焊枪，焊枪直接安装在机器人手腕上。内置焊枪的结构紧凑、外形简洁，手腕运动灵活，但其安装、维护较为困难，因此，通常用于作业空间受限制的设备内部焊接作业。

外置焊枪所使用的气管、电缆、焊丝等均从机器人手腕的外部引入焊枪，焊枪通过支架安装在机器人手腕上。外置焊枪的安装简单、维护容易，但其结构松散、外形较大，气管、电缆、焊丝等部件对手腕运动会产生一定的干涉，因此通常用于作业面敞开的零件或设备外部焊接作业。

2.5.2 点焊机器人作业控制

1. 电阻焊原理

电阻焊（resistance welding）属于压焊的一种，常用的有点焊和滚焊两种，其原理如图2.5.4所示。

电阻焊的工件和焊件都必须是导电材料，需要焊接的工件和焊件的焊接部位一般被加工成相互搭接的接头，焊接时，工件和焊件可通过电极压紧。工件和焊件被电极压紧后，由于接触面的接触电阻大大超过导电材料本身电阻，因此，当电极上施加大电流时，接触面的温度将急剧升高，并迅速达到塑性状态；工件和焊件便可在电极轴向压力的作用下形成焊核，焊核冷却后，两者便可连为一体。

如果电极与工件、焊件为定点接触，电阻焊所产生的焊核为“点”状，这样的焊接称为点焊；如果电极在工件和焊件上连续滚动，所形成的焊核便成为一条连续的焊缝，称为滚焊或缝焊。

电阻焊所产生的热量与接触面电阻、通电时间、电流平方成正比。为了使焊接部位迅速升温，电极必须通入足够大的电流，为此，需要通过变压器，将高电压、小电流电源，变换成低

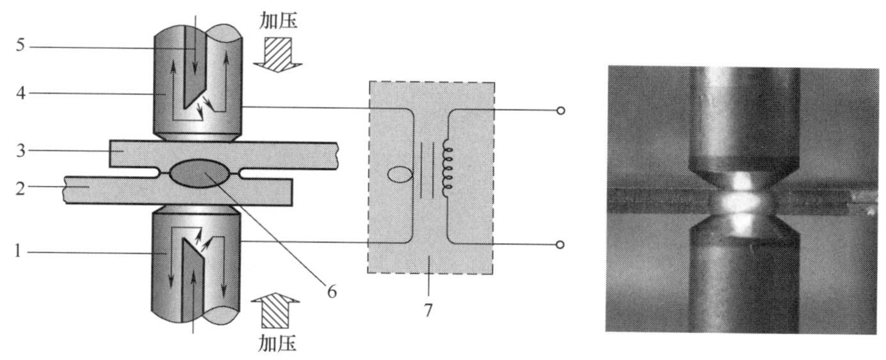

图 2.5.4 电阻焊原理

1,4—电极；2—工件；3—焊件；5—冷却水；6—焊核；7—阻焊变压器

电压、大电流的焊接电源，这一变压器称为阻焊变压器。

阻焊变压器可安装在机器人机身上，也可直接安装在焊钳上，前者称分离型焊钳，后者称一体型焊钳。阻焊变压器输出侧用来连接电极的导线需要承载数千甚至数万安培（A）的大电流，其截面积很大，且需要水冷却；如导线过长，不仅损耗大，而且拉伸和扭转也较困难，因此点焊机器人一般宜采用一体型焊钳。

2. 系统组成

机器人点焊系统的一般组成如图 2.5.5 所示，点焊作业部件的作用如下。

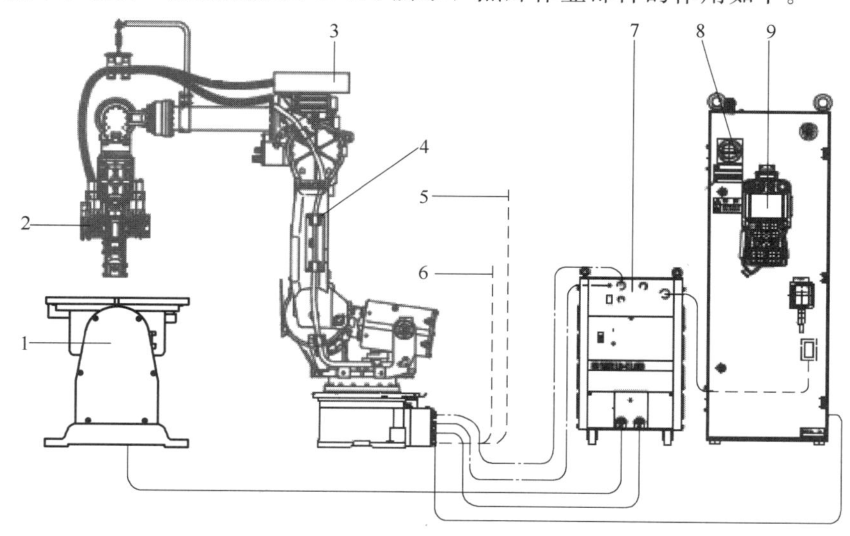

图 2.5.5 点焊机器人系统组成

1—变位器；2—焊钳；3—控制部件；4—机器人；5,6—水、气管；7—焊机；8—控制柜；9—示教器

① 焊机。电阻点焊的焊机简称阻焊机，其外观如图 2.5.6 所示，它主要用于焊接电流、焊接时间等焊接参数及焊机冷却等的自动控制与调整。

阻焊机主要有单相工频焊机、三相整流焊机、中频逆变焊机、交流变频焊机几类，机器人使用的焊机多为中频逆变焊机、交流变频焊机。

中频逆变焊机、交流变频焊机的原理类似，它们通常采用的是图 2.5.7 所示的“交—直—交—直”逆变电路，首先将来自电网的交流电源转换为脉宽可调的 1000～3000Hz 中频、高压脉冲，然后利用阻焊变压器变换为低压、大电流信号，再整流成直流焊接电流，加入电极。

② 焊钳。焊钳是点焊作业的基本工具，伺服焊钳的开合位置、速度、压力等均可利用伺

图 2.5.6 电阻点焊机

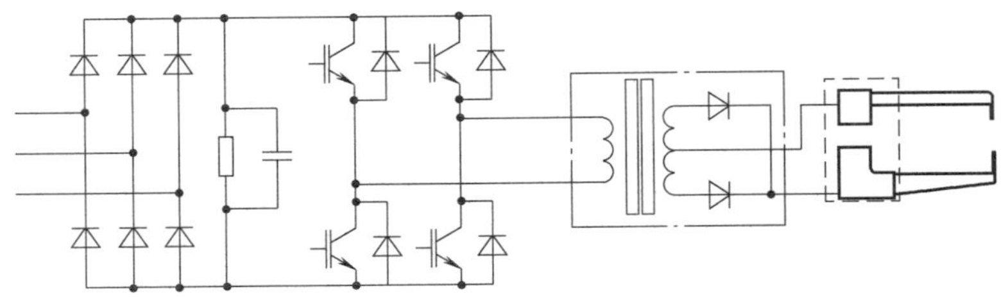

图 2.5.7 交流逆变电路

服电机进行控制，故通常作为机器人的辅助轴（工装轴），由机器人控制系统直接控制。

③ 附件。点焊系统的常用附件有变位器、电极修磨器、焊钳自动更换装置等，附件可根据系统的实际需要选配。电极修磨器用来修磨电极表面的氧化层，以改善焊接效果，提高焊接质量；焊钳自动更换装置用于焊钳的自动更换。

3. 作业控制

点焊机器人常用的作业形式有焊接（单点或多点连续）和空打两种，其动作过程与控制要求在不同机器人上稍有不同，以安川机器人为例，点焊作业过程及控制要求如下。

（1）单点焊接

单点焊接是对工件指定位置所进行的焊接操作，其作业过程如图 2.5.8 所示，作业动作及

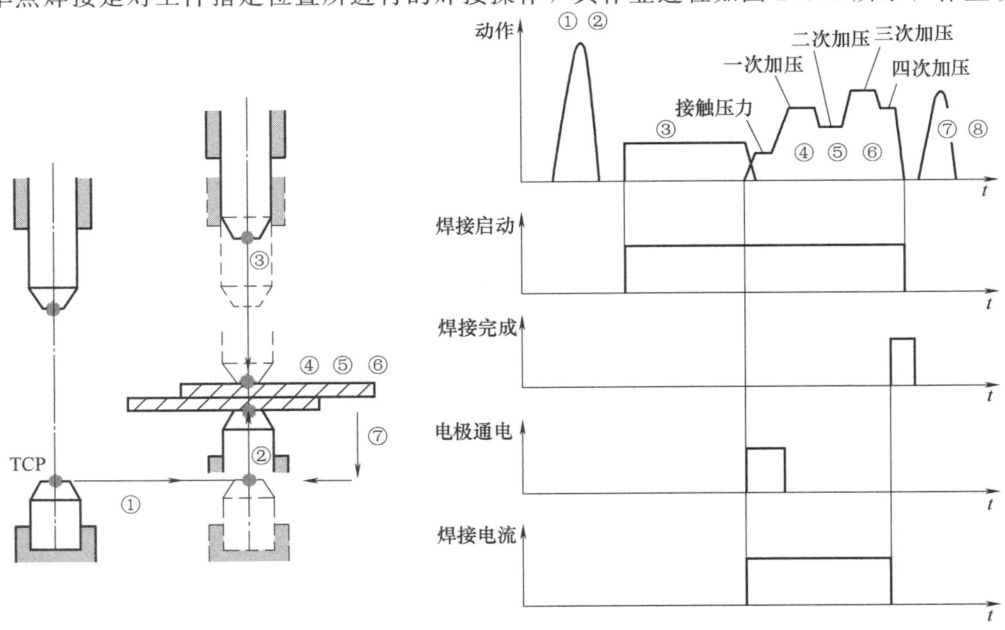

图 2.5.8 单点焊接作业过程

控制要求如下。

① 机器人移动，将焊钳作业中心线定位到焊接点法线上。

② 机器人移动，使焊钳的固定电极与工件下方接触，完成焊接定位。

③ 焊接启动，焊钳的移动电极伸出，使工件和焊件的焊接部位接触并夹紧。

④ 电极通电，焊点加热。

⑤ 加压，移动电极继续伸出，对焊接部位加压；加压次数、压力一般可根据需要设定。

⑥ 焊接结束，断开电极电源，移动电极退回。

⑦ 机器人移动，使焊钳的固定电极与工件下方脱离。

⑧ 机器人移动，使焊钳退出工件。

（2）多点连续焊接

多点连续焊接通常用于板材的多点焊接，其作业过程如图 2.5.9 所示。

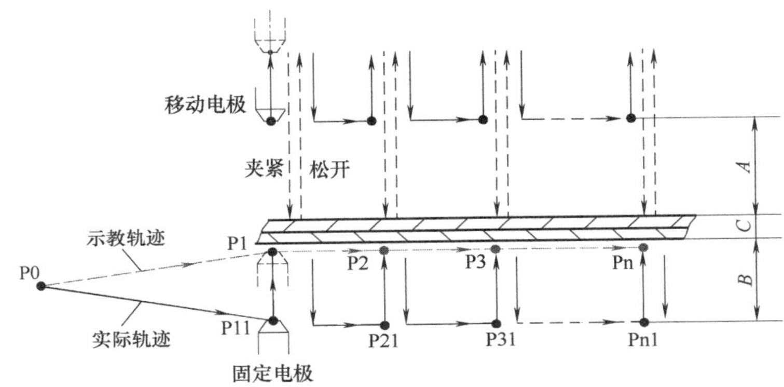

图 2.5.9 多点连续焊接作业过程

多点连续焊接时，焊钳姿态、焊钳与工件的相对位置（A、B）、工件厚度（C）等均应为固定值，焊钳可以在焊接点之间自由移动；在这种情况下，只需要指定（示教）焊接点的位置，机器人便可在第 1 个焊接点焊接完成、固定电极退出后，直接将焊钳定位到第 2 个焊接点，重复同样的焊接作业，接着再继续进行后续所有点的焊接作业。

（3）空打

“空打”是点焊机器人的特殊作业形式，主要用于电极的磨损检测、锻压整形、修磨等操作；空打作业时，焊钳的基本动作与焊接相同，但电极不通焊接电流，因此也可将焊钳作为夹具使用，用于轻型、薄板类工件的搬运。

2.5.3 弧焊机器人作业控制

1. 气体保护焊原理

电弧熔化焊接简称弧焊是熔焊的一种，它是通过电极和焊接件间的电弧产生高温，使工件（母材）、焊件及熔填物局部熔化、形成熔池，冷却凝固后接合为一体的焊接方法。

由于大气存在氧、氮、水蒸气，高温熔池如果与大气直接接触，金属或合金就会氧化或产生气孔、夹渣、裂纹等缺陷，因此，通常需要用图 2.5.10 所示的方法，通过焊枪的导电嘴将氩、氦气、二氧化碳或混合气体连续喷到焊接区，来隔绝大气、保护熔池，这种焊接方式称为气体保护电弧焊。

弧焊的熔填物既可如图 2.5.10（a）所示直接将熔填物作为电极并熔化，也可如图 2.5.10（b）所示由熔点极高的电极（一般为钨）加热后与工件、焊件一起熔化；前者称为“熔化极气体保护电弧焊”，后者称为“不熔化极气体保护电弧焊”；两种焊接方式的电极极性相反。

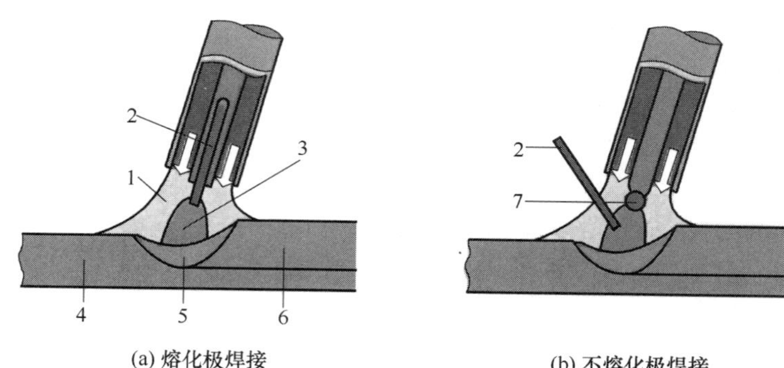

图 2.5.10 气体保护电弧焊原理

1—保护气体；2—焊丝；3—电弧；4—工件；5—熔池；6—焊件；7—钨极

熔化极气体保护电弧焊需要以连续送进的可熔焊丝为电极，产生电弧、熔化焊丝、工件及焊件，实现金属熔合。根据保护气体种类，主要分 MIG 焊、MAG 焊、CO_2 焊三种。

① MIG 焊。MIG 焊是惰性气体保护电弧焊（metal inert gas welding）的简称，保护气体为氩气（Ar）、氦气（He）等惰性气体，使用氩气的 MIG 焊俗称“氩弧焊”。MIG 焊几乎可用于所有金属的焊接，对铝及合金、铜及合金、不锈钢等材料尤为适合。

② MAG 焊。MAG 焊是活性气体保护电弧焊（metal active gas welding）的简称，保护气体为惰性和氧化性气体的混合物，如在氩气（Ar）中加入氧气（O_2）、二氧化碳（CO_2）或两者的混合物，由于混合气体以氩气为主，故又称“富氩混合气体保护电弧焊”。MAG 焊主要适用于碳钢、合金钢和不锈钢等黑色金属的焊接，在不锈钢焊接中应用十分广泛。

③ CO_2 焊。CO_2 焊是二氧化碳（CO_2）气体保护电弧焊的简称，保护气体为二氧化碳（CO_2）或二氧化碳（CO_2）、氩气（Ar）混合气体。二氧化碳的价格低廉、焊缝成形良好，它是目前碳钢、合金钢等黑色金属材料最主要的焊接方法之一。

不熔化极气体保护电弧焊主要有 TIG 焊、原子氢焊及等离子弧焊（plasma）等，TIG 焊是最常用的方法。

TIG 焊是钨极惰性气体保护电弧焊（tungsten inert gas welding）的简称。TIG 焊以钨为电极，产生电弧、熔化工件、焊件和焊丝，实现金属熔合，保护气体一般为惰性气体氩气（Ar）、氦气（He）或氩氦混合气体。用氩气（Ar）作保护气体的 TIG 焊称为“钨极氩弧焊”，用氦气（He）作保护气体的 TIG 焊称为“钨极氦弧焊”，由于氦气价格贵，目前工业上以钨极氩弧焊为主。钨极氩弧焊多用于铝、镁、钛、铜等有色金属及不锈钢、耐热钢等材料的薄板焊接，对铅、锡、锌等低熔点、易蒸发金属的焊接较困难。

2. 系统组成

机器人弧焊系统的组成如图 2.5.11 所示，除了机器人基本部件外，系统还一般需要配置图 2.5.12 所示的焊接设备。

弧焊焊接设备主要有焊枪（内置或外置，见前述）、焊机、送丝机构、保护气体及输送管路等。MIG 焊、MAG 焊、CO_2 焊以焊丝作为填充料，在焊接过程中焊丝将不断熔化，故需要有焊丝盘、送丝机构来保证焊丝的连续输送；保护气体一般通过气瓶、气管，向导电嘴连续提供。

弧焊机是用于焊接电压、电流等焊接参数自动控制与调整的电源设备，常用的有交流弧焊机和逆变弧焊机两类。交流弧焊机是一种把电网电压转换为弧焊低压、大电流的特殊变压器，

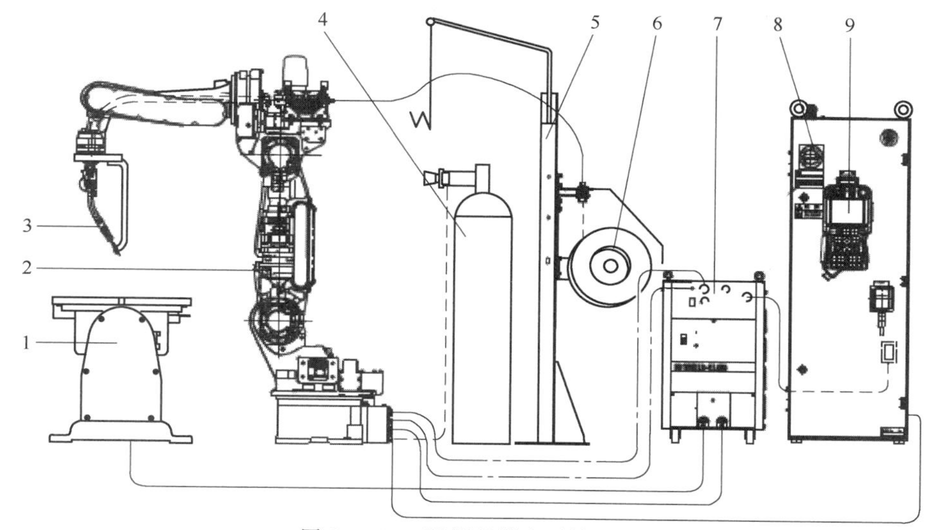

图 2.5.11　弧焊机器人系统组成

1—变位器；2—机器人；3—焊枪；4—气体；5—焊丝架；6—焊丝盘；7—焊机；8—控制柜；9—示教器

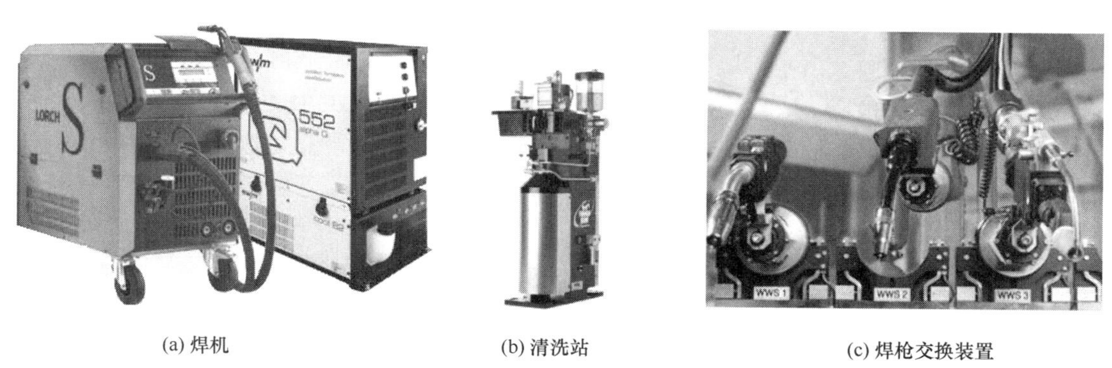

(a) 焊机　(b) 清洗站　(c) 焊枪交换装置

图 2.5.12　弧焊设备

故又称弧焊变压器；交流弧焊机结构简单、制造成本低、维修容易、空载损耗小，但焊接电流为正弦波，电弧稳定性较差、功率因数低，一般用于简单的手动弧焊设备。

逆变弧焊机采用脉宽调制（pulse width modulated，简称 PWM）逆变技术的先进焊机，是工业机器人广泛使用的焊接设备。在逆变弧焊机上，电网输入的工频 50Hz 交流电首先经过整流、滤波转换为直流电，然后逆变成 10～500kHz 的中频交流电，最后通过变压、二次整流和滤波，得到焊接所需的低电压、大电流直流焊接电流或脉冲电流。逆变弧焊机体积小、重量轻，功率因数高、空载损耗小，而且焊接电流、升降过程均可控制，故可获得理想的电弧特性。

除以上基本设备外，高效、自动化弧焊工作站、生产线一般还配套有焊枪清洗装置、自动交换装置等辅助设备。焊枪经过长时间焊接，会产生电极磨损、导电嘴焊渣残留等问题，焊枪自动清洗装置可对焊枪进行导电嘴清洗、防溅喷涂、剪丝等处理，以保证气体畅通、减少残渣附着、保证焊丝干伸长度不变。焊枪自动交换装置用来实现焊枪的自动更换，以改变焊接工艺、提高机器人作业柔性和作业效率。

3. 作业控制

机器人弧焊除了普通的移动焊接外，还可进行摆焊作业；焊接过程中不仅需要有引弧、熄弧、送气、送丝等基本焊接动作，而且还需要有再引弧功能，弧焊机器人作业动作在不同机器人上有所区别，以安川机器人为例，弧焊控制的一般要求如下。

① 焊接。弧焊机器人的一般焊接动作和控制要求如图 2.5.13 所示。焊接时首先需要将焊枪移动到焊接开始点，接通保护气体和焊接电流、产生电弧（引弧）；然后，控制焊枪沿焊接轨迹移动并连续送入焊丝；当焊枪到达焊接结束点后，关闭保护气体和焊接电流（熄弧）、退出焊枪；如果焊接过程中发生引弧失败、焊接中断、结束时粘丝等故障，还需要通过“再引弧”动作（见后述），重启焊接，解除粘丝。

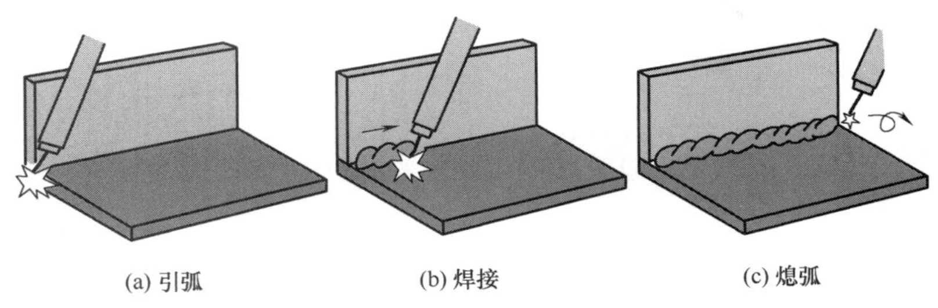

图 2.5.13　普通焊接过程

② 摆焊。摆焊（swing welding）是一种焊枪行进时可进行横向有规律摆动的焊接工艺。摆焊不仅能增加焊缝宽度、提高强度，且还能改善根部透度和结晶性能，形成均匀美观的焊缝，提高焊接质量，因此经常用于不锈钢材料的角连接焊接等场合。

机器人摆焊的实现形式有图 2.5.14 所示的工件移动摆焊和焊枪移动摆焊两种。

采用工件移动摆焊作业时，焊枪的行进利用工件移动实现，焊枪只需要在固定位置进行起点与终点重合的摆动运动，故称为“定点摆焊”。定点摆焊需要有工件移动的辅助轴（工具移动作业系统）或者控制焊枪摆动的辅助轴（工件移动作业系统），在焊接机器人上使用相对较少。

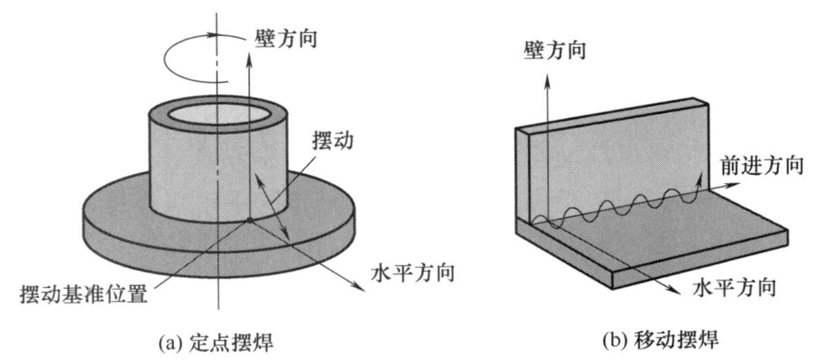

图 2.5.14　摆焊的形式

焊枪移动摆焊是利用机器人同时控制焊枪行进、摆动的作业方式，焊枪摆动方式一般有 2.5.15 所示单摆、三角摆、L 形摆 3 种；三种摆动方式的倾斜平面角度、摆动幅度和频率等参数均可通过作业命令编程和改变。

单摆焊接的焊枪运动如图 2.5.15（a）所示，焊枪沿编程轨迹行进时，可在指定的倾斜平面内横向摆动，焊枪运动轨迹为摆动平面上的三角波。

三角摆焊接的焊枪运动如图 2.5.15（b）所示，焊枪沿编程轨迹行进时，首先进行水平（或垂直）方向移动，接着在指定的倾斜平面内运动，然后再沿垂直（或水平）方向回到编程轨迹，焊枪运动轨迹为三角形螺旋线。

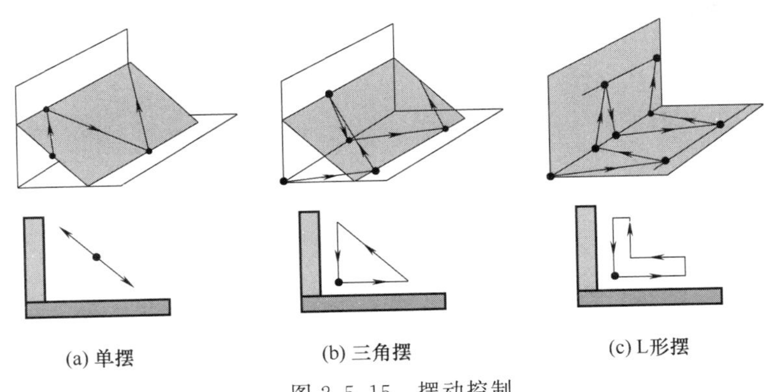

图 2.5.15　摆动控制

L 形摆焊接的焊枪运动如图 2.5.15（c）所示，焊枪沿编程轨迹行进时，首先沿水平（或垂直）方向运动，回到编程轨迹后，再沿垂直（或水平）方向摆动；焊枪运动轨迹为 L 形三角波。

③ 再引弧。再引弧是在焊枪电弧中断时，重新接通保护气体和焊接电流、使得焊枪再次产生电弧的功能。例如，如果引弧部位或焊接部位存在锈斑、油污、氧化皮等污物，或者在引弧和焊接时发生断气、断丝、断弧等现象，就可能导致引弧失败或焊接过程中的熄弧；此外，如果焊接参数选择不当，在焊接结束时也可能发生焊丝粘连的“粘丝”现象；在这种情况下，机器人就需要进行图 2.5.16 所示的“再引弧”操作，重新接通保护气体和焊接电流，继续进行或完成焊接作业。

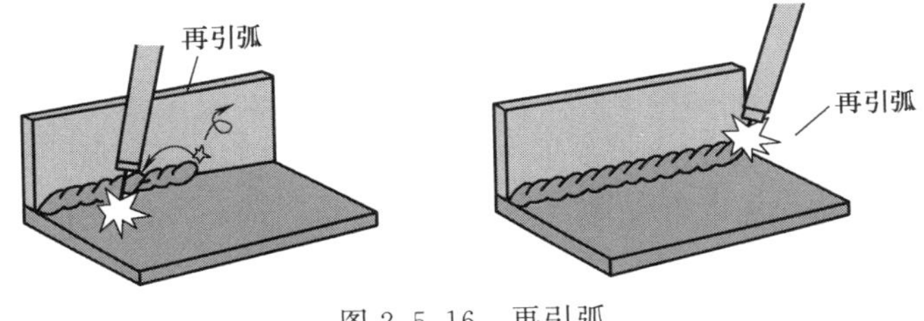

图 2.5.16　再引弧

2.5.4　搬运及通用作业控制

1. 搬运机器人

搬运机器人（transfer robot）是从事物体移载作业的工业机器人的总称，主要用于物体的输送和装卸。从功能上说，装配、分拣、码垛等机器人，实际也属于物体移载的范畴，其作业程序与搬运机器人并无区别，因此，可使用相同的作业命令编程。

搬运机器人的用途广泛，其应用涵盖机械、电子、化工、饮料、食品、药品及仓储、物流等行业，因此，各种结构形态、各种规格的机器人都有应用。一般而言，承载能力 20kg 以下、作业空间在 2m 以内的小型搬运机器人，可采用垂直串联、SCARA、Delta 等结构；承载能力 20～100kg 的中型搬运机器人以垂直串联为主，但液晶屏、太阳能电池板安装等平面搬运作业场合，也有采用中型 SCARA 机器人的情况；承载能力大于 100kg 的大型、重型搬运机器人，则基本上都采用垂直串联结构。

搬运机器人用来抓取物品的工具统称夹持器。夹持器的结构形式与作业对象有关，吸盘、手爪、夹钳是机器人常用的作业工具。

① 吸盘。工业机器人所使用的吸盘主要有真空吸盘和电磁吸盘两类。

真空吸盘利用吸盘内部和大气间的压力差吸持物品，吸盘形状通常有图 2.5.17 所示的平板形、爪形两种；吸盘的真空可利用伯努利（Bernoulli）原理产生或直接抽真空产生。

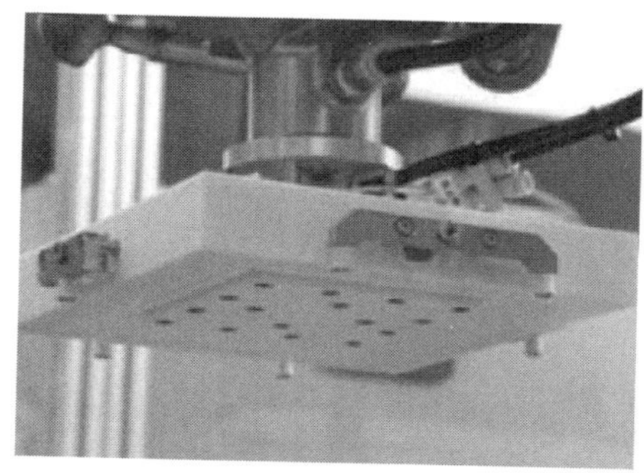
(a) 平板形

(b) 爪形

图 2.5.17 真空吸盘

真空吸盘对所夹持的材料无要求，其适用范围广、无污染，但是，它要求物品具有光滑、平整、不透气的吸持面，而且其最大吸持力不能超过大气压力，因此，通常用于玻璃、塑料、金属、木材等轻量、具有光滑吸持面的平板类物品，或者用于密封包装的轻量物品的吸持。

电磁吸盘利用电磁吸力吸持物品，吸盘可根据需要制成各种形状。电磁吸盘结构简单、控制方便，吸持力大，对吸持面的要求不高，因此是金属材料搬运机器人常用的作业工具。但是，电磁吸盘只能用于导磁材料制作物品的吸持，物品被吸持后容易留下剩磁，因此，多用于原材料、集装箱搬运等场合。

② 手爪。手爪是利用机械锁紧或摩擦力夹持物品的夹持器。手爪可根据物品外形，设计成各种形状，夹持力可根据要求设计和调整，夹持可靠、使用方便，但要求物品具有抵抗夹紧变形的刚性。

机器人常用的手爪有图 2.5.18 所示的指形、手形、三爪 3 类。

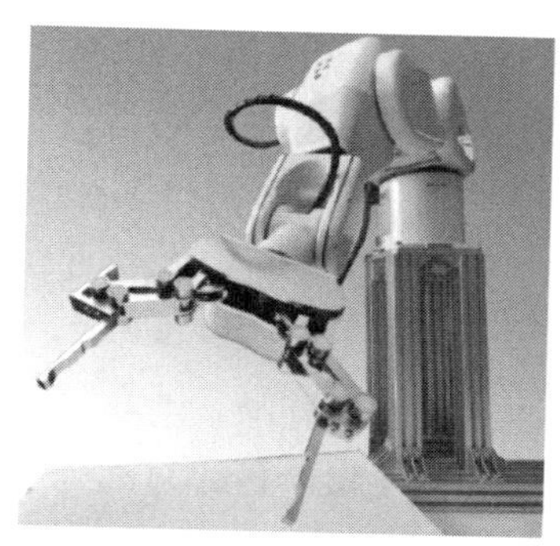
(a) 指形

(b) 手形

(c) 三爪

图 2.5.18 手爪

指形手爪一般利用牵引丝或凸轮带动的关节运动控制指状夹持器的开合，其动作灵活、适用面广，但手爪结构较为复杂、夹持力较小，故多用于机械、电子、食品、药品等行业的小型物品装卸、分拣等作业。

手形、三爪通常利用气缸、电磁铁控制开合，不但夹持力大，而且还具有自动定心的功能，因此广泛用于机械加工行业的棒料、圆盘类物品搬运作业。

③ 夹钳。夹钳通常用于大宗物品夹持，多采用气缸控制开合，夹钳动作简单，对物品的外形要求不高，故多用于仓储、物流等行业的搬运、码垛机器人作业。

常用的夹钳有图 2.5.19 所示的铲形、夹板形两种结构。铲形夹钳大多用于大宗袋状物品的抓取；夹板形夹钳则用于箱体形物品夹持。

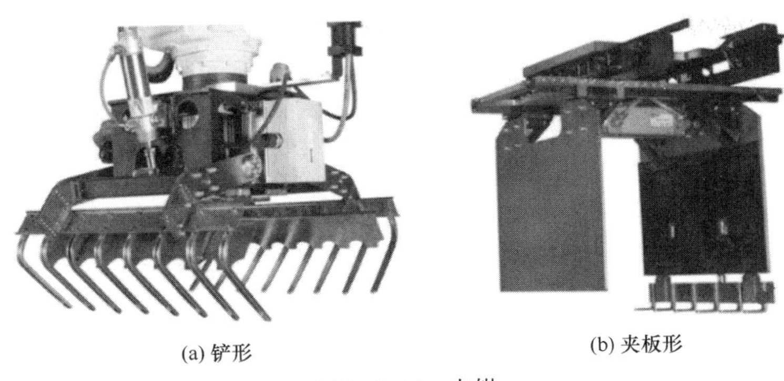

(a) 铲形　(b) 夹板形

图 2.5.19　夹钳

2. 通用机器人

通用机器人（universal robot）可用于切割、雕刻、研磨、抛光等作业，通常以垂直串联结构为主。由于机器人的结构刚性、加工精度、定位精度、切削能力低于数控机床等高精度加工设备，因此，通常只用于图 2.5.20 所示的木材、塑料、石材等装饰、家居制品的切割、雕刻、修磨、抛光等简单粗加工作业。

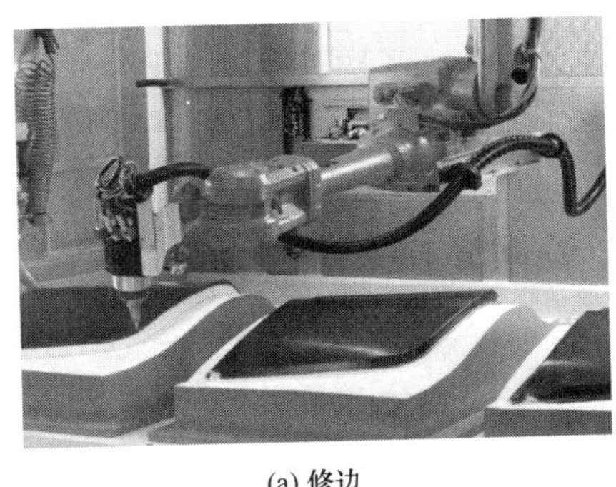

(a) 修边

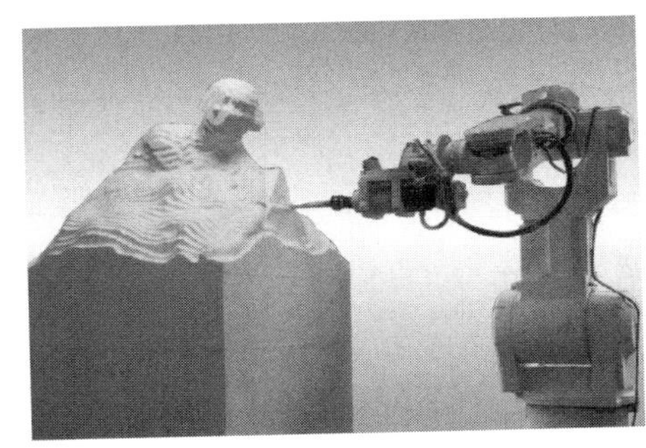

(b) 雕刻

图 2.5.20　加工机器人的应用

通用机器人的作业工具种类复杂，雕刻、切割机器人需要使用图 2.5.21（a）所示的刀具，涂装类机器人则需要使用图 2.5.21（b）所示的喷枪等。

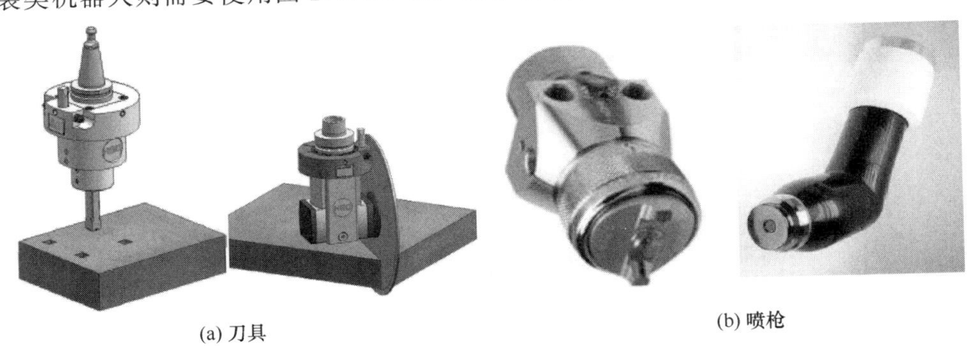

(a) 刀具　(b) 喷枪

图 2.5.21　通用机器人工具

搬运机器人的夹持器通常只需要进行开、合控制；切割、雕刻机器人的刀具一般只需要进行启动、停止控制；研磨、抛光、涂装机器人除了工具启动、停止外，有时需要进行摆动控制。

由于以上机器人的作业控制要求简单，产品批量较小，因此一般不对作业命令进行细分，在机器人控制系统中，可以统一使用工具 ON/OFF 及与摆焊同样的摆动命令，控制机器人作业。

FANUC篇

第3章

KAREL程序结构与语法

3.1 KAREL 程序结构与指令

3.1.1 工业机器人程序与编程

1. 编程语言

工业机器人的工作环境大多为已知，因此以第一代示教再现机器人居多。示教再现机器人一般不具备分析、推理能力和智能，机器人的全部行为需要由人进行控制。

工业机器人是一种有自身控制系统、可独立运行的自动化设备，为了使其能自动执行作业任务，操作者就必须将全部作业要求编制成控制系统计算机能够识别的命令，并输入到控制系统；控制系统通过执行命令，使机器人完成所需要的动作；这些命令的集合就是机器人的作业程序（简称程序），编写程序的过程称为编程。

命令又称指令（instruction），它是程序最重要的组成部分。作为一般概念，工业自动化设备的控制命令需要由如下两部分组成：

```
             MoveJ        p1, v1000, z20, tool1;
指令码 ────────┘               └──────────────── 操作数
```

指令码又称操作码，它用来规定控制系统需要执行的操作；操作数又称操作对象，它用来定义执行这一操作的对象。简单地说，指令码告诉控制系统需要做什么，操作数告诉控制系统由谁去做、怎样做。

指令是人指挥计算机工作的语言，它在不同的控制系统上有不同的表达形式，指令的表达形式称为编程语言（programming language）。由于工业机器人编程目前还没有统一的标准，因此机器人编程语言多为生产厂家自行开发，程序格式、语法以及指令码、操作数的表示方法均并不统一，例如，FANUC 机器人为 KAREL 语言，安川机器人为 INFORM III 语言，ABB 机器人为 RAPID 语言，KUKA 机器人为 KRL 语言。

采用不同编程语言所编制的程序，其程序结构、指令格式、操作数的定义方法均有较大的不同，因此工业机器人的应用程序目前还不具备通用性。为了便于区分，在本书后述的内容中，将 FANUC 机器人程序称为 KAREL 程序，安川机器人程序称为 INFORM III 程序，ABB

机器人程序称为 RAPID 程序，KUKA 机器人程序称为 KRL 程序。

目前，工业机器人的基本编程方法有示教、虚拟仿真两种。

2. **示教编程**

示教（teach in）编程是通过作业现场的人机对话操作，完成程序编制的一种方法。所谓示教，就是操作者对机器人操作进行的演示和引导，因此，需要由操作者按实际作业要求，通过人机对话操作，一步一步地告知机器人需要完成的动作，这些动作可由控制系统以命令的形式记录与保存；示教操作完成后，程序也就被生成。控制系统进行程序自动运行时，机器人便可重复全部示教动作，这一过程称为“再现（play)”。

示教编程简单易行，生成的程序准确可靠，程序中的机器人 TCP 位置是利用手动操作确定的实际位置，因此，也无需考虑坐标系及机器人、工具姿态，也不存在奇点，因此，它是工业机器人目前最常用的编程方法。

示教编程需要在机器人作业现场通过对机器人实际操作完成，编程的时间较长，此外，由于示教操作的机器人位置，通常以目测或简单测量的方法确定，因此，对于需要高精度定位、进行复杂轨迹运动的程序，也难以利用示教操作编制。

3. **虚拟仿真编程**

虚拟仿真是通过编程软件直接输入、编辑命令，完成程序编制的一种方法，由于机器人的笛卡儿坐标系位置需要通过逆运动学求解，运动存在一定的不确定性，因此，通常需要进行轨迹的模拟与仿真、验证程序的正确性。

虚拟仿真编程可在编程计算机上进行，编程效率高，且不影响现场机器人的作业，故适合于作业要求变更频繁、运动轨迹复杂的机器人编程。

虚拟仿真编程一般包括几何建模、空间布局、运动规划、动画仿真等步骤，编程需要配备机器人生产厂家提供的专门编程软件，如 ABB 公司的 RobotStudio、安川公司的 MotoSim EG、FANUC 公司的 ROBOGUIDE、KUKA 公司的 Sim Pro 等；虚拟仿真生成的程序需要经过编译，下载到机器人，并通过试运行确认。虚拟仿真编程涉及编程软件安装、操作和使用等问题，不同的软件差异较大。

值得一提的是，示教编程、虚拟仿真编程是两种不同的编程方式，但是，在部分书籍中对于工业机器人的编程方法还有现场编程、离线编程、在线编程等多种提法。从中文意义上说，所谓现场、非现场编程，只是反映编程地点是否在机器人现场；而所谓离线、在线编程，也只是反映编程设备与机器人控制系统之间是否存在通信连接。简言之，现场编程并不意味着它必须采用示教方式编程，而编程设备在线时，同样也可以通过虚拟仿真软件来编制机器人程序。

4. **机器人程序结构**

工业机器人的应用程序基本结构有线性和模块式两种。

① 线性结构。线性结构是 FANUC、安川等日本生产的机器人常用的程序结构。线性结构程序一般由程序标题（名称）、指令、程序结束标记组成，一个程序的全部内容都编写在同一个程序块中；程序设计时，只需要按机器人的动作次序，将相应的指令从上至下依次排列，机器人便可按指令次序执行相应的动作。

线性结构程序也可通过跳转、分支、子程序调用、中断等方法改变程序的执行次序，跳转目标、分支程序、子程序、中断程序等有时可在程序之后编制。

② 模块式结构。模块式结构是 ABB、KUKA 等欧洲生产的机器人常用的程序结构。模块式程序将不同用途的程序分成了若干模块，然后通过模块、程序的不同组合构建成不同的程序。

模块式程序必须有一个用于模块组织管理、可以直接执行的程序，这一程序称为主程序

(main program)；含有主程序的模块称为主模块（main module）。如果模块中的程序只能由其他程序调用、不能直接执行，这样的程序称为子程序（sub program）；只含有子程序的模块称为子模块（sub module）。

模块式程序的主程序与机器人作业要求一一对应，每一作业任务都必须有唯一的主程序；子程序是供主程序选择和调用的公共程序，可被不同作业任务的不同主程序所调用，数量通常较多。

模块式程序的子程序大多以独立程序的形式编制，为了增加程序通用性，子程序可采用参数化编程技术，通过主程序调用指令，改变子程序中的指令操作数。

模块式结构程序的模块名称、格式、功能在不同的控制系统上有所不同。例如，ABB机器人将完整的应用程序称为“任务（task）”，任务由系统模块（system module）和程序模块（program module）组成。系统模块包含了系统生产厂家编制的用来定义控制系统和机器人结构、功能的各种系统程序和系统参数；程序模块是机器人使用厂家（用户）编制、用来控制机器人作业的各种应用程序和数据，应用程序又分为主程序、子程序、功能、中断等不同的类型。

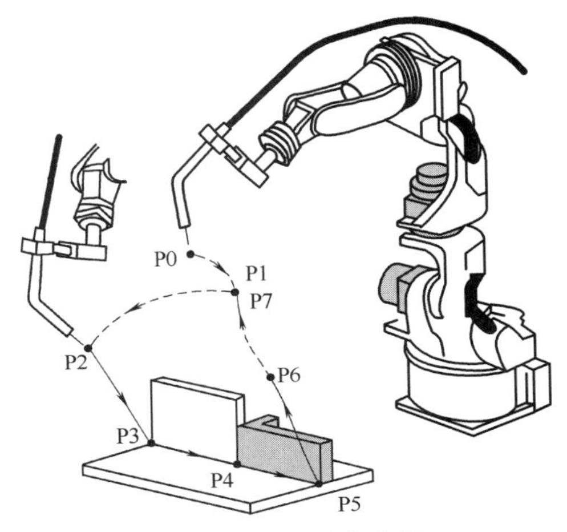

图 3.1.1 焊接作业图

3.1.2 KAREL 程序结构与标题

1. 程序结构

FANUC 机器人的 KAREL 程序采用的是线性结构，利用示教编程操作所编制的机器人作业程序简称 TP 程序。例如，FANUC 弧焊机器人进行图 3.1.1 所示简单焊接作业的 TP 程序如下。

```
TESTPRO                                //程序名
1: J  P[1] 10%  FINE                   //P0→P1 点关节插补,速度倍率为 10%
2: J  P[2] 80%  CNT50                  //P1→P2 点关节插补,速度倍率为 80%
3: L  P[3] 1000mm/sec FINE             //P2→P3 点直线插补,速度为 1000mm/s
 :    Arc Start[1]                     //按焊接条件 1,在 P3 点启动焊接
4: L  P[4] 100mm/sec FINE              //P3→P4 点直线插补焊接,速度为 100mm/s
 :    Arc Start[16,145]                //修改焊接条件
5: L  P[5] 80mm/sec FINE               //P4→P5 点直线插补焊接,速度为 80mm/s
 :    Arc End[2]                       //按焊接条件 2 要求,在 P5 点关闭焊接
6: L  P[6] 1000mm/sec CNT50            //P5→P6 点直线插补,速度为 1000mm/s
7: J  P[1] 50%  FINE                   //P6→P1 点关节插补,速度倍率为 50%
[END]                                  //程序结束
```

在以上 TP 程序中，机器人移动目标位置 P1～P6 的坐标值、弧焊所需要的保护气体、送丝、焊接电流和电压、引弧/熄弧时间等作业参数等，都需要通过事先设定。

线性结构的 TP 程序需要在程序创建时设定程序标题（header）。程序标题又称程序细节（program detail）、程序声明（program declaration），其内容与形式在不同公司机器人控制系统上有所不同，程序名称是标题必需的内容，此外，还可根据需要增加注释、程序类型等属性参数及程序编辑时间、存储器容量等编辑信息。

2. KAREL 程序标题

FANUC 机器人的 KAREL 程序标题（以下简称标题）如图 3.1.2 所示，标题由程序名称、类别和注释等基本信息及程序创建和修改日期、程序容量、应用范围（运动组）、写保护、堆栈大小等属性信息组成，需要在程序创建时创建（详见后述）。

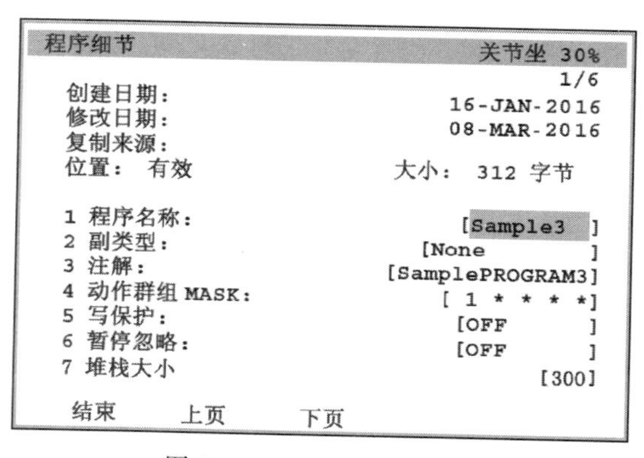

图 3.1.2　KAREL 程序标题

标题栏中的创建日期（Create Date）、修改日期（Modification Date）、复制来源（Copy source）、位置（Positions）、大小（Size）等信息均由系统自动生成。创建日期为程序首次创建的日期，修改日期为程序最后一次编辑的日期；如程序通过复制操作创建，可在复制来源栏显示原程序名称。位置栏可显示程序中是否含有机器人定位指令；大小栏可显示程序的存储器容量（字节数）。

程序标题中的程序名称（Program name）、副类型（Sub Type）、注解（Comment）为程序的基本信息；运动群组（Motion group）、写保护（Write protection）、暂停忽略（Ignore pause）、堆栈大小（Stack size）为程序的属性设定。基本信息、属性设定需要由操作者输入与编辑，其含义及格式要求如下。

3. 程序基本信息

① 程序名称。KAREL 程序名称（Program name）由最大 8（早期系统）或 36（新版系统）字符组成，名称一般以英文字母作为起始，首字符不可以为空格、符号或数字；后续的字符可为字母、数字或下划线“_”，如“Sample”“SPOT_1”等，但不能使用 CON、PRN、AUX、NUL，COM1～COM9、LPT1～LPT9 等在控制系统上有特定含义的字符（系统保留字），也不能使用字符“*”“@”。

程序名称是程序的识别标记，在同一控制系统上，程序名称具有唯一性。在 FANUC 机器人上，利用外部启动信号（RSR 信号）、外部程序选择信号（PNS 信号）启动的远程运行程序，程序名必须为“RSR+4 位数字”“PNS+4 位数字”。

② 副类型。标题中的“副类型（Sub Type）”用来规定程序的性质，可根据需要选择如下几类。

None：不规定具体性质的一般程序。

Job：工作程序，可直接利用示教器启动并运行的主程序，工作程序（主程序）也可通过程序调用指令予以调用及执行。

Process：处理程序，只能由工作程序进行调用与执行的子程序。

Macro：用户宏程序，通过程序中的宏指令调用并执行的特殊子程序，宏指令的名称需要通过本书后述的机器人设定操作事先设定。

③ 注释。注释（Comment）在中文显示的 FANUC 系统中译作“注解”。注释是程序的附加说明，KAREL 程序注释最大可为 16 字符，可使用英文大小写字母、数字、字符，注释可以使用标点符号、下划线、*、@等字符。

4. 程序属性及设定

① 运动组。运动组（Motion group）在 FANUC 机器人上称为“动作群组”。运动组用于多机器人、复杂系统，它用来指定程序的控制对象。FANUC 机器人最大允许有 4 个含机器人

的运动组（每组最大 9 轴）和 1 个不含机器人的外部轴运动组（最大 4 轴）。

在程序标题中，运动组用 5 元数组［g1，g2，g3，g4，g5］表示，所选定的运动组的值为“1”；未选定的运动组的值为“*”。例如，对于大多数单机器人系统，只需要选择运动组 g1，因此，运动组的设定应为［1，*，*，*，*］。

指定运动组的 KAREL 程序包含有伺服轴的运动，因此，这样的程序不能在机器人急停、伺服 OFF 的状态下运行。如程序中不含任何伺服轴运动指令，就无需指定运动组，运动组可设定为［*，*，*，*，*］；这样的程序可在机器人急停、伺服 OFF 的状态下运行，并可进行下述的“暂停忽略”功能设定。

② 写保护。写保护（Write protection）用于程序编辑的保护功能设定，设定为“ON”的程序不能编辑、删除，也不能对程序信息（名称、副类型、注释）进行修改。

③ 暂停忽略。暂停忽略（Ignore pause）用于不含运动组的 KAREL 程序运行设定。暂停忽略设定为“ON”时，除了控制系统发生程序强制结束（ABORT）的严重故障外，其他所有导致机器人运动暂停的操作、系统故障，都不会影响程序的执行。有关系统报警等级的详细说明，可参见后述章节。

④ 堆栈大小（Stack size）。用于子程序调用堆栈设定。当控制系统出现“INTP-222”“INTP-302”等子程序调用出错时，可增加堆栈容量，避免溢出。

3.1.3 KAREL 指令总表

1. 指令分类

从指令功能上说，工业机器人的程序指令通常包括关节轴运动控制（移动指令）、工具及辅助部件的电磁元件通断控制（输入/输出指令）、程序运行控制（程序控制）、机器人及系统参数设定（系统设定）、系统运行监控、网络通信等。根据指令用途，工业机器人的程序指令又可分通用指令和作业指令两类。

① 通用指令。通用指令是用来控制机器人本体和系统基本动作，它通常只与控制系统结构、功能有关，与机器人用途无关，因此，采用相同系统的机器人，通用指令的编程方法与要求相同。

在 FANUC 机器人通用指令中，有部分指令需要选配附加功能。控制系统的附加功能可通过系统状态监控操作检查，附加功能的显示如图 3.1.3 所示（有多页）。

FANUC 机器人控制系统的附加功能有控制、显示、操作、编程等多种，其中，基本选择功能（Basic Software，功能代号 H510）在绝大多数机器人上一般都需要选配。

② 作业指令。作业指令是用于特定工具动作控制及作业参数（工艺参数）设定的指令，如弧焊机器人的引弧/熄弧，焊接电压/电流控制与设定，点焊机器人的电极动作/压力、焊接电压/电流控制等。

```
软体版本资讯                      关节坐 10%
      功能:                       号码: 1/128
  1 English Dictionary            H521
  2 Multi Language (KANA)         H530
  3 FANUC Handling Tool           H542
  4 Kernel Software               CORE
  5 Basic Software                H510
  6 KAREL Run-Time Env            J539
  7 Robot Servo Code              H930
  8 R-2000i/165F                  H740
  9 NOBOT                         H895
 10 Analog I/O                    H550

 [ 类型 ]  软体版本  软件构成  马达规格  伺服
```

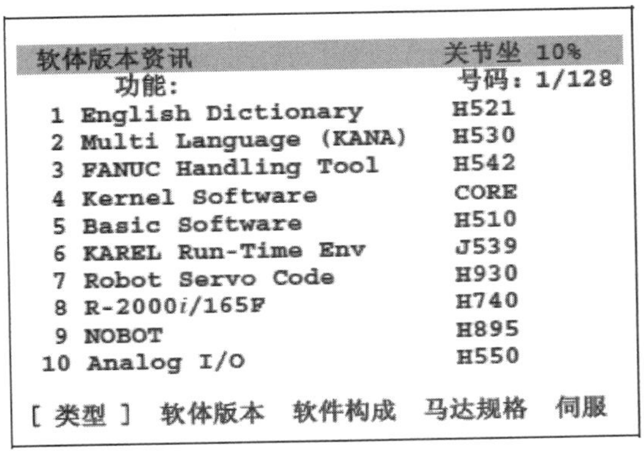

图 3.1.3　FANUC 机器人功能显示

机器人作业指令与机器人用途、所使用的工具有关，它需要通过控制系统的应用文件（Application）安装，不同类别、使用不同工具的机器人的作业指令有较大的区别。限于篇幅，本书将只对通用机器人的码垛指令进行详细介绍，其他作业指令的使用方法可参见机器人生产厂家提供的说明书。

2. 通用指令总表

FANUC 机器人的通用指令可分为移动指令、输入/输出指令、程序控制指令、条件设定指令、坐标系设定与选择指令以及系统信息显示、系统变量设定指令等，指令分类及名称如表 3.1.1 所示；附加命令可直接添加在移动指令之后，部分指令、附加命令需要选配系统附加功能。

表 3.1.1 FANUC 机器人通用指令总表

类别		指令代码	指令名称	选择功能
程序注释		!	程序注释	
		—	特定语言注释	H530
机器人移动	基本指令	J	关节插补	
		L	直线插补	
		C	圆弧插补	
	附加命令	Wjnt	手腕关节控制	
		ACC	加减速倍率控制	
		PTH	路径控制	
		Skip,LBL[i]、Skip,LBL[i],PR[i]=LPOS(或 JPOS)	跳转控制	H510
		Offset 或:Offset,PR[i]	位置偏移	H510
		Tool_Offset、Tool_Offset,PR[i]	工具偏移	H510
		TBn(TIME BEFORE n)、TAn(TIME AFTER n)、DBd(DISTANCE BEFORE d)	提前/延迟执行	H510
		INC	增量移动	H510
		EV n%	外部轴同步速度控制	J518
		IndEV n%	外部轴非同步速度控制	J518
		SOFTFLOAT[n]	外力追踪(软浮动)控制	J612
		CTVn	连续回转	J613
		COORP	协调控制	J619
		RTCP	远程 TCP 控制	H510
		PSPD n	轨迹恒定移动速度指定	H510
		CR n	拐角半径定义	H510
		RT_LD d(Retract_LD)	起始段直线移动距离	H510
		AP_LD d(Approach_LD)	结束段直线移动距离	H510
	码垛运动	PALLETIZING B	单路径简单码垛	J500
		PALLETIZING BX	多路径简单码垛	J500
		PALLETIZING E	单路径复杂码垛	J500
		PALLETIZING EX	多路径复杂码垛	J500
		PALLETIZING-END	码垛结束	J500
输入/输出		DO/GO	通用 DO/DO 组输出	
		DO[i]=PULSE,n sec	DO 脉冲输出	
		RO	机器人 DO 输出	
		RO[i]=PULSE,n sec	RO 脉冲输出	
		AO	模拟量输出	H550
程序控制	程序运行	END	程序结束	
		PAUSE	程序暂停	
		ABORT	程序终止(强制结束)	
		WAIT	程序等待	
		RUN	群组程序同步运行	H510
		RSR	RSR 运行	
		TC_ONLINE	程序执行条件定义	
		TC_ONLINE DISABLE	程序执行条件删除	
		TC_ONLINE ENABLE	程序执行条件使能	
	程序转移	JMP	程序跳转	
		LBL	跳转目标	

续表

类别		指令代码	指令名称	选择功能
程序控制	程序转移	CALL	子程序调用	
		IF	条件判断	
		SELECT	分支控制	
系统设定	条件设定	OFFSET CONDITION	位置补偿条件设定	H510
		TOOL_OFFSET CONDITION	工具补偿条件设定	H510
		SKIP CONDITION	跳过条件设定	H510
	坐标设定	UFRAME	用户坐标系设定	H510
		UFRAME_NUM	用户坐标系选择	H510
		UTOOL	工具坐标系设定	H510
		UTOOL_NUM	工具坐标系选择	H510
	速度设定	OVERRIDE	速度倍率设定	
		JOINT_MAX_SPEED	关节最大速度设定	
		LINEAR_MAX_SPEED	TCP 最大线速度设定	
	负载设定	PAYLOAD[i]	设定机器人负载参数	
	参数设定	$	系统参数(变量)设定	
系统监控	定时控制	TIMER	程序定时器控制	
	用户报警	UALM	显示用户报警	
	用户信息	MESSAGE	显示用户信息	
	碰撞保护	COL DETECT ON	碰撞保护生效	
		COL DETECT OFF	碰撞保护撤销	
		COL GUARD ADJUST	碰撞保护灵敏度设定	
	软浮动	SOFTFLOAT[n]、SOFTFLOAT END、FOLLOW UP	软浮动(外力追踪)控制	J612
	转矩限制	TORQ_LIMIT t%	规定轴转矩限制	J611
		CALL TPTRQLIM(g,a,t)	独立轴转矩限制	J611
	群组控制	Independent GP	群组非同步运动	J601
		Simultaneous GP	群组同步运动	J601
	数据传送	SEND R[n]、RCV R[n]LBL[i]	数据发送/接收	J502
	位置暂存器锁定	LOCK PREG	位置暂存器锁定	H510
		UNLOCK PREG	位置暂存器解锁	H510
	中断监控	MONITOR * * * *	中断监控启动	J601
		MONITOR END * * * *	中断监控结束	J601
	故障恢复	RESUME_PROG = * * * *	故障恢复功能生效	J601
		CLEAR_RESUME_PROG	故障恢复功能撤销	J601
		RETURN_PATH_DSBL	返回轨迹删除	J601

3. 作业指令简表

作业指令大多用来控制作业工具的动作和工艺参数，不同用途的机器人需要使用不同的作业工具，并按照不同的工艺进行作业，因此其作业指令也不同。原则上说，每类机器人只能使用其中的一类作业指令。

对于弧焊、点焊、搬运等常用机器人，FANUC R-J3i、R-30i 机器人控制系统的作业指令分类情况如表 3.1.2 所示，作业指令的编程要求详见第 4 章。

表 3.1.2 FANUC-R30i 系统作业指令表

机器人类别	指令	作用与功能	简要说明
点焊	SPOT[P=n,S=i,BU=m]	焊接作业	完成点焊全过程
	SPOT[i]	焊接启动	选择焊接条件、启动焊接
	GUN1 P[n]	压力条件选择	选择压力条件
	GUN1 BU[m]	加压条件选择	选择加压条件
	Press_motion P=[n]	焊接加压	电极加压、启动焊接

续表

机器人类别	指令	作用与功能	简要说明
点焊	Pressure[p]kgf	电极加压(空打)	空打作业
	Gun Zero Mastering [G]	零点设定	焊钳零点设定
弧焊	Arc Start [i]	焊接启动	启动弧焊
	Arc Start[V,A]	引弧	设定引弧参数
	Arc End[i]	焊接结束	结束弧焊
	Arc End[V,A,s]	熄弧	设定熄弧参数
	Weave[i]	摆焊启动	启动摆焊
	Weave End	摆焊结束	结束摆焊
	Weave Sine[F,Am,Tl,Tr]	正弦波摆焊	正弦波摆焊
	Weave Circle[F,Am,Tl,Tr]	圆弧摆焊	圆弧摆焊
	Weave Figure 8[F,Am,Tl,Tr]	8字型摆焊	8字型摆焊
搬运/包装	PALLETIZING B	单路径简单码垛	工具姿态不变的单路径码垛
	PALLETIZING BX	多路径简单码垛	工具姿态不变的多路径码垛
	PALLETIZING E	单路径复杂码垛	改变工具姿态单路径的码垛
	PALLETIZING EX	多路径复杂码垛	改变工具姿态多路径的码垛
	PALLETIZING-END	码垛结束	结束码垛

3.2 KAREL操作数与表达式编程

3.2.1 操作数分类

操作数用来规定指令的操作对象，其形式在不同机器人控制系统上有所不同。在FANUC机器人程序中，根据不同指令的要求，可使用的指令操作数有常数、字符、地址及变量（暂存器）、表达式5类，其使用方法如下。

1. 常数、字符与地址

以常数、字符串、地址形式表示的指令操作数都有确定的数值，但在指令中的表示方法有如下区别。

① 常数。常数是以十进制或二进制数值表示的操作数，例如，机器人TCP的关节插补速度、直线或圆弧插补速度、程序暂停时间、坐标值、输入/输出状态等。

在工业机器人上，常数型操作数可以是十进制数值，如100mm/s（直线、圆弧插补速度）、5.0s（暂停时间）等，也可以是二进制状态，如15（8点DO信号组输出状态0000 1111）等，还可以为百分率，如80%（关节插补速度）等。

② 字符串。字符串是用英文代号或字母、符号、数字混合表示的特殊操作数。例如，ON、OFF代表开关量输入/输出信号的通、断状态，JPOS、LPOS代表机器人关节轴、工具控制点（TCP）的当前位置，FINE代表准确定位，CNT50代表拐角减速50%的连续移动，ACC 50代表加速度为50%等。

③ 地址。地址是用数据存储器代号表示的操作数。地址一般由英文字母和数字构成，英文字母用来代表操作数的类别，后缀的数字是用来区分同类操作数的序号。例如，机器人的位置用存储器地址P [1]、P [2] 等表示，控制系统开关量输入/输出信号（DI/DO）的状态用存储器地址DI [1]/DO [1] 等表示。

在FANUC机器人程序中，用地址表示的操作数可加注释，注释需要以“：字符”的形式标注在序号后，如P [1：startp] 等。

FANUC机器人程序常用的地址、符号如表3.2.1所示。

表 3.2.1 FANUC 机器人程序常用的地址、符号

地 址	名称	含义
CNTi	拐角减速倍率	连续移动指令轨迹转换时的减速倍率(%)
ACCi	加速度倍率	移动指令的加速度倍率(%)
ON、OFF	开关量输入/输出	开关量输入/输出通、断
TIMER_OVERFLOW[i]	程序定时器溢出	i 为定时器号,1—溢出;0—未溢出
LPOS	机器人 TCP 当前位置	机器人 TCP 位置(x,y,z,w,p,r)
JPOS	机器人关节当前位置	关节位置(j1,j2,j3,j4,j5,j6,e1,e2,e3)
UFRAME[i]	用户坐标系号	用户坐标系选择
UTOOL[i]	工具坐标系号	工具坐标系选择
TIMER[i]	程序定时器号	程序定时器选择
LBL[i]	程序跳转目标	程序跳转目标标记
DI[i]/DO[i]	DI/DO 信号	控制系统通用开关量输入/输出信号
RI[i]/RO[i]	RI/RO 信号	机器人开关量输入/输出信号
SI[i]/SO[i]	SI/SO 信号	操作面板开关量输入/输出信号
UI[i]/UO[i]	UI/UO 信号	外部设备开关量输入/输出信号
AI[i]/AO[i]	AI/AO 信号	模拟量输入/输出信号
GI[i]/GO[i]	GI/GO 信号	控制系统通用开关量输入/输出组信号
R[i]、PR[i]、PR[i,j]、PL[n]、SR[i]、AR[i]、$	变量(暂存器地址)	见下述

2. 变量与表达式

① 变量。变量（variable）是一种可变操作数，其值可通过程序中的赋值指令或表达式运算等方式定义。变量保存在控制系统的数据暂存器（registers）中，因此，在 FANUC 机器人上，变量被译作暂存器，为了与 FANUC 使用说明书统一，本书在后述的内容中，也将使用暂存器这一名称。

② 表达式。表达式是直接以运算式定义的操作数，表达式的运算结果就是操作数的值。表达式的运算数可能有多个，不同运算数用运算符连接。

FANUC 机器人的表达式有简单表达式和复合运算式两类。

简单表达式通常用于常数、数值暂存器 R [i]、位置暂存器 PR [i]、码垛暂存器 PL [n]、字符串暂存器 SR [i] 等复合型数据的运算。简单表达式的运算数直接用运算符连接，不能加括号，通常也不能进行逻辑与比较运算（条件指令除外）。简单表达式不能用于优先级不同的运算处理，即加减和乘除（算术运算）、“与（AND）”和“或（OR）”（逻辑运算）不能混用。

复合运算式需要加括号。复合运算式不仅可用于逻辑、比较运算，而且，不同优先级的运算也可混用。但是，复合运算式不能用于位置暂存器 PR [i]、码垛暂存器 PL [n]、字符串暂存器 SR [i] 等复合型数据的运算。

FANUC 机器人的表达式编程示例如下，其编程方法及要求详见后述。

```
R[1]=R[10]+R[11]                              // 简单表达式
PR[4]=PR[10]+PR[11]
PL[1]=PL[10]+[1,2,1]
SR[10]='abcd'+SR[1]
WAIT DI[1]AND R[2]>=10 AND AI[1]<=100         // 条件指令
……
R[1]=((R[10]+R[11])*R[12])                    // 复合运算式(使用括号)
DO[1]=(DI[1]AND DI[2])
```

```
WAIT((DI[1]OR R[2]>=10)AND AI[1]<=100)
……
```

3.2.2 暂存器编程

1. 暂存器分类

FANUC 机器人的暂存器是用来存储指令操作数的数据寄存器，在程序中可作为数值可变操作数（变量）使用；不同类别的操作数用不同的代号表示，同类操作数的不同数据，用暂存器编号 i 区分。如果需要，暂存器可通过暂存器编辑操作添加注释；注释以"：字符"的形式显示在暂存器编号 i 后，如 R [1：flag] 等；注释仅用于显示，不影响数值。

暂存器可采用间接寻址，即暂存器编号可以用数值为正整数的暂存器指定，例如，当暂存器 R [1]=2 时，R [R [1]] 即代表 R [2]，AI [R [1]] 则代表 AI [2]。

FANUC 机器人程序常用的暂存器代号、格式、用途如表 3.2.2 所示，数值暂存器 R、位置暂存器 PR、用户报警 UALM [i] 的数量可通过系统的控制启动（Controlled start）、利用存储器配置操作变更，有关内容可参见后述章节。

表 3.2.2 FANUC 机器人暂存器说明表

类 别	代号	数量	编 程 示 例	功能与用途
数值暂存器	R[i]	200	R[1]=120.375 R[2]=DI[1]	作指令操作数(十进制数值或二进制逻辑状态)
位置暂存器	PR[i]	100	PR[1]=(100,0,-120,0,0,0) PR[2]=JPOS	指定程序点的关节或机器人 TCP 位置
位置元暂存器	PR[i,j]	100 组	PR[3,2]=123.456 PR[4,3]=R[2]+DI[1]	位置暂存器的组成元素读取或赋值
码垛暂存器	PL[n]	32	PL[1]=[1,2,1] PL[2]=[*,R[1],1]	三维数组暂存器，多用于码垛指令 PALLETIZING
字符串暂存器	SR[i]	25	SR[1]='12345' SR[2]='strnng'	ASCII 字符、编码暂存器，字符需要用单引号标记
自变量	AR[i]	10	AO[1]=AR[1]	参数化程序输入变量，只能通过程序调用指令赋值
系统变量	$ * * *	不定	$SHELL_CONFIG. $JOB_BASE=100	系统参数读取与设定
内部继电器	F[i]	1～1024	F[2]=(DI[1]AND ! F[1])	逻辑暂存器，可进行复合运算
标志	M[i]	1～100	M[1]=(DI[1]AND DI[2])	逻辑暂存器，可进行复合运算
执行条件	TC_Online	1	TC_ONLINE(DI[1]ANDDI[2])	逻辑暂存器，可进行复合运算
用户报警	UALM[i]	10	UALM[1]	示教器显示用户报警

数值暂存器 R [i] 简称暂存器，它可直接代替常数，在程序中自由使用；码垛暂存器 PL [n] 是用来表示码垛位置的暂存器，需要与码垛指令 PALLETIZING 结合使用；系统变量 $ *** 用于系统参数的读取与设定；逻辑暂存器内部继电器 F [i]、标志 M [i] 及执行条件 TC_Online 可用于复合运算；用户报警 UALM [i] 用于用户报警显示。以上暂存器的编程方法详见后述。

2. 位置及位置元暂存器

位置暂存器 PR [i] 用来保存机器人位置（程序点），其数据可以是机器人关节轴的坐标值（关节位置）或机器人工具控制点在指定直角坐标系的坐标值（TCP 位置），两种格式的数据可由控制系统自动转换。

关节位置以机器人关节轴绝对位置的形式表示，格式为（j1，j2，j3，j4，j5，j6，e1，e2，e3）；j1～j6 为机器人本体关节轴位置，e1～e3 为变位器等外部轴（附加轴）位置。TCP

位置以机器人工具控制点的 *XYZ* 坐标及工具姿态的形式表示，格式为（x，y，z，w，p，r），其中，（x，y，z）为机器人 TCP 的 *XYZ* 坐标值；（w，p，r）为工具姿态，即工具在现行坐标系（全局、用户、JOG）上的方向。

机器人位置（程序点）为多元复合数据，其组成元（指定坐标的数值）可通过位置元暂存器 PR［i，j］单独读取或定义（i 为暂存器编号，j 为数据序号）。例如，关节位置暂存器 PR［1］的 j2 轴位置，其位置元暂存器为 PR［1，2］；TCP 位置暂存器 PR［2］的 *Z* 轴坐标值，其位置元暂存器为 PR［2，3］等。

3. 字符串暂存器

字符（CHAR）是用来表示字母、符号等显示、打印文字的数据。计算机控制系统的字符通常使用美国信息交换标准代码（American Strand Code for Information Interchange，简称 ASCII），故又称 ASCII 代码，利用 ASCII 代码表示的字母、符号称为 ASCII 字符。

ASCII 代码是利用十六进制数值 00～7F 来代表不同文字符号的编码方式，存储一个 ASCII 代码理论上只需要 7 个二进制位，但实际都使用 1 字节（8 位二进制）存储器存储。ASCII 代码的含义如表 3.2.3 所示。表中的行为代码高 3 位组成的十六进制值（0～7），列为代码低 4 位组成的十六进制值（0～F）。例如，字符“one”对应的 ASCII 代码为“6F 6E 65”。

表 3.2.3 ASCII 代码表

十六进制代码	0	1	2	3	4	5	6	7
0		DLE	SP	0	@	P	'	p
1	SOH	DC1	!	1	A	Q	a	q
2	STX	DC2	"	2	B	R	b	r
3	ETX	DC3	#	3	C	S	c	s
4	EOT	DC4	$	4	D	T	d	t
5	ENQ	NAK	%	5	E	U	e	u
6	ACK	SYN	&	6	F	V	f	v
7	BEL	ETB	'	7	G	W	g	w
8	BS	CAN	(	8	H	X	h	x
9	HT	EM	)	9	I	Y	i	y
A	LF	SUB	*	:	J	Z	j	z
B	VT	ESC	+	;	K	[	k	{
C	FF	FS	,	<	L	\	l	|
D	CR	GS	-	=	M	]	m	}
E	SO	RS	.	>	N	^	n	～
F	SI	US	/	?	O	_	o	DEL

在 FANUC 机器人上，ASCII 字符编码可以通过字符串暂存器 SR［i］存储，每一暂存器最大可存储 254 个字符。在 KAREL 程序中，字符串需要加单引号，例如，指定字符串暂存器 SR［1］为 ASCII 字符“1abc2”时，其指令为 SR［1］='1abc2'。

KAREL 字符串暂存器 SR［i］和数值暂存器 R［i］能够自动转换。数值转换为字符串时，成为保留 6 位小数（四舍五入）的纯数字字符；含有非数字字符的字符串转换为数值时，只能取第 1 个非数字字符前的数字，如首字符为非数字字符，转换后的数值将为 0。例如：

```
……
R[1]=123.456
SR[10]=R[1]                           // 执行结果:SR[10]='123.456'
R[2]=9.12345678
SR[11]=R[2]                           // 执行结果:SR[10]='9.123457'
```

```
SR[1]='12.34'
R[10]=SR[1]                                  // 执行结果:R[10]=12.34
SR[2]='567abc123'
R[11]=SR[2]                                  // 执行结果:R[11]=567
SR[3]='abc456'
R[12]=SR[3]                                  // 执行结果:R[12]=0
……
```

4. 自变量

自变量是一种参数化编程用的程序输入变量，在 ABB 等机器人程序中称为程序参数。自变量可通过程序调用指令赋值，在所调用的程序中可作为常数使用。

在 FANUC 机器人程序中，自变量 AR [i] 可通过子程序或宏程序无条件调用指令、移动指令附加子程序调用指令赋值。

FANUC 机器人的每一程序调用指令，最多可使用 10 个自变量（AR [1] ～AR [10]）；自变量的值可依次标记在程序调用指令后的括号内，其值可为常数、字符串、数值变量 R [i] 及其他自变量 AR [i]。例如：

```
……
R[3]=100
CALL  MAKE_1(1,5,R[3],AR[2],'abcd')   // 无条件调用子程序 MAKE_1
……
```

以上指令用于子程序 MAKE _ 1 的无条件调用；子程序中的自变量及值将被设定为 AR [1]=1、AR [2]=5、AR [3]=R [3]=100、AR [4]=AR [2]=5、AR [5]='abcd'。因此，当子程序 MAKE_1 编制如下时，如执行子程序可得到下述的执行结果：

```
MAKE_1
R[10]=AR[1]                              // 执行结果:R[10]=1
R[11]=8+AR[2]+AR[3]-AR[4]                // 执行结果:R[11]=108
SR[1]=AR[5]                              // 执行结果:SR[1]='abcd'
R[AR[2]]=123                             // 执行结果:R[5]=123
……
```

自变量在宏程序中的赋值、使用方法与子程序调用相同。例如，执行指令“HND_OPEN (1，5，R [3]，AR [2])”，可在调用宏程序 HND_OPEN 的同时，将宏程序中的自变量依次设定为 AR [1]=1、AR [2]=5、AR [3]=R [3]、AR [4]=AR [2]=5 等。

条件调用指令也不能定义自变量，自变量的值也不能在调用程序中改变，例如：

```
……
R[1]=AR[1]                                           // 允许
AR[1]=R[1]                                           // 不能使用
CALL MAKE_1(1,5,R[3],AR[2],'abcd')                   // 允许
IF R[1]=3,CALL MAKE_1(1,5,R[3],AR[2],'abcd')         // 不能使用
……
```

为了对条件调用程序中的自变量进行赋值，以上指令需要转换为如下形式编程：

```
……
6:IF  R[1]<>3,JMP LBL[1]                  // R[1]≠3 时跳转至 LBL[1]
7:CALL MAKE_1(1,5,R[3],AR[2],'abcd')      // 无条件调用子程序 MAKE_1
```

```
8:LBL[1]
……
```

3.2.3 简单表达式

1. 运算功能

FANUC 机器人程序中的简单表达式是直接以运算符连接的算术运算、字符串运算式，表达式的运算结果可代替指令中的操作数。

简单表达式不但可用于常数、数值暂存器 R [i]、位置元暂存器 PR [i, j]、自变量 AR [i] 的运算，而且能用于复合型位置暂存器 PR [i]、码垛暂存器 PL [n]、字符串暂存器 SR [i] 的运算。但是，简单表达式不能使用括号，因此在同一指令中不能进行不同优先级的运算。

FANUC 机器人简单表达式可使用的运算符如表 3.2.4 所示，在 WAIT、IF、SKIP CONDITION 等条件指令中，简单表达式还可使用逻辑运算符、比较运算符。

表 3.2.4　简单表达式可使用的运算符

<table>
<tr><td rowspan="2">算术运算</td><td>运算符</td><td>=</td><td>+</td><td>-</td><td>*</td><td>/</td><td>DIV</td><td>MOD</td></tr>
<tr><td>运算</td><td>赋值</td><td>加</td><td>减</td><td>乘</td><td>除</td><td>整数商</td><td>余数</td></tr>
<tr><td rowspan="2">字符串运算</td><td>运算符</td><td colspan="2">STRLEN</td><td colspan="2">FINDSTR</td><td colspan="2">SUBSTR</td><td>+</td></tr>
<tr><td>运算</td><td colspan="2">长度计算</td><td colspan="2">字符检索</td><td colspan="2">字符截取</td><td>字符合并或加运算</td></tr>
</table>

2. 算术运算

FANUC 机器人使用简单表达式编程时，算术运算符的使用有以下规定：

① 每一指令可使用运算符最多为 5 个。

② 优先级不同的运算符（加减和乘除运算）不能在同一指令中混用。

③ 简单表达式可用于位置暂存器 PR [i]、码垛暂存器 PL [n] 的运算。

简单表达式用于不同类别的暂存器运算时，可使用的操作数及可执行的运算操作有所区别，具体如表 3.2.5 所示。

表 3.2.5　简单表达式可执行的运算操作

暂存器类别	可执行运算	可使用运算数
数值暂存器 R[i]、位置元暂存器 PR[i,j]	全部算术运算	常数；PR[i,j]、DI/DO[i]、RI/RO[i]、SI/SO[i]、UI/UO[i]、AI/AO[i]、GI/GO[i]、TIMER[i]、TIMER_OVERFLOW[i]；R[i]、AR[i]
位置暂存器 PR[i]	=/+/-运算	P[i]、PR[i]、LPOS、JPOS、UFRAME[i]、UTOOL[i]
码垛暂存器 PL[n]	=/+/-运算	PL[n]、[i,j,k]
字符串暂存器 SR[i]	全部字符串运算	R[i]、SR[i]、AR[i]

简单表达式编程示例如下：

```
……
R[10]=100
R[11]=45
PR[10]=[ 500,50,500,0,0,0]
PR[11]=[ 300,250,200,0,0,0]
PL[10]=[1,1,1]
……
R[1]=RI[1]                    // RI1 状态 ON 时，R[1]=1，否则，R[1]=0
```

```
R[2]=R[10]+R[11]                  // R[2]=145
R[3]=3*R[10]/2                    // R[3]=150
R[4]=R[10]MOD R[11]               // R[4]=10
R[5]=R[10]DIV R[11]               // R[5]=2
……
PR[1,3]=R[10]-R[11]               // 位置暂存器 PR[1]的Z坐标设定为 55
PR[1,2]=3*R[10]/2                 // 位置暂存器 PR[1]的Y坐标设定为 150
PR[2]=JPOS                        // 机器人当前关节位置读入 PR[2]
PR[3]=UTOOL[3]                    // 工具坐标系 3 的设定值读入 PR[3]
PR[4]=PR[10]+PR[11]               // PR[4]=(800,300,700,0,0,0)
PR[5]=PR[10]-PR[11]               // PR[5]=(200,-200,300,0,0,0)
PL[1]=PL[10]+[1,2,1]              // PL[1]=[2,3,2]
……
```

3. 字符串运算

字符串暂存器 SR [i] 可进行字符串长度计算、字符检索、字符截取及字符合并（或加运算）操作，其编程方法如下。

① 字符串长度计算。字符串长度计算操作 STRLEN 可计算指定字符串暂存器的总字符数，并将计算结果保存至数值暂存器上，指令的编程格式与示例如下。

```
……
SR[1]='123456abcd'
SR[2]='1,2,3.456,ab'
SR[3]=''
R[1]=STRLEN SR[1]   // SR[1]共 10 个字符,执行结果 R[1]=10
R[2]=STRLEN SR[2]   // SR[2]共 12 个字符(包括逗号、小数点),执行结果 R[2]=12
R[3]=STRLEN SR[3]   // SR[3]为空字符串暂存器,执行结果 R[3]=0
……
```

② 字符串检索。字符串检索操作 FINDSTR 可在指定的字符串暂存器（检索对象）上搜索指定的字符串（检索内容），如检索对象上存在检索内容，则将检索内容在检索对象的起始位置保存至数值暂存器上；如检索对象上不存在检索内容，则执行结果为“0”；英文字母的检索不分大小写。指令的编程格式与示例如下。

```
……
SR[1]='123456abcd'              // 检索对象 1
SR[2]='1,2,3.456,ABC'           // 检索对象 2
SR[3]='abc'                     // 检索内容 1
SR[4]='123'                     // 检索内容 2
R[1]=FINDSTR SR[1],SR[3]        // SR[1]第 7 字符起为 abc,R[1]=7
R[2]=FINDSTR SR[2],SR[3]        // SR[2]第 11 字符起为 abc(ABC),R[2]=11
R[3]=FINDSTR SR[1],SR[4]        // SR[1]第 1 字符起为 123,R[1]=1
R[4]=FINDSTR SR[2],SR[4]        // SR[2]不存在字符 123,R[4]=0
……
```

③ 字符截取。字符截取操作 SUBSTR 可在指定的字符串暂存器（截取对象）上截取部分字符（截取内容），作为新的字符串暂存器。截取内容的起始位置、字符数，需要以常数或数

值暂存器、自暂存器的形式，在指令中依次指定；截取内容不能超出截取对象的字符允许范围。指令的编程格式与示例如下。

```
……
SR[1]='123456abcd'                   // 截取对象 1
SR[2]='1,2,3.456,ABC'                // 截取对象 2
R[1]=3
R[2]=5
SR[10]=SUBSTR SR[1],8,2              // 截取 SR[1]第 8、9 共 2 个字符,SR[10]='bc'
SR[11]=SUBSTR SR[2],R[1],R[2]        // 截取 SR[2]第 3～7 共 5 个字符,SR[11]='2,3.4'
……
```

④ 字符串合并或加运算。字符串合并或加运算操作的运算符均为“+”，系统实际执行的操作与被加数的形式有关。

当被加数为字符串、字符串暂存器时，控制系统将执行字符串合并操作，生成新的字符串暂存器。

当被加数为常数或数值时，控制系统先执行加运算操作，再生成新的字符串暂存器。如加数为字符串暂存器，则首先按前述的暂存器自动转换功能将字符串暂存器转换为数值，然后再进行加运算，生成新的字符串暂存器。

字符串合并或加运算指令的编程格式与示例如下。

```
……
SR[1]='1234'                         // 运算数 1
SR[2]='3def45'                       // 运算数 2
R[1]=2345                            // 运算数 3
SR[10]='abcd'+ SR[1]                 // 字符串合并,SR[10]='abcd1234'
SR[11]=SR[1]+ R[1]                   // 字符串合并,SR[11]='12342345'
SR[20]=123+ SR[1]                    // 加运算,SR[20]='1357'
SR[21]=R[1]+ SR[2]                   // 暂存器转换、加运算,SR[21]='2348'
……
```

3.2.4 复合运算式

1. 复合运算功能

在 FANUC 机器人程序中，复合运算式是用括号“()”标记的算术、逻辑、比较运算式。复合运算式不仅可用于算术运算，且还可用于逻辑和比较运算，其运算结果同样可代替指令中的操作数。复合运算式可进行不同优先级的运算，可用括号改变运算优先级，可进行后台运算，且能使用内部继电器 F [i]、标志 M [i]、执行条件 TC_Online 等逻辑暂存器。

复合运算式同样可作为 IF 条件，它不仅可在程序条件等待 WAIT、条件转移 JMP、子程序条件调用 CALL 指令中编程，且还可通过赋值指令控制开关量输出信号（DO [i]、RO [i] 等）的 ON/OFF 及脉冲输出。有关内容，详见后述的编程说明。

复合运算式可用于数值型的常数、数值暂存器 R [i]、位置元暂存器 PR [i, j]、自变量 AR [i]、I/O 信号的算术、逻辑运算；可进行内部继电器 F [i]、标志 M [i] 和执行条件 TC_Online 等逻辑暂存器的定义和逻辑运算处理；但是，它不能用于复合型的位置暂存器 PR [i]、码垛暂存器 PL [n]、字符串暂存器 SR [i] 的运算与处理。

复合运算式中所含的运算数、运算符的总数可达 20 个，运算式可使用的运算符、运算数如表 3.2.6 所示，符合运算的优先级由高到低依次为：“！（逻辑非）”，“*、/、MOD、DIV”，“+、-”，“>、>=、<=、<”，“=、<>（不等于）”，“AND”，“OR”。

表 3.2.6　复合运算式可执行的运算

运算	可使用的运算符	可使用运算数
算术	+、-、*、/、MOD、DIV	常数；R[i]、PR[i,j]、GI/GO[i]、AI/AO[i]、AR[i]、$ * * * *、TIMER[i]、TIMER_OVERFLOW[i]
逻辑	AND、OR、!	DI/DO[i]、RI/RO[i]、SI/SO[i]、UI/UO[i]、ON、OFF、F[i]、M[i]
比较	=、<>(不等于)	常数；R[i]、PR[i,j]、GI/GO[i]、AI/AO[i]、AR[i]、$ * * * *、TIMER[i]、TIMER_OVERFLOW[i]；DI/DO[i]、RI/RO[i]、SI/SO[i]、UI/UO[i]、ON、OFF、F[i]、M[i]
	>、>=、<=、<	常数；R[i]、PR[i,j]、GI/GO[i]、AI/AO[i]、AR[i]、$ * * * *、TIMER[i]、TIMER_OVERFLOW[i]

2. 基本指令编程

复合运算指令可用于数值数据 R [i]、PR [i，j]、GO [i]、AO [i]、$ **** 的计算，逻辑状态 DO [i]、RO [i]、SO [i]、UO [i]、F [i]、M [i] 的输出，其编程示例如下：

```
……
DO[1]=(DI[1]AND(GI[1]=GI[2]))              // 逻辑运算
R[1]=((GI[1]+R[2])*AI[1])                  // 算术运算
……
F[1]=(DI[1]AND! F[2])                      // 内部继电器编程
M[1]=((DI[1]OR DI[2])AND DI[3])            // 标志 M[i]定义
TC_ONLINE(DI[1]AND DI[3])                  // 执行条件 TC_Online 定义
……
```

复合运算指令的编程需要注意以下基本问题。

① 复合运算式所含的运算数、运算符的总数通常不能超过 20 个；运算数不能为位置暂存器 PR [i]、码垛暂存器 PL [n]、字符串暂存器 SR [i] 等多元复合数据；逻辑暂存器内部继电器 F [i]、标志 M [i] 和执行条件 TC_Online 的编程有规定的要求（见后述）。

② 复合逻辑运算式中的“=”为比较运算符“等于”，在上述逻辑运算指令中，如 GI [1]=GI [2]，其逻辑比较的结果状态为“1（ON）”；此时，如 DI [1] 亦为“1（ON）”，则 DO [1] 将输出“1（ON）”。

③ 当复合运算的运算数为数值数据（如 R [i]），其算术运算结果作为逻辑状态（如 DO [i]）赋值时，如“−1<运算结果<1”，所得到的逻辑状态将为“0（OFF）”；否则，所得到的逻辑状态为“1（ON）”。

④ 当复合运算的运算数为逻辑状态（如 DI/DO [i]），其逻辑运算结果用于数值数据（如 R [i]）赋值时，逻辑运算的结果状态“0（OFF）”将被转换为数值 0，结果状态“1（ON）”将被转换为数值 1。

⑤ 当带有小数的算术运算结果用于整数型数值数据（如 GO [i]、$ ***）赋值时，其小数位将被自动舍去。

⑥ 不能用复合运算式指定脉冲输出指令 PULSE 的脉冲宽度。

3. 后台程序编辑

在机器人控制系统中，由用户操作控制的机器人作业程序称为前台程序；不需要用户操作控制，但也可运行的程序称为后台程序。

后台程序可在计算机操作系统的控制下自动运行，它不受外部急停、程序暂停及系统报警等操作状态的影响，因此，一般只能用于算术、逻辑运算指令的复合运算处理。

在 FANUC 机器人上，后台程序以类似 PLC 循环扫描的方式执行，后台程序的循环扫描时间可通过系统变量（参数）$MIX_LOGIC.$ITEM_COUNT 设定，控制系统出厂设定的标准值为 300，即循环扫描周期（ITP）为处理 300 条运算指令的平均执行时间（8ms），但是，对于纯逻辑运算处理的后台程序，1 个扫描周期可处理的运算数、运算符为 8000 个。

FANUC 机器人系统可同时运行后台程序的最大允许为 8 个，程序运行采用的是“分时管理”方式，不同的程序可通过机器人设定（SETUP）操作，选择“先后次序”“一般”“快速”“自动” 4 种执行方式。有关机器人设定（SETUP）的操作步骤，将在后述章节具体介绍。后台程序执行方式的含义如下。

先后次序：定义为“先后次序”执行方式的后台程序，相当于 PLC 的高速处理程序；它可执行所有的复合运算指令，但程序的处理必须在一个扫描周期内（8ms）完成，剩余的扫描时间用来处理其他程序。因此，作为基本要求，定义为“先后次序”执行的后台程序，其最大运算数、运算符的总数不能超过 270 个，即至少剩余 10%的扫描时间用于其他程序的处理。

一般：定义为“一般”执行方式的后台程序，以正常的方式处理，程序可执行所有的复合运算指令。如系统没有定义“先后次序”执行的高速后台程序，每一扫描周期可处理 300 个运算数、运算符；程序长度超过时，剩余的指令将在下一扫描周期中继续。如定义了“先后次序”执行的高速后台程序，则 1 个扫描周期用于“一般”程序的实际处理时间为执行“先后次序”高速程序后所剩余的时间，程序通常需要多个扫描周期才能执行完成。

快速：定义为“快速”执行方式的后台程序，其指令必须为纯逻辑处理指令，且不能使用间接寻址的运算数（如 DO [R [1]]等）。定义为“快速”执行的程序，每一扫描周期可处理 8000 个逻辑运算数、运算符。

自动：定义为“自动”执行方式的后台程序，其执行速度由系统自动选择。如程序符合“快速”执行条件，就自动选择“快速”执行方式，否则选择“一般”执行方式。

后台程序的名称、运行方式、启动/停止，可通过机器人设定（SETUP）操作设定，有关内容详见后述章节。

不同执行方式的后台程序可以使用的运算符、运算数如表 3.2.7 所示；如果程序中含有除算术、逻辑运算指令外的其他指令，系统将发生指令出错报警“INTP-443 无效项目为混合逻辑”。后台程序也不能以程序复制等方式生成。

表 3.2.7 后台程序执行方式与编程要求

执行方式	可使用的运算符	可使用的运算数	运算符/运算数
先后次序	+、-、*、/、MOD、DIV；AND、OR、()、!；<、<=、=、<>、>=、>	常数；R[i]、PR[i,j]、AR[i]、GI/GO[i]、AI/AO[i]、AR[i]、$****、TIMER[i]、TIMER_OVERFLOW[i]；DI/DO[i]、RI/RO[i]、SI/SO[i]、UI/UO[i]、ON、OFF、F[i]、M[i]；LBL[i]	<270
一般			无限制
快速	AND、OR、!、()	DI/DO[i]、RI/RO[i]、SI/SO[i]、UI/UO[i]、ON、OFF、F[i]、M[i]	<8000

3.3 特殊暂存器与定时器编程

3.3.1 内部继电器与标志

内部继电器 F [i]、标志 M [i]、执行条件 TC_Online 是 FANUC 机器人控制系统的逻辑状态暂存器，其状态可通过系统 I/O 操作显示与设定。内部继电器 F [i]、标志 M [i]、执行条件 TC_Online 的功能、使用方法与 PLC 的内部继电器、标志类似，说明如下。

1. 内部继电器 F [i]

内部继电器 F [i] 是沿袭 PLC 的习惯名称，它是用来存储逻辑状态的特殊暂存器。在 FANUC 机器人控制系统中，内部继电器称为 Flag，故在中文说明书中，有时被称为“旗标”或“标签”。内部继电器的状态显示如图 3.3.1 所示。

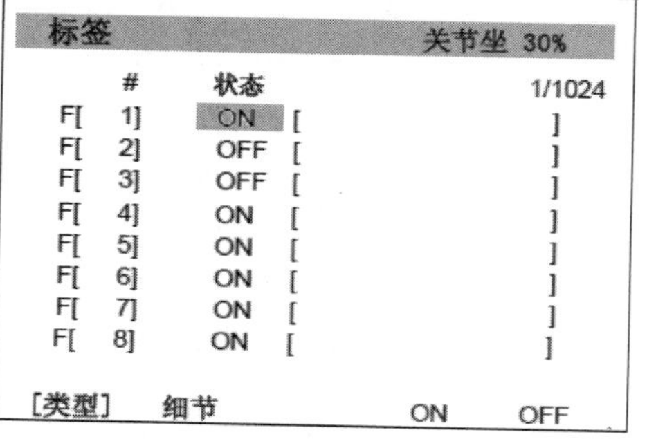

图 3.3.1 内部继电器显示

内部继电器 F [i] 可在程序中自由编程，其地址范围为 F [1] ～F [1024]，F [i] 的状态可通过系统 I/O 设定操作显示与设定，并可通过系统热启动恢复，但在系统启动、修改 I/O 配置等情况下均被清除（成为 OFF 状态）。

FANUC 机器人的逻辑程序处理方法与 PLC 类似，它同样采用了输入采样、逻辑处理（程序执行）、输出刷新的循环扫描工作方式，因此，使用了内部继电器信号 F [i] 的复合运算逻辑操作指令，同样可在程序中实现边沿检测等功能，例如：

```
……
DO[1]=(DI[1]AND! F[1])                // DO[1]输出 DI[1]的上升沿
F[1]=(DI[1])                          // 定义 F[i]
……
```

在以上程序的功能与图 3.3.2 所示的 PLC 边沿检测梯形图相当。

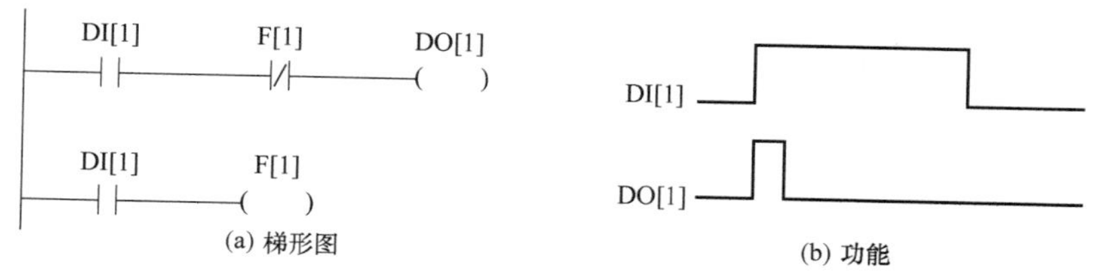

图 3.3.2 PLC 边沿检测梯形图

在以上程序中，当 DI [1] 输入 OFF 时，DO [1]、F [1] 均 OFF，其状态可延续至下一个程序扫描周期；因此，当 DI [1] 输入 ON 的第 1 个扫描周期、执行第 1 行指令时，DO [1] 可输出 ON 状态；但在执行了第 2 行指令后，F [1] 将成为 ON 状态。

当系统进入 DI [1] 输入 ON 的第 2 个扫描周期时，由于 F [1] 已为 ON，故 DO [1] 将成为 OFF。此后，只要 DI [1] 保持 ON，DO [1] 将保持 OFF；如果 DI [1] 成为 OFF，则可重复以上动作。故而，在 DO [1] 上可获得宽度为 1 个扫描周期的 DI [1] 上升沿脉冲。

2. 标志 M [i]

在 FANUC 机器人上，标志（Markers）是用来反映若干开关量信号逻辑处理结果的特殊暂存器，例如，通过指令 M [1]=(DI [1] OR DI [2] OR DI [3])，可将标志 M [1] 定义为输入信号 DI [1]、DI [2]、DI [3] 的“或”运算结果等。标志的状

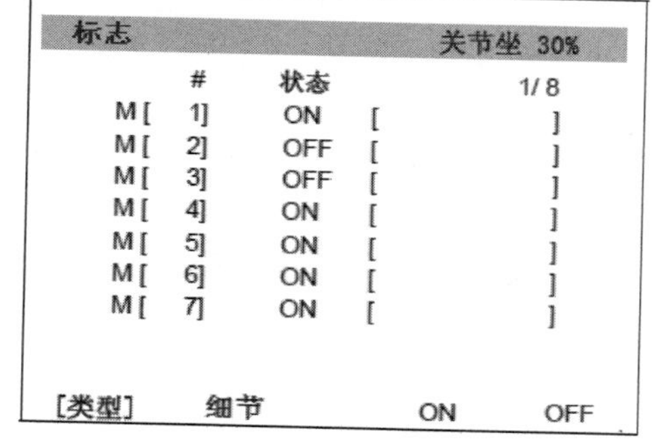

图 3.3.3 标志显示

态显示如图 3.3.3 所示。

标志只有在系统变量 $ MIX_LOGIC. $ USE_MKR 设定为“TRUE”时才能使用与编程；程序可使用的标志数量，可通过系统变量 $ MIX_LOGIC. $ NUM_MARKERS 进行设定（允许范围 0～100）；每一标志需要占用 300 字节的系统断电保持存储器。控制系统出厂设定的标志数量为 8 个（M [1] ～M [8]），如需要，最大可增加到 100 个。

标志 M [i] 只能在机器人前台程序（作业程序）、利用复合运算式定义，但不能用作前台程序的运算数；在后台程序中，标志 M [i] 只能作为运算数，而不能定义标志。前台程序中的标志定义指令，始终循环执行，它不受外部急停、程序暂停及系统报警等操作状态的影响，其执行结果（状态）可通过系统 I/O 设定操作菜单显示。标志的清除可通过前台程序中的指令“M [i]=0”，或利用系统 I/O 设定操作进行。

定义和清除标志的指令（M [i] 赋值指令）编程示例如下，M [i] 定义指令始终循环执行。

```
……
M[1]=((DI[1]OR DI[2])AND DI[3])          // 定义 M[1]状态
M[2]=0                                   // 清除 M[2]
……
```

3.3.2 执行条件与定时器

1. 执行条件 TC_Online

在 FANUC 机器人上，执行条件 TC_Online 是用于程序执行控制的特殊逻辑状态暂存器，其显示如图 3.3.4 所示。

当执行条件 TC_Online 的状态为 OFF 时，只要是程序标题（见前述）中指定了“运动组（Motion group）”的所有程序都将停止运行，但程序标题中未指定运动组且“暂停忽略（Ignore pause）”设定为“有效”的程序，仍可正常运行。

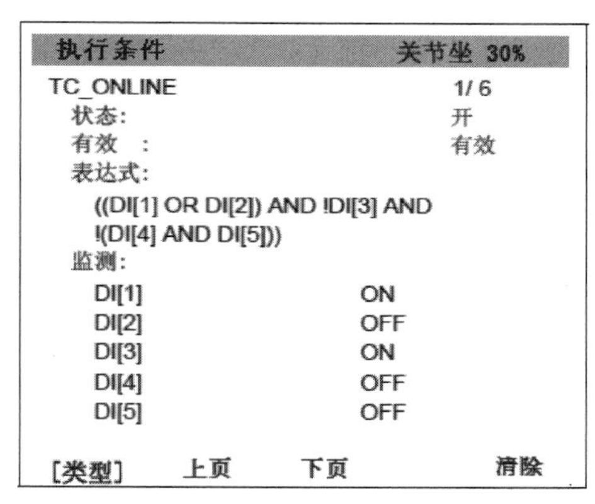

图 3.3.4 执行条件显示

执行条件 TC_Online 只有在系统变量 $ MIX_LOGIC. $ USE_TCOL 设定为“TRUE”时，才能使用和编程。如系统变量 $ MIX_LOGIC. $ USE_TCOLSIM 设定为“FALSE”，执行条件还可通过指令 TC_ONLINE DISABLE 删除；被删除的执行条件，还可通过指令 TC_ONLINE ENABLE 恢复（重新使能）。

执行条件的设定、定义方法与标志 M [i] 类似，它只能在机器人作业程序（前台程序）、通过复合运算式定义（赋值）；赋值指令始终循环执行。

执行条件定义指令（赋值指令）的编程示例如下。

```
……
TC_ONLINE(DI[1]AND DI[3])               // 定义执行条件
……
TC_ONLINE DISABLE                        // 删除执行条件
……
TC_ONLINE ENABLE                         // 恢复执行条件
……
```

2. 定时器编程

FANUC 机器人的定时器 TIMER [i] 可用于延时控制、指令执行时间监控、程序块运行时间监控等。机器人程序最大允许使用 10 个定时器；定时器的最大计时值为 2^{31}ms（约 597h）；计时超过时，定时器溢出暂存器 TIMER_OVERFLOW [i] 的状态将为“1”。

程序定时器可通过示教器操作显示，其显示页如图 3.3.5 所示。

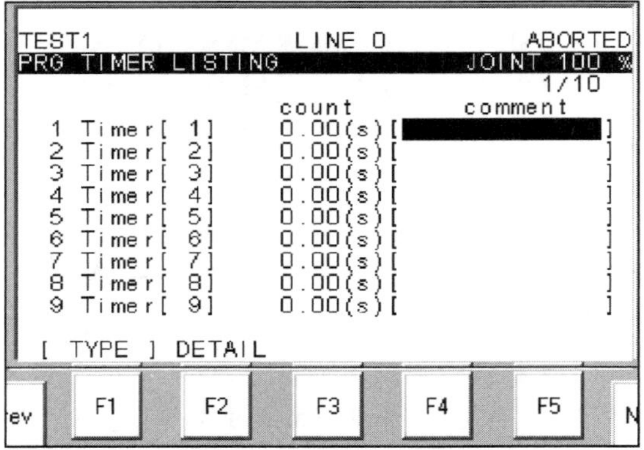

图 3.3.5 定时器设定、显示页面

在程序定时器显示页的 comment 栏，可直接输入、编辑定时器注释；选择软功能键〖DETAIL〗，可进一步显示计时开始、结束的程序名称、指令行等详细数据。有关程序定时器的显示、编辑操作，可参见本书后述章节。

FANUC 机器人的程序定时器，可直接通过定时器控制指令启动、停止或复位；定时器的时间值可通过暂存器 R [i] 读取，或者，直接作为表达式中的运算数、参与数值运算。

程序定时器的控制指令编程格式如下（i=1～10）。

```
TIMER[i]=START                      // 定时器启动
TIMER[i]=STOP                       // 定时器停止
TIMER[i]=RESET                      // 定时器复位
R[j]=TIMER[i]                       // 定时值读取
```

当定时器 TIMER [i]（i=1～10）被定义为 START 时，指定定时器将启动计时；定义为 STOP 时，指定定时器将停止计时；定义为 RESET 时，可清除指定定时器的计时值及计时溢出暂存器状态。

程序定时器可用于程序的延时控制、指令执行时间监控、程序块运行时间监控等。例如，执行以下指令，可通过定时器 TIMER [1] 计算机器人执行关节插补指令“J P [1] 100% FINE”的实际执行时间，并将时间值读入到暂存器 R [1] 上。

```
……
TIMER[1]=RESET                      // 清除定时值
TIMER[1]=START                      // 启动定时值
J  P[1]  100%  FINE                 // 机器人关节插补
TIMER[1]=STOP                       // 停止定时器
R[1]=TIMER[1]                       // 读入时间值
……
```

3.3.3 注释与用户信息显示

1. 程序注释

程序注释只是对程序的说明，注释可在示教器显示，但不产生控制系统、机器人的动作。FANUC 机器人的程序注释以“!”或“—”起始，最大可后缀 32 字符（英文字母、数字、*、_、@）的文本；以“—”起始的注释，只能在特定的语言下显示。

例如，在中文显示下设定以下注释时，如示教器选择中文显示，注释行 2、4 均可在示教器上显示。

```
1:TIMER[1]=START
```

```
2:! program timer1 start              // 程序注释 1(通用显示)
3:J   P[1]   100%    FINE
4:—关节插补移动到 P1                   // 程序注释 2(特殊语言显示)
5:L   P[1]   100%    FINE
……
```

但是，如果示教器切换为其他语言（如英文）显示时，注释行 4 将不能显示，示教器的程序显示如下。

```
1:TIMER[i]=START
2:! program timer1 start              // 显示注释 1
3:J   P[1]   100%    FINE
……
4:—                                   // 不显示注释 2
5:L   P[1]   100%    FINE
……
```

2. 用户报警显示编程

用户报警（User alarm）功能通常用于控制系统未规定的、因用户操作使用不当或特定部件故障引起的报警设定；发生用户报警时，机器人通常需要停止运动。

FANUC 机器人可通过特殊暂存器 UALM［i］，生效用户报警功能。暂存器 UALM［i］指令后，便可在示教器的报警显示区，显示相应的用户报警号和报警文本。

UALM［i］的编程格式如下。

```
UALM[i]                               // 用户报警 i 显示
```

用户报警号 i 的编程范围，可通过控制系统的“控制开机（Controlled start）”操作设定，有关内容详见本书后述。

用户报警的显示文本保存在系统变量 $UALRM_MSG［i］上；报警内容（显示文本）可通过机器人设定（SETUP）操作，在图 3.3.6 所示的用户报警设定页的“User Message”栏上显示、设定与编辑。

在图 3.3.6 中，因系统变量 $UALRM_MSG［1］设定为' no work on work station'，因此，只要执行指令 UALM［1］，示教器便可显示用户报警 1“no work on work station”。

```
TEST1                LINE 0            ABORTED
Setting/User Alar               JOINT  100 %
                                          1/10
Alarm No.          User Message
  [1]:        [no work on work station         ]
  [2]:        [                                ]
  [3]:        [                                ]
  [4]:        [                                ]
  [5]:        [                                ]
  [6]:        [                                ]
  [7]:        [                                ]
  [8]:        [                                ]
  [9]:        [                                ]
   [TYPE]
ev    F1    F2    F3    F4    F5    N
```

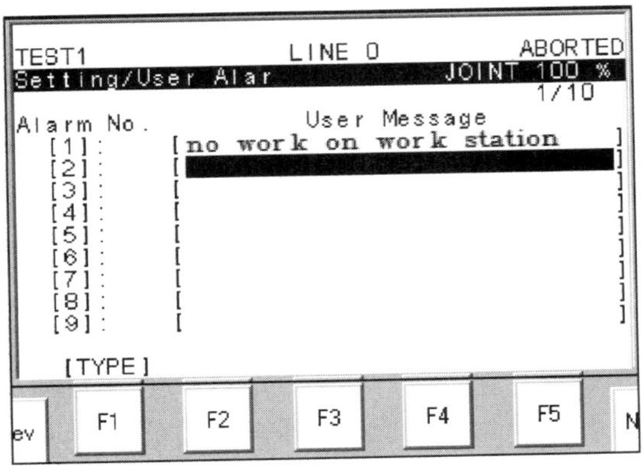

图 3.3.6 用户报警文本设定页面

3. 用户信息显示编程

用户信息显示功能通常用于操作提示，以指示机器人或程序执行状态，或提示操作者需要进行的操作；用户信息显示时，机器人一般可以正常运动。

FANUC 机器人的用户信息及内容，可直接通过指令 MESSAGE 编程与显示。执行指令 MESSAGE，示教器可自动切换至用户信息显示页面，并显示指令所编制的信息文本。

MESSAGE 指令的编程格式如下。

```
MESSAGE[信息文本]
```

指令 MESSAGE 的信息文本最大允许为 24 字符（英文字母、数字、*、_、@）。例如，执行以下指令，示教器将自动切换至用户页面，并显示“STEP1 RUNNING”。

```
MESSAGE[STEP1 RUNNING]
```

3.4 程序执行控制与分支编程

3.4.1 程序执行与位置变量锁定

1. 指令与功能

机器人的程序控制指令有程序执行控制和程序转移两类。程序执行控制指令用于当前程序的运行、等待、暂停、中断、结束等控制；程序转移指令用于子程序调用、程序跳转等控制。FANUC 机器人程序可使用的程序执行控制指令名称、功能如表 3.4.1 所示。

表 3.4.1 程序执行控制指令编程说明表

类别与名称		指令	功能
程序执行控制指令	程序结束	END	程序结束
	程序暂停	PAUSE	程序暂停
	程序终止	ABORT	强制结束程序
	程序等待	WAIT	等待指定时间或条件
	程序注释	！或—	程序注释(仅显示)
	位置变量锁定	LOCK PREG	位置变量禁止改变,使用变量指令允许预处理
	位置变量解锁	UNLOCK PREG	位置变量允许改变,使用变量指令禁止预处理
执行控制附加命令	超时跳转	TIMEOUT,LBL[i]	WAIT 指令附加命令,指定条件在规定时间内未满足,程序跳转至 LBL[i]处继续

程序执行控制指令的功能如下。

① END 指令。程序结束。如当前程序被其他程序调用，执行 END 指令可返回至原程序、并继续原程序后续指令。

② PAUSE 指令。程序暂停。当前指令执行完成、机器人及外部轴减速停止后，进入程序暂停状态；程序的继续运行需要移动光标到下一指令行，并通过启动键重新启动。

程序暂停时，系统的运行时间计时器将停止计时；对于脉冲输出指令，系统将在指定宽度的脉冲信号输出完成后，才停止运行。

③ ABORT 指令。程序终止。可强制中断程序的执行过程，并清除全部执行状态数据；程序的重新启动，需要从程序的起始位置重新运行。

④ WAIT 指令。程序等待。FANUC 机器人的程序等待可采用定时等待和条件等待两种编程方式。

WAIT 定时等待指令可使程序的执行过程等待（暂停）指定的时间，等待时间到达后系统可自动继续后续的指令；等待时间可通过常数、暂存器 R［i］定义，时间单位为 s。例如：

```
WAIT 10.5sec                    // 程序等待(暂停)10.5s
WAIT R[1]                       // 程序等待 R[1]指定的时间(s)
```

条件等待可暂停程序的执行过程，直到指定条件满足时，才自动继续后续的指令。条件等待指令可通过附加命令“TIMEOUT，LBL［i］”，在系统参数设定的时间到达后，自动跳转至标记 LBL［i］处，继续执行后续程序。

⑤ TIMEOUT 附加命令。为了避免条件不满足而引起的死机，WAIT 条件等待指令可通过附加命令“TIMEOUT，LBL［i］”，在系统参数设定的时间到达（出厂设定为 30s）后，自动跳转至标记 LBL［i］处，继续执行后续程序。例如：

```
WAIT R[2]>10,TIMEOUT LBL[1]   // 程序等待至 R[2]> 10;等待超时跳转 LBL[1]
```

```
……
LBL[1]                          // 等待超时跳转位置
……
```

WAIT 指令的等待条件需要用比较运算式编程，比较运算式可使用简单表达式、复合运算式，其编程要求如下。

2. WAIT 指令等待条件

WAIT 条件等待指令的等待条件需要用比较运算式编程，其编程方法及要求如下。

① 不同比较数（运算符前的运算数）可使用的比较运算符、比较基准（运算符后的运算数）有所不同，具体如表 3.4.2 所示；表中的简单表达式编程要求，同样适用于 SKIP 条件设定指令“SKIP CONDITION”。

表 3.4.2　条件等待指令的比较运算要求表

类别	比 较 数	可使用的比较符	比 较 基 准
数值	暂存器 R[i]	>(大于)、>=(大于等于)、=(等于)、<=(小于等于)、<(小于)、<>(不等于)	常数、暂存器 R[i]
	系统变量 $ ***		
	AI[i]/AO[i]、GI[i]/GO[i]		
I/O	DI[i]/DO[i]、RI[i]/RO[i] SI[i]/SO[i]、UI[i]/UO[i]	=(等于)、<>(不等于)	DI[i]/DO[i]、RI[i]/RO[i]、SI[i]/SO[i]、UI[i]/UO[i]、R[i](1 或 0)、ON、OFF、ON+(上升沿，仅简单表达式)、OFF-(下降沿，仅简单表达式)
报警号	ERR_NUM	=(等于)	常数(报警 ID+报警号，仅简单表达式)

例如：

```
WAIT R[2]>=10                 // 程序等待，直至 R[2]≥10
WAIT AI[1]<=100               // 程序等待，直至 AI[1]≤100
WAIT GI[1]=15                 // 程序等待，直至 GI[1]=0…01111
……
WAIT DI[1]=ON                 // 程序等待，直至 DI[1]为 ON
WAIT DI[2]=RI[2]              // 程序等待，直至 DI[2]=RI[2]
WAIT DI[3]<> R[4]             // 程序等待，直至 DI[3]≠R[4]
WAIT DO[2]=ON+                // 程序等待，直至 DO[2]出现上升沿
WAIT DO[3]=OFF-               // 程序等待，直至 DO[3]出现下降沿
……
WAIT ERR_NUM= 11006           // 程序等待，直至出现报警 11006(SRVO-006)
```

② WAIT 指令等待条件使用简单运算比较式时，比较数可为报警号 ERR_NUM，比较基准可使用包括上升沿“ON+”、下降沿“OFF-”的全部操作数；但是，比较式只能使用逻辑运算符 AND 或 OR，不能使用逻辑非“!”和括号。此外，指令中最多允许使用 4 个同样的逻辑运算符（AND 或 OR），运算符 AND、OR 不能混用。例如：

```
WAIT R[2]>=10 AND AI[1]<=100 AND GI[1]=15
    // 简单表达式，等待条件为 R[2]≥10、AI[1]≤100、GI[1]=0…01111 同时满足
WAIT DI[1]=ON OR DI[3]<> R[4]OR DO[2]=ON+
    // 简单表达式，等待条件为 DI[1]输入 ON，或 DI[3]≠R[4]，或 DO[2]出现上升沿
```

③ WAIT 指令等待条件使用复合运算比较式时，所含的运算数、运算符的总数可达 20 个，并且，可进行逻辑非“!”运算、可混用 AND 及 OR 运算、可使用内括号。但是，比较数不能使用报警号 ERR_NUM、比较基准不能使用信号上升沿“ON+”、下降沿“OFF-”。

例如：

```
WAIT(! DI[1]AND(! DI[2]OR DI[3]))
                    // 复合运算式,等待条件为 DI[1]输入 OFF,或 DI[2]、DI[3]中有为 ON
```

3. 位置变量锁定

为了加快程序的处理速度，机器人控制系统通常具有程序预处理功能，即系统在执行当前指令时，将提前处理若干条后续指令，以便实现 CNT 连续移动、连续回转轴启动/停止等功能。但是，如果后续指令的程序点位置以变量 PR [i] 形式指定，或者需要通过变量 PR [i] 进行偏移时，如指令被系统预先处理，随后产生的变量变化，将无法反映到指令中；因此，在通常情况下，利用变量指定程序点的指令，一般不能进行程序预处理。

FANUC 机器人的位置变量锁定/解锁指令，就是用来禁止/生效变量 PR [i] 的程序预处理功能。位置变量锁定功能生效时，位置变量 PR [i] 将不能再进行修改，因此，系统可像其他指令一样，对使用位置变量 PR [i] 的指令进行预处理。

位置变量锁定功能对系统所有位置变量 PR [i] 均有效。变量 PR [i] 锁定后，所有运动组、所有程序中的位置变量都禁止修改，否则控制系统将发生报警。

FANUC 机器人的位置变量锁定/解锁指令的编程格式如下。

```
LOCK PREG                  // 位置变量锁定,PR[i]禁止修改
UNLOCK PREG                // 位置变量解锁,PR[i]允许修改
```

在 FANUC 机器人上，位置变量锁定/解锁指令允许重复使用。例如，在 LOCK PREG 指令有效期间，可以再次使用 LOCK PREG 指令，但它不会影响执行结果，程序仍可通过一条 UNLOCK PREG 指令解锁全部位置变量，反之亦然。此外，位置变量锁定功能在程序结束、程序暂停、改变光标、程序重新启动时，将自动成为无效。

使用位置变量锁定/解锁指令编程的程序示例如下，程序中的“J P [1] 100% FINE”“L P [2] 80mm/sec FINE”为机器人移动指令，指令功能将在第 4 章详述（下同）。

```
……
PR[1]=PR[3]
PR[2]=PR[4]
……
J  P[1]  100%   FINE
LOCK PREG                                 // 位置变量锁定,PR[i]禁止修改
L  P[2]  80mm/sec  FINE
L  P[3]  80mm/sec  FINE
L  PR[1]  80mm/sec  CNT5                  // 程序点锁定(PR[1]=PR[3]),允许预处理
L  P[4]  80mm/sec  FINE Offset,PR[2]      // 程序点偏移锁定(PR[2]=PR[4]),允许预
                                             处理
……
UNLOCK PREG                               // 位置变量解锁,PR[i]允许修改
PR[10]=PR[5]
L  PR[10]  80mm/sec  CNT50                // 程序点 PR[10]=PR[5]
L  P[6]  80mm/sec  FINE                   // 位置变量解锁,指令不能预处理
……
```

在上述程序中，直线插补指令“L PR [1] 80mm/sec FINE”“L P [4] 80mm/sec FINE Offset，PR [2]”使用了位置变量 PR [1]、PR [2]，在通常情况下，这样的指令无法进行预

处理。但是，由于前面的指令中，已经使用了位置变量锁定指令 LOCK PREG 禁止了变量 PR [1]、PR [2] 的修改，因此，系统同样可进行“L PR [1] 80mm/sec FINE” “L P [4] 80mm/sec FINE Offset，PR [2]”指令的预处理。

对于同样使用位置变量的直线插补指令“L PR [10] 80mm/sec CNT50”，由于前面的指令中已经使用了位置变量解锁指令 UNLOCK PREG 生效了变量 PR [1]、PR [2] 修改功能，因此，该指令无法进行预处理。

假如机器人在 P1→P2、P2→P3 运动期间，进行了程序暂停、改变了光标位置等操作，在这种情况下，如果从“L P [2] 80mm/sec FINE”“L P [3] 80mm/sec FINE”重启程序，位置变量锁定功能将自动成为无效，指令“L PR [1] 80mm/sec FINE” “L P [4] 80mm/sec FINE Offset，PR [2]”将无法再进行预处理。

3.4.2 程序转移与分支

FANUC 机器人的程序转移的方法有跳转、程序调用和同步运行 3 种，同步运行仅用于多任务复杂系统，本书不再对其进行说明。程序跳转、程序调用指令如表 3.4.3 所示。

表 3.4.3 程序转移指令编程说明表

类别与名称		指令	功能
程序转移	程序跳转	JMP	程序跳转到指定位置
	跳转目标	LBL	指定程序跳转的目标位置
	子程序调用	CALL	调用子程序
	条件判断	IF	条件执行跳转、调用，或赋值指令(仅复合运算式)
	分支控制	SELECT	按不同条件选择程序分支

FANUC 机器人的程序转移（跳转、程序调用），可采用无条件转移或有条件转移两种方式编程，其编程方法与要求如下。

1. 无条件转移

程序无条件转移指令在程序中需要以独立行的形式编程，指令有程序跳转 JMP、程序调用 CALL 两条；系统执行到无条件转移指令行时，可直接跳转至程序的指定位置或指定的程序并继续。

① 无条件跳转。无条件跳转指令 JMP 可直接跳转至当前程序的指定位置，跳转目标位置用标记 LBL [i] 指定，它需要单独占一指令行。跳转目标标记 LBL 的序号 i 可为常数、暂存器，并可增加注释，例如 LBL [1]、LBL [R [1]]、LBL [2：Hangopen] 等。

跳转目标 LBL [i] 既可位于 JMP 指令之后（向下跳转），也可位于 JMP 指令之前（向上跳转）。如果需要，JMP 指令还可结合后述条件跳转指令使用，实现程序分支控制功能。例如：

```
……
IF DI[1]=ON,JMP LBL[1]        // 条件跳转,DI[1]输入 ON,跳转至 LBL[1]
JMP LBL[2]                    // 无条件跳转,DI[1]输入 OFF,跳转至 LBL[2]
LBL[1]                        // DI[1]输入 ON 时执行
……
JMP LBL[3]                    // DI[1]输入 ON 程序执行完成,无条件跳转至 LBL[3]
LBL[2]                        // DI[1]输入 OFF 时执行
……
LBL[3]                        // 分支合并
```

……

② 无条件调用程序。无条件调用程序指令 CALL，可直接调用指令操作数（程序名称）指定的程序；如需要，程序名称后还可用括号定义参数化编程程序的自变量 AR [i]。例如：

```
……
CALL SUBPRG1                     //无条件调用程序 SUBPRG1
CALL SUBPRG2(1,R[1],AR[1])       //无条件调用程序 SUBPRG2,并定义自变量
……
```

2. **条件转移**

条件转移指令可用于程序条件跳转、子程序条件调用，转移条件可通过条件判断指令 IF 或分支控制指令 SELECT/ELSE 定义；跳转指令 JMP、程序调用指令 CALL 以附加命令的形式，添加在 IF 或 SELECT/ELSE 指令之后；但条件调用程序指令不能使用自变量。

① IF 条件转移。FANUC 机器人的 IF 判断条件，可使用表 3.4.4 所示的比较运算判别式，比较运算式可为简单表达式或复合运算式。

表 3.4.4　条件判断指令的比较运算判别式要求表

类别	比较数	可使用的比较符	比较基准
数值	暂存器 R[i]	>(大于)、>=(大于等于)、=(等于)、<=(小于等于)、<(小于)、<>(不等于)	常数、暂存器 R[i]
	系统变量 $ ***		
	AI[i]/AO[i]、GI[i]/GO[i]		
I/O	DI[i]/DO[i]、RI[i]/RO[i] SI[i]/SO[i]、UI[i]/UO[i]	=(等于)、<>(不等于)	DI[i]/DO[i]、RI[i]/RO[i]、SI[i]/SO[i]、UI[i]/UO[i]、R[i](1 或 0)、ON、OFF
码垛	PL[n]	=(等于)、<>(不等于)	PL[n]、[i,j,k]

IF 条件判断指令的数值比较、I/O 比较方法与 WAIT 指令相同，并且可使用码垛暂存器 PL [n]，但 I/O 比较基准不能为上升沿（ON+）、下降沿（OFF-）。码垛暂存器 PL [n] 是一个以行号 i、列号 j、段号 k 表示的三维数组 [i，j，k]，i、j、k 可为常数、数值暂存器 R [i] 或星号 *，常数与数值暂存器的取值范围为 1～127；星号 * 代表任意值。

IF 条件转移指令的编程示例如下。

```
……
IF R[2]>=10,JMP LBL[1]              // R[2]≥10,跳转至 LBL[1]
IF AI[1]<=100,CALL SUBPRG1          // AI[1]≤100,调用程序 SUBPRG1
IF GI[1]=15,CALL SUBPRG2            // GI[1]=0…01111,调用程序 SUBPRG2
IF DI[1]=ON,JMP LBL[2]              // DI[1]为 ON,跳转至 LBL[2]
IF DI[2]=RI[2],JMP LBL[3]           // DI[2]=RI[2],跳转至 LBL[3]
……
IF PL[1]=PL[2],JMP LBL[4]           // PL[1]=PL[2],跳转至 LBL[4]
IF PL[1]<> [1,2,2],CALL SUBPRG1     // PL[1]≠[1,2,2],调用程序 SUBPRG1
IF PL[1]=[2,* ,* ],CALL SUBPRG2     // 只要 PL[1]的 i=2,调用程序 SUBPRG2
……
IF(R[1]=(GI[1]+ R[2]) * AI[1])JMP LBL[1]        // 复合运算条件跳转
IF(D[1]AND(! DI[2]OR DI[3]))CALL SUBPRG1        // 复合运算条件调用
IF(DI[1]),DO[1]=ON                              // 复合运算条件输出
……
```

② 分支控制。分支控制指令 SELECT/ELSE 的比较数必须为数值暂存器 R [i]，比较基准可为常数或数值暂存器 R [j]，比较运算符只能为等于（=）。例如：

```
……
SELECT R[1]=1,JMP LBL[1]          // R[1]=1,跳转至 LBL[1]
  =2,JMP LBL[2]                   // R[1]=2,跳转至 LBL[2]
  =3,JMP LBL[3]                   // R[1]=3,跳转至 LBL[3]
  =4,JMP LBL[4]                   // R[1]=4,跳转至 LBL[4]
  ELSE CALL SUBPRG2               // 否则(R[1]≠1/2/3/4),调用程序 SUBPRG2
……
```

3.4.3 宏程序与调用

1. 宏程序与功能

FANUC 机器人的宏程序编程沿袭于 FANUC 数控的用户宏程序功能。所谓宏程序（macro program），实际就是用户针对机器人的实际用途、常用动作控制要求，所编制的由若干指令组成的特殊子程序，其总数不能超过 20 个。

宏程序的结构、编程方法等均与普通程序并无区别，但它可通过多种方式调用和执行。在程序运行时，宏程序的全部指令将被视作一条指令（宏指令）处理，因此，宏程序通常不能单步执行，也不能在中间位置启动。

FANUC 机器人的宏程序功能，可通过图 3.4.1 所示的机器人设定（SETUP）、宏指令（Macro Command）设定页面定义。程序一旦被定义宏程序，其程序信息显示页面的副类型（Sub Type）将自动成为“Macro”。有关宏程序设定操作的内容，可参见后述章节。

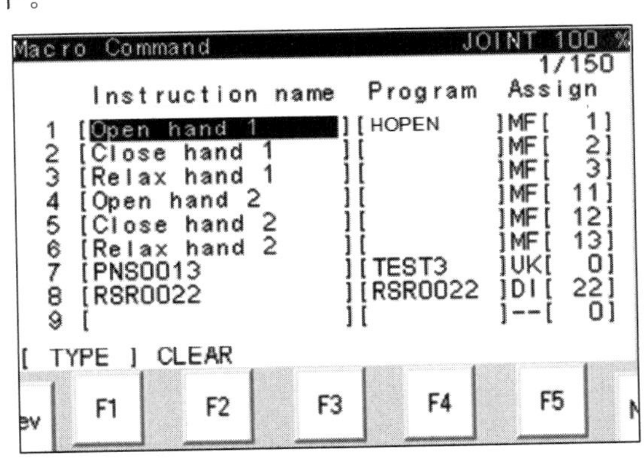

图 3.4.1 宏程序设定页面

宏程序设定页中的“Instruction name”栏，可显示、设定宏程序调用指令（简称宏指令）的名称。宏指令名称可由用户自由定义，最大为 16 字符的英文字母或数字，宏指令允许使用自变量 AR [i]。设定页中的“Program”栏为程序名称，名称的定义要求与普通程序相同。“Assign”栏为宏指令手动操作（宏程序调用）信号定义，可通过系统设定操作，选择以下手动操作信号之一。

MF [i]：通过示教器手动操作功能显示页（MANUAL FCTNS）中的操作菜单选项 MF [1]～MF [99]，手动执行宏指令、调用宏程序。

UK [i]：通过示教器的用户自定义键 UK [1]～UK [7]，手动执行宏指令、调用宏程序。

SU [i]：通过示教器用户自定义键 UK [1]～UK [7] 和【SHIFT】键的同时操作，手动执行宏指令、调用宏程序。

SP [i]：通过系统控制柜的操作面板上的用户自定义按钮 SP [4]、SP [5]，手动执行宏指令、调用宏程序。

DI [i]、RI [i]：通过控制系统的通用 DI 信号 DI [1]～DI [99]、机器人输入信号 RI [1]～RI [24]，手动执行宏指令、调用宏程序；利用 DI、RI 信号调用的宏程序总数不能超过 5 个。

UI [i]：通过系统专用输入信号 HOME（UI [7]），手动执行宏指令、调用宏程序；除 UI [7] 外的 UI 信号执行宏指令，需要在系统变量 $MACRUOPENBL 上设定。

2. 程序及调用

宏程序的格式、指令与编程要求，均与普通程序相同；调用宏程序时，只需要将子程序调用指令 CALL 改为宏指令。

例如，假设搬运机器人的抓手 1 打开动作，需要机器人专用信号 RO [1]=ON、RO [2]=OFF，抓手 1 打开后，机器人专用输入信号 RI [1]=ON；如抓手动作定义成名称为"HOPEN 1"的宏程序，程序的编制方法：

```
HOPEN 1
  1:RO[1]=ON                              // R[1]输出 ON
  2:RO[2]=OFF                             // R[2]输出 OFF
  3:WAIT RI[1]=ON                         // 等待抓手打开信号 RI[1]=ON
  ……
[END]
```

程序编制完成后，如果通过系统设定操作，将设定页面的 Instruction name 栏的程序调用指令）定义为宏指令"Open hand 1"；Program 栏的程序名称定义为"HOPEN 1"；则只要在主程序中编制以下指令，控制系统便可调用、执行宏程序 HOPEN。

```
……
L  P[3]1000mm/sec FINE                    // 机器人移动
Open hand 1                               // 调用宏程序 HOPEN 1
……
```

3.4.4 远程运行与运动组控制

1. 远程运行指令

为了便于集中控制，工业机器人的作业程序通常都可通过控制系统的开关量输入信号选择、启动。在 FANUC 等公司的机器人上，这一功能称为远程启动运行（remote start run），简称远程运行或 RSR；在安川等公司的机器人上，则称为预约启动或外部运行等。

远程运行（预约启动）是机器人自动运行方式的一种，它可直接利用控制系统的开关量输入信号，来选定程序并启动程序自动运行，而无需进行示教器的程序选择、程序启动等操作。例如，对于图 3.4.2 所示的机器人多工件作业，工装 1～3 上的 3 种零件焊接程序 JOB1～JOB3，可直接由 3 个程序启动按钮启动并运行。

机器人的远程运行（预约启动）启动按钮，需要连接至控制系统的 UI 连接端（参见前述），操作者在工件安装完成后，只要按下启动按钮，机器人便可自动选择作业程序并启动程序自动运行。

FANUC 机器人的远程运行利用系统专用输入信号 UI 控制。当机器人控制系统的配置选项"UI 信号使能（ENABLE UI SIGNAL）"设定为"TURE（有效）"、系统变量（variables）"远程主站（$RMT_MASTER）"设定"0（Remote，远程控制）"时，便可利用 UI 信号 RSR1～8（或 PNS1～8）选择程序号并启动程序自动运行。

远程运行的程序名称（程序号）必须按系统规定的格式定义。FANUC 机器人的远程运行程序的名称，必须为"RSR+4 位数字"；程序名称中的 4 位数字为"基本程序号+附加程序号"，基本程序号、附加程序号可通过示教器的机器人设定（SETUP）操作，直接在图 3.4.3 所示的 RSR/PNS 设定页面设定，利用信号 RSR1～8（或 PNS1～8），可选择不同的附加程序

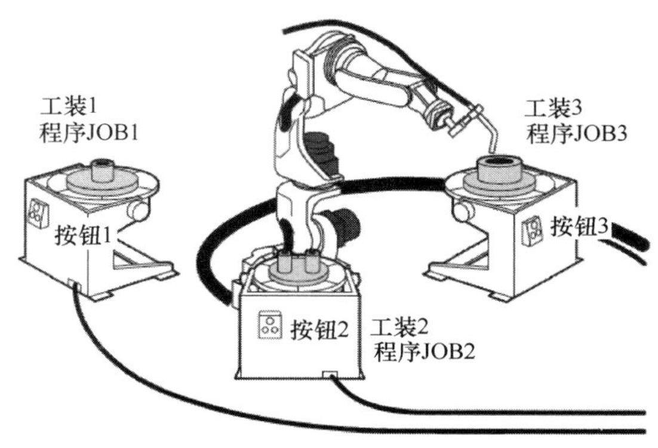

图 3.4.2 远程运行功能应用

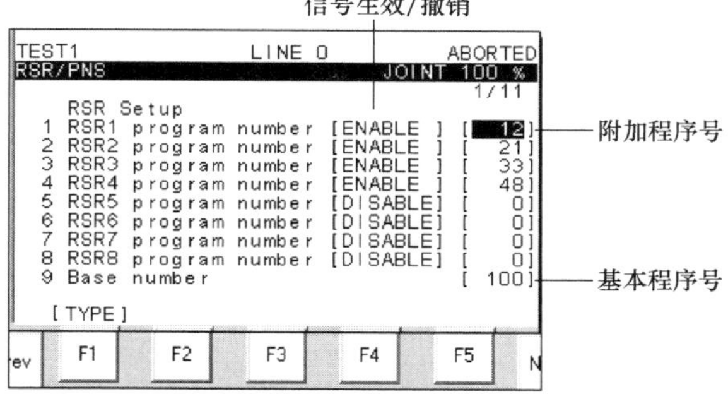

图 3.4.3 远程运行设定、显示页面

号，改变远程运行程序。

例如，对于图 3.4.3 所示的设定，机器人远程运行的基本程序号（Base number）设定为 100，RSR1 的附加程序号设定为 12，因此，当远程运行信号 RSR1 输入 ON 时，系统将选择并启动程序 RSR0112 的自动运行；同样，由于 RSR3 的附加程序号设定为 33，因此，当远程运行信号 RSR3 输入 ON 时，系统将选择并启动程序 RSR0133 的自动运行等。

FANUC 机器人的远程运行功能的使能/撤销（ENABLE/ DISABLE），可通过示教器的机器人设定（SETUP）操作，直接在图 3.4.3 所示的 RSR/PNS 设定页设定，也可通过程序指令 RSR 使能/撤销。指令 RSR 的编程格式如下。

```
RSR[i]=ENABLE                  // 远程运行使能
RSR[i]=DISABLE                 // 远程运行撤销
```

执行 RSR [i]=ENABLE 指令，UI 信号 RSR [i] 的远程运行功能有效；执行 RSR [i] = DISABLE 指令，UI 信号 RSR [i] 的远程运行功能无效。

2. 运动组控制指令

复杂机器人系统有多个运动组（Motion Group），不同运动组可由独立的程序控制、进行同步运行（程序同步），也可将不同运动组的机器人移动指令（圆弧插补除外），在同一程序的同一指令行编程，并根据需要选择机器人同步/非同步运动（指令同步/非同步运行）。

FANUC 机器人的运动组控制指令有如下 3 条。

```
RUN 程序名称_Gi                // 程序同步运行
Simultaneous GP                // 指令同步运动
Independent GP                 // 指令非同步运动
```

① 程序同步运行。程序同步运行指令 RUN 可在运行一个运动组程序的同时，启动另一运动组的程序运行，实现多程序同步运行功能。

例如，需要在运动组 1 机器人进行 P10、P11 关节插补运动的同时，启动运动组 2 机器人 P20、P21 的关节插补运动，并在 2 个运动组的机器人移动完成后，输出 DO [1] 信号的程序示例如下。

```
PROGRAM_G1                     // 运动组 1 控制程序
R[1]=0                         // 运动组 2 完成标记
RUN PROGRAM_G2                 // 启动运动组 2 程序 PROGRAM_G2
J  P[10]  100%   FINE          // 运动组 1 机器人运动
J  P[11]  100%   FINE
WAIT R[1]=1                    // 等待运动组 2 完成
```

```
DO[1]=ON                          // 输出 DO[1]= 1 信号
……
[END]                             // 运动组 1 程序结束
PROGRAM_G2                        // 运动组 2 控制程序
J  P[20]  100%   FINE             // 运动组 2 机器人运动
J  P[21]  100%   FINE
……
3:R[1]=1                          // 运动组 2 完成标记
[END]                             // 运动组 2 程序结束
```

上例中的程序 PROGRAM_G1 为运动组 1 的机器人控制程序，程序 PROGRAM_G2 为运动组 2 的机器人控制程序；R [1] 为机器人 2 完成 P20、P21 关节插补运动的标记。

② 指令同步/非同步运动。同步（Simultaneous GP）/非同步（Independent GP）运动指令，可将不同运动组的机器人移动指令（圆弧插补除外）在同一程序的同一指令行编程，并根据需要选择机器人同步/非同步运动。

指令 Independent GP、不同运动组的机器人独立运动时，不同运动组的机器人按各自的定位类型 CNT、编程速度移动，两机器人全部到达目标位置后，指令执行完成。

指令 Simultaneous GP、不同运动组的机器人同步运动时，为了保证两机器人能够同时到达终点，移动时间较长的机器人将以指令编程速度移动，而另一机器人将按比例降低速度；定位类型 CNT 自动选择两者中的最小值。

运动组同步、非同步运动指令的编程示例如下：

```
……
10:Independent GP                 // 非同步运动指令
  :GP1  J  P[1]  100%   FINE      // 运动组 1 机器人运动
  :GP2  J  P[2]  80%   CNT20      // 运动组 2 机器人运动
  ……
20:Simultaneous GP                // 同步运动
  :GP1  J  P[10]  100%   FINE     // 运动组 1 机器人运动
  :GP2  J  P[20]  80%   CNT20     // 运动组 2 机器人运动
……
```

执行上述程序的指令行 10，运动组 1、运动组 2 的机器人，将独立进行目标位置分别为 P1、P2 的关节插补；运动组 1 的机器人以 100％的速度移动到 P1 点、准确定位；运动组 2 的机器人以 80％的速度移动到 P2 点并减速至 20％的速度进行轨迹连续运动。

执行上述程序的指令行 20，运动组 1、运动组 2 的机器人将同步进行目标位置分别为 P10、P20 关节插补，两机器人同时到达 P10、P20 点，并准确定位（FINE）；运动时间较长的机器人将以指令编程速度移动，而另一机器人将按比例降低速度。

3.5 中断与故障处理程序

3.5.1 程序中断与故障处理

工业机器人的程序中断、故障处理是控制系统自动处理异常情况的功能，功能的用途、使用方法如下。

1. **程序中断**

程序中断是控制系统对异常情况的通用处理方式，它既可用于程序的正常中断，也可用于机器人各种故障的处理。程序中断功能一旦启用，只要中断条件满足，系统可立即终止现行程序的执行，直接转入中断程序，而无需进行其他编程。

为了实现程序中断功能，一般需要在作业程序（主程序）中编制相应的中断监控指令，启用程序中断功能，并编制相应的中断调用、中断处理等相关程序。例如，ABB 机器人可直接通过主程序的中断使能、中断连接指令，来启用中断功能、调用中断处理程序；中断程序需要按照专门的格式编制，无需使用子程序调用指令。

FANUC 机器人的程序中断处理与 ABB 等机器人不同。在 FANUC 说明书上，程序中断称为“状态监视功能”；中断（状态监视）功能需要通过主程序中的程序监控指令，或者通过示教器的状态监视操作启用/停用；中断程序的调用需要编制专门的程序，这一程序称为“监视条件程序”，简称监控程序；中断处理程序则需要通过“监视条件程序（监控程序）”中的子程序调用指令调用。

2. **故障处理**

故障处理是 FANUC 机器人控制系统自动处理作业故障（系统作业报警、用户报警）的特殊选择功能。机器人的作业故障是指由外部原因引起的，如弧焊机器人不能正常引弧等。出现作业故障时，机器人和控制系统可正常工作，但作业过程必须中断。

作为通常的处理方法，当机器人出现作业故障、程序停止运行时，一般需要通过机器人的手动（JOG）操作，进行相应的处理；故障排除后，可重新启动程序自动运行，继续后续作业。例如，当弧焊机器人引弧出现故障时，可通过 JOG 操作，将机器人移动到指定的位置，然后进行剪丝、清洗导电嘴等处理；故障处理完成后，再通过手动操作，移动机器人到原程序的中断位置，重启程序自动运行。

对于原因、处理方法确定的机器人作业故障，以上手动故障处理操作也可通过运行特定的故障处理程序实现。例如，弧焊机器人引弧故障时，一般都可通过剪丝、清洗导电嘴等措施恢复运行，因此，可通过自动调用、执行故障处理程序，将机器人移动到指定的位置；然后，再利用 I/O 指令，完成剪丝、清洗导电嘴等动作；故障处理程序执行完成后，再返回原程序继续运行。

用于故障自动处理的程序，称为故障处理程序。故障处理程序的调用方法，在不同公司生产的机器人上有所区别，例如，ABB 机器人可通过专门的故障处理程序块 ERROR 或故障中断功能、自动调用等。

FANUC 机器人的故障自动处理属于控制系统的特殊选择功能，故障的处理方式可通过程序指令或机器人设定操作，选择“再启动型（再开始程序型）”和“维修型（维修程序型）”。再启动型和维修型故障处理的故障处理程序（子程序）并无区别，但原程序（主程序）的退出、重启过程及机器人运动轨迹、操作要求都存在不同。

3. **再启动型故障处理**

FANUC 机器人利用再启动型（再开始程序型）故障处理程序处理故障时，如果发生指定的系统报警或用户报警（称为登录报警，详见后述章节），系统可暂停程序运行，并直接在中断点调用故障处理程序；故障处理程序执行完成后，自动返回中断点，重启程序运行。

例如，假设弧焊机器人焊接作业程序 WELD. TP 的动作如图 3.5.1 所示，程序的起点、终点分别为 P0、P4，焊接移动轨迹为 P2→P3；用于断弧故障处理的再启动型故障处理程序为 WIRE_CUT. TP。这样，如果在 P2′点出现断弧故障，利用再启动型故障处理程序自动处理这一故障的动作过程如下。

① 在 P2′点中断原作业程序 WELD. TP，关闭弧焊作业命令。

② 系统自动调用、执行断弧故障处理再启动型故障处理程序 WIRE_CUT. TP，机器人从断弧点 P2′移动到 WIRE_CUT. TP 程序指定的故障处理位置 P5，并进行剪丝、清洗导电嘴等处理。

③ 再启动型故障处理程序 WIRE_CUT. TP 执行完成后，机器人返回到指定点（断弧点 P2′或离 P2′点规定距离的位置），重新启动弧焊命令，然后继续执行原作业程序 WELD. TP，直至结束。

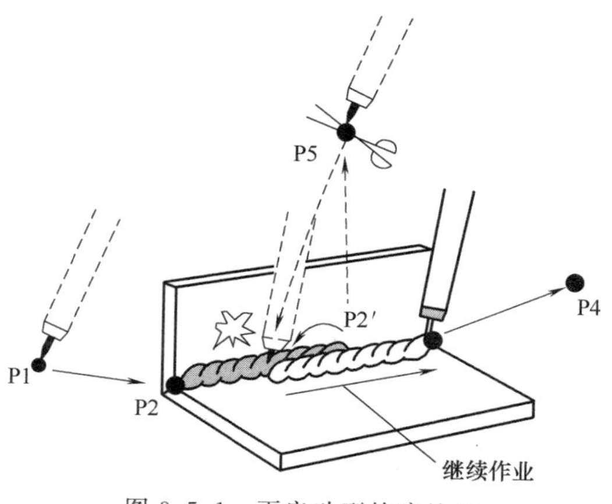

图 3.5.1 再启动型故障处理

4. 维修型故障处理

FANUC 机器人利用维修型（维修程序型）故障处理程序处理故障时，如果发生指定的系统报警或用户报警（登录报警）时，机器人可立即关闭作业命令，并继续完成原程序的全部指令，然后自动调用维修型故障自动处理程序；故障自动处理程序执行完成后，再自动从原程序的起始位置重启程序运行，机器人沿原程序轨迹返回到中断点后，再重启作业命令、继续执行原程序。以上故障处理过程称为 FANUC 机器人的快速故障恢复（fast fault recovery）运动，简称 FFR 顺序运动。

例如，上述弧焊机器人焊接作业故障，使用维修型故障处理功能自动处理故障时，FFR 顺序运动如图 3.5.2 所示。

① 在 P2′点关闭弧焊作业命令后，机器人继续沿原作业程序 WELD. TP 轨迹，依次移动到 P3、P4，完成程序 WELD. TP 的运动。

② 系统自动调用、执行维修型故障处理程序 WIRE_CUT. TP，将机器人移动到故障处理位置 P5，并进行剪丝、清洗导电嘴等处理。

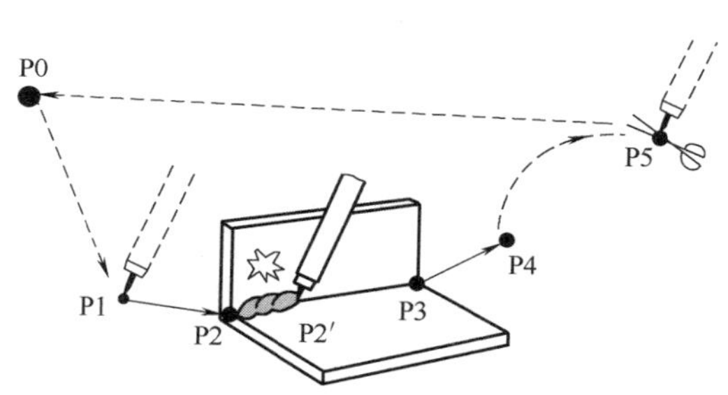

图 3.5.2 维修型故障处理

③ 机器人移动到原作业程序 WELD. TP 的起始点 P0，取消弧焊作业命令，进行 P0→P1、P1→P2′移动。

④ 在断弧点 P2′重新启动弧焊命令，然后继续执行原作业程序 WELD. TP，直至结束。

3.5.2 状态监视程序编制

1. 功能与使用

FANUC 机器人程序中断（状态监视）功能的使用方法如下。

① 功能启用/停用。FANUC 机器人的中断（状态监视）功能，可程序中的监控指令或示教器的状态监视操作启用/停用。

通过主程序中的监控指令启用/停用中断（状态监视）功能时，只需要改变指令的位置，便可改变中断监控的程序区域，因此，通常用于程序的局部区域监控，FANUC 称之为局域监控（local monitor）。通过示教器的状态监视操作，启用/停用中断功能时，中断监控对控制系统的所有程序、全部范围都有效，FANUC 称之为系统监控（system monitor）。

程序监控、系统监控功能需要设定以下系统参数（变量）。

$TPP_MON.$LOCAL_MT：程序监控设定。设定“1”或“3”，主程序暂停时，将自动停止监控程序运行；设定“2”或“4”，主程序暂停时，监控程序仍继续运行，子程序不会自动调用、启动。

$TPP_MON.$GLOBAL_MT：系统监控设定。设定“0”，系统监控无效；设定“1”，系统冷启动时监控程序停止运行；设定“2”，系统冷启动时监控程序可继续运行。

② 监控程序。FANUC机器人的监控程序（监视条件程序），用于中断条件定义及中断程序调用，它是由若干（最多10条）子程序条件调用指令（WHEN—CALL指令）组成的专门程序。监控程序可设定多个监控条件（中断条件），调用多个（最多10个）中断处理程序（子程序）。

监控程序只能通过程序中的监控启用/停用指令或者示教器的状态监视操作启动/停止，而不能以通常的程序启动/停止操作来启动/停止程序；监控程序一旦启动，只要子程序调用指令的WHEN条件满足，便可调用、执行CALL指定的子程序；监控程序停止时，程序中断功能无效。

③ 中断处理程序。通过监控程序调用的子程序，就是FANUC机器人的中断处理程序，子程序的格式、指令等均与普通程序相同。但是，由于中断处理子程序可能需要用于控制系统所有程序的同类程序中断的处理，因此，子程序不能指定运动组（运动组必须定义为［*，*，*，*，*］）。

2. 程序编制

① 功能启用/停用。FANUC机器人的中断（状态监视）功能及监控程序，可通过监控指令MONITOR/MONITOR END启用/停用，监控程序的名称可在指令上定义；监控程序名称不同的多条监控指令，可以在程序同时编制、同时生效。指令的编程格式如下：

```
MONITOR ****                    // 启用监控程序(程序名由****指定)
……                              // 程序监控区间
MONITOR END ****                // 停用监控程序(程序名由****指定)
```

② 监控程序编制。监控程序由若干子程序条件调用指令WHEN—CALL组成，程序的基本格式如下，每一监控程序最多允许编制10条子程序条件调用指令。如果不同的条件调用指令调用的子程序名称相同，则最后一条指令的WHEN条件有效。

```
……
WHEN (条件式 1),CALL (程序名 1)    // 子程序条件调用指令,最多 10 条
WHEN (条件式 2),CALL (程序名 2)
……
WHEN (条件式n),CALL (程序名n)
……
[END]                              // 程序结束
```

WHEN条件应使用比较运算表达式，表达式可使用的比较数、比较运算符、比较基准等，与WAIT、SKIP CONDITION等指令相同，有关内容可参见前述。

WHEN条件式允许使用多个条件，不同条件可通过逻辑运算符AND或OR（最多4个）连接，AND与OR不能混用。例如：

```
……
WHEN  R[2]>=10,CALL  SUB_PG1          // R[2]≥10 监控
WHEN  AI[1]<=100,CALL  SUB_PG2        // AI[1]≤100 监控
WHEN  DI[1]=ON,CALL  SUB_PG3          // DI[1]=ON 监控
```

```
WHEN  DO[2]=ON+ ,CALL  SUB_PG4             // DO[2]上升沿监控
WHEN  ERR_NUM= 11006,CALL  SUB_PG5         // 报警 11006(SRVO-006)监控
WHEN  R[2]>=10 AND AI[1]<=100 AND GI[1]=15,CALL SUB_PG6
                                // 同时监控 R[2]≥10、AI[1]≤100、GI[1]= 0…01111
WHEN  DI[1]=ON OR DI[2]=RI[2]OR DI[3]<> R[4]OR DO[2]=ON+,CALL SUB_PG7
                       // 同时监控 DI[1]=ON、DI[2]=RI[2]、DI[3]≠R[4]、DO[2]上升沿
……
```

③ 程序示例。假设某机器人需要在 P1～P7 移动时，监控机器人输入 RI [2] 的状态；只要 RI [2] 输入 OFF，控制系统便中断当前程序、调用子程序 STP_RBT 进行相关处理；如果将这一监控程序名称定义为 WRK_ FALL，其程序可编制如下，当程序还需要进行其他监控时，相应的子程序调用指令可在后续行编制。

```
WRK_FALL
  ……
  WHEN  RI[2]=Off,  CALL  STP_RBT        // RI[2]=Off 监控
  ……
[END]
```

在机器人主程序上，需要在机器人 P1～P7 移动指令的前后位置，编制程序监控 WRK_FALL 的启用、停用指令。例如：

```
……
MONITOR  WRK_FALL                            // 启用监控程序 WRK_FALL
J  P[1]  100%   FINE                         // P1～P7 移动(监控区间)
L  P[2]  100mm/sec  CNT50
……
J  P[7]  100%   FINE
MONITOR  END  WRK_FALL                       // 停用监控程序 WRK_FALL
J  P[8]  100%   FINE
……
```

3.5.3 故障处理程序编制

1. 再启动型故障处理程序

FANUC 机器人的再启动型故障处理功能，可通过程序重启指令 RESUME_PROG[i]/CLEAR_RESUME_PROG 启用/停用，指令中的 i 为故障处理程序号，在选配全部选择功能时，允许范围为 1～5。在功能启用的程序区域，如果故障处理程序自动启动功能有效，只要控制系统出现指定的作业故障（登录报警），便可自动调用、执行指定的故障处理程序；故障处理程序执行完成后，可自动返回故障停止点，继续原程序运行。

在故障处理程序执行完成后，不希望（或不允许）机器人返回到原程序中断点继续运行的场合，可在故障处理程序的结束位置，增加重启轨迹删除指令 RETURN_PATH_DSBL，取消重启动作，使程序成为停止状态。

对于通常的单任务作业机器人系统，程序重启指令的编程格式如下。

```
RESUME_PROG[1]=****          // 启用再启动型故障处理功能,调用子程序****
CLEAR_RESUME_PROG            // 停用再启动型故障处理功能
RETURN_PATH_DSBL             // 重启轨迹删除(只能在故障处理程序编程)
```

在再启动型故障处理功能启用后，如果进行程序后退、手动改变光标位置等操作，或在程序执行完成后，功能将被自动撤销。

利用再启动型故障处理功能，自动处理故障的程序示例如下。

```
WELD_1
  1:J  P[1]  100%   FINE
  2:RESUME_PROG[1]=WIRE_CUT          // 启用 WIRE_CUT 再启动型故障处理功能
  3:L  P[2]  100mm/sec  FINE
:Arc Start[1]                        // 弧焊启动
  4:L  P[3]  100mm/sec  CNT50        // 弧焊作业
  5:L  P[4]  100mm/sec  FINE         // 弧焊作业
   :Arc End[2]                       // 弧焊结束
  6:CLEAR_RESUME_PROG                // 停用 WIRE_CUT 再启动型故障处理功能
  7:L  P[5]  100mm/sec  FINE
  ……
[END]                                // 程序结束
WELD_CUT                             // 故障处理程序
  1:L  P[10]  100mm/sec  FINE
  2:J  P[11]  100%   CNT50
  3:RO[4]= PLUSE,0.5sec
  4:L  P[12]  20mm/sec  CNT50
  5:WAIT  0.8sec
  6:L  P[11]  20mm/sec  FINE
  7:J  P[10]  50%   FINE
……
[END]
```

如在故障处理程序的［END］指令前，增加一条重启轨迹删除指令，使 WELD_CUT 变为以下程序：

```
WELD_CUT                             // 故障处理程序
  1:L  P[10]  100mm/sec  FINE
  ……
  7:J  P[10]  50%   FINE
  8:RETURN_PATH_DSBL
[END]
```

控制系统在执行完故障处理程序 WELD_CUT 后，进入程序暂停状态，机器人无法进行返回原程序中断点的运动。

2. 再启动型故障的中断监控

再启动型故障处理程序不仅可通过功能启用指令 RESUME_PROG［i］，在控制系统出现指定的作业故障（登录报警）时自动调用，而且可通过其他条件，利用程序中断（状态监视）功能自动调用、执行。故障处理程序的自动执行条件变更后，如果程序运行时发生指定的作业故障（登录报警），控制系统将不再自动调用故障处理程序。

变更故障处理程序自动执行条件、利用程序中断（状态监视）功能自动调用再启动型故障处理程序时，需要在程序中编制系统参数（变量）设定指令，将系统参数（变量）＄AU-

TORCV_ ENBi（i 为故障处理程序号 2～5，程序号 1 省略）设定为“1”。

例如，需要变更再启动型故障处理程序 1 的执行条件，利用暂存器 R［1］＝1 的状态，自动调用故障处理程序 1 时，其中断监控（状态监视）程序如下。

```
MONIT1.CH
  1:WHEN  R[1]=1,  CALL  DO_RESUME        // R[1]=1 监控
  2:WHEN  R[1]<> 1,  CALL  NO_RESUME      // R[1]≠1 监控
[END]
DO_RESUME
  1:$AUTORCV_ENB=1          // 设定系统参数,变更故障处理程序 1 的执行条件
  2:MONITOR MONIT_3         // 启用监控程序 MONIT_3,监控 R[1]≠1
[END]
NO_RESUME
  1:$AUTORCV_ENB=0          // 设定系统参数,恢复故障处理程序 1 的执行条件
  2:MONITOR MONIT_2         // 启用监控程序 MONIT_2,监控 R[1]=1
[END]
MONIT2.CH
  1:WHEN  R[1]=1,  CALL  DO_RESUME    // R[1]=1 监控
[END]
MONIT3.CH
  1:WHEN  R[1]<> 1,  CALL  NO_RESUME  // R[1]≠1 监控
[END]
```

3. 维修型故障处理程序

FANUC 机器人的维修型故障处理功能，可通过程序维修指令 MAINT_PROG［i］启用，指令中的 i 为故障处理程序号，在选配全部选择功能时，允许范围为 1～5。功能启用后，可一直保持到程序结束指令［END］。

在维修型故障处理功能区域，如果故障处理程序自动启动功能有效，只要机器人出现指定的作业故障，系统便可执行快速故障恢复（FFR 顺序）运动，重启程序运行。在维修型故障处理功能启用时，如果进行程序后退、手动改变光标位置等操作，或在程序执行完成后，功能将被自动撤销。

利用再启动型故障处理功能，自动处理故障的程序示例如下。

```
WELD_1
  1:J  P[1]  100%  FINE
  2:MAINT_PROG[1]=WIRE_CUT          // 启用 WIRE_CUT 维修型故障处理功能
  3:L  P[2]  100mm/sec  FINE
   :Arc Start[1]                    // 弧焊启动
  4:L  P[3]  100mm/sec  CNT50       // 弧焊作业
  5:L  P[4]  100mm/sec  FINE        // 弧焊作业
   :Arc End[2]                      // 弧焊结束
  6:L  P[5]  100mm/sec  FINE
……
[END]                               // 程序结束,停用维修型故障处理功能
WELD_CUT                            // 故障处理程序
```

```
  1:L  P[10]  100mm/sec  FINE
  2:J  P[11]  100%   CNT50
  3:RO[4]=PLUSE,0.5sec
  4:L  P[12]  20mm/sec  CNT50
  5:WAIT  0.8sec
  6:L  P[11]  20mm/sec  FINE
  7:J  P[10]  50%   FINE
……
[END]
```

第4章 KAREL指令详解

4.1 基本移动指令

4.1.1 指令格式与功能

1. 指令格式

移动指令用来控制机器人本体及外部轴（基座、工装）的运动。FANUC 机器人移动指令的基本格式如下，指令由基本指令及附加指令（指令）两部分组成。

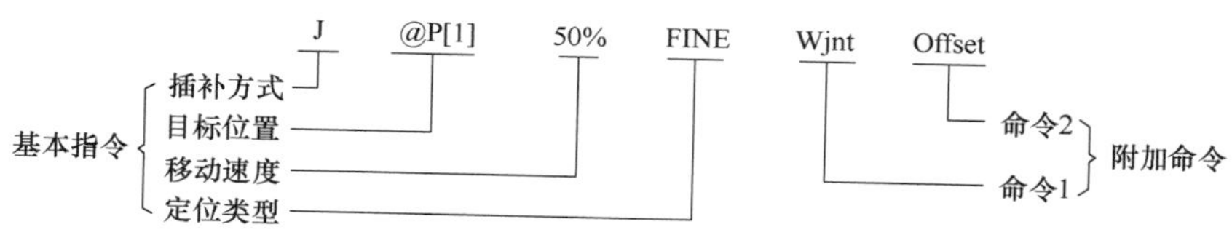

基本指令是用来规定机器人 TCP 运动轨迹（插补方式）、目标位置、移动速度及定位类型等基本参数的控制指令，它是移动指令必需的内容；如指令的目标位置为机器人当前位置时，程序点前可显示指示标记@。

附加命令可用于速度、加速度、程序点、到位区间调整，非移动指令提前/延迟执行、程序跳步控制、连续回转控制等。附加命令种类较多，在指令中可根据实际需要添加，有关内容见后述。

基本指令中的插补方式用来规定机器人 TCP 运动轨迹，FANUC 机器人可选择关节插补 J、直线插补 L、圆弧插补 C 三种。选择关节插补指令时，所有运动轴可同时启动、同时到达目标位置停止，但不对 TCP 轨迹、工具姿态进行控制，因此，它只能用于机器人 TCP 定位或搬运类机器人的作业。选择直线或圆弧插补指令时，控制系统可保证机器人 TCP 点严格按直线或圆弧轨迹运动，且能够保证运动过程中的工具姿态连续变化，因此可用于弧焊、喷涂等需要控制轨迹的连续作业。

移动指令的目标位置是指令执行完成后的机器人位置（程序点）。对于关节插补，程序点为关节坐标位置（J1，J2，J3，J4，J5，J6，E1，E2，E3）；对于直线、圆弧插补，程序点是机器人 TCP 位置（x，y，z，w，p，r）。在 FANUC 机器人上，程序点的关节坐标位置和

TCP 位置可以由控制系统自动转换。

机器人的移动速度有关节插补速度、TCP 速度、工具定向速度 3 种指定方式。关节插补的移动速度以系统变量设定的各关节轴最大移动速度（通常为°/s）百分率的形式指定，编程范围为 1%～100%。直线、圆弧插补的移动速度以机器人 TCP 运动线速度（TCP 速度）的形式指定，编程范围为 1～2000mm/s（或 1～12000cm/s、0.1～4724.4in/min，1in = 25.4mm）。工具定向的移动速度以回转速度°/s 的形式指定，其编程范围为（1°～272°）/s（deg/sec）。

当控制系统选配速度模拟量输出功能选件时，TCP 速度还可转换为模拟电压信号，并保存在特殊的 TCP 速度暂存器 TCP_SPD［n］上，用于复合运算操作或作为系统的模拟量输出信号 AO 输出，有关内容可参见输入/输出编程部分。

FANUC 机器人基本移动指令的名称、编程要求见表 4.1.1。

表 4.1.1 移动指令编程说明表

<table>
<tr><th>命令</th><th>名称</th><th colspan="3">编程格式与示例</th></tr>
<tr><td rowspan="7">J</td><td rowspan="7">关节插补</td><td>目标位置</td><td colspan="2">P[i]、PR[i]</td></tr>
<tr><td rowspan="2">移动速度</td><td>可以使用</td><td>n%、sec</td></tr>
<tr><td>不能使用</td><td>mm/sec、cm/min、inch/min、deg/sec</td></tr>
<tr><td>定位类型</td><td colspan="2">FINE、CNTn</td></tr>
<tr><td rowspan="2">附加命令</td><td>允许使用</td><td>ACC n、EV n%、Ind. EV n%、PTH、TIME BEFORE n(TB n)、TIME AFTER n(TA n)、Skip，LBL[i]、Offset，PR[i]、Tool_Offset，PR[i]、INC、SOFTFLOAT[n]、CTV i</td></tr>
<tr><td>不能使用</td><td>Wjint</td></tr>
<tr><td>编程示例</td><td colspan="2">J P[1] 80% CNT50 Offset，PR[1]</td></tr>
<tr><td rowspan="7">L</td><td rowspan="7">直线插补</td><td>目标位置</td><td colspan="2">P[i]、PR[i]</td></tr>
<tr><td rowspan="2">移动速度</td><td>可以使用</td><td>sec、mm/sec、cm/min、inch/min、deg/sec</td></tr>
<tr><td>不能使用</td><td>n%</td></tr>
<tr><td>定位类型</td><td colspan="2">FINE、CNTn</td></tr>
<tr><td rowspan="2">附加命令</td><td>允许使用</td><td>ACC n、EV n%、Ind. EV n%、PTH、TIME BEFORE n(TB n)、TIME AFTER n(TA n)、Skip，LBL[i]、Offset，PR[i]、Tool_Offset，PR[i]、INC、SOFTFLOAT[n]、CTV i、Wjint</td></tr>
<tr><td>不能使用</td><td>—</td></tr>
<tr><td>编程示例</td><td colspan="2">L P[1] 300mm/sec CNT50 Wjnt Offset，PR[1]</td></tr>
<tr><td rowspan="6">C</td><td rowspan="6">圆弧插补</td><td>目标位置</td><td colspan="2">P[i]、PR[i]</td></tr>
<tr><td>中间点</td><td colspan="2">P[i]、PR[i]</td></tr>
<tr><td rowspan="2">移动速度</td><td>可以使用</td><td>sec、mm/sec、cm/min、inch/min、deg/sec</td></tr>
<tr><td>不能使用</td><td>n%</td></tr>
<tr><td rowspan="2">附加命令</td><td>允许使用</td><td>ACC n、EV n%、Ind. EV n%、PTH、TIME BEFORE n(TB n)、TIME AFTER n(TA n)、Skip，LBL[i]、Offset，PR[i]、Tool_Offset，PR[i]、INC、SOFTFLOAT[n]、CTV i、Wjint</td></tr>
<tr><td>不能使用</td><td>—</td></tr>
</table>

2. 关节插补

执行关节插补指令的机器人运动如图 4.1.1 所示，它是以执行指令前的位置 P1 为起点、以指令指定的目标位置 P2 为终点的运动，指令的编程格式如下：

```
J  P[2]  70%   FINE          // 以 70% 的速度，移动到 P2 点
J  P[3]  5sec  FINE          // 移动到 P3 点，移动时间为 5s
J  P[4]  R[1]%   CNT50       // 以暂存器 R[1]的速度，移动到 P4 点
……
```

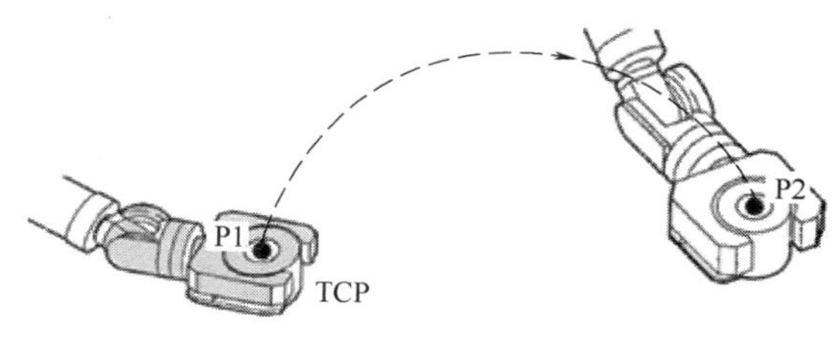

图 4.1.1 关节插补指令

关节插补指令 J 可用于机器人系统的全部运动轴控制。所有运动轴可同时启动、同时到达终点，机器人 TCP 的运动轨迹、工具姿态变化都为各轴运动合成的非线性曲线。

关节插补的运动速度可使用关节最大速度倍率（1%～100%），或移动时间（1～32000ms 或 0.1～3200s）的形式编程，也可使用暂存器。为保证所有轴能够同时到达终点，执行关节插补指令时，通常只有移动时间最长的轴可按实际编程的速度移动，其他轴将按比例降低移动速度。

关节插补的各轴最大移动速度可通过系统参数“$PARAM_GROUP[group].$JNTVELLIM[1]”～“$PARAM_GROUP[group].$JNTVELLIM[9]”独立设定，回转轴的设定范围为（0°～100000°）/s，直线轴设定范围为 0～100000mm/s。

3. 直线插补

直线插补是以执行指令前的机器人 TCP 位置作为起点、以指令指定的目标位置为终点的线性运动。FANUC 机器人的直线插补可用于图 4.1.2 所示的机器人 TCP 移动和工具定向控制，其编程要求分别如下。

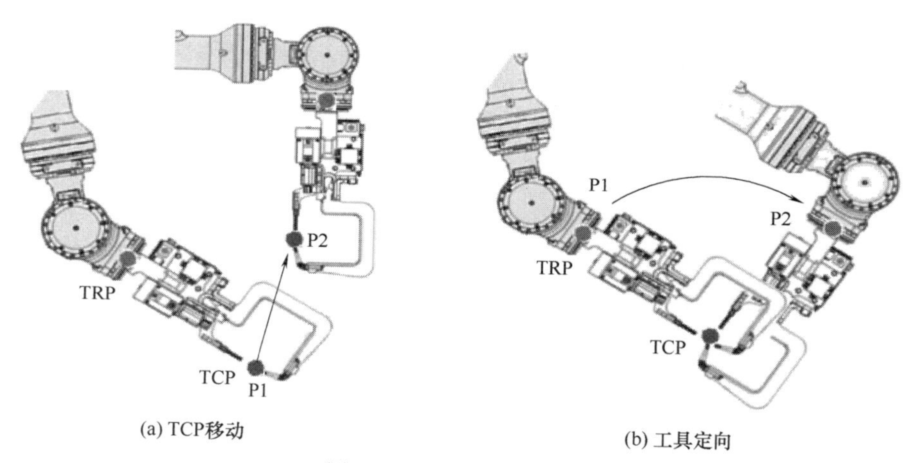

图 4.1.2 直线插补指令

① 机器人 TCP 移动。如直线插补指令中的目标位置（终点 P2）和当前位置（起点 P1），具有不同的（x，y，z）坐标值，机器人 TCP 将进行图 4.1.2（a）所示直线插补运动，运动轨迹为连接起点 P1 和终点 P2 的直线；同时，工具姿态也将由起点 P1 逐渐变化至终点 P2。

TCP 移动的直线插补指令 L 的编程格式如下：

```
L  P[2]  200mm/sec  CNT50        // 以 200mm/s 的速度，移动到 P2 点
L  P[3]  300cm/min  CNT20        // 以 300cm/min 的速度，移动到 P3 点
L  P[4]  5sec  FINE              // 移动到 P4 点，移动时间为 5s
L  P[5]  R[1]mm/sec  CNT50       // 以暂存器 R[1]的速度，移动到 P5 点
……
```

机器人 TCP 直线指令中的移动速度可用移动速度或移动时间的形式编程，也可使用暂存器；编程速度为所有运动轴合成后的机器人 TCP 速度，其最大值可通过系统参数 $PARAM_GROUP［group］.$SPEEDLIM 设定，范围为 0～3000mm/s。

FANUC 机器人的直线插补 TCP 移动速度，还可用最大速度 MAX_SPEED 替代。以

MAX_SPEED 指令直线插补速度时，可保证参与直线插补的关节轴中，至少有 1 个轴达到极限速度，其他轴则以极限速度轴为基准，自动计算速度值，保证 TCP 轨迹为直线。使用 MAX_SPEED 速度时，机器人 TCP 可达到最高的移动速度，并超过系统允许的最大编程速度（2000mm/s）；因此，FANUC 说明书称之为“直线最高速功能”。

直线最高速需要选配 FANUC“高性能轨迹恒定控制”附加功能，且不能与后述的跟随控制、直线轨迹控制、速度预测、固定工具控制、多运动组控制等功能同时使用。MAX_SPEED 也只能用于直线插补指令 L，并且对程序的空运行、单段运行、重新启动、低速示教操作（操作模式 T1）操作无效。此外，如果程序使用了线速度限制指令 LINEAR_MAX_SPEED 限制了最大编程速度，移动速度 MAX_SPEED 将等比例下降。

使用 MAX_SPEED 编程的程序示例如下。

```
J  P[1]  100%   FINE
L  P[2]  MAX_SPEED  CNT100        // 以最大速度直线插补
……
LINEAR_MAX_ SPEED=1200            // 线速度限制为 1200mm/s(系统默认 1200mm/s)
L  P[10]  MAX_SPEED  CNT100       // 移动速度为 60% 的最大速度(1200/2000)
……
```

② 工具定向。如直线插补指令 L 中的目标位置（终点 P2）和当前位置（起点 P1），具有同样的（x，y，z）坐标值，但工具姿态不同，机器人将进行图 4.1.2（b）所示的工具定向运动。此时，机器人 TCP 的位置将保持不变，工具参考点 TRP 将进行图示的回转运动，使得工具姿态由起点 P1 的姿态连续变化到终点 P2 的姿态。

工具定向的直线插补指令的编程格式如下：

```
L  P[2]  30deg/sec  FINE          // 以 30°/s 的速度,将 TRP 回转到 P2 点
L  P[3]  5sec  FINE               // TRP 回转到 P3 点,移动时间为 5s
L  P[4]  R[1]deg/sec  CNT50       // 以暂存器 R[1]的速度，移动到 P4 点
……
```

工具定向是机器人 TRP 的回转运动，指令中的编程速度需要以回转速度［(1°～272°)/s］或移动时间（1～32000ms、0.1～3200s）的形式编程，也可使用暂存器。TRP 的最大回转速度可通过系统参数 $PARAM_ GROUP [group] . $ROTSPEEDLIM 设定，设定范围为（0°～1440°）/s。

4. **圆弧插补**

圆弧插补指令可使机器人 TCP 点按指定的移动速度、沿指定的圆弧，从当前位置移动到目标位置。圆弧轨迹需要通过当前位置（起点 P1）、程序指定的中间点（P2）和目标位置（终点 P3）3 点进行定义，TCP 点运动轨迹为图 4.1.3 所示、经过 3 个编程点 P1、P2、P3 的部分圆弧；同时，工具姿态也将由起点 P1 逐渐变化至终点 P3。

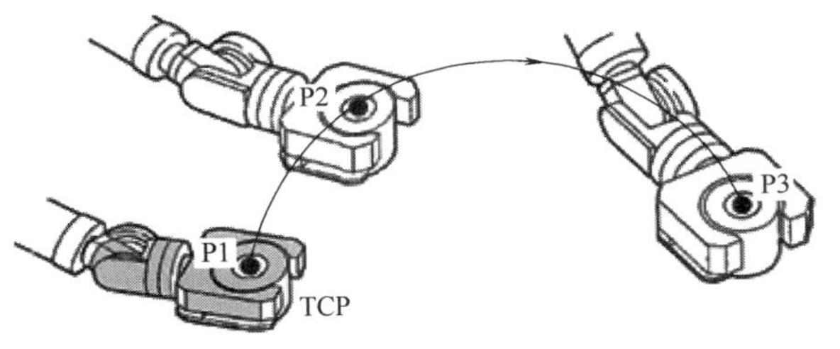

图 4.1.3 圆弧插补指令

FANUC 机器人的圆弧插补指令需要分两行编程，指令的编程格式如下：

```
L  P[1]  200mm/sec  CNT50         // 以 200mm/s 的速度，移动到 P1 点(圆弧起点)
C  P[2]                           // 指定圆弧中间点 P2
   P[3]  200mm/sec  CNT50         // 指定圆弧终点 P3、速度、定位区间
```

圆弧插补指令的移动速度指定方式、速度范围、最大值设定等，均与直线插补指令相同，

编程速度为机器人 TCP 在圆弧切线方向的速度。

圆弧插补的中间点 P2 是位于圆弧起点和终点间的任意点，但为了获得正确的轨迹，中间点选取需要满足图 4.1.4 所示的要求。

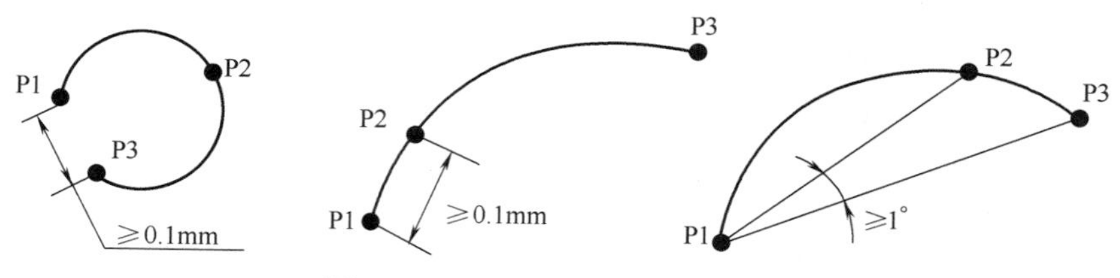

图 4.1.4 圆弧插补点的选择要求

① 中间点应尽可能选择在圆弧的中间位置。

② 起点 P1、中间点 P2、终点 P3 间应有足够的间距，起点 P1 离终点 P3、起点 P1 离中间点 P2 的距离，一般都应大于 0.1mm。

③ 应保证起点 P1 和中间点 P2 连接线与起点 P1 和终点 P3 连接线的夹角大于 1°。

④ 不能试图用终点和起点重合的圆弧插补指令来实现 360°全圆插补，全圆插补需要通过两条或以上的圆弧插补指令实现。

4.1.2 程序点与定位类型

FANUC 机器人移动指令的程序点、定位类型（continuous termination，简称 CNT）的定义方法如下。

1. 程序点位置

在 FANUC 机器人上，程序点位置可用程序点号 P [1]、P [2] 等形式指定，也可用位置暂存器 PR [1]、PR [2] 等形式指定。利用示教操作指定程序点时，程序点号可由系统自动分配。程序点、位置暂存器的编号后，还可附加 16 字符的注释，注释以“:”标记起始，后缀在编号之后，例如 P [1: access point]、PR [1: prepare point] 等。

利用程序点号、位置暂存器定义的位置，可以是关节位置，也可以是机器人 TCP 位置。两种位置只是显示方式的区别，其值可由控制系统自动转换。

① 关节位置。关节位置是运动轴在关节坐标系（Joint Frame）上的绝对位置，其格式如图 4.1.5 所示。

FANUC 机器人的关节轴形式（回转或直线）可通过系统参数“$PARAM_GROUP[group].$ROTARY_AXS[1]”～“$PARAM_GROUP[group].$ROTARY_AXS[9]”设定；回转轴关节位置的单位为 deg (°)；直线轴关节位置的单位为 mm。

在标准配置的 FANUC 机器人上，每一运动组最大可控制 9 个关节轴，其中，J1～J6 轴为机器人本体轴，E1～E3 为控制基座、工装的外部轴；关节位置的表示方法为（J1，J2，J3，J4，J5，J6，E1，E2，E3）。例如，关节位置（0，0，−100，0，−90，0，1520，180，90）在示教器上的显示如图 4.1.5 所示。

② 机器人 TCP 位置。FANUC 机器人的程序点也可用图 4.1.6 所示的机器人 TCP 位置的形式指定，TCP 位置由坐标系（Frame）、机器人姿态（Configuration）、TCP 坐标值与工具姿态 3 部分组成。

坐标系数据用来定义 TCP 位置所对应的坐标系，包括用户坐标系（User Frame）编号和工具坐标系（User Tool）编号。其中，用户坐标系 UF0（User Frame : 0）为机器人全局坐标系；UF1～9 可通过示教操作设定；UFF 为机器人当前选定的用户坐标系。工具坐标系

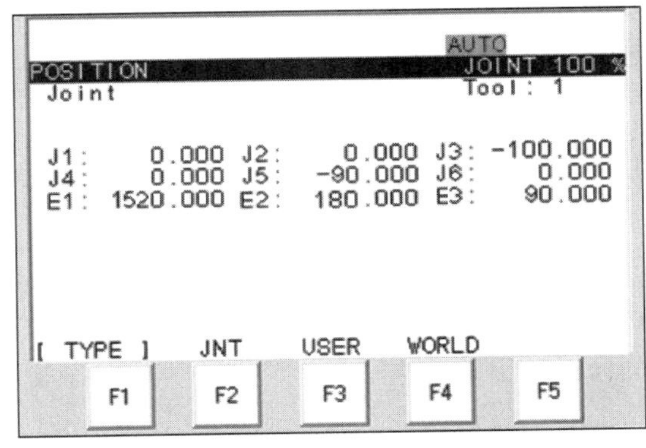

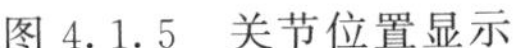
图 4.1.5 关节位置显示

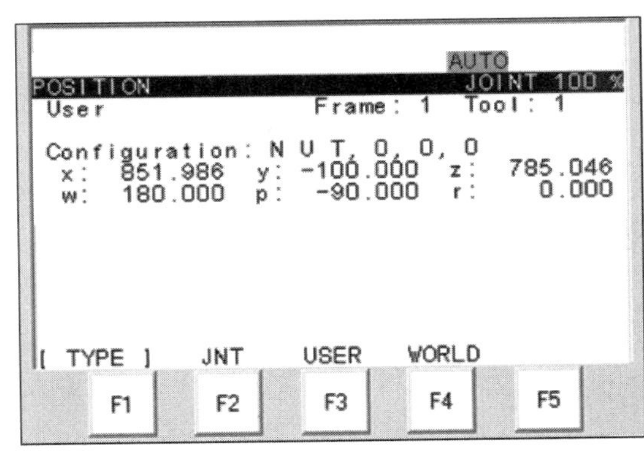

图 4.1.6 TCP 位置显示

UT0（User Tool：0）为机器人手腕基准坐标系；UT1～10 可通过示教操作设定；UTF 为机器人当前选定的工具坐标系。

机器人姿态数据“(N，U，T，0，0，0)”包括本体姿态（N，U，T）和回转区间号(0，0，0)，3 个英文字母依次表示手腕俯或仰（F 或 N）、肘正或反（U 或 D）、机身前或后（T 或 B）；3 个数字依次表示回转轴 J1、J4、J6 的角度区间：“−1”为−539.999°～ −180°，“0”为−179.999°～+179.999°，“1”为 180°～ 539.999°。

位置数据“(x，y，z，w，p，r)”中的“(x，y，z)”为机器人 TCP 在用户坐标系上的 *XYZ* 坐标值，“(w，p，r)”为工具姿态（姿态角）。

2. 坐标系设定与选择

机器人的程序点位置与用户坐标系、工具坐标系有关。FANUC 机器人的用户坐标系、工具坐标系可通过以下方法设定。

① 通过机器人示教操作设定（参见后述章节）。

② 通过系统参数 $MNUFRAME [group，1]～[group，9]（用户坐标系）、$MNUTOOL [group，1]～[group，9]（工具坐标系）设定。

③ 通过坐标系设定指令 UFRAME（用户）、UTOOL（工具）在程序中定义。

利用指令 UFRAME、UTOOL 定义用户、工件坐标系时，坐标原点（*x*，*y*，*z*）与方向（*w*，*p*，*r*），可通过位置暂存器 PR [i] 一次性定义。例如，如用户坐标系 1 原点位于全局坐标系（1000，0，500）位置、方向为绕 *Z* 轴回转 180°；工具坐标系 1 原点位于手腕基准坐标系（36.3，52.5，168.6）位置，方向为绕 *Y* 轴回转 180°其坐标系设定程序示例如下。

```
PR[1,1]=1000          // 设定用户坐标系 X 轴原点位置
PR[1,2]=0             // 设定用户坐标系 Y 轴原点位置
PR[1,2]=500           // 设定用户坐标系 Z 轴原点位置
PR[1,4]=0             // 设定用户坐标系绕 X 轴回转角度
PR[1,5]=0             // 设定用户坐标系绕 Y 轴回转角度
PR[1,6]=180           // 设定用户坐标系绕 Z 轴回转角度
UFRAME[1]=PR[1]       // 定义用户坐标系 1
……
PR[2,1]=36.3          // 设定工具坐标系 X 轴原点位置
PR[2,2]=52.5          // 设定工具坐标系 Y 轴原点位置
PR[2,2]=168.6         // 设定工具坐标系 Z 轴原点位置
PR[2,4]=0             // 设定工具坐标系绕 X 轴回转角度
```

```
PR[2,5]=180                // 设定工具坐标系绕 Y 轴回转角度
PR[2,6]=0                  // 设定工具坐标系绕 Z 轴回转角度
UTOOL[1]=PR[2]             // 定义工具坐标系 1
……
```

坐标系设定完成后，在程序中可以直接通过指令 UFRAME_NUM、UTOOL_NUM，定义用户、工件坐标系编号，选定坐标系。例如：

```
UFRAME_NUM=1               // 选定用户坐标系 1
UTOOL_NUM=1                // 选定工具坐标系 1
J  P[1]   50%   FINE       // 机器人在用户坐标系 1 上移动
L  P[2]   200mm/sec  FINE
……
UFRAME_NUM=2               // 选定用户坐标系 2
J  P[1]   50%   FINE       // 机器人在用户坐标系 2 上移动
L  P[2]   200mm/sec  FINE
……
```

3. **定位类型**

FANUC 机器人的到位区间用定位类型（CNT）指定。操作数 CNT 实际上用来规定轨迹连接处（拐角）的减速倍率值，其含义如图 4.1.7 所示。

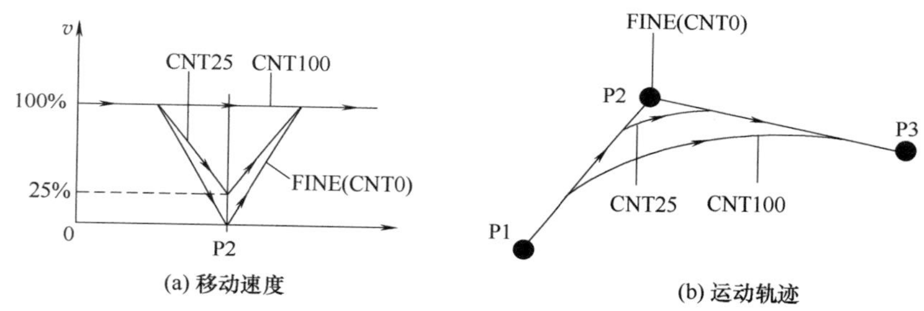

图 4.1.7　CNT 与拐角自动减速

FINE：准确定位。机器人在目标位置停止，控制系统通过到位检测，确认机器人实际位置到达后，才能启动下一指令的移动。

CNT0：停止定位。机器人在目标位置输出减速停止指令，只要指令速度到达 0，随即启动下一指令的移动，控制系统不进行实际位置到位检测和判别。

CNT1～100：控制系统在目标位置附近减速，使机器人 TCP 到达目标位置时的速度，降低至编程速度和 CNT 值（倍率）的乘积后，随即启动下一指令的移动。如指定 CNT100，机器人将进行拐角不减速的连续运动，形成最大的圆角。

当控制系统选配“高性能轨迹恒定控制”功能时，FANUC 机器人的定位点还可通过移动指令附加命令 RT_LD/AP_LD、CR 规定离开/接近定位点的直线移动距离、拐角范围等，有关内容参见后述。

4.2 移动指令附加命令

4.2.1 命令与功能

在 FANUC 机器人上，操作者可根据需要在机器人基本移动指令之后编制附加命令，改

变控制系统、机器人的动作。移动附加命令分基本附加命令和应用附加命令两类，基本附加命令可用于速度、加速度、程序点调整、非移动指令提前/延迟执行、程序跳步等控制；应用附加命令可用于连续回转、机器人移动工件作业等特殊控制以及插补轨迹、到位区间调整等控制。

1. 基本附加命令

FANUC 机器人移动的基本附加命令可用于速度、加速度、程序点调整、非移动指令提前/延迟执行、程序跳步等控制，基本附加命令的名称及主要功能如表 4.2.1 所示。

表 4.2.1　机器人移动基本附加命令说明表

附加命令	名称	功能说明
Wjnt	手腕关节控制	工具姿态调整在终点进行，以避免奇点
ACC n	加减速倍率控制	设定加速度倍率，n 允许 0～150(%)
EV n%	外部轴同步速度控制	外部轴同步运动速度倍率(0%～100%)
Ind EV n%	外部轴独立速度控制	外部轴独立运动速度倍率(0%～100%)
PTH	路径控制	短距离连续移动控制
TIME BEFORE n (TB n)	非移动指令提前执行	n 为提前执行时间
TIME AFTER n (TA n)	非移动指令延迟执行	n 为延迟执行时间
DB n (DB n)	非移动指令提前执行	n 为提前距离
Skip,LBL[i] 或：Skip,LBL[i],PR[i]=LPOS(或 JPOS)	跳步控制	程序跳步，指令执行完成跳转
Offset 或：Offset,PR[i]	位置偏移	程序点偏移
Tool_Offset 或：Tool_Offset,PR[i]	工具偏移	TCP 位置偏移
INC	增量移动	增量移动

在以上基本附加命令中，手腕关节控制 Wjnt、加减速倍率控制 ACCn、外部轴同步/独立控制 EV n%/Ind EV n%、路径控制 PTH 命令的使用简单，简要说明如下，其他命令的说明见后述。

手腕关节控制命令 Wjnt 为直线、圆弧插补附加命令，附加 Wjnt 后，工具的姿态调整将在直线、圆弧插补的终点进行，机器人 TCP 移动移动时将保持姿态不变，以避免奇点。

加速度倍率命令 ACC n 用来改变在系统参数设定加速度，其调整范围为 0～150（%）。降低加速度倍率，会增加机器人的实际移动时间；加速度倍率超过 100%时，可能会导致机械冲击变大。

EV n%用于外部轴同步控制，n%为外部轴移动速度的最大值（百分率）。外部轴同步控制时，机器人 TCP 和外部轴将同时启动、同时停止。如果基本移动指令所指定的机器人 TCP 移动速度和 n%指定的外部轴移动速度不匹配，两者中实际移动时间较长的部件，将按指令速度运动；另一部件的移动速度将自动降低，以保证两者同步到达终点。

Ind EV n%用于外部轴独立控制，n%外部轴移动速度（百分率）。外部轴独立控制时，机器人 TCP 和外部轴可同时启动，但是，机器人 TCP 按基本移动指令所指定的移动速度运动，外部轴按 n%指定的速度运动，先到达终点者先停止。

路径控制 PTH 命令用于短距离连续移动控制，此时，控制系统将根据实际移动距离、速度，自动调整拐角的减速速度（CNT）值，以提高轨迹控制精度和指令执行速度。

在 FANUC 机器人程序中，附加命令可直接编写在基本移动指令之后，例如：

```
……
1 :L  P[2]  200mm/sec  FINE Wjnt    // 手腕关节控制、工具姿态调整在终点进行
2 :J  P[1]  50%  FINE  ACC80         // 加速度调整为系统设定的 80%
3 :J  P[3]  50%  FINE  EV80%         // 外部轴同步运动,移动速度不超过 80%
```

```
4 :J  P[4]  50%  FINE  Ind,EV80%    // 外部轴独立控制,移动速度为 80%
5 :J  P[5]  50%  CNT10  PTH         // CNT 由系统自动控制
……
```

2. 应用附加命令

FANUC 机器人移动的应用附加命令可用于连续回转、机器人移动工件作业等特殊控制以及插补轨迹、到位区间调整等，应用附加命令通常需要选配控制系统的附加功能。应用附加命令的名称及主要功能如表 4.2.2 所示。

表 4.2.2 机器人移动应用附加命令说明表

附加命令	名称	功能说明
RTCP	远程 TCP 控制	工具固定，机器人用来移动工件作业控制
CTV n	连续回转控制	回转轴切换为旋转模式
PSPD n	轨迹恒定移动速度指定	移动速度由 n 指定，但保持轨迹不变
CR n	到位区间(拐角半径)定义	直接定义目标位置到位区间
RT_LD d(Retract_LD)	起始段直线移动距离	保证起始段直线距离插补
AP_LD d(Approach_LD)	结束段直线移动距离	保证结束段直线距离插补
SOFTFLOAT[n]	软浮动控制	启用软浮动控制功能(见后述)

FANUC 应用附加命令中的远程 TCP 控制指令 RTCP，用于工具固定、机器人移动工件的特殊作业控制，可在直线、圆弧插补指令后添加，简要说明如下，其他附加命令的说明详见后述。

当机器人采用工具固定安装、机器人移动工件作业时，工具控制点 TCP 将远离机器人手腕，FANUC 称之为远程 TCP 控制（remote TCP control）或“遥控 TCP”控制。工具固定安装时，作业工具安装简单，重量体积不受机器人限制，但工件需要安装在机器人上，其重量、体积受机器人结构限制，因此，通常用于点焊、冲压等大型工具、小型工件作业。

在 FANUC 机器人上，固定安装工具的 TCP 位置、坐标系方位，需要以全局坐标系为基准设定，工具坐标系可采用用户坐标系设定同样的方法，利用手动数据输入、示教操作进行设定。

在 FANUC 机器人上，采用机器人移动工件作业时，控制系统的工具坐标系需要选择固定工具坐标系（RTCP 坐标系），同时，需要在直线、圆弧插补移动指令后，添加附加命令 RTCP。例如：

```
……
UTOOL_NUM=1                              // 选定固定工具坐标系 1
L  P [1]   100mm/sec  FINE  RTCP         // 工件直线插补移动到 P1 点
C  P [2]
   P [3]   100mm/sec  FINE  RTCP         // 工件圆弧插补移动到 P3 点
……
```

4.2.2 提前/延迟处理与跳步

FANUC 机器人的移动指令可通过基本附加命令来改变指令的正常执行次序，例如，将非移动指令提前、延迟执行、跳过指令剩余行程。命令功能及编程方法如下。

1. 提前/延迟处理命令

在正常情况下，程序自动运行时，控制系统将按指令的编制次序，逐条依次执行规定的动作，因此，当机器人移动指令之后，编制有子程序调用（CALL）、控制信号输出（DO/RO/

GO/AO）等非机器人移动指令时，控制系统同样需要在移动指令执行完成、机器人到达目标位置到达后，才能执行相关指令。这样，不仅会增加程序执行时间、降低作业效率，也无法实现机器人移动和非移动指令的同步控制。为此，需要通过非机器人移动指令提前、延迟执行命令来改变控制系统的执行次序。

FANUC 机器人非移动指令提前处理，可通过提前时间（time before）、提前距离（distance before）两种方式编程，非移动指令延迟处理可通过延迟时间（time after）编程；提前时间的允许编程范围为 0～30s，延迟时间的允许编程范围为 0～0.5s，提前距离的允许编程范围为 0～999.9mm。

非移动指令提前、滞后处理附加命令可直接添加在关节、直线、圆弧插补指令之后，命令的编程示例如下，命令中的子程序调用 CALL、DO/AO 输出指令 DO［1］、AO［1］也可为其他非机器人移动指令。

```
……
J  P[1]  100%   CNT20  TB  5sec,CALL Sprg_1       // 提前 5s 调用程序 Sprg_1
J  P[2]  100%   FINE  TA  0.5sec,DO[1]=ON         // 滞后 0.5s 输出 DO[1]=ON
L  P[3]  80mm/sec  FINE  DB  50mm,AO[1]=180       // 提前 50mm 输出 AO[1]=180
……
```

提前、延迟处理附加命令编程需要注意以下问题。

① 如提前时间大于基本移动指令的机器人运动时间，非机器人移动指令将与基本移动指令同时启动，但不能提前至前一移动指令执行阶段。

② 提前、延迟处理的子程序不能指定运动组，即子程序的运动组应定义为［*，*，*，*，*］；利用位置提前指令 DB n 调用子程序时，子程序可使用自变量。

③ 提前、延迟调用的子程序可与主程序中的机器人移动同步处理，因此可能出现子程序未执行完成、系统已继续主程序后续指令的情况。为避免出现此类情况，FANUC 机器人可通过系统变量的设定，允许或禁止主程序后续指令的执行。

$TIMEBF_VER＝2：子程序执行完成前，禁止执行主程序后续指令。

$TIMEBF_VER＝3：子程序执行完成前，允许执行主程序后续指令。

尽管如此，为保证子程序能够正常执行完成，主程序的最后一条移动指令，原则上也不应使用提前、延迟处理的附加命令。

④ 改变速度倍率将影响机器人移动指令的执行时间，因此，非机器人移动指令的启动位置也将受速度倍率的影响。

⑤ 单步执行附加提前、延迟处理的移动指令时，机器人将在非移动指令的启动点上自动停止，继续下一步时，移动指令、非移动指令同步启动。

⑥ 时间提前、延迟处理附加命令，可与其他大多数附加命令（除 DB、SPOT［i］等指令外）在同一移动指令中同时编程，但是，位置提前附加命令不可与时间提前/延迟指令 TB/TA、增量移动 INC、跳转控制 Skip 同时编程。

⑦ 使用位置提前附加命令后，程序后续的连续移动指令（CNT）不能超过 6 条。

⑧ 使用位置提前附加命令时，需要进行以下系统变量的设定。

$SCR_GRP［1］.$M_POS_ENB：设定为“TRUE”，生效位置提前功能。

$DB_CONDTYP：非移动指令的执行条件，默认值为 1。

$DB_MINDIST：提前位置的最小值，默认为 5mm。

$DB_TOLERENCE：提前位置的允许误差，默认为 0.5mm。

$DB_AWAY_ALM：位置“离开”时的报警设定，“TRUE”发生报警 INTP-295，

“FALSE”取消报警。

$DB_AWAY_TRIG：计算位置“离开”的距离（mm），当机器人 TCP 从最接近目标位置的点离开了变量设定的值，便认为机器人已离开提前位置。

$DB_MOTNEND：“动作结束”监控设定，“TRUE”执行附加动作、发生报警 INTP-297，“FALSE”不执行非移动指令。

$DBCONDTRIG：动作条件不满足时的报警设定，“0”发出 INTP-295 警示、程序继续执行，“1”发出 INTP-293 报警、程序暂停。

$DISTBF_TTS：程序暂停后重新启动指令时的 DB 区域定义，“0”保持原区域不变，“1”DB 区域更改为系统变量 $DB_MINDIST 设定的最小值。

系统变量 $DB_CONDTYP 用来设定系统位置提前指令出现“离开”“通过”“动作结束”动作情况的处理。

所谓“离开”是指连续移动指令中的 CNT 值过大，以至于机器人 TCP 实际不能到达图 4.2.1 所示的 DB 区情况；所谓“通过”是指连续移动指令中的 DB 值设定过小、移动速度过快，机器人瞬间通过了图 4.2.1 所示的 DB 区、导致非移动指令无法在 DB 区执行的情况。所谓“动作结束”是指机器人 TCP 未到达、离开、通过 DB 设定区域，但指令被中断、机器人停止运动的情况。系统变量 $DB_CONDTYP 可设定的值及含义如下。

$DB_CONDTYP=0：机器人 TCP 到达 DB 区时，执行非移动指令；离开、通过 DB 区时，系统发生报警；动作结束时按系统变量 $DB_MOTNEND 的设定处理。

$DB_CONDTYP=1：机器人 TCP 到达、离开、通过 DB 区时，均执行非移动指令；离开 DB 区时，系统发生报警；动作结束时按系统变量 $DB_MOTNEND 的设定处理。

$DB_CONDTYP=2：机器人 TCP 到达、通过 DB 区时，执行非移动指令；离开 DB 区时，系统发生报警；动作结束时按系统变量 $DB_MOTNEND 的设定处理。

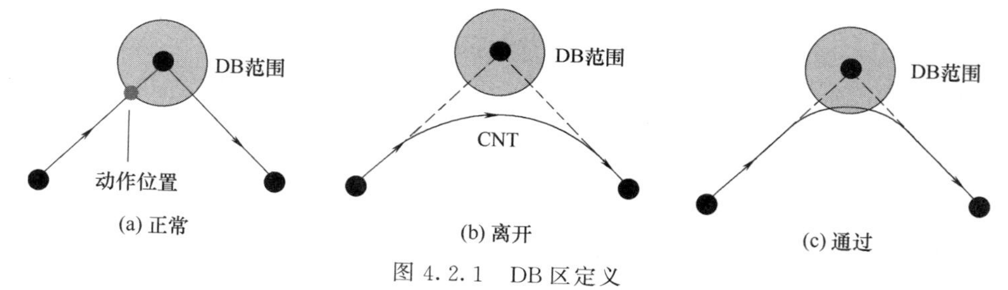

图 4.2.1　DB 区定义

2. 跳步命令

移动附加命令“Skip，LBL [i]”用于直线插补、圆弧插补指令的跳步控制。基本移动指令添加跳步命令后，只要跳步条件（SKIP 条件）满足，控制系统便可立即中断移动指令，机器人减速停止并继续执行下一指令；如 SKIP 条件始终未满足，移动指令正常执行完成后，程序跳转至标记 LBL [i] 处，继续执行。

命令“Skip，LBL [i]”还可根据需要增加跳步点记录功能；跳步点可利用位置暂存器 PR [i]、以“PR [i]=LPOS”或“PR [i]=JPOS”形式读取。增加跳步点记录功能后，如跳步条件满足，系统可立即记录机器人位置，同时以最大制动转矩快速停止机器人运动，实现高速跳步。由于机器人快速停止仍需要一定的距离，因此，暂存器 PR [i] 记录值和机器人实际停止位置将存在误差；作为参考，移动速度 100mm/s 所产生的误差大致在 1.5mm 左右。

附加命令“Skip，LBL [i]”“Skip，LBL [i]，PR [i]=LPOS（或 JPOS）”的跳步条件，可通过“SKIP CONDITION”指令在程序中事先予以定义。

例如，对于下述程序，系统可根据开 DI 信号 DI［1］的状态，实现图 4.2.2 所示的运动。

```
1:SKIP  CONDITION  DI[1]=ON            // 设定 SKIP 条件
2:J  P[1]  100%   FINE                 // 移动到 P1
3:L  P[2]  200mm/sec  FINE
  Skip,LBL[1],PR[5]=LPOS               // P1→P2 高速跳步直线插补,记录位置
4:J  P[3]  50%   FINE                  // 移动到 P3
5:L  P[4]  200mm/sec  FINE             // P3→P4 直线插补
6:LBL[1]                               // 跳转标记
7:J  P[5]  50%   FINE                  // 移动到 P5
……
```

如机器人在 P1→P2 直线插补的过程中，SKIP 条件 DI［1］=ON 满足，系统将立即中止 P1→P2 所剩余的移动，用暂存器 PR［5］记录跳步点的机器人 TCP 位置，并执行 J P［3］指令，使机器人从跳步点关节插补到 P3；随后，进行 P3→P4 直线插补、P4→P5 关节插补运动。

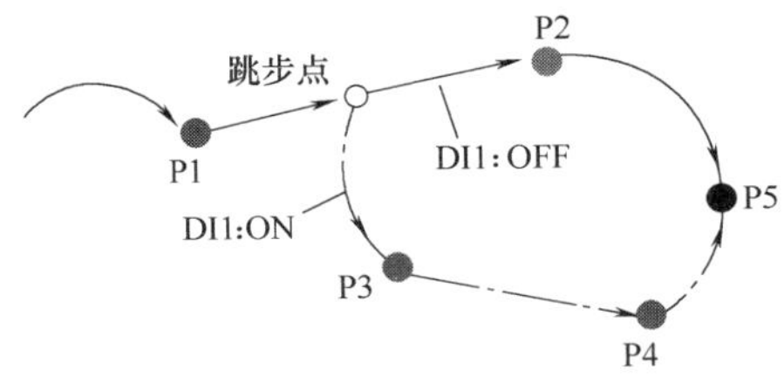

图 4.2.2 跳步控制命令

如机器人在进行 P1→P2 直线插补过程中，DI［1］始终 OFF，系统将在完成 P1→P2 直线插补指令、到达 P2 点后，跳转至标记 LBL［1］处，执行 P2→P5 的关节插补运动。

4.2.3 程序点偏移与增量移动

FANUC 机器人的移动指令可通过基本附加命令来改变程序点位置，或者实现增量移动，相关指令功能及编程方法如下。

1. 程序点偏移命令

移动附加命令 Offset 用于程序点偏移，程序点偏移量需要用位置暂存器 PR［i］指定。程序点偏移附加命令可采用以下两种方式编程。

① 仅添加 Offset 指令，此时，程序点偏移量需要事先利用程序点偏移条件指令“OFFSET CONDITION PR［i］”，在位置暂存器 PR［i］中定义。

程序点偏移量暂存器 PR［i］可为关节位置或机器人 TCP 位置。以关节坐标定义的程序点偏移量，可直接加到移动目标点上，程序点偏移量与编程的坐标系无关。以机器人 TCP 位置定义的偏移量，需要以用户坐标系位置的形式定义，为了保证偏移量与编程坐标系一致，程序点偏移量暂存器 PR［i］的坐标系，通常应定义为当前用户坐标系（UF：F）。位置暂存器 PR［i］用于程序点偏移时，其工具坐标系（UT）、姿态（CONF）数据将被忽略。

② 附加命令以“Offset，PR［i］”的形式编程（直接位置偏移），此时，程序点偏移将直接由位置暂存器 PR［i］定义，指令“OFFSET CONDITION PR［i］”定义的偏移量无效。命令“Offset，PR［i］”将自动选择当前编程的用户坐标系作为位置偏移暂存器 PR［i］的坐标系，PR［i］的工具坐标系（UT）、姿态（CONF）数据同样被忽略。

程序点偏移附加命令的编程示例如下，当位置偏移暂存器 PR［1］及程序中的用户坐标系如图 4.2.3 所示时，执行直线插补指令“L P［2］”时，目标位置 P2 将成为图示的 P2′位置。

```
1:OFFSET  CONDITION  PR[1]             // 位置偏移量设定
2:L  P[1]  100%   FINE                 // 移动到 P1(无偏移)
3:L  P[2]  200mm/sec  FINE Offset      // 程序点偏移,P1→P2'
```

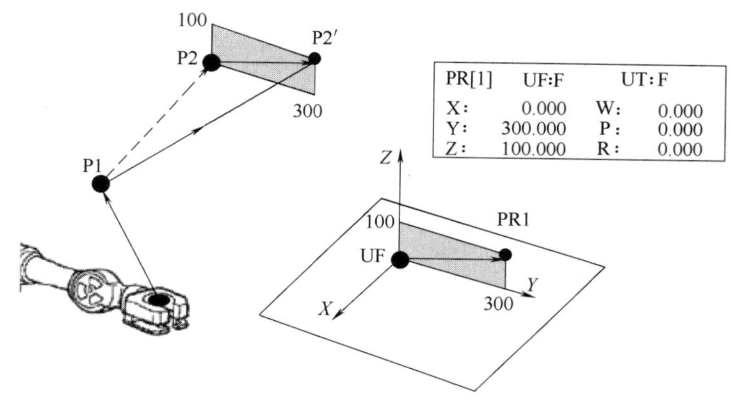

图 4.2.3 程序点偏移命令

图 4.2.3 所示的程序点偏移也可以通过以下直接位置偏移指令实现：

```
1:L  P[1]  100%   FINE                          // 移动到 P1(无偏移)
2:L  P[2]  200mm/sec  FINE Offset,PR[1]         // 位置偏移有效,P1→P2'
……
```

程序点偏移命令一旦编程，将始终保持有效，因此，后续移动指令的目标位置也将产生同样的偏移，直至程序结束或以新的程序点偏移命令替代。

带有程序点偏移附加命令的移动指令，以示教方式输入或修改程序点（目标位置）时，可根据示教器的提示，选择示教点为程序点偏移后的实际位置，或者为不考虑偏移的原始位置。如果指令的目标位置（程序点），以手动数据输入方式直接设定，或者机器人基本设定的“忽略位置补偿指令”设定为“有效”，程序点位置为不考虑偏移的原始位置。

2. TCP 偏移命令

TCP 偏移附加命令 Tool_Offset 又称工具偏移命令，命令用于作业工具的控制点（TCP）位置偏移，TCP 偏移量同样可通过 TCP 偏移条件指令“TOOL_OFFSET CONDITION PR [i]”中的位置暂存器 PR [i] 在程序中事先予以设定，或者直接以“Tool_Offset，PR [i]”的形式编程（直接工具偏移）；采用直接工具偏移时，指令“TOOL_OFFSET CONDITION PR [i]”定义的 TCP 偏移量无效。

TCP 偏移量 PR [i] 为工具坐标系的位置值，为了保证偏移量与程序坐标系对应，利用指令“TOOL_OFFSET CONDITION PR [i]”定义 TCP 偏移量时，应将工具坐标系定义为当前工具坐标系（UT：F）；采用直接工具偏移指令“Tool_Offset，PR [i]”编程时，系统同样可自动选择当前工具坐标系，作为 PR [i] 坐标系。

TCP 偏移附加命令的编程示例如下，当 TCP 偏移暂存器 PR [1] 及当前工具坐标系如图 4.2.4 所示时，执行直线插补指令“L P [2]”，目标位置 P2 将成为图示的 P2′位置。

```
1:TOOL_OFFSET  CONDITION  PR [1]                // 工具偏移量设定
2: L  P [1]   100%   FINE                       // 移动到 P1 (无偏移)
3: L  P [2]   200mm/sec  FINE Tool_Offset       // TCP 偏移, P1→P2'
……
```

图 4.2.4 所示的 TCP 偏移移动也可通过以下直接偏移指令实现：

```
1:L  P[1]  100%   FINE                          // 移动到 P1(无偏移)
```

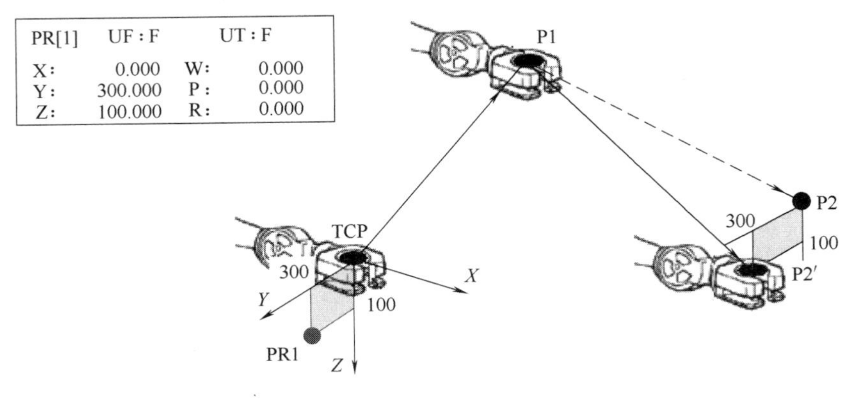

图 4.2.4　TCP 偏移命令

```
2:L  P[2]  200mm/sec  FINE Tool_Offset,PR[1]   // 工具偏移,P1→P2'
......
```

TCP 偏移命令一旦编程，将始终保持有效，因此，后续移动指令的 TCP 位置也将产生同样的偏移，直至程序结束或以新的 TCP 偏移命令替代。

带有 TCP 偏移附加命令的移动指令，以示教方式输入或修改程序点（目标位置）时，可根据示教器的提示，选择示教点为 TCP 偏移后的实际位置，或者为不考虑 TCP 偏移的原始位置。如果指令的目标位置（程序点）以手动数据输入方式直接设定，或者机器人基本设定的“忽略工具坐标补偿指令”设定为“有效”，程序点位置为不考虑 TCP 偏移的原始位置。

3. 增量移动指令

移动附加命令 INC 用于增量移动控制，此时，插补指令中的目标位置数据将成为机器人 TCP 的增量移动距离。增量移动距离可为位置数据，也可使用位置暂存器（PR [i] ）。当增量移动距离以位置数据形式定义时，如使用关节位置，机器人关节轴将直接移动指定的距离，与程序坐标系无关；如使用 TCP 位置，机器人将在当前程序坐标系上，增量移动指定的距离。当增量移动距离以 TCP 位置暂存器（PR [i] ）定义时，如 PR [i] 坐标系与程序坐标系不符，则机器人 TCP 以 PR [i] 坐标系移动 PR [i] 距离。

附加命令的编程示例如图 4.2.5 所示，程序如下。

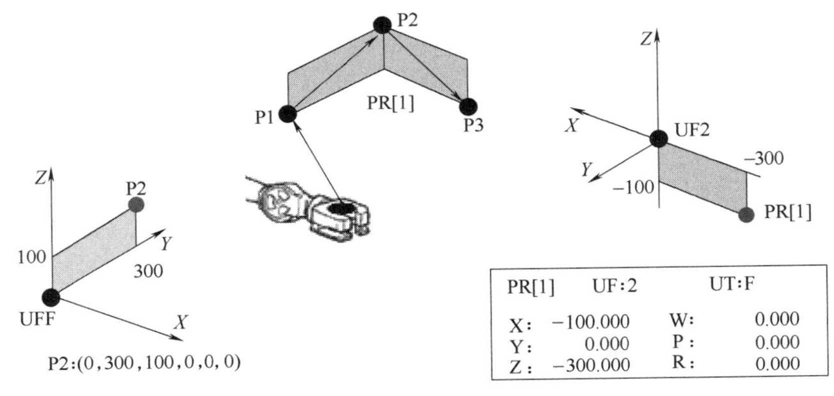

图 4.2.5　增量移动命令

```
1:L  P[1]  100%   FINE                          // 移动到 P1
2:L  P[2]  200mm/sec  INC                       // 增量移动,P1→P2
2:L  PR[1]  200mm/sec  INC                      // 增量移动,P2→P3
……
```

在上述程序中，程序点 P2、位置暂存器 PR［1］的设定如图 4.2.5 所示，因此，执行指令“L P［2］”，机器人将以当前用户坐标系 UFF 为基准，增量移动（0，300，100）；执行指令“L PR［1］”时，机器人将以用户坐标系 UF2 为基准，增量移动（－300，0，－100）。

4.2.4 连续回转与速度调整

1. 连续回转命令

连续回转命令用于机器人回转轴的旋转控制，连续回转轴必须是机械结构允许无限回转的运动轴。连续回转轴一般为机器人的末端轴或外部轴，如 6 轴垂直串联机器人的手回转轴 J6、搬运机器人的工件输送带等。当机器人的末端轴（如 J6 轴）作为连续回转轴时，机器人工具坐标系原点的 X、Y 坐标值应为 0，否则可能导致工具姿态和插补轨迹的不正确。连续回转轴也可利用 JOG 操作实现连续回转。

FANUC 机器人每一运动组允许定义一个连续回转轴，连续回转轴的减速比（电机转速/关节轴转速）应小于 4000。连续回转控制需要通过机器人设定（SETUP）操作事先设定，有关内容可参见后述章节。

FANUC 机器人连续回转轴的使用方法与要求如下。

① 连续回转轴的转速以关节最大回转速度的百分率 n（%）表示，百分率 n 以附加命令 CTVn 的形式附加在移动指令后，n 的编程范围为－100～100（%），负值表示反转；CTV0 为暂停旋转。在多运动组控制系统上，连续回转轴的转速对所有运动组均有效。

② 附加命令 CTVn 同时具有连续回转启动功能，连续回转启动后，执行后续的非移动指令时，轴将继续保持旋转状态；连续回转暂停（命令 CTV0）时，机器人 TCP 可执行 CNT 指定的连续移动动作；但是，取消连续回转轴功能时，机器人的其他轴也必须减速停止。

③ 关节轴执行连续回转时，电机编码器的回转圈数（turn number）计数值将始终保持为“0”；关节轴恢复位置控制时，轴将以－180°～＋180°相对角度捷径定位。

④ 连续回转对程序的单步执行（前进或后退）无效，单步执行程序时，连续回转轴自动成为捷径定位方式。

⑤ 带有连续回转附加命令的移动指令被暂停时，连续回转轴也将停止旋转。程序重新启动时，如机器人的其他轴已到达目标位置，连续回转轴将不再启动旋转；如其他轴尚未到达目标位置，连续回转轴重新启动旋转。

⑥ 连续回转附加命令 CTVn 不能和 Ind EV n%、摆焊等命令同时使用。

⑦ 定义有连续回转轴的运动组，其轨迹恢复（原始路径继续）、正交最短时间控制、轨迹恒定控制功能将成为无效。

连续回转命令 CTVn 只能作为移动指令的附加命令编程，其程序示例如下，机器人运动如图 4.2.6 所示。

```
1:J  P[1]  100%   FINE
2:L  P[2]  80mm/sec  CNT50  CTV80               // 启动连续回转
3:L  P[3]  80mm/sec  FINE                       // 结束连续回转
……
10:J  P[10]  100%   FINE
```

```
11:L  P[11]  80mm/sec  CNT50  CTV80        // 启动连续回转
12:L  P[12]  80mm/sec  CNT60  CTV0         // 暂停连续回转
13:L  P[13]  60mm/sec  FINE                // 结束连续回转
……
20:J  P[20]  100%   FINE
21:J  P[21]  100%   FINE  CTV80            // 启动连续回转
22:WAIT 10.0sec                            // 暂停 10s,连续回转
23:L  P[22]  60mm/sec  FINE                // 结束连续回转
……
```

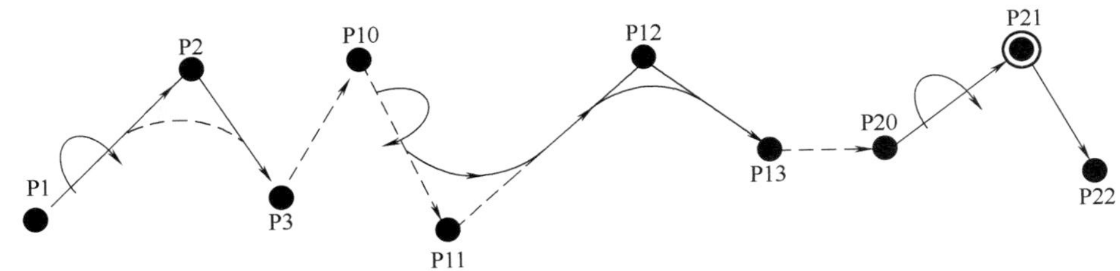

图 4.2.6　连续回转命令

在以上程序中，因指令行 2 启动了连续回转轴，机器人在进行 P1→P2 直线插补移动时，连续回转轴将持续旋转；而指令行 3 结束了连续回转动作，机器人需要在 P2 点减速停止，然后才能进行 P2→P3 直线插补，故 P2 点的 CNT50 连续移动将无法实现。

随后，因指令行 11 启动了连续回转轴，机器人在进行 P10→P11 直线插补移动时，连续回转轴将持续旋转；但是，由于指令行 12 只是以 CTV0 暂停了连续回转动作，机器人无需在 P11 点减速停止，因此，机器人将在 P11 点进行 CNT50 的连续移动。指令行 13 再次结束了连续回转动作，机器人需要在 P12 点减速停止后，才能进行 P12→P13 直线插补，P12 点的 CNT60 连续移动无法实现。

对于指令行 20～23，指令行 21 启动了连续回转轴，机器人在进行 P20→P21 关节插补移动时，连续回转轴将持续旋转；指令行 22 为非移动指令，连续回转轴保持旋转 10s，直至执行指令行 23 时结束连续回转动作。

2. 速度调整命令

速度调整命令 PSPDn 是用来改变机器人移动速度的附加命令，在 FANUC 说明书中，译为“处理速度高速化功能”。基本移动指令附加 PSPDn 命令后，可以改变机器人的移动速度，但不会改变机器人 TCP 的运动轨迹，因此，连续移动指令的拐角轨迹等都可保持不变，这是它与其他速度调整方式的区别。使用速度调整附加命令，需要选配 FANUC 高性能轨迹恒定控制功能，且不能与速度预测等功能同时使用。

附加命令 PSPDn 可用于机器人的全部移动指令，如机器人关节、直线、圆弧插补及外部轴运动指令等。PSPDn 可直接添加在机器人移动指令后，n 为速度调整倍率（%）；PSPD100 相当于不使用附加命令。利用命令 PSPDn 调整后的机器人运动速度，不能超过最大移动速度，如选择低速示教操作（操作模式 T1），调整后的速度也不能超过低速示教最高速度。

PSPDn 命令的功能及编程示例如图 4.2.7 所示。

图 4.2.7（a）为机器人执行如下基本直线插补指令时的运动轨迹，机器人以 100mm/s 的速度移动、拐角。

```
J  P[1]  100%   FINE
```

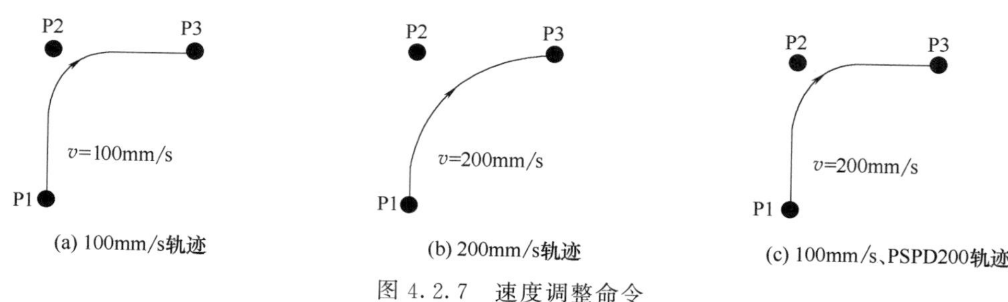

(a) 100mm/s轨迹　(b) 200mm/s轨迹　(c) 100mm/s、PSPD200轨迹

图 4.2.7　速度调整命令

```
L  P[2]  100mm/sec  CNT100              // 100mm/s 移动、拐角
L  P[3]  100mm/sec  FINE
……
```

图 4.2.7 (b) 为机器人执行如下基本直线插补指令时的运动轨迹，机器人以 200mm/s 的速度移动、拐角。

```
J  P[1]  100%   FINE
L  P[2]  200mm/sec  CNT100              // 200mm/s 移动、拐角
L  P[3]  200mm/sec  FINE
……
```

图 4.2.7 (c) 为机器人执行如下带 PSPDn 附加命令时的直线插补运动轨迹，机器人的移动速度为 200mm/s，但拐角轨迹与 100mm/s 一致。

```
J  P[1]  100%   FINE
L  P[2]  100mm/sec  CNT100  PSPD200  // 200mm/s 移动,拐角与 100mm/s 一致
L  P[3]  200mm/sec  FINE
……
```

4.2.5 直线运动与拐角控制

1. 直线运动控制命令

直线轨迹控制附加命令用来规定连续执行机器人直线插补指令时必须保证的直线段长度，当插补起始段需要保证直线时，应使用附加命令 RT_LD*d* (Retract_LD)；当结束段需要保证直线时，应使用附加命令 AP_LD*d* (Approach_LD)。

使用直线轨迹控制附加命令时，机器人控制系统需要选配 FANUC 的“高性能轨迹恒定控制”附加功能，并且不能与连续回转、速度预测、直线最高速插补、协调控制、摆焊等功能同时使用。直线轨迹控制命令可用于多运动组控制，附加命令用于多运动组控制时，需要将系统变量 $LDCFG. $group_msk 设定为 3。

直线轨迹控制附加命令只对机器人 TCP 的连续直线插补指令有效，对旋转轴、外部轴以及定位类型为 FINE 的准确定位直线插补、关节插补、圆弧插补指令均无效。当直线轨迹控制附加命令和下述的拐角控制附加命令同时编程时，系统将优先保证直线移动距离。

直线轨迹控制附加命令 RT_LD*d*、AP_LD*d* 可直接添加在带 CNTn 的连续移动直线插补指令 L 之后，直线移动距离 *d* 的单位为 mm。附加 RT_LD*d* 指令时，如机器人的直线插补移动距离大于 *d*，机器人从起点出发时，必须保证有长度为 *d* 的直线插补段；如机器人的直线插补移动距离小于等于 *d*，指令中的 CNTn 将无效，系统自动选择 FINE 定位。附加有 AP_LD*d* 指令时，如机器人的直线插补移动距离大于 *d*，机器人到达终点前，必须保证有长度为 *d* 的直线移动；如机器人的直线插补移动距离小于等于 *d*，起点处的 CNTn 将无效，系统自动选择

FINE 定位。

RT_LD*d*、AP_LD*d* 指令的功能及编程示例如图 4.2.8 所示。

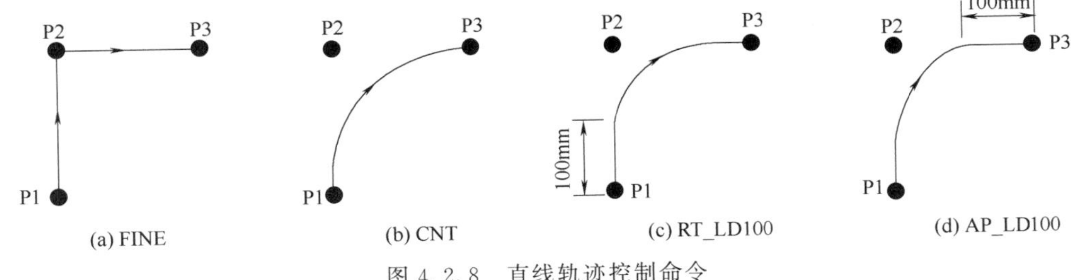

图 4.2.8　直线轨迹控制命令

图 4.2.8（a）为机器人执行如下准确定位（FINE 定位）直线插补指令时的运动轨迹，机器人从 P1→P2→P3 的移动轨迹总是为直线，中间点 P2 准确定位、无拐角。

```
J  P[1]  100%   FINE
L  P[2]  200mm/sec  FINE              // 不使用附加命令,FINE 定位
L  P[3]  200mm/sec  FINE
……
```

图 4.2.8（b）为机器人执行如下连续移动（CNTn 定位）直线插补指令时的运动轨迹，机器人进行 P1→P2→P3 移动时，中间点 P2 按 CNT 要求拐角。

```
J  P[1]  100%   FINE
L  P[2]  200mm/sec  CNT100            // 不使用附加命令,CNT 定位
L  P[3]  200mm/sec  FINE
……
```

图 4.2.8（c）为机器人执行如下带附加命令 RT_LD*d* 的连续移动直线插补指令时的运动轨迹，机器人由 P1→P2 移动时，需保证起始段有 100mm 的直线运动。

```
J  P[1]  100%   FINE
L  P[2]  200mm/sec  CNT100  RT_LD100 // 带附加命令 RT_LD
L  P [3]   200mm/sec  FINE
……
```

图 4.2.8（d）为机器人执行如下带附加命令 AP_LD*d* 的连续移动直线插补指令时的运动轨迹，机器人由 P2→P3 移动时，需保证结束段有 100mm 的直线运动。

```
J  P[1]  100%   FINE
L  P[2]  200mm/sec  CNT100
L  P[3]  200mm/sec  CNT100  AP_LD100 // 带附加命令 AP_LD
……
```

2. 拐角控制命令

拐角控制命令用来规定机器人进行直线或圆弧插补连续移动时的拐角半径，拐角半径以附加命令 CR*y* 的形式添加在直线、圆弧插补指令后，它可取代定位类型 CNTn，实现拐角半径可定义的连续移动。

使用拐角控制附加命令时，控制系统需要选配 FANUC“高性能轨迹恒定控制”附加功能，并且不能与速度预测、跟随控制、固定工具控制等功能同时使用。拐角控制命令可用于多运动组控制，命令用于多运动组控制时，需要将系统变量 $LDCFG. $group_msk 设定为 3。

拐角控制附加命令只对机器人 TCP 的直线、圆弧插补指令有效，对机器人关节插补及旋转轴、外部轴无效。当拐角控制命令和直线轨迹控制命令同时编程时，系统优先保证直线轨迹控制。

拐角控制附加命令 CRy 可添加在直线、圆弧插补指令之后，拐角半径 y 的单位为 mm。以 CRy 命令规定拐角时，如 y 值大于插补轨迹长度的 1/2，系统将自动选择插补轨迹长度的 1/2 作为拐角半径 y。

CRy 命令的功能及编程示例如图 4.2.9 所示。

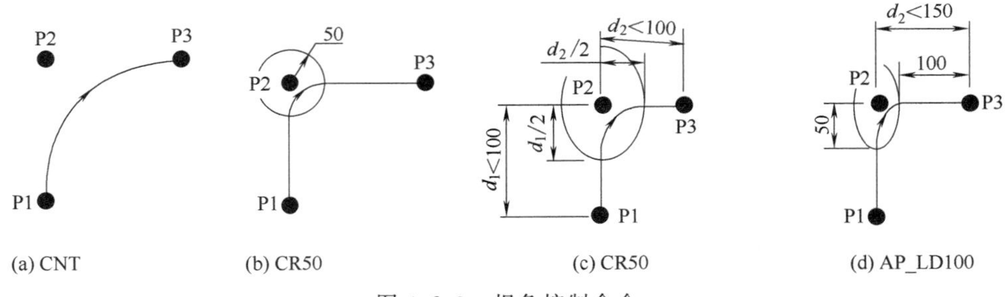

图 4.2.9 拐角控制命令

图 4.2.9（a）为机器人执行如下 CNT 定位直线插补指令的运动轨迹，机器人从 P1→P2→P3 的移动时，中间点 P2 按 CNT 要求拐角。

```
J  P[1]  100%    FINE
L  P[2]  200mm/sec  CNT100               // 不使用附加命令,CNT 定位
L  P[3]  200mm/sec  FINE
……
```

图 4.2.9（b）为 P1→P2、P2→P3 的距离均大于 100mm 时，机器人执行如下带附加命令 CR50 的直线插补轨迹，机器人在中间点 P2 的 50mm 圆周区域拐角。

```
J  P[1]  100%    FINE
L  P[2]  200mm/sec  CR50                 // 使用附加命令,CR50 拐角
L  P[3]  200mm/sec  FINE
……
```

图 4.2.9（c）为 P1→P2 距离 d_1、P2→P3 距离 d_2 均小于 100mm 时，机器人如下执行带附加命令 CR50 的直线插补轨迹，机器人在 P2 的 $d_1/2$、$d_2/2$ 椭圆区域（或圆周）拐角。

```
J  P[1]  100%    FINE
L  P[2]  200mm/sec  CR50                 // 使用附加命令,CR50 拐角
L  P[3]  200mm/sec  FINE
……
```

图 4.2.9（d）为 P2→P3 距离 d_2 小于 150mm 时，机器人执行如下带附加命令 CR50、AP_LD50 的直线插补轨迹，机器人 P2→P3 移动时，优先保证 P3 的直线移动距离 100mm，因此，P2→P3 的拐角区域被限定在（d_2−100）mm 的范围内。

```
……
J  P[1]  100%    FINE
L  P[2]  200mm/sec  CR50                 // 使用附加命令,CR50 拐角
L  P[3]  200mm/sec  CNT100  AP_LD50      // 带附加命令 AP_LD
……
```

4.3 输入/输出指令

4.3.1 I/O 信号分类

I/O 信号用于机器人辅助部件的状态检测与控制，信号的数量、连接方式及名称、极性等需要通过控制系统的 I/O 设定操作定义，有关内容详见后述章节。

FANUC 机器人控制系统的 I/O 信号总体可分通用 I/O、专用 I/O 两类，在此基础上，还可根据信号形式、功能，分若干小类；不同类别的信号在程序中的编程方法有所不同。

1. 通用 I/O

通用 I/O（general-purpose I/O）是可供用户自由使用的 I/O 信号，信号的数量、功能在不同机器人上有所不同。通用 I/O 信号一般包括 DI/DO、GI/GO、AI/AO 三类。

① 通用 DI/DO 信号。DI/DO 是通用开关量输入/输出（data inputs/outputs）信号的简称；DI/DO 信号的功能、用途可由机器人生产或使用厂家规定。DI/DO 数量与控制系统的硬件配置有关，配置 I/O 接口模块（process I/O CA/CB）的标准系统为 40/40 点输入/输出，其中，18/20 点定义为下述的系统专用远程控制信号 UI/UO；剩余的 22/20 点 DI/DO 可作为通用 DI/DO 信号使用。在程序中，DI/DO 信号可通过逻辑指令进行状态读入、输出、运算及比较、判断等操作。

② 通用 GI/GO 组信号。GI/GO 是通用开关量输入/输出组信号（group inputs/outputs）的简称，它可利用字节、字等多位逻辑逻辑运算指令，进行成组处理。GI/GO 信号可由 2～16 个地址连续的 DI/DO 信号组合而成，DI/DO 信号的数量、起始地址，需要通过 I/O 设定操作设定。在程序中，GI/GO 信号可用十进制、十六进制正整数的形式读入、输出，进行算术运算、多位逻辑运算、比较、判断等操作。

③ 通用 AI/AO 信号。AI/AO 是通用模拟量输入/输出（analog inputs/outputs）信号的简称，AI/AO 信号的功能、用途可由机器人生产或使用厂家规定。AI/AO 信号数量与控制系统的硬件配置有关，配置 I/O 接口模块（process I/O CA/CB）的标准系统为 6/2 通道。在程序中，AI/AO 信号可用数值的形式读入、输出，进行算术运算、比较、判断等操作。

2. 专用 I/O

专用 I/O（specialized I/O）是控制系统生产厂家已定义用途的专门输入/输出信号，信号的数量、功能由系统生产厂家规定，用户不可再作为其他用途。FANUC 机器人控制系统的专用 I/O 信号主要有以下几类。

① RI/RO 信号。RI/RO 是机器人输入/输出信号（robot I/O）的简称，这是专门用于机器人本体、工具控制的开关量输入/输出信号，例如，硬件超程（＊ROT）、气压检测（＊PPABN）、夹爪断裂（＊HBK）等。FANUC 机器人的 RI/RO 信号通过伺服控制板（servo amplifier）连接，信号的数量、功能在不同机器人上有所不同，编程时需要参照说明书进行。在程序中，SI/SO 信号可通过逻辑指令进行状态读入、输出、运算及比较、判断等操作。

② UI/UO 信号。UI/UO 是远程（remote）开关量输入/输出控制信号（UOP inputs/outputs）的简称，信号专门用于自动操作模式的程序 RSR/PNS 运行控制，数量为 18/20 点。信号在系统设定（config）的设定项“UI 信号使能（ENABLE UI SIGNAL）”选择“TURE”，系统变量（Variables）远程主站（$RMT_MASTER）设定为远程控制（$RMT_MASTER＝0，Remote）时有效。

UI/UO 信号可通过 I/O 接口模块（process I/O）（标准系统）或分布式 I/O 单元（复杂

系统）连接，其连接地址、名称可通过 I/O 设定操作设定，但是，信号功能、用途由控制系统生产厂家规定，UO 信号的输出状态由控制系统自动生成，因此，在程序中，UI/UO 信号可以进行状态读入操作，但不能用输出指令设定 UO 状态。

③ SI/SO 信号。SI/SO 信号是操作面板开关量输入/输出信号（SOP inputs/outputs）的简称，信号专门用于控制柜操作面板（operator's panel）的按钮、指示灯连接与控制，信号功能、用途由控制系统生产厂家规定，因此，在程序中，UI/UO 信号可以进行状态读入操作，但不能用输出指令设定 SO 状态。

3. UI/UO、SI/SO 信号

UI/UO、SI/SO 是有控制系统生产厂家规定功能、用途的 I/O 信号，在程序中，可利用暂存器 R [i] 读取其状态，但不能用输出指令改变 UO、SO 信号的输出状态。UI/UO、SI/SO 一般使用控制系统出厂默认的地址、名称。

FANUC 机器人 UI/UO、SI/SO 信号的地址、名称、功能如表 4.3.1、表 4.3.2 所示。

表 4.3.1 FANUC 机器人 UI/UO 信号说明表

地址	名称	功能说明
UI[1]	* IMSTP	急停。常闭型输入，正常为 ON；输入 OFF，机器人急停
UI[2]	* HOLD	进给保持。常闭型输入，正常为 ON；输入 OFF，程序运行暂停
UI[3]	* SFSPD	安全信号。安全栅栏门开关常闭输入，门打开时 OFF，程序停止
UI[4]	CSTOPI	循环停止(cycle stop)。程序强制结束，预约清除
UI[5]	FAULT_RESET	故障复位(fault reset)。清除报警，系统复位
UI[6]	START	循环启动。启动程序自动运行，下降沿有效
UI[7]	HOME	回参考点(HOME)信号，需要设置宏程序
UI[8]	ENBL	运动使能信号(enable)，信号 ON 时允许执行机器人移动指令
UI[9]～[16]	RSR1～RSR8	RSR 程序自动运行预约启动信号(程序选择及启动)
	或：PNS1～PNS8	PNS 程序自动运行程序号选择信号
UI[17]	PNSTROBE	PNS 选通信号
UI[18]	PROD_START	程序启动。启动 PNS 程序或示教器选定程序的自动运行，下降沿有效
UO[1]	CMDENBL	命令使能，程序远程运行准备好
UO[2]	SYSRDY	系统准备好
UO[3]	PROGRUN	程序自动运行中
UO[4]	PAUSED	程序暂停
UO[5]	HOLD	进给保持
UO[6]	FAULT	系统报警
UO[7]	ATPERCH	机器人到位
UO[8]	TPENBL	示教器使能(TP 开关 ON)
UO[9]	BATALM	电池报警
UO[10]	BUSY	通信进行中
UO[11]～[18]	ACK1～ACK8	RSR1～8 接收应答信号(脉冲)
	或：SNO1～SNO8	当前生效的 PNS 程序号输出
UO[19]	SNACK	PNS 接收应答信号
UO[20]	Reserved	预留

表 4.3.2 FANUC 机器人 SI/SO 信号说明表

地址	名称	功能说明
SI[0]		不使用
SI[1]	FAULT_RESET	故障清除，控制柜操作面板 FAULT_RESET 按钮输入

续表

地址	名称	功能说明
SI[2]	REMOTE	远程控制，信号可通过系统设定(config)的操作选项"设定控制方式"设定如下： 外部控制：远程运行方式，设定 SI[2]信号 ON；机器人可通过 UI/UO 信号控制程序自动运行 单独运转：本地运行方式，设定 SI[2]信号 OFF；机器人可通过示教器选择程序、用控制柜面板的 START 按钮(SI[6])启动自动运行 外部信号：SI[2]连接外部信号，信号地址可通过系统设定(config)的操作选项"外部信号(ON：遥控)"设定；控制柜操作面板不安装此开关
SI[3]	* HOLD	进给保持，常闭型信号，机器人减速停止及程序暂停时 OFF，其他情况为 ON；控制柜操作面板不安装此按钮，状态可通过指令程序读入
SI[4]	USER # 1	用户自定义按钮 1，用于宏指令手动执行操作；控制柜操作面板不安装此开关
SI[5]	USER # 2	用户自定义按钮 2，用于宏指令手动执行操作；控制柜操作面板不安装此开关
SI[6]	START	本地运行启动，控制柜操作面板 START 按钮输入，启动示教器选定，暂停程序的自动运行，下降沿有效
SI[7]		不使用
SO[0]	REMOTE_LED	远程运行生效信号，远程运行条件满足时 ON；控制柜操作面板不安装此指示灯，状态可通过指令程序读入
SO[1]	CYCLE_START	循环启动信号，程序自动运行或通信处理时 ON；控制柜操作面板不安装此指示灯，状态可通过指令程序读入
SO[2]	HOLD	进给保持信号，程序自动运行暂停时 ON；控制柜操作面板不安装此指示灯，状态可通过指令程序读入
SO[3]	FAULT_LED	控制柜操作面板报警指示灯信号，控制系统报警时输出 ON
SO[4]	BATTERY_ALARM	后备电池报警信号，电池电压不足或失效时 ON；控制柜操作面板不安装此指示灯，状态可通过指令程序读入
SO[5]	USER # 1	用户自定义指示信号 1，通常用于宏指令手动执行操作；控制柜操作面板不安装此指示灯，状态可通过指令程序读入
SO[6]	USER # 2	用户自定义指示信号 2，通常用于宏指令手动执行操作；控制柜操作面板不安装此指示灯，状态可通过指令程序读入
SO[7]	TPENBL	示教器操作有效信号，示教器 TP 开关处于 ON 状态；控制柜操作面板不安装此指示灯，状态可通过指令程序读入

4.3.2 I/O 指令与编程

1. 指令与功能

FANUC 机器人的 I/O 指令分状态读入与输出两类。状态读入指令可用于所有 I/O 信号，信号状态可通过暂存器 R [i] 读取与保存，也可直接作为暂存器 R [i]、PR [i，j] 的运算数，在简单表达式、复合运算式中使用。状态输出指令只能用于系统通用 DO、GO、AO 及机器人专用 RO 的输出控制；DO、RO 信号还能以脉冲的形式输出。

FANUC 机器人程序可使用的 I/O 指令名称及功能如表 4.3.3 所示。

表 4.3.3 FANUC 机器人 I/O 指令表说明表

类别与名称		指令	功能说明
读入	DI/DO 读入	R[i]=DI[i]或 DO[i]	信号 ON，R[i]=1；信号 OFF，R[i]=0
	GI/GO 读入	R[i]=GI[i]或 GO[i]	信号状态成组读入，R[i]以十进制正整数格式表示
	AI/AO 读入	R[i]=AI[i]或 AO[i]	AI/AO 数值读取
	RI/RO 读入	R[i]=RI[i]或 RO[i]	信号 ON，R[i]=1；信号 OFF，R[i]=0
	SI/SO 读入	R[i]=SI[i]或 SO[i]	信号 ON，R[i]=1；信号 OFF，R[i]=0
	TCP 速度读入	R[i]=(TCP_SPD[n])	读入 TCP 速度模拟量(选择功能)

续表

类别与名称		指令	功能说明
输出	DO 输出	DO[i]=ON 或 OFF	直接输出 ON 或 OFF 状态
		DO[i]=R[i]	利用暂存器控制输出，R[i]=0，DO[i]=OFF；R[i]≠0，DO[i]=ON
	DO 脉冲输出	DO[i]=PULSE，n sec	n：输出脉冲宽度(0.1～25.5s)；未指定宽度时，脉冲宽度由系统参数 $DEFPULSE 设定
	GO 输出	GO[i]=十进制正整数	直接指定 GO[i]的输出状态
		GO[i]=R[i]	利用暂存器指定 GO[i]状态(R[i]为十进制正整数)
	AO 输出	AO[i]=常数	直接指定 AO[i]输出值
		AO[i]=R[i]	利用暂存器 R[i]指定 AO[i]输出值
	RO 输出	RO[i]=ON 或 OFF	直接指定 ON 或 OFF 状态
		RO[i]=R[i]	利用暂存器控制输出，R[i]=0，RO[i]=OFF；R[i]≠0，RO[i]=ON
	RO 脉冲输出	RO[i]=PULSE，n sec	n：输出脉冲宽度(0.1～25.5s)；未指定宽度时，脉冲宽度由系统参数 $DEFPULSE 设定
	控制点输出	PS n t DO[i]=ON(或 OFF、逻辑运算式)	n：控制点位置(mm)。m：超前/滞后时间(sec)
	控制点条件输出	PS n t IF(condition) DO[i]=ON(或 OFF，逻辑运算式)	n：控制点位置(mm)。m：超前/滞后时间(sec)。condition：条件式

2. 编程示例

FANUC 机器人的 I/O 指令编程示例如下。

```
……
R[1]=DI[1]              // DI 状态读入
R[2]=DO[1]              // DO 状态读入
R[3]=RI[1]              // RI 状态读入
R[4]=RO[1]              // RO 状态读入
R[5]=AI[1]              // AI 状态读入
R[6]=AO[1]              // AO 状态读入
R[8]=GI[1]              // DI 状态成组读入
R[9]=GO[1]              // DO 状态成组读入
R[20]=(TCP_SPD[1])      // TCP 速度模拟量读入
……
DO[1]=ON                // DO 输出
RO[1]=OFF               // RO 输出
DO[2]=R[1]              // R[1]=0,DO[1]输出 OFF;R[1]≠0,DO[1]输出 ON
RO[2]=R[1]              // R[1]=0,RO[2]输出 OFF;R[1]≠0,RO[2]输出 ON
GO[1]=7                 // DO 成组输出(0000 0111)
GO[1]=R[2]              // DO 成组输出,R[2]为十进制正整数
AO[1]=500               // AO 输出
AO[1]=R[3]              // AO 输出
……
DO[1]=PULSE,1.0sec                // DO[1]输出 1.0s 脉冲信号
RO[1]=PULSE,1.0sec                // RO[1]输出 1.0s 脉冲信号
```

```
……
R[R[10]]=RI[R[11]]                    // 间接寻址读入 RI 状态
R[12]=24+GO[1]                        // GO[1]作为暂存器 R[12]的运算数
PR[10,1]=200*GI[2]*DI[2]              // GI[2]、DI[2]作为暂存器 PR[10,1]的运算数
……
```

在 FANUC 机器人上，操作数可利用 IF 指令实现条件赋值，因此，使用条件指令，可进行 DO、GO、AO、RO 的条件输出（脉冲）控制。例如：

```
IF(DI[1]),DO[1]=ON          // DI[1]为 ON,DO[1]输出 ON
IF(DI[2]),DO[1]=PULSE       // DI[2]为 ON,DO[1]输出脉冲
……
```

条件输出指令后台允许时，脉冲输出指令默认的脉冲宽度将成为后台程序循环扫描时间(8ms)。

3. TCP 速度输出

TCP 速度模拟量输出为 FANUC 机器人控制系统选择功能，它需要选配系统的速度模拟量输出功能选件。功能生效时，机器人 TCP 的运动速度可直接转换为模拟电压，并在指定的 AO 通道输出。TCP 速度模拟量输出只对机器人运动组 1 有效，并且只能在机器人实际运动时输出。

机器人 TCP 的速度模拟量保存在 TCP 速度暂存器 TCP_SPD［n］上，暂存器 TCP_SPD［n］是由系统自动生成的只读存储器，其值可用复合运算式读取，并作为程序中的复合运算数使用，但不能利用输出指令改变。

机器人的 TCP 速度可同时转换成多个不同数值的模拟量输出信号（最多 10 个），不同的 TCP 速度模拟量以 TCP_SPD［n］中的条件号 n 区分。TCP 速度模拟量和机器人 TCP 速度间的变换关系，可通过系统的 I/O 操作菜单（I/O），在 TCP 速度输出（TCP speed output）页面设定，有关内容可参见本书后述的系统设定操作章节。

TCP 速度模拟量输出的编程示例如下。

```
……
R[1]=(TCP_SPD[1])                     // 速度模拟量读入 R[1]
AO[1]=(TCP_SPD[1])                    // 速度模拟量直接输出
……
R[2]=(R[1]/10-0.5)                    // 复合运算式处理速度模拟量
AO[2]=R[2]                            // 输出速度模拟量处理结果
……
```

4. 控制点输出指令

在作业程序中，控制系统 I/O 信号的状态读入与输出，既可用单独的指令行编程与控制，还可在机器人关节、直线、圆弧插补的移动过程中执行，以实现机器人和辅助部件的同步动作。这一功能可用于点焊机器人的焊钳开合、电极加压、焊接启动、多点连续焊接以及弧焊机器人的引弧、熄弧等诸多控制场合。

机器人关节、直线、圆弧插补轨迹上需要控制 I/O 的位置，称为 I/O 控制点或触发点(trigger point)，简称控制点。在作业程序中，控制点可以是关节、直线、圆弧插补轨迹的终点（目标位置），也可以是插补轨迹上的任意位置。

FANUC 机器人的控制点输出指令 PS，通常需要与附加有子程序提前调用命令的移动指

令配套使用，控制点输出指令需要在子程序中编程，每一子程序最多可编制 20 条 PS 指令。PS 指令的编程格式如下。

```
PS n t  DO[i]=ON(或 OFF、逻辑运算式)                      // 控制点输出
PS n t  IF(condition),DO[i]=ON(或 OFF、逻辑运算式)       // 控制点条件输出
```

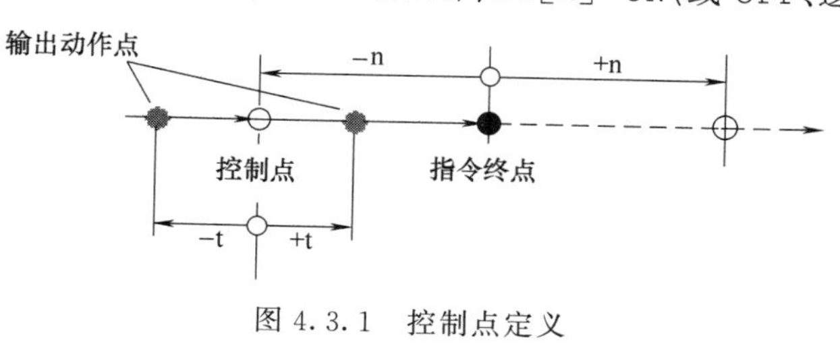

图 4.3.1 控制点定义

PS 指令中的 n、t 的含义如图 4.3.1 所示。n 为控制点离基本移动指令终点的距离，负值代表超前、正值代表滞后；t 为输出动作的超前/滞后时间，负值为超前、正值为滞后。如控制点提前终点的距离超过了移动指令的行程，则输出动作在本移动指令的起点执行；如控制点滞后终点的距离超过了下一移动指令的行程，则输出动作在下一移动指令的终点执行。

控制点输出指令编程示例如下。

主程序：

```
……
L  P[1]  200mm/sec FINE DB 300mm,CALL Trigout        // 移动指令
……
```

子程序：

```
Trigout
1:PS-100mm+0.2sec DO[1]=ON                               // 控制点输出
2:PS-150mm-0.2sec IF(DI[1]),DO[2]= DI[2]AND ! DI[3] // 控制点条件输出
……
[END]
```

在以上指令中，主程序的直线插补指令 L P [1] 附加有距离提前命令 DB300mm，因此，可以在到达终点 P1 前 300mm 处调用子程序 Trigout。

子程序 Trigout 的指令行 1 用于 DO [1] 输出。指令设定的控制点位置为终点 P1 前 100mm 处，DO [1] 输出 ON 的动作延迟为 0.2s（滞后 40mm）；因此，实际 DO [1] 输出 ON 的位置将位于机器人直线插补终点 P1 前 60mm 处。

子程序 Trigout 的指令行 2 用于 DO [2] 条件输出。指令设定的控制点位置为终点 P1 前 150mm 处，动作提前 0.2s（提前 40mm）；因此，实际 DO [2] 条件输出的位置将位于终点 P1 前 190mm 处。DO [2] 的输出决定于 DI [1] 的状态，如 DI [1] 为 ON，DO [2] 将输出“DO [2]=DI [2] AND ! DI [3]”的运算结果（ON 或 OFF）；如 DI [1] 为 OFF，DO [2] 状态保持不变。

4.4 系统设定与控制指令

4.4.1 运行条件与系统参数设定

1. 指令与功能

FANUC 机器人的运行条件设定指令可用于程序自动时的程序点偏移、坐标系、移动速度等基本参数的设定，指令的名称与功能如表 4.4.1 所示。

表 4.4.1 程序运行条件设定指令编程说明表

类别		指令代码	名称	功能
运行条件设定	条件设定	OFFSET CONDITION	程序点偏移	程序点偏移量设定
		TOOL_OFFSET CONDITION	TCP 偏移	TCP 偏移量设定
		SKIP CONDITION	跳步条件	程序跳步条件设定
	坐标设定	UFRAME	用户坐标系	设定用户坐标系
		UFRAME_NUM	用户坐标系号	选择用户坐标系
		UTOOL	工具坐标系	设定工具坐标系
		UTOOL_NUM	工具坐标系号	选择工具坐标系
	速度设定	OVERRIDE	速度倍率	设定插补速度倍率
		JOINT_MAX_SPEED [i]	最大关节速度	设定关节轴最大速度
		LINEAR_MAX_SPEED	最大线速度	设定 TCP 最大速度
负载及碰撞保护设定	负载设定	PAYLOAD [i]	机器人负载	选择机器人负载参数
	碰撞保护设定	COL DETECT ON	碰撞保护生效	碰撞保护生效
		COL DETECT OFF	碰撞保护撤销	碰撞保护撤销
		COL GUARD ADJUST	碰撞保护灵敏度	碰撞保护灵敏度设定
参数设定	参数设定	$	系统参数（变量）	系统参数（变量）设定

程序点偏移、TCP 偏移、跳步条件设定指令一般以附加命令的形式直接添加在基本移动指令之后；用户坐标系、工具坐标系设定、选择指令用于作业程序坐标系、工具的设定与选择，指令的编程格式与要求可参见前述的移动指令附加命令说明。其他设定指令的功能与编程要求如下。

2. 速度倍率设定

速度倍率设定指令 OVERRIDE 可用于程序移动速度的一次性调整，指令有效范围内的全部速度均将按 OVERRIDE 指令所规定的倍率调整。指令的速度倍率可用常数、暂存器 R [i] 或自变量 AR [i] 的形式定义，单位为%。指令的编程格式如下：

```
……
OVERRIDE=80                        // 速度倍率设定 80%
J  P[1]  100%   FINE               // 实际关节插补速度调整为 80%
L  P[2]  200mm/sec  FINE           // 实际直线插补速度调整为 160mm/s
……
R[1]=50                            // 暂存器赋值
OVERRIDE=R[1]                      // 速度倍率设定 50%
J  P[3]  100%   FINE               // 实际关节插补速度调整为 50%
L  P[4]  200mm/sec  FINE           // 实际直线插补速度调整为 100mm/s
……
```

3. 最大速度设定

FANUC 机器人的移动速度可通过关节最大速度设定、最大线速度设定指令限制。关节最大速度设定指令可独立限制关节回转速度；最大线速度设定指令可限制机器人 TCP 的移动速度。

① 关节最大速度设定。关节最大速度设定指令 JOINT_MAX_SPEED [i]，可用来限制指定轴的最大关节速度。当某一轴的关节速度被限定时，如移动指令所对应的关节速度超过了最大速度，该轴的关节速度将被限制在最大速度上，为保证机器人运动轨迹的正确，其他参与插补的运动轴速度也将被同比例降低。

关节轴最大速度需要独立设定，轴以序号 i 区分；最大速度可用常数、暂存器 R [i] 指定，回转轴单位为 deg/s (°/s)；直线轴单位为 mm/s。

JOINT_MAX_SPEED[i]指令的编程示例如下。

```
……
R[1]=80                          // 暂存器赋值
JOINT_MAX_SPEED[1]=100           // J1 轴关节最大速度 100°/s
JOINT_MAX_SPEED[2]=50            // J2 轴关节最大速度 50°/s
JOINT_MAX_SPEED[3]=R[1]          // J3 轴关节最大速度 80°/s
……
J  P[1]  100%   FINE             // 关节插补，J1～J3 不得超过最大速度
L  P[2]  500mm/sec  FINE         // 直线插补，J1～J3 不得超过最大速度
……
```

② 最大线速度设定。最大线速度设定指令 LINEAR_MAX_SPEED 用来限制机器人 TCP 的最大移动速度。机器人执行直线、圆弧插补指令时，如 TCP 速度超过了限制值，实际速度将被限制为 LINEAR_MAX_SPEED 指令速度。最大线速度可用常数、暂存器 R［i］的形式编程，单位为 mm/s。

LINEAR_MAX_SPEED 指令的编程示例如下。

```
……
LINEAR_MAX_SPEED=200             // 机器人 TCP 最大速度限制为 200mm/s
J  P[1]  100%   FINE             // 关节插补，TCP 速度不但超过 200mm/s
L  P[2]  500mm/sec  FINE         // 直线插补，TCP 速度限制为 200mm/s
……
R[1]=300                         // 暂存器赋值
LINEAR_MAX_ SPEED=R[1]           // 机器人 TCP 最大速度限制为 300mm/s
J  P[3]  100%   FINE             // 关节插补，TCP 速度不得超过 300mm/s
L  P[4]  500mm/sec  FINE         // 直线插补，TCP 速度限制为 300mm/s
……
```

4. 系统参数设定

系统参数设定指令“$”用于机器人控制系统参数的程序设定，在 FANUC 机器人程序上，系统参数又称系统变量。系统参数（变量）需要以参数名称的形式指定，设定值应采用常数编程。如果需要，系统参数（变量）的值也可通过暂存器 R［i］、PR［i］在程序中读取。

例如，远程运行信号 RSR 的系统参数名为 $SHELL_CONFIG. $JOB_BASE，DO 脉冲输出默认宽度的系统参数名称为 $DEFPULSE，对应的参数设定、读取指令编程如下。

```
……
$SHELL_CONFIG. $JOB_BASE=100          // RSR 运行程序号设定为 100
$DEFPULSE=0. 5                        // DO 脉冲输出默认宽度设定为 0. 5s
……
R[1]= $SHELL_CONFIG. $JOB_BASE        // R[1]=100
R[2]= $DEFPULSE                       // R[2]=0. 5
……
```

4. 4. 2 负载与碰撞保护设定

1. 负载设定指令

垂直串联机器人的负载包括机器人本体构件载荷、安装在机器人机身上的附件载荷、工具

载荷三部分；搬运机器人还包括物品载荷。

机器人本体构件载荷与机器人结构有关，搬运机器人的物品载荷是机器人承载能力参数，它们都需要由机器人生产厂家设定，用户无需也不能进行更改。

FANUC 机器人的工具载荷参数可通过以下系统变量设定。

$PARAM_GROP [group] . $ PAYLOAD：负载质量（kg）；

$PARAM_GROP [group] . $ PAYLOAD_X：负载重心的 X 坐标值（cm）；

$PARAM_GROP [group] . $ PAYLOAD_Y：负载重心的 Y 坐标值（cm）；

$PARAM_GROP [group] . $ PAYLOAD_Z：负载重心的 Z 坐标值（cm）；

$PARAM_GROP [group] . $ PAYLOAD_IX：X 向负载惯量（$kgf \cdot cm \cdot s^2$，注：1kgf=9.80665N）；

$PARAM_GROP [group] . $ PAYLOAD_IY：Y 向负载惯量（$kgf \cdot cm \cdot s^2$）；

$PARAM_GROP [group] . $ PAYLOAD_IZ：Z 向负载惯量（$kgf \cdot cm \cdot s^2$）。

机器人的工具载荷、安装在机器人机身上的附件载荷的计算较为繁琐，因此，实际使用时一般可通过负载测试示教操作，由控制系统自动测量、计算、设定。

FANUC 机器人的负载可通过指令 PAYLOAD [i] 选定，i 为负载编号（1～10）。负载设定指令的编程示例如下。

```
……
UFRAME_NUM=1                        // 选定用户坐标系 1
UTOOL_NUM=1                         // 选定工具坐标系 1
PAYLOAD [1]                         // 选定负载参数 1
J  P [1]   50%   FINE               // 机器人在用户坐标系 1 上移动
L  P [2]   200mm/sec   FINE
……
UFRAME_NUM= 2                       // 选定用户坐标系 2
J  P [1]   50%   FINE               // 机器人在用户坐标系 2 上移动
L  P [2]   200mm/sec   FINE
……
```

2. 碰撞保护设定

垂直串联机器人由于结构特殊，运动无导向部件，轨迹预见性差，如果使用不当，极易发生碰撞、干涉等故障，因此，必须有相应的安全保护措施。

工业机器人的碰撞保护通常有硬件保护、软件保护两种方法。

硬件碰撞保护通常用于机器人本体关节轴的干涉、碰撞保护。硬件碰撞保护可通过相应的位置检测传感器，在机器人将要进入碰撞区时，提前发出信号，停止机器人运动，防止碰撞发生。硬件碰撞保护是一种预防性防护功能，但是它只能用于固定位置保护，并且需要安装传感器、设计连接电气控制线路、编制逻辑控制程序。

软件碰撞保护是一种不受机器人位置限制、无需安装检测器件的保护功能。软件碰撞保护实际上是一种伺服驱动电机的过载保护功能，因为当机器人发生碰撞时，驱动电机的输出转矩（电流）必然急剧增加，控制系统便可通过检测驱动器的输出电流来生效碰撞保护功能、停止机器人运动，避免造成严重伤害。软件碰撞不能预防碰撞发生，它只能在发生碰撞后，避免事故的扩大。

在大多数机器人上，碰撞检测灵敏度以驱动电机额定输出转矩百分率的形式定义，在这种情况下，如果增加灵敏度设定值，会导致碰撞保护检测转矩增大，使保护动作滞后。为了防止机器人正常工作时出现误报警，以额定输出转矩百分率设定的碰撞检测灵敏度，原则上应设定为 120（%）左右。

FANUC 机器人具有高灵敏度碰撞保护功能，它可在机器人发生碰撞时，迅速发出报警，立即停止机器人运动并输出 DO 信号。FANUC 机器人的本体碰撞保护运动组、检测灵敏度及存储变量、碰撞护功能生效及输出信号 DO 地址等，可通过机器人设定操作设定，有关内容可参见后述章节；外部轴碰撞保护功能，需要通过系统参数（变量）“$HSCDMNGRP [group]. $PARAM119 [n]”“$HSCDMNGRP [group]. $PARAM120 [n]”等的设定生效。

FANUC 机器人本体的碰撞保护功能，可通过程序指令“COL DETECT ON/COL DETECT OFF”生效/撤销；碰撞检测的动作灵敏度，可通过指令“COL GUARD ADJUST”在程序中调整。指令的编程格式如下。

```
COL DETECT ON                    // 生效碰撞保护功能
COL DETECT OFF                   // 撤销碰撞保护功能
COL GUARD ADJUST                 // 使用系统设定的灵敏度
COL GUARD ADJUST n               // 常数定义灵敏度
COL GUARD ADJUST R[i]            // 变量定义灵敏度
```

碰撞保护功能撤销指令 COL DETECT OFF，只能对自动运行中的程序有效；当程序执行完成、程序执行中断，或者控制系统重新开机、操作模式切换时，控制系统将自动生效机器人本体的碰撞保护功能。如果需要，机器人碰撞保护灵敏度调节指令也可用于多运动组控制，此时指令需要后缀运动组编号“Gp i，j”。

FANUC 机器人本体的碰撞保护功能生效/撤销指令的编程示例如下。

```
……
J  P[1]  100%   FINE
COL DETECT OFF                   // 撤销碰撞保护功能
L  P[2]  100mm/sec  CNT50
L  P[3]  100mm/sec  CNT50
COL DETECT ON                    // 生效碰撞保护功能
J  P[4]  100%   CNT50
J  P[5]  100%   FINE
……
```

以上程序启动时，机器人本体的碰撞保护功能自动生效；机器人进行 P1→P2、P2→P3 直线插补时，可暂时取消碰撞保护功能；接着，当机器人进行 P3→P4、P4→P5 关节插补时，又可恢复碰撞保护功能。

FANUC 机器人可通过灵敏度调节指令“COL GUARD ADJUST”改变机器人本体碰撞检测灵敏度值；在 FANUC 机器人上，碰撞检测的灵敏度设定值越大，灵敏度越高。在程序中，灵敏度可通过常数或变量 R [i] 在指令中指定，或者使用控制系统碰撞保护功能设定操作所设定的灵敏度值、灵敏度设定变量。

利用碰撞保护功能设定操作所设定的灵敏度值，也可通过程序中的变量赋值指令改变。灵敏度被程序指令改变后，如系统变量“$HSCDMNGRP [group]. $AUTO_RESET”设定为 0，程序中断时，系统可保留改变值，否则将自动恢复原设定值。

例如，当碰撞保护功能设定操作所设定的“灵敏度定义寄存器”为 R [1]、灵敏度值为 100 时，利用灵敏度调节指令“COL GUARD ADJUST”调整灵敏度的编程示例如下。

……

```
COL GUARD ADJUST 120                // 常数定义灵敏度
COL DETECT ON                       // 生效碰撞保护功能
J  P[1]  100%   CNT50               // 碰撞检测灵敏度 120
……
COL DETECT OFF                      // 撤销碰撞保护功能
R[5]=150                            // 灵敏度变量赋值
COL GUARD ADJUST R[5]               // 使用变量 R[5]设定的灵敏度 150
COL DETECT ON                       // 生效碰撞保护功能
L  P[2]  100mm/sec  CNT50           // 碰撞检测灵敏度 150
……
COL GUARD ADJUST                    // 使用系统设定灵敏度 100
J  P[10]  100%   FINE               // 碰撞检测灵敏度 100
……
COL DETECT OFF                      // 撤销碰撞保护功能
R[1]=120                            // 改变系统灵敏度设定变量值
COL GUARD ADJUST                    // 使用新的灵敏度值 120
L  P[11]  100mm/sec  CNT50          // 碰撞检测灵敏度 120
L  P[12]  100mm/sec  CNT50
……
```

4.4.3　伺服电机转矩限制

1. 功能说明

FANUC 机器人伺服驱动电机的最大输出转矩，可通过程序中的转矩限制指令指定。转矩限制指令通常用于变位器、伺服抓手、伺服焊钳等外部轴控制，使这些部件有恒定的驱动、夹持力。由于机器人本体伺服驱动电机的最大输出转矩，关系到机器人承载能力、移动速度、加速度等主要参数，因此，用户原则上不能对机器人本体驱动电机进行转矩限制。

伺服驱动电机的最大输出转矩与定位误差、定位保持转矩、过载报警等参数有关，因此，使用转矩限制指令时，需要正确设定以下系统变量。

$TORQUE_LIMIT. $MAX_TRQ_LMT：最大转矩限制值。

$PARAM_GROUP [group] . $STOPTOL [axis]：轴停止时的最大输出转矩，设定值应大于等于最大转矩限制值。

$PARAM_GROUP [group] . $STOPERLIM [axis]：轴停止时的过载报警转矩，设定值应大于最大转矩限制值。

FANUC 机器人的转矩限制，可采用固定转矩限制（TORQ_LIMIT）、独立转矩限制（CALL TPTRQLIM）两种方式。仅使用固定转矩限制的机器人，只需要选配转矩限制选择功能；使用独立转矩限制的机器人，需要同时选配转矩限制、独立转矩限制功能选件。

2. 固定转矩限制

采用固定转矩限制功能时，转矩限制可通过程序指令 TORQ_LIMIT n%生效，指令的编程格式如下：

```
TORQ_LIMIT n%                       // 固定转矩限制功能生效，转矩限制值为 n%
```

指令中的 n%为转矩限制值，需要以驱动电机最大输出转矩百分率的形式编程；n 允许编程范围为 0.1～100（%）。多个运动轴同时使用固定转矩限制功能时，所有需要限制转矩的运动轴，都将统一使用指令 TORQ_LIMIT n%规定的限制值。

利用 TORQ_LIMIT 指令限制最大转矩的伺服驱动轴，需要通过以下系统变量的设定选定，多个驱动轴可同时选择。

$TORQUE_LIMIT. $GROUP [group]：运动组选择，group 为运动组号。设定“TRUE”，该运动组的伺服轴允许使用转矩限制功能；设定“FALSE”，该运动组的所有伺服轴均不能使用转矩限制功能。

$TORQUE_LIMIT. $GAi [axis]：伺服轴选择，i 为运动组编号，axis 为伺服轴序号。设定为“TRUE”的伺服轴，可使用转矩限制功能；设定为“FALSE”的伺服轴，不能使用转矩限制功能。

运动组 1 的第 1～6 轴规定为机器人本体驱动轴，因此，系统变量 $TORQUE_LIMIT. $GA1 [1] ～ $GA1 [6] 原则上不能设定为“TRUE”。

例如，当运动组 1 的第 7 轴、运动组 2 的第 1 轴需要使用转矩限制功能时，系统变量的设定如下：

```
$TORQUE_LIMIT. $GROUP [1] =TRUE;
$TORQUE_LIMIT. $GROUP [2] =TRUE;
……
$TORQUE_LIMIT. $GA1 [1] ～ $GA1 [6] =FALSE;
$TORQUE_LIMIT. $GA1 [7] =TRUE;
……
$TORQUE_LIMIT. $GA2 [1] =TRUE;
$TORQUE_LIMIT. $GA2 [2] ～ $GA2 [9] =FALSE;
……
```

如果需要在程序中将以上 2 轴的驱动电机最大输出转矩限制为 20%，其程序指令如下。

```
……
J  P[1]  100%  FINE            // 所有伺服轴以 100% 最大输出转矩正常定位
TORQ_LIMIT 20.0%               // 运动组 1 第 7 轴、运动组 2 第 1 轴转矩限制 20%
J  P [2]  100%  FINE           // 被限制的伺服轴以 20% 最大输出转矩定位
……
TORQ_LIMIT 100.0%              // 被限制的伺服轴恢复正常定位
……
```

3. 独立转矩限制

选配独立转矩限制功能选件的 FANUC 机器人，可通过指令 CALL TPTRQLIM 定义转矩限制轴并独立设定转矩限制值。独立转矩限制指令需要调用高级语言程序，因此，系统变量 $KAREL_ENB 应设定为“TRUE”。

独立转矩限制指令的编程格式如下：

```
CALL TPTRQLIM(group,axis,n)
```

指令中的 group 为动作运动组编号，axis 为轴序号，n 为驱动电机最大输出转矩百分率（%）。指令的编程示例如下：

```
……
J  P[1]  100%  FINE            // 正常定位,所有轴输出 100% 转矩
CALL TPTRQLIM(1,7,50)          // 运动组 1 第 7 轴转矩限制 50%
J  P[2]  100%  FINE            // 运动组 1 第 7 轴转矩限制定位
```

```
……
CALL TPTRQLIM(2,1,60)          // 运动组 2 第 1 轴转矩限制 60%
J  P[3]  100%   FINE           // 运动组 1 第 7 轴、运动组 2 第 1 轴转矩限制定位
……
CALL TPTRQLIM(2,1,100)         // 运动组 2 第 1 轴恢复 100% 转矩输出
J  P[4]  100%   FINE           // 运动组 1 第 7 轴转矩限制定位
……
CALL TPTRQLIM(1,7,100)         // 运动组 1 第 7 轴恢复 100% 转矩输出
……
```

4.4.4 软浮动控制

1. 指令与功能

"软浮动"是按指令 SOFTFLOAT 的英文直译，该功能在不同机器人、不同技术资料中有"软伺服（soft servo）""外力追踪"等不同名称。

所谓"软浮动""软伺服"实际上是伺服驱动系统的转矩控制功能，功能一旦生效，伺服电机输出转矩将保持不变，但闭环位置、速度控制功能将无效。因此，如果负载转矩超过了电机输出转矩，驱动电机不仅可能停止运动，而且可能在外力作用下出现反转。

软浮动功能通常用于机器人碰撞、干涉保护。在机器人与工件存在刚性接触的作业场合，使用软浮动功能，可以有效防止因运动干涉、碰撞所引起的机械部件损坏。

FANUC 机器人的软浮动有"关节坐标软浮动""直角坐标软浮动"两种控制方式。采用关节坐标软浮动控制时，驱动关节回转的伺服电机输出转矩将保持不变；采用直角坐标软浮动控制时，机器人 TCP 进给力、转矩将保持不变。

用于软浮动控制的驱动电机转矩或 TCP 进给力、转矩的输出值，通常用"柔性比"或"柔性度（softness）"表示，柔性比越大，电机输出转矩越小，运动轴的刚性就越低。柔性比为 0%时，驱动电机、机器人 TCP 可输出额定转矩、额定进给力，机器人刚度最大。

在 FANUC 机器人上，软浮动控制方式、柔性比等参数可通过控制系统的"软浮动控制条件"设定操作设定，使用机器人出厂默认参数时，最多可设定 10 种不同的控制条件。有关软浮动控制的设定操作，可参见后述章节。

FANUC 机器人的软浮动控制指令包括软浮动启用、位置跟随、软浮动停用三条，指令的编程格式如下。

```
SOFTFLOAT[n]              // 启用软浮动功能,使用软浮动控制条件 n
FOLLOW UP                 // 位置跟随
SOFTFLOAT END             // 停用软浮动功能
```

① 软浮动启用。指令 SOFTFLOAT [n] 用来选择伺服驱动系统的软浮动控制条件（n=1～10）、启用软浮动控制功能。当软浮动条件设定为关节坐标软浮动时，SOFTFLOAT [n] 指令可作为独立的指令编程，也可以附加命令的形式直接添加在基本移动指令之后；如软浮动条件设定为直角坐标软浮动，指令 SOFTFLOAT [n] 必须单独编程。

② 位置跟随。指令 FOLLOW UP 用来启用控制系统的位置跟随功能。

当机器人不使用位置跟随功能时，在软浮动控制功能有效期间，如运动轴、机器人在外力作用的状态下停止，实际停止位置将偏离目标位置规定的定位区间；但电机的输出转矩始终保持不变，因此，只要撤销外力，运动轴、机器人可自动恢复到指令目标位置。

当机器人启用位置跟随功能时，在软浮动控制功能有效期间，如运动轴、机器人在承受外

力的状态下停止，控制系统可用当前的停止位置，自动替代指令的目标位置，这样，即使外力撤销，机器人也不会恢复到原指令的目标位置。

位置跟随控制的范围，可通过系统变量 $SFLT_DISFUP 设定。变量 $SFLT_DISFUP 设定“FALSE”，位置跟随控制对后续的移动指令均有效；设定为“TRUE”时，位置跟随仅当前程序点（机器人停止位置）有效。

③ 软浮动停用。指令 SOFTFLOAT END 用来停用软浮动控制功能，使驱动电机恢复正常的位置、速度闭环控制模式。但是，对于以下情况，控制系统将自动撤销（停用）软浮动控制功能：

程序自动运行开始、结束处；

控制系统开/关机，或发生伺服关闭的报警时；

在程序暂停状态下，进行了手动操作或移动了光标，程序重新启动时；

执行程序后退操作时。

2. 编程说明

FANUC 机器人软浮动控制指令的编程方法和要求如下。

① 启用、停用软浮动控制功能时，运动轴、机器人应处于不受外力作用的状态（重力除外），否则可能导致运动轴、机器人产生意外移动。

② 软浮动控制功能启用后，如作用于运动轴、机器人的外力超过了驱动电机的输出转矩，运动轴、机器人将无法到达指令目标位置，或无法按指令轨迹运动；甚至可能在外力的作用下，产生其他运动。因此，对于本身受重力作用的轴，必须合理设定软浮动控制的条件参数。

③ 软浮动控制功能启用后，如运动轴、机器人移动过程中受到外力作用，其移动速度、程序点位置、运动轨迹等均可能发生改变，外力越大，其误差也就越大。

④ 软浮动控制功能启用后，连续移动指令的定位类型“FINE”将自动转换为 CNT0，控制系统将不再进行目标位置到位检测。

⑤ 软浮动控制功能启用后，运动轴的制动器（如存在）将被自动松开。

软浮动控制指令 SOFTFLOAT 单独编程的示例如下。

```
……
J  P[1]  100%   FINE
SOFTFLOAT[1]                              // 启用软浮动控制 1
L  P[2]  80mm/sec  FINE
L  P[3]  60mm/sec  FINE
SOFTFLOAT END                             // 停用软浮动控制 1
L  P[4]  60mm/sec  FINE
……
```

机器人进行 P1→P2、P2→P3 直线插补时，软浮动控制功能始终保持有效。执行指令 SOFTFLOAT END 后、机器人进行 P3→P4 直线插补时，软浮动控制功能将无效。软浮动控制方式、柔性比等参数，可通过控制系统的“软浮动控制条件”设定操作设定。

软浮动控制指令 SOFTFLOAT 作为基本移动指令附加命令编程时，只能使用关节坐标软浮动控制方式，其编程示例如下。

```
……
J  P[10]  100%   FINE
L  P[11]  80mm/sec  FINE  SOFTFLOAT[2]  // 附加软浮动控制 2 启用指令
L  P[12]  60mm/sec  FINE
```

```
SOFTFLOAT END                              // 停用软浮动控制 2
L  P[13]  60mm/sec  FINE
……
```

机器人进行 P10→P11 直线插补时，需要根据关节坐标软浮动条件中设定的“追踪开始比率”，确定软浮动控制的范围。追踪开始比率是移动指令中“不使用软浮动控制的移动距离”与“指令总移动距离”之比，如追踪开始比率设定为 0（%），软浮动控制对指令的移动全过程均有效；如追踪开始比率设定为 100（%），软浮动控制在机器人到达移动指令终点时启用。对于机器人 P11→P12 直线插补运动，软浮动控制始终有效；机器人的 P12→P13 直线插补运动，软浮动控制无效。

位置跟随软浮动控制的编程示例如下。

```
……
J  P[20]  100%   FINE
SOFTFLOAT[3]                               // 启用软浮动控制 3
L  P[21]  80mm/sec  FINE
FOLLOW UP                                  // 启用位置跟随控制
L  P[22]  60mm/sec  FINE
SOFTFLOAT END                              // 停用软浮动控制
L  P[23]  60mm/sec  FINE
……
```

机器人进行 P20→P21 直线插补运动时，软浮动控制功能有效；在程序点 P21 上，机器人将以软浮动控制的方式停止；随后，位置跟随控制模式被指令 FOLLOW UP 启用，控制系统将以现行机器人停止位置，替代程序点 P21。因此，当机器人执行指令 L P [22] 时，无论外力是否继续存在，机器人总是进行从现行停止位置到 P22 的直线插补运动。执行指令 SOFT-FLOAT END 后，机器人进行 P22→P23 直线插补运动时，软浮动控制将无效。

4.5 机器人作业指令

4.5.1 伺服点焊指令编程

1. 伺服点焊作业过程

伺服焊钳的开/合位置、开/合速度、电极压力等参数均可由伺服电机进行控制，并可根据作业需要随时改变，它是点焊机器人广泛使用的作业工具。机器人点焊作业的实际动作与控制系统及所使用的伺服焊钳及焊机型号、规格等因素有关，指令编程时应根据机器人生产厂家提供的说明书进行。

FANUC 伺服点焊机器人的作业形式有焊接作业、空打和固定压力夹紧 3 种。焊接作业的动作过程（焊接路线）如图 4.5.1 所示；空打和固定压力夹紧时，焊钳夹紧时不接通焊接电源，夹紧后也不能继续进行退出、打开动作。

① 定位。在焊钳打开的状态下，通过机器人移动，将焊钳的电极中心线定位到焊接点的法线上。

② 接近。通过机器人和电极运动，将固定电极和移动电极定位到接近工件的位置，可选择执行。接近点定位功能以及接近点的移动电极与工件上表面距离、固定电极与工件下表面距离等参数，可通过压力条件文件扩展项“自动焊接路线”参数设定。

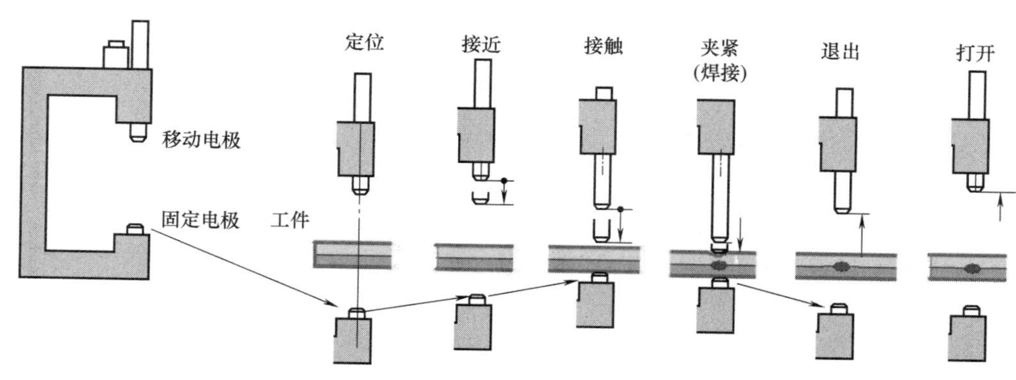

图 4.5.1 FANUC 伺服点焊作业动作

③ 接触。通过机器人和移动电极运动，将固定电极和移动电极定位到与工件接触的位置。接触点的移动电极、固定电极与工件上表面、下表面的距离，可通过压力条件文件扩展项“自动焊接路线”参数设定。

④ 夹紧。移动电极伸出，对工件进行加压、夹紧操作；执行焊接指令时，可同时接通焊接电源。焊钳夹紧时的移动电极伸出行程、电极压力，可通过压力条件文件基本参数设定；电极运动速度、加速度、到位区间可通过压力条件文件扩展项“自动焊接路线”参数设定。

⑤ 退出。执行焊接作业时可自动执行。焊接作业时，当焊接完成信号输入或焊接延时到达后，通过机器人和移动电极运动，将固定电极和移动电极定位到退出点，并断开焊接电源。退出点的移动电极离工件上表面的距离、固定电极离工件下表面的距离，可通过压力条件文件扩展项“自动焊接路线”参数设定。

⑥ 打开。打开点是焊钳完全打开、机器人退出工件的位置，执行焊接作业时可选择执行。打开点定位功能可通过压力条件文件扩展项“自动焊接路线”的参数设定取消或生效，打开点的移动电极位置需要通过张开条件文件参数定义。

⑦ 机器人移动，将焊钳退出工件。

以上焊钳接近、焊钳打开动作可根据实际需要选择，一般而言，对于同一平面多点连续焊接作业的中间点，焊接完成后，无需进行焊钳打开；对于单点焊接或多点连续焊接作业的结束点，通常需要打开焊钳，以方便焊钳退出。

2. 控制要求与作业指令

使用伺服焊钳的 FANUC 点焊机器人需要通过机器人、控制系统设定及作业文件编辑操作，设定如下控制参数。

① 通过控制系统的硬件配置操作，配置用于焊钳控制的伺服轴，并设定焊钳的伺服驱动器、电机及传动系统参数。

② 通过系统的输入/输出配置操作，设定焊接完成、焊钳位置检测等输入信号，硬件焊接启动、焊钳打开等输出信号。

③ 通过机器人设定（SETUP）操作，在伺服焊钳设置文件（Servo GUN Setup）中，设定焊钳类型、焊接完成信号形式、焊接时间、超时检测功能等基本控制参数，以及电极磨损补偿功能、焊钳误差补偿功能、焊钳开合方向、电极最大压力和加压时间、点焊计数器等焊钳基本参数。

④ 根据实际作业要求，通过数据暂存器（DATA）设定操作，在压力条件文件（Pressure）上，设定电极压力、工件厚度、加压行程、误差补偿值、焊接延时、自动焊接路线和电极运动速度、加速度等开/合速度等焊接作业参数。

⑤ 根据实际作业要求，通过数据暂存器（DATA）设定操作，在张开条件文件（Backup）中，设定焊钳打开行程参数。

FANUC 点焊机器人的焊接路线设定，以及焊钳设置文件、压力条件文件、张开条件文件的参数设定方法可参见第 7 章。

FANUC 伺服点焊机器人常用的作业指令如表 4.5.1 所示，指令功能与控制系统、伺服焊钳及焊机有关，编程时应根据机器人生产厂家提供的说明书进行。

表 4.5.1 FANUC 点焊机器人常用作业指令表

序号	指令	指令功能	简要说明
1	SPOT[P=n,S=i,BU=m]	焊接作业	焊钳加压、电极通电、启动点焊 n:压力条件号(0～99) i:焊钳设置条件号(0～32766) m:张开条件号(0～30)
2	SPOT[i]	焊接启动	启动焊接 i:焊钳设置条件号(0～32766)
3	GUNx P[n]	压力条件选择	压力条件选择 GUNx:焊钳名称 n:压力条件号(0～99)
4	GUNx BU[m]	张开条件选择	张开条件选择 GUNx:焊钳名称 m:张开条件号(0～30)
5	Press_motion P= [n]	空打	夹紧工件 n：压力条件号（0～99）
6	Gun Zero Mastering [G]	电极零点设定	电极零点设定 G：焊钳编号
7	Pressure [p] kgf	固定压力夹紧	以固定压力夹紧工件 p：电极压力值（kgf）
8	Pressure standard GUNx	固定压力撤销	撤销固定夹紧压力 GUNx：焊钳名称

3. 焊接作业指令编程

FANUC 点焊机器人可通过焊接作业指令 SPOT [P=n，S=i，BU=m] 直接完成焊接全过程，指令格式如下。

```
SPOT[P=n,S=i,BU=m]
```

n：压力条件（Pressure Condition）文件号，设定范围 1～99；设定“P= *”时，压力条件文件可由指令 GUNx P [n] 单独定义。

i：焊钳设置（Servo GUN Setup）文件号，设定范围 0～32766；设定 S=0 时；指令无效。

m：张开条件（Backup Setting）文件号，设定范围 0～30；设定“BU= *”时，张开条件文件可由指令 GUNx BU [m] 单独定义。

执行 SPOT [P=n，S=i，BU=m] 指令，机器人可根据焊钳设置、压力条件、张开条件文件的设置，在机器人定位点（焊点）进行接近、接触、夹紧（焊接）、退出、打开的作业全过程（参见图 4.5.1）。

例如，对于图 4.5.2 所示的点焊作业，可以将张开条件文件中的开合行程按图中 P [1] 点的电极位置设定（焊钳打开位置）；然后，在压力条件文件与张开条件文件上，完成接近点、接触点、夹紧点、退出点、打开点等参数的设定，便可通过以下焊接作业指令，完成 P [2] 点的焊接作业。

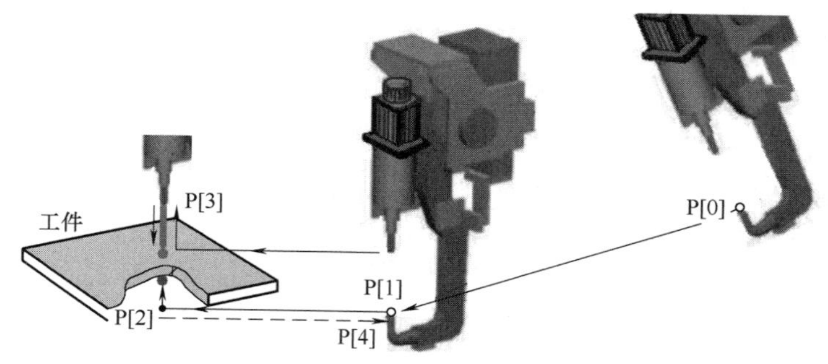

图 4.5.2 点焊作业示例

```
……
J  P[0]  100%   FINE                        // 机器人定位
L  P[1]  2000mm/sec  CNT100                 // 机器人定位到作业开始位置
L  P[2]  2000mm/sec  CNT100                 // 焊点定位
SPOT[P =3,S=5,BU=2]                         // 焊接作业
L  P[4]  2000mm/sec  CNT100                 // 焊钳退出
……
```

4. 条件选择与焊接启动指令编程

如需要（不推荐使用），FANUC 点焊机器人的压力条件文件、张开条件文件也可通过 GUNx P [n]、GUNx BU [m] 指令单独选择，在此基础上，再利用焊接启动指令 SPOT [i] 或焊接作业指令 SPOT [P= *，S=i，BU= *] 选择焊钳设置文件、启动焊接。当程序同时使用 GUNx P [n]、GUNx BU [m] 指令与焊接作业指令 SPOT [P=n，S=i，BU=m] 时，系统将优先使用焊接作业指令所指定的压力条件文件、张开条件文件。

例如，对于图 4.5.2 所示的焊接作业，如压力条件文件利用指令 GUN1 P [3]、张开条件文件利用指令 GUN1 BU [2] 单独选择，其程序如下：

```
……
J  P[0]  100%   FINE                        // 机器人定位
GUN1 P[3]                                   // 选择压力条件
GUN1 BU[2]                                  // 选择张开条件
L  P[1]  2000mm/sec  CNT100                 // 机器人定位到作业开始位置
L  P[2]  2000mm/sec  CNT100                 // 焊点定位
SPOT[5]                                     // 执行 P=3、S=5、BU=2 焊接作业
……
L  P[10]  2000mm/sec  CNT100                // 焊点定位
SPOT[10]                                    // 执行 P=3、S=10、BU=2 焊接作业
L  P[11]  2000mm/sec  CNT100                // 焊点定位
SPOT[P =1,S=11,BU=1]                        // 执行 P=1、S=11、BU=1 焊接作业
L  P12]  2000mm/sec  CNT100                 // 焊点定位
SPOT[12]                                    // 执行 P=3、S=12、BU=2 焊接作业
……
```

5. 空打和零点校准指令编程

FANUC 点焊机器人的空打指令 Press_motion P=[n] 可用于伺服焊钳的电极加压、工件

夹紧操作。执行 Press_motion P=[n] 指令，机器人可完成焊接作业指令 SPOT [P=n, S=i, BU=m] 中的接近、接触、夹紧动作，但是，焊钳夹紧时不能接通焊接电源、启动焊接，也不能继续后续的退出、焊钳打开动作。因此，利用空打指令夹紧工件时，需要在空打指令之后，编制夹紧延时、焊钳打开等工件松开指令。

空打指令可用于电极锻压整形、电极修磨以及小型轻量零件的搬运等作业。例如，通过电极空打指令，将图 4.5.2 所示的工件在 P [2] 点上夹紧后，搬运到 P [4] 点的参考程序如下，程序中的工件松开（焊钳打开）位置 P [3]，需要通过示教操作设定。

```
……
J  P[0]  100%   FINE                    // 机器人定位
L  P[1]  2000mm/sec  CNT100             // 机器人定位到作业开始位置
L  P[2]  2000mm/sec  CNT100             // 夹紧点定位
Press_motion P=[3]                      // 空打夹紧
WAIT 2.00 sec                           // 延时
L  P [4]   100mm/sec  CNT100            // 移动工件
L  P [3]   100mm/sec  CNT100            // 松开工件
……
```

FANUC 点焊机器人的电极零点校准指令 Gun Zero Mastering [G] 可用于电极零点的自动设定。零点校准需要在空打夹紧的状态下进行，并且空打指令压力条件文件中的标准压力（Standard Pressure）参数应设定为 0。例如：

```
……
J  P[0]  100%   FINE                    // 机器人定位
L  P[1]  2000mm/sec  CNT100             // 机器人定位到校准开始位置
L  P[2]  2000mm/sec  CNT100             // 校准点定位
Press_motion P=[98]                     // 利用标准压力为 0 的压力条件 98 进行空打
Gun Zero Mastering [1]                  // 校准焊钳 GUN 1 零点
L  P [3]   100mm/sec  CNT100            // 焊钳打开
L  P [4]   2000mm/sec  CNT100           // 退出焊钳
……
```

6. 固定压力夹紧指令编程

FANUC 点焊机器人的固定压力夹紧指令 Pressure [p] kgf 功能与空打指令相同，焊钳同样可以完成中的接近、接触、夹紧动作，但是，固定压力夹紧时，驱动移动电极的伺服电机将成为转矩控制方式、电极输出压力为固定值；固定夹紧后也不能继续执行后续的退出、焊钳打开动作。

固定压力夹紧指令 Pressure [p] kgf 所指定的压力值不能超过焊钳设置文件的基本参数中的电极最大压力参数设定值；固定夹紧指令执行完成后，应通过指令 Pressure standard GUNx，将电极压力恢复为压力条件文件中参数 Standard Pressure 所设定的标准值。

如果固定压力夹紧指令 Pressure [p] kgf 和焊接作业指令 SPOT [P=n, S=i, BU=m]、空打指令 Press_motion P= [n] 同时编程，指令 Pressure [p] kgf 无效，系统将自动选择焊接作业、空打指令指定的压力条件文件上设定的压力值。

例如，通过固定压力夹紧指令 Pressure [p] kgf 夹紧工件，将图 4.5.2 所示的工件从 P [2] 点搬运动到 P [4] 点的参考程序如下；程序中的 P [3] 为工件松开（焊钳打开）位置，需要通过示教操作设定。

```
……
J  P[0]  100%   FINE                       // 机器人定位
L  P[1]  2000mm/sec  CNT100                // 焊钳移动到起始位置,调整电极方向
L  P[2]  2000mm/sec  CNT100                // 机器人定位
Pressure [100]kgf                          // 电极加压,夹紧工件
L  P[4]  100mm/sec  CNT100                 // 移动工件到 P[4]
L  P[3]  100mm/sec  CNT100                 // 焊钳打开,松开工件
Pressure standard GUNx                     // 恢复标准压力
……
```

4.5.2 弧焊指令编程

1. 弧焊作业要求与指令

机器人弧焊作业控制主要有引弧、熄弧和摆焊等；焊接启动时，需要通过焊机接通电源和进行送丝、提供保护气体等动作。FANUC 弧焊机器人需要通过控制系统设定操作，设定如下控制参数。

① 通过示教器菜单操作【MENU】键打开菜单，选择机器人设定（SETUP）操作后，在弧焊系统（Weld System）、焊接设备（Weld Equipment）设定页面上，完成弧焊系统配置及焊接设备设定。

② 根据焊接设备的要求，利用系统的输入/输出设定操作，设定焊接完成、焊接启动、焊接条件选择等连接焊机的系统 DI/DO 控制信号。

③ 通过示教器菜单操作【MENU】键打开菜单，选择机器人设定（SETUP）操作后，在焊接过程（Weld Process）设定页面上，完成引弧、熄弧的送丝速度 WSF（Wire Feed Speed）、焊接电压（VOLTS）、电感系数（Wave Control）、引弧/熄弧时间（Delay Time）等弧焊作业参数的设定。

④ 对于无摆动普通焊接作业，通过示教器的菜单操作【MENU】键打开菜单，依次选择“---next page---”→DATA→Weld Sched 选项，在显示的弧焊条件一览表上选定所需的焊接条件后，在选定的焊接条件文件上，设定焊接方式（Process select）、送丝速度 WSF（Wire Feed Speed）、焊接电压（VOLTS）、焊接速度（Travel speed）、电感系数（Wave Control）等焊接参数。

⑤ 机器人需要进行摆焊作业时，通过示教器的菜单操作【MENU】键打开菜单，依次选择“---next page---”→DATA→Weave Sched 选项，在显示的摆焊条件一览表上选定所需的摆焊条件后，在选定的摆焊条件文件上，设定焊接方式、送丝速度、焊接电压、焊接速度、电感系数等基本焊接参数，以及摆动方式、摆动频率、摆动幅度、左右侧停留时间等摆焊轨迹参数。

FANUC 机器人弧焊作业指令主要有引弧、熄弧和摆焊三类，引弧、熄弧指令需要同时指定弧焊条件文件（电压、电流和引弧/熄弧时间等）；摆焊指令需要定义焊枪移动轨迹。FANUC 弧焊机器人常用的焊接作业指令如表 4.5.2 所示。

表 4.5.2 FANUC 弧焊机器人常用作业指令表

序号	指 令	作用与功能	简要说明
1	Arc Start[i]	焊接启动	启动焊接 i:焊接条件文件号(1～32)

续表

<table>
<tr><th>序号</th><th>指　令</th><th>作用与功能</th><th>简要说明</th></tr>
<tr><td>2</td><td>Arc End[i]</td><td>焊接结束</td><td>结束焊接
i:焊接条件文件号(1～32)</td></tr>
<tr><td>3</td><td>Arc Start[V,A]</td><td>引弧</td><td>设定引弧参数
V:引弧电压;A:引弧电流</td></tr>
<tr><td>4</td><td>Arc End[V,A,s]</td><td>熄弧</td><td>设定引弧参数
V:熄弧电压;A:熄弧电流;s:熄弧时间</td></tr>
<tr><td>5</td><td>Weave [i]</td><td>摆焊启动</td><td>摆焊启动
i:摆焊条件文件号(1～16)</td></tr>
<tr><td>6</td><td>Weave End</td><td>摆焊结束</td><td>结束摆焊</td></tr>
<tr><td>7</td><td>Weave Sine [F,Am,Tl,Tr]</td><td>正弦波摆焊</td><td rowspan="3">启动正弦波、圆弧、8字型摆焊
F:摆动频率(0～99.9Hz)
Am:摆动幅值(0～25mm)
Tl:左侧停留时间(0～1s)
Tr:右侧停留时间(0～1s)</td></tr>
<tr><td>8</td><td>Weave Circle [F,Am,Tl,Tr]</td><td>圆弧摆焊</td></tr>
<tr><td>9</td><td>Weave Figure 8 [F,Am,Tl,Tr]</td><td>8字型摆焊</td></tr>
</table>

2. 普通焊接指令编程

FANUC弧焊机器人的无摆动普通弧焊作业可以通过焊接启动/结束指令直接启动/结束焊接，或者通过引弧/熄弧指令以规定的焊接电压、电流启动/结束焊接。指令的编程方法如下。

① 焊接启动/结束指令。无摆动普通弧焊作业可直接通过焊接启动指令 Arc Start [i] 启动、焊接结束指令 Arc End [i] 结束，指令中的 i 为弧焊条件号，允许编程范围为 1～32。利用指令 Arc Start [i] /Arc End [i] 启动/结束焊接时，引弧/熄弧的电压、电流和延时均使用焊接条件中所设定的数值；焊接启动后，焊枪便可按机器人移动指令的要求，通过直线插补、圆弧插补移动焊枪、进行焊接。

例如，按焊接条件文件1的要求，实现 P [2] →P [3] 直线焊接的编程示例如下。

```
……
J  P[1]  100%   CNT100
L  P[2]  100mm/sec  FINE          // 焊接开始点定位
Arc Start[1]                      // 焊接启动
L  P[3]  20mm/sec  FINE           // 机器人直线插补
Arc End[1]                        // 焊接结束
……
```

再如，按焊接条件文件1的要求，实现 P [2]→P [3]→P [3] 圆弧焊接的编程示例如下。

```
……
J  P[1]  100%   FINE
L  P[2]  100%   FINE              // 焊接开始点定位
Arc Start[1]                      // 焊接启动
C  P[3]                           // 机器人圆弧插补
   P[4]  100mm/sec  FINE
Arc End[1]                        // 焊接结束
……
```

② 引弧/熄弧指令编程。FANUC弧焊机器人的引弧指令 Arc Start [V，A] 可用于指定电压、电流的引弧；熄弧指令 Arc End [V，A，s] 可用于指定电压、电流及熄弧时间的熄弧；指令中的 V 为引弧/熄弧电压（单位 V），A 为引弧/熄弧电流（单位 A），s 为熄弧时间

（单位 s）。

通过引弧/熄弧指令启动/结束焊接的编程示例如下。

```
……
J  P[1]  100%  CNT100
L  P[2]  100mm/sec  FINE              // 焊接开始点定位
Arc Start [ 20.0,100]                 // 引弧(20V、100A)
L  P[3]  20mm/sec  FINE               // 机器人直线插补
Arc End [ 20.0,100.0,  1.0]           // 熄弧(20V、100A、1s)
……
```

3. 摆焊指令编程

摆焊（swing welding）是一种能在焊枪沿焊缝前进的同时，进行横向、有规律摆动的焊接工艺，其作业运动如图 4.5.3 所示。通过摆焊，可增加焊缝宽度、提高焊接强度，还能改善根部的渗透度和金属的结晶性能，形成均匀美观的焊缝，因此被广泛用于不锈钢材料的角连接件的焊接作业等场合。

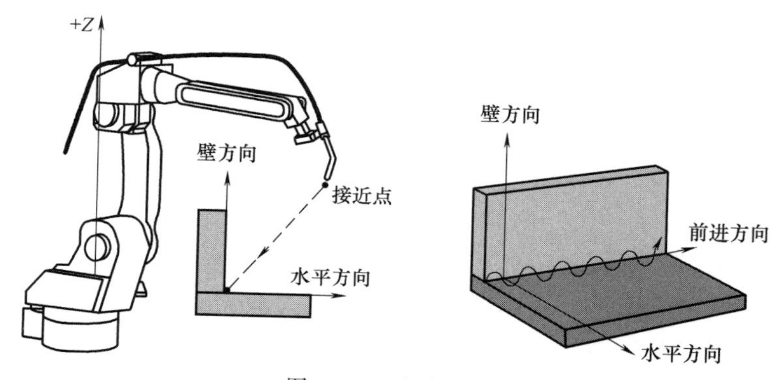

图 4.5.3 摆焊作业

根据摆动运动的轨迹，FANUC 弧焊机器人的摆焊有正弦波摆焊、圆弧摆焊、8 字型摆焊 3 种方式，3 种摆焊方式分别与安川机器人等产品的单摆、三角摆、L 形摆一一对应。选择正弦波摆焊时，焊枪沿焊缝前进方向的运动轨迹为近似正弦波；选择圆弧摆焊时，焊枪在前进的同时，可在横截面上进行近似的圆弧运动；选择 8 字型摆焊时，焊枪在前进的同时，可在横截面上进行类似 8 字型运动。

FANUC 弧焊机器人的摆焊作业可通过摆焊启动/结束指令 Weave [i] /Weave End 直接启动/结束焊接，或者通过正弦波摆焊、圆弧摆焊、8 字型摆焊指令指定摆焊方式、启动焊接，利用摆焊结束指令 Weave End 结束焊接，指令的编程方法如下。

① 摆焊启动/结束指令。FANUC 弧焊机器人的摆焊可通过摆焊启动指令 Weave [i] 指令启动，通过摆焊结束指令 Weave End 结束；指令中的 i 为摆焊条件号，允许编程范围为 1～16。摆焊启动后，焊枪可按摆焊条件所设定的摆动轨迹，在沿程序规定路线前进的同时，进行左右摆动。

例如，按摆焊条件文件 1 的要求，实现 P [2]→P [3] 直线摆焊的编程示例如下。

```
……
J  P[1]  100%  CNT100
L  P[2]  100mm/sec  FINE              // 焊接开始点定位
Weave [1]                             // 摆焊启动
```

```
L  P[3]  20mm/sec  FINE              // 机器人直线插补
Weave End                            // 摆焊结束
……
```

② 正弦波/圆弧/8字型摆焊指令编程。FANUC弧焊机器人的摆焊作业也可通过正弦波/圆弧/8字型摆焊指令 Weave Sine [F, Am, Tl, Tr] /Weave Circle [F, Am, Tl, Tr] /Weave Figure 8 [F, Am, Tl, Tr]，指定摆动轨迹、启动焊接，指令中的F为摆动频率（0～99.9Hz），Am为摆动幅值（0～25mm），Tl为左侧停留时间（0～1s），Tr为右侧停留时间（0～1s）；正弦波/圆弧/8字型摆焊同样可通过摆焊结束指令Weave End结束焊接。

例如，需要以2Hz频率进行幅值为3mm的正弦波摆焊，实现P[2]→P[3]直线摆焊的编程示例如下。

```
……
J  P[1]  100%  CNT100
L  P[2]  100mm/sec  FINE             // 焊接开始点定位
Weave Sine [2.0,3.0,0,0]             // 正弦波摆焊启动
L  P[3]  20mm/sec  FINE              // 机器人直线插补
Weave End                            // 摆焊结束
……
```

4.5.3 码垛（叠栈）指令编程

1. 功能说明

搬运机器人的作业工具控制非常简单，一般只需要进行电磁盘的通/断或气动抓手的开/合动作，因此，可直接利用系统的机器人输入/输出信号RI/RO及宏程序命令（如Hand Open/Hand Close）进行控制。

码垛（stacking）是搬运类机器人必备的功能，所谓码垛就是按规律堆叠物品。码垛作业时，机器人的移动、定位点都具有一定的规律，为了简化操作、方便编程，工业机器人通常都有用于程序点位置自动计算的专门编程指令，如安川机器人的平移指令等。

在FANUC机器人上，用于码垛位置自动计算的编程指令，称为“叠栈指令”；码垛方式（物品叠放方式）称为“叠栈式样”，并分为图4.5.4所示的4种。

叠栈B：工具姿态、层式样不变，物品为直线、矩形、平行四边形或梯形布置，机器人移动路线固定的码垛。

叠栈BX：工具姿态、层式样不变，物品为直线、矩形、平行四边形或梯形布置，机器人移动路线可变的多路线码垛。

叠栈E：物品自由布置或工具姿态、层式样可变，移动路线固定的码垛。

叠栈EX：物品自由布置或工具姿态、层式样、机器人移动路线可变的多路线码垛。

2. 码垛指令

机器人码垛一般可通过专门的作业指令实现。FANUC机器人的码垛指令主要有码垛开始、码垛运动、码垛完成等，指令的编程格式与要求分别如下。

① 码垛开始/结束。FANUC机器人的码垛开始指令可用于码垛方式、码垛数据的选择；码垛结束指令用来结束码垛作业。指令的编程格式与操作数含义如下。

```
PALLETIZING—type_i                   // 码垛开始
PALLETIZING—END_i                    // 当前码垛结束，码垛暂存器更新为下一码垛点
```

Type：码垛方式，可选择B、BX、E、EX四种。

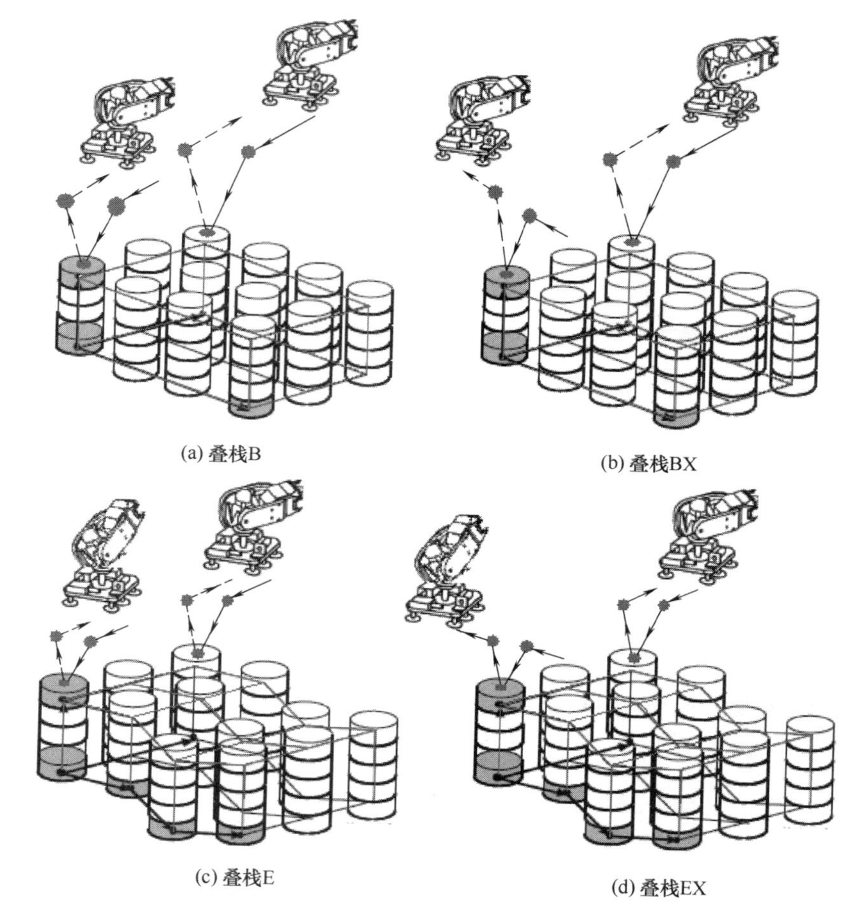

图 4.5.4 FANUC 机器人码垛方式

i：码垛数据编号，编程范围 1～16。

FANUC 机器人的码垛数据可通过示教操作设定。

② 码垛运动。码垛运动指令是以码垛位置作为目标位置（程序点）的关节、直线插补指令（不能为圆弧），指令的编程格式与操作数含义如下。

```
J(L)PAL_i  [A_n]  100%   FINE          // 关节(直线)插补接近
J(L)PAL_i  [BTM]  100%   FINE          // 关节(直线)插补码垛
J(L)PAL_i  [R_n]  100mm/sec  FINE      // 关节(直线)插补离开
```

PAL_i:i 为码垛数据编号(1～16)。

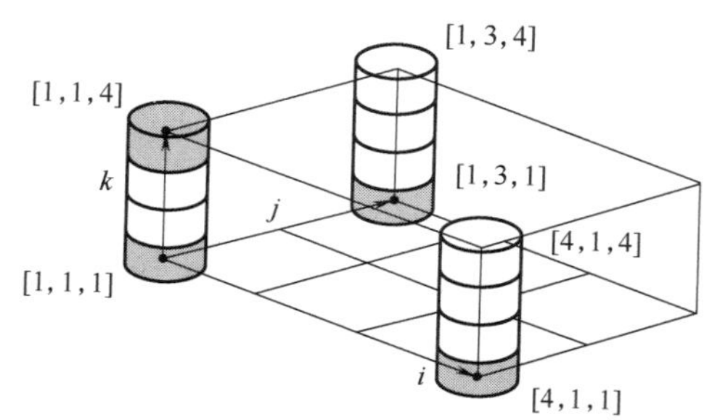

图 4.5.5 码垛暂存器值

[A_n]、[R_n]、[BTM]：程序点。[A_n]、[R_n] 为接近、离开点序号，n 范围为 1～8；程序点位置可通过示教操作设定；[BTM] 为码垛点，其位置可通过示教操作与码垛暂存器 PL [n] 的自动计算生成。

码垛点 [BTM] 位置通过码垛暂存器 PL [n] 间接指定，PL [n] 是以行 i、列 j、层 k 表示的三维数组 [i，j，k]，其含义如图 4.5.5 所示。

码垛点的行 i、列 j、层 k 坐标值可通过机器人示教操作设定，码垛暂存器 PL［n］暂存器可通过结束指令 PALLETIZING—END_i 自动更新，或通过以下指令直接赋值。

```
PL[n]=PL[m]                    // 通过码垛暂存器赋值
PL[n]=[i,j,k]                  // 直接定义
```

FANUC 机器人码垛的所有数据，如行、列、层的数量、间距与布置方式，接近点、离开点、安放点位置以及机器人的移动线路等，均可利用示教编辑操作设定，有关内容可参见后述章节。

3. **程序示例**

码垛指令的编程方法与机器人基本移动指令类似，但位于码垛开始、码垛结束指令范围的机器人移动指令的程序点，需要用码垛变量进行编程。

例如，对于图 4.5.6 所示的 *r* 行、*c* 列、*s* 层物品连续堆叠码垛作业，假设其码垛方式为叠栈 B、码垛数据编号为 3，其码垛程序的示例如下。

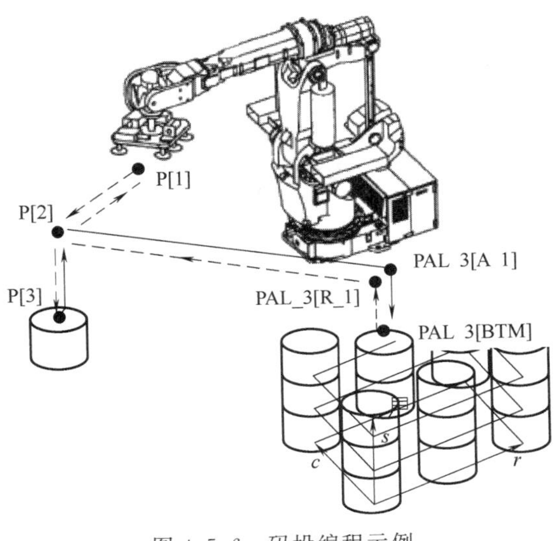

图 4.5.6　码垛编程示例

```
……
J  P[1]  100%  FINE                        // 机器人移动到开始点
LBL[1]                                     // 继续码垛跳转标记
J  P[2]  80%  FINE                         // 机器人移动到提取点上方
L  P[3]  1000mm/sec  FINE                  // 机器人移动到提取点
Hand Close                                 // 抓手闭合，提取物品
L  P[2]  500mm/sec  FINE                   // 机器人返回到提取点上方
PALLETIZING—B_3                            // 启动码垛
L  PAL_3  [A_1]  500mm/sec  FINE           // 接近运动，PAL_3 [A_1]位置自动计算
L  PAL_3  [BTM]  500mm/sec  FINE           // 码垛运动，PAL_3 [BTM]位置自动计算
Hand Open                                  // 抓手松开，安放物品
L  PAL_3  [R_1]  1000mm/sec  FINE          // 离开运动，PAL_3[R_1]位置自动计算
PALLETIZING—END_3                          // 当前物品码垛结束，码垛点更新
IF PL[3]=[r,c,s]JMP LBL[2]                 // 全部物品码垛结束，结束码垛作业
JMP LBL[1]                                 // 跳转到 LBL [1]，继续下一物品码垛
LBL[2]                                     // 码垛作业结束
J  P[1]  100%  FINE                        // 机器人返回开始点
……
```

第5章 机器人操作与示教编程

5.1 操作部件与操作菜单

5.1.1 控制面板

常用的FANUC工业机器人控制系统外观及操作器件布置如图5.1.1所示。控制系统采用柜式结构，总电源开关1与控制面板均安装在正面的柜门上，控制面板上安装有通信接口3、按钮与指示灯4、操作模式选择开关5，示教器2采用手持式结构。

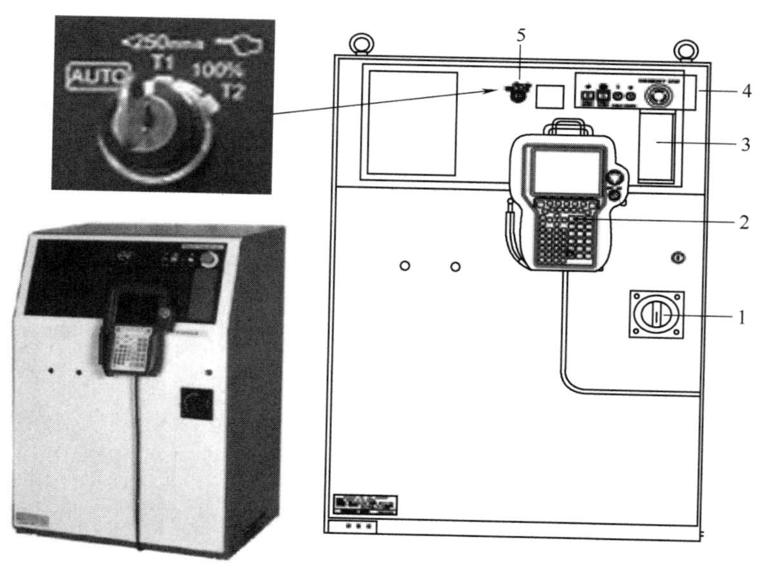

图5.1.1 FANUC机器控制系统

1—总开关；2—示教器；3—通信接口；4—按钮与指示灯；5—操作模式选择开关

1. 操作模式与选择

控制面板上的操作模式选择开关用于机器人的操作模式选择，FANUC机器人设置有自动

(AUTO)、示教模式 1 (T1)、示教模式 2 (T2) 3 种操作模式。

① 自动模式 (AUTO)。自动模式只能用于机器人的程序自动运行作业。选择自动模式时，程序自动运行可通过系统设定的“设定控制方式”选项，选择本地运行或远程运行两种方式之一。本地运行的程序可通过示教器选择，程序可通过控制面板的循环启动按钮启动；远程运行的程序选择、自动运行启动需要由远程控制信号 UI 控制，可选择 RSR、PNS 两种方式运行，选择自动模式时，示教器的 TP 开关 (示教器生效开关) 应置于 OFF 位置，否则控制系统将发生报警并停止机器人运动。

② 示教模式 1 (T1)。示教模式 1 又称测试模式 1，这是一种由示教器控制的常用操作模式，可用于机器人的手动 (JOG) 操作、示教编程及程序试运行。选择 T1 模式时，机器人 TCP 的运动速度总是被限制在 250mm/s 以下。T1 模式必须通过示教器控制，如示教器的 TP 开关 (示教器操作有效开关) 置于 OFF 位置，控制系统将发生报警并停止机器人运动。

③ 示教模式 2 (T2)。示教模式 2 又称测试模式 2，T2 模式可用于机器人手动操作、示教编程及程序试运行 (再现)；机器人手动、示教时，机器人 TCP 速度同样被限制在 250mm/s 以下；但试运行 (再现) 时，可按编程速度运行。T2 模式同样需要通过示教器控制，如示教器的 TP 开关置于 OFF 位置，控制系统将发生报警并停止机器人运动。

3 种操作模式对机器人防护栏 (DI 信号 * FENCE)、示教器 TP 开关的要求以及不同情况下的机器人工作状态如表 5.1.1 所示。

表 5.1.1 操作模式与机器人工作状态

操作模式	防护栏	示教器		机器人		程序自动运行	
		TP 开关	手握开关	状态	JOG 速度	启动/停止	TCP 速度
AUTO	打开	ON	ON 或 OFF	急停			
		OFF	ON 或 OFF	急停			
	关闭	ON	ON 或 OFF	报警停止			
		OFF	ON 或 OFF	正常工作		控制面板或远程 DI	编程速度
T1	打开或关闭	OFF	ON 或 OFF	报警停止			
		ON	OFF	急停			
			ON	正常工作	<250mm/s	示教器	<250mm/s
T2	打开或关闭	OFF	ON 或 OFF	报警停止			
		ON	OFF	急停			
			ON	正常工作	<250mm/s	示教器	编程速度

2. 按钮与指示灯

控制面板上的按钮与指示灯用于机器人急停、自动模式程序本地运行启动、故障复位以及状态指示。标准配置系统的按钮与指示灯布置如图 5.1.2 所示，作用如下。

急停 (EMERGENCY STOP)：机器人急停。按钮按下时，程序停止运行，驱动电机以最

图 5.1.2 按钮与指示灯

大电流制动，机器人急停并断开驱动器主电源。急停按钮具有自保持功能，系统重新启动时，需要旋转蘑菇头按钮复位。

电源指示（POWER）：电源指示灯，控制系统电源总开关接通时亮。

报警指示（FAULT）：系统报警灯，控制系统发生报警时亮；故障排除后，可通过故障复位按钮，清除报警、复位系统、关闭指示灯。

循环启动（CYCLE START）：在自动模式时，可启动程序本地（LOCAL）自动运行。

故障复位（FAULT RESET）：控制系统故障原因排除后，可清除报警、复位系统。

5.1.2 示教器

1. 外观

FANUC机器人示教器有图5.1.3所示的单色、彩色显示两种。

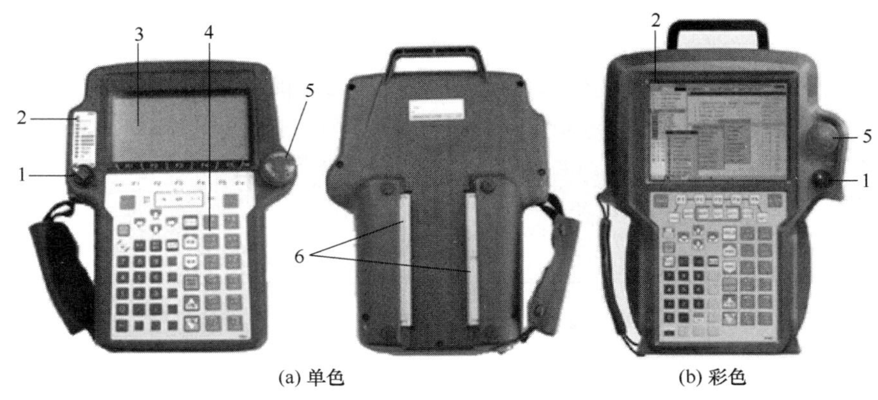

(a) 单色　　(b) 彩色

图5.1.3 示教器外观

1—TP开关；2—状态指示；3—显示屏；4—键盘；5—急停按钮；6—手握开关

单色显示器为40字×16行字符显示，系统工作状态指示采用LED指示灯，TP开关安装在显示器左下方。彩色显示器为LCD显示，系统工作状态直接在显示屏的状态显示区，TP开关安装在显示器右下方。两种示教器的操作键基本相同。

示教器各部分的主要功能如下。

① TP开关。示教器生效/无效开关。开关ON时，示教器操作生效，操作模式选择示教模式T1或T2时，可通过示教器控制机器人手动（JOG）、示教、程序自动运行启动/停止等操作。开关OFF时，示教器操作无效，操作模式选择自动（AUTO）时，可通过控制柜面板或远程DI信号，控制程序自动运行（参见表5.1.1），但示教器的程序编辑、机器人设定等操作仍可进行。

② LED。控制系统工作状态指示灯（11个，功能见后述）；彩色示教器无LED指示，其工作状态通过显示屏的状态显示区显示。

③ 显示屏。单色显示器为40字×16行字符显示；彩色显示器为LCD显示。

④ 键盘。系统操作按键（61个），用于数据输入、显示操作。

⑤ 急停按钮。机器人急停按钮，作用与控制柜面板上的急停按钮同。

⑥ 手握开关。FANUC称“Deadman开关”，操作模式选择示教模式T1或T2时，握住开关可启动伺服，对机器人进行手动（JOG）、程序自动运行等操作。

2. 示教器显示

FANUC机器人示教器的显示部件如图5.1.4所示。

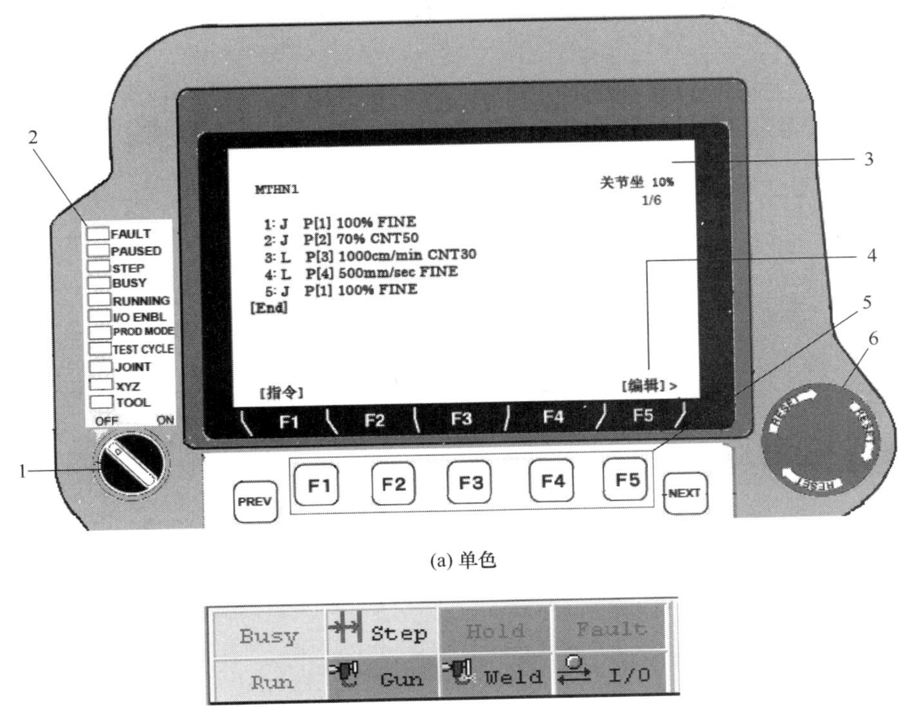

(a) 单色

Busy	Step	Hold	Fault
Run	Gun	Weld	I/O

(b) 状态显示(彩色)

图 5.1.4　示教器显示

1—TP 开关；2—状态指示；3—主屏；4—软功能键指示；5—软功能键；6—急停按钮

① 状态指示。单色示教器的系统工作状态指示为 LED 指示灯，彩色显示器的工作状态在显示屏的状态显示区显示，状态指示灯（状态显示）及功能如下。

FAULT（Fault 显示）：报警。灯亮，表示控制系统存在报警。

PAUSED（Hold 显示）：暂停。灯亮，表示程序处于自动运行暂停（进给保持 HOLD）状态。

STEP（Step 显示）：单步。灯亮，表示程序处于单步执行状态。

BUSY（Busy 显示）：通信忙。灯亮，表示控制系统与机器人、外部设备通信进行中。

RUNNING（Run 显示）：运行。灯亮，表示程序处于自动运行状态。

I/O ENBL（I/O）：I/O 使能。灯亮，表示控制系统的输入/输出信号处于有效状态。

PROD MODE：自动运行模式。灯亮，表示操作模式选择了自动（AUTO）模式。

TEST CYCLE：试运行。灯亮，表示程序处于示教模式运行状态。

JOINT：关节坐标系生效。灯亮，表示机器人手动操作坐标系选择了关节坐标系（关节轴手动）。

XYZ：直角坐标系生效。灯亮，表示机器人手动操作选择了全局、用户、手动等笛卡儿直角坐标系（机器人 TCP 手动）。

TOOL：工具坐标系生效。灯亮，表示机器人手动操作选择了工具坐标系。

Gun、Weld 显示（彩色）：作业工具（如焊钳、焊枪等）工作状态显示。

② 软功能键。软功能键是按键功能可变的操作键。FANUC 机器人示教器有 5 个软功能键【F1】~【F5】，按键的功能可通过主屏最下方的显示行显示。

为了便于阅读，本书在后述的内容中，将以符号“【】”表示可直接操作的示教器实体键，如【MENU】、【+X】等；以符号“〖〗”表示示教器软功能键【F1】~【F5】所代表的功能，如〖指令〗、〖编辑〗等。

③ 主屏显示。主屏的显示内容可通过后述的显示键选择，有关内容详见后述章节。对于常用的示教编程操作，其显示如图 5.1.5 所示。

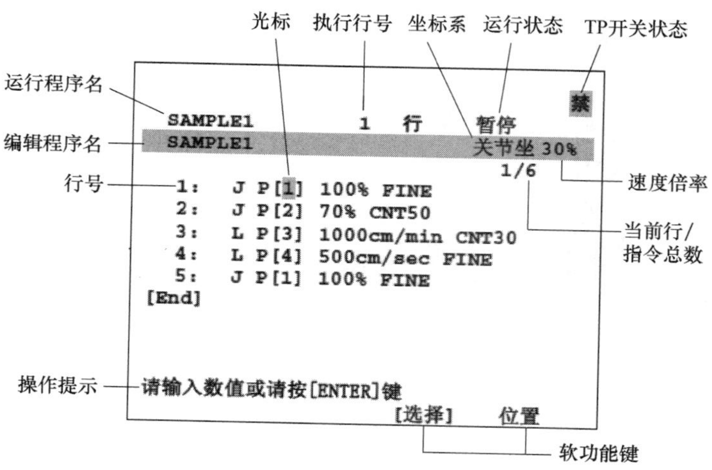

图 5.1.5 示教编程显示

3. 按键与功能

FANUC 机器人常用的示教器键盘如图 5.1.6 所示，操作按键的功能主要可分显示键、输入键、复位键、手动与自动操作键、光标调节键、用户键等。电源(POWER) 与报警 (FAULT) 指示灯只在部分示教器上设置。

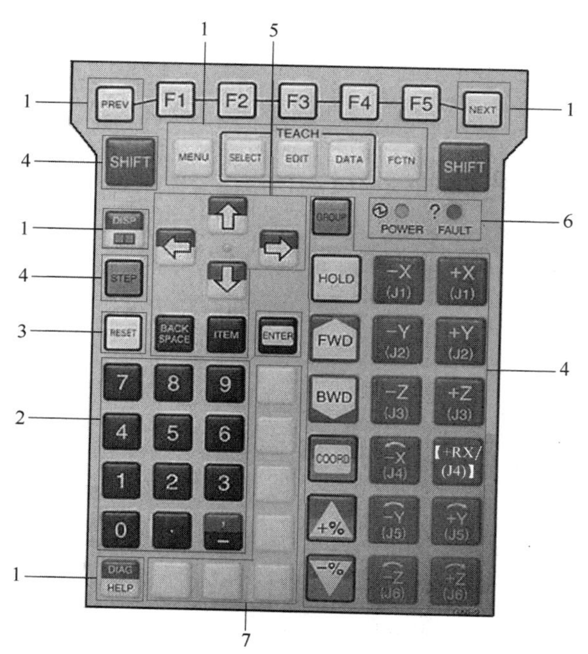

图 5.1.6 示教器操作键功能

1—显示；2—输入；3—复位；4—手动与自动操作；5—光标调节；6—指示灯；7—用户

示教器操作键的功能如下。底色与【SHIFT】相同的按键，如【+X】键，或者按键上底色与【SHIFT】相同的功能，如【DIAG/HELP】键的 DIAG 功能(诊断显示)，通常需要与【SHIFT】键同时操作。

① 显示键。用于示教器显示的选择、切换。相关操作键的功能如下。

【DIAG/HELP】：诊断/帮助键。单独按，示教器可显示帮助文本；与【SHIFT】键同时按，可显示系统的诊断页面。

【DISP/□□】：窗口切换键，仅与彩色显示的示教器配套。单独按，可切换显示窗口；与【SHIFT】键同时按，可切换为多窗口显示。

【PREV】、【NEXT】：选页键。按【PREV】，示教器可返回上一页显示；按【NEXT】，示教器可显示下一页。

【FCTN】、【MENU】：功能菜单、操作菜单键。按【FCTN】键，示教器可显示操作功能菜单；按【MENU】，示教器可显示操作菜单。

【SELECT】：示教（TEACH）操作的程序选择页面显示键。

【EDIT】：示教（TEACH）操作的程序编辑页面显示键。

【DATA】：示教（TEACH）操作的数据寄存器（Register）显示键。

② 输入键。用于手动数据输入操作，按键的功能如下。

【0】～【9】、【.】、【，/－】：数字、小数点、符号输入键。

【ENTER】：输入确认键。确认输入内容或所选择的操作。

③ 复位键。控制系统故障原因排除后，按【RESET】键，可清除报警、复位系统。

④ 手动与自动操作键。用于示教操作模式下的机器人手动操作、程序调试及自动运行控制，相关按键的功能如下。

【－X/(J1)】~【＋Z/(J3)】：机器人手动键。手动键与【SHIFT】键同时按下，可进行关节轴 J1/J2/J3 手动，或机器人 TCP 的 $X/Y/Z$ 轴手动操作。

【－RX/(J4)】~【＋RZ/(J6)】（R 代表按键的圆弧箭头，见图 5.1.6）：机器人手动键。手动键与【SHIFT】键同时按下，可进行关节轴 J4/J5/J6 手动，或机器人 TCP 绕 $X/Y/Z$ 轴回转的手动操作。

【COORD】：手动操作坐标系选择键。单独按，可依次进行关节（JOINT）、JOG（JGFRM）、全局（WORLD）、工具（TOOL）、用户（USER）坐标系的切换；同时按【SHIFT】键，可改变 JOG（JGFRM）、工具（TOOL）、用户（USER）坐标系编号。

【＋%】、【－%】：速度倍率调节键。同时按【SHIFT】键，可调节机器人移动速度。

【GROUP】：运动组切换键。在多运动组复杂系统上，同时按【SHIFT】键，可切换运动组。

【STEP】：单步/连续执行键。选择示教模式时，按此键，可进行程序单步/连续执行方式的切换。

【HOLD】：进给保持键。按此键，可暂停程序自动运行。

【FWD】：程序向前执行键。同时按【SHIFT】键，可启动程序自动运行，并由上至下向前执行程序。

【BWD】：程序后退执行键。同时按【SHIFT】键，可可启动程序自动运行，并由下至上后退执行程序。

⑤ 光标调节键。用于光标移动，相关按键的功能如下。

【↑】、【↓】、【→】、【←】：光标上、下、前、后移动键。

【BACKSPACE】：光标后退并逐一删除字符。

【ITEM】：行检索。按此键后，可直接输入行编号，将光标定位至指定行。

⑥ 用户键。用户键是控制系统为用户预留的按键，用户（机器人生产厂家）可根据需要规定功能，也可不使用。由于 FANUC 既是控制系统生产厂家，又是机器人生产厂家，用户键的功能实际上也由 FANUC 公司规定。用户键根据机器人用途稍有不同，以下为大多数机器人通用的用户键。

【POSN】：位置显示键。用来显示机器人当前位置显示页面。

【I/O】：I/O 显示键。用来显示控制系统的 I/O 显示页面。

【STATUS】：状态显示键，用来显示控制系统的状态显示页面

【SETUP】：设定显示键，用来显示空执行系统的设定页面。

其他用户键一般用于作业工具控制，按键功能与机器人类型（用途）有关。

5.1.3 操作菜单

1. 菜单与显示

示教器的显示、操作需要利用菜单选择。FANUC机器人的菜单有功能菜单（亦称辅助菜单）、操作菜单两类，功能菜单可通过示教器的【FCTN】键显示；操作菜单可通过示教器的【MENU】键显示，操作菜单的显示内容，还可通过功能菜单【FCTN】以快捷（QUICK）或完整（FULL）两种形式显示。

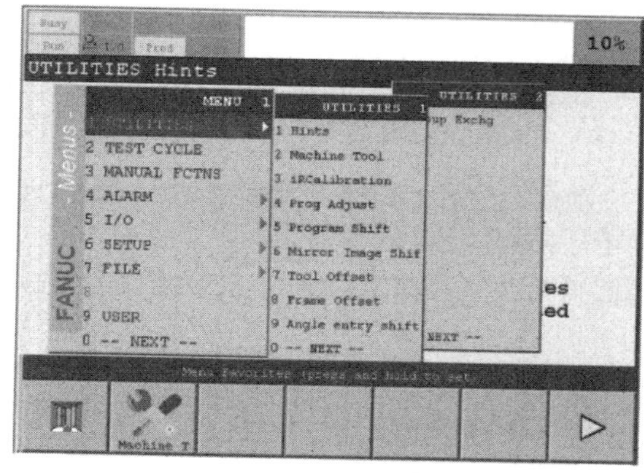

图 5.1.7 菜单显示（彩色）

FANUC机器人示教器的菜单显示如图5.1.7所示（彩色LCD），菜单采用多层结构，可逐层展开、显示及选择。

FANUC机器人的菜单显示内容与机器人用途（类别）、控制系统软件版本、系统选择功能配置等因素有关，不同时期生产、不同软件版本、不同用途的控制系统，菜单的显示内容、形式有所区别，操作菜单功能详见后述。

表5.1.2所示的操作选项需要选配控制系统的附加功能。操作选项可在操作菜单选定后，利用软功能键〖类型〗打开、选择。表5.1.2中的菜单名称及操作选项括号内的文字为示教器实际显示或FANUC说明书上的中文翻译，用词可能不尽规范、确切。

表 5.1.2 FANUC 机器人选择功能菜单

类别	页-序	菜单名称	操作选项	选择功能
功能菜单【FCTN】	1-3	CHANGE GROUP（改变群组）	运动组切换（群组号码更改）	J518
	1-4	TOG SUB GROUP（切换副群组）	外部轴切换（副群组号码更改）	J518
操作菜单【MENU】	1-1	UTILITIES（共用程序/功能）	Prog. Adjust，程序调整（即时位置修改）	H510
			Program Shift，程序偏移（程序移转）	H510
			Mirror Image Shift，程序镜像（程序对称移转）	H510
			Tool Offset，工具坐标系变换（工具偏移功能）	H510
			Frame Offset，用户坐标系变换（坐标偏移功能）	H510
			Angle entry shift，程序点旋转变换（角度输入移转）	J614
	1-3	MANUAL FCTNS（手动操作功能）	Macro，宏指令	H510
	1-5	I/O（设定输出・入信号）	Analog，模拟量信号（模拟信号）	H510
	1-6	SETUP（设定）	Macro，宏指令	H510
			Ref Position，作业基准点设定（设定基准点）	H510
			Soft Float，软浮动控制（外力追踪功能）	J612
			转矩限制	J611
			Motion Group DO，运动组输出（动作输出）	J518
			连续回转	J613
	1-7	FILE（文件）	全部项	H510
	2-3	DATA（资料）	位置寄存器	H510
			Palletizing，码垛暂存器（栈板寄存器）	J500
	2-4	STATUS（状态）	程序定时器（程序计时器）	H510
			系统运行时间（运转计时器）	H510
			状态监视	H510

2. 功能菜单

FANUC 机器人的功能菜单可通过【FCTN】键显示，菜单一般有 2 页，显示内容如图 5.1.8 所示，菜单可通过光标移动键选定后，按【ENTER】键选择；光标选定“—NEXT—”，按【ENTER】键，可切换显示页。

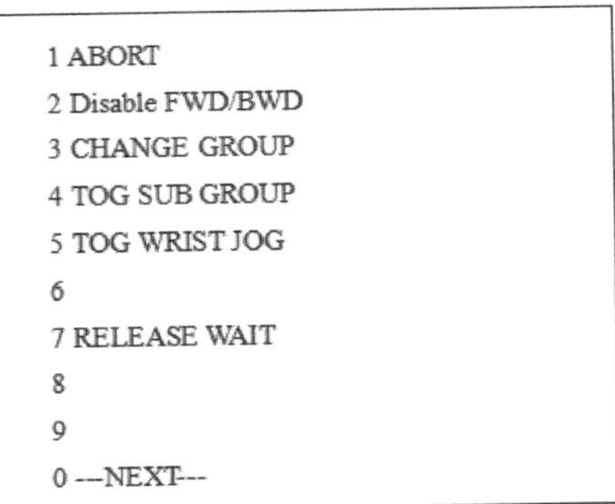

1 ABORT
2 Disable FWD/BWD
3 CHANGE GROUP
4 TOG SUB GROUP
5 TOG WRIST JOG
6
7 RELEASE WAIT
8
9
0 ---NEXT---

(a) 第1页

1 QUICK/FULL MENUS
2 SAVE
3 PRINT SCREEN
4 PRINT
5
6 UNSIM ALL I/O
7
8 CYCLE POWER
9 ENABLE HMI MENUS
0 ---NEXT---

(b) 第2页

图 5.1.8　功能菜单显示

功能菜单可直接显示系统功能，并进行相关操作，其作用如表 5.1.3 所示，部分菜单只有选配相应的选择功能软件才能显示与使用；此外，由于翻译的原因，某些菜单的中文显示可能不尽合理或无中文显示，为便于读者对照，原译文标注在括号内（后同）。

表 5.1.3　FANUC 机器人功能菜单说明表

页-序	名称	作用
1-1	ABORT(程序结束)	程序终止,强制结束执行或暂停的程序
1-2	Disable FWD/BWD(禁止前进/后退)	禁止程序前进/后退(FWD/BWD)
1-3	CHANGE GROUP(改变群组)	切换运动组
1-4	TOG SUB GROUP(切换副群组)	机器人/外部轴操作切换
1-5	TOG WRIST JOG(切换姿态控制操作)	TCP/工具定向操作切换
1-6		
1-7	RELEASE WAIT(解除等待)	结束等待指令
1-8/9		
1-0	—NEXT—	切换第 2 页显示
2-1	QUICK/FULL MENUS(简易/全画面切换)	快捷/完整操作菜单切换
2-2	SAVE(备份)	数据保存到软盘中
2-3	PRINT SCREEN(打印当前屏幕)	打印当前屏幕
2-4	PRINT(打印)	数据输出打印
2-5		
2-6	UNSIM ALL I/O(所有 I/O 仿真解除)	删除所有 I/O 信号的仿真设置
2-7		
2-8	CYCLE POWER(请再启动)	系统重启,重启控制系统
2-9	ENABLE HMI MENUS(接口有效菜单)	人机接口(HMI)菜单生效
2-0	—NEXT—	返回第 1 页显示

3. 快捷操作菜单

FANUC 机器人的操作菜单，可利用功能菜单【FCTN】第 2 页的选项“QUICK/FULL MENUS”，选择快捷（QUICK）、完整（FULL）两种操作菜单。

选择快捷操作（QUICK）时，按示教器的操作菜单键【MENU】，只能显示系统常用的操作菜单；选择完整操作（FULL）时，按示教器的操作菜单键【MENU】，可显示控制系统的

1 ALARM
2 UTILITIES
3 SETUP
4 DATA
5 STATUS
6 I/O
7 POSITION
8
9
0

图 5.1.9 常用快捷操作菜单

全部操作菜单。

快捷菜单的显示项目与机器人功能、用途有关，在不同的机器人上可能有所不同，常用的快捷菜单如图 5.1.9 所示；部分机器人可能有 2 页或更多的菜单项。

操作菜单所包含的内容较多，在主菜单选定后，通过软功能键〖类型（TYPE）〗，进一步显示操作项（子菜单），选择所需的操作。

FANUC 机器人常用快捷操作菜单的作用如表 5.1.4 所示，操作菜单功能可通过光标移动键、【ENTER】键选定。由于控制系统功能、机器人用途不同，不同机器人的快捷操作菜单可能有所区别；部分菜单需要选配 FANUC 选择功能。

表 5.1.4 FANUC 机器人常用快捷操作菜单说明表

序号	名称	操作
1	ALARM(异常履历)	报警信息、详情、履历显示
		伺服报警及详情显示
		系统报警及详情显示
		程序出错及详情显示
		报警履历显示
		通信出错及详情显示
2	UTILITIES(共用程序/功能)	系统基本信息和帮助文本显示
		程序点位置、速度变换
		程序点平移与旋转变换
		程序镜像与旋转变换
		工具坐标系变换
		用户坐标系变换
		程序点旋转变换
3	SETUP(设定)	自动运行程序设定
		系统基本设定
		坐标系设定
		宏程序设定
		基准点设定
		伺服软浮动(外力追踪)功能设定
		通信接口设定
		外部速度调节设定
		用户报警设定
		转矩限制功能设定
		J1、E1 轴可变极限限位设定
		运动组输出设定
		连续回转功能设定
		报警等级设定
		重新启动功能设定
		干涉保护区设定
		主机通信设定
		密码设定
		示教器显示设定
		后台运算功能设定
4	DATA(资料)	数值暂存器显示、设定
		位置暂存器显示、设定
		码垛暂存器显示、设定

续表

序号	名称	操作
4	DATA(资料)	作业条件文件显示、设定
		KAREL 语言程序数据显示、设定
5	STATUS(状态)	关节轴状态显示
		软件版本显示
		程序定时器显示
		系统运行时间显示
		安全信号显示
		选择功能显示
		运行记录显示
		存储器显示
		条件显示
6	I/O(设定输出·入信号)	I/O 单元显示、设定
		DI/DO、RI/RO 状态显示、设定
		UI/UO、SI/SO 状态显示、设定
		GI/GO 状态显示、设定
		AI/AO 状态显示、设定
		DI→DO 连接设定
		I/O-Link 设备配置
		标志 M 状态显示、设定
7	POSITION(现在位置)	机器人当前位置显示

4. 完整操作菜单

当功能菜单【FCTN】第 2 页的选项“QUICK/FULL MENUS”，选择完整（FULL）时。按示教器的操作菜单键【MENU】，可显示系统完整的操作菜单。操作菜单一般为 2 页，显示内容如图 5.1.10 所示，菜单功能可通过光标移动键选定后，按【ENTER】键选择。选择“—NEXT—”，按【ENTER】键，可切换显示页。部分机器人（如使用 iPendant 示教器时），操作菜单有 3 页，第 3 页通常为显示刷新、故障记录等特殊操作。

```
1 UTILITIES
2 TEST CYCLE
3 MANUL FCTNS
4 ALARM
5 I/O
6 SETUP
7 FILE
8 SOFT PANEL
9 USER
0 --NEXT--
```

(a) 第1页

```
1 SELECT
2 EDIT
3 DATA
4 STATUS
5 POSITION
6 SYSTEM
7 USER2
8 BROWSER
9
0 --NEXT--
```

(b) 第2页

图 5.1.10 完整操作菜单显示

完整操作菜单可显示控制系统的全部操作功能，其作用如表 5.1.5 所示。

表 5.1.5 FANUC 机器人常用完整操作菜单说明表

页-序	名称(中文)	作用
1-1	UTILITIES(共用程序/功能)	同快捷操作菜单
1-2	TEST CYCLE(测试运转)	示教模式程序试运行设置
1-3	MANUL FCTNS(手动操作功能)	手动操作宏指令设定
1-4	ALARM(异常履历)	同快捷操作菜单

续表

页-序	名称(中文)	作用
1-5	I/O(设定输出・入信号)	同快捷操作菜单
1-6	SETUP(设定)	同快捷操作菜单
1-7	FILE(文件)	文件操作、自动备份设定
1-8	SOFT PANEL(软面板)	面板显示设置
		创建面板安装向导
1-9	USER(使用者设定画面)	用户显示页面
1-0	—NEXT—	切换第 2 页显示
2-1	SELECT(程序一览)	程序一览表显示
2-2	EDIT(编辑)	编辑程序
2-3	DATA(资料)	同快捷操作菜单
2-4	STATUS(状态)	同快捷操作菜单
2-5	POSITION(现在位置)	同快捷操作菜单
2-6	SYSTEM(系统设定)	日期时间设定
		系统、伺服参数显示、设定
		机器人零点校准、关节轴行程设定
		手动超程释放
		系统、负载设定
2-7	USER2(使用者设定画面 2)	用户显示页面 2
2-8	BROWSER(浏览器)	浏览器显示、设定
2-9		
2-0	—NEXT—	返回第 1 页显示

5.2　系统启动与手动操作

5.2.1　冷启动、热启动及重启

机器人控制系统在总电源接通后，将自动启动系统，并根据需要进行相关处理。FANUC 机器人控制系统的开机方式分正常开机、特殊启动两种，操作者可通过控制系统设定及不同的操作进行选择。

在 FANUC 机器人说明书中，控制系统的开机启动方式被称为“开机方式”，并可根据需要选择冷启动（冷开机）、热启动（热开机）、系统重启、初始化启动（初始化开机）、控制启动（控制开机）5 种启动方式。冷启动（冷开机）、热启动（热开机）、系统重启用于控制系统的正常开关机；初始化启动（初始化开机）、控制启动（控制开机）多用于系统调试、维修操作。

控制系统电源接通时的正常开机，可通过系统设定（SETUP）菜单、“基本设定（SETUP）”页面的“停电处理（Power Fail）”功能设定，选择“冷启动”“热启动”两种方式之一（见后述章节）；系统重启可直接通过示教器的功能菜单【FCTN】选择。控制系统正常开关机的操作步骤如下。

1．冷启动

冷启动（冷开机）是控制系统最常用的正常开机启动方式。如果机器人设定操作菜单“设定（SETUP）”的设定项“停电处理（Power Fail）”设定为“无效”，只需要接通电源总开关，便可直接启动。如果控制系统的“停电处理”功能设定为“有效”，则需要通过后述的控制启动（Controlled start）操作，执行冷启动操作。

控制系统冷启动开机时，将进行如下处理。

① 控制系统的全部通用输出（DO、GO、AO）以及机器人专用输出 RO 的状态，都被设置为 OFF（0）。

② 程序自动运行成为“结束”状态，光标定位至程序起始位置。

③ 速度倍率恢复初始值，手动操作坐标系恢复关节坐标系。

④ 机器人锁住（如设置）状态自动解除。

系统冷启动完成后，控制系统将自动选择第一操作菜单“共用功能（UTILITIES）”的第一显示页（提示与帮助），示教器可显示图 5.2.1 所示的内容。

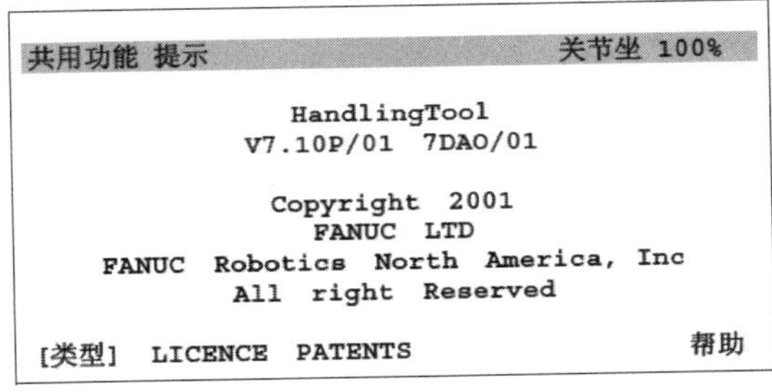

图 5.2.1　冷启动显示

2. 热启动

热启动（热开机）是连续作业机器人常用的正常开机启动方式。如果机器人设定操作菜单“设定（SETUP）”的设定项“停电处理（Power Fail）”设定为“有效”，FANUC 机器人的热启动，只需要接通电源总开关，便可直接启动。如果“停电处理”功能设定为“无效”，则需要通过后述的控制启动（Controlled start）操作，在示教器显示启动选择页面后，执行热启动操作。

FANUC 机器人控制系统热启动将进行如下处理。

① 控制系统的全部通用输出（DO、GO、AO）以及机器人专用输出 RO 的状态，都恢复为电源断开时刻的状态。

② 如果电源断开时，程序处于自动运行状态，则恢复断电时刻的自动运行状态，但程序运行变为“暂停”。

③ 速度倍率、手动操作坐标系、机器人锁住（如设置）状态，都恢复为电源断开时刻的状态。

但是，如果控制系统在断电后进行了 I/O 单元更换、I/O 点数更改等系统软硬件配置操作，控制系统的全部通用输出（DO、GO、AO）以及机器人专用输出 RO 的状态，都被设置为 OFF（0）。

热启动完成后，示教器通常可恢复至断电时刻的显示页面。

3. 系统重启

系统重启通常用于生效控制系统参数、清除故障等，其处理方式与冷启动相同。FANUC 机器人的系统重启可在总电源开关接通、示教器 TP 有效开关选择“ON”时，直接通过示教器的功能菜单【FCTN】选择，而无需进行控制系统电源总开关的通断操作。控制系统重启的操作步骤如下。

① 按功能菜单键【FCTN】，示教器可显示功能菜单。

② 光标选定“—NEXT—”，按【ENTER】键，显示功能菜单第 2 页。

③ 光标选定“系统重启（CYCLE POWER)”，按【ENTER】键，示教器将显示图 5.2.2 所示的系统重启确认页面。

图 5.2.2　系统重启确认

④ 光标选择“是”，按【ENTER】键确认，控制系统将执行系统重启操作。

4. 系统关机

控制系统的正常关机，一般按以下步骤进行。

① 确认机器人、辅助轴已停止运动，程序自动运行已完全结束。

② 松开示教器手握开关，按下急停按钮，切断伺服驱动器主电源。

③ 关闭控制柜的电源总开关。

5.2.2 初始化启动与控制启动

控制系统初始化启动（init start）、控制启动（controlled start）是用于系统调试、维修的特殊操作，一旦操作不当，可能导致机器人不能正常使用；因此，这样的操作原则上只能由专业调试、维修人员进行，普通操作人员不应轻易尝试。

1. 初始化启动

FANUC 机器人的初始化启动（init start）需要在引导系统操作（boot monitor）模式下进行。

初始化启动时，控制系统将格式化存储器、重新安装系统软件、恢复到出厂设定状态，用户输入与设定的全部数据（如程序、机器人设定、系统设定等）将被删除，机器人需要重新调试才能恢复工作，因此操作必须由专业调试、维修人员承担。

初始化启动可清除由于电源干扰、后备电池失效、控制板松动或脱落或其他不明原因引起的偶发性故障，但是这一操作必须在完成系统备份或镜像备份后进行，以便系统恢复与还原。

FANUC 机器人初始化启动的操作步骤如下。

① 如图 5.2.3 所示，同时按住示教器上的软功能键【F1】、【F5】，接通控制柜系统总电源开关，直至出现图 5.2.4（a）所示的引导系统操作菜单（BMON MENU）显示。

在引导系统操作菜单上，操作者可根据需要，通过按示教器数字键、【ENTER】键，进行如下操作。

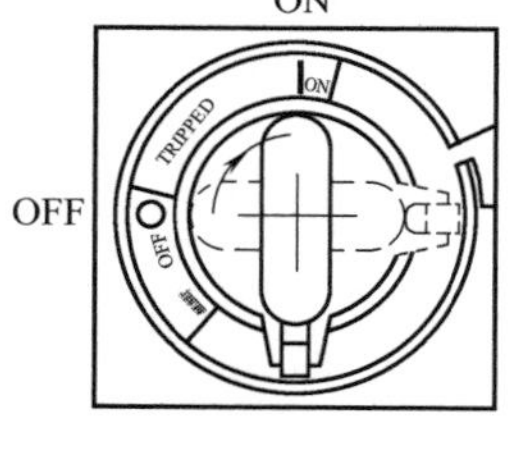

图 5.2.3 初始化开机

```
***BOOT MONITOR***
Base system version (FRL)
Initializing file device ...done

******* BMON MENU *******
  1. Configuration menu
  2. All software installation
  3. Init start
  4. Controller backup/restore
  5. Hardware diagnosis

Selece:
```

(a) 引导操作

```
CAUTION:INIT start is selected

Are you SURE? [Y=1 / N=else]
```

(b) 确认

图 5.2.4 初始化启动显示

Configuration menu：配置菜单，可按示教器数字键【1】选择。

All software installation：全部软件安装，可按示教器数字键【2】选择。

Init start：系统初始化启动，可按示教器数字键【3】选择。

Controller backup/restore：系统备份/恢复，可按示教器数字键【4】选择。

Hardware diagnosis：系统硬件诊断，可按示教器数字键【5】选择。

② 按示教器上的数字键【3】、【ENTER】键，选择初始化启动（Init start）选项，示教器将显示图 5.2.4（b）操作确认信息。

③ 确认需要执行初始化启动时，可按示教器上的数字键【1】（选择 YES），控制系统将执行初始化启动操作；如不需要执行初始化启动，可按示教器上的其他键（选择 NO），放弃初始化启动操作，返回引导操作页面。

2. 控制启动

控制启动通常用于机器人调试、维修操作。控制启动时，可进行特殊的、通常情况不能进行的操作，例如系统初始化设定、特殊系统参数设定、机器人配置、系统文件读取等，但不能直接进行机器人的操作。

FANUC 机器人的控制启动操作步骤如下。

① 如图 5.2.5 所示，同时按住示教器上的选页键【PREV】、【NEXT】，接通控制柜系统总电源开关，直至示教器显示图 5.2.6（a）所示的系统配置菜单（CONFIGURATION MENU）。

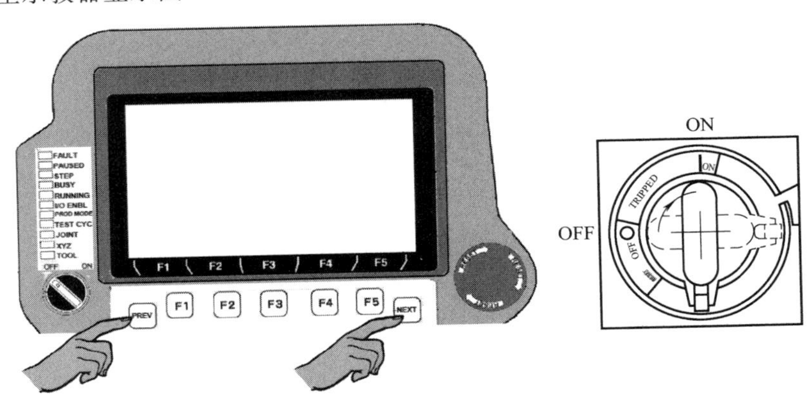

图 5.2.5　控制启动开机

在系统配置菜单上，示教器将显示如下操作选项，操作者可根据需要，通过示教器数字键、【ENTER】键选择相应的操作。

Hot start：系统热启动，可按示教器数字键【1】选择。

Cold start：系统冷启动，可按示教器数字键【2】选择。

Controlled start：系统控制启动，可按示教器数字键【3】选择。

Maintenance：系统维修操作，可按示教器数字键【4】选择。

② 按示教器上的数字键【3】、【ENTER】键，选择控制启动（Controlled start）选项，示教器将显示图 5.2.6（b）所示的控制启动的初始化设定页面。

FANUC 机器人控制启动时，可通过功能菜单键【FCTN】，选择操作选项“冷开机（Cold start）”，执行冷启动操作；或者，通过操作菜单键【MENU】，选择如下控制设定操作。

初始化设定：可显示控制启动的初始化设定页面，并进行内部继电器 F 号等系统基本参数的初始化设定。

系统参数设定：可显示、设定所有系统参数，也可进行所有参数的备份/恢复。

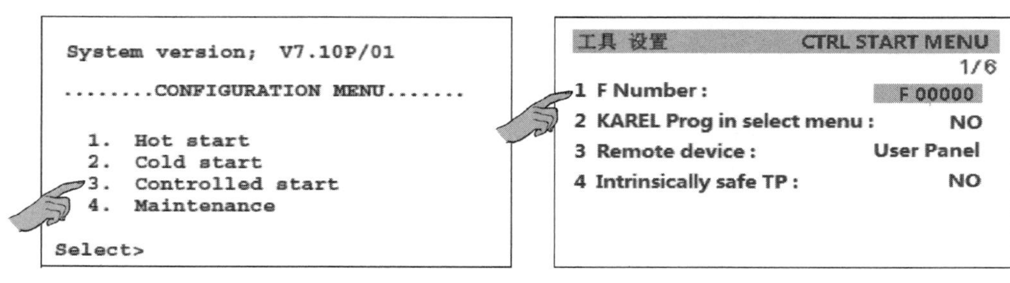

(a) 系统配置　(b) 控制启动

图 5.2.6　控制启动操作

文件：可进行应用程序文件、系统文件的保存、加载。

软件版本显示：可显示系统的软件版本。

故障履历显示：显示系统故障履历。

通信接口设定：设定串行接口参数。

暂存器显示：显示系统暂存器状态。

机器人配置：进行机器人、外部轴的配置。

存储器设定（最大数设定）：可更改暂存器、宏指令、用户报警、报警等级变更数量。

③ 根据需要，按【MENU】显示操作菜单，并用光标选定操作选项，按【ENTER】键确认，完成系统的控制设定。

④ 控制设定完成后，按功能菜单键【FCTN】，选择操作选项“冷开机（Cold start）”，冷启动控制系统，便可生效控制设定项目，恢复机器人的正常操作。

5.2.3 机器人手动操作

1. 操作方式与运动模式选择

FANUC机器人手动操作方式可选择关节轴手动、机器人TCP手动、工具手动、外部轴运动4种，运动模式有手动连续（JOG）和手动增量（INC）两种。

① 手动操作方式选择。FANUC机器人的关节轴手动、机器人TCP手动、工具手动操作方式，可通过示教器的手动操作坐标系选择键【COORD】选择。重复按【COORD】键，坐标系将按JOINT（关节）→JGFRM（手动）→WORLD（全局）→TOOL（工具）→USER（用户）→JOINT（关节）的次序，依次循环切换。

手动坐标系选择JOINT（关节）时，图5.2.7所示的示教器LED指示灯“JOINT”亮，关节轴手动方式生效。此时，可通过示教器的运动控制键（【SHIFT】+方向键），手动控制机

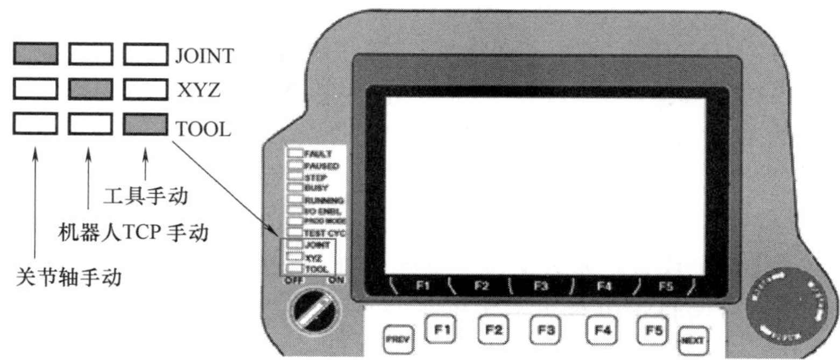

图 5.2.7　手动操作方式选择

器人本体的关节轴、外部轴，进行手动连续或增量回转运动。

手动坐标系选择JGFRM（手动）、WORLD（全局）或USER（用户）时，图5.2.7所示的示教器LED指示灯“XYZ”亮，机器人TCP手动方式生效。此时，可通过示教器的运动控制键（【SHIFT】+方向键），手动控制机器人TCP，在所选的坐标系上，进行X、Y、Z手动连续或增量进给运动。

手动坐标系选择TOOL（工具）时，图5.2.7所示的示教器LED指示灯“TOOL”亮，工具手动方式生效。此时，可通过示教器的运动控制键（【SHIFT】+方向键），手动控制机器人TCP进行工具坐标系手动连续或增量进给运动，或者以手动连续或增量进给方式，进行手动工具定向运动。

FANUC机器人的外部轴手动操作，需要通过JOG菜单、功能菜单键【FCTN】选择，有关内容见下述。

② 运动模式选择。FANUC机器人的手动运动模式，可通过示教器的速度调节键【+%】、【−%】选择。速度调节键【+%】、【−%】具有手动连续移动（JOG）速度调节、运动模式选择双重功能，并可通过系统参数的设定，生效快速调节模式（SHFTOV）。

单独按速度调节键【+%】、【−%】，为运动模式正常调节操作。重复按【+%】键，运动模式将按VFINE（微动增量）→FINE（增量）→1%→…→5%→…→100%依次变换；重复按【−%】，运动模式将按100%→…→5%→…→1%→FINE→VFINE依次变化。其中，1%～100%用于手动连续进给速度倍率选择，1%～5%范围内的速度倍率以1%增量增减；5%～100%范围内的速度倍率以5%增量增减。

同时按【SHIFT】、【+%】或【−%】键，为运动模式快速调节操作（SHFTOV调节，需要设定系统参数生效）。重复按【+%】键，运动模式将按VFINE→FINE→5%→50%→100%快速变化；重复按【−%】，运动模式将按100%→50%→5%→FINE→VFINE快速变化。其中，5%、50%、100%用于手动连续进给速度倍率快速选择。

运动模式VFINE（微动增量）、FINE（增量）为手动增量（INC）移动模式。选择INC模式时，每次按示教器的运动控制键（【SHIFT】+方向键），关节轴或机器人TCP只能在指定方向运动指定的距离；距离到达后，机器人自动停止移动；松开运动控制键（【SHIFT】+方向键）后再次按，可继续向指定方向移动指定距离。FINE增量进给的每次距离，大致为0.01°（关节轴手动）或0.1mm（机器人TCP或工具手动）；VFINE微动增量进给的增量距离，大致为0.001°（关节轴手动）或0.01mm（机器人TCP或工具手动）。

2. 关节轴手动

关节轴手动操作可用于机器人本体、外部轴的关节坐标系手动连续移动（JOG）或增量进给（INC），操作步骤如下。

① 检查机器人、变位器（外部轴）等运动部件均处于安全、可自由运动的位置；接通控制柜的电源总开关，启动控制系统。

② 复位控制面板、示教器及其他操作部件（如操作）上的全部急停按钮；将控制面板的操作模式选择开关置示教模式1（T1）。

③ 如图5.2.8所示，按示教器的手动操作坐标系选择键【COORD】（可能需数次），选定JOINT（关节）坐标系，生效关节轴手动方式（见前述）；示教器的LED指示灯“JOINT”亮（参见图5.2.7），状态行的坐标系显示为“JOINT”。

④ 按示教器用户键【POSN】，或者，按操作菜单键【MENU】、选择【POSITION】，使示教器显示图5.2.9所示的机器人当前位置页面；当机器人具有外部轴时，位置显示将增加E1、E2、E3轴显示。如位置显示为机器人TCP位置（直角坐标系XYZ位置），可按软功能

键〖JNT〗，显示机器人关节坐标位置。

⑤ 利用示教器速度倍率调节键【+%】、【-%】，选定运动模式、手动连续移动速度倍率（见前述）。

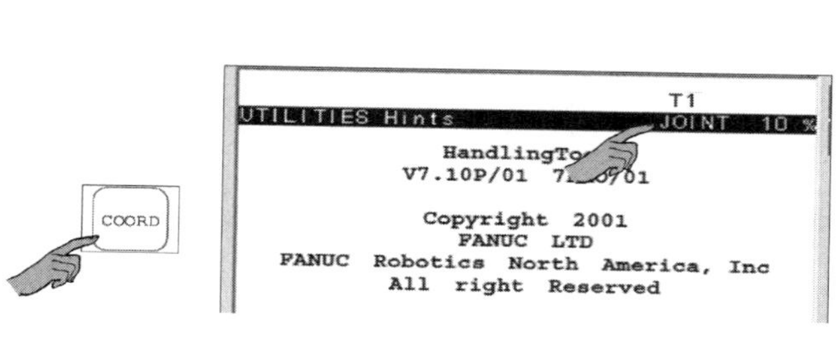

图 5.2.8 关节轴手动选择

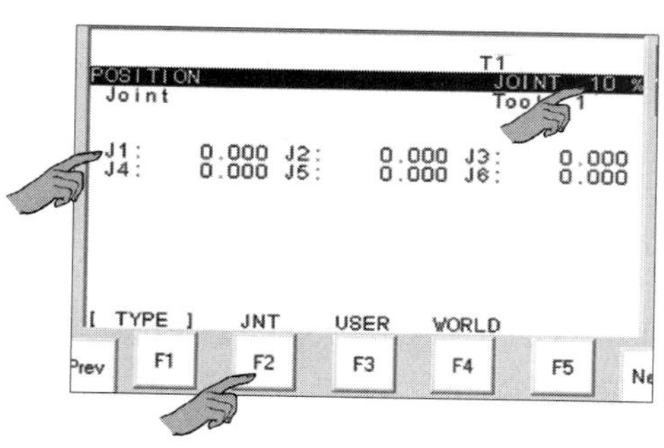

图 5.2.9 关节位置、速度倍率显示

⑥ 握住示教器手握开关（Deadman 开关），启动伺服后，将示教器的 TP 有效开关置图 5.2.10 所示的“ON”位置。

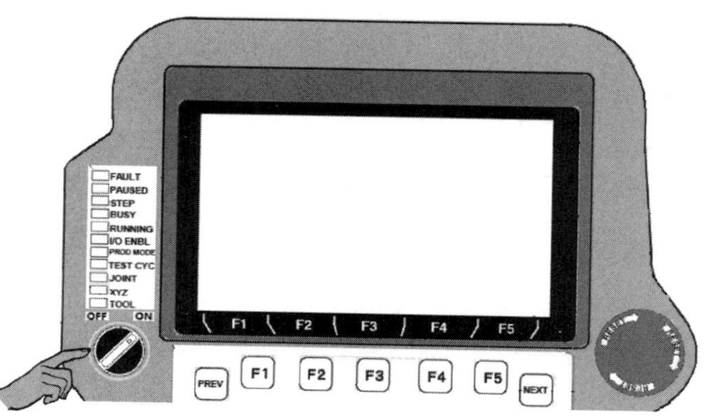

图 5.2.10 TP 开关置 ON

TP 有效开关选择“ON”时，如操作者松开手握开关，控制系统将显示报警；此时，可以重新握住手握开关，启动伺服，然后，按示教器的复位键【RESET】，清除报警。

⑦ 同时按【SHIFT】、方向键【-X(J1)】~【+RZ/(J6)】（R 代表圆箭头），所选的关节轴、外部轴，即按图 5.2.11 所示的方向，进行手动连续（JOG）或手动增量（INC）移动。

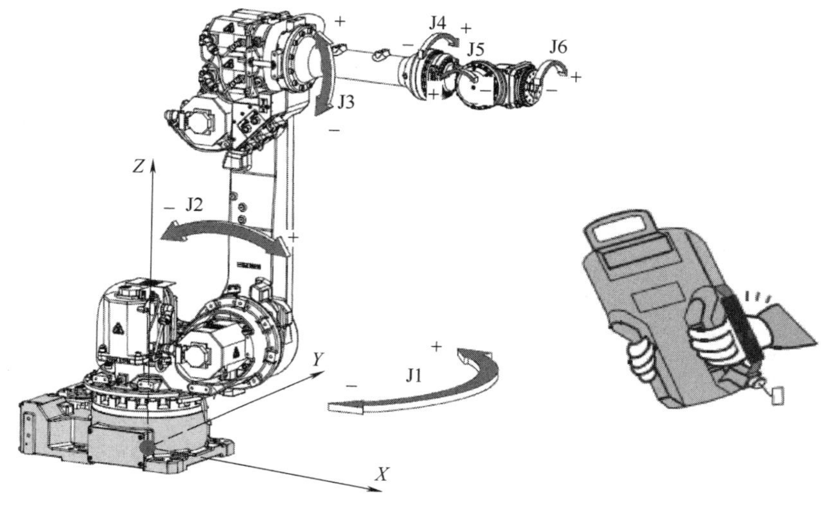

图 5.2.11 关节轴手动操作

3. 机器人 TCP 手动

利用机器人 TCP 手动操作，可使机器人的工具控制点（TCP），在所选的笛卡儿直角坐标系全局（WORLD）、手动（JGFRM）或用户（USER）上，进行 X、Y、Z 方向的手动移动。如果机器人未设定手动（JGFRM）、用户（USER）坐标系，控制系统将默认手动、用户坐标系与全局坐标系重合。

FANUC 机器人的 TCP 手动操作的步骤如下。

①～② 同关节轴手动操作。

③ 按示教器的手动操作坐标系选择键【COORD】（可能需数次），选定全局（WORLD）或手动（JGFRM）、用户（USER）坐标系；示教器上的 LED 指示灯“XYZ”亮。

④ 如机器人已设定了多个用户、手动坐标系，可在坐标系选定后，同时按【SHIFT】键、【COORD】键，打开图 5.2.12 所示的 JOG 菜单。

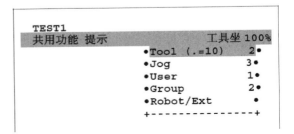

```
TEST1
共用功能 提示                    工具坐 100%
                    •Tool (.=10)     2•
                    •Jog             3•
                    •User            1•
                    •Group           2•
                    •Robot/Ext        •
                    +----------------+
```

图 5.2.12 JOG 菜单显示

JOG 菜单显示后，可通过光标移动键、【ENTER】键，选定操作项，进行如下设定。

Tool（.＝10）：工具坐标系编号输入与选择，编号 10 可利用小数点键【.】输入。

Jog：JOG 坐标系编号输入与选择。

User：用户坐标系编号输入与选择。

Group：运动组编号输入与选择。

Robot/Ext：机器人本体轴/外部轴切换。

操作项选定后，可通过数字键【1】～【9】、小数点键【.】输入坐标系、运动组编号；机器人本体轴/外部轴，可通过光标键【→】、【←】切换。

用户、手动坐标系编号选定后，可按【PREV】键，或者同时按【SHIFT】键、【COORD】键，关闭 JOG 菜单。

⑤ 按示教器用户键【POSN】，或者操作菜单键【MENU】，选择“POSITION（现在位置）”，显示机器人当前位置页面后；可按软功能键〖USER〗（或〖WORLD〗），显示图 5.2.13 所示的机器人 TCP 的用户（或全局）坐标位置。

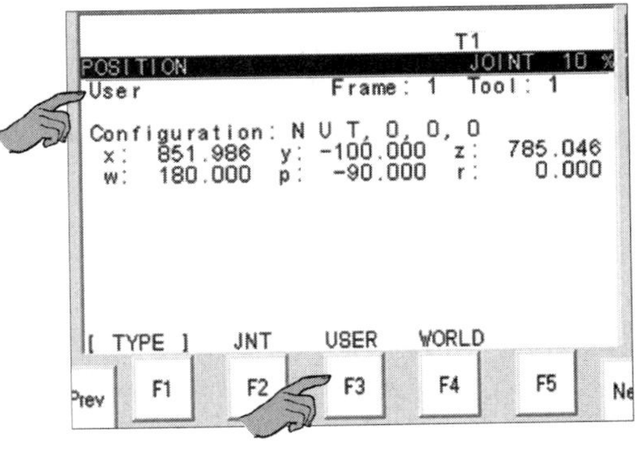

图 5.2.13 机器人 TCP 位置显示

⑥ 利用示教器速度倍率调节键【＋%】、【－%】，选定运动模式、手动连续移动速度倍率（见前述）。

⑦ 握住示教器手握开关（Deadman 开关）、启动伺服后，将示教器的 TP 有效开关置“ON”位置。

TP 有效开关选择“ON”时，如操作者松开手握开关，控制系统将显示报警；此时，可以重新握住手握开关，启动伺服，然后按示教器的复位键【RESET】，清除报警。

⑧ 同时按【SHIFT】、方向键【－X(J1)】～【＋Z/(J3)】，机器人 TCP（即按所选的坐标系、运动轴方向），进行手动连续（JOG）或手动增量（INC）运动。

例如，选择全局坐标系 WORLD 时，机器人 TCP 的运动如图 5.2.14 所示。

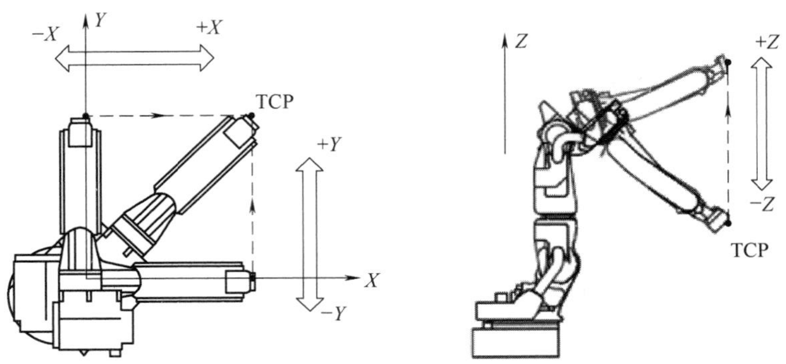

图 5.2.14 机器人 TCP 手动

4. 工具手动

FANUC 机器人的工具手动可通过系统设定，选择图 5.2.15 所示的机器人 TCP 工具坐标系手动、手动工具定向两种操作方式。

当系统设定“机器人手腕关节进给”设定为“无效”时，系统将选择机器人 TCP 工具坐标系手动操作（TOOL 操作方式）。此时，工具的姿态将保持不变，机器人 TCP 可进行如图 5.2.15（a）所示的工具坐标系手动移动。

当系统设定“机器人手腕关节进给”设定为“有效”时，系统将选择手动工具定向操作（W/TOOL 操作方式）。此时，可通过运动控制键“【SHIFT】＋方向键【－RX/(J4)】～【＋RZ/(J6)】”（R 代表按键的圆箭头），在工具控制点（TCP）保持不变的前提下，使机器人进行如图 5.2.15（b）所示的手动工具定向移动。

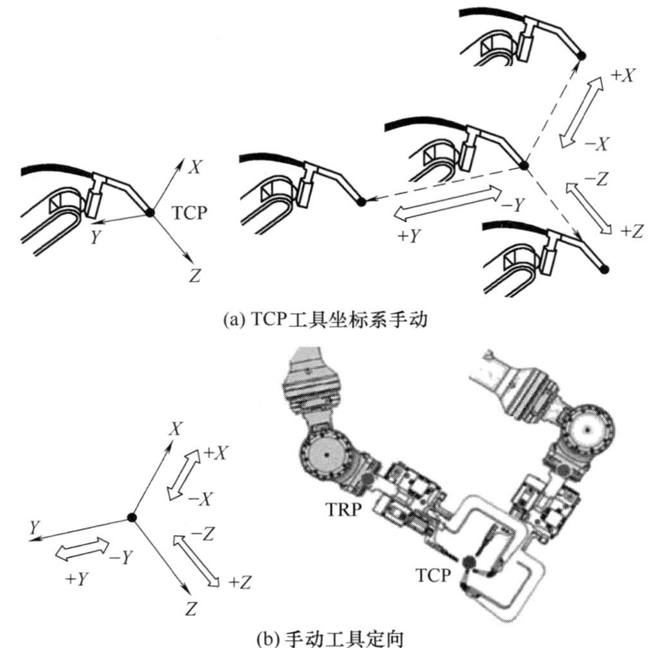

图 5.2.15 工具手动

FANUC 机器人的工具手动操作的步骤如下。

①～② 同关节轴手动操作。

③ 按示教器的手动操作坐标系选择键【COORD】（可能需数次），选定工具坐标系（TOOL），示教器上的 LED 指示灯“TOOL”亮（参见前述图 5.2.7 及说明）。

④ 如机器人已设定了多个工具坐标系，可在坐标系选定后，同时按【SHIFT】键、【COORD】键，打开 JOG 菜单（参见图 5.2.12），用光标选定“Tool”后，可通过数字键【0】～【9】、小数点键【.】输入工具坐标系编号 1～10；工具坐标系编号选定后，可按【PREV】键，或者同时按【SHIFT】键、【COORD】键，关闭 JOG 菜单。

⑤ 按示教器用户键【POSN】，或者操作菜单键【MENU】，选择【POSITION】，显示机器人当前位置页面后；可按软功能键，选择所需的位置显示页面。

⑥ 利用示教器速度倍率调节键【＋％】、【－％】，选定运动模式、手动连续移动速度倍率。

⑦ 握住示教器手握开关（Deadman 开关），启动伺服后，将示教器的 TP 有效开关置“ON”位置。

TP 有效开关选择“ON”时，如操作者松开手握开关，控制系统将显示报警；此时，可以重新握住手握开关，启动伺服，然后按示教器的复位键【RESET】，清除报警。

⑧ 同时按【SHIFT】、方向键【−X(J1)】～【+Z/(J3)】，即可进行机器人 TCP 工具坐标系手动连续（JOG）或增量（INC）运动。

⑨ 如需要进行手动工具定向操作，可按功能菜单键【FCTN】，使示教器显示图 5.2.16 所示的功能选择菜单；然后，用光标选定“切换姿态控制操作（TOG WRIST JOG）”，按【ENTER】键确认，示教器的坐标系显示栏显示“W/工具（W/TOOL）”。

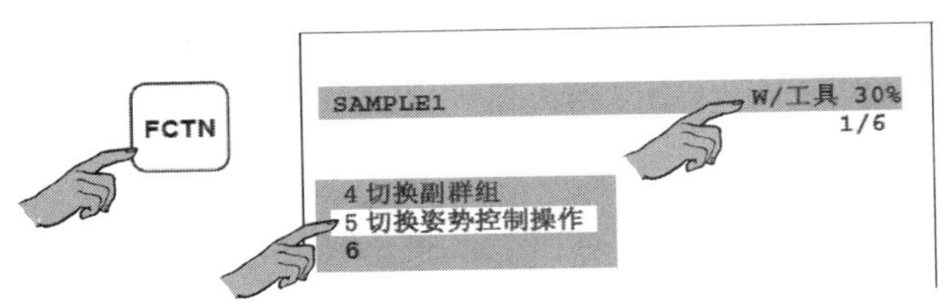

图 5.2.16 手动工具定向选择

手动工具定向操作选定后，如再次用光标选定“切换姿态控制操作（TOG WRIST JOG）”，按【ENTER】键确认，则可返回机器人 TCP 工具坐标系移动，示教器的坐标系显示栏恢复“工具（TOOL）”。

5. 外部轴手动

外部轴手动用于由机器人控制系统控制的辅助部件控制轴手动操作，如变位器、伺服焊钳等。外部轴手动总是以关节坐标运动方式运动。

FANUC 机器人的外部轴手动操作的步骤如下。

①～③ 同关节轴手动操作。

④ 同时按【SHIFT】键、【COORD】键，打开 JOG 菜单（参见图 5.2.12），用光标选定“Robot/Ext”后，通过光标键【→】、【ENTER】键选定“Ext”，切换至外部轴；外部轴选定后，可按【PREV】键，或者同时按【SHIFT】键、【COORD】键，关闭 JOG 菜单。

⑤ 按示教器用户键【POSN】，或者按操作菜单键【MENU】、选择【POSITION】后，按软功能键〖JNT〗，显示机器人关节坐标位置。

⑥ 利用示教器速度倍率调节键【+%】、【−%】，选定运动模式、手动连续移动速度倍率（见前述）。

⑦ 握住示教器手握开关（Deadman 开关），启动伺服后，将示教器的 TP 有效开关置“ON”位置。

TP 有效开关选择“ON”时，如操作者松开手握开关，控制系统将显示报警；此时，可以重新握住手握开关，启动伺服，然后按示教器的复位键【RESET】，清除报警。

⑧ 按功能菜单键【FCTN】，使示教器显示功能选择菜单（参见图 5.2.16）；然后，将光标选定“切换副群组（TOG SUB GROUP）”选项，按【ENTER】键确认，便可选定外部轴手动操作。

⑨ 同时按【SHIFT】、方向键【−X(J1)】～【+Z/(J3)】，外部轴便可进行手动连续（JOG）或手动增量（INC）运动。

5.3 程序创建与管理

5.3.1 程序创建

1. 程序管理基本操作

程序创建可在机器人控制系统中生成一个新的程序，并完成程序登录、程序标题（属性）

设定等基本操作。

FANUC 机器人程序可利用示教器的程序管理操作创建，其基本步骤如下。

① 接通控制柜的电源总开关，启动控制系统。

② 将控制面板的操作模式选择开关置示教模式 1（T1），并将示教器的 TP 有效开关置“ON”位置。

③ 按示教器的程序选择键【SELECT】，或者按操作菜单键【MENU】并在操作菜单中选择“SELECT”操作选项，示教器可显示图 5.3.1 所示的程序一览表显示页面及程序管理软功能键。

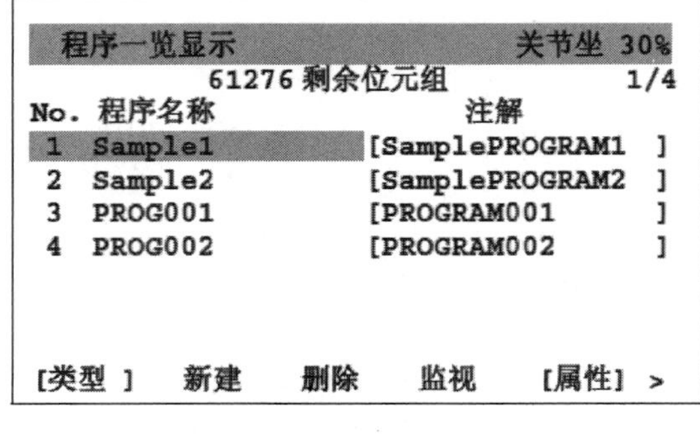

图 5.3.1　程序一览表页面

〖类型（TYPE）〗：程序类型选择，可选择程序一览表中显示的程序类型。

〖新建（CREATE）〗：程序创建，可在控制系统中生成一个新的程序。

〖删除（DELETE）〗：程序删除，可删除控制系统已有的程序。

〖监视（MONITOR）〗：程序监控，可显示、检查程序运行的基本情况和执行信息。

〖属性（ATTR）〗：程序属性显示与修改，可检查程序容量、编制日期等基本信息，设定或撤销编辑保护功能等。

〖复制（COPY）〗：利用复制操作，生成一个新程序。

〖细节（DETAIL）〗：程序标题及程序属性的详细显示与设定。

〖载入（LOAD）〗：以文件的形式，将系统 FROM 或存储卡、U 盘中永久保存的程序，安装到系统中。

〖另存为（SAVE）〗：以文件的形式，将系统 RAM 存储器中程序，保存到系统 FROM 或存储卡、U 盘等永久存储器中。

〖打印（PRINT）〗：将程序发送到打印机等外部设备中。

④ 如需要，可按软功能键〖类型（TYPE）〗，示教器显示图 5.3.2（a）所示的程序类型选择项；然后，用光标选定程序类型，按【ENTER】键，示教器即可显示图 5.3.2（b）所示的指定类型程序一览表，类型选择项的显示内容可通过本章后述的程序过滤器功能设定。

程序类型选项的含义如下。

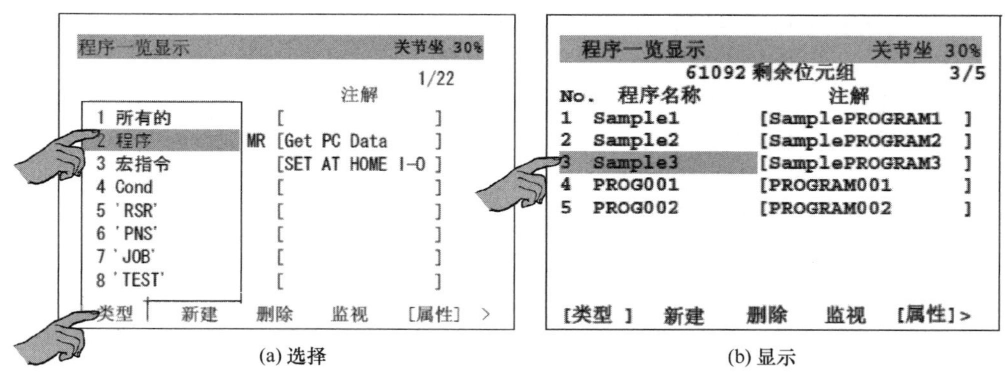

图 5.3.2　程序类型选择

所有的：全部程序，系统的所有程序均可在程序一览表中显示。

程序：作业程序，程序一览表中仅显示机器人作业程序。

宏指令：用户宏程序，程序一览表中仅显示用户宏程序。

Cond：条件程序，程序一览表中仅显示条件执行程序。

‘RSR’、‘PNS’：机器人远程自动运行程序。

‘JOB’、‘TEST’等：使用控制系统规定名称的指定类程序。

⑤ 在程序一览表显示页面上，如果用光标选定需要编辑的程序，按【ENTER】键，便可直接打开指定程序的编辑页面，进行程序编辑、修改等操作。如果选择其他软功能键，则可进行后述的程序创建、保存、安装、删除等管理操作。

2. 程序创建

FANUC 机器人作业程序可通过程序管理软功能键〖新建（CREATE）〗，利用示教器输入操作创建；或者，利用软功能键〖复制（COPY）〗，通过现有程序的复制操作创建（见后述）；或者，利用软功能键〖载入（LOAD）〗，从系统 FROM 或存储卡、U 盘中，以文件的形式安装。

利用示教器输入操作创建程序的基本操作步骤如下。

① 在程序一览表显示页面上选定程序类型，按图 5.3.3（a）所示的软功能键〖新建（CREATE）〗，示教器可显示图 5.3.3（b）所示的程序名称输入页面。

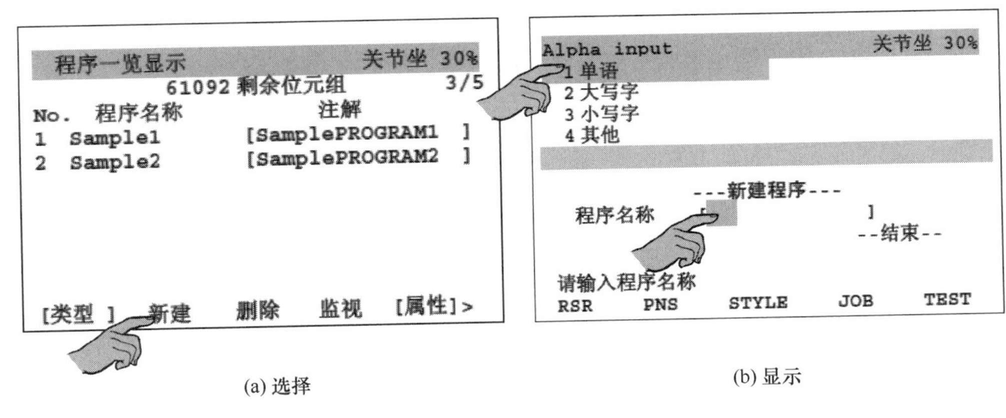

(a) 选择　(b) 显示

图 5.3.3　程序创建操作

FANUC 机器人的程序名称最大为 26 字符（早期软件为 8 字符），首字符必须为英文字母，程序名称中一般不能使用星号（*）、@字符；远程自动运行程序的名称必须定义为“RSR+4 位数字”或“PNS+4 位数字”。

FANUC 机器人程序名称的定义、输入方式可选择以下几种。

单语（Words）：使用系统预定义（默认）名称，程序名称统一使用“预定义字符+数字”的形式。预定义字符可通过系统设定操作定义，且可直接利用软功能键输入。FANUC 机器人控制系统预定义名称（字符）最多可设定 5 个，每一名称的字符数不能超过 7 个；预定义名称（字符）一般为常用程序名的缩写，如 PRG、MAIN、SUB、TEST、Sample 等。程序使用系统预定义名称时，不同程序可通过后缀区分，程序名称输入时，只需要在选择软功能键后，添加后缀（一般为数字），便可直接完成程序名输入。

大写字/小写字（Upper Case/Lower Case）：使用大小写英文字母、字符、数字定义程序名称，最大为 26 字符（早期软件为 8 字符）。

其他（Options）：在现有名称上，利用修改、插入、删除等方法，输入新的程序名称。

② 利用光标键【↓】、【↑】选定程序名称的定义、输入方法，按【ENTER】键，示教器即可显示图5.3.4所示的所选名称输入操作用软功能键。

选择“单语（Words）”时，软功能键可显示图5.3.4（a）所示的系统预定义名称；按软功能键输入名称后，可继续输入后缀，完成程序名输入。

选择“大写字/小写字（Upper Case/Lower Case）”时，软功能键可显示图5.3.4（b）所示的英文字符，按对应的软功能键，第一个英文字母将被输入到名称输入框；此时，可操作光标键【→】、【←】，依次改变名称输入框的字母；重复这一操作，完成程序名输入。软功能键〖yz_@＊〗中的“@”“＊”可用于“程序注释”，但一般不能在程序名称中使用。

选择“其他（Options）”时，可通过显示的软功能键，对输入框中的程序名称进行替换（重写）、插入、删除等操作。

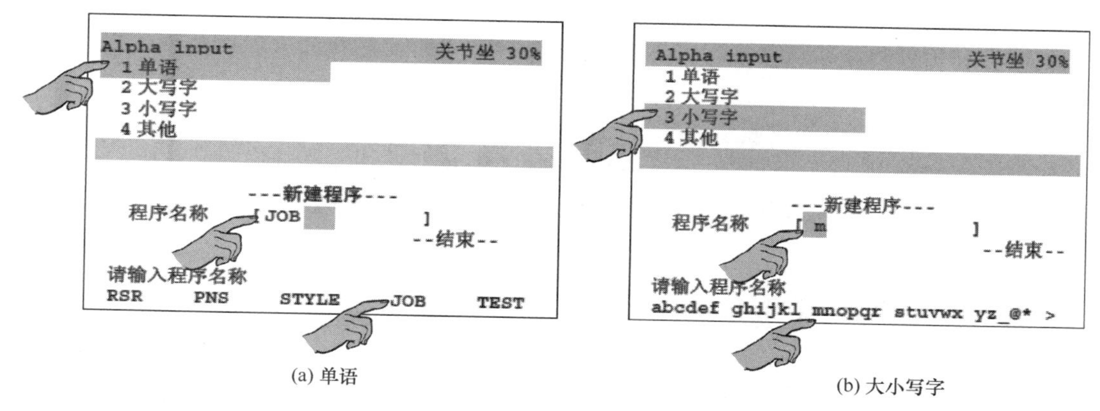

(a) 单语 (b) 大小写字

图5.3.4 程序名称输入

③ 根据所选的名称输入方式，完成程序名称输入后，按【ENTER】键，便可完成程序的新建操作，一个新的程序将被登录至控制系统，示教器即可显示图5.3.5（a）所示的新建程序登录页面及设定、编辑软功能键。

④ 按软功能键〖编辑（EDIT）〗，示教器可显示图5.3.5（b）所示的程序编辑页面，进行指令输入、程序编辑操作。

⑤ 按软功能键〖细节（DETAIL）〗，可进入程序设定页面，进行程序标题输入、属性设定等操作。

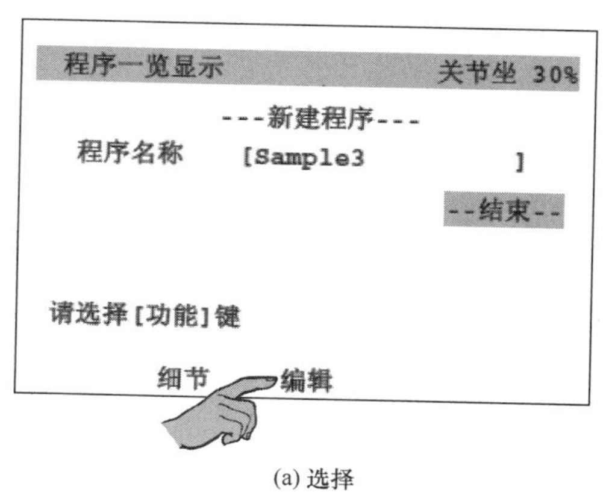

(a) 选择

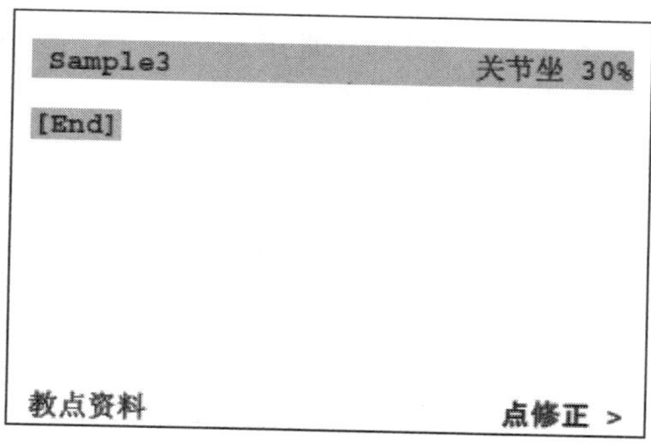

(b) 程序编辑显示

图5.3.5 程序名称输入

5.3.2 标题设定与文件保存

1. 程序设定

线性结构的机器人程序一般由程序标题、程序指令组成。程序标题又称程序声明（Declaration），它可用来显示程序的基本信息、设定程序的基本属性。

FANUC机器人的程序标题设定操作，可在程序名称输入完成、程序登录后，在示教器显示程序登录页面上，按软功能键〖细节〗选择（见图5.3.5）。

程序标题编辑页面的显示如图5.3.6所示，显示页的上方为程序创建时间、存储容量等基本信息显示，下方为程序属性定义项。

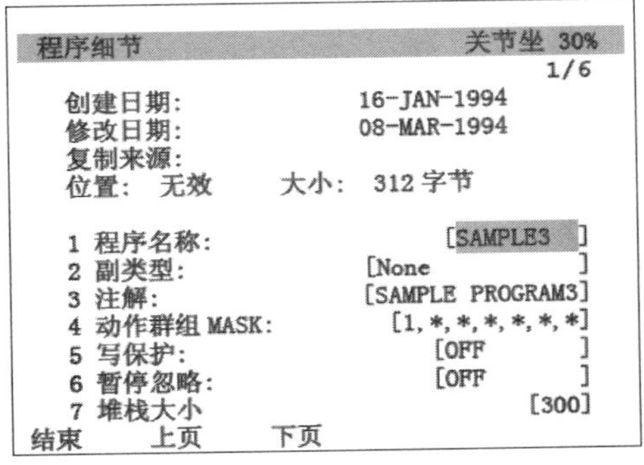

图5.3.6 程序标题显示

属性定义设定项含义及定义方法如下。

① 程序名称（Program name）：程序名称显示、编辑。

程序名称需要编辑时，可用光标选择程序名称输入框，然后利用上述程序名称输入编辑同样的方法修改。

② 副类型（Sub Type）：副类型用来定义程序性质，可根据需要选择如下几类。

None：不规定性质的通用程序。

Macro：宏程序。宏程序可通过宏指令直接调用与执行，宏程序、宏指令需要通过机器人设定操作，进行专门的设定和定义。

Job：工作程序。工作程序可直接用示教器启动并运行，它既可以作主程序使用，也可作为子程序由程序调用指令调用、执行。工作程序Job只有在系统参数$JOBPROC_ENB设定为“1”时，才能定义。

Process：处理程序，只能由工作程序Job调用的程序（子程序）。处理程序Process同样只有在系统参数$JOBPROC_ENB设定为“1”时才能定义。

定义副类型时，可用光标选择副类型输入框，然后，按示教器显示的输入软功能键〖选择(CHOICE)〗，示教便可显示输入选项None、Macro；如系统参数$JOBPROC_ENB设定为“1”，还可显示Job、Process选项。调节光标、选定副类型后，用【ENTER】键输入。

③ 注解（Comment）：程序注释，最大16字符，可使用标点符号、下划线、*、@。

④ 动作群组MASK（Group Mask）：程序运动组（Motion group）定义，用来规定程序的控制对象（运动组）。

FANUC控制系统最大可控制4个机器人运动组（g1～g4，最大9轴）和1个外部轴组（g5，最大4轴），运动组的定义格式为［g1，g2，g3，g4，g5］，选定的运动组标记为“1”，未选定的运动组标记为“*”。对于单机器人简单系统，运动组应定义为［1，*，*，*，*］。

程序定义运动组后，表明该程序需要进行伺服驱动轴控制，因此，程序不能在机器人急停（伺服关闭）的状态下运行。不含伺服驱动轴运动指令的程序无需指定运动组，运动组可定义为［*，*，*，*，*］；这样的程序在机器人急停（伺服关闭）的状态下仍然可以运行，并可使用下述的“暂停忽略”功能。

定义运动组时，可用光标选定输入框，然后用示教器显示的软功能键〖1〗或〖*〗设定运动组。但是，如程序是利用机器人示教操作所生成，不可以改变示教的运动组。

⑤ 写保护（Write protection）。程序编辑保护功能设定，设定为“ON”的程序不能进行

编辑、删除等操作，也不能再对程序标题（名称、副类型等）进行修改。

定义写保护时，可用光标选择写保护输入框，然后用示教器显示的软功能键〖ON〗或〖OFF〗设定写保护输入。只有在全部参数设定完成、用软功能键〖结束〗结束设定操作后，写保护修改才能生效。

⑥ 暂停忽略（Ignore pause）。只能用于未指定运动组的程序。暂停忽略设定为“ON”的程序可用于后台运行，这样的程序在控制系统发生一般故障，或者进行急停、进给保持操作，或者执行条件（TC_Online）为 OFF 时，仍然能够继续执行；但是，如果系统发生重大故障或者执行程序中断指令 ABORT 时，程序将停止执行。

定义暂停忽略时，可用光标选择暂停忽略输入框，然后用示教器显示的软功能键〖ON〗或〖OFF〗设定暂停忽略输入。

⑦ 堆栈大小（Stack size）。用于子程序调用堆栈设定。当控制系统出现“INTP-222”“INTP-302”等子程序调用出错时，可增加堆栈容量，避免存储器溢出。

需要定义堆栈大小时，可用光标选择堆栈大小输入框，然后利用数字键、【ENTER】键输入。

全部程序标题输入、编辑完成后，按图 5.3.7 所示的软功能键〖结束〗，示教器将自动转入程序的指令输入、编辑页面，继续进行程序指令的输入、编辑操作。

如果需要结束程序设定操作，可按住示教器返回键【PREV】，直至示教器退回程序一览表显示。

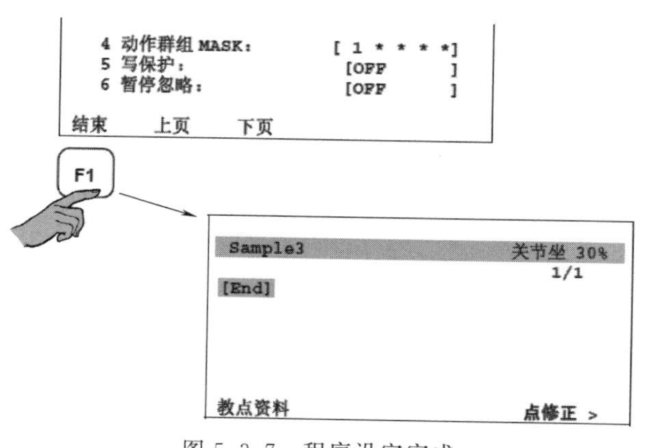

图 5.3.7 程序设定完成

2. **程序文件保存**

利用示教器创建的程序登录后，将被保存在后备电池支持的控制系统 RAM 中，如果后备电池失效或出现错误拔出、连接等故障，只要控制系统断电，程序也将直接丢失。为了避免此类情况下发生，机器人程序也可以用程序文件（扩展名为“.TP”）的形式，将其保存到不需要后备电池支持的系统永久存储器 FROM 或存储卡（MC）、U 盘（UDI）等外部存储设备上。FANUC 机器人的程序文件也可通过文件操作（FILE）、系统备份等方式保存。

利用程序编辑操作保存程序文件的操作步骤如下，如果未安装、选择存储卡、U 盘，系统将默认 FROM 作为程序文件永久保存设备。

① 按示教器的程序选择键【SELECT】，或者按操作菜单键【MENU】并在操作菜单中选择“SELECT”操作选项，示教器可显示程序一览表页面（见图 5.3.1）。

② 光标选定需要编辑的程序名称，按【ENTER】键，示教器便可显示所选程序的管理页面。

③ 按示教器的【NEXT】键，显示图 5.3.8（a）所示的扩展软功能键，按扩展软功能键〖另存为（SAVE)〗，示教器可显示图 5.3.8（b）所示的程序文件名输入页面。

④ 如需要，可利用程序创建同样的方法，输入程序文件名后按【ENTER】键，即可保存以“输入名称+扩展名.TP”命名的程序文件；如直接按【ENTER】键，则以“程序名称+扩展名.TP”作为程序文件名保存程序文件。程序文件的扩展名为“.TP”可由系统自动生成，无需输入。

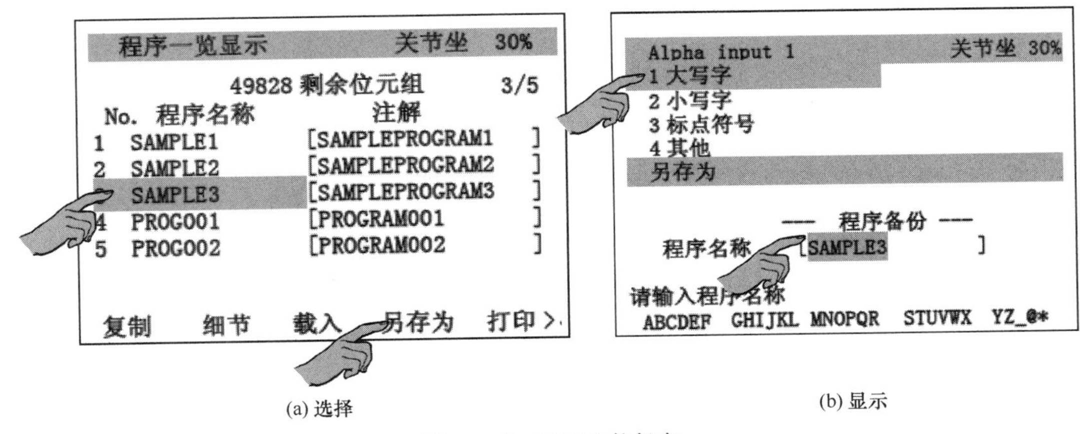

(a) 选择　　(b) 显示

图 5.3.8 程序文件保存

⑤ 利用文件保存操作保存程序文件时，不能覆盖存储器中的同名文件。如果指定的程序文件名称已经存在，示教器将操作提示信息“指定的文件已经存在”；此时，需要重新命名文件或删除同名文件后，再次执行文件保存操作。此外，如果存储器的存储空间不足，示教器将显示提示信息“磁盘已满，请交换”，此时，需要通过删除其他文件或更换存储器（存储卡、U 盘）后，再次执行文件保存操作。

5.3.3 程序删除、复制与属性设定

1. 程序删除

程序删除操作可删除控制系统中已有程序，FANUC 机器人的程序删除操作步骤如下。

① 接通控制柜的电源总开关，启动控制系统。

② 将控制面板的操作模式选择开关置示教模式 1（T1），并将示教器的 TP 有效开关置“ON”位置。

③ 按示教器的程序选择键【SELECT】，或者按操作菜单键【MENU】并在操作菜单中选择“SELECT”操作选项，示教器显示程序一览表页面。

④ 光标选定需要删除的程序，例如，图 5.3.9 中的“3 Sample3”，按软功能键〖删除（DELETE)〗，示教器可显示图 5.3.9 所示的操作提示信息及操作确认软功能键〖是（YES)〗、〖不是（NO)〗。

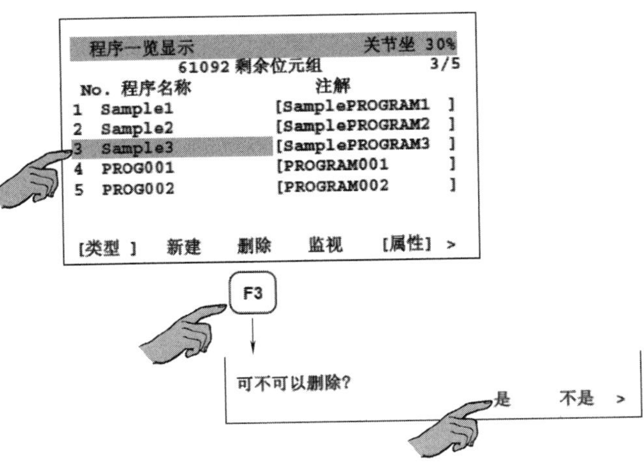

图 5.3.9 程序删除操作

⑤ 按软功能键〖是（YES)〗，所选择的程序将从控制系统中删除，示教器自动返回程序一览表显示页面。被删除的程序将从程序一览表显示中消失。

2. 程序复制

为了简化操作，程序编辑时可复制一个相近的程序，再在此基础上，通过指令编辑操作，简单完成作业程序的创建操作。FANUC 机器人的程序删除操作步骤如下。

① 接通控制柜的电源总开关，启动控制系统。

② 将控制面板的操作模式选择开关置示教模式 1（T1），并将示教器的 TP 有效开关置“ON”位置。

③ 按示教器的程序选择键【SELECT】，或者按操作菜单键【MENU】并在操作菜单中选择“SELECT”操作选项，示教器显示程序一览表页面，并用光标选定需要复制的程序，例如“3 Sample3”等。

④ 按示教器的【NEXT】键，显示程序管理扩展软功能键，然后按软功能键〖复制(COPY)〗，示教器可显示图 5.3.10 中部所示的新程序名称输入页面。

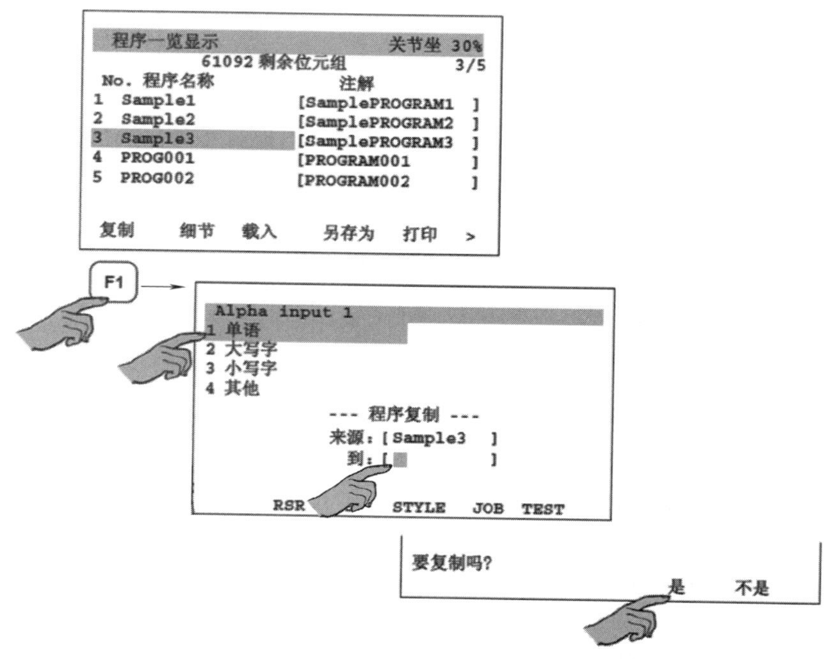

图 5.3.10 程序复制操作

⑤ 利用程序名称输入同样的操作，选择程序名称输入方式（单语、大/小写字、其他）、并输入新的程序名称；完成后，按【ENTER】键，示教器可显示图 5.3.10 下部所示的操作提示信息及操作确认软功能键〖是（YES)〗、〖不是（NO)〗。

⑥ 按软功能键〖是（YES)〗，所选择的程序将被复制到新的程序名称下，示教器自动返回程序一览表显示页面。复制生成的程序将被添加到程序一览表。

3. 属性显示与设定

程序一览表中显示的程序属性显示，可通过软功能键〖属性（ATTR)〗设定与修改，修改属性显示的操作步骤如下。

① 接通控制柜的电源总开关，启动控制系统。

② 将控制面板的操作模式选择开关置示教模式 1（T1），并将示教器的 TP 有效开关置“ON”位置。

③ 按示教器的程序选择键【SELECT】，或者按操作菜单键【MENU】并在操作菜单中选择“SELECT”操作选项，示教器显示程序一览表页面。

④ 按软功能键〖属性（ATTR)〗，示教器可显示图 5.3.11 中部所示的属性显示选择项。

⑤ 光标键选定需要在一览表中显示的程序属性，例如，需要在程序一览表显示页显示程

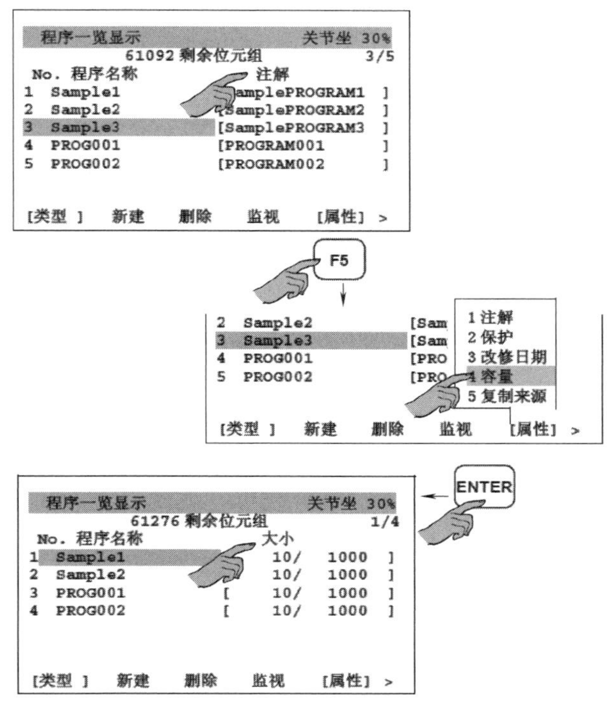

图 5.3.11　程序属性显示设定操作

序容量时，可用光标选定“容量”选项，按【ENTER】键确认后，示教器可返回程序一览表显示。

属性显示被修改后，程序一览表中的程序属性显示项将由原来的注释显示（注解），变更为图 5.3.11 下部所示的程序容量显示（大小）。

5.3.4　程序后台编辑

后台编辑（Background edit）在 FANUC 机器人说明书中又称“背景编辑”，这是一种在机器人自动运行一个程序的同时，对另一程序进行编辑的功能；它可使程序编辑与机器人作业同步进行，以提高作业效率。

FANUC 机器人控制系统的后台编辑，一般用于已创建（登录）程序的指令修改、编辑。后台编辑既可在操作模式选择自动（AUTO），示教器 TP 开关 OFF，通过 UI 信号控制 PNS/RSR 程序远程（Remote）自动运行或利用控制柜操作面板按钮控制程序本地（Local）自动运行时进行，也可在操作模式选择示教（T1 或 T2），TP 开关 ON，利用示教器控制程序自动运行（试运行）时进行。

1. 后台编辑选择

选择程序后台编辑的操作步骤如下。

① 利用程序自动运行操作，启动程序自动运行（详见后述）。

② 按操作菜单键【MENU】，并在操作菜单中选择“SELECT”操作选项，或者按示教器的程序选择键【SELECT】，示教器可显示如图 5.3.12 所示的程序选择页面。

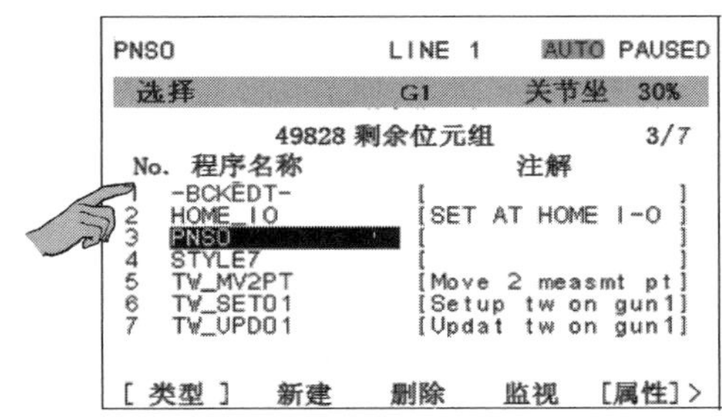

图 5.3.12　自动模式程序一览表显示

程序自动运行时，程序一览表显示页的状态显示行将显示当前远程运行的程序名称（如 PNS0）、当前执行的指令行号（如 LINE 1）、系统操作模式（AUTO）、程序执行状态（如 PAUSED）等信息。程序列表中可显示后台编辑选择项“1　—BCKEDT—”。

③ 光标选定后台编辑选择项“1　—BCKEDT—”，按【ENTER】键，可打开后台编辑页面，然后按图 5.3.13 所示的步骤进行以下操作。

④ 如果系统此前未进行后台编辑操作，或上一次的后台编辑操作已经完成，示教器可直接显示后台编辑程序选择页面，并显示提示信息“请选择需要背景编辑的程序”。在后台编辑程序选择页面上，用光标选定需要进行后台编辑的程序（如 BBB）并按【ENTER】键选定，示教器将显示操作提示信息“编辑完成后，请按［编辑］，然后选择［编辑结束］”；按【ENTER】键确认后，示教器即可显示图 5.3.14 所示的程序后台编辑页面，并在程序指令的上方

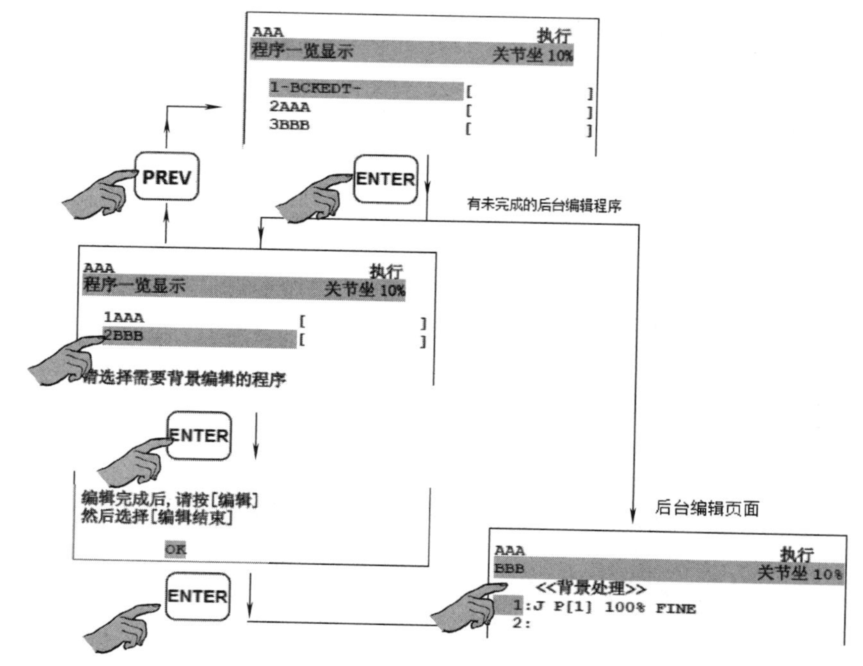

图 5.3.13　后台编辑页面选择

显示“<<背景处理>>”。

如果需要退出后台编辑操作，可按【PREV】键，返回程序一览表显示。

⑤ 如果控制系统保留有尚未完成的后台编辑程序，光标选定后台编辑选择项“1 —BCKEDT—”，按【ENTER】键后，示教器可直接显示图 5.3.14 所示的原后台编辑程序的编辑页面，操作者可继续进行后台编辑操作。

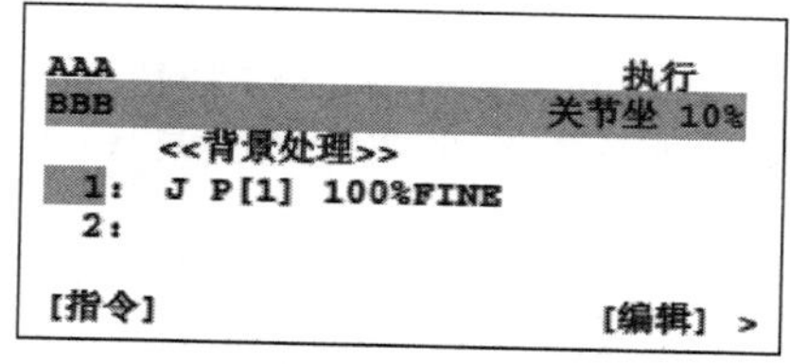

图 5.3.14　后台编辑页面

⑥ 在图 5.3.14 所示的后台编辑页面上，可通过软功能键〖指令〗、〖编辑〗等，进行后台程序的指令输入、编辑操作，其操作方法与正常的程序编辑相同。

在后台编辑过程中，机器人仍可通过远程输入 UI 信号或控制柜操作面板按钮、示教器操作键，启动或暂停程序自动运行，而不会影响示教器的后台编辑显示与操作。

⑦ 后台编辑时，可随时通过示教器的【EDIT】键，进行图 5.3.15 所示的后台编辑/程序运行显示页面的切换；显示切换不会影响后台编辑及程序自动运行的状态。

图 5.3.15　后台编辑/程序运行显示切换

但是，如系统自动运行的程序未选择，从后台编辑切换为当前程序运行显示页面时，示教器将显示操作错误信息“程序还没有选择”；同样，如系统未选择后台编辑程序，从当前程序运行切换为后台编辑显示页面时，示教器将显示操作错误信息“背景程序未选择”。

2. 后台编辑结果保存

后台编辑完成后，可通过图 5.3.16 所示的以下操作步骤，保存后台编辑结果。

① 完成后台编辑程序的指令输入、编辑操作，并选择后台编辑显示页面。

② 按后台编辑显示页面的软功能键〖[编辑]〗，然后用光标选定图 5.3.16 所示的编辑选项“编辑结束”，按【ENTER】键确认，示教器将显示操作提示信息“编辑内容覆盖原来的程序吗？在背景处理之内编辑程序执行吗?”及软功能键〖是（YES)〗、〖不是（NO)〗。

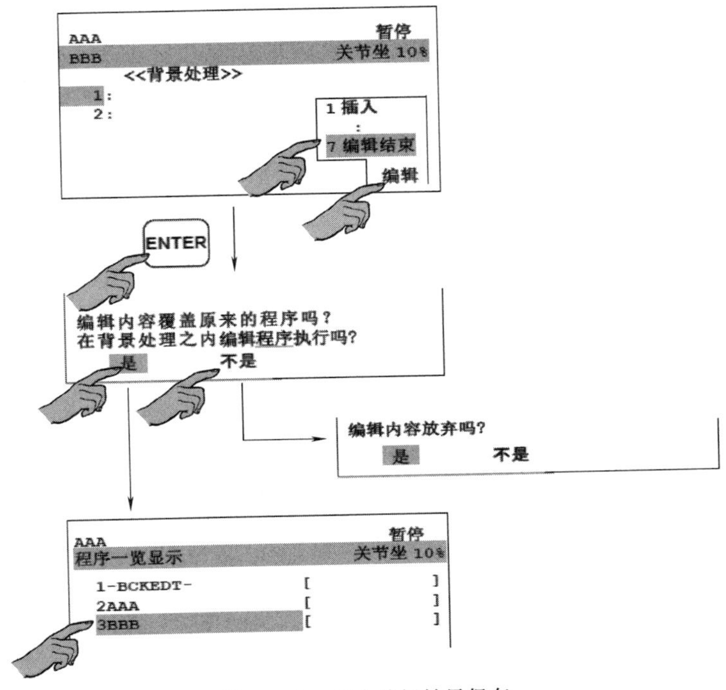

图 5.3.16　后台编辑结果保存

③ 需要保存后台编辑结果时，可按软功能键〖是（YES)〗。此时，如程序自动运行已结束，系统将保存后台编辑结果，结束后台编辑操作，示教器返回程序一览表显示；如程序自动运行尚未结束（程序执行中或暂停时)，示教器将显示操作提示信息“程序执行或暂停中，无法进行编辑操作”。

程序自动运行尚未结束时，可按【ENTER】键返回后台编辑显示页面，等待系统的程序自动运行结束后，再次进行步骤②、③的操作，保存后台编辑结果。

④ 不需要保存后台编辑结果时，可按软功能键〖不是（NO)〗。此时，示教器可显示操作提示信息“编辑内容放弃吗?”。如继续按软功能键〖是（YES)〗，系统将删除后台编辑数据，返回程序一览表显示；如按软功能键〖不是（NO)〗，系统将保留后台编辑数据，示教器返回后台编辑页面。

3. TP 开关切换

FANUC 机器人的程序自动运行可根据需要选择以下 3 种方式。

① 远程运行（Remote 运行)。机器人远程自动运行时，自动运行程序的选择及程序的启动、暂停，均需要通过系统的 UI 输入信号控制，远程运行的程序名称必须为“PNS＋数字”或“RSR＋数字”。选择远程运行时，机器人的操作模式选择开关必须选择“自动（AUTO)”，示教器的 TP 开关必须置 OFF。

② 本地运行（Local 运行)。机器人本地自动运行时，自动运行程序需要通过示教器操作选定，程序的启动、暂停需要通过控制柜操作面板上的按钮控制。选择本地运行时，机器人的操作模式选择开关同样必须选择“自动（AUTO)”，示教器的 TP 开关必须置 OFF。

③ 程序试运行（Test 运行)。FANUC 机器人的程序试运行就是再现运行（Play)。试运行的程序选择及程序的启动、暂停，均可以通过示教器控制。选择程序试运行时，机器人的操作模式选择开关必须选择示教（T1 或 T2)，示教器的 TP 开关必须置 ON。

对于以上不同的程序自动运行方式，如果在后台编辑过程中，改变了示教器 TP 开关的状态，控制系统将进行如下处理。

① 如果在远程运行、本地运行方式下，将 TP 开关由 OFF 切换至 ON 状态，正在执行中的程序将进入暂停状态，示教器的显示将自动切换为图 5.3.17（a）所示的程序运行显示页面；如程序已经执行完成或尚未选择，示教器将自动切换为图 5.3.17（b）所示的示教模式的后台编辑页面，状态行显示“—BCKEDT—”。

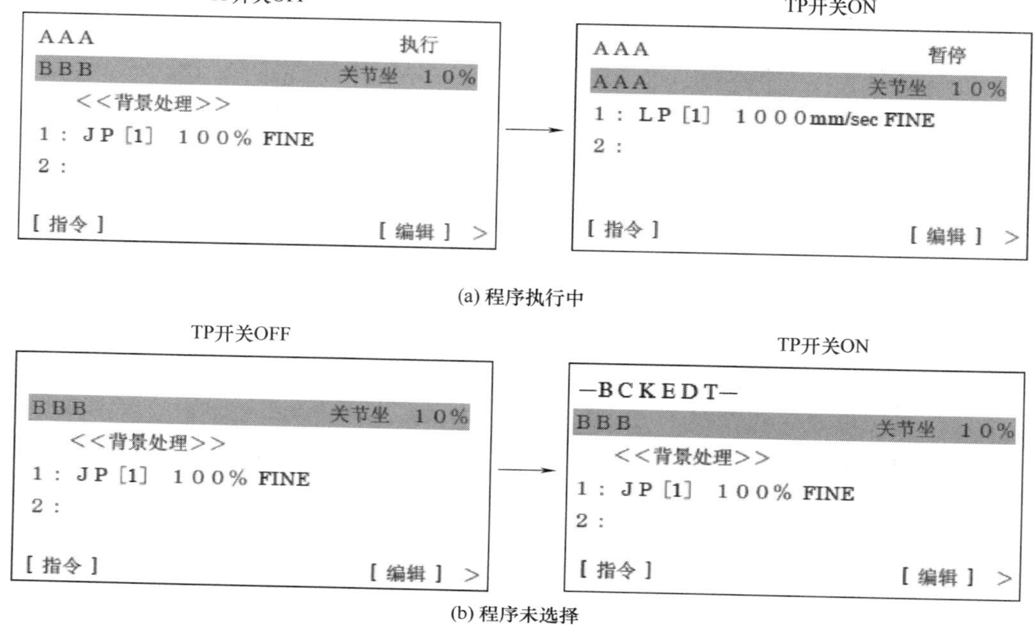

图 5.3.17 TP 开关 ON 切换

在以上情况下，只需要将 TP 开关重新切换至 OFF 位置，便可通过【EDIT】键或利用【SELECT】键在程序一览表显示页面重新选定“1 —BCKEDT—”，返回正常的后台编辑页面。

② 如果在程序试运行方式下，将 TP 开关由 ON 切换至 OFF 状态，程序自动运行将进入暂停状态，示教器将自动切换至图 5.3.18 所示的自动操作模式的后台编辑页面，然后可继续进行后台编辑操作。

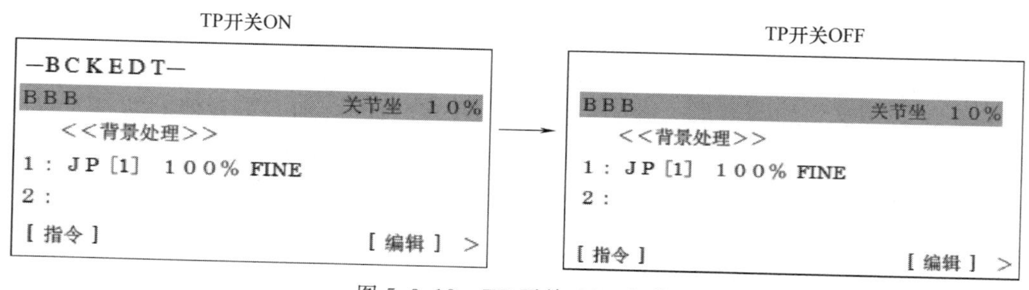

图 5.3.18 TP 开关 OFF 切换

5.3.5 快捷操作设定

1. 程序点号自动变更

程序点号自动变更功能在系统参数 $POS_EDIT. $AUTO_RENUM2 设定为“TRUE”时生效。功能生效时，程序进行指令插入、删除、复制、粘贴等操作时，系统将按指令次序，自动对程序点编号进行重新设定、有序排列。

例如，在图 5.3.19 所示的指令行 3 位置，插入一条以机器人当前位置为目标点的关节插补指令时，系统将进行如下处理。

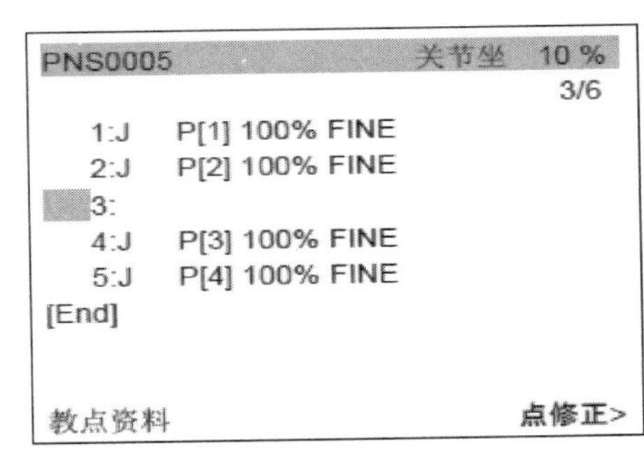

图 5.3.19　指令插入

程序点号自动变更功能无效：插入行的程序点号，将按程序当前已使用的程序点号（P［4］）递增，自动设定为图 5.3.20（a）所示的 P［5］（前缀@代表当前位置）。程序中其他指令的程序点号保持不变。

程序点号自动变更功能生效：插入行的程序点号，将根据上一指令行的程序点号（P［2］）递增，自动设定为图 5.3.20（b）所示的 P［3］，后续指令的程序点号依次变更。

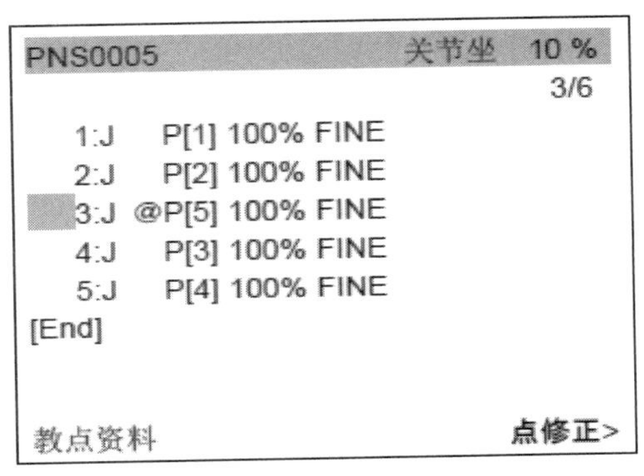

(a) 无效

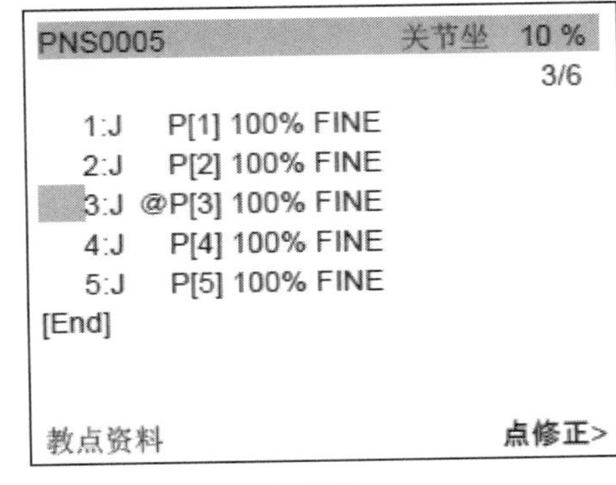

(b) 有效

图 5.3.20　程序点号自动变更

2. 程序名称预定义

程序名称预定义功能在系统参数 $PGINP_PGCHK 设定为“1”时生效。选择程序名称预定义功能后，程序名称可在输入方式选择图 5.3.21（a）所示的“单语（Words）”后，直接通过软功能键、数字键，以“预定义字符＋数字”的方式输入，从而简化程序名称输入操作。

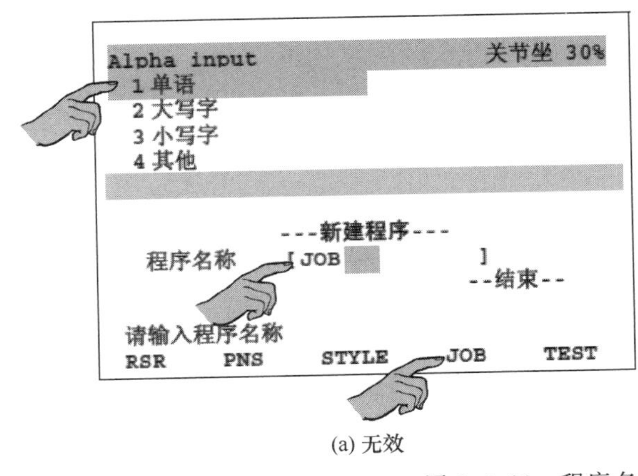

(a) 无效

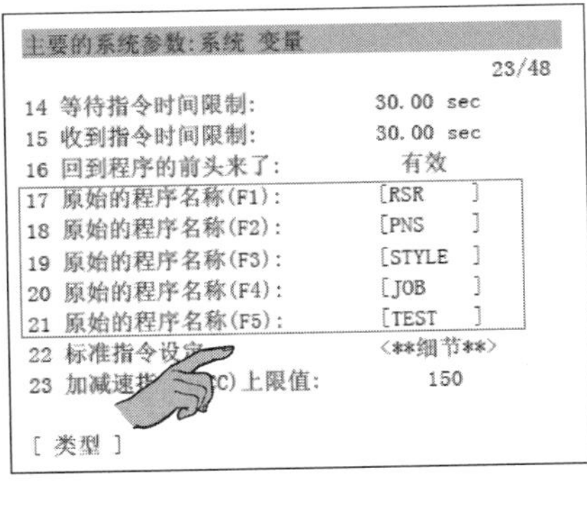

(b) 有效

图 5.3.21　程序名称预定义

程序名称的预定义字符及对应的软功能键，可通过系统设定（SYSTEM）操作，在图 5.3.21（b）所示的系统参数设定页面定义，预定义字符最多可设定 5 个；每一预定义字符的字符数不能超过 7 个。

程序名称预定义字符设定完成、功能生效后，在程序名称输入时，只需要按对应的软功能键，然后直接添加后缀数字，便可完成程序名输入；如果后缀不为数字，或者使用了其他程序名称，系统将发生“TPIF-038 程序名称含不正确文字”错误。

3. 程序过滤器设定

FANUC 机器人的程序过滤器功能较简单，它只能用于程序一览表的程序类型选择项的显示与设定（过滤）。功能生效时，示教器的程序一览表显示页面上，只能显示指定程序的列表，其他程序的显示将被系统屏蔽。

程序过滤器在系统参数 $PGINP_PLTR 设定为“1”或“2”时生效。

参数设定为“1”时，按程序一览表显示页的软功能键〖类型（TYPE)〗，示教器可显示图 5.3.22（a）所示的包括作业程序、宏程序、条件程序、系统预定义程序的所有类型程序选项；光标选定所需的类型选项，按【ENTER】键后，程序一览表中只显示所选类型的程序列表。

参数设定为“2”时，按软功能键〖类型（TYPE)〗，示教器只能显示图 5.3.22（b）所示的系统预定义程序或所有程序；光标选定所需的类型选项，按【ENTER】键后，程序一览表中只显示所选类型的系统预定义程序列表。

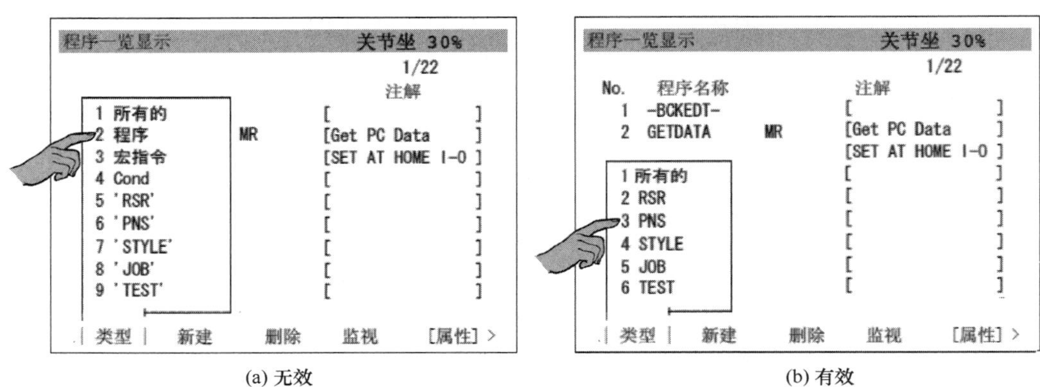

(a) 无效　　　　(b) 有效

图 5.3.22　程序过滤器功能

5.4　指令输入与示教

5.4.1　移动指令输入与示教

1. 程序选择

指令输入与编辑操作可用于新创建的程序指令输入，也可用于已有程序的编辑。需要进行指令输入与编辑的程序，可通过以下操作选择；对于新创建的程序，也可在程序登录、程序信息设定操作完成后，直接通过程序创建完成页面的软功能键〖编辑〗，选择新程序的编辑页面，进入指令输入与编辑操作。

FANUC 机器人程序选择的操作步骤如下。

① 接通控制柜的电源总开关，启动控制系统。

② 将控制面板的操作模式选择开关置示教模式 1（T1 或 T2)，并将示教器的 TP 有效开关置“ON”位置。

③ 按示教器的程序选择键【SELECT】，或者按操作菜单键【MENU】并选择第 2 页操作菜单中的“程序一览（SELECT)”操作选项，示教器可显示图 5.4.1 所示的程序一览表页面。

④ 光标选定需要编辑的程序名称，按【ENTER】键，示教器便可显示该程序的显示、编辑页面（参见图 5.4.1)。

2. 移动指令示教

FANUC 机器人的基本移动指令的输入操作步骤如下。

① 通过上述的程序选择操作选定需要进行编辑的程序，使示教器显示图 5.4.1 所示的程序编辑页面。

② 移动光标到需要输入（插入）的指令行；对于新建程序首条指令输入，光标直接选定 [END] 指令行。

③ 利用示教操作直接输入程序点位置时，可通过手动操作，将机器人移动到需要输入的移动指令终点上，或者直接进行下一步操作，先完成指令输入，然后再通过后述的指令编辑操作更改程序点位置。

④ 按软功能键〖教点资料（POINT)〗，示教器上部可显示图 5.4.2 所示的移动指令默认格式（Default Motion）选择项（标准动作目录)，并显示软功能键〖标准指令（ED_DEF)〗、〖点修正（TOUCHUP)〗。如果需要，可通过后述的移动指令默认格式编辑操作，改变指令默认格式。

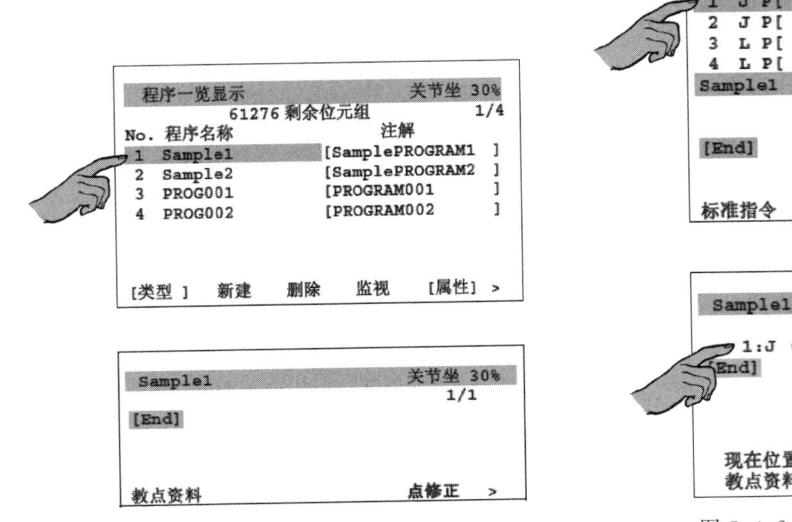

图 5.4.1 编辑程序选择

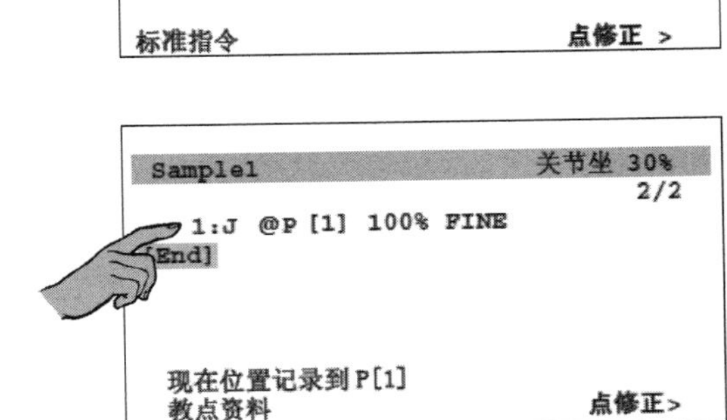

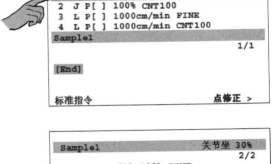

图 5.4.2 移动指令输入（插入）

⑤ 用光标选定所需要的默认格式，如“J P [ ] 100% FINE”，用【ENTER】键输入。该指令即插入到指定行，并自动生成程序点号 P [1]、当前位置标记@，同时显示提示信息“现在位置记录到 P [1]（Position has been recorded to P[1])”以及软功能键〖教点资料(POINT)〗、〖点修正（TOUCHUP)〗。

如果需要，可通过指令编辑操作更改移动速度、到位区间等指令操作数，或者添加附加命令。

⑥ 重复③～⑤完成其他移动指令输入。如果指令的默认格式与上一次输入的指令相同，第④步操作时，可同时按“【SHIFT】键＋软功能键〖教点资料（POINT)〗”，直接输入与上一指令格式相同的默认指令。

3. 默认格式设定

按软功能键〖教点资料（POINT)〗，示教器上部显示的移动指令默认格式（Default Motion）可通过以下操作设定与改变。

① 在程序编辑页面上，按软功能键〖教点资料（POINT)〗，使示教器上部显示移动指令默认格式（Default Motion）选择项，以及软功能键〖标准指令（ED_DEF)〗、〖点修正（TOUCHUP)〗。

② 按软功能键〖标准指令（ED_DEF)〗，示教器可显示默认指令格式编辑页面，并显示软功能键〖选择（CHOICE)〗、〖完成（DONE)〗（参见图 5.4.3）。

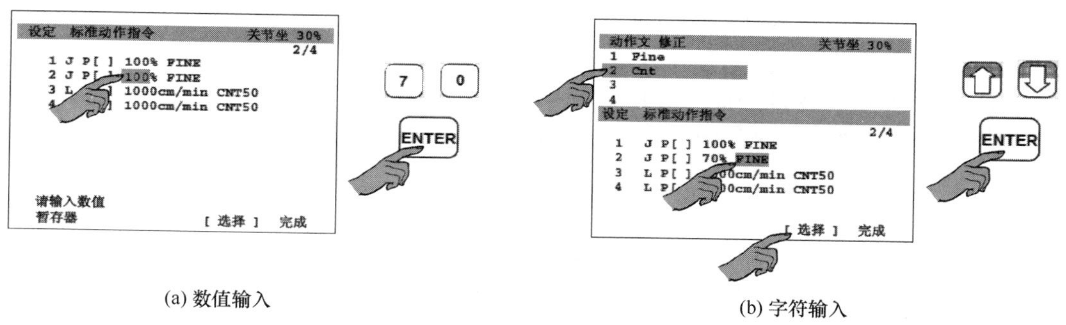

(a) 数值输入

(b) 字符输入

图 5.4.3 默认指令格式更改

③ 移动光标到需要更改的位置，并根据操作数格式进行如下更改操作。

数值：光标选定操作数（如 100）后，按图 5.4.3（a）所示，直接用示教器的数字键（如 70）输入，完成后按【ENTER】键确认，指令中的 100%便可更改为 70%。

指令操作数中的数值，也可用后述的暂存器 R［i］替代（下同），其操作方法详见后述。

特殊操作数：光标选定操作数（如 FINE）后，按图 5.4.3（b）所示的软功能键〖选择（CHOICE)〗，使示教器上方显示操作数选项，然后用光标选定所需的选项（如 CNT），按【ENTER】键，指令中的 FINE 便可由 CNT 替换。

④ 移动指令默认格式全部更改完成后，按软功能键〖完成（DONE)〗，便可返回程序编辑页面。

4. 附加命令输入

FANUC 机器人的基本移动指令可根据需要添加加速度控制、跳步、增量等附加命令。

移动指令需要添加的附加命令可利用如下操作显示与选择。

① 在程序编辑页面上，移动光标到图 5.4.4（a）所示的指令行结束处的空白位置。

② 按软功能键〖选择（CHOICE)〗，示教器上部可显示图 5.4.4（b）所示的附加命令第一页，如选择“下页”，可继续显示其他附加命令。

③ 光标选定附加命令，按【ENTER】键，所选的附加命令便可添加到移动指令之后。

④ 如果需要，可继续添加其他附加命令。

5. 增量命令输入

移动指令添加附加命令“增量指令（INC)”时，指令中的程序点位置将成为增量移动距离，这一距离需要在添加 INC 命令时，通过以下操作输入。

① 通过上述附加命令输入基本操作，选定附加命令“增量指令（INC)”，按【ENTER】键输入。

② 将光标移动到图 5.4.5（a）所示的程序点号上，按软功能键〖位置（POSITION)〗，示教器将显示图 5.4.5（b）所示的程序点位置数据。

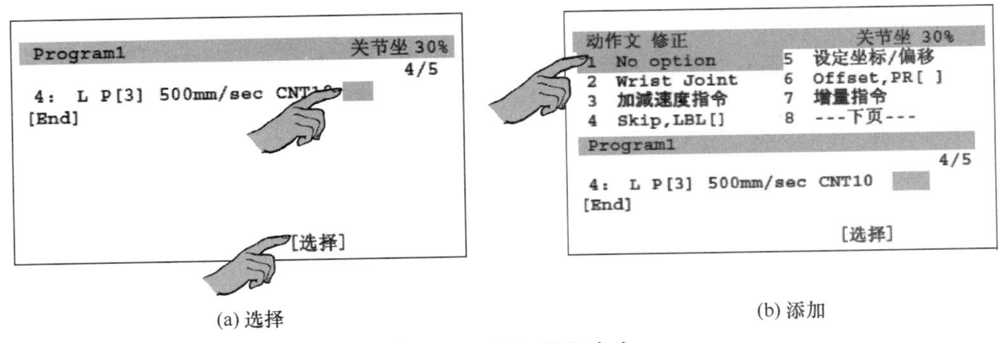

(a) 选择　(b) 添加

图 5.4.4　添加附加命令

③ 需要改变位置数据格式时，可按软功能键〖形式（REPRE）〗，示教器将显示位置格式选择框，并显示 Cartesian（笛卡儿坐标的机器人 TCP 位置）、Joint（关节位置）选项；光标选定所需的位置格式，用【ENTER】键确认，便可改变位置数据的显示格式。

④ 光标选定需要更改的数据（如坐标值）后，用数字键输入新的数据，按【ENTER】键确认。显示为“ * ”的数据，表示其值未输入。

⑤ 所有数据更改完成后，按图 5.4.5（c）所示的软功能键〖完成（DONE）〗，示教器可返回程序编辑页面。

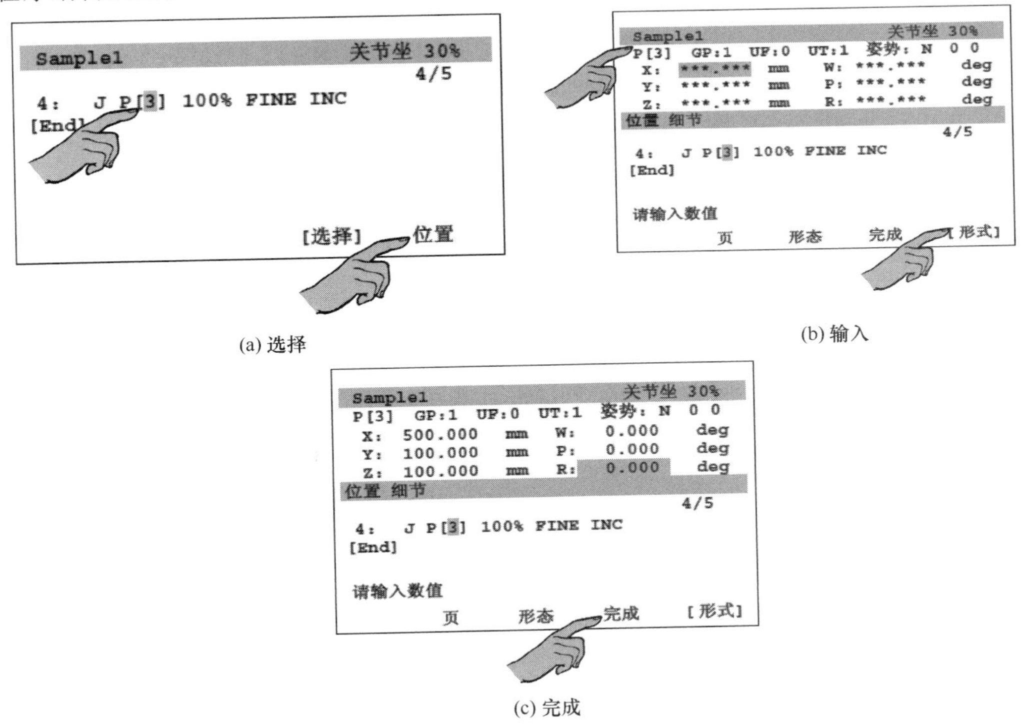

(a) 选择　(b) 输入

(c) 完成

图 5.4.5　增量附加命令添加

5.4.2 表达式输入与位置读入

1. 表达式输入

表达式是用于程序数据运算与处理的特殊指令，在 FANUC 机器人说明书上，称之为“暂存器计算指令”。

FANUC 机器人暂存器计算指令（表达式）输入的基本操作步骤如下。

① 在程序编辑页面上，将调节光标到程序的结束行［END］上。

② 按【NEXT】键，使示教器显示图 5.4.6（a）所示的第 2 页软功能键〖指令（INST）〗、〖编辑（EDCMD）〗。

③ 按软功能键〖指令（INST）〗，示教器可显示图 5.4.6（b）所示的指令一览表。

④ 调节光标到“1 暂存器计算指令（Registers）”选项上，按【ENTER】选定，示教器即可显示图 5.4.6（c）所示的表达式基本格式。

⑤ 调节光标到所需的表达式基本格式上，按【ENTER】选定后，便可完成表达式格式输入。接着，便可逐一输入表达式中的运算数，完成表达式的输入与编辑。

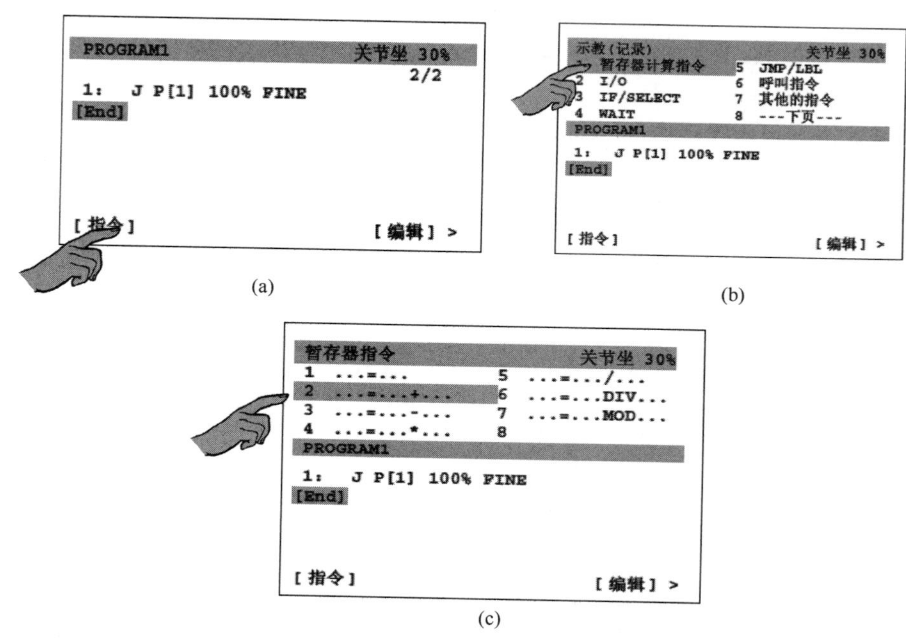

图 5.4.6 暂存器指令输入操作

例如，表达式“R[1]=R[1]+1”的输入操作步骤如下。

①～④ 同上。

⑤ 调节光标到表达式基本格式“2…=…+…”上，按【ENTER】键选定，完成表达式格式输入。

⑥ 光标定位到等式左边的表达式第 1 运算数 R[1] 的输入位置，按软功能键〖选择（CHOICE）〗，示教器即可显示图 5.4.7（a）所示的允许数据格式选项。

表达式的第 1 运算数为 R[1]，用光标选定格式“R[ ]”后，按【ENTER】键选定，示教器便可显示表达式“R[…]=…+…”。

调节光标到暂存器编号上，利用示教器的数字键输入暂存器号“1”。

⑦ 光标定位到图 5.4.7（b）所示的等式右边的表达式第 2 运算数的输入位置，再次按软功能键〖选择（CHOICE）〗，示教器即可显示该运算数所允许的数据格式选项。

调节光标到暂存器编号上，利用示教器的数字键、【ENTER】键输入暂存器号“1”。

⑧ 光标定位到图 5.4.7（c）所示的第 3 运算数的输入位置，再次按软功能键〖选择（CHOICE）〗，示教器即可显示该运算数所允许的数据格式选项。

表达式的第 3 运算数为常数“1”，用光标选定格式“常数”后，按【ENTER】键选定。

调节光标到常数输入位置，按示教器的数字键“1”、【ENTER】键，完成表达式的输入[图5.4.7（d）]。

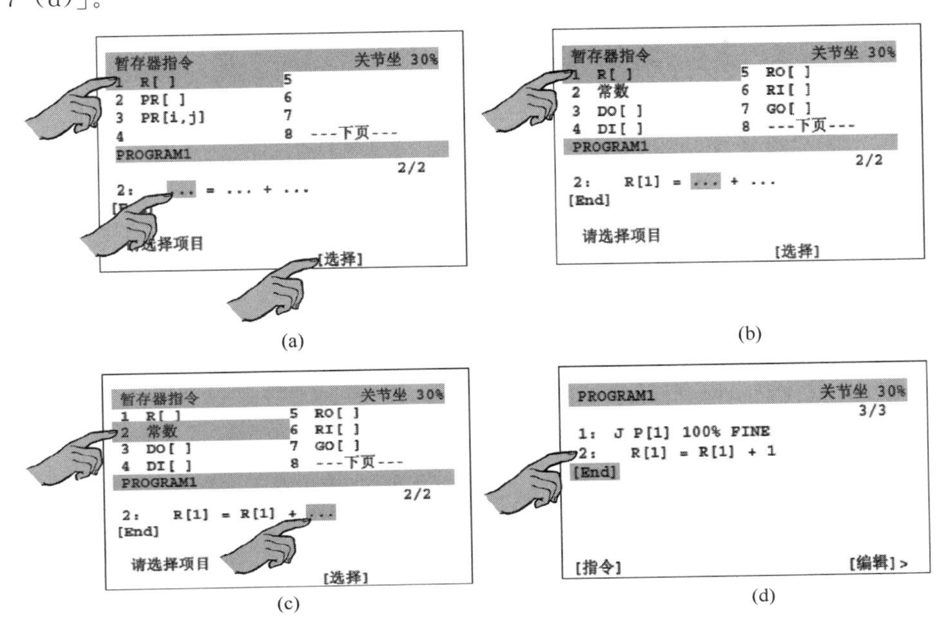

图5.4.7 表达式输入示例

2. 位置读入指令输入

位置读入指令是一种利用机器人当前位置对程序中的位置暂存器进行赋值的特殊表达式，指令的输入操作与一般表达式有所不同，说明如下。

FANUC机器人程序的位置暂存器PR［i］是用来存储程序点位置数据的存储器，数据格式可以是机器人TCP位置（全局、用户坐标系 *XYZ* 位置），也可以是机器人关节位置（关节坐标系绝对位置）。

位置暂存器PR[i］为多元数据，其组成元（指定坐标轴位置）可通过位置元暂存器PR［i，j］单独读取或设定；PR[i，j］中的i为位置暂存器编号，j为位置组成元（坐标轴）序号。例如，关节位置暂存器PR[1］的j2轴位置，其位置元暂存器为PR[1，2]；TCP位置暂存器PR[2］的 *Z* 轴坐标值，其位置元暂存器为PR[2，3］等。

位置元暂存器PR[i，j］的数据格式、输入方法与通常的数值暂存器P[］相同。位置暂存器PR[i］的数值，可通过手动数据输入操作设定，或者通过机器人TCP位置读取指令“PR[i]＝LPOS”、关节位置读取指令“PR[i]＝JPOS”赋值。

机器人TCP位置或关节位置读取指令的输入操作步骤如下。

①～④ 同表达式输入操作，示教器显示表达式基本格式。

⑤ 调节光标到表达式基本格式“1 … = … ”上，按【ENTER】键选定，完成表达式格式输入。

⑥ 光标定位到等式左边的运算数位置，按软功能键〖选择（CHOICE）〗，示教器显示图5.4.8（a）所示的数据格式选项。用光标选定位置暂存器“PR[］”，按【ENTER】键输入数据格式后，再利用数字键、【ENTER】键输入位置暂存器编号“1”。

⑦ 光标定位到等式右边位置，按软功能键〖选择（CHOICE）〗，示教器可显示图5.4.8（b）所示的如下赋值数据选项。

直角位置：读取当前的机器人TCP位置，即赋值指令PR[i]＝LPOS。

关节位置：读取当前的机器人关节位置，即赋值指令 PR[i]=JPOS。

UFRAME[ ]：读取用户坐标系位置。

UTOOL[ ]：读取工具坐标系位置。

P[ ]：暂存器赋值，仅用于位置元暂存器 PR[i，j] 的赋值。

PR[ ]：利用其他位置暂存器赋值。

⑧ 用光标选定对应的赋值数据选项，按【ENTER】键输入。

选择“直角位置”选项时，便可输入图 5.4.8（c）所示的机器人 TCP 位置读取指令“PR[i]=LPOS”；选择“关节位置”选项时，则可输入当前的机器人关节位置读取指令“PR[i]=JPOS”。

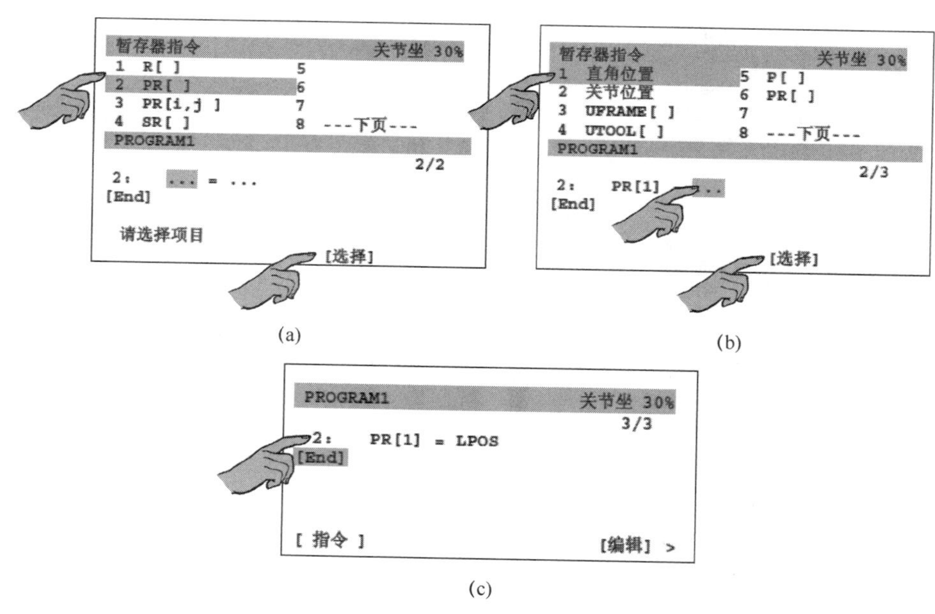

图 5.4.8 位置读取指令输入

5.4.3 I/O 及其他指令输入

1. I/O 指令输入

I/O 指令用来控制机器人本体、附加轴以外的其他运动，FANUC 机器人的 I/O 指令输入操作步骤如下。

① 在程序编辑页面上，将调节光标到程序的结束行［END］上。

② 按【NEXT】键，使示教器显示第 2 页的软功能键〖指令（INST)〗、〖编辑（EDCMD)〗。

③ 按软功能键〖指令（INST)〗，示教器便可显示图 5.4.9（a）所示的指令一览表。

④ 调节光标到“2 I/O”选项上，按【ENTER】选定，示教器即可显示图 5.4.9（b）所示的 I/O 指令基本格式。

⑤ 调节光标到所需要的 I/O 指令基本格式上，按【ENTER】键选定，便可完成 I/O 指令基本格式输入。

I/O 指令基本格式选定后，便可逐一输入指令操作数，完成 I/O 指令的输入与编辑。

例如，将机器人专用输出 RO［1］的状态设定为 ON 的 I/O 指令“RO［1］=ON”的输入操作步骤如下。

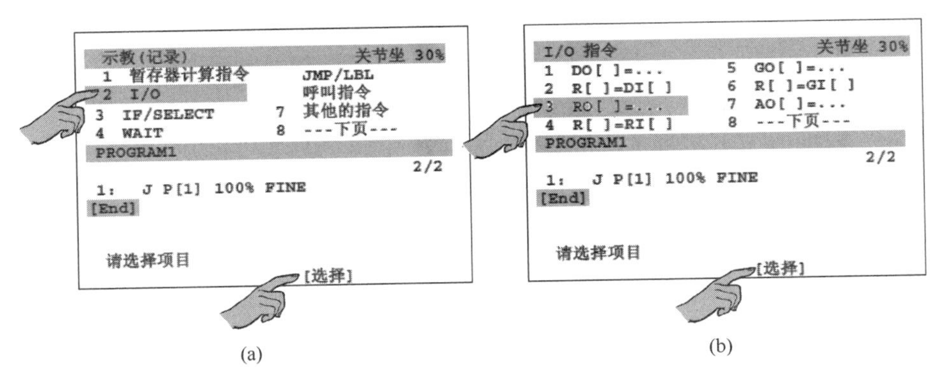

图 5.4.9　I/O 指令输入

①～④ 同上，示教器显示图 5.4.9（b）的 I/O 指令基本格式。

⑤ 调节光标到 I/O 指令基本格式“RO[ ]=…”上，按【ENTER】键选定，示教器可显示图 5.4.10（a）所示的指令编辑行“RO[…]=…”；调节光标到 RO 编号上，利用示教器的数字键、【ENTER】键，输入 RO 编号“1”。

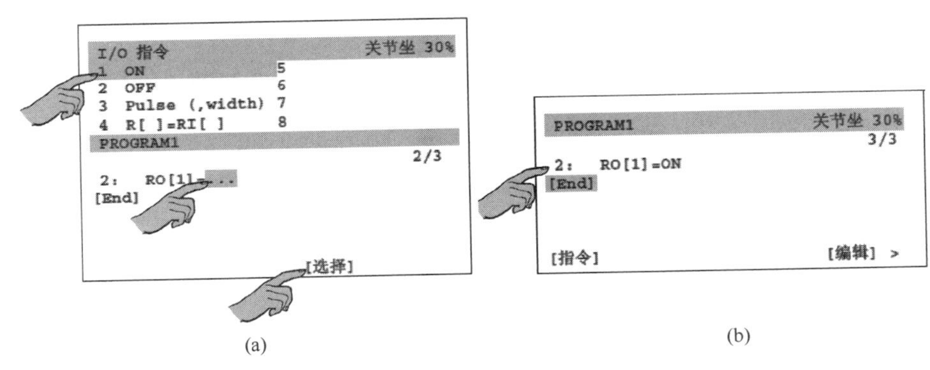

图 5.4.10　I/O 指令输入示例

⑥ 将光标定位到等式右边位置，按软功能键〖选择（CHOICE）〗，示教器便可显示 I/O 指令输入选项。

⑦ 用光标选定所需要的选项“ON”后，按【ENTER】键，便可完成“RO[1]=ON”指令输入，返回图 5.4.10（b）所示的程序编辑页面。

2. 其他指令输入操作

利用示教器输入其他指令的输入方法与表达式、I/O 指令类似，其基本步骤如下。

① 在程序编辑页面上，将调节光标到程序的结束行［END］上。

② 按【NEXT】键，使示教器显示图 5.4.11（a）所示的第 2 页软功能键〖指令（INST）〗、〖编辑（EDCMD）〗。

③ 按软功能键〖指令（INST）〗，示教器可显示图 5.4.11（b）所示的指令一览表。如果当前显示页面未显示所需要的指令，可将光标调节到选项“8　---下页---”上，按【ENTER】选定后，可显示图 5.4.11（c）所示的第 2 页指令一览表；如再次将光标调节到选项“8　---下页---”上，按【ENTER】选定，可继续显示第 3 页指令一览表等。

④ 指令在一览表上显示后，调节光标到需要的指令上，按【ENTER】选定。示教器即可显示该指令的基本格式。

⑤ 调节光标到基本格式上，按【ENTER】键选定，示教器可显示对应的指令编辑行。

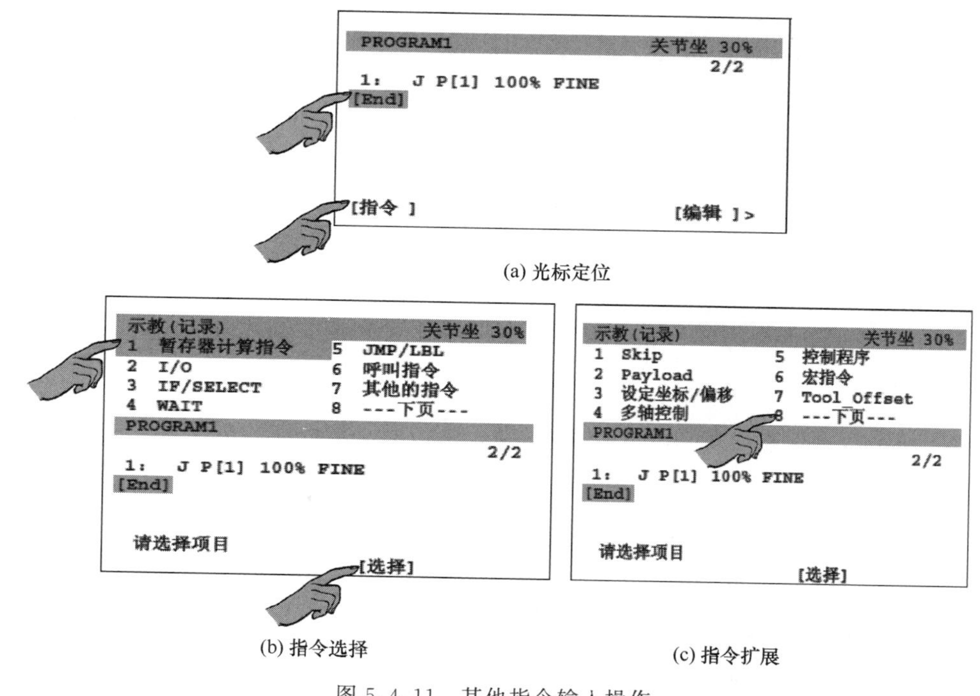

(a) 光标定位

(b) 指令选择

(c) 指令扩展

图 5.4.11 其他指令输入操作

⑥ 调节光标到指令操作数位置，按软功能键〖选择（CHOICE)〗，示教器显示便可显示该操作数的输入选项一览表。如果需要，利用示教器的数字键、【ENTER】键，输入暂存器、I/O 信号等操作数的编号“1”。

⑦ 重复⑥，完成所有操作数的输入。

例如，利用暂存器 R[1]，读取控制系统默认脉冲宽度参数 $DEFPULSE 的参数读入指令“R[1]= $DEFPULSE”的输入操作步骤如下。

① 在程序编辑页面上，将调节光标到程序的结束行［END］上，并按【NEXT】键，使示教器显示第 2 页软功能键〖指令（INST)〗、〖编辑（EDCMD)〗。

② 按软功能键〖指令（INST)〗，示教器可显示指令一览表；调节光标到图 5.4.12（a）所示的“7 其他的指令”选项上，按【ENTER】选定后，示教器即可显示一览表中未显示的其他指令一览表。

③ 在其他指令一览表中选择“1 参数指令”，示教器便可显示图 5.4.12（b）所示的参数指令基本格式，并在基本格式中选择参数读取指令选项“2 …= $…”。

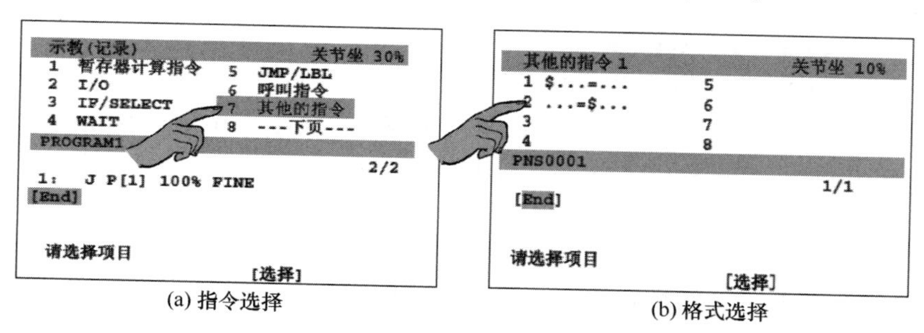

(a) 指令选择

(b) 格式选择

图 5.4.12 参数输入指令选择

④ 光标选定等式左边的指令操作数，按软功能键〖选择（CHOICE）〗，示教器显示便可显示图 5.4.13（a）所示的操作数的输入选项一览表；选择输入选项“R[ ]”，按【ENTER】键，输入指令格式“R[…]＝$…”。

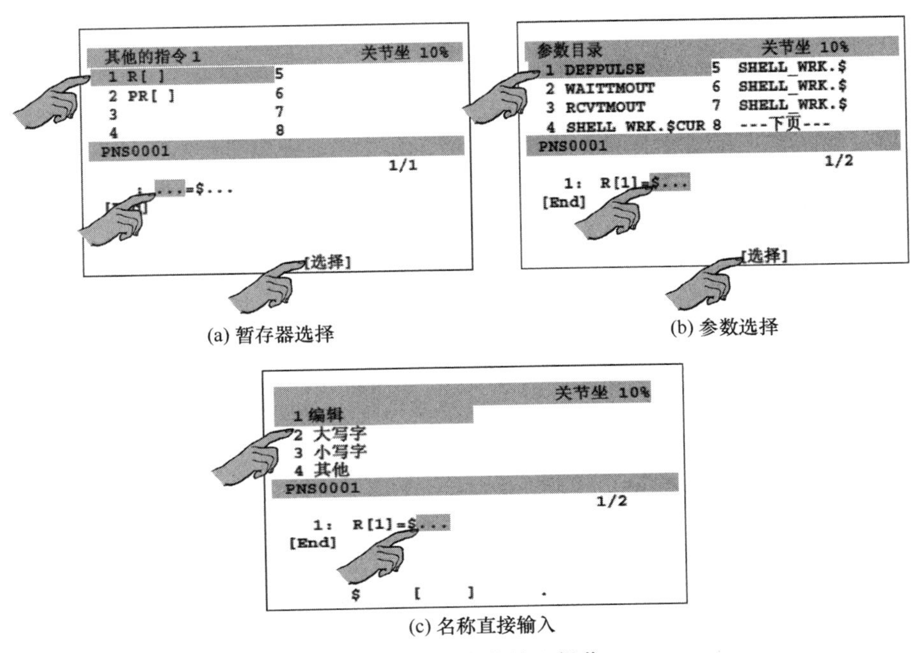

(a) 暂存器选择　(b) 参数选择

(c) 名称直接输入

图 5.4.13　参数输入操作

⑤ 光标选定暂存器编号，利用示教器的数字键、【ENTER】键，输入暂存器编号“1”。

⑥ 调节光标到参数名称位置，按软功能键〖选择（CHOICE）〗，示教器便可显示图 5.4.13（b）所示的系统参数一览表。

在一览表上，可用光标选定所需要的参数名称“DEFPULSE”，按【ENTER】键，完成指令输入；或者直接按【ENTER】键，将光标定位到参数名称输入位置上，并利用图 5.4.13（c）所示的参数名称输入选项，直接输入参数名称，参数名称输入选项的含义、输入方法与程序名称输入相同。

第6章

程序编辑与程序点变换

6.1 指令编辑

6.1.1 移动指令编辑

指令编辑用于控制系统已有程序的指令更改、删除、复制等操作。需要对指令进行编辑的程序，可通过指令输入同样的操作选择，有关内容可参见第 5 章。基本移动指令编辑的内容包括指令代码（插补方式）、程序点位置、移动速度、到位区间等，其编辑方法如下。

1. 指令代码更改

基本移动指令的指令代码更改操作步骤如下。

① 接通控制柜电源总开关，启动控制系统；将操作模式选择开关置示教模式 1（T1 或 T2），示教器的 TP 有效开关置“ON”位置。

② 按程序选择键【SELECT】，或者按操作菜单键【MENU】并在操作菜单中选择“SELECT”选项，示教器可显示程序一览表页面。

③ 光标选定需要编辑的程序名称（如 Sample3），按【ENTER】键，示教器便可显示图 6.1.1 的程序的编辑页面。

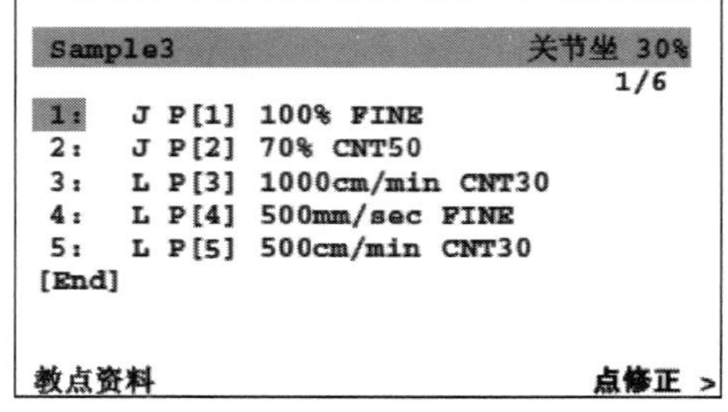

图 6.1.1 程序编辑页面

④ 调节光标，选定需要更改的指令代码，例如指令“5：L P[5]…”的“L”等。

⑤ 按软功能键〖选择（CHOICE)〗，示教器便可显示图 6.1.2（a）所示的插补方式选项。

关节：关节插补指令 J。

直线：直线插补指令 L。

圆弧：圆弧插补指令 C。

⑥ 调节光标，选定新的指令代码，如“关节”，按【ENTER】键，便可完成指令代码的更改。指令代码由原来的直线插补 L 更改为关节插补 J 后，移动速度将自动变为图 6.1.2（b）所示的关节速度 100%。

⑦ 圆弧插补指令 C 包含有中间点（如 P［5］）、终点（如 P［6］）2 个程序点，当圆弧

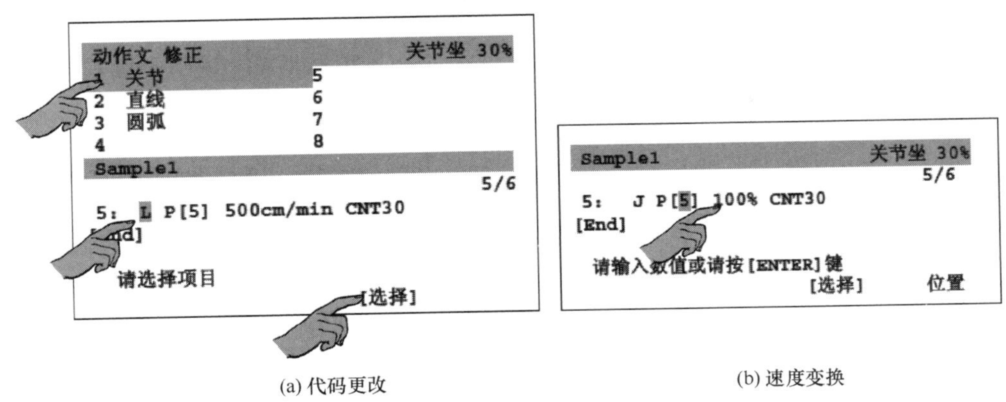

(a) 代码更改 (b) 速度变换

图 6.1.2 指令代码更改

插补指令 C 更改为关节插补指令 J、直线插补指令 L 时，或反之，机器人控制系统将自动进行如下处理。

圆弧插补指令 C 改为关节插补指令 J、直线插补指令 L 时，控制系统将自动生成图 6.1.3 所示的分别以中间点（如 P[5]）、终点（如 P[6]）为目标位置的 2 条关节或直线插补指令。

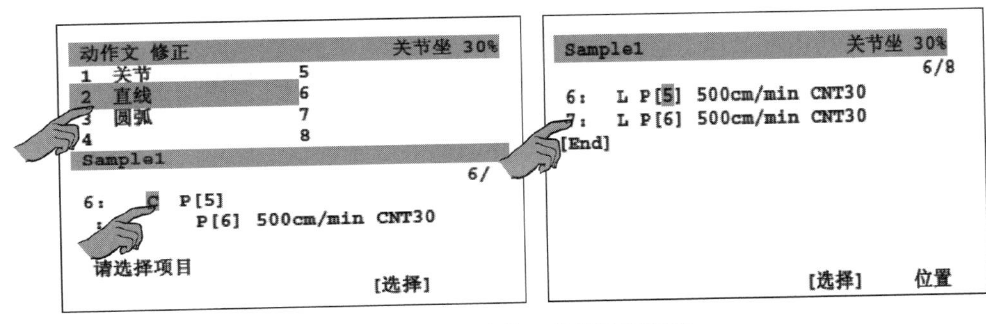

图 6.1.3 圆弧/关节、直线插补更改

关节插补指令 J 或直线插补指令 L 改为圆弧插补指令 C 的情况如图 6.1.4 所示。

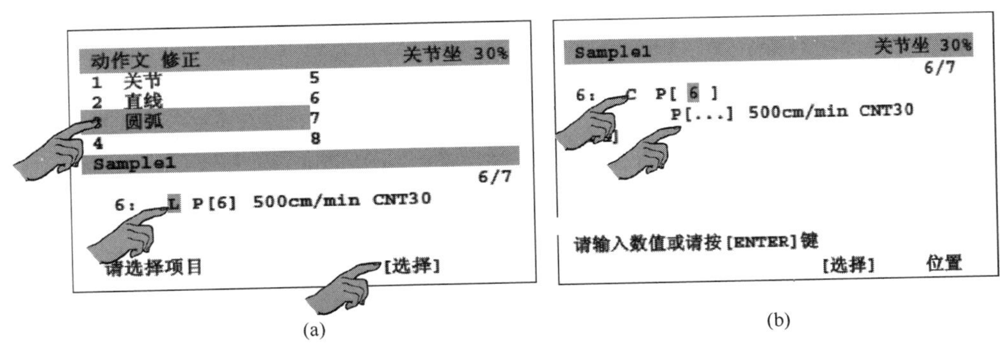

(a) (b)

图 6.1.4 关节、直线/圆弧插补更改

对于这种情况，控制系统将自动生成图 6.1.4（b）所示的以关节插补指令 J 或直线插补指令 L 的目标位置（如 P[6]）为中间点的圆弧插补指令 C，圆弧插补指令的终点，将成为有待输入的空白程序点 P[…]，此程序点（终点）的位置，需要通过示教或手动数据输入操作补充输入。

2. **移动速度更改**

基本移动指令的移动速度更改操作步骤如下。

①~③ 利用“指令代码更改”同样的操作，选定需要编辑的程序。

④ 调节光标，选定需要更改的移动速度后，分别进行如下更改操作。

数值更改：关节速度倍率值、直线插补或圆弧插补速度数值，可直接用示教器的数字键输入并更改。

数值更改操作如图 6.1.5（a）所示，调节光标、选定需要更改的数值后，用示教器的数字键直接输入新的数值（如 70），完成后，按【ENTER】键确认，或者用后述的暂存器 R[i] 替换。

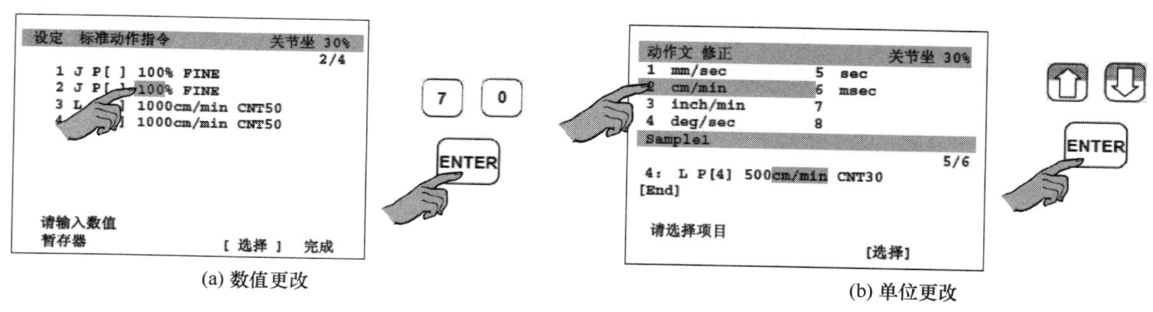

(a) 数值更改　　(b) 单位更改

图 6.1.5 移动速度更改

单位：关节速度的单位总是为%，不能（无需）进行更改。FANUC 机器人的 TCP 直线、圆弧插补速度的单位，可根据需要选择 mm/sec、cm/min、inch/min；工具定向或外部回转轴的速度可以选择 deg/sec。

速度单位更改操作如图 6.1.5（b）所示，调节光标、选定需要更改的单位后，按软功能键〖选择（CHOICE）〗，示教器的上方便可显示速度单位选项；调节光标、选定新的单位后，按【ENTER】键确认，便可完成速度单位的更改操作。

3. **到位区间更改**

基本移动指令的到位区间更改操作步骤如下。

①~③ 利用指令代码更改同样的操作，选定需要编辑的程序。

④ 调节光标，选定需要更改的到位区间。更改 CNT 数值时，光标可选定数值，直接用数字键、【ENTER】键更改。需要 FINE/CNTn 转换时，可按软功能键〖选择（CHOICE）〗，显示图 6.1.6 所示的选项，然后用光标选定新的到位区间，按【ENTER】键更改。

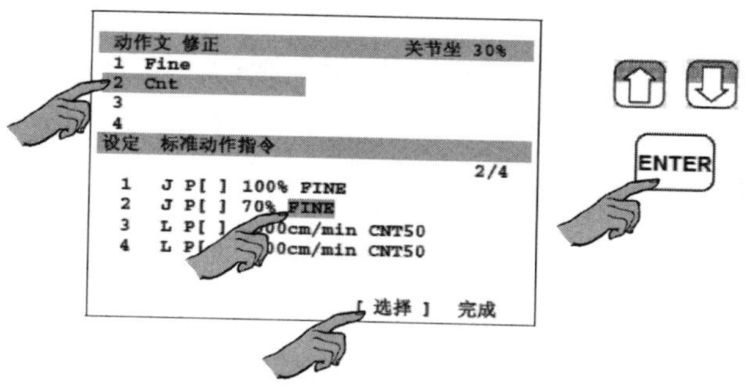

图 6.1.6 到位区间更改

4. **程序点手动数据输入更改**

FANUC 机器人的移动指令目标位置等程序点数据，可采用手动数据输入、位置示教、位置暂存器替换等方法更改，手动数据输入更改的操作步骤如下。

FANUC 机器人程序点的手动数据输入更改操作步骤如下。

① 在程序编辑页面上，调节光标到指定的程序点上，例如图 6.1.7（a）中的 P[2]。

② 按软功能键〖位置（POSITION）〗，示教器将显示图 6.1.7（b）所示的程序点的详细位置数据。

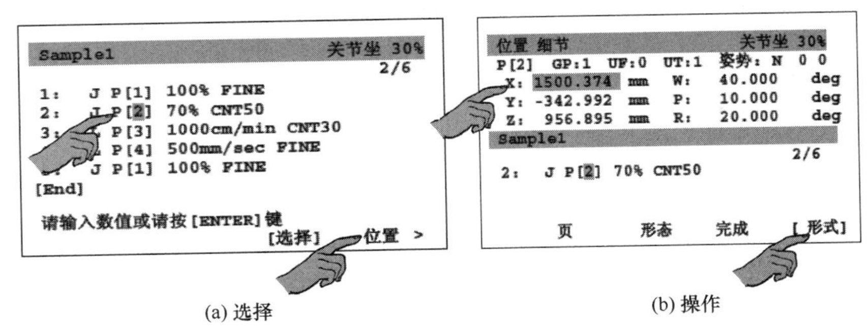

(a) 选择　　(b) 操作

图 6.1.7　手动数据输入更改

在详细位置数据显示页面上，可根据需要选择软功能键，进行如下操作。

〖页（PAGE）〗：切换外部轴（副群组）位置。

〖形态（CONF）〗：更改机器人姿态，即第1行中姿势（CONF）栏的数据，选择软功能键后，可显示当前位置允许的机器人姿态；需要改变姿态时，可通过光标调节选择新的姿态，按【ENTER】确认。

〖完成（DONE）〗：程序点数据更改完成，示教器返回程序编辑页面。

〖形式（REPRE）〗：更改位置数据格式，按软功能键后，示教器可显示"直角（Cartesian）""关节（Joint）"选项。选择"直角"，可显示、更改机器人TCP位置，位置数据格式如图6.1.7（b）所示；选择"关节"，程序点位置将以图6.1.8所示的关节坐标显示、更改。需要改变位置数据格式时，可用光标选定所需的格式，按【ENTER】确认。

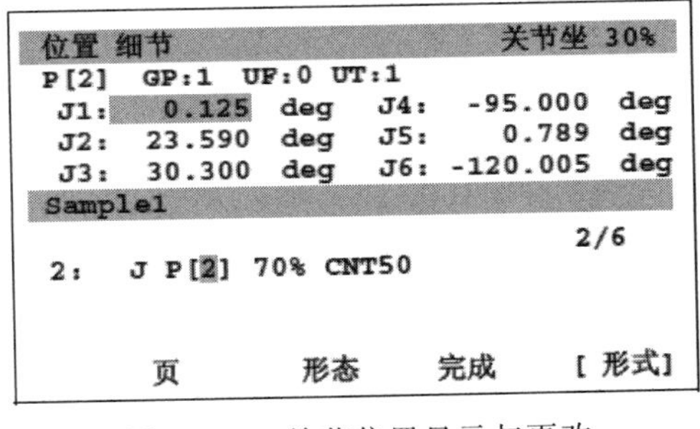

图 6.1.8　关节位置显示与更改

③ 用软功能键、光标选定需要更改的数据，用数字键输入新的数据，按【ENTER】键确认。

④ 所有数据更改完成后，按软功能键〖完成（DONE）〗，示教器可返回程序编辑页面。

5. **程序点示教更改**

FANUC机器人程序点的位置示教更改操作步骤如下。

① 在程序编辑页面，调节光标到图6.1.9（a）所示的需要更改的指令行号上。

② 手动移动机器人到新的程序点位置。

③ 按住【SHIFT】键，再按软功能键〖点修正（TOUCHUP）〗，程序点P[2]前将显示图6.1.9（b）所示的机器人当前位置标记@；同时，示教器信息行显示"现在位置记录到

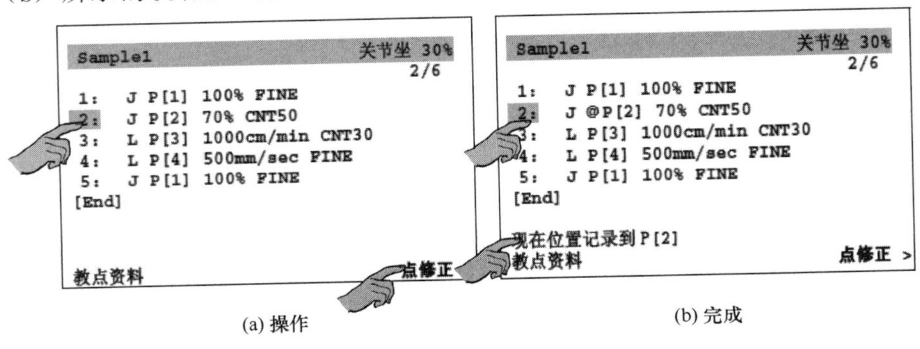

(a) 操作　　(b) 完成

图 6.1.9　程序点示教更改

P[2]（Position han been recorded to P[2]）”，表明程序点位置更改完成。在部分机器人上，也可能只显示两者之一。

如果原程序点以位置暂存器 PR[i] 的形式指定，原位置暂存器 PR[i] 的数据将直接被示教位置替换。

④ 如果以位置示教方式，更改了图 6.1.10（a）所示的带附加命令“增量（INC）”的移动指令，系统将显示提示信息“INC（增量）指令删除后，位置重新记录吗?”。选择软功能键〖是（YES）〗，将自动删除附加命令 INC，并生成图 6.1.10（b）所示的以示教点为目标位置的新指令；选择软功能键〖不是（NO）〗，可放弃程序点更改操作。

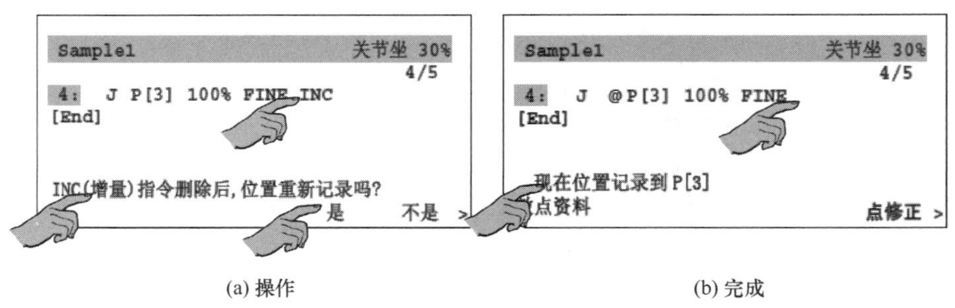

(a) 操作　　(b) 完成

图 6.1.10　带 INC 附加命令指令编辑

6.1.2 暂存器替换与附加命令编辑

FANUC 机器人的程序点、移动速度等数值数据，可用暂存器 PR [i]、R [i] 的形式编程，当指令中的操作数需要用暂存器替换时，指令的编辑操作如下。

1. 程序点替换

FANUC 机器人的程序点位置可利用位置暂存器 PR [i] 替换，其操作步骤如下。

① 在程序编辑页面上，调节光标到指定的程序点上，例如图 6.1.11（a）中的指令“J P[5] 100% CNT30”的 P[5] 上。

② 按软功能键〖选择（CHOICE）〗，示教器将显示图 6.1.11（a）所示的程序点定义方式选项。

③ 以位置暂存器替换程序点时，光标选定“PR[ ]”，按【ENTER】键确认，示教器将以 PR[…] 替换程序点 P[5]，并显示图 6.1.11（b）所示的如下位置暂存器编号输入方式选择软功能键。

〖直接〗：直接通过示教器数字键，输入位置暂存器编号。

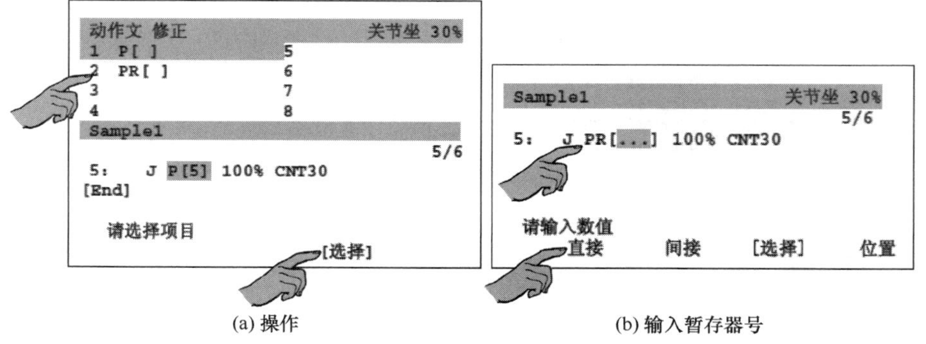

(a) 操作　　(b) 输入暂存器号

图 6.1.11　位置暂存器替换

〖间接〗：通过暂存器 R[i]，指定位置暂存器编号。

④ 选择暂存器编号输入方式，用示教器数字键、【ENTER】键，输入暂存器编号后，程序点将被位置暂存器替换。

2. **其他操作数替换**

在移动速度等其他操作数用暂存器 R[i] 替换的场合，操作步骤如图 6.1.12 所示。

① 在程序编辑页面上，调节光标到需要更改的操作数数值上，例如图 6.1.12（a）中指令"J P[1] 100% FINE"的关节插补速度 100%上。

② 按软功能键〖暂存器〗，指令中的操作数数值将被暂存器"R[…]"替换，同时，显示图 6.1.12（b）所示的如下暂存器编号的输入方式选择软功能键。

〖直接〗：通过示教器数字键，直接输入暂存器编号。

〖间接〗：通过暂存器 R[i]，间接指定暂存器编号。

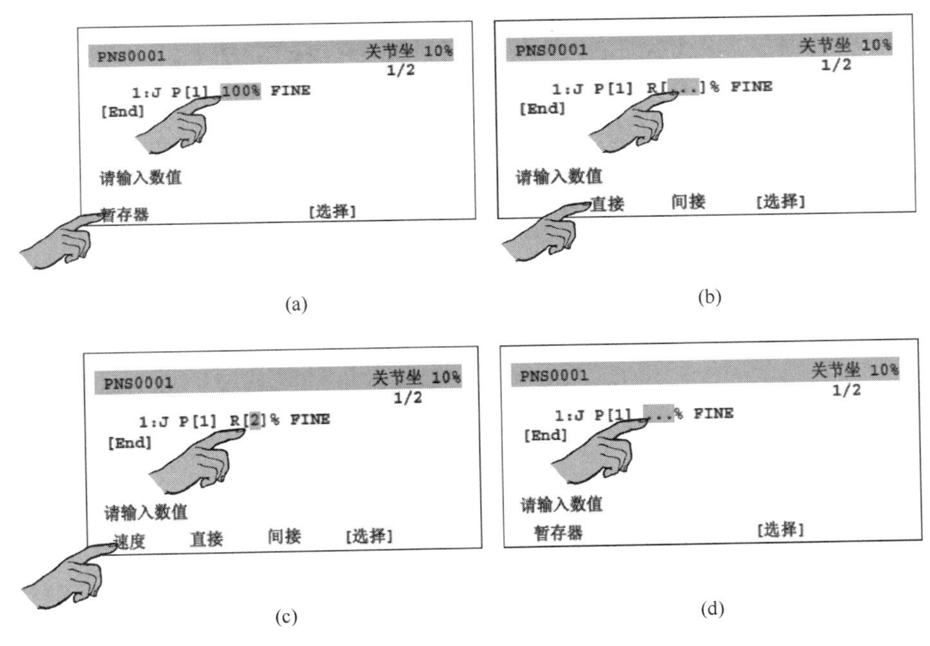

图 6.1.12　暂存器替换

③ 选择暂存器编号输入方式，用示教器数字键、【ENTER】键，输入暂存器编号后，移动速度将被暂存器替换。

同样，如果原来指令中使用的是暂存器，光标选定暂存器后，示教器可显示图 6.1.12（c）所示的软功能键〖速度〗；按此软功能键，便可如图 6.1.12（d）所示，用数值替换原来的暂存器，此时可通过数字键、【ENTER】键直接输入数值。

3. **附加命令编辑**

FANUC 机器人移动指令的附加命令更改，一般需要先删除原附加命令、重新添加新命令的方法编辑，其操作步骤如下。

① 在程序编辑页面上，调节光标到需要更改的附加命令上，例如图 6.1.13（a）中的位置偏移命令 Offset 等。

② 按软功能键〖选择（CHOICE）〗，示教器可显示附加命令输入选项。

③ 光标选定"No option（不使用）"选项，按【ENTER】键，所选的附加命令（如 Offset）即被删除。

④ 光标定位在图 6.1.13（b）所示的指令结束空白位置，再次按软功能键〖选择(CHOICE)〗，示教器可继续显示附加命令输入选项。

⑤ 光标选定新的附加命令选项，按【ENTER】键输入，新的附加命令即被输入。

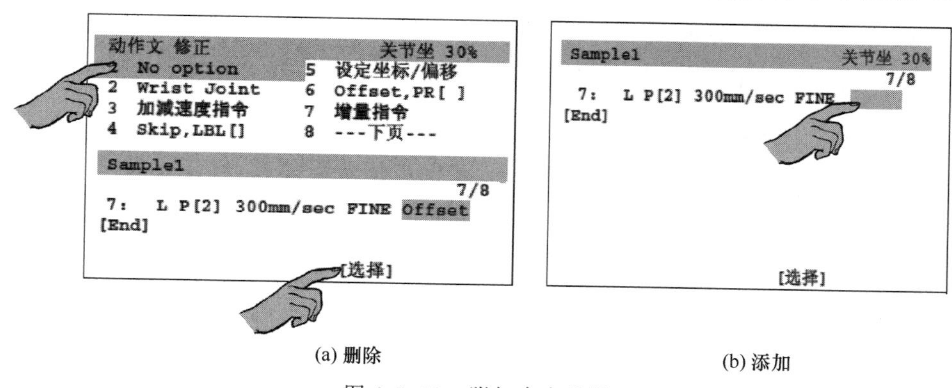

(a) 删除　　(b) 添加

图 6.1.13　附加命令编辑

6.1.3　其他指令编辑

1. 基本方法

对于 FANUC 机器人程序中除移动指令以外的其他指令、指令编辑操作的一般操作步骤如下。

① 在程序编辑页面上，用光标选定需要更改的位置（指令代码或操作数）。

② 根据所选的内容，按如下方法更改指令、操作数。

指令代码或字符型操作数更改：按软功能键〖选择（CHOICE）〗，示教器可显示允许输入的选项；光标选定所选的选项，按【ENTER】键确认。

操作数的数值更改：调节光标、选定需要更改的操作数后，用示教器的数字键直接输入新的数值，完成后按【ENTER】键确认。

操作数的暂存器替换：调节光标、选定需要更改的操作数后，按软功能键〖暂存器〗，并选择暂存器编号输入方式选择软功能键〖直接〗或〖间接〗，通过示教器数字键或其他暂存器指定暂存器编号，按【ENTER】键确认。

2. 更改示例

例如，需要将图 6.1.14（a）中的程序指令“11：WAIT RI[1]＝ON”更改为“11：WAIT RI[1]=R[2] TIMEOUT，LBL[2]”的操作步骤如下。

① 在程序编辑页面上，用光标选定需要更改的操作数“ON”。

② 按软功能键〖选择（CHOICE）〗，示教器可显示图 6.1.14（a）所示的允许输入的选项。

③ 光标选定“R[ ]”选项，按【ENTER】键，字符型操作数“ON”，将被暂存器 R[…]替换，同时，示教器显示图 6.1.14（b）所示的暂存器编号输入方式选择软功能键〖直接〗、〖间接〗。

④ 选择软功能键〖直接〗，用示教器的数字键输入暂存器编号“2”，按【ENTER】键确认，便可用暂存器 R[2] 替换原指令中的字符型操作数“ON”。

⑤ 光标定位到 6.1.15（a）所示的指令结束的空白位置。

⑥ 按软功能键〖选择（CHOICE）〗，示教器可显示图 6.1.15（b）所示的 WAIT 指令允

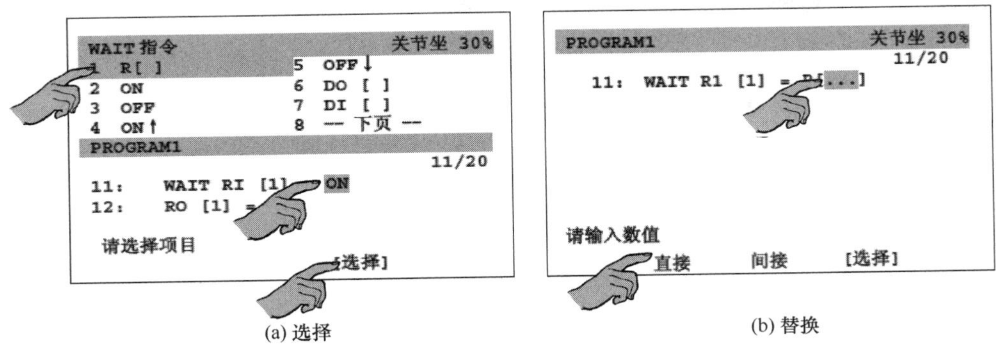

(a) 选择 (b) 替换

图 6.1.14 暂存器替换

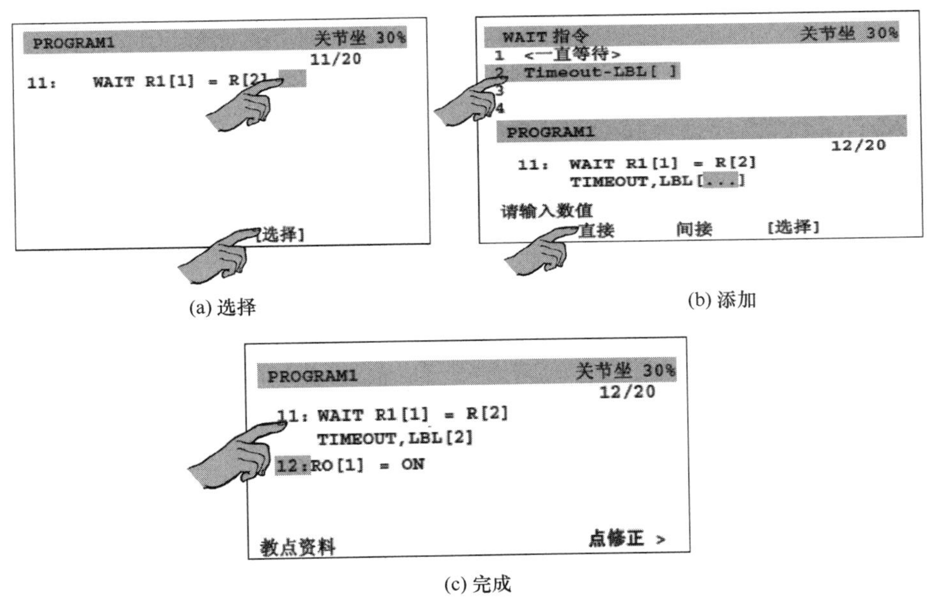

(a) 选择 (b) 添加

(c) 完成

图 6.1.15 其他指令编辑示例

许增加的选项。

⑦ 光标选定“Timeout-LBL [ ]”选项，按【ENTER】键，命令“TIMEOUT，LBL [⋯]”即被添加到指令上；同时，示教器可显示跳转标记 LBL 的编号输入方式选择软功能键〖直接〗、〖间接〗。

⑧ 程序跳转标记直接以 LBL[n] 形式（如 LBL[2]）表示时，选择软功能键〖直接〗，用示教器的数字键，输入跳转标记编号“2”，按【ENTER】键确认，命令“TIMEOUT，LBL [2]”即可被添加到指令“WAIT RI[1]=R[2]”之后，见图 6.1.15 (c)。

6.2 程序编辑

6.2.1 指令插入与删除

1. 程序编辑操作与选择

机器人程序编辑可用于已输入的保存在系统存储器中的程序修改。程序编辑不仅能够修改原程序的内容，而且可以通过前述的程序复制操作创建一个新程序，在此基础上，再通过程序编辑操作，快速完成程序修改。

FANUC 机器人程序编辑的基本操作有指令插入、删除、复制、检索、替换等，选择基本操作的步骤如下。

① 接通控制柜的电源总开关，启动控制系统。

② 操作模式选择示教（T1 或 T2），TP 有效开关置“ON”位置。

③ 利用程序选择键【SELECT】，或操作菜单键【MENU】的 SELECT 选项，显示程序一览表后，用光标选定需要编辑的程序名称，按【ENTER】键，显示程序编辑页面。

④ 按【NEXT】键，显示扩展软功能键〖指令（INST)〗、〖编辑（EDCMD)〗。

⑤ 按〖编辑（EDCMD)〗键，示教器可显示图 6.2.1 所示的程序编辑基本操作选项。

⑥ 光标选定所需的程序编辑操作选项，按【ENTER】键，便可进行相应的基本程序编辑操作。

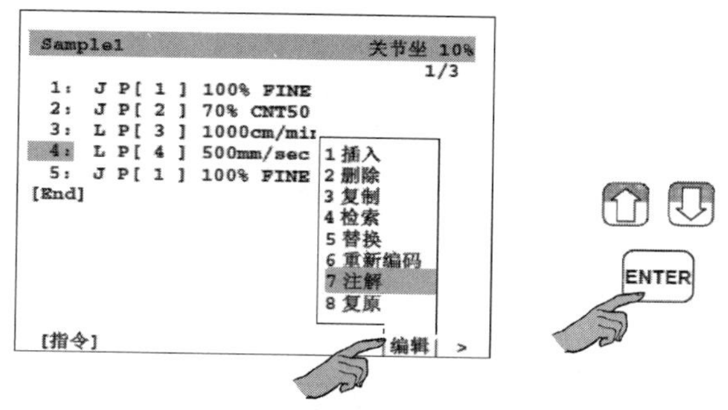

图 6.2.1 程序编辑基本操作选择

FANUC 机器人的基本程序编辑操作选项及作用如下。

1 插入（Insert）：在光标选定的位置，插入指定数量的空白指令行；系统自动、重新排列行号。

2 删除（Delete）：删除光标选定区域的指令，系统自动重新排列行号。

3 复制（Copy）：复制光标选定区域的指令到粘贴板中，并粘贴到其他位置；如果不改变粘贴板内容，同样的粘贴可进行多次。

4 检索（Find）：搜索指定的指令。

5 替换（Replace）：移动指令速度、定位区间的一次性更改，以及附加命令的一次性添加、删除等。

6 重新编码（Renumber）：重新排列程序点 P［i］的编号。

7 注解（Comment）：可显示、隐藏指令中的操作数注释。

8 复原（Undo）：撤销上一步编辑操作。

2. 指令插入

指令插入操作可在示教器光标选定的程序位置，插入指定数量的空白指令行，其操作步骤如下。

① 显示程序编辑页面，按【NEXT】键，显示第 2 页软功能键〖指令（INST)〗、〖编辑（EDCMD)〗。

② 调节光标到需要插入的指令行号上（如“4:”），按软功能键〖编辑（EDCMD)〗，显示基本程序编辑操作选项。

③ 光标选定操作选项“插入（Insert)”，按【ENTER】键确认，信息行将显示图 6.2.2（a）所示的“请问插入多少行（How many line to insert)?”操作对话框。

④ 用数字键、【ENTER】键输入需要插入的行数（如“2”），指令数量的空白指令行即被插入，系统自动排列行号，见图 6.2.2（b）。

⑤ 通过指令输入操作，在第 4、5 行上输入需要插入的指令。

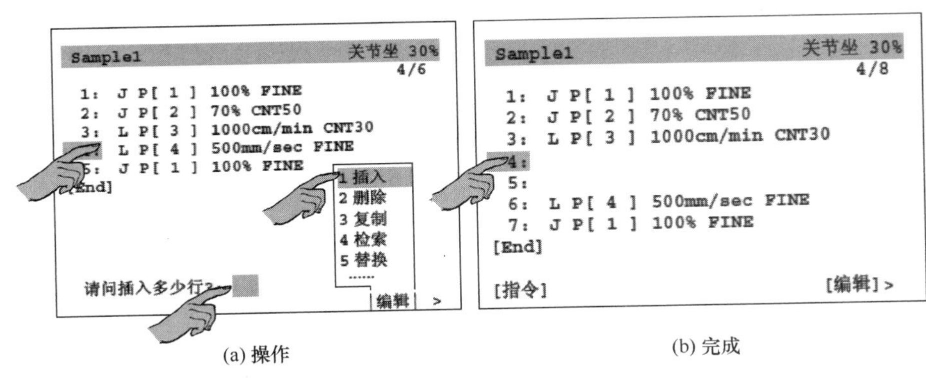

(a) 操作　　(b) 完成

图 6.2.2　指令插入操作

3. 指令删除

指令删除操作可删除示教器光标选定区域的全部指令，其操作步骤如下。

① 显示程序编辑页面，按【NEXT】键，显示第 2 页软功能键〖指令（INST）〗、〖编辑（EDCMD）〗。

② 调节光标到需要删除的起始指令行号上（如“4:”），按软功能键〖编辑（EDCMD）〗，显示基本程序编辑操作选项。

③ 光标选定操作选项“删除（Delete）”，按【ENTER】键确认，信息行将显示图 6.2.3（a）所示的“确定删除行吗?”操作对话框。

④ 用光标上下移动键，选择需要删除的区域；选定后，按软功能键〖是（YES）〗，便可删除所选区域的指令行，见图 6.2.3（b）。

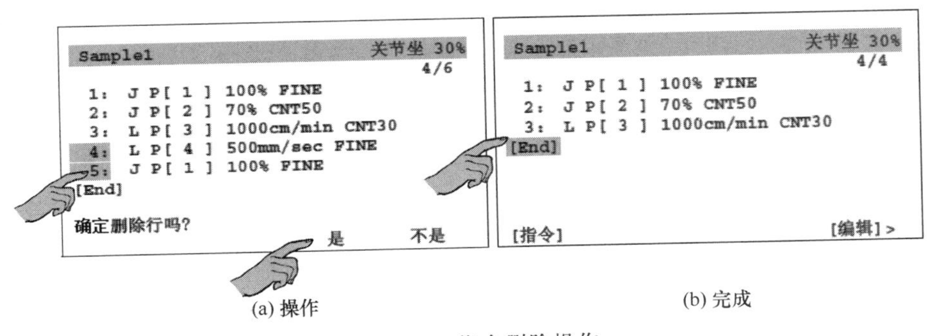

(a) 操作　　(b) 完成

图 6.2.3　指令删除操作

6.2.2 指令复制与粘贴

1. 指令复制

指令复制操作可将示教器光标选定区域的全部指令复制到粘贴板中，并粘贴到其他位置，其操作步骤如下。

① 显示程序编辑页面，按【NEXT】键，显示第 2 页软功能键〖指令（INST）〗、〖编辑（EDCMD）〗。

② 调节光标到需要复制的起始指令行号上（如“2:”），按软功能键〖编辑（EDCMD）〗，显示基本程序编辑操作选项。

③ 光标选定操作选项“复制（Copy）”，按【ENTER】键确认，示教器将显示软功能键〖复制（COPY）〗、〖粘贴（PASTE）〗。

④ 按软功能键〖复制（COPY）〗，信息行将显示图 6.2.4（a）所示的“选择行（Move cursor to select range）”操作提示。

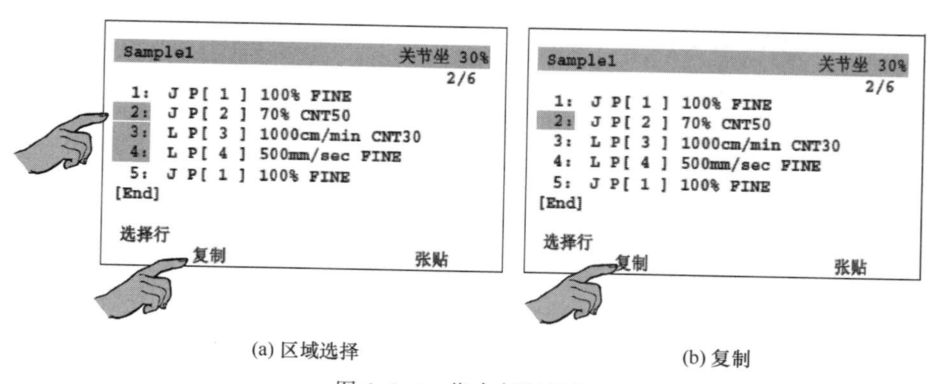

(a) 区域选择　　(b) 复制

图 6.2.4　指令复制操作

⑤ 用光标上下移动键，选择需要复制的区域；选定后，再按软功能键〖复制（COPY）〗[图 6.2.4（b）]，光标选定区域的以下指令将被复制到粘贴板中。

```
J  P[2]  70%   CNT50
L  P[3]  1000cm/min  CNT30
L  P[4]  500mm/sec  FINE
```

2. 指令粘贴

通过指令复制操作保存到粘贴板的指令，可通过粘贴操作粘贴到指定区域，其操作步骤如下。

① 完成指令复制操作，将选定的指令复制到粘贴板中。

② 调节光标到需要粘贴的指令行号上（如“5:”），按软功能键〖粘贴（PASTE）〗，信息行将显示图 6.2.5 所示的“粘贴行前（Paste before this line）?”操作提示，并显示如下粘贴方式选择软功能键。

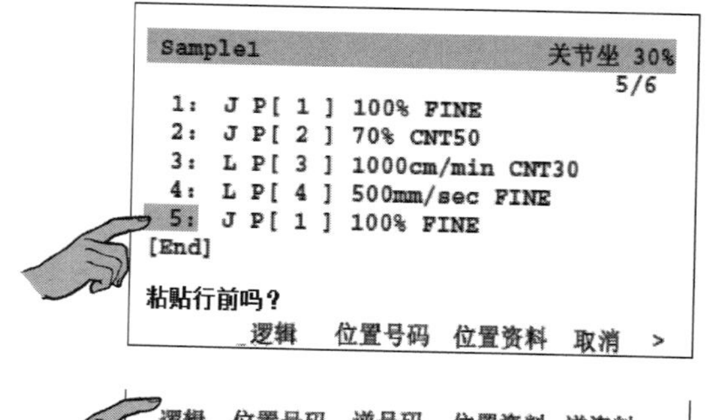

图 6.2.5　粘贴选择

〖逻辑（LOGIC）〗：粘贴指令，不改变指令次序，但指令中的所有程序点编号、位置均为未定义状态 P[…]。

〖位置号码（POS_ID）〗：粘贴指令，不改变指令次序、程序点号与位置，原样粘贴。

〖位置资料（POSITION）〗：粘贴指令，不改变指令次序、程序点位置，但程序点编号被自动变更。

〖取消（CANCEL）〗：取消粘贴操作。

按【NEXT】键，还可显示第 2 页的如下逆序粘贴扩展软功能键。

〖逆号码（R-POS_ID）〗：粘贴板中的程序点编号、位置不变，但指令按照逆序粘贴。

〖逆资料（R-POSITION）〗：程序点位置不变，按照逆序粘贴指令、程序点编号被自动变更。

FANUC 机器人的指令逆序粘贴功能，不能用于带有跳步、增量、连续回转、提前执行等附加命令的移动指令，以及多运动组指令等。

③ 用软功能键选定粘贴方式，粘贴板内容将按要求粘贴。

④ 如果需要，可重复步骤②、③，在不同位置按所需方式进行多次粘贴；完成后，按【PREV】键退出粘贴操作，返回程序编辑页面。

例如，假如粘贴板的内容如下：

```
J  P[2]  70%   CNT50
L  P[3]  1000cm/min  CNT30
L  P[4]  500mm/sec  FINE
```

如果在指令行“5:”处，选择软功能键〖位置号码（POS_ID）〗，粘贴板内容将被原样粘贴，所得到的程序如图 6.2.6（a）所示。粘贴板内容将被插入到第 5～7 行上，指令的次序、程序点编号与位置都保持不变，原指令行 5 成为第 8 行。

如果在指令行“5:”处，选择软功能键〖位置资料（POSITION）〗进行粘贴，所得到的程序如图 6.2.6（b）所示。粘贴板的内容将被插入到第 5～7 行上，指令次序、程序点位置不变，但程序点编号被自动变更，原指令行 5 成为第 8 行。

如果在指令行“5:”处，选择软功能键〖逆资料（R-POSITION）〗，进行粘贴，所得到的程序如图 6.2.6（c）所示。粘贴板的内容将被插入到第 5～7 行上，指令次序被反转，程序点位置不变，程序点编号被自动变更，原指令行 5 成为第 8 行。

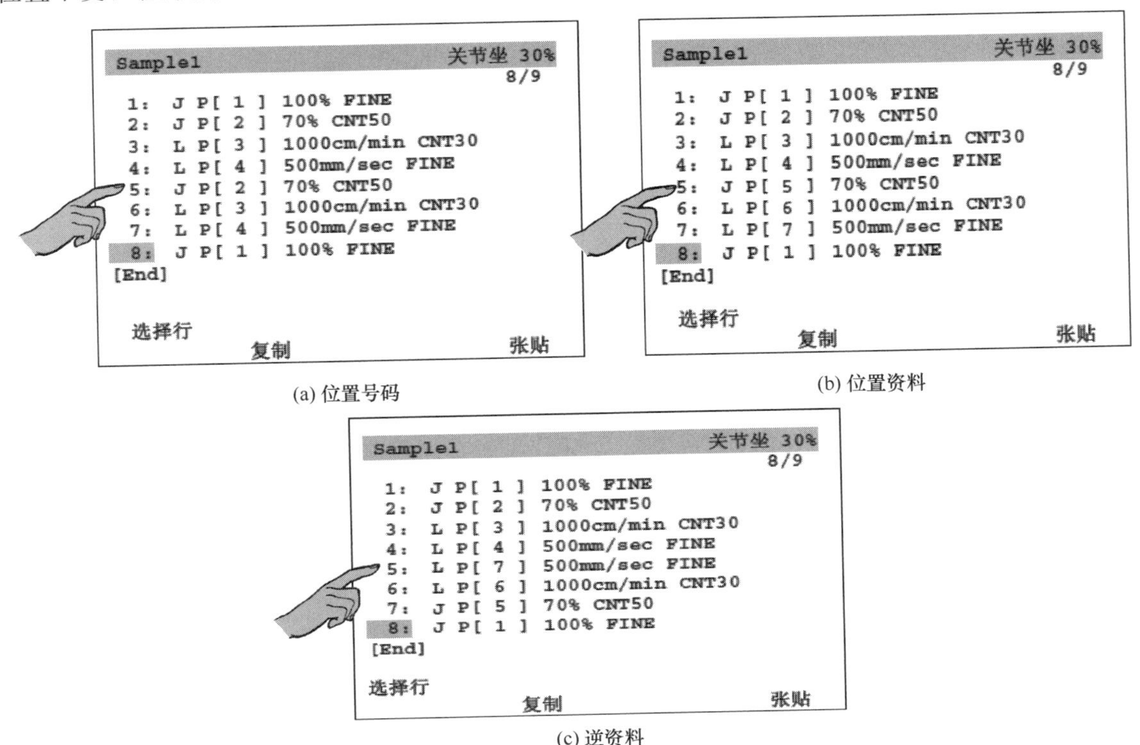

(a) 位置号码　(b) 位置资料　(c) 逆资料

图 6.2.6　不同方式的粘贴

6.2.3　检索、替换与编辑撤销

1. 指令检索

指令检索可用来搜索程序中的指令，其操作步骤如下。

① 显示程序编辑页面，按【NEXT】键，显示第 2 页软功能键〖指令（INST）〗、〖编辑（EDCMD）〗。

② 按软功能键〖编辑（EDCMD）〗，显示基本程序编辑操作选项后，光标选定操作选项“检索（Find）”，按【ENTER】键确认，示教器将显示图 6.2.7（a）所示的指令目录。

③ 光标选定指令，按【ENTER】键确认。对于图 6.2.7（b）所示的多指令目录选项“JMP/LBL”等，可打开第 2 层指令目录，然后再次光标选定指令，按【ENTER】键确认。

④ 指令选定后，示教器可显示图 6.2.7（c）所示的操作提示“请输入索引值:”。如仅检索指令代码，可直接按【ENTER】键；如需要检索特定指令，可输入指令操作，如 LBL[2] 指令的操作数“1”等，按【ENTER】键。

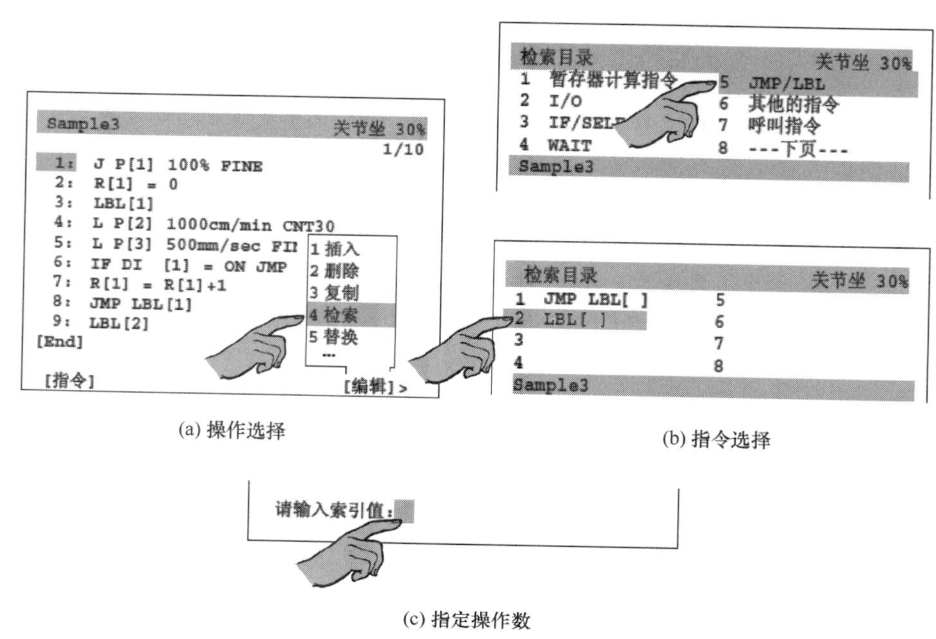

(a) 操作选择

(b) 指令选择

(c) 指定操作数

图 6.2.7 指令检索操作

【ENTER】键操作后，系统便可自动检索指令，并将光标定位到第一条指令的位置。例如进行指令“LBL[ ]”检索时的图 6.2.8（a）所示的指令行 3。

⑤ 如果需要，可按软功能键〖下一个（NEXT）〗，继续检索下一条指令，例如进行指令“LBL[ ]”检索时的图 6.2.8（b）所示的指令行 9；否则，按软功能键〖结束（END）〗，结束指令检索操作。

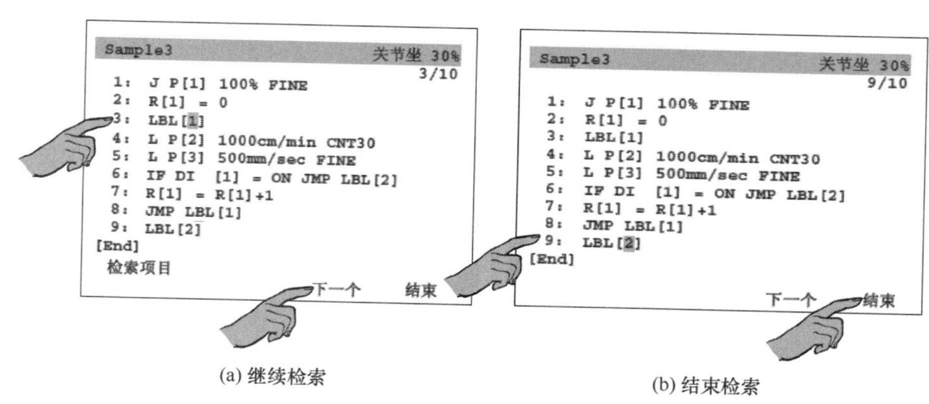

(a) 继续检索

(b) 结束检索

图 6.2.8 指令检索显示与操作

2. 指令替换

指令替换可用于移动指令速度、定位区间的一次性更改，以及附加命令的一次性添加、删除等，其操作步骤如下。

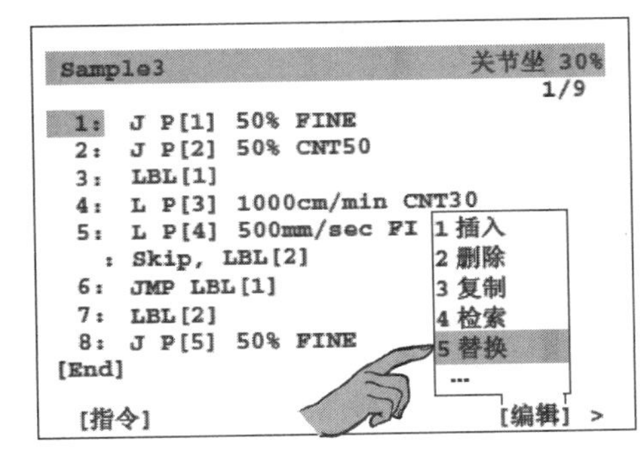

① 显示程序编辑页面，按【NEXT】键，显示第2页软功能键〖指令（INST）〗、〖编辑（EDCMD）〗。

② 按软功能键〖编辑（EDCMD）〗，显示基本程序编辑操作选项后，光标选定操作选项“替换（Replace）”，按【ENTER】键确认，示教器将显示图6.2.9所示的替换选项。

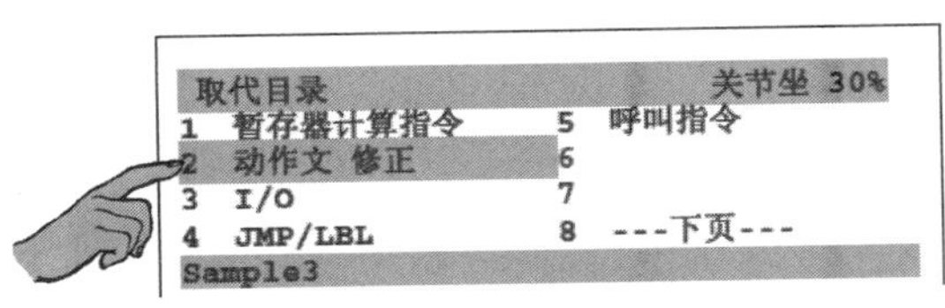

③ 更改指令操作数时，光标选定“动作文 修正”选项，按【ENTER】键确认，示教器可显示替换内容选择项。

④ 光标选定替换内容选择项，按【ENTER】键确认后，示教器将根据替换内容进一步显示相应的操作选项。

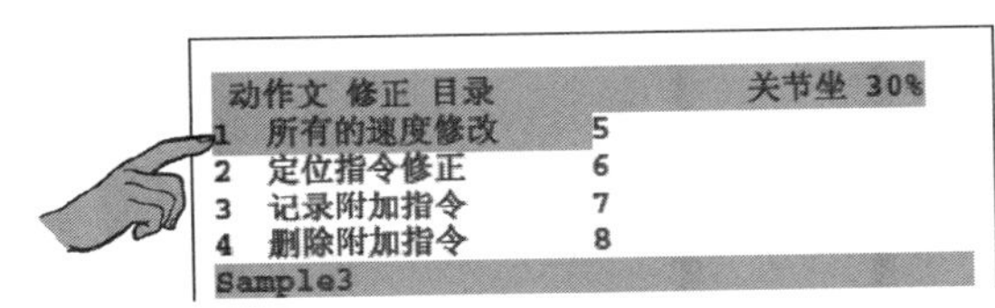

图 6.2.9 指令替换操作

FANUC机器人替换内容选项的含义如下。

所有的速度更改：以新的移动速度值替换程序中的移动速度值；需要用新速度替换的移动指令，可进一步利用对应的操作选项选定。

定位指令修正：以新的定位区间（CNTn或FINE）替换程序中的定位区间；需要用新定位区间替换的移动指令，可进一步利用对应的操作选项选定。

记录附加指令：在移动指令上添加附加命令。

删除附加指令：删除移动指令上的附加命令。

例如，更改移动指令速度的操作步骤如下。

① 在图6.2.9所示的替换内容选项上，用光标选定“所有的速度更改”，按【ENTER】键确认，示教器可显示图6.2.10（a）所示的需要进行速度替换的移动指令类别选项，并可根据需要进行如下选择。

所有的形式：不指定移动指令的类别，对程序中的所有同类速度进行一次性替换。

J、L、C：只进行关节、直线、圆弧插补指令的速度一次性替换。

② 光标选定需要进行速度替换的移动指令类别选项，按【ENTER】键确认，示教器可显示图6.2.10（b）所示的速度替换方式选项，并可根据需要进行如下选择。

所有的形式：不指定速度的替换方式，对程序中的所有采用相同单位的速度进行一次性替换，速度单位可通过后述的操作选择。

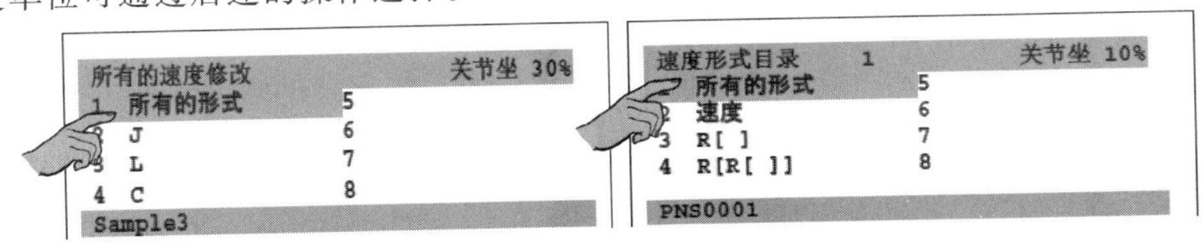

(a) 指令类别　(b) 替换方式

图 6.2.10 指令类别与方式选择

速度：手动数据输入替换，通过手动操作输入速度值并替换。

R[ ]：暂存器替换，以暂存器 R[i] 数值替换速度。

R[R[ ]]：间接寻址暂存器替换，以暂存器数值替换速度，但暂存器编号需要通过其他暂存器间接定义。

③ 光标选定速度替换方式，按【ENTER】键确认。

选择选项“速度”“R[ ]”“R[R[ ]]”时，示教器即可显示相应的速度值或暂存器编号输入行，直接进入操作步骤⑤。

选择选项“所有的形式”时，示教器将显示图 6.2.11（a）所示的速度单位选择项，然后用光标选定速度单位，按【ENTER】键确认，示教器可显示图 6.2.11（b）所示的速度替换方式选项（含义同上）。

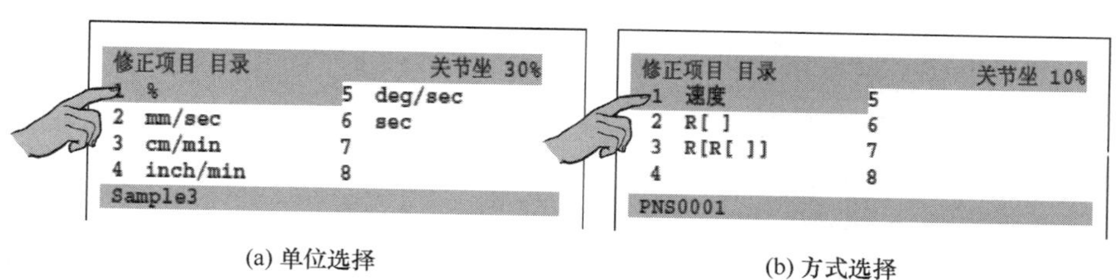

(a) 单位选择　(b) 方式选择

图 6.2.11　替换单位与方式选择

光标选定速度替换方式，按【ENTER】键确认后，示教器即可显示相应的速度值或暂存器编号输入行。

④ 用数字键在图 6.2.12（a）所示的示教器显示的速度值、暂存器编号输入行上，输入新的速度值或暂存器编号，按【ENTER】键确认；示教器可显示图 6.2.12（b）所示的如下替换区域选择及操作结束软功能键。

〖所有的（ALL)〗：一次性替换。光标行及后续程序区域的全部速度被一次性替换。

〖是（YES)〗：逐一替换。光标选定的速度被替换，光标自动定位到后续程序区域的下一个同类速度上；继续软功能键操作，可由上至下逐一完成速度替换。

〖下页（NEXT)〗：检索下一替换速度。光标选定的速度保持不变，光标自动定位到后续程序区域的下一个同类速度上。

〖结束（END)〗：结束替换操作，示教器返回程序编辑页面。

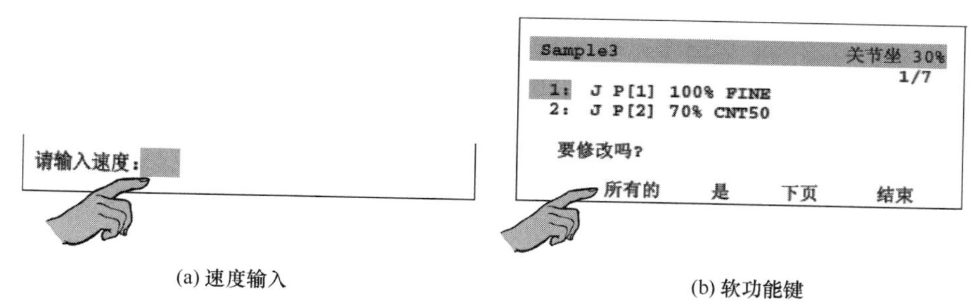

(a) 速度输入　(b) 软功能键

图 6.2.12　数值输入与区域选择

⑤ 按所需要的替换区域选择软功能键，指定区域的速度即被替换；完成后，按〖结束（END)〗键返回程序编辑页面。

3. 编辑撤销

FANUC 机器人的编辑撤销操作，一般只能撤销刚进行的指令编程操作，如果再次选择编辑撤销，则恢复原来的编辑操作。编辑撤销的操作步骤如下。

① 显示程序编辑页面，按【NEXT】键，显示第2页软功能键〖指令（INST)〗、〖编辑（EDCMD)〗。

② 按软功能键〖编辑（EDCMD)〗，显示基本程序编辑操作选项后，光标选定操作选项“复原(Undo)”，按【ENTER】键确认；示教器可显示图6.2.13所示的提示与软功能键。

③ 选择软功能键〖是（YES)〗，系统便可撤销刚进行的指令编程操作。

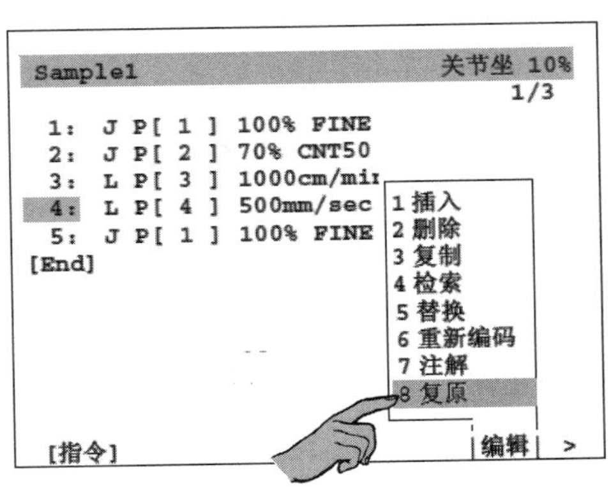

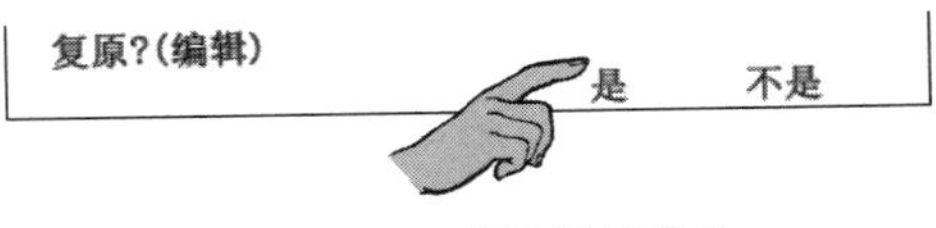

图 6.2.13 编辑撤销操作

6.2.4 程序点排列与注释隐藏

1. 程序点排序

程序点排序功能可对当前编辑程序的全部程序点 P [i] 编号重新排序，其操作步骤如下。

① 显示程序编辑页面，按【NEXT】键，显示第2页软功能键。

② 按软功能键〖编辑（EDCMD)〗，显示基本程序编辑操作选项后，光标选定操作选项“重新编码（Renumber)”，按【ENTER】键确认；示教器将显示图6.2.14（a）所示的提示信息与软功能键。

③ 选择软功能键〖是（YES)〗，系统便可对程序的全部程序点编号，进行图6.2.14（b）所示的重新排列。

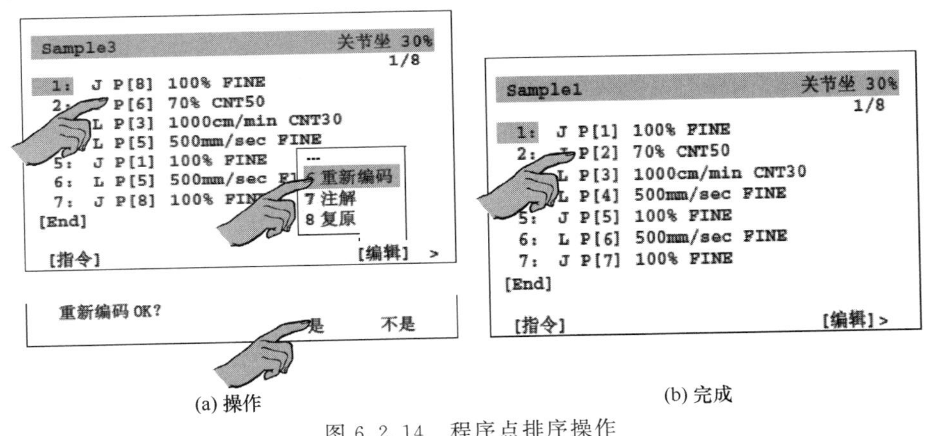

(a) 操作

(b) 完成

图 6.2.14 程序点排序操作

2. 注释显示与隐藏

注释显示与隐藏功能，可显示、隐藏指令中的操作数注释，其操作步骤如下。

① 显示程序编辑页面，按【NEXT】键，显示第2页软功能键〖指令（INST)〗、〖编辑(EDCMD)〗。

② 按软功能键〖编辑（EDCMD)〗，显示基本程序编辑操作选项后，光标选定图6.2.15(a）所示的操作选项“注解（Comment)”，按【ENTER】键确认。

③ 如果当前程序未显示注释，按【ENTER】键确认后，示教器将显示图6.2.15（b）所示的I/O指令及暂存器指令的注释；如果再次用光标选定操作选项“注解（Comment)”，按【ENTER】键确认，便可隐藏I/O指令及暂存器指令的注释。

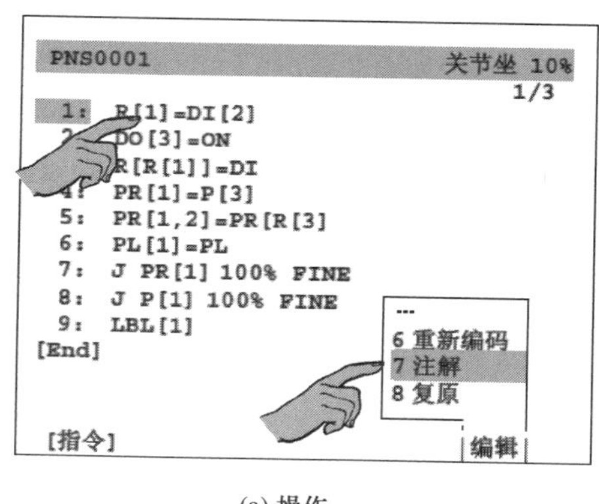

(a) 操作

```
PNS0001                         关节坐 10%
                                       1/3
 1:  R[1: … ]=DI[2: … ]
 2:  DO[3: … ]=ON
 3:  R[R[1]]=DI[R[2]]
 4:  PR[1: … ]=P[3: … ]
 5:  PR[1,2: … ]=
  :  PR[R[3],R[4]]
 6:  PL[1: … ]=
  :  PL[R[3]]
 7:  J PR[1: … ] 100% FINE
 8:  J P[1: … ] 100% FINE
 9:  LBL[1: … ]
[End]
[指令]                         [编辑] >
```

(b) 显示

图 6.2.15 注释显示/隐藏操作

6.3 暂存器编辑

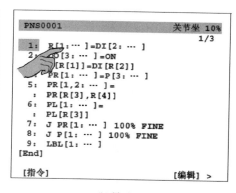

FANUC 机器人的指令操作数可用常数、字符、地址及变量、表达式等形式指定。常数、字符、地址可直接利用指令编辑操作输入与编辑；变量、表达式作为指令操作数时，需要使用数据暂存器（registers）。

FANUC 机器人的暂存器包括数值暂存器、位置暂存器、码垛暂存器、字符串暂存器、系统变量（参数）、执行条件 TC_Online、内部继电器 F[i]、标志 M[i] 等。

数值暂存器 R[i] 简称暂存器，它可用来保存常数、I/O 信号状态等数值数据。暂存器 R[i] 可直接代替常数，在程序中自由编程。

位置暂存器 PR[i] 是用来存储机器人程序点位置的多元数据，组成元可通过位置元暂存器 PR[i，j] 单独读取或设定。位置暂存器 PR[i] 可直接作为机器人位置，在程序中自由编程。

码垛暂存器 PL[n] 用于码垛指令 PALLETIZING。PL[n] 是由行 i、列 j、层 k 组成的三维数组 [i、j、k]。码垛暂存器 PL[n] 可用来间接指定机器人位置，机器人的实际坐标位置需要由控制系统根据码垛示教点自动计算、生成。

系统变量 $＊＊＊用于系统参数的读取与设定，内部继电器 F[i]、标志 M[i] 及执行条件 TC_Online 用于复合运算编程。系统变量 $＊＊＊、执行条件 TC_Online 需要通过控制系统设定（SYSTEM）、机器人设定（SETUP）操作设定与编辑，有关内容可参见后述章节；内部继电器 F[i]、标志 M[i] 则需要由 PLC（PMC）程序生成。

数值暂存器（暂存器）、位置暂存器、码垛暂存器、字符串暂存器可通过暂存器编辑操作设定与编辑。

6.3.1 数值暂存器编辑

FANUC 机器人控制系统出厂设定的数值暂存器总数为 200 个，如果需要，使用者可通过系统的"控制启动（Controlled start）"，利用存储器配置（设定最大数）操作，改变数值暂存器总数，有关内容可参见本章前述。

暂存器 R[i] 的设定与编辑操作步骤如下。

① 接通控制柜的电源总开关，启动控制系统。

② 将控制面板的操作模式选择开关置示教模式 1（T1 或 T2），并将示教器的 TP 有效开

关置“ON”位置（通常情况，下同）。

③ 按操作菜单键【MENU】，光标选择“—NEXT—”，按【ENTER】键，示教器显示图6.3.1（a）所示的扩展操作菜单。

④ 光标选定“DATA（资料）”，按【ENTER】键，示教器可显示6.3.1（b）所示的程序数据设定与编辑页面。

程序数据设定与编辑页面，也可直接按示教器显示键【DATA】直接显示，或者选定快捷操作菜单上的“DATA（资料）”，按【ENTER】键显示。

⑤ 按软功能键〖类型（TYPE）〗，示教器可显示暂存器的设定内容选择项。

⑥ 光标选定“暂存器计算指令”，按【ENTER】键，示教器可显示图6.3.2所示的数值暂存器设定与编辑页面。

⑦ 根据需要，光标选定图6.3.2（a）所示的注释输入区，按【ENTER】键选定，便可通过程序名称输入同样的操作，输入暂存器注释；光标选定图6.3.2（b）所示的暂存器的数值输入区，则可用数字键、【ENTER】键直接输入暂存器值。

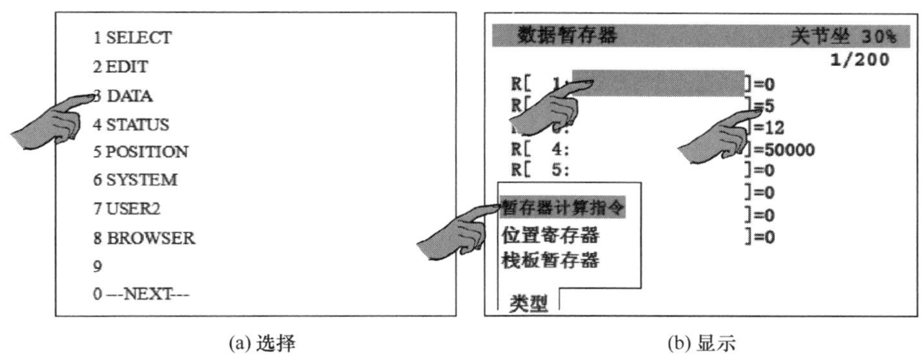

(a) 选择　　(b) 显示

图6.3.1　程序数据设定与编辑

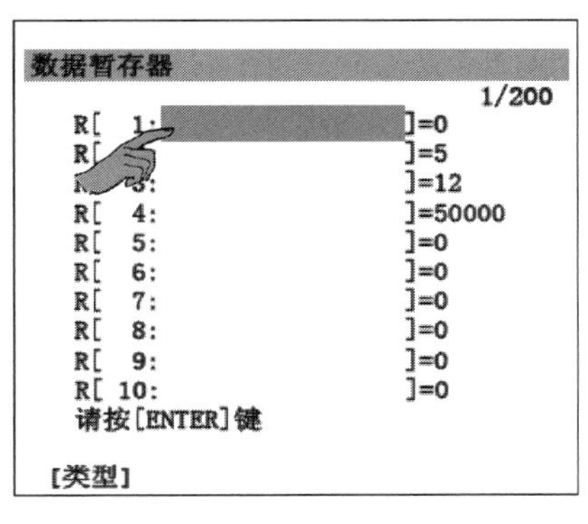

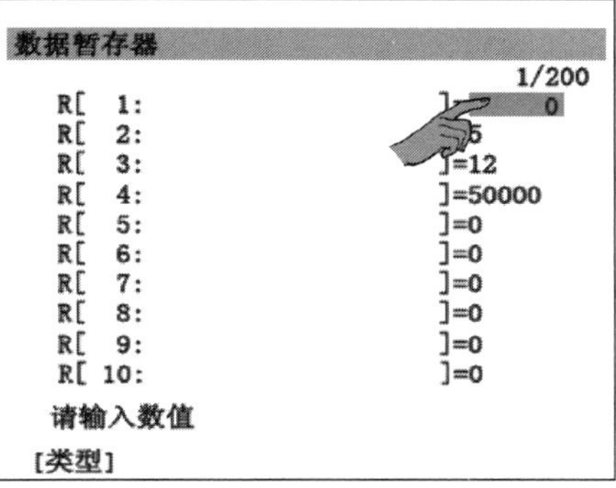

(a) 注释　　(b) 数值

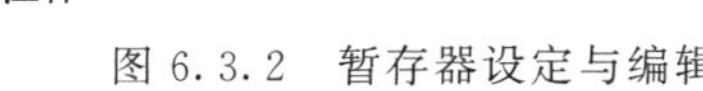

图6.3.2　暂存器设定与编辑

6.3.2　位置暂存器编辑

FANUC机器人控制系统出厂设定的位置暂存器总数为100个，如果需要，使用者可通过系统的“控制启动（Controlled start）”，利用存储器配置（设定最大数）操作，改变位置暂存器总数，有关内容可参见本章前述。

位置暂存器PR[i]可通过示教操作或编辑操作设定与修改，其方法如下。

1. 示教设定

利用机器人示教操作，设定位置暂存器 PR[i] 的操作步骤如下。

①～③ 同数值暂存器操作，使示教器显示程序数据设定与编辑页面。

④ 按软功能键〖类型（TYPE）〗，示教器可显示暂存器设定内容选择项；光标选定“位置暂存器”，按【ENTER】键，选择图 6.3.3 所示的位置暂存器设定与编辑页面。

⑤ 如果需要，光标选定图 6.3.3（a）所示的注释输入区，按【ENTER】键选定，便可通过程序名称输入同样的操作，输入位置暂存器注释。

⑥ 手动移动机器人到位置暂存器需要设定的位置，光标选定图 6.3.3（b）所示的数值输入区，按住示教器【SHIFT】键，同时按软功能键〖位置记忆〗，机器人当前位置便可作为位置暂存器值记录到系统中，数值显示为“R”（已记录）。

⑦ 如果将光标选定位置变量的数值输入区，按住示教器【SHIFT】键，同时按软功能键〖删除〗，示教器将显示操作提示信息“PR[*] 的位置删除？”及软功能键〖是〗、〖不是〗，按软功能键〖是〗，指定位置暂存器的数值便可删除，数值显示为“ * ”（未设定）。

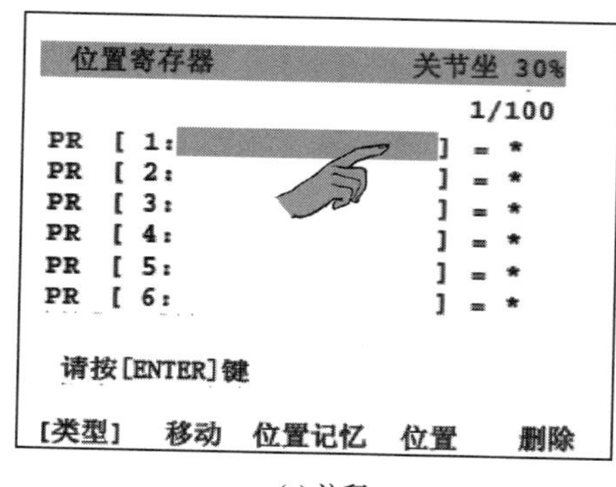

(a) 注释

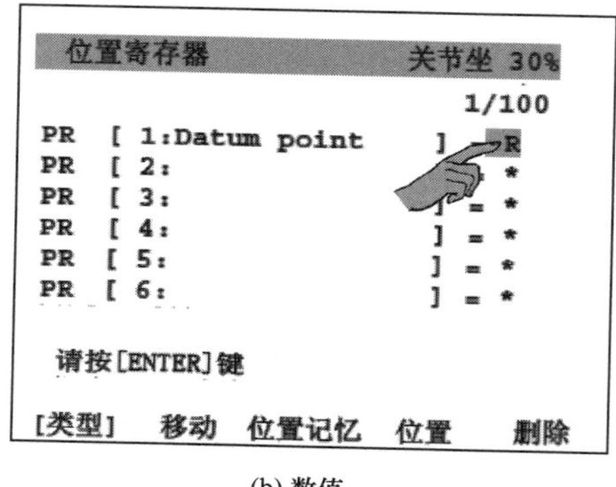

(b) 数值

图 6.3.3 位置暂存器设定与编辑

2. 暂存器编辑

位置暂存器数据显示、编辑的操作步骤如下。

① 在图 6.3.3 所示的位置暂存器设定与编辑页面上，光标选定已记录位置的位置暂存器输入区（R），按软功能键〖位置〗，示教器可显示图 6.3.4（a）所示详细的机器人 TCP 位置坐标值（直角）以及数据编辑软功能键。

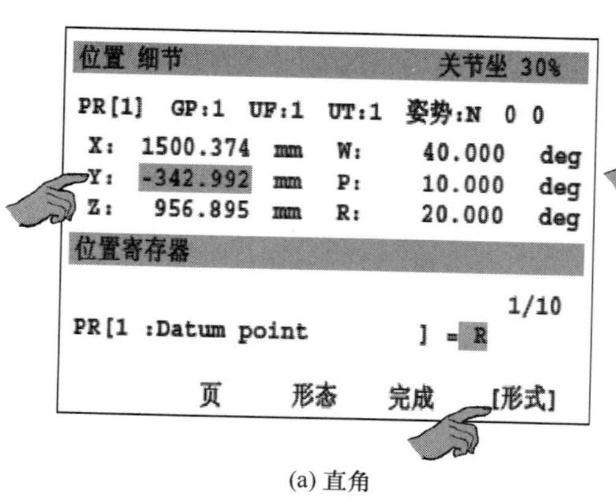

(a) 直角

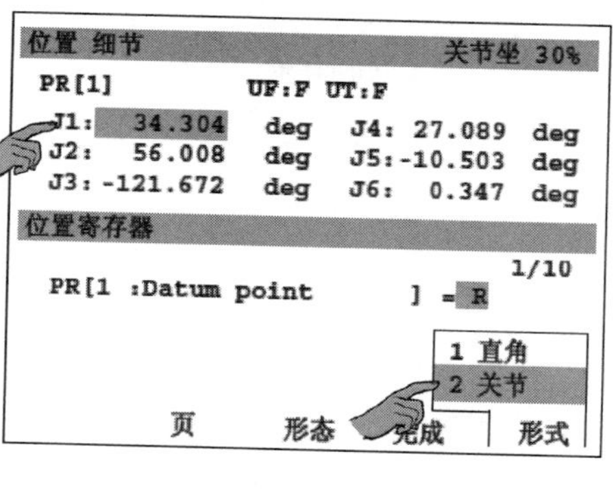

(b) 关节

图 6.3.4 机器人坐标值显示与编辑

② 按软功能键〖形式〗，示教器可显示位置数据格式选择项，光标选定“关节”，按【ENTER】键，位置显示可切换为图 6.3.4（b）所示的关节位置显示页面。

③ 光标选定需要修改的坐标值，用数字键、【ENTER】键输入新的坐标值。

④ 需要更改机器人姿态时，可以按软功能键〖形态〗，光标可移动到位置数据的“姿态”显示区，并显示图 6.3.5 所示的姿态编辑页面；在该页面上，可通过光标左右移动键选择数据项，用上下移动键改变姿态数据值。

⑤ 需要更改外部轴位置时，可以按软功能键〖页〗，示教器可显示图 6.3.6 所示的外部轴位置数据；在该页面上，可用光标选定需要修改的坐标值，用数字键、【ENTER】键输入新的坐标值。

⑥ 全部数据编辑完成后，按软功能键〖完成〗，结束暂存器编辑操作，生效设定值。

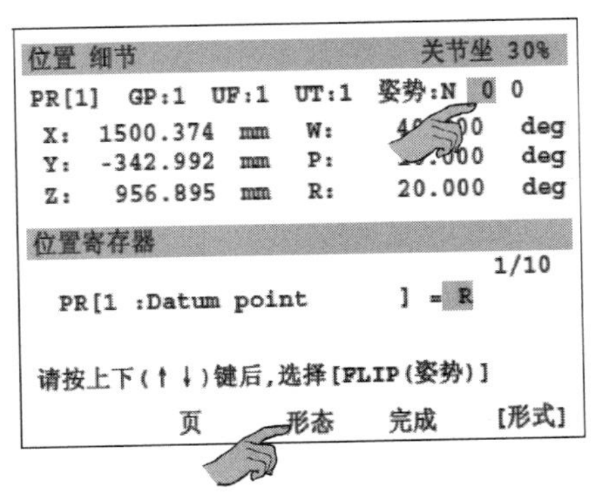

图 6.3.5　姿态编辑

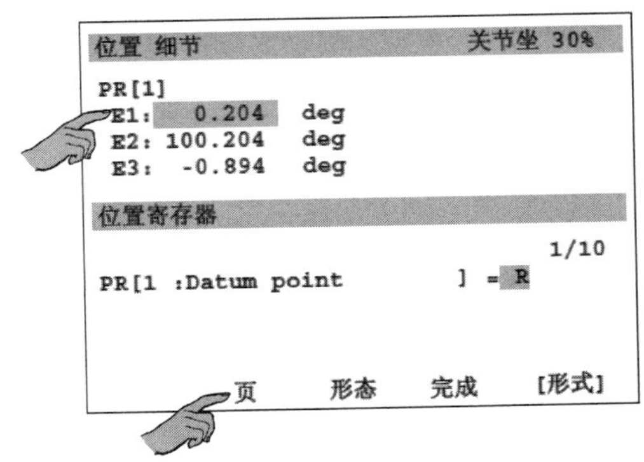

图 6.3.6　外部轴位置编辑

6.3.3　码垛与字符串暂存器编辑

1. 码垛暂存器编辑

码垛暂存器 PL[n] 是由行 i、列 j、层 k 组成的三维数组 [i、j、k]，它可用来间接指定机器人位置。码垛暂存器的数据显示、编辑操作步骤如下。

①～③ 同数值暂存器操作，使示教器显示程序数据设定与编辑页面。

④ 按软功能键〖类型（TYPE）〗，示教器可显示暂存器设定内容选择项；光标选定“栈板暂存器”，按【ENTER】键，选择图 6.3.7 所示的码垛暂存器设定与编辑页面。

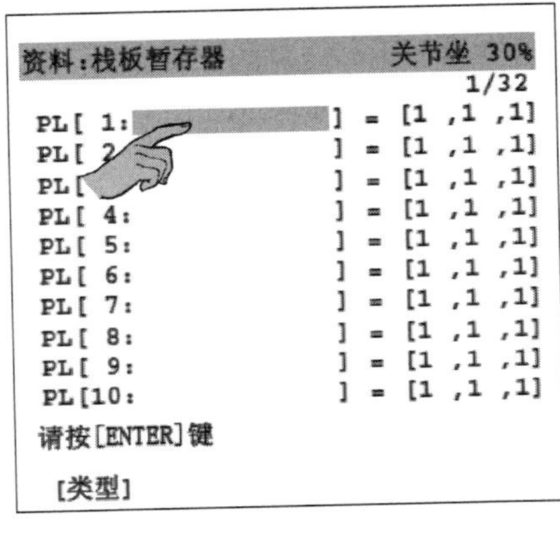

(a) 注释

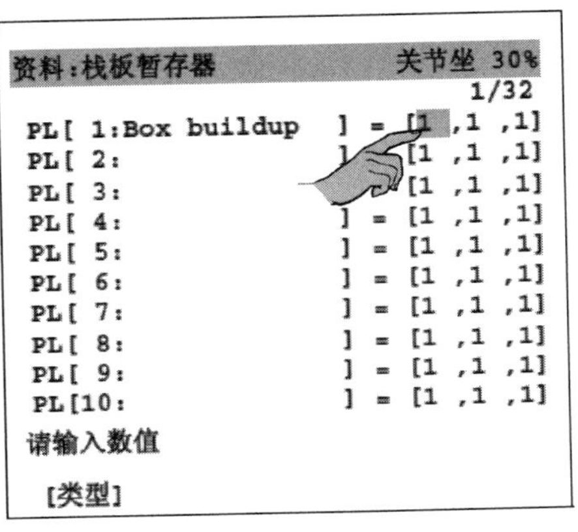

(b) 数值

图 6.3.7　码垛暂存器编辑

⑤ 根据需要，光标选定图 6.3.7（a）所示的注释输入区，按【ENTER】键选定，便可通过程序名称输入同样的操作，输入码垛暂存器注释；光标选定图 6.3.7（b）所示的数值输入区，则可用数字键、【ENTER】键直接输入码垛暂存器值。

2. **字符串暂存器编辑**

字符串暂存器用来存储字符串文本，暂存器的数据显示、编辑操作步骤如下。

①～③ 同数值暂存器操作，使示教器显示程序数据设定与编辑页面。

④ 按软功能键〖类型（TYPE）〗，示教器可显示暂存器设定内容选择项；光标选定“串暂存器”，按【ENTER】键，选择图 6.3.8 所示的字符串暂存器设定与编辑页面。

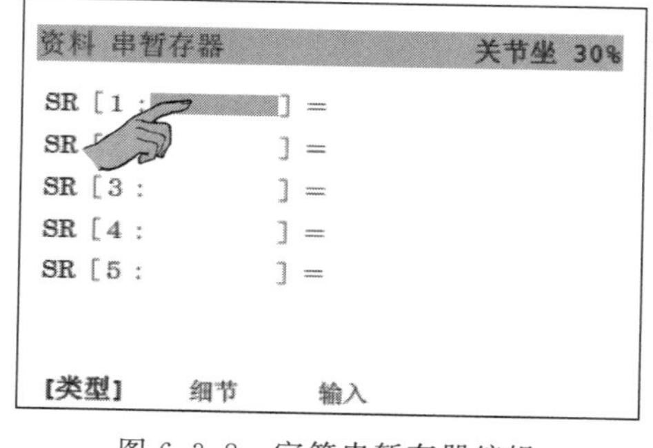

图 6.3.8 字符串暂存器编辑

⑤ 根据需要，光标选定图 6.3.8 所示的注释输入区，按【ENTER】键选定，便可通过程序名称输入同样的操作，输入字符串暂存器注释；光标选定字符串输入区，按【ENTER】键选定，便可通过同样的操作，输入字符串暂存器内容（字符）。

显示页的软功能键〖细节〗用于字符串暂存器的完整显示，当暂存器内容过多、显示区无法全部显示时，按〖细节〗键，可显示字符串暂存器的全部内容。

显示页的软功能键〖输入〗用于字符串暂存器的文件输入。按软功能键〖输入〗，示教器可显示系统现有的文本文件，光标选定文件，按【ENTER】键，指定文件的内容将可直接读入，一次性完成多个字符串暂存器的设定。

字符串暂存器文件的标准格式为“i：/＊comment ＊/string”。格式中的“i”为字符串暂存器编号；“comment”为注释；“string”为暂存器内容。利用标准格式文件输入时，需要设定的字符串暂存器可通过编号 i 选定，其他暂存器的内容保持不变。例如，图 6.3.9（a）所示的标准文件输入后，暂存器的设定结果如图 6.3.9（b）所示。

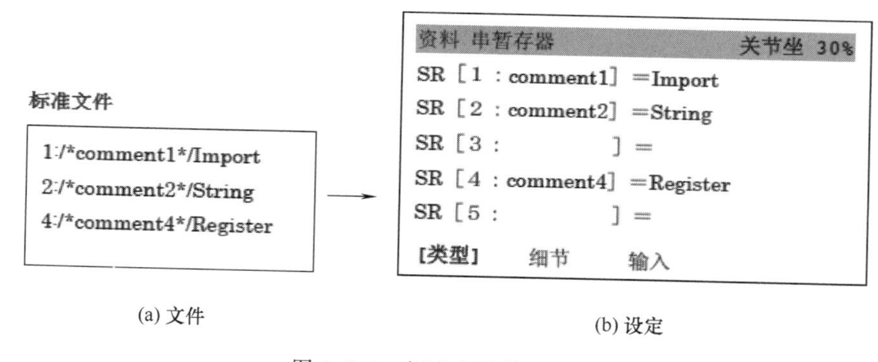

图 6.3.9 标准文件输入设定

字符串暂存器文件也可以为普通格式的文本文件。普通文件输入时，系统将从 SR [1] 开始，逐行依次输入到字符串暂存器内容中，但是暂存器注释无法设定，原内容（如存在）将被覆盖。

例如，图 6.3.10（a）所示的普通格式文本文件输入后，暂存器的设定结果如图 6.3.10（b）所示。

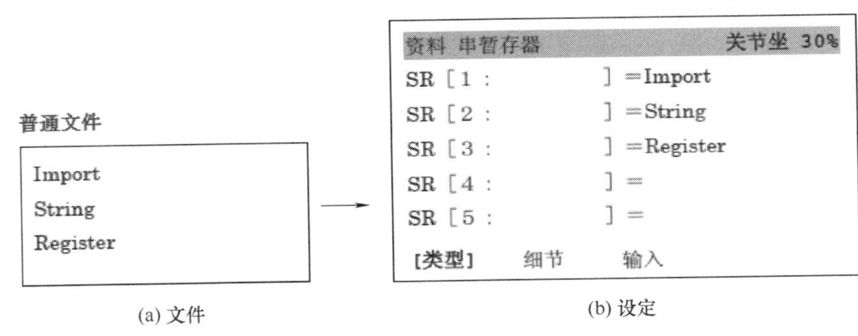

(a) 文件　　(b) 设定

图 6.3.10　普通文件输入设定

6.4　程序调整与变换

6.4.1　实用程序编辑功能

1. 操作选择

FANUC 机器人的程序变换功能，可通过示教器的实用程序（Utilities）编辑操作实现。实用程序（Utilities）编辑操作在 FANUC 机器人说明书、示教器显示页上，被译为“共用程序/功能”“共用功能”等。

FANUC 机器人的实用程序编辑操作，可用于程序点位置与移动速度的一次性更改（程序微调），以及进行程序点平移与旋转变换、程序点镜像与旋转变换、工具及用户坐标系变换、程序点旋转变换等编辑操作。

实用程序编辑操作可通过示教器的操作菜单“共用功能（UTILITIES）”显示与选择，其基本操作方法如下。

① 完成需要编辑的机器人程序输入（源程序）。

② 操作模式选择开关置示教模式 1（T1 或 T2），并将示教器的 TP 有效开关置“ON”位置。

③ 按示教器的程序选择键【SELECT】，或者按操作菜单键【MENU】，选择扩展操作菜单的“程序一览（SELECT）”操作选项，示教器显示图 6.4.1（a）所示程序一览表页面。

④ 光标选定需要变换的源程序，按【ENTER】键，示教器显示源程序编辑页面。

⑤ 如图 6.4.1（b）所示，按示教器操作菜单键【MENU】，光标选择“共用程序/功能（UTILITIES）”，按【ENTER】键确认，示教器可显示“共用功能”的第 1 页、系统“提示”信息。

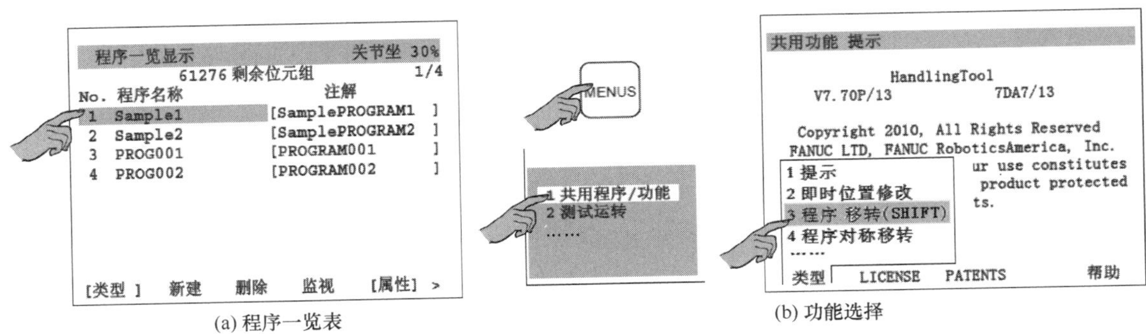

(a) 程序一览表　　(b) 功能选择

图 6.4.1　实用程序编辑功能选择

⑥ 按软功能键〖类型（TYPE）〗，示教器可显示实用程序编辑操作选项。

⑦ 光标选定所需要的程序变换编辑选项，按【ENTER】键确认，便可按后述的操作步骤，进行对应的程序变换编辑操作。

2. **功能说明**

FANUC 机器人的实用程序编辑功能与控制系统软件版本、附加功能选配等因素有关，因此，在不同机器人上，利用操作菜单“共用功能（UTILITIES）”、软功能键〖类型（TYPE）〗显示的操作选项可能稍有区别。

在选配控制系统基本选择功能软件（Basic Software）的机器人上，一般都可以显示、选择以下操作选项，进行相应的程序变换编辑操作。由于翻译的原因，示教器显示的中文（括号内）可能不尽合理，实际操作时应根据功能的作用，予以正确理解。

① Hints（提示）。机器人基本信息显示。“提示”通常为控制系统启动时的默认显示页，其基本显示内容如图 6.4.2 所示。

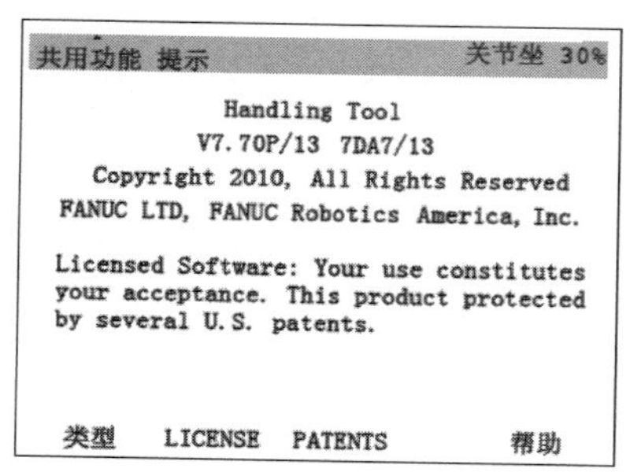

图 6.4.2 提示信息显示

提示页可显示机器人类别、系统软件版本、生产厂等基本信息；利用软功能键〖LICENSE〗、〖PATENTS〗及〖帮助〗，还可显示许可证、专利及帮助信息。

② Prog. Adjust（即时位置修改）。程序调整。可根据指定的条件，对程序中的全部指令或指定区域的程序点 TCP 位置（坐标值 $X/Y/Z$、工具姿态 $W/P/R$）进行少量调整（微调），或者对机器人移动速度进行一次性更改。程序调整通常用于程序自动运行时的程序点位置、移动速度的少量修正，调整后的程序点位置可通过调整撤销操作恢复，但移动速度的更改不可恢复。

③ Program Shift（程序移转）。程序平移。可对程序中的程序点位置进行平移与旋转变换，生成一组新的指令。

④ Mirror Image Shift（程序对称移转）。程序镜像。可对程序点位置进行平面对称与旋转变换，生成一组新的程序指令。

⑤ Tool Offset（工具偏移功能）。工具坐标系变换。可通过更改程序中的工具坐标系，生成一组新的程序指令。

⑥ Frame Offset（坐标偏移功能）。用户坐标系变换。可通过更改程序中的用户坐标系，生成一组新的程序指令。

⑦ Angle Entry Shift（角度输入移转）。程序点旋转变换。可使程序点回绕指定的轴旋转指定的角度，生成一组新的程序指令。

FANUC 机器人的程序调整（Prog. Adjust）操作，通常用于自动运行程序的程序点位置、速度的实时微调，它不改变原程序的程序点位置，也不能生成新的程序指令或程序，调整后的程序点位置可通过操作撤销恢复，但更改的移动速度将直接覆盖原程序的编程速度。

利用程序平移（Program Shift）、镜像与旋转（Mirror Image Shift）、工具坐标系变换（Tool Offset）、用户坐标系变换（Frame Offset）、旋转变换（Angle Entry Shift）进行的程序变换操作，可重新生成一组新指令；变换生成的指令可插入到原程序的指定区域，或直接生成一个新的程序。

3. **程序调整与变换规则**

FANUC 机器人程序变换的基本规则如下。

① 程序点的位置变换可对程序中的全部指令或部分指令的程序点进行，变换后的指令可

插入到原程序的指定位置上，或者作为新的程序存储。

② 程序点变换不会改变数据格式，即关节坐标位置变换后仍为关节坐标位置，机器人TCP位置仍为机器人TCP位置（直角坐标）。

③ 如果变换后的程序点位置超出了机器人行程范围，或者对于附加增量命令INC的移动指令，程序中以关节位置指定的程序点将作为位置未定义（未示教）的程序点存储，以TCP位置指定的程序点将存储变换结果。

④ 程序点变换编辑不能改变程序中的位置暂存器PR［i］值。

⑤ 程序点平移及旋转、镜像及旋转、圆周旋转变换，不会改变源程序中的坐标系，但坐标变换将导致用户、工具坐标系的变化。

⑥ 程序点变换不会改变机器人姿态，对于超过180°的关节回转运动，控制系统可显示优化提示信息及软功能键，由操作者决定是否进行其他处理。

6.4.2　程序调整

1. 功能说明

利用程序调整功能，可根据指定的条件，对程序中全部或指定区域的程序点位置进行少量调整（微调），对移动速度进行一次性更改。程序调整通常用于程序自动运行时的程序点位置、速度微调，调整后的程序点位置可通过操作撤销恢复，因此，在FANUC说明书、示教器显示中称之为“即时位置修改”。控制系统最大允许设定的程序调整参数为10组，不同组的程序调整参数以“位置修改条件号”区分，不同位置修改条件号的参数组用于不同程序的调整。

FANUC机器人的程序点位置调整，以位置偏移的方式实现；如果调整后的程序点位置超出了关节允许运动范围，控制系统将在执行移动指令时发生超程报警。利用程序调整功能的程序点位置调整，一般只用于程序点的微调，程序调整所允许的最大位置偏移量可通过系统参数（变量）$PRGADJ.$X_LIMT～$PRGADJ.$R_LIMT设定；系统出厂时默认的*X*/*Y*/*Z*最大偏移量为±26mm，最大偏移角*W*/*P*/*R*为±0.5°，超过参数设定的程序点位置偏移变换，应使用后述的程序平移与旋转功能编辑。

移动速度调整可对程序中的关节回转或机器人TCP移动速度进行一次性更改。通过程序调整操作进行的速度更改，将直接覆盖原程序的移动速度，因此移动速度一旦被调整，原程序中的移动速度将无法再恢复。

FANUC机器人的程序调整参数设定、显示页面如图6.4.3所示，调整参数设定项的含义及软功能键的作用分别如下。

条件号：程序调整参数组的位置修改条件号，输入范围为1～10，不同条件号的参数组用于不同程序的调整。

位置修改条件号可通过显示页的软功能键〖条件〗更改。

状态：程序调整状态显示。状态显示“编辑”，表示当前的程序调整参数处于输入、编辑状态。状态显示“有效”，表示当前的程序调整参数已生效，执行对应的程序时，将按设定的调整参数，更改程序点位置、移动速度。状态显示“无效”，表示当前的程序调整参数未启用，执行对应的程序时，将按原程序的程序点位置、移动速度运行。

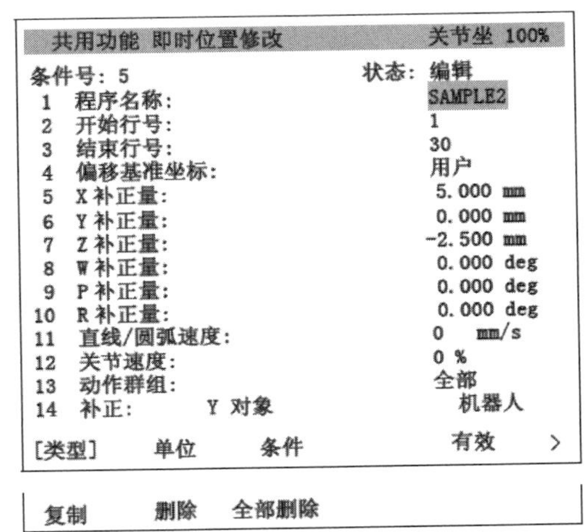

图6.4.3　程序调整参数设定页面

程序调整的“状态”，可通过显示页的软功能键〖有效〗、〖无效〗、〖编辑〗更改。其中，软功能键〖有效〗，只能在当前调整参数处于“编辑”或“无效”状态时显示；软功能键〖无效〗，只能在当前调整参数处于“有效”状态时显示。

程序名称：应用当前调整参数（条件号）的程序名称设定与显示。

开始行号/结束行号：程序调整的范围，如果只需要修改一条指令，可将开始、结束行号设定为同一值。

偏移基准坐标：*X*/*Y*/*Z*、*W*/*P*/*R* 偏移（补正量）参数对应的坐标系选择，可选择“用户”或“工具”，以用户坐标系或工具坐标系为基准，进行程序点位置的偏移、旋转。

X/Y/Z 补正量：程序点在基准坐标 *X*/*Y*/*Z* 方向的偏移量。

X/Y/Z 偏移量（补正量）的单位，可通过软功能键〖单位〗更改，偏移量单位可选择 mm 或 inch（in）。

W/P/R 补正量：工具姿态调整量，单位 deg（°）。

直线/圆弧速度：直线、圆弧插补指令的机器人 TCP 移动速度，单位 mm/s 或 inch/min。直线/圆弧速度一旦设定除 0 外的数值，这一速度将直接覆盖原程序的移动速度，而无法再恢复为原程序的数值。

关节速度：关节插补指令的移动速度，单位%。关节速度一旦设定除 0 外的数值，这一速度将直接覆盖原程序的关节插补速度，而无法再恢复为原程序的数值。

动作群组：应用调整参数的运动组选择。选择“全部”，对所有运动组均有效。

补正：此项只要在 7 轴机器人上才能显示、设定。可设定第 7 轴（机器人变位器）的偏移方向（如 Y）、偏移对象（如机器人）。当偏移对象选择“机器人”时，进行程序点的机器人位置偏移；选择“附加轴”时，进行程序点的附加轴（变位器）位置偏移；选择“全部”时，同时进行机器人位置、附加轴（变位器）位置的偏移。

显示页的扩展软功能键〖复制〗、〖删除〗、〖全部删除〗用于调整参数的复制、删除与位置修改条件号删除，其作用分别如下。

〖复制〗：可将当前显示页的全部调整参数一次性复制、粘贴到其他条件号中，被粘贴条件号的调整参数将自动成为“编辑”状态。

〖删除〗：可删除当前位置修改条件号的调整参数（X/Y/Z 补正量、W/P/R 补正量、直线/圆弧速度、关节速度），但位置修改条件号及程序名称、开始行号/结束行号等内容保留。

〖全部删除〗：可直接删除当前位置修改条件号及全部程序调整参数。

2. 操作步骤

FANUC 机器人程序调整编辑、调整参数的设定操作步骤如下。

① 完成需要编辑的机器人程序输入。

② 操作模式选择开关置示教模式 1（T1 或 T2），将示教器的 TP 有效开关置“ON”位置，并选择程序的显示、编辑页面。

③ 按示教器菜单键【MENU】，并选择“共用程序/功能（UTILITIES）”操作，按【ENTER】键确认。

④ 按软功能键〖类型（TYPE）〗，在示教器显示的实用程序编辑操作选项上（参见前述图 6.4.1），选择“即使位置修改（Prog. Adjust）”，按【ENTER】键确认，示教器可显示图 6.4.4 所示程序调整的“位置修改条件”一览表页面，并显示如下内容。

1～10：位置修改条件号。

程序：该栏可显示系统已设定的位置修改条件号对应的调整程序名称。系统未使用的位置修改条件号，其程序名称显示为“＊＊＊”。

范围：系统已设定的程序调整范围。系统未使用的位置修改条件号，调整范围显示为“0-0”。

状态：系统已设定的程序调整状态显示。“编辑”，表示对应程序的调整参数设定操作尚未完成；“有效”，表示对应程序的调整参数已生效；“无效”，表示对应程序的调整参数未启用。系统未使用的位置修改条件号，其调整状态显示为“＊＊＊”。

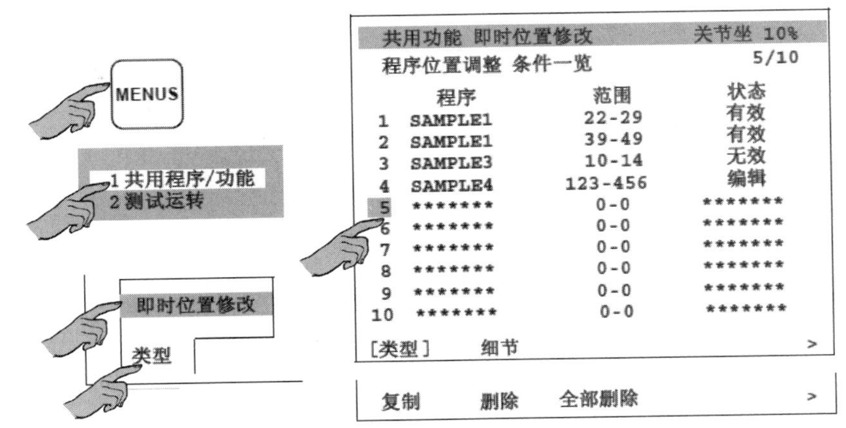

图 6.4.4　位置修改条件一览表显示

⑤ 如需要更改系统已设定的程序调整参数，可将光标选定需要修改的条件号，按软功能键〖细节〗，示教器便可显示图 6.4.3 所示的程序调整参数设定、显示页面，进行程序调整参数编辑操作。如需要，也可按软功能键〖复制〗，将当前参数以复制、粘贴的方式，设定到其他位置修改条件的程序调整参数中。

⑥ 需要手动输入、设定新的位置修改条件及程序调整参数时，可将光标选定程序名称栏显示为“＊＊＊”的位置修改条件号，按软功能键〖细节〗，示教器便可显示图 6.4.3 所示的程序调整参数设定、显示页面，页面状态自动成为“编辑”。然后，光标依次选定参数项的数值、字符设定区，完成程序调整参数的输入、设定。

⑦ 程序调整参数全部设定完成后，按图 6.4.3 所示显示页上的软功能键〖有效〗，便可生效程序调整功能。如需要修改当前设定页的程序调整参数，可按软功能键〖无效〗，然后重新设定调整参数；或者，按软功能键〖删除〗、〖全部删除〗，重新输入程序调整参数。

⑧ 如需要更改其他程序调整参数，可按图 6.4.3 所示显示页上的软功能键〖条件〗，选择位置修改条件及程序调整参数设定页面，并进行相应的编辑操作。

⑨ 按示教器操作键【PREV】，返回位置修改条件一览表显示页面。

6.4.3　程序点平移与旋转变换

1. 功能说明

程序点平移及旋转功能如图 6.4.5 所示，它可对程序中的程序点位置进行平移、旋转变换，并生成一组新的程序指令，变换后的指令可插入到原程序的指定区域，或直接作为新的程序保存。

程序点平移、旋转变换可通过示教器操作菜单“UTILITIES（共用功能）”、类型选项“程序移转（SHIFT）”，在示教器显示的图 6.4.6 所示的基本页面上，设定如下项目。

原始程序（Original Program）：需要进行程序点平移、旋转变换编辑的源程序名称输入与选择。

范围（Range）：设定需要进行平移、旋转变换的程序区域选择。选择“全体（WHOLE）”，

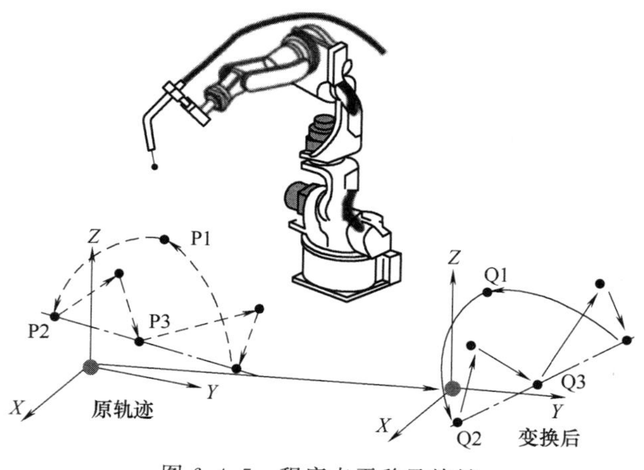

图 6.4.5 程序点平移及旋转

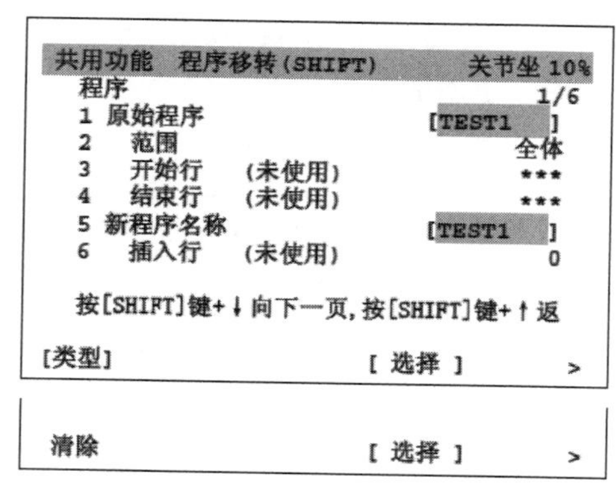

共用功能 程序移转(SHIFT) 关节坐 10%
程序 1/6
1 原始程序 [TEST1]
2 范围 全体
3 开始行 (未使用) ***
4 结束行 (未使用) ***
5 新程序名称 [TEST1]
6 插入行 (未使用) 0
按[SHIFT]键+↓向下一页,按[SHIFT]键+↑返
[类型] [选择] >
清除 [选择] >

图 6.4.6 程序点平移及旋转设定

可对程序中的全部程序点进行平移、旋转变换；选择“部分”，可通过“开始行”“结束行”的设定，指定平移、旋转变换的程序区域。

开始行（Start line）/结束行（End line）：当范围选择“部分”时，可设定需要进行程序点平移、旋转变换的程序起始/结束行，指定变换区域；范围选择“全体（WHOLE）”时，开始行/结束行的状态为“未使用（Not used）”，不需要也不能进行设定。

新程序名称（New Program）：当程序点平移、旋转变换结果，作为新程序存储时，可输入新程序名称；输入原程序名或已存在程序名时，变换结果将插入程序的指定位置。

插入行（Insert line）：平移、旋转变换结果插入原程序或已存在程序时，可设定插入变换结果的程序起始指令行号。

FANUC机器人程序点平移、旋转变换数据，可通过示教操作、位置暂存器、手动数据输入等方式输入与设定，在平移、旋转变换设定页面上，程序点位置将自动转换为全局坐标系（UF0）位置显示。

2. 数据输入基本操作

程序点平移、旋转变换数据输入的基本操作步骤如下。

① 完成需要变换的源程序编制，选择、显示源程序编辑页面。

② 按示教器操作菜单键【MENU】，光标选择“共用功能（UTILITIES）”，按【ENTER】键确认，示教器可显示前述图 6.4.1 所示的共用功能基本页面。

③ 按软功能键〖类型（TYPE）〗，光标选定“程序移转（SHIFT）”，按【ENTER】键确认，示教器可显示图 6.4.6 所示的程序点平移、旋转变换设定页面；在该页面上，将光标定位到需要设定的设定项上，利用字母输入、〖选择）〗软功能键及数字键，完成程序名称、范围、开始行/结束行等项目设定，按【ENTER】键确认。

④ 同时按示教器“【SHIFT】+【↓】”键，可显示图 6.4.7 所示的平移、旋转变换数据设定页面，可进行如下设定。

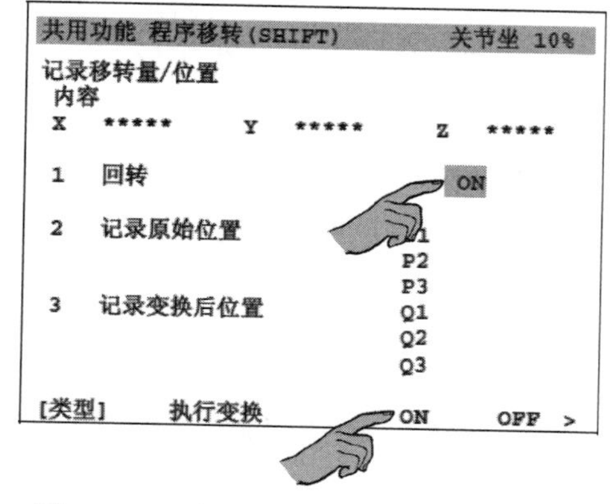

共用功能 程序移转(SHIFT) 关节坐 10%
记录移转量/位置
内容
X ***** Y ***** Z *****
1 回转 ON
2 记录原始位置 P1
P2
P3
3 记录变换后位置 Q1
Q2
Q3
[类型] 执行变换 ON OFF >

图 6.4.7 平移、旋转变换数据设定页面

回转：可通过软功能键〖ON〗/〖OFF〗，选择是否需要在程序点位置平移变换的同时，进行旋转变换。选择软功能键〖OFF〗，程序点仅进行平移变

换，此时只需要指定（示教）1个基准程序点（P1）及其平移目标位置（Q1）；选择软功能键〖ON〗，程序点需要同时进行平移、旋转变换，此时需要指定3个基准程序点（P1、P2、P3）及其平移、旋转目标位置（Q1、Q2、Q3）。

记录原始位置：输入变换前的程序点位置。

记录变换后位置：输入变换后的程序点位置。

“记录原始位置”“记录变换后位置”可利用示教操作、位置暂存器、手动数据输入等方式输入与设定，其操作方法见后述。

⑤ 选定变换数据的输入方式，完成“记录原始位置”及“记录变换后位置”等变换数据的输入。

⑥ 变换数据设定完成后，按软功能键〖执行变换（EXECUTE）〗，示教器可显示提示信息“可以执行吗?”及软功能键〖是（YES）〗、〖不是（NO）〗。按〖是（YES）〗，可立即执行平移、旋转变换操作，并将变换结果写入新程序或插入到已存在程序的指定位置；按〖不是（NO）〗，可以放弃平移、旋转变换操作。如按扩展软功能键〖资料清除（CLEAR）〗，可删除全部平移、旋转变换数据。

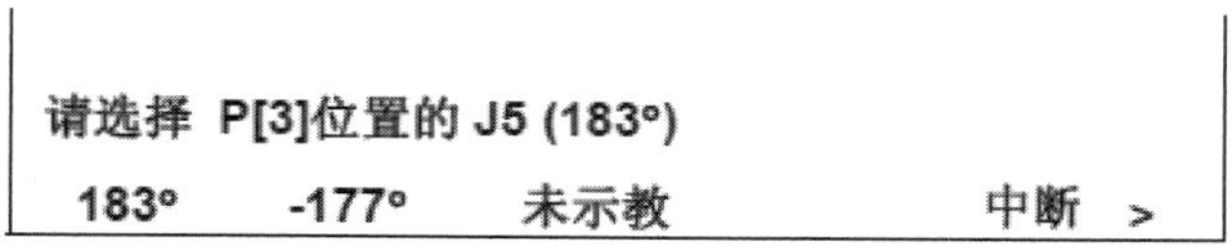

请选择 P[3]位置的 J5 (183°)

183°　　-177°　　未示教　　中断　>

图 6.4.8　程序点优化软功能键

⑦ 如果变换后的关节回转角度超过180°时，控制系统可显示图6.4.8所示的数据优化软功能键，操作者可根据需要，选择对应的软功能键，进行如下处理。

〖183°〗：控制系统优选的关节位置。

〖−177°〗：优化前的关节位置。

〖未示教〗：将程序点设定为位置未定的“未示教”程序点。

〖中断〗：中断平移、旋转变换操作。

3. 变换数据输入

“记录原始位置”“记录变换后位置”可利用示教操作、位置暂存器、手动数据输入等方式输入与设定，其操作步骤分别如下。

（1）示教操作输入

利用示教操作输入“记录原始位置”“记录变换后位置”的操作步骤如下。

① 光标选定需要输入数据的变换基准点，例如，图6.4.9所示的“记录原始位置P1”。

② 利用手动操作，将机器人移动到变换点上（如P1）。

③ 按住示教器操作面板上的【SHIFT】键，同时按软功能键〖记录（RECORD）〗，机器人当前位置便可作为该变换点位置（P1），记录到系统中；变换点（记录原始位置P1）的状态显示将成为图6.4.10所示的“记录完成（RECORDED）”。

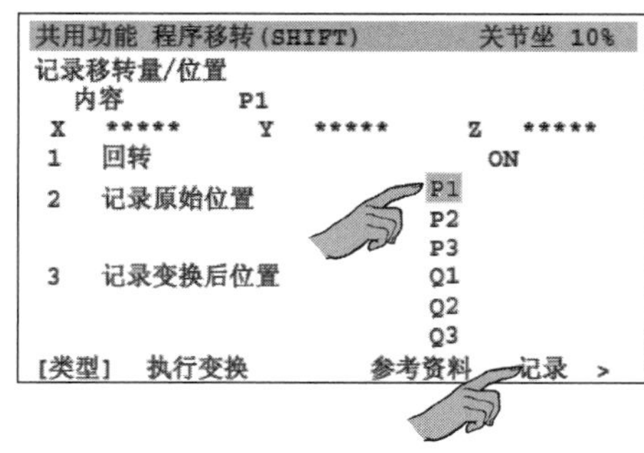

图 6.4.9　变换数据的示教输入

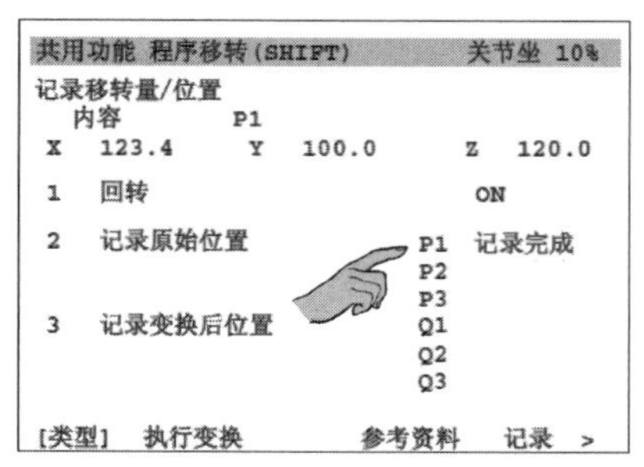

图 6.4.10　变换数据示教输入完成

④ 光标选定需要输入数据的变换目标点，如“记录变换后位置 Q1”。

⑤ 将机器人手动移动到变换点上（如 Q1)。

⑥ 按住示教器操作面板上的【SHIFT】键，同时按软功能键〖记录（RECORD)〗，机器人当前位置便可作为变换点位置（Q1)，记录到系统中；变换点（记录变换后位置 Q1）的状态显示将成为“记录完成（RECORDED)”。

⑦ 如果程序点需要同时进行平移、旋转变换，可重复以上操作，完成原始位置 P2、P3 及变换后位置 Q2、Q3 的示教输入。

（2）位置暂存器输入

平移、旋转变换目标点的位置，也可通过系统预定义程序点 P[i] 或暂存器 PR[i] 进行指定，其操作步骤如下。

① 光标选定需要输入变换数据的程序点，例如，图 6.4.11 所示的“变换后位置 Q2”

② 按软功能键〖参考资料（REFER)〗，示教器可显示系统预定义程序点、位置暂存器选择软功能键〖P[ ]〗、〖PR[ ]〗。

③ 按软功能键〖P[ ]〗或〖PR[ ]〗，选定程序点数据的形式（系统预定义程序点 P[i] 或位置暂存器 PR[i])，并用数字键、【ENTER】键输入程序点、暂存器编号 i。

（3）手动数据输入

利用手动数据输入直接设定程序点平移、旋转变换数据的操作步骤如下。

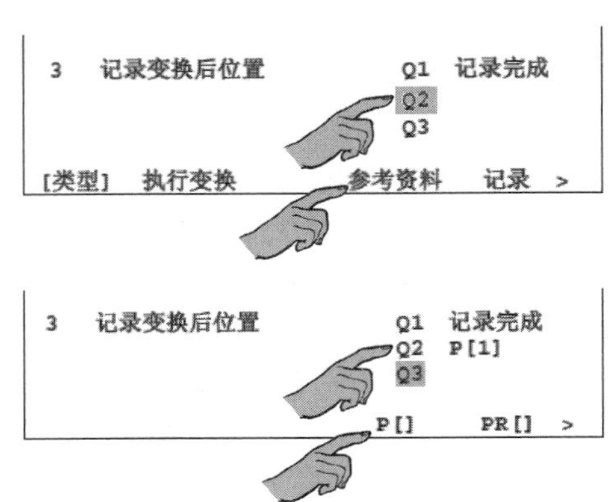

图 6.4.11 变换数据的暂存器输入

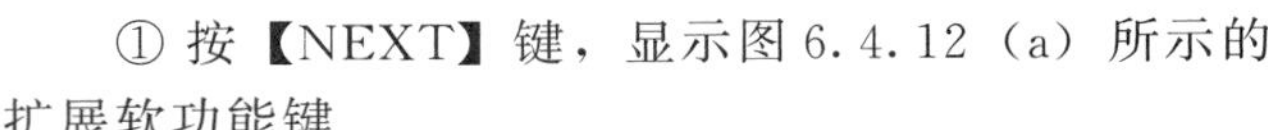

① 按【NEXT】键，显示图 6.4.12（a）所示的扩展软功能键。

② 按扩展软功能键〖直接输入〗，示教器可显示图 6.4.12（b）所示的程序点平移、旋转变换数据的直接输入页面。

③ 光标定位到坐标值上，利用数字键、【ENTER】键，直接输入程序点平移距离、旋转角度，平移距离、旋转角度应以全局坐标系为基准设定。

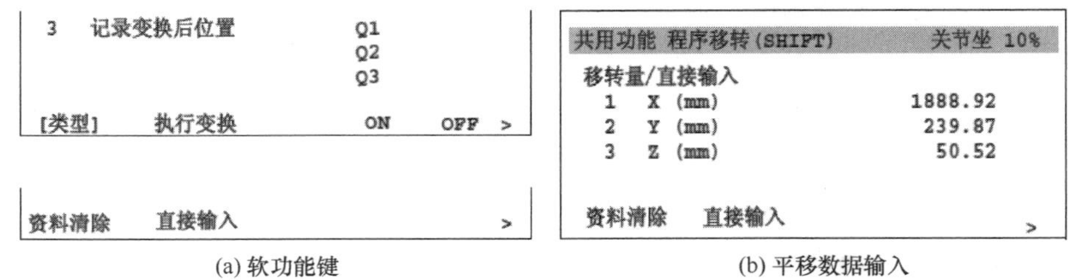

图 6.4.12 变换数据直接输入

6.4.4 程序点镜像与旋转变换

1. 功能说明

FANUC 机器人的程序点镜像与旋转变换编辑功能，可对程序中的程序点位置进行平面对称、旋转变换，并生成一组新的程序指令，变换后的指令可插入到原程序的指定区域，或直接作为新的程序保存。

例如，对于图 6.4.13（a）所示的机器人 P0→P1→P2→P0 运动程序，如果以机器人基座

坐标系的 XZ 平面作为镜像变换基准平面，进行程序镜像变换编辑，控制系统便可生成一组机器人进行 P0′→P1′→P2′→P0′运动的指令，并可根据需要，将其插入到原程序的指定区域，或直接作为新的程序保存。

程序点镜像、旋转变换可通过操作菜单“UTILITIES（共用功能）”、类型选项“程序对称移转”，在示教器显示的图 6.4.13（b）所示的基本设定页面上，进行原程序名称、范围、插入位置或新程序名称的设定。

镜像、旋转变换基本页面的设定项含义与设定方法，均与平移、旋转变换相同，有关内容可参见前述。

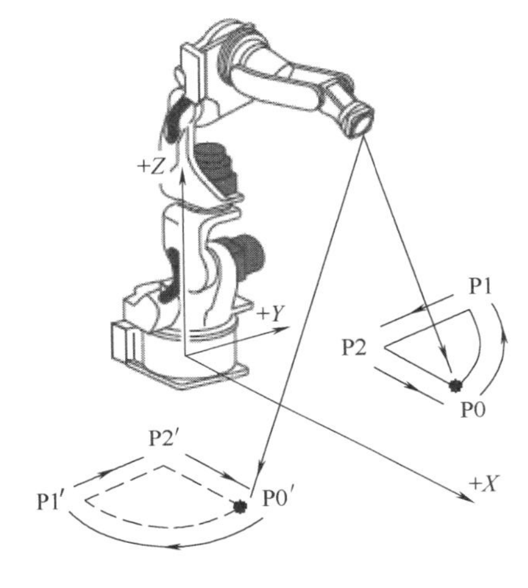

(a) 功能

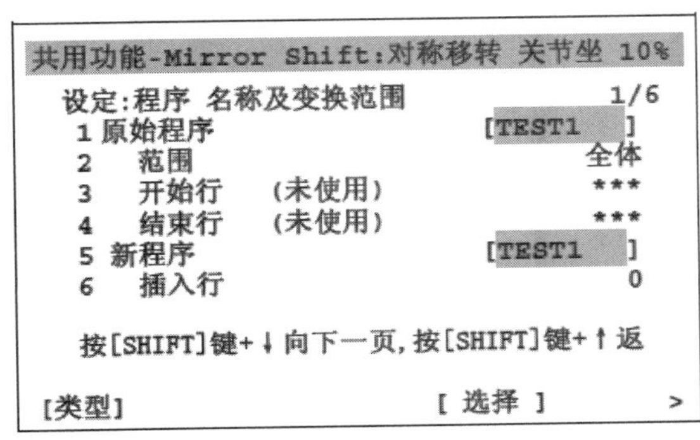

共用功能-Mirror Shift:对称移转 关节坐 10%
设定:程序 名称及变换范围 1/6
1 原始程序 [TEST1]
2 范围 全体
3 开始行 (未使用) ***
4 结束行 (未使用) ***
5 新程序 [TEST1]
6 插入行 0
按[SHIFT]键+↓向下一页,按[SHIFT]键+↑返
[类型] [选择] >

(b) 基本设定

图 6.4.13　镜像、旋转功能与基本设定

2. 变换数据输入

程序点镜像与旋转变换数据输入的操作步骤与平移、旋转变化相同，简述如下。

① 完成需要变换的源程序编制，选择、显示源程序编辑页面。

② 按示教器操作菜单键【MENU】，光标选择“共用功能（UTILITIES)”，按【ENTER】键确认，示教器可显示共用功能基本页面。

③ 按软功能键〖类型（TYPE)〗，光标选定“程序对称移转”，按【ENTER】键确认，示教器可显示图 6.4.13（b）所示的程序点镜像、旋转变换设定页面。

程序点镜像、旋转变换设定页面的设定项含义及输入要求，与程序点平移、旋转变换相同。在该页面上，将光标定位到需要设定的设定项上，利用字母输入、〖选择（CHOICE)〗软功能键及数字键，完成程序名称、范围、开始行/结束行等项目设定，按【ENTER】键确认。

④ 同时按示教器“【SHIFT】＋【↓】”键，可显示图 6.4.14 所示的镜像、旋转变换数据设定页面，该页面的设定项含义及数据设定方法，均与程序点平移、旋转变换相同，有关内容可参见前述。

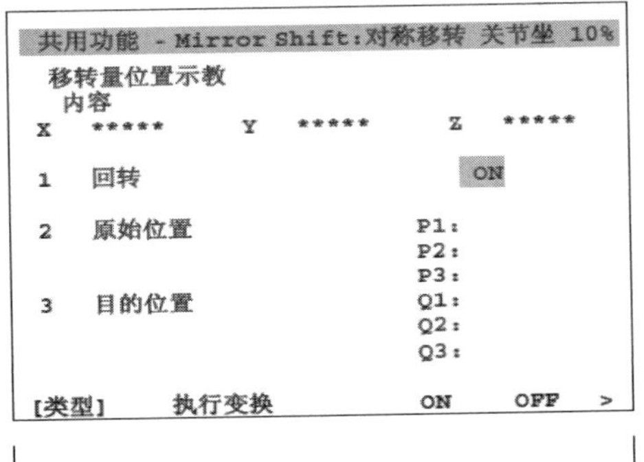

共用功能 - Mirror Shift:对称移转 关节坐 10%
移转量位置示教
内容
X ***** Y ***** Z *****
1 回转 ON
2 原始位置 P1:
P2:
P3:
3 目的位置 Q1:
Q2:
Q3:
[类型] 执行变换 ON OFF >
资料清除 直接输入 >

图 6.4.14　镜像、旋转变换数据设定页面

当设定页的“回转”选项选择〖OFF〗时，程序点仅进行镜像变换，此时，只需要指定（示教）1 个基准程序点（P1）及其平移目标位置（Q1）；如

果“回转”选项选择〖ON〗，程序点需要同时进行镜像与旋转变换，此时，同样需要指定3个基准程序点（P1、P2、P3）及其平移目标位置（Q1、Q2、Q3）。

⑤ 镜像、旋转变换数据同样可通过示教操作、位置暂存器、手动数据输入等方式输入与设定，其设定方法与平移、旋转变换相同，其操作步骤可参见前述的说明。

⑥ 镜像、旋转变换数据设定完成后，按软功能键〖执行变换〗，示教器可显示提示信息“可以执行吗?”及软功能键〖是（YES)〗、〖不是（NO)〗。按〖是（YES)〗，可立即执行镜像、旋转变换操作，并将变换结果写入新程序或插入到已存在程序的指定位置；按〖不是（NO)〗，可以放弃镜像、旋转变换操作。如按图6.4.14中的扩展软功能键〖资料清除〗，可删除全部镜像、旋转变换数据。

6.4.5 程序点旋转变换

1. 功能说明

程序点旋转变换功能在FANUC机器人说明书上称为“角度输入移转（Angle entry shift)”，它可使程序点回绕指定的轴旋转指定的角度，并生成一组新的程序指令，变换后的指令可插入到原程序的指定区域，或直接作为新的程序保存。利用程序点旋转变换编辑功能，可简化圆周分布程序点的位置计算与程序编制。

程序点旋转变换的旋转轴、旋转平面，可利用图6.4.15所示的3点示教或4点示教确定；示教点的间距越大，程序点变换的精度就越高。

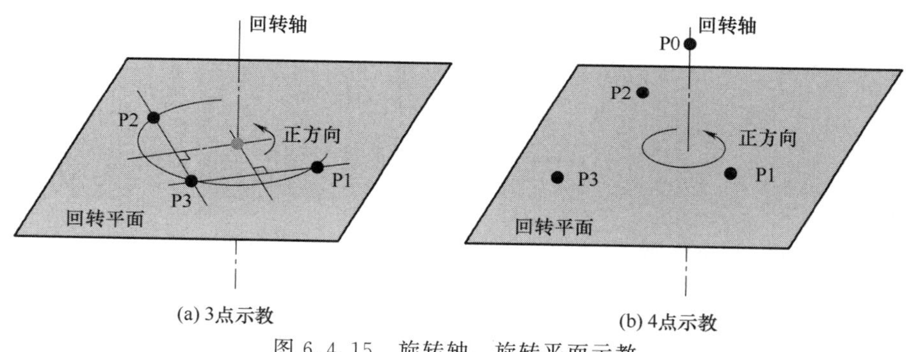

图6.4.15 旋转轴、旋转平面示教

利用3点示教指定旋转变换的旋转轴、旋转平面时，示教点P1、P2、P3所在的平面为旋转平面；直线P1P2、P2P3、P3P1的垂直平分线交点，为旋转轴在旋转平面的垂足；由示教点P1到P2的方向，为旋转角度的正向。

利用4点示教指定旋转变换的旋转轴、旋转平面时，示教点P1、P2、P3所在的平面为旋转平面；通过示教点P0并垂直于旋转平面的直线为旋转轴；由示教点P1到P2的方向，为旋转角度的正向。

```
ANGLE ENTRY SHIFT                    关节坐 10%
  Program
  1 Original Program              [TEST1    ]
  2  Range:                           WHOLE
  3  Start   line:   (not used)         ***
  4  End     line:   (not used)         ***
  5 New Program:                  [TEST1    ]
  6  Insert line                          0

  Use shifted up,down arrows for next page

[TYPE]                                    >
```

图6.4.16 程序点旋转设定

程序点旋转变换编辑可通过示教器操作菜单“UTILITIES（共用功能)”、类型选项“Angle entry shift（角度输入)”选择。

程序点旋转变换参数的设定页面如图6.4.16所示，在该页面上，同样可进行原程序名称（Original Program)、范围（Range)、开始行（Start line)、结束行（End line)，以及新程序名称（New Program)、插入位置（Insert line）的设定。程序点旋转变换设定项的含义与平移、旋转变换相同，可参见前述。

对于等间隔分布的多个程序点，可设定程序点旋转变换的重复次数（Repeating times，见后述），连续生成多个程序点变换指令段，并自动添加注释。

例如，当对于如下指令（原始程序）：

```
1:J  P[1]  100%   FINE
2:L  P[2]  500mm/sec  FINE
```

如果程序点 P[1]、P[2] 需要进行间隔 20°、40°、60°的旋转变换，可设定旋转角度“20”、重复次数“3”，便可生成如下旋转变换新程序或指令段及注释。

```
1: ! Angle entry shift 1 (deg 20.00)          // 注释(自动添加)
2:J  P[1]  100%   FINE                        // 20°旋转变换
3:L  P[2]  500mm/sec  FINE
4: ! Angle entry shift 1 (deg 40.00)          // 注释(自动添加)
5:J  P[1]  100%   FINE                        // 40°旋转变换
6:L  P[2]  500mm/sec  FINE
7: ! Angle entry shift 1 (deg 60.00)          // 注释(自动添加)
8:J  P[1]  100%   FINE                        // 60°旋转变换
9:L  P[2]  500mm/sec  FINE
……
```

2. 程序点旋转变换数据输入

程序点旋转变换数据输入的操作步骤与平移、旋转变化基本相同，简述如下。

① 完成需要变换的源程序编制，选择、显示源程序编辑页面。

② 按示教器操作菜单键【MENU】，光标选择“共用功能（UTILITIES）”，按【ENTER】键确认，示教器可显示共用功能基本页面。

③ 按软功能键〖类型（TYPE）〗，光标选定“角度输入移转（Angle entry shift）”，按【ENTER】键确认，示教器可显示图 6.4.16 所示的程序点旋转变换设定页面；在该页面上，将光标定位到需要设定的设定项上，利用字母输入、〖选择（CHOICE）〗软功能键及数字键，完成程序名称、范围、开始行/结束行等项目设定，按【ENTER】键确认。

④ 同时按示教器“【SHIFT】＋【↓】”键，可显示图 6.4.17 所示的程序点旋转变换数据设定页面，该页面的设定项含义及数据设定方法如下。

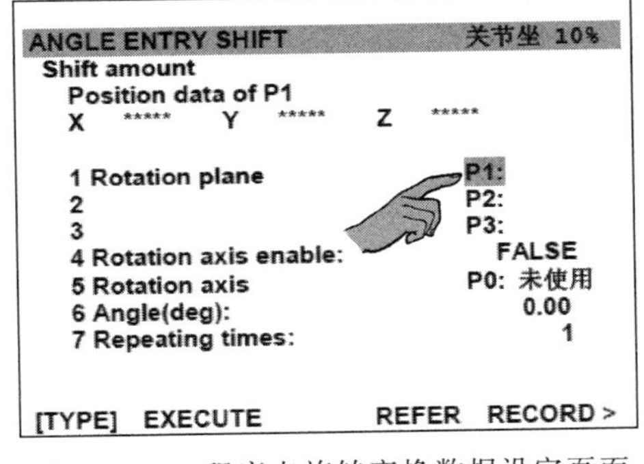

图 6.4.17　程序点旋转变换数据设定页面

Rotation plane P1/P2/P3：旋转平面示教点 P1/P2/P3 设定。

Rotation axis enable：旋转轴设定（使能），选择“FLASE（无效）”，不使用旋转轴设定功能（3 点示教），选择“TRUE（有效）”，为使用旋转轴设定功能（4 点示教）。

Rotation axis：当 Rotation axis enable（旋转轴设定）设定项选择“TRUE（有效）”时，可设定示教点 P0 的位置；选择“FLASE（无效）”时，状态显示为“不使用（Not used）”，无需设定示教点 P0。

Angle(deg)：程序点旋转角度（°）设定。

Repeating times：重复次数。

⑤ 程序点旋转变换数据同样可通过示教操作、位置暂存器、手动数据输入等方式输入与设定，其设定方法与平移、旋转变换相同，其操作步骤可参见前述的说明。

⑥ 当 Rotation axis enable（旋转轴设定）选择“TRUE（有效）”、通过示教点 P0 指定旋转轴（4点示教）时，可用光标选定 P0，按【ENTER】键确认，示教器将显示图 6.4.18 所示的 P0 设定页面。

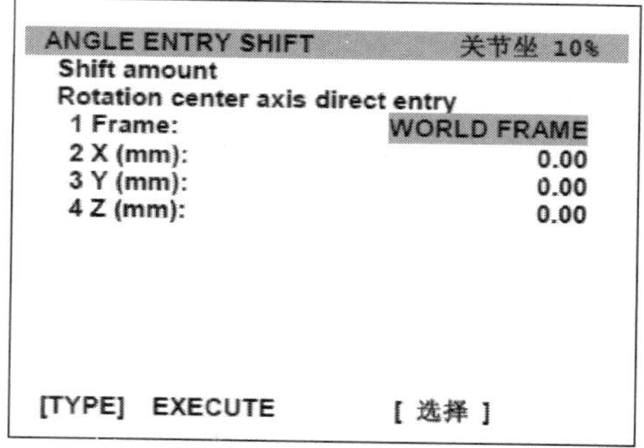

图 6.4.18 示教点 P0 设定页面

在该设定页上，可用光标选定“Frame”设定项，按软功能键〖选择〗，利用示教器显示的选项，选定坐标系；然后，利用数字键、【ENTER】键，输入 $X/Y/Z$ 坐标值，完成示教点 P0 设定。

⑦ 圆周旋转变换数据设定完成后，按软功能键〖执行变换（EXECUTE)〗，示教器可显示提示信息“可以执行吗?”及软功能键〖是（YES)〗、〖不是（NO)〗。按〖是（YES)〗，可立即执行程序点旋转变换操作，并将变换结果写入新程序或插入到已存在程序的指定位置；按〖不是（NO)〗，可以放弃旋转变换操作。如按扩展软功能键〖资料清除（CLEAR)〗，可删除全部旋转变换数据。

⑧ 如果变换后的关节回转角度超过 180°时，控制系统可显示数据优化软功能键，操作者可根据需要，选择对应的软功能键，进行平移、旋转变换同样的处理。

6.4.6 工具、用户坐标系变换

工具、用户坐标系变换编辑功能，可更改程序点的工具坐标系或用户坐标系，并生成一组新的程序指令，变换后的指令可插入到原程序的指定区域，或直接作为新的程序保存。

1. 工具坐标系变换

FANUC 机器人的工具坐标系变换编辑功能可用于不同工具、相同作业程序的生成，它可根据需要，选择“TCP 固定”“ROBOT 固定”两种变换方式。

选择“TCP 固定”时，程序点变换前后，工具的 TCP 位置可保持不变，新工具的 TCP 运动轨迹与原工具完全相同。“TCP 固定”变换编辑通常用于同类作业工具、相同作业程序的生成。

选择“ROBOT 固定”时，变换前后的工具姿态（方向）保持不变，但 TCP 位置将被改变，变换后的作业程序点一般需要重新示教。“ROBOT 固定”变换通常用于不同类工具、相同作业程序段的生成。

FANUC 机器人的工具坐标系变换编辑操作步骤如下。

① 完成需要变换的源程序编制，选择、显示源程序编辑页面。

② 按示教器操作菜单键【MENU】，光标选择“共用功能（UTILITIES)”，按【ENTER】键确认，示教器可显示共用功能基本页面。

③ 按软功能键〖类型（TYPE)〗，光标选定“工具偏移功能”，按【ENTER】键确认，示教器可显示图 6.4.19 所示的工具坐标系变换设定页面。

工具坐标系变换设定页面的设定项含义及输入要求，与程序点平移、旋转变换相同。在该页面上，将光标定位到需要设定的设定项上，利用字母输入、〖选择（CHOICE)〗软功能键及数字键，完成程序名称、范围、开始行/结束行等项目设定，按【ENTER】键确认。

④ 同时按示教器“【SHIFT】＋【↓】”键，可显示图 6.4.20 所示的工具坐标系变换数据设定页面。

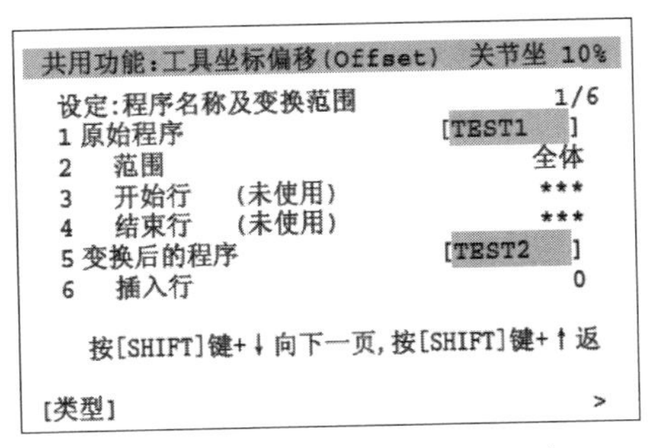

图 6.4.19　工具坐标系变换设定

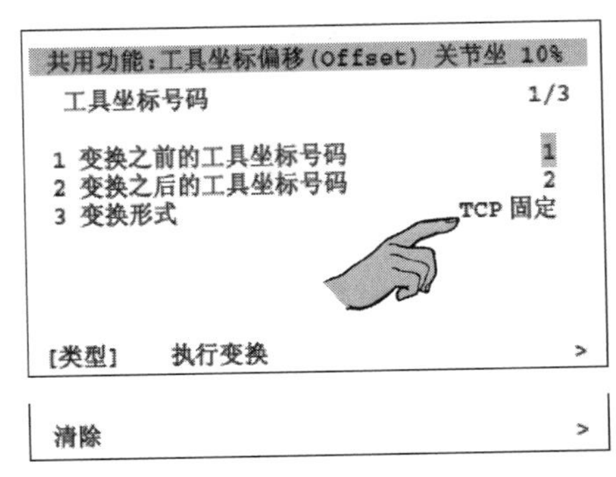

图 6.4.20　工具坐标系变换数据设定

在工具坐标系变换数据设定页面上，可利用数字键、【ENTER】键输入变换前后的工具坐标系号，编号“F”用数值“15”输入。工具坐标系的“变换形式”栏，可选择“TCP 固定”“ROBOT 固定”两种变换形式。

⑤ 工具坐标系号、变换形式设定完成后，按软功能键〖执行变换（EXECUTE)〗，系统将执行工具坐标系变换功能，并将变换结果插入到已存在程序的指定位置，或者直接作为新程序保存。

⑥ 如果变换后的关节回转角度超过 180°时，控制系统可显示数据优化软功能键（参见图 6.4.8)，操作者可根据需要，选择对应的软功能键，进行相应处理，有关内容可参见前述的平移、旋转变换说明。

⑦ 如按【NEXT】，示教器可显示图 6.4.20 所示的扩展软功能键〖清除（CLEAR)〗，按此键可删除全部工具变换数据。

2. 用户坐标系变换

FANUC 机器人的用户坐标系变换编辑可用于不同工件、相同作业程序段的生成。用户坐标系变换编辑可根据需要，选择“位置变换”“位置不变换”两种编辑方式。

选择位置变换编辑时，程序点变换后，可自动改变机器人的关节位置，使 TCP 在新用户坐标系的位置和原用户坐标系相同。位置变换编辑通常用于安装位置固定的同类工件、相同作业程序段生成。

选择位置不变换编辑时，程序点变换前后，机器人的关节位置将保持不变，TCP 在新用户坐标系的位置和原用户坐标系有所不同。位置不变换编辑通常用于安装位置可调的同类工件、相同作业程序段的生成。

FANUC 机器人的用户坐标系变换的设定与操作步骤如下。

① 完成需要变换的源程序编制，选择、显示源程序编辑页面。

② 按示教器操作菜单键【MENU】，光标选择“共用功能（UTILITIES)”，按【ENTER】键确认，示教器可显示共用功能基本页面。

③ 按软功能键〖类型（TYPE)〗，光标选定“坐标偏移功能”，按【ENTER】键确认，示教器可显示图 6.4.21 所示的用户坐标系变换设定页面。

用户坐标系变换设定页面的设定项含义及输入要求，与程序点平移、旋转变换相同。在该页面上，将光标定位到需要设定的设定项上，利用字母输入、〖选择（CHOICE)〗软功能键及数字键，完成程序名称、范围、开始行/结束行等项目设定，按【ENTER】键确认。

④ 同时按示教器“【SHIFT】+【↓】”键，可显示图 6.4.22 所示的用户坐标系变换数据设定页面。

在该页面上，可利用数字键、【ENTER】键输入变换前后的用户坐标系号，编号“F”用数值“15”输入。用户坐标系的“位置资料要变换吗（是/不是）”栏，可选择“是”，执行程序点位置变换，或者选择“不是”，保持程序点位置数据将不变。

⑤ 用户坐标系号、变换形式设定完成后，按软功能键〖执行变换（EXECUTE）〗，系统将执行用户坐标系变换功能，并将变换结果写入新程序或插入到已存在程序的指定位置。

⑥ 如果变换后的关节回转角度超过 180°时，控制系统可显示数据优化软功能键，操作者可根据需要，选择对应的软功能键，进行相应处理，有关内容可参见前述的平移、旋转变换说明。

⑦ 如按【NEXT】，示教器可显示图 6.4.22 所示的扩展软功能键〖资料清除（CLEAR）〗，按此键，可删除全部用户坐标系变换数据。

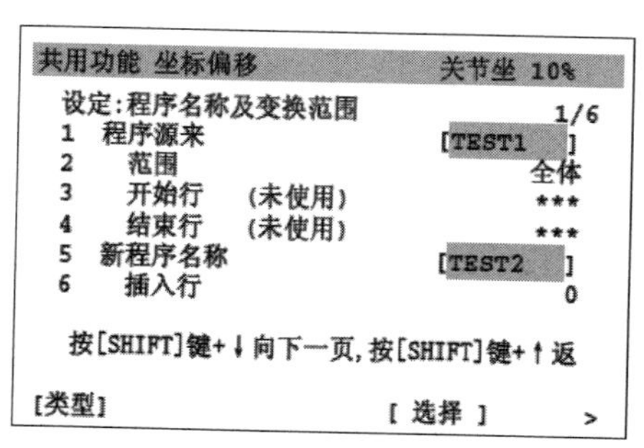

图 6.4.21 用户坐标系变换设定

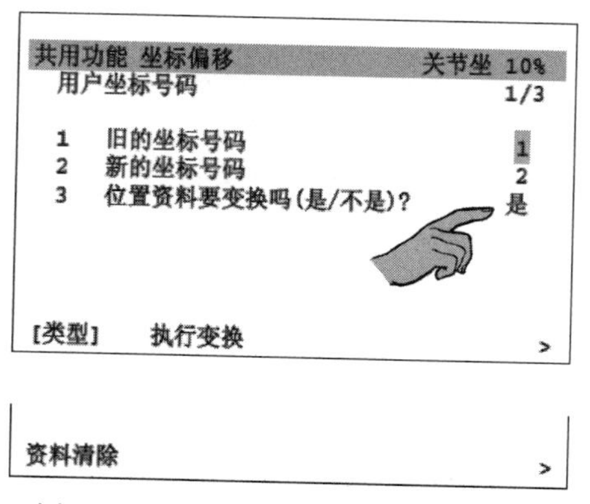

图 6.4.22 用户坐标系变换数据设定

6.4.7 机器人软极限设定

1. 软极限自动设定

软极限是通过控制系统对机器人关节位置的监控，限制轴运动范围、防止关节轴超程的运动保护功能。软极限所限定的运动区间，通常就是机器人样本中的工作范围（working range）参数。

软极限是不考虑作业工具、工件安装的机器人本体运动保护措施，机器人的所有运动轴，包括行程超过 360°的回转轴，均可通过软极限限定运动范围。但是，在机器人安装工具、工件后，机器人的 TCP（工具控制点）可能、也可以超出软极限范围；同时，也可能由于工具、工件的安装，使得软极限范围内的某些区域产生运动干涉，成为实际不能运动的干涉区。因此，在实际机器人上，应通过机器人设定操作，设定干涉区，进一步限定关节轴的运动范围、防止干涉与碰撞。

软极限自动设定是 FANUC 机器人的控制系统附加功能，它利用实用程序编辑操作，根据机器人程序中的程序点位置，自动设定机器人关节轴软极限。

工业机器人的关节轴行程极限保护通常有硬件保护、软件保护两类。硬件保护是利用行程开关、电气控制线路，直接关闭伺服驱动器、防止轴超程的一种方法。软件保护又称软极限，它是通过控制系统对关节轴位置的监控，限制轴运动范围、防止超程的保护功能，因此，必须设定关节轴正/负极限位置参数。

在正常情况下，机器人的软极限应通过示教器的系统设定操作菜单“系统（SYSTEM）”，在“设定：轴范围（Axis Limits）”设定选项中设定，其设定方法见下述。在此基础上，还可利用机器人设定操作菜单“设定（SETUP）”，在“行程极限（Stroke Limits）”设定项中，进一步限制机器人关节轴 J1、外部轴 E1 的行程范围，其设定方法可参见第 7 章。

软极限自动设定是 FANUC 机器人的控制系统附加功能，只有在选配“程序工具箱”软件的机器人上才能使用。利用软极限自动设定功能，控制系统能够通过操作菜单“共用功能(UTILITIES)”的实用程序编辑操作，自动读取程序中的所有程序点数据，并计算出机器人各关节轴的运动范围、自动设定机器人的软极限参数。

FANUC 机器人的软极限自动设定页面如图 6.4.23 所示，显示、设定内容如下。

群组：运动组显示、设定。

轴、限制设定：关节轴序号显示、关节轴软极限自动设定功能选择。限制设定选择“是”的关节轴，其软极限自动设定功能将生效；限制设定选择“不”的关节轴，其软极限自动设定功能将无效。控制系统出厂默认的软极限自动设定轴为 J1、J2、J3；操作者可通过软功能键〖是（YES)〗、〖不是（NO)〗的操作，改变软极限自动设定的关节轴。

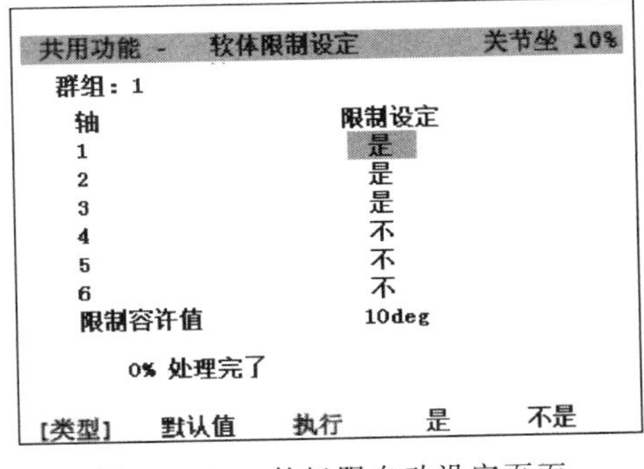

图 6.4.23　软极限自动设定页面

限制容许值：关节轴行程余量，单位（°）。行程余量是程序要求的关节轴最大位置到软极限设定位置的距离（行程余量），允许设定范围为 0°～50°；控制系统出厂的默认设定为 10°。

2. 自动设定操作

FANUC 机器人软极限自动设定的操作步骤如下，软极限自动设定完成后，示教器可显示图 6.4.24 所示的页面。

① 完成需要变换的源程序编制，选择、显示源程序编辑页面。

② 按示教器操作菜单键【MENU】，光标选择“共用功能（UTILITIES)”，按【ENTER】键确认，示教器可显示共用功能基本页面。

③ 按软功能键〖类型（TYPE)〗，光标选定“软体限制设定”，按【ENTER】键确认，示教器可显示图 6.4.23 所示的软极限自动设定页面。

④ 移动光标到需要设定的关节轴序号行，按软功能键〖是（YES)〗或〖不是（NO)〗，选择需要进行软极限自动设定的关节轴。

⑤ 移动光标到“限制容许值”输入区，利用数字键、【ENTER】键，设定关节轴的行程余量。

共用功能 - 软体限制设定　　关节坐 10%

群组：1
设定：轴范围

轴	下限	上限
-J1	-58	53
-J2	-15	-15
-J3	-15	30
-J4	-170	170
-J5	-10	90
-J6	-100	180

J1机构保护器位置

下限的负方向：	-10
上限的正方向：	10

J2机构保护器位置

下限的负方向：	-10
上限的正方向：	10

J3机构保护器位置

下限的负方向：	-10
上限的正方向：	10

为使设定生效请关闭后重新启动电源

图 6.4.24　软极限设定完成显示

⑥ 按软功能键〖执行（EXECUTE)〗，控制系统将自动读取程序中的所有程序点数据，并计算出机器人各关节轴的运动范围，自动设定图 6.4.24 所示的软极限参数；如需要恢复出厂默认值，可按软功能键〖默认值〗，恢复出厂参数。

⑦ 关闭控制系统电源，然后同时按住示教器的【SHIFT】、【RESET】键重启控制系统，直至示教器出现正常的显示页面，生效软极限设定参数。

3. 软极限参数设定

在未选配“程序工具箱”软件的机器人上，FANUC 机器人的软极限需要通过系统参数设定操作（SYSTEM)，以关节坐标位置的形式设定。如果机器人 J1、J2、J3 轴选配了可调式机械限位功能，改变软极限的同时，需要同时调整机械限位挡块的位置。

利用控制系统设定操作设定机器人软极限的操作步骤如下。

① 接通控制柜的电源总开关，启动控制系统。

② 将控制面板的操作模式选择开关置示教模式1（T1或T2），并将示教器的TP有效开关置“ON”位置。

③ 按操作菜单键【MENU】，光标选择“0 —NEXT—”，按【ENTER】键确认，示教器可显示图6.4.25（a）所示的扩展操作菜单；光标选定操作菜单“SYSTEM（系统）”，按【ENTER】键确认，示教器可显示系统设定基本页面。

④ 按软功能键〖类型（TYPE）〗，示教器可显示图6.4.25（b）所示的设定选项。

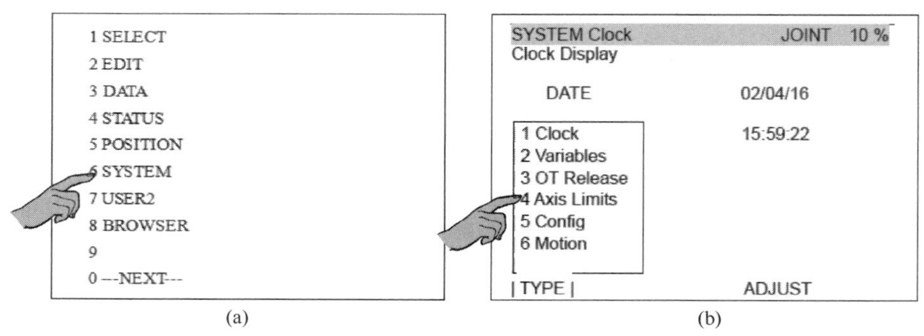

(a)　(b)

图6.4.25　软极限设定选择

⑤ 光标选定“Axis Limits（设定：轴范围）”选项，示教器可显示图6.4.26所示的机器人软极限设定页面，并显示以下内容。

轴：该栏为关节轴序号显示。

群组：该栏为运动组显示。

下限：该栏可进行关节轴负向软件极限位置设定。

上限：该栏可进行关节轴正向软件极限位置设定。

⑥ 光标选定轴序号行的下限、上限输入区，用数字键、【ENTER】键直接输入各关节轴的正/负软极限位置；对于不使用软极限的轴，可将下限、上限位置均设定为0。

⑦ 所有关节轴软极限设定完成后，断开控制系统电源，并进行系统冷启动操作，便可生效软极限参数。

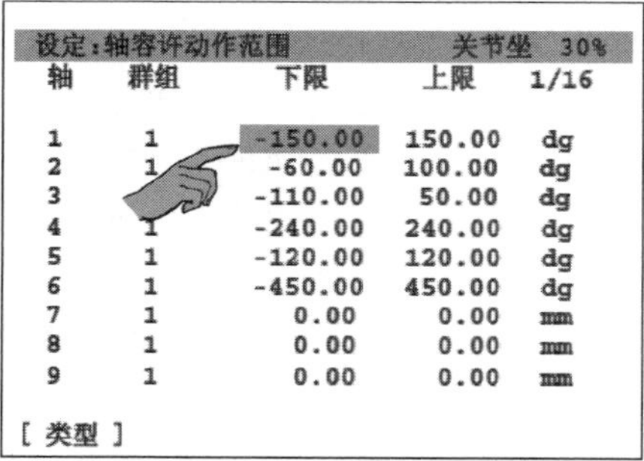

设定：轴容许动作范围　关节坐　30%

轴	群组	下限	上限	1/16
1	1	-150.00	150.00	dg
2	1	-60.00	100.00	dg
3	1	-110.00	50.00	dg
4	1	-240.00	240.00	dg
5	1	-120.00	120.00	dg
6	1	-450.00	450.00	dg
7	1	0.00	0.00	mm
8	1	0.00	0.00	mm
9	1	0.00	0.00	mm

[类型]

图6.4.26　软极限设定页面

第7章

机器人与作业文件设定

7.1 坐标系设定与示教

7.1.1 机器人设定

1. 机器人设定操作

在工业机器人上，程序自动运行必须设定机器人坐标系、作业范围以及完成各种作业的作业路线、工艺参数等各种程序数据。示教编程时，机器人坐标系可通过示教的方法设定，作业范围、作业文件可按控制系统的要求，利用参数设定操作设定与编制。

在FANUC机器人上，机器人坐标系、作业范围等参数需要通过机器人设定（SETUP）操作示教与设定，机器人设定操作的基本步骤如下。

① 接通控制柜的电源总开关、启动控制系统。

② 将控制面板的操作模式选择开关置示教模式1（T1或T2），并将示教器的TP有效开关置“ON”位置（通常情况，下同）。

③ 按操作菜单键【MENU】，光标选择“设定（SETUP）”，按【ENTER】键确认，示教器可显示机器人设定基本页面。

④ 按软功能键〖类型（TYPE）〗，示教器可显示图7.1.1所示的设定内容选择项；扩展选

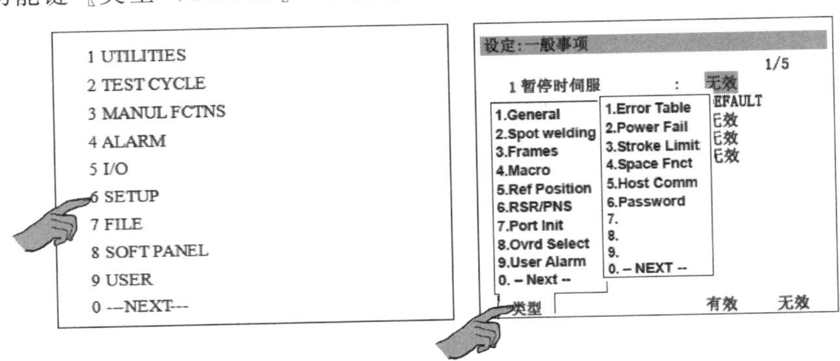

图7.1.1 机器人设定内容

项可在光标选择“—NEXT—”后，按【ENTER】键显示。

⑤ 光标选定所需要的选择项，按【ENTER】键确认，示教器即可显示所需要的机器人设定内容显示、设定页面。

⑥ 在机器人设定内容显示、设定内容页面上，可用光标选定设定项后，利用数字键、【ENTER】键、软功能键，按要求输入或选择参数，完成设定。

由于控制系统软件版本、选配功能，以及机器人用途、作业工具等方面的区别，不同机器人的〖类型（TYPE）〗显示项稍有区别，例如，设定项“Spot welding”为点焊机器人的焊接参数设定，对于其他机器人，设定项的名称、内容有所不同。

2. 机器人设定内容

机器人设定类型与控制系统软件配置有关，在选配特殊功能的系统中，机器人设定类型将增加相应的显示、设定项。在选配 FANUC 基本选择功能软件（Basic Software）的机器人上，机器人设定类型的第 1 页可显示、设定的选项通常如下（括号内为示教器中文显示，部分翻译不一定确切）。

“1. General（一般事项）”：程序暂停时的伺服驱动器状态、示教器显示语言、程序点偏移生效/撤销等一般项目设定。

“2. Spot welding（点焊）”：机器人作业设定，设定项名称、设定内容与机器人用途、作业工具等有关。例如，点焊机器人可进行焊接时间、电极行程、焊钳开合参数及控制信号的设定等，有关内容可参见 FANUC 提供的机器人使用说明书。

“3. Frames（坐标系）”：机器人工具、用户、JOG 坐标系设定。

“4. Macro（宏指令）”：宏程序指令、手动执行按键等内容设定。

“5. Ref Position（设定基准点）”：机器人基准点位置设定。

“6. RSR/PNS（选择程序）”：操作模式选择“自动（AUTO）”时的机器人 RSR、PNS 自动运行程序选择与设定。

“7. Port Init（设定通信端口）”：控制系统通信接口（RS232-C）波特率、奇偶校验等通信参数设定。

“8. Ovrd Select（选择速度功能）”：外部速度倍率调节信号、倍率值设定。

“9. User Alarm（使用者异常定义）”：用户报警设定。

“0. —NEXT—”：显示第 2 页选项。

机器人设定类型的第 2 页可显示、设定的选项通常如下。

“1. Error Table（设定异常等级）”：机器人错误代码、报警等级设定。

“2. Power Fail（停电处理）”：控制系统关机时的停电处理功能（冷启动/热启动）设定。

“3. Stoke Limit（行程极限）”：机器人 J1、E1 轴可变行程设定。

“4. Space Fnct（防止干涉功能）”：机器人干涉区设定。

“5. Host Comm（主机通信）”：控制系统与主计算机数据传输功能选项设定。

“6. Password（密码）”：用户密码设定。

“0. —NEXT—”：返回第 1 页选项。

由于软件版本、功能的区别，在部分系统上，可能还有程序暂停重启位置允差（再继续动作位置）设定、故障恢复重启（异常恢复）设定等显示项。

3. 机器人一般设定

机器人设定菜单的 General（一般事项）选项，可用于程序暂停时的伺服驱动器状态、示教器显示语言、程序点偏移生效/撤销等一般项目的设定，其显示如图 7.1.2 所示，设定项作用如下。

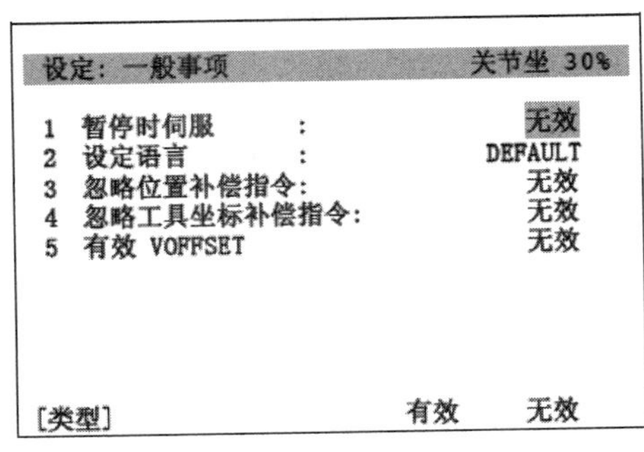

图 7.1.2 机器人一般设定

① 暂停时伺服。当程序自动运行通过示教器的进给保持操作键【HOLD】或控制系统的远程输入信号暂停时，可通过此设定项，选择驱动器主电源关闭功能。

暂停时伺服设定“无效”时（出厂默认设定），程序暂停时，控制系统立即封锁指令脉冲、停止机器人运动；运动停止后，伺服驱动系统将进入闭环位置控制的“伺服锁定”状态，所有运动轴均可通过驱动系统的闭环位置调节功能，保持停止位置不变；制动器保持松开状态。

暂停时伺服设定“有效”时，程序暂停时，控制系统将在运动轴停止后，直接切断伺服驱动器主电源，控制系统将产生伺服报警。驱动器的主电源一旦断开，伺服电机将失去动力，轴位置需要通过制动器保持。

② 设定语言。示教器显示语言选择，改变显示语言需要选配、安装相关软件，机器人通常只能使用出厂设定的语言，设定一般为“DEFAULT（默认）”。

③ 忽略位置补偿指令。用于移动指令后缀附加命令 Offset（程序点偏移）的生效/撤销。设定“无效”时，示教的程序点为偏移后的实际位置；设定“有效”时，示教的程序点为不考虑偏移的原始位置。

④ 忽略工具坐标补偿指令。用于移动指令后缀附加命令 Tool_Offset（TCP 偏移）的生效/撤销。设定“无效”时，示教的程序点为 TCP 偏移后的实际位置；设定“有效”时，示教的程序点为不考虑 TCP 偏移的原始位置。

⑤ 有效 VOFFSET。视觉补偿指令有效，仅用于带视觉补偿功能的机器人。设定“无效”时，目标位置为不考虑视觉补偿的原始位置；设定“有效”时，目标位置为视觉补偿后的实际位置。

7.1.2 工具坐标系设定与示教

1. 坐标系设定基本操作

FANUC 机器人的工具、用户、JOG 等作业坐标系的设定，可通过机器人设定（SETUP）的类型选项“坐标系（Frames）”选择，坐标系设定的基本操作步骤如下。

① 接通控制柜的电源总开关，启动控制系统。

② 将控制面板的操作模式选择开关置示教模式 1（T1 或 T2），并将示教器的 TP 有效开关置“ON”位置。

③ 按操作菜单键【MENU】，光标选择“设定（SETUP）”，按【ENTER】键确认，示教器可显示机器人一般事项设定页及软功能键〖类型（TYPE）〗。

④ 按软功能键〖类型（TYPE）〗，光标选择设定项“坐标系（Frames）”，按【ENTER】键确认，示教器可显示图 7.1.3（a）所示的坐标系设定基本页面及软功能键。

坐标系设定基本页面可显示坐标系一览表及坐标系编号、原点（X/Y/Z）、名称（注解）等基本参数，显示页的软功能键作用如下。

〖类型（TYPE）〗：机器人设定内容选择，按该键可退出坐标系设定，选择其他机器人设定项目。

〖细节（DETAIL）〗：坐标系设定方式选择，按该软功能键可进一步显示〖方法（METHOD）〗、〖坐标号码（FRAME）〗等软功能键，以选择坐标系设定方法、改变坐标系编号。

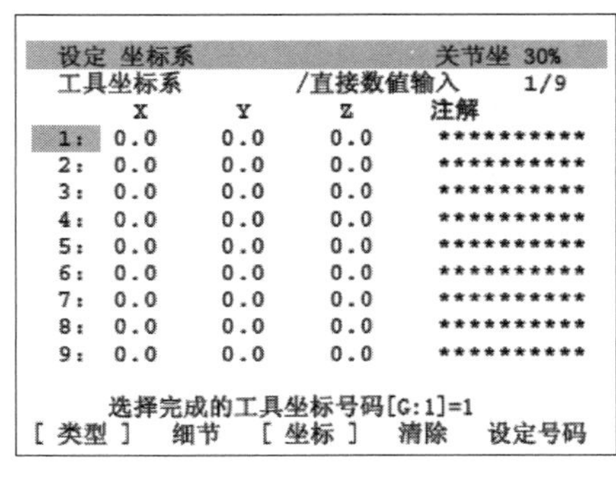

```
设定 坐标系                          关节坐 30%
工具坐标系          /直接数值输入        1/9
      X        Y        Z        注解
1:  0.0      0.0      0.0      **********
2:  0.0      0.0      0.0      **********
3:  0.0      0.0      0.0      **********
4:  0.0      0.0      0.0      **********
5:  0.0      0.0      0.0      **********
6:  0.0      0.0      0.0      **********
7:  0.0      0.0      0.0      **********
8:  0.0      0.0      0.0      **********
9:  0.0      0.0      0.0      **********
      选择完成的工具坐标号码[G:1]=1
[ 类型 ]  细节  [ 坐标 ]  清除  设定号码
```

(a) 基本页面

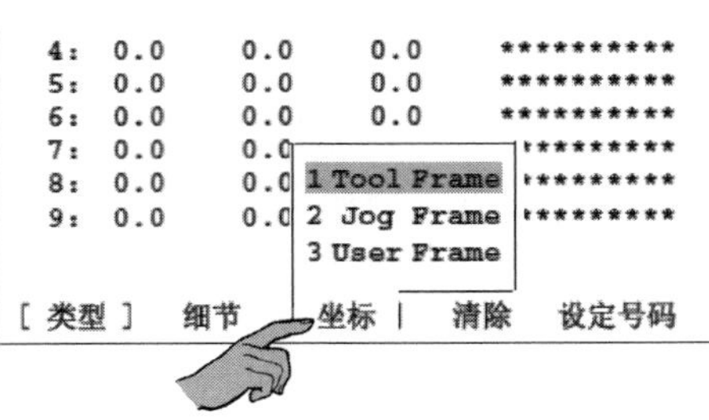

(b) 坐标系选择

图 7.1.3 坐标系设定与选择

〖坐标（OTHER）〗：坐标系类别选择，按该键可显示图 7.1.3（b）所示的坐标系类型选项“Tool Frame（工具坐标系）”“Jog Frame（JOG 坐标系）”“User Frame（用户坐标系）”，以选择需要设定的机器人坐标系类别。

〖清除（CLEAR）〗：清除选定的坐标系数据。

〖设定号码（SETING）〗：设定当前有效的坐标系编号。

⑤ 按软功能键〖坐标（OTHER）〗，光标选择需要设定的坐标系选项，按【ENTER】键确认，示教器便可显示对应的坐标系设定页面。

⑥ 根据坐标系设定要求及所选择的设定方法，通过示教、手动数据输入等操作，完成坐标系参数设定。

2. 工具坐标系设定内容

机器人的工具坐标系（Tool coordinates）用来定义作业工具控制点 TCP 和工具的安装方向；机器人手腕基准坐标系是工具坐标系的定义基准，如不设定工具坐标系，控制系统将默认手腕基准坐标系为工具坐标系。

FANUC 机器人最多允许设定 9 个工具坐标系，工具坐标系的设定页面显示及方向如图 7.1.4 所示，设定项的含义如下。

坐标系：工具坐标系编号显示与设定，允许范围 1～9。

注解：工具坐标系名称显示与设定。

```
设定 坐标系                     关节坐 30%
工具 坐标系      /直接数值输入      1/7
坐标系:  3
1:  注解:                 Tool2
2:  X:                    200.0
3:  Y:                      0.0
4:  Z:                    255.5
5:  W:                    -90.0
6:  P:                      0.0
7:  R:                    180.0
8:  形态:            NDB,0,0,0
[ 类型 ] [ 方法 ] 坐标号码
```

(a) 显示页

(b) 方向

图 7.1.4 工具坐标系设定

X/Y/Z：工具坐标系原点显示与设定。工具坐标系原点就是机器人 TCP 位置，设定值为 TCP 在手腕基准坐标系上的坐标值。

W/P/R：工具坐标系方向显示与设定。工具坐标系方向是工具在机器人手腕上的安装方向，需要姿态角的形式设定，角度正向由右手定则决定。

形态：机器人当前姿态显示，该项无需设定。

由于工具坐标系的参数计算较为繁琐，因此，实际使用时一般通过示教操作，由控制系统自动计算、设定。FANUC 机器人的工具坐标系设定可采用 3 点示教、6 点示教、手动数据输入 3 种方法。

3. 坐标原点 3 点示教设定

3 点示教设定是利用 3 个示教点，由控制系统自动计算、设定工具坐标系原点（TCP）的操作。利用 3 点示教操作，系统默认工具坐标系方向与机器人手腕基准坐标系相同（W/P/R 为 0）。

为了保证工具坐标系的计算、设定准确，3 个示教点应按图 7.1.5 所示选择，3 个示教点的 TCP 位置应保持不变，工具姿态的变化应尽可能大。

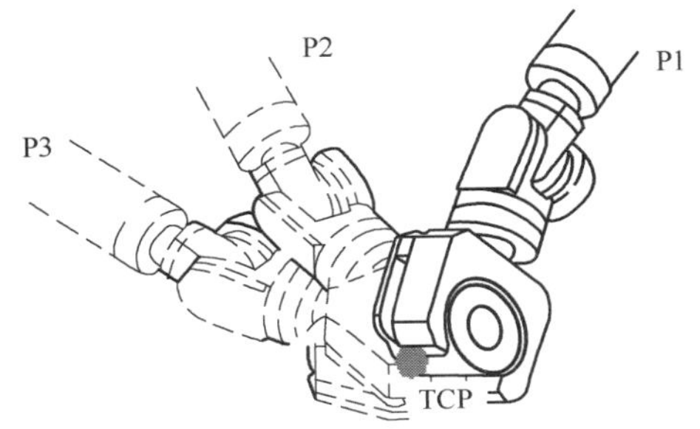

图 7.1.5 工具坐标系 3 点示教

工具坐标系原点 3 点示教设定操作步骤如下。

① 利用前述的坐标系设定基本操作，在坐标系设定基本页面上，按软功能键〖坐标（OTHER）〗，然后用光标选择“工具坐标系（Tool Frame）”设定项，按【ENTER】键确认，示教器便可显示工具坐标系一览表显示页面（参见图 7.1.3）。

② 光标选定工具坐标系号，按软功能键〖细节（DETAIL）〗，示教器可显示图 7.1.6（a）所示的工具坐标系设定软功能键〖方法（METHOD）〗、〖坐标号码（FRAME）〗。

③ 按软功能键〖方法（METHOD）〗，示教器可显示设定方式选项“3 点记录（Three point）”“6 点记录（Six point）”“直接数值输入（Direct Entry）”。

④ 光标选定“3 点记录（Three point）”，按【ENTER】键确认，示教器将显示图 7.1.6（b）所示的工具坐标系 3 点示教设定页面，显示页的注解（Comment）栏用于工具坐标系名称输入；参照点 1/2/3（Approach point 1/2/3）为示教点选择与状态显示，需要示教的点显示“未示教（UNINIT）”，示教完成的点显示为“记录完成（RECORDED）”；所有点示教完成后，示教器可显示“设定完成（USED）”状态。

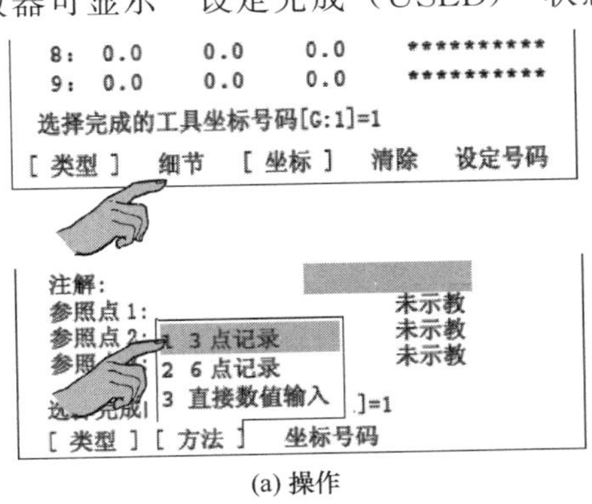

(a) 操作

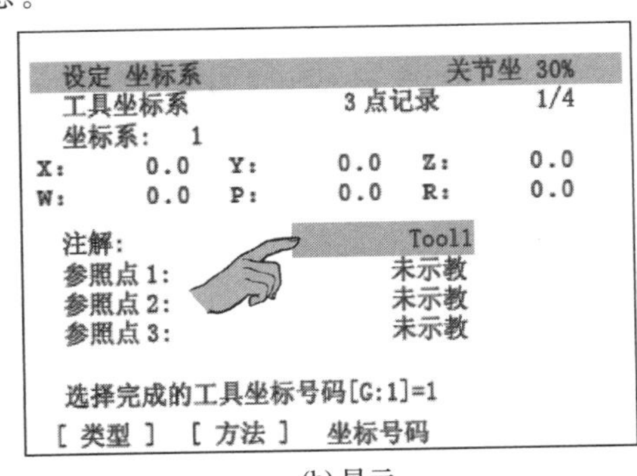

(b) 显示

图 7.1.6 工具坐标系 3 点示教页面

⑤ 光标选定“注解（Comment）”，按【ENTER】键确认，示教器可显示工具坐标系名称（注释）输入页面，输入工具坐标系名称（注释）；完成后，用【ENTER】键确认。

⑥ 光标选定图 7.1.7（a）所示的“参照点 1（Approach point 1）”后，将机器人手动移动到第 1 示教点的位置；在该位置上，应确保工具的方向（姿态）可自由调节。

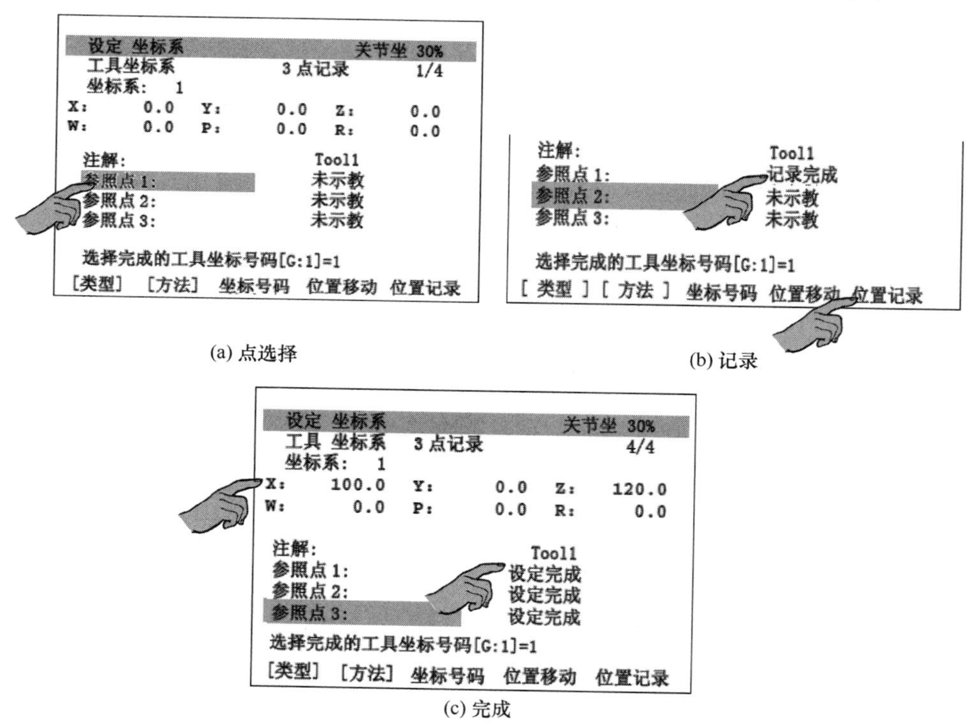

图 7.1.7 工具坐标系 3 点示教操作

⑦ 按住示教器操作面板上的【SHIFT】键，同时按软功能键〖位置记录（RECORD）〗，当前位置便可记录到系统中；示教器的参照点 1 显示状态成为图 7.1.7（b）所示的“记录完成（RECORDED）”。

⑧ 保持 TCP 位置不变，利用手动工具定向操作，完成参照点 2、3（Approach point 2、3）的记录；示教点间的工具姿态变化量越大，TCP 位置的计算精度也越高。

3 点示教完成后，所有示教点的显示将成为图 7.1.7（c）所示的“设定完成（USED）”状态，并在示教器上显示 TCP 的位置值 X/Y/Z。

4. 原点检查、生效与清除

如需要，利用 3 点示教操作设定的工具坐标系，可通过以下操作检查、生效与清除。

① 光标选定状态显示为“记录完成（RECORDED）”或“设定完成（USED）”的示教点；然后，按住示教器操作面板上的【SHIFT】键，同时按软功能键〖位置移动（MOVE_TO）〗，机器人便可自动定位到所选的示教点，以便检查示教点位置是否准确。

② 用光标选定状态显示为“记录完成（RECORDED）”或“设定完成（USED）”的示教点，按【ENTER】键，示教器便可显示该点的详细位置数据；检查确认后，可按【PREV】键返回 3 点示教设定页面。

③ 在图 7.1.7（c）所示的 3 点示教设定完成页面上，按【PREV】键，可返回工具坐标系一览表显示页面，并显示图 7.1.8 所示的工具坐标原点（TCP）及名称（注解）。

④ 在工具一览表显示页面上，按软功能键〖设定号码（SETING）〗，示教器将显示工具

坐标系编号输入提示行，用数字键输入所设定的坐标系编号后，按【ENTER】键确认，便可将所设定的工具坐标系，定义为当前有效的工具坐标系。

⑤ 按软功能键〖清除（CLEAR)〗，所设定的工具坐标系将被清除。

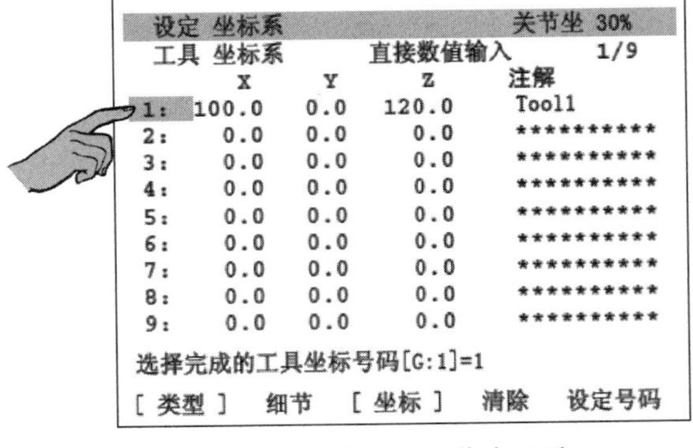

设定 坐标系 关节坐 30%
工具 坐标系 直接数值输入 1/9
X Y Z 注解
1: 100.0 0.0 120.0 Tool1
2: 0.0 0.0 0.0 **********
3: 0.0 0.0 0.0 **********
4: 0.0 0.0 0.0 **********
5: 0.0 0.0 0.0 **********
6: 0.0 0.0 0.0 **********
7: 0.0 0.0 0.0 **********
8: 0.0 0.0 0.0 **********
9: 0.0 0.0 0.0 **********
选择完成的工具坐标号码[G:1]=1
[类型] 细节 [坐标] 清除 设定号码

图 7.1.8 工具坐标系一览表显示

5. 工具坐标系 6 点示教设定

FANUC 机器人的工具坐标系 6 点示教设定是利用机器人的 6 个示教点，由控制系统自动计算、设定工具坐标系原点及工具安装方向的操作。

工具坐标系 6 点示教设定页面的参照点 1/2/3（Approach point 1/2/3)，用来计算坐标系原点位置，要求与 3 点示教相同；其他 3 个示教点用来计算、设定工具坐标系方向，示教点应按图 7.1.9 所示，用以下方式选择。

坐标原点（Orient Origin Point)：原点 P4 用来指定工具坐标系原点，P4 和示教点 P5、P6 共同决定工具坐标系方向。

X 轴方向（X Direct Point)：X 轴方向点 P5 用来确定 X 轴方向，P5 可以是工具坐标系 $+X$ 轴上的任意一点，但为了使设定准确，P5 应尽可能远离 P4。

Z 轴方向（Z Direct Point)：Z 轴方向点 P6 用来确定 Z 轴方向，P6 可以是工具坐标系 XZ 平面第一象限上的任意一点；P4P5P6 平面与 $+X$ 垂直的轴即为工具坐标系 $+Z$ 轴。同样，为了使设定更加准确，P6 应尽可能远离示教点 P4、P5。

工具坐标系的 $+X$、$+Z$ 轴一经确定，$+Y$ 轴便可用右手定则确定。

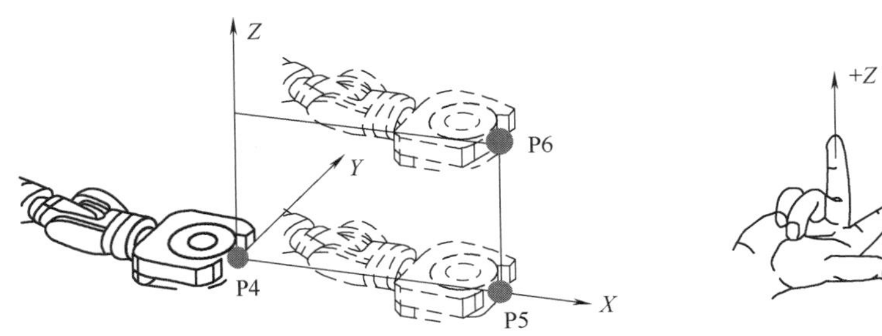

图 7.1.9 坐标系方向示教点

工具坐标系 6 点示教设定的操作步骤如下。

① 利用 3 点示教同样的操作，在工具坐标系一览表显示页面上，用光标选定需要设定的工具坐标系编号，按软功能键〖细节（DETAIL)〗，然后按软功能键〖方法（METHOD)〗，用光标选定“6 点记录（Six point)”，按【ENTER】键确认，示教器可显示图 7.1.10 所示的工具坐标系 6 点示教设定页面。

② 利用原点 3 点示教同样的操作，完成“注解（Comment)”输入，以及“参照点 1/2/3（Approach point 1/2/3)”的示教、记录。

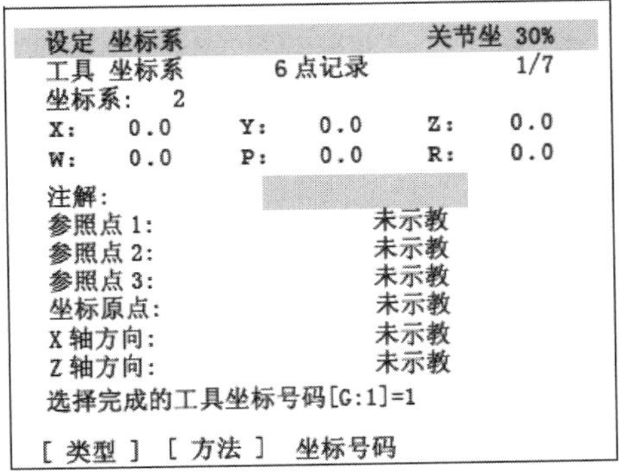

图 7.1.10 工具坐标系 6 点示教页面

③ 利用手动操作，将机器人移动到工具坐标原点（示教点 P4）的位置上。如果原点 P4 与示教点 P1（或 P2、P3）重合，可将光标移动到示教点上，然后按住示教器的【SHIFT】键，同时按软功能键〖位置移动（MOVE_TO）〗，机器人可自动定位到示教点。

④ 光标移动到“坐标原点（Orient Origin Point）”上，按住示教器操作面板上的【SHIFT】键，同时按软功能键〖位置记录（RECORD）〗，当前位置便可记录到“坐标原点（Orient Origin Point）”中，示教点的状态成为“记录完成（RECORDED）”。

⑤ 按示教器操作面板的坐标选择键【COORD】，将机器人手动操作的坐标系切换成全局坐标系（WORLD）。

⑥ 光标移动到“*X* 轴方向（X Direct Point）”上，手动操作机器人，将 TCP 移动到工具坐标系+*X* 轴的任意一点 P5 上；然后按住【SHIFT】键，同时按软功能键〖位置记录（RECORD）〗；当前位置将记录到“X 轴方向（X Direct Point）”中，示教点的状态成为“记录完成（RECORDED）”。

⑦ 为了保证 *XZ* 平面示教点的位置正确，可将光标移动到“坐标原点（Orient Origin Point）”上，然后按住示教器操作面板上的【SHIFT】键，同时按软功能键〖位置移动（MOVE_TO）〗，使机器人 TCP 重新定位到坐标原点 P4 上。

⑧ 光标移动到“Z 轴方向（Z Direct Point）”上，手动操作机器人，将 TCP 移动到工具坐标系+*Z* 轴的任意一点 P6 上；然后，按住【SHIFT】键，同时按软功能键〖位置记录（RECORD）〗，当前位置将记录到“Z 轴方向（Z Direct Point）”中，示教点的状态成为“记录完成（RECORDED）”。

```
设定 坐标系                                  关节坐 30%
工具 坐标系               6 点记录               1/7
坐标系:   2
X:  200.0     Y:    0.0     Z:   255.5
W:  -90.0     P:    0.0     R:   180.0
注解:                        Tool2
参照点 1:                   设定完成
参照点 2:                   设定完成
参照点 3:                   设定完成
坐标原点:                   设定完成
X 轴方向:                   设定完成
Z 轴方向:                   设定完成
[ 类型 ] [ 方法 ]   坐标号码
```

图 7.1.11 工具坐标系示教完成页

6 点示教操作完成后，所有示教点的显示将成为图 7.1.11 所示的“设定完成（USED）”状态，并显示工具坐标系原点 X/Y/Z 及方向 W/P/R。

在 6 点示教设定显示页上，如用光标选定状态为“记录完成（RECORDED）”或“设定完成（USED）”的示教点，然后按住示教器操作面板上的【SHIFT】键，同时按软功能键〖位置移动（MOVE_TO）〗，机器人便可自动定位到所选的示教点上，以检查示教点位置是否准确。如选定示教点后，按【ENTER】键，则可显示该点的详细位置数据；检查完成后，可按【PREV】键返回 6 点示教设定页面。

⑨ 在 7.1.11 所示的设定完成页面上，按【PREV】键，可返回工具坐标系一览表显示页，并显示所设定的工具坐标原点（TCP）及坐标系名称（注解）。

⑩ 在工具坐标系一览表显示页面上，按软功能键〖设定号码（SETING）〗，示教器将显示工具坐标系编号输入提示行，用数字键输入所设定的坐标系编号后，按【ENTER】键确认，便可将所设定的工具坐标系，定义为当前有效的工具坐标系。如按软功能键〖清除（CLEAR）〗，当前设定的工具坐标系数据将被清除。

6. 手动数据输入设定

如机器人所使用的作业工具的 TCP 位置、安装方向均已知，设定工具坐标系时，只需要利用如下的示教器操作，手动输入工具坐标系数据。

① 利用工具坐标系 3 点示教同样的操作，在工具坐标系一览表显示页面上，用光标选定需要设定的工具坐标系编号，按软功能键〖细节（DETAIL）〗，然后按软功能键〖方法（METHOD）〗，用光标选定“直接数值输入（Direct Entry）”，按【ENTER】键确认，示教器

可显示图 7.1.12 所示的工具坐标系数据手动输入设定页面。

② 光标选定需要输入的工具坐标系参数后，用示教器数字键直接输入原点位置、旋转角度值，按【ENTER】键确认。

③ 全部数据设定完成后，按【PREV】键，可返回工具坐标系一览表，并显示工具坐标系原点(TCP)、坐标系名称（注解）。

④ 在工具坐标系一览表显示页面上，按软功能键〖设定号码（SETING)〗，示教器将显示工具坐标系编号输入提示行，用数字键输入所设定的坐标系编号后，按【ENTER】键确认，便可将所设定的工具坐标系，定义为当前有效的工具坐标系。如按软功能键〖清除（CLEAR)〗，当前设定的工具坐标系数据将被清除。

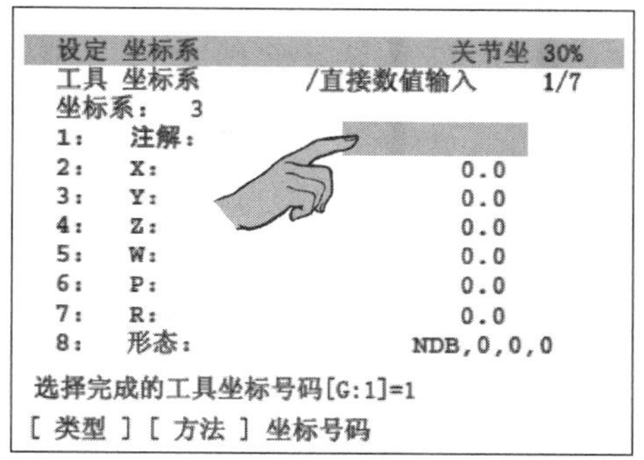

图 7.1.12　手动数据输入设定

7.1.3　用户坐标系设定与示教

在 FANUC 机器人上，用户坐标系（User coordinates）是用来定义机器人 TCP 位置的虚拟笛卡儿直角坐标系，系统最大允许设定 9 个用户坐标系。用户坐标系需要以全局坐标系(World）为基准定义，如不设定用户坐标系，系统将默认全局坐标系为用户坐标系。

用户坐标系的设定参数、示教方法均与工具坐标系类似，示教设定时可选择 3 点示教、4 点示教、手动数据输入 3 种方法设定，其操作步骤分别如下。

1. 3 点示教设定

通过用户坐标系的 3 点示教设定操作，控制系统可利用图 7.1.13 所示的 3 个示教点，自动计算、设定用户坐标系的原点位置及坐标轴方向。

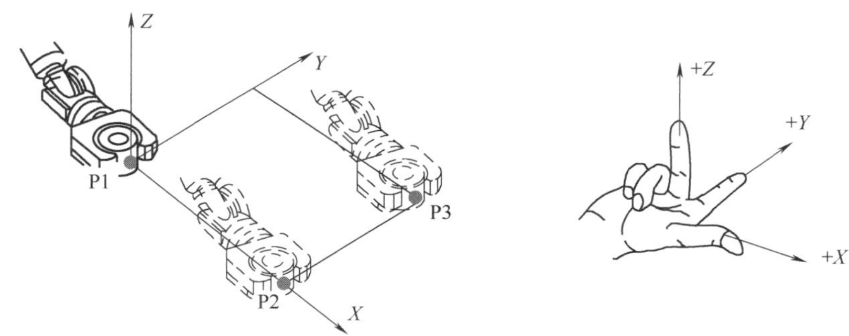

图 7.1.13　用户坐标系 3 点示教

用户坐标系 3 点示教的示教点选择要求如下。

P1：坐标系原点（Orient Origin Point)。用来确定用户坐标系原点，它和示教点 P2、P3 共同决定用户坐标系方向。

P2：X 轴方向（X Direct Point)。用来确定用户坐标系 X 轴方向，P2 可以是用户坐标系 $+X$ 轴上的任意一点；但是，为了使得坐标系方向设定更加准确，示教点 P2 应尽可能远离原点 P2。

P3：Y 轴方向（Y Direct Point)。用来确定用户坐标系 Y 轴方向，P3 可以是用户坐标系 XY 平面第一象限上的任意一点；但是，为了使得坐标系方向设定更加准确，示教点 P3 应尽可能远离示教点 P1、P2。

用户坐标系原点及 X、Y 轴方向一旦指定，Z 轴便可通过右手定则决定。

用户坐标系的 3 点示教的操作步骤如下。

① 利用前述的坐标系设定基本操作，在坐标系设定基本页面上，按软功能键〖坐标（OTHER）〗，然后用光标选择设定项“User Frame（用户坐标系）”，按【ENTER】键确认，示教器可显示图 7.1.14 所示的用户坐标系一览表。

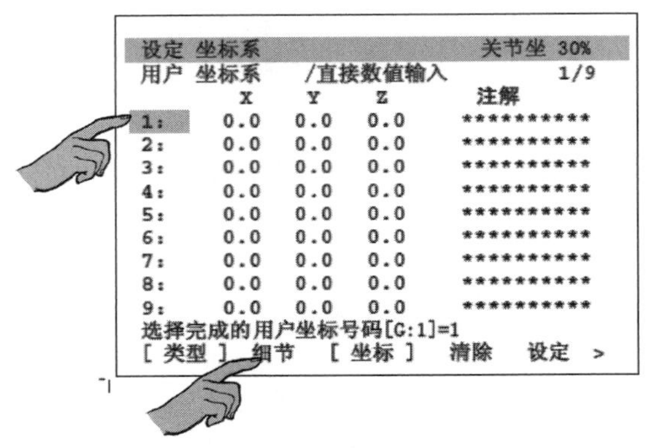

图 7.1.14 用户坐标系一览表显示

用户坐标系一览表显示页的软功能键作用与工具坐标系相同，可参见前述。在部分机器人上，软功能键〖设定号码（SETING）〗的中文显示为〖设定〗。

② 移动光标到需要设定的用户坐标系编号上，按软功能键〖细节（DETAIL）〗，示教器将显示图 7.1.15（a）所示的用户坐标系设定页面及软功能键〖方法（METHOD）〗、〖坐标号码（FRAME）〗。

③ 按软功能键〖方法（METHOD）〗，示教器可显示用户坐标系的设定方式选项“3 点记录（Three point）”“4 点记录（Four point）”“直接数值输入（Direct Entry）”。3 点示教设定时，用光标选定“3 点记录（Three point）”，按【ENTER】键确认，示教器将显示图 7.1.15（b）所示的用户坐标系原点 3 点示教设定页面。

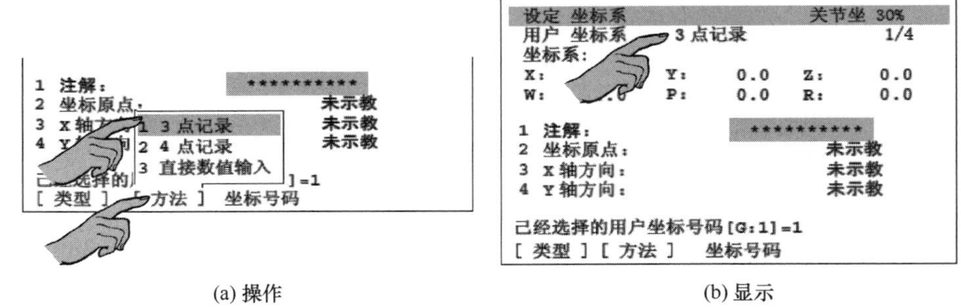

(a) 操作 (b) 显示

图 7.1.15 用户坐标系 3 点示教设定

④ 利用工具坐标系示教设定同样的方法，在“注解（Comment）”输入用户坐标系名称；然后，通过机器人手动操作，依次示教、记录“坐标原点（Orient Origin Point）”“X 轴方向（X Direct Point）”“Y 轴方向（Y Direct Point）”3 个示教点。

用户坐标系 3 点示教完成后，所有示教点的显示将成为“设定完成（USED）”状态，并在示教器上显示用户坐标系原点 X/Y/Z 及方向 W/P/R。

在 3 点示教设定页面上，如用光标选定状态为“记录完成（RECORDED）”或“设定完成（USED）”的示教点；然后，按住示教器操作面板上的【SHIFT】键，同时按软功能键〖位置移动（MOVE_TO）〗，机器人便可自动定位到所选的示教点上，以检查示教点位置是否准确。如选定示教点后，按【ENTER】键，则可显示该点的详细位置数据；检查完成后，可按【PREV】键返回 3 点示教设定页面。

⑤ 在 3 点示教设定完成页面上，按【PREV】键，可显示用户坐标系一览表，并显示已设定的坐标原点（TCP）、名称（注解）。

⑥ 在用户坐标系一览表显示页面上，按软功能键〖设定（SETING）〗，示教器将显示用

户坐标系编号输入提示行，用数字键输入所设定的坐标系编号后，按【ENTER】键确认，便可将该用户坐标系定义为当前有效的用户坐标系。如按软功能键〖清除（CLEAR）〗，当前设定的用户坐标系数据将被清除。

2. 4点示教设定

用户坐标系的4点示教设定是通过图7.1.16所示的4个示教点，由控制系统自动计算、设定用户坐标系原点及坐标轴方向的操作。采用4点示教设定时，用户坐标系的坐标轴方向与坐标系原点，可通过不同的示教点独立定义。

4点示教的示教点选择要求如下，示教点间距越大、设定的坐标系就越准确。

P1：X轴始点（X Start Point）。用来确定用户坐标系 X 轴方向的第1示教点，该点可以不是用户坐标系的坐标原点。

P2：X轴方向（X Direct Point）。用来确定用户坐标系 X 轴方向的第2示教点；从P1到P2的直线，为用户坐标系 $+X$ 轴的平行线。

P3：Y轴方向（Y Direct Point）。用来确定用户坐标系 Y 轴方向的示教点，P2可以是用户坐标系 XY 平面第一象限上的任意一点。

P4：坐标系原点（Orient Origin Point）。用来定义用户坐标系原点。

也可以这样认为：利用4点示教设定的用户坐标系，相当于利用坐标原点P4的示教，对3点示教设定的用户坐标系 $X'Y'$，进行了平移。

用户坐标系的4点示教设定的显示页面如图7.1.17所示。4点示教设定用户坐标系时，除了需要增加示教点P4外，其他的所有操作均与3点示教完全相同。

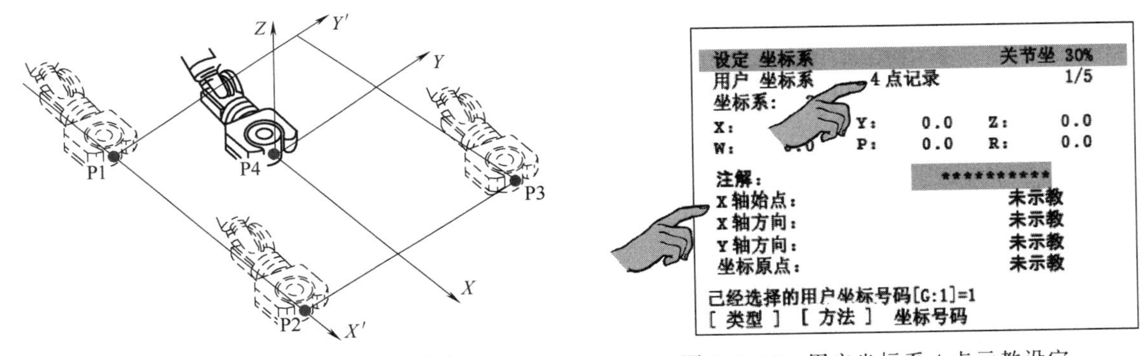

图7.1.16 用户坐标系4点示教

图7.1.17 用户坐标系4点示教设定

3. 手动数据输入设定

如机器人的用户坐标系原点、方向均为已知，设定用户坐标系时，只需要利用如下的示教器操作，手动输入用户坐标系数据。

① 利用用户坐标系3点示教同样的操作，选定“直接数值输入（Direct Entry）”，按【ENTER】键确认，示教器显示图7.1.18所示的用户坐标系数据手动输入页面。

② 光标选定需要输入的用户坐标系参数后，用示教器数字键输入数据后，按【ENTER】键确认。

③ 全部数据设定完成后，按【PREV】键，可返回用户坐标系一览表，并显示坐标原点（TCP）、坐标系名称（注解）。

④ 在用户坐标系一览表显示页面上，按软功能键〖设定（SETING）〗，示教器将显示用户坐标系编号输入提示行，用数字键输入所设定的坐标系编号，按【ENTER】键确认，便可将所设定的用户坐标系设定为当前有效的用户坐标系。如按软功能键〖清除（CLEAR）〗，当

前设定的用户坐标系数据将被清除。

4. 用户坐标系撤销

当机器人不使用用户坐标系时，可通过下述操作，选择用户坐标系 UF0，恢复全局坐标系（World）。

① 选择用户坐标系一览表显示页面。

② 按【NEXT】键，示教器可显示图 7.1.19 所示的软功能键。

③ 按软功能键〖清除号码〗，可撤销机器人的用户坐标系，示教器显示“已经选择的用户坐标系号码［G：1］=0”，恢复机器人全局坐标系。

设定 坐标系　　关节坐 30%
用户 坐标系　　直接数值输入　　1/7
坐标系：3

1:	注解:	**********
2:	X:	0.0
3:	Y:	0.0
4:	Z:	0.0
5:	W:	0.0
6:	P:	0.0
7:	R:	0.0
	形态:	NDB,0,0,0

已经选择的用户坐标号码[G:1]=1
[类型] [方法] 坐标号码 位置移动 位置记录

图 7.1.18　用户坐标系手动数据输入

设定 坐标系　　关节坐 30%
用户 坐标系　　4 点记录　　3/9

	X	Y	Z	注解
1:	1243.6	0.0	43.8	Basic frame
2:	1243.6	525.2	43.8	Right frame
3:	0.0	0.0	0.0	**********
4:	0.0	0.0	0.0	**********
5:	0.0	0.0	0.0	**********
6:	0.0	0.0	0.0	**********
7:	0.0	0.0	0.0	**********
8:	0.0	0.0	0.0	**********
9:	0.0	0.0	0.0	**********

已经选择的用户坐标号码[G:1]=0
[类型] 清除号码

图 7.1.19　用户坐标系撤销

7.1.4 JOG 坐标系设定

JOG 坐标系（JOG coordinates）是 FANUC 机器人专门用于手动操作（JOG）的临时坐标系。JOG 坐标系设定后，机器人 TCP 的手动操作便可在 JOG 坐标系上进行，其 X、Y、Z 轴的运动方向可不同于全局坐标系，从而方便机器人手动操作。

FANUC 机器人最大允许设定 5 个用户坐标系，全局坐标系（World）是定义 JOG 坐标系的基准，如不设定 JOG 坐标系，系统将默认全局坐标系为 JOG 坐标系。

JOG 坐标系的设定参数、示教方法均与用户坐标系类似，示教设定时可选择 3 点示教、手动数据输入两种方法设定。

1. 3 点示教设定

利用手动坐标系的 3 点示教设定操作，控制系统可通过图 7.1.20 所示 3 个示教点，自动计算、设定 JOG 坐标系原点及坐标轴方向。

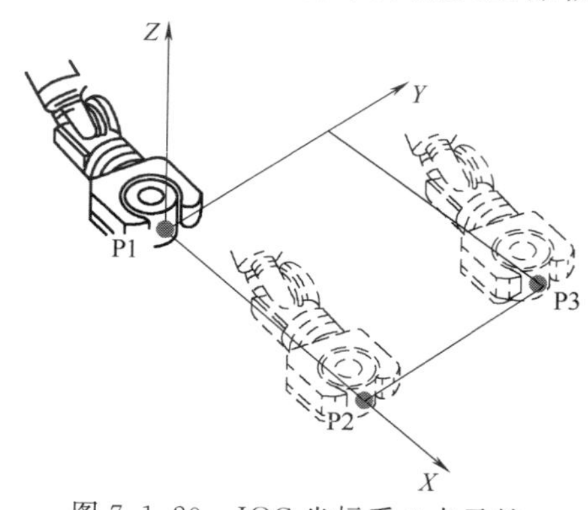

图 7.1.20　JOG 坐标系 3 点示教

3 点示教的示教点选择要求如下，示教点间距越大，设定的坐标系就越准确。

P1：坐标系原点（Orient Origin Point）。用来确定 JOG 坐标系原点，它和示教点 P2、P3 共同决定用户坐标系方向。

P2：X 轴方向（X Direct Point）。用来确定 JOG 坐标系 X 轴方向，P2 可以是 JOG 坐标系 $+X$ 轴上的任意一点。

P3：Y 轴方向（Y Direct Point）。用来确定 JOG 坐标系 Y 轴方向，P2 可以是 JOG 坐标系 XY 平面第一

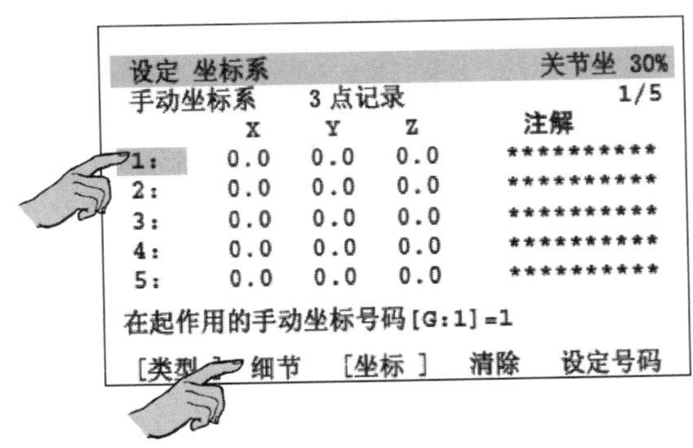

图 7.1.21　JOG 坐标系一览表显示

象限上的任意一点。

JOG 坐标系原点及 X、Y 轴方向一旦指定，Z 轴便可通过右手定则决定。

JOG 坐标系的 3 点示教的操作步骤如下。

① 利用前述的坐标系设定基本操作，在坐标系设定基本页面上，按软功能键〖坐标(OTHER)〗，然后，用光标选择设定项“Jog Frame（JOG 坐标系）”，按【ENTER】键确认，示教器可显示图 7.1.21 所示的 JOG 坐标系一览表。

JOG 坐标系一览表显示页面的软功能键作用与工具坐标系相同，有关内容可参见前述。

② 移动光标到需要设定的 JOG 坐标系编号上，按软功能键〖细节（DETAIL)〗，示教器将显示图 7.1.22（a）所示的 JOG 坐标系设定方式软功能键〖方法（METHOD)〗、〖坐标号码（FRAME)〗。

③ 按软功能键〖方法（METHOD)〗，示教器将显示 JOG 坐标系的设定方式选项“3 点记录（Three point)”“直接数值输入（Direct Entry)”。光标选定“3 点记录（Three point)”选项，按【ENTER】键确认，示教器将显示图 7.1.22（b）所示的 JOG 坐标系原点 3 点示教设定页面。

④ 按工具坐标系示教设定同样的方法，在“注解（Comment)”输入 JOG 坐标系名称；然后，通过机器人手动操作，依次示教、记录“坐标原点（Orient Origin Point)”“X 轴方向（X Direct Point)”“Y 轴方向（Y Direct Point)”3 个示教点。

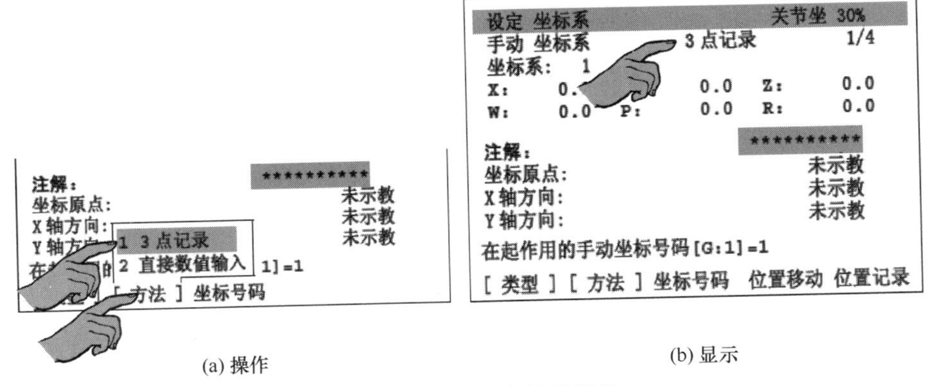

(a) 操作　(b) 显示

图 7.1.22　JOG 坐标系设定

⑤ JOG 坐标系 3 点示教完成后，所有示教点的显示将成为“设定完成（USED)”状态，并在示教器上显示 JOG 坐标系原点 X/Y/Z 及方向 W/P/R。

在 3 点示教设定页面上，如用光标选定状态为“记录完成（RECORDED)”或“设定完成（USED)”的示教点；然后，按住示教器操作面板上的【SHIFT】键，同时按软功能键〖位置移动（MOVE_TO)〗，机器人便可自动定位到所选的示教点上，以检查示教点位置是否准确。如选定示教点后，按【ENTER】键，则可显示该点的详细位置数据；检查完成后，可按【PREV】键返回 3 点示教设定页面。

⑥ 在 3 点示教设定完成页面上，按【PREV】键，可显示 JOG 坐标系一览表，并显示坐

标原点（TCP）、名称（注解）。

⑦ 在JOG坐标系一览表显示页面上，按软功能键〖设定号码（SETTING）〗，示教器将显示JOG坐标系编号输入提示行，用数字键输入坐标系编号后，按【ENTER】键确认，便可将该JOG坐标系设定为当前有效的JOG坐标系。如按软功能键〖清除（CLEAR）〗，当前设定的JOG坐标系数据将被清除。

2. **手动数据输入设定**

如机器人的JOG坐标系原点、方向均为已知，设定JOG坐标系时，只需要利用如下的示教器操作，手动输入JOG坐标系数据。

① 利用JOG坐标系3点示教同样的操作，选定“直接数值输入（Direct Entry）”，按【ENTER】键确认，示教器显示图7.1.23所示的JOG坐标系数据手动输入页面。

② 光标选定需要输入的JOG坐标系参数后，用示教器数字键输入数据后，按【ENTER】键确认。

③ 全部数据设定完成后，按【PREV】键，可返回JOG坐标系一览表，并显示坐标原点（TCP）、坐标系名称（注解）。

④ 在JOG坐标系一览表显示页面上，按软功能键〖设定号码（SETING）〗，示教器将显示JOG坐标系编号输入提示行，用数字键输入坐标系编号后，按【ENTER】键确认，便可将该JOG坐标系设定为当前有效的JOG坐标系。如按软功能键〖清除（CLEAR）〗，当前设定的JOG坐标系数据将被清除。

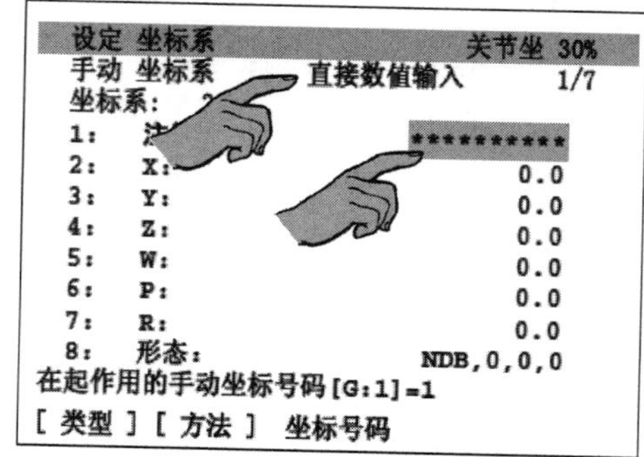

图7.1.23 JOG坐标系手动数据输入

7.2 作业基准点和范围设定

7.2.1 作业基准点设定

1. **基准点一览表显示**

作业基准点是为机器人执行特定作业所设定的参考位置，它可用于机器人程序自动运行或手动操作。

FANUC机器人最大可设定3个基准点，基准点可通过特定的宏程序自动定位；机器人位于基准点时，可输出基准点到达DO信号，以便外部检查、控制。基准点一览表显示与DO设定的操作步骤如下。

① 接通控制柜的电源总开关，启动控制系统；操作模式选择示教（T1或T2）；示教器的TP有效开关置“ON”位置。

② 按操作菜单键【MENU】，光标选择“设定（SETUP）”，按【ENTER】键确认，示教器可显示机器人设定页面。

③ 按软功能键〖类型（TYPE）〗，并选择图7.2.1（a）所示的设定项“设定基准点（5 Ref Position）”，按【ENTER】键确认，示教器便可显示图7.2.1（b）所示的基准点一览表显示页面。

基准点一览表显示栏的显示、设定内容如下。

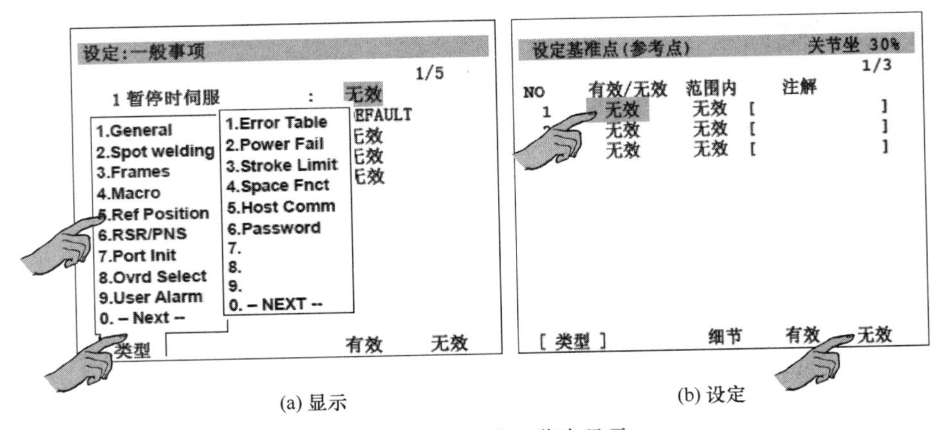

(a) 显示　　(b) 设定

图 7.2.1　基准点一览表显示

NO：基准点编号，FANUC 机器人可设定 3 个基准点，编号依次为 1～3。

有效/无效：该栏用于“基准点到达”信号输出设定，可通过软功能键〖有效（ENABLED)〗、〖无效（DISABLED)〗选择。设定“有效”时，机器人位于基准点时，可在指定的 DO（或 RO）信号上，输出基准点到达信号；设定“无效”时，不能输出“基准点到达”信号。

范围内：基准点位置显示，机器人位于基准点定位区间范围内时，显示“有效”；否则，显示“无效”。

注解：基准点注释（名称）显示。

软功能键〖细节（DETAIL)〗用于后述的基准点参数设定。

④ 光标选定基准点编号并定位至该编号所对应的“有效/无效”“范围内”栏上，根据机器人的基准点 DO 信号要求，通过软功能键〖有效（ENABLED)〗、〖无效（DISABLED)〗，完成基准点 DO 信号输出设定。

2. 基准点设定

FANUC 机器人的基准点设定操作步骤如下。

① 选择基准点一览表显示页面，按软功能键〖细节（DETAIL)〗，示教器可显示图 7.2.2 所示的基准点设定页面。

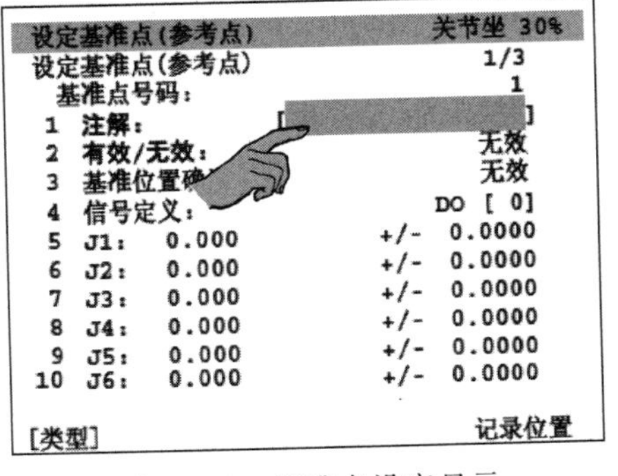

图 7.2.2　基准点设定显示

② 移动光标至“注解”输入框，输入基准点名称（注释），完成后按【ENTER】键确认。注释的输入方法与程序名称输入相同。

③ 移动光标至“信号定义”行的地址上，可显示图 7.2.3（a）所示的基准点到达信号类别选择软功能键〖DO（通用输出)〗、〖RO（机器人输出)〗；用软功能键选定类别、数字键输入地址后，按【ENTER】键确认。

④ 移动光标至图 7.2.3（b）所示的关节轴 J1～J6 的位置输入区，用数字键输入基准点位置及定位区间（+/-）值，按【ENTER】键确认，逐一完成机器人各关节轴的基准点位置、定位区间的设定。或者，利用机器人手动操作，将光标选定的关节轴移动基准点定位，并按软功能键〖位置记录（RECORD)〗，以示教方式设定基准点位置后，再用数字键、【ENTER】键设定基准点定位区间。

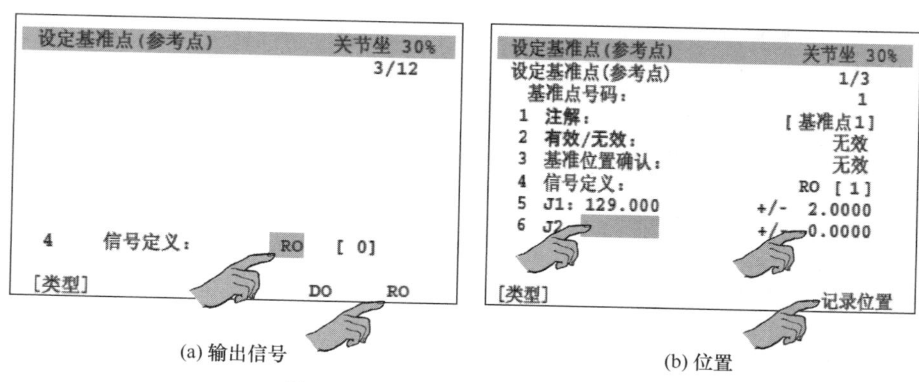

(a) 输出信号　(b) 位置

图 7.2.3　基准点信号和位置设定

⑤ 基准点位置、定位区间设定完成后，按【PREV】键返回基准点一览表显示页。

⑥ 调节光标到“有效/无效”“范围内”上，通过软功能键〖有效（ENABLED）〗、〖无效（DISABLED）〗设定“基准点到达”信号的输出功能。

7.2.2 运动保护与 J1/E1 轴限定

1. 机器人运动保护功能

工业机器人的关节轴行程极限保护通常有机械限位挡块、超程开关（硬件保护）、软件限位（软极限）保护 3 类。

机械限位挡块是利用机械措施强制禁止关节轴运动的最后一道保护措施，用于非 360°回转的摆动轴或直线运动轴。机械限位保护需要通过改变机械限位挡块的安装位置，来调整保护位置。

硬件保护是利用超程检测开关、电气控制线路，通过急停、关闭伺服或直接分断驱动器主回路等措施，来防止运动轴超程的一种方法，可用于非 360°回转的摆动轴或直线运动轴。硬件保护需要在运动轴的正、负行程极限位置安装检测开关（行程开关），故不能用于行程超过 360°的回转轴。硬件保护的区域（动作位置）通常由机器人生产厂家根据机械结构的要求设置，用户一般不能通过系统参数设定、编程等方式轻易改变。

软件保护是通过控制系统对关节轴位置的监控，限制轴运动范围、防止超程和运动干涉的保护功能，可用于所有运动轴。软件保护可规定运动轴的正/负极限位置，故又称软极限；软极限的位置可通过系统参数设定、编程等方式设置，但不能超出硬件保护区的范围。机器人的软极限通常以关节坐标位置的形式设定；机器人的所有运动轴，包括行程超过 360°的回转轴，均可设定软极限。

机器人出厂设定的软极限，一般就是机器人样本中的工作范围（working range）参数，它是在不考虑工具、工件安装时的关节轴极限工作范围。机器人实际作业时，用户可根据实际作业工具、允许作业区间的要求，通过系统设定操作，改变软极限位置，限制机器人的运动范围。用户设定的软极限位置原则上不能超越机器人样本中的工作范围，更不允许通过调节硬件保护开关位置、扩大关节轴行程。

FANUC 机器人的软极限设定，一般需要利用控制系统设定操作菜单“系统（SYSTEM）”，在“设定：轴范围（Axis Limits）”设定选项中设定。在选配“程序工具箱”软件的机器人上，还通过前述的实用程序编辑操作菜单“共用功能（UTILITIES）”，利用“软体限制设定”设定选项，自动读取程序中的所有程序点数据，计算机器人各关节轴的运动范围，并自动设定机器人的软极限参数。

机器人软极限、硬件保护开关所建立的运动保护区，可用来限制关节轴行程，但是不能用于行程范围内的运动干涉保护。机器人一旦安装了作业工具、工装、工件，机器人作业空间内的某些区域，可能会导致机器人、工具、工装、工件等部件的碰撞，成为机器人不能进入的干涉区，为此，需要通过关节轴 J1 及外部轴 E1 的工作范围限制、机器人干涉保护区（简称干涉区）设定等功能，来进一步保护机器人运动，避免产生碰撞。

2. J1/E1 轴工作范围设定

在配置选择功能的 FANUC 机器人上，机器人的关节轴 J1 与外部轴 E1，可通过工作范围（FANUC 手册称为可变轴范围）设定功能限制行程。

J1、E1 轴允许设定 3 组工作范围，它们可通过指令“$MRR_GRP[i]. $SLMT_J1_NUM=n”“$PARAM_ GROUP[i]. $SLMT_J1_NUM=n”生效。

FANUC 机器人的 J1、E1 轴工作范围设定，需要利用机器人设定页面设定，其操作步骤如下。

① 接通控制柜的电源总开关，启动控制系统；操作模式选择示教（T1 或 T2）。

② 按操作菜单键【MENU】，光标选择“设定（SETUP）”，按【ENTER】键确认，示教器可显示机器人设定显示页面。

③ 在机器人设定显示页面上，按软功能键〖类型（TYPE）〗，光标选择“0 —NEXT—”，按【ENTER】键确认，示教器可显示图 7.2.4（a）所示的第 2 页机器人设定选项。

④ 光标选定第 2 页的设定项“行程极限（Stroke Limit）”，按【ENTER】键确认，示教器便可显示图 7.2.4（b）所示的 J1 轴工作范围设定页面。

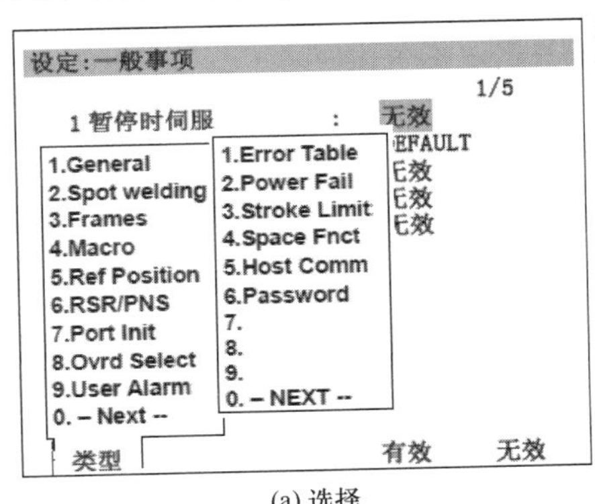

(a) 选择

设置行程极限　关节坐 30%
群组:1　轴:J1
号.　较低的>-150　较高的<150
1:　*** deg　*** deg
2:　*** deg　*** deg
3:　*** deg　*** deg
默认值
0:　-150 deg　150 deg
当前极限
$MRR_GRP[*].$SLMT_J1_NUM = 0
[类型]　群组#　轴#

(b) 显示

图 7.2.4　J1 轴工作范围设定页面

J1、E1 轴最大允许设定 3 组不同的工作范围，不同组工作范围以编号 1～3 区分；工作范围的设定值，不能超出机器人的关节软极限范围。例如，当 J1 轴的软极限设定为 −150°～150°时，J1 的负向工作范围设定值必须大于 −150°，正向工作范围设定值必须小于 150°。

显示页的软功能键〖群组＃〗用于运动组选择，按此键可切换机器人运动组；软功能键〖轴＃〗用于轴切换，按此键可切换至 E1 轴工作范围设定页面。

⑤ 光标选定对应的工作范围编号所在行，并用数字键、【ENTER】键，分别在负向（图中“较低的＞−150”）、正向（图中较高的＜150）栏，输入 J1 轴正、负向极限位置。

⑥ 如需要，按软功能键〖群组＃〗、〖轴＃〗，以同样的方式完成其他运动轴及外部轴 E1 的正、负向工作范围设定。

⑦ 全部参数设定完成后，断开控制系统电源，重新启动系统，生效工作范围设定参数。

3. 指令编程

J1、E1 轴工作范围设定后，在机器人程序中，可通过程序指令“$MRR_GRP[i].

＄SLMT_J1_NUM＝n”“＄PARAM_GROUP[i]. ＄SLMT_J1_NUM＝n”等指令，来生效工作范围限制功能；指令中的GRP[i] 用来指定运动组（通常为GRP[1]），NUM＝n用来指定工作范围限定参数组，n可为1～3。例如，生效J1轴第1、2工作范围限定参数的程序如下。

```
……
$MRR_GRP[1]. $SLMT_J1_NUM = 1              // 生效工作范围 1
$PARAM_GROUP[1]. $SLMT_J1_NUM= 1           // 选择工作范围参数 1
……                                         // J1 限定工作范围 1
$MRR_GRP[1]. $SLMT_J1_NUM = 2              // 生效工作范围 2
$PARAM_GROUP[1]. $SLMT_J1_NUM= 2           // 选择工作范围参数 2
……                                         // J1 轴限定工作范围 2
```

7.2.3 干涉保护区设定

1. 功能说明

机器人的干涉保护区（简称干涉区）设定功能，用来进一步限制机器人在软极限允许范围内的运动，避免机器人安装了工具、工装、工件后的运动干涉与碰撞。

FANUC机器人的干涉区形状、设定参数如图7.2.5所示；每一机器人最多可设定3个干涉区。设定参数的含义如下。

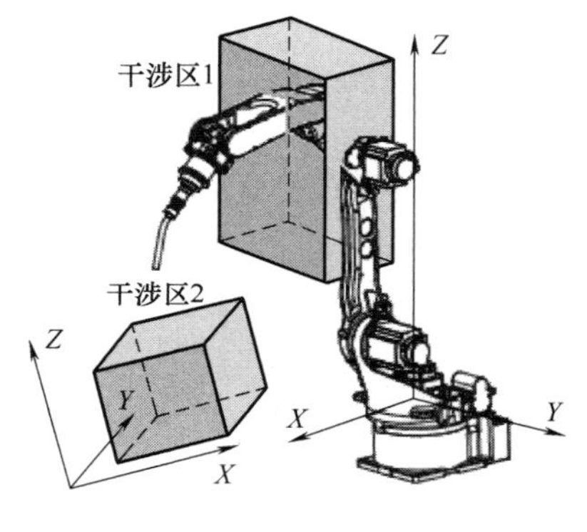

(a) 形状

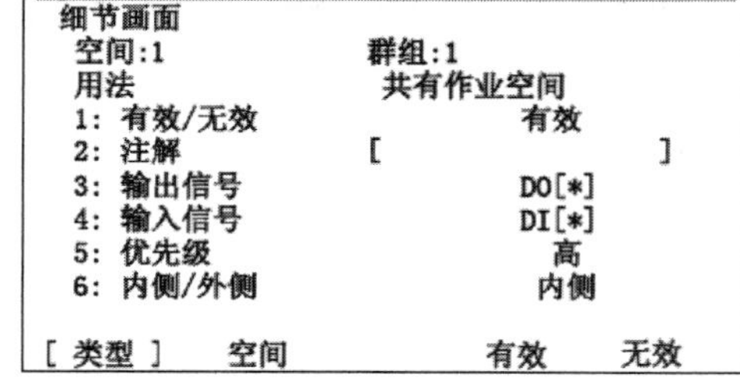

(b) 参数设定

图7.2.5 干涉区形状与参数设定

空间（SPACE）：干涉区编号显示。干涉区编号可通过操作软功能键〖空间（SPACE）〗切换（见下述）。

群组（GROUP）：运动组显示。

用法（USAGE）：显示为“共有作业空间（Common Space）”时，代表该干涉区对多机器人作业的所有机器人均有效。

有效/无效（Enable/Disable）：干涉区状态（生效、撤销）显示、设定。

注解（Comment）：干涉区名称（注释）显示、设定。

输出信号（Output Signal）：进入干涉区信号输出设定（DO地址）。FANUC机器人的进入干涉区信号规定为“常闭”型输出，即：机器人TCP处于干涉区以外的安全区域时，信号接通（输出ON）；机器人TCP进入干涉区时，信号断开（输出OFF）。

输入信号（Input Signal）：退出干涉区控制信号设定（DI地址）。退出干涉区控制信号OFF时，只要机器人进入干涉区，控制系统将自动停止机器人运动及程序自动运行；需要手动操作机器人、退出干涉区时，可将退出干涉区控制信号置“ON”状态，机器人便可解除禁止、恢复运动。

优先级（Priority）：用于双机器人作业系统的干涉区作业优先级设定。当2台机器人的共同作业区间存在只能有1台机器人作业的区域时，可通过机器人的作业优先级设定（高或低），优先保证“高”优先级的机器人先完成干涉区作业；然后，再进行“低”优先级机器人的干涉区作业。如果2台机器人的优先级均设定为“高”或“低”，任意一台机器人进入干涉区，都将直接停止运动。

双机器人作业系统发生干涉区报警时，需要利用机器人“急停”操作，直接断开驱动器主电源后，再通过机器人设定操作取消干涉区保护功能；然后，通过手动操作使机器人退出干涉区，再生效干涉区保护功能。

内侧/外侧（Inside/Outside）：定义干涉区边界内侧或外侧为运动干涉（禁止）区。

干涉区边界可在软功能键〖空间（SPACE)〗的显示页面设定。按软功能键〖空间（SPACE)〗、示教器可显示干涉区编号选择及干涉区边界定义参数，干涉区边界可采用“顶点＋边长”或“对角线端点”的方法定义（见下述）。

2. 干涉区设定

FANUC机器人干涉区保护功能设定的操作步骤如下。

① 接通控制柜的电源总开关，启动控制系统；操作模式选择示教（T1或T2）。

② 按操作菜单键【MENU】，光标选择“设定（SETUP)”，按【ENTER】键确认。

③ 按软功能键〖类型（TYPE)〗，光标选择“0 —NEXT—”，按【ENTER】键确认，示教器可显示第2页扩展设定选项。

④ 光标选定第2页的设定项“防干涉功能（Space Fnct)”，按【ENTER】键确认，示教器便可显示图7.2.6所示的干涉区一览表页面。

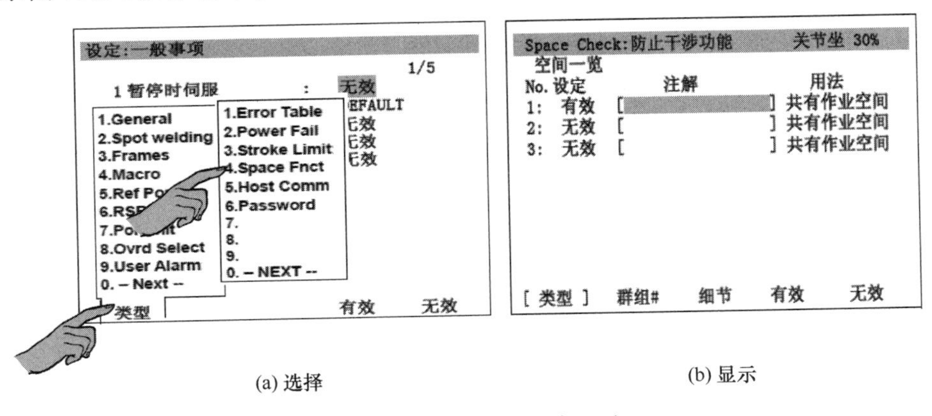

(a) 选择　　(b) 显示

图7.2.6　干涉区一览表显示

在干涉区一览表显示页面上，可显示干涉区的状态（设定栏）、名称（注解栏）及用法等基本信息。

⑤ 光标选定需要设定的干涉区编号行，按软功能键〖细节（DETAIL)〗，示教器可显示图7.2.6（b）所示的干涉区参数设定页面，在该页面上，可利用软功能键、数字键、【ENTER】键进行如下设定。

有效/无效：输入框选定后，可按软功能键〖有效（ENABLE)〗、〖无效（DISABLE)〗，生效或撤销指定编号的干涉区保护功能。

注解：干涉区名称（注释）设定。名称（注释）的输入方法与程序名称输入相同。

输出信号、输入信号：光标选定输出信号、输入信号行的输入框，用数字键、【ENTER】键输入进入干涉区信号DO、退出干涉区信号DI的地址。

优先级：输入框选定后，按软功能键设定优先级（高或低）。

内侧/外侧：输入框选定后，按软功能键设定干涉保护区（边界内侧或外侧）。

⑥ 按软功能键〖空间（SPACE）〗，示教器可显示图7.2.7所示的干涉区边界设定页面。干涉区边界可利用如下方法，进行手动数据输入或示教操作设定。

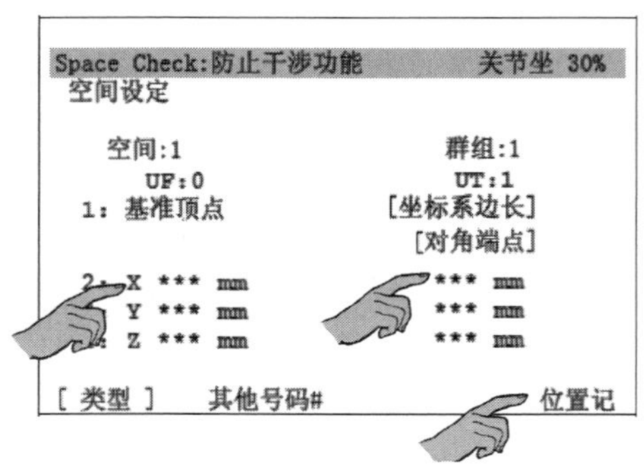

图7.2.7 干涉区边界设定页面

手动数据输入：光标定位到需要输入的坐标值上，用数字键、【ENTER】键，直接输入“基准顶点（BASIS VERTEX）”栏的干涉区基准点的X、Y、Z坐标值，以及“坐标系边长（SIDE LENGTH）”栏的干涉区在X、Y、Z轴方向的长度值。利用手动数据直接输入设定干涉区边界时，机器人的用户、工具坐标系应正确设定。

示教输入：手动移动机器人TCP到干涉区基准点位置，光标选定“基准顶点（BASIS VERTEX）”；然后，按住【SHIFT】键，同时按软功能键〖位置记录（RECORD）〗，示教位置便可记录到干涉区的“基准顶点”栏。接着，手动移动机器人TCP到干涉区的对角线端点位置，光标选定“对角端点（SECOND VERTEX）”；然后，按住【SHIFT】键，同时按软功能键〖位置记录（RECORD）〗，示教位置便可记录到干涉区的“对角端点”栏。利用示教操作输入设定干涉区边界时，控制系统可自动选定机器人用户、工具坐标系。

⑦ 干涉区边界设定完成后，按【PREV】键，可返回干涉区参数设定页面；再次按【PREV】键，可返回干涉区一览表显示页面。

7.2.4 机器人碰撞保护设定

1. 功能说明

碰撞保护功能属于控制系统选择功能，只有在选配高灵敏度碰撞保护选择功能的机器人上才能使用。

工业机器人是一种可在指定空间自由运动的设备，且运动存在一定程度上的不可预测性，因此，通常都需要具备碰撞保护功能。机器人的碰撞保护实际上是一种驱动电机的过载保护功能，为了能够使得保护动作更加准确灵敏，设定机器人碰撞保护功能前，必须利用控制系统设定操作菜单“系统（SYSTEM）”，在“Motion（负载设定）”设定项中，对机器人本体及附加轴、工具的负载参数进行准确设定。

FANUC机器人具有高灵敏度的碰撞保护功能，它可在机器人与外部设备发生碰撞时，发出系统报警、输出DO信号，并立即停止机器人运动，以减轻碰撞造成的伤害。需要注意的是：机器人碰撞保护功能并不具备“预防”功能，它只能在发生碰撞时，及时停止机器人运动，以减轻碰撞造成的伤害。

FANUC机器人的本体与附加轴的碰撞保护功能设定、使用的方法有所不同。机器人本体的碰撞保护功能不仅可通过机器人设定操作设定，而且可以通过程序指令“COL DETECT ON”“COL DETECT OFF”“COL GUARD ADJUST”生效/撤销碰撞保护功能、设定碰撞保护灵敏度；外部附加轴的碰撞保护功能，则需要通过“$HSCDMNGRP [group].$PARAM119 [n]”“$HSCDMNGRP [group].$PARAM120 [n]”等系统参数（变量）

设定。

2. **本体碰撞保护设定**

在选配高灵敏度的碰撞保护功能的 FANUC 机器人上，可通过以下操作设定机器人本体碰撞保护功能。

① 接通控制柜的电源总开关，启动控制系统；操作模式选择示教（T1 或 T2）。

② 确认机器人本体及附加轴、工具的负载参数，已通过控制系统设定操作菜单“系统(SYSTEM)”，在“Motion（负载设定）”设定项中准确设定。

③ 按操作菜单键【MENU】，光标选择“设定（SETUP）”，按【ENTER】键确认，选择机器人设定操作。

④ 按软功能键〖类型（TYPE）〗，光标选择“碰撞保护（COL DETECT）”，按【ENTER】键确认，示教器可显示图 7.2.8 所示的碰撞保护功能设定页面。

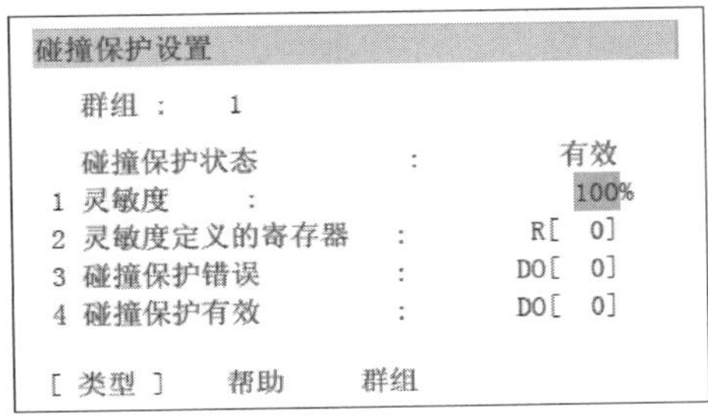

图 7.2.8 碰撞保护设定页面

碰撞保护功能设定页面的显示、设定内容如下。

群组：显示、设定需要使用碰撞保护功能的运动组。按软功能键〖群组（GROUP）〗，可选择、设定运动组。

碰撞保护状态：碰撞保护功能的状态显示（有效/无效）。机器人本体的碰撞保护功能，在控制系统开机或程序结束、程序中断时自动生效；在作业程序中，可通过指令“COL DETECT ON”“COL DETECT OFF”控制。

灵敏度：显示、设定系统碰撞保护灵敏度（Guard）的初始值，设定范围 1%～200%。在 FANUC 机器人上，碰撞检测的灵敏度设定值越大，灵敏度越高。

灵敏度定义的寄存器：通过程序中的灵敏度调节指令 COL GUARD ADJUST 设定的碰撞保护检测灵敏度的暂存器号。

碰撞保护错误：显示、设定碰撞保护动作时的输出信号 DO 地址；机器人发生碰撞时，DO 输出 ON。

碰撞保护有效：显示、设定碰撞保护功能生效时的状态输出信号 DO 地址；碰撞保护功能有效时，输出 ON。

⑤ 根据实际需要，利用数字键、软功能键、【ENTER】键，完成碰撞全部保护参数的输入与设定。

3. **附加轴碰撞保护设定**

FANUC 机器人的附加轴碰撞保护功能需要在系统参数上设定。使用附加轴碰撞保护功能时，控制系统需要选配附加轴碰撞保护或高灵敏度碰撞保护功能选件，并保证负载惯量比（负载惯量/电机转子惯量）不超过 5。

附加轴碰撞保护动作时的电机输出转矩值，可在系统参数“$SBR [axis]．$PARAM [119]”（正转）、“$SBR [axis]．$PARAM [120]”（反转）中设定，参数中的“axis”为附加轴序号，对于 6 轴机器人，axis=7～9；系统参数修改后，需要重启系统生效。

FANUC 机器人的附加轴碰撞保护动作转矩（灵敏度），一般需要通过控制系统的驱动电机实际输出转矩监控进行设定。驱动电机实际输出转矩监控需要在以下条件下进行。

① 正确设定附加轴的传动比、时间常数等相关参数。

② 设定如下系统参数，并通过断开控制系统电源、重启系统，生效系统参数。

```
$SBR[axis].$PARAM[47] / $SBR[axis].$PARAM[112]=2097152
```

$ SBR[axis]. $ PARAM[119]=7282

$ SBR[axis]. $ PARAM[120]=-7282

③ 编制或选择一个含有附加轴高速正反转运动并带有 CNT100 连续移动的程序，予以连续执行，如以 PNS 方式进行自动运行等。

在以上条件满足后，便可通过以下状态监控操作，检查附加轴驱动电机正常工作时的最大输出转矩。

① 按操作菜单键【MENU】，光标选择“状态（STATUS)”，按【ENTER】键确认。

② 按软功能键〖类型（TYPE)〗，光标选择“轴”，按【ENTER】键确认，示教器可显示图 7.2.9（a）所示的机器人关节轴状态监控页面。

③ 按【NEXT】键，显示第 2 页软功能键后，按软功能键〖扰乱值〗，示教器即可显示图 7.2.9（b）所示的“波动转矩（Disturbance Torque)”显示页面，监控机器人本体及附加轴（如 J1～J7 轴）驱动电机正反转时的实际输出转矩峰值（最大/最小值)。

显示页上的“Max.(Allowed)”栏为驱动电机正转峰值转矩的实际（允许）值，“Min.(Allowed)”栏为电机反转峰值转矩实际（允许）值。

控制系统发出碰撞报警的动作阈值可通过“允许（Allowed)”栏的转矩设定改变。报警动作阈值和允许最大转矩设定值的关系如下：

正转动作阈值＝Max.(Allowed)设定(正值)＋电机最大输出转矩×30％

反转动作阈值＝Min.(Allowed)设定(负值)－电机最大输出转矩×30％

④ 调节光标到最大（允许）“Max.(Allowed)”、最小（允许）“Min.(Allowed)”栏，将附加轴的最大、最小允许值（Allowed）设定成与电机实际峰值转矩相同。例如，对于图 7.2.9，应将附加轴 J7 的 Max.(Allowed) 值由原来的 56.0 更改为 24.0，将 Min.(Allowed) 值由－56.0 更改为－30.0 等。

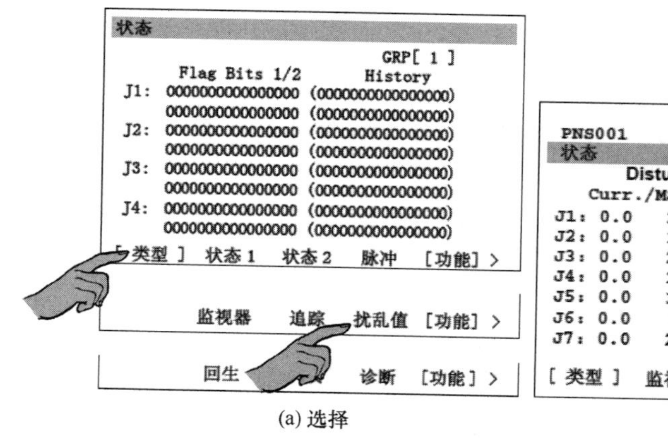

(a) 选择

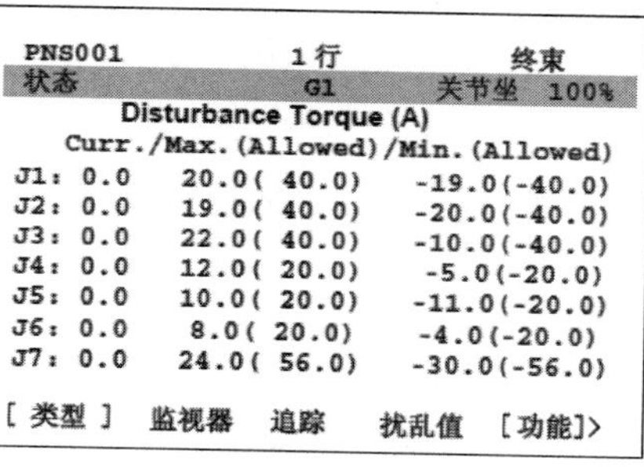

(b) 显示

图 7.2.9 关节轴状态监控显示

⑤ 再次执行程序，确认机器人自动运行时不发生碰撞检测报警。

⑥ 记录系统参数“$ SBR [axis]. $ PARAM [119]” “$ SBR [axis]. $ PARAM [120]”的显示值，并分别将其设定到系统参数“$ HSCDMNGRP [group]. $ PARAM119 [axis]”“$ HSCDMNGRP [group]. $ PARAM120 [axis]”中，参数中的“[group]”为运动组号，“axis”为轴序号。

⑦ 重启系统，生效附加轴碰撞保护的设定。

7.3　点焊文件编辑与手动操作

7.3.1　焊接控制与焊接路线

1. 点焊控制要求

点焊工业机器人通常以伺服焊钳作为作业工具，习惯上称之为伺服点焊。伺服点焊机器人的控制及作业，首先需要通过控制系统硬件配置操作，配置焊钳控制的伺服轴和连接焊机、焊钳的系统输入/输出信号；然后，需要在系统参数上设定焊钳类型、焊钳结构、焊接控制要求等结构与功能参数；在此基础上，再通过焊接作业文件的参数设置，规定电极压力、焊接路线、焊钳张开位置等点焊作业参数。

FANUC 伺服点焊机器人的硬件配置与作业参数设置的基本要求如下。

① 配置伺服轴。伺服轴配置需要在系统的控制启动（Controlled start）模式下进行，伺服轴配置的方法可参见 FANUC 公司的系统使用说明书。

② 配置 I/O 控制信号。点焊机器人一般需要连接来自焊机、焊钳的焊接完成、焊钳打开点检测等输入信号，以及焊接启动、焊钳打开等输出信号，系统输入/输出信号需要通过控制系统的 I/O 配置菜单的“Spot welding（点焊）”选项设定。

③ 设置焊钳结构与功能参数。焊钳结构与功能参数包括焊钳类型、焊接完成信号形式、焊接时间、超时检测功能以及电极磨损补偿功能、焊钳误差补偿功能、焊钳开合方向、电极最大压力和加压时间、点焊计数器等，参数可通过机器人设定（SETUP）操作，在伺服焊钳设置文件（SERVO GUN SETUP）中设定。

④ 设置焊接作业参数。焊接作业参数包括电极压力、工件厚度、加压行程、误差补偿值、焊接延时、自动焊接路线和电极运动速度、加速度等开/合速度等，参数可通过系统的数据暂存器（DATA）设定操作，在压力条件文件（Pressure）中设定。

⑤ 设置焊钳张开位置。焊钳张开位置可根据实际作业需要（如工件厚度、电极长度等）设定多个，参数可通过系统的数据暂存器（DATA）设定操作，在焊钳张开条件文件（Backup）中设定。

焊钳张开需要通过移动电极的后退（Backup）运动实现。FANUC 原文称为 Backup 文件，由于翻译的原因，在 FANUC 说明书中，Backup 文件有时被译作“张开条件”“备用条件”“打点条件”等，为了便于阅读与理解，本书将统一称之为“张开条件”。

以上伺服驱动系统配置、I/O 配置属于控制系统的硬件配置操作，一般需要由机器人生产厂家完成，限于篇幅，本书将不再对此进行介绍；焊钳结构与功能参数属于工具数据，在焊钳更换、作业要求变更时，可由用户进行修改；焊接作业参数、焊钳张开位置属于点焊作业参数，需要由用户根据实际作业需要设定。

2. FANUC 点焊作业过程

点焊机器人常用的作业形式有焊接和空打两种，实际作业动作与所使用的控制系统、伺服焊钳及焊机的型号、规格等因素有关，实际使用与编程时应根据机器人生产厂家提供的说明书进行。

FANUC 伺服点焊机器人作业方式主要有焊接、空打、固定压力夹紧三种，焊接作业的完整过程如图 7.3.1 所示。

执行焊接作业指令时，焊钳夹紧、电极加压时，可接通焊接电源、启动焊接作业，并继续后续的退出、打开操作。执行空打指令和固定压力夹紧指令时，机器人可完成其中的接近、接

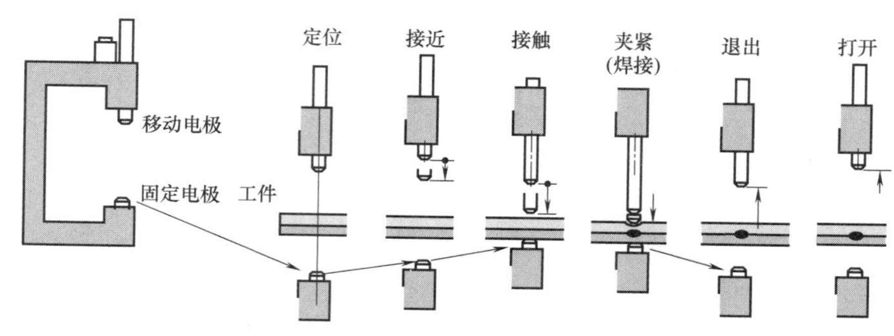

图 7.3.1 FANUC 伺服点焊作业过程

触、夹紧动作，但是焊钳夹紧、电极加压时，不能接通焊接电源，也不能继续进行退出、打开动作。此外，固定压力夹紧时，焊钳的电极移动伺服电机为转矩控制方式、移动电极压力为固定值。

3. **焊接路线与运动参数**

机器人伺服点焊作业需要通过机器人以及伺服控制的移动电极运动，完成焊接点定位、焊钳开合、电极夹紧、电极通电等一系列动作。机器人在进行点焊作业前，首先需要在焊钳打开状态下，通过机器人的移动，将焊钳的电极中心线定位到焊点法线上（定位）；然后，通过机器人（固定电极）和移动电极的运动，闭合焊钳，使电极与工件接触（接触）；接着，通过移动电极的运动夹紧工件（加压），对于焊接作业，夹紧的同时需要对电极通电，进行焊接；焊接完成后，则需要打开焊钳、离开焊接位置，再进行下一焊点的定位与焊接，如此循环。

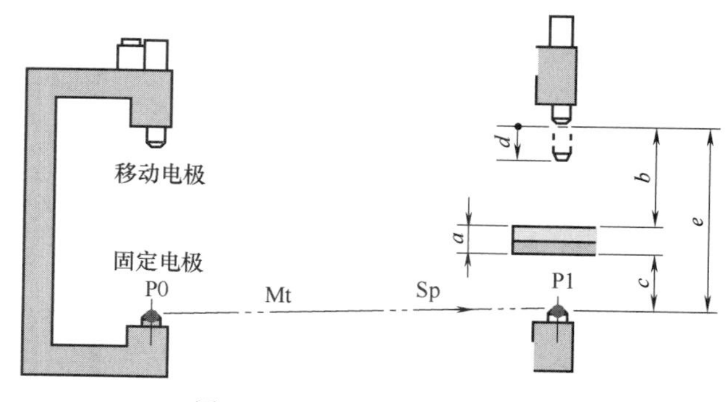

图 7.3.2 焊接路线定义参数

焊接作业时的机器人及移动电极运动轨迹称为焊接路线，焊接路线需要通过点焊作业文件的参数设定进行定义。FANUC 点焊机器人的焊接路线定义参数如图 7.3.2 所示，路线定义参数的名称与定义方法如下，部分运动还可通过压力条件文件（Pressure 文件）定义到位区间、速度、加速度参数。

P1：焊接定位点。在焊钳打开状态下，利用机器人移动指令定位。

Mt：运动方式。利用机器人焊点定位移动指令编程，通常为直线插补 L。

Sp：基本移动速度。利用机器人焊点定位移动指令编程，部分运动可通过压力条件文件（Pressure 文件）参数设定调整。

a：工件厚度，mm。通过压力条件文件（Pressure 文件）基本参数设定。

b：移动电极位置，mm。以移动电极端面离工件上表面距离的形式，在压力条件文件（Pressure 文件）扩展项“自动焊接路线（Auto Route）”的参数中设定。

c：固定电极位置，mm。以固定电极端面离工件下表面距离的形式，在压力条件文件（Pressure 文件）扩展项“自动焊接路线（Auto Route）”的参数中设定。

d：夹紧行程，mm。以电极夹紧（焊接或空打）时的移动电极伸出行程的形式，在压力条件文件（Pressure 文件）的基本参数中设定。

e：焊钳张开行程，mm。以焊钳张开时固定电极与移动电极端面距离的形式，在焊钳张

开文件（Backup 文件）的参数中设定。

例如，对于以下焊接作业指令，可知其焊接定位点为 P[1]，焊接作业时的机器人、移动电极运动均为直线插补，基本速度为 2000mm/s，基本到位区间为 CNT100。

```
……
L  P[1]  2000mm/sec  CNT100          // 焊点定位
SPOT [ P=n,  S=i,  BU=m ]            // 启动焊接
……
```

7.3.2 焊接路线示教与设定

1. 基准点示教与定位

焊接路线的基准点是焊接路线参数设定的基准，基准点一般通过示教操作设定。FANUC 机器人的焊接路线基准点位置如图 7.3.3 所示，示教点必须是笛卡儿坐标系位置，位置选择要求如下。

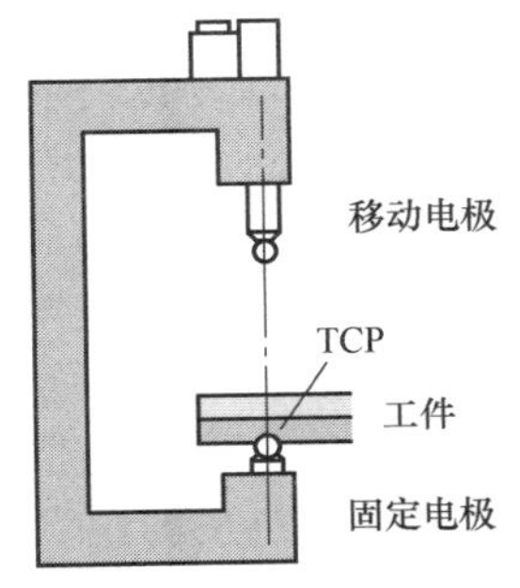

图 7.3.3　点焊作业示教

工具姿态：电极中心线垂直工件表面（与焊接点的法线重合）。

固定电极位置：在机器人移动工具作业系统上，伺服焊钳的固定电极端面中心点就是机器人的 TCP 位置；焊接路线基准点（示教点）的 TCP 应位于工件下表面上，即固定电极正好与工件接触的位置。

移动电极位置：移动电极的位置可根据实际作业要求（如工件厚度、电极长度等），通过附加轴手动操作示教设定。

需要注意的是，基准点（示教点）只是焊接路线参数设定的基准，在自动、连续执行焊接、空打作业程序时，焊钳实际上并不进行基准点定位运动，而是直接由焊点定位位置（焊钳张开位置）向接近或接触点运动。但是，以单步方式执行焊接作业指令时，焊钳首先进行基准点定位（第一步）；接着，可完成全部动作、打开焊钳（第二步）；随后，再继续执行下一指令。单步执行焊接作业指令、进行基准点定位时，机器人（固定电极）和移动电极的移动方式、移动速度、到位区间均与焊点定位指令相同。

2. 接近与接触点设定

接近与接触点是 FANUC 点焊机器人焊接开始前的 2 个动作变化点，这 2 个点的机器人（固定电极）和移动电极位置，需要通过压力条件文件（Pressure 文件）扩展项“自动焊接路线（Auto Route）”的参数进行设定。

接近与接触点设定要求如图 7.3.4 所示，动作设定参数如下。

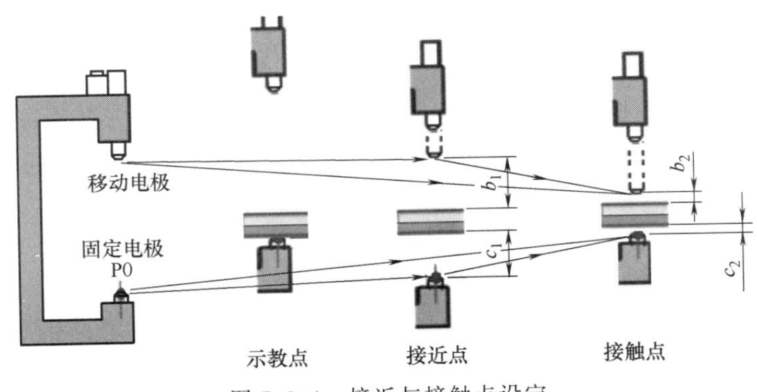

图 7.3.4　接近与接触点设定

① 接近点。接近点（Approach Position）是使得电极靠近工件的位置，接近点定位功能可通过焊接路线参数 Approach Position 取消（DISABLE）或生效（ENABLE）。接近点定位功能有效时，焊接开始前，机器人（固定电极）和移动电极首先需要进行空程移动，定位到接近点，然后才开始向接触点运动；接近点定位功能无效时，机器人（固定电极）和移动电极将直接由焊点定位位置移动到接触点。

接近点的移动电极离工件上表面的距离 b_1、固定电极离工件下表面的距离 c_1，可通过压力条件文件的自动焊接路线参数设定；接近点定位时，机器人（固定电极）和移动电极的移动方式、移动速度、到位区间均与焊点定位指令相同。

② 接触点。接触点是焊接作业正式开始时，移动电极伸出对工件进行夹紧、加压的起始位置，故又称加压开始位置（Pressure Start position）。

接触点的移动电极离工件上表面的距离 b_2、固定电极离工件下表面的距离 c_2，可通过压力条件文件的自动焊接路线参数设定（通常为 0）；接触点定位时，机器人（固定电极）和移动电极的移动方式、移动速度与焊点定位指令相同，但是，到位区间、运动加速度可通过压力条件文件的自动焊接路线参数单独设定。

3. 夹紧、退出与打开点设定

夹紧、退出与打开点是 FANUC 点焊机器人焊接完成后的 3 个动作变化点，其中，夹紧点的移动电极伸出行程需要通过压力条件文件的基本参数设定；退出点的机器人（固定电极）和移动电极的位置需要通过压力条件文件的自动焊接路线参数设定；打开点的机器人（固定电极）和移动电极的位置，需要通过张开条件文件参数设定。

夹紧、退出与打开设定要求如图 7.3.5 所示，动作设定参数如下。

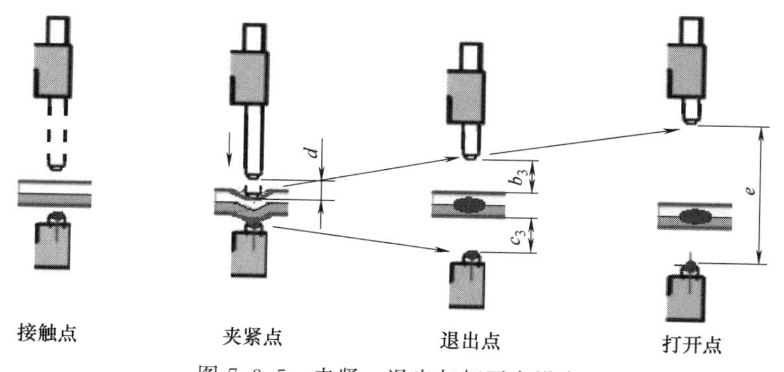

图 7.3.5　夹紧、退出与打开点设定

① 夹紧点。夹紧点是移动电极加压运动结束、工件完全夹紧的位置，故又称加压位置（Pressure position），焊钳夹紧时，固定电极（机器人）保持与工件接触的位置，移动电极以规定的压力伸出，对工件加压。

焊钳夹紧时的移动电极伸出行程（Pushing Depth）、电极压力（Standard Pressure）需要通过压力条件文件的基本参数设定；移动电极运动速度、加速度、到位区间可通过压力条件文件的自动焊接路线参数设定。

② 退出点。退出点是焊钳夹紧动作完成后，移动电极的退出位置，在该点上，工件的夹紧压力将完全消除，故又称加压结束位置（Pressure End Position）。

退出点的移动电极离工件上表面的距离 b_3、固定电极离工件下表面的距离 c_3，可分别通过压力条件文件的自动焊接路线参数设定。退出点定位时，机器人（固定电极）和移动电极的移动方式、移动速度与焊点定位指令相同，但是，到位区间、运动加速度可通过焊接路线参数单独设定。

③ 打开点。打开点（Open Position）是焊钳完全打开、机器人退出工件的位置，打开点定位功能可通过压力条件文件的焊接路线参数 Gun Open 取消或生效。如果打开点定位有效，焊接结束时，固定电极（机器人）和移动电极将运动到打开点停止；如果打开点定位功能无效，焊接结束时，固定电极（机器人）和移动电极将在退出点停止。

打开点的移动电极位置可通过张开条件文件参数定义，如果不使用张开文件（BU＝0），系统将以接近点的移动电极位置，作为打开点的移动电极位置。

打开点的固定电极位置与接近点定位功能的选择有关。接近点定位有效时，固定电极位置与接近点相同；接近点定位无效时，固定电极位置与基准点（示教点）相同。

打开点定位时，机器人（固定电极）和移动电极的移动方式、移动速度与焊点定位指令相同，但是，到位区间、运动加速度可通过焊接路线参数单独设定。

7.3.3　焊钳设置文件编辑

FANUC 机器人的焊钳参数需要通过焊钳设置条件文件（Servo GUN Setup）设定，焊接作业时，指令需要引用焊钳设置条件文件；焊钳更换、作业要求变更时，需要对其中的部分参数进行修改。

FANUC 点焊机器人的焊钳设置条件文件编辑属于后述机器人设定（SETUP）操作的内容，为了方便焊接作业指令的阅读与理解，提前说明如下。

1. 文件显示与编辑基本操作

FANUC 机器人焊钳设置条件文件编辑的基本操作步骤如下。

① 接通控制柜的电源总开关、启动控制系统后，将控制面板的操作模式选择开关置示教模式 1（T1 或 T2），示教器 TP 有效开关置“ON”位置。

② 按操作菜单键【MENU】，示教器可显示图 7.3.6（a）所示的操作菜单，光标选定“SETUP（机器人设定）”，按【ENTER】键确认，示教器可显示机器人设定的基本页面。

③ 按软功能键〖类型（TYPE）〗，示教器可显示图 7.3.6（b）所示的设定选项，光标选定“Spot welding（点焊）”，按【ENTER】键确认，示教器即可显示焊钳设置条件文件（Servo GUN Setup）设定页面。

④ 在焊钳设置条件文件设定页面上，用光标选定需要设定的参数后，便可利用数字键、【ENTER】键、软功能键，按要求输入或选择参数。对于扩展参数，需要先选定扩展项，按【ENTER】键打开扩展参数显示页面，再利用数字键、【ENTER】键、软功能键，按要求输入或选择参数。

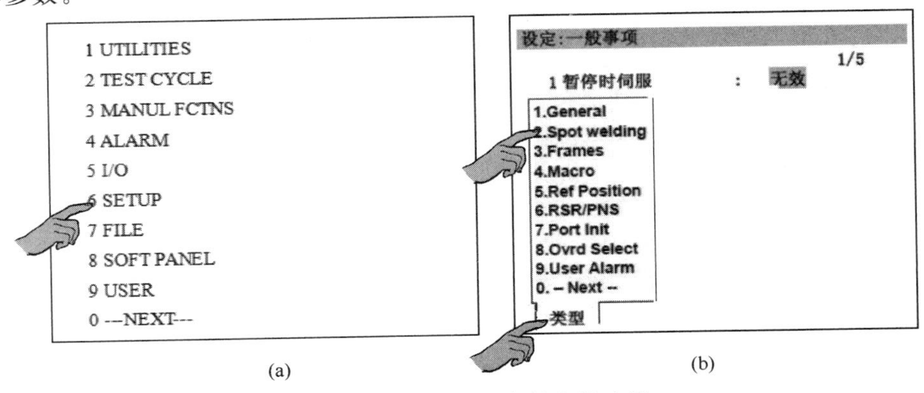

图 7.3.6　焊钳设置条件文件选择

2. 焊钳设置文件内容

FANUC机器人焊钳设置条件文件（Servo GUN Setup）的内容如图7.3.7（a）所示，参数含义及设定要求如下。

Equip number：焊钳设置文件号，允许输入范围0～32766。

GUN select：焊钳类型。焊钳类型由控制系统根据伺服附加轴配置自动设定，操作者不能对其更改。如焊钳只配置1个附加轴，GUN select将自动设定为“SINGLE（单轴焊钳）”；如焊钳配置2个附加轴，GUN select将自动设定为“DOUBLE（双轴焊钳）”。

Weld completion signal：焊接完成信号选择。设定“DISABLE（无效）”时，代表控制系统不使用焊接完成信号，系统在夹紧完成、焊接延时到达后（压力条件文件设置），自动启动后续的退出、打开动作；设定“ENABLE（有效）”时，代表系统使用焊接完成信号，焊钳夹紧、加压完成后，需要等待来自焊机的焊接完成信号（DI信号）输入，才能启动后续的退出、打开动作。

weld complete delay：焊接完成时间。电极加压夹紧的时间设定，如焊接完成信号设定为“DISABLE（无效）”，在本参数设定的时间到达后，将启动焊接延时（压力条件文件设置），结束焊接动作；如焊接完成信号设定为“ENABLE（有效）”，参数无效。

detect condition：焊接完成信号形式。当焊接完成信号设定为“ENABLE（有效）”时，如本参数设定“LEVEL”，代表焊接完成信号为电平，信号ON状态代表焊接完成；如参数设定“EDGE”，代表焊接完成信号为边沿信号，信号上升沿代表焊接完成。

Detect weld done：焊接超时检测功能选择。当焊接完成信号选择“ENABLE（有效）”时，如本参数设定为“ENABLE（有效）”，并且在焊接超时参数（见下）所设定的时间内，没有接收到来自焊机的焊接完成信号，系统将关闭焊接，发生焊接超时报警；本参数设定“DISABLE（无效）”时，超时检测功能无效。

weld done timeout(ms)：焊接超时设定。当焊接超时检测功能设定为“ENABLE（有效）”时，如在本参数设定的时间内未输入焊接完成信号，系统将关闭焊接并发出焊接超时报警；焊接超时检测功能设定为“DISABLE（无效）”时，参数无效。

General Setup：焊钳基本参数设置，用示教器的【ENTER】键选定后，可进行焊钳基本参数的设定。

Manual Operation Setup：手动操作设置，用示教器的【ENTER】键选定后，可进行手动焊接参数的设定。

3. 焊钳基本参数设定

焊钳基本参数可通过图7.3.7（a）中的焊钳设置文件的参数项“General Setup”打开，参数内容如图7.3.7（b）所示，参数含义及设定要求如下。

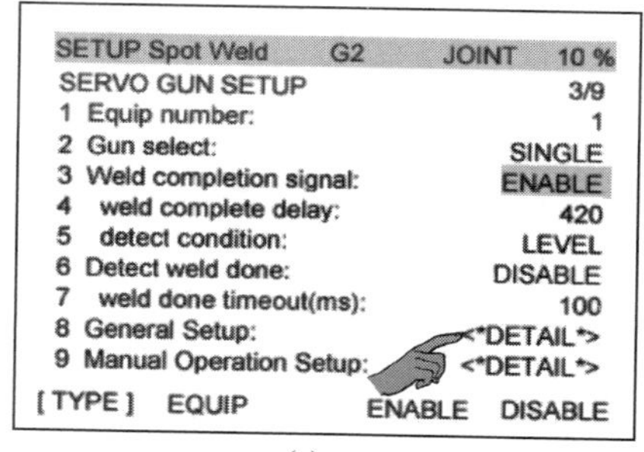

(a)

SETUP Spot Weld G2 JOINT 10 %
GENERAL / EQ:1 Gun:1 1/12
1 Tip Wear Down Comp: ENABLE
2 Gun Sag Compensation: ENABLE
3 Close Direction(Gun): PLUS
4 Close Direction(Robot): UT: 1 [+Z]
5 Max Motor Torque(%): 100.0
6 Max Pressure(Kgf): 500.0
7 Tip stick detect delay(ms): 0
8 Weld Timing Torque Rate(%) 0
9 Count register: <*DETAIL*>
10 Max wear down check: <*DETAIL*>
11 Pressure Cal: COMP <*DETAIL*>
12 Wear Down Cal: INCOMP <*DETAIL*>
[TYPE] EQUIP GUN ENABLE DISABLE

(b)

图7.3.7 焊钳设置文件与基本参数

Tip Wear Down Comp：电极磨损补偿功能选择。设定“DISABLE”，电极磨损补偿功能无效；设定“ENABLE”，功能有效。电极磨损补偿功能生效时，系统可自动调整固定电极、移动电极的位置，改变动作行程。

Gun Sag Compensation：焊钳误差补偿功能选择。设定“DISABLE”，功能无效；设定“ENABLE”，焊钳误差补偿功能有效。焊钳误差补偿值需要在压力条件文件（Pressure Condition data）的参数项“Gun Sag Comp Value”设定（见后述）。

Close Direction(GUN)：焊钳闭合时的移动电极运动方向设定。设定“PLUS”，焊钳闭合的移动电极运动方向为“正”；设定“MINUS”，移动电极运动方向为“负”。

Close Direction(Robot)：焊钳工具坐标系及焊钳闭合运动轴设定。设定焊钳所对应的工具坐标系编号（UT：n），以及焊钳闭合运动所对应的工具坐标系轴方向（如＋X 等）。

Max Motor Torque(%)：电极空程移动（非加压）的伺服电机最大输出转矩值，以百分率形式设定，设定范围 1～100（%）。

Max Pressure(Kgf)：电极夹紧允许的最大压力值，单位 kgf（1kgf≈10N）；允许设定范围为 1.0～9999.9kgf（10～99999N）。

Tip stick detect delay(ms)：电极夹紧时间，单位 ms；电极夹紧时间为电极接触（工件）检测信号输入 ON 到电极夹紧结束的时间。

Counter register：点焊计数器设定，用示教器【ENTER】键选定后，可打开图 7.3.8 所示的点焊计数器设定页面，设定点焊次数计数器（Spot count register）、电极修磨次数计数器（Tip dress count register）、电极更换次数计数器（Tip change count register）的计数值。

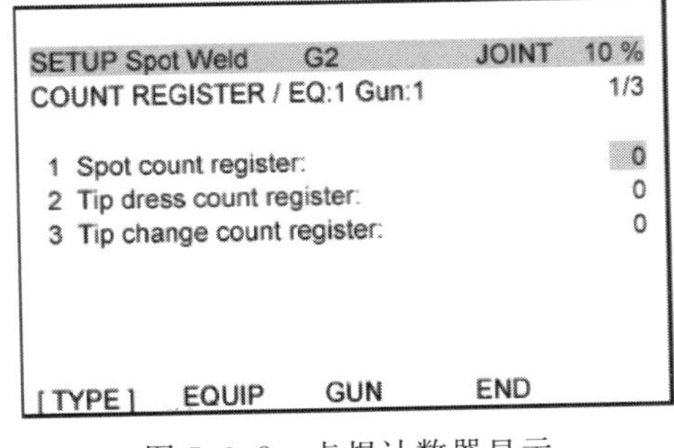

图 7.3.8　点焊计数器显示

Max wear down check：电极最大磨损检测功能设定，用示教器的【ENTER】键选定后，可打开电极最大磨损检测功能设定页面、设定最大磨损检测参数。

Pressure Cal：电极压力校准状态显示。显示“INCOMP”为电极压力未校准，显示“COMP”为电极压力校准完成。通过电极压力校准操作，系统可建立伺服电机输出转矩与电极压力间的关系，电极压力校准页面可用示教器的【ENTER】键选定输入区后打开，压力校准完成后，由“INCOMP”自动变为“COMP”。

Wear Down Cal：电极磨损校准状态显示。显示“INCOMP”为电极磨损未校准，显示“COMP”为电极磨损校准完成。电极损耗校准的目的是设定电极磨损补偿的参考位置，校准页面可用示教器的【ENTER】键选定输入区后打开，磨损校准完成后，由“INCOMP”自动变为“COMP”。

4. 手动操作设置

FANUC 点焊机器人的手动焊接操作的设置参数（MANUAL）可通过图 7.3.9（a）所示焊钳设置文件的参数项“Manual Operation Setup（手动操作设置）”选项打开，参数内容如图 7.3.9（b）所示，参数含义及设定要求如下。

① Manual Pressure：手动夹紧压力。用于手动点焊操作的动作设定，参数项 1～4 含义及设定要求如下。

Pressuring Time：手动夹紧时间，单位 s。

Gun Open：手动操作的焊钳打开方式选择。设定“TRUE”，夹紧时间到达时，自动打开

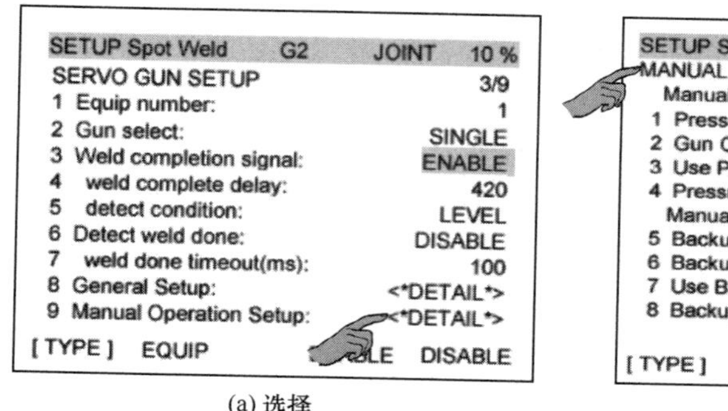

(a) 选择

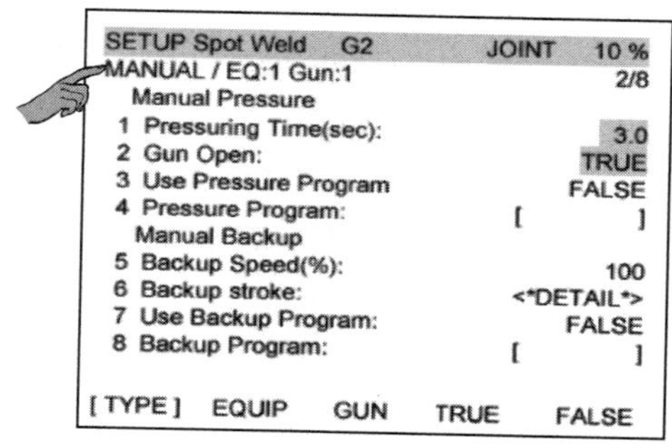

(b) 显示

图 7.3.9 手动操作设置参数显示

焊钳；设定“FALSE”，需要通过焊钳打开操作打开焊钳。

Use Pressure Program：宏程序夹紧（见后述）功能选择。设定为“TRUE”时，手动夹紧动作可利用宏程序编程；设定“FALSE”，宏程序夹紧功能无效。

Pressure Program：手动夹紧宏程序名称。Use Pressure Program 设定为“TRUE”时，可设定手动夹紧宏程序的名称。

② Manual Backup：手动焊接支持文件。用于手动点焊的支持文件选择，参数项 5～8 的含义及设定要求如下。

Backup Speed(%)：焊钳（电极）手动打开速度，以最大速度倍率（%）的形式设定。

Backup stroke：焊钳打开行程，用示教器的【ENTER】键选定后，可显示张开条件文件设定页面，进行焊钳张开行程等参数的设定（见后述）。

Use Backup Program：宏程序打开（见后述）功能选择。设定为“TRUE”时，手动焊钳打开动作可利用宏程序编程；设定“FALSE”时，宏程序打开功能无效。

Backup Program：手动打开宏程序名称。当 Use Backup Program 设定为“TRUE”时，设定手动打开宏程序的名称。

7.3.4 张开条件文件编辑

FANUC 伺服点焊机器人的张开条件文件（Backup）用于焊钳打开行程设定，文件既可用于自动焊接，也可用于手动操作。

点焊张开条件文件可通过机器人设定（SETUP）操作或数据暂存器设定操作（DATA）打开与编辑。

1. 机器人设定操作编辑

通过机器人设定（SETUP）操作打开与编辑点焊张开条件文件的基本操作步骤如图 7.3.10 所示。

① 如图 7.3.10（a）所示，按操作菜单键【MENU】，在示教器显示的操作菜单上，选定“SETUP（机器人设定）”，按【ENTER】键确认，示教器可显示机器人设定的基本页面。

② 按软功能键〖类型（TYPE)〗，示教器可显示图 7.3.10（b）所示的机器人设定选项。

③ 光标选定“Spot welding（点焊)”选项，按【ENTER】键确认，示教器即可显示图 7.3.10（c）所示的焊钳设置条件文件（SERVO GUN SETUP）参数设定页面。

④ 在焊钳设置条件文件设定页面上，用光标选定“Manual Operation Setup（手动操作设置)”选项，按【ENTER】键确认，示教器即可显示图 7.3.10（d）所示的手动操作设置参数（MANUAL）设定页面。

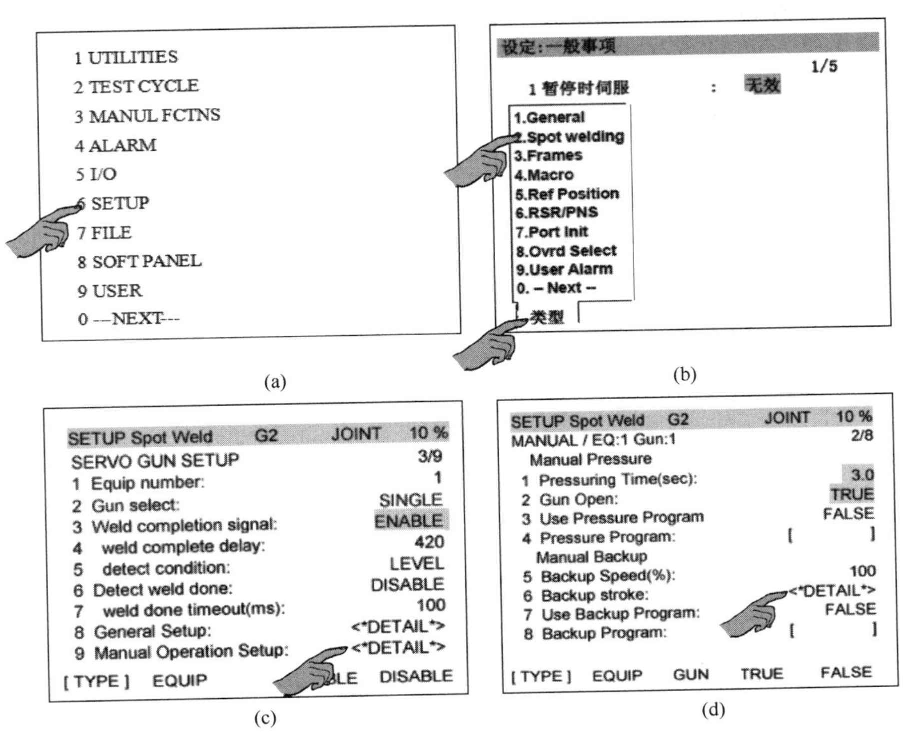

(a)　(b)　(c)　(d)

图 7.3.10　点焊张开条件文件编辑方式（一）

⑤ 在手动操作设置参数设定页面上，用光标选定“Backup stroke（焊钳打开行程）”选项，按【ENTER】键确认，示教器即可显示点焊张开条件文件（BACKUP）参数显示与设定页面。

2. 数据暂存器设定操作编辑

通过数据暂存器设定操作（DATA）操作打开与编辑点焊张开条件文件的基本操作步骤如下。

① 按操作菜单键【MENU】，光标选择“—NEXT—”，按【ENTER】键，示教器显示图7.3.11（a）所示的扩展操作菜单。

② 光标选定“DATA（资料）”选项，按【ENTER】键，或者按示教器显示键【DATA】，或者选定快捷操作菜单上的“DATA（资料）”选项并按【ENTER】键，示教器便可显示图7.3.11（b）所示的数据暂存器设定与编辑页面。

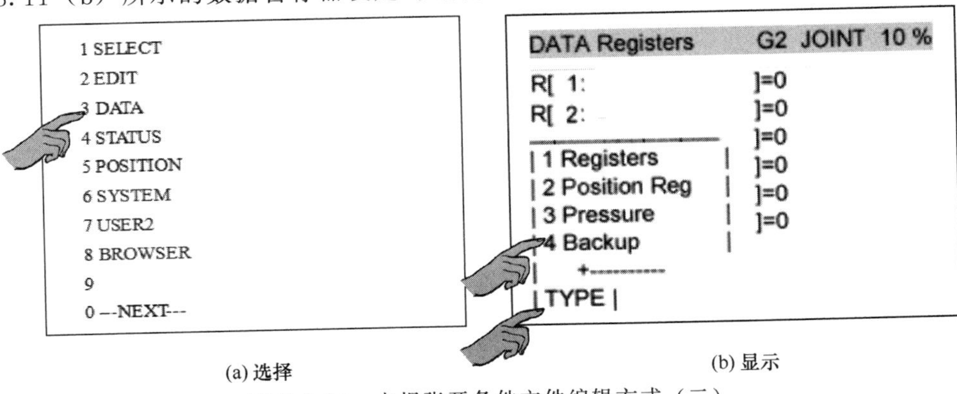

(a) 选择　(b) 显示

图 7.3.11　点焊张开条件文件编辑方式（二）

③ 光标选定“Backup（张开条件）”选项，示教器即可显示点焊张开条件文件（BACKUP）参数显示与设定页面。

3. 张开条件设置

点焊张开条件文件的显示内容如图 7.3.12 所示，在点焊张开条件文件显示页面上，用光标选定参数值后，便可利用数字键、【ENTER】键、软功能键，按要求输入或选择参数。

SERVO GUN DATA G2 JOINT 10 %
BACKUP / EQ:1 Gun:1 1/30

No.	Comment	Stroke(mm)	Manual
1	[SHORT]	50.000	TRUE
2	[SHORT]	80.000	TRUE
3	[LONG]	120.000	TRUE
4	[ ]	0.000	FALSE
5	[ ]	0.000	FALSE
6	[ ]	0.000	FALSE
:	:	:	:

[TYPE] EQUIP GUN RECORD CLEAR

图 7.3.12 点焊张开条件文件显示

点焊张开条件文件的参数含义及设定要求如下。

Comment：注释。如需要，可以对焊钳打开行程添加注释说明。

Stroke(mm)：焊钳打开行程设定。设定焊钳打开时固定电极与移动电极的距离，允许范围 0～1000.0mm。

Manual：手动操作功能选择。设定 TRUE（生效），焊钳打开行程对手动点焊操作有效；设定 FALSE（无效），焊钳打开行程对手动点焊操作无效。

7.3.5 压力条件文件编辑

1. 文件显示与编辑基本操作

FANUC 伺服点焊机器人的电极夹紧压力、工件厚度、夹紧行程、焊钳误差补偿值、焊接延时、自动焊接路线以及独立焊接/手动焊接的作业要求等参数，均保存在控制系统的数据暂存器（DATA）中，数据暂存器可通过压力条件文件进行统一设定，压力条件文件编辑的操作步骤如下。

① 接通控制柜的电源总开关，启动控制系统。

② 将控制面板的操作模式选择开关置示教模式 1（T1 或 T2），并将示教器的 TP 有效开关置“ON”位置。

③ 按操作菜单键【MENU】，光标选择“—NEXT—”，按【ENTER】键，示教器显示图 7.3.13（a）所示的扩展操作菜单。

④ 光标选定“DATA（资料）”，按【ENTER】键，示教器便可显示图 7.3.13（b）所示的数据暂存器设定与编辑页面。

数据寄存器设定页面也可以通过按示教器显示键【DATA】打开，或者在快捷操作菜单上

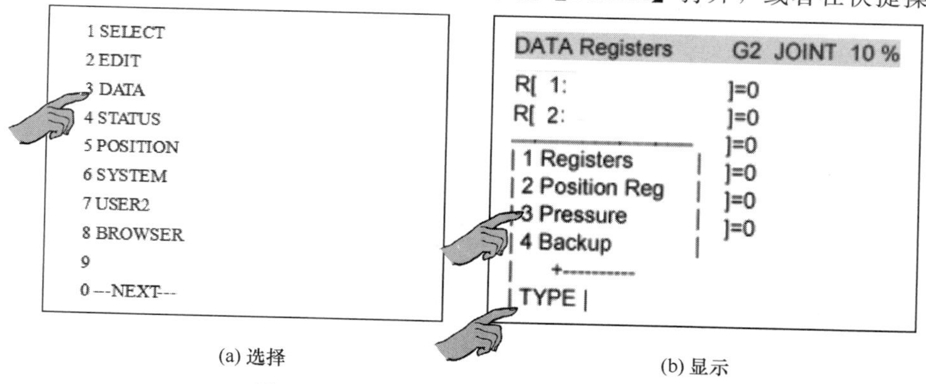

(a) 选择 (b) 显示

图 7.3.13 数据暂存器设定与编辑页面

选定“DATA（资料）”选项，按【ENTER】键打开。

⑤ 按数据暂存器设定与编辑页面的软功能键〖类型（TYPE）〗，选择“Pressure（压力）”选项，示教器可显示图 7.3.14（a）所示的压力条件文件一览表（LIST）。

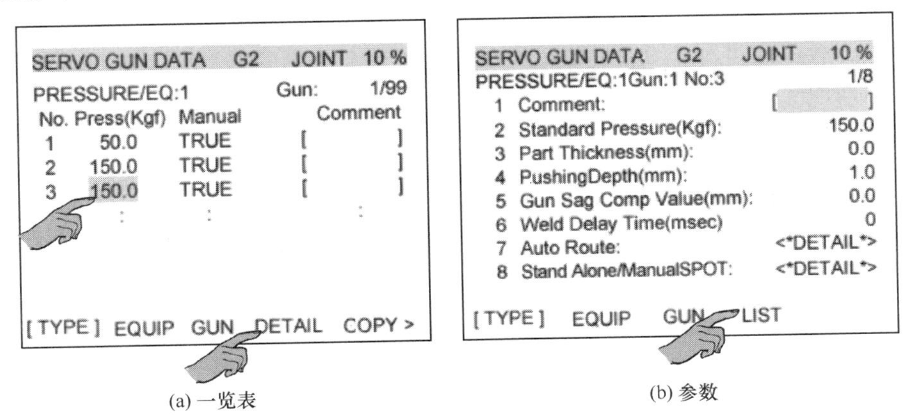

(a) 一览表　(b) 参数

图 7.3.14　压力文件选择与参数显示

⑥ 在压力条件一览表显示页，选定压力条件号（No.）所在行，按软功能键〖DETAIL（细节）〗，示教器便可显示图 7.3.14（b）所示的压力条件参数设定页面；如在压力条件参数设定页面上，按软功能键〖LIST（一览表）〗，则可返回压力条件一览表显示页。

⑦ 光标选定压力条件参数设定页面的参数项，或者选择自动焊接路线（Auto Route）、独立焊接/手动焊接（Stand Alone/Manual SPOT）扩展项后，按【ENTER】键，在扩展参数显示页面用光标选定参数项。

⑧ 通过示教器的数字键、软功能键、【ENTER】键，输入参数值。

2. 压力条件基本参数设定

FANUC 点焊机器人压力条件文件的基本参数显示如图 7.3.14（b）所示，参数内容及设定要求如下。

Comment：注释，如果需要，选定输入框后，可对压力条件文件添加文字说明。注释输入的方法与要求与程序的其他注释相同。

Standard Pressure(Kgf)：标准压力，是按压力条件文件要求，对电极正常夹紧时的压力值，设定范围 0～9999.9kgf（0～99999N）。

在控制系统上，标准压力实际上用来控制电极夹紧时的伺服电机输出转矩。伺服电机转矩与电极压力的关系，可通过前述的机器人设定（SETUP）操作，在焊钳设置条件文件的焊钳基本参数“Pressure Cal（电极压力校准）”上设定。

Part Thickness(mm)：工件厚度，允许范围 0～1000.0mm。

PushingDepth(mm)：夹紧行程，允许范围 0～100.0mm。夹紧行程是移动电极从接触点到夹紧完成点的移动量。

Gun Sag Comp Value(mm)：焊钳误差补偿值，允许范围－1000.0～1000.0mm。焊钳误差补偿功能可通过前述的机器人设定（SETUP）操作，在焊钳设置条件文件的焊钳基本参数“Gun Sag Compensation”上生效或撤销。

Weld Delay Time：焊接延时，允许范围 0～1000s。焊接延时是移动电极在夹紧完成位置的停留时间，在不使用焊接完成信号的机器人上，利用焊接延时，可启动下一步的退出、焊钳打开动作。

Auto Route：自动焊接路线。用示教器的【ENTER】键选定后，可打开自动焊接路线设定页面，进行接近点、夹紧开始位置、夹紧结束位置、焊接完成点、焊钳打开点的设定。

Stand Alone/ManualSPOT：独立焊接/手动焊接设定。用示教器的【ENTER】键选定后，可打开独立焊接/手动焊接设定页面，进行独立焊接/手动焊接参数的设定。

3. 自动焊接路线设定

自动焊接路线可通过图7.3.14（b）所示压力条件显示页的选项“Auto Route”打开，设定页面的显示如图7.3.15所示，参数内容及设定要求如下。

① 接近点设定。焊钳的接近点（Approach Position）是电极靠近工件的位置，接近点定位功能可根据实际作业需要选择。接近点参数项1～3的含义及设定要求如下。

Approach Position：接近点定位功能选择。设定“ENABLE”接近点有效，焊接开始前，机器人（固定电极）和移动电极首先需要进行空程移动，到达焊钳接近工件的位置（接近点），然后才执行接触动作；设定“DISABLE”为不使用接近点，此时机器人（固定电极）和移动电极将直接由焊点定位位置移动到接触点。

Tolerance Gun(mm)：移动电极位置。接近点定位完成后，移动电极离工件上表面的距离，允许范围0～1000.0mm。

Tolerance Robot(mm)：固定电极（机器人）位置。接近点定位完成后，固定电极离工件下表面的距离，允许范围0～1000.0mm。

② 接触点设定。接触点又称加压开始位置（Pressure Start position），在这一位置上，系统将接通焊接电源，并通过移动电极运动对工件夹紧、加压和焊接。加压开始位置参数项4～7的含义及设定要求如下。

Tolerance Gun(mm)：移动电极位置。接触点定位完成后，移动电极离工件上表面的距离，允许范围0～1000.0mm。

Tolerance Robot(mm)：固定电极（机器人）。接触点定位完成后，固定电极离工件下表面的距离，允许范围0～1000.0mm。

Termination Type：接触点定位的到位区间，设定FINE或CNTn。

Acc instruction：接触点定位移动时的加速度，以焊接点定位指令编程加速度百分率（%）的形式设定。

③ 夹紧点设定。夹紧点又称加压位置（Pressure Position），它是移动电极夹紧、加压的完成位置，加压位置参数项8～10的含义及设定要求如下。

Decelerate Rate(%)：减速倍率，用于电极夹紧、加压时的移动速度，以焊接点定位指令编程速度百分率（%）的形式设定。

Termination Type：到位区间，设定FINE或CNTn。

Acc instruction：电极夹紧、加压移动的加速度，以焊接点定位指令编程加速度百分率（%）的形式设定。

④ 退出点设定。退出点又称焊接结束位置（Pressure End Position），它是焊接完成后电极退出、关闭焊接电源的位置，焊接结束位置参数项11～14的含义及设定要求如下。

Tolerance Gun(mm)：移动电极位置。退出点定位完成后，移动电极离工件上表面的距离，允许范围0～1000.0mm。

Tolerance Robot(mm)：固定电极（机器人）位置。退出点定位完成后，固定电极离工件下表面的距离，允许范围0～1000.0mm。

Termination Type：到位区间，设定FINE或CNTn。

Acc instruction：电极向退出点移动时的加速度，以焊接点定位指令编程加速度百分率（%）的形式设定。

⑤ 打开点设定。焊钳打开点（Open Position）是焊钳完全打开的位置，打开点定位功能可根据实际作业需要选择。焊钳打开点参数项15～17的含义及设定要求如下。

Gun Open：焊钳打开功能选择，设定“TRUE”焊钳打开功能有效，焊钳退出后，机器人和电极需要进行空程移动、定位到打开点、结束焊接过程；设定“FALSE”焊钳打开功能无效，焊钳直接在退出点结束焊接过程。

Termination Type：到位区间，设定FINE或CNTn。

Acc instruction：焊钳向打开点移动时的加速度，以焊接点定位指令编程速度百分率（%）的形式设定。

```
SERVO GUN DATA          G2              JOIN      10 %
AUTO ROUTE / EQ:1 Gun:1 No:6                      1/17
   (Approach Position)
  1  Approach Position:                        ENABLE
  2  Tolerance Gun(mm):                           5.0
  3  Tolerance Robot(mm):                         0.0
     (Pressure Start Position)
  4  Tolerance Gun(mm):                           0.0
  5  Tolerance Robot(mm):                         0.0
  6  Termination Type:                        FINE***
  7  Acc instruction:                          ACC100
     (Pressure Position)
  8  Decelerate Rate(%):                         10.0
  9  Termination Type:                        FINE***
 10  Acc instruction:                          ACC100
     (Pressure End Position)
 11  Tolerance Gun(mm):                           0.0
 12  Tolerance Robot(mm):                         0.0
 13  Termination Type:                        CNT 100
 14  Acc instruction:                          ACC100
     (Open Position)
 15  Gun Open:                                DISABLE
 16  Termination Type:                        CNT   0
 17  Acc instruction:                          ACC100
 [ TYPE ]     EQUIP      GUN      ENABLE      DISABLE
```

图7.3.15　自动焊接路线设定页面

4. **独立焊接/手动焊接设置**

独立焊接/手动焊接可通过图7.3.16（a）所示压力条件文件的选项“Stand Alone/ManualSPOT”打开，设定页面如图7.3.16（b）所示，参数内容及设定要求如下。

Speed(%)：独立焊接/手动焊接时的移动电极运动速度，以最大速度百分率（%）的形式设定。

Termination Type：到位区间，设定FINE或CNTn。

Acc instruction：独立焊接/手动焊接时的电极移动加速度。

Use Path：用户特殊焊接路线功能选择。设定“FALSE”时，独立焊接/手动焊接可使用自动焊接路线；设定“TRUE”时，使用用户特殊焊接路线。

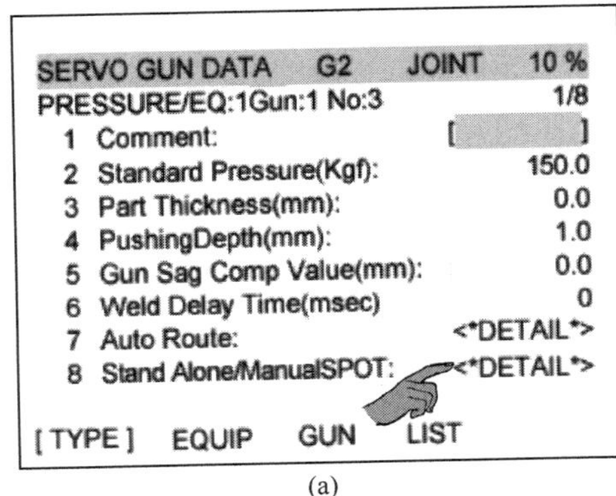

(a)

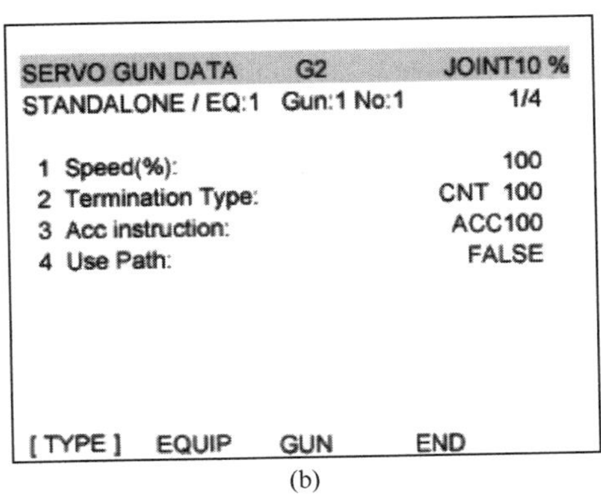

(b)

图7.3.16　独立焊接/手动焊接设定

7.3.6 机器人手动点焊操作

1. **手动操作键**

FANUC点焊机器人可通过示教器的手动操作进行空打（夹紧）、焊钳打开操作。手动操作需要通过图7.3.17所示示教器上的按键【SHIFT】（左右两侧按键功能相同）及FANUC出厂定义的用户键【GUN1】、【BU1】进行，操作键的基本功能如下。

【GUN1】：手动空打（夹紧）键，按【GUN1】键可显示压力条件一览表。压力条件一览表显示后，按【GUN1】键，可转换压力条件、改变夹紧压力和焊接路线。

【SHIFT】＋【GUN1】：执行手动空打（夹紧）操作。

【BU1】：手动焊钳打开键，按【BU1】键可显示张开条件一览表。张开条件一览表显示后，按【BU1】键，可转换张开条件、选择打开行程。

【SHIFT】＋【BU1】：执行手动焊钳打开操作。

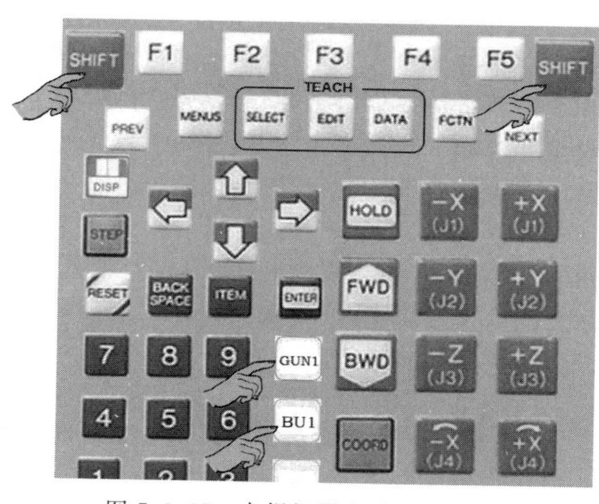

图 7.3.17 点焊机器人手动操作键

2. 手动操作设置

FANUC点焊机器人的手动空打、焊钳打开操作，同样可以按压力条件文件、张开条件文件所设定的参数进行，因此，在使用手动操作功能前，需要完成以下设置。

① 通过机器人设定（SETUP）操作，在焊钳设置条件文件（Servo GUN Setup）上选择参数项 Manual Operation Setup（手动操作设置），打开图 7.3.18（a）所示的手动压力页面，完成手动加压时间、焊钳打开方式、焊钳开合速度及行程等基本参数的设定。

如果机器人需要按宏程序进行夹紧、焊钳打开操作，需要生效图 7.3.18（b）所示的宏程序夹紧、打开功能，并设定夹紧、打开宏程序的名称。

② 通过数据暂存器设定操作（DATA），在图 7.3.19（a）所示的压力条件文件一览表上，

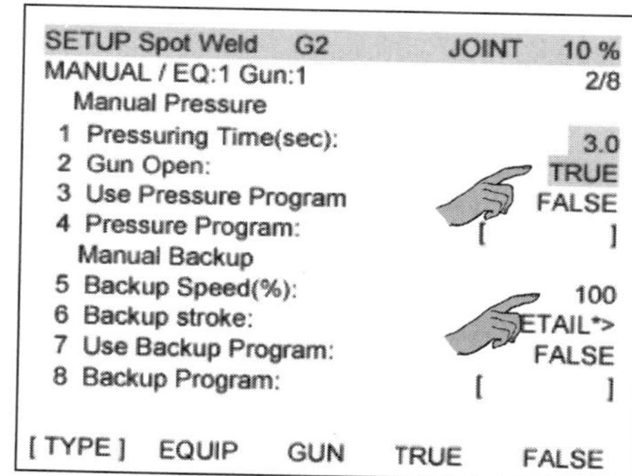

(a) 手动加压/打开

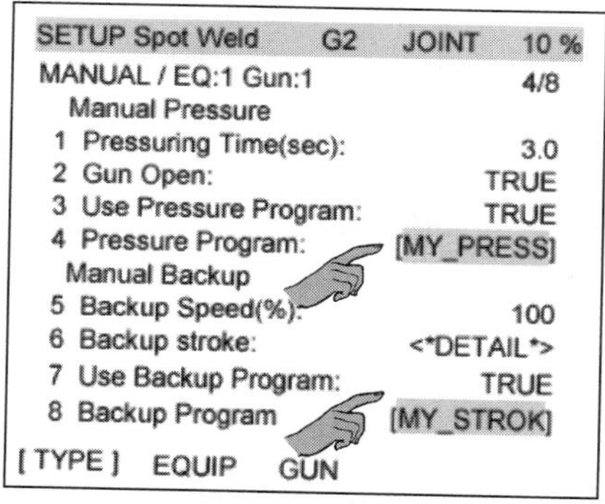

(b) 宏程序加压/打开

图 7.3.18 手动操作焊钳设置

SERVO GUN DATA G1 JOINT 10 %

PRESSURE / EQ:1 Gun:1 1/50

No.	Press(Kgf)	Manual	Comment
1	180.0	TRUE	[FRNT PANEL]
2	195.0	TRUE	[REAR PANEL]
3	185.0	TRUE	[SIDE PANEL]
4	0.0	FALSE	[ ]
:	:		
50	0.0	FALSE	[ ]

[TYPE] EQUIP GUN DETAIL COPY >

(a) 生效文件

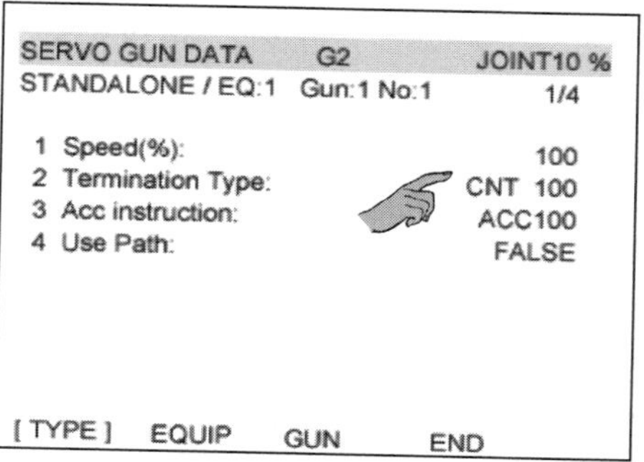

(b) 设定参数

图 7.3.19 手动操作压力条件设置

将手动焊接需要使用的压力条件文件的“MANUAL”栏设定为“TRUE（有效）”。

③ 打开压力条件文件，完成压力条件文件基本参数、自动焊接路线（Auto Route）参数设定，并在图 7.3.19（b）所示的压力条件文件扩展项独立焊接/手动焊接（Stand Alone/ManualSPOT）上，设定手动焊接速度、加速度、到位区间设定。

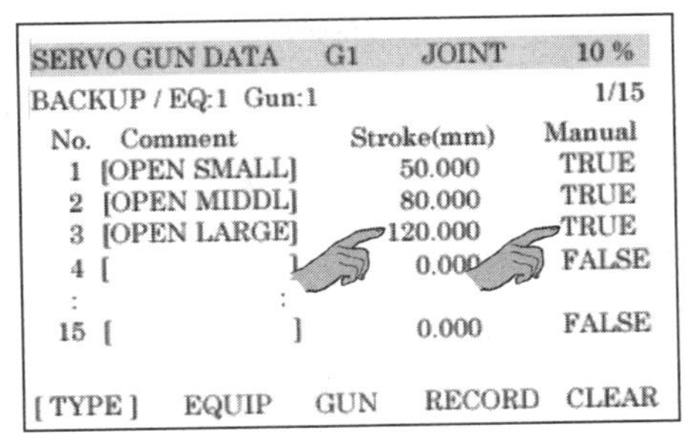

图 7.3.20　手动操作张开条件设置

④ 通过机器人设定（SETUP）操作或数据暂存器设定操作（DATA），在张开条件文件上，将图 7.3.20 所示的手动焊接需要使用的张开条件文件的“MANUAL”栏设定为“TRUE（有效）”。

3. **手动空打、焊钳打开操作**

FANUC 点焊机器人的手动空打（夹紧）、焊钳打开操作的步骤如下，如焊钳设置文件中生效了宏程序夹紧、打开功能，只需要进行下述步骤中的①、②和⑨。

① 接通控制柜的电源总开关、启动控制系统后，将操作模式选择开关置示教模式 1（T1 或 T2），示教器的 TP 有效开关置“ON”位置。

② 通过手动操作，将机器人移动到焊接点定位，并使固定电极与工件接触，因为手动焊接时只能进行移动电极运动，机器人（固定电极）不产生移动。

③ 按示教器手动空打键【GUN1】，示教器可显示压力条件一览表。

④ 按【GUN1】键，示教器可弹出图 7.3.21（a）所示的压力条件文件显示框，显示当前生效的压力条件文件，继续按【GUN1】键，可依次切换图 7.3.21（b）所示的压力条件文件一览表上设定为“TRUE（有效）”的压力条件文件。

⑤ 选定压力条件文件，使之成为当前生效的手动操作压力条件文件。

⑥ 按手动焊钳打开键【BU1】，示教器可显示张开条件一览表。

⑦ 按【BU1】键，示教器可弹出图 7.3.22（a）所示的张开条件文件显示框，显示当前生效的张开条件文件，继续按【BU1】键，可依次切换图 7.3.22（b）所示的张开条件文件一览表上设定为“TRUE（有效）”的张开条件文件。

⑧ 选定张开条件文件，使之成为当前生效的手动操作张开条件文件。

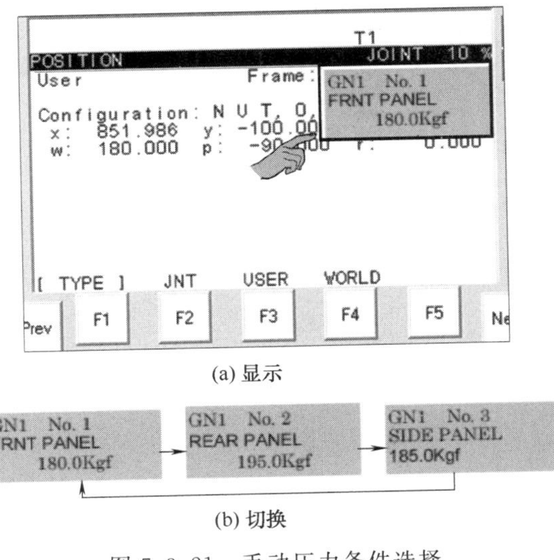

(a) 显示

(b) 切换

图 7.3.21　手动压力条件选择

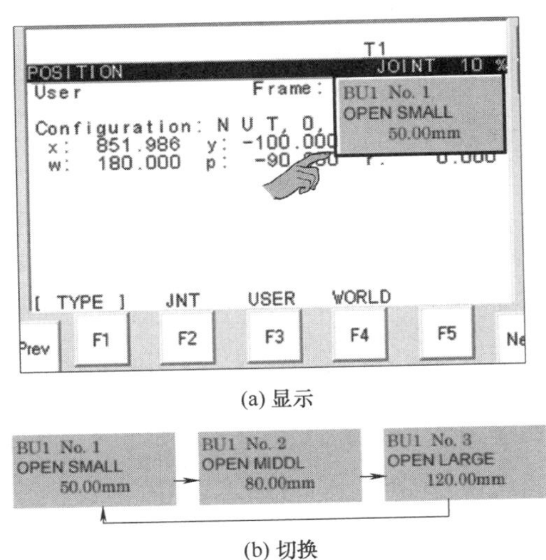

(a) 显示

(b) 切换

图 7.3.22　手动张开条件选择

压力、张开条件文件选定一旦选定，便可通过示教器的以下操作，执行手动空打或焊钳打开操作。

⑨ 按下【SHIFT】键并保持，再按【GUN1】键，可启动手动空打操作。手动空打一旦启动，便可松开【GUN1】键，但【SHIFT】键应保持，直到夹紧完成。在手动空打过程中，如松开【SHIFT】键，夹紧动作将中断。

如果按下【SHIFT】键并保持，再按【BU1】键，可启动手动焊钳打开操作。手动焊钳打开一旦启动，便可松开【GUN1】键，但【SHIFT】键应保持，直到焊钳完全打开。在手动过程过程中，如果松开【SHIFT】键，手动焊钳打开动作将中断。

4. 手动焊接操作

FANUC点焊机器人的手动焊接操作需要通过控制系统的手动操作功能实现，操作步骤如下。

① 接通控制柜的电源总开关、启动控制系统后，将操作模式选择开关置示教模式1（T1或T2)，示教器的TP有效开关置“ON”位置。

② 如图7.3.23（a）所示，按操作菜单键【MENU】，在示教器显示的操作菜单上，选定“MANUAL FCTNS（手动功能)”，按【ENTER】键确认，示教器可显示手动功能设定的基本页面。

③ 按软功能键〖类型（TYPE)〗，选择“Spot welding（点焊)”选项，按【ENTER】键确认，示教器即可显示图7.3.23（b）所示的手动点焊（MANUAL FCTNS Spot）参数设定页面。

④ 光标依次选定压力条件（Pressure condition)、张开条件（Stroke condition)、焊钳设置条件（Spot schedule）的参数设定区，设定手动焊接引用的压力条件、张开条件、焊钳设置文件号。

⑤ 按住并保持示教器的【SHIFT】，按软功能键〖EXEC〗，机器人便可按所选的条件文件，完成接近、接触、夹紧（加压并焊接)、退出、张开的全部焊接动作。

⑥ 焊接一旦启动，软功能键〖EXEC〗可松开，但【SHIFT】需要保持；松开【SHIFT】键，手动焊接过程将中断。

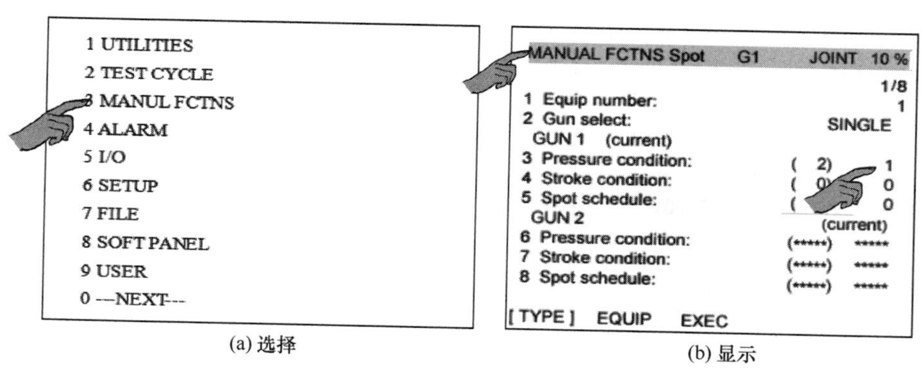

(a) 选择　　(b) 显示

图7.3.23　手动焊接设定页面

7.4 码垛作业文件编辑

7.4.1 指令输入与基本数据

1. 指令说明

码垛（Stacking）是按规律叠放物品的功能，在搬运类机器人上使用最广。码垛作业的机器人定位点按规律变化，其位置可由控制系统自动计算。

FANUC 机器人的码垛功能属于控制系统附加功能。在选配码垛功能的机器人上，码垛作业可通过指令 PALLETIZING—type_i 启动、PALLETIZING—END_i 结束；机器人运动可利用指令“J PAL_i”（关节插补）或“L PAL_i”（直线插补）指定；定位点位置以［A_n］、［R_n］或［BTM］的形式指定。

FANUC 机器人的码垛运动启动、结束指令如下，指令中的 B、BX、E、EX 为码垛方式（叠栈式样），i 为码垛数据组编号。

PALLETIZING—B_i：直线、矩形、平行四边形或梯形布置物品码垛；工具姿态、每层物品的安放形式（层式样）不变，机器人移动路线固定。

PALLETIZING—BX_i：直线、矩形、平行四边形或梯形布置物品码垛；工具姿态、层式样不变，机器人移动路线可变（多路线码垛）。

PALLETIZING—E_i：自由布置物品或工具姿态、每层物品的安放形式（层式样）可变，机器人移动路线固定的物品码垛。

PALLETIZING—EX_i：自由布置物品或工具姿态、层式样、机器人移动路线可变的物品码垛（多路线码垛）。

PALLETIZING—END_i：码垛运动结束，码垛暂存器更新为下一码垛点。

码垛指令的编辑要求与码垛方式（叠栈式样）有关，具体如表 7.4.1 所示。

表 7.4.1 码垛指令的编辑要求

码垛方式	行、列、层布置	工具姿态	层式样	移动线路
B	直线	固定	固定	固定
BX	直线	固定	固定	可变(1～16)
E	直线、间隔或自由	固定、分割	可变(1～16)	固定
EX	直线、间隔或自由	固定、分割	可变(1～16)	可变(1～16)

2. 指令输入

FANUC 机器人码垛指令的输入操作步骤如下。

① 接通控制柜的电源总开关，启动控制系统。

② 操作模式选择示教（T1 或 T2），TP 有效开关置“ON”位置。

③ 利用程序选择键【SELECT】，或操作菜单键【MENU】的 SELECT 选项，显示程序一览表后，用光标选定需要编辑的程序名称，按【ENTER】键，显示程序编辑页面。

④ 光标选定指令的输入位置，按【NEXT】键，显示扩展软功能键〖指令（INST)〗、〖编辑（EDCMD)〗。

⑤ 按〖指令（INST)〗键，在选配码垛功能的机器人上，示教器便可显示图 7.4.1（a）所示的指令类别选项“7 叠栈程序”。

⑥ 光标选定“7 叠栈程序”选项，按【ENTER】键，示教器可进一步显示图 7.4.1（b）所示的码垛启动、结束指令。

⑦ 光标选定需要输入的指令，按【ENTER】键，示教器可显示该指令对应的基本码垛数据输入页面；在输入页面上，用数字键、软功能键、【ENTER】键，完成基本码垛数据输入。基本码垛数据输入页面的设定项说明及设定方法见下述。

⑧ 基本码垛数据输入完成后，按软功能键〖前进〗，系统将自动进入码垛指令编辑与示教操作，示教器可依次显示码垛形状设定与示教、机器人移动路线设定与示教等编辑页面，操作者可通过对应的操作，完成码垛形状、机器人移动路线的设定、示教、编辑、确认等操作，有关内容详见后述。

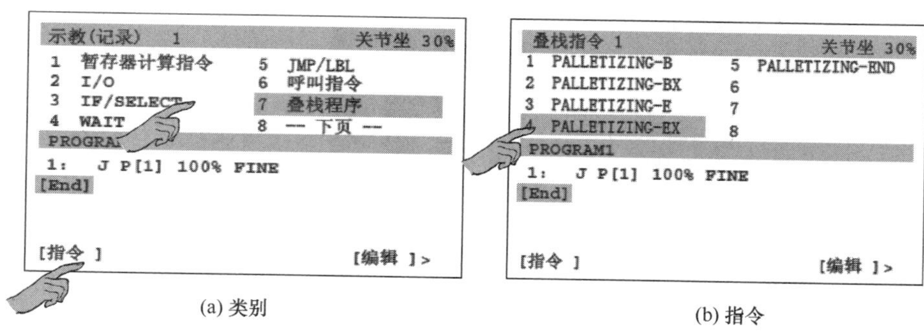

(a) 类别 (b) 指令

图 7.4.1 码垛指令输入

需要注意的是，码垛形状示教、机器人移动路线示教时，不能对外部轴（机器人变位器）位置进行示教、记录，因此，示教前必须将外部轴移动到正确的位置。

⑨ 码垛指令编辑与示教操作全部完成后，按软功能键〖前进〗，系统将结束码垛指令编辑操作，示教器返回程序编辑页面，编辑完成的码垛指令可自动插入到程序的指令输入位置。然后，通过常规的指令编辑操作，对码垛运动指令的插补方式、移动速度、到位区间等进行修改，并插入所需要的码垛作业宏指令等，完成码垛指令编辑操作。

机器人执行码垛作业时，码垛启动、码垛运动（包括码垛前后的机器人接近、离开运动）、码垛结束指令必须齐全，缺少任何一条指令都将无法进行码垛作业。此外，在不同程序中，码垛数据组编号 i 允许重复。

3. 基本数据

码垛作业时，机器人可根据物品码垛的形状，按照规定的路线逐一堆叠或提取物品。物品码垛形状和机器人运动路线（码垛路线）可通过码垛基本数据设定页面定义；这一设定页面可在码垛指令选定后自动显示。

码垛基本数据与所选的码垛指令有关，不同码垛方式（叠栈式样）的基本数据设定页面如图 7.4.2 所示。

基本数据设定页面的设定项“叠栈_1～4”，用于指令 PALLETIZING—B/BX/E/EX 的注释设定；设定项“种类”“增加”“栈板暂存器”“顺序”用于码垛作业时的机器人码垛路线定义，其含义分别如下。

种类：作业类型，“堆上”为物品“堆叠”作业，机器人逐层向上移动；“堆下”为物品“提取”作业，机器人逐层向下移动。

增加：当前层的起始位置及行、列的变化方式。设定为“1”时，堆叠（堆上）时码垛变量 PL[n] 的行、列值依次增加，提取（堆下）时码垛变量 PL[n] 的行、列值依次减少。设定为“−1”时，堆叠（堆上）时码垛变量 PL[n] 的行、列值依次减小，提取（堆下）时码垛变量 PL[n] 的行、列值依次增加。

栈板暂存器：码垛变量 PL[n] 的变量号 n 定义，不同码垛指令的变量号不能相同。

顺序：行、列、层变化的先后次序。

设定项“行/列/层”“补助点”用来确定码垛物品的形状、布置方式、工具姿态、层式样，其含义分别如下。

行/列/层：对于工具姿态、层式样固定的直线、矩形、平行四边形、矩形布置物品码垛指令 PALLETIZING—B/BX，只需要设定行、列、层的数量 [i]、[j]、[k]，i、j、k 的允许设定范围为 1～127。

对于工具姿态、层式样可变或自由布置的物品码垛指令 PALLETIZING—E/EX，需要在

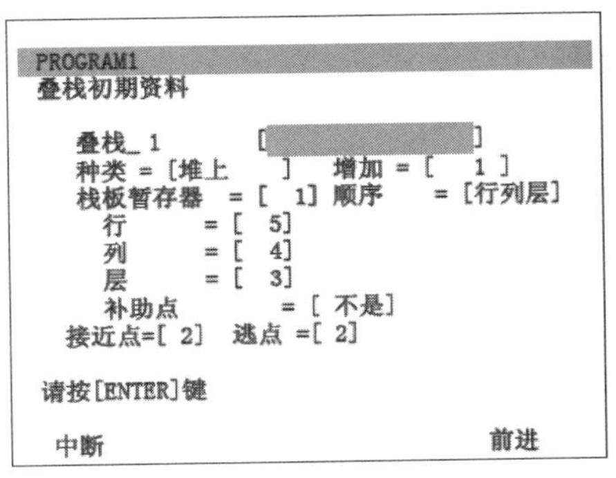

(a) 方式B

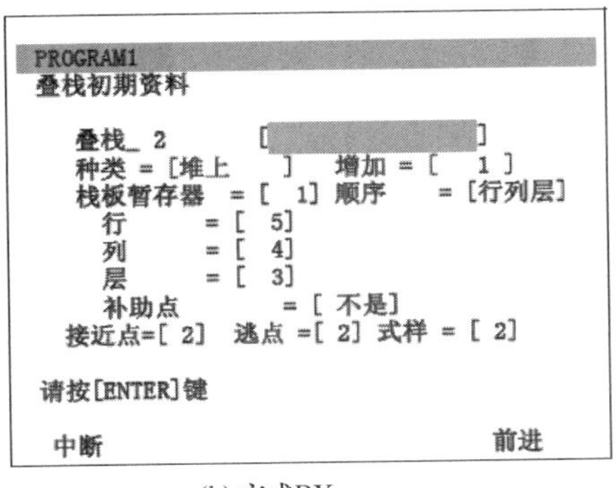

(b) 方式BX

```
PROGRAM1
叠栈初期资料
叠栈_ 3            [              ]
种类 = [堆上    ]    增加 = [    1 ]
栈板暂存器  = [  1]  顺序      = [行列层]
  行       = [ 5   直线    固定]
  列       = [ 4   直线    固定]
  层       = [ 3   直线    固定   1 ]
  补助点          = [ 不是          ]
接近点=[ 2]  逃点 =[ 2]
请按[ENTER]键
中断                          前进
```

(c) 方式E

```
PROGRAM1
叠栈初期资料
叠栈_ 4            [              ]
种类 = [堆上    ]    增加 = [    1 ]
栈板暂存器  = [  1]  顺序      = [行列层]
  行       = [ 5   直线    固定]
  列       = [ 4   直线    固定]
  层       = [ 3   直线    固定   1 ]
  补助点          = [ 不是          ]
接近点=[ 2]  逃点 =[ 2]  式样 = [ 2]
请按[ENTER]键
中断                          前进
```

(d) 方式EX

图 7.4.2 码垛基本数据设定

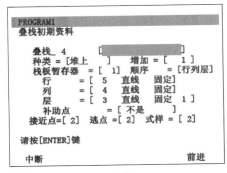

行、列、层数量 i、j、k 后面附加布置方式（直线或间距、自由）、工具姿态（固定或分割），如［3 直线 固定］、［3 200 固定］、［3 自由 分割］等；对于层，还需要在工具姿态后添加层式样数，如［3 直线 固定 2］等，层式样的设定范围为 1～16。

补助点：示教点补充。设定“不是”，为直线、矩形或平行四边形布置物品码垛，只需要示教 4 个点（底层 3 个顶点和顶层 1 个点）；设定“是”，为梯形布置物品码垛，需要示教 5 个点（底层 4 个顶点和顶层 1 个点）。

设定项“接近点”“逃点”“式样”用于码垛作业时的机器人移动路线定义。

接近点/逃点：接近点［A_n］/离开点［R_n］的数量，设定范围为 0～8。

式样：定义多路线码垛的移动路线数，设定范围为 1～16。

7.4.2 码垛路线定义

1. 起始点

FANUC 机器人码垛作业时，堆叠或提前物品的位置可用码垛暂存器 PL［n］间接指定，PL［n］的值是由行 i、列 j、层 k 组成的三维数组［i、j、k］，机器人的实际坐标位置可由控制系统根据示教点自动计算。

机器人码垛作业时，PL［n］值可根据作业类型、起始点、行/列/层数量及变化次序等基本数据，由系统自动计算生成；码垛暂存器 PL［n］的编号可通过基本数据设定项“栈板暂存器”定义。

机器人的码垛路线可通过基本数据设定项“种类”“增加”“顺序”定义。“种类”用来定义作业类型（堆叠或提取，层变化方式）；“增加”用来定义当前层的起始位置及行列变化方式；“顺序”用来定义行、列、层变化的先后次序。

码垛运动起点（PL[n] 起始值）与“种类”“增加”的定义有关，对于行数为 R、列数为 C、层数为 S 的码垛作业，码垛变量 PL[n] 的起始值如表 7.4.2 所示。码垛作业结束、系统执行指令 PALLETIZING—END_i 后，码垛变量 PL[n] 将自动恢复为起始值。

表 7.4.2 码垛运动起点

基本数据设定		码垛运动起点(PL[n]起始值)		
种类	增加	行(i)	列(j)	层(k)
堆上(堆叠)	1	1	1	1
	−1	R	C	1
堆下(提取)	1	R	C	S
	−1	1	1	S

2. 堆叠路线

码垛基本数据设定项“种类”定义为“堆上”时，机器人将从底层（第 1 层）开始，逐层向上堆叠，层变化的方向始终为由下至上。当前层物品安放的起始位置、安放次序可以按以下方法定义。

① 起始位置。当前层物品安放的起始位置及运动方向可通过设定项“增加”选择。

“增加”设定为“1”时，机器人以当前层 k 的第 1 行、第 1 列位置 [1,1,k] 为起始，行、列值依次增加。

“增加”设定为“−1”时，机器人以当前层 k 的最后行 R、最后列 C 位置 [R,C,k] 为起始，行、列值依次减小。

② 安放次序。当前层物品的安放次序可通过设定项“顺序”定义。

“顺序”设定为 [行列层]（默认）时，物品安放次序为“先行后列”，机器人首先完成起始行物品的安放，然后进行下一行物品的安放，直至当前层物品安放完成，机器人进入下一层。

“顺序”设定为 [列行层] 时，物品安放次序为“先列后行”，机器人首先完成起始列物品的安放，然后进行下一列物品的安放，直至当前层物品安放完成，机器人进入下一层。

例如，对于图 7.4.3 所示的 2 行、2 列、2 层物品堆叠，如基本数据“栈板暂存器”设定为“1”，“种类”设定为“堆上”，“顺序”设定为 [行列层]，当“增加”设定为“1”或“−1”时，码垛变量值、物品堆叠次序将按表 7.4.3 变化。

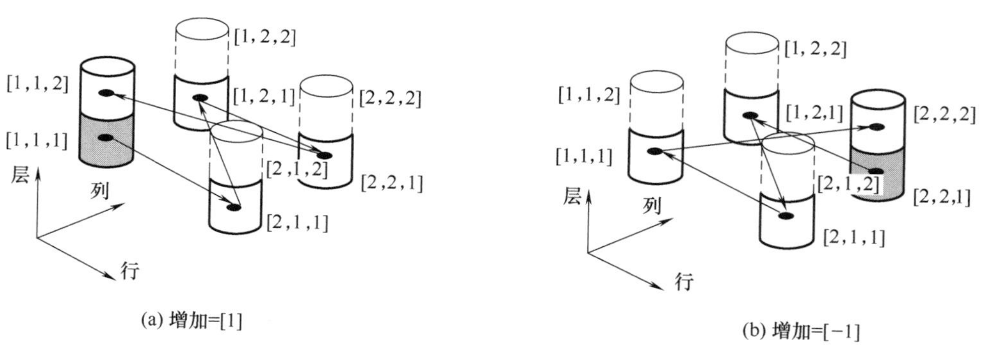

图 7.4.3 堆叠（堆上）码垛路线

表 7.4.3 向上堆叠运动次序

增加	次序	1	2	3	4	5	6	7	8
1	PL[1]	[1,1,1]	[2,1,1]	[1,2,1]	[2,2,1]	[1,1,2]	[2,1,2]	[1,2,2]	[2,2,2]
−1	PL[1]	[2,2,1]	[1,2,1]	[2,1,1]	[1,1,1]	[2,2,2]	[1,2,2]	[2,1,2]	[1,1,2]

3. 提取路线

码垛基本数据设定项“种类”定义为“堆下”时，机器人将从顶层（第S层）开始，逐层向下提前，层变化的方向始终为由上至下。

当前层物品提前的起始位置及运动方向，可通过设定项“增加”选择。“增加”设定为“1”时，机器人以当前层 k 的最后行 R、最后列 C 位置 [R,C,k] 为起始，行、列值依次减小；设定为“−1”时，机器人以当前层k的第1行、第1列位置 [1,1,k] 为起始，行、列值依次增加。

例如，对于图7.4.4所示的2行、2列、2层物品提取，如“栈板暂存器”定义为“2”，“种类”定义为“堆下”，“顺序”定义为[行列层]，当“增加”设定为“1”或“−1”时，码垛变量值、物品提取次序将按表7.4.4变化。

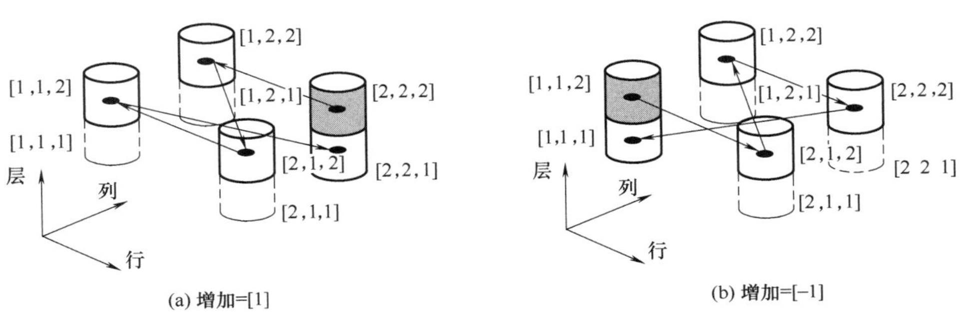

图7.4.4 提取（堆下）码垛路线

表7.4.4 向下提取运动次序

增加	次序	1	2	3	4	5	6	7	8
1	PL[2]	[2,2,2]	[1,2,2]	[2,1,2]	[1,1,2]	[2,2,1]	[1,2,1]	[2,1,1]	[1,1,1]
−1	PL[2]	[1,1,2]	[2,1,2]	[1,2,2]	[2,2,2]	[1,1,1]	[2,1,1]	[1,2,1]	[2,2,1]

7.4.3 码垛形状定义

基本码垛数据设定项“行/列/层”“补助点”用来确定物品码垛的形状和示教点数量。FANUC机器人的物品码垛允许以直线、矩形、平行四边形、梯形布置或自由布置的形式堆叠，也可以采用留“空位”的间隔堆叠，间隔堆叠需要通过条件指令的编程实现。

当物品以直线、矩形、平行四边形、梯形布置堆叠时，如果工具姿态、层式样不变，可选择指令PALLETIZING—B或PALLETIZING—BX码垛，直接通过行/列/层数量和示教点位置，自动计算码垛变量。B/BX码垛指令的“行/列/层”只需要设定行数/列数/层数。当物品以自由布置方式堆叠，或者，需要改变工具姿态、层式样时，需要选择指令PALLETIZING—E或PALLETIZING—EX码垛。E/EX码垛指令的“行/列/层”需要在行数/列数/层数后，增加布置方式（直线或间距值、自由）及工具姿态（固定或分割）定义项；对于层，还需要在工具姿态后添加层式样数。

1. B/BX码垛

码垛指令PALLETIZING—B/BX用于工具姿态、层式样不变的直线、矩形、平行四边形、梯形规范布置物品的码垛作业，其码垛形状和示教点确定方法如下。

① 当码垛物品按照图7.4.5（a）所示的直线或矩形、平行四边形布置堆叠时，码垛的形状可通过“行/列/层”数量 R、C、S 及4个示教点确定。其中，底层需要示教3个顶点 [1,1,1]、[R,1,1]、[1,C,1]；顶层需要示教1个顶点 [1,1,S]。此时，设定项“补助点”可设

定为“不是”。对于单列直线堆叠的码垛物品，示教点［1,C,1］和［1,1,1］重合。

② 当码垛物品按图7.4.5（b）所示的梯形堆叠时，码垛的形状需要通过“行/列/层”数量R、C、S及5个示教点确定。其中，底层需要示教4个顶点［1,1,1］、［R,1,1］、［1,C,1］、［R,C,1］（补助点）；顶层需要示教1个顶点［1,1,S］。此时，设定项“补助点”必须设定为“是”。

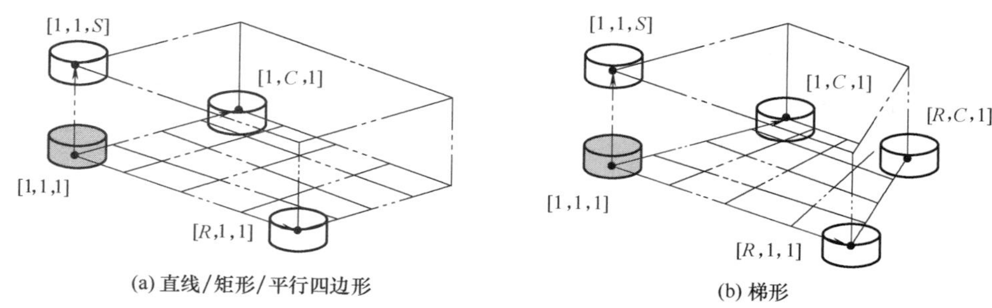

图7.4.5 码垛形状

2. E/EX规范码垛

码垛指令PALLETIZING—E/EX既可用于直线、矩形、平行四边形、梯形规范布置物品码垛，也可用于自由布置物品码垛，其工具姿态、层式样、移动路线均可改变。

当物品层按直线或矩形、平行四边形、梯形规范布置时，基本数据设定项“行/列/层”中的布置方式可选择“直线”或“间隔”，其码垛形状和示教点确定方法如下。

① 直线。布置方式设定为“直线”时，物品层为直线或矩形、平行四边形、梯形布置；码垛形状和示教方法与PALLETIZING—B/BX指令完全相同。

② 间隔。布置方式设定为“间隔”时，物品层同样为直线或矩形、平行四边形、梯形规范布置，但是码垛形状可直接通过物品间距指定，间距单位为mm。

间隔布置物品的示教点仅用来确定行、列、层的轴方向；因此，除了起点［1,1,1］必须为实际位置外，其他点可为行轴（或列、层轴）上的任意一点。

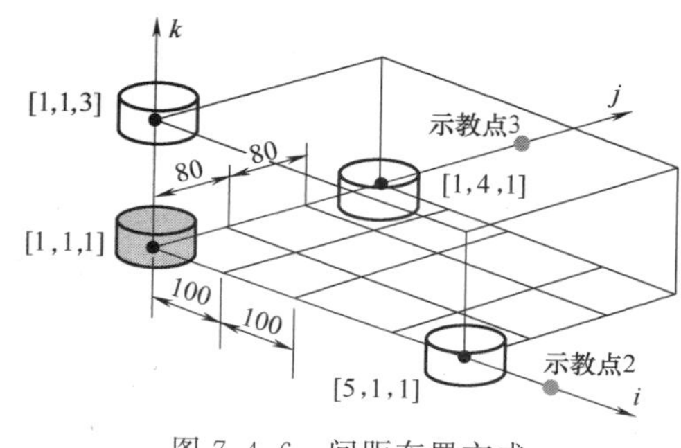

图7.4.6 间距布置方式

例如，对于图7.4.6所示的5行、4列、3层单式样码垛，如果行、列、层的布置方式设定如下：

行=［5 100 固定］

列=［4 80 固定］

层=［3 直线 固定1］

由于行、列的物品间距定义为100mm、80mm，因此，当起点［1,1,1］按实际码垛位置示教后，行示教点［5,1,1］、列示教点［1,4,1］就可以是i轴、j轴上的任意一点（如示教点2、示教点3），但是层的布置方式设定“直线”，因而示教点［1,1,3］必须为实际的码垛位置。

3. E/EX自由码垛

PALLETIZING—E/EX指令用于自由布置物品码垛时，系统参数（变量）$PALCFG.$FREE_CFG_EN必须设定为“TRUE”。此外，在行、列、层中，只能有其中的一个方向为自由布置方式。

如果“行”布置方式设定为“自由”，列将不为直线，因此，第1层、第1列的所有码垛点都必须逐点示教。同样，如果“列”布置方式设定为“自由”，行将不为直线，因此，第1

层、第1行的所有码垛点都必须逐点示教；如果“层”布置方式设定为“自由”，上下层将不重叠，因此，第1行、第1列的所有码垛点都必须逐点示教。

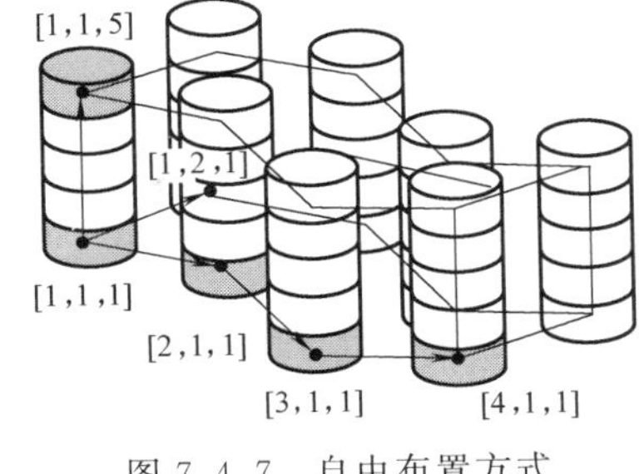

图 7.4.7 自由布置方式

例如，对于图7.4.7所示的自由布置物品单式样码垛，如果行、列、层的设定如下：

行=[4 自由 固定]

列=[2 直线 固定]

层=[5 直线 固定 1]

由于物品的行布置方式定义为自由，因此，第1层、第1列上的码垛点[1,1,1]、[2,1,1]、[3,1,1]、[4,1,1]都必须逐点示教。

行布置方式定义为“自由”时，列、层的布置方式必须为“直线”或间距，因此，列、层只需要示教2个顶点[1,2,1]及[1,1,5]。

7.4.4 工具姿态和层式样定义

FANUC机器人的码垛指令PALLETIZING—B/BX只能用于工具姿态、层式样固定的规范布置物品码垛，机器人进行码垛作业时，工具姿态不能改变，每层物品的安放形式（层式样）必须相同。对于需要改变工具姿态或物品层安放形式（层式样）的码垛作业，必须使用码垛指令PALLETIZING—E/EX。

1. 工具姿态定义

PALLETIZING—E/EX码垛指令的工具姿态，可根据需要选择“固定”“分割”两种控制方式，控制方式可通过基本数据的“行/列/层”设定项设定，实际工具姿态需要通过示教操作确定。

FANUC机器人的工具姿态示教要求及姿态调整方式，不仅与控制方式有关，而且与物品布置方式有关，说明如下。

① 规范布置。布置方式为“直线”或“间隔”的规范布置物品码垛，机器人的工具姿态控制方法如图7.4.8所示。

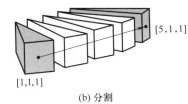

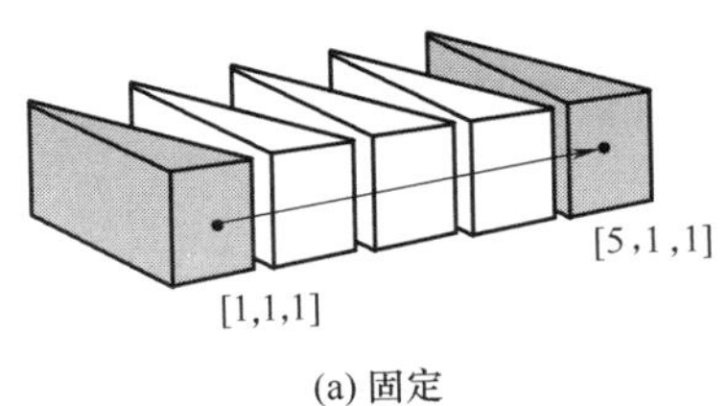

图 7.4.8 规范布置工具姿态控制

当工具姿态控制方式选择“固定”时，只需要示教起始点[1,1,1]的工具姿态，其他码垛点的工具姿态均与起始点相同。

当工具姿态控制方式选择“分割”时，需要示教行列层的起点、终点工具姿态，其他码垛点的工具姿态将由控制系统自动计算生成。在这种情况下，控制系统将计算从起点到终点的姿态变化量，然后按照行列层的数量等分姿态变化量，使得相邻行列层的工具姿态变化量保持一致。

② 自由布置。自由布置物品码垛只有在系统参数（变量）“$PALCFG.$FREE_CFG_EN”设定“TRUE”时才能使用，并且行、列、层只能有其中的一个方向为自由布置方式。

布置方式为“自由”的物品码垛，如工具姿态控制方式均选择“固定”，同样只需要示教

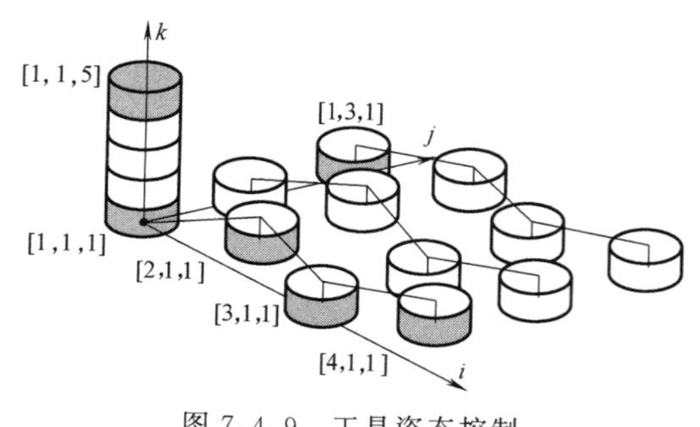

图 7.4.9 工具姿态控制

起始点［1，1，1］的工具姿态，其他码垛点的工具姿态均与起始点相同。如控制方式选择“分割”，需要对所有自由布置示教点的工具姿态进行逐点示教，其他码垛点的工具姿态按规定要求变化。

例如，对于图 7.4.9 所示行为自由布置的 4 行、3 列、5 层码垛，如果行、列、层的设定如下：

行=［4　自由　固定］

列=［3　直线　固定］

层=［5　直线　固定 1］

机器人只需要示教起始点［1,1,1］的工具姿态，其他码垛点的工具姿态均与起始点相同。

如果行、列、层的设定为：

行=［4　自由　分割］

列=［3　直线　固定］

层=［5　直线　固定 1］

由于行的工具姿态控制方式设定为“分割”，因此，第 1 层、第 1 列的所有示教点［1,1,1］、［2,1,1］、［3,1,1］、［4,1,1］都需要示教工具姿态；而列、层的工具姿态设定为固定，因此，第 1 层其他码垛点的工具姿态如下，第 2～5 层各码垛点的姿态与第 1 层相同行、列的码垛点相同。

第 1 行：码垛点［1,2,1］、［1,3,1］的工具姿态与码垛点［1,1,1］相同。

第 2 行：码垛点［2,2,1］、［2,3,1］的工具姿态与码垛点［2,1,1］相同。

第 3 行：码垛点［3,2,1］、［3,3,1］的工具姿态与码垛点［3,1,1］相同。

第 4 行：码垛点［4,2,1］、［4,3,1］的工具姿态与码垛点［4,1,1］相同。

2. 层式样定义

所谓“层式样”，就是每层物品的安放方式。例如，对于图 7.4.10 所示的长方体物品交叉堆叠，由于奇数层和偶数层的物品安放方式不同，因此，需要定义两种层式样。

FANUC 机器人的“层式样”只能用于 PALLETIZING—E/EX 指令码垛，层式样的数量需要设定在基本数据设定项“层”的工具姿态之后，允许设定范围为 1～16；层式样固定不变时，层式样的数量应设定为“1”。

层式样的数量设定为 2～16 时，基本数据设定项“行/列/层”的物品布置方式必须为“直线”，间隔布置、自由布置的物品一般只能使用固定式样码垛（层式样的数量规定为 1）。

例如，对于图 7.4.10 所示的 2 行、2 列、4 层长方体物品交叉堆叠，由于奇数层和偶数层的式样不同，因此，层式样应设定为“2”，物品布置方式必须为“直线”；行、列、层应按以下方式定义，同时，还需要示教多种机器人移动路线。

行=［2　直线　固定］

列=［2　直线　固定］

层=［5　直线　固定 2］

对于 R 行、C 列、S 层物品码垛，如层式样数设定为 N，当层数 S 大于 N 时，从 $N+1$ 层起，将重复第 1～N 层式样。例如，当层数 $S=7$、层式样 $N=3$ 时，第 1、4、7 层为式样 1，第 2、5 层为式样 2，第 3、6 层为式样 3。

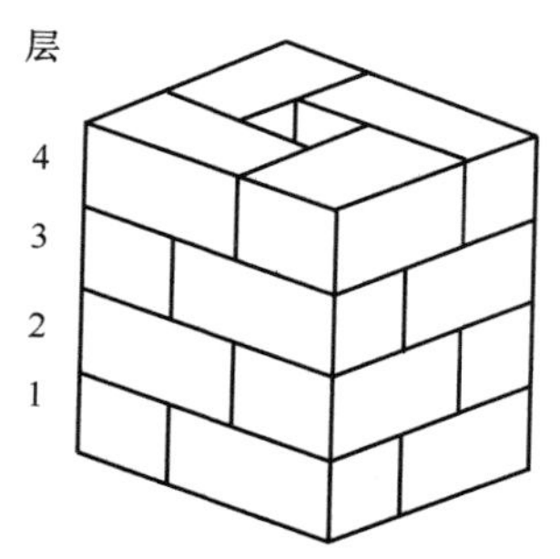

图 7.4.10 层式样定义

7.4.5 接近、离开路线定义

1. 移动路线编程

移动路线是指机器人在码垛运动开始前、结束后的运动轨迹，它们可通过接近点、离开点的设定及示教定义。接近点用来定义运动开始前的机器人接近路线；离开点用来定义码垛运动结束后的机器人离开路线。

在 FANUC 机器人上，移动路线被译作“叠栈经路”；接近点用程序点代号 PAL_i[A_n] 表示（i 为码垛数据编号 1～16，n 为接近点编号 1～8）；离开点被译作“逃点”，用程序点代号 PAL_i[R_n]表示（n 为离开点编号 1～8）；码垛点用程序点代号 PAL_i[BTM] 表示；物品安放（提前）一般用宏指令实现。机器人的接近、离开运动指令可在码垛指令示教完成后，自动插入到码垛启动指令与结束指令之间。例如：

```
……
PALLETIZING—B_3                                    // 码垛启动
L  PAL_3  [A_2]  80%   FINE                        // 接近路线,移动到接近点 2
L  PAL_3  [A_1]  1000mm/sec  FINE                  // 接近路线,移动到接近点 1
L  PAL_3  [BTM]  500mm/sec  FINE                   // 移动到码垛点
Hand Open                                          // 物品安放(宏指令)
L  PAL_3  [R_1]  500mm/sec  FINE                   // 离开路线,移动到离开点 1
L  PAL_3  [R_2]  1000mm/sec  FINE                  // 离开路线,移动到离开点 2
PALLETIZING—END_3                                  // 结束码垛
……
```

FANUC 机器人的码垛移动路线，可通过码垛指令选择“固定路线码垛”和“多路线码垛”。指令 PALLETIZING—B、PALLETIZING—E 用于固定路线码垛，指令 PALLETIZING—BX、PALLETIZING—EX 用于多路线码垛，其设定、示教要求分别如下。

2. 固定路线码垛

固定路线码垛的机器人移动轨迹如图 7.4.11 所示。采用固定路线时，机器人在码垛开始、结束时的移动路线统一，接近点、离开点与码垛点的相对位置固定；随着码垛点的变化，接近点、离开点位置可自动改变。

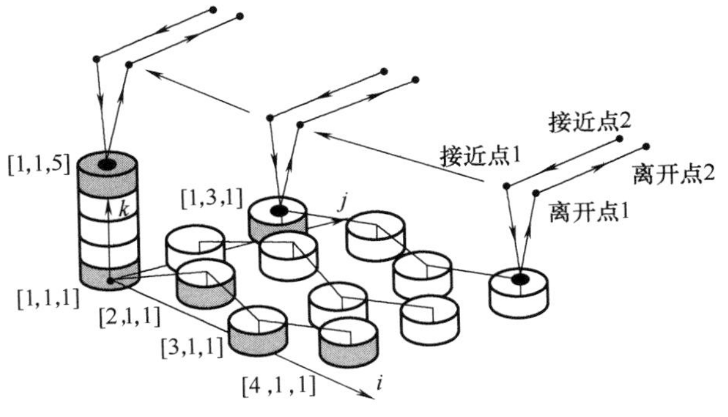

图 7.4.11 固定路线码垛

固定路线码垛作业时，机器人从输送装置上提取（或安放）物品后，首先移动到码垛接近点，进行接近路线运动；然后，从接近点移动到码垛点，进行物品堆叠（或提取）；完成后，再从码垛点移动到离开点，进行离开路线运动；随后，机器人可返回到输送装置，继续进行物品提取（或安放）作业，如此循环。

FANUC 机器人的固定路线码垛可通过指令 PALLETIZING—B、PALLETIZING—E 编程，接近点、离开点的数量可通过基本码垛数据设定项“接近点”“逃点”设定，每一指令最大允许设定 8 个接近点和 8 个离开点；接近点、离开点、码垛点的实际位置，需要通过机器人示教操作设定。固定路线码垛无需进行移动路线的式样（叠栈经路式样）定义，基本码垛数据无设定项“式样”。

接近点、离开点一旦定义（设定不为 0），码垛启动后，机器人可首先运动到接近点，随后，再从接近点运动到码垛点、进行码垛作业（堆叠或提取）；作业完成后，机器人将从码垛点运动到离开点，然后再结束码垛作业。

3. **多路线码垛**

多路线码垛的机器人移动轨迹如图 7.4.12 所示。采用多路线码垛时，机器人可在不同的码垛点使用不同的移动路线；每一移动路线可独立定义接近点、离开点，但接近点、离开点数量一致；接近点、离开点的位置同样可随着码垛点的变化自动改变。

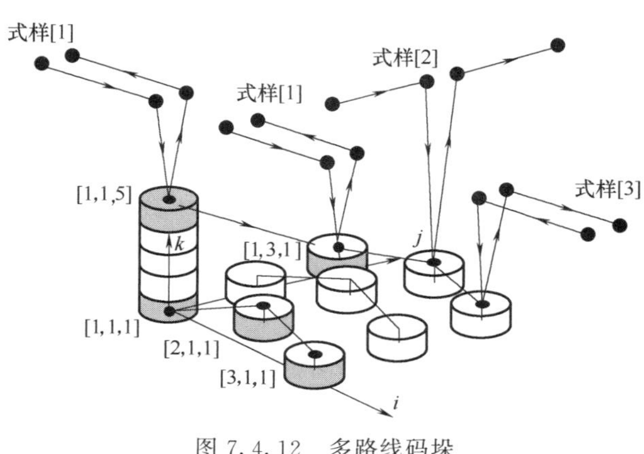

图 7.4.12 多路线码垛

例如，对于图 7.4.12 所示的 3 行、3 列、5 层码垛作业，为了防止机器人和物品干涉，可分别对第 1、2、3 行的码垛点，设定 3 条移动路线，即式样［1］～［3］，使得第 1 行码垛时，机器人从左侧接近、离开；第 2 行码垛时，从前侧接近、后侧离开；第 3 行码垛时，从右侧接近、离开。

FANUC 机器人的多路线码垛可通过指令 PALLETIZING—BX 或 EX 编程，每一指令最大允许设定 16 条不同的移动路线，移动路线数可通过基本码垛数据的设定项“式样”定义；接近点、离开点的数量同样可通过基本码垛数据的设定项“接近点”“逃点”设定。

FANUC 机器人多路线码垛所有式样的接近点和离开点数量相同，同一运动的移动指令统一。例如，当接近点和离开点数量设定为 2，式样［1］所定义的码垛指令启动位置→接近点 P[A_2] 的移动指令为关节插补时，所有式样的接近点和离开点数量均为 2，码垛指令启动位置→接近点 P[A_2] 的移动指令一律为关节插补。移动路线的移动指令设定方法详见后述的移动路线示教操作。

FANUC 机器人的移动路线式样定义格式为“式样［i］=[*r*,*c*,*s*]”，式中的 i 为式样编号，允许设定 1～16；*r*、*c*、*s* 为使用该式样的行、列、层，设定值可使用以下 3 种方式定义。

1～127：数值直接定义，指定行（或列、层）使用该式样。例如，定义“式样［1］=［1,2,3］”时，代表第 1 行、第 2 列、第 3 层的码垛点［1,2,3］，使用移动路线式样［1］。

：通用定义，该式样为所有行（或列、层）通用。例如，定义“式样［2］=［1,,*］”时，代表所有层、所有列的第 1 行码垛点，都使用移动路线式样［2］。

m-*n*：余数法定义，*m* 为除数，*n* 为行号（或列、层号）除以 *m* 后的余数；余数为 *n* 的行（或列、层）使用该式样。例如，定义“式样［3］=［*,*,2-1］”时，代表层号除以 2 后余数为 1 的层（如第 1、3 层）使用式样［3］。

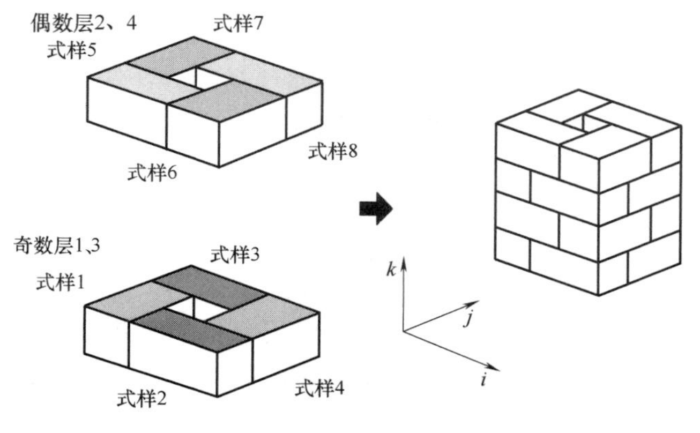

图 7.4.13 式样的余数法定义

再如，对于图 7.4.13 所示的 2 行、2 列、4 层奇偶层交叉堆叠物品，如果不同布置的物品需要使不同的移动路线，利用余数法定义式样的方法如下。

式样[1]=[1,1,2-1]：第 1、3 层（层号除以 2 后余数为 1）的第 1 行、第 1 列式样。

式样[2]=[2,1,2-1]：第 1、3 层的第 2 行、第 1 列式样。

式样[3]=[1,2,2-1]：第 1、3 层的第 1 行、第 2 列式样。

式样[4]=[2,2,2-1]：第 1、3 层的第 2 行、第 2 列式样。

式样[5]=[1,1,2-0]：第 2、4 层（层号除以 2 后余数为 0）的第 1 行、第 1 列式样。

式样[6]=[2,1,2-0]：第 2、4 层的第 2 行、第 1 列式样。

式样[7]=[1,2,2-0]：第 2、4 层的第 1 行、第 2 列式样。

式样[8]=[2,2,2-0]：第 2、4 层的第 2 行、第 2 列式样。

4. 式样优先级与定义示例

在多路线码垛时，有时存在同一码垛点同时符合多个式样定义值的情况，此时，系统将根据式样定义值的优先级，自动选择机器人移动路线；如果码垛点不符合所有式样的定义值要求，机器人移动路线将无法确定，系统将发生报警并停止程序运行。

码垛点式样定义值的优先级以数值直接定义（1～127）为最高，其次为余数法定义（*m*-*n*），最后是通用定义（*）。如定义值的优先级相同，则使用式样编号 i 值较小的式样。

例如，对于 5 行、3 列、4 层的码垛，如定义以下式样：

式样[1]=[*,1,2]；

式样[2]=[*,*,2]；

式样[3]=[*,3-2,2]；

式样[4]=[*,*,2-1]；

式样[5]=[*,*,2-0]。

对于第 2 层、第 1 列的码垛点 [*，1，2]，同时符合式样 [1] 的数值直接定义值及式样 [2]、[4]、[5] 的通用定义，但式样 [1] 的定义值优先级最高，因此，选择式样 [1] 的移动路线。

对于第 2 层、第 2 列的码垛点 [*，2，2]，同时符合式样 [3] 的余数法定义值及式样 [2]、[4]、[5] 的通用定义，但式样 [3] 的定义值优先级高，因此，选择式样 [3] 的移动路线。

对于第 2 层、第 3 列的码垛点 [*，3，2]，同时符合式样 [2]、[4]、[5] 的通用定义，但式样 [2] 的式样编号最小，因此，选择式样 [2] 的移动路线。

7.4.6 基本设定与形状示教

1. 基本数据设定

FANUC 机器人码垛指令基本数据设定的操作步骤如下。

① 利用码垛指令输入操作，选定码垛指令，使示教器显示基本数据显示页面（参见前述图 7.4.2）。

② 光标选定各设定项的输入区，用数字键、软功能键、【ENTER】键，完成码垛基本数据的输入与设定。

基本数据设定页面的指令注释可在光标选定输入区后，按【ENTER】键，然后利用程序名称输入同样的方法输入与编辑。

基本数据设定页面的数值设定项，可直接用数字键、【ENTER】键输入与编辑。

基本数据设定页面的状态选择项，可在光标选定输入区后，利用图 7.4.14 所示的示教器

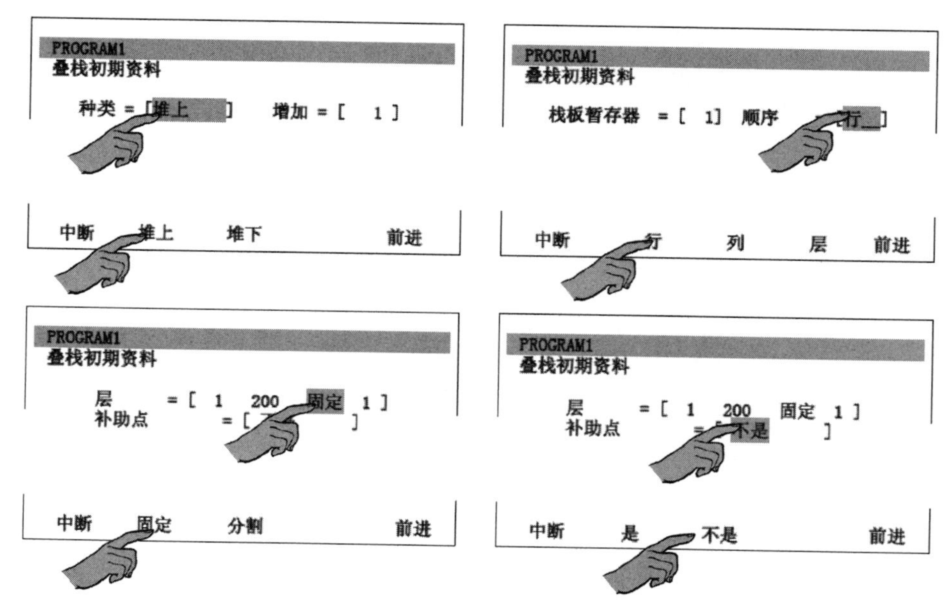

图 7.4.14 码垛基本数据设定

显示的软功能键选择与设定。

③ 在基本码垛数据输入操作过程中，如按软功能键〖中断〗，可删除此前输入的全部数据，重新设定基本数据。

④ 基本数据确认无误后，按软功能键〖前进〗，可进入下一步的码垛形状示教页面，进行码垛形状示教操作。

2. 码垛形状示教

① 码垛基本数据设定完成、确认无误后，在图 7.4.15（a）所示的码垛基本数据显示页面上，按软功能键〖前进〗，示教器可显示图 7.4.15（b）所示的码垛形状示教页面。位置未示教时，示教点 P［i，j，k］前的记录标记显示“*”（未示教）。

码垛形状示教页面的示教点，由控制系统根据基本数据设定项“行/列/层”“补助点”的设定，自动生成、显示；例如，对于 4 行、3 列、5 层矩形或平行四边形堆叠，其示教点为图 7.4.15（b）所示的 4 个顶点。

② 光标选定需要设定的示教点所在行，手动移动机器人到该示教点的位置，并调整好工具姿态后，按住【SHIFT】键，同时按软功能键〖位置记录〗，机器人当前位置将作为该示教点的位置自动记录到系统中。位置记录完成后，示教点的记录标记自动成为图 7.4.15（c）所示的“--”（已示教）。

需要注意的是，码垛形状示教不能对外部轴（机器人变位器）位置进行示教，因此，示教前必须将外部轴移动到正确的位置。

③ 对于 PALLETIZING—E/EX 码垛指令，如设定项“层”上的式样设定值为 2，按软功能键〖前进〗，示教器可继续显示图 7.4.15（d）所示的第 2 层码垛点示教页面；通过步骤②同样的操作，完成第 2 层码垛点示教。

PALLETIZING—B/BX 码垛指令不能使用层式样，按软功能键〖前进〗，将直接进入移动路线示教页面。

④ 如设定项“层”上的式样设定值大于 2，完成第 2 层设定后，再次按软功能键〖前进〗，示教器可继续第 3 层码垛点示教页面，继续示教其他层的码垛点，如此循环，直至全部层示教

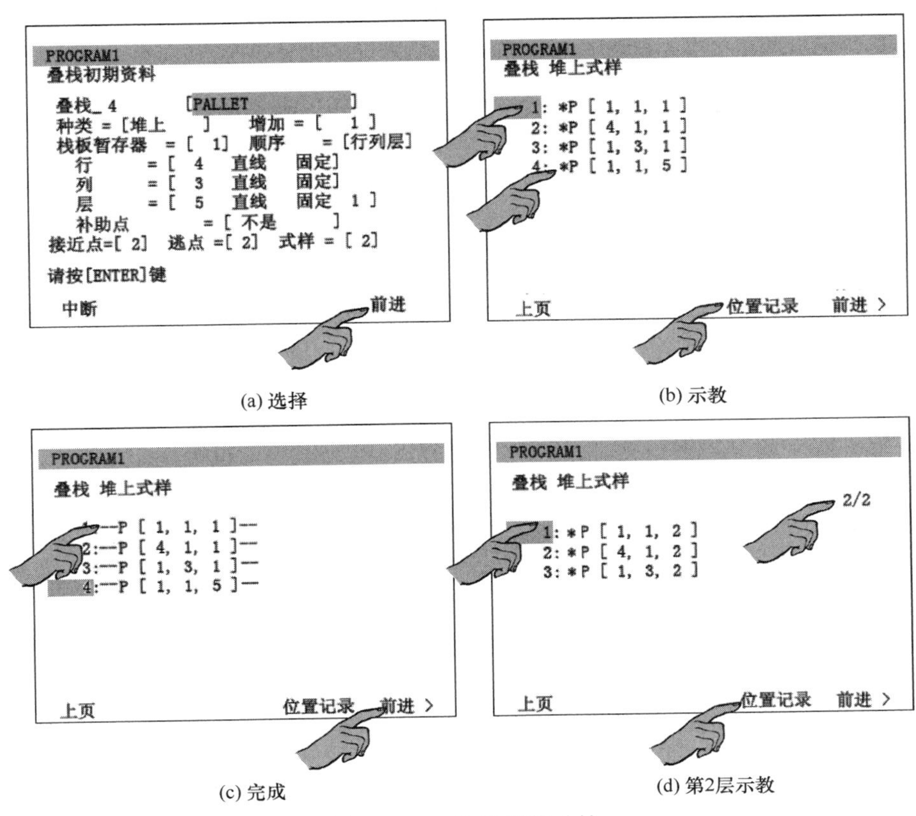

(a) 选择 (b) 示教

(c) 完成 (d) 第2层示教

图 7.4.15 码垛形状示教

完成。

3. 码垛形状编辑与确认

码垛形状示教完成后，可通过以下步骤，对已示教的码垛点位置、机器人和工具姿态进行检查、修改、确认等编辑操作。码垛形状示教点的编辑操作步骤如下。

① 光标选定图 7.4.16（a）所示的、记录标记为“--”的示教完成点，示教器可显示软功能键〖位置〗；按软功能键〖位置〗，示教器可显示图 7.4.16（b）所示的示教点详细位置显示页面。

② 需要修改坐标值时，光标选定坐标值显示区，用数字键、【ENTER】键直接输入坐标

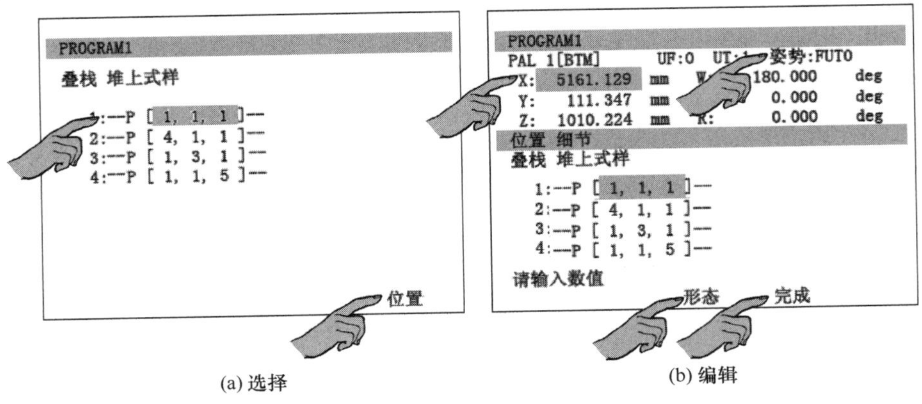

(a) 选择 (b) 编辑

图 7.4.16 码垛形状示教点编辑

位置修改数据。

③ 需要修改机器人状态时，按软功能键〖形态〗，光标将切换到“姿态”显示区，然后，用光标移动键、数字键、【ENTER】键，直接输入机器人、工具姿态修改数据。

④ 示教点的坐标值、机器人姿态全部修改完成后，按软功能键〖完成〗，新的位置数据将生效。

⑤ 需要确认示教点位置时，可将光标定位到已完成示教或编辑的示教点上，同时按示教操作键【SHIFT】、【FWD】，机器人将自动移动到该示教点，操作者可对示教点位置进行检查和确认。

⑥ 码垛形状示教操作完成后，按软功能键〖前进〗，示教器可自动显示机器人移动路线设定、示教页面，再进行后述操作。

7.4.7 接近、离开路线示教

移动路线示教一般在码垛形状示教完成后进行。在前述图 7.4.15（c）所示的码垛形状示教完成页面上，按软功能键〖前进〗，示教器可进入机器人移动路线示教操作。

机器人移动路线有固定路线码垛和多路线码垛两类。固定路线码垛指令 PALLETIZING—B、PALLETIZING—E 无需进行移动路线式样设定操作，可直接显示移动路线示教页面，进行后述的接近点、离开点示教操作。多路线码垛指令 PALLETIZING—BX、PALLETIZING—EX 需要定义移动路线式样，因此，首先需要完成移动路线式样设定，然后进入移动路线示教页面，进行各移动路线的接近点、离开点示教操作。

1. 移动路线式样设定

多路线码垛指令 PALLETIZING—BX、PALLETIZING—EX 的移动路线式样设定的操作步骤如下。

① 在图 7.4.17（a）所示的码垛形状示教完成页面上，按软功能键〖前进〗，示教器可显示图 7.4.17（b）所示的移动路线式样设定页面，并根据基本数据设定页面设定项“式样”所设定的数量，显示对应的式样设定项。

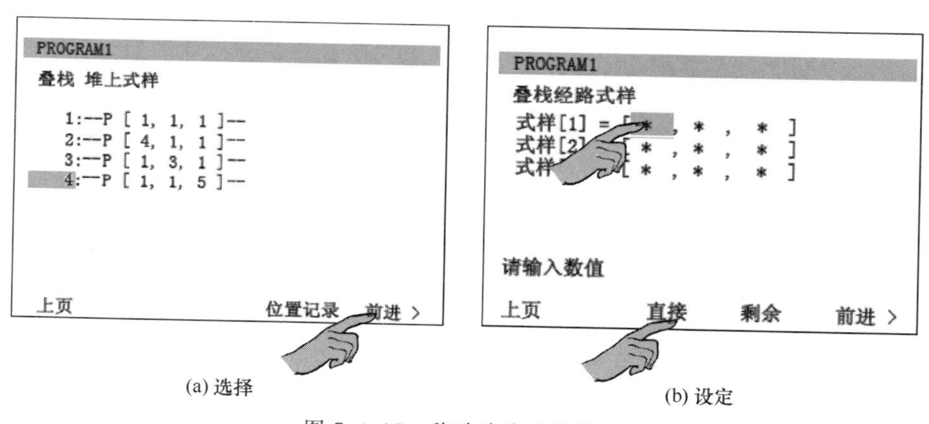

图 7.4.17 移动路线式样设定

② 光标选定式样的行（或列、层）输入区，然后，按软功能键〖直接〗或〖剩余〗，选定行、列、层的式样定义方式。

③ 对于数值直接定义或通用定义，按软功能键〖直接〗后，用数字键、【ENTER】键输入数值，通用定义符“*”用数字键 0 输入。

④ 对于余数法定义，按软功能键〖剩余〗后，显示将成为“-”分隔的 2 个输入区，用数字键、【ENTER】键输入余数法定义值。

⑤ 全部式样设定完成后，按软功能键〖上页〗，示教器将返回图 7.4.17（a）所示的码垛形状示教完成页面；按软功能键〖前进〗，示教器可进入机器人移动路线示教页面。

2. 移动路线示教

移动路线示教可在固定路线码垛指令 PALLETIZING—B（E）的码垛形状设定完成，或者在多路线码垛指令 PALLETIZING—BX（EX）的移动路线式样设定完成、返回码垛形状设定完成页面后进行，其操作步骤如下。

① 在图 7.4.18（a）所示的码垛形状设定完成页面上，按软功能键〖前进〗，示教器将显示图 7.4.18（b）所示的移动轨迹设定页面。

在移动轨迹设定页面上，控制系统可根据基本数据设定页面“接近点”“逃点（离开点）”的设定，自动生成初始轨迹。接近点、离开点、码垛点未示教时，程序点 P [A_n]、P [R_n] 前显示未示教标记“*”。

例如，当接近点、离开点数量均设定为“2”时，系统自动生成的初始轨迹如图 7.4.18（b）所示，接近路线为码垛指令启动位置→接近点 P [A_2]、接近点 P [A_2]→P [A_1]、接近点 P [A_1]→码垛点 P [BTM]；离开路线为码垛点 P [BTM]→离开点 P [R_1]、离开点 P [R_1]→P [R_2]。

② 光标选定需要示教接近点 P [A_n] 或离开点 P [R_n] 的指令行，然后手动移动机器人到该接近点（或离开点、码垛点）上。

需要注意的是，码垛路线示教同样不能对外部轴（机器人变位器）位置进行示教，因此，示教前必须将外部轴移动到正确的位置。

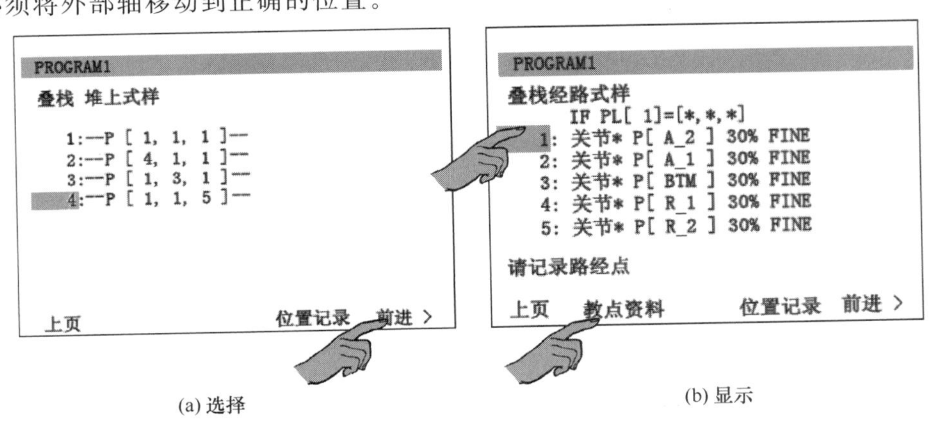

(a) 选择　(b) 显示

图 7.4.18　移动轨迹设定页面

③ 固定路线码垛及多路线码垛的式样 [1] 需要示教移动指令，轨迹设定页面可显示软功能键〖教点资料〗。

需要改变移动指令时，按软功能键〖教点资料〗，示教器可显示图 7.4.19 所示的基本移动指令格式表（标准动作目录）。光标选定接近（或离开、码垛）指令的格式，并通过基本移动指令输入同样的操作，完成插补方式、移动速度、定位类型的编辑与设定。

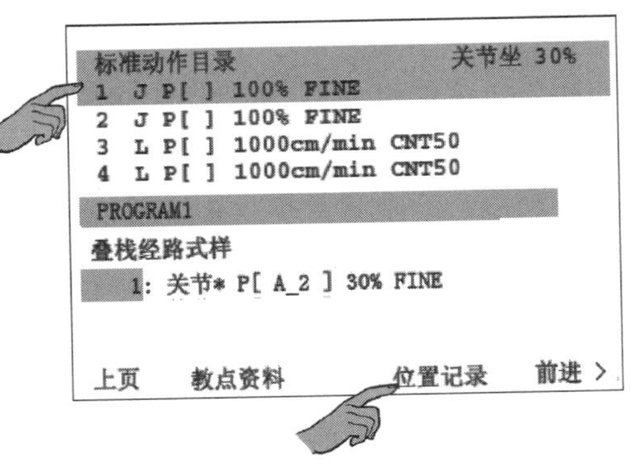

图 7.4.19　移动指令选择

不需要改变移动指令时，可按住示教器【SHIFT】键，同时按软功能键〖教点资料〗，进入下一步示教点位置记录操作。

④ 按住示教器【SHIFT】键，同时按软功能键〖位置记录〗，机器人当前位置将作为移动指令目标位置记录到系统中，程序点 P [A_n]、P [R_n]、P [BTM] 前的未示教标记 “*” 将自动消失。

⑤ 重复步骤②～④，完成全部移动指令的示教。

对于固定路线码垛，当前式样的移动路线示教完成后，如果需要，可继续进行后述的移动路线编辑操作，检查、修改、确认接近点、离开点、码垛点位置。或者，按软功能键〖前进〗，结束码垛指令编辑操作，示教器返回程序编辑页面后，进行码垛作业指令编辑。

对于多路线码垛，可按软功能键〖前进〗，示教器将显示图 7.4.20 (b) 所示的式样 [2] 的移动轨迹设定页面，继续下述操作。

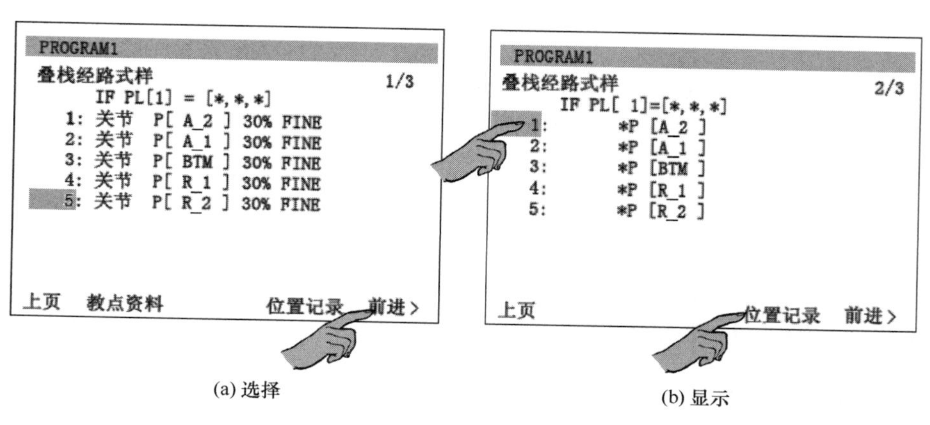

(a) 选择　(b) 显示

图 7.4.20 多路线示教

⑥ 多路线码垛所有式样的接近点、离开点数量相同，同一运动的移动指令统一，但接近点、离开点、码垛点的位置需要通过示教操作设定。因此，对于式样 [2] 及后续式样示教，只需进行接近点、离开点、码垛点位置的示教。

例如，当接近点、离开点数量设定为 2，式样 [1] 定义的码垛指令启动位置→接近点 P [A_2] 的移动指令为 “J P [A_2] 30% FINE” 时，式样 [2] 及后续式样的码垛指令启动位置→接近点 P [A_2] 的移动指令，都为 “J P [A_2] 30% FINE”，但程序点 P [A_2] 的位置可通过示教操作独立设定等。

式样 [2] 及后续式样的接近点、离开点、码垛点位置示教方法与式样 [1] 相同。程序点示教时，可用光标选定需要示教接近点 P [A_n]（或离开点 P [R_n]）的指令行，然后手动移动机器人到该接近点（或离开点、码垛点）上；接着，按住示教器【SHIFT】键，同时按软功能键〖位置记录〗，将机器人当前位置将作为移动指令目标位置记录到系统中。程序点示教完成后，图 7.4.20 (b) 中 P [A_n]、P [R_n]、P [BTM] 前的未示教标记 “*” 将自动消失。

式样 [2] 示教完成后，再次按软功能键〖前进〗，示教器可继续显示下一式样（式样 [3]）的移动轨迹设定页面；然后，以式样 [2] 同样的方式，进行接近点、离开点、码垛点示教；直至所有式样示教完成。

⑦ 全部式样的移动路线示教完成后，如果需要，可继续进行后述的移动路线编辑操作，检查、修改、确认接近点、离开点、码垛点位置。

⑧ 如果直接按软功能键〖前进〗，可结束码垛指令编辑操作，编辑完成的码垛指令自动插

入到程序，示教器将返回图 7.4.21（a）所示的程序编辑页面。

⑨ 在程序编辑页面，可通过常规的指令编辑操作，对码垛运动指令“J PAL_i［BTM］”的插补方式、移动速度、到位区间等进行修改，但不能选择圆弧插补方式。码垛运动指令后，还需要插入抓手松开（堆叠）、夹紧（提取）等作业指令，例如图 7.4.21（b）所示的抓手松开宏指令“Hand Open”。

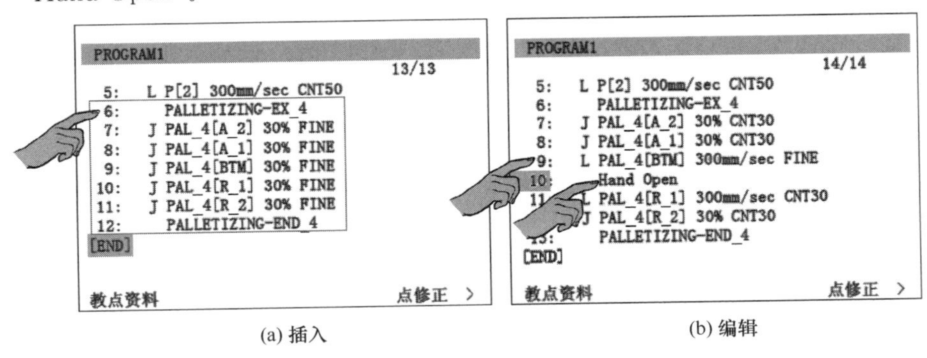

(a) 插入　　(b) 编辑

图 7.4.21 指令插入与编辑

3. 移动路线编辑

移动路线示教完成后，如需要，可通过移动路线编辑操作，检查、修改、确认接近点、离开点、码垛点位置。移动路线编辑的操作步骤如下。

① 光标选定图 7.4.22（a）所示的示教完成点，示教器可显示软功能键〖位置〗；按软功能键〖位置〗，示教器可显示图 7.4.22（b）所示的示教点详细位置显示页面。

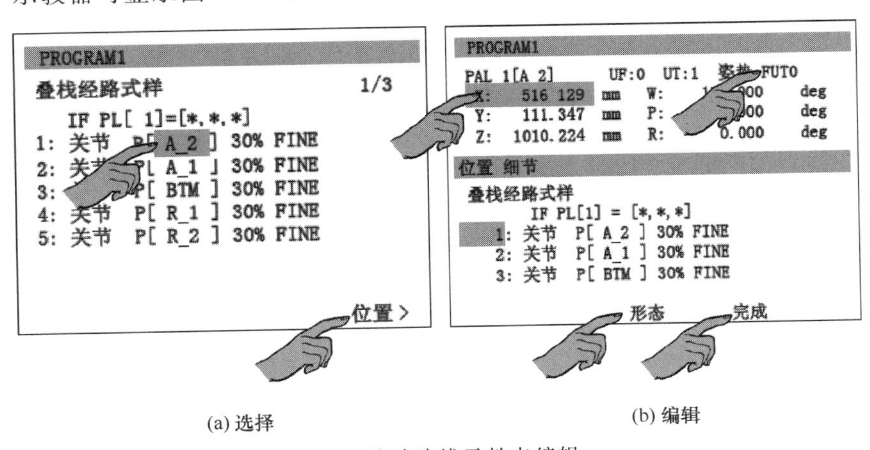

(a) 选择　　(b) 编辑

图 7.4.22 移动路线示教点编辑

对于多路线码垛指令，按图 7.4.20 所示的示教完成页面的软功能键〖上页〗，可切换移动路线式样，选择其他式样的示教完成点。

② 需要修改坐标值时，光标选定图 7.4.22（b）的坐标值显示区，用数字键、【ENTER】键直接输入坐标位置修改数据。

③ 需要修改机器人状态时，按软功能键〖形态〗，光标将切换到“姿态”显示区，然后用光标移动键、数字键、【ENTER】键直接输入机器人、工具姿态修改数据。

④ 坐标值、机器人姿态全部修改完成后，按软功能键〖完成〗，新位置将生效。

⑤ 需要确认示教点位置时，可将光标定位到已完成示教或编辑的示教点上，同时按示教操作键【SHIFT】、【FWD】，机器人将自动移动到该示教点，操作者可对示教点位置进行检查

和确认。

⑥ 移动路线示教操作完成后，按软功能键〖前进〗，可结束码垛指令编辑操作，编辑完成的码垛指令自动插入到程序，示教器将返回程序编辑页面；然后，通过常规的指令编辑操作，对码垛运动指令“J PAL_i [BTM]”的插补方式、移动速度、到位区间等进行修改，并插入所需要的码垛作业宏指令等，完成码垛指令编辑操作（见图 7.4.21）。

7.4.8 指令编辑及间隔堆叠

1. 指令编辑

FANUC 机器人的码垛指令也可以通过程序编辑页面编辑，其操作步骤如下。

① 通过指令编辑同样的操作，显示程序编辑页面。

② 光标定位到图 7.4.23（a）所示的码垛启动指令的码垛数据编号上，示教器可显示码垛指令检查，编辑软功能键〖修改〗、〖选择〗、〖一览〗。

如果需要，可用数字键、【ENTER】键直接修改数据组编号、改变数据组；数据编号一旦改变，所有码垛基本数据、码垛形状、机器人移动路线等将全部更改。

③ 按软功能键〖一览〗，示教器可显示图 7.4.23（b）所示的码垛暂存器状态页面，并显示码垛指令注释（第 1 行）及当前码垛暂存器的状态。

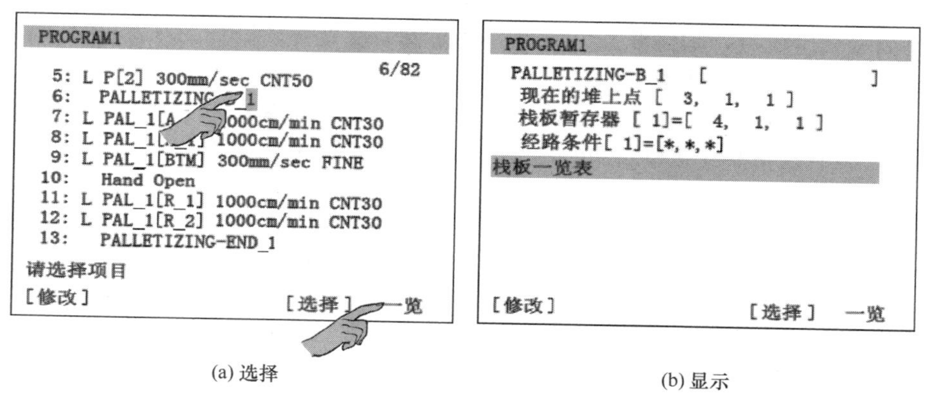

(a) 选择 (b) 显示

图 7.4.23 码垛暂存器显示

现在的堆上点：机器人当前的码垛位置。

栈板暂存器：码垛运动的目标位置（下一个码垛点）。

径路条件：移动路线式样。

④ 按软功能键〖修改〗，示教器可显示指令数据编辑选项；光标选定图 7.4.24（a）所示的编辑选项后，按【ENTER】键，即可显示图 7.4.24（b）所示的该选项编辑页面，进行码垛基本数据（初期资料）、码垛形状（堆上点）、移动路线式样（路径条件）、移动路线（路径式样）等进行编辑。

⑤ 按编辑页面的软功能键〖前进〗，可继续后述的码垛数据编辑；按软功能键〖上页〗，可返回上一页编辑页面。

⑥ 全部数据编辑完成后，用示教器的【NEXT】键及软功能扩展键，显示软功能键〖结束〗，按此软功能键，可结束指令编辑操作。

2. 间隔堆叠

间隔堆叠是指不同码垛行（或列、层）的物品安放留有“空位”，这样的物品堆叠或提取需要通过条件指令的编程实现。例如，对于 5 行、1 列、5 层的码垛堆叠，如果奇数层的每行

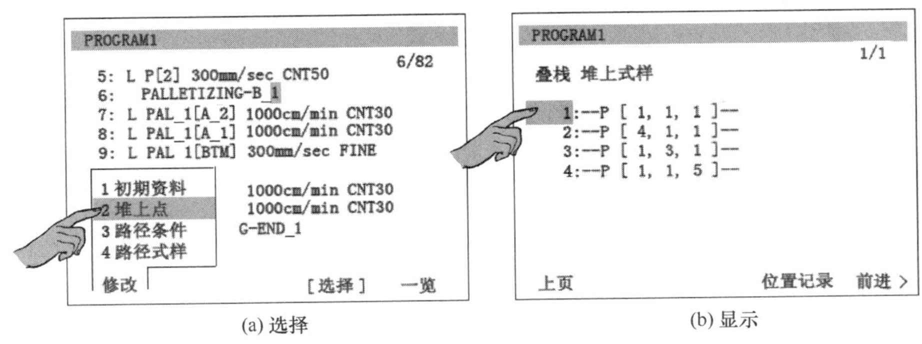

(a) 选择　　(b) 显示

图 7.4.24　码垛指令编辑

为 5 个物品满放，偶数层的第 5 行为“空位”，其程序示例如下。

```
……
PL[1]=[1,1,1]                          //设定 PL[1]初始值
LBL[1]                                 //继续码垛跳转标记
IF PL[1]=[5,*,2-0]JMP LBL[2]           //偶数层、第 5 行为空位，直接跳转 LBL[2]
L P[1]500mm/sec FINE                   //机器人移动到提取点
Hand Close                             //抓手闭合、提取物品
PALLETIZING-B_1                        //启动码垛
L PAL_1[A_1]300mm/sec CNT30            //码垛接近运动
L PAL_1[BTM]100mm/sec FINE             //移动到码垛点
Hand Open                              //抓手松开、安放物品
L PAL_1[R_1]500mm/sec CNT30            //码垛离开运动
LBL[2]                                 //空位跳转标记
IF PL[1]=[5,1,5]JMP LBL[3]             //第 5 层堆叠完成，结束码垛
PALLETIZING-END_1                      //码垛结束指令
JMP LBL[1]                             //继续下一码垛点堆叠
LBL[3]                                 //堆叠完成跳转标记
……
```

以上为 FANUC 机器人常用的作业文件编制与设定，有关 FANUC 机器人操作、编程其他内容，可参见 FANUC 公司相关技术资料。

安川篇

第8章

安川机器人程序编制

8.1 程序结构与命令

8.1.1 程序结构与命令格式

1. 程序结构

安川机器人程序的编程语言为INFORM III语言，程序一般为线性结构，程序格式如图8.1.1所示。

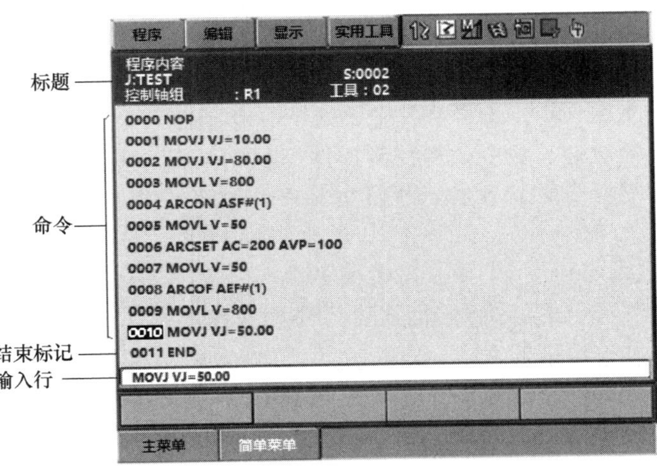

图8.1.1 安川机器人程序格式

线性结构的安川机器人程序由标题、命令、结束标记3部分组成。

① 标题。安川机器人的程序标题包含了程序名、注释、控制轴组等内容。

程序名：程序名是程序的识别标记，可由英文字母、数字、汉字或字符组成，但不能使用控制系统上有特定含义的字符（系统保留字）。在同一系统中，程序名应具有唯一性，不可重复定义。

注释：是对程序名的解释性说明，可由英文字母、数字、汉字或字符组成；注释可根据需要添加，也可不使用。

控制轴组：用来规定程序的控制对象，对于复杂、多机器人系统，需要通过"控制轴组"来规定程序的控制对象。

② 命令。安川机器人的程序指令称为命令，命令用来规定机器人、控制系统需要执行的操作，它是程序的主要内容；命令分基本命令和作业命令两类（见后述）。

命令以"行号"开始，每一条命令一般占一行；行号代表命令执行次序，利用示教器编程时，行号可由系统自动生成。

③ 结束标记。表示程序的结束，结束标记通常为控制命令 END。

2. **命令与格式**

命令是安川机器人程序最重要的部分，命令由命令符和添加项两部分组成，格式如下：

```
MOVJ   VJ=50.00  PL=2  NWAIT  UNTIL IN#(16)=ON
命令符                  添加项
```

命令符就是通常意义上的指令码（操作码），它同样用来规定控制系统需要执行的操作；添加项就是通常意义上的操作数（操作对象），它用来定义执行这一操作的对象。简单地说，命令符告诉控制系统需要做什么，添加项告诉控制系统由谁去做。

命令符、添加项的格式必须符合安川公司规定，它与 FANUC、ABB、KUKA 机器人均不同。例如，FANUC 机器人的关节插补、直线插补、圆弧插补指令码为 J、L、C，但是，在安川机器人上，对应的命令码为 MOVJ、MOVL、MOVC 等。

安川机器人的命令分基本命令和作业命令两类。基本命令用来控制机器人本体的动作，如机器人所采用的控制系统相同，基本命令便可通用；作业命令用来控制末端执行器（工具）的动作，它与机器人用途、控制系统功能有关，一般而言，机器人出厂时，控制系统只根据机器人的用途，安装其中的一类命令，例如，点焊机器人只安装点焊命令，弧焊机器人只安装弧焊命令，搬运机器人只安装搬运命令。

添加项通常用于机器人移动命令和作业命令。在移动命令中，添加项可用来规定机器人移动速度、加速度、移动轨迹、命令执行控制条件等参数，不同移动命令可使用的添加项稍有区别，编程时，需要按照命令要求添加。在作业命令中，条件用来调用作业文件（条件文件）、定义作业工艺参数。

移动命令的添加项可以是利用等式赋值的常数，如 VJ=50（关节速度为最大速度的 50%）、ACC=75（机器人运动的启动加速度为最大加速度的 75%）、DEC=50（机器人运动停止时的加速度为最大加速度的 50%）、PL=2（机器人到位区间为 PL2）等；也可以是程序执行控制命令，如 NWAIT（后续非移动指令连续执行）、"UNTIL IN#(16)=ON"["IN#(16)"输入 ON 时，直接结束当前命令] 等。

作业命令的添加项可以是利用等式赋值的作业参数，如 AC=200（弧焊焊接电流 200A）、AV=16（弧焊焊接电压 16V）、T=1.0（弧焊引弧时间为 1s）等，也可以是作业命令所引用的作业文件号，如"ASF#(1)"（引用弧焊作业文件 1）等。

8.1.2 机器人命令总表

1. **基本命令**

机器人控制系统的基本命令用来控制机器人本体的动作，如机器人所采用的控制系统相同，基本命令便可通用。

安川机器人的基本命令分移动命令、输入/输出命令、程序控制命令、平移命令、运算命令5类，其作用与功能如表8.1.1所示，有关基本命令的编程方法可参见后述章节。

表8.1.1　安川机器人基本命令表

类别		命令	作用与功能	简要说明
移动命令		MOVJ	机器人定位	关节坐标系运动命令
		MOVL	直线插补	移动轨迹为直线
		MOVC	圆弧插补	移动轨迹为圆弧
		MOVS	自由曲线插补	移动轨迹为自由曲线
		IMOV	增量进给	直线插补、增量移动
		REFP	作业参考点设定	设定作业参考位置
		SPEED	再现速度设定	设定程序再现运行的运动速度
输入/输出命令		DOUT	DO信号输出	系统通用DO信号的ON/OFF控制
		PULSE	DO信号脉冲输出	DO信号的输出脉冲控制
		DIN	DI信号读入	读入DI信号状态
		WAIT	条件等待	在条件满足前，程序处于暂停状态
		AOUT	模拟量输出	输出模拟量
		ARATION	速度模拟量输出	输出移动速度模拟量
		ARATIOF	速度模拟量关闭	关闭移动速度模拟量输出
程序控制命令	程序执行控制	END	程序结束	程序结束
		NOP	空操作	无任何操作
		NWAIT	连续执行（移动命令添加项）	移动的同时，执行后续非移动命令
		CWAIT	执行等待	等待移动命令完成（与NWAIT配对用）
		ADVINIT	命令预读	预读下一命令，提前初始化变量
		ADVSTOP	停止预读	撤销命令预读功能
		COMMENT	注释（'）	仅在示教器上显示注释
		TIMER	程序暂停	暂停指定时间
		IF	条件判断（命令添加项）	作为其他命令添加项，判断执行条件
		PAUSE	条件暂停	IF条件满足时，程序进入暂停状态
		UNTIL	跳步（移动命令添加项）	条件满足时，直接结束当前命令
	程序转移	JUMP	程序跳转	程序跳转到指定位置
		LABEL	跳转目标（*）	指定程序跳转的目标位置
		CALL	子程序调用	调用子程序
		RET	子程序返回	子程序结束返回
平移命令		SFTON	平移启动	程序点平移功能生效
		SFTOF	平移停止	结束程序点平移
		MSHIFT	平移量计算	计算平移量
运算命令	算术运算	ADD	加法运算	变量相加
		SUB	减法运算	变量相减
		MUL	乘法运算	变量相乘
		DIV	除法运算	变量相除
		INC	变量加1	指定变量加1
		DEC	变量减1	指定变量减1
	函数运算	SIN	正弦运算	计算变量的正弦值
		COS	余弦运算	计算变量的余弦值
		ATAN	反正切运算	计算变量的反正切值
		SQRT	平方根运算	计算变量的平方根
	矩阵运算	MULMAT	矩阵乘法	进行矩阵变量的乘法运算
		INVMAT	矩阵求逆	求矩阵变量的逆矩阵
	逻辑运算	AND	与运算	变量进行逻辑与运算
		OR	或运算	变量进行逻辑或运算
		NOT	非运算	指定变量进行逻辑非运算
		XOR	异或运算	变量进行逻辑异或运算

续表

类别		命令	作用与功能	简要说明
运算命令	变量读写	SET	变量设定	设定指定变量
		SETE	位置变量设定	设定指定位置变量
		SETFILE	文件数据设定	设定文件数据
		GETE	位置变量读入	读入位置变量
		GETS	系统变量读入	读入系统变量
		GETFILE	文件数据读入	读入指定的文件数据
		GETPOS	程序点读入	读入程序点的位置数据
		CLEAR	变量批量清除	清除指定位置、指定数量的变量
	坐标变换	CNVRT	坐标系变换	转换位置变量的坐标系
		MFRAME	坐标系定义	定义用户坐标系
	字符操作	VAL	数值变换	将 ASCII 数字转换为数值
		ASC	编码读入	读入首字符 ASCII 编码
		CHR $	代码转换	转换为 ASCII 字符
		MID $	字符读入	读入指定位置的 ASCII 字符
		LEN	长度计算	计算 ASCII 字符长度
		CAT $	字符合并	合并 ASCII 字符

2. 常用作业命令

作业命令用来控制末端执行器（工具）的动作，它与机器人用途、控制系统功能有关，一般而言，机器人出厂时，控制系统只根据机器人的用途，安装其中的一类命令。

安川机器人常用的弧焊、点焊、搬运以及通用机器人的作业命令如表 8.1.2 所示，有关作业命令的编程方法可参见后述章节。

表 8.1.2 安川机器人作业命令表

机器人类别	命令	作用与功能	简要说明
弧焊作业	ARCON	引弧	输出引弧条件和引弧命令
	ARCOF	熄弧	输出熄弧条件和熄弧命令
	ARCSET	焊接条件设定	设定部分焊接条件
	ARCCTS	逐步改变焊接条件	以起始点为基准，逐步改变焊接条件
	ARCCTE	逐步改变焊接条件	以目标点为基准，逐步改变焊接条件
	AWELD	焊接电流设定	设定焊接电流
	VWELD	焊接电压设定	设定焊接电压
	WVON	摆焊启动	启动摆焊作业
	WVOF	摆焊停止	停止摆焊作业
	ARCMONON	焊接监控启动	启动焊接监控
	ARCMONOF	焊接监控停止	结束焊接监控
	GETFILE	焊接监控数据读入	读入焊接监控数据
点焊作业	SVSPOT	焊接启动	焊钳加压、启动焊接
	SVGUNCL	焊钳加压	焊钳加压
	GUNCHG	焊钳装卸	安装或分离焊钳
通用作业	TOOLON	工具启动	启动作业工具
	TOOLOF	工具停止	作业工具停止
	WVON	摆焊启动	启动摆焊作业
	WVOF	摆焊停止	停止摆焊作业
搬运作业	HAND	抓手控制	接通或断开抓手控制输出信号
	HSEN	传感器控制	接通或断开传感器输入信号

8.2 移动命令编程

8.2.1 命令格式与功能

1. 命令格式

移动命令用来控制机器人本体或基座、工装的运动，在程序中使用最广。安川机器人的移动命令可用来控制机器人本体坐标轴、基座轴、工装轴运动，以及规定机器人的作业参考点、再现运行速度等。

安川机器人的移动命令格式如下。

MOVJ　VJ=50.00　PL=2　NWAIT　UNTIL IN#(16)=ON

命令符（MOVJ）　添加项（VJ=50.00　PL=2　NWAIT　UNTIL IN#(16)=ON）

① 命令符。指令码在安川机器人上用命令符表示，命令符用来定义命令的功能，如点定位、直线插补、增量进给、圆弧插补、自由曲线插补，设定作业参考点，规定再现速度等。程序中的每一条命令都必须且只能有一个命令符。

② 添加项。操作数在安川机器人上称为添加项，它用来指定命令的操作对象、执行条件，例如，规定再现运行时的速度、加速度、定位精度；程序跳步、直接执行非移动命令等。添加项可根据需要选择，也可采用后述的变量编程，变量的单位可由系统自动转换。

移动命令的起点为机器人执行命令时的当前位置，目标位置是移动命令需要到达的程序点，运动轨迹可通过命令符区分。在安川机器人上，移动命令的目标位置通常用示教操作定义，因此，一般不在移动命令上指定、显示。

安川机器人可使用的移动命令及编程格式如表 8.2.1 所示。

表 8.2.1　移动命令编程说明表

命令	名称	编程格式与示例	
MOVJ	点定位（关节插补）	基本添加项	VJ
		可选添加项	PL、NWAIT、UNTIL、ACC、DEC
		编程示例	MOVJ VJ=50.00 PL=2 NWAIT UNTIL IN#(16)=ON
MOVL	直线插补	基本添加项	V 或 VR、VE
		可选添加项	PL、CR、NWAIT、UNTIL、ACC、DEC
		编程示例	MOVL V=138 PL=0 NWAIT UNTIL IN#(16)=ON
MOVC	圆弧插补	基本添加项	V 或 VR、VE
		可选添加项	PL、NWAIT、ACC、DEC、FPT
		编程示例	MOVC V=138 PL=0
MOVS	自由曲线插补	基本添加项	V 或 VR、VE
		可选添加项	PL、NWAIT、ACC、DEC
		编程示例	MOVS V=120 PL=0
IMOV	增量进给	基本添加项	P＊＊或 BP＊＊、EX＊＊ V 或 VR、VE RF 或 BF、TF、UF#(＊＊)
		可选添加项	PL、NWAIT、UNTIL、ACC、DEC
		编程示例	IMOV P000 V=120 PL=1 RF
REFP	作业参考点设定	基本添加项	参考点编号
		可选添加项	
		编程示例	REFP 1
SPEED	再现速度设定	基本添加项	VJ 或 V、VR、VE
		可选添加项	
		编程示例	SPEED VJ=50.00

2. MOVJ 命令

MOVJ 命令是以命令执行时的当前位置作为起点、以示教编程操作指定的目标位置为终点的定位命令。执行 MOVJ 命令时，机器人轴、基座轴、工装轴，均可直接从起点移动到终点，MOVJ 命令的控制点定位直接通过关节的运动实现，故又称关节插补。

关节插补命令 MOVJ 可用于机器人系统的全部运动轴控制。所有运动轴可同时启动、同时到达终点，机器人 TCP 的运动轨迹、工具姿态变化都为各轴运动合成的非线性曲线（通常不为直线）。如需要，MOVJ 命令还可增加后述的连续执行添加项“NWAIT”、条件判断“UNTIL IN#(* *)=* *”等。

MOVJ 命令的实际运动轨迹还与定位精度等级 PL 的设定有关，对于连续关节插补的程序段，如果 PL 的值设定较大，机器人将不会到达命令的目标位置而成为连续运动。MOVJ 命令的关节运动最大速度、加速度，需要由机器人生产厂家在系统设定参数上设置，命令添加项 VJ、ACC/DEC 用来规定倍率；VJ 允许调节范围为 0.01～100.00（%），ACC/DEC 允许调节范围均为 20～100（%）。为保证所有轴能够同时到达终点，执行关节插补命令时，通常只有移动时间最长的轴，可按实际编程的速度移动；其他轴将按比例降低移动速度。

3. MOVL 命令

执行直线插补命令 MOVL 时，机器人 TCP 将执行以命令前的位置作为起点、以命令目标位置为终点的直线移动，TCP 的运动轨迹为连接起点和终点的直线。如果机器人移动起点和终点的工具姿态不同，机器人执行 MOVL 命令时，系统需要同时进行工具定向运动。

为了提高效率，命令 MOVL 也可通过定位精度等级添加项 PL，使运动变为连续。对于连续的 MOVL 命令，还可通过添加项 CR（单位 0.1mm），直接指定 2 条直线相交处的拐角半径，实现直线相交处的圆弧过渡连接；添加项 CR 的允许编程范围为 1.0～6553.5mm。

MOVL 命令的移动速度为各关节轴运动的合成速度，它可通过添加项 V 指定，速度单位通常为 0.1mm/s，但也可通过系统参数的设定，选择 cm/min、mm/min 或 inch/min。如需要，还可通过 ACC/DEC、NWAIT、UNTIL IN#(* *) 等添加项，改变加速度和执行条件。

4. MOVC 命令

圆弧插补命令 MOVC 可使机器人 TCP 沿圆弧轨迹移动，通过系统参数的设定，也可自动调整工具姿态。工业机器人的圆弧插补一般利用 3 点法定义，命令中规定的移动速度为机器人 TCP 切向速度。

MOVC 命令的编程要求如表 8.2.2 所示，添加项 PL、V、ACC/DEC 的使用方法与 MOVL 指令同。

表 8.2.2 MOVC 命令编程说明表

动作与要求	运动轨迹	程序
如 MOVC 命令起点 P1 和上一移动命令终点 P0 不重合，P0→P1 点自动成为直线插补	MOVL 自动 P0 P1 P2 P3 P4	MOVJ VJ=* * //示教点 P0 … MOVC V=* * //示教点 P1、P2、P3 MOVL V=* * //示教点 P4 …
两圆弧连接时，如连接处的曲率发生改变，应在 MOVC 命令间，添加 MOVL（或 MOVJ）命令	P0 P1 P2 P3 P4 P5 P6 P7 P8	MOVJ VJ=* * //示教点 P0 MOVC V=* * //示教点 P1、P2、P3 MOVL V=* * //示教点 P4 MOVC V=* * //示教点 P5、P6、P7 MOVL V=* * //示教点 P8 …

续表

动作与要求	运动轨迹	程序
或： 在 MOVC 命令中增加添加项 FPT	或： P2 P3 P5　P6 P0　P1 P4	MOVJ VJ= * *　//示教点 P0 … MOVC V= * *　//示教点 P1、P2 MOVC FPT　//示教点 P3 MOVC V= * *　//示教点 P4、P5 MOVL V= * *　//示教点 P6 …

圆弧插补的中间点 P2 是位于圆弧起点和终点间的任意点，但为了获得正确的轨迹，中间点选取需要满足以下要求。

① 中间点应尽可能选择在圆弧的中间位置。

② 起点 P1、中间点 P2、终点 P3 间应有足够的间距，起点 P1 离终点 P3、起点 P1 离中间点 P2 的距离，一般都应大于 0.1mm。

③ 应保证起点 P1 和中间点 P2 连接线与起点 P1 和终点 P3 连接线的夹角大于 1°。

④ 不能试图用终点和起点重合的圆弧插补指令来实现 360°全圆插补，全圆插补需要通过 2 条或以上的圆弧插补指令实现。

5. MOVS 命令

MOVS 命令可控制机器人 TCP 沿自由曲线移动。安川机器人的自由曲线为 3 点定义的抛物线。

利用示教编程指定 MOVS 插补轨迹时，3 个示教点的间距应尽可能均匀，否则，再现运行时可能出现错误的运作。MOVS 命令的编程要求如表 8.2.3 所示，添加项 PL、V、ACC/DEC 的使用方法同 MOVL。

表 8.2.3　MOVS 命令编程说明表

动作与要求	运动轨迹	程序
如 MOVS 命令起点 P1 和上一移动命令终点 P0 不重合，P0→P1 点自动成为直线插补	MOVL 自动 P2 P0　P1　P3　P4	MOVJ VJ= * *　//示教点 P0 … MOVS V= * *　//示教点 P1、P2、P3 MOVL V= * *　//示教点 P4 …
两自由曲线可以直接连接，不需要插入 MOVL（或 MOVJ）、FPT 命令	P2 P5　P6 P0　P1　P3 P4	MOVJ VJ= * *　//示教点 P0 … MOVS V= * *　//示教点 P1～P5 MOVL V= * *　//示教点 P6 …

6. IMOV 命令

增量进给 IMOV 命令可使机器人 TCP 以直线插补的方式移动指定的距离。IMOV 命令的移动距离、运动方向需要通过后述的位置变量 P（机器人轴）或 BP（基座轴）、EX（工装轴）指定；此外，还需要通过添加项 BF（基座坐标系）、RF（机器人坐标系）、TF（工具坐标系）、UF#（用户坐标系）规定坐标系。

7. REFP 和 SPEED 命令

作业参考点设定命令 REFP 多用于弧焊机器人。REFP 命令可将机器人的当前位置设定为参考点（如摆焊作业的开始点等）。参考点一经设定，机器人示教操作时，便可直接通过示教器操作面板上的“【参考点】+【前进】”键，使机器人自动定位到参考点，从而简化示教编程与操作。

再现速度设定命令 SPEED 可直接规定程序再现运行时的机器人、附加轴移动速度 VJ、V、VR、VE，利用 SPEED 命令所设定的速度，不能通过示教器的速度调整操作改变。

SPEED 命令一旦执行，后续的移动命令便可省略对应的速度添加项，直至新的移动速度被指定。

SPEED 命令的功能与编程示例如下。

```
…
MOVJ VJ=80.00                  //关节插补,速度倍率为 80.00%
MOVL V=138.0                   //直线插补,速度为 138.0mm/s
SPEED VJ=50.00 V=276.0         //设定 VJ=50.00%,V=276.0mm/s
MOVJ                           //关节插补,使用 SPEED 命令设定值,VJ=50.00%
MOVL                           //直线插补,使用 SPEED 命令设定值,V=276.0mm/s
…
MOVJ VJ=30.00                  //关节插补,撤销 SPEED 命令设定,VJ 为 30.00%
…
MOVL V=66.0                    //直线插补,撤销 SPEED 命令设定,V 为 138.0mm/s
…
```

8.2.2 添加项与使用

移动命令可根据需要增加添加项，以调整速度、加速度、移动轨迹或增加执行控制条件。添加项在不同的命令中有所区别，编程时，需要对照表 8.2.1 添加。移动命令添加项的作用及编程要求如下。

1. 速度、加速度调整

程序自动运行（再现）时的移动速度称再现速度。再现速度、加速度可通过添加项 VJ、V、VR、VE、ACC、DEC 指定，不同添加项的含义如下。

VJ：命令 MOVJ 的关节轴运动速度，以关节轴最大速度倍率的形式指定，单位为 0.01%，允许编程范围为 0.01～100.00。关节轴最大移动速度可通过系统参数进行设定。

V：直线插补 MOVL、圆弧插补 MOVC、自由曲线插补 MOVS、增量进给 IMOV 命令的机器人 TCP 移动速度，可直接以速度值的形式指定。速度 V 的单位可通过系统参数设定为 mm/s、cm/min 等。

VR：直线、圆弧、自由曲线插补及增量进给命令的工具定向速度，可直接以速度值的形式指定。VR 的单位为 0.1°/s，允许编程范围为 0.1～180.0。

VE：直线插补 MOVL、圆弧插补 MOVC、自由曲线插补 MOVS、增量进给 IMOV 命令的外部轴（基座或工装轴）移动速度，以最大移动速度倍率的形式指定，单位为 0.01%，允许编程范围为 0.01～100.00。外部轴的最大移动速度，可通过系统参数进行设定。

ACC：启动加速度，以轴最大加速度倍率的形式指定，单位为 1%，允许编程范围为 20～100。最大加速度可通过系统参数进行设定。

DEC：停止加速度，指定方法同 ACC。

2. 连续运动设定

安川机器人连续插补时的终点运动轨迹可通过添加项 PL、CR 及 FPT、P＊＊/BP＊＊/

EX＊＊、BF/RF/TF/UF＃(＊＊) 改变。其中，添加项 PL 用于到位区间设定，可用于全部移动命令 MOVJ、MOVL、MOVC、MOVS、IMOV，其他添加项的使用均有规定的要求。添加项的作用与编程要求如下。

PL：目标位置的定位等级（Positioning Level），即到位区间；PL 允许编程范围为 0～8，0 级为最高，可实现准确定位（FINE）；PL 值越大，定位等级就越低，运动连续性就越好；1～8 级允差可通过系统参数设定。

使用 PL 添加项时，相邻移动命令的轨迹夹角应在 25°～155°范围内。降低定位等级（增加 PL 值），可使机器人运动变为图 8.2.1 所示的平滑、连续运动。

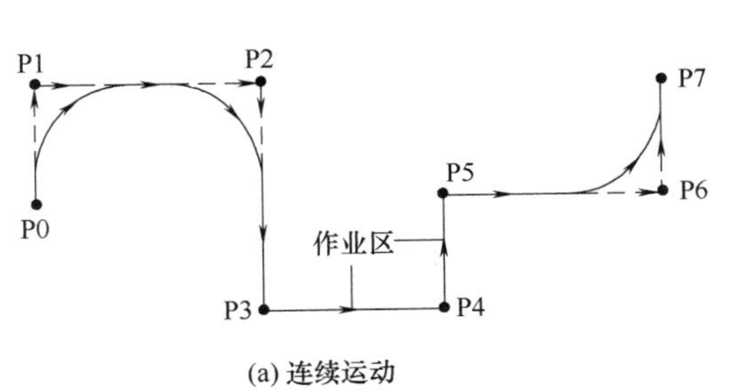

(a) 连续运动

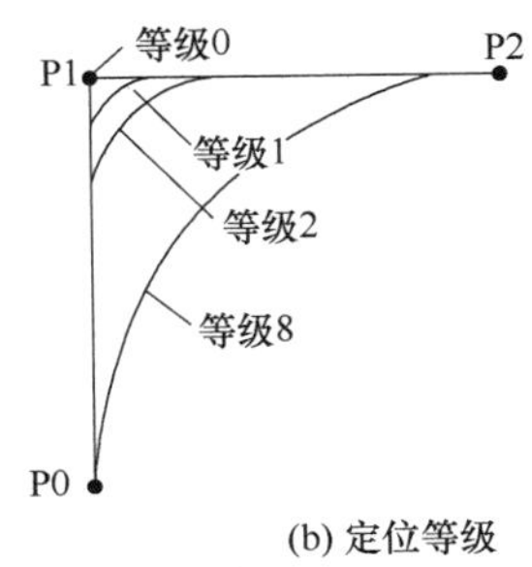

(b) 定位等级

图 8.2.1 定位等级

CR：相邻直线连接处的拐角半径，只能用于直线插补命令 MOVL，单位为 0.1mm，允许编程范围为 1.0～6553.5mm。

FPT：连续圆弧插补点定义，FPT 可将指定程序点，定义为 2 条圆弧插补命令共用的程序点（参见表 8.2.2）。

P/BP/EX：增量进给命令 IMOV 的距离和方向定义变量，P＊＊、BP＊＊、EX＊＊分别为机器人轴、基座轴、工装轴的位置变量号。

BF/RF/TF/UF＃(＊＊)：增量进给命令 IMOV 的坐标系选择，BF、RF、TF、UF＃(＊＊) 分别为基座坐标系、机器人坐标系、工具坐标系、用户坐标系。

3. 命令执行控制

移动命令的执行过程可通过添加项 NWAIT 和 UNTIL 控制，NWAIT 可用于 MOVJ、MOVL、MOVC、MOVS、IMOV 命令；UNTIL 通常只用于 MOVJ、MOVL、IMOV 命令，并且需要增加判别条件。

NWAIT：连续执行。增加添加项 NWAIT 后，机器人可在执行移动命令的同时，执行后续的非移动命令，以提高作业效率。

例如，对于如下程序，机器人在执行移动命令 MOVL V＝800.0 的同时，可连续执行后续的命令 DOUT OT(＃12)ON，接通系统开关量输出 OUT12。

```
…
MOVL V=800.0 NWAIT
DOUT OT(#12) ON
…
```

如果后续的非移动命令中，包含了不能连续执行的命令，则可添加命令 CWAIT（执行等待），禁止连续执行。

例如，如需要在执行移动命令 MOVL V＝800.0 时，接通开关量输出 OUT12；在移动命令执行完成后，断开 OUT12 的程序如下：

```
…
MOVL V=800.0 NWAIT              //连续执行
DOUT OT(#12)ON                  //OUT12 接通
CWAIT                           //禁止连续
DOUT OT(#12)OFF                 //断开 OUT12
…
```

UNTIL：跳步控制。添加项后续的条件满足时，可立即结束当前命令，转入后续命令的执行。

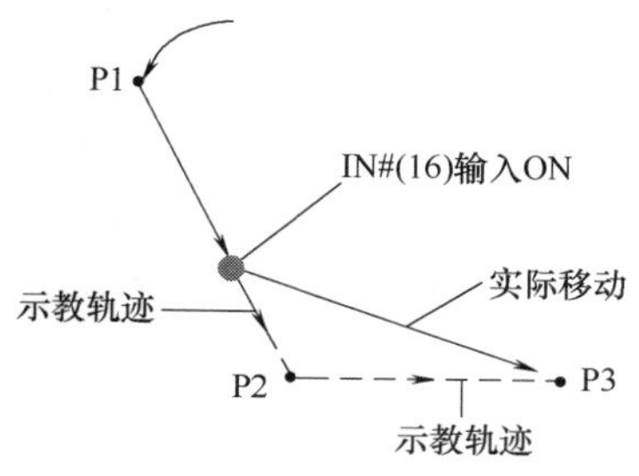

图 8.2.2 跳步控制功能

例如，对于如下程序，当系统通用输入 IN#16 信号 ON 时，可如图 8.2.2 所示，立即中断 P1→P2 的直线插补移动，并直接从中断点开始向 P3 点作直线插补移动。

```
…
MOVJ V=50.00                        //P1 点定位
MOVL V=100.0 UNTIL IN#(16)= ON      //P1→P2 直线插补(跳步控制)
MOVL V=800.0                        //P2→P3 直线插补
…
```

8.3 其他基本命令编程

8.3.1 输入/输出命令

1. 命令格式与功能

输入/输出命令一般用来控制机器人辅助部件的动作。例如，通过开关量输入（data input）、开关量输出（data output，简称 DO）信号，可检查机器人及工具的状态、控制电磁元件的通断；通过模拟量输入（analog input，简称 AI）、模拟量输出（analog output，简称 AO）信号，可检查与控制电压、电流、转速等连续变化量的输入/输出等。

在安川机器人上，可以通过程序控制的信号有系统专用输入/输出信号 SIN/SOUT、通用 DI/DO 信号、模拟量输入/输出 AI/AO 信号 3 类。SIN/SOUT 只能通过输入命令读入状态，但不能控制输出；DI/DO 信号既能读入状态，也能控制 DO 信号输出，它们是机器人输入/输出指令的主要控制对象；AI/AO 信号通常只用于 AO 的输出。

机器人通用 DI/DO 的数量与控制系统 I/O 单元配置有关，系统标准配置为 1 个 I/O 单元、40/40 点；其中，16/16 点为机器人作业命令输入/输出信号，如抓手松夹、工具启停等（见后述），剩余的 24/24 点为通用 DI/DO，可供用户自由使用。

机器人通用 DI 信号在机器人程序中的地址为 IN#(1)～IN#(24)；通用 DO 信号的地址为 OUT#(1)～OUT#(24)，输入/输出命令的基本格式如下。

```
PULSE    OT#(12)  T=0.60
  |          |
命令符      添加项
```

输入/输出命令的命令符用来定义系统的输入/输出功能，如 DI 状态读入、DO 输出等；添加项用来指定 DI/DO 地址及执行条件。安川机器人可使用的输入/输出命令及编程格式如表 8.3.1 所示。

表 8.3.1　输入/输出命令编程说明表

命令	名称	编程格式与示例	
DOUT	DO 信号输出	基本添加项	OT#(*)或 OGH#(*)、OG#(*)
		可选添加项	ON、OFF、B*
		编程示例	DOUT OT#(12)ON
PULSE	DO 信号脉冲输出	基本添加项	OT#(*)或 OGH#(*)、OG#(*)
		可选添加项	T=*
		编程示例	PULSE OT#(10)T=0.60
DIN	DI 信号读入	基本添加项	B*、IN#(*)或 IGH#(*)、IG#(*)、OT#(*)、OGH#(*)、OG#(*)、SIN#(*)、SOUT#(*)
		可选添加项	
		编程示例	DIN B016 IN#(16) DIN B002 IG#(2)
AOUT	模拟量输出	基本添加项	AO#(*)**
		可选添加项	
		编程示例	AOUT AO#(1)12.7
ARATION	速度模拟量输出	基本添加项	AO#(*)、BV=*、V=*
		可选添加项	OFV=*
		编程示例	ARATION AO#(1)BV=10.00 V=200.0 OFV=2.00
ARATIOF	速度模拟量关闭	基本添加项	AO#(*)
		可选添加项	
		编程示例	ARATIOF AO#(1)

2. 添加项功能

输入/输出命令可根据表 8.3.1 的规定，增加添加项 IN、IGH、IG、OT、OGH、OG、SIN、SOUT、AO 等，添加项主要用来确定信号地址、数量及处理方式，其功能如下。

① 信号地址与数量。添加项中的地址（字母）IN 代表外部通用 DI，SIN 代表系统内部专用 DI，地址 OUT 代表外部通用 DO，SOUT 代表系统内部专用 DO 信号，地址 AO 代表模拟量输出。

外部通用 DI/DO 不仅能以二进制位的形式独立处理，且还可用 4 位（IGH#/OGH#）或 8 位（IG#/OG#）二进制的形式，进行成组处理。DI/DO 组号的规定如表 8.3.2 所示。

表 8.3.2　通用 DI/DO 分组一览表

通用输入	信号代号	IN01	IN02	IN03	IN04	IN05	IN06	IN07	IN08
	IN 号	IN#(1)	IN#(2)	IN#(3)	IN#(4)	IN#(5)	IN#(6)	IN#(7)	IN#(8)
	IGH 组号	IGH#(1)				IGH#(2)			
	IG 组号	IG#(1)							
	信号代号	IN09	IN10	IN11	IN12	IN13	IN14	IN15	IN16
	IN 号	IN#(9)	IN#(10)	IN#(11)	IN#(12)	IN#(13)	IN#(14)	IN#(15)	IN#(16)
	IGH 组号	IGH#(3)				IGH#(4)			
	IG 组号	IG#(2)							
	信号代号	IN17	IN18	IN19	IN20	IN21	IN22	IN3	IN24
	IN 号	IN#(17)	IN#(18)	IN#(19)	IN#(20)	IN#(21)	IN#(22)	IN#(23)	IN#(24)
	IGH 组号	IGH#(5)				IGH#(6)			
	IG 组号	IG#(3)							
通用输出	信号代号	OUT01	OUT02	OUT03	OUT04	OUT05	OUT06	OUT07	OUT08
	OT 号	OT#(1)	OT#(2)	OT#(3)	OT#(4)	OT#(5)	OT#(6)	OT#(7)	OT#(8)
	OGH 组号	OGH#(1)				OGH#(2)			
	OG 组号	OG#(1)							
	信号代号	OUT09	OUT10	OUT11	OUT12	OUT13	OUT14	OUT15	OUT16
	OT 号	OT#(9)	OT#(10)	OT#(11)	OT#(12)	OT#(13)	OT#(14)	OT#(15)	OT#(16)

续表

通用输出	OGH 组号	OGH＃(3)				OGH＃(4)			
	OG 组号	OG＃(2)							
	信号代号	OUT17	OUT18	OUT19	OUT20	OUT21	OUT22	OUT3	OUT24
	OT 号	OT＃(17)	OT＃(18)	OT＃(19)	OT＃(20)	OT＃(21)	OT＃(22)	OT＃(23)	OT＃(24)
	OGH 组号	OGH＃(5)				OGH＃(6)			
	OG 组号	OG＃(3)							

② 信号处理方式。安川机器人输入/输出的处理方式，可通过添加项选择如下 3 种。

IN/OT/SIN/SOUT/AO ＃(n)：二进制位操作，可用于所有 I/O 信号处理。其中，IN/OT/SIN/SOUT/AO 用来选择信号类别；n 为 I/O 地址编号，外部通用 DI/DO 的 n 编程范围为 1～24。

DI/DO 进行二进制位操作时，其状态可用 ON 或 OFF 表示。例如，命令“DOUT OT＃(12)ON”，可接通 OUT12；命令“WAIT IN＃(12)＝ON”，可等待 IN12 的接通状态等。AO 的状态可直接用数值表示，如命令“AO＃(1)10.0”，可在 AO 通道 1 上输出 DC10V 电压。

IGH/OGH＃(n)、IG/OG ＃(n)：4 点、8 点 DI/DO 成组操作。IGH/OGH＃(n) 为 4 点 DI/DO 操作，n 为 IGH/OGH 号，编程范围为 1～6。IG/OG＃(n)为 8 点 DI/DO 操作，n 为 IG/OG 号，其编程范围为 1～3。

添加项 IN/OT/SIN/SOUT/AO＃(n)、IGH/OGH＃(n)、IG/OG ＃(n) 中的 n 值及成组处理的 DI/DO 状态，可使用后述的变量 B 保存或设定。例如，利用变量 B000 定义 DO 地址，接通 OUT24 的程序如下：

```
…
SET   B000 24              //变量 B000 设定为十进制 24(二进制 0001 1000)
DOUT   OT#(B000)   ON      //地址号自动转换为十进制 n=24,OUT24 接通
…
```

3. **命令编程示例**

① DOUT 命令。命令 DOUT 可用来控制外部通用 DO 信号通断，命令可通过添加项 OGH、OG 及变量 B，进行成组控制。例如：

```
…
DOUT OT#(1)ON          //OUT01 接通
DOUT OT#(2)OFF         //OUT02 断开
SET B000 24            //设定变量 B000 为 24(0001 1000)
DOUT OG#(3)B000        //OG#(3)组 OUT24～17 输出 0001 1000
…
```

② PULSE 命令编程。命令 PULSE 可在外部通用 DO 上输出脉冲信号；脉冲宽度可通过添加项 T 定义，单位为 0.01s，允许编程范围为 0.01～655.35s；省略添加项 T 时，系统默认 T＝0.3s。

PULSE 命令可通过添加项 OGH、OG，同时输出多个相同脉冲，例如：

```
…
PULSE OT#(5)T=1.00      //OUT5 输出宽度 1.0s 的脉冲信号
SET B000 24             //设定变量 B000 为 24(0001 1000)
PULSE OG#(3)B000        //OG#(3)组的 OUT20、OUT21 输出宽度 0.3s 的脉冲信号
…
```

③ DIN 命令。命令 DIN 可将指定 DI 信号的状态读入到 1 字节变量 B 中；如果使用添加

项 IGH/IG、OGH/OG，DI/DO 状态可成组读入；ON 信号的读入状态为“1”，OFF 信号的读入状态为“0”。例如：

```
…
DIN B001 IN#(1)              //IN01 状态读入到变量 B001 中
DIN B002 IG#(1)              //IN01～08 状态成组读入到变量 B002 中
…
```

④ AOUT 命令编程。安川机器人的弧焊控制板 JANCD-YEW01-E 上，安装有 2 通道、DC±14V 模拟量输出接口 CH1、CH2；其中，CH1 为焊接电压输出，CH2 为焊接电流输出。接口 CH1、CH2 的模拟量输出值可通过命令 AOUT 直接以电压值的形式给定，命令添加项中的地址也可用变量的形式给定。例如：

```
…
AOUT AO#(1)10.0              //CH1 输出 DC10V 电压
```

⑤ ARATION/ ARATIOF 命令编程。ARATION 命令是速度模拟量输出命令，利用该命令，可在弧焊控制板的模拟量输出接口 CH1、CH2 上，输出与机器人移动速度对应的模拟电压。ARATIOF 命令是速度模拟量输出关闭命令，它可取消接口 CH1、CH2 上的速度模拟量输出。

速度模拟量输出的电压值，可通过 ARATION 命令的添加项“BV”“V”“OFV”定义。其中，“BV”为基准速度所对应的输出电压，单位为 0.01V，允许输入范围为－14.00～14.00；“V”为基准速度值，单位通常为 0.1mm/s，允许输入范围为 0.1～1500.0mm/s；“OFV”为偏移调节值，单位为 0.01V，允许输入范围为－14.00～14.00。

例如，对于如下程序：

```
…
ARATION AO#(1)BV=10.00 V=1000.0 OFV=0.20   //设定 CH1 速度模拟量输出
MOVL V=800.0                                //接口 CH1 输出 DC8.2V 电压
MOVL V=500.0                                //接口 CH1 输出 DC5.2V 电压
ARATIOF AO#(1)                              //CH1 输出速度模拟量关闭
…
```

在上述程序中，因命令 ARATION 设定了基准速度 $V=1000.0$mm/s 所对应的输出电压为 10V、电压偏移为 0.2V，因此，当移动速度为 $V=800.0$mm/s 时，CH1 的输出电压为：

$$u=\frac{800}{1000}\times 10+0.2=8.2(\text{V})$$

当移动速度为 $V=500.0$mm/s 时，CH1 的输出电压为：

$$u=\frac{500}{1000}\times 10+0.2=5.2(\text{V})$$

8.3.2 程序控制与注释命令

1. 命令格式

程序控制命令包括程序执行控制和程序转移两类。程序执行控制命令用来控制当前程序的结束、暂停、命令预读、跳步等，程序转移命令可实现当前执行程序的跨区域跳转或直接调用其他程序等。

安川机器人可使用的程序执行控制命令及编程格式如表 8.3.3 所示，部分命令（如 END、NOP 等）的操作对象为系统本身，故无需添加项。

表 8.3.3 程序执行控制命令编程说明表

命令	名称	编程格式与示例	
END	程序结束	无添加项，结束程序	
NOP	空操作	无添加项，命令无任何动作	
COMMENT 或’	注释	仅显示字符	
ADVINIT	命令预读	无添加项，预读下一命令，提前初始化变量	
ADVSTOP	停止预读	无添加项，撤销命令预读功能	
NWAIT	连续执行	移动命令的添加项，移动的同时，执行后续非移动命令	
CWAIT	执行等待	无添加项，与带 NWAIT 添加项的移动命令配对使用，撤销 NWAIT 的连续执行功能	
WAIT	条件等待	基本添加项	T=*
		可选添加项	IN#(*)=*、IGH#(*)=*、IG#(*)=*、OT#(*)=*、OGH#(*)=*、OG#(*)=*、SIN#(*)=*、SOUT#(*)=*、B*=*
		编程示例	WAIT T=1.00 WAIT IN#(12)=ON T=5.00
TIMER	程序暂停	基本添加项	T=*
		可选添加项	
		编程示例	TIMER T=2.00
IF	条件比较（添加项）	基本添加项	*=*
		可选添加项	*>*、*<*、*<>*、*<=*、*>=*
		编程示例	PAUSE IF IN#(12)=OFF
PAUSE	条件暂停	基本添加项	IF *
		可选添加项	
		编程示例	PAUSE IF IN#(12)=OFF
UNTIL	跳步	基本添加项	IN#(*)，移动命令的添加项
		可选添加项	
		编程示例	MOVL V=300.0 UNTIL IN#(10)=ON

在程序执行控制命令中，END、NOP、ADVINIT、ADVSTOP 等命令无添加项，其含义明确、编程简单；NWAIT、UNTIL 命令通常只作移动命令的添加项使用，CWAIT 命令需要与 NWAIT 命令配合使用，命令功能和编程方法可参见前述移动命令的添加项编程说明。其他程序控制命令的功能和编程方法如下。

2. 注释命令

注释命令可对需要解释或说明的命令行或程序段，添加相关的文本说明，以方便程序阅读。在实际程序中，注释命令 COMMENT 一般用单引号（’）代替。

安川机器人注释文本允许的最大字符数为 32 个；执行注释命令，系统可在示教器上显示注释文本，但系统和机器人不会产生任何动作。例如，以下程序便是利用注释，添加了作业流程说明的程序示例。

```
NOP
'Go to Waiting Position    //显示注释 Go to Waiting Position(移动到待机位置)
MOVJ VJ=100.00
'Welding Start             //显示注释 Welding Start(焊接开始)
MOVL V=800.00
ASCON ASF#(1)
MOVL V=138.0
'Welding End               //显示注释 Welding End(焊接结束)
ASCOF AEF#(1)
```

```
MOVL V=800.00
'Go back Waiting Position    //显示注释 Go back Waiting Position(回到待机位置)
MOVJ VJ=100.00
END
```

3. WAIT 命令

WAIT 为条件等待命令，如命令条件满足，系统可继续执行后续命令；否则，将处于暂停状态。命令的等待条件可以是判别式，也可用添加项 T 规定等待时间，或两者同时指定。当条件判别式和等待时间被同时指定时，只要满足其中的一项（条件满足或时间到达），便可继续执行后续的命令。例如：

```
…
WAIT T=1.00                 //等待 1s 后执行后续命令
…
WAIT IN#(1)=ON              //等待到 IN01 信号 ON 后,执行后续命令
…
WAIT IN#(1)=OFF T=1.00      //IN01 信号 OFF 或 1s 延时到达后,执行后续命令
…
```

WAIT 命令的判别条件既可为外部通用 DI/DO 信号，也可为系统内部专用 DI/DO 信号 SIN/SOUT；命令添加项中的地址也可用变量给定；如需要，还可通过添加项 IGH/IG、OGH/OG，一次性对多个信号的状态进行成组判断。

例如，利用如下程序，可同时判断 DI 信号 IN04、IN05 状态：

```
…
SET B000 1                  //变量 B000 设定为 1(组号 1)
SET B002 24                 //变量 B002 设定为 24(0001 1000)
WAIT IG#(B000)=B002         //等待 IN04、IN05 的状态同时为 ON
…
```

4. TIMER 命令

程序暂停命令，TIMER 命令的暂停时间可通过添加项 T 规定，时间 T 的单位为 0.01s；允许编程范围为 0.01～655.35s。命令 TIMER 的应用示例如下。

```
…
MOVL V=800.0 NWAIT      //机器人移动的同时,执行后述的非移动命令
DOUT OT(#12)ON          //接通外部通用 DO 信号 OUT12
CWAIT                   //禁止连续执行后述的非移动命令
TIMER T=1.00            //暂停 1s
DOUT OT(#12)OFF         //断开外部通用 DO 信号 OUT12 输出
DOUT OT(#11)ON          //接通外部通用 DO 信号 OUT11
…
```

5. PAUSE 命令

条件暂停命令，如 IF 项条件满足，程序进入暂停状态；否则，将继续执行后续命令。命令 PAUSE 的应用示例如下。

```
…
MOVL V=800.0
PAUSE IF IN#(12)=OFF    //如外部通用 DI 信号 IN12 输入 OFF,程序暂停
```

```
ASCON ASF#(1)
MOVL V=138.0
…
```

8.3.3 程序转移与调用命令

1. 命令格式

程序转移命令可实现当前执行程序的跨区域跳转、程序跳转及子程序调用等功能。安川机器人的程序转移命令的功能和编程格式如表 8.3.4 所示。

表 8.3.4 程序转移命令编程说明表

命令	名称	编程格式与示例	
JUMP	程序跳转	基本添加项	*(字符)
		可选添加项	JOB:(*)、IG#(*)、B*、I*、D*、UF#*、IF
		编程示例	JUMP JOB:TEST1 IF IN#(14)=OFF
LABEL 或 *	跳转目标	基本添加项	字符(1～8 个)
		可选添加项	
		编程示例	*123
CALL	子程序调用	基本添加项	JOB:(*)
		可选添加项	IG#(*)、B*、I*、D*、UF#*、IF
		编程示例	CALL JOB:TEST1 IF IN#(24)=ON
RET	子程序返回	基本添加项	
		可选添加项	IF
		编程示例	RET IF IN#(12)=ON

2. JUMP 命令

程序跳转命令 JUMP 可用于当前程序跳转和程序转移。

JUMP 命令用于程序跳转时，跳转目标应通过添加项“*＋字符”指定。目标标记最大允许使用 8 个字符，在同一程序中不能重复使用。

JUMP 命令用于程序转移时，目标程序以添加项“JOB:(程序名)”的形式指定。如目标的程序名为纯数字（不能为 0），跳转目标也可用变量 B（二进制变量）、变量 I（整数变量）、变量 D（双字长整数变量）、1 字节 DI 信号状态“IG#(*)”等方式指定。

JUMP 命令还可通过添加项 IF 规定跳转的条件，以实现条件跳转、循环执行等功能。命令的应用示例如下。

① 程序跳转。程序跳转通常用于分支控制，例如：

```
…
MOVJ VJ=80.00
JUMP *A001 IF IN#(14)=ON   //IN14 输入 ON,跳转至*A001,否则继续执行后续命令
MOVJ VJ=50.00              //IN14 输入 OFF 时继续执行的程序
…
JUMP *pro_end              //无条件跳转至* pro_end,程序结束
*A001                      //IN14 输入 ON 的跳转目标
MOVL V=138.0               //IN14 输入 ON 时执行的程序
…
*pro_end                   //无条件跳转目标
END
```

② 程序转移。JUMP 命令可通过添加项“JOB:(程序名)”实现程序转移功能，例如：

```
…
JUMP JOB:TEST1IF IN#(14)=ON   //IN14 输入 ON,转移至 TEST1 程序,否则继续
MOVL V=138.0
…
JUMP JOB:TEST2                //无条件转移至程序 TEST2
END
```

如转移目标的程序名称为纯数字（不能为0），JUMP 命令可用变量、DI 信号状态“IG♯(＊)”等指定跳转目标。

```
…
MOVJ VJ=80.00
SET I001 1000                 //定义变量 I000=1000
JUMP I001 IF IN#(17)=ON       //IN17 输入 ON 时,转移到程序 1000;否则继续
MOVJ VJ=50.00                 //IN17 输入 OFF 时执行
…
DIN B002 IG#(2)               //输入 IN09～IN16 的状态读入到变量 B002 中
JUMP *pro_end IF B002=0       //如 B002 为 0,跳转到*pro_end 结束
JUMP IG#(2)                   //B002 不为 0,转移到 IG#(2)指定的程序
*pro_end
END
```

③ 循环运行。如程序跳转目标位于跳转命令之前的位置，可实现程序的循环运行功能。

```
NOP
…
*cycle                            //跳转目标标记
JUMP JOB:TEST1 IF IN#(1)=ON       //IN01 输入 ON,调用程序 TEST1
JUMP JOB:TEST2 IF IN#(2)=ON       //IN02 输入 ON,调用程序 TEST2
JUMP *cycle                        //IN01/N02 均 OFF,跳转至*cycle、程序无限
                                     循环
…
END
```

3. CALL/RET 命令

子程序调用命令 CALL 用于子程序调用，命令需要调用的子程序名称可通过添加项“JOB:（程序名）”指定；如目标程序名使用的是纯数字（不能为0），跳转目标也可用变量 B（二进制变量）、变量 I（整数变量）、变量 D（双字长整数变量）或 1 字节通用 DI 信号组状态“IG♯(＊)”等方式指定。

子程序应使用返回命令 RET 结束，以便返回到原程序，继续执行后续命令。CALL、RET 命令还可通过添加项 IF，规定子程序调用条件和返回条件。

CALL/RET 命令的应用示例如下。

主程序：

```
NOP
CALL JOB:TEST1 IF IN#(1)=ON   //IN01 输入 ON,调用程序 TEST1
CALL JOB:TEST2 IF IN#(2)=ON   //IN02 输入 ON,调用程序 TEST2
CALL IG#(2) IF IN#(3)=ON      //IN03 输入 ON,调用输入 IN09～IN16 选定的程序
```

```
END
子程序 TEST1：
NOP
MOVJ VJ=80.00
…
RET                                  //返回到主程序
END
子程序 TEST2：
NOP
…
RET IF IN#(03)=ON                    //IN03 输入 ON,返回主程序
MOVJ VJ=50.00
…
RET                                  //返回到主程序
END
```

8.3.4 程序点平移命令

1. 命令与功能

平移命令是将机器人程序中的程序点进行整体偏移的功能，它可简化示教编程操作、提高编程效率和程序可靠性。

例如，在图 8.3.1 所示的多工件作业的机器人上，通过对作业区 1 的程序点平移，便可直接在作业区 2 上完成与作业区 1 相同的作业，而无需再进行作业区 2 的示教编程操作。

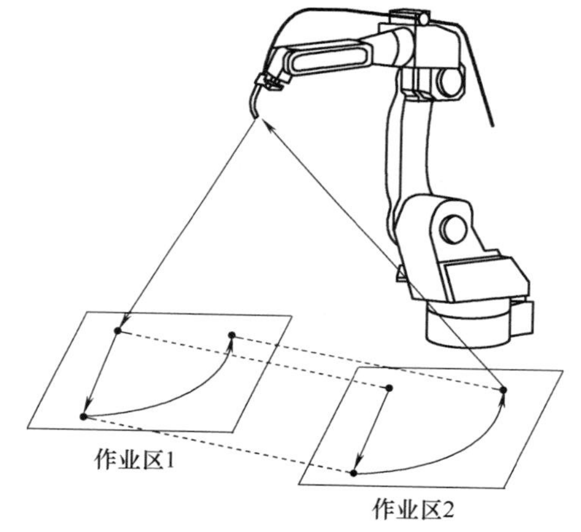

图 8.3.1 程序点平移

如果平移功能和程序跳转、子程序调用等命令同时使用，还可实现程序中所有程序点的整体平移功能，这一功能称程序平移转换功能。

安川机器人用于平移的命令有平移启动、平移停止及平移量计算 3 条，编程格式、功能和示例如表 8.3.5 所示。

表 8.3.5 程序点平移命令说明表

命令	名称	编程格式、功能与示例	
SFTON	平移启动	命令格式	SFTON(添加项 1)(添加项 2)
		命令功能	启动平移
		添加项 1	P＊、BP＊、EX＊
		添加项 2	BF、RF、TF、UF＃(＊)
		编程示例	SFTON P000 UF＃(1)
SFTOF	平移停止	命令格式	SFTOF
		命令功能	结束平移
		添加项	
		编程示例	SFTOF

续表

命令	名称	编程格式、功能与示例	
MSHIFT	平移量计算	命令格式	SFTON(添加项 1)(添加项 2)(添加项 3)(添加项 4)
		命令功能	添加项 1=(添加项 4)−(添加项 3)
		添加项 1	PX *
		添加项 2	BF、RF、TF、UF#(*)、MTF
		添加项 3	PX *
		添加项 4	PX *
		编程示例	MSHIFT PX000 RF PX001 PX002

命令 SFTON 用来启动平移功能，它可将后续移动命令中的程序点位置，在指定的坐标系上整体偏移指定的距离。命令 SFTOF 为平移停止命令，它可撤销 SFTON 命令的平移功能。命令 MSHFIT 用于平移量计算，它可通过目标点、基准点自动计算平移距离。

2. 编程示例

命令 MSHIFT 用于平移量的计算，它可通过目标位置的程序点变量和基准位置的程序点变量，自动计算需要平移距离。例如：

```
MSHIFT PX010 UF#(1)PX000 PX001      //平移量 PX010=PX001-PX000
…
MOVJ VJ=20.00                       //利用示教操作,将机器人移动到基准点
GETS PX002 $PX000                   //当前位置(系统变量 $PX000)读入 PX002
MOVJ VJ=20.00                       //利用示教操作,将机器人移动到目标点
GETS PX003 $PX000                   //当前位置(系统变量 $PX000)读入 PX003
MSHIFT PX020 UF#(1)PX002 PX003      //平移量 PX020=PX003-PX002
…
```

平移命令可以用来简化搬运、码垛机器人的作业程序编制。例如，对于图 8.3.2 所示的机器人码垛作业，假设堆垛高度为 6 个工件；工件的实际高度已在变量 D000 上设定；工件抓手的夹紧/松开采用气动控制，电磁阀由输出 OUT01 控制，OUT01 输出 OFF 时为工件夹紧，OUT01 输出 ON 时为工件松开；抓手夹紧/松开状态的检测输入为 IN01/IN02。编程时，便可利用平移命令 SFTON/SFTOF，通过以下程序，使 P5 点在 Z 轴方向向上平移 6 次，便可方便地实现坐标的计算。

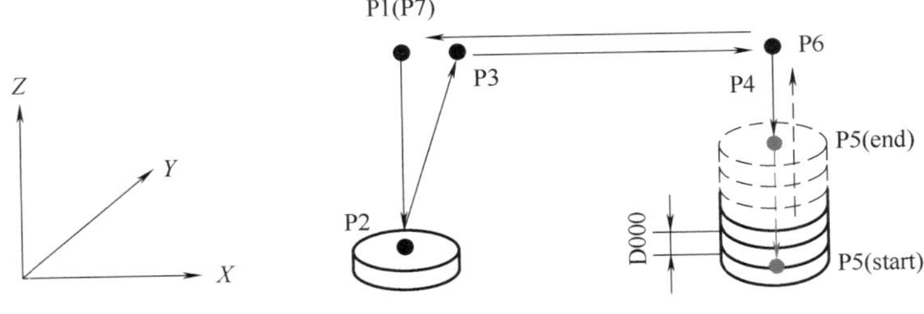

图 8.3.2 码垛作业程序示例

```
NOP
MOVJ VJ=50.00             //机器人定位到作业起点 P1 点
SET B000 0                //设定堆垛计数器 B000 的初始值为 0
SET P001(3)D000           //在 P001 的Z 轴上设定平移量
SUB P000 P000             //将平移变量 P000 的初始值设定 0
```

```
*A001                          //程序跳转标记
JUMP * A002 IF IT#(2)ON        //如抓手已松开(IN02 输入 ON),跳至*A002
DOUT OT#(1)ON                  //接通 OUT01,松开抓手
WAIT IT#(2)ON                  //等待抓手松开 IN02 信号 ON
*A002                          //跳转标记
MOVL V=300.0                   //P1→P2 直线运动
TIMER T=0.50                   //暂停 0.5s
DOUT OT#(1)OFF                 //断开 OUT01,抓手夹紧,抓取工件
WAIT IT#(1)ON                  //等待抓手夹紧检测 IN01 信号 ON
MOVL V=500.0                   //P2→P3 直线运动
MOVL V=800.0                   //P3→P4 直线运动
SFTON P000 UF#(1)              //启动平移
MOVL V=300.0                   //P4→P5 直线运动
SFTOF                          //平移停止
TIMER T=0.50                   //暂停 0.5s
DOUT OT#(1)ON                  //接通 OUT01,抓手松开,放下工件
WAIT IT#(2)ON                  //等待抓手松开检测 IN02 信号 ON
ADD P000 P001                  //平移变量 P000 增加平移量 P001(D000)
MOVL V=800.0                   //P5→P6 直线运动
MOVL V=800.0                   //P6→P1 直线运动(P7 和 P1 点重合)
INC B000                       //堆垛计数器 B000 加 1
JUMP *A001 IF B000<6           //如 B000<6,跳转至*A001 继续
END
```

8.3.5 坐标设定与变换命令

1. 命令与功能

坐标设定与变换命令可用于程序点的坐标变换、用户坐标系的设定。命令的编程格式、功能和示例如表 8.3.6 所示。

表 8.3.6 坐标设定与变换命令编程说明表

类别	命令	名称	编程格式、功能与示例	
坐标变换	CNVRT	坐标系变换	命令格式	CNVRT(添加项 1)(添加项 2)(添加项 3)
			命令功能	添加项 2 转换为添加项 3 指定坐标系的添加项 1
			添加项 1	PX *
			添加项 2	PX *
			添加项 3	BF、RF、TF、UF#(*)、MTF
			编程示例	CNVRT PX000 PX001 BF
	MFRAME	用户坐标系定义	命令格式	MFRAME(添加项 1)(添加项 2)(添加项 3)(添加项 4)
			命令功能	3 点定义用户坐标系
			添加项 1	UF#(n)
			添加项 2～4	PX *
			编程示例	MFRAME UF#(1)PX000 PX001 PX002

2. 编程说明

① CNVRT 命令。命令 CNVRT 可将指定程序点的位置数据转换为指定坐标系的位置数

据。例如：

```
CNVRT PX010 PX000 TF   //程序点 PX000 转换为工具坐标系位置 PX010
CNVRT PX020 PX001 UF   //程序点 PX001 转换为用户坐标系位置 PX020
…
```

② MFRAME 命令。命令 MFRAME 可用 3 点法建立用户坐标系。用户坐标系编号 UF＃(n)中 n 的允许范围为 1～24；用来定义用户坐标系的 3 个程序点应依次为坐标原点（ORG）、＋X 轴上的点（XX）、XY 平面第一象限上的一点（XY）。通过 ORG、XX、XY 三点所建立的用户坐标系如图 8.3.3 所示。

MFRAME 命令编程示例如下。

```
MFRAME UF#(1)PX000 PX001 PX002   //创建用户坐标系 1
MFRAME UF#(2)PX010 PX011 PX012   //创建用户坐标系 2
…
```

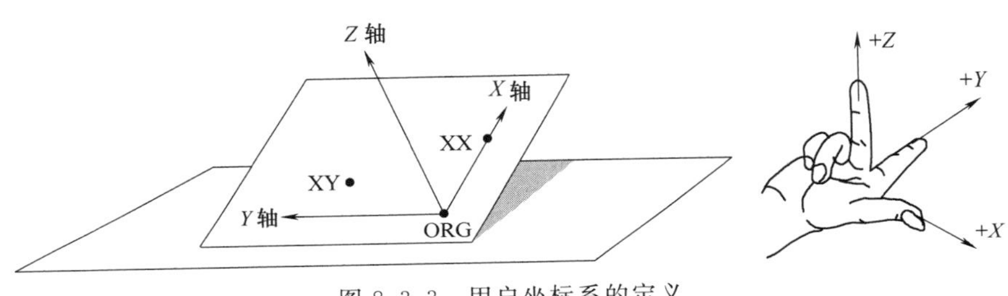

图 8.3.3 用户坐标系的定义

当 PX000/PX001/PX002、PX010/PX011/PX012 的位置选择如图 8.3.4 所示时，所创建的用户坐标系 UF＃(1)和 UF＃(2)分别如图 8.3.4（a）和图 8.3.4（b）所示。

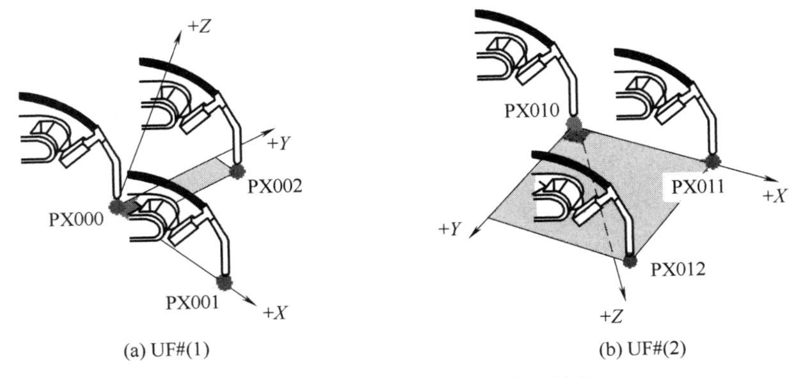

图 8.3.4 MFRAME 命令编程说明

8.4 变量编程

8.4.1 变量分类与使用

1. 变量与分类

变量（variable）不仅可代替添加项的数值，而且也是运算、平移控制等命令必需的基本操作数。安川机器人的程序变量分为系统变量和用户变量两大类。

系统变量是反映控制系统本身状态的量，如机器人当前位置、报警号等；系统变量需要带前缀符“$”，如$B＊＊、$PX＊＊、$ERRNO等。

系统变量的功能由控制系统生产厂家定义，用户可在程序中使用，但不能改变功能。使用系统变量需要编程人员对控制系统有全面、深入的了解，因此，在普通的机器人作业程序中一般较少使用。

用户变量是可供用户自由使用的程序变量，它用于十进制数值、二进制逻辑状态等的设定和保存。用户变量分为公共变量和局部变量两类。

① 公共变量。公共变量有时直接称用户变量或变量，它是系统中所有程序可共同使用的变量。公共变量的状态在系统中具有唯一性，并具有断电保持功能。根据变量存储格式，公共变量可分数值型（包括字节型、整数型、双精度整数型、实数型）、字符型、位置型3类，安川机器人可使用的公共变量数量、变量号及主要用途如表8.4.1所示。

表8.4.1 安川机器人公共变量表

变量种类		数量	变量号	数据范围	用途
数值型	字节型	100	B000～B099	0～255	十进制正整数、二进制逻辑状态
	整数型	100	I000～I099	－32768～＋32767	十进制整数、速度、时间等
	双整数型	100	D000～D099	$-2^{31}\sim+2^{31}-1$	十进制整数
	实数	100	R000～R099	约$-1.2\times10^{38}\sim+3.4\times10^{38}$	实数
字符型		100	S000～S099	16个字符	ASCII字符
位置型		128	P000～P127	多元复合数据	机器人轴位置
		128	BP000～BP127	多元复合数据	基座轴位置
		128	EX000～EX127	多元复合数据	工装轴位置

② 局部变量。局部变量（local variable）是供某一程序使用的临时变量，它只对本程序有效，程序一旦执行完成，变量将自动无效；但对于使用子程序调用命令CALL的主程序来说，主程序中的局部变量可在子程序执行完成、RET命令返回后，继续生效。

局部变量同样可分数值型（包括字节型、整数型、双整数型、实数型）、字符型、位置型3类，数据存储范围、用途都与同类公共变量一致。局部变量需要加前缀“L”，即：字节型为LB＊＊、整数型变量为LI＊＊、双整数型变量为LD＊＊、实数型变量为LR＊＊、字符型变量为LS＊＊、机器人轴/基座轴/工装轴的位置型变量分别为LP＊＊/LBP＊＊/LEX＊＊。

程序所使用的局部变量的数量，应在程序标题编辑页面上事先设定。所有局部变量的起始编号均为0，利用编辑页面设定的LB、LI等值，为程序允许使用的最大值。例如，当程序需要使用20个字节型局部变量LB、10个整数型局部变量LI时，应在程序标题编辑页面设定LB＝10、LI＝20，这时，程序便可使用局部变量LB000～LB019、LI000～LI009。

2. 用户变量编程

在机器人程序中，用户变量值可通过设定命令SET直接设定，或利用运算式计算生成。变量值一经赋值，便可直接替代命令添加项中的数值。变量编程需要注意以下问题。

① 格式。在安川机器人中，变量以二进制格式存储，但程序中利用命令SET设定变量值时，其数值以十进制格式编程；如变量用来代替以十进制数据，它仍可自动转换为十进制数。例如：

```
0000 NOP
0001 SET B000 3                //设定 B000=3(0000 0011)
0002 DOUT OT#(B000)ON          //OUT03 输出 ON
0003 DOUT OG#(B000)=B000       //OUT17、OUT18 输出 ON
…
```

② 单位。变量用来定义位置、速度、时间等添加项时，其单位为该添加项的系统默认单

位。例如：

```
0000 NOP
0001 SET I000 2000            //设定 I000=2000
0002 MOVJ VJ=I000             //关节插补速度 20%（单位 0.01%）
0003 MOV V=I000               //直线插补速度 200mm/s(单位 0.1mm/s)
0004 TIMER T=I000             //暂停 20s(单位 0.01s)
```

③ 实数。机器人程序的实数含义和使用方法与数学意义上的实数有所不同。数学意义上的实数（REAL）包括有理数和无理数，即有限小数和无限小数。但是，由于计算机数据存储器字长的限制，任何计算机及其控制系统可表示的实数只能是数学意义上实数的一部分（子集），即有效位数的小数，而不能用来表示超过存储器字长的数值。

计算机及其控制系统的实数通常以 ISO/IEC/IEEE 60559（即 ANSI IEEE 754-2008，IEEE Standard for Floating-Point Arithmetic）规定的 binary32 浮点（floating-point）格式存储，由于早期标准（ANSI IEEE 754-1985）将 binary32 数据存储格式称为单精度（single precision）格式，因此，人们习惯上仍然称之为“单精度”实数。

binary32 格式的字长为 32 位（二进制），数据存储形式如下：

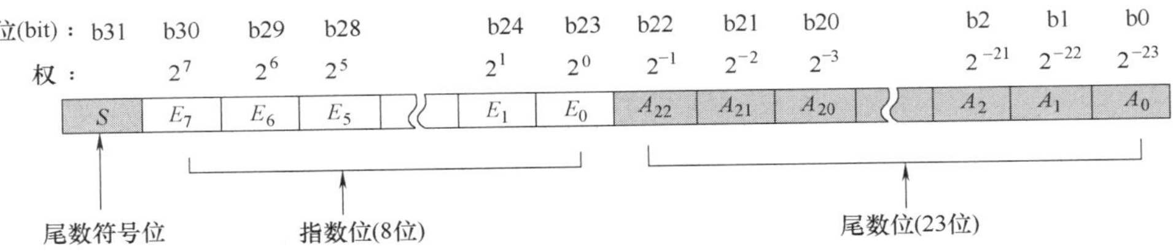

数据存储器的低 23 位为尾数 A_n（$n=0\sim22$），高 8 位为指数 E_m（$m=0\sim7$），最高位为尾数的符号位 S（bit31），所组成的十进制数值为：

$$N=(-1)^S\times[1+\sum_{n=0}^{22}(A_n\times2^{n-23})]\times2^{E-127}$$
$$=\pm(2^0+A_{22}\times2^{-1}+A_{21}\times2^{-2}+\cdots+A_0\times2^{-23})\times2^{E-127}$$

式中，$E=E_0\times2^0+E_1\times2^1+\cdots+E_7\times2^7$。

由于 E 为正整数，其十进制数值为 0～255；为了表示负指数，计算机需要对指数 E 进行（$E-127$）处理。

此外，标准还规定，存储器全 0 与全 1 状态，所代表的十进制值为“0”，即：

$$N=\pm(2^0+0\times2^{-1}+0\times2^{-2}+\cdots+0\times2^{-23})\times2^{0-127}=\pm2^{-127}=0(\text{全 }0)$$
$$N=\pm(2^0+1\times2^{-1}+1\times2^{-2}+\cdots+1\times2^{-23})\times2^{255-127}=\pm(2-2^{-23})\times2^{128}\approx\pm2^{129}=0(\text{全 }1)$$

因此，N 的实际取值范围为：$-2^{128}\sim-2^{-126}$，0，$+2^{-126}\sim+2^{128}$；尾数 B 可表示的十进制数值为：0，$1\sim(2-2^{-23})$；转换为十进制后，可得：

binary32 格式（单精度）可表示绝对值最大的十进制数（2^{128}）约为 3.402×10^{38}；除 0 外，可表示绝对值最小的十进制数（2^{-126}）约为 1.175×10^{-38}。

如运算结果不超过数值范围，实数（REAL）可在机器人程序中进行各种运算，也可通过四舍五入转换为整数。但是，由于实数（REAL）是以有限位小数表示的十进制数，系统在存储、运算时需要进行近似处理，因此，在机器人程序中，实数 REAL 一般不能用于“等于”“不等于”的比较运算操作；对于除法运算，即使商为整数，但系统也不认为它是准确的整数。

8.4.2 变量读写命令

1. 命令格式与功能

安川机器人的运算命令主要包括变量读写、变量运算和变量转换 3 类。读写命令用于变量设定和清除；运算命令用于算术、函数、矩阵运算和逻辑运算处理；转换命令用于坐标变换和 ASCII 字符操作。

变量读写命令的格式、功能和编程示例如表 8.4.2 所示。

表 8.4.2 变量读写命令编程说明表

类别	命令	名称	编程格式、功能与示例	
变量设定	SET	变量设定	命令格式	SET(添加项 1)(添加项 2)
			命令功能	添加项 1＝添加项 2
			添加项 1	B＊、I＊、D＊、R＊、S＊、P＊、BP＊、EX＊
			添加项 2	B＊、I＊、D＊、R＊、S＊、常数
			编程示例	SET I012 I020
	SETE	位置变量设定	命令格式	SETE(添加项 1)(添加项 2)
			命令功能	添加项 1＝添加项 2
			添加项 1	P＊(＊)、BP＊(＊)、EX＊(＊)
			添加项 2	D＊
			编程示例	SETE P012(3)D005
	SETFILE	文件数据设定	命令格式	SETFILE(添加项 1)(添加项 2)
			命令功能	添加项 1＝添加项 2
			添加项 1	WEV＃(＊)(＊)
			添加项 2	常数、D＊
			编程示例	SETFILE WEV＃(1)(1)D000
	CLEAR	变量批量清除	命令格式	CLEAR(添加项 1)(添加项 2)
				CLEAR STACK(清除堆栈)
			命令功能	清除部分变量或全部堆栈
			添加项 1	B＊、I＊、D＊、R＊、＄B＊、＄I＊、＄D＊、＄R＊
			添加项 2	(＊)、ALL
			编程示例	CLEAR B000 ALL
变量读入	GETE	位置变量读入	命令格式	GETE(添加项 1)(添加项 2)
			命令功能	添加项 1＝添加项 2
			添加项 1	D＊
			添加项 2	P＊(＊)、BP＊(＊)、EX＊(＊)
			编程示例	GETE D006 P012(4)
	GETS	系统变量读入	命令格式	GETS(添加项 1)(添加项 2)
			命令功能	添加项 1＝添加项 2
			添加项 1	B＊、I＊、D＊、R＊、PX＊
			添加项 2	＄B＊、＄I＊、＄D＊、＄R＊、＄PX＊、＄ERRNO＊
			编程示例	GETS B000 ＄B000
	GETFILE	文件数据读入	命令格式	GETFILE(添加项 1)(添加项 2)
			命令功能	添加项 1＝添加项 2
			添加项 1	D＊
			添加项 2	WEV＃(＊)(＊)
			编程示例	GETFILE D000 WEV＃(1)(1)
	GETPOS	程序点读入	命令格式	GETPOS(添加项 1)(添加项 2)
			命令功能	添加项 1＝添加项 2
			添加项 1	PX＊
			添加项 2	STEP＃(＊)
			编程示例	GETPOS PX000 SETP＃(1)

2. 变量设定命令

安川机器人变量分为字节型、整数型、双整数型、实数型、字符型、位置型等，由于存储格式不同，设定时的数据格式、范围应与变量要求一致。变量设定命令的编程格式与要求如下。

① SET 命令。SET 命令可直接用于变量赋值，例如：

```
SET B000 12            //设定 B000=12(正整数)
SET I000 1200          //设定 I000=1200(整数)
SET B000 B001          //设定 B000=B001(正整数)
SET I012 I011          //设定 I012=I011(整数)
…
```

② SETE 命令。SETE 命令用于位置变量的设定。位置变量包含有多个轴的位置，设定时需要通过变量号、轴序号，选定变量、坐标轴；位置数据为双字长整数，故需要用双整数变量 D 赋值。位置变量的轴序号规定如下。

P＊(0)：所有轴。

P＊(1)/ P＊(2)/ P＊(3)：$X/Y/Z$ 轴坐标值。

P＊(4)/ P＊(5)/ P＊(6)：工具姿态 $R_x/R_y/R_z$ 值。

SETE 命令的编程示例如下。

```
SET D000 0             //设定 D000=0
SET D001 100000        //设定 D001=100000
SETE P012(1)D000       //设定位置变量 P012 的 X 轴坐标设定为 0
SETE P012(2)D001       //设定位置变量 P012 的 Y 轴坐标设定为 100.000
…
```

③ SETFILE 命令。SETFILE 命令用于作业文件数据设定。作业文件同样包含有多个数据，因此，设定时需要通过文件号、数据序号，选定作业文件、数据；文件数据的值应以双整数变量 D 或常数的形式指定。例如：

```
SET D000 15                    //设定 D000=15
SETFILE WEN#(1)(1)D000         //设定作业文件(1)的数据 1 为 15
SETFILE WEN#(1)(2)2            //设定作业文件(1)的数据 2 为 2
…
```

④ CLEAR 命令。CLEAR 命令用于变量成批清除，它既可用于指定类别、指定数量的变量清除，也可用于程序堆栈的清除。

当 CLEAR 命令用于指定类别、指定数量的变量清除时，命令添加项 1 用来指定变量类别、起始变量号；添加项 2 用来指定需要清除的变量数量，如定义为“ALL”，将清除起始变量号后的全部变量。例如：

```
CLEAR B000 1           //仅清除变量 B000(数量为 1)
CLEAR I010 10          //清除 I010～I019(数量为 10)
CLEAR D010 ALL         //清除 D010 以后的全部变量(D010～D099)
…
```

当 CLEAR 命令用于程序堆栈清除时，需要使用添加项“STACK”。程序堆栈是用来临时保存程序调用数据的存储器，这些数据可用于程序返回时的状态恢复。在正常情况下，程序堆栈可通过程序结束命令 END、子程序返回命令 RET 清除；如程序中使用了“CLEAR STACK”命令清除堆栈，将不能执行程序返回操作。

CLEAR 命令的功能如图 8.4.1 所示。

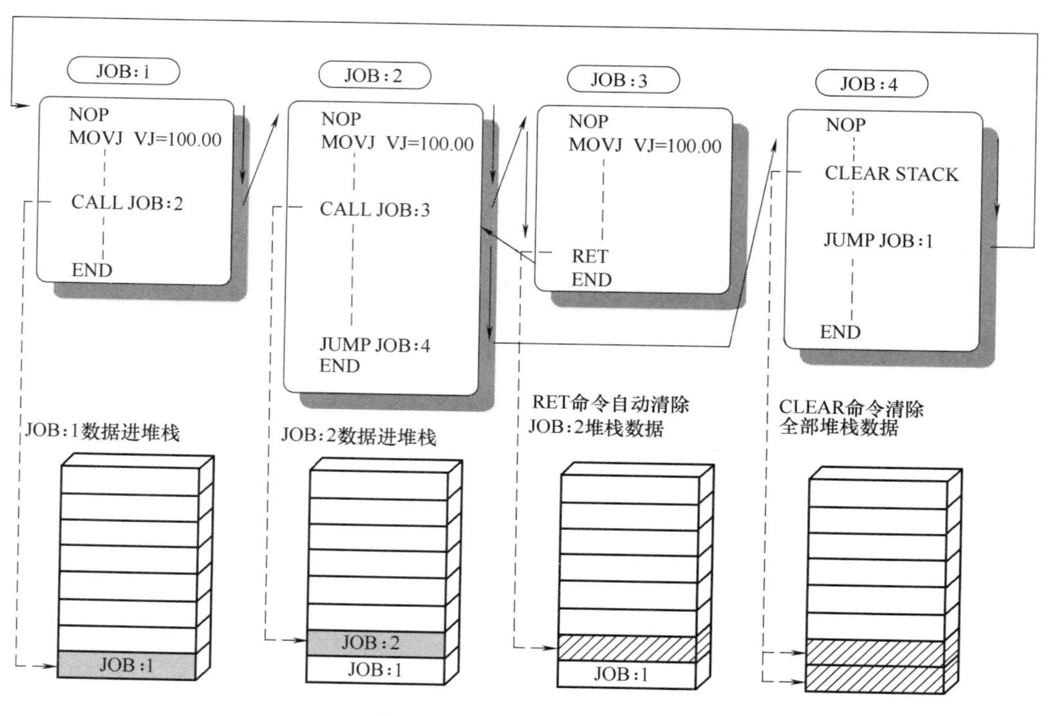

图 8.4.1 CLEAR 命令功能

当程序 JOB:1 调用子程序 JOB:2 时，JOB:1 执行中断，当前状态将被压入堆栈；如系统执行子程序 JOB:2 时，又需要调用子程序 JOB:3，JOB:2 执行中断，当前状态也将被压入堆栈。当子程序 JOB:3 执行完成、通过 RET 指令返回 JOB:2 时，堆栈中的 JOB:2 数据自动恢复（JOB:2 堆栈数据自动清除），JOB:2 从子程序调用命令之后继续，JOB:1 数据保持；此时，如果 JOB:2 执行 RET 指令，即可返回 JOB:1，堆栈中的 JOB:1 数据自动恢复（JOB:1 堆栈数据自动清除），JOB:1 从子程序调用命令之后继续。

但是，如果 JOB:2 调用了存在 CLEAR STACK 命令的子程序 JOB:4，虽然，JOB:2 的当前状态同样可被压入堆栈，但是，CLEAR STACK 命令一旦执行，堆栈中的 JOB:2 数据、JOB:1 数据都将被清除，因此，程序将无法从 JOB:4 返回 JOB:2，更无法从 JOB:2 自动返回到 JOB:1。此时，如果 JOB:4 编制了无条件跳转 JOB:1（或 JOB:2）的指令 JUMP JOB:1（或 JUMP JOB:2），程序 JOB:1（或 JOB:2）将直接从首条命令开始重新执行。

3. 变量读入命令

变量读入命令主要用于系统数据的读取，它可将系统的坐标轴位置、系统变量、作业文件数据、程序点等转换为变量值。变量读入命令的编程格式与要求如下。

① GETE 命令。GETE 命令可将指定的坐标轴位置读入到变量中。读入位置时，同样需要指定变量号、轴序号，选定需要读入的变量、坐标轴。例如：

```
GETE D000 P012(1)          //位置变量 P12 的 X 坐标值读入到 D000
GETE D001 P012(2)          //位置变量 P12 的 Y 坐标值读入到 D001
…
```

② GETS 命令。GETS 命令用于系统变量的读取。系统变量读入时，添加项的变量类型应统一。例如：

```
GETS B000 $B000           //字节型变量 B000 读入系统变量$B000
GETS I000 $I[1]           //整数型变量 I000 读入系统变量$I[1]
GETS PX001 $PX000         //位置变量 PX001 读入机器人当前位置
…
```

③ GETFILE 命令。GETFILE 命令可将指定的作业文件数据读入到变量中。读入文件数据时，需要通过文件号、数据号，选定作业文件、数据。例如：

```
GETFILE D000 WEN#(1)(1)      //作业文件(1)的数据 1 读入到 D000
GETFILE D001 WEN#(1)(2)      //作业文件(1)的数据 2 读入到 D001
…
```

④ GETPOS 命令。GETPOS 命令可将指定的程序点读入到位置变量 PX 中。例如：

```
GETPOS PX001 STEP#(1)        //程序点 1 读入到变量 PX001
GETPOS PX002 STEP#(10)       //程序点 10 读入到变量 PX002
…
```

8.4.3 变量运算命令

1. 命令格式与功能

变量运算命令可用于算术、函数、矩阵和逻辑运算处理，命令的格式、功能和编程示例如表 8.4.3 所示。

表 8.4.3 变量运算命令编程说明表

类别	命令	名称	编程格式、功能与示例	
算术运算	ADD	加法运算	命令格式	ADD(添加项 1)(添加项 2)
			命令功能	添加项 1=(添加项 1)+(添加项 2)
			添加项 1	B*、I*、D*、R*、P*、BP*、EX*
			添加项 2	常数、B*、I*、D*、R*、P*、BP*、EX*
			编程示例	ADD I012 100
	SUB	减法运算	命令格式	SUB(添加项 1)(添加项 2)
			命令功能	添加项 1=(添加项 1)−(添加项 2)
			添加项 1	B*、I*、D*、R*、P*、BP*、EX*
			添加项 2	常数、B*、I*、D*、R*、P*、BP*、EX*
			编程示例	SUB I012 I013
	MUL	乘法运算	命令格式	MUL(添加项 1)(添加项 2)
			命令功能	添加项 1=(添加项 1)×(添加项 2)
			添加项 1	B*、I*、D*、R*、P*(*)、BP*(*)、EX*(*)
			添加项 2	常数、B*、I*、D*、R*
			编程示例	MUL P000(3)2
	DIV	除法运算	命令格式	DIV(添加项 1)(添加项 2)
			命令功能	添加项 1=(添加项 1)÷(添加项 2)
			添加项 1	B*、I*、D*、R*、P*(*)、BP*(*)、EX*(*)
			添加项 2	常数、B*、I*、D*、R*
			编程示例	DIV P000(3)2
	INC	变量加 1	命令格式	INC(添加项)
			命令功能	添加项=(添加项)+1
			添加项	B*、I*、D*
			编程示例	INC I043
	DEC	变量减 1	命令格式	DEC(添加项)
			命令功能	添加项=(添加项)−1
			添加项	B*、I*、D*
			编程示例	DEC I043

续表

类别	命令	名称	编程格式、功能与示例	
函数运算	SIN	正弦运算	命令格式	SIN(添加项 1)(添加项 2)
			命令功能	添加项 1=sin(添加项 2)
			添加项 1	R *
			添加项 2	常数、R *
			编程示例	SIN R000 R001
	COS	余弦运算	命令格式	COS(添加项 1)(添加项 2)
			命令功能	添加项 1=cos(添加项 2)
			添加项 1	R *
			添加项 2	常数、R *
			编程示例	COS R000 R001
	ATAN	反正切运算	命令格式	ATAN(添加项 1)(添加项 2)
			命令功能	添加项 1=arctan(添加项 2)
			添加项 1	R *
			添加项 2	常数、R *
			编程示例	ATAN R000 R001
	SQRT	平方根	命令格式	SQRT(添加项 1)(添加项 2)
			命令功能	添加项 1= $\sqrt{(添加项 2)}$
			添加项 1	R *
			添加项 2	常数、R *
			编程示例	SQRT R000 R001
矩阵运算	MULMAT	矩阵乘法	命令格式	MULMAT(添加项 1)(添加项 2)(添加项 3)
			命令功能	添加项 1=(添加项 2)×(添加项 3)
			添加项 1	P *
			添加项 2	P *
			添加项 3	P *
			编程示例	MULMAT P000 P001 P002
	INVMAT	矩阵求逆	命令格式	INVMAT(添加项 1)(添加项 2)
			命令功能	添加项 1=$(添加项 2)^{-1}$
			添加项 1	P *
			添加项 2	P *
			编程示例	INVMAT P000 P001
逻辑运算	AND	与运算	命令格式	AND(添加项 1)(添加项 2)
			命令功能	添加项 1=(添加项 1)&(添加项 2)
			添加项 1	B *
			添加项 2	B * 、常数
			编程示例	AND B000 B001
	OR	或运算	命令格式	OR(添加项 1)(添加项 2)
			命令功能	添加项 1=(添加项 1)or(添加项 2)
			添加项 1	B *
			添加项 2	B * 、常数
			编程示例	OR B000 B001
	NOT	非运算	命令格式	NOT(添加项 1)(添加项 2)
			命令功能	添加项 1=$\overline{(添加项 2)}$
			添加项 1	B *
			添加项 2	B * 、常数
			编程示例	NOT B000 B001
	XOR	异或运算	命令格式	XOR(添加项 1)(添加项 2)
			命令功能	添加项 1=(添加项 1)xor(添加项 2)
			添加项 1	B *
			添加项 2	B * 、常数
			编程示例	XOR B000 B001

2. 算术运算命令

算术运算命令可进行加、减、乘、除、加 1、减 1 运算。作为被加数、被减数、被乘数、被除数的添加项 1，需要用来保存运算结果，故必须为变量；加数、减数、乘数、除数则可以是变量或常数。

① 加减运算。加减运算可用于字节型变量 B、整数型变量 I、双整数型变量 D、实数型变量 R 和位置型变量 P/BP/EP；加数、减数可使用常数。例如：

```
SET I012 2000             //定义 I012=2000
SET I013 1000             //定义 I013=1000
ADD I012 I013             //I012=3000
SUB I012 1600             //I012=1400
…
```

② 加 1/减 1 运算。加 1/减 1 运算只能用于字节型变量 B、整数型变量 I 或双整数型变量 D。例如：

```
SET B000 0                //定义 B000=0
SET B001 10               //定义 B001=10
INC B000                  //B000=1
DEC B001                  //B000=9
…
```

③ 乘除运算。被乘数、被除数可以是变量 B、变量 I、变量 D、变量 R、变量 P/BP/EP/P＊(＊)；乘数、除数只能是常数或变量 B/I/D/R；位置型变量的乘除运算，需要矩阵运算命令实现。当被乘数、被除数为 P＊(＊)型位置变量时，乘除运算将对指定坐标值进行。例如：

```
SET I000 12               //定义 I000=12
SET I001 4                //定义 I001=4
MUL I000 I001             //I000=48
DIV I001 2                //I001=2
MUL P000(0)2:             //P000 的所有坐标值乘以 2
DIV P000(3)I001:          //P000 的Z 坐标值除以 2
…
```

3. 函数运算命令

函数运算命令可对指定的常数或实数进行三角函数或求平方根运算。函数运算的结果通常带小数，故命令添加项 1 必须为实数型变量 R；求平方根的运算数必须大于等于 0；命令添加项 2 可为实数型变量 R 或常数。例如：

```
ATAN R001 1               //R001=45
SIN R002 30               //R002=0.5
COS R003 R001             //R003=0.707
SQRT R004 R002            //R004=0.707
…
```

4. 矩阵运算命令

位置型变量包含有多个坐标值，变量乘除运算需要通过矩阵运算命令实现。矩阵运算命令中的所有添加项都必须为位置型变量 P。例如：

```
MULMAT P002 P000 P001             //P002=(P000)×(P001)
INVMAT P003 P001                  //P003=(P001)^-1
```

```
MULMAT P004 P000 P003            //P004=(P000)×(P001)^-1
…
```

5. 逻辑运算命令

逻辑运算命令可用于字节型变量的“与”“或”“非”“异或”等逻辑运算处理。例如：

```
DIN B000 IN#(1)                  //IN01 状态读入 B000
DIN B001 IN#(2)                  //IN02 状态读入 B001
AND B000 B001                    //B000=IN01&IN02
DOUT OT#(1)ON IF B000=1          //B000 为 1,OUT01 输出 ON
DOUT OT#(1)OFF IF B000=0         //B000 为 0,OUT01 输出 OFF
…
DIN B000 IG#(1)                  //IN08～IN01 状态读入变量 B000
DIN B001 IG#(2)                  //IN16～IN09 状态读入变量 B001
NOT B002 B001                    //IN16～IN09 状态取反保存到变量 B002
AND B001 B000                    //B001=(IN16～IN09)&(IN08～IN01)
DOUT OG#(1)=B001                 //OUT08～OUT01=(IN16～IN09)&(IN08～IN01)
OR B002 B000                     //B002=IN16～IN09 or (IN08～IN01)
DOUT OG#(2)=B002                 //OUT16～OUT09=IN16～IN09 or (IN08～IN01)
…
```

8.4.4 变量转换命令

1. 命令格式与功能

变量转换命令可用于 ASCII 字符变换处理，变化命令的编程格式、功能和示例如表 8.4.4 所示。

表 8.4.4 变量转换命令编程说明表

命令	名称	编程格式、功能与示例	
VAL	数值变换	命令格式	VAL(添加项 1)(添加项 2)
		命令功能	将添加项 2 的 ASCII 数字转换为数值
		添加项 1	B*、I*、D*、R*
		添加项 2	ASCII 字符、S*
		编程示例	VAL B000 “123”
ASC	编码读入	命令格式	ASC(添加项 1)(添加项 2)
		命令功能	读取添加项 2 的首字符 ASCII 编码
		添加项 1	B*、I*、D*
		添加项 2	ASCII 字符、S*
		编程示例	ASC B000 “ABC”
CHR$	代码转换	命令格式	CHR$(添加项 1)(添加项 2)
		命令功能	将添加项 2 的编码转换为 ASCII 字符
		添加项 1	S*
		添加项 2	常数、B*
		编程示例	CHR$ S000 65
MID$	字符读入	命令格式	MID$(添加项 1)(添加项 2)(添加项 3)(添加项 4)
		命令功能	读入添加项 2 中指定位置的 ASCII 字符
		添加项 1	S*
		添加项 2	ASCII 字符串
		添加项 3	常数、B*、I*、D*；指定起始字符
		添加项 4	常数、B*、I*、D*；指定字符数
		编程示例	MID$ S000 “123ABC456” 4 3

续表

命令	名称	编程格式、功能与示例	
LEN	长度计算	命令格式	LEN(添加项 1)(添加项 2)
		命令功能	计算添加项 2 的 ASCII 字符编码的长度
		添加项 1	B＊、I＊、D＊
		添加项 2	S＊、ASCII 字符串
		编程示例	LEN B000 "ABCDEF"
CAT＄	字符合并	命令格式	CAT＄(添加项 1)(添加项 2)(添加项 3)
		命令功能	间添加项 2、3 的 ASCII 字符合并，保存到添加项 1
		添加项 1	S＊
		添加项 2	S＊、ASCII 字符串
		添加项 3	S＊、ASCII 字符串
		编程示例	CAT＄ S000 "ABC" "DEF"

2. **编程说明**

VAL 命令可将 ASCII 字符数字转换为数值；ASC 命令可将首字符的 ASCII 编码读入到指定变量上；CHR＄命令可将常数、变量 B 指定的字符编码转换为 ASCII 字符；MID＄命令可在字符串中截取部分字符，将其保存到指定的字符变量 S 上；LEN 命令可计算字符串的 ASCII 编码长度，并将其保存到指定的变量上；CAT＄命令可将指定的字符串或字符型变量合并，并保存到指定的文字变量 S 上；命令的编程示例如下。

```
VAL B000 "123"                  //字符"123"转换为数值 123,B000=123
VAL B000 "ABC"                  //首字符为 A,执行结果 B000=65(十进制)
CHR$  S000 65                   //S000 结果为"A"
MID$  S000 "123ABC456" 4 3      //字符 ABC 保存 S000 上
LEN B000 "123ABC456"            //ASCII 字符为 6 个，B000=6
CAT$  S000 "123A" "BC456"       //合并,S000 为 "123ABC456"
…
```

8.5 点焊作业命令编程

8.5.1 点焊作业及焊接启动命令

1. **命令格式与功能**

安川伺服点焊机器人的作业命令主要有焊接启动、间隙焊接、焊钳夹紧、焊钳更换 4 条，命令的编程格式、功能及编程示例如表 8.5.1 所示。

表 8.5.1 点焊作业命令编程说明表

命令	名称	编程格式、功能与示例	
SVSPOT	焊接启动（单点）	命令格式	SVSPOT(添加项 1)…(添加项 10)
		命令功能	焊钳加压、电极通电、启动焊接
		添加项 1	GUN＃(n)，n：焊钳 1 特性文件号，输入允许 1～12
		添加项 2	PRESS＃(n)，n：焊钳 1 压力文件号，输入允许 1～255
		添加项 3	WTM＝n，n：焊机 1 特性文件号，输入允许 1～255
		添加项 4	WST＝n，n：焊钳 1 启动选择，输入允许 0～2
		可选添加项 5	BWS＝＊：焊钳 1 焊接开始位置，单位 0.1mm
		添加项 6～10	第 2 焊钳添加项 GUN＃(n)、PRESS＃(n)、WTMn、WSTn、BWS
		编程示例	SVSPOT GUN＃(1)PRESS＃(1)WTM＝1 WST＝2 BWS＝10.0

续表

命令	名称	编程格式、功能与示例	
SVSPOTMOV	间隙焊接（连续）	命令格式	SVSPOTMOV (添加项 1)…(添加项 9)
		命令功能	按照规定的间隙，进行多点连续焊接
		添加项 1	V=＊，指定直线移动速度
		添加项 2	PLIN=＊，指定焊接启动点定位精度等级
		添加项 3	PLOUT=＊，指定焊接完成退出点定位精度等级
		添加项 4	CLF＃(n)，n 为间隙文件号，输入允许 1～32
		添加项 5	GUN＃(n)，n：焊钳特性文件号，输入允许 1～12
		添加项 6	PRESS＃(n)，n：焊钳压力文件号，输入允许 1～255
		添加项 7	WTM=n，n：焊机特性文件号，输入允许 1～255
		添加项 8	WST=n，n：焊接启动信号输出选择，输入允许 0～2
		添加项 9	WGO=n，n：焊接组输出，输入 0～15 或 1～16
		编程示例	SVSPOTMOV V=1000 PLIN=0 PLOUT=1 CLF＃(1)GUN＃(1) PRESS＃(1)MTW=1 WST=1 WGO=1
SVGUNCL	焊钳夹紧（空打）	命令格式	SVGUNCL(添加项 1)(添加项 2)(添加项 3)
		命令功能	焊钳夹紧、电极加压(不通电空打)
		添加项 1	GUN＃(n)，n：焊钳特性文件号，输入允许 1～12
		添加项 2	PRESSCL＃(n)，n：空打压力文件号，输入允许 1～15
		添加项 3	磨损量检测/电极安装误差功能设定 TWC-A：检测 OFF，固定极空打接触电极磨损检测 TWC-B：检测 OFF，移动极传感器电极磨损检测 TWC-AE：检测 ON，固定极空打接触电极安装误差检测 TWC-BE：检测 ON，移动极传感器电极安装误差检测 TWC-C：固定焊钳空打接触电极磨损检测 ON：焊钳夹紧，用于工件搬运模式的工件夹持 OFF：焊钳松开，用于工件搬运模式的工件松开
		编程示例	SVGUNCL GUN＃(1)PRESSCL＃(1)
GUNCHG	焊钳更换	命令格式	SVGUNCL(添加项 1)(添加项 2)
		命令功能	焊钳自动装卸
		添加项 1	GUN＃(n)，n：焊钳特性文件号，输入允许 1～12
		添加项 2	伺服控制设定：PICK，伺服接通；PLACE，伺服断开
		编程示例	GUNCHG GUN＃(1)PICK

2. 焊接启动命令编程

命令 SVSPOT 是点焊机器人的焊接启动命令，单焊钳机器人的命令编程格式为：

SVSPOT	GUN＃(1)	PRESS＃(1)	WTM=1	WST=2	BWS=10.0
命令符	焊钳选择	压力选择	焊机选择	启动选择	焊接开始点

使用双焊钳的机器人，可在上述命令后，再添加第 2 焊钳的添加项。添加项的含义如下。

① 焊钳选择。以焊钳特性文件 GUN＃(n) 的形式指定，n 的范围可以是 1～12。

② 压力选择。以焊钳压力条件文件 PRESS＃(n) 的形式指定，n 的范围可以是 1～255。

③ 焊机选择。以焊机特性文件 WTM=n 的形式指定，n 为系统焊机特性文件号，n 的范围可以是 1～255。

④ 启动选择。电阻点焊的焊接在电极通电后才正式启动，电极通电时刻可通过 WST 选择。WST=0 或 1、2 的含义如图 8.5.1 所示，电极可以在接触工件或第 1 次、第 2 次加压时通电启动；WST 信号的形式可在焊机特性文件中设定。

⑤ 焊接开始点。焊接开始点 BWS 为可选添加项，其作用如图 8.5.2 所示。

不使用添加项 BWS 时，SVSPOT 命令可直接启动焊钳，立即进行“接触→加压”的焊接动作，电极动作如图 8.5.2 (a) 所示；使用添加项 BWS 时，焊钳需要先向 BWS 指定的焊接

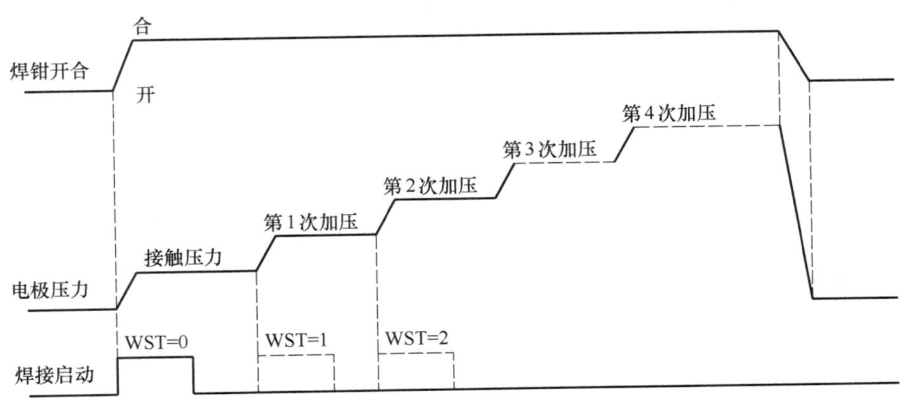

图 8.5.1　焊接启动选择

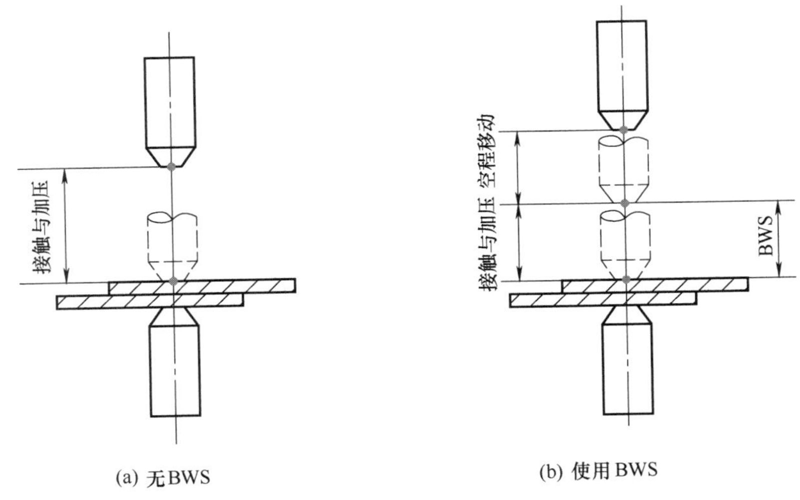

(a) 无BWS　　(b) 使用BWS

图 8.5.2　BWS 选项功能

开始点进行“空程”运动，到达焊接开始点后，再进行“接触→加压”的焊接动作，电极动作如图 8.5.2（b）所示；电极的空程运动速度可单独设定。

3. 机器人动作

执行 SVSPOT 命令的机器人动作过程如图 8.5.3 所示。当机器人完成焊点定位后，执行 SVSPOT 命令，首先需要闭合焊钳，使电极接触工件，当电极压力到达接触压力后，依次进行第 1～4 次加压；在此过程中，将根据添加项 WST 的设定，输出焊接启动信号，对电极通电，启动焊接；直到焊接结束信号输入 ON，结束焊接动作。

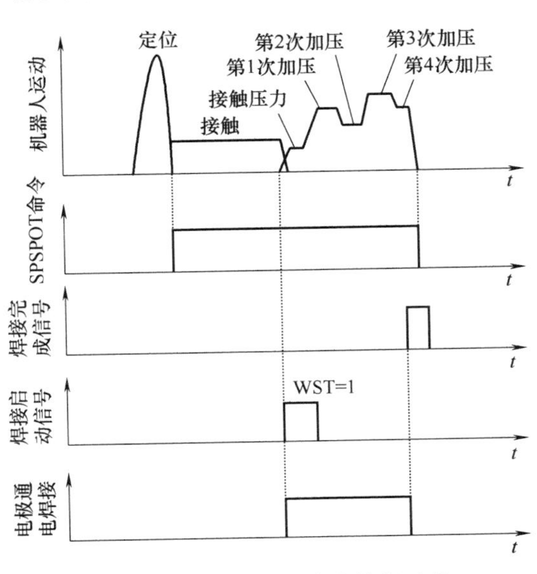

图 8.5.3　SVSPOT 命令执行过程

SVSPOT 命令中的电极接触压力、第 1～4 次加压压力及保持时间等参数，均可在系统的“焊钳压力条件文件”上设定；如命令使用了添加项 BWS，电极接触时将增加向焊接开始点运动的空程移动动作。

4. **编程示例**

单行程焊钳点焊作业的 SVSPOT 命令编程示例如下。

```
…
MOVJ VJ=80.0                              //机器人定位到作业起始点 P1
MOVL V=800.0                              //P1→P2 直线移动，接近作业点
MOVL V=200.0                              //P2→P3 直线移动，到达作业点
SVSPOT GUN#(1)PRESS#(1)WTM=1 WST=1        //在 P3 点启动焊接
MOVL V=800.0                              //P3→P4 直线移动，退出焊钳
MOVL V=800.0                              //P4→P5 直线移动，回到起始点
…
```

以上程序的示教点应按图 8.5.4 所示的要求选择。

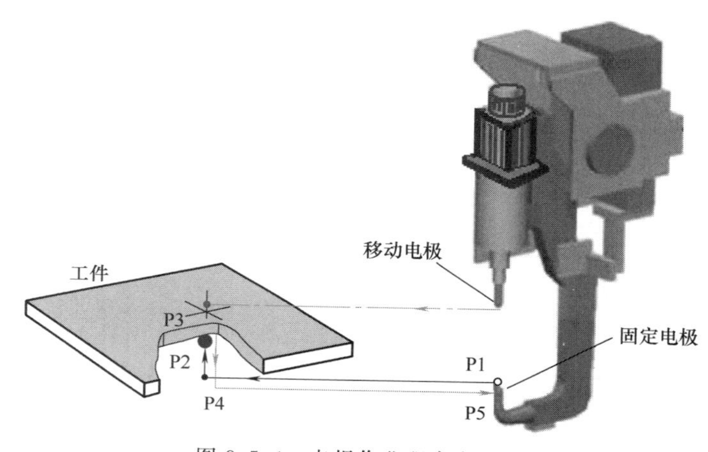

图 8.5.4 点焊作业程序点位置

P1：作业起始点，在该点上应保证焊钳为打开状态，同时，需要调整工具姿态，使电极中心线和工件表面垂直。

P2：接近作业点，P2 点应位于焊点的下方（工具坐标系的 Z 负向），并且保证机器人从 P1 到 P2 点移动、电极进入工件作业面时，不会产生运动干涉。

P3：焊接作业点，应保证 P3 点位于工具坐标系 P2 点的 Z 轴正方向、固定电极到达工件的焊接位置。

P4：焊钳退出点，一般应通过程序点重合操作，使之与程序点 P2 重合。

P5：作业完成退出点，循环作业时可通过程序点重合操作，使之与程序点 P1 重合。

8.5.2 连续焊接命令

1. **命令格式**

命令 SVSPOTMOV 是点焊机器人的多点连续焊接命令，它可按照系统“间隙文件”所规定的间隙要求，自动确定焊接点定位位置，完成多点连续焊接作业，命令编程格式为：

SVSPOTMOV	V=1000	PLIN=0	PLOUT=1	CLF#(1)	GUN#(1)
命令符	移动速度	起点精度	终点精度	间隙文件	焊钳选择

PRESS#(1)　WTM=1　WST=2　WGO=10

压力选择　焊机选择　启动选择　输出组

命令添加项的含义如下。

V：基本添加项，指定间隙焊接时的机器人移动速度。

PLIN：指定间隙焊接开始点的定位精度等级，输入允许 0～8。

PLOUT：指定间隙焊接退出点的定位精度等级，输入允许 0～8。

CLF#(n)：选择间隙焊接的间隙文件，n 为间隙文件号，输入允许 1～32。

GUN#(n)：焊钳选择，n 为焊钳特性文件号，输入允许 1～12。

PRESS#(n)：焊钳压力选择，n 为焊钳压力文件号，输入允许 1～255。

WTM：焊机选择，n 为焊机特性文件号，输入允许 1～255

WST：焊接启动信号输出选择，n 输入允许 0～2

WGO：焊接组输出选择信号，输入允许 0～15 或 1～16。

以上添加项中，定位等级 PLIN、PLOUT 的含义与移动命令相同；CLF#(n)为间隙焊接文件号；添加项 GUN#(n)～WST 的含义同焊接启动命令 SVSPOT；添加项 WGO 为焊接组输出信号，如需要，可利用该组信号选择焊机。

2. 机器人动作

SVSPOTMOV 命令可将示教编程指定的程序点，自动转换成间隙文件的程序点，并进行多点连续焊接作业。采用单行程焊钳的机器人，当程序点 P1～Pn 用“下电极示教”方式指定时，执行命令 SVSPOTMOV 的机器人运动如图 8.5.5 所示。

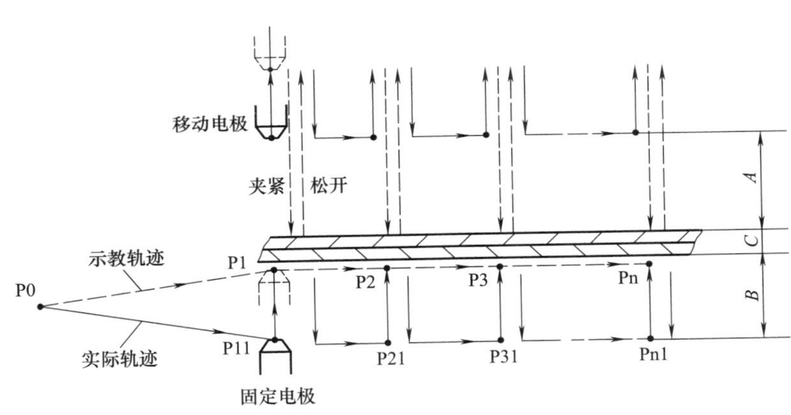

图 8.5.5　SVSPOTMOV 命令执行过程

进行间隙焊接作业时，机器人首先将 TCP 点（固定电极的中心点）定位到焊接示教点 P1 所对应的间隙焊接开始点 P11 上，使电极和工件保持间隙文件规定的间隙；然后，再移动到焊接示教点 P1，闭合移动极，进行 P1 点的焊钳加压和焊接作业。P1 点焊接完成后，先松开移动电极，接着将焊钳退至焊接开始点 P11 点，然后，机器人再定位到焊接示教点 P2 所对应的焊接开始点 P21 上，再移动到焊接示教点 P2，重复焊接动作；如此循环，以实现多点连续焊接作业。

为了提高作业效率、加快焊点定位速度，机器人进行间隙焊接时的定位轨迹，可通过图 8.5.6 所示的两种方式改变。

① 在间隙文件上，将“动作方式”设定为“斜开”或“斜闭”，间隙焊接的定位运动轨迹将成为图 8.5.6（a）所示的斜线运动。

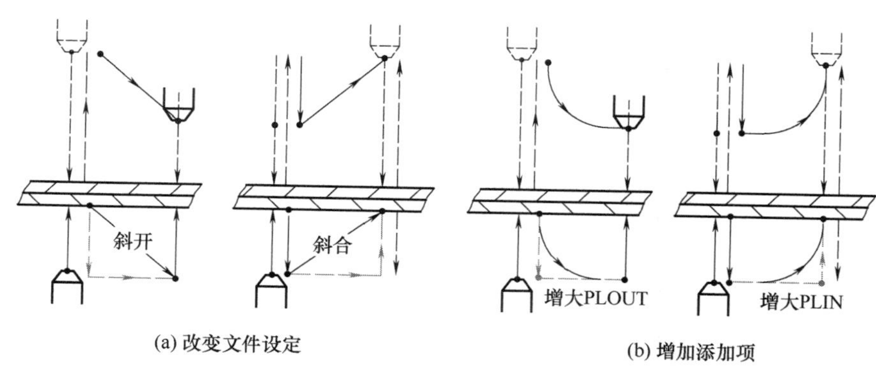

图 8.5.6 定位轨迹的改变

② 利用添加项 PLOUT、PLIN，增大焊接完成退出点、焊接开始点的定位精度等级（positioning level），使间隙焊接的运动轨迹变成图 8.5.6（b）所示的连续运动。

3. 编程示例

单行程焊钳进行如图 8.5.7 所示多点连续间隙焊接作业的程序如下。

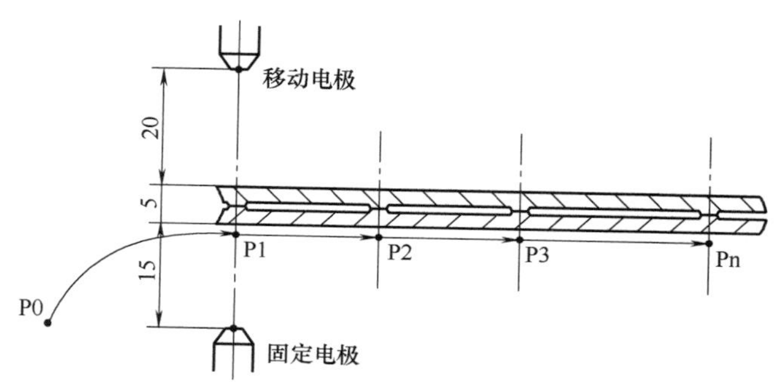

图 8.5.7 间隙焊接程序示例

```
…
MOVJ VJ=80.0                                                     //定位到作业起始点 P0
SVSPOTMOV V=1000 CLF#(1)GUN#(1)PRESS#(1)WTM=1 WST=1
                                                                 //P1 点焊接
SVSPOTMOV V=1000 CLF#(1)GUN#(1)PRESS#(1)WTM=1 WST=1
                                                                 //P2 点焊接
SVSPOTMOV V=1000 CLF#(1)GUN#(1)PRESS#(1)WTM=1 WST=1
                                                                 //P3 点焊接
…
SVSPOTMOV V=1000 CLF#(1)GUN#(1)PRESS#(1)WTM=1 WST=1
                                                                 //Pn 点焊接
MOVL V=1000                                                      //回到作业起始点 P0
…
```

在执行程序前，应完成工具坐标系、控制轴组等的设定与选择，并将间隙文件 1 的动作方式设定为“矩形”，距上电极距离设定为 20.0mm，距下电极距离设定为 15.0mm，板厚设定为 5.0mm。

8.5.3 空打命令

1. 命令格式

命令 SVGUNCL 是点焊机器人的焊钳夹紧命令，焊钳夹紧是只对电极加压而不进行通电焊接的操作，故又称“空打”。SVGUNCL 命令的编程格式如下：

SVGUNCL	GUN＃(1)	PRESSCL＃(1)	TWC-AE
命令符	焊钳选择	空打压力选择	附加功能设定

SVGUNCL 命令不但可用于电极锻压整形、电极修磨，而且可通过附加功能添加项的选择，进行电极磨损检测、电极安装误差检测、小型轻量工件的搬运等操作。命令添加项的含义如下。

① 焊钳选择。以焊钳特性文件 GUN＃(n) 的形式指定，n 的范围可以是 1～12。

② 空打压力选择。以空打压力条件文件 PRESSCL＃(n) 的形式指定，n 的范围可以是 1～15。

③ 附加功能设定。添加项可以用来选择 SVGUNCL 命令的附加功能，可使用的添加项如下。

TWC-A：空打接触，固定极电极磨损检测。

TWC-B：空打接触，移动极传感器电极磨损检测。

TWC-AE：空打接触，固定极电极安装误差检测（测量模式 ON）。

TWC-BE：空打接触，移动极传感器电极安装误差检测（测量模式 ON）。

TWC-C：固定焊钳电极磨损检测。

ON：工件搬运模式，焊钳夹紧。

OFF：工件搬运模式，焊钳松开。

2. 机器人动作

SVGUNCL 命令的基本用途是用于电极锻压整形和电极修磨，机器人执行命令的动作过程如图 8.5.8 所示。

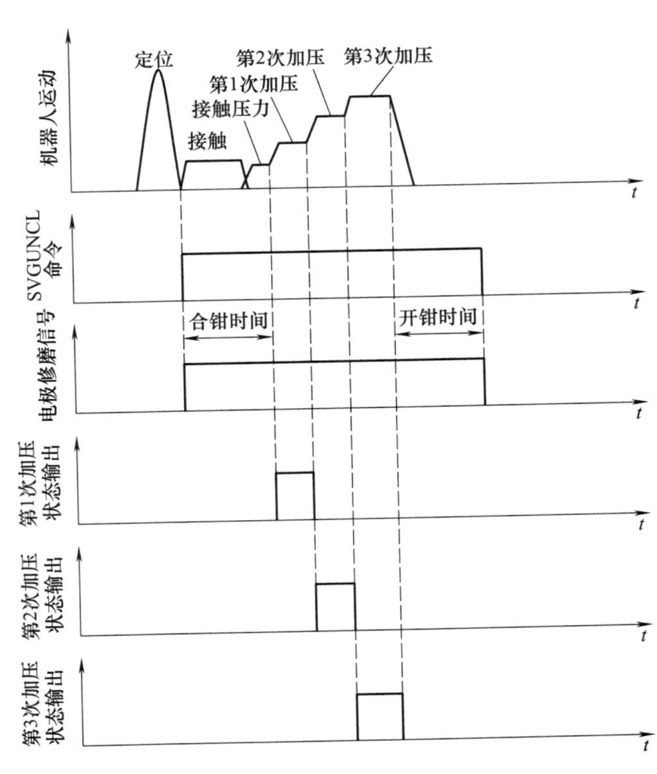

图 8.5.8 SVGUNCL 命令执行过程

SVGUNCL 命令的机器人动作与 SVSPOT 类似，执行命令时，首先闭合焊钳（合钳），使电极接触工件；当电极压力到达接触压力后，依次进行第 1～4 次加压，并输出第 1～4 次加压状态信号；加压结束后，焊钳自动打开（开钳）。电极的接触压力、第 1～4 次加压压力、保持时间、输出信号地址等参数，均可在系统的“空打压力条件文件”上设定。

在焊钳闭合到打开的整个执行过程中，电极修磨信号将一直保持输出 ON 状态，以控制修磨器进行电极修磨。

如果命令使用了附加添加项，系统还可以启动电极磨损检测或电极安装误差检测功能，或者进行小型、轻量工件的搬运作业。

3. 编程示例

SVGUNCL 命令用于电极锻压整形和电极修磨时，只需要将机器人移动到指定位置，直接执行 SVGUNCL 命令便可。当命令用于电极安装误差检测和电极磨损检测时，对于图 8.5.9 所示的单行程焊钳，SVGUNCL 命令的编程示例如下。

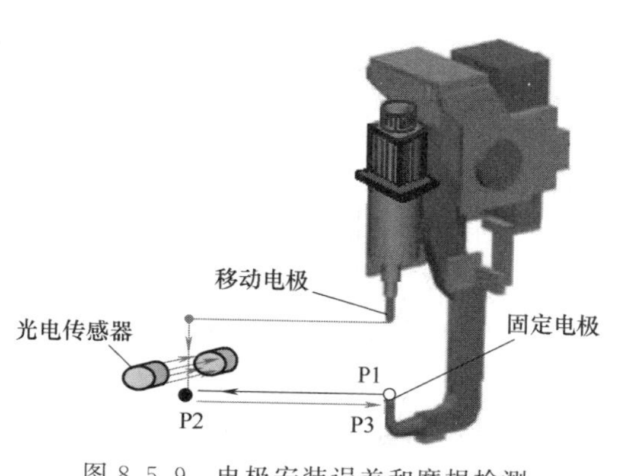

图 8.5.9 电极安装误差和磨损检测

① 电极安装误差检测。在新电极安装完成后，执行以下程序，系统可自动进行电极安装误差的检测和设定，并清除电极磨损量。

```
…
MOVJ VJ=80.0                              //机器人定位到起始点 P1
SVGUNCL GUN#(1) PRESSCL#(1) TWC-AE        //在 P1 点空打,检测固定极安装误差
MOVL V=800.0                              //直线移动到传感器检测位置 P2
SVGUNCL GUN#(1) PRESSCL#(1) TWC-BE        //在 P2 点空打,检测移动极安装误差
MOVL V=800.0                              //P2→P1,回到起始位置
…
```

以上程序中的 P1 点可任意选择，P2 点由传感器的实际安装位置确定，检测时应保证执行焊钳夹紧时，移动侧电极能通过传感器的全部检测区域。

如系统“电极安装管理”显示页面中的“检测模式”选项设定为“开”，以上程序中的命令添加项 TWC-AE、TWC-BE 可直接用 TWC-A、TWC-B 替代；由于电极安装误差检测将自动清除磨损量，因此，安装误差检测完成后，必须将“检测模式”选项重新设定为“关”，否则，系统就无法进行电极磨损检测和补偿。

如需要，控制系统还可以通过系统参数 A1P56～A1P58 的设置，生效电极安装误差超差报警功能，参数 A1P56～A1P58 的含义如下。

A1P56：电极安装误差超差报警信号输出地址（系统外部通用 DO 点号）。

A1P57：移动侧电极安装允差，单位 0.001mm。

A1P58：固定侧电极安装允差，单位 0.001mm。

例如，设定 A1P56＝5、A1P57＝1500、A1P58＝2000 时，如检测的移动侧电极安装误差大于 1.5mm，或者固定侧电极安装误差大于 2mm，系统的电极安装误差超差报警信号输出 OUT05 将 ON。

② 电极磨损检测。在进行电极修磨后，必须进行电极磨损检测操作，以补偿电极修磨量。电极磨损检测可在焊接作业过程中进行，进行电极磨损检测时，必须确认“电极安装管理”显示页面中的“检测模式”选项设定为“关”的状态。

执行以下程序，系统可自动进行电极磨损检测和电极磨损补偿；电极磨损的补偿量在焊接启动命令 SVSPOT 前的移动命令定位点上加入。

```
…
MOVJ VJ=80.0                              //机器人定位到起始点 P1
SVGUNCL GUN#(1) PRESS#(1) TWC-A           //在 P1 点空打,检测固定极磨损
```

```
MOVL V=800.0                              //直线移动到传感器检测位置 P2
SVGUNCL GUN#(1)PRESS#(1)TWC-B             //P2 点空打,检测移动极磨损
MOVL V=800.0                              //P2→P1,回到起始位置
…
MOVL V=800.0                              //磨损补偿功能生效
SVSPOT GUN#(1)PRESS#(1)WTM=1 WST=1        //焊接作业程序
MOVL V=800.0
SVSPOT GUN#(1)PRESS#(1)WTM=1 WST=1
…
GETS D000 $D030                           //移动侧电极磨损量读入到变量 D000
GETS D001 $D031                           //固定侧电极磨损量读入到变量 D001
…
```

利用 SVGUNCL 命令检测的电极磨损量保存在系统变量 $D030～$D053 上，其中，$D030/$D031 分别为焊钳 1 的移动侧（上侧）/固定侧（下侧）电极磨损量；$D032/$D033 分别为焊钳 2 的移动侧（上侧）/固定侧（下侧）电极磨损量；……；$D052/$D053 分别为焊钳 12 的移动侧（上侧）/固定侧（下侧）电极磨损量。如果需要，磨损量可通过基本命令 GETS，读入到用户变量上，在程序中进行相关运算处理。

③ 工件搬运作业。利用 SVGUNCL 命令的焊钳夹紧/松开功能，也可进行轻量、小型工件的搬运作业；此时，焊钳上的电极最好更换为相应的工件夹持工具，同时，应根据工件夹紧/松开的压力要求，正确设定 SVGUNCL 命令的空打压力文件。

例如，对于图 8.5.10 所示的单行程焊钳为例，利用 SVGUNCL 命令进行工件搬运的编程示例如下。

```
…
MOVJ VJ=80.0                              //机器人定位到作业起始点 P1
MOVL V=800.0                              //P1→P2 直线移动,接近夹紧点
MOVL V=200.0                              //P2→P3 直线移动,到达夹紧点
SVGUNCL GUN#(1)PRESSCL#(1)ON              //在 P3 点空打、夹持工件
MOVJ VJ=50.0                              //P3→P4 移动,搬运工件
SVGUNCL GUN#(1)PRESSCL#(1)OFF             //在 P4 点空打、放开工件
…
```

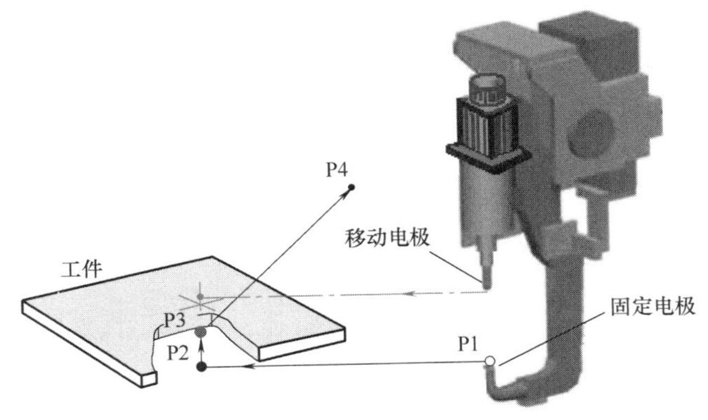

图 8.5.10　工件搬运作业

程序示教点 P1、P2、P3 的选择可参见焊接启动命令 SVSPOT 的编程示例，程序中的添加项 ON、OFF 为工件夹持、松开命令，该添加项可通过示教操作编辑。

8.5.4 焊钳更换命令

1. 命令格式

命令 GUNCHG 是点焊机器人的焊钳更换命令，该命令通常只用于带焊钳自动交换功能的机器人，命令的编程格式如下：

```
GUNCHG GUN#(1)PICK(或 PLACE)
```

命令添加项 GUN#(n)为焊钳号，n 的范围可以是 1～12。

命令添加项 PICK 或 PLACE 为焊钳伺服电机控制选项，选择“PICK”为焊钳伺服电机电源接通；选择“PLACE”为焊钳伺服电机电源关闭。

焊钳自动交换功能需配套焊钳自动交换装置，并利用系统通用 DI/DO，连接相关的控制信号。安川机器人焊钳自动交换装置控制信号一般如表 8.5.2 所示。

表 8.5.2 焊钳自动交换装置的控制信号表

类别	信号名称	信号连接地址	功能
通用 DI	焊钳夹紧	IN01	1:机器人上的焊钳已夹紧
	焊钳松开	IN02	1:机器人上的焊钳已松开
	焊钳安装检测	IN03	1:机器人上已安装焊钳
	装卸位焊钳检测	IN04	1:焊钳位于装卸位上
	装卸门打开	IN05	1:装卸门已打开
	装卸门关闭	IN06	1:装卸门已关闭
	焊钳识别信号	IN23～IN21	二进制编码 001～110 对应焊钳编号 1～6
通用 DO	焊钳松开	OUT01	ON:松开焊钳。OFF:焊钳夹紧
	装卸门打开	OUT02	ON:打开装卸门。OFF:关闭装卸门

2. 编程示例

焊钳更换命令可用来取出机器人上的焊钳，或将焊钳安装到机器人上。

① 焊钳取出。将焊钳 1 从机器人上分离的程序示例如下。

```
NOP
MOVJ VJ=30.0                 //交换开始位置定位
WAIT IN#(3)=ON               //确认机器人上有焊钳
WAIT IN#(4)=OFF              //确认装卸位置无焊钳
DOUT OT#(2)=ON               //打开装卸门
WAIT IN#(5)=ON               //等待装卸门打开
MOVL V=500.0                 //机器人定位到装卸位上方
MOVL V=100.0 PL=0            //机器人精准定位到装卸位置
WAIT IN#(4)=ON               //确认机器人上的焊钳已位于装卸位置
GUNCHG GUN#(1)PLACE          //断开伺服电机电源,更换焊钳
TIMER T=0.2                  //暂停等待伺服电机电源断开
DOUT OT#(1)=ON               //机器人上的焊钳松开
WAIT IN#(2)=ON               //确认机器人上的焊钳已经松开
MOVL V=1000                  //机器人离开装卸位
WAIT IN#(4)=ON               //确认焊钳已留在装卸位
DOUT OT#(2)=OFF              //关闭装卸门
```

```
WAIT IN#(6)=ON                  //确认装卸门已关闭
MOVJ VJ=30.0                    //回到交换开始位置
END
```

② 焊钳安装。将焊钳 2 从装卸位置安装到机器人上的程序示例如下。

```
NOP
MOVJ VJ=30.0                    //交换开始位置定位
WAIT IN#(3)=OFF                 //确认机器人上无焊钳
WAIT IN#(2)=ON                  //确认机器人为焊钳松开状态
WAIT IN#(4)=ON                  //确认装卸位置上有焊钳
DOUT OT#(2)=ON                  //打开装卸门
WAIT IN#(5)=ON                  //等待装卸门打开
MOVL V=500.0                    //机器人定位到装卸位上方
MOVL V=100.0 PL=0               //机器人精准定位到装卸位置
WAIT IN#(3)=ON                  //确认焊钳已安装到机器人上
DOUT OT#(1)=OFF                 //机器人夹紧焊钳
WAIT IN#(1)=ON                  //确认机器人上的焊钳已经夹紧
GUNCHG GUN#(2)PICK              //接通伺服电机电源,更换焊钳
TIMER T=0.2                     //暂停等待伺服电机电源接通
MOVL V=1000                     //机器人离开装卸位
WAIT IN#(4)=OFF                 //确认装卸位的焊钳已被机器人取走
DOUT OT#(2)=OFF                 //关闭装卸门
WAIT IN#(6)=ON                  //确认装卸门已关闭
MOVJ VJ=30.0                    //回到交换开始位置
END
```

8.6 弧焊作业命令编程

8.6.1 弧焊作业及焊接启动命令

1. 命令格式与功能

安川弧焊机器人的作业命令包括焊接启动/关闭、焊接设定与监控、渐变焊接、摆焊等，作业命令的编程格式、功能如表 8.6.1 所示。

表 8.6.1 弧焊作业命令编程说明表

命令	名称	编程格式、功能与示例	
ARCON	焊接启动	命令功能	弧焊启动
		命令格式 1	ARCON (添加项 1)(添加项 2)
		添加项 1	WELDn,n:焊机号,输入允许 1～8(仅用于多焊机系统)
		添加项 2	ASF#(n),n:引弧文件号,输入允许 1～48,可使用变量
		编程示例 1	ARCON ASF#(1)
		命令格式 2	ARCON (添加项 1)(添加项 2)…(添加项 7)
		添加项 1	WELDn,n:焊机号,输入允许 1～8(仅用于多焊机系统)
		添加项 2	AC=＊＊,焊接电流给定,输入允许 1～999A,可使用变量

续表

命令	名称	编程格式、功能与示例	
ARCON	焊接启动	添加项 3	AV=＊＊，焊接电压给定，可使用变量，输入允许 0.1～50.0 或：AVP=＊＊，焊接电压百分率给定，可使用变量，输入允许 50～150
		添加项 4	T=＊＊，引弧时间，可使用变量，输入允许 0.01～655.35s
		添加项 5	V=＊＊，焊接速度，可使用变量，输入允许 0.1～1500.0 mm/s
		添加项 6	RETRY，生效再引弧功能
		添加项 7	REPLAY，使用 RETRY 添加项时，指定再引弧启动模式
		编程示例 2	ARCON AC=200 AVP=100 T=0.30 RETRY REPLAY
ARCOF	焊接关闭	命令功能	弧焊关闭
		命令格式 1	ARCOF（添加项 1）（添加项 2）
		添加项 1	WELDn，n：焊机号，输入允许 1～8（仅用于多焊机系统）
		添加项 2	AEF＃（n），n：熄弧文件号，输入允许 1～12，可使用变量
		编程示例 1	ARCOF AEF＃（1）
		命令格式 2	ARCOF（添加项 1）（添加项 2）…（添加项 5）
		添加项 1	WELDn，n：焊机号，输入允许 1～8（仅用于多焊机系统）
		添加项 2	AC=＊＊，焊接电流给定，输入允许 1～999A，可使用变量
		添加项 3	AV=＊＊，焊接电压给定，可使用变量，输入允许 0.1～50.0 或：AVP=＊＊，焊接电压百分率给定，可使用变量，输入允许 50～150
		添加项 4	T=＊＊，引弧时间，可使用变量，输入允许 0.01～655.35s
		添加项 5	ANTSTK，生效自动粘丝解除功能
		编程示例 2	ARCOF AC=180 AVP=80 T=0.30 ANTSTK
ARCSET	焊接条件设定	命令功能	设定焊接条件
		命令格式 1	ARCSET（添加项 1）（添加项 2）（添加项 3）
		添加项 1	WELDn，n：焊机号，输入允许 1～8（仅用于多焊机系统）
		添加项 2	ASF＃（n），n：引弧文件号，输入允许 1～48，可使用变量
		添加项 3	ACOND=0：按照引弧文件的引弧条件更改参数； ACOND=1：按照引弧文件的正常焊接条件更改参数
		编程示例 1	ARCSET ASF＃（1）ACOND=0
		命令格式 2	ARCSET（添加项 1）（添加项 2）…（添加项 6）
		添加项 1	WELDn，n：焊机号，输入允许 1～8（仅用于多焊机系统）
		添加项 2	AC=＊＊，焊接电流给定，输入允许 1～999A，可使用变量
		添加项 3	AV=＊＊，焊接电压给定，可使用变量，输入允许 0.1～50.0 或：AVP=＊＊，焊接电压百分率给定，可使用变量，输入允许 50～150
		添加项 4	V=＊＊，焊接速度，可使用变量，输入允许 0.1～1500.0 mm/s
		添加项 5	AN3=＊＊，模拟量输出 3，输入允许－14.00～14.00V，可使用变量
		添加项 6	AN4=＊＊，模拟量输出 4，输入允许－14.00～14.00V，可使用变量
		编程示例 2	ARCSET AC=200 V=80.0 AN3=10.00
AWELD	焊接电流设定	命令功能	设定焊接电流
		命令格式	AWELD（添加项 1）（添加项 2）
		添加项 1	WELDn，n：焊机号，输入允许 1～8（仅用于多焊机系统）
		添加项 2	常数－14.00～14.00V，直接设定焊接电流模拟量输出值
		编程示例	AWELD 12.00
VWELD	焊接电压设定	命令功能	设定焊接电压
		命令格式	VWELD（添加项 1）（添加项 2）
		添加项 1	WELDn，n：焊机号，输入允许 1～8（仅用于多焊机系统）
		添加项 2	常数－14.00～14.00V，直接设定焊接电压模拟量输出值
		编程示例	VWELD 2.50
ARCCTS	起始区间渐变	命令功能	在焊接过程中逐渐改变焊接条件
		命令格式	ARCCTS（添加项 1）（添加项 2）…（添加项 6）

续表

命令	名称	编程格式、功能与示例	
ARCCTS	起始区间渐变	添加项 1	WELDn,n:焊机号,输入允许 1～4(仅用于多焊机系统)
		添加项 2	AC= * *,焊接电流给定,输入允许 1～999A,可使用变量
		添加项 3	AV= * *,焊接电压给定,可使用变量,输入允许 0.1～50.0 或:AVP = * *,焊接电压百分率给定,可使用变量,输入允许 50～150
		添加项 4	AN3= * *,模拟量输出 3,输入允许 −14.00～14.00V,可使用变量
		添加项 5	AN4= * *,模拟量输出 4,输入允许 −14.00～14.00V,可使用变量
		添加项 6	DIS= * *,渐变区间,渐变开始点离起点距离,可使用变量
		编程示例	ARCCTS AC=150 AV=16.0 DIS=100.0
ARCCTE	结束区间渐变	命令功能	在焊接过程中逐渐改变焊接条件
		命令格式	ARCCTE (添加项 1)(添加项 2)…(添加项 6)
		添加项 1	WELDn,n:焊机号,输入允许 1～4(仅用于多焊机系统)
		添加项 2	AC= * *,焊接电流给定,输入允许 1～999A,可使用变量
		添加项 3	AV= * *,焊接电压给定,可使用变量,输入允许 0.1～50.0 或:AVP = * *,焊接电压百分率给定,可使用变量,输入允许 50～150
		添加项 4	AN3= * *,模拟量输出 3,输入允许 −14.00～14.00V,可使用变量
		添加项 5	AN4= * *,模拟量输出 4,输入允许 −14.00～14.00V,可使用变量
		添加项 6	DIS= * *,渐变区间,渐变开始点离终点距离,可使用变量
		编程示例	ARCCTE AC=150 AV=16.0 DIS=100.0
ARCMONON	弧焊监控启动	命令功能	当前焊接参数读入到焊接监视文件
		命令格式	ARCMONON (添加项 1)(添加项 2)
		添加项 1	WELDn,n:焊机号,输入允许 1～4(仅用于多焊机系统)
		添加项 2	AMF#(n),n:监视文件号,输入允许 1～100,可使用变量
		编程示例	ARCMONON AMF#(1)
ARCMONOF	弧焊监控关闭	命令功能	结束焊接参数采样
		命令格式	ARCMONOF (添加项)
		添加项	WELDn,n:焊机号,输入允许 1～4(仅用于多焊机系统)
		编程示例	ARCMONOF
GETFILE	焊接参数读入	命令功能	焊接监视文件中的数据读入到变量中
		命令格式	GETFLIE (添加项 1)(添加项 2)…(添加项 6)
		添加项 1	变量号,D 或 LD
		添加项 2	WEV#(n),n:摆焊文件号,输入允许 1～16,可使用变量 或 AMF#(n),n:焊接监视文件号,输入允许 1～50,可使用变量
		添加项 3	(n),数据号,n 可为常数 1～255 或变量 B/LB
		编程示例	GETFILE D000 AMF#(1)2
MVON	摆焊启动	命令功能	启动摆焊作业
		命令格式 1	MVON (添加项 1)(添加项 2)
		添加项 1	RBn,n:机器人号,输入允许 1～8(仅用于多机器人系统)
		添加项 2	WEV#(n),n:摆焊文件号,输入允许 1～16,可使用变量
		编程示例	MVON WEV#(1)
		命令格式 2	MVON (添加项 1)(添加项 2)…(添加项 6)
		添加项 1	RBn,n:机器人号,输入允许 1～8(仅用于多机器人系统)
		添加项 2	AMP= * *,摆动幅度,允许输入 0.1～99.9mm,可使用变量
		添加项 3	FREQ= * *,摆动频率,允许输入 1.0～5.0Hz,可使用变量
		添加项 4	ANGL= * *,摆动角度,允许输入 0.1～180.0°,可使用变量
		添加项 5	DIR= * *,摆动方向,0 为正向,1 为负向,可使用变量
		编程示例	MVON AMP=5.0 FREQ=2.0 ANGL=60 DIR=0
MVOF	摆焊结束	命令功能	结束摆焊作业
		命令格式	MVOF (添加项 1)
		添加项 1	RBn,n:机器人号,输入允许 1～8(仅用于多机器人系统)
		编程示例	MVOF

2. 焊接启动命令

ARCON 命令可向焊机输出引弧信号、启动焊接。在多焊机系统上，命令可通过添加项 WELD1～WELD8 选择不同的焊机。

弧焊启动命令 ARCON 既可单独编程，也可通过添加项或引弧条件文件指定焊接条件。ARCON 单独编程时，命令前需要利用 ARCSET 命令设定焊接条件，有关内容见后述。

利用添加项指定焊接条件时，ARCON 命令的编程格式为：

```
ARCON AC=200 AV=16.0 T=0.50 V=60 RETRY REPLAY
```

命令添加项含义如下，添加项可用常数、用户变量 B/I/D、局部变量的方式赋值。

AC= * *：焊接电流设定，单位为 A，允许编程范围为 1～999。

AV= * * 或 AVP= * *：焊接电压设定，AV 直接指定电压值，AVP 指定电压倍率；电压单位为 0.1V，允许编程范围 0.1～50.0。

T= * *：引弧时间。设定机器人在引弧点暂停的时间，单位为 0.01s，允许编程范围为 0～655.35s；不需要暂停时，可省略添加项。

V= * *：焊接速度。设定焊接时的机器人移动速度，单位通常为 0.1mm/s，允许编程范围 0.1～1500.0。焊接速度也可通过移动命令设定，此时，可以省略添加项；如两者被同时设定，实际移动速度可通过系统参数的设定，选择其中之一。

RETRY：再引弧功能。该添加项被编程时，可在引弧失败或焊接过程中出现断弧时，进行重新引弧或再启动。

REPLAY：再启动模式。当添加项 RETRY 被编程时，必须指定再启动模式。

ARCON 命令的编程示例如下。

```
…
MOVJ VJ=80.0                      //机器人定位到焊接起始点
ARCON AC=200 AV=16.0 T=0.50       //焊接启动(引弧,不使用再引弧功能)
MOVL V=100.0                      //焊接作业,焊接速度为 100mm/s
…
ARCOF                             //焊接关闭(熄弧)
…
```

当 ARCON 命令使用引弧条件文件时，全部焊接参数均可通过引弧条件文件一次性定义，命令的编程格式如下：

```
ARCON ASF#(n)
```

命令中的 ASF#(n)为引弧条件文件号，n 的范围为 1～48。

3. 焊接关闭命令

ARCOF 命令是弧焊机器人焊接结束的关闭命令，执行命令，系统可向焊机输出熄弧信号、关闭焊接，故又称熄弧命令。

ARCOF 命令的编程格式与 ARCON 命令类似，在使用多焊机的系统上，命令可通过添加项 WELD1～WELD8，选择不同的焊机。

弧焊关闭命令 ARCOF 既可单独编程，也可通过添加项或熄弧条件文件指定焊接条件。ARCOF 单独编程时，命令前需要利用 ARCSET 命令设定焊接条件。

利用添加项指定焊接条件时，ARCOF 命令的编程格式如下：

```
ARCOF AC=160 AVP=70 T=0.50 ANASTK
```

命令添加项 AC、AV 或 AVP 的含义同 ARCON 命令，其他添加项的含义如下，添加项可用常数、用户变量 B/I/D、局部变量的方式赋值。

T=＊＊：熄弧时间。设定机器人在熄弧点暂停的时间，单位为0.01s，允许编程范围为0～655.35s；不需要暂停时，可省略添加项。

ANTSTK：粘丝自动解除功能。该添加项被编程时，可在出现粘丝时，自动按照弧焊辅助条件文件中的自动粘丝解除功能设定参数，重新引弧、熔化焊丝、解除粘丝。

ARCOF命令的编程示例如下。

```
…
MOVJ VJ=80.0                                   //机器人定位到焊接起始点
ARCON AC=200 AV=16.0 T=0.50                    //焊接启动(引弧)
MOVL V=100.0                                   //焊接作业
…
ARCOF AC=160 AV=12.0 T=0.50 ANTSTK             //焊接关闭(熄弧,粘丝自动解除)
…
```

当ARCOF命令使用熄弧条件文件时，焊接结束时的全部焊接参数均可通过熄弧条件文件一次性定义，命令的编程格式如下：

```
ARCOF AEF#(n)
```

命令中的AEF#(n)为熄弧条件文件号，n的范围为1～12。

8.6.2 焊接设定与监控命令

1. 焊接设定命令

安川弧焊机器人的焊接设定命令有ARCSET、AWELD、VWELD共3条。ARCSET命令可用于焊接电压、焊接电流、焊接速度、模拟量输出等参数的设定，也能直接使用焊接条件文件。AWELD、VWELD是专门用于焊接电流、焊接电压设定的命令。

ARCSET命令可根据需要，使用添加项或引弧条件文件指定焊接参数。在使用多焊机的系统上，命令可通过添加项WELD1～WELD8，选择不同的焊机。

ARCSET命令使用添加项编程格式时的编程格式为：

```
ARCSET AC=200 AVP=100 V=80 AN3=12.00 AN4=2.50
```

命令添加项AC、AV或AVP、V的含义同ARCON命令，其他添加项的含义如下，添加项可用常数、用户变量B/I/D、局部变量的方式赋值。

AN3=＊＊/AN4=＊＊：在使用增强型弧焊控制的机器人上，用来设定焊接时的AO通道CH3/CH4的输出电压值，编程范围为−14.00～14.00V。

ARCSET命令使用引弧条件文件编程格式时，可对全部焊接参数进行一次性设定，命令的编程格式为：

```
ARCSET ASF#(1) ACOND=0
```

命令中的添加项ASF#(n)为引弧条件文件号；添加项ACOND用来选择焊接参数组。

ARCSET命令的编程示例如下。

```
…
MOVJ VJ=80.0                        //机器人定位到焊接起始点
ARCSET ASF#(1) ACOND=1              //焊接条件设定,使用引弧文件 ASF#(1)的焊接条件
ARCON                               //焊接启动
MOVL V=100.0                        //焊接作业,焊接速度为 100mm/s
…
ARCSET AC=180 AVP=80                //焊接条件设定,改变焊接电流、电压
```

```
MOVL V=80.0                        //焊接作业,焊接速度为 80mm/s
…
ARCOF                              //焊接关闭(熄弧)
…
```

AWELD 命令用于焊接电流的设定，VWELD 命令用于焊接电压的设定，命令的编程格式如下。

```
AWELD 12.00
VWELD 2.50
```

AWELD/VWELD 命令可用常数的形式，直接设定机器人控制系统的焊接电流、焊接电压的模拟量输出值（系统命令值），其编程范围为－14.00～14.00。命令值所对应的实际焊接电流/电压决定于“焊机特性”文件的设定。

2. 弧焊监控命令

弧焊监控是对指定焊接区间的实际焊接电流和电压，进行监视、分析、管理的功能。进行弧焊监控的焊接作业区间，可通过弧焊监控启动命令 ARCMONON、关闭命令 ARCMONOF 选定；作业区的实际焊接电流、电压值，可由系统软件自动分析、计算平均值和偏差；计算结果可保存到弧焊监视文件中，并通过文件数据读入命令 GETFILE，在程序中读取或在示教器上显示。

弧焊监控需要配置焊接电流、电压测量反馈输入接口板。接口板一般为 2 通道，DC0～5V 电压输入，分辨率为 0.01V；对于最大焊接电流 500A、电压 50V 的焊机，电流分辨率为 1A，电压分辨率为 0.1V。焊接电流、电压的测量值可通过系统参数调整增益和偏移。

弧焊监控启动/关闭命令 ARCMONON/ARCMONOF 的编程格式如下，在使用多焊机的系统上，可通过添加项 WELD1～WELD8，选择不同的焊机；单焊机系统可省略添加项 WELDn。

```
ARCMONON  AMF#(1)             //启动监控
ARCMONOF                      //关闭监控
```

命令添加项 AMF#(n) 为弧焊监视文件号。

ARCMONON/ARCMONOF 命令的编程示例如下。

```
…
MOVJ VJ=80.0                  //机器人定位到焊接起始点
ARCON ASF#(1)                 //焊接启动
ARCMOON AMF#(1)               //启动弧焊监控
MOVL V=100.0                  //焊接作业
ARCMOOF                       //关闭弧焊监控
ARCOF                         //焊接关闭(熄弧)
…
```

在机器人程序中，弧焊监视文件中的数据可以通过文件数据读入命令 GETFILE 读入，监视数据读入的命令编程格式如下。

```
GETFILE D000 AMF#(1)(2)
```

命令添加项 D＊＊＊为变量号，监视数据为 32 位整数，需要使用双整数型变量 D 或 LD。AMF#(n)(m)中，n 为弧焊监视文件号，编程范围为 1～50；m 为数据号，编程范围为 1～9，数据号 m 和监视文件数据的对应关系如表 8.6.2 所示。

表 8.6.2　弧焊监控数据编号

弧焊监视文件数据名称		GETFILE 命令元素号 m
<结果>	状态	1
	电流	2
	电压	3
<统计数据>	电流(平均)	4
	电流(偏差)	5
	电压(平均)	6
	电压(偏差)	7
	数据数(正常)	8
	数据数(异常)	9

GETFILE 命令的编程示例如下。

```
…
GETFILE D000 AMF#(1)(4)          //焊接电流平均值读入变量 D000
GETFILE D001 AMF#(1)(5)          //焊接电流偏差值读入变量 D001
SET D002 D000                    //设定 D002=D000
ADD D002 D001                    //D002=D002+D001(计算最大平均电流)
SET D003 D000                    //设定 D003=D000
SUB D003 D001                    //D003=D003-D001(计算最小平均电流)
…
```

8.6.3 渐变焊接命令

1. 命令功能

所谓“渐变焊接”就是在焊接作业的同时，逐步改变焊接电流、焊接电压。对于导热性好的薄板类零件焊接，可防止焊接结束阶段出现工件烧穿、断裂等现象。

安川机器人渐变命令有起始区间渐变 ARCCTS 命令、结束区间渐变 ARCCTE 命令 2 条，命令功能如图 8.6.1 所示。

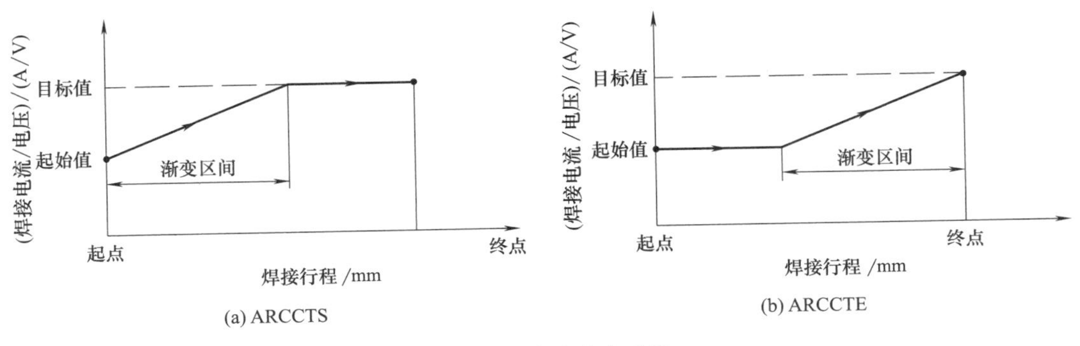

图 8.6.1　渐变命令功能

ARCCTS 命令可控制焊接电流、电压在焊接移动的起始区间线性增减；ARCCTE 命令可控制焊接电流、电压在焊接移动的结束区间线性增减。命令使用需要注意以下问题。

① 渐变命令只对当前命令有效。

② 渐变区间可通过添加项定义，当实际行程小于渐变区设定或渐变区设定为“0”时，系统将以实际行程作为渐变区。

③ ARCCTS、ARCCTE命令允许在同一命令行编程，此时，首先执行ARCCTS命令，然后在剩余区间执行ARCCTE命令。如移动行程小于等于ARCCTS渐变区，ARCCTE命令将无效；系统将按ARCCTE命令改变焊接参数。

④ 渐变命令优先于焊接设定命令ARCSET、AWELD、VWELD，ARCCTS、ARCCTE命令后续的焊接设定命令无效。

2. ARCCTS命令

ARCCTS命令用于焊接起始区的渐变控制，命令的编程格式如下，在使用多焊机的系统上，可通过添加项WELD1～WELD8，选择不同的焊机；单焊机系统可省略添加项WELDn。

```
ARCCTS AC=200 AVP=100 AN3=12.00 AN4=2.50 DIS=20.0
```

命令添加项AC、AV或AVP、AN3=＊＊/AN4=＊＊的含义同ARCSET命令，添加项DIS=＊＊用来定义渐变区间，单位为0.1mm。添加项可用常数、用户变量B/I/D、局部变量的方式赋值。

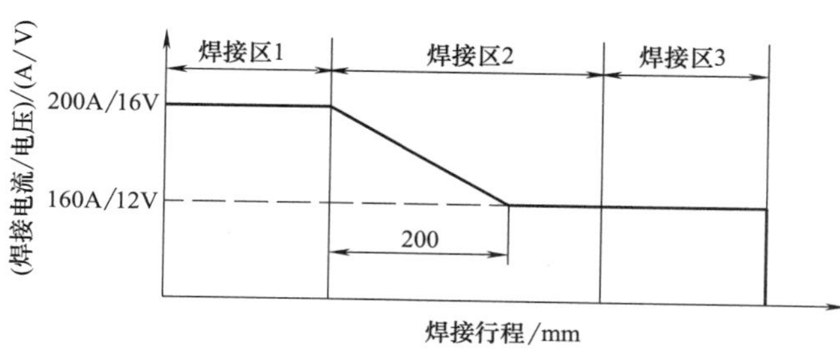

图8.6.2 ARCCTS命令示例

例如，对于图8.6.2所示的渐变焊接，其编程示例如下。

```
…
MOVJ VJ=80.0                          //机器人定位到焊接起始点
ARCON AC=200 AV=16.0 T=0.50           //焊接启动
MOVL V=100.0                          //焊接区1(I=200A,E=16V)
ARCCTS AC=160 AV=12.0 DIS=200.0       //焊接区2(I=200～160A,E=16～12V)
MOVL V=80.0                           //焊接区3(I=160A,E=12V)
ARCOF                                 //焊接关闭(熄弧)
…
```

3. ARCCTE命令

ARCCTE命令用于焊接结束区间的焊接参数渐变控制，命令的编程格式如下，添加项的含义同ARCCTS命令。

```
ARCCTE AC=200 AVP=100 AN3=12.00 AN4=2.50 DIS=20.0
```

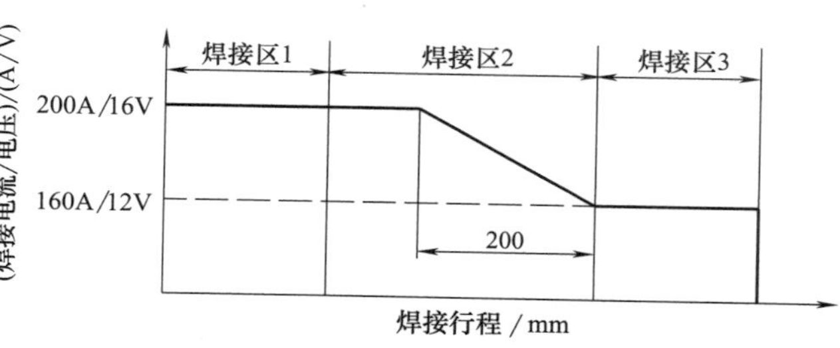

图8.6.3 ARCCTE命令编程

例如，对于图8.6.3所示的焊接，其编程示例如下。

```
…
MOVJ VJ=80.0                          //机器人定位到焊接起始点
ARCON AC=200 AV=16.0 T=0.50           //焊接启动
MOVL V=100.0                          //焊接区1(I=200A,E=16V)
ARCCTE AC=160 AV=12.0 DIS=200.0       //焊接区2(I=200～160A,E=16～12V)
MOVL V=80.0                           //焊接区3(I=160A,E=12V)
ARCOF                                 //焊接关闭(熄弧)
…
```

8.6.4　摆焊命令

1. 摆动方式

摆焊（swing welding）作业如图 8.6.4 所示，这是一种焊枪在沿焊缝方向前进的同时，进行横向有规律摆动的焊接工艺，通常用于角型连接件的焊接。摆焊不仅能增加焊缝宽度、提高强度，且还能改善根部透度和结晶性能，形成均匀美观的焊缝，提高焊接质量，在不锈钢材料的角连接焊接作业时使用较广泛。

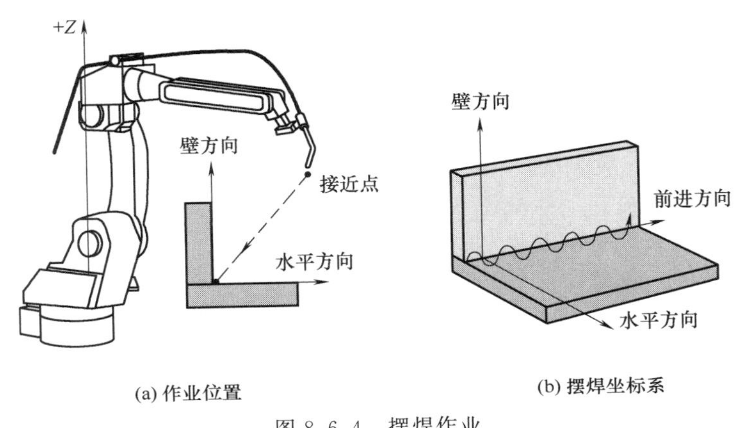

图 8.6.4　摆焊作业

摆焊作业命令时，需要通过命令添加项或摆焊条件文件，规定摆焊方式、坐标系及摆动参数。

安川弧焊机器人的摆动方式有机器人移动摆动和定点摆动两类。

① 机器人移动摆动。机器人移动摆动是指机器人在摆动时，需要同时进行焊接方向移动的摆焊作业，它可分图 8.6.5 所示的单摆、三角（形）摆、L 形摆 3 种。

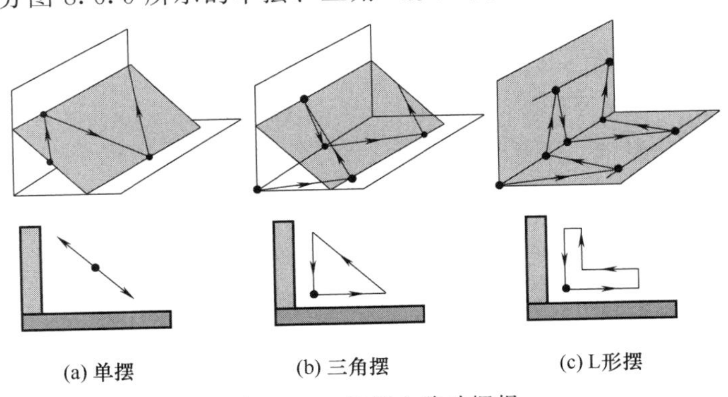

图 8.6.5　机器人移动摆焊

采用单摆焊接时，焊枪在沿焊缝方向前进的同时，可在指定的倾斜平面内横向摆动，焊枪的运动轨迹为倾斜平面上的三角波。单摆的倾斜角度（摆动角度）、摆动幅度和频率等参数可通过命令添加项或摆焊文件进行定义。

采用三角摆焊接时，焊枪在沿焊缝方向前进的同时，先沿水平（或垂直）方向运动，接着在指定的倾斜平面内运动，然后沿垂直（或水平）方向回到基准线；焊枪的运动轨迹为三角形螺旋线。三角形摆焊接的倾斜角度（摆动角度）、纵向摆动距离、横向摆动距离和频率等参数可通过摆焊条件文件进行定义。

采用 L 形摆焊接时，焊枪在沿焊缝方向前进的同时，先沿水平（或垂直）方向运动，回到基准线后，接着沿垂直（或水平）方向摆动；焊枪运动轨迹在截面上的投影为L形。L形摆焊的纵向摆动距离、横向摆动距离和频率等参数可通过摆焊条件文件进行定义。

② 定点摆动。定点摆动如图8.6.6所示，这是一种通过工件运动实现摆动焊接的作业方式。定点摆焊作业时，机器人只进行摆动，其摆动起点与终点重合；焊接移动需要通过工件和焊枪的相对运动实现。

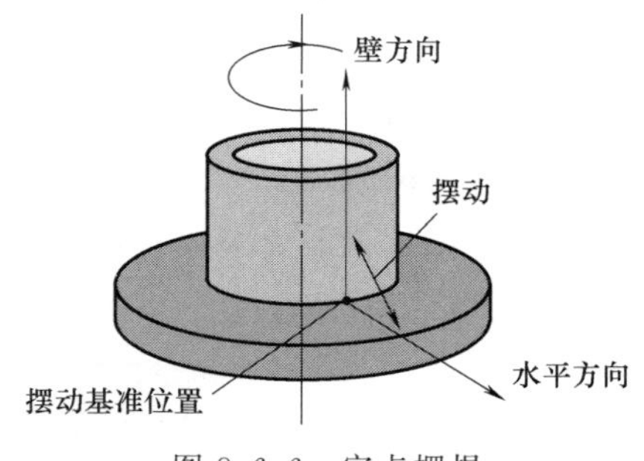

图 8.6.6　定点摆焊

2. 摆焊坐标系

机器人摆焊时，为了对摆动方式、摆焊角度、摆动幅度等参数进行控制，需要建立摆焊坐标系。对于大多数情况，摆焊时的机器人和工件的相对位置如前述图8.6.4（a）所示，即：焊件的壁方向（纵向）与机器人的Z轴方向相同，摆焊作业前的“接近点”位于作业侧，在这种情况下，系统可自动生成图8.6.4（b）所示的摆焊坐标系。

但是，当工件的壁方向与机器人的Z轴方向呈图8.6.7（a）所示倾斜时，为了确定摆焊坐标系的壁方向，需要在摆焊启动命令之前，将机器人移动到图8.6.7（b）所示壁平面上的任意一点；然后，利用第一参考点设定命令REFP1，将其定义为第一作业参考点REFP1；系统便可根据焊接起始点和REFP1点的位置，自动生成摆焊坐标系。

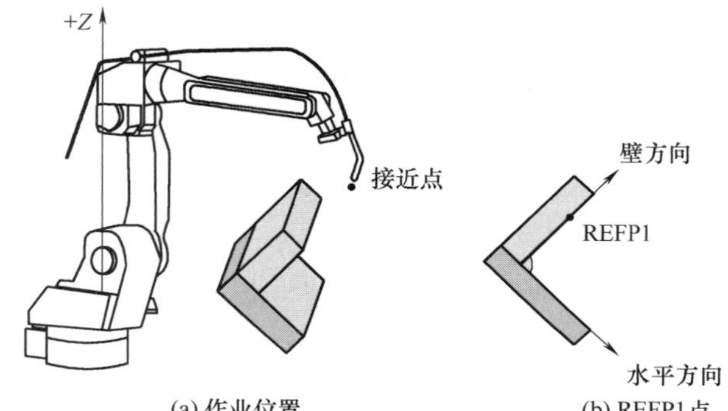

图 8.6.7　REFP1点的定义

如果焊接开始前机器人的接近点位于图8.6.8（a）所示工件壁的后侧，为了确定摆焊坐标系的水平方向，需要在摆焊启动命令之前，将机器人移动到图8.6.8（b）所示摆焊坐标系第一象限（工件壁的前侧）上的任意一点；然后，利用程序中的第二参考点设定命令REFP2，将其定义为第二作业参考点REFP2；系统便可根据焊接起始点和REFP2点的位置，自动生成摆焊坐标系。

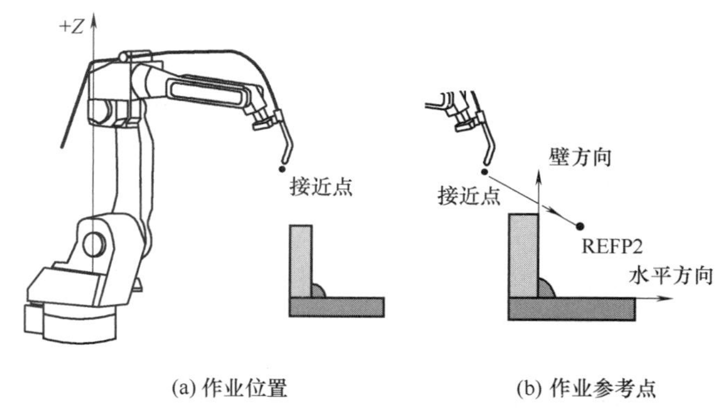

图 8.6.8　REFP2点的定义

利用第一作业参考点REFP1，建立摆焊坐标系的程序示例如下。

```
…
MOVJ VJ=80.0                    //机器人定位到接近点
```

```
MOVL V=800                    //机器人移动到 REFP1 点
REFP1                         //设定第一作业参考点,建立摆焊坐标系
ARCON ASF#(1)                 //引弧,启动焊接
MVON WEV#(1)                  //摆焊启动
MOVL V=50                     //摆焊作业
…
MVOF                          //摆焊结束
ARCOF AEF#(1)                 //熄弧,关闭焊接
…
```

对于图 8.6.9 所示的定点摆动，由于摆动起点与终点重合，故需要在摆焊启动命令之前，将机器人移动到相对运动方向上的任意一点；然后，利用程序中的第三参考点设定命令 REFP3，将其定义为第 3 作业参考点 REFP3；系统便可根据焊接基准位置和 REFP3 点的位置，自动生成摆焊坐标系。

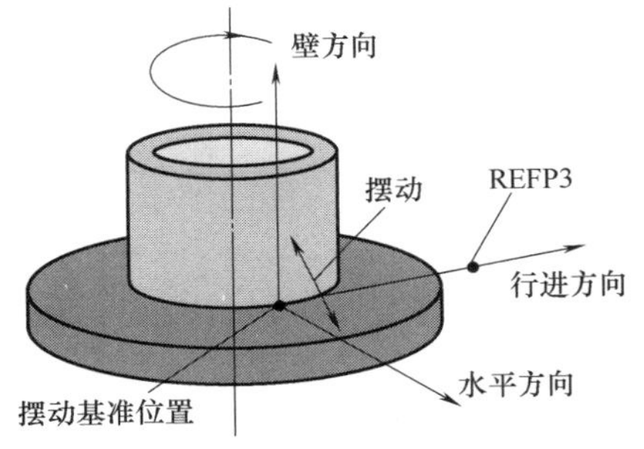

图 8.6.9 REFP3 点的定义

利用第二、三作业参考点 REFP2、REFP3 建立摆焊坐标系的编程方法与 REFP1 相同，程序中只需要将命令 REFP1 改为 REFP2、REFP3。

3. 摆动参数

摆焊作业的主要参数有摆动幅度、摆动频率、摆动角度、摆动方向等。

① 摆动幅度和距离。摆动幅度用来定义单摆方式的单侧摆动幅值，参数如图 8.6.10（a）所示，允许编程范围为 0.1～99.9mm，编程值受后述的摆动频率限制。三角摆和 L 形摆需要通过图 8.6.10（b）、（c）所示纵向距离、横向距离分别定义壁方向、水平方向的摆动幅值，纵/横向距离为 1.0～25.0mm。

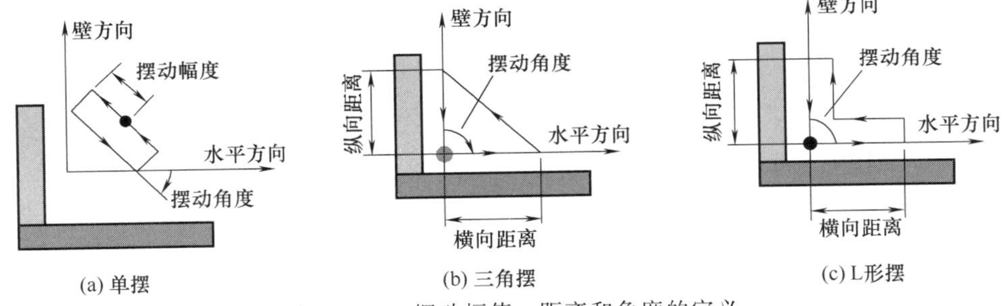

图 8.6.10 摆动幅值、距离和角度的定义

② 摆动角度。摆动角度用来定义单摆摆动平面的倾斜角度或三角摆、L 形摆的壁与水平方向的夹角，允许编程范围为 0.1°～180.0°；角度定义如图 8.6.10 所示，顺时针为正。

③ 摆动频率。摆动频率用来设定每秒所执行的摆动次数。由于运动速度的限制，摆动频率的设定范围与摆动幅度、摆动距离有关，安川弧焊机器人的设定范围如图 8.6.11 所示。

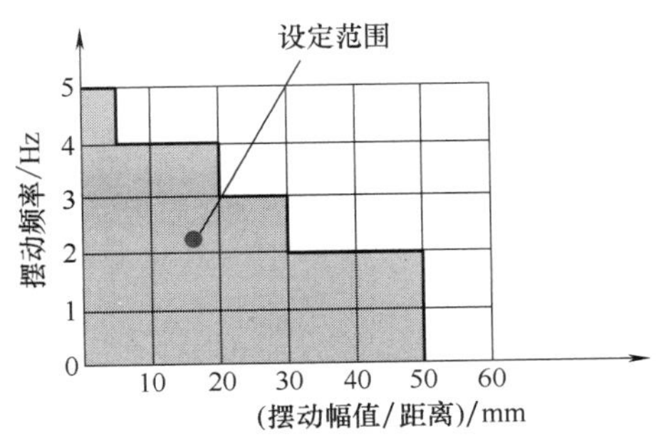

图 8.6.11 摆动频率的设定范围

④ 摆动方向。摆动方向用来指定摆动开始时首

摆运动的方向或平面。单摆、三角摆、L 形摆的方向规定分别如图 8.6.12 所示。

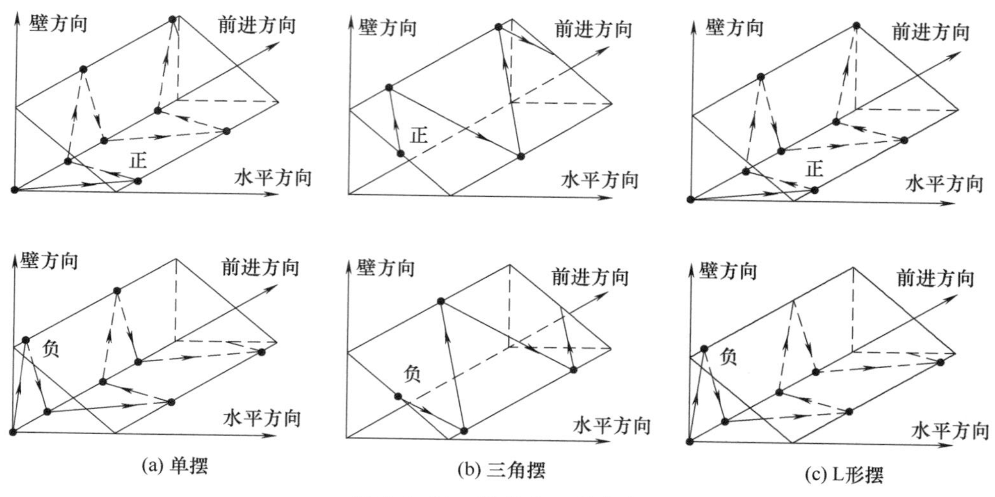

图 8.6.12　摆动方向的定义

⑤ 行进角度。行进角度用来定义三角摆、L 形摆的焊枪运动方向，其定义如图 8.6.13 所示，它是焊枪摆动方向和行进方向垂直平面的夹角。

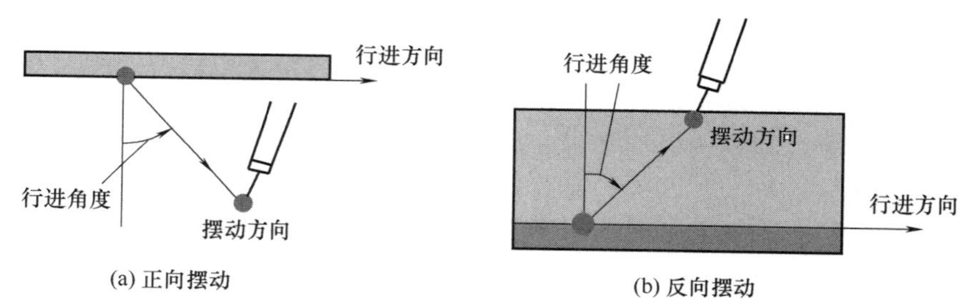

图 8.6.13　行进角度的定义

4. WVON/WVOF 命令编程

摆焊启动命令 WVON 用来启动摆焊，摆焊参数可通过添加项、摆焊条件文件定义，添加项定义只能用于单摆。

WVON 命令使用摆焊条件文件时，全部摆焊参数可一次性设定，命令编程格式为：

```
WVON RB1 WEV#(1) DIR=0
```

命令添加项的含义如下。

RBn：机器人控制轴组，多机器人系统可为 1～8，单机器人系统不需要该添加项。

WEV#(n)：n 为摆焊条件文件号，摆焊条件文件可通过示教操作编制，有关内容详见后述的操作章节。

DIR=＊：摆动方向设定，“0”为正，“1”为负。

单摆 WVON 命令可使用添加项定义摆焊参数，命令编程格式如下，添加项可用常数、用户变量 B/I/D、局部变量的方式赋值。

```
WVON RB1 AMP=5.0 FREQ=2.0 ANGL=60 DIR=0
```

命令添加项的含义如下。

RBn：机器人控制轴组，多机器人系统可为 1～8，单机器人系统不需要该添加项。

AMP=＊＊：单摆焊接的摆动幅度设定，允许编程范围为 0.1～99.9mm。

FREQ=＊＊：单摆焊接的摆动频率设定，允许编程范围为1.0～5.0Hz。

ANGL=＊＊：单摆焊接的摆动角度设定，允许编程范围为0.1°～180°。

DIR=＊：摆动方向设定，“0”为正，“1”为负。

摆焊结束命令WVOF用来关闭摆焊功能，命令的编程格式如下，添加项RBn为控制轴组，多机器人系统可为1～8，单机器人系统不需要该添加项。

```
WVOF RB1
```

或：

```
WVOF
```

摆焊命令的编程示例如下。

```
…
MOVJ VJ=80.00              //机器人定位
MOVL V=800                 //移动到摆焊开始点
ARCON ASF#(1)              //引弧,启动焊接
MVON WEV#(1)               //摆焊启动
MOVL V=50                  //摆焊作业
…
MVOF                       //摆焊结束
ARCOF AEF#(1)              //熄弧,关闭焊接
MOVL V=800                 //  退出机器人
…
```

8.7　搬运与通用作业命令编程

8.7.1　搬运作业命令

1. 命令格式与功能

搬运机器人的作业通常只需要进行抓手夹紧、松开动作，安川搬运机器人的作业命令编程格式与功能如表8.7.1所示。

表8.7.1　搬运作业命令编程说明表

命令	名称	编程格式、功能与示例	
HAND	抓手松夹	命令格式	HAND(添加项1)…(添加项4)
		命令功能	抓手夹紧、松开
		添加项1	#n,m:机器人号,输入允许1～2,仅用于多机器人系统
		添加项2	m:抓手号,输入允许1～4,指定夹紧/松开控制对象
		添加项3	ON或OFF:控制夹紧/松开电磁阀通断
		添加项4	ALL:同时控制功能选择,夹紧/松开电磁阀输出同时通断
		编程示例	HAND #1 1 OFF ALL
HSEN	状态检测	命令格式	HSEN(添加项1)…(添加项4)
		命令功能	状态检测
		添加项1	#n,m:机器人号,输入允许1～2,仅用于多机器人系统
		添加项2	m:传感器号,输入允许1～8,指定传感器输入
		添加项3	ON或OFF:传感器状态判断
		添加项4	T=＊＊:等待时间,可使用变量,输入允许0.01～655.35s 或FOREVER:无限等待
		编程示例	HSEN #1 1 OFF T=2.00

2. 抓手松夹命令编程

安川机器人的抓手松夹命令 HAND 通过控制系统专用输出信号（DO 信号）HAND1-1～HAND4-2 的通断实现，命令功能与 DOUT 命令类似，命令编程格式及添加项的含义如下。

```
HAND #n m OFF ALL
```

＃n：机器人控制轴组，对于多机器人搬运系统，可通过 n 选择机器人，单机器人搬运系统可省略添加项。

m：抓手编号，1～4 与 DO 信号 HAND1～HAND4 对应。例如，抓手编号 1 时，可控制夹紧/松开信号 HAND1-1、HAND1-2 通断等。

ON 或 OFF：抓手 1～4 夹紧/松开信号的输出状态设定。例如，抓手编号 1 时，如选择"ON"，DO 信号 HAND1-1 将接通、HAND1-2 将断开；如选择"OFF"，则 HAND1-1 断开、HAND1-2 接通。

ALL：同时通断功能，增加添加项，可使夹紧、松开信号同时通断。例如，命令"HAND 1 ON ALL"，可使抓手 1 的 DO 信号 HAND1-1、HAND1-2 同时接通。

3. 抓手检测命令编程

安川机器人的抓手检测命令 HSEN 用来读取控制系统专用夹持器检测信号（DI 信号）HSEN1～ HSEN8 的状态，命令功能与 DIN 命令类似，命令编程格式及添加项的含义如下。

```
HSEN #1 1 ON T=2.00
```

＃n：机器人控制轴组，对于多机器人搬运系统，可通过 n 选择机器人，单机器人搬运系统可省略添加项。

m：传感器编号，1～8 与 DI 信号 HSEN1～HSEN8 对应，例如，传感器编号为 1 时，可读入 DI 信号 HSEN1 的状态等。

ON 或 OFF：状态判断，满足判断条件时可执行下一命令，否则程序暂停。例如，对于传感器 1，如添加项为"ON"，则需要等待 DI 信号 HSEN1 的 ON 状态；如 HSEN1 输入 ON，继续执行下一命令；如 HSEN1 输入 OFF，则程序暂停等待。

T= * * 或 FOREVER：T 为系统等待抓手检测信号的暂停时间，暂停时间一旦到达，不论检测信号的状态如何，系统都将继续执行下一命令，T 的编程范围为 0.01～655.35s。FOREVER 为无限等待，必须在等待检测信号满足判断条件，才能继续后续命令。不使用添加项时，暂停时间为 0。

命令 HSEN 的执行结果保存在系统变量 $B014 中，如 DI 信号 HSEN1～HSEN8 的状态与命令要求相符，$B014 为"1"；否则，$B014 为"0"。系统变量 $B014 的状态可通过命令 GETS，在程序中读取。

4. 编程示例

HAND/HSEN 命令的编程示例如下。

```
…
MOVJ VJ=50.00                //机器人移动
HSEN 2 ON FOREVER            //等待抓手松开信号 HSEN2 输入 ON
…
MOVL V=500.0                 //机器人移动
TIMER T=0.50                 //暂停 0.5s
HAND 1 ON                    //抓手夹紧,抓取工件
HSEN 1 ON FOREVER            //等待抓手夹紧信号 HSEN1 输入 ON
MOVL V=300.0                 //机器人移动
```

```
TIMER T=0.50                //暂停 0.5s
HAND 1 OFF                  //抓手松开,放下工件
HSEN 2 ON FOREVER           //等待抓手松开信号 HSEN2 输入 ON
MOVL V=500.0                //机器人移动
…
```

8.7.2　通用作业命令

1. 命令格式与功能

安川通用机器人可用于切割、打磨、抛光等作业，作业命令有工具启动/停止、摆动启动/停止两类。摆动启动/停止命令可用于花纹雕刻、倒角、修边作业，命令 WVON/WVOF 的编程格式与要求及所执行的动作与弧焊机器人的摆焊一致，有关内容可参见前述。

通用机器人作业命令的编程格式与功能如表 8.7.2 所示。

表 8.7.2　通用作业命令编程说明表

命令	名称	编程格式、功能与示例	
TOOLON	工具启动	命令格式	TOOLON(添加项)
		命令功能	输出工具启动信号,启动作业工具
		添加项	TOOL1 或 TOOL2,仅用于多机器人系统的工具 1、2 选择
		编程示例	TOOLON
TOOLOF	工具停止	命令格式	TOOLOF(添加项)
		命令功能	输出工具停止信号,停止作业工具
		添加项	TOOL1 或 TOOL2,仅用于多机器人系统的工具 1、2 选择
		编程示例	TOOLOF
MVON	摆动启动	命令功能	启动摆动作业
		命令格式 1	MVON (添加项 1)(添加项 2)
		添加项 1	RBn,n:机器人号,输入允许 1～8(仅用于多机器人系统)
		添加项 2	WEV#(n),n:摆动文件号,输入允许 1～16,可使用变量
		编程示例	MVON WEV#(1)
		命令格式 2	MVON (添加项 1)(添加项 2)…(添加项 6)
		添加项 1	RBn,n:机器人号,输入允许 1～8(仅用于多机器人系统)
		添加项 2	AMP=**,摆动幅度,允许输入 0.1～99.9mm,可使用变量
		添加项 3	FREQ=**,摆动频率,允许输入 1.0～5.0Hz,可使用变量
		添加项 4	ANGL=**,摆动角度,允许输入 0.1°～180.0°,可使用变量
		添加项 5	DIR=**,摆动方向,0 为正向,1 为负向,可使用变量
		编程示例	MVON AMP=5.0 FREQ=2.0 ANGL=60 DIR=0
MVOF	摆动结束	命令功能	结束摆动作业
		命令格式	MVOF (添加项 1)
		添加项 1	RBn,n:机器人号,输入允许 1～8(仅用于多机器人系统)
		编程示例	MVOF

2. 工具控制命令编程

安川通用机器人的工具启动/停止命令 TOOLON/TOOLOF 通过控制系统专用输出信号(DO 信号) TOOLON/ TOOLOFF 通断实现，命令功能与 DOUT 命令类似，命令编程格式与编程要求如下。

TOOLON：工具启动。

TOOLOF：工具停止。

执行 TOOLON 命令，系统 DO 信号 TOOLON 接通，TOOLOFF 断开；执行 TOOLOF 命令，系统 DO 信号 TOOLON 断开，TOOLOFF 接通。

例如，对于图 8.7.1 所示的零件周边加工（倒角、修边等），工具控制命令 TOOLON/TOOLOFF 的编程示例如下。

```
NOP
MOVJ VJ=50.00                    //机器人定位到作业起点 P0
TOOLON                           //工具启动,铣刀旋转
MOVL V=800.0                     //直线移动到 P1
MOVL V=500.0                     //直线移动到 P2
MOVL V=500.0                     //直线移动到 P3
MOVL V=500.0                     //直线移动到 P4
MOVL V=500.0                     //直线移动到 P5
MOVL V=800.0                     //直线移动到 P6(P0)点
TOOLOF                           //工具停止,铣刀停止旋转
END
```

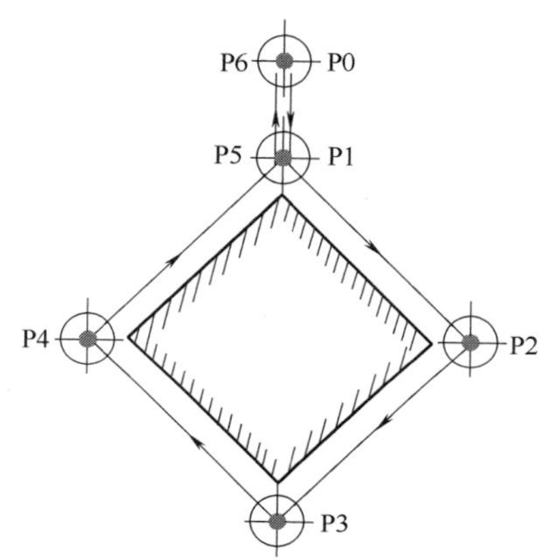

图 8.7.1 TOOLON/TOOLOF 命令编程示例

第9章

机器人操作与示教编程

9.1 示教器说明

9.1.1 操作部件与功能

1. 示教器结构与操作按钮

安川机器人的示教器结构如图 9.1.1 所示，示教器采用传统按键式结构，上方设计有操作模式转换、启动、停止和急停 4 个基本按钮；中间为显示器和 CF 卡插槽；下部为操作按键，背面为手握开关，按钮的功能如表 9.1.1 所示。

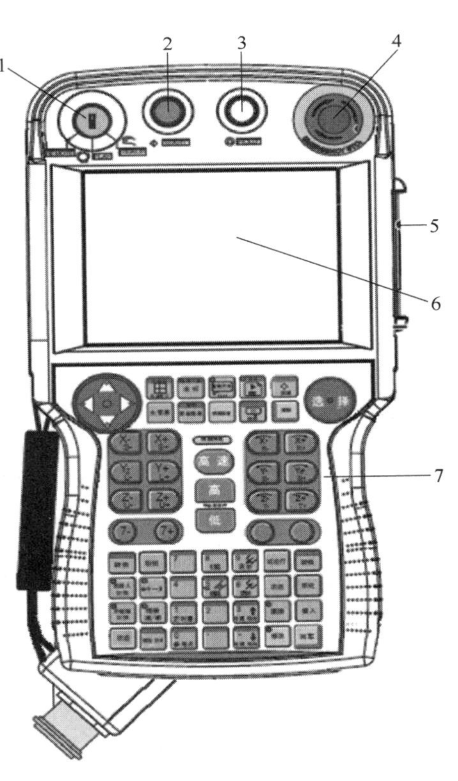

图 9.1.1 示教器结构

1—模式选择；2—启动；3—停止；4—急停；5—CF 卡插槽；6—显示器；7—操作面板

安川示教器下部为按键式操作面板，从上至下依次分显示操作、手动操作、数据输入及运行控制操作 3 个区，按键与功能分别如下。

2. 显示操作

示教器显示操作键的功能如表 9.1.2 所示；同时按【主菜单】键和光标上/下键，可调整显示器亮度；同时按【区域】键和【转换】键，可切换显示语言。

光标移动键和【区域】、【选择】键是最常用的键，其功能如下。

① 操作菜单选择。当操作者需要选择操作菜单时，可先用【区域】键，将光标移动到显示器的指定区域，然后用光标移动键将光标移动到指定的位置，按【选择】键便可进行该区域的操作。

例如，在图 9.1.2 (a) 中，用【区域】键将光标定位到主菜单区后，移动光标到主菜单［程序内容］上，按【选择】键便可选定并打开主菜单［程序内容]；在此基础上，可再将光标移动到子菜单［新建程序］上，按【选择】键便可在示教器上显示新建程序的编辑页面。

表 9.1.1　基本按钮功能表

操作按钮	名称与功能	备注
REMOTE PLAY TEACH	操作模式转换开关 ①TEACH：示教，可进行手动、示教编程操作 ②PLAY：再现，程序自动（再现）运行 ③REMOTE：远程操作，可通过 DI 信号选择操作模式、启动程序运行	远程操作模式的控制信号来自 DI，操作功能可通过系统参数 S2C230 设定选择
START	程序启动按钮及指示灯 按钮：启动程序自动（再现）运行 指示灯：亮，程序运行中；灭，程序停止或暂停运行	指示灯也用于远程操作模式的程序启动
HOLD	程序暂停按钮及指示灯 按钮：程序暂停 指示灯：亮，程序暂停	程序暂停操作对任何模式均有效
EMERGENCY STOP	急停按钮 紧急停止机器人运动；分断伺服驱动器主电源	所有急停按钮、外部急停信号功能相同
	手握开关 选择示教模式时，轻握开关可启动伺服，松开或用力握开关则关闭伺服	示教模式必须握住开关，才能启动伺服、移动机器人

表 9.1.2　显示操作键功能表

按键	名称与功能	说明
	光标移动键 移动显示器上的光标位置	多用途键，详见后述。同时按【转换】键，可滚动页面或改变设定
选择	选择键 选定光标所在的项目	多用途键，详见后述
多画面 选择窗口	多画面显示键 多画面显示时，可切换活动画面	同时按【多画面】键和【转换】键，可进行单画面和多画面的显示切换
工具选择 坐标	坐标系或工具选择键 可进行坐标系或工具切换	同时按【转换】键，可变更工具、用户坐标系序号

续表

按键	名称与功能	说明
直接打开	直接打开键 切换到当前命令的详细显示页。直接打开有效时，按键指示灯亮，再次按该键，可返回至原显示页	直接打开的内容可为CALL命令调用程序、光标行命令的详细内容、I/O命令的信号状态；作业命令的作业文件等
返回 翻页	选页键 按键指示灯亮时，按该键，可显示下一页面	同时按【翻页】键和【转换】键，可逐一显示上一页面
区域	区域选择键 按该键，可使光标在菜单区、通用显示区、信息显示区、主菜单区移动	同时按【区域】键和【转换】键，可切换语言 同时按【区域】键和光标上下键，可进行通用显示区/操作键区切换
主菜单	主菜单选择键 选择或关闭主菜单	同时按【主菜单】键和光标上下键，可改变显示器亮度
登录 简单菜单	简单菜单选择 选择或关闭简单菜单	简单菜单显示时，主菜单显示区隐藏，通用显示区扩大至满屏
伺服准备	伺服准备键 接通驱动器主电源。用于开机、急停或超程后的伺服主电源接通	示教模式：可直接接通伺服主电源 再现模式：在安全单元输入SAF F信号ON时，可接通伺服主电源
!? 帮助	帮助键 显示当前页面的帮助操作菜单	同时按【转换】键，可显示转换操作功能一览表。同时按【联锁】键，可显示联锁操作功能一览表
清除	清除键 撤销当前操作，清除系统一般报警和操作错误	撤销子菜单、清除数据输入、多行信息显示和系统一般报警

(a) 菜单选择

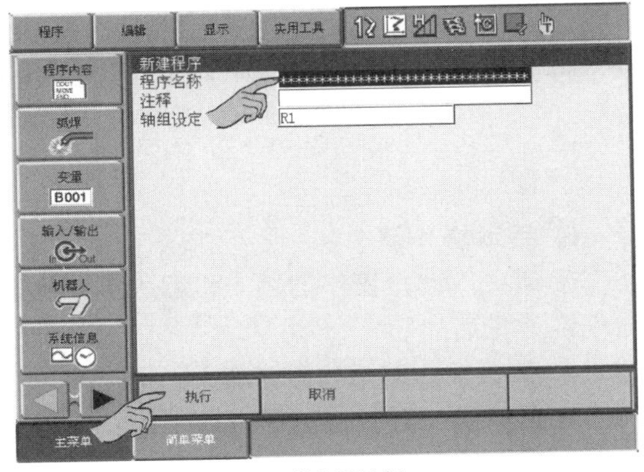

(b) 操作键选择

图 9.1.2 操作菜单选择

在图 9.1.2（b）中，当新建程序的程序名称输入完成后，可用【区域】键，移动光标到操作提示键［执行］上，按【选择】键便可完成新建程序的程序名称输入操作。

② 数据的输入操作。进行数据输入操作时，可将光标定位到需要输入项目上，然后按【选择】键，该显示项便可成为输入状态。

如所选择的项目为图 9.1.3（a）所示的数值或字符输入项，显示区将变为数据输入框，此时，便可用数字、字符输入软键盘输入数据，完成后用【回车】键确认。如果所选择的项目只能是系统规定的选项，按【选择】键后，示教器将自动显示图 9.1.3（b）所示的允许输入项；此时，可用光标选定所需要的输入项，然后再按【选择】键，该选项就可被选定。

③ 显示页面选择。当所选内容有多个显示页时，可通过直接通过操作键【翻页】可逐页显示其他内容；或者，用光标和【选择】键选定图 9.1.4（a）所示的［进入指定页］操作提示键，显示图 9.1.4（b）所示的页面输入框；然后，在输入框内输入所需要的页面序号，按【回车】键，便可切换为指定页面。

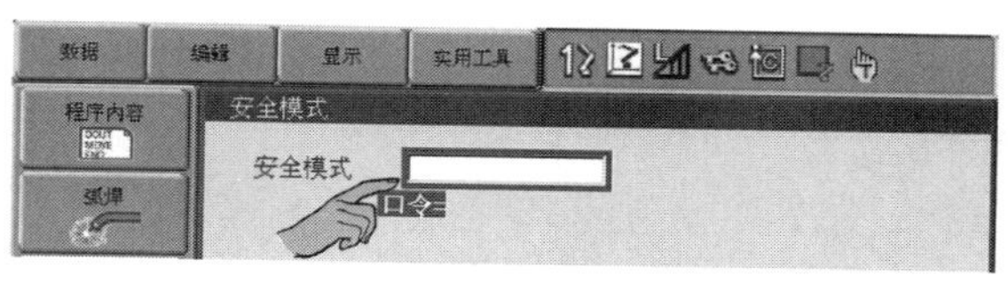

(a) 直接输入

(b) 输入选择

图 9.1.3　数据输入操作

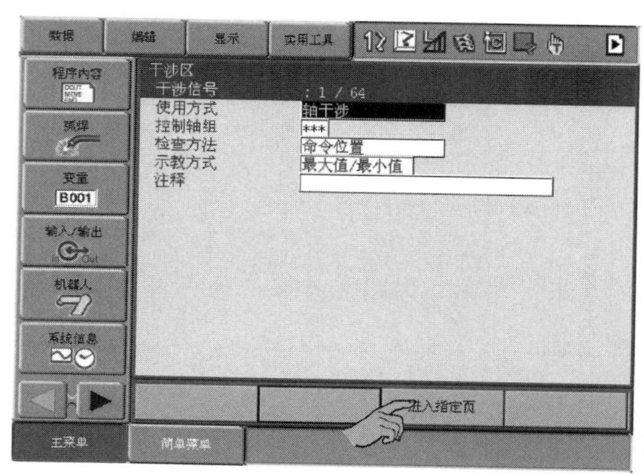

(a) 进入指定页

(b) 输入页面序号

图 9.1.4　显示页面的选择

3. 手动操作键

手动（点动）操作键用于机器人手动移动，按键的功能如表 9.1.3 所示；运动轴名称及方向规定详见后述。

4. 数据输入与运行控制键

数据输入与运行控制键可用于机器人程序及参数的输入与编辑、显示页与语言切换、程序试运行及前进/后退控制。部分按键还可能定义有专门功能，如弧焊机器人为焊接通/断、引弧、熄弧、送丝、退丝控制，焊接电压、电流调整等。

安川示教器的数据输入与程序运行控制按键功能如表 9.1.4 所示。

表 9.1.3　手动操作键功能表

操作按键	名称与功能	备注
伺服接通	伺服 ON 指示灯 亮：驱动器主电源接通、伺服启动 闪烁：主电源接通、伺服未启动	指示灯闪烁时，可通过示教器背面的伺服 ON/OFF 开关启动伺服
高 手动速度 低	手动(点动)速度调节键 选择微动(增量进给)、低/中/高速点动 2 种方式、3 种速度	增量进给距离、点动速度可通过系统参数设定
高速	手动快速键 同时按轴运动方向键，可选择手动快速运动	手动快速速度通过系统参数设定
X- S-　X+ S+ Y- L-　Y+ L+ Z- U-　Z+ U+ E-　E+	定位方向键 选择机器人定位的坐标轴和方向；可同时选择 2 轴进行点动运动 在 6 轴机器人上，【E－】、【E＋】用于辅助轴点动操作；在 7 轴机器人上，【E－】、【E＋】用于第 7 轴定向	运动速度由手动速度调节键选择；同时按【高速】键，选择手动快速运动
X- R-　X+ R+ Y- B-　Y+ B+ Z- T-　Z+ T+ 8-　8+	定向方向键 选择工具定向运动的坐标轴和方向；可同时选择 2 轴进行点动运动 【8－】、【8＋】用于第 2 辅助轴的点动操作	运动速度由手动速度调节键选择；同时按【高速】键，选择手动快速运动

表 9.1.4　数据输入与程序运行控制键功能表

操作按键	名称与主要功能	备注
转换	和其他键同时操作，可以切换示教器的控制轴组、显示页面、语言等	同时按【转换】键和【帮助】键，可显示转换操作功能一览表
联锁	和【前进】键同时操作，可执行机器人的非移动命令	同时按【联锁】键和【帮助】键，可显示联锁操作功能一览表
命令一览	命令显示键，程序编辑时可显示控制命令菜单	

续表

操作按键	名称与主要功能	备注
机器人切换　外部轴切换	控制轴组切换键，可选定机器人、外部轴组轴	仅用于多机器人系统，或带辅助轴的复杂系统
辅助	辅助键	用于移动命令的恢复等操作
插补方式	插补方式选择键，可进行MOVJ、MOVL、MOVC、MOVS的切换	同时按【转换】键，可切换插补方式
试运行	同时按【联锁】键，可沿示教点连续运动；松开【试运行】键，运动停止	可选择连续、单循环、单步3种循环方式运行
前进　后退	可使机器人沿示教轨迹向前（正向）、向后（逆向）运动	前进时可同时按【联锁】键执行其他命令，后退时只能执行移动命令
删除　插入　修改	删除、插入、修改命令或数据	灯亮时，按【回车】键，完成删除、插入、修改操作
回车	回车键 确认所选的操作	
7 8 9 4 5 6 1 2 3 0 . -	数字键 数字0～9及小数点、负号输入键	部分数字键可能定义有专门的功能与用途，可以直接用来输入作业命令

9.1.2 示教器显示

1. 主菜单、下拉菜单显示

安川机器人的示教器一般为6.5in[1]、640×480分辨率的彩色液晶显示器，显示器分图9.1.5（a）所示的主菜单、菜单、状态、通用显示和信息显示5个基本区域，显示区可通过【区域】键选定；如选择［简单菜单］，可将通用显示区扩大至图9.1.5（b）所示的满屏。

显示器的窗口布局以及操作功能键、字符尺寸、字体，可通过系统的“显示设置”改变。

[1] 1in=25.4mm。

由于系统软件版本、系统设定有所不同，示教器的显示在不同机器人上可能存在区别，但其操作方法基本相同。

主菜单显示区位于显示器左侧，它可通过示教器【主菜单】键选定。主菜单选定后，可通过扩展/隐藏键［▶］/［◀］（图 9.1.5 中的 7 区），显示或隐藏扩展主菜单。主菜单的显示与示教器的安全模式选择有关，部分项目只能在“编辑模式”或“管理模式”下显示或编辑。常用的示教模式主菜单及功能如表 9.1.5 所示。

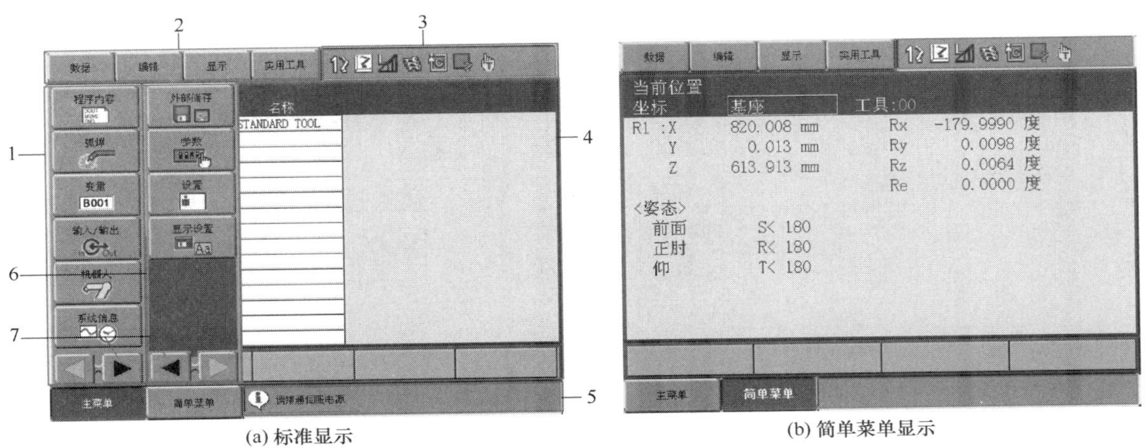

(a) 标准显示　　(b) 简单菜单显示

图 9.1.5 示教器显示

1—主菜单；2—菜单；3—状态；4—通用显示区；5—信息；6—扩展菜单；7—菜单扩展/隐藏键

表 9.1.5 常用主菜单功能一览表

主菜单键	显示与编辑的内容(子菜单)
[程序内容]或[程序]	程序选择、程序编辑、新建程序、程序容量、作业预约状态等
[弧焊]	本项目用于工具状态显示与控制，与机器人的用途有关，子菜单随之改变
[变量]	字节型、整数型、双整数(双精度)型、实数型、位置型变量等
[输入/输出]	DI/DO 信号状态、梯形图程序、I/O 报警、I/O 信息等
[机器人]	机器人当前位置、命令位置、偏移量、作业原点、干涉区等
[系统信息]	版本、安全模式、监视时间、报警履历、I/O 信息记录等
[外部储存]	安装、保存、系统恢复、对象装置等
[设置]	示教条件、预约程序、用户口令、轴操作键分配等
[显示设置]	字体、按钮、初始化、窗口格式等

下拉菜单位于显示器左上方，4 个菜单键功能与所选择的操作有关，常用示教操作的主要功能如表 9.1.6 所示。

表 9.1.6 下拉菜单功能一览表

菜单键	显示与编辑的内容(子菜单)
[程序]或[数据]	与主菜单、子菜单选择有关，下拉菜单[程序]包含程序选择、主程序调用、新建程序、程序重命名、复制程序、删除程序等；下拉菜单[数据]包含[清除数据]等
[编辑]	程序检索、复制、剪切、粘贴、速度修改等
[显示]	循环周期、程序堆栈、程序点编号等
[实用工具]	校验、重心位置测量等

2. 状态显示

状态显示区位于显示器右上方，显示内容与所选操作有关，示教操作通常有图 9.1.6 所示的 10 个状态图标显示位置，不同位置可显示的图标及含义如表 9.1.7 所示。

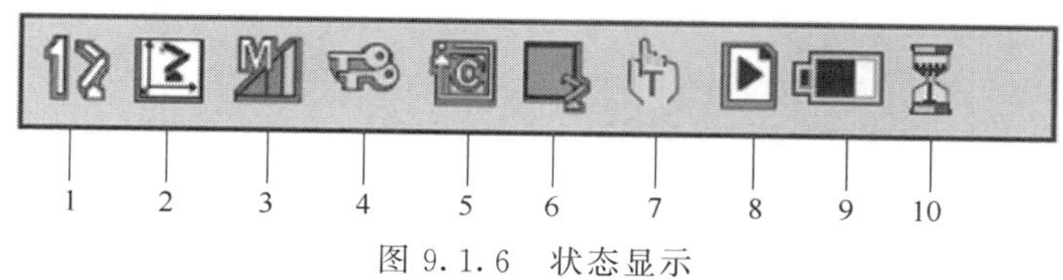

图 9.1.6 状态显示

表 9.1.7 状态显示及图标含义表

位置（图 9.1.6）	显示内容	状态图标及含义
1	现行控制轴组	机器人 1～8；基座轴 1～8；工装轴 1～24
2	当前坐标系	关节坐标系；直角坐标系；圆柱坐标系；工具坐标系；用户坐标系
3	点动速度选择	微动；低速；中速；高速
4	安全模式选择	操作模式；编辑模式；管理模式
5	当前动作循环	单步；单循环；连续循环
6	机器人状态	停止；暂停；急停；报警；运动
7	操作模式选择	示教；再现
8	页面显示模式	可切换页面；多画面显示
9	存储器电池	电池剩余电量显示
10	数据保存	正在进行数据保存

3. 通用显示与信息显示

通用显示区分图 9.1.7 所示的显示区、输入行、操作键 3 个区域。同时按【区域】键和光标键，可进行显示区与操作键区的切换。

通用显示区可显示所选择的程序、参数、文件等内容。在程序编辑时，按操作面板的【命令一览】键，可在显示区的右侧显示相关的编辑命令键；显示区所选择或需要输入的内容，可在输入行显示和编辑。

操作键显示与所选的操作有关，常用操作键及功能如表 9.1.8 所示。操作键通过光标左右移动键选定后，按【选择】键便可执行指定操作。

信息显示区位于显示器的右下方，可用来显示操作、报警提示信息。在进行正确的操作或排除故障后，可通过操作面板上的【清除】键，清除操作、报警提示信息。

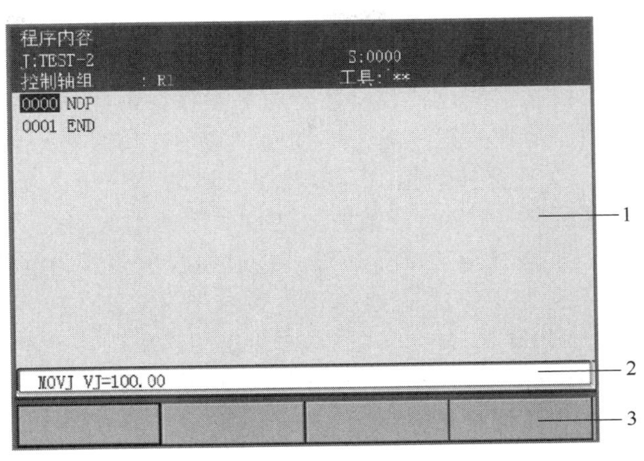

图 9.1.7　通用显示区

1—显示区；2—输入行；3—操作键

表 9.1.8　操作键功能一览表

操作键	操作键功能
[执行]	执行当前显示区所选择的操作
[取消]	放弃当前显示区所选择的操作
[结束]	结束当前显示区所选择的操作
[中断]	中断外部存储器安装、保持、校验等操作
[解除]	解除超程、碰撞等报警功能
[清除]或[复位]	清除报警
[页面]	对于多页面显示，输入页面号后按【回车】键，直接显示指定页面

当系统有多条信息显示时，可用【区域】键选定信息显示区，然后按【选择】键显示多行提示信息及详细内容。

9.2　机器人安全操作

9.2.1　开/关机与系统检查

1. 开机操作

在控制系统连接电缆已正确连接并固定、输入电源电压正确、控制柜门已关闭、系统开机条件符合时，可按照以下步骤完成开机操作。

① 将控制柜门上的电源总开关，按图 9.2.1 所示旋转到 ON 位置，接通控制系统控制电源，系统将进入初始化和诊断操作，示教器显示图 9.2.2 所示的开机画面。

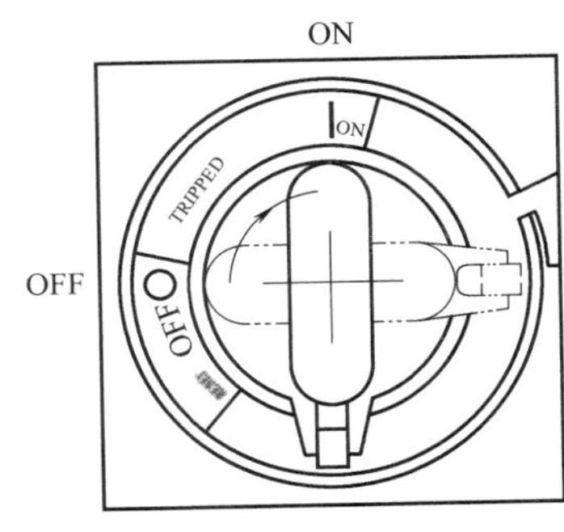

图 9.2.1　接通总电源

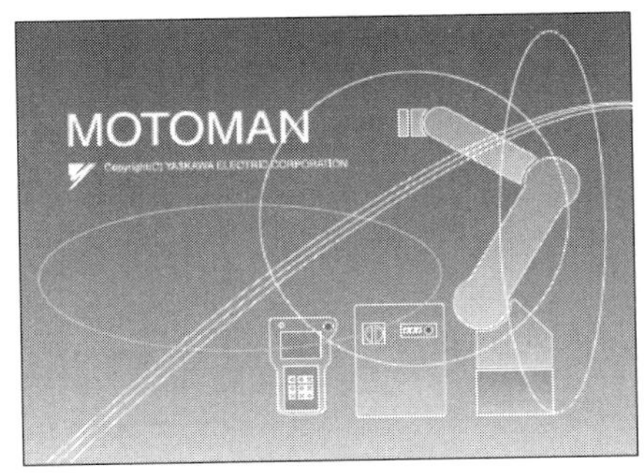

图 9.2.2　开机画面

② 系统完成初始化和诊断操作后，示教器将显示图 9.2.3 所示的开机初始页面，信息显示区显示操作提示信息“请接通伺服电源”。

控制系统设置、参数设定等操作，可在伺服关闭的情况下进行，无需启动伺服。但机器人手动、示教、程序运行等操作，必须在伺服启动后才能进行，此时需要继续如下操作。

③ 复位控制柜门、示教器及辅助操作台、安全防护罩等上的全部急停按钮；操作模式选择【再现（PLAY）】时，还应关闭机器人安全防护门。

④ 按【伺服准备】键，接通伺服驱动器主电源。

⑤ 如操作模式选择【示教（TEACH）】，伺服驱动器主电源接通后，需要握住【伺服ON/OFF】开关（轻握），才能启动伺服、移动机器人。

伺服启动完成后，示教器上的【伺服接通】指示灯亮，机器人成为可运动状态。

2. 系统信息显示

在图 9.2.3 所示的初始页面上，如选择主菜单［系统信息］，示教器可显示图 9.2.4 所示的系统信息显示子菜单。

图 9.2.3　初始显示页面

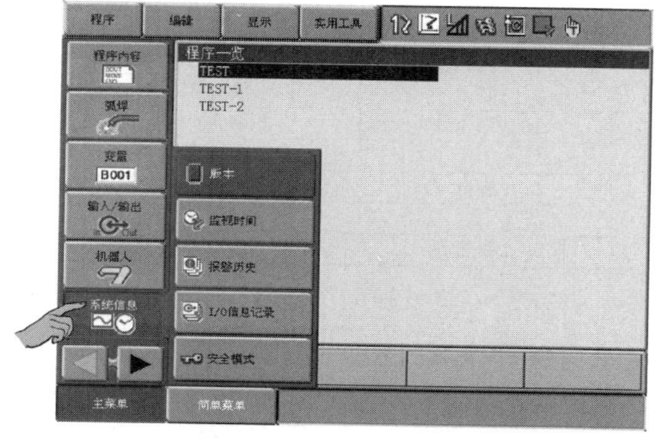

图 9.2.4　系统信息显示子菜单

选择子菜单［版本］，示教器可显示图 9.2.5 所示的页面，显示控制系统软件版本、机器人型号与用途、示教器显示语言，以及机器人控制器的 CPU 模块（YCP01-E）、示教器（YPP01）、驱动器（EAXA＊＃0）的版本等信息。如需要，还可选择主菜单［机器人］、子菜单［机器人轴配置］，进一步确认机器人的控制轴数。

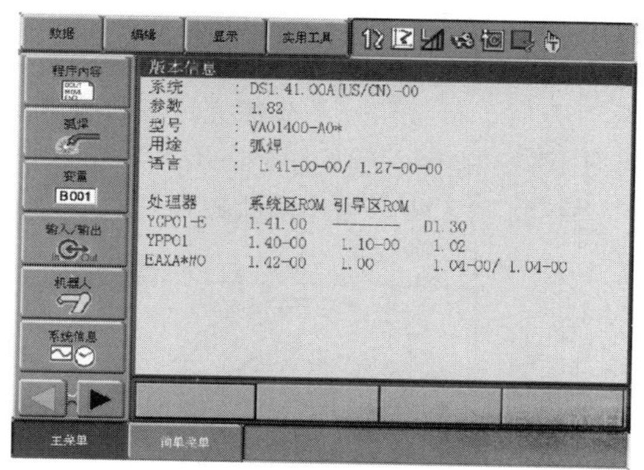

图 9.2.5　系统信息显示

3. 关机

关机前应确认机器人的程序运行已结束、运动已完全停止，然后按以下步骤关机，如果运行过程中出现紧急情况，也可直接通过“急停”按钮关机。

① 如操作模式选择【示教（TEACH）】，可用力握伺服 ON/OFF 开关关闭伺服，或者直接按急停按钮关闭伺服。

② 将控制柜门上的电源总开关，旋转到 OFF 位置，关闭系统总电源。

9.2.2　安全模式及设定

1. 安全模式

所谓安全模式是机器人生产厂家为了保证系统安全运行、防止误操作，而对操作者权限所进行的规定。

在正常情况下，安川机器人设计有“操作模式”“编辑模式”“管理模式”3种基本安全模式；如果按住示教器的【主菜单】键，接通系统电源，系统可进入更高一级的管理模式（称作维护模式）。

采用安川DX200新系列控制系统的机器人，增加了“安全模式”“一次管理模式”两种模式，可用于安全机能和文件编辑、功能参数定义与数据批量传送操作。

安川机器人基本安全模式的功能如下。

操作模式：操作模式在任何情况下都可进入。选择操作模式时，操作者只能对机器人进行最基本的操作，如程序选择、启动或停止，显示位置及输入/输出信号等。

编辑模式：编辑模式可进行示教编程，也可进行变量、DO信号、作业原点、用户坐标系设定操作。进入编辑模式需要输入正确的口令，安川机器人出厂时设定的编辑模式初始口令一般为“00000000”。

管理模式：管理模式可进行系统的全部操作，进入管理模式需要操作者输入更高一级的口令，安川机器人出厂时设定的管理模式初始口令一般为“99999999”。

安全模式将直接影响机器人操作功能，并改变示教器主菜单、子菜单。由于软件版本的不同，部分子菜单只能在特定系统上使用。

2. 安全模式设定

安全模式可限定操作者权限，避免误操作，它可通过如下操作设定。

① 选择［系统信息］主菜单，使示教器显示系统信息子菜单（参见图9.2.4）。

② 选定［安全模式］子菜单，示教器可显示安全模式设定框。

③ 光标定位于安全模式输入框，按【选择】键，输入框可显示图9.2.6（a）所示的输入选项，选择安全模式。

④ 如果安全模式选择了编辑模式或管理模式，示教器将显示图9.2.6（b）所示的“用户口令”输入页面。

⑤ 在用户口令输入页面，根据所选的安全模式，输入用户口令后，用【回车】键确认。口令正确时，系统可进入所选的安全模式。

3. 口令更改

为了保护程序和参数、防止误操作，调试维修人员可对安全模式口令进行重新设定。用户口令设定可在主菜单［设置］下进行，其操作步骤如下。

① 用主菜单扩展键［▶］显示扩展主菜单［设置］并选定，示教器可显示图9.2.7（a）所示的设置子菜单。

② 用光标选定子菜单［用户口令］，示教器可显示图9.2.7（b）所示的用户口令设定页面。

③ 用光标移动键，选定需要修改口

(a) 安全模式选择

(b) 用户口令输入

图9.2.6　安全模式设定

令的安全模式，信息显示框将显示“输入当前口令（4 到 8 位）”。

④ 输入安全模式原口令后，按【回车】键。如口令输入准确，示教器将显示图 9.2.7（c）所示的新口令设定页面，信息显示框将显示“输入新口令（4 到 8 位）”。

⑤ 输入安全模式新的口令，按【回车】键确认后，新用户口令将生效。

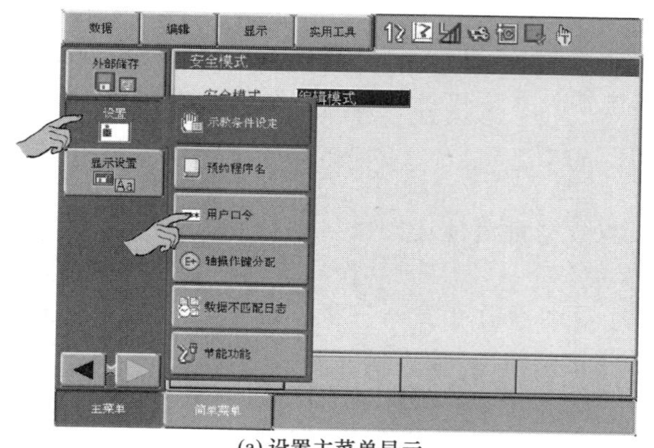

(a) 设置主菜单显示

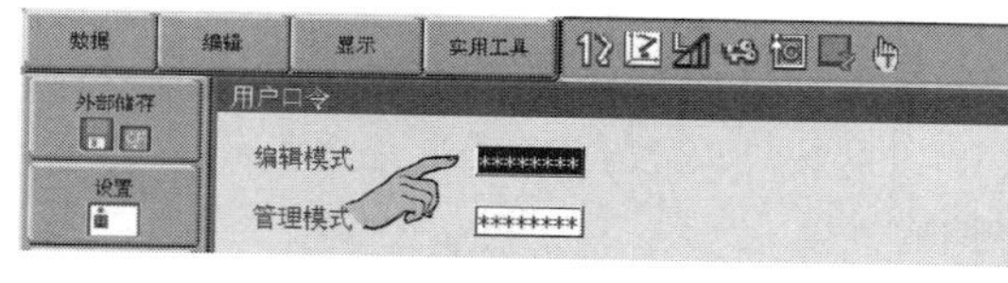

(b) 用户口令设定

(c) 用户新口令输入

图 9.2.7 口令更改

9.3 机器人手动操作

9.3.1 控制轴组与坐标系选择

1. 控制轴组与选择

复杂工业机器人系统需要选择“控制轴组”，来选定手动操作对象。安川机器人的控制轴组分“机器人”“基座轴”“工装轴”3 类。

① 机器人。机器人轴组用于多机器人系统的机器人选择，单机器人系统可选择“机器人 1”。

② 基座轴。基座轴是控制机器人本体整体移动的辅助坐标轴。安川机器人可选择平行 $X/Y/Z$ 轴的直线运动轴（RECT-X/RECT-Y/RECT-Z）、$XY/XZ/YZ$ 平面二维运动轴（RECT-XY/ RECT-XZ/ RECT-YZ）、三维空间上的直线运动轴（RECT-XYZ）3 类，基座轴最大为 8 轴。

③ 工装轴。工装轴是控制工装（工件）运动的辅助坐标轴，最大为 24 轴。工装轴需要通过系统的硬件配置操作设定，工装轴可以是回转、摆动或直线轴，点焊机器人的伺服焊钳属于工装轴。

基座轴、工装轴统称外部轴，同时按“【转换】+【外部轴切换】”键，可选定外部轴；同时按“【转换】+【机器人切换】”键，可选定机器人。

2. 坐标系与选择

安川机器人可使用的坐标系有图 9.3.1 所示的 5 种。关节、工具、用户坐标系的含义与其他机器人相同，详见第 2 章；安川机器人的直角坐标系就是机器人基座坐标系；圆柱坐标系是以极坐标形式表示的机器人基座坐标系。

坐标系选择方法如图 9.3.2 所示，操作步骤如下。

① 操作模式选择【示教（TEACH）】。

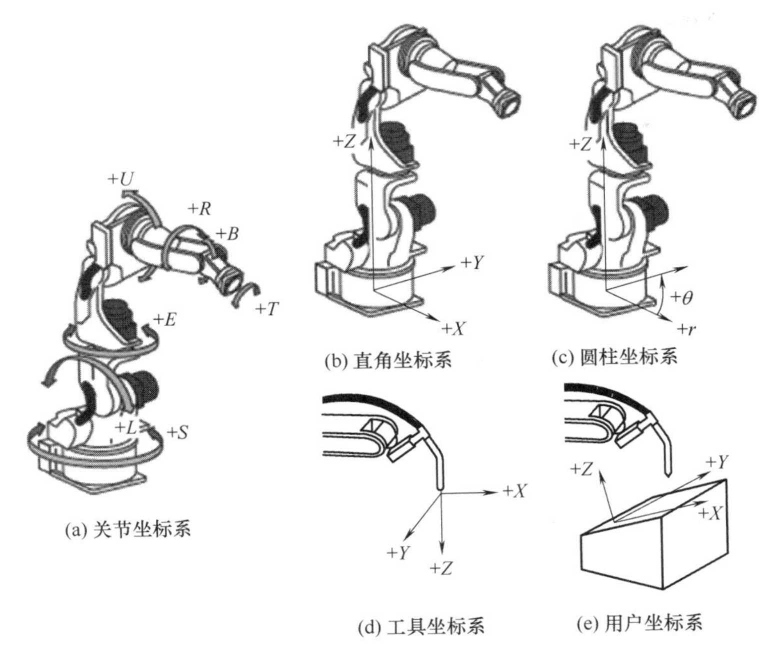

图 9.3.1　安川机器人的坐标系

② 多机器人或带外部轴系统，同时按“【转换】+【机器人切换】或【外部轴切换】”键，选定控制轴组。

③ 重复按【选择工具/坐标】键，可进行“关节坐标系→直角坐标系→圆柱坐标系→工具坐标系→用户坐标系→关节坐标系→……”的循环变换。根据操作需要，选择所需的坐标系，并通过状态栏图标确认。

④ 使用多工具时，工具坐标系选定后，可同时按“【转换】+【选择工具/坐标】”键，显示工具选择页面，选定工具号。工具号选定后，可同时按“【转换】+【选择工具/坐标】”键，返回原显示页面。手动操作的工具坐标系切换可通过系统参数禁止。

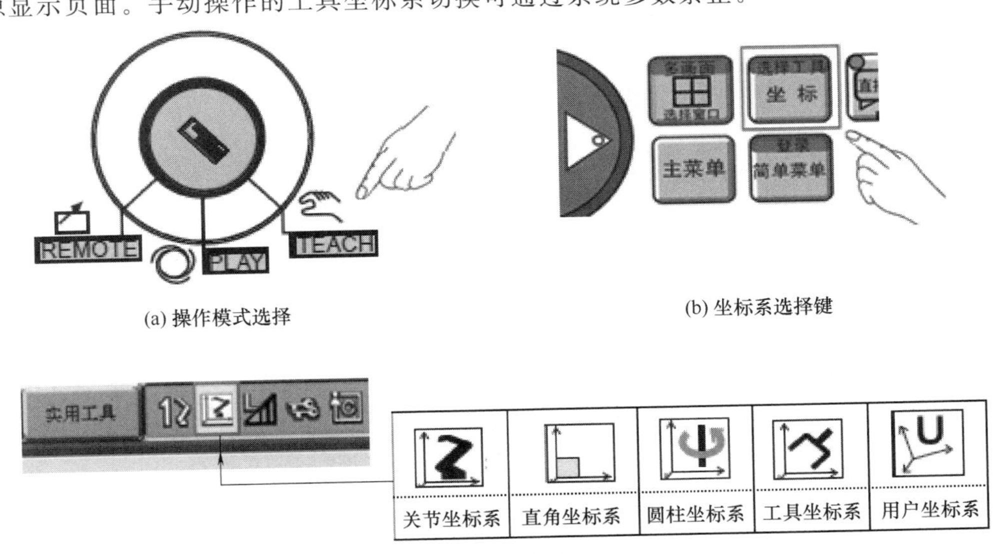

图 9.3.2　坐标系的选择操作

⑤ 使用多个用户坐标系的机器人，在选定用户坐标系后，可同时按操作面板上的“【转换】+【选择工具/坐标】”键，显示用户坐标系选择页面，选定用户坐标号。用户坐标号选定后，可同时按“【转换】+【选择工具/坐标】”键，返回原显示页面。手动操作时的用户坐标系切换可通过系统参数禁止。

9.3.2 关节坐标系点动

1. 操作键

机器人的手动操作亦称点动，安川机器人示教器的点动键布置如图 9.3.3 所示。

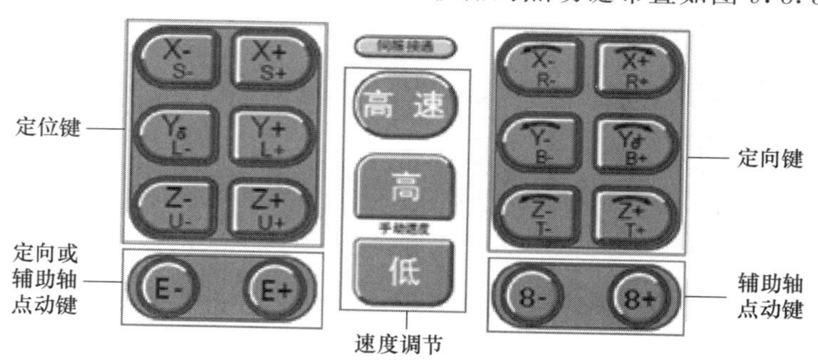

图 9.3.3 点动操作键

示教器左侧的 6 个方向键【X－/S－】～【Z＋/U＋】，用于机器人 TCP 点动操作；右侧的 6 个方向键【X－/R－】～【Z＋/T＋】，用于工具定向操作；7 轴机器人可通过【E－】、【E＋】键，控制下臂回转轴点动操作；6 轴机器人的【E－】、【E＋】键及【8－】、【8＋】键，可用于基座轴或工装轴点动操作。

示教器中间的【高速】、【高】、【低】键，用于进给方式和速度选择。重复按【高】或【低】键，可进行“微动（增量进给）”“低速点动”“中速点动”“高速点动”的切换。选择微动（增量进给）时，按一次方向键，可使指定的轴在指定方向移动指定的距离；选择点动时，按住方向键，指定的坐标轴便可在指定的方向上连续移动，松开方向键即停止。增量进给距离及各级点动速度，可通过系统参数设定。

2. 位置显示

显示机器人位置的操作步骤如图 9.3.4 所示。

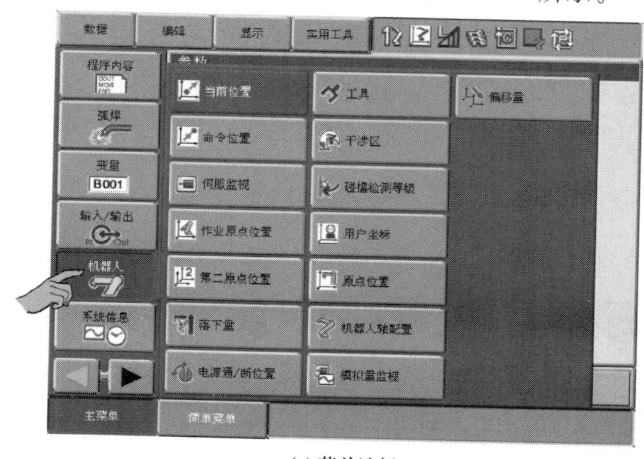

(a) 菜单选择

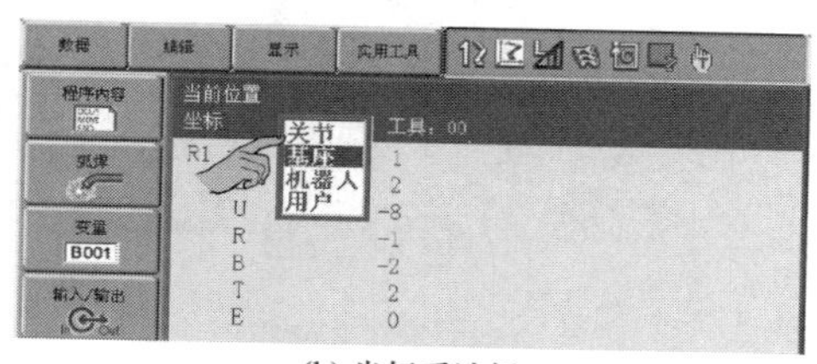

(b) 坐标系选择

(c) 位置显示

图 9.3.4 机器人位置的显示

① 如图 9.3.4（a）所示，选择主菜单［机器人］、子菜单［当前位置］，示教器可显示机器人关节坐标系的位置值。

② 光标选定设定框，按【选择】键，便可用图 9.3.4（b）所示的输入选项选定坐标系；坐标系选定后，示教器便可显示图 9.3.4（c）所示的坐标系位置。

3. 机器人点动

关节点动可对机器人所有关节轴进行直观操作，无需考虑定位、定向运动。安川机器人的关节轴及方向规定如图 9.3.5 所示，点动操作的步骤如下。

① 操作模式选择【示教（TEACH）】。

② 同时按“【转换】+【机器人切换】”键，选定机器人轴组。

③ 重复按【选择工具/坐标】键，选择关节坐标系。

④ 按【高】或【低】键，选定移动速度。

⑤ 确认运动范围内无操作人员及可能影响运动的其他器件。

⑥ 按【伺服准备】键，接通驱动器主电源；主电源接通后，【伺服接通】指示灯闪烁。

⑦ 轻握【伺服 ON/OFF】手握开关并保持，启动伺服，【伺服接通】指示灯亮。

⑧ 按方向键，所选的坐标轴即可进行指定方向的运动。如果多个方向键被同时按下，多个轴可同时运动。

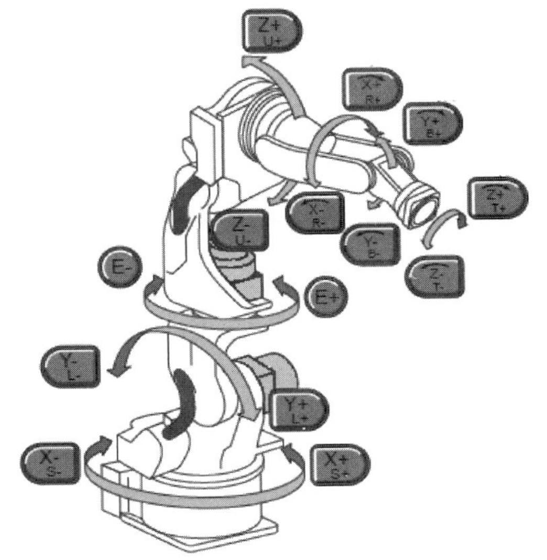

图 9.3.5 机器人关节点动

⑨ 点动运动期间，可通过按速度调节键改变速度；如同时按方向键、【高速】键，轴将快速移动，快速速度可通过机器人的参数设定。

4. 外部轴点动

安川机器人的外部轴同样可进行点动操作，点动键与轴的对应关系如图 9.3.6 所示。

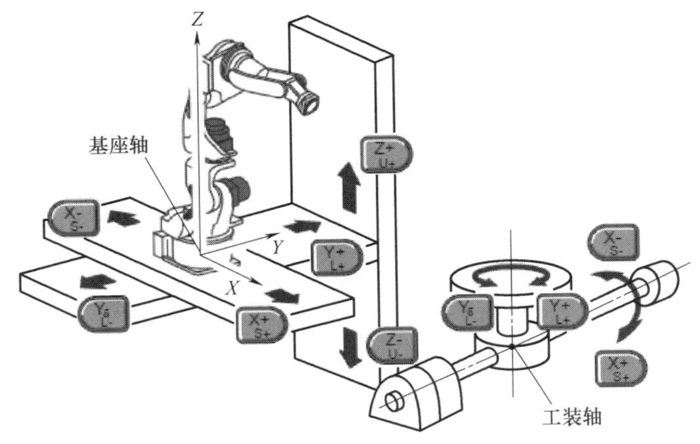

图 9.3.6 外部轴点动

外部轴点动操作需要通过“【转换】+【外部轴切换】”键，选定控制轴组（基座轴、工装轴），控制轴组选定后，便可通过对应的方向键点动；外部轴超过 6 轴时，第 7、8 轴的点动由【E+】/【E−】、【8+】/【8−】键控制。外部轴点动的操作步骤、速度调整等方法均与机器人点动相同。

9.3.3 机器人TCP点动

1. 基本操作

机器人TCP在笛卡儿坐标系、圆柱坐标系的点动操作，同样可选择增量进给（微动）、点动两种方式，增量进给距离、点动速度可通过系统参数设定。

机器人TCP点动的操作步骤如下。

① 操作模式选择【示教（TEACH)】。

② 同时按“【转换】+【机器人切换】”键，选定机器人轴组。

③ 重复按【选择工具/坐标】键，选定坐标系。选择工具、用户坐标系时，同时按“【转换】+【选择工具/坐标】”键，在所显示的工具、用户坐标系选择页上，选定工具号或用户坐标号；工具号、用户坐标系选定后，同时按“【转换】+【选择工具/坐标】”键返回。

④ 按【高】或【低】键，选定点动运行方式或速度。

⑤ 按【伺服准备】键，接通驱动器主电源，【伺服接通】灯闪烁。

⑥ 轻握【伺服ON/OFF】开关并保持，启动伺服，【伺服接通】指示灯亮。

⑦ 按方向键，机器人TCP即进行指定方向的运动。同时按多个方向键，多个轴可同时运动。

⑧ 点动运动期间，可同时按速度调节键，改变点动速度；如同时按方向键和【高速】键，TCP将快速移动，快速速度可通过控制系统参数设定。

2. 运动方向

TCP点动时，对于不同坐标系，方向键【X−/S−】~【Z+/U+】的规定如下。

① 直角（基座）坐标系。基座坐标系的操作键及TCP运动方向如图9.3.7所示。

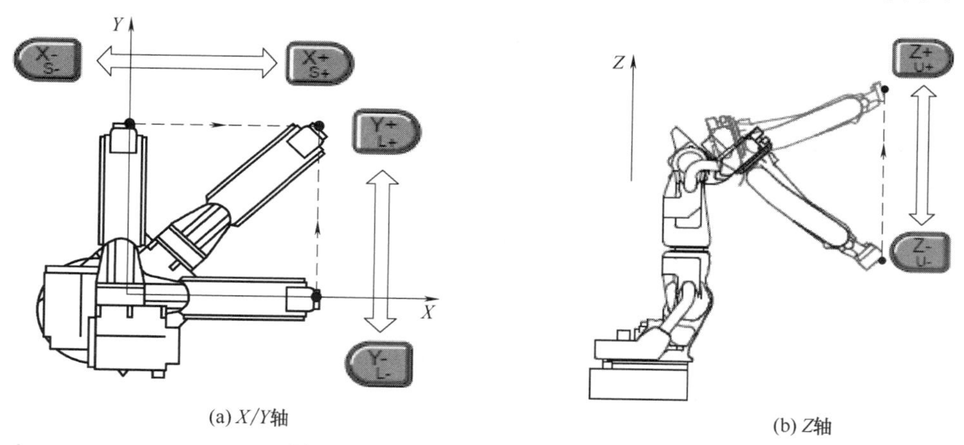

图9.3.7 直角（基座）坐标系点动

② 圆柱坐标系。圆柱坐标系的操作键及TCP运动方向如图9.3.8所示。

③ 工具坐标系、用户坐标系。工具坐标系、用户坐标系的方向可由用户定义，利用方向键【X−/S−】~【Z+/U+】，可控制TCP在工具坐标系、用户坐标系的X、Y、Z方向运动。

9.3.4 工具定向点动

1. 定向方式

工具定向点动可用来改变工具方向。工具定向有“TCP不变”和“变更TCP”两种运动

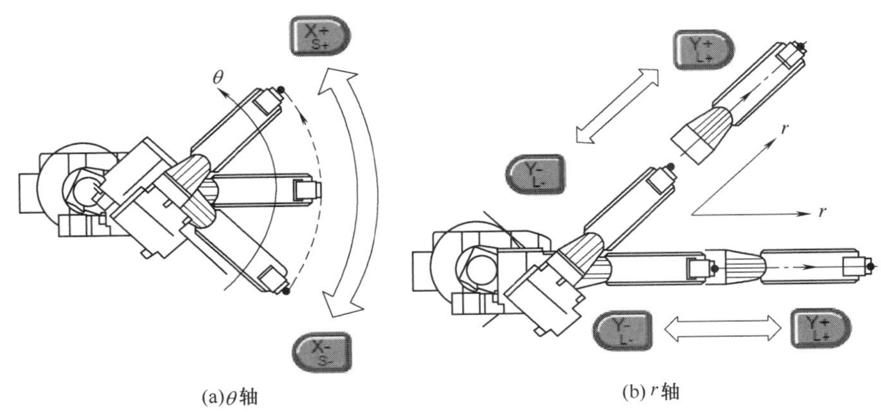

(a)θ轴　　(b) r 轴

图 9.3.8　圆柱坐标系点动

方式。

① TCP 不变定向。TCP 不变定向运动如图 9.3.9 所示，它可使工具回绕 TCP 点进行回转运动。在 7 轴机器人上，还可通过下臂回转轴 E（第 7 轴）的运动，进一步实现图 9.3.10 所示的 TCP 不变的工具定向运动。

② 变更 TCP 定向。变更 TCP 工具定向是一种同时改变 TCP 点和工具方向的操作，它可使工具根据新的 TCP 位置，进行工具定向运动。

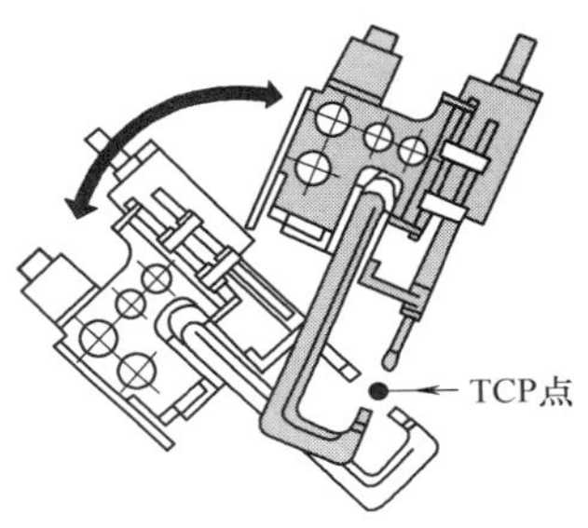

图 9.3.9　TCP 不变定向

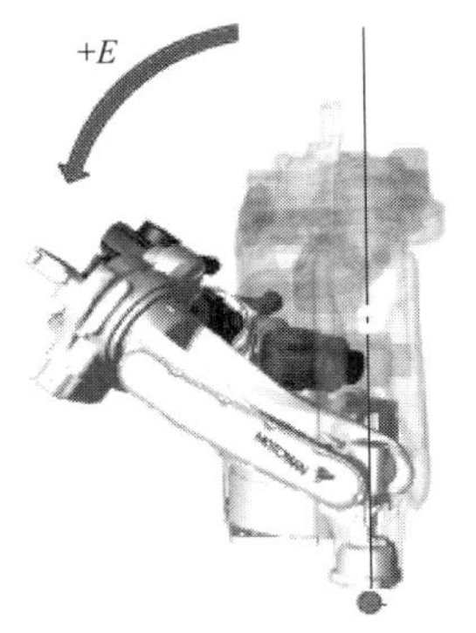

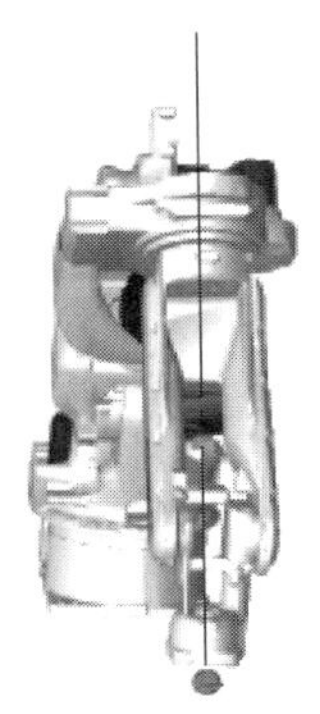
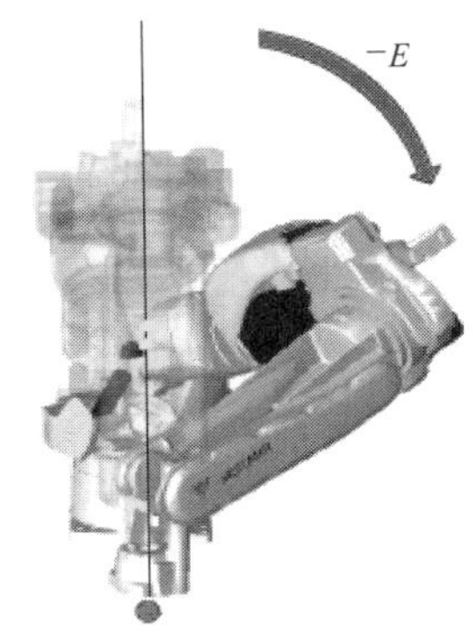

图 9.3.10　下臂回转定向

例如，对于图 9.3.11 所示有 2 把工具、2 个 TCP 的工具定向，如选择工具 1 的 TCP（P1）定向，机器人将进行图 9.3.11（a）所示的运动；如选择工具 2 的 TCP（P2）定向，机器人将进行图 9.3.11（b）所示的定向运动。

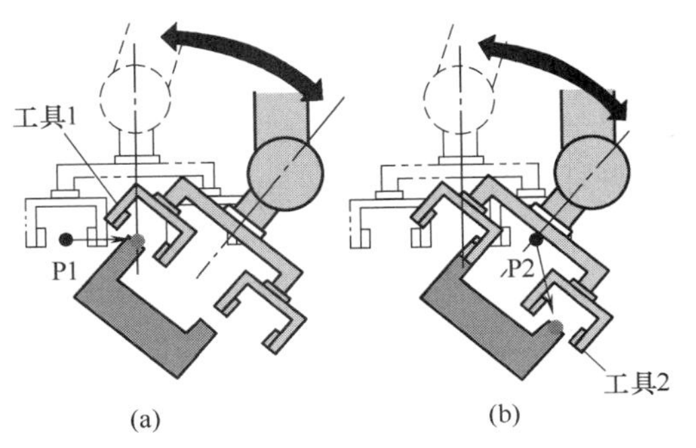

图 9.3.11　变更 TC 定向

2. 点动操作

工具定向操作是以 TCP 为原点，手腕绕 X、Y、Z 轴的回转运动，需要选择直角（基座）、圆柱或工具、用户坐标系。

工具定向点动操作，可通过操作面板右侧的 6 个方向键【X－/R－】～【Z＋/T＋】控制，在不同的坐标系上，运动方向如图 9.3.12 所示。

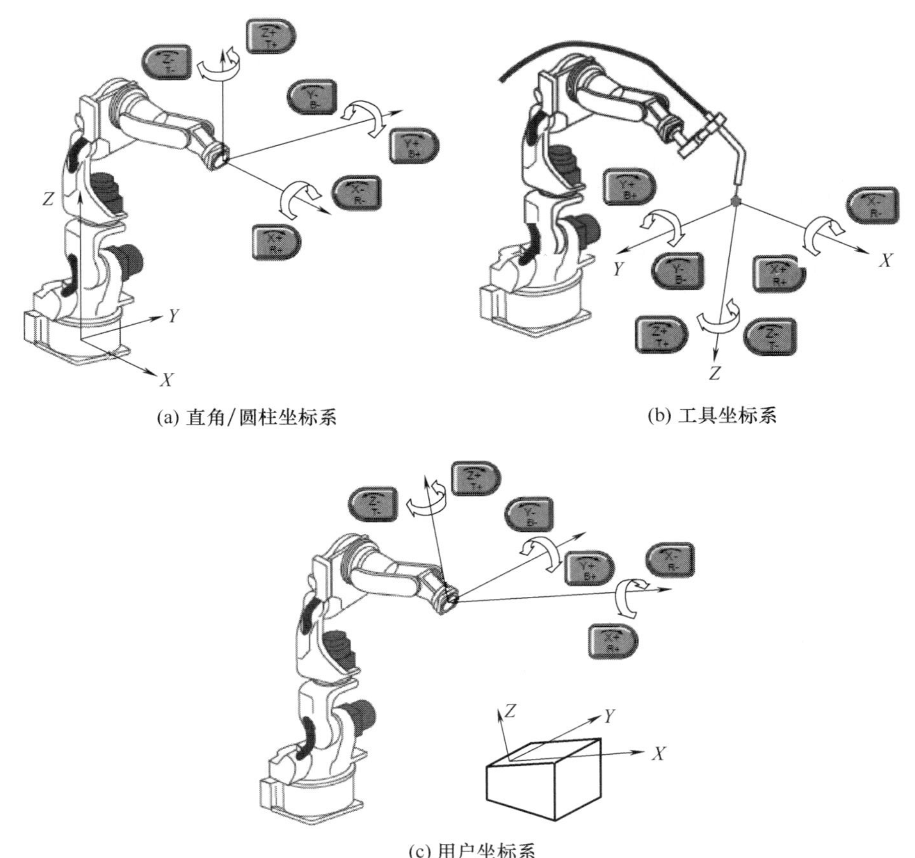

(a) 直角/圆柱坐标系

(b) 工具坐标系

(c) 用户坐标系

图 9.3.12 不同坐标系的定向操作

工具点动定向同样可选择微动（增量进给）、点动两种方式，其操作步骤和 TCP 点动相同，TCP 的变更可通过同时按“【转换】＋【坐标】”键，在所显示的工具选择页面上进行。

9.4 机器人示教编程

9.4.1 示教条件及设定

1. 示教条件设定

示教编程是通过作业现场的人机对话操作，通过操作者对机器人进行的作业引导，由控制系统生成、记录命令，产生程序。其编程简单易行，编制的程序正确、可靠，它是目前工业机器人最常用的编程方法。

进行示教编程前，首先需要按以下步骤设定示教编程条件。

① 按 9.2.2 节的操作步骤，将安全模式设定为“编辑模式”或“管理模式”。

② 操作模式选择“示教【TEACH】”。

③ 按【主菜单】键，显示主菜单页面。

④ 选择主菜单扩展键［▶］，显示扩展主菜单，并选定［设置］（见图 9.4.1）。

⑤ 在扩展主菜单［设置］中选择［示教条件设定］子菜单，示教器便可显示图 9.4.2 所示的示教条件设定页面。

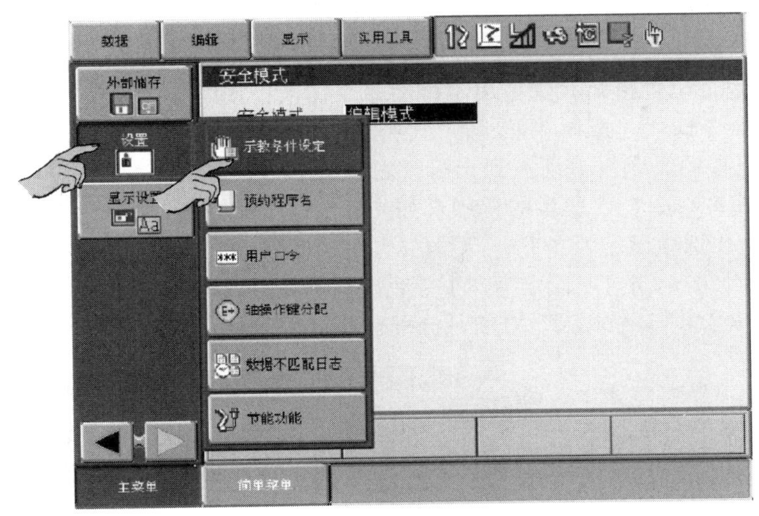

图 9.4.1 扩展主菜单的显示

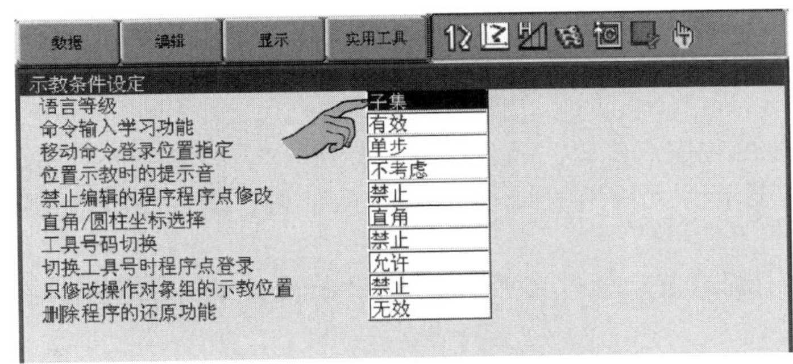

图 9.4.2 示教条件设定页面

⑥ 光标定位至相应的输入框，按【选择】键，输入框可显示图 9.4.3 所示的输入选项，选择不同选项，便可进行示教条件的切换。

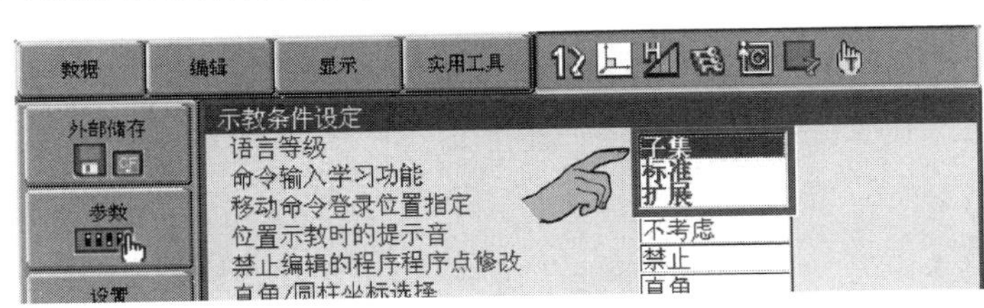

图 9.4.3 输入选项显示

示教条件的不同设定，将直接影响系统的示教器显示、命令输入及程序编辑功能，安川机器人示教条件设定项的作用如下。

2. 示教条件

① 语言等级。可选择“子集”“标准”“扩展”。“子集”用于简单程序编辑，命令一览表只显示常用命令；“标准”可显示、编辑全部命令，但不能设定局部变量、使用变量编程；“扩展”可显示、编辑全部命令和变量。语言等级只影响程序输入和编辑操作，不影响程序运行，即不能显示的命令仍能正常执行。

② 命令输入学习功能。可选择“有效”“无效”。选择“有效”时，系统具有添加项记忆

功能，下次输入同一命令时，可在输入行显示相同的添加项。选择“无效”时，输入行只显示命令，添加项需要通过命令的“详细编辑”页面编辑。

③ 移动命令登录位置指定。选项用于移动命令插入操作时的插入位置选择，有“下一行”“下一程序点前”2个选项。选择“下一行”，所输入的移动命令插入在光标选定行之后；选择“下一程序点前”，移动命令将被插入到光标行之后的下一条移动命令之前。

例如，对于图9.4.4（a）所示的程序，如光标定位于命令行0006，进行移动命令“MOVL V=558”插入时，当选项设定为“下一行”，“MOVL V=558”被插入在图9.4.4（b）所示的位置，行号自动变为0007；当选项设定为“下一程序点前”时，“MOVL V=558”被插入到原来的移动命令“0009 MOVJ VJ=100.0”之前，行号自动变为0009，见图9.4.4（c）。

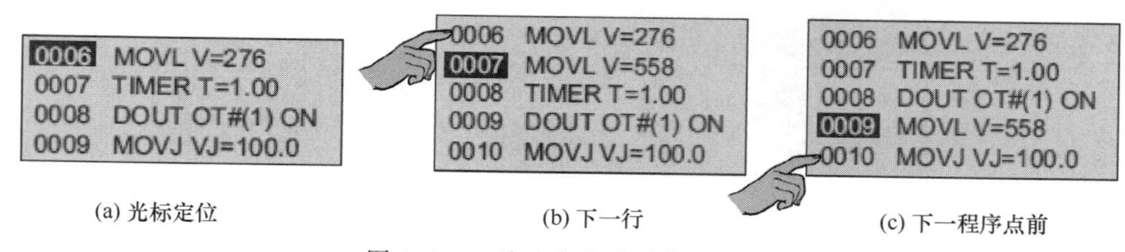

(a) 光标定位　(b) 下一行　(c) 下一程序点前

图9.4.4　移动命令登录位置选择

④ 位置示教时的提示音。通过输入选项“考虑”“不考虑”，可打开、关闭位置示教操作时的提示音。

⑤ 禁止编辑程序的程序点修改。当程序通过标题栏的“编辑锁定”设定、禁止程序编辑操作时，如本项设定选择“允许”，程序点仍可进行修改；如设定“禁止”，程序点修改将被禁止。

⑥ 直角/圆柱坐标系选择。通过选项“直角”“圆柱”，可选择机器人基座坐标系为直角、圆柱坐标系。

⑦ 工具号切换。选择“允许”“禁止”可生效、撤销程序编辑时的工具号修改功能。

⑧ 切换工具号时的程序点登录。选择“允许”“禁止”可生效、撤销工具号修改时的程序点修改功能。

⑨ 只修改操作对象组的示教位置。选择“允许”“禁止”可生效、撤销除了操作对象外的其他轴的位置示教功能。

⑩ 删除程序的还原功能。选择“有效”“无效”可生效、撤销系统恢复（UNDO）已删除程序的功能。

9.4.2 程序创建

机器人示教编程一般按程序创建、命令输入、命令编辑等步骤进行。程序创建、程序名输入操作步骤如下。

① 按9.2节的操作步骤，将安全模式设定至“编辑模式”。

② 操作模式选择开关置“示教【TEACH】”。

③ 按【主菜单】键，选择主菜单；将光标定位到［程序内容］上，按【选择】键选定后，示教器将显示图9.4.5所示的子菜单。

④ 光标定位到［新建程序］子菜单上，按【选择】键选定，示教器将显示图9.4.6所示的新建程序登录和程序名输入页面。

⑤ 纯数字的程序名可直接通过示教器的操作面板输入；如程序名中包含字母、字符，可按【返回/翻页】键，使示教器显示图9.4.7（a）所示的字符输入软键盘。

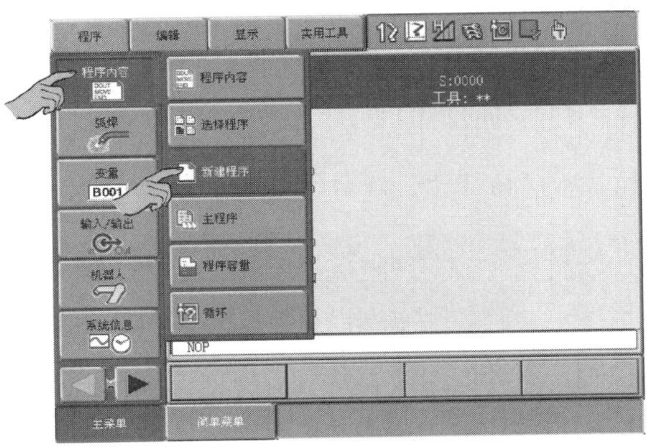

图 9.4.5　程序内容子菜单显示

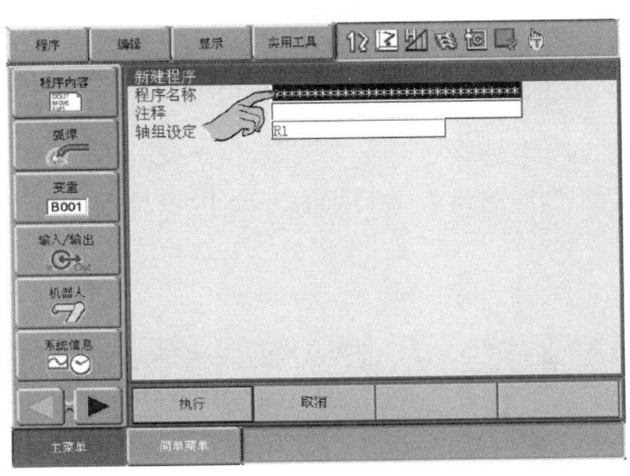

图 9.4.6　新建程序登录页面

⑥ 按【区域】键，使光标定位到软键盘的输入区。如程序名中包含小写字母、符号时，可通过光标定位，选择数字/字母输入区的大/小写转换键［CapsLock ON］，进一步显示图 9.4.7（b）所示的小写字母输入软键盘，或者，选择数字/字母输入区的符号输入切换键［SYMBOL］，显示图 9.4.7（c）所示的符号输入软键盘。

⑦ 在选定的软键盘上，用光标选定需要输入的字符，用［Enter］键输入。例如，对于程序名“TEST”，可在图 9.4.7（a）页面上，依次选定字母 T、［Enter］→字母 E、［Enter］……输入程序名。安川机器人程序名最大为 32（半角）或 16（全角）字符，程序名不能在同一系统上重复使用。输入字符可在［Result］栏显示，按［Cancel］可逐一删除输入字符，按【清除】键，可删除全部输入；再次按【清除】键，可关闭字符输入软键盘，返回程序登录页面。

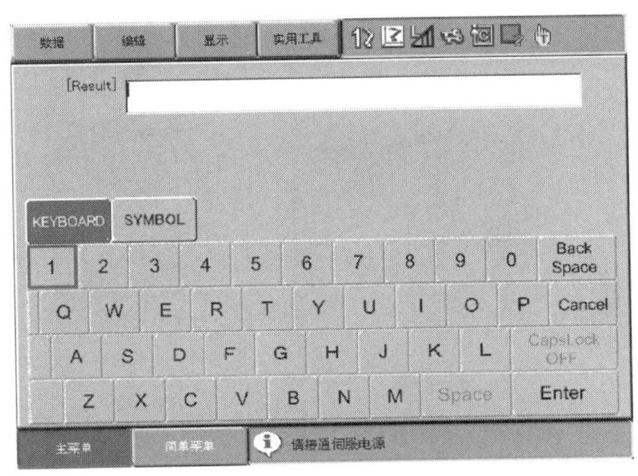

(a) 大写输入

(b) 小写输入

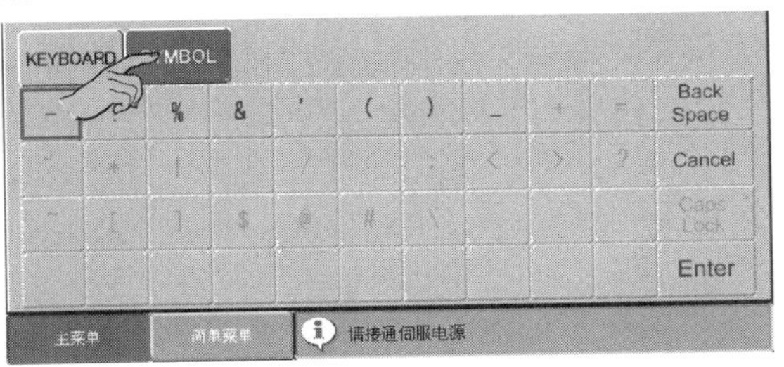

(c) 符号输入

图 9.4.7　字符输入软键盘显示

⑧ 程序名输入完成后，按【回车】键，示教器可显示图 9.4.8 所示的程序登录页面。

⑨ 光标定位到［执行］键上，按【选择】键，程序即被登录，示教器将显示图 9.4.9 所示的程序编辑页面。

程序编辑页面的开始命令“0000 NOP”和结束标记“0001 END”由系统自动生成，在该页面上，操作者便可通过下述的命令输入操作，输入程序命令。

图 9.4.8　程序登录页面

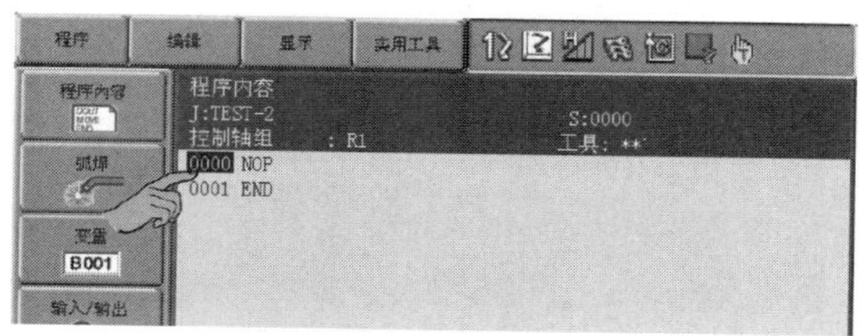

图 9.4.9　程序编辑页面

9.4.3 移动命令示教

移动命令的示教必须在伺服启动后进行，图 9.4.10 所示运动的简单焊接作业程序如下。

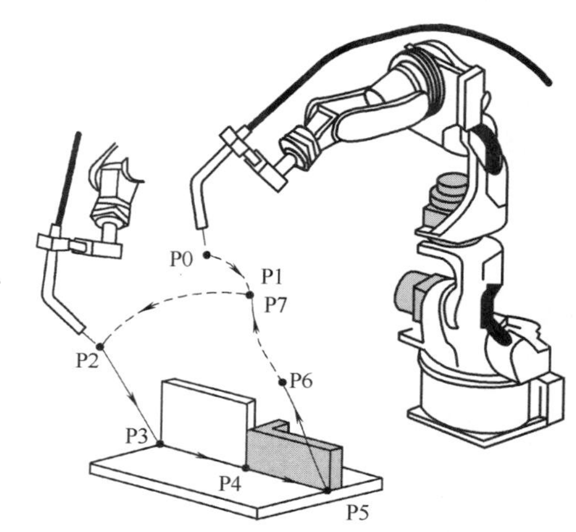

图 9.4.10　焊接作业图

```
TESTPRO                        //程序名
0000 NOP                       //空操作命令
0001 MOVJ VJ=10.00             //P0→P1 点关节插补,速度倍率为 10%
0002 MOVJ VJ=80.00             //P1→P2 点关节插补,速度倍率为 80%
0003 MOVL V=800                //P2→P3 点直线插补,速度为 800cm/min
0004 ARCON ASF#(1)             //引用焊接文件 ASF#1,在 P3 点启动焊接
0005 MOVL V=50                 //P3→P4 点直线插补焊接,速度为 50cm/min
0006 ARCSET AC=200 AVP=100     //修改焊接条件
0007 MOVL V=50                 //P4→P5 点直线插补焊接,速度为 50cm/min
0008 ARCOF AEF#(1)             //引用焊接文件 AEF#1,在 P5 点关闭焊接
0009 MOVL V=800                //P5→P6 点直线插补,速度为 800cm/min
0010 MOVJ VJ=50.00             //P6→P7 点关节插补,速度倍率为 50%
0011 END                       //程序结束
```

移动命令示教编程的一般操作步骤如下。

① 按表 9.4.1 输入机器人从开机位置 P0 向程序起点 P1 移动的定位命令。

表 9.4.1 P0 到 P1 定位命令输入操作步骤

步骤	操作与检查	操作说明
1	 伺服接通	轻握【伺服 ON/OFF】开关并保持，启动伺服，【伺服接通】指示灯亮
2	 转换 + 机器人切换 外部轴切换 控制轴组 : R1	对于多机器人控制系统或带有变位器的控制系统，同时按示教器操作面板上的“【转换】+【机器人切换】”键，或“【转换】+【外部轴切换】”键，选定控制轴组
3	 工具选择 坐标	按示教器操作面板上的【选择工具/坐标】键，选定坐标系。重复按该键，可进行“关节→直角→圆柱→工具→用户坐标系”的循环变换
4	 转换 + 工具选择 坐标	使用多工具时，同时按“【转换】+【选择工具/坐标】”键，显示工具选择页面后，选定工具号。然后，同时按“【转换】+【选择工具/坐标】”键返回
5	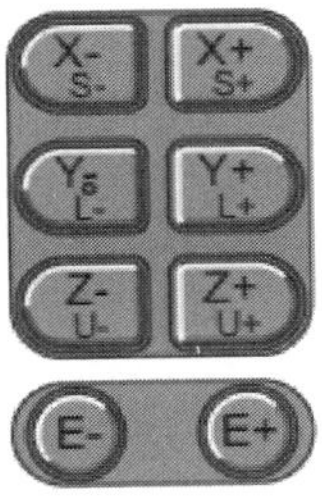 X- S- X+ S+ Y- L- Y+ L+ Z- U- Z+ U+ E- E+	按点动操作步骤，将机器人由开机位置 P0，手动移动到程序起始位置 P1 示教编程时，移动指令要求的只是终点位置，它与点动操作时的移动轨迹、坐标轴运动次序无关
6	 插补方式 => MOVJ VJ=0.78	按操作面板上的【插补方式】(或【插补】)键，输入缓冲行将显示关节插补指令 MOVJ
7	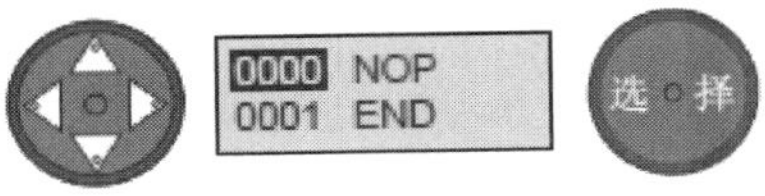 0000 NOP 0001 END 选择	用光标移动键，将光标调节到程序行号 0000 上，按操作面板的【选择】，选定命令输入行
8	 => MOVJ VJ=0.78	用光标移动键，将光标定位到命令输入行的速度倍率上
9	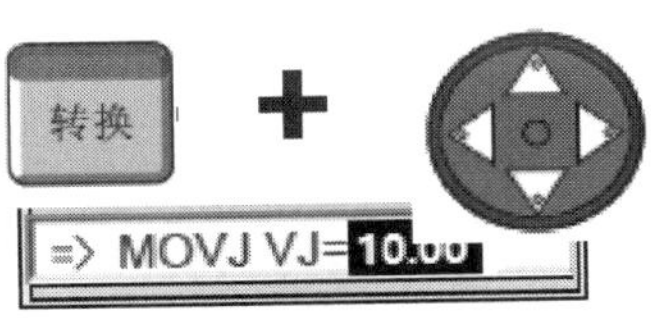 转换 + => MOVJ VJ=10.00	同时按【转换】键和光标向上键【↑】，速度倍率将上升；如同时按【转换】键和光标向下键【↓】，则速度倍率下降；速度倍率按级变化，每级的具体值可通过再现速度设定。根据程序要求，将速度倍率调节至 10.00(10%)

续表

步骤	操作与检查	操作说明
10	回车 0000 NOP 0001 MOVJ VJ=10.00 0002 END	按【回车】键输入，机器人由P0向P1的定位命令"MOVJ VJ=10.00"，将被输入到程序行0001上

② 如需要，按表9.4.2调整机器人的工具位置和姿态，并输入从程序起点P1向接近作业位置的定位点P2移动的定向命令。

表 9.4.2　P1到P2定向命令输入操作步骤

步骤	操作与检查	操作说明
1	X- S- X+ S+ Y- L- Y+ L+ Z- U- Z+ U+ E- E+ X- R- X+ R+ Y- B- Y+ B+ Z- T- Z+ T+ 8- 8+	用操作面板的点动键，将机器人由程序起始位置P1，移动到接近作业位置的定位点P2。如需要，还可用操作面板的点动定向键，调整工具姿态 示教编程时，移动指令只需要正确的终点位置，与操作时的移动轨迹、坐标轴运动次序无关
2～5	插补方式　转换　+ => MOVJ VJ=80.00	通过【插补方式】(或【插补】)键、【转换】键＋光标【↑】/【↓】键，输入命令MOVJ VJ=80.00 操作同表9.4.1步骤6～9
6	回车 0000 NOP 0001 MOVJ VJ=10.00 0002 MOVJ VJ=80.00 0003 END	按操作面板的【回车】键，机器人由P1向P2的移动命令"MOVJ VJ=80.00"被输入到程序行0002上

③ 按表9.4.3输入从接近作业位置的定位点P2向作业开始位置P3移动的直线插补命令。

表 9.4.3　P2到P3直线插补命令输入操作步骤

步骤	操作与检查	操作说明
1	X- S- X+ S+ Y- L- Y+ L+ Z- U- Z+ U+ E- E+	保持P2点的工具姿态不变，用操作面板的点动定位键将机器人由接近作业位置的定位点P2移动到作业开始点P3
2	插补方式 => MOVL V=66	按【插补方式】(或【插补】)键数次，直至命令输入行显示直线插补指令MOVL
3	0000 NOP 0001 MOVJ VJ=10.00 0002 MOVJ VJ=80.00 0003 END 选择	用光标移动键将光标调节到程序行号0003上，按操作面板的【选择】选定命令输入行

续表

步骤	操作与检查	操作说明
4	=> MOVL V=66	用光标移动键将光标定位到命令输入行的直线插补速度显示值上
5	转换 + => MOVL V=800	同时按【转换】键和光标上/下键【↑】/【↓】，将速度调节至800cm/min。移动速度按速度级变化，每级速度的具体值可通过再现速度设定规定
6	回车 0000 NOP 0001 MOVJ VJ=10.00 0002 MOVJ VJ=80.00 0003 MOVL V=800 0004 END	按【回车】键，机器人由P2向P3的直线插补移动命令“MOVL V=800”输入到程序行0003上

④ 输入作业时的移动命令。机器人从P3→P4、P4→P5点的移动为焊接作业的直线插补运动。按程序的次序，P3→P4点的移动命令“0005 MOVL V=50”，应在完成P3点的焊接启动命令“0004 ARCON ASF#(1)”的输入后进行；而P4→P5点的移动命令“0007 MOVL V=50”，则应在完成P4点的焊接条件设定命令“0006 ARCSET AC=200 AVP=100”的输入后进行。但是，实际编程时也可先完成所有移动命令的输入，然后通过程序编辑的命令插入操作，增补作业命令“0004 ARCON ASF#(1)”“0006 ARCSET AC=200 AVP=100”。

移动命令“0005 MOVL V=50”“0007 MOVL V=50”的输入方法与P2→P3点的直线插补命令“0003 MOVL V=800”相同。示教编程时，移动命令只需要P4、P5点正确的终点位置，它对机器人示教时的移动轨迹、坐标轴运动次序等并无要求，因此，为了避免示教移动过程中可能产生的碰撞，进行P3→P4、P4→P5点动定位时，可应先将焊枪退出工件加工面，然后从安全位置进入P4点、P5点。

⑤ 输入作业完成后的移动命令。机器人在P5点执行焊接关闭（熄弧）命令“0008 ARCOF AEF#(1)”后，需要通过移动命令“0009 MOVL V=800”“0010 MOVJ VJ=50.00”退出作业位置，回到程序起点P1（即P7点）。按程序的次序，P5→P6点、P6→P7点的移动命令应在完成焊接关闭命令“0008 ARCOF AEF#(1)”的输入后进行，但实际编程时也可先输入移动命令，然后通过程序编辑的命令插入操作，增补作业命令“0008 ARCOF AEF#(1)”。

移动命令“0009 MOVL V=800”为直线插补命令，其输入方法与P2→P3点的直线插补命令“0003 MOVL V=800”相同；移动命令“0010 MOVJ VJ=50.00”为点定位（关节插补）命令，其输入方法与P0→P1点的定位命令“0001 MOVJ VJ=10.00”相同。通过后述的“点重合”编辑操作，还可使退出点P7和起始点P1重合。

9.4.4 作业命令输入

机器人到达图9.4.10所示的作业开始点P3后，需要输入焊接启动命令“0004 ARCON ASF#(1)”，在P4点需要输入焊接条件设定命令“0006 ARCSET AC=200 AVP=100”，在P5点需要输入焊接关闭（熄弧）命令“0008 ARCOF AEF#(1)”。

作业命令的输入既可按照程序的次序依次输入，也可在全部移动命令输入完成后，再通过命令编辑的插入操作，在指定位置插入作业命令。按照程序的次序依次输入作业命令的操作步骤如下。

1. 焊接启动命令的输入

① 当机器人完成表 9.4.3 的定位点 P2→作业开始位置 P3 的直线插补移动程序行 0003 的输入后，按表 9.4.4 输入作业起点 P3 的焊接起动（引弧）命令 ARCON。

表 9.4.4 P3 点的焊接起动命令输入操作步骤

步骤	操作与检查	操作说明
1	7; 8 引弧; 9 送丝; 4; 5 熄弧; 6 退丝; 1 定时器; 2 气体; 3 电流电压; 0 参考点; .; - 电流电压	按弧焊机器人示教器操作面板上的弧焊命令快捷输入键【引弧】，直接输入焊接启动命令 ARCON。或： ① 按操作面板上的【命令一览】键，使示教器显示全部命令选择对话框 ② 在显示的命令选择对话框中，通过光标调节键、【选择】键，选择[作业]→[ARCON]命令
2	回车; ARCON	按操作面板的【回车】键输入，输入缓冲行将显示 ARCON 命令
3	选择	按操作面板的【选择】键，使示教器显示 ARCON 命令的详细编辑页面

② ARCON 命令的详细编辑页面显示如图 9.4.11（a）所示，在该页面上，可进行 ARCON 命令的添加项输入与编辑。进行 ARCON 命令的添加项输入与编辑时，可将光标调节到“未使用”输入栏上，然后进行以下操作。

(a) ARCON命令编辑页面

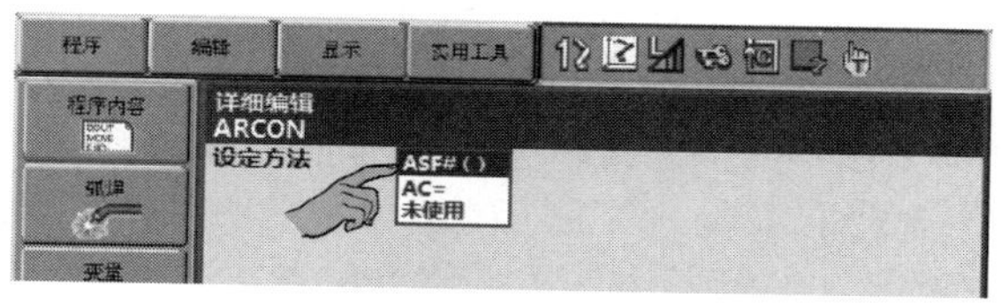

(b) 焊接特性设定选项显示

图 9.4.11 ARCON 命令编辑显示

③ 按【选择】键，示教器将显示图 9.4.11（b）所示的焊接特性设定选择输入框，当焊接作业条件以引弧条件文件的形式输入时，应在输入框中选定“ASF＃()”。

④ 焊接作业条件的输入形式选定后，示教器将显示图 9.4.12（a）所示的焊接作业条件文

件的选择页面。输入焊接作业条件文件号时，可将光标调节到文件号上，按【选择】键选定文件号输入操作。

⑤ 文件号输入操作选择后，系统将显示图 9.4.12（b）所示的引弧文件号输入对话框，在对话框中，可用数字键输入文件号后，按【回车】键输入。

(a) 作业文件选择页面

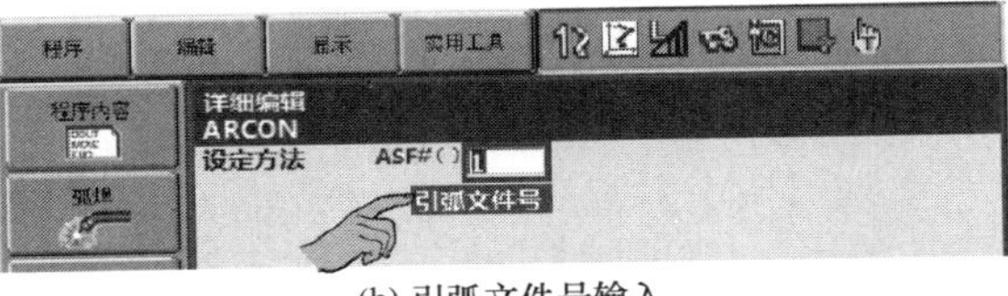

(b) 引弧文件号输入

图 9.4.12 作业文件输入显示

⑥ 再次按【回车】键，输入缓冲行将显示命令“ARCON ASF＃(1)”。

⑦ 再次按【回车】键，作业命令“0004 ARCON ASF＃(1)”将被输入到程序中。

2. 焊接条件设定命令输入

机器人焊接到 P4 点后，需要输入焊接条件设定命令“0006 ARCSET AC＝200 AVP＝100”修改焊接条件。因示教器操作面板上无直接输入焊接条件设定命令 ARCSET 命令的快捷键，命令需要通过如下操作输入。

① 按程序的次序，在完成 P4→P5 点的作业移动命令“0007 MOVL V＝50”输入后，按【命令一览】键，示教器右侧将显示图 9.4.13 所示的命令一览表。

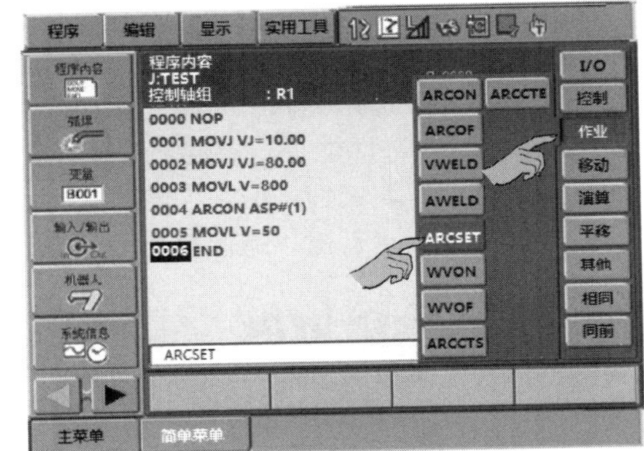

图 9.4.13 命令一览表显示

② 用光标调节键和【选择】键，在命令一览表上依次选定［作业］→［ARCSET］，命令输入行将显示命令“ARCSET”。

③ 按【选择】键，示教器显示图 9.4.14（a）所示的 ARCSET 命令编辑页面。

④ 将光标调节到焊接参数的输入位置，按【选择】键，示教器将显示图 9.4.14（b）所示的输入方式选择项。输入方式选择项的含义如下。

AC＝(或 AVP＝，等等)：直接通过操作面板输入焊接参数。

ASF＃()：选择焊接作业文件，设定焊接参数。

未使用：删除该项参数。

⑤ 根据程序需要，用光标选定输入方式选择项“AC＝”，直接用数字键输入焊接电流设定值 AC＝200，按【回车】键确认。

⑥ 用焊接电流设定同样的方法，完成焊接电压设定参数 AVP＝100 的输入。

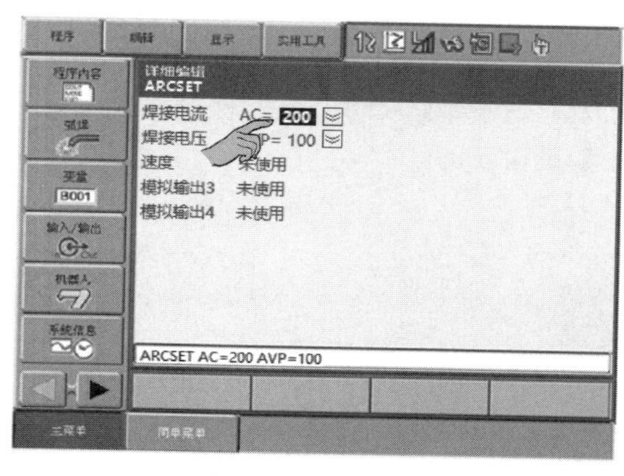

(a) ARCSET命令编辑页面

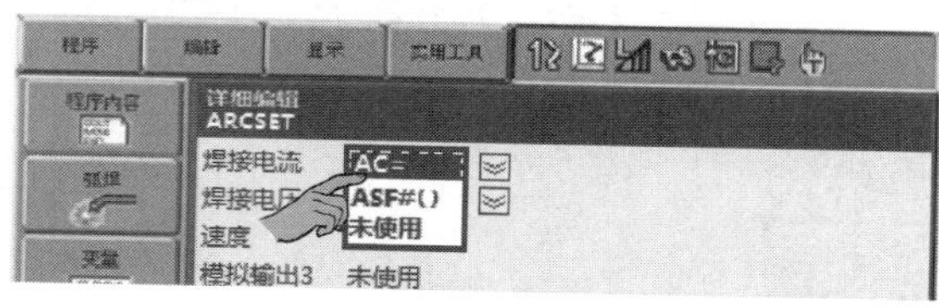

(b) 焊接参数输入选项

图 9.4.14 ARCSET 命令编辑显示

⑦ 按【回车】键，输入缓冲行将显示焊接条件设定命令“ARCSET AC=200 AVP =100”。

⑧ 再次按【回车】键，命令将输入到程序中。

3. 焊接关闭命令输入

机器人完成焊接、到达 P5 点后，需要通过焊接关闭命令“0008 ARCOF AEF＃(1)”结束焊接作业。焊接关闭命令 ARCOF 的输入操作方法、命令编辑的显示等，均与前述的焊接起动命令 ARCON 相似，操作步骤简述如下。

① 按弧焊机器人示教器操作面板的弧焊专用键【5/熄弧】，然后按【回车】键输入焊接关闭命令 ARCOF；或者，按操作面板上的【命令一览】键，在显示的机器人命令一览表中，用光标调节键和【回车】键选定［作业］→［ARCOF］输入 ARCOF 命令。

② 按【选择】键，使示教器显示 ARCOF 命令的编辑页面。

③ 在 ARCOF 命令编辑页面上，用光标调节键选定“设定方法”输入栏。

④ 按【选择】键，显示焊接特性设定对话框，当焊接关闭条件以熄弧条件文件的形式设定时，在对话框中选定“AEF＃()”，示教器显示熄弧文件选择页面。

⑤ 在熄弧文件选择页面上，将光标调节到文件号上，按【选择】键选择文件号输入操作，在熄弧文件号输入对话框中，用数字键输入文件号，按【回车】键输入。

⑥ 再按【回车】键输入命令，输入缓冲行将显示命令“ARCOF AEF＃(1)”。

⑦ 再次按【回车】键，作业命令“0008 ARCOF AEF＃(1)”将被插入到程序中。

9.5 命令编辑操作

9.5.1 编辑设置与搜索

在示教编程过程中或程序编制完成后，可通过程序的编辑设置，生效或撤销部分程序显示和编辑功能，或对已编制的程序进行命令插入、删除、修改等编辑操作。

程序编辑时，为了快速查找需要编辑的命令或位置，可在编辑程序选定后，通过系统的程序搜索功能，将光标自动定位至所需的编辑位置。安川机器人的编辑程序选择、程序编辑设置和程序搜索操作如下。

1. 程序选择

程序的编辑既可对当前的程序进行，也可对存储在系统中的已有程序进行。在程序编辑前，应通过如下操作，先选定需要编辑的程序。

① 将安全模式设定至“编辑模式”或“管理模式”；操作模式选择【示教（TEACH）】。

② 选择主菜单［程序内容］，示教器显示图 9.5.1（a）所示的子菜单。

③ 编辑当前程序时，可直接选择主菜单［程序内容］、子菜单［程序内容］，直接显示程序。编辑存储在系统中的已有程序时，需要选择子菜单［选择程序］，在显示的图 9.5.1（b）所示的程序一览表页面上，用光标调节键、【选择】键选定需要编辑的程序名（如 TEST 等）。

(a) 程序内容子菜单显示

(b) 程序一览表显示

图 9.5.1　编辑程序的选定

程序选定后，示教器便可显示所选择的编辑程序，操作者便可通过程序的编辑设置，生效或撤销部分程序显示和编辑功能，或通过系统的程序搜索功能，快速查找所需的位置。

2. 编辑设置

程序编辑设置可通过程序显示页面的下拉菜单［编辑］进行，其功能和操作步骤如下。

① 按照上述步骤，选定需要编辑的程序。

② 选择下拉菜单［编辑］，示教器可显示图 9.5.2 所示的程序编辑子菜单。程序编辑子菜单中的［起始行］、［终止行］、［搜索］，用于程序搜索（光标定位）操作。选择［起始行］、［终止行］子菜单，可直接将光标定位到程序的开始行或结束行上；选择［搜索］子菜单，可启动程序搜索功能，将光标定位快速定位到所需的位置（详见后述）。

图 9.5.2　程序编辑子菜单

程序编辑子菜单中的［显示速度标记］、［显示位置等级］、［UNDO 有效］用于程序显示和编辑功能设置，其作用分别如下。

［＊显示速度标记］/［显示速度标记］：撤销/生效移动命令的速度添加项（VJ＝50.00、V＝200 等）显示功能。当程序中的移动命令显示速度添加项时，可通过选择［＊显示速度标记］子菜单，将命令中的速度添加项隐藏；当移动命令不显示速度添加项时，子菜单将成为［显示速度标记］，选择该子菜单，可恢复程序中的移动命令速度添加项显示。

［＊显示位置等级］/［显示位置等级］：撤销/生效移动命令的位置等级添加项 PL 的显示功能。当程序中的移动命令显示位置等级添加项时，可通过选择［＊显示位置等级］子菜单，将命令中的位置等级添加项隐藏；当移动命令不显示位置等级添加项时，子菜单将成为［显示位

置等级]，选择该子菜单，可恢复程序中的移动命令位置等级添加项显示。

[＊UNDO 有效]/[UNDO 有效]：撤销/生效移动命令的恢复功能。移动命令被编辑后，如发现所进行的编辑存在错误，可通过恢复（UNDO）操作，恢复为编辑前的程序；利用安川控制系统的恢复功能，可恢复最近的 5 次编辑操作。当程序编辑的移动命令恢复功能有效时，可通过选择［＊UNDO 有效］子菜单，撤销移动命令的恢复功能；当移动命令恢复功能无效时，子菜单将成为［UNDO 有效］，选择该子菜单，可生效程序编辑时的移动命令恢复功能。

3. 程序搜索操作

程序搜索可通过下拉菜单［编辑］中的子菜单［搜索］进行，当系统按照前述步骤，选定需要编辑的程序，并在图 9.5.2 所示的下拉菜单［编辑］下，选定［搜索］子菜单后，示教器可显示图 9.5.3 所示的程序搜索内容选择对话框。

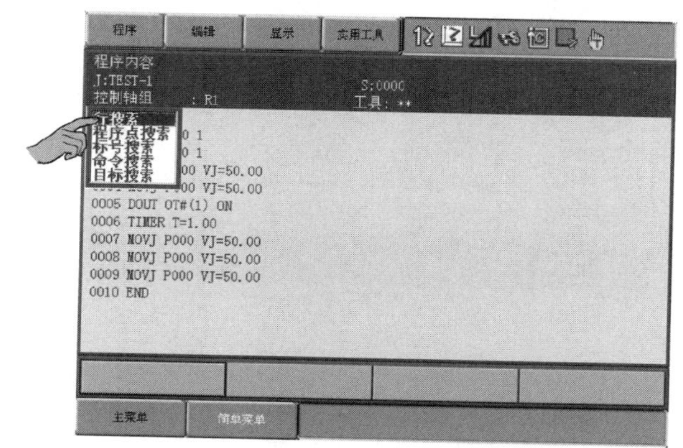

图 9.5.3 程序搜索选项显示

对话框中各选项的含义如下。

［行搜索］：可通过输入行号，将光标定位到指定的命令行上。

［程序点搜索］：可通过输入程序点号，将光标定位到指定程序点所在的移动命令行上。

［标号搜索］：可通过输入字符，将光标定位到标号（如跳转标记等）所在的命令行上。

［命令搜索］：可通过命令码的选择，将光标定位到指定的命令行上。

［目标搜索］：可通过添加项的选择，将光标定位到使用该添加项的命令行上。

当搜索内容选择后，系统将自动弹出相应的对话框，以确定具体的搜索目标。搜索目标的输入和搜索操作分别如下。

① 行搜索和程序点搜索。选择［行搜索］与［程序点搜索］时，示教器将弹出图 9.5.4 所示的行号或程序点号输入对话框；在对话框上输入行号或程序点号后，按操作面板的【回车】，便可将光标定位至指定行。

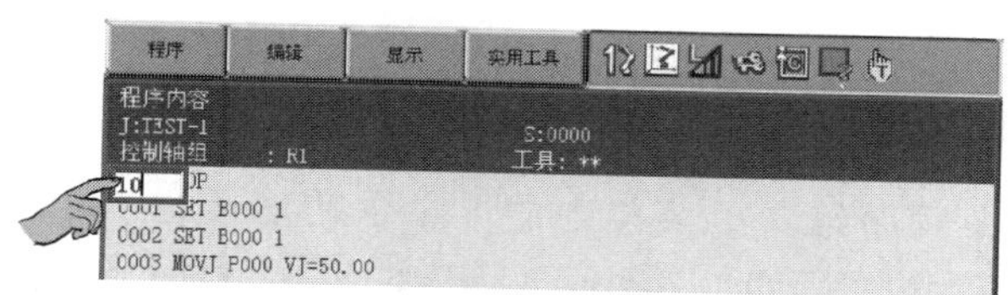

图 9.5.4 行和程序点搜索对话框

② 标号搜索。选择［标号搜索］时，示教器将自动显示字符输入软键盘，在该页面上，可通过光标选择字符，在［Result］输入框内输入字符。为了简化操作，当标号（标记）为字符时，一般只需输入前面的 1 个或少数几个字符，例如，搜索跳转标记“＊Start”时，通常只需要输入“S”。

字符输入完成后，按操作面板的【回车】，便可将光标定位至标号（标记）所在的命令行。如字符输入所指定的标记有多个，还可通过操作面板的光标移动键，继续搜索下一个或上一个标号（标记）。

［标号搜索］生效时，前述图 9.5.2 所示的［编辑］下拉菜单中的子菜单［搜索］，将变成为［终止搜索］。所需的搜索目标找到后，通过选择下拉菜单［编辑］、子菜单［终止搜索］、按操作面板上的【选择】键，结束搜索操作。

③ 命令搜索。选择［命令搜索］时，系统首先可在示教器的右侧第 1 列上，自动显示图 9.5.5 所示命令的大类［I/O］、［控制］、［作业］等。用光标选定命令大类后，系统将在示教器的右侧自第 2 列起的位置上，依次显示该类命令的详细列表，例如，选择［I/O］大类时，右侧第 2 列可显示输入/输出命令［DOUT］、［DIN］、［WAIT］、［PULSE］。用光标选定指定命令，系统便可搜索该命令，并将光标自动定位到该命令的程序行上；如所选择的命令在程序中有多条，还可通过操作面板的光标移动键，继续搜索下一条或上一条命令。

［命令搜索］生效时，前述图 9.5.2 所示的［编辑］下拉菜单中的子菜单［搜索］，也将变成为［终止搜索］。所需的搜索目标位置找到后，同样可通过选择下拉菜单［编辑］、子菜单［终止搜索］，用操作面板上的【选择】键中断命令搜索。命令搜索中断后，示教器将自动显示操作键［取消］，选择［取消］键，系统便可结束命令搜索操作。

④ 目标搜索。选择［目标搜索］时，系统同样可首先在示教器的右侧第 1 列上，自动显示命令的大类；选定命令大类后，再显示该类命令的详细列表，例如，选择［移动］大类时，右侧第 2 列可显示图 9.5.6 所示的移动命令［MOVJ］、［MOVL］等。

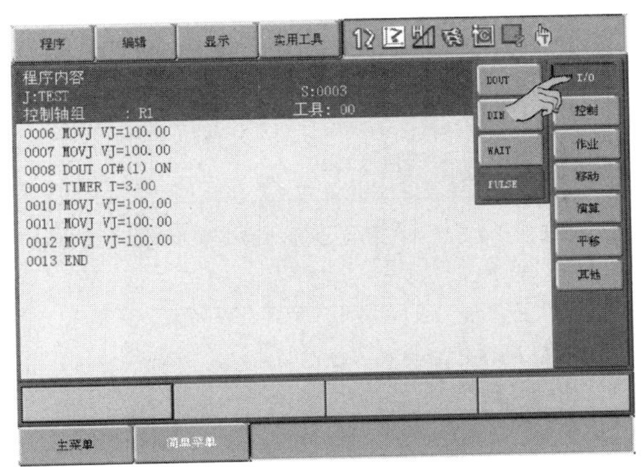

图 9.5.5　命令搜索显示页

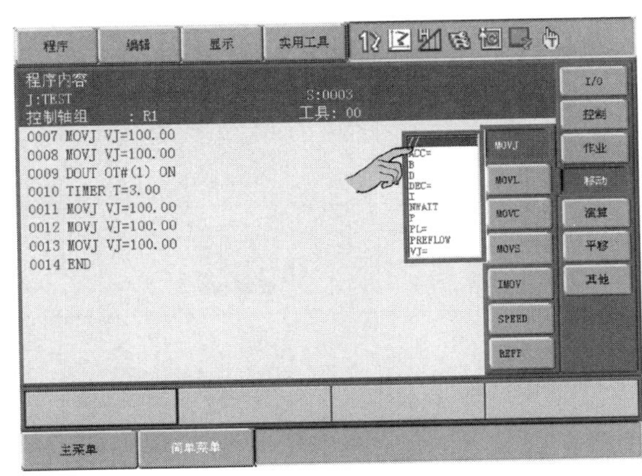

图 9.5.6　命令添加项搜索显示页

目标搜索时，选定命令后系统还可继续显示指定命令的添加项列表，例如，选择移动命令 MOVJ 时，可显示图 9.5.6 所示的 MOVJ 命令可使用的全部添加项“//”“ACC=”等。用光标选定指定的添加项（目标），系统便可搜索该添加项，并将光标自动定位到该添加项所在的程序行上；如所选择的添加项在程序中被多次使用，还可通过操作面板的光标移动键，继续搜索下一个或上一个添加项。

结束［目标搜索］的操作与［命令搜索］相同。选择下拉菜单［编辑］、子菜单［终止搜索］，用操作面板上的【选择】键，可中断目标搜索；搜索中断后，示教器将自动显示操作键［取消］，选择［取消］键，系统便可结束目标搜索操作。

9.5.2　移动命令编辑

机器人移动命令的插入、删除、修改操作需要在伺服启动后进行；命令的插入位置及需要删除或修改的命令，均可通过前述的程序搜索操作选定。

对于程序点位置的少量变化，还可通过“程序点位置调整”（Position Adjustment Manual，简称 PAM 设定）操作实现。利用 PAM 设定，可直接以表格的形式，对程序中的多个程序点位置值、移动速度、位置等级进行调整，它不仅可用于程序编辑操作，而且也可以用于程序再现运行的设定。

改变工具后的移动命令编辑，可通过系统参数的设定禁止或允许。

1. 移动命令的插入

在已有的程序中插入移动命令的操作步骤如表 9.5.1 所示。

表 9.5.1 插入移动命令的操作步骤

步骤	操作与检查	操作说明
1	0006 MOVL V=276 0007 TIMER T=1.00 0008 DOUT OT#(1) ON 0009 MOVJ VJ=100.0	选定插入位置，将光标定位到需要插入命令前一行的行号上
2	X- S- X+ S+ Y- L- Y+ L+ Z- U- Z+ U+ E- E+ 插补方式 转换 + => MOVL V=558	启动伺服，利用示教编程同样的方法，移动机器人到定位点；然后，通过操作【插补方式】键、【转换】键＋光标【↑】/【↓】键，输入需要插入的命令，如 MOVL V＝558 等
3	插入	按【插入】键，键上的指示灯亮。如移动命令插入在程序的最后，可不按【插入】键
4	回车	按【回车】键插入。插入点为非移动命令时，插入位置取决于示教条件设定
5	回车	按【回车】键，结束插入操作

2. 移动命令删除

在已有的程序中删除移动命令的操作步骤如表 9.5.2 所示。

表 9.5.2 删除移动命令的操作步骤

步骤	操作与检查	操作说明
1	0003 MOVL V=138 0004 MOVL V=558 0005 MOVJ VJ=50.00	选择命令，将光标定位到需要删除的移动命令的“行号”上。例如，需要删除命令“0004 MOVL V＝558”时，光标定位到行号 0004 上
2	修改 → 回车 或：前进	如光标闪烁，代表机器人实际位置和光标行的位置不一致，需按【修改】→【回车】键或按【前进】键，机器人移动到光标行位置 如光标保持亮，代表现行位置和光标行的位置一致，可直接进行下一步操作，删除移动命令
3	删除	按【删除】键，按键上的指示灯亮
4	回车 0003 MOVL V=138 0004 MOVJ VJ=50.00	按【回车】键，结束删除操作。指定的移动命令被删除

3. 移动命令修改

对已有程序中的移动命令进行修改时，可根据需要修改的内容，按照表 9.5.3 所示的操作步骤进行。

表 9.5.3　修改移动命令的操作步骤

修改内容	步骤	操作与检查	操作说明
程序点位置修改	1	0003 MOVL V=138 0004 MOVL V=558 0005 MOVJ VJ=50.00	用光标调节键，将光标定位到需要修改的移动命令的"行号"上
	2	X- S- X+ S+ Y- L- Y+ L+ Z- U- Z+ U+ E- E+ X- R- X+ R+ Y- B- Y+ B+ Z- T- Z+ T+ 8- 8+	利用示教编程同样的方法，移动机器人到新的位置上
	3	修改	按【修改】键，按键上的指示灯亮
	4	回车	按【回车】键，结束修改操作。新的位置将作为移动命令的程序点
再现速度修改	1	0003 MOVL V=138 0004 MOVL V=558 0005 MOVJ VJ=50.00	用光标调节键，将光标定位到需要修改的移动命令上
	2	选择　=> MOVL V=558	按【选择】键，输入行显示移动命令
	3	=> MOVL V=558	光标定位到再现速度上
	4	转换 +	同时按【转换】+光标【↑】/【↓】键，修改再现速度
	5	回车	按【回车】键，结束修改操作
插补方式修改	1	0003 MOVL V=138 0004 MOVL V=558 0005 MOVJ VJ=50.00	用光标调节键，将光标定位到需要修改的移动命令的"行号"上
	2	前进	按【前进】键，机器人自动移动到光标行的程序点上
	3	删除	按【删除】键，按键上的指示灯亮

续表

修改内容	步骤	操作与检查	操作说明
插补方式修改	4	回车	按【回车】键，删除原移动命令
	5	插补方式 转换 +	按示教编程同样的方法，通过【插补方式】键、【转换】+光标【↑】/【↓】键，输入新的移动命令
	6	插入	按【插入】键，按键上的指示灯亮
	7	回车	按【回车】键，新的移动命令被输入，命令的程序点保持不变

注：移动命令中的插补方式不能单独修改，修改插补方式需要将机器人移动到程序点上、记录位置，然后通过删除移动命令、插入新命令的方法修改。

4. 命令添加项编辑

机器人的移动命令可通过其他命令添加项，改变执行条件。以“位置等级”添加项编程为例，添加项的输入和编辑操作步骤如下。

① 将光标定位于输入行的移动命令上。

② 按【选择】键，示教器显示图 9.5.7（a）所示的移动命令详细编辑页面。

③ 光标定位到位置等级输入选项上，按【选择】键，示教器显示图 9.5.7（b）所示的位置等级输入对话框。

④ 调节光标，选定位置等级设定选项“PL=”。

⑤ 输入所需的位置等级值后，按【回车】键完成命令输入或编辑操作。

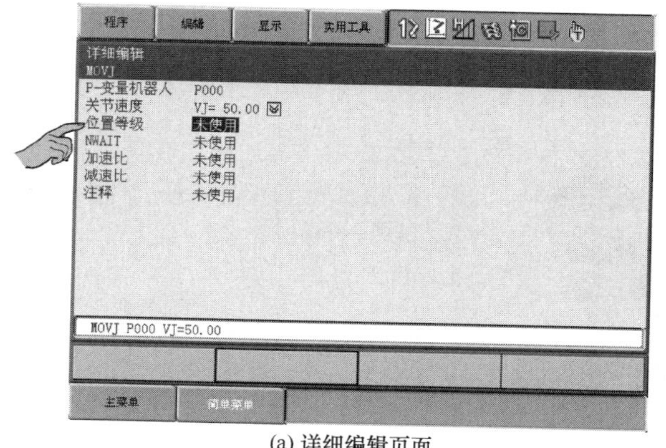

(a) 详细编辑页面

(b) 位置等级输入对话框

图 9.5.7 移动命令添加项的编辑

利用同样的方法，还可对移动命令进行加速比、减速比等添加项的设定。

如果通过前述的程序编辑设置操作，生效了位置等级显示功能，移动命令的位置等级可在程序中显示。

5. 移动命令恢复

移动命令被编辑后，如发现所进行的编辑存在错误，可通过恢复（还原）操作，放弃所进行的编辑操作，重新恢复为编辑前的程序。

在安川机器人上，移动命令的恢复对最近的5次编辑操作（插入、删除、修改）有效，即使在程序编辑过程中，机器人通过【前进】、【后退】、【试运行】等操作使机器人位置发生了变化，系统仍能够恢复移动命令。然而，如程序编辑完成后已经进行过再现运行，或者程序编辑完成后又对其他的程序进行了编辑操作（程序被切换），则不能再恢复为编辑前的程序。

移动命令恢复需要通过前述的程序编辑设置操作，将恢复选项设定为“UNDO有效”，然后可按表9.5.4所示的操作步骤恢复。需要注意的是，当恢复选项生效时，下拉菜单【编辑】中的恢复选项将成为［＊UNDO有效］显示，如选择这一选项，可取消恢复功能。

表9.5.4 恢复移动命令的操作步骤

步骤	操作与检查	操作说明
1	辅助　恢复(UNDO) 重做(REDO)	按操作面板的【辅助】键，显示编辑恢复对话框
2	选择	选择［恢复(UNDO)］，可恢复最近一次编辑操作 选择［重做(REDO)］，可放弃最近一次恢复操作

9.5.3 其他命令编辑

1. 命令插入

如果要在已有的程序中，插入输入/输出、控制命令等基本命令或作业命令，其操作步骤如表9.5.5所示。

表9.5.5 其他命令插入操作步骤

步骤		操作与检查	操作说明
1		0006 MOVL V=276 0007 TIMER T=1.00 0008 DOUT OT#(1) ON 0009 MOVJ VJ=100.0	用光标调节键，将光标定位到需要插入命令前一行的“行号”上
2		命令一览　选择　或：7　8 引弧　9 送丝　4　5 熄弧　6 退丝　1 定时器　2 气体　3 电流电压　0 参考点　.　- 电流电压	① 按操作面板的【命令一览】键，使示教器显示命令选择对话框；部分作业命令可直接按示教器操作面板上的快捷键输入 ② 在显示的命令选择对话框中，通过光标调节键、【选择】键，选择需要插入的命令
3		回车	按操作面板【回车】键，输入命令
4	无修改命令	插入 → 回车	不需要修改添加项的命令，可直接按操作面板【插入】→【回车】，插入命令

续表

步骤	操作与检查		操作说明
4	只需修改数值命令	PULSE OT#(1)	将光标定位到需要修改的数值项上
		转换 + ；或：选择　输出号 PULSE OT# 1	同时按【转换】键和光标【↑】/【↓】键，修改数值或按【选择】键，在对话框中直接输入数值
		回车	按操作面板【回车】键完成数值修改
		插入 → 回车	按操作面板【插入】→【回车】，插入命令
	需编辑添加项命令	选择	将光标定位到命令上，按【选择】键显示“详细编辑”页面
		程序 编辑 显示 详细编辑 PULSE 输出到　OT#() 2 时间　未使用	按 ARCSET 命令编辑同样的操作，在“详细编辑”页面，对添加项进行修改，或者选择“未使用”，取消添加项
		回车	按操作面板【回车】键完成添加项修改
		插入 → 回车	按操作面板【插入】→【回车】，插入命令

2. 命令删除

如果要在已有的程序中，删除除移动命令外的其他命令，其操作步骤如表 9.5.6 所示。

表 9.5.6　其他命令删除操作步骤

步骤	操作与检查	操作说明
1	0020 MOVL V=138 0021 PULSE OT#(2) T=I001 0022 MOVJ VJ=100.00	用光标调节键，将光标定位到需要删除的命令“行号”上
2	删除	按【删除】键，选择删除操作
3	回车 0021 MOVL V=138 0022 MOVJ VJ=100.00 0023 DOUT OT#(1) ON	按操作面板【回车】键完成命令删除

3. 命令修改

如果要在已有的程序中，修改除移动命令外的其他命令，其操作步骤如表 9.5.7 所示。

表 9.5.7　其他命令修改操作步骤

步骤	操作与检查	操作说明
1	0020 MOVL V=138 0021 PULSE OT#(2) T=I001 0022 MOVJ VJ=100.00	用光标调节键，将光标定位到需要修改的命令"行号"上
2	命令一览　选择	按操作面板的【命令一览】键，显示命令选择对话框，并通过光标调节键、【选择】键选择需要修改的命令
3	回车	按操作面板【回车】键，选择命令
4	转换　选择	按命令插入同样的方法，修改命令添加项
5	回车	按操作面板【回车】键完成命令修改
6	修改 → 回车	按操作面板【修改】→【回车】，完成命令修改操作

9.5.4　程序暂停与点重合

1. 程序暂停命令编辑

通过程序暂停命令，机器人可暂停运动，等待外部执行器完成相关动作。在安川机器人上，程序的暂停命令可通过定时器命令 TIMER 实现，该命令可直接利用快捷键输入，其操作步骤如表 9.5.8 所示。

表 9.5.8　程序暂停命令编辑步骤

步骤	操作与检查	操作说明
1	0006 MOVL V=276 0007 TIMER T=1.00 0008 DOUT OT#(1) ON 0009 MOVJ VJ=100.0	用光标调节键，将光标定位到需要插入定时命令前一行的"行号"上
2	7　8 引弧　9 送丝 4　5 熄弧　6 退丝 1 定时器　2 气体　3 电流电压 0 参考点　.　- 电流电压	按示教器操作面板上的快捷键【定时器】，输入定时命令 TIMER。或： ①按操作面板上的【命令一览】键，使示教器显示全部命令选择对话框 ②在显示的命令选择对话框中，通过光标调节键、【选择】键，选择[控制]→[TIMER]命令
3	回车　TIMER T=3.00	按操作面板【回车】键，选择命令，输入缓冲行显示命令 TIMER
4	TIMER T=3.00	移动光标到暂停时间值上

续表

<table>
<tr><th>步骤</th><th colspan="2">操作与检查</th><th>操作说明</th></tr>
<tr><td rowspan="2">5</td><td>定时值的修改</td><td>转换 +
TIMER T= 2.00</td><td>同时按【转换】键和光标【↑】/【↓】键，修改暂停时间值</td></tr>
<tr><td>定时值的输入</td><td>选择
时间=
TIMER T 3.00</td><td>按【选择】键，在显示的对话框中直接输入定时时间值</td></tr>
<tr><td>6</td><td colspan="2">插入 → 回车</td><td>按操作面板【插入】→【回车】，插入命令</td></tr>
</table>

2. 定位点重合命令编辑

移动命令的定位点又称程序点。定位点重合命令多用于重复作业的机器人，为了提高程序的可靠性和作业效率，机器人进行重复作业时，一般需要将完成作业后的退出点和作业开始点重合，以保证机器人能够连续作业。安川机器人的程序点重合可通过对移动命令的编辑实现，例如，在图 9.4.10 对应的示例程序中，为了使机器人作业完成后的退出点 P7 和作业开始点 P1 重合，可以进行表 9.5.9 所示的编辑操作。

表 9.5.9 程序点重合命令编辑步骤

步骤	操作与检查	操作说明
1	0000 NOP 0001 MOVJ VJ=10.00 0002 MOVJ VJ=80.00 0003 MOVL V=800 0004 ARCON ASF#(1)	用光标调节键，将光标定位到以目标位置作为定位点的移动命令上，如“0001 MOVJ VJ=10.00”
2	前进	按操作面板的【前进】键，使机器人自动运动到该命令的定位点 P1
3	0007 MOVL V=50 0008 ARCOF AEF#(1) 0009 MOVL V=800 0010 MOVJ VJ=50.00 0011 END	将光标定位到需要进行定位点重合编辑的移动命令上，如“0010 MOVJ VJ=50.00” 如两移动命令的定位点（程序点）不重合，光标开始闪烁
4	修改 → 回车	按操作面板【修改】→【回车】，命令“0010 MOVJ VJ=50.00”的定位点 P7，被修改成与命令“0001 MOVJ VJ=10.00”的定位点 P1 重合

需要注意的是，定位点重合命令的编辑操作，只能改变定位点的位置数据，但不能改变移动命令的插补方式和移动速度。

9.6 程序编辑操作

9.6.1 程序复制、删除和重命名

1. 现行程序的复制

当工业机器人使用同样的工具进行同类作业时，其作业程序往往只有运动轨迹、作业参数的不同，而程序的结构和命令差别并不大。为了加快示教编程的速度，实际使用时可先复制一个相近的程序，然后通过命令编辑、程序点修改等操作，快速生成新程序。

在安川机器人上，需要进行复制的程序既可以是系统当前使用的现行程序，也可以是存储器中所保存的其他程序，两者的操作稍有区别。

通过复制系统当前使用的现行程序，生成新程序的操作步骤如下。

① 将系统安全模式设定至"编辑模式"或"管理模式"；操作模式选择【示教(TEACH)】。

② 选择主菜单［程序内容］，示教器可显示当前生效的程序内容（如TEST-1）。

③ 选择下拉菜单［程序］，示教器可显示图9.6.1所示的程序编辑子菜单，选择子菜单［复制程序］，可直接将当前程序复制到粘贴板中。

④ 当前程序复制到粘贴板后，示教器将显示图9.6.2所示的字符输入软键盘。在该页面上，可通过程序创建时同样的程序名输入方法，用光标选择字符，在［Result］输入框内修改、输入新的程序名，如"JOBA"等。

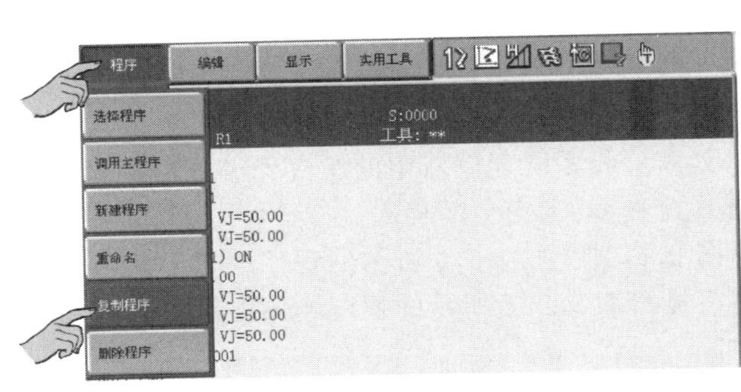

图9.6.1　程序编辑子菜单显示

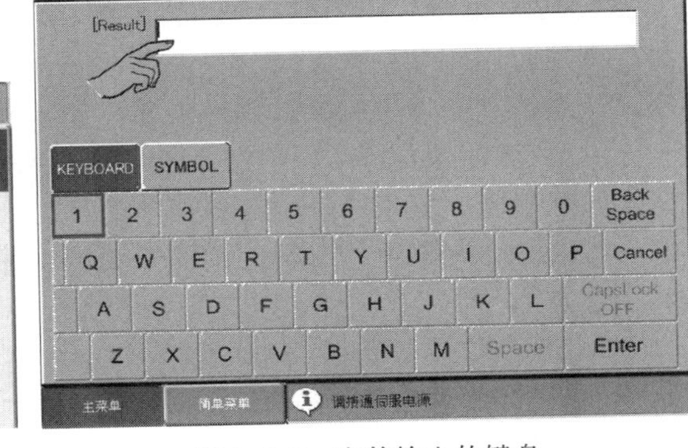

图9.6.2　字符输入软键盘

⑤ 程序名输入完成后，按【回车】键，新程序名即被输入，示教器显示图9.6.3所示的程序复制提示对话框。

⑥ 选择对话框中的［是］，当前程序即被复制，示教器将显示复制后的新程序（如JOBA）显示页面；如选择对话框中的［否］，可放弃程序复制操作，回到原程序（如TEST-1）的显示页面。

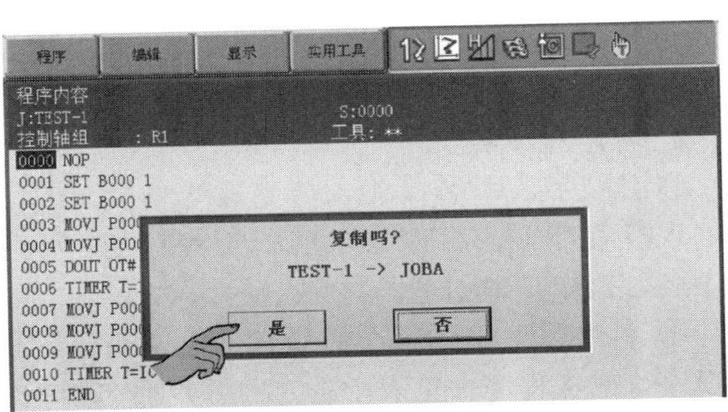

图9.6.3　程序复制提示框显示

2. 存储器程序的复制

如需要将系统存储器中保存的其他程

序复制为新程序，可在图 9.6.1 所示的程序编辑子菜单显示后，选择子菜单［选择程序］，使示教器显示图 9.6.4 所示的程序一览表，并进行如下操作。

①～③ 通过现行程序复制同样的操作，显示程序编辑菜单，并选择子菜单［选择程序］，显示程序一览表。

④ 用光标选定需要复制的源程序名（如 TEST-1），再选择下拉菜单［程序］，示教器可显示图 9.6.5 所示的程序编辑子菜单。

图 9.6.4 程序一览表显示页面

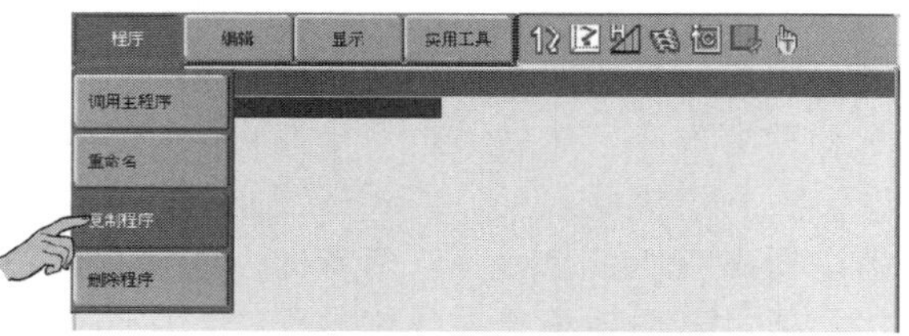

图 9.6.5 程序一览表编辑子菜单显示

⑤ 选择子菜单［复制程序］，可直接将所选择的源程序（如 TEST-1）复制到粘贴板中，示教器将显示前述图 9.6.2 所示的字符输入软键盘。

⑥ 在字符输入页上，可通过操作面板的光标键选定字符，在［Result］输入框内输入新的程序名。

⑦ 程序名输入完成后，按示教器操作面板的【回车】键，示教器可显示图 9.6.3 所示同样的程序复制提示对话框。

⑧ 在对话框中选择［是］，程序即被复制，示教器将显示复制后的新程序显示页面；如在对话框中选择［否］，可放弃程序复制操作，回到原程序的显示页面。

3. 程序删除

利用程序删除操作，可将当前使用的现行程序，或保存在存储器中的指定程序，或全部程序，从系统存储器中删除。程序删除操作的基本步骤与复制类似，具体如下。

① 如果只需要对系统中的指定程序进行删除，可利用程序复制同样的操作，选定当前程序，或从程序一览表中选定需要删除的程序；如需要将系统存储器中的所有程序进行一次性删除，可选择下拉菜单［编辑］中的子菜单［选择全部］，选定全部程序。

② 选择下拉菜单［程序］，使示教器显示图 9.6.1 或图 9.6.5 所示的程序编辑子菜单。

③ 在子菜单中选择［删除程序］，示教器将显示图 9.6.6 所示的程序删除提示对话框。

④ 选择对话框中的［是］，所选定的程序（如 TEST-1）即被删除，示教器将显示程序一览表显示页面；如选择对话框中的［否］，可放弃程序删除操作，回到原程序（如 TEST-1）的显示页面。

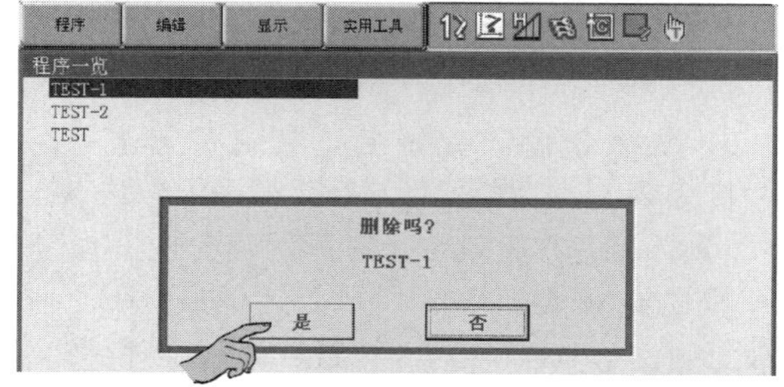

图 9.6.6 程序删除提示对话框显示

4. 程序重命名

利用程序重命名操作，可更改当前使用的现行程序，或存储器中的指定程序的程序名，操作步骤如下。

① 利用程序复制同样的操作，选定当前程序，或从程序一览表中选定需要重命名的程序；然后，在下拉菜单［程序］中选择子菜单［重命名］，示教器便可显示图 9.6.2 所示的字符输入软键盘。

② 按程序名输入操作步骤，用光标选择字符，在［Result］输入框内输入新程序名后，按示教器操作面板上的【回车】键，便可显示图 9.6.7 所示的程序重命名提示对话框。

③ 选择对话框中的［是］，所选定的程序即更名；如选择对话框中的［否］，可放弃程序重命名操作，回到原程序的显示页面。

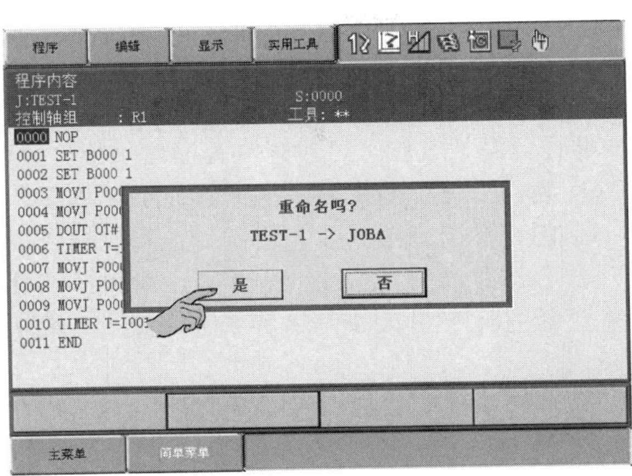

图 9.6.7　程序重命名提示对话框

9.6.2　程序注释和编辑禁止

1. 标题栏显示

安川机器人的程序不但可定义程序名，而且允许添加最大 32（半角）或 16（全角）个字符的程序注释，以便对程序进行简要说明；此外，为了防止经常使用的存储被操作者误删除或修改，还可以通过操作编辑禁止设定，保护指定的程序。

注释编辑和程序编辑禁止设定，可通过程序标题栏的编辑实现，标题栏编辑的操作步骤如下。

① 将安全模式设定至“编辑模式”或“管理模式”，操作模式选择【示教（TEACH)】。

② 选择主菜单［程序内容］，示教器显示当前程序（如 TEST）显示页面。

③ 选择下拉菜单［显示］，并选择子菜单［程序标题］，示教器可显示图 9.6.8 所示的程序标题栏编辑页面。

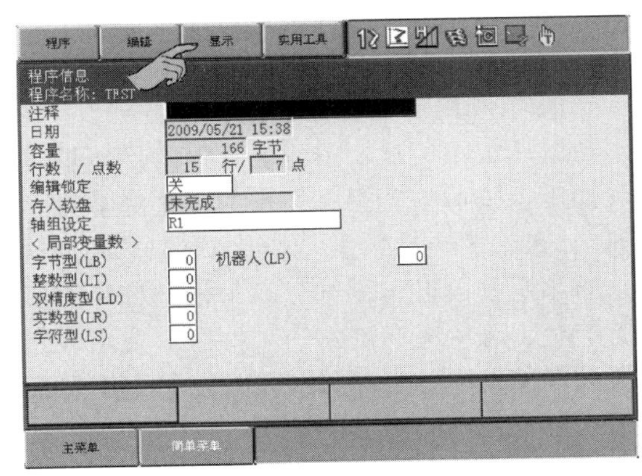

图 9.6.8　程序标题栏编辑页面

该页面各显示栏的含义如下。

程序名称：显示当前编辑的程序名。

注释：现有的程序注释显示或编辑注释。

日期：显示最近一次编辑和保存的日期和时间。

容量：显示程序的实际长度（字节数）。

行数/点数：显示程序中的命令行数及全部移动命令中的定位点总数。

编辑锁定：显示或设定程序编辑禁止功能，输入栏显示“关（或编辑允许)”，为程序编辑允许；显示“开（或禁止编辑)”，为程序编辑禁止。

存入软盘：存储保存显示，如果程序已通过相关操作保存到外部存储器上，显示“完成”；否则，均显示“未完成”。

轴组设定：可显示或修改程序的控制轴组。

＜局部变量数＞：当示教条件设定中的［语言等级］设定为“扩展”时，可显示和设定程序中所使用的各类局部变量的数量。

需要编辑的程序一旦选定，以上显示栏中的“程序名称”“日期”“容量”“行数/点数”“存入软盘”等栏目的内容将由系统自动生成；“注释”“编辑锁定”“轴组设定”栏可以根据需要进行输入、修改等编辑。

④ 如果需要回到程序内容显示页面，可再次选择下拉菜单［显示］，并选择子菜单［程序内容］，示教器可返回程序内容显示页面。

2. 注释编辑

通过标题栏编辑，可对现有程序增加或修改注释，其操作步骤如下。

① 利用上述标题栏显示操作，显示图 9.6.8 所示的标题栏编辑页面。

② 用光标选定图 9.6.8 中的“注释”输入框，示教器将显示字符输入软键盘。

③ 程序注释最大允许使用 32（半角）或 16（全角）个字符，通过程序名输入同样的操作，可进行字母大小写、字符的切换，并在［Result］框内显示新输入或修改后的注释内容。

④ 注释输入完成后，按示教器操作面板上的【回车】键，便可将［Result］框的字符，输入到“注释”显示栏，完成注释编辑。

⑤ 再次选择下拉菜单［显示］，并选择子菜单［程序内容］，示教器可返回到程序内容显示页面。

3. 程序编辑禁止

通过标题栏编辑，也可对当前程序增加编辑保护功能，其操作步骤如下。

① 利用上述标题栏显示操作，显示图 9.6.8 所示的标题栏编辑页面。

② 用光标选定图 9.6.8 中的“编辑锁定”输入框，按示教器操作面板的【选择】键，输入框可进行编辑锁定功能“关（编辑允许）”“开（禁止编辑）”间的切换。

③ 需要进行程序编辑保护时，输入框选定“开（禁止编辑）”，禁止程序编辑。

④ 编辑禁止功能选定后，再次选择下拉菜单［显示］，并选择子菜单［程序内容］，示教器可返回到程序内容显示页面。

程序编辑被禁止后，就不能对程序进行命令插入、修改、删除或程序删除等编辑操作，但移动命令的定位点（程序点）修改可通过示教条件设定中的“禁止编辑的程序程序点修改”选项或系统参数的设定，予以生效或禁止。

4. 轴组和局部变量数设定

轴组设定栏可显示或修改程序的控制轴组。对于多机器人系统或复杂系统，可用光标选定输入框后，按示教器操作面板的【选择】键，便可进行 R1～R8（机器人 1～8）、B1～B8（基座轴 1～8）、S1～S24（工装轴 1～24）间的切换，并根据需要选定。

局部变量数设定栏可显示和设定程序中所使用的各类局部变量的数量。程序中需要使用局部变量时，可用光标选定输入框后，按示教器操作面板的【选择】键，便可通过操作面板的数字键，直接设定各类局部变量的变量范围（最大变量号）。

9.6.3 程序块剪切、复制和粘贴

1. 程序块编辑功能

机器人示教编程需要在机器人作业现场进行，示教编程时，机器人需要停止正常作业，在操作者的引导下生成作业程序。为了简化编程操作、加快编程速度，机器人控制系统不但可和其他计算机一样，通过粘贴板对指定区域的程序块进行剪切、复制、粘贴等编辑操作，而且可进行特殊的“反转粘贴”。

安川机器人的程序块编辑功能如图 9.6.9 所示。

复制：程序块复制可将选定区的命令复制到系统粘贴板中，原程序保持不变。

剪切：程序块剪切也可将选定区的命令复制到系统粘贴板中，但原程序中选定区域的内容将被删除。

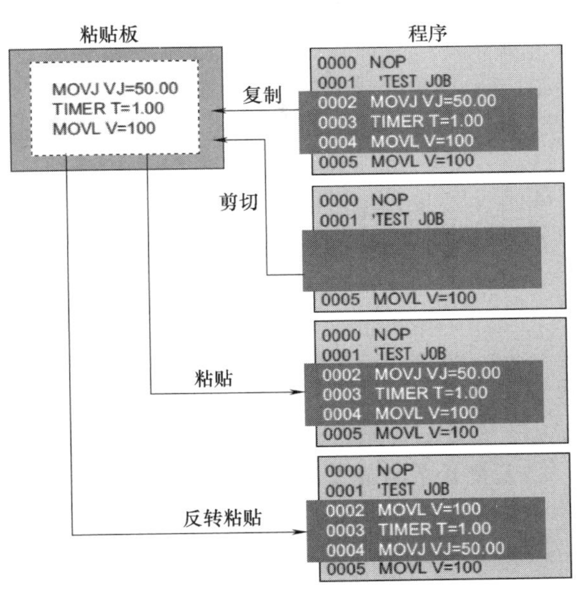

图 9.6.9　程序块编辑功能

粘贴：程序块粘贴可将系统粘贴板中的内容，原封不动地写入到程序的指定位置。

反转粘贴：程序块反转粘贴可将系统粘贴板中的命令次序取反，然后再写入到程序的指定位置。

2. 行反转与轨迹反转粘贴

反转粘贴是机器人系统特有的功能，当机器人完成作业、需要沿原轨迹返回时，利用反转粘贴功能，可以直接生成机器人返回的程序块。

需要注意的是，使用反转粘贴功能时，系统粘贴板中的命令将被原封不动地取反、粘贴，但示教点的位置则只进行取反，终点不进行粘贴；因此，程序块复制时所选择的范围不同，反转粘贴后，机器人将产生不同的动作。为此，在安川系统上有“行反转粘贴”和“轨迹反转粘贴”两种反转粘贴方法。

(1) 行反转粘贴

行反转粘贴如图 9.6.10 (a) 所示，当选择命令行①～④进行复制，然后将其反转粘贴到命令行⑤之后时，命令行①～④的命令被原封不动地取反，按④～①的次序粘贴；示教点的位置①～④进行取反，依次粘贴到命令行⑤之后。

由于命令行①～④的示教点位置被反转粘贴，故机器人的定位点将与前进时相反，机器人可以沿原轨迹返回。但是，由于机器人从命令行④所指定的示教点，前进至命令行⑤所指定的

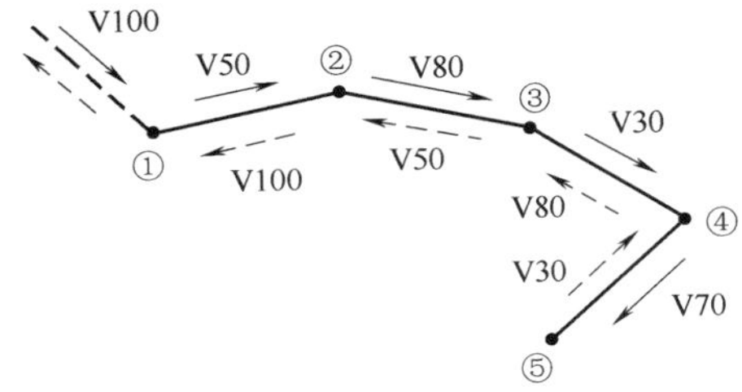

(a) 行反转粘贴

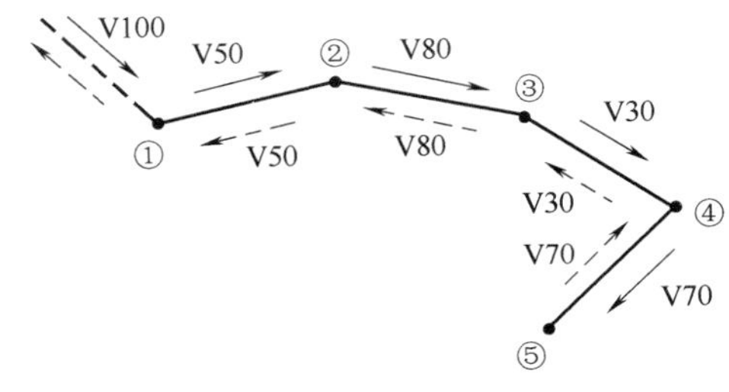

(b) 轨迹反转粘贴

图 9.6.10　反转粘贴的选择

示教点时，其移动速度由命令行⑤指定（V=70）；而从命令行⑤所指定的示教点返回命令行④所指定的示教点时，其移动速度则由粘贴的命令行④指定（V=30）；因此，两者的速度将不同。这一规律同样适用于其他程序点。这就是说，如果反转粘贴时，只是将命令行进行反转粘贴，任意2个程序点间的前进和返回速度将存在不同，这种反转粘贴方式称为“行反转粘贴”。

（2）轨迹反转粘贴

轨迹反转粘贴如图9.6.10（b）所示，对于上述同样的程序，如果选择命令行②～⑤进行复制，并将其反转粘贴在命令行⑤之后，这时命令行②～⑤的命令被原封不动地取反，按⑤～②的次序依次粘贴到命令行⑤之后；但是，命令行⑤的终点位置不会被重复粘贴，故所粘贴的命令行⑤～②对应的示教点将成为④～①。因此，从命令行⑤所指定的示教点返回时，其移动速度则由粘贴的命令行⑤指定（V=70）；即：机器人将以原轨迹、原速度返回。这种能够实现轨迹完全反转的粘贴方式，称为“轨迹反转粘贴”。

3. 程序块的复制和剪切

在进行程序块的粘贴、反转粘贴操作前，首先需要通过程序块的复制或剪切操作，将程序中指定区域的命令写入到系统的粘贴板中，然后，再将粘贴板中的命令粘贴到指定位置。程序块复制或剪切的操作步骤如下。

① 将安全模式设定至“编辑模式”或“管理模式”。

② 将示教器上的操作模式选择开关置“示教【TEACH】”模式。

③ 选择主菜单［程序内容］，示教器显示当前程序显示页面。

④ 移动光标，将光标定位于图9.6.11（a）所示的复制、剪切区的起始行命令上。

⑤ 按示教器操作面板上的“【转换】＋【选择】”键。

⑥ 移动光标，选择需要复制、剪切的区域；被选中的区域的程序行号将以图9.6.11（b）所示的反色进行显示。

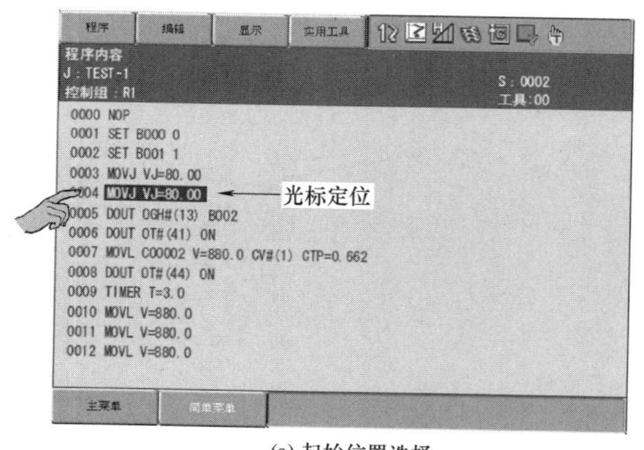

(a) 起始位置选择

(b) 选择区域显示

图9.6.11　程序区域的选择

⑦ 选择下拉菜单［编辑］，示教器将显示图9.6.12所示的程序编辑子菜单。

⑧ 根据需要，选择子菜单［剪切］或［复制］，便可将选定区域的程序命令剪切或复制到系统粘贴板中。

⑨ 选择［剪切］操作时，将删除原程序中所选区域的程序命令，为此，系统可显示图9.6.13所示的剪切确认对话框；如选择对话框中的［是］，执行剪切操作，删除选定区域的命令；选择［否］，可放弃剪切操作，回到程序显示页面。

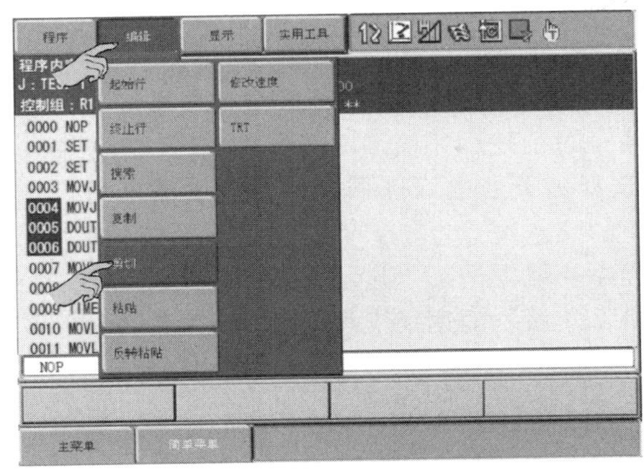

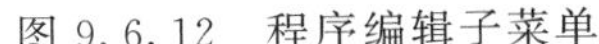
图 9.6.12　程序编辑子菜单

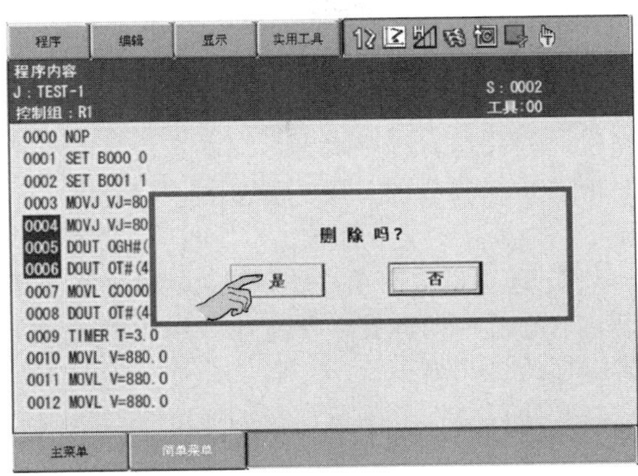

图 9.6.13　剪切确认对话框显示

4. 程序块的粘贴和反转粘贴

利用程序块的粘贴、反转粘贴操作，可将系统粘贴板中的程序命令直接（粘贴）或逆序（反转粘贴）插入到选定的位置，插入位置的选择与粘贴操作的步骤如下。

① 选择主菜单［程序内容］，在示教器上显示需要粘贴的程序页面。

② 移动光标，将光标定位于需要粘贴的前一行命令上。

③ 选择下拉菜单［编辑］，在示教器显示的如图 9.6.12 所示的程序块编辑子菜单显示页面上，根据需要选择［粘贴］或［反转粘贴］子菜单。

④ 粘贴板的命令将被插入到所选定行的下方，行号反色显示，同时显示粘贴确认对话框［粘贴吗?］及提示［是］、［否］。选择对话框中的［是］，执行粘贴操作；选择［否］，可放弃粘贴操作，回到程序显示页面。

9.7　速度修改与程序点检查

9.7.1　移动速度修改

由于作业情况的区别，有时需要对程序中的全部或部分区域的移动速度进行一次性修改。例如，在试运行或首次再现运行时，一般要以较低速度，验证机器人的动作；试运行完成、需要批量作业时，可加快速度、提高效率。

在安川机器人上，程序中的全部或指定区域移动命令所规定的移动速度，可通过程序编辑功能进行一次性修改。移动速度的修改可采用分类修改、比例修改和移动时间修改（TRT）3种方法，其作用和修改操作步骤分别如下。

1. 速度分类修改和比例修改

移动速度的分类修改，可对程序中的指定类速度，如 VJ 或 V、VR、VE，进行一次性修改，其他类别的速度保持不变；移动速度的比例修改，可将程序中的全部速度 VJ、V、VR、VE，均按比例进行一次性修改。速度修改的范围既可以是程序的全部区域，也可以是程序的指定区域。

移动速度的分类修改和比例修改，需要通过系统速度修改页面的设定实现，修改速度的操作步骤如下。

① 将安全模式设定至“编辑模式”或“管理模式”。

② 将操作模式选择开关置“示教【TEACH】”模式。

③ 选择主菜单［程序内容］，在示教器上显示需要修改的程序。

④ 根据需要，选择速度修改区域。如程序中的全部速度都需要修改，可直接进入下一步操作；如只需对程序局部区域的速度进行修改，可通过前述程序块编辑同样的方法，利用操作面板的光标调节键、【转换】键、【选择】键，选择需要修改的区域，使被选中的区域反色显示。

⑤ 选择下拉菜单［编辑］，在示教器显示的程序块编辑子菜单显示页面（参见图 9.6.12）上，选择［修改速度］子菜单，示教器可显示图 9.7.1 所示的速度修改页面。速度修改页面各显示栏的含义如下。

开始行号：显示所选择的速度修改区域程序起始行号。

结束行号：显示所选择的速度修改区域程序结束行号。

修改方式：选择速度修改操作的方法，光标选定输入框后，按操作面板的【选择】键，可进行“不确认”和“确认”间的切换。选择“确认”时，执行速度修改操作时，选定区域内的每一速度修改，系统均会自动显示修改提示信息［速度修改中］，并需要操作者用操作面板上的【回车】键进行逐一确认；选择“不确认”时，执行速度修改操作时，选择区域内的全部速度将直接修改。

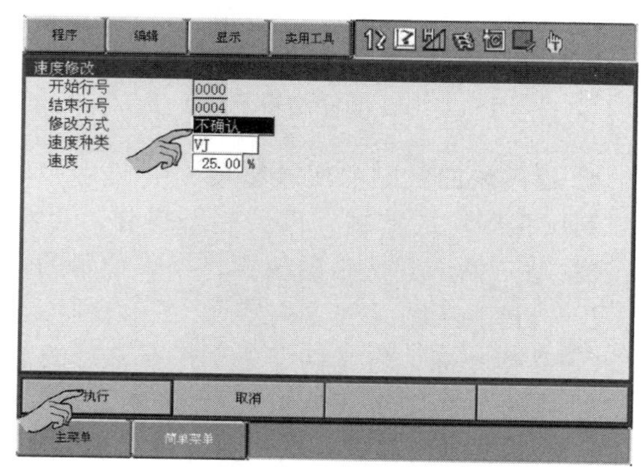

图 9.7.1 速度修改页面

速度种类：选择需要修改的速度。按类别修改速度时，可用光标选定输入框，按操作面板的【选择】键，在输入框所显示的速度选项“VJ（关节移动速度）”“V（控制点移动速度）”“VR（工具定向移动速度）”“VE（外部轴移动速度）”中，用【选择】键选定需要修改的速度类别；如选择比例，则选定区域的全部速度都将按规定的比例进行一次性修改。

速度：设定新的速度值或修改比例值。

⑥ 根据需要，用操作面板的【选择】，在“修改方式”“速度种类”的输入框内选定所需的修改方式、速度类别。

⑦ 光标选定“速度”栏的输入框，按操作面板的【选择】键选定后，便可输入新的速度值或比例值，速度输入完成后，用操作面板的【回车】键确认。

⑧ 用光标选择［执行］、［取消］，执行或退出速度修改操作。选择［执行］时，如“修改方式”选择“不确认”，选择区域内的全部速度将被一次性修改；当“修改方式”选择“确认”时，每一命令的速度修改都需要通过操作面板的【回车】键确认，不需要修改的速度可以通过光标选择［执行］、［取消］跳过或退出速度修改操作。

2. 移动时间修改（TRT）

使用移动速度的移动时间修改（TRT）功能，可通过设定移动命令的执行时间，对程序中的所有速度（VJ、V、VR、VE）进行一次性修改。但是，移动时间修改方式不能改变程序中利用再现速度设定命令 SPEED、作业命令 ARCON 等命令指定的速度，因此，在这种情况下，实际的程序执行时间和移动时间修改所设定的时间并不一致。

移动速度的移动时间修改操作步骤如下。

①～④ 利用移动速度分类修改和比例修改同样的方法，选择需要进行速度修改的程序及

区域。

⑤ 选择下拉菜单［编辑］，在示教器显示的前述程序块编辑子菜单显示页面上（图 9.6.12），选择［TRT］子菜单，示教器可显示图 9.7.2 所示的移动时间修改页面。

移动时间修改页面各显示栏的含义如下。

开始行号：显示所选择的速度修改区域程序起始行号。

结束行号：显示所选择的速度修改区域程序结束行号。

移动时间：所选择的速度修改区的当前移动时间。

设定时间：需要设定的移动时间。

⑥ 光标定位于“设定时间”输入框，按操作面板的【选择】键。

⑦ 用数字键输入需要设定的运动时间，按操作面板的【回车】键确认。

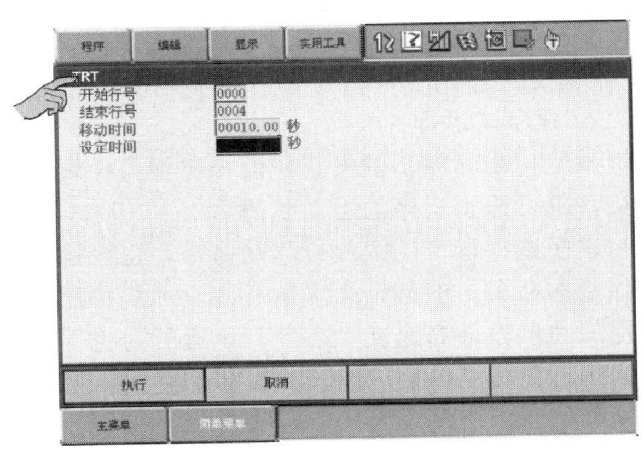

图 9.7.2　移动时间修改页面

9.7.2　程序点检查与试运行

1. 程序点确认

程序点确认是通过机器人执行移动命令，检查和确认定位点位置的操作。程序点检查可对任意移动命令进行，如圆弧插补、自由曲线插补的中间点移动命令等，但是，这一操作一般不能用来检查程序的运动轨迹；程序运动轨迹的检查，可通过后述的程序试运行、再现模式的“检查运行”等方式进行。

程序点确认操作既可从程序起始命令开始，对每一移动命令进行依次检查，也可对程序中的任意一条移动命令进行单独检查，或者，从指定的移动命令开始，依次向下或向上进行检查。如果需要，还可通过同时按操作面板上的【前进】和【联锁】键，连续执行机器人的全部命令；但后退时只能执行移动命令。

安川机器人的程序点确认操作需要在【示教（TEACH)】操作模式下进行，操作前需要选定程序并启动伺服。程序点确认操作步骤如表 9.7.1 所示。

表 9.7.1　程序点确认操作步骤

步骤	操作与检查	操作说明
1	0003 MOVL V=800 0004 ARCON ASF#(1) 0005 MOVL V=50 0006 ARCSET AC=200 AVP=100	用光标调节键，将光标定位到需要检查定位点的移动命令上
2	高 手动速度 低	按手动速度调节键【高】/【低】键，设定移动速度 注：手动高速对【后退】操作无效（后退只能使用低速）
3	前进　或：　后退	按操作面板的【前进】或【后退】键，可检查下一条或上一条移动命令的定位点

续表

步骤	操作与检查	操作说明
4	前进 + 联锁	按【前进】+【联锁】键可执行所有命令(见系统参数S2C199说明),但后退时不能执行非移动命令

2. 程序试运行

试运行是利用示教模式，模拟机器人再现运行的功能。通过程序的试运行，不仅可检查程序点，也可检查程序的运动轨迹。

程序试运行可连续执行移动命令，也可通过同时操作【试运行】+【联锁】键，连续执行其他基本命令。但是，为了运行安全，程序试运行时，机器人的移动速度将被限制在系统参数设定的“示教最高速度”之内；试运行时也不能执行引弧、熄弧等作业命令；此外，如选择了“【试运行】+【联锁】”运行，则【试运行】键必须始终保持，一旦松开【试运行】，机器人动作将立即停止。

安川机器人的程序试运行操作需要在【示教（TEACH）】操作模式下进行，操作前同样需要选定程序并启动伺服。程序试运行操作步骤如下。

① 操作模式选择【示教（TEACH）】。

② 选定需要进行试运行的程序。

③ 按操作面板的【试运行】键，机器人连续执行移动命令，如在操作【试运行】键时，【联锁】键被按下，可同时执行程序的其他基本命令。联锁试运行时，按键【试运行】必须始终保持，但【联锁】键可在命令启动后松开。

如需要，安川机器人还可通过再现特殊运行设定中的“机械锁定运行”或“检查运行”选项设定，禁止机器人移动命令或作业命令。机械锁定运行生效时，可在示教模式下，通过操作【前进】、【后退】键，执行程序中除移动命令外的其他命令；检查运行生效时，可以忽略作业命令，对机器人的移动轨迹进行单独检查。

机械锁定运行、检查运行在下拉菜单［实用工具］、子菜单［设定特殊运行］上设定；运行方式设定后，即使切换系统的操作模式，功能仍将保持有效，有关内容详见后述。

9.8 变量编辑操作

9.8.1 数值与字符变量编辑

1. 数值型变量编辑

数值型变量的值或状态，可直接利用示教器操作面板的数字键，以十进制数的形式输入，其操作步骤如下。

① 将安全模式设定至“编辑模式”或“管理模式”。

② 操作模式选择开关置“示教【TEACH】”模式。

③ 选择主菜单［变量］，并通过相应的子菜单选定变量类型，如［字节型］等，示教器便可显示图9.8.1所示的变量显示

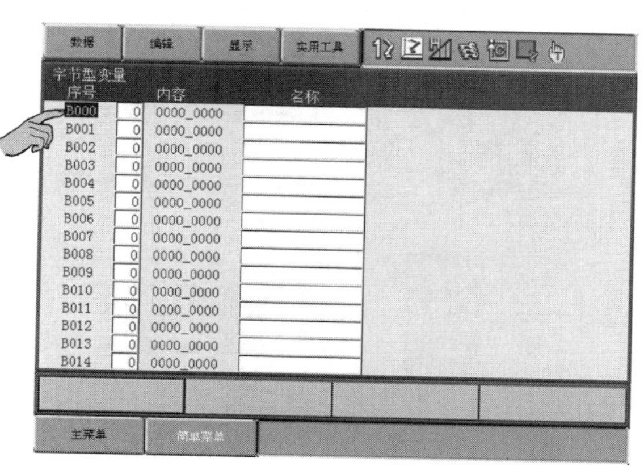

图9.8.1 数值型变量的显示

页面。

④ 选择需要编辑的变量号（序号）。变量号的选择可直接用操作面板的【翻页】键、光标调节键，通过页面切换、光标移动选定；或者，将光标定位于任一变量号上，按操作面板的【选择】键，然后在示教器弹出的输入框内输入指定的变量号，按【回车】键，光标可自动定位到指定的变量号上；或者，选择下拉菜单［编辑］，在图 9.8.2 所示的编辑菜单中，选择子菜单［搜索］，然后在示教器弹出的输入框内输入指定的变量号，按【回车】键，光标同样可自动定位到指定的变量号上。

⑤ 光标选定内容栏中的十进制数值输入框。部分数值型变量的“内容”栏，有十进制和二进制 2 个显示框，两者的显示值相同。

⑥ 用操作面板上的数字键输入变量值后，按【回车】键确认。

图 9.8.2　变量搜索

⑦ 如需要，还可将光标移动到名称输入框并选定，示教器便可显示字符输入软键盘；然后按程序名输入同样的操作步骤，用光标选择字符，在［Result］输入框内输入变量名后，按示教器操作面板上的【回车】键，便输入变量名。

2. 字符变量编辑

字符变量的编辑操作与数值型类似，它同样可直接通过面板的输入操作实现，其操作步骤简述如下。

① 在主菜单［变量］下，选择子菜单［文字型］，示教器将显示图 9.8.3 所示的页面。

② 通过数值型变量同样的操作，选定变量号。

③ 光标选定“内容”或“名称”栏的输入框，示教器可显示字符输入软键盘。

④ 通过程序名输入同样的操作，输入变量内容或变量名。输入完成后，按示教器操作面板上的【回车】键确认。

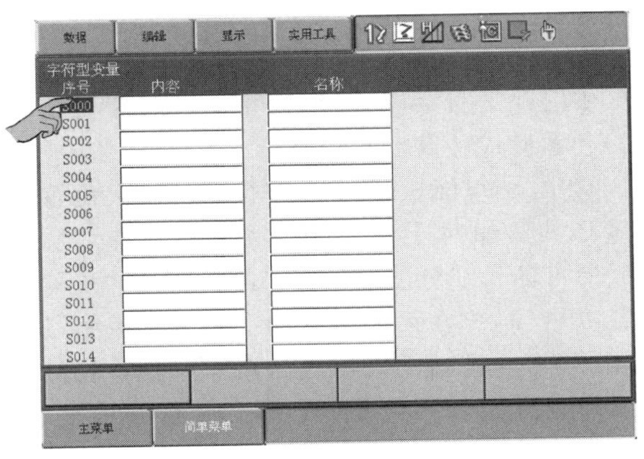

图 9.8.3　字符变量显示

9.8.2　位置变量编辑

1. 位置型变量的形式

位置型变量简称位置变量，它有“脉冲型”和“XYZ 型”两种表示形式。

① 脉冲型。脉冲型位置通过脉冲计数的方法表示。由于工业机器人的伺服驱动系统采用的是带断电保持功能的绝对型编码器，关节轴的原点一经设定，在任何情况下，其位置均可以电机从原点所转过的脉冲数来表示。

“脉冲型”位置直接反映了各坐标轴驱动电机的绝对位置，它是一个唯一的值，故可用于机器人本体轴（机器人）、基座轴（基座）、工装轴等全部位置变量的设定。

② XYZ 型。XYZ 型位置以机器人三维空间的坐标原点为基准、用 $X/Y/Z$、$R_x/R_y/R_z$ 等坐标值来表示。

采用“XYZ 型”位置定义控制点位置时，由于机器人的运动需要通过多个关节的旋转、摆动实现，其形式复杂多样，即使是对于同一空间位置，也可用不同关节、不同形式的运动实现，因此，还需要通过“姿态”参数，来规定机器人的实际状态和运动方式。

“XYZ 型”位置变量可用来定义机器人本体坐标轴和基座轴的位置，但工装轴的运动并不能直接改变机器人 TCP 位置，因此，一般不能以“XYZ 型”位置变量表示工装轴。

位置型变量的输入与修改可通过面板的数据直接输入和示教输入两种方式实现，其操作步骤分别如下。

2. 数据直接输入

直接通过操作面板的数据输入，输入与修改位置变量的操作步骤如下。

① 将安全模式设定至“编辑模式”或“管理模式”。

② 操作模式选择开关置“示教【TEACH】”模式。

③ 选择主菜单［变量］，并在通过相应的子菜单［位置型（机器人）］、［位置型（基座）］、［位置型（工装轴）］选定所需的位置变量类型，示教器可显示图 9.8.4 所示的变量显示页面，变量未设定时，输入框显示“＊”（初始状态）。

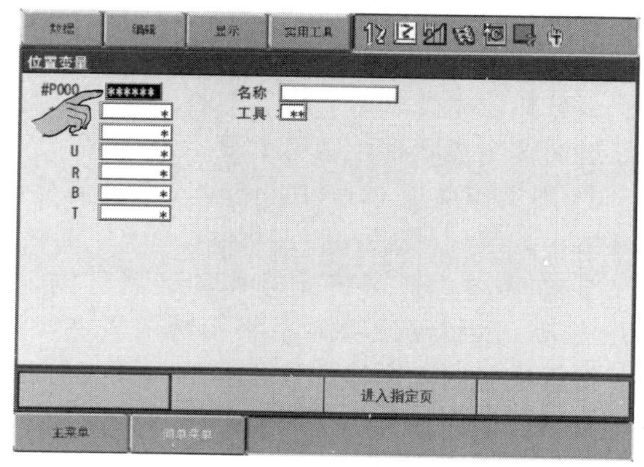

图 9.8.4　位置型变量的显示

④ 通过数值型变量同样的操作，选定变量号。

⑤ 将光标定位于变量号输入框，按操作面板的【选择】键，如所选择的变量未经设定（无初值），示教器可直接显示图 9.8.5 所示的变量形式选择选项，进行输入操作。

如变量具有初值，示教器将显示数据清除对话框“清除数据吗？［是］、［否］”，选择对话框中的［是］，可删除原设定，重新定义变量的表示形式、设定变量值。

图 9.8.5　位置变量的形式选择

⑥ 用操作面板的【选择】键，选定位置变量形式。如对于机器人的位置，选择“脉冲”便可输入“脉冲型”位置值；选择“机器人”“用户”或“工具”，则可分别输入控制点在机器人坐标系、用户坐标系或工具坐标系上的“XYZ 型”位置值及机器人的姿态参数；在使用多机器人的系统上，还可选择“主工具坐标系”的“XYZ 型”位置值和姿态参数。

⑦“脉冲型”位置可在图 9.8.4 所示的显示页上，直接用操作面板上的数字键输入，完成后按【回车】键确认；选择“机器人”“用户”或“工具”等“XYZ 型”位置设定时，示教器将显示图 9.8.6 所示的设定页面，然后通过操作面板的数字键输入位置值，用【选择】键选定“形态”参数，按【回车】键确认。

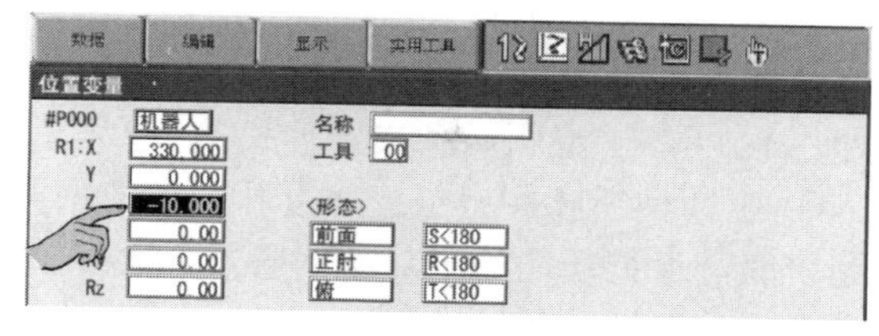

图 9.8.6　XYZ 型位置变量设定页面

⑧ 如需要，还可将光标移动到名称输入框并选定，示教器便可显示字符输入软键盘；然后，程序名输入同样的操作步骤，用光标选择字符，在［Result］输入框内输入变量名后，按示教器操作面板上的【回车】键，输入变量名。

3. 示教输入

机器人的形态多样，直接用数值来描述控制点的位置（特别是“脉冲型”位置）通常比较困难，为此，实际使用时可通过示教操作来输入或修改位置变量。利用示教操作输入与修改位置变量的操作步骤如下。

①～④ 通过上述数据直接输入编辑同样的操作，选定位置变量。

⑤ 确认机器人处于可运动的状态，启动伺服。

⑥ 按手动操作同样的方法，用操作面板的“【转换】+【机器人切换】”“【转换】+【外部轴切换】”键，选定控制轴组（机器人或基座轴、工装轴），并通过图 9.8.7 所示的状态显示栏确认。

⑦ 利用手动操作，将机器人移动到与位置变量设定值完全一致的位置。

⑧ 按操作面板的【修改】键，机器人现行位置值将被读入到所选定的位置变量上。

⑨ 按操作面板上的【回车】键确认，完成位置变量编辑。

机器人R1～机器人R8
基座轴B1～基座轴B8
工装轴S1～工装轴S24

图 9.8.7 控制轴组的状态显示

4. 位置变量清除和确认

当位置变量设定错误或需要删除指定位置变量时，可通过如下操作清除位置变量的设定值，回到初始状态。

①～④ 通过位置变量编辑同样的操作，选定需要清除的位置变量。

⑤ 选定下拉菜单［数据］，示教器将显示图 9.8.8 所示的数据清除菜单。

⑥ 选择子菜单［清除当前值］，所选位置变量的全部值将被一次性删除，变量恢复至图 9.8.4 所示的初始状态。

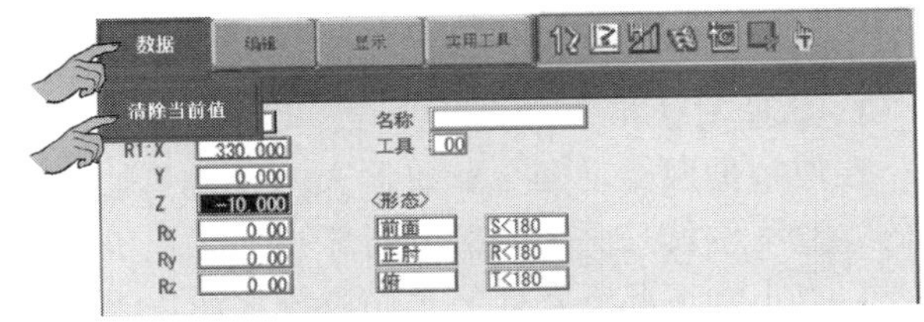

图 9.8.8 位置变量清除菜单

如果需要对位置变量的设定值进行检查，可按照如下操作步骤，通过机器人的实际运动，确认设定值。

①～④ 通过位置变量编辑同样的操作，选定需要清除的位置变量。

⑤ 确认机器人处于可运动的状态，启动伺服。

⑥ 用操作面板的“【转换】+【机器人切换】”“【转换】＋【外部轴切换】”键，选定控制轴组（机器人或基座轴、工装轴），并通过图 9.8.7 所示的状态显示栏确认。

⑦ 按操作面板的【前进】键，机器人将自动运动到位置变量设定值所定义的位置上。

⑧ 如位置不正确，可通过手动操作将机器人移动到所需要的位置，然后按操作面板的【修改】键、【回车】键进行重新输入。

第10章

安川机器人设定

10.1 机器人原点设定

10.1.1 绝对原点设定

1. 功能与使用

在使用伺服驱动的工业机器人上，关节轴位置通过电机内置编码器的脉冲计数生成；编码器的计数零位就是关节轴的绝对原点。工业机器人的编码器脉冲计数值，一般可利用后备电池保存，在正常情况下，即使关闭系统电源也不会消失。

绝对原点是机器人所有坐标系的基准，改变绝对原点，不仅可改变程序点位置，而且还将改变机器人作业范围、软件保护区等系统参数。因此，绝对原点的设定只能也必须用于以下场合。

① 机器人的首次调试。

② 后备电池耗尽，或电池连接线被意外断开时。

③ 伺服电机或编码器更换后。

④ 控制系统或主板、存储器板被更换后。

⑤ 减速器等直接影响位置的机械传动部件被更换或重新安装后。

绝对原点通常需要由机器人生产厂设定，其位置与机器人的结构形式有关。垂直串联机器人的绝对原点通常如图 10.1.1 所示，位置如下。

腰回转轴（j1 或 S）：上臂（前伸）中心线与基座坐标系 $+XZ$ 平面平行的位置。

下臂摆动轴（j2 或 L）：下臂中心线与基座坐标系 $+Z$ 轴平行的位置。

上臂摆动轴（j3 或 U）：上臂中心线与基座坐标系 $+X$ 轴平行的位置。

腕回转轴（j4 或 R）：手回转（法兰）中心线与基座坐标系 $+XZ$ 平面平行的位置。

腕弯曲轴（j5 或 B）：手回转（法兰）中心线与基座坐标系 $+X$（或 $-Z$）轴平行的位置。

手回转轴（j6 或 T）：通过工具安装法兰的基准孔确定。

安川机器人绝对原点设定属于高级应用功能，只能在安全模式选择“管理模式”时才能设定。绝对原点设定可利用示教操作、手动数据输入两种方式设定，其方法如下。

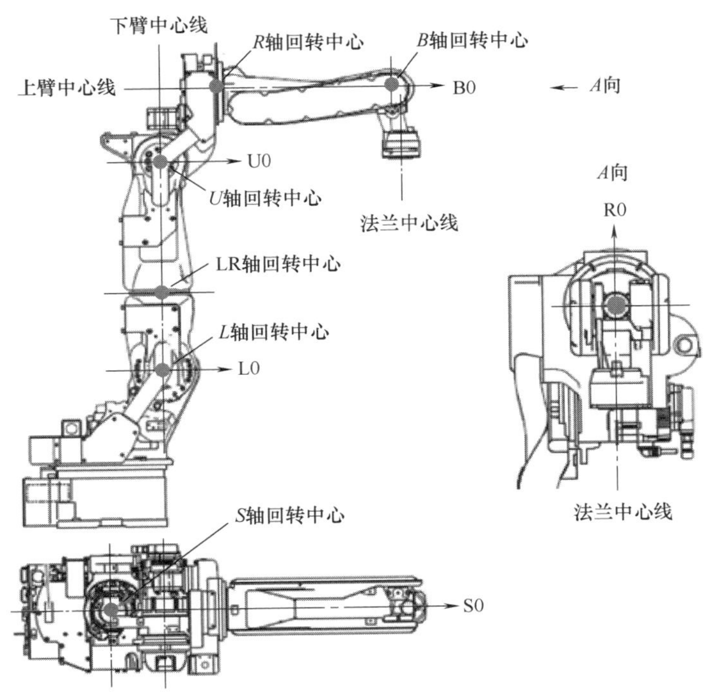

图 10.1.1　垂直串联机器人绝对原点

2. 示教操作设定

示教操作可对机器人的全部轴（安川称全轴登录）或指定轴（安川称单独登录）进行绝对原点设定。

全轴登录可一次性完成机器人全部坐标轴的绝对原点设定，其操作步骤如下。

① 在确保安全的前提下，接通系统电源，启动伺服。

② 操作模式选择【示教（TEACH)】，安全模式设定为“管理模式”。

③ 通过手动操作，将机器人的所有关节轴均准确定位到绝对原点上。

④ 选择主菜单【机器人】，示教器显示图 10.1.2 所示的子菜单显示页面。

⑤ 选择子菜单［原点位置］，示教器将显示图 10.1.3 所示的绝对原点设定页面。

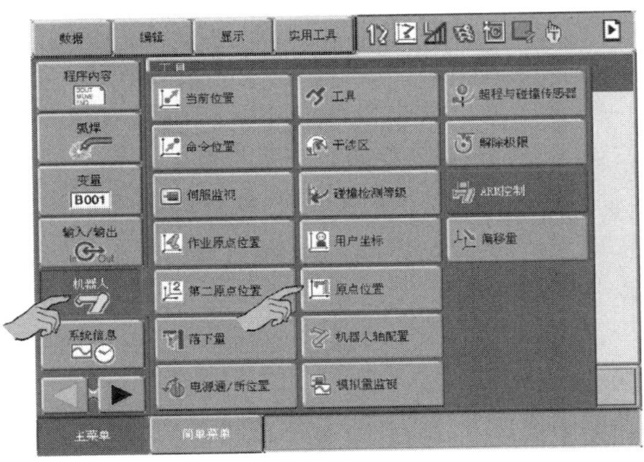

图 10.1.2　机器人子菜单显示

⑥ 在多机器人或使用外部轴的系统上，可通过图 10.1.4（a）所示下拉菜单［显示］中的选项，选择需要设定的控制轴组（机器人或工装轴）；或利用示教器操作面板上的【翻页】键，选择显示页的操作提示键［进入指定页］，在图 10.1.4（b）所示的选择框中选定需要设定的控制轴组（机器人或工装轴），显示指定控制轴组的原点设定页面。

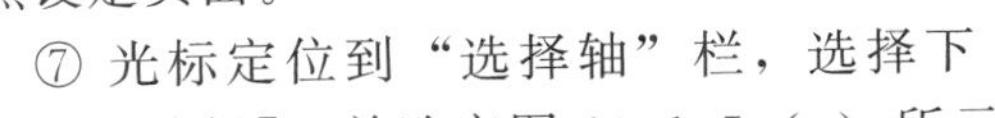

⑦ 光标定位到“选择轴”栏，选择下拉菜单［编辑］，并选定图 10.1.5（a）所示的子菜单［选择全部轴］，绝对原点设定页面的

“选择轴”栏将全部成为“●”（选定）状态，同时，示教器将显示“创建原点位置吗?”操作确认对话框。

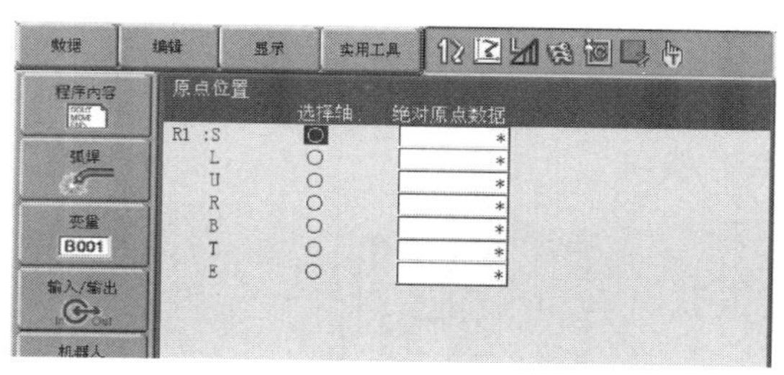

图 10.1.3　绝对原点设定页面

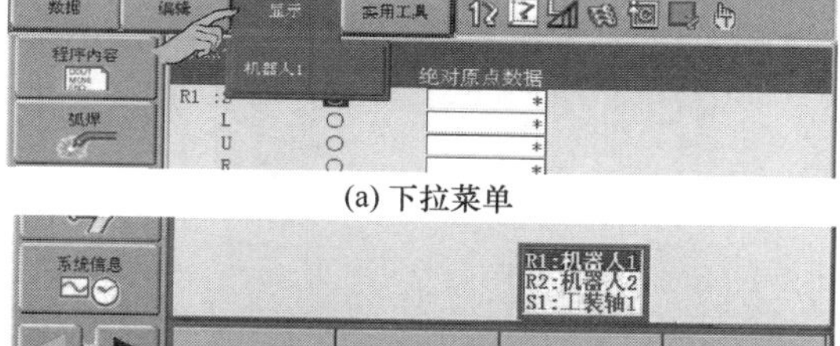

(a) 下拉菜单

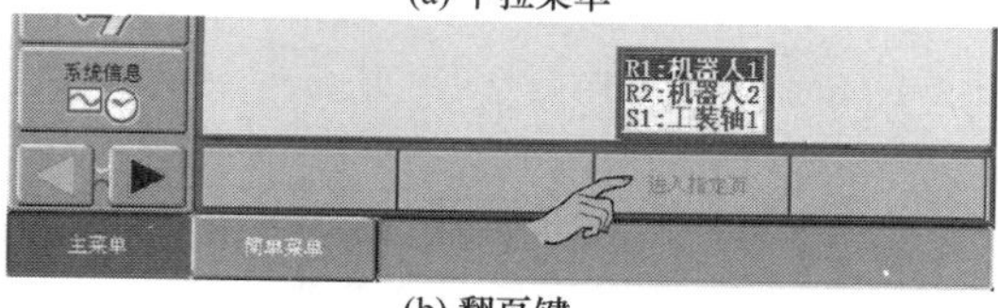

(b) 翻页键

图 10.1.4　控制轴组选择

⑧ 选择对话框中的［是］，机器人的当前位置将被设定为绝对原点；选择［否］，则可放弃原点设置操作。

单独登录通常用于机器人某一轴的电池连接线被意外断开或伺服电机、编码器、机械传动系统更换、维修后的原点恢复，操作步骤如下。

①～⑥ 同全局登录，但第③步也可只将需设定原点的轴准确定位到绝对原点上。

⑦ 在图 10.1.3 所示的绝对原点设定页面，调节光标到指定轴（如 S 轴）的“选择轴”栏，按操作面板的【选择】键，使其显示为“●”（选定）状态；示教器可显示图 10.1.5 (b) 同样的“创建原点位置吗?”操作确认对话框。

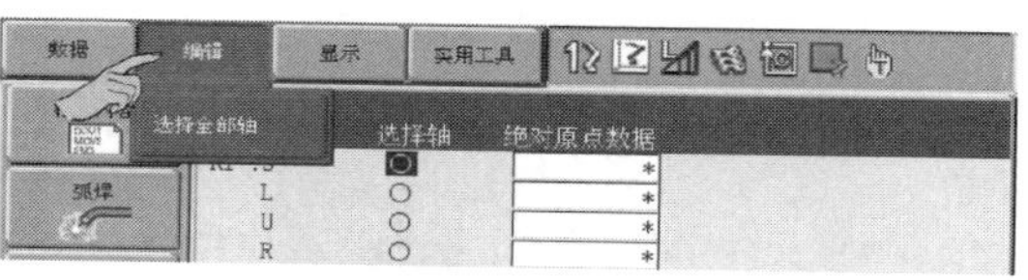

(a) 全部轴的选择菜单

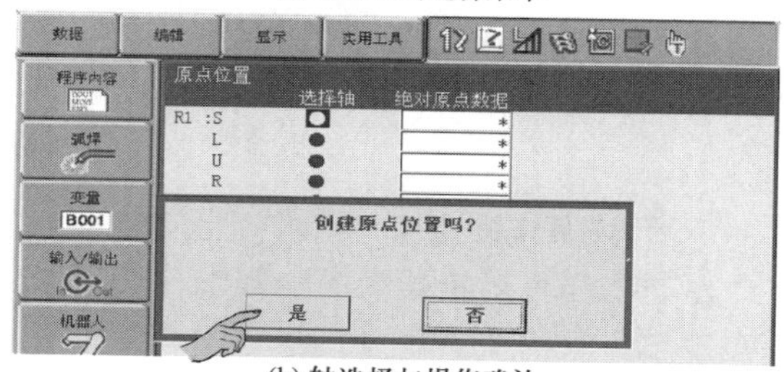

(b) 轴选择与操作确认

图 10.1.5　全轴登录原点设定

⑧ 选择对话框中的［是］，机器人指定轴的当前位置将被设定为该轴的绝对原点，其他轴的原点位置不变；选择［否］，则可以放弃指定轴的原点设置操作。

3. 手动数据输入设定

绝对原点位置也可通过手动数据输入操作设定、修改或清除，其操作步骤如下。

①～⑥ 同全局登录。

⑦ 在图 10.1.3 所示的绝对原点设定页面，调节光标到指定轴（如 L 轴）的“绝对原点数据”栏输入框上，按操作面板的【选择】键选定后，输入框将成为图 10.1.6 (a) 所示的数据输入状态。

⑧ 利用操作面板的数字键输入原点位置数据，并用【回车】键确认，便可完成原点位置数据的输入及修改。

如果在图 10.1.3 所示的绝对原点设定页面，选择下拉菜单［数据］并选定图 10.1.6 (b) 所示的子菜单［清除全部数据］，示教器将显示图 10.1.6 (c) 所示的“清除数据吗?”操作确认对话框。选择对话框中的［是］，可清除全部绝对原点数据；选择［否］，则可以放弃数据清除操作。

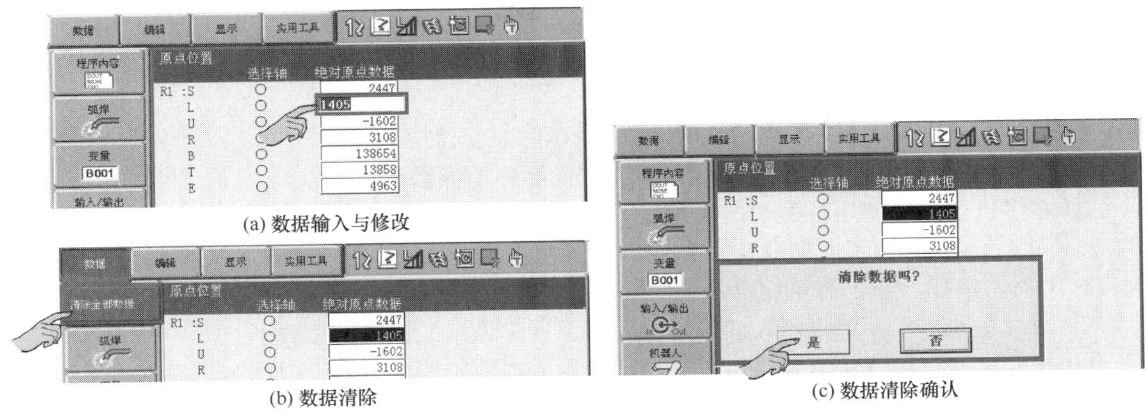

(a) 数据输入与修改

(b) 数据清除

(c) 数据清除确认

图 10.1.6　绝对原点手动设定

10.1.2　第二原点设定

1. 功能与使用

第二原点是用来检查、确认机器人位置的基准点，通常用于利用手动数据输入方式设定绝对原点后的位置确认。

机器人第二原点检查、设定的要点如下。

① 控制系统发生“绝对编码器数据异常报警”时，原则上应进行第二原点检查，但也可通过系统参数的设定，取消第二原点检查操作。

② 机器人第二原点检查时，如系统无报警，一般可恢复正常工作；如系统再次发生报警，则需要通过绝对原点设定操作，重新设定机器人原点。

③ 机器人出厂所设定的第二原点与绝对原点重合；为了方便检查，用户也可以通过下述的第二原点设定操作，改变第二原点的位置。

2. 第二原点示教设定

安川机器人的第二原点可以在“编辑模式”下，通过示教操作设定，其操作步骤如下。

① 在确保安全的前提下，接通系统电源，启动伺服。

② 操作模式选择【示教（TEACH）】，安全模式设定为“编辑模式”。

③ 如图 10.1.7（a）所示，选择主菜单【机器人】、子菜单［第二原点位置］，示教器可显

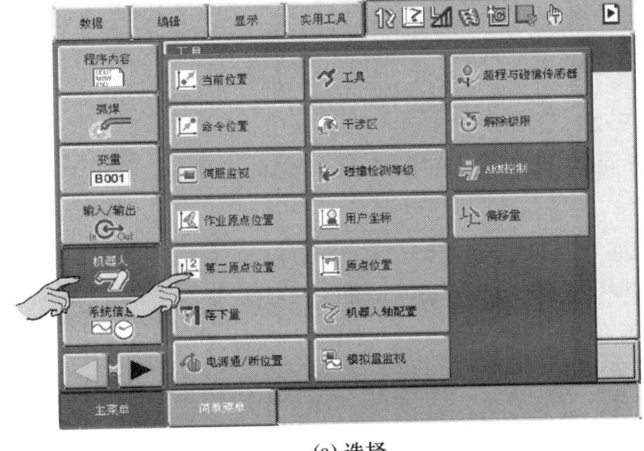

(a) 选择

第二原点位置

	第二原点	当前位置	位置差值
R1 :S	0	0	0
L	0	0	0
U	0	0	0
R	0	0	0
B	0	0	0
T	0	0	0
E	0	0	0

能够移动或修改第二原点

(b) 显示

图 10.1.7　第二原点设定页面

示图 10.1.7（b）所示的“第二原点位置”设定页面。显示页的各栏的含义如下。

第二原点：显示机器人当前有效的第二原点位置。

当前位置：显示机器人实际位置。

位置差值：在进行第二原点确认时，可显示第二原点的误差值。

信息提示栏（ⓘ）：显示允许的操作，如“能够移动或修改第二原点”。

④ 在多机器人或使用外部轴的系统上，可通过绝对原点设定同样的操作，利用下拉菜单[显示]，或利用操作面板上的【翻页】键，或通过显示页的操作提示键[进入指定页]与控制轴组输入框的选择，选定需要设定的控制轴组（机器人或工装轴）。

⑤ 通过手动操作，将机器人准确定位到需要设定为第二原点的位置上。

⑥ 按操作面板的【修改】、【回车】键，机器人当前位置被自动设定成第二原点。

3. 第二原点确认

第二原点确认操作通常用于“绝对编码器数据异常”报警的处理，其操作步骤如下。

① 按操作面板的【清除】键，清除系统报警。

② 在确保安全的情况下，重新启动伺服。

③ 确认操作模式为【示教（TEACH)】、安全模式为“编辑模式”。

④ 按主菜单【机器人】、子菜单[第二原点位置]，显示图 10.1.7 所示的第二原点设定页面。

⑤ 在多机器人或使用外部轴的系统上，可通过绝对原点设定同样的操作，利用下拉菜单[显示]，或利用操作面板上的【翻页】键，或通过显示页的操作提示键[进入指定页]与控制轴组输入框的选择，选定需要设定的控制轴组（机器人或工装轴）。

⑥ 按操作面板的【前进】键，机器人将以手动速度自动定位到第二原点。

⑦ 选择下拉菜单[数据]、子菜单[位置确认]，第二原点设定页面的“位置差值”栏将自动显示第二原点的位置误差值；信息提示栏显示“已经进行位置确认操作”。

⑧ 系统自动检查“位置差值”栏的误差值，如误差没有超过系统规定的范围，机器人便可恢复正常操作；如误差超过了规定的范围，系统将再次发生数据异常报警，操作者需要在确认故障已排除的情况下，进行绝对原点的重新设定。

10.1.3 作业原点设定

1. 功能与使用

作业原点是机器人实际作业的基准位置，操作者可根据实际作业要求设定一个作业原点。安川机器人具有作业原点自动定位、检测、允差设定功能，可作为重复作业程序的作业基准。

安川机器人作业原点的使用要点如下。

① 操作模式选择【示教（TEACH)】时，可通过选择主菜单[机器人]、子菜单[作业原点位置]，使示教器显示作业原点显示和设定页面；此时，如果按操作面板上的【前进】键，机器人便可按手动速度，自动定位到作业原点。

② 操作模式选择【再现（PLAY)】时，可通过 DI 信号和 PLC 程序，向系统输入“回作业原点”启动信号，机器人便能以系统参数设定的速度，自动定位到作业原点。

③ 机器人定位于作业原点允差范围内时，系统专用 DO 信号（PLC 地址 30022）“作业原点”将成为 ON 状态。

④ 在安川机器人上，作业原点的 $X/Y/Z$ 轴到位允差不能进行独立设定，3 轴的到位允差需要通过系统参数统一设定。当允差设定为 a（μm）时，原点的到位检测区间为图 10.1.8 所示的正方体，如机器人定位点处于 P 的位置 $\pm a/2$ 的范围，认为作业原点到达。

⑤ 作业原点可通过系统参数的设定，以命令值或实际值的形式检查。利用命令值检测时，只要程序点位于作业原点允差范围，就认为作业原点到达；利用实际值检查时，必须是实际位置到达作业原点允差范围，才认为作业原点到达。

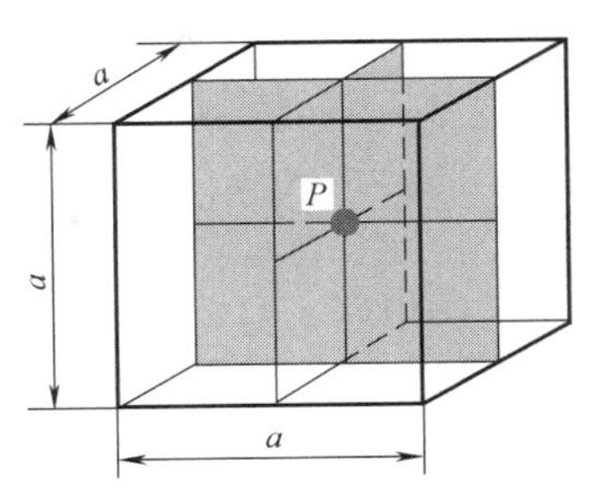

图 10.1.8　原点到位允差

2. 作业原点设定

机器人的作业原点可通过示教操作设定，其操作步骤如下。

① 在确保安全的前提下，接通系统电源并启动伺服。

② 操作模式选择【示教（TEACH）】，安全模式设定为“编辑模式”。

③ 如图 10.1.9（a）所示，按主菜单【机器人】，选择子菜单［作业原点位置］，示教器显示图 10.1.9（b）所示的“作业原点位置”设定页面，并显示操作提示信息“能够移动或修改作业原点”。

④ 在多机器人或使用外部轴的系统上，可通过操作面板上的【翻页】键，或通过显示页的操作提示键［进入指定页］与控制轴组输入框的选择，选定需要设定的控制轴组（机器人或工装轴）。

⑤ 通过手动操作，将机器人准确定位到需要设定为作业原点的位置上。

⑥ 按操作面板【修改】、【回车】键，机器人当前位置将被自动设定成作业原点。

⑦ 如需要，可通过操作面板的【前进】键，进行作业原点位置的确认。

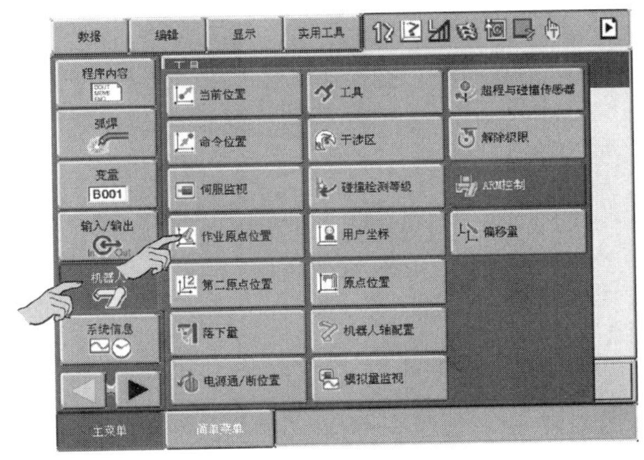

(a) 选择

数据　编辑　显示　实用工具

作业原点位置

	原点位置	当前位置
R1 :S	0	0
L	0	0
U	0	0
R	0	0
B	0	0
T	0	0
E	0	0

主菜单　简单菜单　能够移动或修改作业原点

(b) 显示

图 10.1.9　作业原点位置设定页面

10.2　机器人坐标系设定与示教

10.2.1　工具文件编辑

1. 工具文件及显示

工业机器人的作业工具结构复杂、形状不规范，需要定义控制点（TCP）、坐标系、重量、重心、惯量等诸多参数，这些参数需要通过规定格式的数据（如 ABB 机器人工具数据）或工具文件（如安川机器人）的形式定义。

安川机器人需要通过工具文件定义的参数如下。

① 工具控制点 TCP。TCP 点既是工具的作业点，也是工具坐标系的原点。

② 工具坐标系。工具坐标系用来定义工具的安装方式（姿态）。

③ 工具重量/重心/惯量。工业机器人是由若干关节和连杆串联组成的机械设备，负载重心通常都远离回转、摆动中心，负载惯量大、受力条件差，工具的重量/重心/惯量将对机器人运动稳定性、定位精度产生直接影响。

工业机器人是一种通用设备，它可通过改变工具完成不同的作业任务，因此，需要针对不同工具编制多个工具文件。安川机器人最大可定义的工具数为 64 种，其工具文件号为 0～63。

在通常情况下，一个作业程序原则上只能使用一种工具。但也可通过系统参数的设定，生效工具文件扩展功能，在程序中改变工具。

安川机器人的工具文件显示操作如下。

① 操作模式选择【示教（TEACH)】，安全模式设定为“编辑模式”。

② 如图 10.2.1（a）所示，按主菜单【机器人】，选择［工具］子菜单，示教器可显示图 10.2.1（b）所示的工具一览表显示页面。

③ 调节光标到需要设定的工具号（序号）上，按操作面板的【选择】键，选定工具号；如使用的工具较多，可通过操作面板的【翻页】键，显示更多的工具号，然后用光标和【选择】键选定。

④ 工具一览表显示时，打开图 10.2.1（c）所示的下拉菜单［显示］并选择［坐标数据］，示教器便可切换到下述图 10.2.2 所示的工具数据显示页面；当工具数据显示时，打开图 10.2.1（c）所示的下拉菜单［显示］并选择［列表］，示教器便可返回到图 10.2.1（b）所示的工具一览表显示页面。

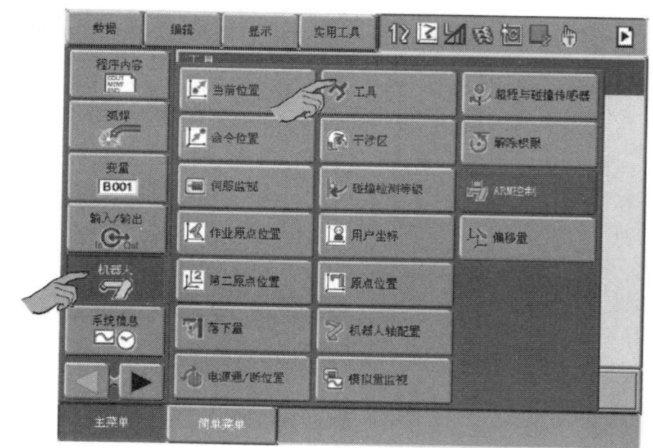

(a) 选择

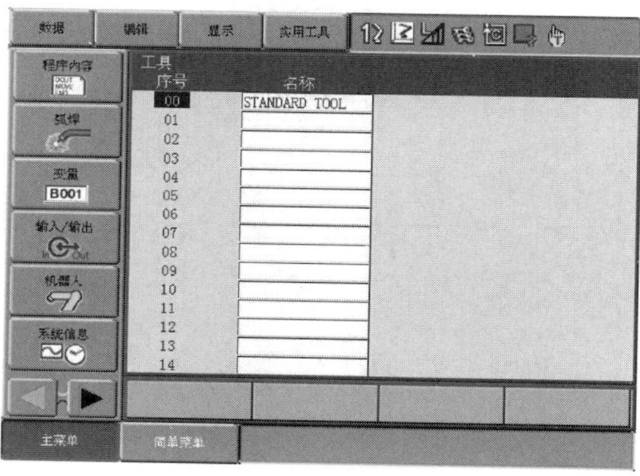

(b) 显示

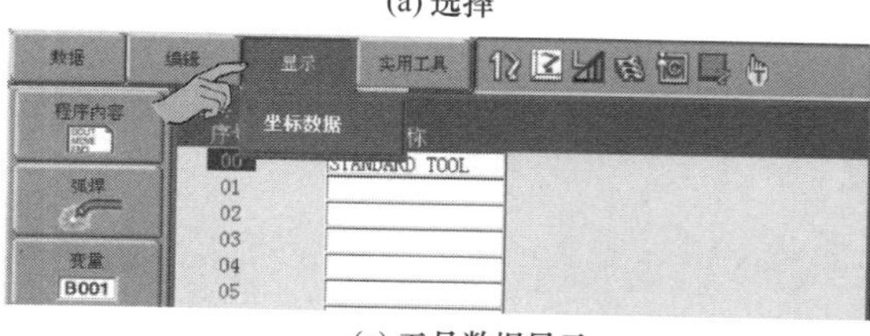

(c) 工具数据显示

(d) 返回一览表

图 10.2.1　工具文件的显示

工具文件的工具数据显示和设定页面如图 10.2.2 所示，参数作用和含义如下。

工具序号/名称：显示工具文件编号、工具名称。

X/Y/Z：TCP 位置，X/Y/Z 为 TCP 点在手腕基准坐标系 $X_F/Y_F/Z_F$ 上的坐标值。

Rx/Ry/Rz：工具坐标系方向，设定值为工具坐标系绕手腕基准坐标系回转的姿态角。

W：工具重量。

Xg/Yg/Zg：工具重心位置。

Ix/Iy/Iz：工具惯量。

2. **工具文件编辑**

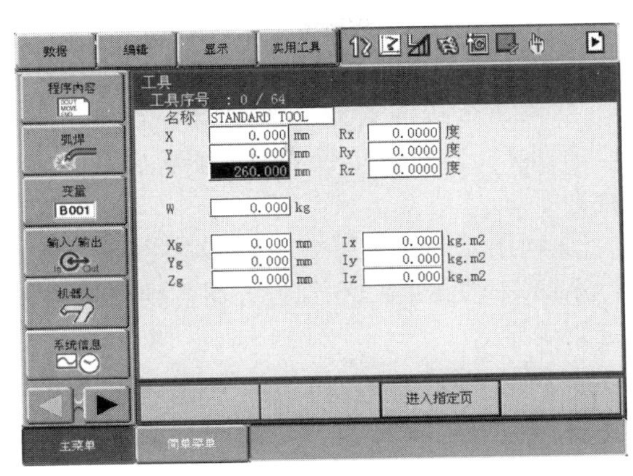

图 10.2.2　工具数据设定页面

工具文件编辑是设定（输入、修改）工具数据的操作，工具的不同参数可用不同的方法设定。例如，TCP、坐标系可通过手动数据输入或示教操作设定；工具重量、重心位置、惯量等参数，可通过手动数据输入或工具自动测量操作设定等。通常而言，工具自动测量操作只能用于水平安装的机器人，手动数据输入可用于任何形式的机器人。

在安川机器人上，工具重量、重心位置、惯量设定属于机器人的高级安装设定功能（Advanced Robot Motion，简称 ARM），它需要在“管理模式”下，由专业技术人员完成，有关内容可参见安川公司技术资料或笔者编写的《安川工业机器人从入门到精通》（化学工业出版社，2020）一书。

手动数据输入是工具文件编辑的基本操作，如果需要设定的工具参数为已知，可通过以下操作，直接设定工具数据，完成工具文件编辑。

① 通过工具文件显示同样的操作，选定工具，示教器上显示图 10.2.2 所示的工具数据设定页面。需要进行对工具的重量、重心、惯量进行设定，必须将系统的安全模式设定为“管理模式”。

② 调节光标到需要设定的参数输入框，按操作面板的【选择】键选定，使输入框将成为数据输入状态。

③ 利用示教器操作面板的数字键，输入参数值，并用【回车】键确认。

④ 重复步骤③，完成全部工具数据的输入及修改。

如果在伺服启动的情况下，进行了工具重量、重心、惯量等参数输入与修改等高级设定操作；数据一旦被输入、修改，控制系统将自动关闭伺服，并显示“由于修改数据伺服断开”提示信息。

10.2.2　工具坐标系设定与示教

1. **工具校准要求**

机器人作业工具的结构复杂、形状不规范，TCP 和工具坐标系的测量、计算较为麻烦，实际使用时，一般都通过示教操作进行设定，这一操作在安川机器人上称为“工具校准”操作。

安川机器人的工具校准可通过系统参数 S2C432 的设定，选择如下 3 种方法。

S2C432＝0：仅设定 TCP 位置。此时，利用工具校准操作，系统可自动计算、设定 TCP 的 X/Y/Z 位置；但工具坐标系方向参数 Rx/Ry/Rz 将被清除。

S2C432＝1：仅设定工具坐标系方向。此时，利用工具校准操作，系统可将第 1 个校准点的工具方向作为工具坐标系方向，写入 Rx/Ry/Rz 中，TCP 位置保持不变。

S2C432＝2：同时设定 TCP 和工具坐标系方向。此时，通过工具校准操作，系统可自动计算、设定 TCP 的 X/Y/Z 位置，同时，将第 1 个校准点的工具方向作为工具坐标系方向，写入到 Rx/Ry/Rz 中。

利用工具校准操作设定工具数据时，需要选择图 10.2.3 所示的 5 个具有不同姿态的校准点，校准点选择需要注意以下问题。

① 第 1 个校准点 TC1 是计算、设定工具坐标系方向 Rx/Ry/Rz 的基准点，在该点上，工具应为图 10.2.3（a）所示的基准状态，工具轴线与机器人（基座）坐标系的 Z 轴平行，方向垂直向下。

② 利用工具校准操作自动设定的工具坐标系，其 Z 轴方向 Z_T 一般应与机器人（基座）坐标系的 Z 轴相反；X 轴方向 X_T 则与机器人（基座）坐标系的 X 轴同向；Y 轴方向通过右手定则确定。

③ 图 10.2.3（b）所示的第 2～5 个校准点 TC2～TC5 的工具姿态可任意选择，但是，为了保证系统能够准确计算 TCP 位置，应尽可能使得 TC2～TC5 的工具姿态有更多的变化。

④ 如果工具调整受到限制，无法在 TCP 的同一位置对 TC1～TC5 的工具姿态作更多变化时，可通过修改系统参数的设定、分步示教。

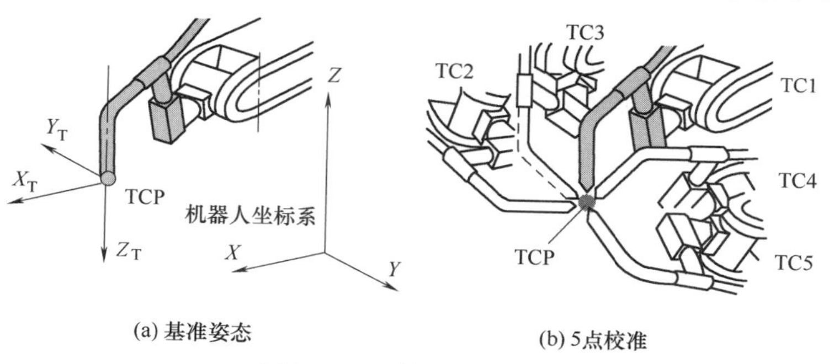

(a) 基准姿态　(b) 5点校准

图 10.2.3　校准点的选择

分步示教时，先设定 S2C432＝0，选择一个可进行基准姿态外的其他姿态自由调整的位置，通过 5 点示教设定 TCP 的 X/Y/Z 位置；然后，再设定 S2C432＝1，选择一个可进行基准姿态准确定位的位置，通过姿态相近的 5 点示教，单独改变工具坐标系方向参数 Rx/Ry/Rz 的设定值。

2. 工具校准操作

利用工具校准操作设定工具坐标系的步骤如下。

① 操作模式选择【示教（TEACH）】，安全模式设定为“编辑模式”，并启动伺服。

② 通过工具文件显示同样的操作，选定工具并在示教器上显示工具数据设定页面（参见图 10.2.2）。

③ 选择图 10.2.4（a）所示的下拉菜单［实用工具］、子菜单［校验］，示教器可显示图 10.2.4（b）所示的工具校准示教操作页面。

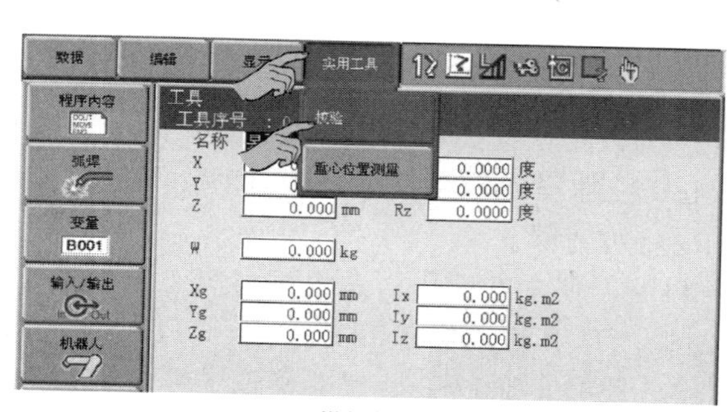

(a) 操作菜单

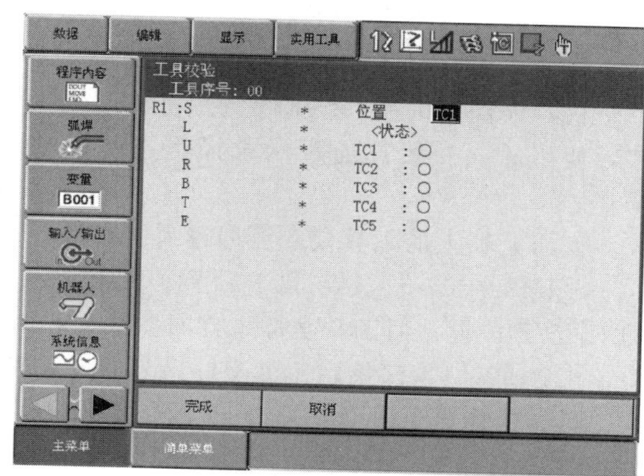

(b) 示教显示

图 10.2.4　工具坐标系示教页面

④ 选择图 10.2.5（a）中的下拉菜单［数据］、子菜单［清除数据］，并在系统弹出的“清除数据吗？”操作提示框中选择［是］，可对 TCP 点位置、坐标系变换参数进行初始化清除。

⑤ 将光标定位到工具校准示教操作页面的“位置”输入框，按操作面板【选择】键，在图 10.2.5（b）所示的输入选项上选定需要进行示教的工具校准点。

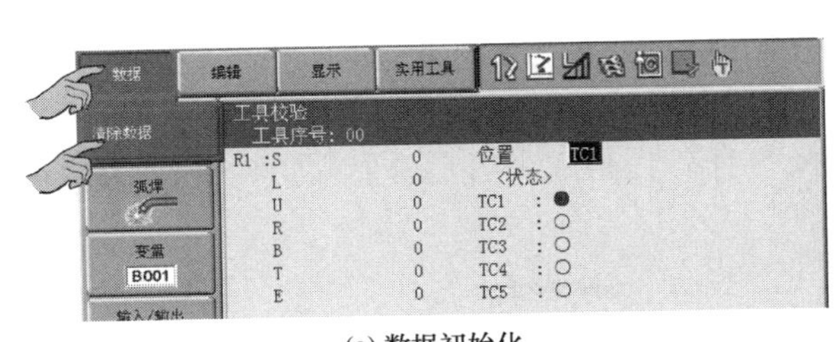

(a) 数据初始化

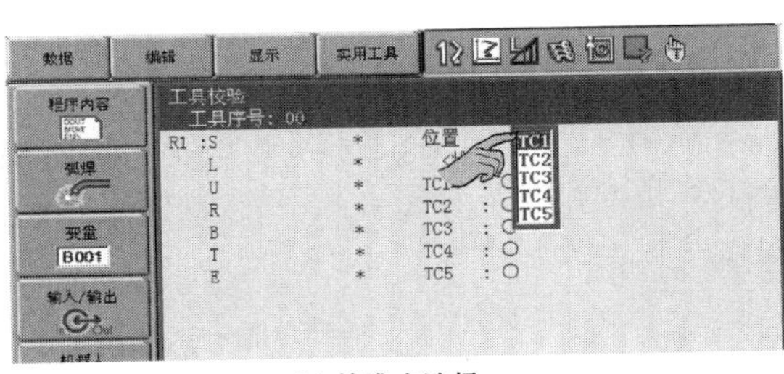

(b) 校准点选择

图 10.2.5 工具校准操作

⑥ 手动操作机器人，将工具定位到所需的校准姿态。

⑦ 按操作面板的【修改】键、【回车键】，该点的工具姿态将被读入，校准点的状态显示由“○”变为“●”。

⑧ 重复步骤⑤～⑥，完成其他工具校准点的示教。

⑨ 全部校准点示教完成后，按图 10.2.4（b）显示页中的操作提示键［完成］，结束工具校准示教操作。此时，系统将自动计算工具的 TCP 位置、坐标系变换参数，并自动写入到工具文件设定页面。

⑩ 如果需要，可通过机器人的自动定位进行校准点位置的确认。

确认校准点位置时，只需要将光标定位到“位置”输入框，并用操作面板【选择】键、光标键选定工具校准点；然后，按操作面板的【前进】键，机器人可自动定位到选定的校准点上；如果机器人定位位置和校准点设定不一致，状态显示将成为“○”。

3. 工具坐标系确认

工具坐标系设定完成后，一般通常需要通过坐标系确认操作，检查参数的正确性。进行工具坐标系确认操作时，需要注意以下几点。

① 进行工具坐标系确认操作时，不能改变工具号；在工具定向时，需要保持 TCP 不变，进行“控制点保持不变”的定向运动。

② 进行工具坐标系确认定向操作时，手动操作的坐标系不能选择关节坐标系。

③ 工具坐标系确认操作，只能利用图 10.2.6 所示的工具定向键改变工具姿态，不能用机器人定位键改变 TCP 位置。7 轴机器人的按键【7－】、【7＋】（或【E－】、【E＋】），可用于工具定向。

④ 如果工具定向完成后，TCP 出现偏离，需要再次进行工具校准操作，重新设定工具坐标系。

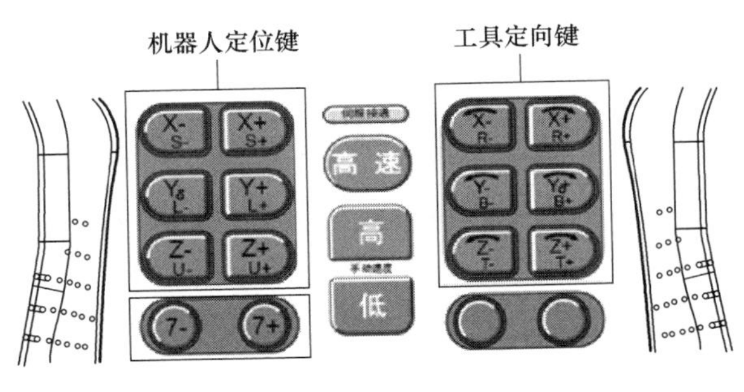

图 10.2.6 手动操作键

安川机器人的工具坐标系确认操作步骤如下。

① 操作模式选择【示教（TEACH）】，安全模式设定为“编辑模式”，并启动伺服。

② 在多机器人或带有外部轴的系统上，

如控制轴组未选定，轴组 R1 的显示为“＊＊”，此时，可将光标调节到该位置，按操作面板的【选择】选定，然后在输入选项上，选定需要设定的控制轴组（机器人 R1 或机器人 R2）。

③ 通过操作面板的“【转换】＋【坐标】”键，选择机器人、工具或用户坐标系（不能为关节坐标系），并在示教器的状态显示栏确认。

④ 利用工具数据设定同样的方法，选定需要进行控制点和坐标系确认的工具。

⑤ 利用图 10.2.6 所示的操作面板上的工具定向键，改变工具姿态。

⑥ 检查控制点的位置，如果控制点存在图 10.2.7 所示的明显偏差，则应该重新进行前述的工具校准操作，设定新的工具坐标系；工具校准操作完成后，再次进行工具坐标系的确认操作。

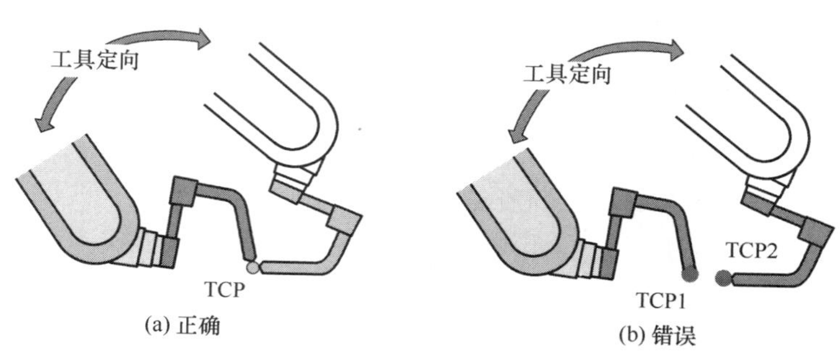

图 10.2.7　工具控制点检查

10.2.3 用户坐标系设定与示教

1. 用户坐标设定要求

工业机器人的用户坐标系是以基准点为原点的作业坐标系，使用用户坐标系编程时，程序点的 *XYZ* 位置将成为机器人 TCP 在用户坐标系上的位置值。

安川机器人的用户坐标系数据以“用户坐标文件”的形式保存；控制系统最大可设定 63 个用户坐标系，并以编号 1～63 区分。机器人手动操作、示教编程时可通过坐标系选择操作，选择所需的用户坐标系。

安川机器人的用户坐标系参数显示和设定页面如图 10.2.8 所示，参数含义如下。

用户坐标序号：用户坐标系编号。

X/Y/Z：用户坐标原点。

Rx/Ry/Rz：用户坐标系方向，设定值为用户坐标系绕机器人基座坐标系旋转的姿态角。

用户坐标系的 *XY* 平面通常应平行于工件的安装面；坐标原点一般应选择在零件图的尺寸基准上，这样可为程序编制、尺寸检查提供方便。用户坐标系可以通过程序命令 MFRAME 或示教操作设定，示教操作设定简单易行，是机器人实际使用的常用方法。

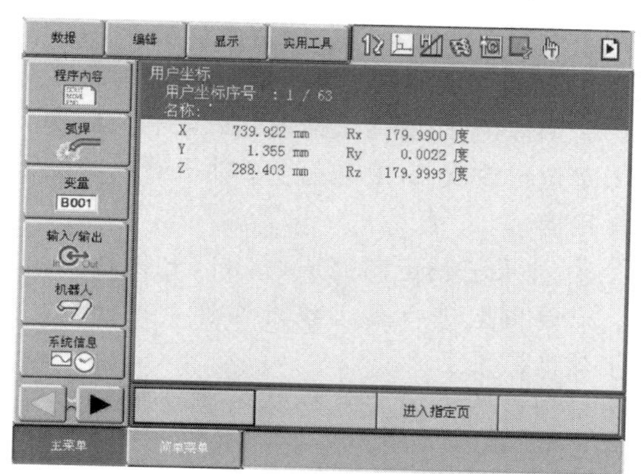

图 10.2.8　用户坐标参数显示和设定页

2. 示教点选择

通过示教操作设定用户坐标系时，需要有图 10.2.9 所示的 ORG、XX、XY 三个示教点，示教点的选择要求如下。

ORG 点：用户坐标系原点。

XX 点：用户坐标系＋X 轴上的任意一点（除原点外）。

XY 点：用户坐标系 XY 平面第一象限上的任意一点（除原点外）。

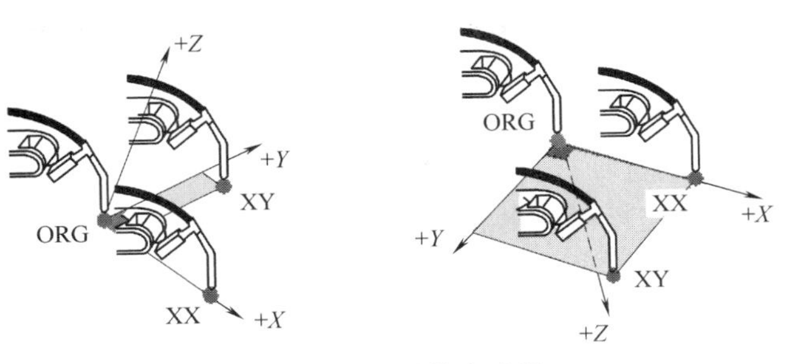

图 10.2.9　示教点选择

用户坐标系的坐标轴方向按右手定则定义，因此，当 ORG、XX、XY 点确定后，坐标轴的方向与位置也就被定义。例如，在图 10.2.9 中，当 ORG、XX 点选定后，如 XY 点选择在＋X 轴左侧，便可建立＋Z 轴向上、＋Y 轴向内的用户坐标系；如 XY 点选择在＋X 轴右侧，则可建立＋Z 轴向下、＋Y 轴向外的用户坐标系等。

利用 ORG、XX、XY 三点示教设定用户坐标系的操作可分数据初始化、程序点示教与确认两步进行，操作方法如下。

3. 数据初始化

用户坐标系的数据初始化操作步骤如下。

① 操作模式选择【示教（TEACH）】，安全模式设定为“编辑模式”，启动伺服。

② 如图 10.2.10（a）所示，按主菜单【机器人】，选择子菜单［用户坐标］，示教器将显示图 10.2.10（b）所示的用户坐标文件一览表页面。

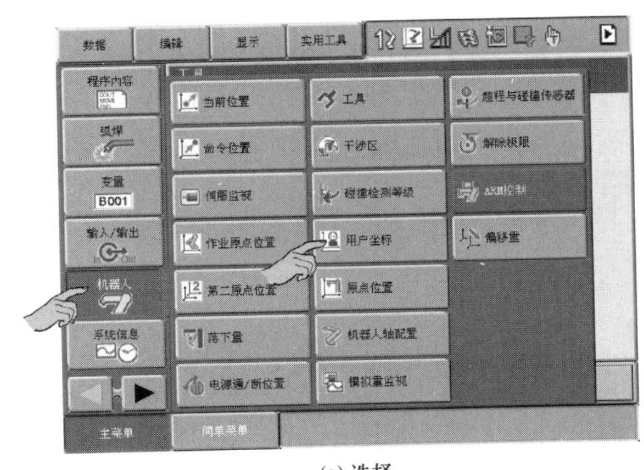

(a) 选择

用户坐标

序号	设置	名称
01	○	
02	○	
03	○	
04	○	
05	○	
06	○	
07	○	
08	○	
09	○	
10	○	
11	○	
12	○	
13	○	
14	○	
15	○	

(b) 显示

图 10.2.10　用户坐标文件一览表显示

③ 调节光标到需要设定的用户坐标号（序号）上，按操作面板的【选择】键，选定用户坐标号；如系统使用的用户坐标系较多，可通过操作面板的【翻页】键，显示更多的用户坐标号，然后用光标和【选择】键选定。

④ 用户坐标文件一览表显示时，如打开下拉菜单［显示］并选择［坐标数据］，示教器便可切换到前述图 10.2.8 所示的用户坐标数据显示和设定页；当用户坐标数据显示时，如打开下拉菜单［显示］并选择［列表］，示教器可返回到图 10.2.10（b）所示的用户坐标文件一览表页面。

⑤ 选择下拉菜单［实用工具］、子菜单［设定］，示教器便可显示图 10.2.11 所示的用户坐标数据示教设定显示页面。

⑥ 在多机器人或带外部轴的系统上，如控制轴组未选定，轴组 R1 的显示为“＊＊”，此时，可将光标调节到该位置，按操作面板的【选择】选定，然后在输入选项上选定需要设定的

控制轴组（机器人 R1 或机器人 R2）。

⑦ 选择下拉菜单［数据］、子菜单［清除数据］，并在系统弹出的操作提示框“清除数据吗?”中选择［是］，可对用户坐标文件中的全部参数进行初始化清除。

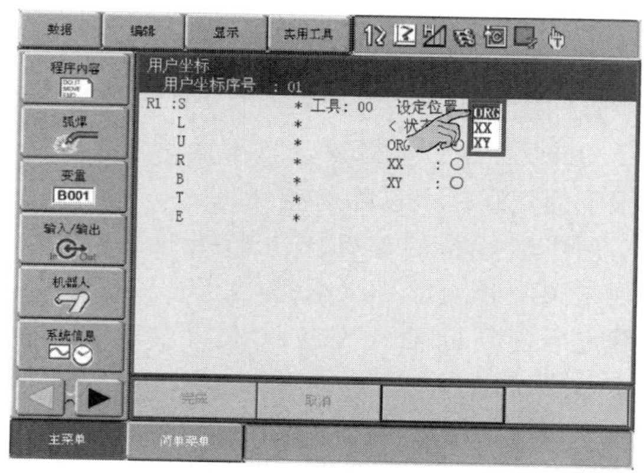

图 10.2.11 用户坐标示教设定页面

4. 用户坐标系示教与确认

用户坐标系的程序点示教操作步骤如下。

① 通过用户坐标系数据初始化操作，清除需要建立的用户坐标系数据。

② 将光标定位到图 10.2.11 所示的“设定位置”输入框，按操作面板【选择】键，在输入选项上选定示教点 ORG 或 XX、XY。

③ 通过手动操作机器人，将机器人定位到所选的示教点 ORG（或 XX、XY）上。

④ 按操作面板的【修改】键、【回车键】，机器人的当前位置将作为用户坐标定义点读入系统，示教点 ORG 或 XX、XY 的＜状态＞栏显示由“○”变为“●”。

⑤ 重复步骤②～④，完成其他示教点的示教。

⑥ 全部示教点确认完成后，按图 10.2.11 显示页中的操作提示键［完成］，结束用户坐标系示教操作，系统将自动计算用户坐标的原点位置、坐标系变换参数，并写入到用户坐标文件的设定页面。

⑦ 再次将光标定位到“设定位置”输入框，并用【选择】键、光标键选定示教点。

⑧ 按操作面板的【前进】键，机器人便可自动移动到指定的示教点上。如果机器人定位位置和示教点设定不一致，＜状态＞栏的显示将成为“●”并闪烁；此时，应重新进行程序点示教操作。

10.3 程序点变换设定与示教

10.3.1 程序点平移变换

1. 功能与使用要点

安川机器人的程序点平移不但可通过平移命令 SFTON、SFTOF、MSHIFT 实现，而且还可通过控制系统的平移变换功能设定，在程序自动运行（再现）时设定与生效；程序点平移变换既可对全部程序进行，也可只对部分程序有效。

安川机器人的程序点平移变换功能使用要求如下。

① 程序平移将对程序中的全部位置以同样的偏移量进行一次性修改；平移后的程序点不能超出机器人的作业范围。

② 程序点平移不能改变源程序中的位置型变量值。

③ 没有定义轴组的程序，不能进行程序点平移转换。

④ 程序点平移后，程序点的位置将被全部改变，为此，一般需要将转换后程序以新的程序名重新保存，否则源程序中的程序点位置将被全部修改。

⑤ 程序点平移基准点和平移量设定方式，可通过系统参数设定，选择手动数据输入/示教操作设定（数值/示教）、位置变量设定两种。采用手动数据输入/示教操作设定时，基准点位置和偏移位置值可直接输入，或通过示教操作确定；采用位置变量设定时，需要设定相应的位

置变量。两种设定方法的设定页面显示及设定参数有下述的不同。

2. 手动数据输入/示教设定

利用手动数据输入/示教操作，设定程序点平移转换的操作步骤如下。

① 选定自动运行（再现）程序后，选择主菜单［程序内容］，示教器可显示程序基本显示页面。

② 选择图 10.3.1（a）所示的下拉菜单［实用工具］、子菜单［平行移动程序］，示教器可显示图 10.3.1（b）所示的程序点平移变换参数设定页面。设定页面各设定项的含义与作用如下。

变换源程序：需要进行程序点平移转换的源程序选择。在默认情况下，系统将自动选择当前生效的自动运行（再现）程序；如需要选择其他程序作为变换的源程序，可将光标定位到输入框，按操作面板的【选择】键，在示教器所显示的程序一览表上，用光标、【选择】键选择其他程序作为源程序。

平移程序点区间：进行程序点平移变换的程序范围选择。程序点平移变换既可对程序的全部程序点进行，也可对程序的局部范围进行。选择局部范围变换时，可将光标定位到输入框，按操作面板的【选择】键后，输入变换区的起始、结束行号，并用【回车】键输入。如起始、结束行号的显示为“＊＊＊”，表明源程序中不存在可以变换的程序点。

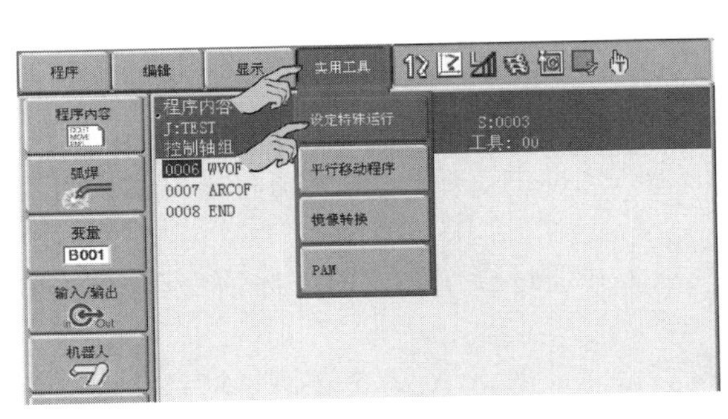

(a) 选择

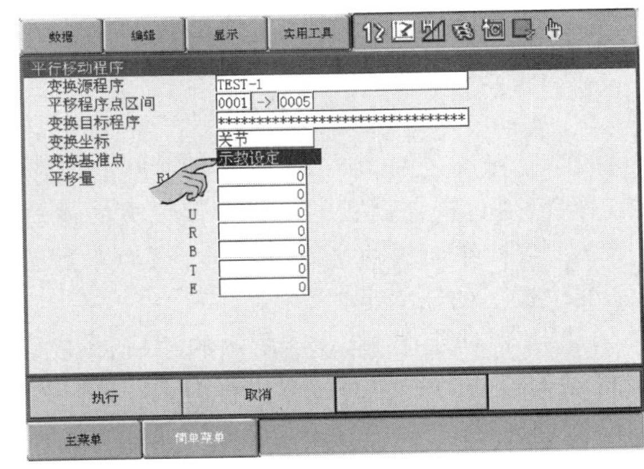

(b) 显示

图 10.3.1　平移变换设定页面

变换目标程序：设定利用程序点平移变换生成的新程序名称。输入框显示“＊＊＊”，表示不改变程序名，此时，源程序的内容将被平移变换后的程序所覆盖。如需要以新程序的形式保存变换后的程序，可将光标定位到输入框，按操作面板的【选择】键，在示教器显示的字符输入软键盘上，按程序名输入同样的方法，输入新的程序名。

变换坐标：设定确定程序点平移量的坐标系。可将光标定位到输入框，按操作面板的【选择】键后，在显示的输入选项上选择“关节”“机器人”“用户”“工具”等坐标系；坐标系编号可用数字键、【回车】键输入。

变换基准点、平移量：可显示和设定程序点平移变换的基准点位置和偏移量。采用手动数据输入时，可直接用【选择】键选定对应的输入框，然后利用操作面板的数字键、【回车】键直接输入各坐标轴的基准点位置和偏移值；选择“示教设定”时，可通过下述的示教操作输入基准点位置和偏移量。

③ 按要求完成程序点平移转换参数的设定。

④ 选定显示页面上的操作功能键［执行］，系统将执行程序点平移变换操作；选定显示页面上的操作功能键［取消］，可放弃转换操作，返回程序显示基本页面。

如果“变换目标程序”选项未设定平移转换后的新程序名，选择操作功能键［执行］后，示教器将显示图 10.3.2 所示的程序覆盖提示框；选择对话框中的［是］，源程序的内容将被平移变换后的程序所覆盖；选择［否］，则返回平移变换设定页面，需要进行“变换目标程序”选项的重新设定。

如图 10.3.1 所示程序点平移变换设定页面的“变换基准点”选择“示教设定”时，示教器可显示图 10.3.3 所示的基准点、目标点设定页面，此时，可通过如下操作设定基准点和平移量。

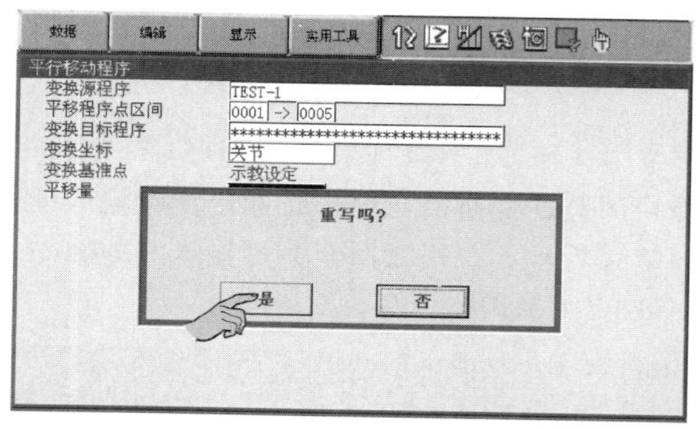

图 10.3.2 程序覆盖提示

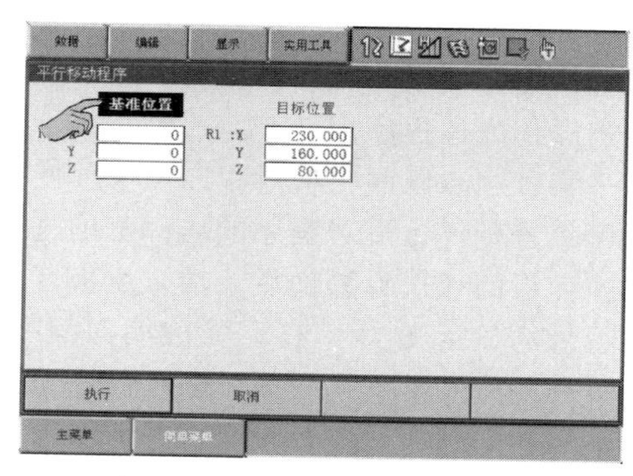

图 10.3.3 基准/目标点显示

① 光标选定图 10.3.3 所示的“基准位置”选项，并选择一个位置作为程序点平移的基准点，然后通过操作面板的坐标轴手动方向键，将机器人移动到平移的基准点上。

② 按操作面板的【修改】键、【回车】键，机器人当前的 X/Y/Z 位置值将被自动读入到“基准位置”的输入框内。

③ 光标选定图 10.3.3 所示的“目标位置”选项，并通过操作面板的坐标轴手动方向键，将机器人移动到平移的目标位置上。

④ 按操作面板的【修改】键、【回车】键，机器人当前的 X/Y/Z 位置值将被自动读入到“目标位置”的输入框内。

⑤ 选定页面上的操作功能键［执行］，系统可自动完成平移量的计算和设定，并显示图 10.3.4 所示的平移量。

3. 平移位置变量设定

当系统参数设定为位置变量平移时，需要利用图 10.3.5（a）所示的下拉菜单［实用工具］、子菜单［平行移动程序］进行程序点平移变换设定，选定后，示教器可显示图 10.3.5（b）所示的平移变换设定页面。

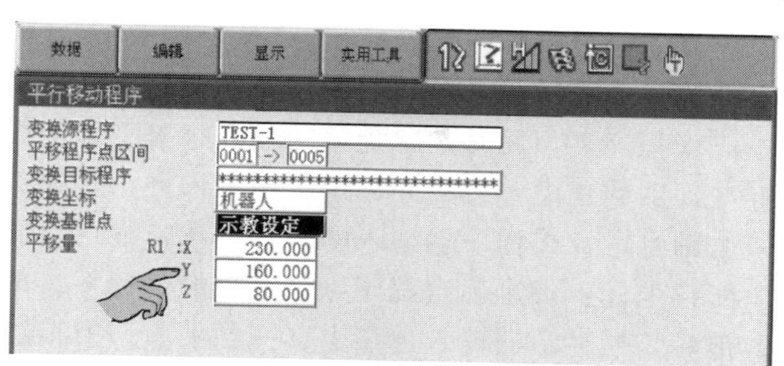

图 10.3.4 平移量显示

平移变量设定页面各设定选项的含义与作用如下。

变量号码：设定指定平移量的位置变量号或变量起始号。可设定两个不同类型的位置变量，分别指定机器人的程序点平移量（变量＃P＊＊＊）、基座轴（变量＃BP＊＊＊）或工装轴（变量＃EX＊＊＊）的程序点平移量。

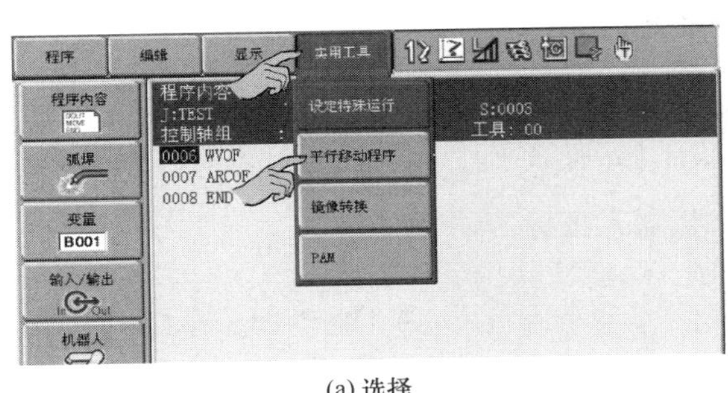

(a) 选择

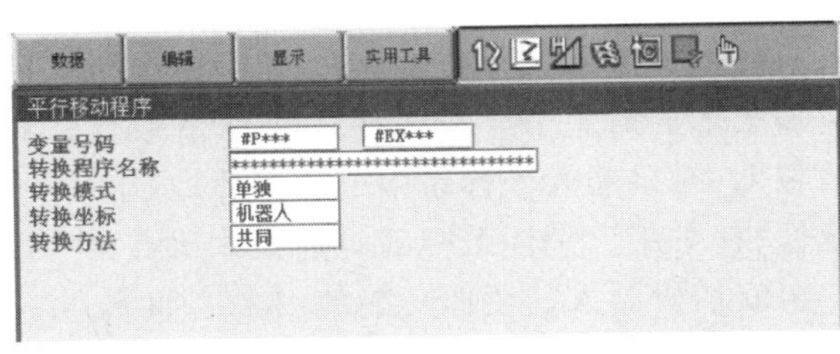

(b) 显示

图 10.3.5　平移变量设定页面

转换程序名称：设定程序点平移变换后的新程序名称，含义和作用与手动数据输入/示教设定的“变换目标程序”设定项相同。

转换模式：有“单独”和“相关”两个输入选项，选择“单独”，程序点平移变换只对所选择的程序有效；选择“相关”，程序点平移变换不仅对所选择的程序有效，而且程序中所有通过 CALL、JMP 等命令调用的子程序，也将进行同样的程序点平移变换。

转换坐标：设定确定平移量的坐标系。含义和作用与手动数据输入/示教设定的“变换坐标”设定项相同。

转换方法：用于多机器人、多基座轴、多工装轴的复杂系统，有“共同”和“单独”两个输入选项。

选择“共同”，所有机器人、基座轴、工装轴的平移量均相同，只需要使用“变量号码”上设定的两个平移量设定变量。选择“单独”，不同机器人及基座轴、工装轴的平移量不同，需要过多个平移量设定变量，“变量号码”上设定的是机器人 1、基座轴 1、工装轴 1 的起始变量号，机器人 2 及基座轴 2～8、工装轴 2～24 的平移变量号依次递增。

例如，对于双机器人、3 个工装轴的复杂系统，当机器人平移变量号设定为＃P001、工装轴平移变量号设定为＃EX005 时，机器人 R1 的平移变量号为＃P001，机器人 R2 的平移变量号为＃P002；工装轴 1 的平移变量号为＃EX005，工装轴 2 的平移变量号为＃EX006，工装轴 3 的平移变量号为＃EX007 等。

位置变量平移的程序点平移变换参数的设定操作与手动数据输入设定相同，设定时只需要将光标定位到输入框，按操作面板的【选择】键后，便可显示、选择相应的输入选项；选项的数值可直接操作面板的数字键、【回车】键输入。

平移变量按要求完成设定后，选定显示页面上的操作功能键［执行］，系统将执行程序变换操作；选定显示页面上的操作功能键［取消］，可放弃转换操作，返回程序自动运行（再现）基本显示页面。

如果“转换程序名称”选项未设定平移变换后的新程序名，选择操作功能键［执行］后，系统将同样显示前述图 10.3.2 所示程序覆盖提示框，如选择对话框中的［是］，源程序的内容将被平移变换后的程序所覆盖；选择［否］，则返回平移变换设定页面，需要进行“转换程序名称”选项的重新设定。

10.3.2　程序点镜像变换

1. 功能与使用

镜像是利用同一程序完成对称作业任务的功能。例如，对于图 10.3.6 所示的作业，如果程序编制的机器人运动轨迹为 P0→P1→P2→P0，如果生效以 *XZ* 平面为对称面的镜像功能，运行同样的程序，机器人的运动轨迹将成为 P0′→P1′→P2′→P0′。

机器人的镜像作业一般通过程序点坐标值取反。在安川机器人上，对关节坐标系中的坐标值取反，称为“关节坐标镜像”；对机器人坐标系中的坐标值取反，称为“机器人坐标镜像”；对用户坐标系中的坐标值取反称为“用户坐标镜像”。

安川机器人的镜像功能使用方法如下。

① 镜像作业时，机器人只能进行源程序轨迹的对称运动，对于结构上无法实现的对称运动，不能进行镜像转换。

例如，进行机器人坐标（基座）镜像时，由于 Z 轴原点位于机器人安装底平面，因此，不能进行 XY 平面对称的镜像变换。

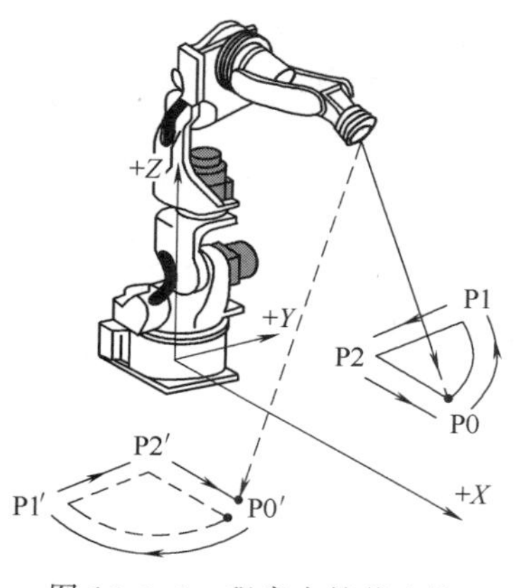

图 10.3.6 程序点镜像变换

② 工具坐标系是用来定义机器人 TCP 为与工具姿态的坐标系，因此，同样不能使用“工具坐标镜像”功能。

③ 没有定义控制组的程序不能进行镜像转换。

④ 镜像转换可以改变工装轴位置，但不能改变机器人基座轴位置，也不能程序中的位置型变量数据值。

⑤ 程序点镜像转换既可对程序中的全部程序点进行，也可对程序局部区域的程序点进行。程序点镜像变换后，变换区的所有程序点位置将被全部改变，为此，一般也需要将镜像变换后程序以新的程序名重新保存，否则源程序中的程序点数据将被全部修改。

2. 镜像变换设定操作

程序点镜像变换设定的操作步骤如下。

① 选定需要进行程序点镜像变换自动运行（再现）程序后，选择主菜单［程序内容］，使示教器显示程序自动（再现）运行基本显示页面。

② 选择图 10.3.7 所示下拉菜单［实用工具］、子菜单［镜像转换］，示教器便可显示程序镜像变换参数设定页面（见下述）。

③ 按要求完成程序镜像变换参数设定页面的参数设定。

④ 选定显示页面上的操作功能键［执行］，系统将执行程序转换操作；选定显示页面上的操作功能键［取消］，可放弃镜像变换操作，返回自动运行（再现）程序显示基本页面。

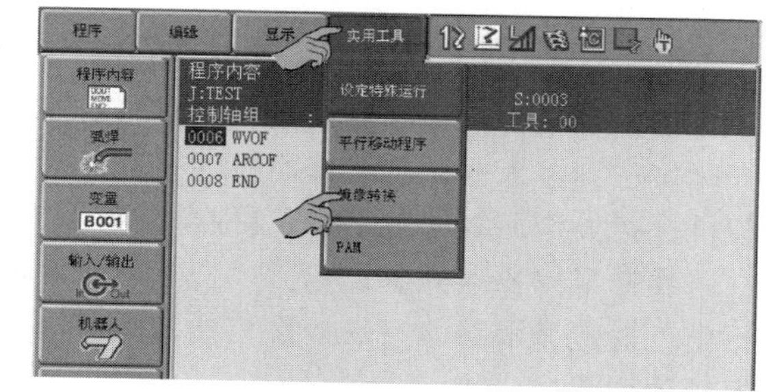

图 10.3.7 镜像变换选择

如果“转换目标程序”选项未设定镜像转换后的新程序名，选择操作功能键［执行］后，示教器将显示程序覆盖提示框（参见图 10.3.2），选择对话框中的［是］，源程序的内容将被镜像变换后的程序所覆盖；选择［否］，则返回镜像变换设定页面，需要进行“转换目标程序”选项的重新设定。

3. 镜像变换参数设定

程序点镜像变换参数设定页面的显示如图 10.3.8 所示，参数的含义与作用如下。

转换源程序：需要进行镜像转换的源程序选择。在默认情况下，系统将自动选择当前生效的再现运行程序；如需要选择其他程序作为变换的源程序，可将光标定位到输入框，按操作面板的【选择】键，在示教器所显示的程序一览表上，用光标、【选择】键选择系统的其他程序作为源程序。

控制组：显示和设定程序控制组。

转换程序点区间：镜像转换范围选择。程序的镜像转换既可对程序中的全部程序点进行，也可对程序的局部区域进行。选择区域时，可将光标定位到输入框，按操作面板的【选择】键后，输入转换区的起始、结束行号，并用【回车】键输入。如起始、结束行号显示为“＊＊＊”，表明源程序中没有程序点。

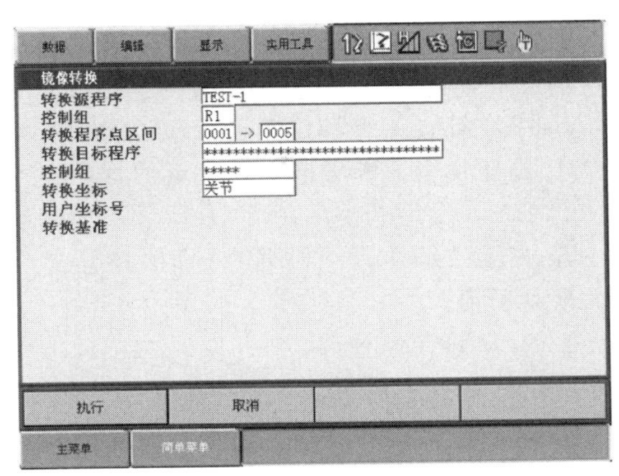

图 10.3.8 镜像变换参数设定页面

转换目标程序：设定镜像转换后的新程序名称。输入框显示“＊＊＊”，表示不改变程序名，此时，源程序的内容将被镜像变换后的程序所覆盖。如需要以新程序的形式保存变换后的程序，可将光标定位到输入框，按操作面板的【选择】键，在示教器显示的字符输入软键盘上，按程序名输入同样的方法，输入新的程序名。

转换坐标：设定镜像转换的坐标系。可将光标定位到输入框，按操作面板的【选择】键后，在显示的输入选项上选择“关节”“机器人”“用户”，可分别进行关节、机器人、用户坐标系的镜像转换。

用户坐标号：“转换坐标”输入选项选定“用户”时，可显示和输入用户坐标系的编号，编号可用数字键、【回车】键输入。

转换基准：当“转换坐标”输入项选定“机器人”“用户”时，可显示和输入镜像作业的对称平面。由于机器人结构、腰回转行程的限制，选择机器人坐标镜像时，对称平面只能是 XZ；但是，选择用户坐标镜像时，对称平面可以选择 XZ、YZ 和 XY。

选择转换基准选择后，示教器便可显示对称平面输入选择框；光标定位到输入框、按操作面板的【选择】键后，可在显示的输入选项上选择“XZ”“YZ”或“XY”平面。

10.3.3 程序点手动调整

1. 功能与使用

程序点手动位置调整（Position Adjustment Manual，简称 PAM）设定是一种以表格形式，改变程序点位置、移动速度、位置等级的功能，它既可用于程序的示教编辑操作，也可用于程序自动运行（再现）。

安川机器人的 PAM 设定使用方法如下。

① 为了防止机器人出现干涉、碰撞，PAM 设定一般只能用于程序点位置、移动速度的少量调整，而不能用于程序点位置、移动速度的直接设定。PAM 设定的位置、速度调整设定值将以“增量”的形式，修改原数据。

② PAM 设定的输入范围可以通过系统参数设定，安川机器人出厂设定的调整范围如下。

可调整的程序点数量：最大 10 点。

可调整的位置等级：PL0～PL8。

坐标值 X/Y/Z 调整范围：0～±10.00mm。

工具姿态 Rx/Ry/Rz 调整范围：0°～±10.00°。

速度调整范围：0.01%～50%。

坐标系：可选机器人、工具、用户。

但是，没有定义位置等级 PL、移动速度的移动命令，不能进行位置等级 PL、移动速度的调整。

③ 基座轴、工装轴位置不能通过 PAM 设定调整。

④ 位置变量、参考点命令指定的程序点不能通过 PAM 设定调整。

⑤ PAM 设定调整后的 TCP 位置不能超出机器人的作业范围。

⑥ 在示教编程时，利用 PAM 设定所进行的全部调整，可通过 PAM 撤销操作一次性撤销、恢复原值。

2. PAM 设定操作

安川机器人利用 PAM 设定调整程序点位置的操作步骤如下。

① 选定需要自动运行（再现）或需要编辑的程序后，选择主菜单［程序内容］，示教器显示所选的程序页面。

② 选择图 10.3.9（a）所示的下拉菜单［实用工具］、子菜单［PAM］，示教器显示图 10.3.9（b）所示的 PAM 设定页面。

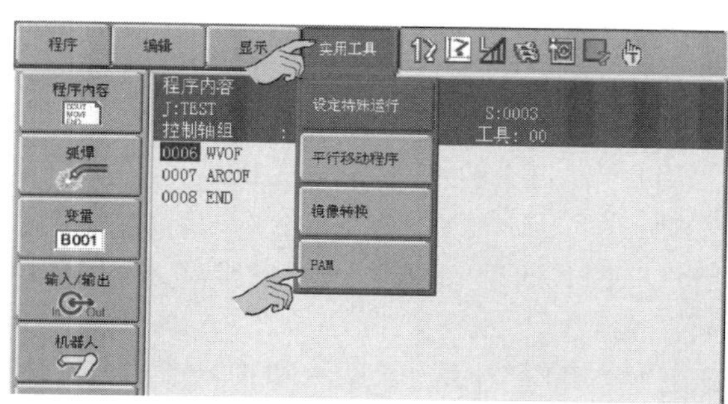

(a) 选择

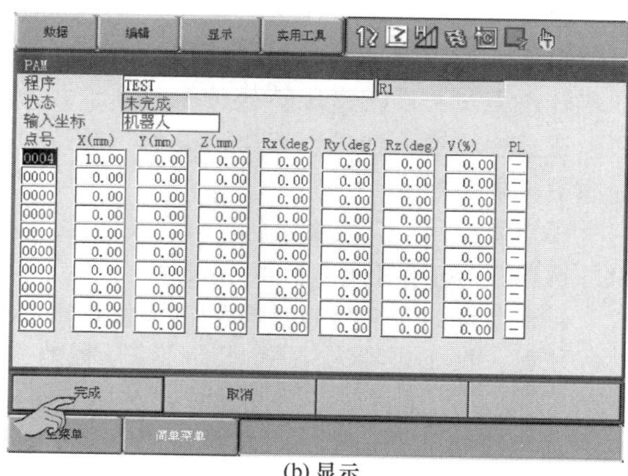

(b) 显示

图 10.3.9　PAM 设定页面

PAM 设定页面各设定项的含义与作用如下。

程序：需要进行 PAM 设定的程序选择。在默认情况下，系统将自动选择当前生效的程序；如需要选择其他程序，可将光标定位到输入框，按操作面板的【选择】键，在示教器所显示的程序一览表上，用光标、【选择】键选择系统的其他程序进行设定。

状态：显示 PAM 设定状态，“未完成”为程序点数据已被修改，但未通过显示页面上的操作功能键［完成］确认。

输入坐标：PAM 调整的坐标系选择。可将光标定位到输入框，按操作面板的【选择】键后，在显示的输入选项上选择“机器人”“用户”“工具”，对 TCP 进行机器人（基座）、用户、工具坐标系的位置调整；选定“用户”时，可进一步用数字键、【回车】键，输入、选定用户坐标系编号。

程序点调整数据：可将光标定位到对应的输入框，按操作面板的【选择】键选定后，用数字键、【回车】键输入需要调整的数值。输入框显示“—”时，表明该程序点的移动命令没有定义位置等级 PL、移动速度，不能进行位置等级 PL、移动速度调整。

③ 按要求完成 PAM 设定页面各设定项的设定，数据设定时可使用快捷编辑操作（数据行复制、粘贴、删除等）。

④ 选定显示页面上的操作功能键［完成］，示教器将显示图 10.3.10 所示的位置调整确认

提示框；选择对话框中的［是］，控制系统将执行程序点位置调整操作；选择［否］，可返回 PAM 设定页面。

系统的程序点位置调整功能的生效与机器人操作模式有关，操作模式选择示教时，程序点位置将被立即被修改；操作模式选择再现时，程序点位置在执行程序首行命令（NOP）时，进行修改。程序点位置修改一旦完成后，设定页的数据将被自动清除。

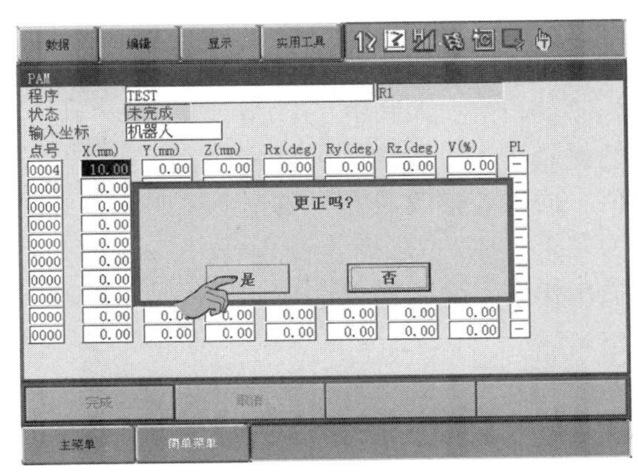

图 10.3.10　PAM 调整确认提示框

3. PAM 快捷编辑与撤销

为了简化 PAM 设定操作，PAM 数据可使用行复制、粘贴、删除等快捷编辑操作，其操作步骤如下。

① 显示 PAM 设定页面，并将光标定位到需要进行复制、删除操作的程序点（点号）上。

② 选择下拉菜单［编辑］，示教器可显示图 10.3.11 所示的数据行编辑子菜单。

③ 选择子菜单［行清除］，可删除该程序点的全部 PAM 调整数据。

④ 选择［行复制］，可将该程序点的全部调整数据复制到系统粘贴板中；完成后，可将光标定位到需要粘贴的程序点（点号）上，然后，选择下拉菜单［编辑］、子菜单［行粘贴］，便可将粘贴板中的数据粘贴到程序点上。

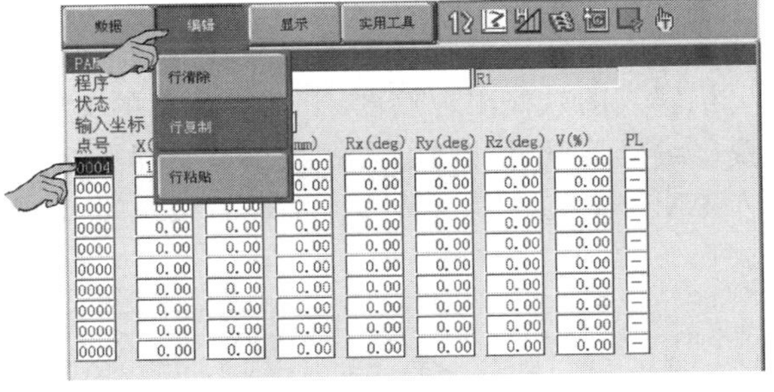

图 10.3.11　PAM 快捷编辑

PAM 设定撤销只能用于示教编程；在程序自动运行（再现）时，由于机器人已进行相关的程序点定位，原程序点的位置已无法通过撤销操作恢复，故不能使用 PAM 设定撤销操作。示教编程模式取消 PAM 设定、恢复程序原值的操作步骤如下。

① 确认 PAM 设定已完成，PAM 设定页的状态栏显示为图 10.3.12（a）所示的“完成”。

② 选择下拉菜单［编辑］，示教器可显示图 10.3.12（b）所示的编辑子菜单。

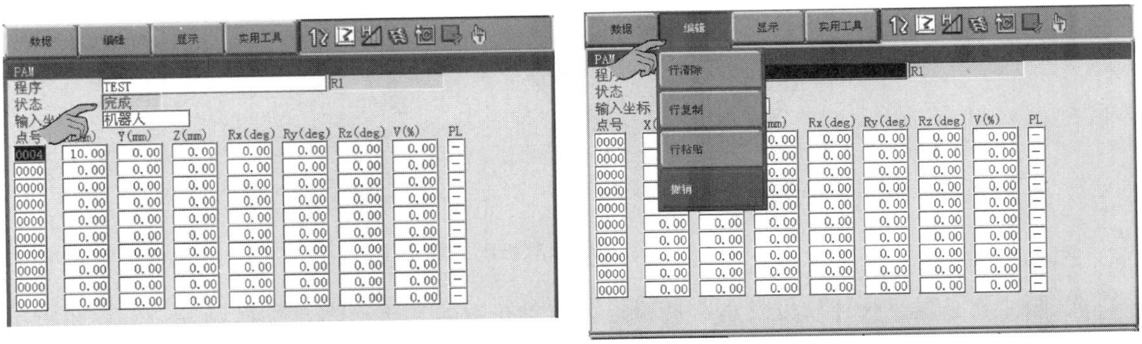

(a) 状态确认

(b) 操作选择

图 10.3.12　PAM 编辑菜单

③ 选择编辑子菜单［撤销］，示教器可显示图10.3.13所示的操作确认提示对话框。

④ 选择对话框中的［是］，系统撤销PAM设定，恢复程序原值，同时，修改状态栏的显示成为“未完成”。选择［否］，放弃撤销操作，回到修改完成状态显示。

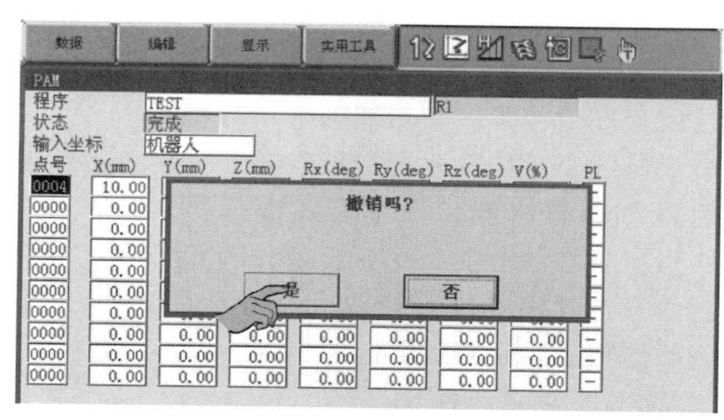

图 10.3.13　撤销PAM设定确认

10.4 运动保护区设定

10.4.1 软极限与硬件保护设定

1. 软极限与作业空间

软极限又称软件限位，这是一种通过机器人控制系统软件，检查机器人位置、限制坐标轴运动范围、防止坐标轴超程的保护功能。

机器人的软极限可用图10.4.1所示的关节坐标系或机器人坐标系描述。由于关节坐标系位置以编码器脉冲计数的形式表示，机器人坐标系以三维空间XYZ的形式表示，故在安川机器人说明书上，将前者称为“脉冲软极限”，后者称“立方体软极限”。

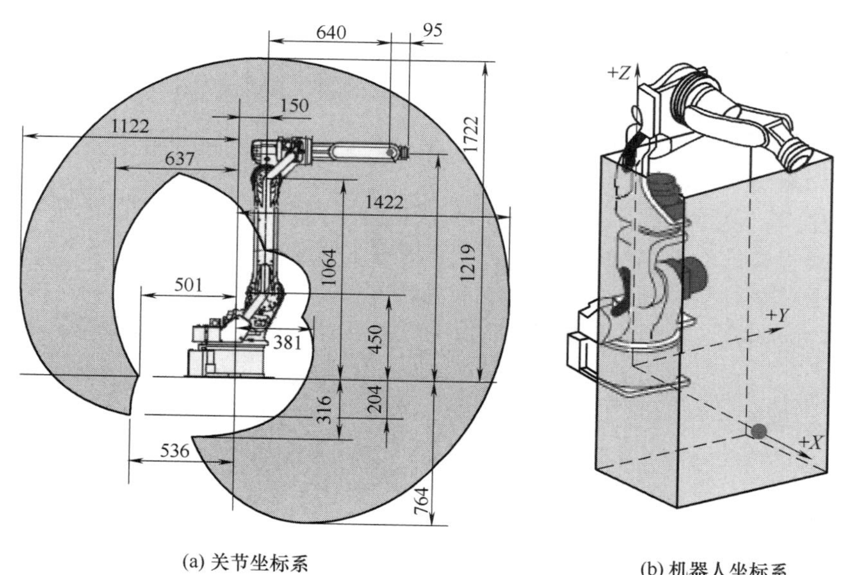

(a) 关节坐标系　　(b) 机器人坐标系

图 10.4.1　机器人软极限的设定

① 脉冲软极限。脉冲软极限是通过检查关节轴位置检测编码器反馈脉冲数，判定机器人位置、限制关节轴运动范围的软件限位功能，每一关节轴可独立设定，脉冲软极限位置与机器人运动方式无关。

机器人样本中的工作范围（working range）参数，实际上就是以回转角度（区间或最大转角）表示的脉冲软极限；由各关节轴工作范围所构成的空间，就是图 10.4.1（a）所示的机器人作业空间。

② 立方体软极限。立方体软极限是建立在机器人（基座）坐标系上的软件限位保护功能，软极限的保护区在机器人作业空间上截取，不能超越脉冲软极限所规定的运动范围（机器人工作范围）。

立方体软极限可使机器人操作、编程更简单直观，但不能全面反映机器人的作业空间，因此，只能作为机器人附加保护措施；在立方体软极限以外的部分区域，机器人实际上也可正常运动。

2. 软极限设定与解除

脉冲软极限与机器人结构密切相关，它需要由机器人生产厂家在系统参数上设定，用户一般不能对其进行修改。出于安全考虑，机器人可在脉冲软极限的基础上，补充超程开关、碰撞传感器等硬件保护装置，对机器人运动进行进一步保护。

安川机器人的软极限的设定方法如下。

① 脉冲软极限。脉冲软极限可通过系统参数设定，每一机器人最大可使用 8 轴，每轴可设定最大值、最小值两个参数。

脉冲软极限一旦设定，在任何情况下，只要移动命令程序点或机器人实际位置超出软极限，系统将发生“报警 4416：脉冲极限超值 MIN/MAX”报警，并进入停止状态。

② 立方体软极限。使用立方体软极限保护功能时，首先需要通过系统参数生效立方体软极限保护功能，然后利用系统参数设定 *XYZ* 轴的正向极限、负向限位位置。

立方体软极限功能设定后，在任何情况下，只要移动命令程序点或机器人实际位置超出软极限，系统将发生“报警 4418：立方体极限超值 MIN/MAX”报警，并进入停止状态。

当机器人发生软极限超程报警时，所有轴都将无条件停止运动，也不能通过手动操作退出限位位置。为了恢复机器人运动、退出软极限，可暂时解除软极限保护功能，然后通过反方向运动退出软极限。

解除安川机器人软极限保护功能的操作步骤如下。

① 操作模式选择【示教（TEACH)】，安全模式设定为“管理模式”。

② 按主菜单【机器人】，选择子菜单［解除极限］，示教器将显示图 10.4.2 所示的软极限解除页面。

③ 光标调节到“解除软极限”输入框上，按操作面板的【选择】键，可进行输入选项“无效”“有效”的切换。选定“有效”，系统可解除软件限保护功能，并在操作提示信息上显示图 10.4.2 所示的“软极限已被解除”信息。

④ 利用手动操作，使机器人退出软极限保护区。

⑤ 将图 10.4.2 中的“解除软极限”选项恢复为“无效”，重新生效软极限保护功能。

在软极限解除的情况下，如果将示教器的操作模式切换到【再现（PLAY)】，“解除软极限”选项将自动成为“无效”状态。

软极限解除也可通过将图 10.4.2 中的“解除全部极限”选项选择“有效”的方式解除，此时，不仅可解除软极限保护，而且还可同时控制系统的硬件超程保护、干涉区保护等全部保护功能，使机器人的关节轴成为完全自由状态。

图 10.4.2 中的“解除自身干涉检查”用来撤销后述的作业干涉区保护功能，选择“有效”时，机器人可恢复作业干涉区内的运动，功能可用于干涉保护区的退出。

3. 硬件保护设定

机器人的软极限、干涉区、碰撞检测等软件保护功能，只有在系统绝对原点、行程极限参

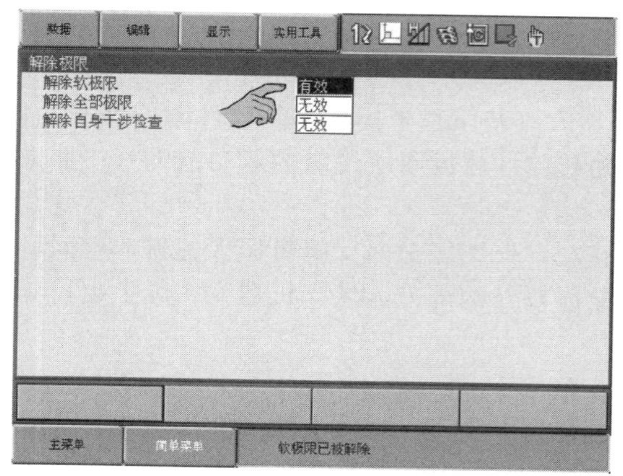

图 10.4.2 软极限解除页面

数准确设定时，才能生效。为了确保机器人运行安全，在系统参数设定错误时，仍能对机器人进行有效保护，对于可能导致机器人结构部件损坏的超程、碰撞等故障，需要增加超程开关、碰撞传感器等硬件保护措施。

安川机器人的硬件超程开关需要与控制系统的安全单元连接，碰撞检测传感器需要与驱动器控制板连接。硬件保护的优先级高于软件保护，硬件保护动作时，驱动器电源将紧急分断，系统进入急停状态。

安川机器人的硬件保护功能，可通过如下操作生效或撤销。由于硬件保护直接影响机器人的安全运行，在通常情况下，用户不能随意解除。

① 操作模式选择【示教（TEACH）】，安全模式设定为“编辑模式”。

② 按主菜单【机器人】、选择子菜单［超程与碰撞传感器］，示教器可显示图 10.4.3 所示的硬件保护设定页面。

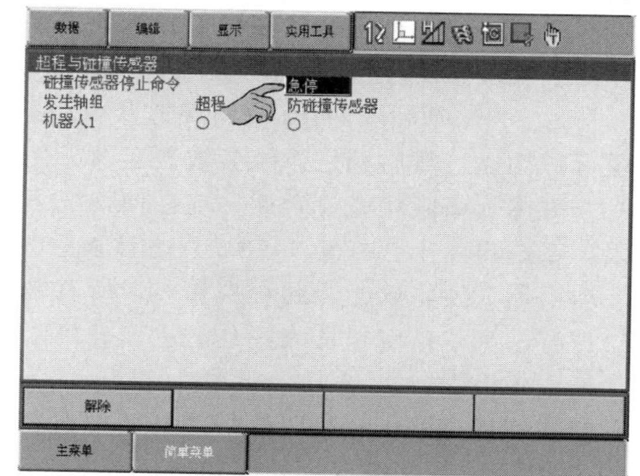

图 10.4.3 硬件保护设定页面

③ 光标调节到“碰撞传感器停止命令”的输入框，按操作面板的【选择】选择键，可进行输入选项“急停”“暂停”的切换，选择机器人碰撞时的系统停止方式。选择“急停”时，如碰撞传感器动作，机器人将立即停止运动，并断开伺服驱动器主电源，进入急停状态；选择“暂停”时，机器人将减速停止，驱动器主电源保持接通，系统进入暂停状态。硬件超程保护动作时，系统自动选择“急停”。

④ 如果选择显示页的操作提示键［解除］，可暂时撤销硬件超程开关、碰撞传感器的保护功能；保护功能撤销后，显示页的操作提示键将成为［取消］。

⑤ 在保护功能撤销时，选择显示页的操作提示键［取消］，或者切换机器人操作模式，选择其他操作、显示页面，均可恢复硬件超程开关、碰撞传感器的保护功能；保护功能生效后，显示页的操作提示键将成为［解除］。

10.4.2 干涉保护区设定

1. 功能与使用

软极限、硬件保护开关所建立的运动保护区是在机器人未安装任何工具的前提下，用来保护机器人本体机械部件结构的参数，即使安装了工具，机器人运动也不能超出软极限、硬件保护开关的运动保护区。

但是，如果机器人安装了作业工具，或者，作业区间上存在其他部件时，就会使得机器人作业空间内的某些区域成为不能运动的干涉区，为此，需要通过干涉保护区（简称干涉区）设定，来进一步限制机器人运动，避免碰撞。

安川机器人的作业干涉区可通过图 10.4.4 所示的两种方法进行定义。

图 10.4.4（a）是利用机器人（基座）坐标系、用户坐标系定义的笛卡儿坐标系干涉区，

干涉区是一个边界与坐标平面平行的三维立方体，因此，在安川机器人说明书上，称为“立方体干涉区”。

图 10.4.4（b）是以关节坐标系位置设定的关节轴运动干涉区，在安川机器人说明书上，称为“轴干涉区”。

机器人作业干涉区需要根据实际作业工具、工件及其他附件的安装情况，由操作编程人员设定，干涉区设定的基本要求如下。

① 机器人需要使用多种工具作业，因此，系统允许设定多个干涉区。安川机器人最大允许设定的干涉区的总数为 64 个（立方体或轴干涉区），其中，一个区域被定义为作业原点的到位检测区，因此，实际可用于干涉保护的保护区为 63 个。

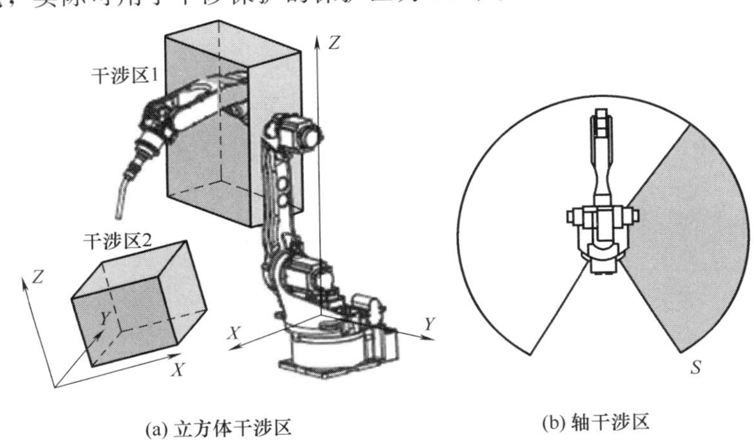

(a) 立方体干涉区　　(b) 轴干涉区

图 10.4.4　干涉区形式

② 干涉区不但可用于机器人运动保护，而且也可用于基座轴、工装轴运动保护。

③ 安川机器人可通过 4 个系统专用 DI 信号（干涉区禁止 1～4），禁止机器人进入指定的干涉区。禁止信号 ON 时，如机器人实际位置或移动命令的目标位置位于干涉区，系统将发生“报警 4422：机械干涉 MIN/MAX”报警，并减速停止。此外，控制系统还可输出 4 个系统专用 DO 信号（进入干涉区 1～4），用于外部控制。

④ 控制系统判断机器人是否进入干涉区的方法有两种：一是命令值检查，只要移动命令目标位置位于干涉区，系统就发生干涉报警；二是实际位置检查，只有机器人实际位于干涉区时，才发生干涉报警。

⑤ 干涉区保护功能可通过前述的“解除极限”操作解除。

⑥ 作业干涉区的设定方法、保护对象、检查方法、干涉范围等参数，既可通过手动数据输入操作设定，也可通过位置示教操作设定。示教操作设定的操作简单、快捷，是常用的设定方式。

2. 干涉区设定显示

利用示教操作设定干涉区时，可通过以下操作，显示干涉区的显示和设定页面。

① 操作模式选择【示教（TEACH）】，安全模式设定为“编辑模式”。

② 按主菜单【机器人】，选择子菜单［干涉区］，示教器将显示图 10.4.5 所示的干涉区显示和设定页面。

干涉区显示和设定页面的显示项含义和作用如下。

干涉信号：干涉区编号，显示值 1/64、2/64 等，代表干涉区 1、干涉区 2 等。

使用方式：干涉区定义方法，可通过输入选项选择“立方体干涉”或“轴干涉”。

控制轴组：干涉区保护对象，可通过输入选项选择“机器人 1”“机器人 2”等。

检查方法：干涉区检查方法，可通过输入选项选择“命令位置”或“反馈位置”。

（参考坐标）：在“使用方式”选项为“立方体干涉”时显示，可通过输入选项选择“基座”“机器人”或“用户”，选择建立干涉区的基准坐标系。

示教方式：干涉区间参数的设定方法，可通过输入选项选择“最大值/最小值”或“中心位置”，两种设定法的参数输入要求见后述。

注释：干涉区注释，注释可用示教器的字符输入软键盘编辑。

3. **干涉区基本参数设定**

利用示教操作设定干涉区时，需要设定干涉区基本参数和干涉检测区间。基本参数设定的操作步骤如下。

① 通过上述干涉区设定页面显示操作，显示图 10.4.5 所示的干涉区显示和设定页面。

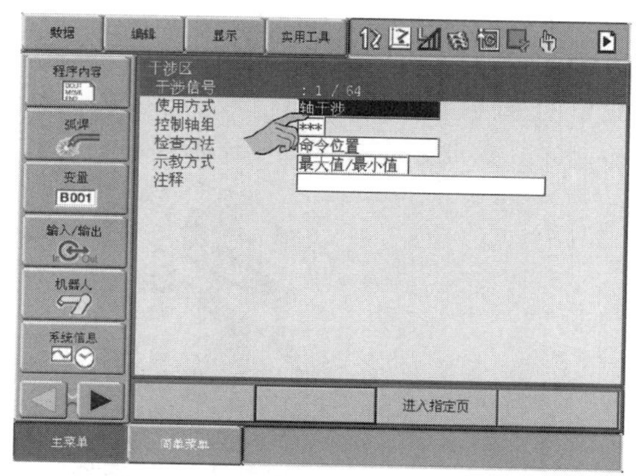

图 10.4.5 干涉区显示和设定页面

② 选定干涉区编号。干涉区编号可用操作面板的【翻页】键选择，也可通过显示页的操作提示键［进入指定页］，直接在图 10.4.6（a）所示的“干涉信号序号”输入框内，输入编号后按【回车】键选定。

③ 光标调节到“使用方式”“控制轴组”等输入框上，按操作面板的【选择】键选定后，通过图 10.4.6（b）～(e) 所示的输入选项选择，完成干涉区的基本参数设定。

(a) 干涉区编号输入

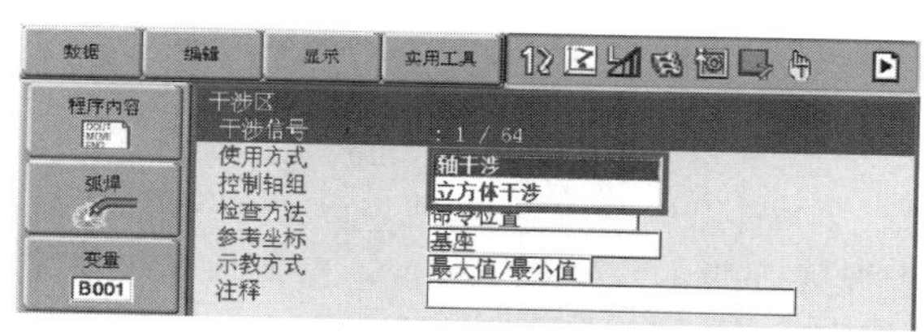

(b) 干涉区设定方法

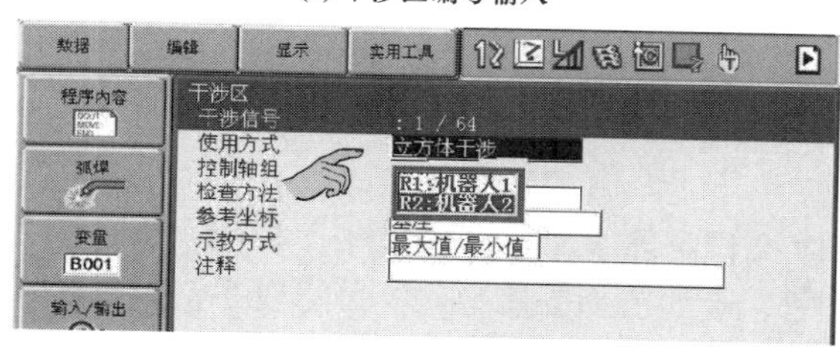

(c) 干涉区保护对象

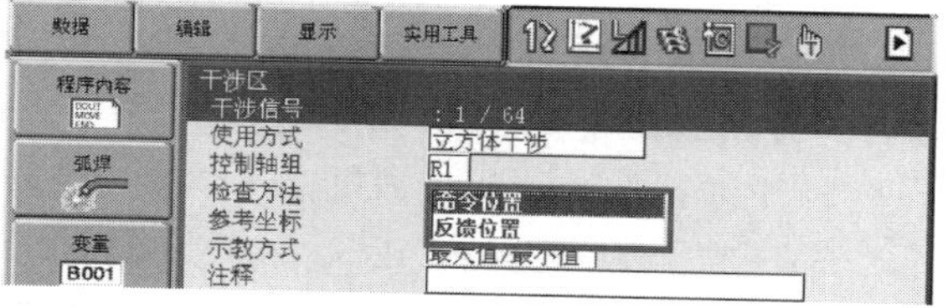

(d) 干涉区检查方法

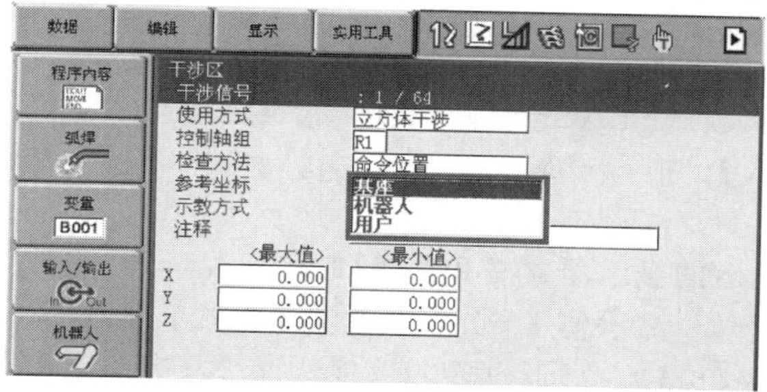

(e) 基准坐标

图 10.4.6 干涉区基本参数设定

4. 干涉区定义方式

干涉区间的定义方式可通过基本参数“使用方式”选择。使用方式选择“轴干涉”时，可显示图 10.4.7（a）所示的关节轴位置设定页；选择“立方体干涉”时，可显示图 10.4.7（b）所示的 X、Y、Z 轴位置设定页。

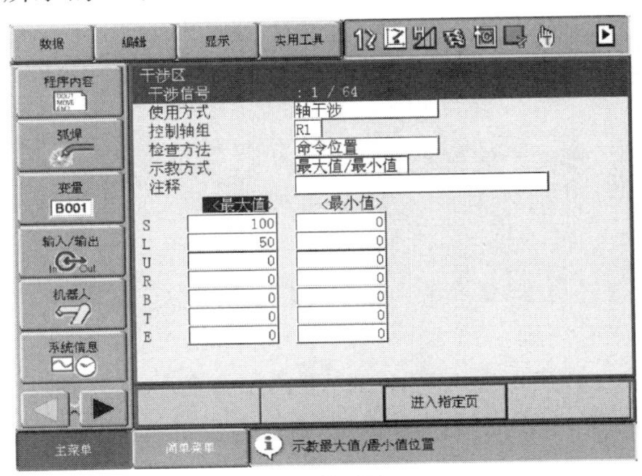

(a) 轴干涉

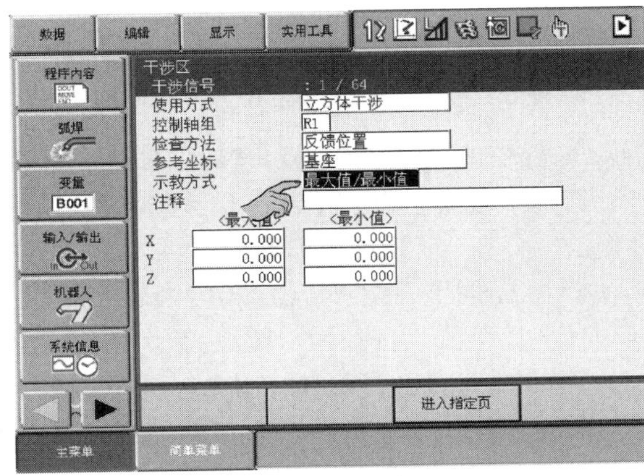

(b) 立方体干涉

图 10.4.7　干涉区间的设定显示

干涉区的定义方式可通过基本参数设定页的“示教方式”选择。示教方式选择“最大值/最小值”“中心位置”时，相应的参数设定要求如下。

“最大值/最小值”输入：选择立方体干涉时，需要输入图 10.4.8（a）所示干涉区的起点（X_{min}，Y_{min}，Z_{min}）和终点（X_{max}，Y_{max}，Z_{max}）的坐标值；定义轴干涉时，需要输入干涉区的起始位置和结束位置的角度值。

“中心位置”设定法：定义立方体干涉时，需要输入图 10.4.8（b）所示的、干涉区中心点 P 的坐标值及 $X/Y/Z$ 轴的干涉区长度 $X_a/Y_a/Z_a$；定义轴干涉时，需要输入干涉区中点的角度值，和干涉区的宽度。

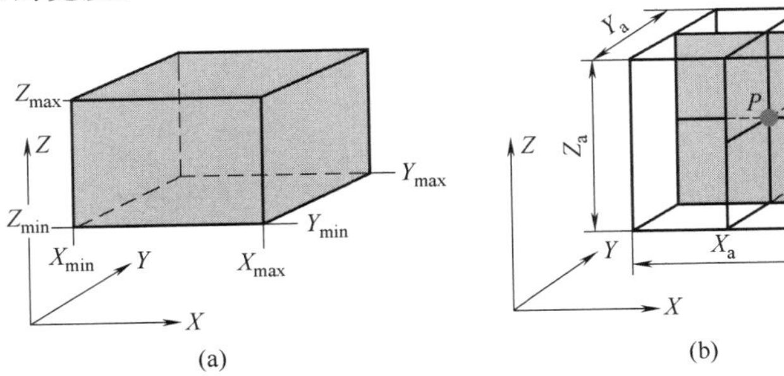

图 10.4.8　立方体干涉的区间设定

干涉区间定义参数的输入方法，有手动数据输入（数值直接输入）、示教设定（移动位置示教）两种。干涉区以“最大值/最小值”方式定义时，两种设定方法可任选；干涉区以“中心位置”方式定义时，两者需要结合使用。

干涉区定义参数输入的操作步骤如下。

5. 最大值/最小值设定

最大值/最小值手动数据输入操作，可在前述基本参数设定步骤的基础上，继续如下操作。

① 将光标调节到“示教方式”的输入框，按操作面板的【选择】键，可进行输入选项“最大值/最小值”“中心位置”的切换。采用手动数据输入时，应选定“最大值/最小值”选

项，使示教器显示最大值/最小值设定页面。

② 调节光标到对应参数的输入框，按操作面板的【选择】键选定后，输入框将成为数据输入状态。

③ 对于立方体干涉的最大值/最小值设定，可在<最小值>栏，输入干涉区的起点坐标值 X_{min}、Y_{min}、Z_{min}；在<最大值>栏，输入干涉区的终点坐标值 X_{max}、Y_{max}、Z_{max}。对于轴干涉的最大值/最小值设定，可在<最小值>栏输入关节轴的干涉区起始角度；在<最大值>栏输入关节轴的干涉区结束角度。

④ 数值输入完成后，用【回车】键确认，便可完成干涉区间的设定。

通过示教操作设定干涉区最大值/最小值时，可在前述基本参数设定的基础上，继续如下操作。

① 光标调节到“示教方式”的输入框上，通过操作面板的【选择】键，选定输入选项“最大值/最小值”，使示教器显示最大值/最小值设定页面。

② 进行最大值示教时，用光标选定<最大值>；进行最小值示教时，用光标选定<最小值>；如光标无法定位到<最大值>或<最小值>上，可按操作面板的【清除】键，使光标成为自由状态后再进行选定。

③ 按操作面板的【修改】键，示教器将显示提示信息“示教最大值/最小值位置”。

④ 进行最大值示教时，将机器人手动移动到干涉区的终点（X_{max}，Y_{max}，Z_{max}）上；进行最小值示教时，将机器人手动移动到干涉区的起点（X_{min}，Y_{min}，Z_{min}）上。

⑤ 按操作面板的【回车】键，系统便可读入示教位置，自动设定对应的干涉区参数。

6. 中心位置设定

用“中心位置”方式设定干涉区间时，可在前述基本参数设定步骤的基础上，继续如下操作。

① 光标调节到“示教方式”的输入框上，通过操作面板的【选择】键，选定输入选项“中心位置”，示教器可显示图 10.4.9 所示的中心位置设定页面。

② 调节光标到<长度>栏的对应参数输入框，按操作面板的【选择】键选定后，输入框将成为数据输入状态。

③ 直接用面板数字键，在 $X/Y/Z$ 轴的<长度>栏，输入干涉区长度 $X_a/Y_a/Z_a$，并用【回车】键确认，完成<长度>栏的设定。

④ 使光标同时选中图 10.4.9 所示的<最大值>和<最小值>栏，如光标无法选定，可按操作面板的【清除】键，使光标成为自由状态后选定。

⑤ 按操作面板的【修改】键，示教器将显示提示信息“移到中心点示教”。

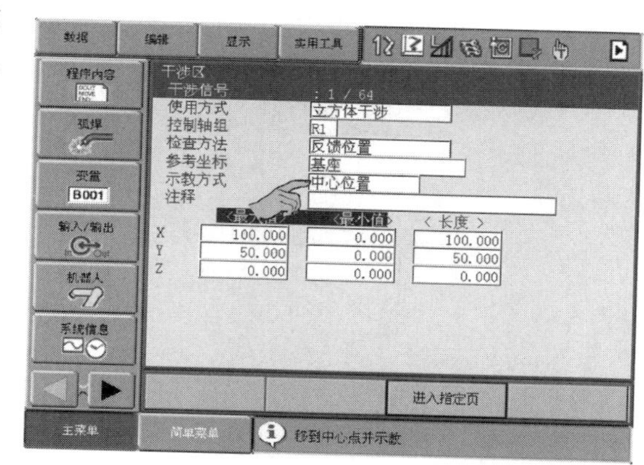

图 10.4.9 中心位置设定页面

⑥ 将机器人手动移动到干涉区的中心点 P 上。

⑦ 按操作面板的【回车】键，系统便可读入示教位置，自动设定干涉区参数。

7. 干涉区删除

当机器人作业工具、作业任务变更时，可通过以下操作删除干涉区设定数据。

① 通过前述基本参数设定同样的操作，选定需要删除的干涉区编号、显示自动干涉区设定页面。

② 选择图 10.4.10（a）所示的下拉菜单［数据］、子菜单［清除数据］，示教器将显示图 10.4.10（b）所示的数据清除确认提示框。

③ 选择数据清除确认提示框中的［是］，所选定的干涉区数据将被全部删除；选择［否］，可返回干涉区数据设定页面。

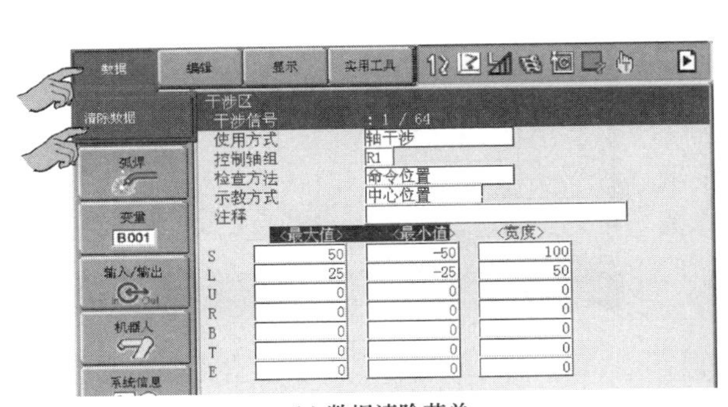

(a) 数据清除菜单

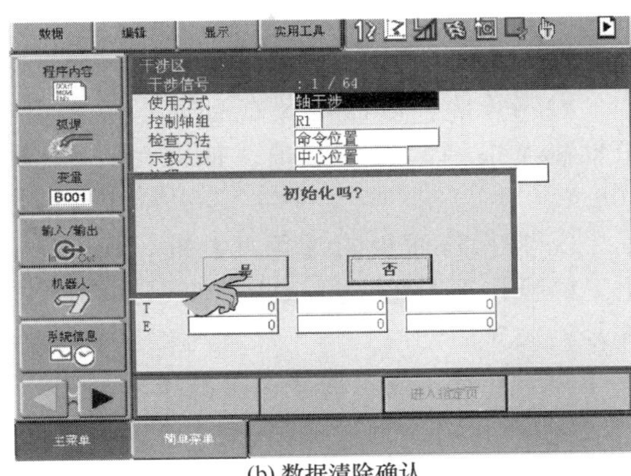

(b) 数据清除确认

图 10.4.10　干涉区删除

10.4.3　碰撞检测功能设定

1. 功能与使用

安川机器人的碰撞检测可通过外部传感器（硬件）或系统软件功能实现，使用外部传感器进行碰撞保护时，其功能设定的解除方法，可参见前述。

机器人软件碰撞保护功能，实际上是一种驱动电机过载保护功能，无须增加其他检测器件。因为，如果机器人发生碰撞，伺服驱动电机的输出转矩（电流）必然急剧增加，系统便可据此来生效碰撞保护功能。

安川机器人的软件碰撞检测功能使用要求如下。

① 机器人出厂时，碰撞检测功能按最大承载、最高移动速度设定，如实际工具较轻、移动速度较低时，应重新设定保护参数，使碰撞保护更可靠、安全。

② 碰撞检测功能需要设定较多的参数，故需要通过系统的“碰撞等级条件文件”进行统一定义。安川机器人可根据不同要求，最多设定 9 个不同碰撞等级条件文件，文件号为 SSL＃(1)～ SSL＃(9)，文件号使用有以下的规定。

SSL＃(1)～ SSL＃(7)：用于机器人再现运行的特定碰撞保护，可根据机器人的实际作业要求设定数；碰撞保护功能需要通过程序命令 SHCKSET/SHCKRST 生效或撤销。

SSL＃(8)：再现运行的基本碰撞保护，如未指定特定碰撞保护功能，机器人再现运行时将根据该文件的参数，对机器人进行统一保护。

SSL＃(9)：示教操作基本碰撞保护，机器人进行示教操作时将根据该文件的参数，对机器人进行统一保护。

③ 碰撞检测属于系统高级应用功能，需要在系统的“管理模式”下设定或修改。

④ 为了防止机器人正常运行时可能出现的误报警，碰撞检测的动作阈值（检测等级）设定值，至少应为额定载荷的 120%；增加设定值，将降低保护灵敏度。

2. 功能设定操作

安川机器人的碰撞检测功能设定操作步骤如下。

① 操作模式选择【示教（TEACH）】，安全模式设定为“管理模式”。

② 按主菜单【机器人】，选择子菜单［碰撞检测等级］，示教器可显示图 10.4.11 所示的碰撞功能设定页面。设定页面各显示项的含义和作用如下。

条件序号：碰撞等级条件文件号。

功能：碰撞检测功能生效或撤销。

最大干扰力：各关节轴正常工作时的额定负载。

检测等级：以额定负载百分率形式设定的关节轴碰撞报警的检测阈值，输入允许范围为 1～500（%）。

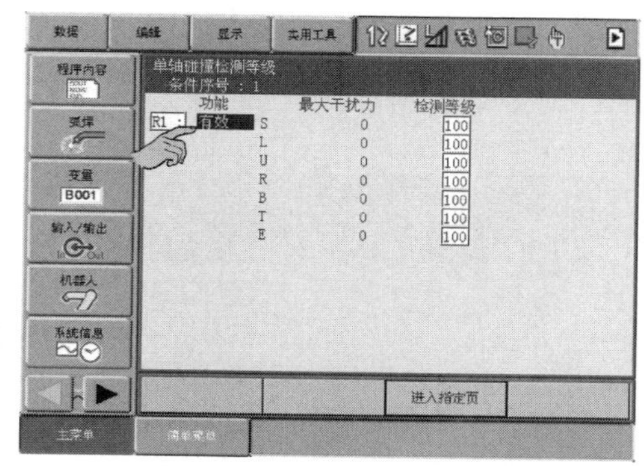

图 10.4.11 碰撞功能设定页面

③ 按操作面板的【翻页】键，或者选择显示页上的操作提示键［进入指定页］，并在弹出的条件号输入对话框内，输入碰撞等级条件文件序号，按【回车】键，显示需要设定的条件文件。

④ 调节光标到控制轴组选择框（图 10.4.11 中的“R1”），按操作面板的【选择】键，选定控制轴组（机器人 R1、R2 等）。

⑤ 调节光标到功能选择框，按操作面板的【选择】键，可进行输入选项“有效”“无效”的切换，生效或撤销当前的碰撞等级条件文件所对应的碰撞检测功能。

⑥ 光标选定“最大干扰力”栏或“检测等级”的输入框，按操作面板的【选择】键选定后，输入框将成为数据输入状态。

⑦ 根据实际需要，在选定的“最大干扰力”栏的输入框上，输入各关节轴的正常工作时的额定负载；在“检测等级”的输入框上，输入各关节轴的碰撞报警动作阈值（百分率）。

⑧ 按操作面板的【回车】键确认，完成碰撞检测参数的设定。

⑨ 如果需要，可通过选择下拉菜单［数据］、子菜单［清除数据］，并在弹出的数据清除确认提示框中选择［是］，清除当前文件的全部设定参数。

3. 碰撞报警与解除

系统的碰撞检测功能生效时，如机器人工作时的伺服驱动电机输出转矩超过了“检测等级”所设定的碰撞检测动作阈值，控制系统将立即停止机器人的运动，并显示图 10.4.12 所示的碰撞检测报警页面（报警 4315）。

在绝大多数情况下，机器人碰撞只是一种瞬间过载故障，机器人一旦停止运动，在通常情况下，驱动电机的负载便可恢复正常。对于此类情况，操作者可直接用光标选定碰撞检测报警页面上的操作提示键［复位］，然后按操作面板的【选择】键选定，便可清除碰撞报警，恢复机器人正常运动。

图 10.4.12 碰撞检测报警显示

如果碰撞发生后，由于存在外力作用，使得机器人停止后，伺服驱动电机仍然处于过载状态，为了恢复机器人运动，需要先将图 10.4.11 所示碰撞功能设定页面中的“功能”选择框设定为“无效”，撤销碰撞检测功能；然后，再用操作提示键［复位］、操作面板的【选择】键，清除报警。

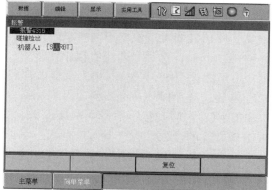

第11章 机器人作业文件编辑

11.1 点焊文件编辑与手动操作

11.1.1 焊机特性文件编辑

1. 焊机特性文件编辑

机器人点焊系统中的焊机、焊钳等焊接设备通常采用专业厂家生产的设备。由于产品性能、控制要求不同，点焊作业时，控制系统需要根据实际焊机、焊钳的要求，利用控制系统的I/O信号对其进行控制。由于焊机、焊钳的控制信号和工艺参数较多，为了简化程序，在工业机器人上，通常需要以作业条件文件的形式，对信号和参数进行统一定义；作业命令可通过调用作业条件文件，一次性改变焊机、焊钳控制信号和焊接工艺参数。

在安川点焊机器人上，用来定义焊机控制要求和作业参数的文件称为“焊机特性文件”；用来定义焊钳控制要求和作业参数的文件，称为“焊钳特性文件”。焊机、焊钳特性文件是点焊机器人作业的基本条件文件，它们需要在执行作业命令前完成编辑。在机器人程序中，焊机特性文件可通过焊接作业命令的添加项WTM选择。

安川点焊机器人的焊机控制参数包括“焊机特性文件”和“I/O分配”两方面内容，焊机特性文件参数设定的基本操作步骤如下。

① 接通控制系统电源，机器人操作模式选择【示教（TEACH)】。

② 按【主菜单】键，并选择子菜单[点焊]，示教器便可显示图11.1.1所示的点焊机器人基本设定菜单。

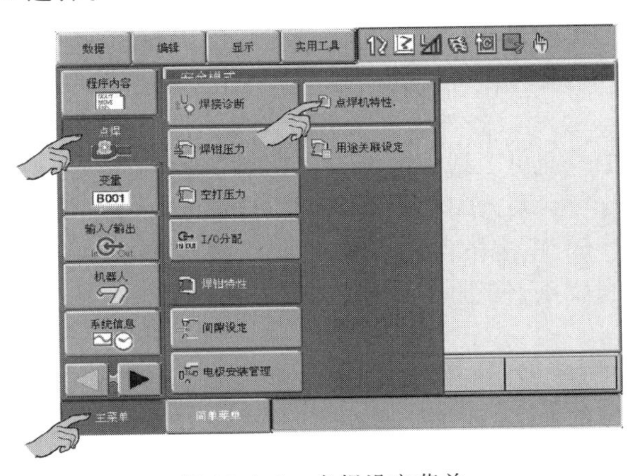

图 11.1.1 点焊设定菜单

在点焊机器人基本设定菜单显示页面上，操作者可根据实际需要，通过选择[焊钳压力]、[空打压力]、[焊钳特性]、

［点焊机特性］、［电极安装管理］等选项，利用示教器显示和编辑点焊机器人的全部作业文件；此外，还可进行焊机、焊钳控制 DI/DO 信号地址、电极间隙等其他参数的设定。

③ 选择［点焊机特性］选项，示教器可显示点焊机器人的焊机特性文件参数设定页面。

④ 根据焊接设备的控制要求及实际作业需要，用光标选定焊机特性文件参数，用示教器的数字键、【回车】键输入或选择焊机参数，完成焊机特性文件编辑。

2. 焊机特性参数设定

安川机器人的焊机特性文件参数设定页面如图 11.1.2 所示，参数设定要求如下。

① 焊机序号。焊机号范围设定，允许 1～255。在焊接启动命令 SVSPOT 上，焊机编号可添加项“WTMn”中的“n”指定，文件编辑时可通过【翻页】键改变焊机编号。

② 焊接命令输出类型。控制系统执行焊接启动作业命令 SVSPOT 时的焊接启动信号 WST 的输出形式设定。WST 用于电极通电、焊接启动控制，信号可根据焊机控制的要求，选择图 11.1.3 所示的“电平”“脉冲”或“开始信号”3 种输出方式。

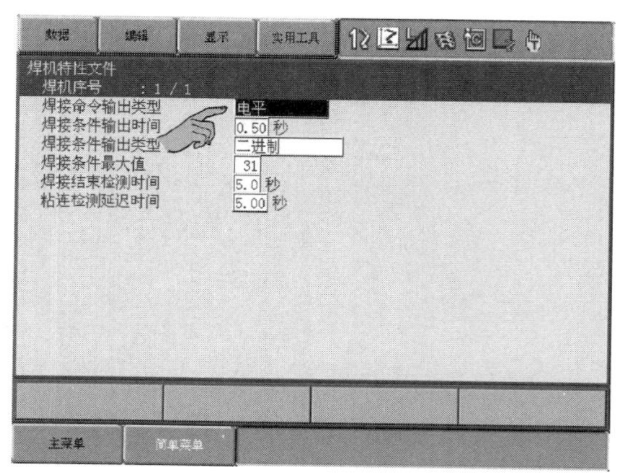

图 11.1.2 焊机特性文件

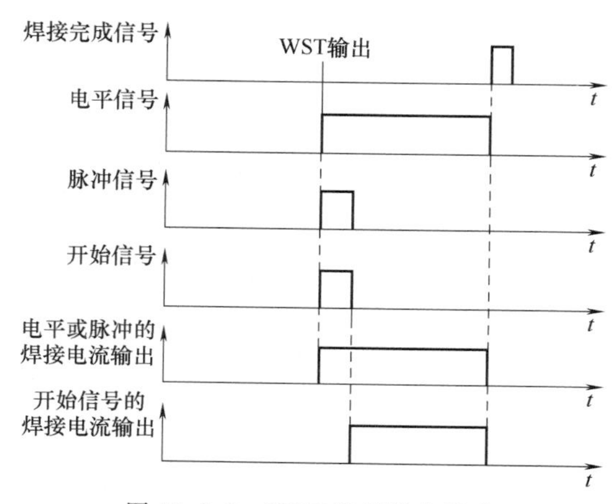

图 11.1.3 WST 信号输出形式

选择“电平”时，电极通电、焊接启动可由 WST 信号直接控制，WST 信号 ON，电极通电，焊接启动；WST 信号 OFF，电极断电，结束焊接。

选择“脉冲”或“开始信号”时，焊接启动与关闭需要通过 WST 信号、焊接完成信号控制；WST 信号上升沿（脉冲）或下降沿（开始信号），可使电极通电、焊接启动；焊接完成信号的上升沿可使电极断电、结束焊接。脉冲、开始信号的保持时间可利用“焊接条件输出时间”参数设定。

③ 焊接条件输出时间。WST 信号、焊接条件选择等 DO 信号的输出保持时间设定。

④ 焊接条件输出类型。焊接条件信号的输出格式设定，选择“二进制”输出时，可通过 8 点 DO 输出，指定最大 255 个焊接条件；选择“十进制（BCD）”时，8 点 DO 输出最大只能指定 99 个焊接条件。

⑤ 焊接条件最大值。焊机的焊接条件数量设定，用于系统 DO 点分配。例如，当焊机只需要使用 31 种焊接条件时，可将参数设定为 31，这样控制系统只需要分配 5 点 DO 信号。

⑥ 焊接结束检测时间。设定从焊接启动到系统开始检测焊接结束信号的时间，焊接结束信号的 DI 地址需要通过下述的［I/O 分配］操作定义。

⑦ 粘连检测延迟时间。设定从焊接启动到系统检测焊机粘连信号的时间，粘连检测信号一般不使用，如需要，其 DI 地址同样需要通过下述的［I/O 分配］操作定义。

3. DI/DO 信号分配

安川点焊机器人焊机 DI/DO 信号分配的操作步骤如下。

① 操作模式选择【示教（TEACH)】。

② 如图 11.1.4（a）所示，按【主菜单】键，选择子菜单［点焊］的［I/O 分配］选项，使示教器显示 DI/DO 地址设定页面。

③ 如图 11.1.4（b）所示，选择下拉菜单［显示］，示教器可显示［输入分配］、［输出分配］编辑操作选项，选择 DI 或 DO 信号设定页面。例如，选择［输出分配］操作选项时，示教器即可显示图 11.1.4（c）所示的 DO 信号地址设定页面。

④ 用示教器的数字键、【回车】键输入 DI/DO 设定参数，完成 DI/DO 信号设定。

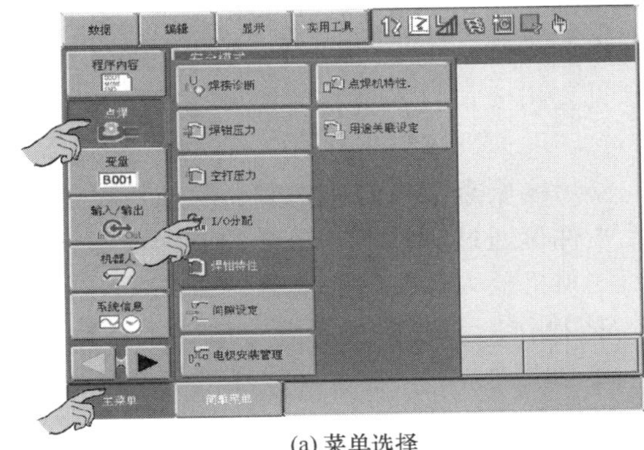

(a) 菜单选择

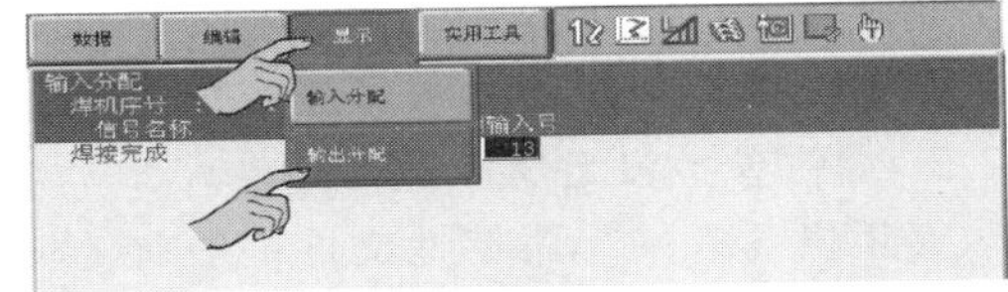

(b) 编辑选择

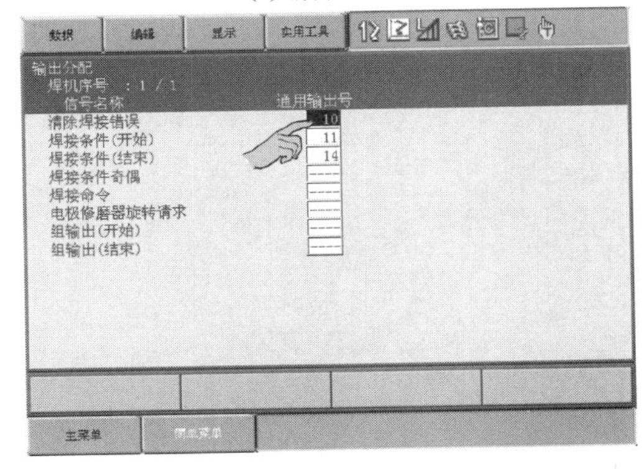

(c) DO设定页显示

图 11.1.4 DI/DO 信号地址设定

4. DI/DO 信号设定

安川点焊机器人的焊机 DI/DO 设定页面可通过下拉菜单［显示］的［输入分配］、［输出分配］操作选项选择，DI/DO 的设定方法类似。以图 11.1.4（c）所示的 DO 信号设定为例，参数内容及设定方法如下。

① 清除焊接错误。焊机故障清除信号的 DO 地址设定。安川点焊机器人常用的焊机 DI/DO 信号及地址一般如下，用户也可根据实际要求，增加、取消 DI/DO 信号。

IN09：焊机冷却异常输入。

IN10：焊钳冷却异常输入。

IN11：阻焊变压器过热输入。

IN12：压力过低。

IN13：焊接结束。

OUT09：焊接启动（焊接命令）输出。

OUT10：焊机故障清除（清除焊接错误）输出。

OUT11～OUT15：焊接条件选择输出（默认 31 种焊接条件）。

OUT16：电极修磨信号（电极修磨旋转请求）输出。

② 焊接条件（开始)/焊接条件（结束）。焊接条件选择信号的 DO 起始、结束地址设定。焊接条件选择信号的 DO 地址应连续，数量可通过起始、结束地址设定；例如，起始地址设定为 11，结束地址设定为 15，输出 OUT11～OUT15 即被定义为焊接条件选择信号，通过信号的二进制组合，可选择 31 个焊接条件。

③ 焊接条件奇偶。如果焊机的焊接条件输入信号有奇、偶校验要求，该信号可作为奇、偶校验信号使用。

④ 焊接命令/电极修磨旋转请求。系统默认的焊接启动、电极修磨信号输出地址设定。

⑤ 组输出（开始)/组输出（结束）。多点连续焊接（间隙焊接）命令 SPSPOTMOV 的焊接组选择 DO 信号的起始、结束地址，信号用于焊机选择与控制。

11.1.2 焊钳特性文件编辑

1. 焊钳特性文件编辑

伺服焊钳的开合、压力、速度可以通过控制系统的伺服驱动附加轴进行控制。安川机器人的焊钳通常归属工装轴组，焊钳结构、开合行程以及伺服电机的最高转速、减速比、负载惯量比等控制参数均可通过控制系统的工装轴配置操作设定，限于篇幅，在此不再介绍，有关内容可参见安川公司技术资料或笔者编写的《安川工业机器人从入门到精通》（化学工业出版社，2020）。

安川伺服点焊机器人的焊钳参数需要通过“焊钳特性文件”定义，在机器人程序中，焊钳特性文件可通过焊接作业命令的添加项 GUN#(n)选择。

安川机器人焊钳特性文件编辑的操作步骤如下。

① 操作模式选择【示教（TEACH)】。

② 如图 11.1.5 所示，按【主菜单】键，选择子菜单［点焊］的［焊钳特性］选项，示教器即可显示焊钳特性文件编辑页面（通常有 3 页）。

③ 利用选页键选定焊接参数显示页面后，光标选定参数输入框，用示教器的数字键、【回车】键输入或选择焊钳参数，完成焊钳特性文件编辑。

2. 焊钳参数设定第 1 页

安川机器人的焊钳特性文件一般有 3 页，第 1 页显示如图 11.1.6 所示，参数含义与设定要求如下。

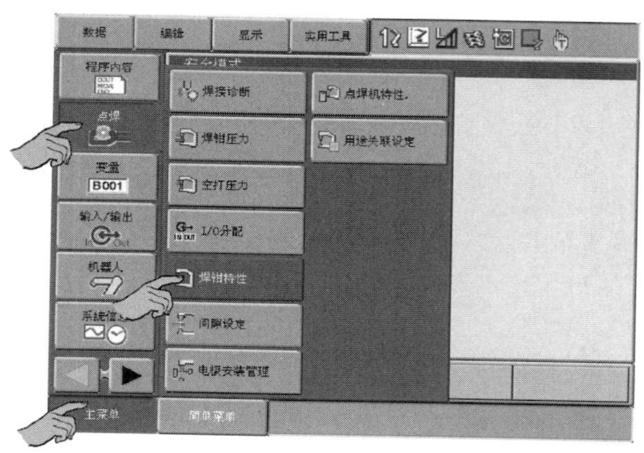

图 11.1.5 焊钳特性设定菜单

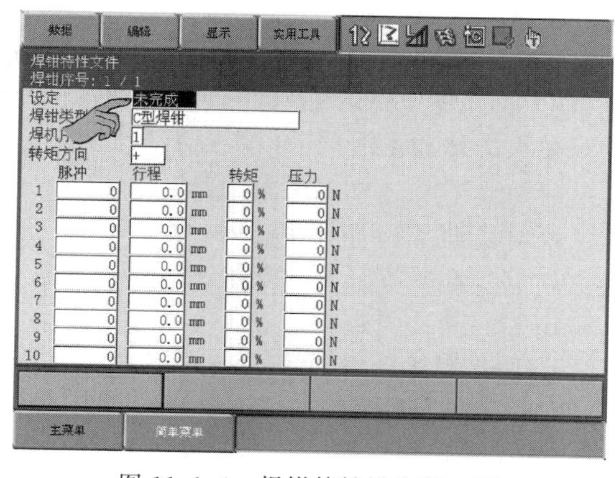

图 11.1.6 焊钳特性设定第 1 页

焊钳序号：焊钳编号设定、选择，允许输入范围为 1～12。焊钳编号 n 可通过点焊作业命令添加项 GUN#(n) 选定，编辑时可通过示教器操作面板上的【翻页】键选择。

设定：焊钳特性文件编辑状态显示。“未完成”代表该特性文件的参数已被修改，但操作未完成；此时，如参数设定已完成，可将光标定位到“未完成”上，按【选择】键，便可显示“完成”。

焊钳类型：焊钳的结构形式选择。安川机器人可选择 C 型、X 型单行程及 X 型双行程 3 种焊钳之一。

焊机序号：用于焊钳控制的焊机号设定。

转矩方向：电极加压时的伺服电机转向设定。正转加压选择“+”；反转加压选择“—”。

转矩特性：焊钳夹紧时的电极行程、电机输出转矩、压力关系曲线设定数据表。伺服焊钳的电极加压利用伺服电机驱动，电极压力取决于伺服电机输出转矩，由于两者通常不为线性关系，因此，需要以表格数据的形式确定图 11.1.7 所示的伺服电机转矩特性。

安川机器人最大可设定 12 组表格数据，第 11、12 组数据需要在焊钳特性文件的第 2 页上设定。表格数据一般需要通过焊钳的实测得到，相邻点间的输出转矩可由控制系统按线性关系自动推算。

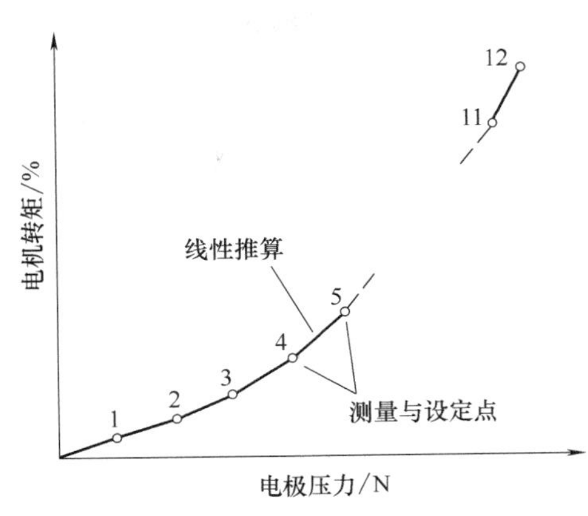

图 11.1.7　焊钳转矩特性

3. 焊钳参数设定第 2 页

焊钳特性文件的第 2 页显示如图 11.1.8 所示，显示页前 3 行是接续第 1 页的焊钳转矩特性数据，其他参数含义与设定要求如下。

最大压力：设定焊钳允许的电极最大压力，如电极压力超过最大值时，控制系统可产生报警并立即停止。

接触检测延迟时间：焊接、空打作业时的电极接触检测信号延时设定。

初始接触速度：焊接、空打作业时的电极接触速度设定。

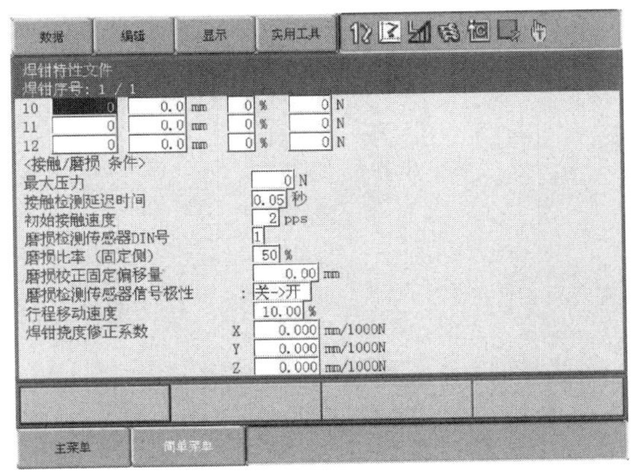

图 11.1.8　焊钳特性设定第 2 页

磨损检测传感器 DIN 号：焊钳使用电极磨损检测传感器时，用来设定传感器输入信号的 DI 地址。

磨损比率（固定侧）：电极磨损检测作业命令使用添加项“TWC-C”（固定焊钳磨损检测）时，用来设定单行程焊钳的固定电极磨损量（百分比）。

磨损检测校正固定偏移量：电极磨损补偿生效时，设定固定电极的磨损补偿量。

磨损检测传感器信号极性：磨损检测传感器输入信号的极性设定，常开触点输入时选择“关→开（OFF→ON）”；常闭触点输入时选择“开→关（ON→OFF）”。

焊钳闭合后电极动作比例（下侧）：仅用于“X 型焊钳（双行程）”，参数用于焊钳闭合时的上/下电极行程比设定，设定值为下电极行程的比例。

传感器检测电极的动作比例（上侧）：仅用于“X 型焊钳（双行程）”，利用传感器检测电极磨损时，设定上电极通过传感器检测区时的上/下电极行程比，设定值为上电极行程的比例。

行程移动速度：焊接作业使用接近点（焊接开始点）功能时（使用添加项 BWS），用于焊钳由定位点向接近点（焊接开始点）运动时的空程移动速度（倍率值）设定。

焊钳挠度修正系数：C 型或 X 型焊钳刚度，设定值为压力 1000N 时，电极在 X、Y、Z 方向的弹性变形量。

4. 焊钳参数设定第 3 页

焊钳特性文件的第 3 页显示如图 11.1.9 所示，第 1、2 行为接续第 2 页的 Y、Z 向焊钳挠度修正系数，其他参数含义与设定方法如下。

压力补偿：电极向上加压时的压力补偿值。焊钳的质量较大，当焊钳从正常设定的如图 11.1.10（a）所示的电机向下加压，改变到图 11.1.10（c）所示的电极向上加压时，由于重力的影响，电极压力有可能减小，因此，需要增加伺服电机的输出转矩，补偿因重力引起的压力损失。参数设定的是电极向上加压时的最大压力补偿值，对于图 11.1.10（b）所示的倾斜作业，其压力补偿值可由控制系统自动计算。

上/下电极磨损量复位：上/下电极磨损量（当前值）清除的 DI 信号地址设定；电极磨损量当前值可在下述的焊接诊断操作显示、设定。不使用该信号时，可输入 0，示教器的显示为“＊＊＊”（下同）。

焊钳压入修正系数：用于电极加压变形补偿设定，参数设定值为电极压力 1000N 时的变形量。

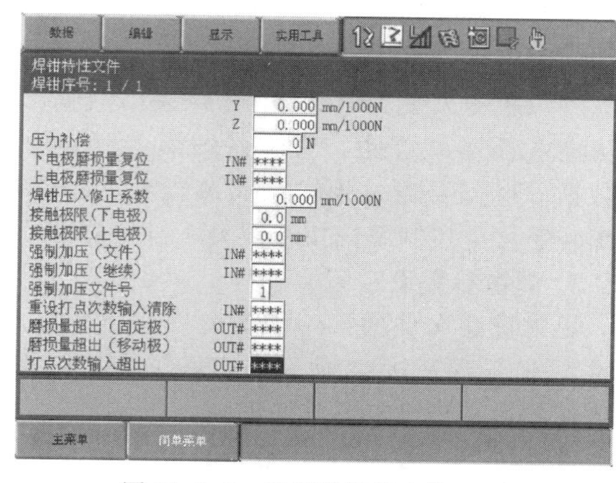

图 11.1.9 焊钳特性设定第 3 页

接触极限（上/下电极）：焊接、空打作业的电极加压极限行程，可分别设定的上/下电极最大移动量。

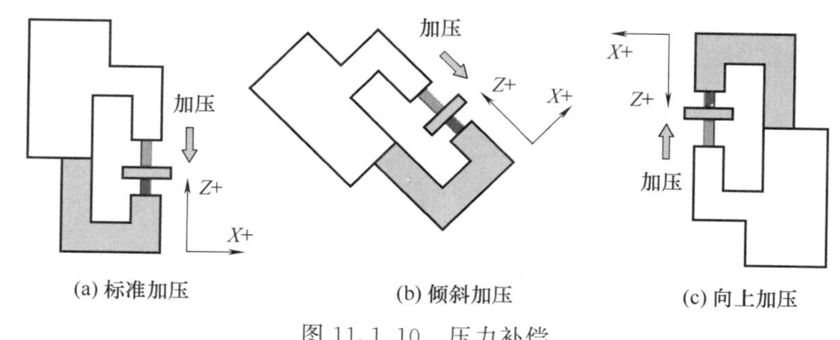

(a) 标准加压　(b) 倾斜加压　(c) 向上加压

图 11.1.10 压力补偿

强制加压（文件）：选择空打压力文件的 DI 信号地址设定。空打作业时，空打压力文件可由本参数设定的 DI 信号选择。DI 信号 ON，电极按下述“强制加压文件号”所设定的“空打压力条件文件”加压。

强制加压（继续）：启动空打的 DI 信号地址设定。空打作业时，空打作业可通过本参数设定的 DI 信号 ON 启动。

强制加压文件号：空打压力条件文件号。“强制加压（文件）”项设定的 DI 信号 ON 时，系统选择的空打压力条件文件号。

重设打点次数输入清除：清除下述焊接诊断参数“焊钳电极使用次数当前值”的 DI 信号地址设定。焊钳电极使用次数的当前值，可利用下述的焊接诊断操作显示、设定。

磨损量超出（固定极/移动极）：固定极、移动极超过“电极磨损量允许值”时的 DO 信号地址设定。电极磨损量的允许值，可利用焊接诊断操作显示、设定。

打点次数输入超出：SVSPOT 命令的执行次数（电极使用次数）超过“焊钳电极使用次数允许值”时的 DO 信号地址设定。焊钳电极使用次数允许值，可利用焊接诊断操作显示、设定。

11.1.3 电极与工具坐标系设定

安川点焊机器人的电极参数可通过［焊接诊断］、［电极安装管理］操作检查、设定。

1. 焊接诊断

［焊接诊断］的检查、参数设定步骤如下。

① 操作模式选择【示教（TEACH)】。

② 如图 11.1.11（a）所示，按【主菜单】键，选择子菜单［点焊］的［焊接诊断］选项，示教器可显示图 11.1.11（b）所示的焊接诊断参数显示、设定页面。

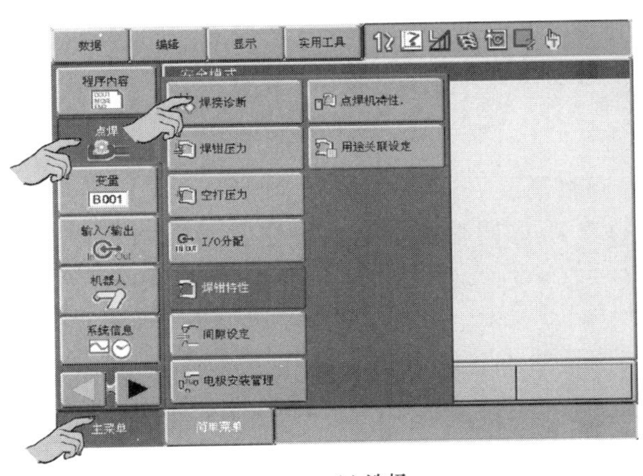

(a) 选择

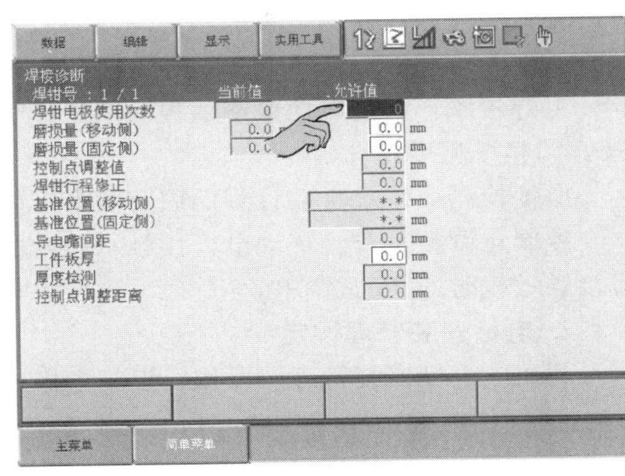

(b) 显示

图 11.1.11 焊接诊断页面显示

③ 光标选定参数输入框，用示教器的数字键、【回车】键输入或选择焊接诊断参数（见下述），完成焊接诊断文件编辑。

焊接诊断页面的参数含义及设定方法如下。

焊钳号：焊钳编号设定、选择，允许输入范围为 1～12。焊钳编号 n 可通过点焊作业命令的添加项 GUN＃(n) 选定，编辑时可通过示教器操作面板上的【翻页】键选择。

焊钳电极使用次数：显示、设定电极使用次数。“当前值”可显示电极目前已使用的次数；“允许值”为电极允许使用的次数。当电极使用次数超过允许值时，焊钳特性文件中“打点次数输入超出”参数所设定的 DO 信号将 ON，以提醒操作者更换电极；电极更换后，可通过焊钳特性文件中“重设打点次数输入清除”参数所设定的 DI 信号，清除电极使用次数（当前值)、重新开始计数。

电极使用次数的当前值也可通过图 11.1.12 所示下拉菜单［数据］中的“清除当前值”选项，利用手动操作进行清除。

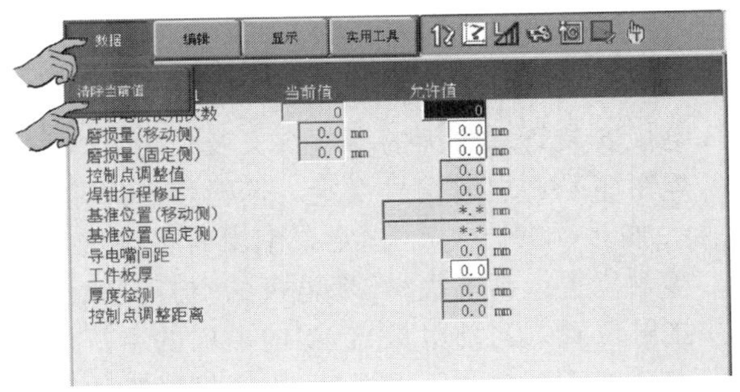

图 11.1.12 电极使用次数当前值清除

磨损量（移动侧/固定侧)：显示、设定电极磨损量。“当前值”为电极当前的磨损量；“允许值”为电极允许的磨损量。当电极磨损超过允许值时，焊钳特性文件中“磨损量超出（固定极/移动极)”参数所设定的 DO 信号将 ON，提醒操作者更换电极；电极更换后，可通过焊钳特性文件中“上/下电极磨损量复位”参数所设定的 DI 信号，清除电极磨损量的当前值，重新计算磨损量。

电极磨损量的当前值也可通过图 11.1.12 所示下拉菜单［数据］中的“清除当前值”选项，利用手动操作清除。

控制点调整值：可显示 TCP 的电极磨损补偿值。

焊钳行程修正：可显示电极磨损的开度补偿值。

基准位置（移动侧/固定侧）：可显示电极磨损检测的基准位置。

以上电极磨损参数，可通过机器人的空打命令，由控制系统自动检测与设定。

导电嘴间距：两侧电极的距离显示、设定，参数用于下述的移动电极接触示教时的 TCP 调整。

工件板厚：移动电极接触示教时的工件板厚显示、设定，参数用于移动电极接触示教时的 TCP 调整（见后述）。

厚度检测：系统自动计算的固定侧电极位置调整量。

控制点调整距离：移动电极接触示教时的 TCP 距离调整值显示、设定，参数用于移动电极接触示教时的 TCP 调整。

2. 电极安装管理设定

利用［电极安装管理］操作，设定电极安装位置的步骤如下。

① 操作模式选择【示教（TEACH)】。

② 如图 11.1.13（a）所示，按【主菜单】键，选择子菜单［点焊］的［电极安装管理］选项，示教器可显示图 11.1.13（b）所示的电极安装管理参数显示、设定页面。

③ 光标选定参数输入框，用示教器的数字键、【回车】键输入或选择电极安装管理参数，完成焊接诊断文件编辑。

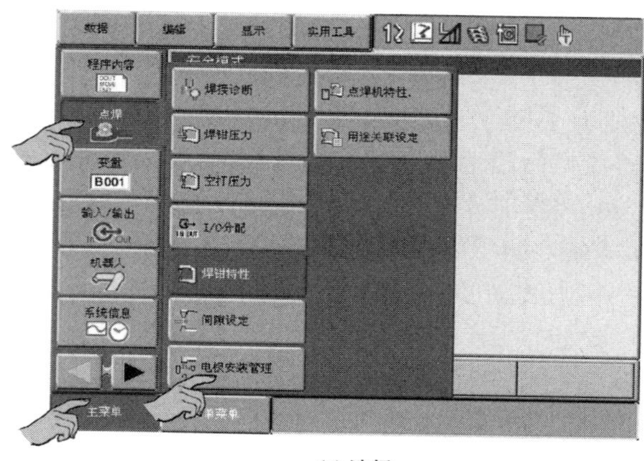

(a) 选择

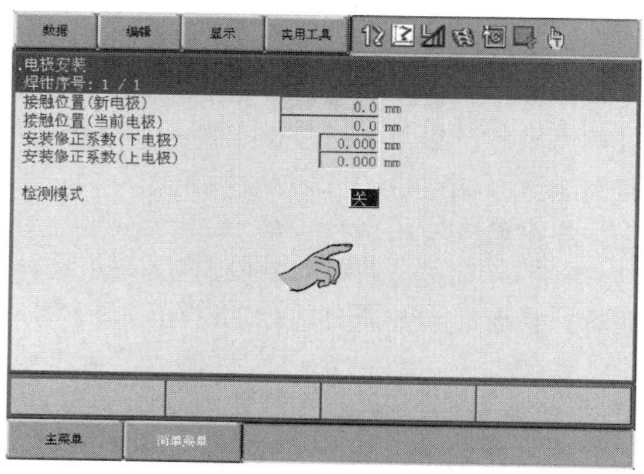

(b) 显示

图 11.1.13　电极安装管理页面显示

电极安装管理页面的参数含义及设定方法如下。

焊钳序号：焊钳编号设定、选择，允许输入范围为 1～12。焊钳编号 n 可通过点焊作业命令的添加项 GUN#(n) 选定，编辑时可通过示教器操作面板上的【翻页】键选择。

接触位置（新电极）：新电极的空打接触位置显示、设定。

接触位置（当前电极）：当前电极的空打接触位置显示、设定。

安装修正系数（下电极）：固定侧电极的安装误差补偿值显示、设定。

安装修正系数（上电极）：移动侧电极的安装误差补偿值显示、设定。

检测模式：电极安装误差检测/电极磨损检测功能设定。设定“关”，电极磨损检测功能生效，计算电极磨损量；设定“开”，电极安装误差检测功能生效，电极磨损量清除。

以上电极安装参数可利用空打作业命令，进行自动检测和设定。

3. 移动电极接触示教

在通常情况下，单行程焊钳的工具坐标系通常按图 11.1.14（a）设定，坐标系原点

(TCP) 为固定电极端面中心点，移动电极打开的方向，为工具坐标系的 $+Z$ 向；因此，进行焊接路线示教时，应通过固定电极端面中心点的定位，来确定示教点。但是，在实际操作时，固定电极很可能位于工件内侧或下侧，其定位点较难观察，此时，安川机器人可通过图 11.1.14 (b) 移动电极接触示教方式示教，系统可根据［焊接诊断］参数中的“导电嘴间距”“工件板厚”参数，自动计算“控制点调整距离”，确定 TCP 位置。

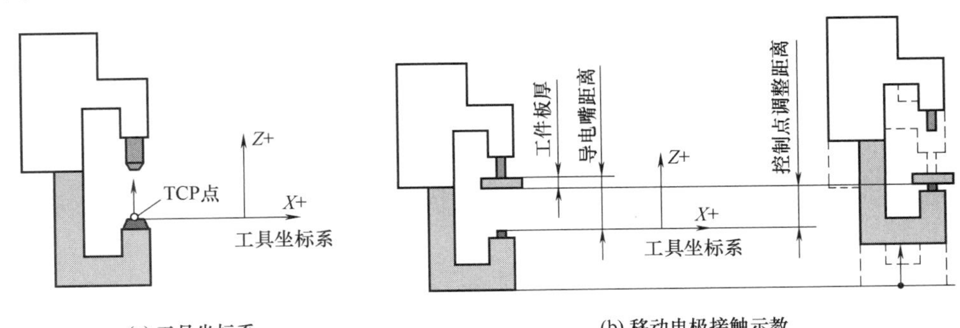

图 11.1.14　移动电极接触示教

利用移动电极接触示教的操作步骤如下。

① 操作模式选择【示教 (TEACH)】。

② 按【主菜单】键，选择子菜单［点焊］的［焊接诊断］选项，完成图 11.1.14 (b) 所示的“导电嘴间距”“工件板厚”参数设定（见前述）。

③ 按【主菜单】键，选择子菜单［程序内容］，使示教器显示程序页面后，进入示教编程操作。

④ 进行焊接作业指令示教时，手动移动机器人到焊接示教点，并使得移动电极接触工件，然后同时按“【转换】+【回车】”键，此时，系统将根据“导电嘴间距”“工件板厚”参数，自动计算出控制点调整距离。

⑤ 按示教器的【前进】键，机器人将根据控制点调整距离，将固定电极移动到接触工件的位置。

⑥ 示教点位置确认准确后，可同时按“【转换】+【回车】”键，“控制点调整距离”将自动设定到焊接诊断参数中。

11.1.4　压力条件文件编辑

点焊机器人作业时的电极压力可通过“压力条件文件”定义。在安川机器人上，焊接作业和空打的电极压力，可由“焊钳压力条件文件 (PRESS)”“空打压力条件文件 (PRESSCL)”分别定义，压力条件文件的编辑方法如下。

1. 焊钳压力条件文件

焊钳压力条件文件 (PRESS) 可以通过焊接启动命令 SVSPOT 的添加项 PRESS#(n) 选择，焊钳压力条件文件编辑的操作步骤如下。

① 操作模式选择【示教 (TEACH)】。

② 如图 11.1.15 (a) 所示，按【主菜单】键，选择子菜单［点焊］的［焊钳压力］选项，示教器可显示图 11.1.15 (b) 所示的焊钳压力条件文件设定页面。

③ 光标选定参数输入框，用示教器的数字键、【回车】键输入或选择焊钳压力条件文件参数，完成焊钳压力条件文件编辑。

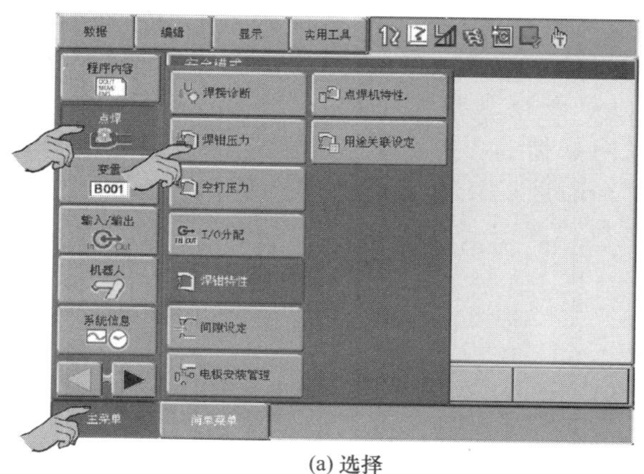

(a) 选择

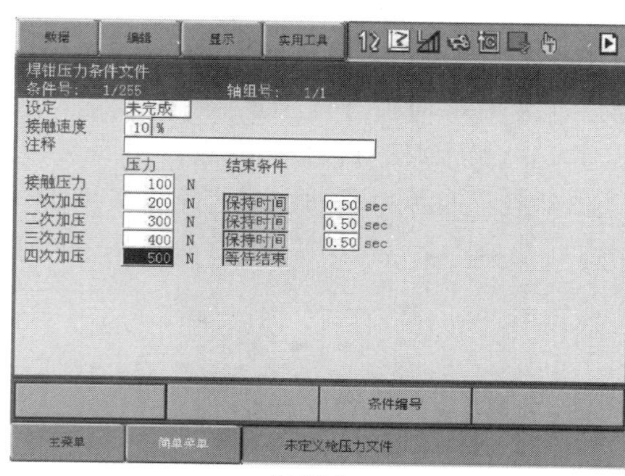

(b) 显示

图 11.1.15 焊钳压力条件设定页面

焊钳压力条件文件设定页面的参数含义与设定要求如下。

条件号：焊钳压力条件文件编号设定、选择，允许输入范围为 1～255。条件号 n 可通过焊接启动命令 SVSPOT 的添加项 PRESS＃(n) 选定，编辑时可通过示教器操作面板上的【翻页】键选择。

设定：焊钳压力条件文件编辑状态显示。“未完成”代表该条件文件的参数已被修改，但操作未完成；此时，如参数设定已完成，可将光标定位到“未完成”上，按【选择】键，便可使显示成为“完成”状态。

接触速度：焊钳闭合时的机器人（固定电极）、移动电极运动速度设定。设定值为最大移动速度的百分率（%），正常焊接作业通常设定为 5%～10%。

注释：如果需要，可对焊钳压力条件文件增加 32 字符（半角）的注释。

加压特性：电极接触压力及第 1～4 次加压的压力、结束条件设定。

电极的接触压力设定应大于电极摩擦阻力（通常为 100N）、小于第 1 次加压的压力，其余压力值可根据焊接实际需要设定。

加压结束条件可选择“保持时间”和“等待结束”两种。选择“保持时间”时，示教器可进一步显示时间设定选项，电极将以按设定的压力和加压时间，依次进行加压。选择“等待结束”时，控制系统以设定的压力保持加压状态，直到焊接结束信号输入；“等待结束”一经选择，就不能再进行后续的加压。

2. 空打压力条件文件编辑

空打压力条件文件可通过空打命令 SVGUNCL 的添加项 PRESSCL＃(n) 选择，“空打压力条件文件”编辑的操作步骤如下。

① 操作模式选择【示教（TEACH)】。

② 如图 11.1.16（a）所示，按【主菜单】键，选择子菜单［点焊］的［空打压力］选项，示教器可显示图 11.1.16（b）所示的空打压力条件文件设定页面。

③ 光标选定参数输入框，用示教器的数字键、【回车】键输入或选择空打压力条件文件参数（见下述），完成空打压力条件文件编辑。

空打压力条件文件设定页面的参数含义与设定要求如下。

文件序号：空打压力条件文件编号设定、选择，允许输入范围为 1～15。条件号 n 可通过空打命令 SVGUNCL 的添加项 PRESSCL＃(n) 选定，编辑时可通过示教器操作面板上的【翻页】键选择。

合钳时间：焊钳闭合的动作时间设定。在焊钳闭合动作时间内，电极将从打开状态变为接触工件状态，并对电极施加规定的空打接触压力。

开钳时间：焊钳打开的动作时间设定。在焊钳打开动作时间内，电极将从最后一次加压状态变为焊钳打开状态。焊钳的开/合位置可通过后述的手动焊接设定操作设定。

接触速度：焊钳闭合时的机器人（固定电极）、移动电极运动速度设定。设定值为最大速度的百分率（%），空打作业通常应设定在5%以下。

空打压力单位：空打压力单位设定。选择“N”时，压力单位为牛顿（N）；选择“%（转矩）”时，压力以伺服电机最大输出转矩的百分率的形式定义。

注释：如需要，可对空打压力条件文件增加32字符（半角）注释，也可不使用。

加压特性：电极接触压力及第1～4次加压的压力、加压时间、结束条件设定。

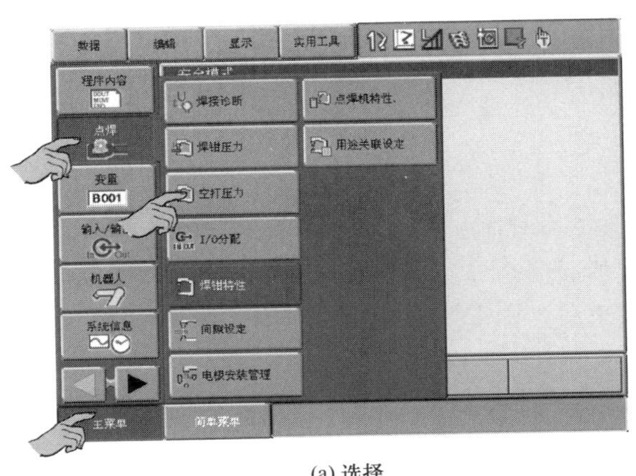

(a) 选择

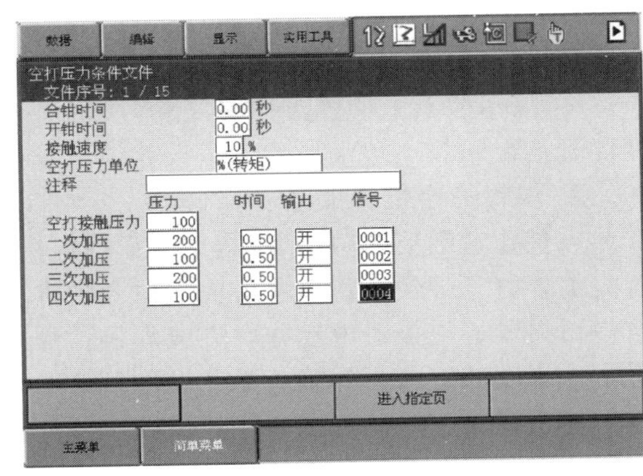

(b) 显示

图 11.1.16　空打压力条件设定页面

空打接触压力设定值同样应大于电极摩擦阻力（通常为100N）、小于第1次加压的压力；其余压力值、加压时间均可根据实际需要设定。如空打作业时，电极只需要进行第1、2次加压，可将第3、4次加压的压力和加压时间设定为“0”，取消第3、4次加压动作。

选项“输出”用于DO信号设定，选择“开”，电极加压时，控制系统可输出加压状态信号，DO信号地址可通过“信号”栏设定，允许范围为1～24（OUT01～OUT24）。

11.1.5　手动焊接设定

1. 手动操作键

安川点焊机器人的焊接启动/关闭、焊钳开/合、电极加压等动作，不但可通过作业命令控制，也可通过示教器的操作面板，利用手动操作键控制。

安川点焊机器人的手动操作键如图11.1.17所示，当机器人选择示教操作模式时，通过手动操作键，可实现如下功能。

【焊接通/断】：同时按操作面板的“【联锁】+【焊接 通/断】”键，可通断焊接启动信号，启动/关闭焊机，焊机启动后按键指示灯亮。

【3/大开】或【－/小开】：用于焊钳开/合位置设定（见下述）。

【0/手动条件】：手动焊接条件文件选择，设定手动操作时的焊钳形式、电极压力等焊接参数。

【2/空打】：当手动焊接操作参数选定后，同时按“【联锁】＋【2/空打】”键，可进行手动焊钳夹紧（空打）操作。

【./焊接】：当手动焊接操作参数选定后，同时按“【联锁】+【./焊接】”键，可开始手动焊接操作。

【8/加压】、【9/放开】：通常用于气动焊钳的手动开/合；使用伺服焊钳的机器人焊钳手动开/合，需要在示教操作模式下，通过下述操作实现。

① 按【外部轴切换】键，选定用于焊钳开合控制的伺服轴，外部轴选定后，按键上的指示灯亮。在同时多个外部轴的机器人上，可通过重复按【外部轴切换】键，切换外部轴、选定焊钳开合轴。

② 按示教器上的手动速度【高】/【低】键，设定手动焊钳开合速度。由于焊钳的行程短，手动速度原则上应选择低速。

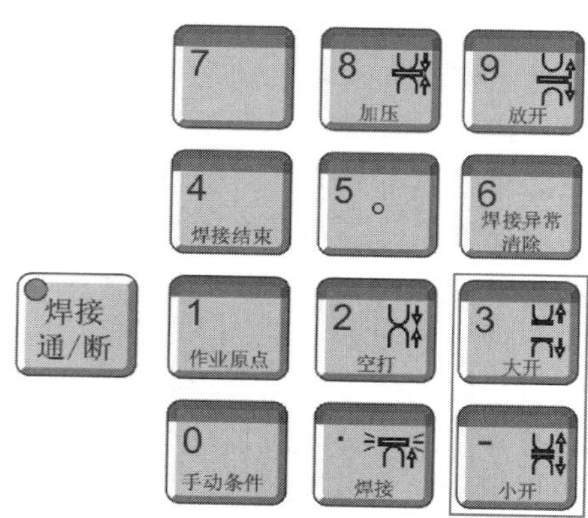

图 11.1.17 点焊手动操作键

③ 按示教器上的轴方向键【X+/S+】或【X−/S−】键，焊钳将以选定的手动焊钳开合速度开/合。

2. 焊钳开合位置设定

点焊作业需要有焊钳开/合、加压、电极通电等一系列动作。在机器人在进行点焊作业前，首先需要打开焊钳，将电极中心定位到焊点上；然后闭合焊钳，使电极与工件接触；接着，进行焊钳夹紧、电极通电动作，完成焊接；焊接结束后，则需要打开焊钳，离开焊接位置，再进行下一焊点的定位与焊接，如此循环。

使用伺服焊钳的机器人，焊钳开/合可由伺服电机进行控制，开合位置可在焊钳行程范围内任意设定和调整。安川机器人的伺服焊钳开/合位置一般可预设 16 个，其中，“大开”和“小开”位置各 8 个。利用示教器设定焊钳开/合位置的操作步骤如下。

① 操作模式选择【示教（TEACH)】。

② 按【主菜单】键，并选择子菜单［点焊］，示教器显示点焊机器人设定菜单。

③ 按图 11.1.17 所示，示教器的点焊专用控制键【3/大开】或【−/小开】，示教器可显示图 11.1.18 所示的“大开”或“小开”位置设定页面，并进行以下参数的设定。

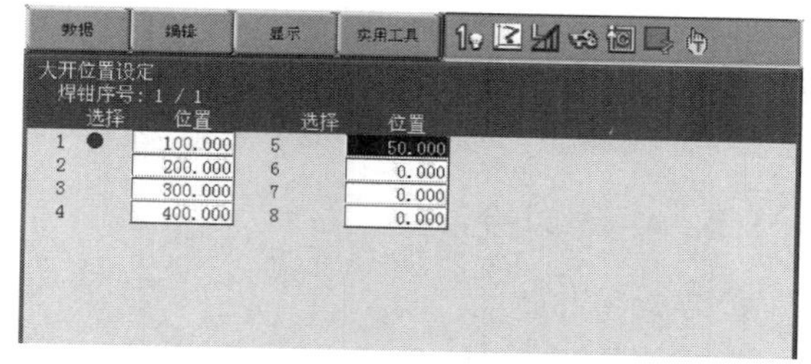

图 11.1.18 焊钳开合位置设定页面

焊钳序号：手动焊接时的焊钳编号设定、选择，允许输入范围为 1～12；编号可通过示教器操作面板上的【翻页】键选择。

选择：用标记“●”来选择所需要的焊钳大开或小开位置，“●”标记可通过同时按示教器的【修改】+【回车】键输入。

位置：用于大开或小开位置（焊钳开度）的设定，可以直接通过手动数据输入操作，设定焊钳的开合位置值。

3. 手动焊接条件设定

点焊机器人的焊接可通过示教器的“【联锁】+【2/空打】”“【联锁】+【./焊接】”等操作键手动控制。手动焊接时，需要通过手动焊接条件设定操作，选定焊接条件文件、确定焊钳形式、电极压力等参数。

安川机器人手动焊接条件设定的操作步骤如下。

① 操作模式选择【示教（TEACH)】。

② 按【主菜单】键，并选择子菜单［点焊］，示教器显示点焊机器人设定菜单。

③ 按示教器上的点焊专用控制键【0/手动条件】，示教器可显示图 11.1.19 所示的手动焊接条件文件设定页面。

④ 根据实际需要，完成手动焊接条件文件编辑页面的参数设定后，选择［完成］，系统便可自动生成手动焊接条件文件。

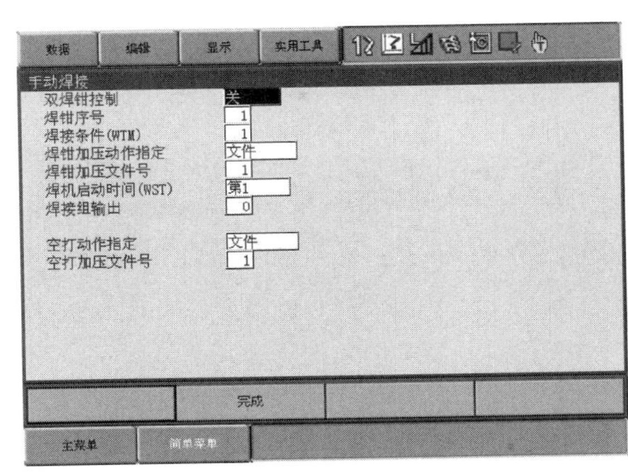

图 11.1.19　手动焊接条件文件设定页面

手动焊接条件文件参数的含义与设定方法如下。

双焊钳控制：双焊钳功能选择。使用双焊钳的机器人选择“开”，使得手动操作对两焊钳同时有效；单焊钳机器人选择“关”，撤销双焊钳控制功能。

焊钳序号：手动焊接时的焊钳编号设定，允许输入范围为 1～12；编号可通过示教器操作面板上的【翻页】键选择。

焊接条件（WTM）：手动焊接的焊机特性文件号设定，输入范围为 1～255。手动焊接时，同样需要使用焊机特性文件，文件参数与前述的自动焊接相同。

焊钳加压动作指定：定义手动焊接加压的动作与参数。安川机器人的焊接加压需要通过“焊钳压力条件文件”定义，该输入框应选择“文件”。

焊钳加压文件号：焊钳压力条件文件号设定，输入范围为 1～255。

焊机启动时间（WST）：焊接启动信号输出设定。选择“接触”或“第 1”“第 2”，控制系统可分别在电极接触工件或第 1 次、第 2 次加压时，对电极通电，启动焊接；WST 信号的输出形式，可在前述的焊机特性文件“焊接命令输出类型”栏设定。

焊接组输出：用来设定多点连续焊接（间隙焊接）作业命令的焊接组输出地址，手动操作一般不使用。

空打动作指定：定义手动空打的加压动作与参数。输入框选择“文件”时，手动空打动作利用“空打压力条件文件”定义；输入框选择“固定加压”时，手动空打为固定压力夹紧。

空打压力文件号/固定压力：当空打动作选择“文件”时，设定空打压力条件文件号，输入范围为 1～15；空打动作选择“固定加压”时，设定空打的电极压力值。

11.1.6　间隙文件编辑与示教

1. 文件编辑操作

安川点焊机器人可通过间隙焊接命令 SVSPOTMOV，实现多点连续焊接。多点连续焊接的焊接路线、开始点位置等参数，需要通过 SVSPOTMOV 命令添加项 CLF＃(n)，以“间隙文件”的形式定义。

间隙文件编辑的操作步骤如下。

① 操作模式选择【示教（TEACH)】。

② 如图 11.1.20（a）所示，按【主菜单】键，选择子菜单［点焊］的［间隙设定］选项，示教器即可显示图 11.1.20（b）所示间隙文件设定页面。

③ 光标选定参数输入框，用示教器的数字键、【回车】键输入或选择间隙文件参数，完成间隙条件文件编辑。

间隙文件设定页面的参数含义与设定要求如下。

条件序号：间隙文件编号设定、选择，允许输入范围为1～32。条件序号n可通过间隙焊接命令SVSPOTMOV添加项CLF＃(n)选定，编辑时可通过示教器操作面板上的【翻页】键选择。

动作方式：两个焊接示教点间的电极运动轨迹设定。可选择图11.1.21所示的“矩形”“斜开”“斜闭”运动。

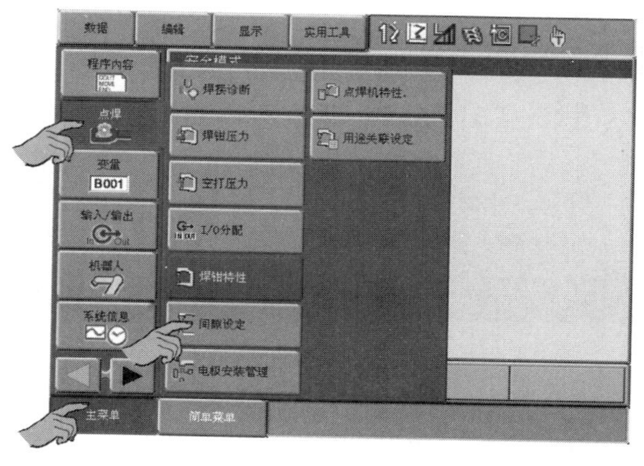

(a) 选择

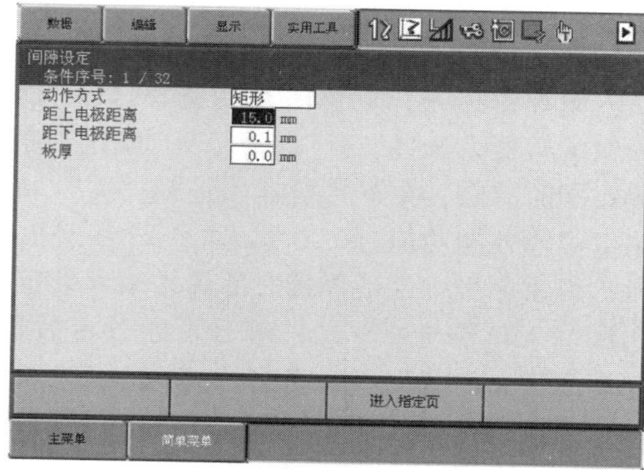

(b) 显示

图 11.1.20 间隙文件设定页面

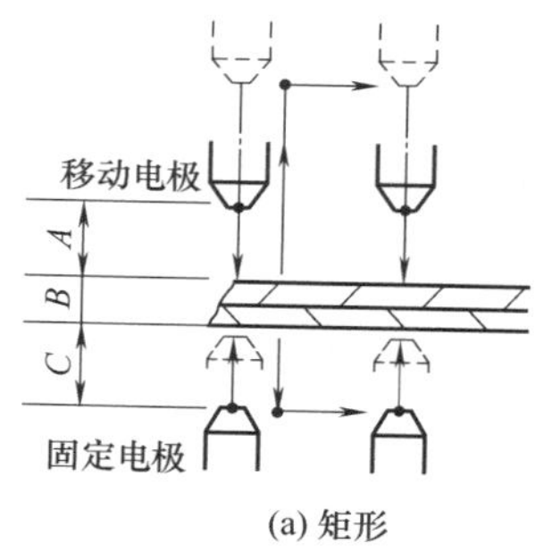

(a) 矩形

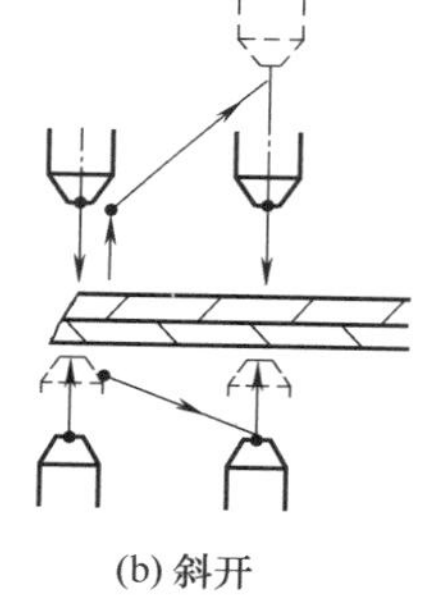

(b) 斜开

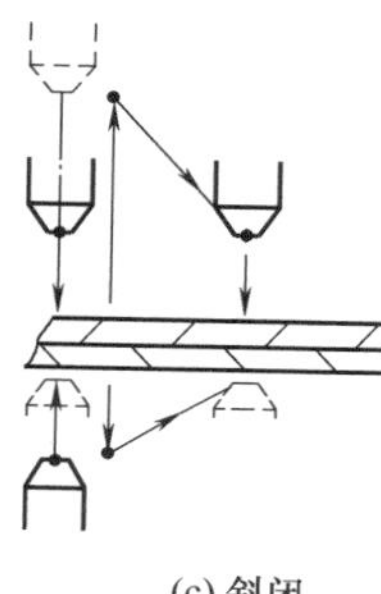

(c) 斜闭

图 11.1.21 间隙文件参数

距上电极的距离：移动电极接触点（焊接开始点）位置，移动电极与工件上表面距离A（单位0.1mm）。

距下电极的距离：固定电极接触点（焊接开始点）位置，固定电极与工件下表面的距离B（单位0.1mm）。

板厚：工件厚度C（单位0.1mm）。

2. 命令示教操作

安川点焊机器人的多点连续焊接命令SVSPOTMOV，可通过示教操作编辑。以单行程焊钳进行图11.1.22所示的多点连续间隙焊接作业为例，示教操作步骤如下。

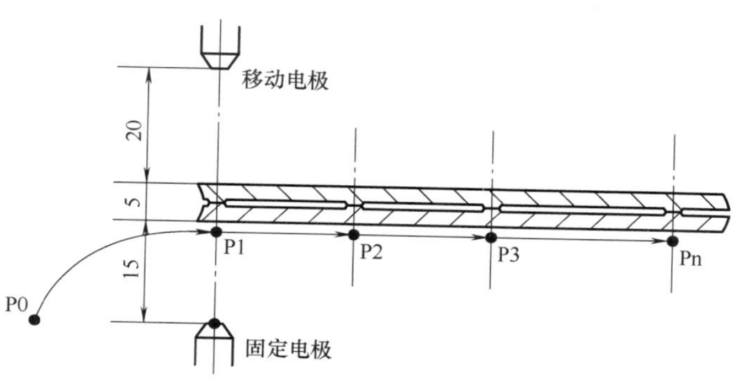

图 11.1.22 多点连续焊接示例

通过上述的间隙文件编程操作，在间隙文件CLF＃(1)上设定条件序号“1”，动作方式“矩形”，距上电极距离“20.0mm”，距下电极距离“15.0mm”，板厚“5.0mm”。

通过以下操作，完成 P1～Pn 多点连续焊接命令的示教编程。

① 操作模式选择【示教（TEACH)】；按【主菜单】键，选择子菜单［设置］的［示教条件设定］选项，示教器可显示图 11.1.23（a）所示的示教条件设定显示页面。

② 选择［间隙示教方式指定］选项，示教器可显示“上电极示教”“下电极示教”和“上下电极示教”设定项，如图 11.1.23（b）所示。

③ 根据需要，选定焊接点的示教方式；对于固定极（下电极）接触工件的单行程焊钳，如果操作允许，一般以“下电极示教”为好。

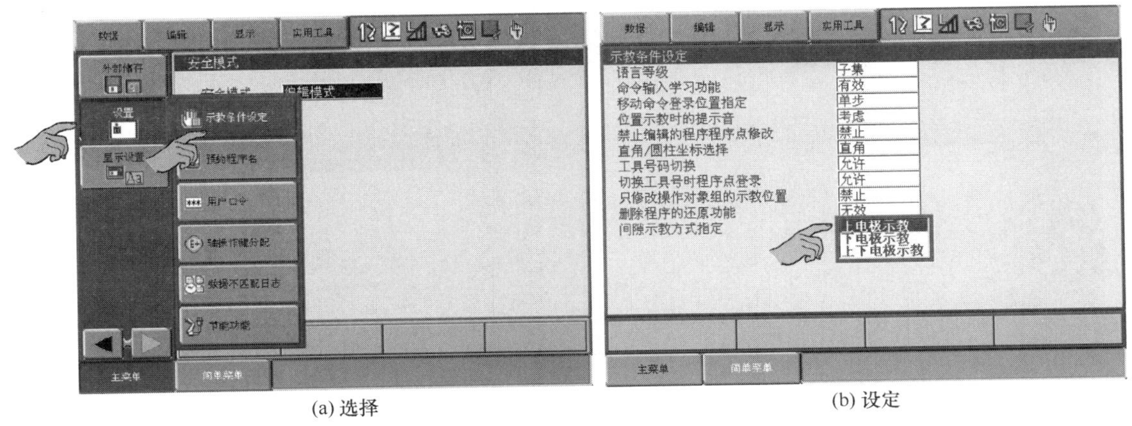

(a) 选择　　(b) 设定

图 11.1.23　间隙焊接示教条件设定

④ 返回主菜单，选择［程序内容］，进入示教编程模式。

⑤ 移动机器人到程序起始点 P0，输入命令 MOVJ。

⑥ 移动机器人焊接点 P1，并使下电极与工件接触。

⑦ 同时按“【转换】＋【插补方式】”，输入行可显示命令 SVSPOTMOV，根据程序要求，完成命令的编辑并输入。

⑧ 依次手动移动机器人到焊接作业点 P2～Pn，并在焊接点重复操作步骤⑥、⑦，完成 P2～Pn 的 SVSPOTMOV 命令编辑。

⑨ 移动机器人到程序起始点 P0，输入命令 MOVL，结束焊接程序。

11.2　弧焊文件编辑与手动操作

11.2.1　软件版本、文件编辑与手动键

1. 软件版本与选择

安川弧焊机器人的控制软件有标准版、增强版两种，使用增强版软件，控制系统可增添如下功能。

① 焊接启动时，可先通过“引弧条件文件”规定的焊接电流/电压“引弧”，然后再通过“焊接条件文件”规定的焊接电流/电压进行正常焊接作业；在焊接过程中，可通过焊接参数设定命令 ARCSET，将“引弧条件文件”的焊接参数转换为正常焊接时的焊接参数。

② 焊接关闭时，可使用 2 级收弧功能，在第 1 级收弧（填弧坑 1）的基础上，增加第 2 次收弧（填弧坑 2）动作，以改善填弧坑效果。

③ 可使用第 3、4 模拟量输出通道 AO3、AO44，并通过命令添加项 AN3、AN4 输出辅助控制用的模拟量，实现“渐变”控制。

增强版软件可通过如下操作选定。

① 按住示教器的【主菜单】键，接通系统电源，使得系统安全模式进入高级管理模式(维护模式)，示教器可显示图 11.2.1 (a) 所示的维护模式主菜单。

② 选择主菜单［系统］、子菜单［设置］，示教器可显示图 11.2.1 (b) 所示的系统设置页面。

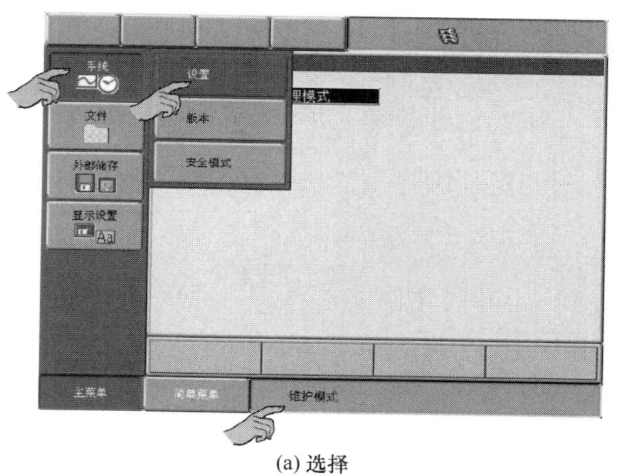

(a) 选择

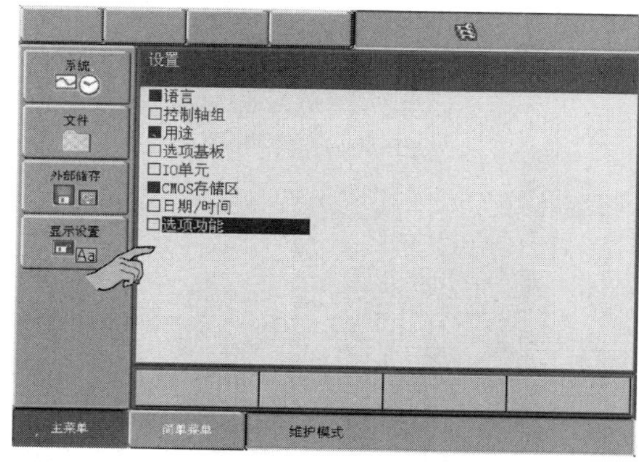

(b) 显示

图 11.2.1 维护模式的系统设置显示

③ 在系统设置页面上，选择［选项功能］，示教器可显示图 11.2.2 所示的系统选项功能设定页面。

④ 在系统选项功能设定页面上，将光标定位到［弧焊］对话框，并选择设定项“增强”，选定增强版软件。

⑤ 弧焊“增强”功能选择后，示教器将弹出对话框［修改吗？是/否］，选择“是”，确认修改操作

⑥ 修改操作确认后，示教器将继续弹出对话框［初始化相关文件吗？ARCSRT. CND 是/否］，选择“是”，系统可进行“引弧条件文件”的初始化。

⑦ 引弧条件文件初始化完成后，示教器将继续弹出对话框［初始化相关文件吗？ARCEND. CND 是/否］，选择“是”，系统可进行“熄弧条件文件”的初始化。

⑧ 初始化完成后，关闭系统电源并重新启动，完成软件版本修改。

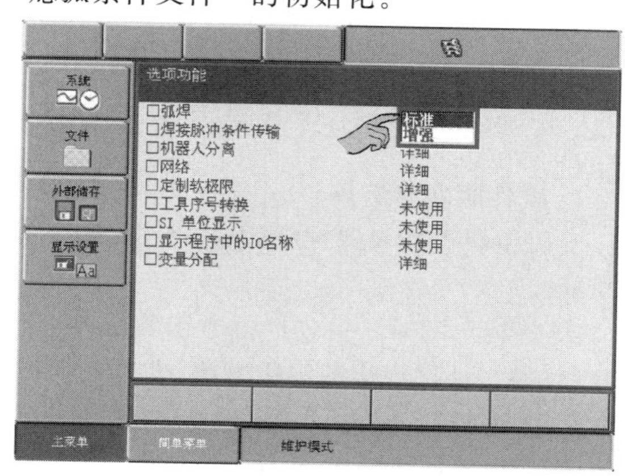

图 11.2.2 系统选项功能设定页面

2. 作业文件与编辑操作

弧焊机器人的焊机通常为专业厂家生产的通用设备，不同产品的性能、控制要求有所不同，弧焊作业时，控制系统需要根据实际焊机、焊钳的要求，通过系统的 I/O 信号对焊机进行控制。

弧焊除了需要控制焊接电压、电流外，还需要进行保护气体通断、焊丝送进/退出以及再启动、粘丝自动解除等控制，这些控制都需

要以作业条件文件的形式，在控制系统上统一定义；作业命令可通过调用不同作业条件文件，确定相关焊接参数。

安川弧焊机器人的焊机基本控制文件有焊机特性文件、弧焊辅助条件文件、弧焊管理文件3种。焊机特性文件主要用来定义焊接电压、焊接电流、保护气体种类、焊丝直径、焊丝伸出长度等基本焊接参数；弧焊辅助条件文件和弧焊管理文件用来定义断弧再启动、粘丝自动解除、导电嘴更换和清洗等辅助功能。焊机基本控制文件是弧焊作业必需的文件，它们都需要在执行作业命令前事先予以编制。

除了焊机基本控制文件外，焊接作业命令 ARCON（引弧）、ARCOF（熄弧）、MVON（摆焊）还需要有专门的引弧条件、熄弧条件、摆焊条件等定义作业参数的作业条件文件，它们同样需要在执行作业命令前，事先予以编制。

弧焊作业条件文件编辑的基本操作步骤如下。

① 操作模式选择【示教（TEACH)】。

② 按示教器的【主菜单】键并选择子菜单［弧焊］，示教器可显示图 11.2.3 所示的弧焊文件显示与编辑选项。

③ 选择需要显示与编辑的文件选项，示教器可显示对应的文件设定页面。

④ 光标选定参数输入框，用示教器的数字键、【回车】键输入或选择文件参数（见下述），完成条件文件编辑。

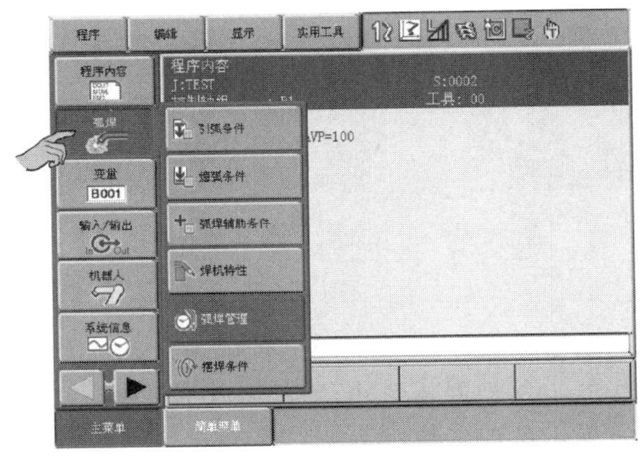

图 11.2.3　弧焊文件显示与编辑选项

3. 手动操作键

安川弧焊机器人的焊接启动/关闭、送丝/退丝、保护气体通/断等动作，既可通过程序中的作业命令控制，也可利用示教器的手动操作键控制。

安川弧焊机器人的手动操作键如图 11.2.4 所示，操作键的功能如下。

【焊接 开/关】：手动焊接启动/关闭键。手动焊接启动/关闭需要在系统安全模式选择“管理模式”时进行，选择管理模式后，控制系统可直接利用【焊接 开/关】键启动/关闭焊接；焊接启动时按键指示灯亮。

【2/气体】：保护气体打开键。当机器人选择示教操作模式时，按住按键，可直接在导电嘴上输出保护气体。

【9/送丝】/【6/退丝】：手动送丝/退丝键。手动送丝的速度可通过示教器的手动操作速度选择键调节，基本送丝/退丝速度需要在系统参数上设定。

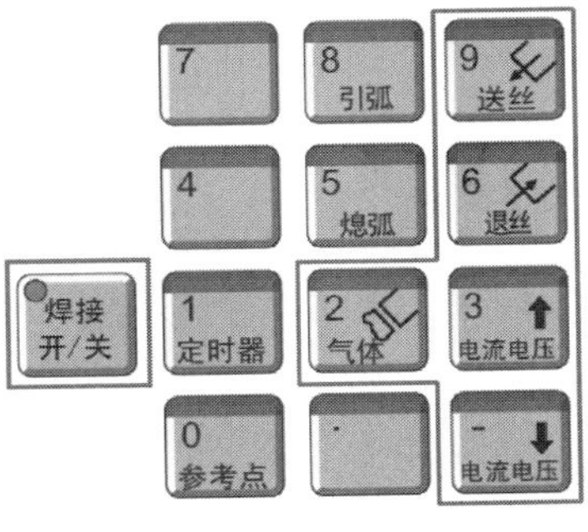

图 11.2.4　弧焊手动操作键

机器人选择示教模式时，如按住【9/送丝】/【6/退丝】键，可进行手动低速送丝/退丝操作；如同时按【9/送丝】/【6/退丝】和示教器手动速度选择键【高】，可进行手动中速送丝或退丝操作；如同时按【9/送丝】或【6/退丝】和示教器手动速度选择键【高速】，则可进行手动高速送丝或退丝操作。

【3/↑电流电压】/【-/↓电流电压】：机器人选择程序自动运行（再现）模式时，可利用按键调节焊接电流、电压。

操作面板的【8/引弧】、【5/熄弧】及其他键，用于弧焊作业命令的输入与编辑操作，有关内容见后述。

11.2.2 焊机特性文件编辑

1. 焊机特性文件编辑

如图 11.2.5 (a) 所示，在弧焊文件显示与编辑选项上，选择［焊机特性］选项，示教器可显示图 11.2.5 (b) 所示焊机特性文件，进行文件编辑操作。

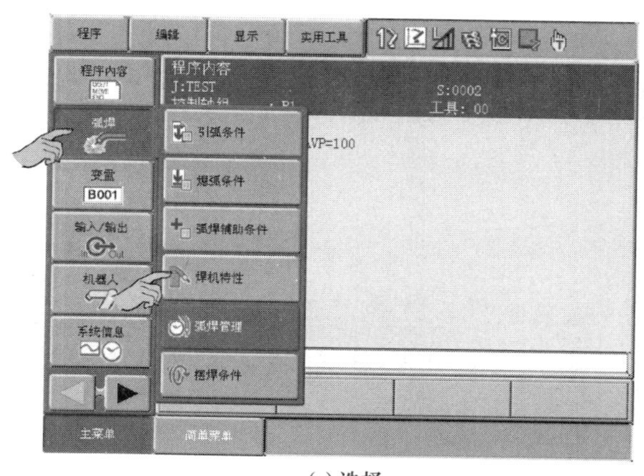

(a) 选择

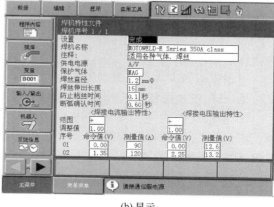

(b) 显示

图 11.2.5 焊机特性文件显示

安川弧焊机器人的焊机特性文件共有 2 页，第 1 页显示如图 11.2.5 (b) 所示，第 2 页为接续第 1 页的焊接电流/电压输出特性数据。

焊机特性文件参数的含义及设定要求如下。

焊机序号：焊机特性文件编号设定、选择，允许输入范围为 1～8。焊机序号 n 可通过焊接命令添加项 WELDn 选定，编辑时可通过示教器操作面板上的【翻页】键选择。

设置：焊钳特性文件的编辑状态显示。“未完成”代表特性文件的参数已被修改，但操作未完成；此时，可在参数设定完成后，将光标定位到“未完成”上，按示教器的【选择】键，便可使显示成为“完成”状态。

焊机名称：可输入 32 字符（半角）的焊机名称。

注释：如需要，焊机特性文件可增加 32 字符（半角）注释，也可不使用。

供电电源：焊接文件、焊接作业命令中的焊接电压表示方法显示。“A/V”为焊接电流/电压的单位为 A/V；显示“A/V%”时，焊接电流/电压的单位以百分率（%）形式显示。在安川使用手册上，将前者称为“个别”，将后者称为“一元”。

供电电源参数一旦修改，焊机特性、引弧、熄弧及焊接辅助等条件文件的相关参数都进行初始化，因此，参数修改需要通过后述文件读写操作，从机器人生产厂家出厂设定或已保存的条件文件中，重新读入全部参数。

保护气体：焊接所使用的保护气体种类设定。使用“氩＋氧（Ar＋ O_2）”“氩＋二氧化碳（Ar＋ CO_2）”等活性气体保护弧（metal active-gas welding）时，应选择“MAG”；使用二氧化碳（CO_2）气体保护弧焊时，选择“CO_2”。

焊丝直径：焊丝直径设定，允许输入范围为 0.0～9.9mm。

焊丝伸出长度：焊丝从导电嘴中伸出段长度设定，允许输入范围为 0～99mm。

防止粘丝时间：焊接结束时进行防止粘丝处理的时间设定，允许输入范围为 0.0～9.9s。

断弧确认时间：焊接中发生断弧时，从系统检测到断弧信号，到机器人停止运动的时间设定，允许输入范围为 0.00～2.55s。

焊接电流/电压输出特性：焊接电流、焊接电压输出特性曲线设定。由于控制系统的模拟量输出与焊机实际电流、电压输出无确定的对应关系，因此，输出特性需要通过图 11.2.6 所示的实测数据，以数据表的形式构建近似曲线。

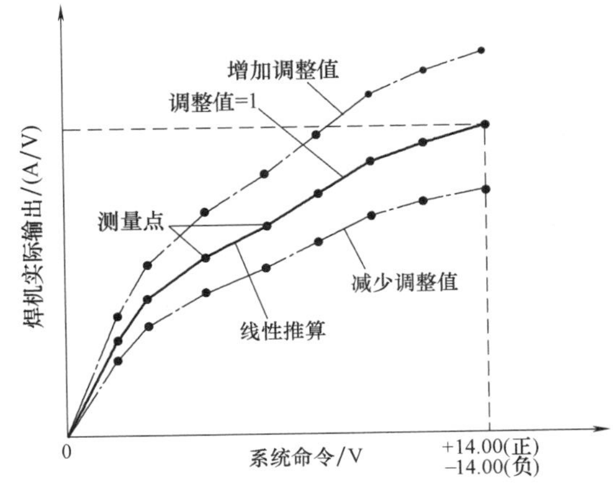

图 11.2.6　焊接电流/电压输出特性

在安川弧焊机器人上，焊接电流、电压输出特性一共可定义 8 组数据，其中的 6 组数据需要在焊机特性文件第 2 页显示，输出特性参数的含义如下。

范围：控制系统模拟电压输出（命令值）的范围选择，选择“＋”拟电压输出范围为 0～＋14.00V；选择“－”为－14.00～0V。

调整值：控制系统模拟电压输出（命令值）的比例调整系数设定。比例调整范围为 0.80～1.20；改变调整值，可对数据表中的焊接电流、电压输出特性进行整体修正。

序号/命令值/测量值：分别为数据表的数据序号及命令值、测量数据设定。命令值为系统模拟量输出电压；测量数据为焊机实际焊接电流、电压输出值。

数据表定义完成后，相邻测量点间的输出特性将由控制系统自动按线性关系推算。

2. 焊机特性文件读写

安川弧焊机器人出厂时已设定 24 种焊机特性文件，在此基础上，用户可增添不超过 64 种焊机特性文件。焊机特性文件可以通过以下操作一次性读取或写入。

① 在弧焊系统设定菜单页面上选择［焊机特性］选项、显示焊机特性文件页面。

② 如图 11.2.7 所示，选择下拉菜单［数据］，打开文件［读入］、［写入］选项。

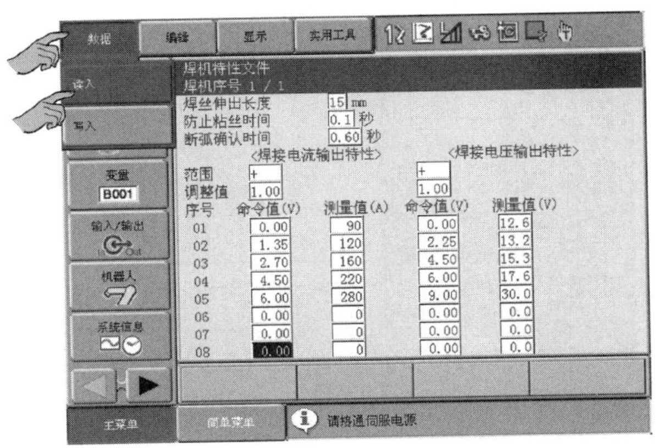

图 11.2.7　焊机文件读写页面

选择［读入］选项时，系统可显示已保存在系统中的焊机特性文件一览表，焊机特性文件一览表通常有两页，其中的一页为系统出厂设定的焊机特性文件（制造厂设定值），文件显示如图 11.2.8（a）所示；另一页为用户设定的焊机特性文件（用户设定值），文件显示如图 11.2.8（b）所示；显示页可通过【选页】键切换。

选择［写入］选项时，示教器只能显示图 11.2.8（b）所示用户设定的焊机特性文件一览表；系统出厂设定的焊机特性文件通常不允许用户修改。

③ 如需要将系统出厂设定的焊机特性文件或用户设定的焊机特性文件的全部参数一次性读入到文件编辑页面，可在选定文件后，选择［读入］选项。

如需要将编辑完成的用户焊机特性文件参数保存到系统的用户焊机特性文件中，则可选择

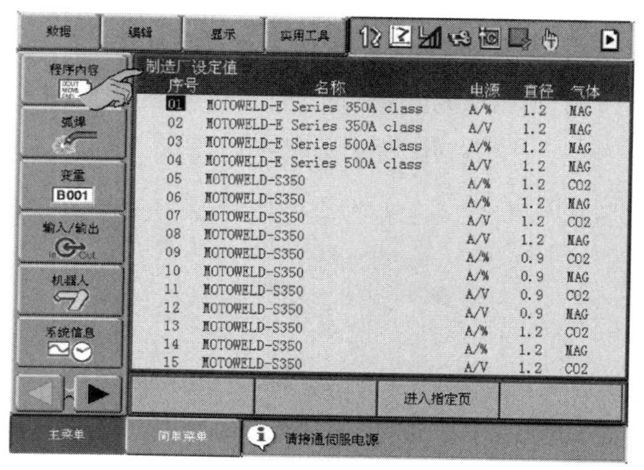

(a) 出厂文件

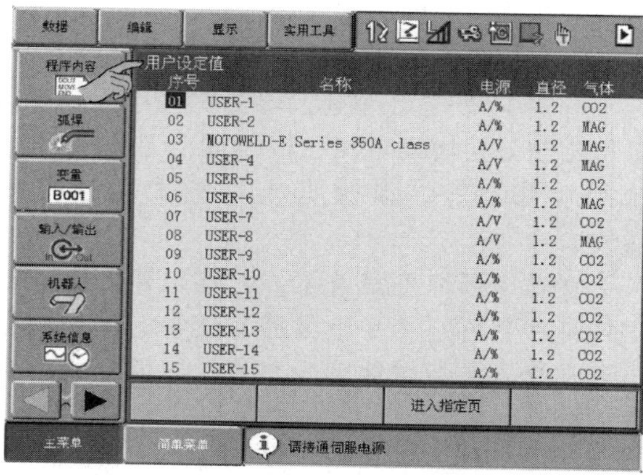

(b) 用户文件

图 11.2.8 焊机特性文件显示

［写入］选项；然后选择“是”，便可完成读/写操作。

11.2.3 辅助条件文件编辑

1. 文件编辑操作

弧焊辅助条件文件用于焊接过程中出现断弧、断气、断丝等现象时的“再启动”处理，以及当焊接结束出现粘丝现象时的“自动粘丝解除功能”设定；在部分机器人上，还可用于引弧失败时的“再引弧”功能设定。

弧焊辅助条件文件编辑的基本操作步骤如下。

① 操作模式选择【示教（TEACH)】。

② 如图 11.2.9（a）所示，按示教器的【主菜单】键，选择子菜单［弧焊］的［弧焊辅助条件］选项，示教器可显示图 11.2.9（b）弧焊辅助条件文件设定页面。

(a) 选择

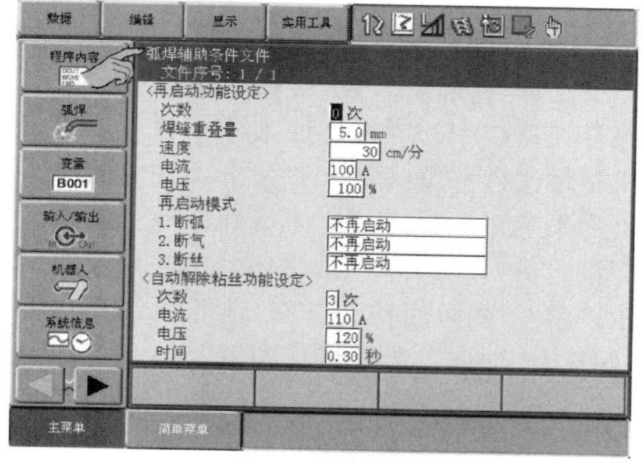

(b) 显示

图 11.2.9 弧焊辅助条件文件设定页面

③ 光标选定参数输入框，用示教器的数字键、【回车】键输入或选择文件参数，完成弧焊辅助条件文件编辑。

弧焊辅助条件文件设定页面可进行再启动功能、自动粘丝解除功能的参数设定，参数的含义与设定要求如下。

2. **再启动功能设定**

再启动功能用于焊接过程中出现断弧、断气、断丝时的焊接重新启动，包括再启动模式选择、再启动参数设定两方面内容。

① 再启动模式选择。可通过弧焊辅助条件文件设定页面<再启动功能设定>栏的“再启动模式”设定项的断弧、断气、断丝输入框，分别选择以下再启动模式。

断弧输入框可选择的再启动模式如下。

不再启动：再启动功能无效；出现断弧时，系统报警，机器人停止。

继续熄弧动作：保持熄弧状态，示教器将显示“断弧，再启动处理中”信息，但是，机器人继续运动；到达焊接终点后，示教器可显示“断弧，再启动处理实施完成”信息。

自动再启动：自动再启动功能一般只用于出现断弧时的中断处理。选择自动再启动模式时，如果焊接过程中出现断弧现象，控制系统便可自动进行图 11.2.10（a）所示的处理，焊机按再启动参数重新引弧，机器人退回指定的距离进行焊缝“搭接”，焊缝搭接后，按照原焊接文件参数，继续后续的焊接作业。

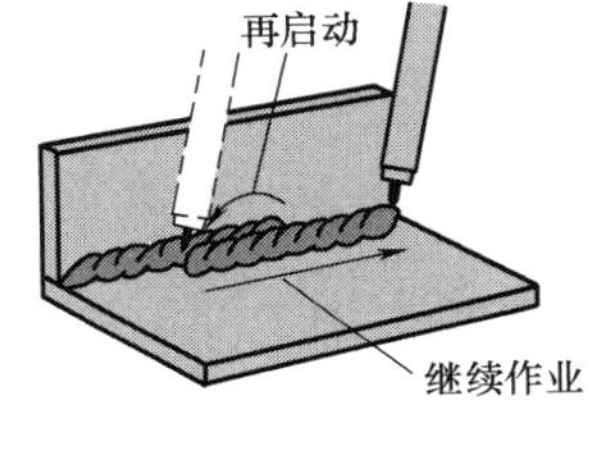

(a) 自动

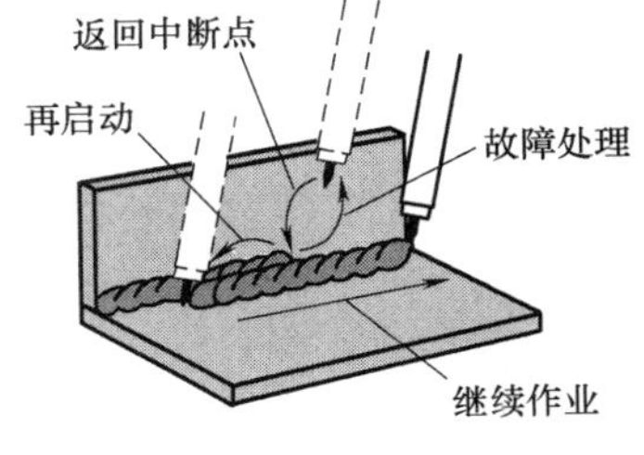

(b) 半自动

图 11.2.10 再启动模式

半自动再启动：半自动再启动的过程如图 11.2.10（b）所示。选择半自动再启动模式时，如焊接过程中出现断弧现象，机器人运动和焊接作业将立即停止；接着，需要由操作者进行故障处理，故障处理完成后，再将机器人返回作业中断点；然后，通过程序启动按钮【START】重新启动焊接，系统执行再启动引弧与回退操作、搭接焊缝，焊缝搭接后，继续后续的正常焊接作业。

断气、断丝时可选择的再启动模式如下。

不再启动：再启动功能无效；出现断气、断丝时，示教器仅显示断气、断丝信息，机器人继续运动。

移动到焊接终点后报警：再启动功能无效；出现断气、断丝时，机器人继续运动；到达焊接终点后，系统输出报警信息，机器人停止。

半自动再启动：执行后述的半自动再启动动作，机器人运动和焊接作业停止，操作者完成故障处理、机器人返回作业中断点后，可通过程序启动按钮【START】，进行再启动引弧、回退搭接焊缝，完成后继续后续的正常焊接作业。

② 再启动参数。弧焊辅助条件文件设定页面<再启动功能设定>栏的其他参数项，用于断弧/断气/断丝“自动再启动”或“半自动再启动”模式的再启动参数设定。

“自动再启动”或“半自动再启动”参数的含义及设定要求如下。

次数：在同一焊接作业区，可重复进行的再启动最多次数，允许输入 0～9；设定值不能超过后述弧焊管理文件设定的系统最大允许执行次数。

焊缝重叠量：再启动时的焊缝“搭接”区长度，允许输入 0～99.9mm。

速度：机器人从中断点返回时的移动速度，允许输入 0～600cm/min。

电流：机器人从中断点返回时的焊接电流，允许输入 1～999A。

电压：机器人从中断点返回时的焊接电压，允许输入 0～50.0V 或 50%～150%。

3. **自动粘丝解除功能设定**

如果弧焊结束时的熄弧参数选择不当，如电压过低，焊丝规格、干伸长度、送丝速度等不合适，或者工件的坡口不规范，就可能在焊接结束时出现焊丝粘连在工件上的现象，这一现象称为“粘丝”。

为了防止发生粘丝，在焊接结束时可通过短时间提高焊接电压的方法预防，这一功能称为“防粘丝”功能；如果焊接结束时发生了粘丝，则需要通过控制系统的自动粘丝解除功能来解除粘丝。

自动粘丝解除功能如图 11.2.11 所示，它可通过熄弧命令 ARCOF 的添加项选择。自动粘丝解除功能生效时，如果控制系统检测到粘丝信号（STICK），将自动按照弧焊辅助条件文件中的自动粘丝解除功能设定参数，重新引弧、熔化焊丝、解除粘丝。如果需要，自动粘丝解除的处理可进行多次，如规定次数到达后，仍然不能解除粘丝，则系统输出“粘丝”报警，机器人进入暂停状态。

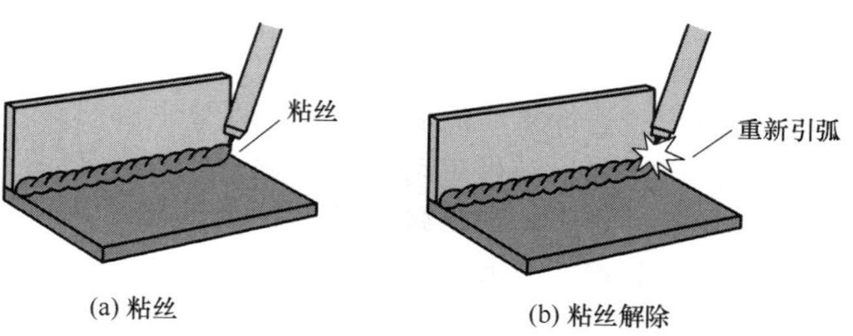

图 11.2.11 粘丝解除功能

弧焊辅助条件文件设定页面<自动粘丝解除功能设定>栏的参数含义及设定要求如下。

次数：粘丝解除处理的最多次数设定，允许输入 0～9；设定值不能超过后述弧焊管理文件中设定的系统最大允许执行次数。

电流：解除粘丝时的焊接电流设定，允许输入 1～999A。

电压：解除粘丝时的焊接电压设定，允许输入 0～50.0V 或 50%～150%。

时间：解除粘丝的时间设定，允许输入 0～2.00s。

4. 再引弧功能与设定

弧焊启动（引弧）时，如果引弧部位存在锈斑、油污、氧化皮等污物时，将影响电极导电性能，导致电弧无法正常发生，此时，需要调整引弧位置、进行重新引弧，这一功能称为“再引弧”功能。

在部分安川机器人上，可通过弧焊辅助条件文件设定“再引弧”功能。再引弧功能生效时，如果机器人在焊接开始点执行弧焊启动命令、进行引弧时，检测到断弧信号，系统可自动进行图 11.2.12 所示的“再引弧”处理。

系统执行再引弧操作时，一方面，送丝机构可自动回缩焊丝，同时，机器人将沿原轨迹回退规定的距离；然后，在新的位置重新引弧；引弧成功后，机器人即以规定的速度和规定的焊接电流、焊接电压，返回焊接开始点；接着，继续后续的正常焊接。如果需要，这样的再引弧处理可以进行多次；如规定次数到达后，仍然不能引弧，则系统输出“断弧”报警，机器人进入暂停状态。

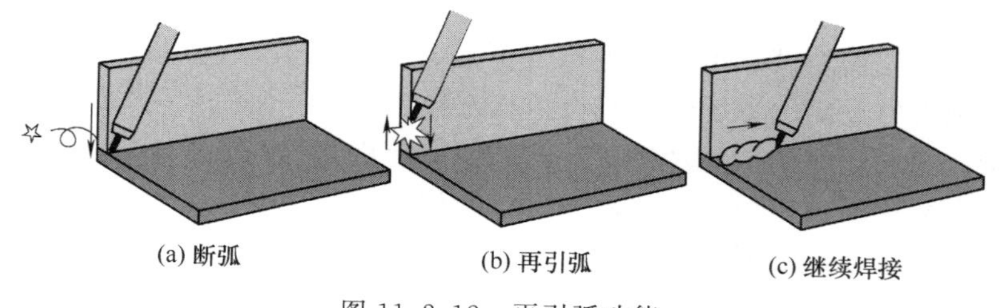

图 11.2.12 再引弧功能

弧焊辅助条件文件的再引弧功能设定页面如图 11.2.13 所示（未选配再引弧功能的机器人

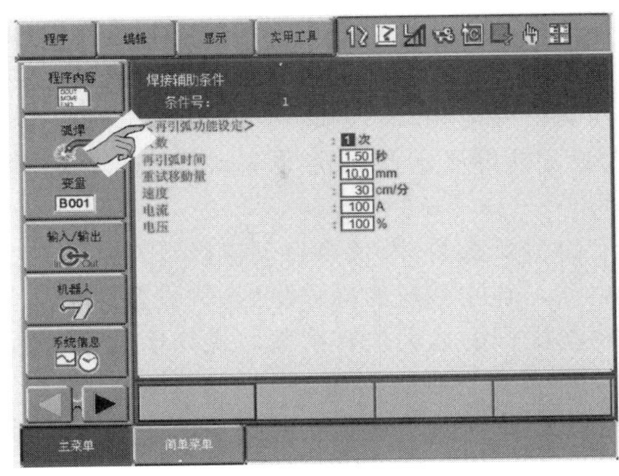

图 11.2.13　再引弧功能设定页面

不能显示此页面），设定参数的含义及设定要求如下。

次数：再引弧处理的最多次数设定，允许输入 0～9；设定值不能超过后述弧焊管理文件中设定的系统最大允许执行次数。

再引弧时间：再引弧时的焊丝回缩时间设定，允许输入 0～2.50s。

重试移动量：再引弧时，机器人沿原轨迹回退的距离设定，允许输入 0～99.9mm。

速度：再引弧时，机器人从回退点返回焊接开始点的移动速度设定，允许输入 0～600cm/min。

电流：再引弧时，机器人从回退点返回焊接开始点的焊接电流设定，允许输入 1～999A。

电压：再引弧时，机器人从回退点返回焊接开始点的焊接电压设定，允许输入 0～50.0V 或 50%～150%。

11.2.4　管理与监控文件编程

1. 弧焊管理文件编辑

弧焊管理文件可用于导电嘴更换、清洗时间以及再引弧、再启动、自动粘丝解除次数的设定。

弧焊管理文件编辑的基本操作步骤如下。

① 操作模式选择【示教（TEACH）】。

② 如图 11.2.14（a）所示，按示教器的【主菜单】键，选择子菜单［弧焊］的［弧焊管理］选项，示教器可显示图 11.2.14（b）所示弧焊管理文件设定页面。

③ 光标选定参数输入框，用示教器的数字键、【回车】键输入或选择文件参数（见下述），完成弧焊管理文件编辑。

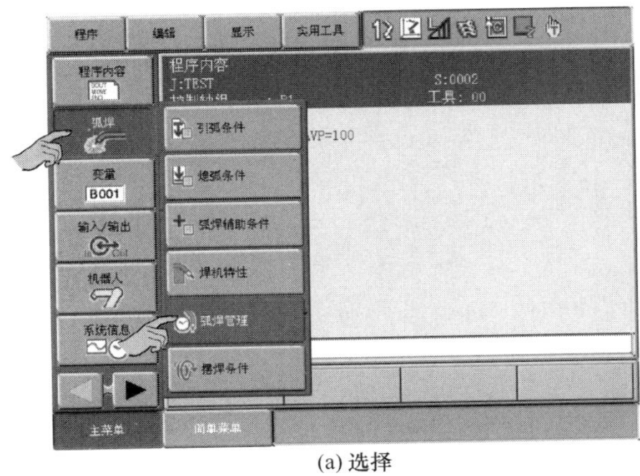

(a) 选择

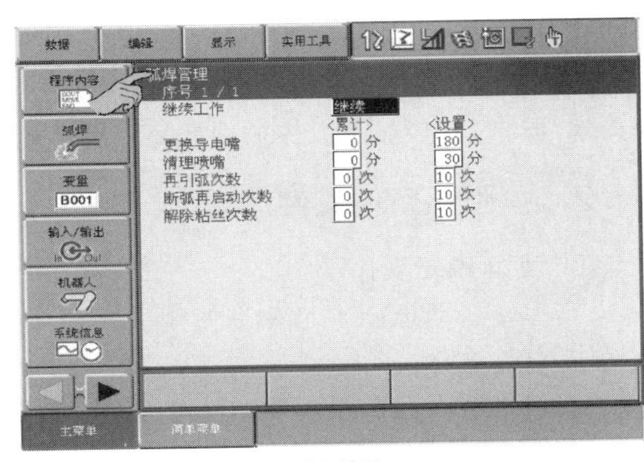

(b) 显示

图 11.2.14　弧焊管理文件设定页面

安川弧焊机器人的弧焊管理文件设定页面可用于导电嘴更换、清洗时间及再引弧、再启动、自动粘丝解除次数等参数的设定；参数含义及设定要求如下。

继续工作：用来选择焊接中断、程序重新启动后的剩余焊接区的工作方式。选择“继续”，程序重启后，将通过再引弧功能重新启动焊接，完成剩余行程的焊接作业；选择“中断”，程序重启后，机器人只进行剩余行程的移动，但不进行焊接作业。

更换导电嘴/清理喷嘴：“累计”框可显示导电嘴已使用、清洗导电嘴后已使用的时间；“设置”框可显示和设定导电嘴、清洗导电嘴后的允许工作时间，该时间也可通过系统参数设定。

再引弧次数/断弧再启动次数/解除粘丝次数：“累计”框可显示控制系统已执行的再引弧、再启动、解除粘丝的操作次数；“设置”框可显示和设定控制系统允许的再引弧、再启动、解除粘丝操作的最大执行次数，操作次数也可通过系统参数设定。

2. 弧焊监视文件显示

弧焊监视属于控制系统附加功能，在选配了弧焊监视功能的安川机器人上，可通过以下操作，显示弧焊监控文件。弧焊监控文件的参数由控制系统自动计算与生成，只能显示、不能编辑。

① 确认机器人已选配弧焊监视功能、机器人操作模式选择【示教（TEACH）】。

② 按示教器的【主菜单】键、选择子菜单［弧焊］的［弧焊监视］选项，示教器可显示图 11.2.15 所示的弧焊监视页面（未选配弧焊监视功能的机器人不能显示此选项）。

③ 如果需要，可选择下拉菜单［数据］中的［清除数据］选项，一次性清除全部文件数据。

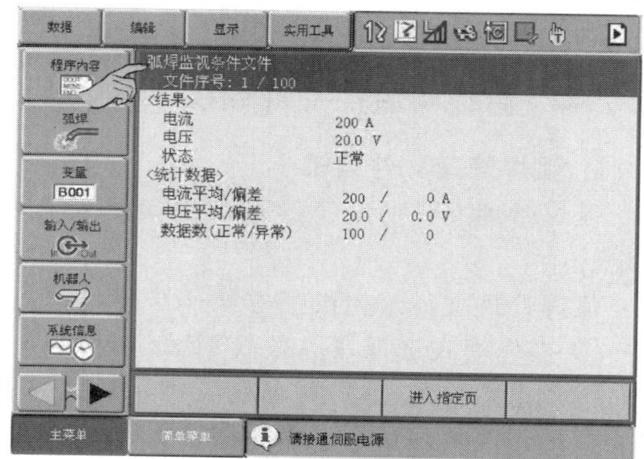

图 11.2.15 弧焊监视文件显示

弧焊监视文件的显示参数的含义如下。

文件序号：弧焊监视文件号显示，文件号可通过示教器的【翻页】键改变。

<结果>：“电流”“电压”栏可分别显示弧焊监控期间（命令 ARCMONON 至命令 ARCMONOF 区间）的焊接电流、电压平均值；“状态”栏可显示弧焊监视的结论，如果焊接电流/电压的变化均在系统允许的范围内，显示“正常”，否则显示“异常”。

<统计数据>：“电流平均/偏差”“电压平均/偏差”栏可分别显示弧焊监控期间（命令 ARCMONON 至命令 ARCMONOF 区间）的焊接电流、电压的平均值/标准偏差；“数据数（正常/异常）”栏显示弧焊监视期间，所得到的正常采样数据与异常采样数据的个数。

11.2.5 引弧条件文件编辑

1. 文件编辑操作

当焊接启动 ARCON 命令使用引弧条件文件启动时，命令需要通过添加项 ASF#(n) 指定引弧条件文件。

安川机器人的引弧条件文件可通过示教器编辑，其基本操作步骤如下。

① 操作模式选择【示教（TEACH）】。

② 如图 11.2.16（a）所示，按示教器的【主菜单】键，选择子菜单［弧焊］的［引弧条件］选项，示教器将显示图 11.2.16（b）所示的引弧条件文件设定页面（默认页通常为［焊接条件］显示）。

③ 光标选定通用显示区的［焊接条件］或［引弧条件］、［提前送气］、［其他］标签，打开参数设定栏目。

④ 光标选定参数输入框，用示教器的数字键、【回车】键输入或选择文件参数（见下述），完成引弧条件文件编辑。

(a) 选择

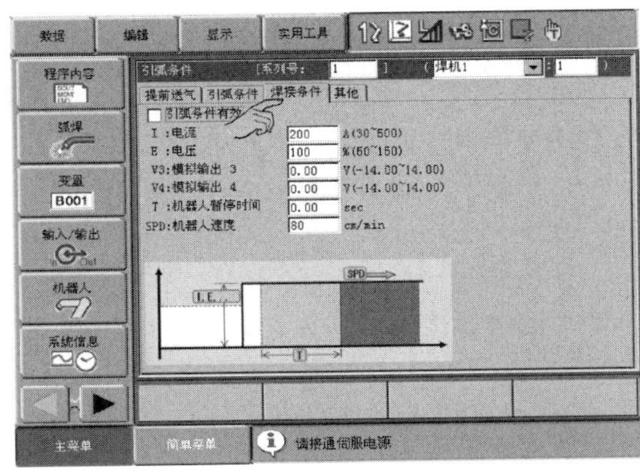

(b) 显示

图 11.2.16　焊接条件设定页面

安川弧焊机器人的引弧条件文件需要进行［焊接条件］、［引弧条件］、［提前送气］及［其他］4 个标签栏目的参数进行设定，各栏目的参数含义和设定要求如下。

2. 焊接条件设定

“焊接条件”用于引弧条件文件基本参数设定，页面显示如图 11.2.16（b）所示，参数含义及设定要求如下。

序列号：引弧条件文件编号显示、设定，输入范围为 1～48。系列号可通过 ARCON、ARCSET 等命令的添加项 ASF＃(n) 引用，在使用多焊机的系统上，可通过系列号后的输入框，将引弧条件文件分配给不同的焊机。

引弧条件有效：如引弧时的焊接参数和正常焊接时不同，可通过该选项生效“引弧条件”设定参数，并通过选择“引弧条件”标签，进行引弧参数的设定。

I（电流）：正常焊接时的输出电流值设定，参数设定范围为 30～500A。

E（电压）：正常焊接时的输出电压值设定，直接指定焊接电压值时，参数设定范围为 12.0～45.0V；以额定电压倍率的形式定义输出电压时，参数设定范围为 50％～150％。

V3、V4（模拟输出 3、4）：在使用增强版软件的控制系统上，可设定正常焊接时的模拟量输出 AO3、AO4 的输出电压值，参数设定范围为－14.00～14.00V。

T（机器人暂停时间）：当“引弧条件有效”选项未选定时，可显示和设定机器人在引弧点的暂停时间（引弧时间），参数设定范围为 0～10.00s；在“引弧条件有效”选项被选择时，本选项不显示，引弧时间需要在“引弧条件”页面设定。

SPD（机器人速度）：指定正常焊接时的机器人移动速度，参数设定范围为 1～600cm/s。焊接速度也可直接通过程序中的移动命令进行设定，此时可通过系统参数的设定，选择优先使用哪一速度。

3. 引弧条件设定

当“焊接条件”设定页的“引弧条件有效”选项被选定时，选择［引弧条件］标签，示教器可显示图 11.2.17 所示的引弧条件设定页面，引弧条件参数的含义及设定方法如下。

渐变：该选项可生效/撤销“渐变”功能。

渐变功能选择有效时，［引弧条件］设定页面的显示图 11.2.17（a）所示，焊机由“引弧”转入正常焊接时，其焊接电流、电压将线性变化、逐步上升。

渐变功能选择无效时，［引弧条件］设定页面的显示图 11.2.17（b）所示，焊机由“引弧”转入正常焊接时，其焊接电流、电压将直接上升。

I（电流）、E（电压）：引弧时的焊接电流、电压设定，参数含义和“焊接条件”相同，设定范围 30～500A、12.0～45.0V。

V3（模拟量输出 AO3）、V4（模拟量输出 AO4）：控制系统使用增强版软件时，设定 AO3、AO4 的输出电压值，设定范围－14.00～14.00V。

T（机器人暂停时间）：可显示和设定机器人在引弧点的暂停时间（引弧时间），参数设定范围为 0～10.00s。

SPD（机器人速度）、SLP（渐变）：渐变有效时，可设定引弧暂停时间到达、机器人由暂停转入正常焊接时的初始移动速度和变化区间（渐变距离）；初始移动速度的设定范围为 1～600cm/s；渐变距离可根据实际需要，在机器人允许范围内自由指定。

DIS（机器人移动距离）：渐变无效时，可设定引弧暂停时间到达、机器人由暂停转入正常焊接时，继续保持引弧电流、电压，并以焊接速度移动的区间（距离）。

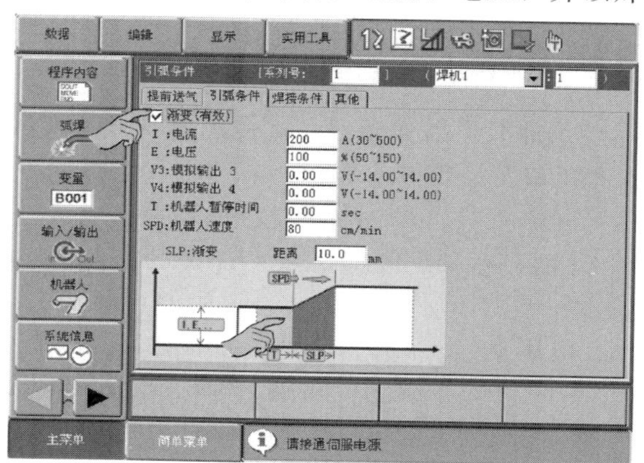

(a) 渐变有效

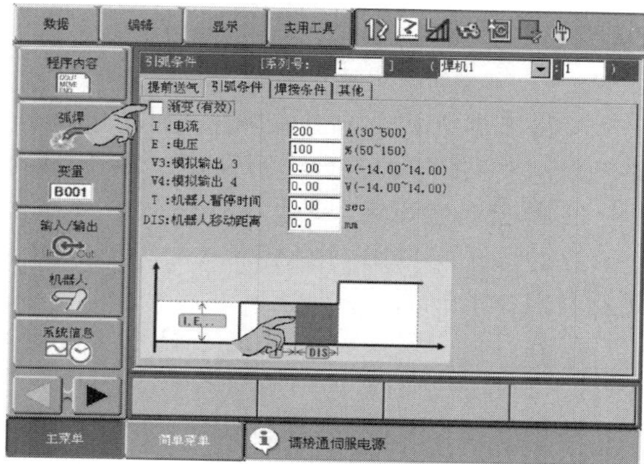

(b) 渐变无效

图 11.2.17 引弧条件设定页面

4. 提前送气及其他设定

① 提前送气。在“焊接条件”设定页面，如果选择［提前送气］标签，示教器可显示图 11.2.18 所示的提前送气参数设定页面。

在提前送气参数设定页面上，可通过“保护气：提前送气时间”输入框，输入机器人在向引弧点移动时，在到达引弧位置前，需要提前多少时间输出保护气体。

如果机器人的移动距离较短或提前时间设定过长，机器人由起始位置移动到引弧位置的实际运动时间可能小于提前送气时间，在这种情况下，保护气体将直接在起始位置打开。

② 其他。在“焊接条件”设定页面，如果选择［其他］标签，示教器可显示图 11.2.19 所示的其他参数设定页面，显示页的参数含义及设定方法如下。

再引弧有效：该选项可生效/撤销“再引弧”功能。

再引弧动作方式：如“再引弧功能有效”功能被选择，该选项可选择控制系统在断弧时的再启动模式。

引弧失败再启动：可以设定和选择引弧失败时的再启动模式，选择“弧焊辅助条件”选项时，再引弧动作可以通过前述的“弧焊辅助条件”文件进行设定。

PZ（引弧点位置等级）：可设定和选择引弧点的定位精度等级 PL，增加位置精度等级，可以提前进行引弧。

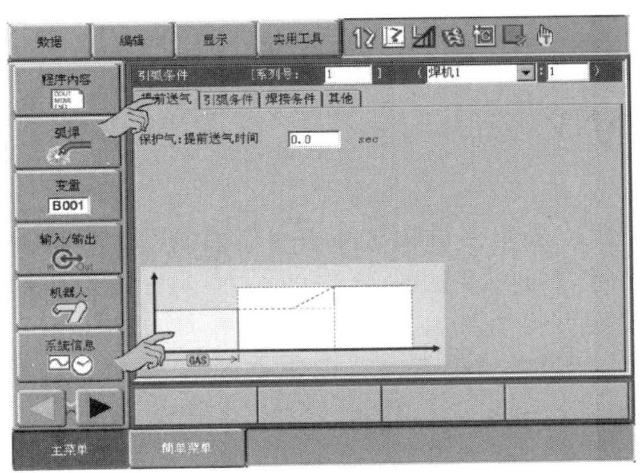

图 11.2.18 提前送气设定页面

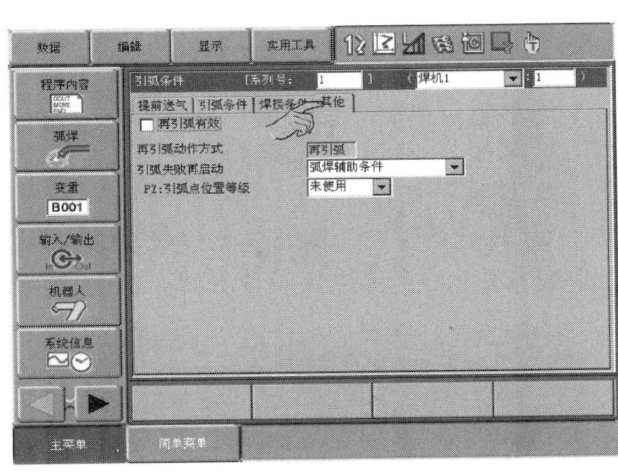

图 11.2.19 其他参数设定页面

11.2.6 熄弧条件文件编辑

1. 文件编辑操作

当弧焊关闭命令 ARCOF 使用熄弧条件文件关闭时，命令需要通过添加项 AEF#(n) 指定熄弧条件文件。

弧焊机器人的熄弧又称“收弧”“填弧坑”。弧焊结束时，如直接关闭焊接电流、电压进行熄弧，将会在焊缝终端处形成低于焊缝高度的凹陷坑，俗称弧坑（arc crater)。为了避免产生弧坑，熄弧前应用较小的电流（低于 60%正常焊接电流)，在结束处停留一定时间，待焊丝填满弧坑后，再熄弧、结束焊接，这一过程称为“收弧”或“填弧坑（arc crater filling)”。因此，熄弧条件又称“填弧坑条件”。

安川机器人的熄弧条件文件可通过示教器编辑，其基本操作步骤如下。

① 操作模式选择【示教（TEACH)】。

② 如图 11.2.20（a）所示，按示教器的【主菜单】键，选择子菜单［弧焊］的［熄弧条件］选项，示教器将显示图 11.2.20（b）所示的熄弧条件文件设定页面。

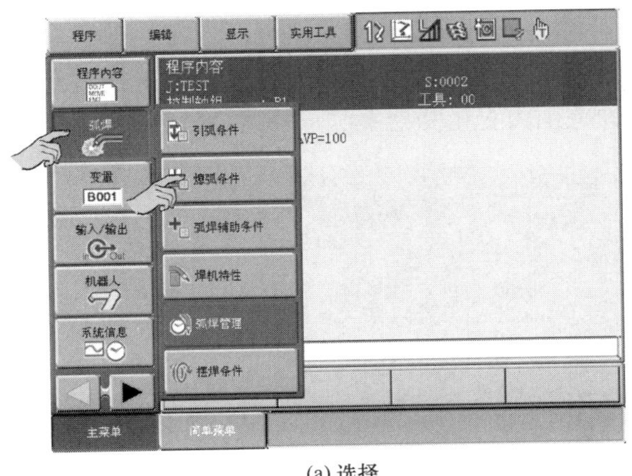

(a) 选择

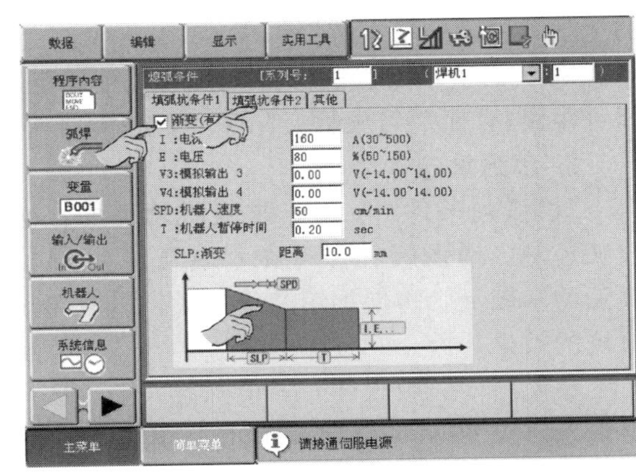

(b) 显示

图 11.2.20 熄弧条件文件设定页面

③ 光标选定通用显示区的［填弧坑条件 1］或［填弧坑条件 2］、［其他］标签，打开参数设定栏目。

④ 光标选定参数输入框，用示教器的数字键、【回车】键输入或选择文件参数，完成熄弧条件文件编辑。

安川弧焊机器人的熄弧条件文件设定页面有［填弧坑条件 1］、［填弧坑条件 2］（增强版软件）、［其他］3 个标签，标签选择后打开相应栏目的设定页面，进行参数设定。

2. 填弧坑条件 1

“填弧坑条件 1”是安川弧焊机器人的标准功能。采用“填弧坑条件 1”熄弧时，可选择“渐变”熄弧和直接熄弧两种方式，渐变熄弧的设定页面可参见图 11.2.20（b），直接熄弧的设定页面如图 11.2.21 所示。

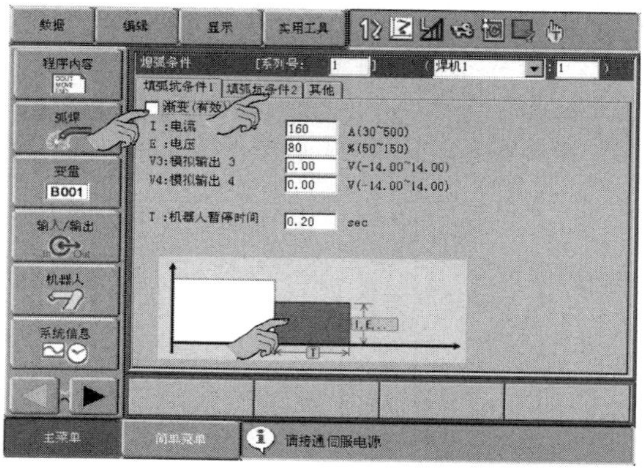

图 11.2.21　直接熄弧设定页面

“填弧坑条件 1”设定页的参数含义及设定要求如下。

系列号：熄弧条件文件编号显示、设定，输入范围为 1～12。系列号可通过 ARCOF、ARCSET 等命令的添加项 AEF#（n）引用，在使用多焊机的系统上，可通过系列号后的输入框，将熄弧条件文件分配给不同的焊机。

渐变：该选项可生效/撤销收弧时的“渐变”功能。渐变有效时，焊机从正常焊接进入收弧时，焊接电流、焊接电压将线性变化、逐步减小；功能无效时，焊机从正常焊接进入收弧时，焊接电流、焊接电压直接减小。

I（电流）、E（电压）：收弧时的焊接电流、焊接电压设定，设定范围为 30～500A、12.0～45.0V。

V3（模拟量输出 AO3）、V4（模拟量输出 AO4）：控制系统使用增强版软件时，设定收弧时的 AO3、AO4 的输出电压值，设定范围−14.00～14.00V。

T（机器人暂停时间）：机器人在熄弧点的暂停时间（收弧时间）设定，参数设定范围为 0～10.00s。

SPD（机器人速度）：渐变有效时，可设定由正常焊接转入收弧时，机器人结束移动时刻的速度，速度的设定范围为 1～600cm/s。

SLP（渐变距离）：渐变有效时，可设定机器人由正常焊接速度变为收弧末速度的变化区间（距离），距离可根据实际需要，在机器人允许范围内自由指定。

3. 填弧坑条件 2

“填弧坑条件 2”用于增强版软件的 2 级收弧控制。增强版软件可在“填弧坑条件 1”收弧的基础上，再增加第 2 级收弧，以改善填弧坑的效果。

在使用增强版软件的安川机器人上，选择熄弧条件文件基本设定页面的［填弧坑条件 2］标签，示教器可显示图 11.2.22 所示的“填弧坑条件 2”设定页面。

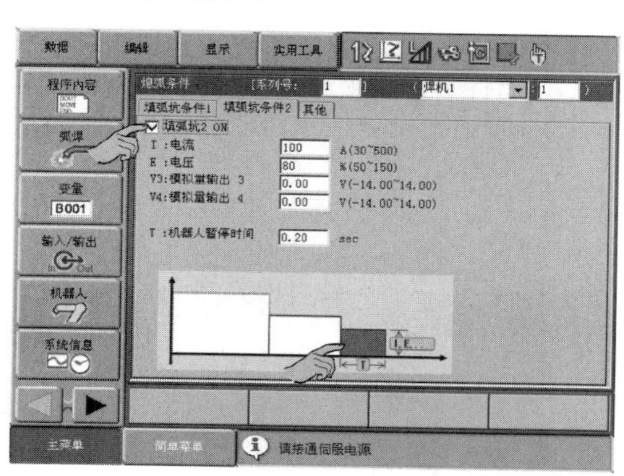

图 11.2.22　填弧坑条件 2 设定页面

“填弧坑条件 2”的参数只能在“填弧坑 2 ON”选项选择“有效”时才能显示和设定；设定页的参数用来规定第 2 次收弧时的输出电

流、电压以及拟量输出 AO3 和 AO4 的输出电压值、机器人暂停时间，参数的含义和设定要求与填弧坑条件 1 相同。

4. **其他设定**

选择熄弧条件文件设定页面的［其他］标签，示教器可显示图 11.2.23 所示的熄弧辅助参数设定页面，进行熄弧点定位等级、粘丝检测时间、保护气体关闭延时及自动粘丝解除功能等参数的设定。

自动粘丝解除功能选择“有效”时，熄弧后首先需要进行防粘丝处理（AST 处理），然后进行粘丝检测（MTS），完成后，机器人执行下一命令。自动粘丝解除功能参数设定页面如图 11.2.23（a）所示。

自动粘丝解除功能选择“无效”时，熄弧后将直接进行粘丝检测（MTS），机器人同时执行下一命令。自动粘丝解除功能无效时的参数设定页面如图 11.2.23（b）所示。

熄弧辅助参数设定页面的参数含义与设定要求如下。

PZ（熄弧点位置等级）：可设定和选择熄弧点的定位精度等级 PL，增加位置精度等级，可提前进行收弧（因中文软件翻译问题，图 11.2.23 上显示为“PZ：引弧点位置等级”）。

MTS（监视时间）：可设定焊接结束后，粘丝检测的时间。

自动解除粘丝：该选项可生效/撤销“自动粘丝解除”功能。自动粘丝解除功能的参数，可在前述的弧焊辅助条件文件中设定。

保护气体关闭延时（滞后断气时间）：可设定熄弧到关闭保护气体的延迟时间。

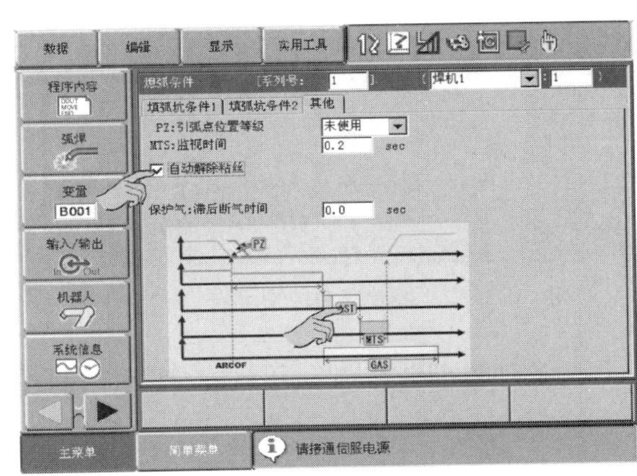

(a) 自动解除粘丝

(b) 解除粘丝无效

图 11.2.23　其他设定页面

11.2.7　摆焊文件编辑与禁止

1. **摆焊文件编辑**

弧焊机器人可通过摆焊命令 WVON，实现三角摆、L 形摆及定点摆焊功能，摆焊的参数需要通过命令 WVON 的添加项 WEV#(n)，以摆焊条件文件的形式引用。

安川机器人的摆焊条件文件可通过示教器编辑，其基本操作步骤如下。

① 操作模式选择【示教（TEACH)】。

② 如图 11.2.24（a）所示，按示教器的【主菜单】键，选择子菜单［弧焊］的［摆焊条件］选项，示教器可显示图 11.2.24（b）所示的摆焊条件文件设定页面。

③ 摆焊条件文件设定页面通常有 2 页，通过示教器的【翻页】键，示教器可显示图 11.2.25 所示的第 2 页参数；第 2 页内容为第 1 页的继续，显示页的部分参数与第 1 页的部分

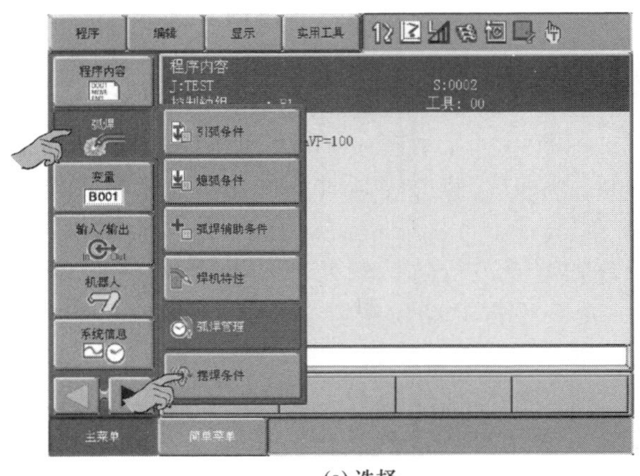

(a) 选择

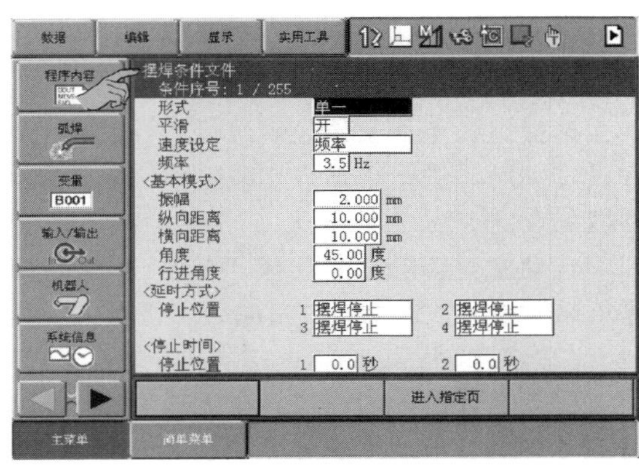

(b) 显示

图 11.2.24 摆焊条件文件设定第 1 页

参数重复。

④ 选定参数设定页面，光标选定参数输入框，用示教器的数字键、【回车】键输入或选择文件参数，完成摆焊条件文件编辑。

摆焊条件文件参数的含义及设定要求如下。

条件序号：摆焊条件文件编号显示、设定，实际可输入的范围为 1～16。条件序号可通过 WVON 命令的添加项 WEV＃(n) 引用。

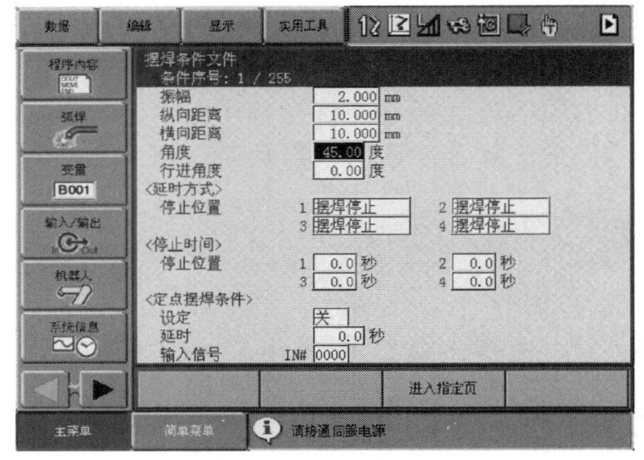

图 11.2.25 摆焊条件文件设定第 2 页

形式：摆动方式选择，可根据需要选择“单一（单摆）”“三角形（三角摆）”“L 形（L 形摆）”之一。

平滑：选择“开”，可增加摆动点的定位等级值 PL，使得摆动轨迹为图 11.2.26 所示的连续平滑运动。

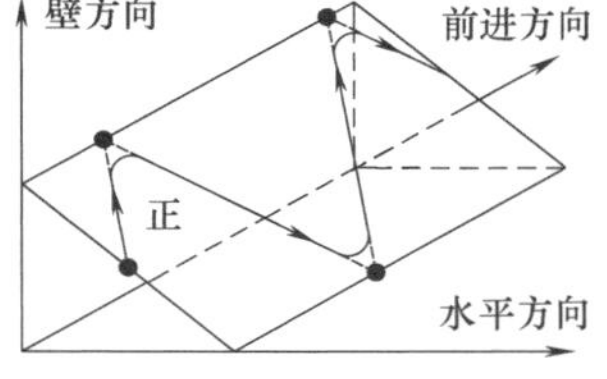

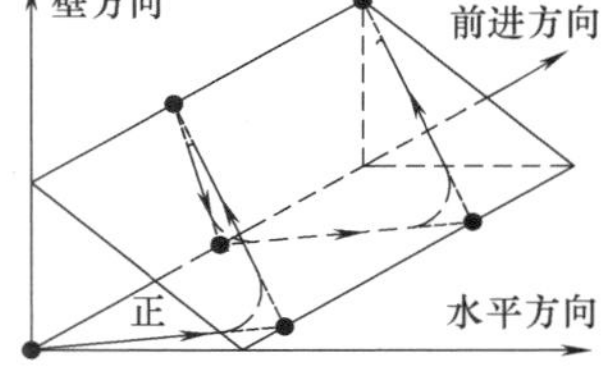

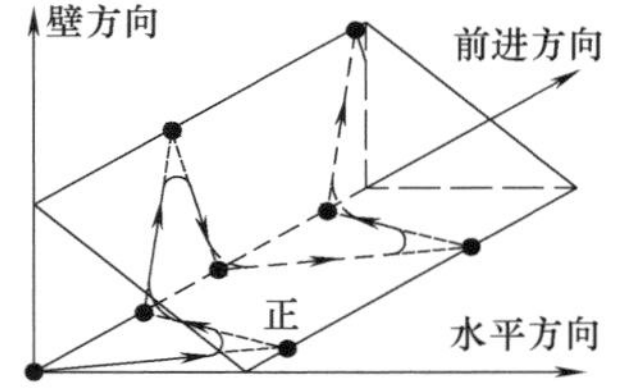

图 11.2.26 平滑摆动轨迹

速度设定：摆动速度设定。可根据需要，选择“频率”或“移动时间”两种设定方式。选择“频率”时，设定值为单位时间（1s）的摆动次数；选择“移动时间”时，设定值为每次摆动的时间（摆动周期）。

频率：摆动速度设定选择“频率”时，设定摆动频率值。

＜基本模式＞栏的振幅、纵向距离、横向距离、角度、行进角度等参数，分别用于单摆的摆动幅度、摆动角度，三角摆和 L 形摆的纵向、横向摆动距离及行进角度的设定。

＜延时方式＞栏的参数“停止位置1～4”用于图11.2.27所示的4个摆动暂停点（三角形摆为3个）的停止方式设定。

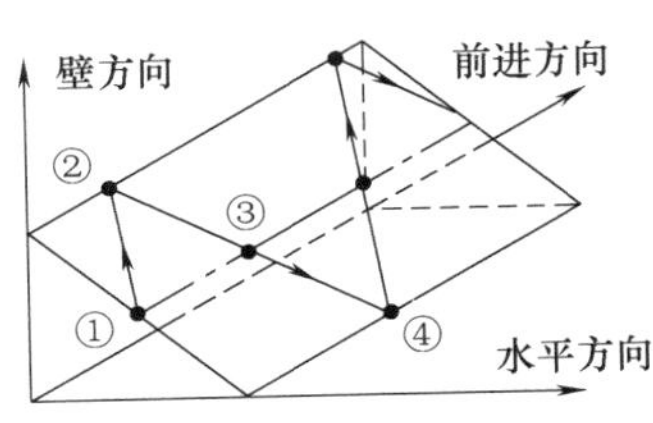

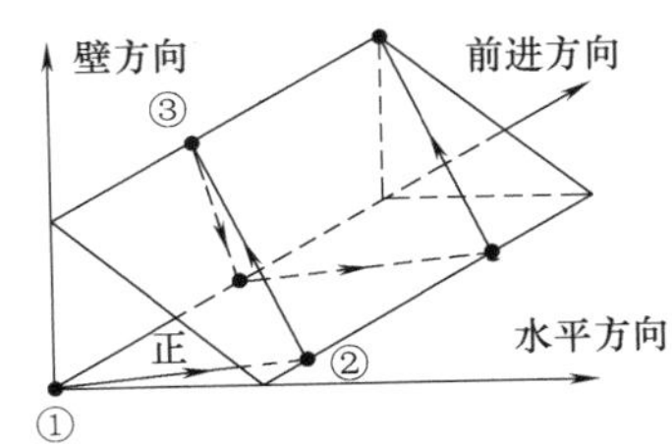

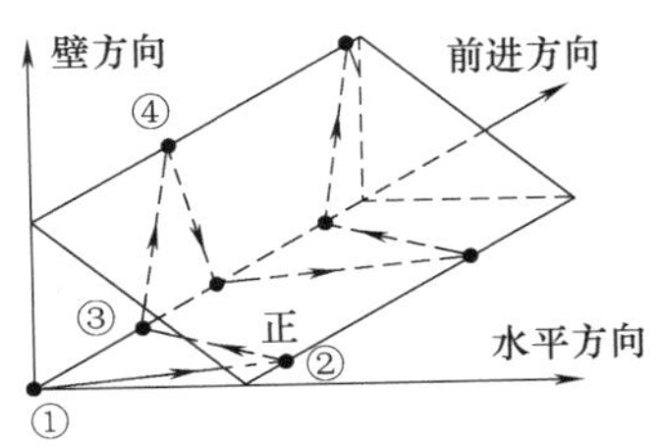

图11.2.27　摆动暂停点

“停止位置1～4”选择“摆焊停止”时，在转折点上焊枪暂停摆动，但机器人继续前行；选择“机器人停止”时，在转折点上焊枪摆动、机器人前行全部暂停。

＜停止时间＞栏的参数停止位置1～4用于图11.2.27所示摆动暂停点的暂停时间设定，单位s。

＜定点摆焊条件＞栏的参数含义和设定要求如下。

设定：“定点摆焊”功能选择，可选择“开”或“关”，生效或撤销定点摆焊功能。

延时：设定定点摆焊的动作时间。由于定点摆焊的焊枪行进需要通过工装轴的回转实现，焊枪只在指定的位置进行摆动运动，因此，需要通过系统的动作时间设定（延时）或系统输入信号（DI信号）结束焊枪摆动运动。如果焊枪摆动以延时方式结束，可通过本参数设定焊枪摆动的时间（单位s）。

输入信号：如果焊枪摆动通过系统输入信号结束，可通过本参数设定摆动结束信号的DI地址，地址设定范围为1～24（DI信号IN01～IN24）。

2. 摆焊禁止

摆焊命令一经编程，在通常情况下，机器人在程序试运行、自动运行（再现）都将执行摆动动作。为了方便程序调试、增加程序通用性，摆焊命令也可通过以下特殊运行设定操作或系统DI信号予以禁止。

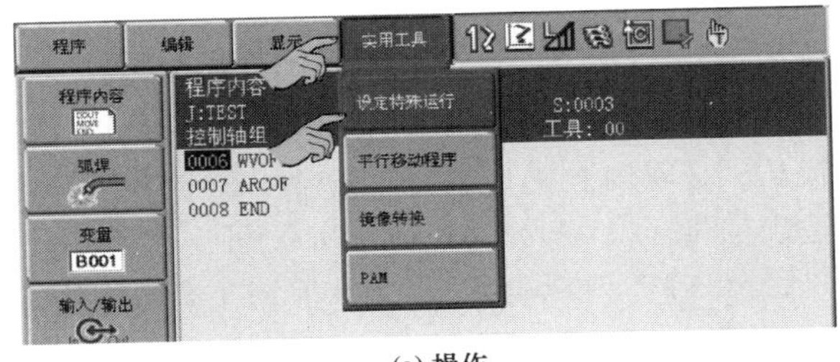

(a) 操作

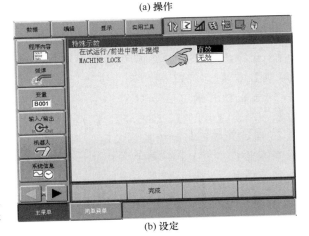

(b) 设定

图11.2.28　试运行禁止摆焊设定

程序试运行时，禁止摆焊的设定方法和操作步骤如下。

① 机器人选择【示教（TEACH）】操作模式，并选择程序内容显示页面。

② 如图11.2.28（a）所示，选择下拉菜单［实用工具］，选定“设定特殊运行”选项，示教器显示图11.2.28（b）所示的特殊运行设定页面。

③ 光标定位到“在试运行/前进中禁止摆焊”输入框，通过示教器操作面板上的【选择】键，选择“有效”选项，程序试运行时系统将不执行摆焊动作。

在进行程序自动运行（再现运行）时，

如果在再现特殊运行方式设定中，生效了“检查运行”和“检查运行禁止摆焊”设定选项，机器人自动执行程序时，不但可忽略程序中的焊接启动、焊接关闭等作业命令，而且也将忽略摆焊动作，以便操作对机器人的移动轨迹进行单独检查和确认。有关再现特殊运行方式设定的操作可参见安川机器人使用说明书或笔者编写的《安川工业机器人从入门到精通》。

此外，安川机器人的摆焊也可直接通过系统专用输入信号（DI 信号的 PLC 地址为 40047）禁止；该信号输入 ON 时，程序自动运行（再现）时将无条件禁止摆焊动作。

11.3 搬运、通用作业与快捷键设定

11.3.1 搬运机器人作业设定

搬运机器人的作业控制非常简单，在大多数场合，搬运机器人作业只需要通过作业命令 HAND，控制夹持器（抓手、吸盘）的松夹动作，夹持器的松夹位置利用系统的 DI 信号直接检测，如果松夹动作需要等待，则可以在作业命令后添加程序等待指令，因此，搬运机器人通常无需编制作业条件文件。

但是，为了方便机器人的手动操作，搬运机器人的示教器一般设定有作业工具的手动操作键，并可根据实际需要定义功能。此外，在无需使用碰撞检测功能的机器人上，还可通过示教器设定，撤销碰撞检测功能。

搬运机器人的手动操作键与碰撞检测功能设定方法如下。

1. 手动操作键

安川搬运机器人的手动操作键如图 11.3.1 所示，按键作用如下。

【抓手 1 ON/OFF】：抓手 1 手动夹紧/松开键。通过同时按面板的“【联锁】＋【抓手 1 ON/OFF】”键，抓手 1 的夹紧、松开输出信号 HAND1-1、HAND1-2 可交替通断。

【抓手 2 ON/OFF】：抓手 2 手动夹紧/松开键。通过同时按面板的“【联锁】＋【抓手 2 ON/OFF】”键，抓手 2 的夹紧、松开输出信号 HAND2-1、HAND2-2 可交替通断。

【2/f. 1】：用户自定义抓手手动夹紧键。通过同时按面板的“【联锁】＋【2/f. 1】”键，利用下述［搬运诊断］设定所定义的抓手 1～4 的夹紧输出信号 HAND1-1～HAND4-1 或指定的通用输出可交替通断。

图 11.3.1 搬运手动操作键

【3/f. 2】：用户自定义抓手手动松开键。通过同时按面板的“【联锁】＋【3/f. 2】”键，利用下述［搬运诊断］设定所定义的抓手 1～4 的松开输出信号 HAND1-2～HAND4-2 或指定的通用输出可交替通断。

【5/f. 3】、【6/f. 4】、【8/f. 5】、【9/f. 6】：未使用。

2. 自定义按键与碰撞检测设定

在搬运机器人上，控制系统可显示［搬运］主菜单、［搬运诊断］子菜单等操作选择项目，在大多数情况下，搬运机器人只需要进行［搬运诊断］参数的简单设定。

［搬运诊断］参数设定的基本操作步骤如下。

① 机器人选择【示教（TEACH)】操作模式。

② 选择主菜单［搬运］、子菜单［搬运诊断］，示教器可显示图 11.3.2 所示的搬运机器人诊断页面。

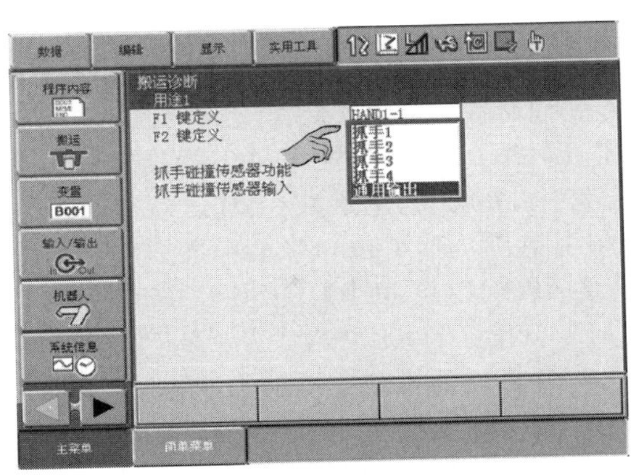

图 11.3.2　搬运诊断显示

③ 光标选定参数输入框，通过示教器操作面板上的【选择】键、数字键、【回车】键完成参数设定。

搬运机器人的搬运诊断页面可用于示教器手动操作键【2/f.1】、【3/f.2】以及机器人碰撞检测功能的设定，参数含义与设定方法如下。

F1 键定义、F2 键定义：用于【2/f.1】/【3/f.2】键的功能定义，输入框可选择“抓手 1”～“抓手 4”及“通用输出”等选项。

当输入框选择“抓手 1”～“抓手 4”时，F1 键将被定义为抓手 1～4 的夹紧操作键，手动控制 DO 输出信号 HAND1-1～HAND4-1（系统预定义 DO 信号）的 ON/OFF 动作；F2 键将被定义为抓手 1～4 的松开操作键，手动控制 DO 输出信号 HAND1-2～HAND4-2（系统预定义 DO 信号）的 ON/OFF 动作。

当输入框选择“通用输出”时，用户可在系统通用 DO 信号 OUT01～16 中，任选 2 个输出，分别作为【2/f.1】、【3/f.2】键的控制对象，对其进行 ON/OFF 控制。

抓手碰撞传感器功能：可通过输入框选择“使用”“未使用”，生效或撤销系统的碰撞检测功能。

抓手碰撞传感器输入：可通过输入框选择“有效”“无效”，生效或撤销碰撞检测输入 DI 信号。

当抓手碰撞传感器功能设定为“使用”时，如果机器人出现碰撞、进入停止状态，可通过撤销抓手碰撞传感器信号的输入，解除机器人暂停状态，以便退出碰撞区。

11.3.2　通用机器人作业设定

通用机器人可以用于搬运、切割、修边等无需进行规定复杂作业参数的简单作业，其作业控制同样非常简单。在大多数场合，通用机器人只需要通过程序中的作业命令 TOOLON/TOOLOF，控制工具的启动/停止，工具的实际状态同样利用系统的 DI 信号直接检测，如果启动/停止动作需要等待，则可以在作业命令后添加程序等待指令，因此，通用机器人一般也无需编制作业条件文件。

为了方便机器人的手动操作，通用机器人的示教器一般设定有作业工具启动/停止的手动操作键；如果作业工具启动后，由于某种原因导致了机器人停止运动，控制系统可通过作业中断功能的设定，选择程序重启后，是否将工具启动输出信号重新置为 ON 状态、继续作业，或者将工具启动输出信号置为 OFF 状态、停止作业。

1. 手动操作键

安川通用机器人的手动操作键如图 11.3.3 所示，按键功能如下。

图 11.3.3　通用手动操作键

【2/TOOLON】：手动工具启动键。机器人示教编程时，单独按此键，可输入（登录）TOOLON 命令；如同时按“【联锁】+【2/TOOLON】”键，可直接输出工具启动信号 TOOLON，启动作业工具；作业工具启动后，工具启动输出信号将

保持 ON 状态。

【./TOOLOF】：手动工具停止键。示教编程时，单独按该键，可输入（登录）TOOLOF 命令；同时按“【联锁】+【./TOOLOF】”可直接输出工具停止输出信号 TOOLOFF，停止作业工具；作业工具停止后，工具启动输出信号 TOOLON 将自动成为 OFF 状态。

【3/TOOLON 程序】：工具启动预约程序调用命令输入键，用于工具启动预约程序命令“CALL JOB：TOOLON”的登录。

【-/TOOLOF 程序】：工具停止预约程序调用命令输入键，用于工具停止预约程序命令“CALL JOB：TOOLOF”的登录。

2. 中断功能设定

在通用机器人上，控制系统可显示［通用］主菜单、［通用诊断］子菜单等操作选择项目，在大多数情况下，通用机器人只需要进行［通用诊断］参数的简单设定。

［通用诊断］参数设定的基本操作步骤如下。

① 机器人选择【示教（TEACH)】操作模式。

② 选择主菜单［通用］、子菜单［通用诊断］，示教器可显示图 11.3.4 所示的通用机器人诊断页面。

③ 光标选定参数输入框，通过示教器操作面板上的【选择】键完成参数设定。

安川通用机器人［通用诊断］设定页面通常只有“工作中断诊断”1 个参数，输入框可以选择“继续”或“停止”两种状态。

继续：机器人作业停止后，可通过程序重启操作，将工具启动输出信号重新置为 ON 状态，继续作业。

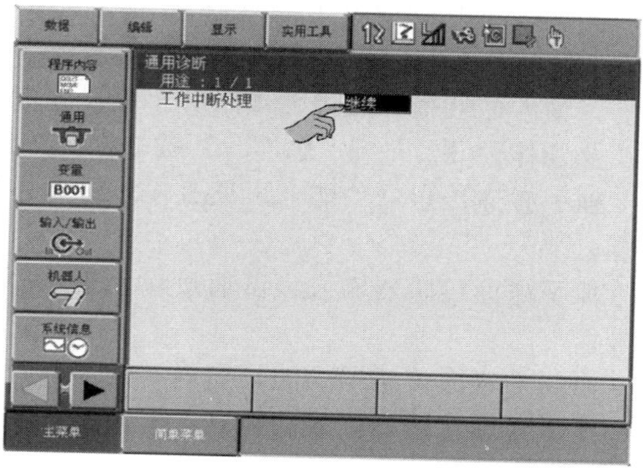

停止：机器人作业停止后，可通过程序重启操作，启动机器人运动，但工具将保持停止状态，不再进行作业。

图 11.3.4 作业中断设定页面

11.3.3 快捷操作键与定义

1. 操作方式与功能选择

在搬运、通用机器人上，由于机器人用途、控制要求不明确，机器人生产厂家只能进行简单的作业定义；但是，机器人实际使用时，可能还需要有更多的作业动作，例如，抓手的松夹位置、工具的其他动作等。为了方便用户使用与操作，安川机器人示教器的数字键，可在标准数字输入功能的基础上，将其定义为用于用户特殊手动操作的快捷操作键。

快捷键定义属于安川机器人的高级应用设置，它需要在管理模式下进行，快捷键的操作方式、功能可根据需要选择如下。

① 操作方式。快捷操作键可直接用于指定的 DO、AO 信号输出控制；如果快捷键只需要单独操作，这样的按键称为“单独键”；如果快捷键需要与【联锁】键同时操作，这样的按键称为“同时按键”。

② 功能。根据不同的用途，快捷键功能可进行如下定义。

操作方式为“单独键”的快捷键，可选择“厂商”“命令”“程序调用”“显示”4 种功能；选择“厂商”时，所有用户设定的功能都将无效，命令、程序调用、显示按键的功能如下。

命令：按键定义为快捷命令选择键，按下按键可直接调用指定的命令。

程序调用：按键定义为程序调用命令 CALL 的快捷输入键，按下按键便可在程序编辑操作时输入程序调用命令（需要调用的程序应作为预约程序登录）。

显示：按键定义为快捷显示页面选择键，按下按键便可直接显示指定的页面。

操作方式为“同时按键”的快捷键，可选择“厂商”“交替输出”“瞬时输出”“脉冲输出”“4 位组输出”“8 位组输出”“模拟输出”“模拟增量输出”8 种功能。选择“厂商”时，所有用户设定功能都将无效；其他 7 种功能如下。

交替输出：用于 DO 信号的交替通断控制。同时快捷键和【联锁】键，如原 DO 输出状态为 OFF，则转换成 ON；如原 DO 输出状态为 ON，则转换成 OFF。

瞬时输出：用于 DO 信号的点动通断控制。同时快捷键和【联锁】键，DO 输出 ON；松开任何一个键，DO 输出 OFF。

脉冲输出：用于 DO 信号的脉冲输出控制。同时快捷键和【联锁】键，可输出一个指定宽度的脉冲，脉冲宽度与按键保持时间无关。

4 位/8 位组输出：用于 DO 信号成组输出控制。同时快捷键和【联锁】键，可使 4 或 8 个 DO 组信号同时通断。

模拟输出：用于 AO 信号输出控制。同时快捷键和【联锁】键，可在指定的 AO 信号上输出指定的电压值。

模拟输出增量：用于 AO 信号增量输出控制。同时快捷键和【联锁】键，可使指定的 AO 信号增加指定的电压值。

2. 快捷键设定操作

安川机器人快捷键设定的基本操作步骤如下。

① 操作模式选择【示教（TEACH)】，安全模式选择“管理模式”；此时，主菜单［设置］上将增加［键定义］子菜单。

② 选择主菜单［设置］、子菜单［键定义］，示教器可显示图 11.3.5（a）所示的快捷键设定页面。

③ 如图 11.3.5（b）所示，打开下拉菜单［显示］，在选项上选定快捷操作方式（单独键或同时按键）。

快捷键设定页共有 3 栏，显示内容如下。

键：需要定义为快捷键的示教器按键名称，允许用作快捷键的按键为数字 0～9、小数点、负号键。

功能：快捷键功能选择。见前述。

定义内容：快捷功能定义框，当按键功能选定后，可显示按键功能设定的详细内容；但功能选择“厂商”的按键，“定义内容”不能进行显示和设定。

④ 光标选定按键（如“-”键），选定功能、完成定义内容栏的功能设定。

3. 单独键设定

操作方式选择“单独键”时，快捷键可选择图 11.3.6（a）所示的厂商、命令、程序调用、显示 4 种功能，不同功能所对应的定义内容如下。

命令键：定义内容栏可显示图 11.3.6（b）所示的命令输入框；选择输入框，示教器通用显示区的右侧便可弹出命令主菜单，打开命令主菜单可进一步打开命令子菜单；利用命令菜单选定命令，按【回车】键，示教编程时便可用快捷键输入所设定的命令。

程序调用键：定义内容栏可显示图 11.3.6（c）所示的程序调用输入框，输入已登录的预约程序号，按【回车】键，示教编程时便可用快捷键输入预约程序的调用命令 CALL。

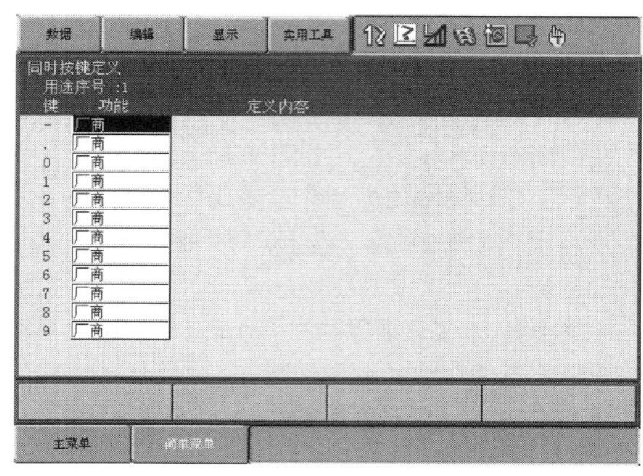

(a) 显示

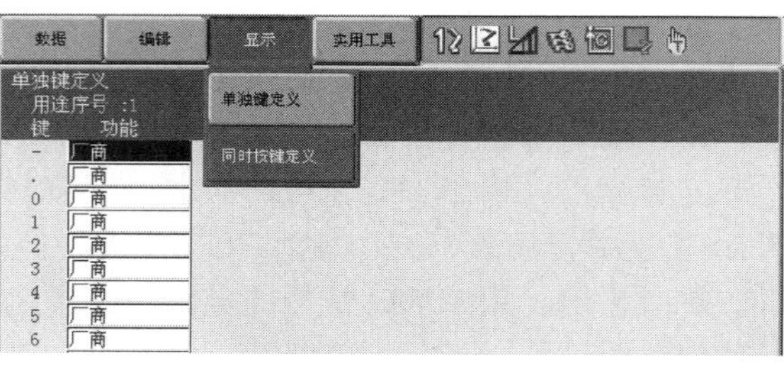

(b) 切换

图 11.3.5 快捷键设定页面

显示键：定义内容栏可显示图 11.3.6（d）所示的显示输入框，并进行以下操作。

显示页名称定义。光标选定显示页名称输入框，输入显示页名称，如“CURRENT”等，名称输入完成后，按【回车】键确认。

通过示教器的菜单操作，使示教器显示需要通过快捷键显示的页面，例如，机器人当前位置显示页面等；然后，同时按“【联锁】+快捷键”，该页面就被选定为可通过快捷键显示的页面。

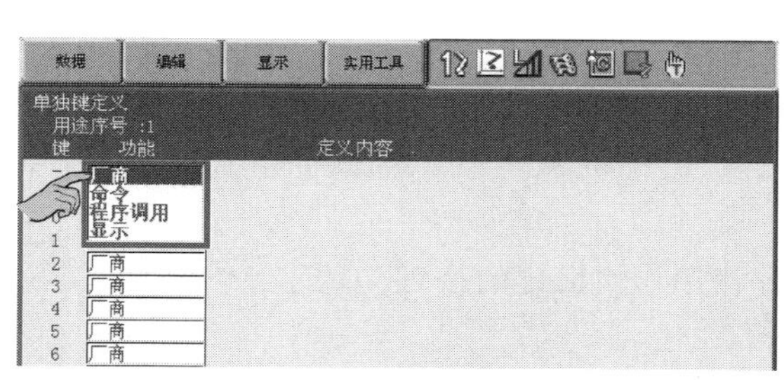

(a) 功能选择

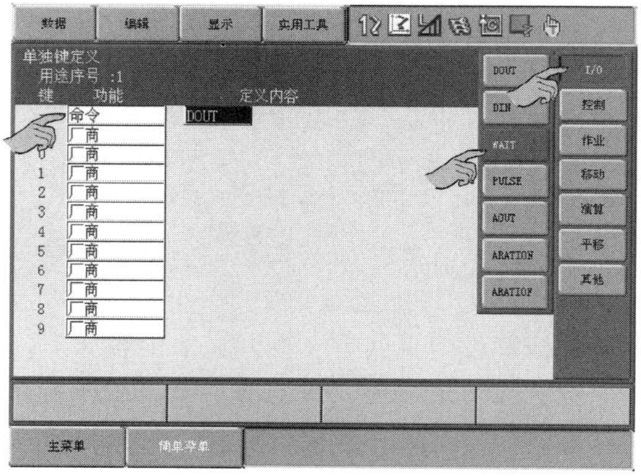

(b) 命令键

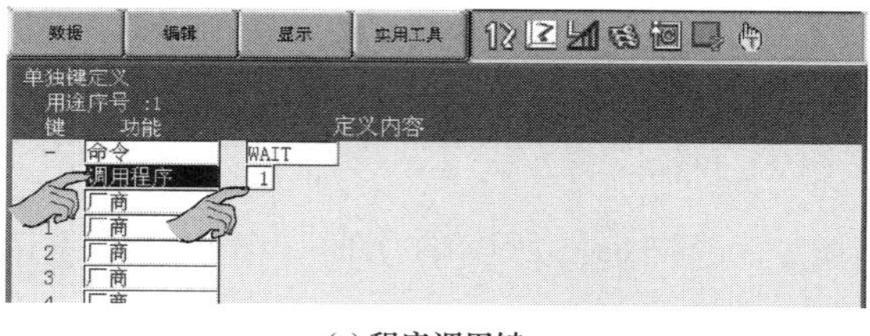

(c) 程序调用键

(d) 显示键

图 11.3.6 单独键设定

4. 同时按键设定

操作方式选择“同时按键”时，快捷键可选择如图 11.3.7（a）所示的 8 种功能，不同功能所对应的定义内容如下。

交替输出、瞬时输出：选择“交替输出”“瞬时输出”时，“定义内容”栏将显示图11.3.7（b）所示的DO信号地址（序号）输入框，输入DO信号地址后，按【回车】键确认。

脉冲输出：选择脉冲输出时，“定义内容”栏将显示图11.3.7（c）所示的DO信号地址（序号）、脉冲宽度（时间）两个输入框，输入DO信号地址、脉冲宽度后，按【回车】键确认。

4位组输出、8位组输出：选择“4位组输出”“8位组输出”时，“定义内容”栏将显示图11.3.7（d）所示的DO信号起始地址（序号）、输出状态（输出）两个输入框，输入DO组信号起始地址、输出状态后，按【回车】键确认。

模拟输出、模拟增量输出：选择“模拟输出”“模拟增量输出”时，“定义内容”栏将显示图11.3.7（e）所示的AO信号地址（序号）、输出电压（输出）或增量电压（增量）两个输入框，输入AO地址、电压值后，按【回车】键确认。

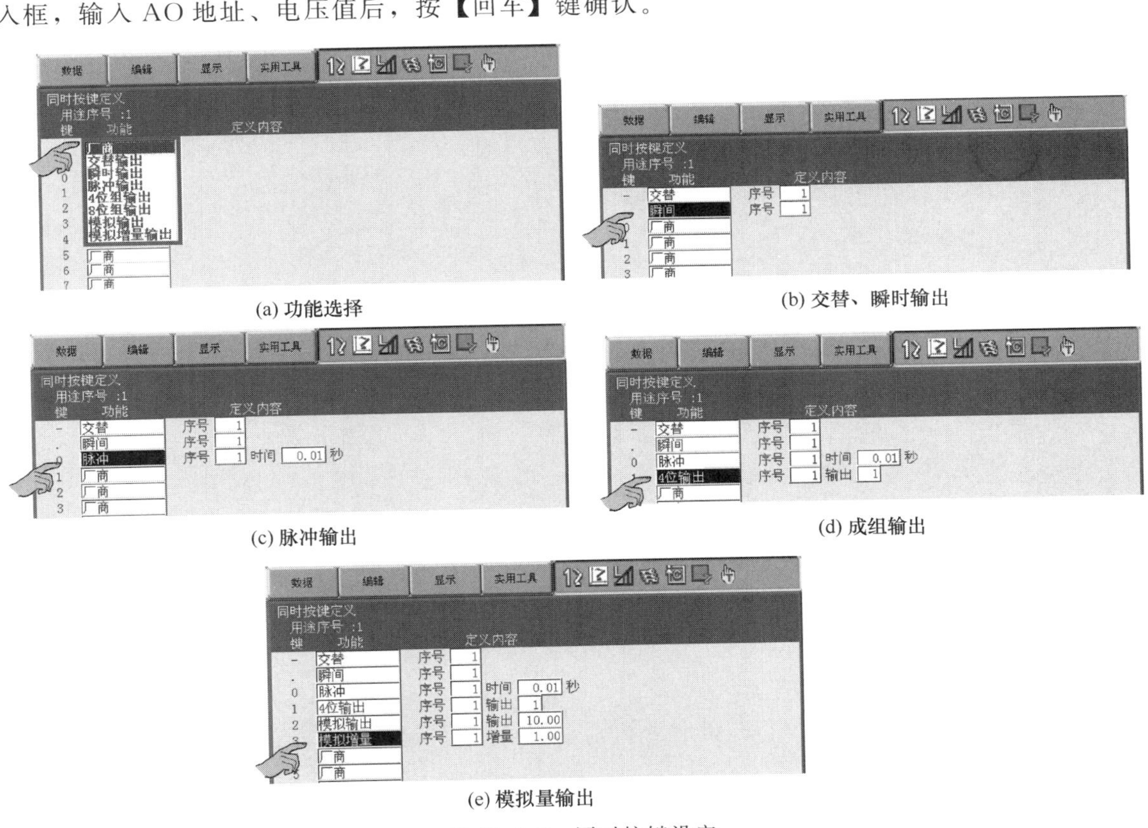

(a) 功能选择

(b) 交替、瞬时输出

(c) 脉冲输出

(d) 成组输出

(e) 模拟量输出

图 11.3.7　同时按键设定

以上为安川机器人常用的作业文件编制与设定，有关安川机器人其他更多的内容，可参见安川公司相关技术资料。

参考文献

［1］ 龚仲华，龚晓雯. 工业机器人完全应用手册［M］. 北京：人民邮电出版社，2017.
［2］ 龚仲华. 安川工业机器人从入门到精通［M］. 北京：化学工业出版社，2020.
［3］ 龚仲华. ABB 工业机器人从入门到精通［M］. 北京：化学工业出版社，2020.
［4］ 龚仲华. FANUC 工业机器人从入门到精通［M］. 北京：化学工业出版社，2021.
［5］ 龚仲华. FANUC 工业机器人应用技术全集［M］. 北京：人民邮电出版社，2021.